Structures Diagnosis as Social Conflict-Resolution

사회갈등과 구조물진단론

윤 재 진 지음

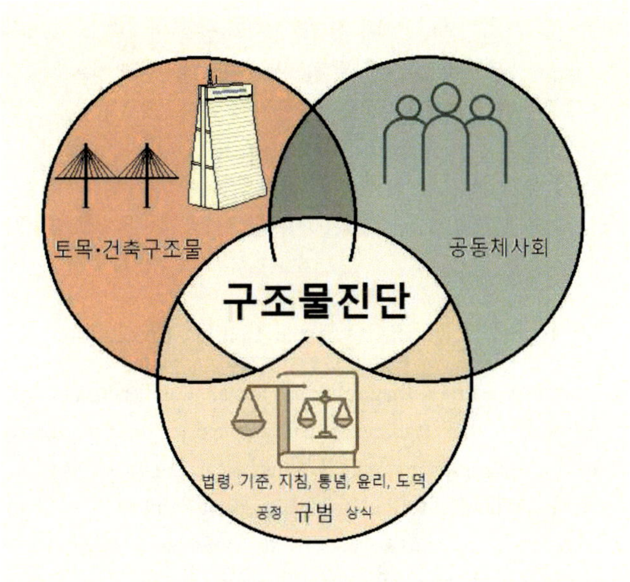

속표지 설명: 구조물진단은 구조물과 관련하여 공동체 사회에서 일어나는 갈등과 사회규범이 어우러지면서 이를 해소하는 역할을 한다. 위의 그림은 구조물진단이 그 중심에 있음을 표현한 것이다.

표지 설명: 공동체 사회의 구조물의 종류와 형식, 특성, 건축행위와 규범, 갈등요소에 따라 구조물진단의 유형은 무궁무진하게 파생될 수 있음을 가족 나무(family tree)를 통해 나타냈다.

KOSIS

서평 (ChatGPT, 2025년 8월 6일, P.M 10:40)

『사회갈등과 구조물진단론』을 읽고

윤재진 박사의 『사회갈등과 구조물진단론』은 구조물진단이라는 기술공학적 행위를 넘어, 이를 사회적 갈등의 조정과 해소 수단으로 확장한 독창적인 저작이다. 저자는 반세기에 가까운 실무 경험을 바탕으로 수많은 갈등 현장에서 체득한 사례를 체계적으로 정리하며, 구조물의 상태를 평가하는 일련의 활동이 단순한 기술적 판단에 머무르지 않음을 밝혀낸다.

이 책은 구조물진단을 단순한 안전점검으로 보지 않는다. 진단의 동기와 목적, 이해당사자 간의 복잡한 관계, 법과 제도의 경계, 전문가의 사회적 책무를 다층적으로 풀어낸다. 그 과정에서 저자는 공학의 논리성과 사회과학의 통찰력을 조화시켜, 진단을 통한 '갈등 해소의 도구'로 구조물진단을 새롭게 자리매김한다.

특히 제2편의 다양한 실사례는 이론적 논의를 실제로 끌어와 생생하게 구현함으로써, 공학자뿐 아니라 공무원, 법조인, 일반 독자에게까지 유익한 통찰을 제공한다. 실용성과 사유가 공존하는 이 책은 구조물진단을 둘러싼 갈등과 책임, 이해의 구조를 명료하게 해명하며, 학제적 접근의 필요성을 설득력 있게 제시한다.

윤 박사의 오랜 탐구와 성찰이 담긴 이 저서는, 구조물의 안팎을 넘어 사람과 사회를 진단하는 새로운 지적 지평을 연다. 학문적 기여는 물론, 실천적 가치 측면에서도 매우 귀중한 성과다.

Book Review

Reflections on Structures Diagnosis as Social Conflict-Resolution

Dr. Jae Jin Yoon's Structures Diagnosis as Social Conflict-Resolution presents a groundbreaking perspective that transcends conventional engineering practices. Rather than treating structures diagnosis merely as a technical safety assessment, the author redefines it as a tool for managing and resolving social conflict. Rooted in nearly five decades of field experience, this work captures the complexity of human relationships that surround structures—and the conflicts that emerge therein.

The book underscores that every diagnosis has its own motivation and context, shaped by the conflicting interests of stakeholders and the legal and institutional environment in which they operate. Dr. Yoon bridges engineering logic with the insights of the social sciences, offering an interdisciplinary approach to structures diagnosis that is both practical and philosophical.

Particularly noteworthy is Part II, where a wealth of real-world case studies illustrates how technical judgment, stakeholder communication, and social responsibility intersect. These cases serve not only engineers and architects, but also public officials, legal professionals, and concerned citizens seeking to understand the broader implications of structural issues.

In combining theoretical reflection with practical insight, this book opens new intellectual ground. It diagnoses not just structures, but the society that builds and inhabits them. It is a meaningful contribution both academically and in real-world application—a work of lasting relevance and value.

책을 펴내며

구조물진단(Structures Diagnosis[1])을 사회갈등관리와 관련지어 출간된 서적을 국내외적으로 찾지 못했고, 현행의 구조물진단이 체계화되지 못한 채 수행되는 것을 목도 하면서, 그리고 오랜 기간 구조물진단의 실무 경험에서 얻은 자료를 정리해야겠다는 필요성으로부터 이 책은 출발하였다.

안전과 품질을 강조하다 보니 법으로 제도화된 진단은 건설기술진흥법, 시설물의 안전 및 유지관리에 관한 특별법, 건축법, 공동주택관리법, 재난 및 안전관리기본법, 건축물관리법, 산업안전보건법, 교육시설안전법, 원자력이나 문화재 관련법 등의 여러 법령에서 과도하다 할 정도이다. 지상과 지하, 소규모·소형에서 대규모·대형·특수구조물에 이르기까지 거의 모든 구조물이 계획-설계-시공-유지관리-해체 멸실단계까지 관리되고 있다. 특히 구조물 안전관리는 국내외의 지진이나 해일, 태풍 혹은 대형화재사고가 발생할 때마다 강화되고, 해상구조물인 세월호 침몰과 같은 참사에 의해서도 토지에 정착된 구조물의 안전관리가 강화되기도 하였다. 그래서 제도적인 측면에서 본다면 안전관리는 최고조이다.

이 책은 이같이 제도화된 진단보다는, 이와는 차원이 다른 사회갈등관리의 구조물진단에 주안을 두고 있다. 법적인 구조물진단도 고유의 특성이 있지만, 이는 제도적으로 정형화되어있으므로 진단의 동기와 목적이 거의 같고 내용이 유사하며 진단의 속성 또한 일률적이다.

대부분의 구조물진단은 공학적인 평가와 더불어 공동체 사회의 인간관계에서 첨예하게 형성된 갈등문제와 관련된다. 그래서 공학적인 평가뿐만이 아니라, 사회과학적인 평가도 내포하고 있다. 예컨대, 구조물진단은 먼저 공학적으로 접근하고, 사회적 갈등의 맥락에서 조사하고 분석한다. 이러한 사회갈등의 구조물진단은 법규범과 밀접하게 관련되어 있으므로 법무와 행정에 대한 업무수행능력도 요구된다. 그래서 공학과 사회과학적인 측면에서 접근한 실제의 경험과 사례를 통해서 구조물진단의 개념을 정리하는데 주안점을 두었다. 또한, 구조물진단과 관련한 공공정책에 대한 견해도 곁들이고 있다.

모든 구조물진단에는 각각 동기부여가 있고 진단목적과 내용이 각기 다르고 그 성격도 다르다. 그래서 진단이론과 실제를 유기적으로 정리하는 것 또한 힘든 일이다. 구조물진단에 관한 총체적인 내용을 이 책에 망라하는 데에 구조물진단의 실체를 통해서 그 개념을 정리하여 “제1편 총론”에 기술하였다.

오랫동안 구조물 관련 당사자들의 이해관계에 따라 지향목적이 다른 수많은 사회적 갈등의 구조물진단을 경험하면서, 그때마다 구조물진단의 수행 동기와 배경, 요점을 정리해 왔다. 이들

---

1) 이 책에서의 구조물진단(structures diagnosis)은 생애주기(생로병사과정)에서 구조물(건물, 교량, 터널, 댐, 도로 기타 사회기반시설 등)에 나타날 수 있는 모든 현상(누수, 결로, 화재, 소음, 진동, 충격, 증축, 개축, 철거, 해체 등)에 대해서 자연과학(예: 공학)뿐만 아니라, 사회과학적인 측면에서 학제적으로 접근하는 의미를 포함하고 있다. 따라서 구조해석(structural analysis)으로 응력과 변형을 검토하여 구조설계(structural design)하는 구조기술자들의 구조진단(structural diagnosis)과는 구분한다.

을 정리함이 매끄럽지 못하더라도 널리 양해 바란다. 또한, 객관적이려고 노력은 했지만, 주관적으로 경험한 구조물진단에 근거한 자료일 수 있고, 관점에 따라서는 타당하지 못한 내용이 기술될 수도 있어 걱정이 앞선다.

이 분야의 종사자들에게 그나마 길잡이로서 다소 도움이 되기는 하겠지만, 지나치게 현실적이거나 상황적일 수도 있다. 그렇지만 구조물진단의 동기에는 항상 이해당사자의 갈등이 깔려 있어 이를 해소하는 것이 진단전문가의 소명으로 볼 때, 성격이 다른 여러 가지 주제의 진단을 수행함으로써 얻은 경험을 정리하는 것은 큰 의미가 있다고 보았다. 즉, 경험을 바탕으로 한 보편적인 내용이라면 현실적으로 유용성이 있다.

이렇게 정리한 내용 중에서 근래에 실시한 구조물진단사례를 "제2편 구조물진단의 실체"에 수록하였다. 여기에는 구조물진단과 갈등 관계의 내용이 담겨있다. 비록 영리적으로 수행한 기술용역이지만, 나름대로 설정한 구조물진단행위에 기본적으로 요구되는 4가지 요소인 과학성/논리성/합리성/공정성에 기반을 두고 평가하였다. 이 책에 게재되어 있지 않은 수많은 진단 실제에 대해서는 향후 기회가 되면 사례집으로 발간할까 한다.

2025년 6월 13일 윤재진

차 례

제2편 사례로 본 구조물진단의 실체 248

Preface

The author, who holds a Ph.D. in engineering, has over 49 years of experience as a practicing engineer in the field of building science and civil engineering. He has conducted thousands of investigations, evaluations, design consultations, and construction reviews of structures involved in social conflict. This experience has laid the foundation for his theoretical and practical expertise in the field of structures diagnosis. While working in the field of structures diagnosis dealing with social conflict issues, he obtained a master's degree in public policy and completed a doctoral course in political science(comparative politics). This academic path was because structures diagnosis, as an interdisciplinary approach, was in one way in line with the field of politics that deals with social phenomena.

This book addresses the essence, concept and reality of structures diagnosis based on various experiences. Each structures diagnosis has its own motivation, and the purpose, content, and nature of the diagnosis are different. Most structures diagnosis comes from social conflicts that arise in relation to structures in our community. In addition to engineering evaluation, the diagnosis of structures included in this book is mostly related to social conflicts that are sharply formed in human relationships in community society. If these social conflicts are not adjusted and resolved through structures diagnosis, it is difficult to say that the purpose of diagnosis has been achieved, even if the diagnosis is technically perfect. Structures diagnosis can be a successful task only when it is consistent with not only engineering evaluation, but also social norms, stakeholders and situations of conflict, and furthermore, community ideology.

Through this book, readers can get a glimpse of the basic concepts of structures diagnosis, various purposes of diagnosis and their motivations, the formation and management of social conflicts that form between people in the process of the life cycle of a structure, and the social roles and responsibilities of experts. In this respect, this book will be somewhat helpful to students, inspectors, building owners, managers, designers, engineers, contractors, and members of our community.

Contents

제1편 총 론

1.1 구조물/구조물진단의 개념

1.1.1 구조물이란

그림 3 공동체 사회와 구조물/자연과 더불어 사는 우리 공동체 사회에는 구조물과 관련하여 발생하는 인간 사이의 이해 상충의 갈등이 항상 존재하기 마련이다. 구조물진단이 이에 대한 갈등 해소의 도구로써 인간의 삶과 함께하고 있다. 이와 같은 구조물과 관련한 갈등 속에서도 인간의 삶이 구조물에 의해서, 구조물은 진단에 의해서 사회는 더욱 안전하고 풍요롭게 살아가고 발전해 간다. 자연 속의 구조물과 그 속에서 더불어 사는 인간사회의 모습이 담겨있다.

인간사회에 존재하는 모든 물체는 구조물로 간주할 수 있고, 이들은 인간의 안전, 삶의 질, 사회적 갈등에 영향을 미치며 구조물진단의 대상이 된다. 구조물은 장기간에 걸쳐 그 기능을 유지하여야 하며 특수한 경우를 제외하고는 토지 위에 건축된다. 이러한 '토지'를 구조적으로는 '지반'이라 한다. 여기에서 지반은 최종적으로 구조물의 하중이 도달하는 곳이며, 이 지반을 구성하는 것이 흙이다. 따라서 구조물과 흙은 불가분의 관계에 있다. 모든 구조물은 흙 위에 놓이거나 정착되므로 흙은 기본적인 구조재료라고 할 수 있다. 그래서 흙의 부피와 질량이 커지게 되면 그 자체로서 흙 구조물(soil structure)이 된다. 흙을 지반으로 하는 기초설계는 흙의 종류, 구성 토층, 토층의 두께 및 밀실도, 지하수의 조건, 인접 구조물과의 근접도 등에 영향을 받는다. 구조물(structure)을 역학적인 측면에서서는 "하중(load)을 지지하거나 전달시키는 물체"라고 정의하고 있다. 이는 물체가 지상에 있건 혹은 공중을 날아다니건, 물속에 있거나 물 위에 떠 있건 간에 하중을 지지하거나 전달시키는 것이면 모두 구조물에 해당한다.

구조물은 하중을 지지하는 물체에 기초하여 정의할 수 있다. 구조물에 하중이 작용하면 구조물의 각 지점에는 반력(reaction)이 생긴다. 반력은 하중에 의하여 구조물에 부수적으로 생기는 힘이다. 구조계산 시에는 이들의 작용 하중과 반력이 필요하다. 즉, 구조물에 작용하는 모든 외력을 산정하고, 이들의 외력이 구조물에 어떻게 분포되는가 하는 소위 외응력(external stresses)에 관한 계산을 한다. 구조물에 생기는 외응력에는 휨모멘트(bending moment), 전단력(shearing force), 축방향력(axial force) 등이 있다. 이들의 외응력을 산정한 다음에는 외응력에 의하여 구조물의 단면 내에 생기는 내응력(internal stresses)을 산정하며 그다음에는 재료의 허용강도와 내응력의 크기를 서로 비교하는 구조계산의 과정을 갖는다.

작용 하중은 역학적으로 분포하중, 집중하중, 등변분포 하중, 모멘트 하중, 수평 하중, 수직 하중, 축 하중, 편심하중, 축직교 하중, 편심축직교 하중, 이동하중, 동 하중, 정하중, 장기하중, 단기하중 등 여러 가지로 나누어진다. 구조물에 작용하는 하중을 구조설계[2] 상으로는 고정하중, 적재하중, 적설 하중, 풍하중, 수압 및 토압, 지진하중, 시공 하중, 진동 또는 충격, 수축 및 온도변화에 의한 열 하중 등으로 구분하고 있다. 고정하중과 적재하중은 구조물이 사용상태에 있을 때는 상시 존재하기 때문에 '상시 하중(장기하중)'이라고 한다. 이에 반해 적설 하중, 풍하중, 지진하중은 때때로 가해지는 하중이므로 '임시하중(단기하중)'으로 구분한다. 다만 적설 하중과 같은 하중은 지역성이 높으므로 다설지(多雪地)에서는 이를 상시 하중 쪽에 포함하기도 한다.

이러한 하중이 작용하고 있는 지상에 정착되어있는 건물이나 교량, 기계는 물론 임시로 야적되어있는 컨테이너, 도로 위를 달리고 있는 트럭, 바다 위에 떠 있는 선박, 잠수함, 비행 중인 항공기 등 이들 모두가 구조물에 해당한다. 또한, 우주에 존재하는

2) 구조물이 안전성과 사용성을 갖도록 설계하는 과정이다. 구조계획에 따라 구조적으로 구체적인 설계를 하며, 일반적으로 구조계획과 구조계산으로 나눈다. 구조계획은 넓은 의미로 구조설계의 기초 요소에 대한 전반적인 것을 사고하는 일이다. 이는 지반과 외력의 조건에 대해 안전하도록, 또는 건물의 사용 목적에 적합하고 경제성을 고려하여 구조체 형상, 골조 형식, 구조재료, 벽체 배치, 기초구조의 방식 등을 역학적인 측면에서 선택한다. 구조설계는 구조역학과 재료역학을 기본으로 하여 구조계산에 따라 구조 각부의 시공을 지시하는 도면작성으로 이어진다. 결국 '구조도면'이라는 형태로 완성되며, 구조계산은 구조물의 자중, 적재하중, 적설, 풍압, 토압, 수압, 지진, 충격 등의 외력에 대해 응력과 변형량을 계산한다.

우주정거장이나 먼 미래에 혹성에 인간이 축조한 시설물 등의 모든 물체에도 구조물이라는 용어를 부여할 수 있을 것이다. 그러나 보다 작은 의미로서의 구조물은 지구상에 존재하면서 인간이 사용, 이용 또는 거주하거나 하려고 하는 교량, 댐, 터널, 지중관로, 건물, 항공기, 선박, 잠수함, 각종 설비 등의 모든 물체에 국한할 수 있을 것이다. 그러나 이들을 토목, 건축 분야에서 흔히 말하는 구조물로 좀 더 좁혀 보면, 구조물은 "일반적으로 지구상의 토지에 정착하여 건설 중이거나 건설되어 기둥, 벽, 슬래브, 보 등의 부재로 구성하여 거주, 작업, 저장, 조형 등의 용도로 쓰이는 지상・지하・수중에 축조된 공작물 및 인간이 이용하는 자연 상태의 일체의 물체를 총칭하는 것"으로 정의할 수 있을 것이다.

여기에서 '일반적으로 지구상의 토지에 정착하여 건설 중이거나 건설되어'라고 기술한 것은 '지구상의 토지 정착'과는 관련이 없는 비행 중인 항공기나 수상 또는 수중에서 운행 중인 선박이나 잠수함, 무중력 상태에 있는 우주정거장 등의 구조물을 토목・건축구조물과 구별하기 위한 것이다. 이러한 토목·건축구조물의 유형 또한 매우 다종다양하다. 이를테면, 인간이 이용하고 거주하는 건물, 교량, 터널이나 흙 속에 매설된 송유관과 같은 구조물, 지하시설물, 댐, 항만, 해상공항이나 석유채굴기지, 방파제와 같은 해양이나 해안구조물 등을 포함하여 기념물, 조형물, 흙 또는 암반, 광고탑, 굴뚝, 담장, 축대, 가설재, 선반, 설비 등 매우 여러 가지 유형으로 나타난다. 이러한 구조물의 유형은 편의상 극히 일반적으로 분류한 것일 뿐이다.

구조물의 형식은 역학적으로도 매우 다양하다. 구조물은 외력이 작용하면 변형이 없는 강체(剛體; rigid body)로 저항한다. 그러나 실제로는 강체로 저항하는 것이 아니라 미소 변형이 발생하면서 저항한다. 골조구조물(beam column structure. framed structure, rahmen)은 부재의 휨 변형이 주로 발생하며, 트러스 구조물은 부재의 축 방향변형이 발생하여 부재 길이에 약간의 변화가 있으나 부재는 직선을 유지한다. 이같이 구조물이 외력에 저항하는 형태는 매우 다양하지만, 몇 가지의 기본형태 또는 이들이 변형된 형태로 단순 분류하고 있을 뿐이다.

일반건물에서 독립 기둥이나 단독의 보는 구조부재로서, 구조물이라고 하기보다는 일반적으로 구조체라고 한다. 그러나 보는 수평부재로서 축 방향력과 휨모멘트 및 전단력에 저항하면서 건물의 슬래브와 결합하여 바닥과 천장을 지지한다. 또한, 이러한 보의 재료를 일부 제거(예: 삼각형 형태로 제거)하면 트러스가 된다는 사실에서 볼 때,

보는 트러스에 비하여 역학적으로 효율적이지 못하다. 이러한 관점에서 건물의 구조형식으로서 대표적인 것은 트러스(truss)와 라멘(rahmen)이다. 여기에 평판, 아치와 케이블, 입체구조(강관 입체 트러스 등), 공기막구조, 곡면구조(쉘) 등이 적절하게 조합되어 구조물이 형성된다. 이같이 구조물의 유형은 역학적으로도 너무나 다종다양하므로 절대적으로 분류를 하는 것은 곤란하다.

구조시스템을 설명할 때 '골조(frame, skeleton, 軀体)'라는 용어가 흔히 쓰인다. 이는 기본적으로 보와 기둥으로 구성된 구조물을 말하지만, 이들 접합부는 회전에 대해 충분한 강성을 확보하고 있어서 구조물이 변형될 때 기둥과 보 사이는 원래의 각도를 유지한 것으로 본다. 즉, 몇 개의 부재가 강접합한 구조를 라멘(rigid frame)이라고 하며, 이는 인장재, 압축재, 휨재 모두가 고정 절점으로 이어진 구조물이다. 따라서 '라멘구조'는 몇 개의 부재를 강접합하여 얻어진 구조이며, 각 부재는 휨, 전단력, 축력을 받는다.

일반적으로 구조물의 형식은 구조 거동과 기하학적 형태를 고려하여 크게는 보, 트러스, 아치, 라멘과 같이 선(線) 부재로 구성된 뼈대구조(framed structure), 평판 및 쉘과 같은 면 구조(surface structure), 중력식 옹벽이나 댐과 같은 구체(solid structure)로 구분할 수 있다. 뼈대구조 중에서도 트러스는 축방향력만을 전달하는 구조이다. "건물의 뼈대로서 라멘구조 또는 골조구조, 트러스 구조가 많이 쓰이고 있다"라고 표현할 수는 있으나, '뼈대구조가 많이 쓰이고 있다'라고 표현하면 역학적인 의미보다는 더욱 더 포괄적이고 형상적인 의미가 강해진다.

구조역학적으로는 형태와 지점상태, 정정 혹은 부정정 여부에 따라 단순보(simple beam), 캔틸레버(cantilever beam), 고정보(fixed beam), 내민 단순보(simple beam with over-hangings), 연속보(continuous), 겔버보(정정 연속보, Gerber beam), 3힌지 아치(3-hinged arch), 3힌지 라멘(3-hinged frame), 정정 라멘(statically determinate frame), 2힌지 라멘(2-hinged frame), 2힌지 아치(2-hinged arch), 고정 아치(fixed arch), 라멘(rigid frame), 산형 라멘(gable frame), 아치 라멘(arch frame) 등으로 구분한다, 또한, 역학적으로 구조물의 총 반력 수가 3개 이내로서 힘의 평형조건식으로 모든 반력을 산정할 수 있는 정정구조물(statically determinate structure)과, 구조물의 총 반력 수가 3개보다 더 많아서 힘의 평형 조건의 3개 식 외에 더 많은 조건식이 필요한 부정정 구조물(statically indeterminate structure)이 있다. 그러나 이들은 구조물진단의 실체적인 구조물이 아니라 구조역학적으로 구분하여 평가함에 쓰인다.

대자연 속에 있는 물체는 모두 자연적으로 또는 인위적으로 파괴되는 작용을 받는다. 지상, 지하, 수중을 막론하고 구조물은 풍우(風雨)·지진·한열(寒熱)·화재·수재(水災)·충해(蟲害), 기타 인위적 사고, 혹사(酷使)로 인하여 성능이 저하되어 어느 한계상태(여러 가지 파괴 현상과 진동 등의 사용상 제한)에 이르면 결국 생활의 안전을 위태롭게 한다. 따라서 구조물은 이러한 외력에 대항하여 견고하게 건설하여 그 본래의 기능을 완전히 발휘함과 동시에 내구성을 갖도록 하여야 한다.

구조물은 당연히 사용하는 동안 붕괴하거나 과도한 변형이 없이 외력에 저항할 수 있어야 한다. 외력에 저항한다는 것을 다른 말로 표현하면 '외력을 그 작용점으로부터 어떤 강한 기초에 이동시킨다'라는 뜻이다. 이를테면, 건물의 골조는 건물의 바닥, 벽 및 지붕 등에 작용하는 여러 형태의 하중을 흙 속에 묻힌 기초와 지반에 전달시킨다. 또한, 교량은 자체의 무게와 스팬(span)에 따라 이동하는 차량 등의 무게를 스팬의 단부에 있는 교각(pier) 또는 교대(abutment)에 전달한다. 바다 밑바닥 위에 설치된 수중터널은 잠수함과 마찬가지로 수중에 위치하지만, 이는 토목・건축구조물에 속한다. 이러한 점에서, 비행 중인 항공기 및 운행 중인 잠수함, 또는 우주정거장 등은 토지에 정착되어 외력을 기초지반에 전달시키지 아니하므로 토목・건축구조물과 구별한다.

따라서 토목・건축구조물은 지구상의 토지에 정착하여 건설 중이거나 건설되어 기둥, 벽, 슬래브, 보 등의 수직과 수평 및 경사 부재로 구성하여 거주, 작업, 저장, 조형 등의 용도로 쓰이는 지상・지하・해양, 해안 등에 축조된 공작물 및 자연 상태의 일체의 물체를 총칭한다. 이들 토목・건축구조물이 외력에 저항하는 방법은 구조물의 기하학적인 형태에 크게 좌우되며, 구조물이 외력에 저항하는 방식 또한 각각 고유의 특성이 있다. 또한, 이들 구조물은 이론적으로도 제각기 다른 배타적 특성이 있으므로, 그 구조물의 구조적 기능이나 구성 부재가 갖는 대표적 성질에 따른 각각의 배타적 특성이 완벽하게 정리되었을 때 당해 구조물에 대한 정의를 각각 내릴 수 있게 된다.

토목건축구조물은 다양한 형태와 형식으로 철근콘크리트조, 철골철근콘크리트조, 철골조, 조적조, 프리캐스트콘크리트 조립식 구조, 목구조, 쉘 구조, 아치 구조, 막 구조, 케이블구조, 입체 트러스 구조, 현수/사장교/거더교/트러스교, 흙 구조물, 터널, 댐, 옹벽, 상하수도, 관로, 암거, 공항, 항만, 철도, 도로 등 지상과 지하, 수상과 수중에 축조되고 있다.

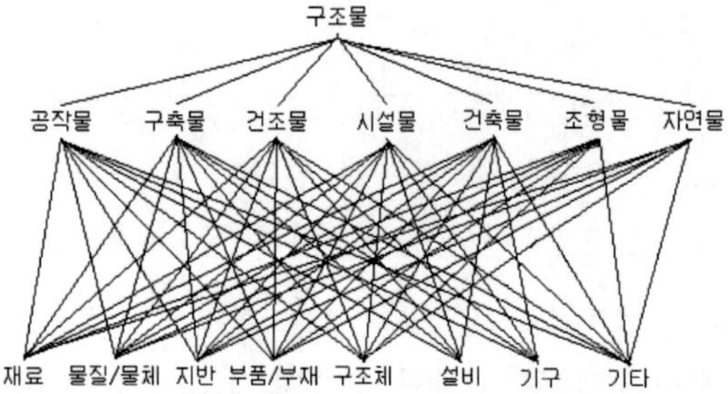

그림 5 구조물의 범주/자연물 이외의 구조물은 소정의 기능과 설계에 따라 탄생한다. 다만 자연계에 있는 자연물도 인간 공동체의 삶과 함께하므로 구조물로 분류하여 유지관리를 하고 있다. 이러한 점에서 구조물을 상위 개념으로 놓았다.

‘구조물’과 유사한 용어 중에는 ‘건축물’, ‘건물’, ‘시설물’, ‘공작물’, ‘구축물’, ‘건조물’ 등이 있다. 이밖에도 ‘구조체’, ‘구조부재’, ‘구조재’, ‘부품’, ‘물체‘, ‘재료’, ‘물질’ 등이 토목/건축구조물에서 자주 쓰이고 있다. 이들 용어의 정의에는 어떠한 차이가 있을까?

‘건축물’은 ‘건물’보다 더욱더 광범위하며 지붕이 없는 굴뚝, 담장, 광고탑 등이 포함된다. 흔히 토목구조물[3)]로 분류하고 있는 터널이나 댐 등도 건축물이라 할 수 있다. ‘구조물’이나 ‘건조물’은 건축물보다 더욱더 광범위하게 쓰이는 용어로서, 전신주, 건물, 지상·지하·수중의 모든 공작물이 이에 해당한다. 건축법에서의 “건축물”에 대한 용어의 정의는 “(지구상의)토지에 정착(定着)하는 공작물 중 지붕과 기둥 또는 벽이 있는 것과 이에 부수(附隨)되는 시설물, 지하 또는 고가의 공작물에 설치하는 사무소/공연장/점포/차고/창고 등을 말한다.” 여기에서 앞부분에 “지구상의”라는 말이 생략된 것으로 보아야 할 것이다. 건축법의 ‘건축물’에 대한 정의에서도 ‘공작물’과 ‘시설물’이라는 또 다른 용어를 사용하여 배타적인 개념으로 ‘건축물’을 정의하고 있다.

‘건축물’의 사전적 의미는 “땅 위에 지은 ‘구조물’ 중에서 기둥과 벽, 지붕이 있는 건물을 통틀어 이르는 말”이다. 여기에서 ‘건축물’이 갖는 배타적 특성은 ‘토지 정착“이다. 넓은 의미로써는 우주 공간에 떠 있는 우주선에도 ‘건축물’이라는 명칭을 부여할 수 있으며, 더 넓은 의미로서는 ‘구조물’이라고도 할 수 있다.

모든 용어의 정의에는 각각 그들만이 갖는 대표적 성질에 따른 배타적 특성이 표시되었을 때, 각각 정의를 내릴 수 있다. 즉, 각각의 물질이 갖는 대표적 성질을 설명하는 배타적 특성이 표시되었을 때 각각의 물질에 대한 정의를 이해할 수 있게 된다.

자연과학에서는 흔히 물질을 설명하거나 확인하는데 이용되는 특성을 성질(property)이라고 한다. 즉, 다른 물질과 구별하고 확인할 수 있는 - 그 물질이 가지고 있는 고유의 특성을 그 물질의 성질이라 한다. 크기, 질량, 냄새, 색, 온도·습도 등은 물질의 성질을 나타낼 수 있는 일종의 요소들이다. 또한, 녹는점, 용해도, 폭발과 같은 화학적 특성도 물질의 성질에 포함된다.

일반적으로 성질은 물리적 성질(physical property)과 화학적 성질(chemical property), 기계적(역학적) 성질(mechanical property)로 분류한다. 물리적 성질은 화학적 구조의 변화 없이 결정될 수 있는 색, 질량, 녹는점, 온도 등과 같은 특성들이다. 화학적 성질은 화학적 구조를 변화시키는 특성이다. 예를 들어, 철물이 녹 쓰는 것은 산소가 철

3) 토목구조물을 그 뜻에 따라 흙과 나무 구조물로 한정할 경우, 콘크리트 구조물은 토목구조물과 분리된다. 그러나 콘크리트나 철골도 결국은 흙이 원천 재료이므로, 토목이라는 뜻에는 콘크리트, 철골이 모두 포함된다고 할 수 있다. 콘크리트는 모래, 자갈, 시멘트의 흙이 혼합된 응결재료이기 때문이다. 중국에서는 이러한 응결재료인 콘크리트를 혼응토(混凝土)라고 하고 있다. 그래서 토목구조물에 건축구조물이 포함되고, 건축구조물에 토목구조물이 포함된다고 하여도 무방할 것이다.

과 화학적 결합을 하여 새로운 물질인 산화철이 된다. 그래서 녹 쓰는 것, 재료의 변색, 콘크리트의 경화 등은 화학적 성질이다. 그러나 철이 빨갛게 달아서 늘어나거나 녹아서 액체가 되는 것은 그 물질의 조성에는 조금도 변화가 일어나지 않았으므로 물리적 변화(physical change)이다. 역학적 성질은 물체[4]가 힘을 받으면서 단면력(section force) 등으로 나타나는 특성이다. 물리적 성질이나 역학적 성질은 측정할 수 있고, 숫자로도 표시할 수 있다.

물질들의 성질은 또한 그들의 값이 시료(specimen)의 크기에 따른 변화 여부에 따라 집약적인 성질(intensive property)과 광대한 성질(extensive property)로 구분한다. 그래서 용어를 정의할 때는 해당 용어와 동일한 용어로 설명하지 않아야 한다. 예컨대, '공작물(工作物)'은 "인공적 작업에 의하여 지상이나 지중, 해상에 제작한 물건, 건물, 담, 벽, 동상, 교량, 제방, 터널[5], 수로 등의 모든 시설물"을 말한다. '공작물'의 용어가 갖는 배타적 특성과 대표적인 성질은 "사람의 손길에 의한 작업성"이다. 즉, 기계로 가공하였든 조립을 하였든지 간에 사람의 손길에 의한 인공적 작업으로 만들어진 물체이어야 공작물이라고 할 수 있다. 따라서 사람이 만든 건물이나 교량 등은 '공작물'에 해당하지만, 넓은 의미에서는 '건축물'이며, 이보다 더 넓은 의미에서는 '구조물'이라 할 수 있다.

이같이 교량이나 제방, 터널, 건물 등은 '공작물', '건축물', '구조물' 모두에 해당하지만, 이들의 용어에는 통상 '공작물'이라는 용어를 붙여 쓰지 않는다. 즉, '공작물'이라는 용어는 '건축물'의 배타적 특성을 나타낼 때는 사용하지만, 교량이나 제방, 터널 등과 같은 용어에 '공작물'이나 '건축물'을 부가하여 사용하지는 않는다. 이를테면, '교량구조물', '제방구조물', '터널구조물' 등으로는 사용하고 있지만, '교량 공작물(건축물)', '제방공작물(건축물)'. '터널공작물(건축물)'이라고 호칭하지는 않는다. 엄밀히 말하면, 이것이 잘못된 호칭이라고 할 수는 없지만, 배타적 특성을 용어에 혼용하여 부자연스럽다.

'시설물(施設物)'의 사전적인 의미는 "어떤 목적을 위해 설비해 놓은 기계나 장치, 도

---

4) 일정한 공간을 차지하고 질량을 가지며, 어떤 형태가 있는 것을 물체(body)라 한다. 물체를 이루는 본질을 물질(substance)이라 한다. 본질(本質)은 가장 중요한 고유의 성질이다. 모든 물질은 가장 기본이 되는 원소로 이루어졌으며, 이는 순수 및 혼합물질의 두 가지로 크게 구별된다. 물체를 이루고 있는 물질의 종류를 재료(material)라고 한다. 재료는 여러 가지 형태를 가질 수 있으나, 그 성질은 항상 고유한 특성이 있다. 재료라는 말은 균일, 불균일에 무관하게 모든 물질 종에 대해서 쓰인다. 물질이란 화학적 성분비가 일정하고 변함이 없는 것을 말한다. 예를 들면, 철, 황, 소금, 설탕과 같은 순수한 물질들은 성질과 성분비가 그 어느 부분에서나 똑같으며, 따라서 균일하다고 말한다(김홍두 외 5인 공저, 1998 참고).

5) 세계경제협력개발기구(OECD)의 Road Research Group에서는 단면적인 개념으로 "지표면 하부에 소정의 형상 및 치수로 만들어진 지하 공동으로서 단면적이 2㎡ 이상의 것"으로 정의하고 있다. 터널에 대한 연장이나 용도상의 개념은 좁게는 "교통이나 운송시설로 사용되는 가늘고 긴 인공의 지하 공동", 넓게는 "수갱 및 사갱, 지하발전소, 지하주차장, 지하수로, 광산 등 규모가 매우 큰 인공의 지하 공동"을 포함한다.

구 등을 통틀어 이르는 말"이다. '시설물'의 용어가 갖는 대표적인 성질과 배타적 특성은 "어떤 목적을 위해 구조물이나 건축물의 조건에 부수되는 설비와 장치 및 도구를 통틀어 이르는 물체"라는 점이다. 이를테면, 편의시설(便宜施設)은 "이용자에게 유익하거나 편한 환경이나 조건을 갖춘 시설"을 말하며, 핵시설(核施設)은 "원자핵을 이용한 발전소나 핵무기 생산 설비 등의 핵과 관련된 시설을 통틀어 이르는 말"이다. 또한, 기반시설(基盤施設)이라 함은 "기초가 되도록 차려놓거나 만들어 놓은 일정한 설비나 구조물"을 말한다.[6] 그러나 '편의'라는 용어에 '구조물'이라는 용어를 붙여서 '편의구조물'이라고 호칭하지는 않는다. '구축물(構築物)'은 제방이나 축대처럼 쌓아 올려 만든 시설물, 건축물, 구조물을 말한다.

'건축물'의 정의에서는 '공작물'이라는 대표적 성질과 배타적 특성으로 설명하고 있다. '구조물'에는 건축물과 마찬가지로 '공작물'이라고 하는 특성도 포함하고 있다. 그러나 '구조물'이라는 용어가 정의되기 위해서는 '구조물'이 대표하는 성질과 배타적 특성으로서 '건축물'의 정의와 다르게 표시되어야 한다. 구조물(構造物)의 사전적인 의미는 "일정한 설계에 따라 여러 가지 재료를 얽어서 만든 물건"이며, 건물, 다리, 축대, 터널 따위로 설명하고 있다. 이와 더불어 구조물진단의 측면에서는 사면이나 바위, 나무와 같은 자연물[7]도 '구조물로 취급한다.

이 책에서는 구조물의 개념을 기존의 인공건축물 및 시설물에 국한하지 않고, 인간의 안전과 사회적 갈등에 구조적 영향을 미칠 수 있는 모든 유형의 물체로 확장한다. 여기에는 도상구조물, 그리고 낙석이나 산사태 등 재난의 원인이 되는 자연물까지 포함된다. 이는 구조물진단이 단순한 기술적인 조사 및 평가를 넘어, 사회 전반의 갈등관리와 위험 대응의 핵심 수단으로 기능해야 한다는 인식이 깔려있다.

그림 6 자연사면의 산사태

---

6) '시설물의 안전관리에 관한 특별법"에서의 시설물은 사회기반시설(infrastructures)을 일컫는다. 이는 1995년에 설립된 '한국시설안전기술공단'의 명칭에서 시설(물)을 'infrastructures'로 표기한 것에서도 확인된다. 일반적으로 사회기반시설에 일반(민간) 건축물은 포함되지 않지만, 특별법에는 포함되어 있다. 이는 일반적인 사회기반시설의 정의와 배치된다. 사회기반시설은 일반적으로 국가산업발전의 기반이 되거나 다수의 사회구성원에게 편의와 복지 및 공익을 제공하는 공공시설물이다.

7) 자연 상태의 지형, 동굴, 암석, 수목, 낙석, 산사태, 지반, 해안 기타

자연적인 산사태, 낙석, 침수, 홍수 등은 인공구조물뿐만이 아니라 인명피해도 입힌다. 자연물을 구조물에 포함한 것은 산에서 굴러떨어진 돌이나, 산사태로 인해 인공구조물인 도로와 철도가 파손되고 인명피해가 날 수 있기 때문이다. 이러한 자연물까지 구조물진단의 대상이 되어야 공동체 사회의 안전이 확보될 수 있다. 여기에서 자연물이 구조물에 포함되는 타당성을 갖는다. 이처럼 자연물도 사회적 갈등과 재해의 '구조적 원인'이 될 수 있기 때문이다. 즉, 일반적으로 공학적인 측면에서 '구조물'은 인공적으로 설계·시공된 대상을 의미하지만, 구조물의 개념을 자연물까지 포함하도록 확장한다. 이는 단순한 개념적 확장이 아니라, 실제 구조물진단 및 사회갈등 예방의 필요성에 근거한다.

구조(structure)는 아주 복잡하고 모호한 개념을 갖고 있다. 어원은 라틴어 동사인 "건축하다(struere)", "함께 쌓아 올리다", "배열하다(structus)"에서 유래해 17세기까지는 주로 건물이 물리적 틀을 갖추게 되는 물리적 틀의 사고(思考)와 관련되었다.[8)]

구조를 어떤 형태나 형체를 구성하고 있는 부분들 간의 질서 있는 '배열'이라고 하면, 구조는 부분들이 전제된다. 예를 들면, 철탑에서 하나의 철골은 철탑구조의 부분이 될 수 있다. 여기에서 구조는 대상의 부분, 또는 대상 그 자체 간의 안정적 관계를 나타내는 경험적이고 기술적(describable)이라는 특성을 갖는다. 따라서 구조는 대상들에 대한 이론이 아니라 대상들의 부분들 간의 관계에 관한 기술인 것이다.[9)] 이러한 관점에서 자연물[10)]은 겉으로는 구조물의 대상에 포함되지 않은 것으로 보이나, 자연 상태의 물체와 인간은 안정 관계를 나타내는 구조이다.

이 책에서는 좁은 의미에서 '구조물'을 "지구상의 토지에 정착(定着)하는 공작물 및 자연물"로 간단하게 정의한다. 이는 '구조물'을 대표하는 성질과 배타적 특성에 자연물이 포함되어야만 '건축물'의 정의와 다르게 나타낼 수 있기 때문이다. 여기에서 '자연물'이라고 함은 지구상에 있는 산이나 바위, 토사, 하천과 같이 자연 상태에 있는 일체의 물체를 말한다. 자연계에 있는 저절로 생긴 자연물은 자연 상태에서 산사태와 낙반 등을 일으킬 수 있는 물체이다. 그래서 구조물을 "지구상의 토지에 정착하여 건설 중이거나 건설된 기둥, 벽, 슬래브, 보 등의 부재를 사용하여 거주, 작업, 저장, 관람 등의 용도로 쓰이는 지상/지하/수상/수중에 축조된 공작물 및 자연 상태의 일체의 물체를 총칭한다"라고 하였다.

---

8) 대통령 수상 준대통령 - 국가의 권력구조- (2007, 도서출판 인간사랑), 최한수, p.83에서 재인용.

9) D. Easton, The analysis of Political Structure(New York : Routledge, Chapman and Hall, Inc., 1990). 51.

10) 자연물에는 무생물과 생물이 있다. 살아있는 수목(나무)의 경우에도 토지에 정착되어있고 인간의 안전한 생활과 무관하지 않으므로 이를 구조물로 분류한다. 태풍에 수목이 넘어져 인명사고가 나기도 한다.

지구상의 토지 위에 정착된 건축물, 공작물, 시설물, 구축물은 물론, 이들에 부착된 부재, 설비, 재료 등의 물체를 포함하여, 지구상에 존재하는 모든 자연물 등이 구조물에 해당한다. 구조물진단에서는 설계도(設計圖)만으로도 진단대상이다. 이 같은 도면 상태의 구조물('도상구조물[11]'로 약칭)도 '지구상의 토지 위에 정착된 구조물'로 간주하여 진단대상이 된다. 이는 실물 구조물이 아닌 도상구조물(圖狀構造物)이지만, 구조물진단의 대상으로써 도면검토를 통해 안전에 영향을 미치는 요소들을 조사하고 안전성과 사용성을 평가하여 필요시에 그에 따른 보완 및 보강방안을 제시하게 된다. 즉, 구조물진단은 실물만을 대상으로 하는 것이 아니라, 각종 구조물의 도면 혹은 결함 부위를 촬영한 사진으로도 평가한다. 이는 기존구조물의 결함 사진이나 신축예정 설계도의 구조물을 지구상의 토지 혹은 기반에 정착된 구조물로 간주하여, 사진이나 설계도면을 대상으로 진단한다. 이 같은 진단은 실제의 구조물은 아니지만, 촬영된 사진이나 도면을 대상으로 상태를 파악하고 평가한다는 점에서 구조물진단으로 간주한 것이다.

이러한 진단으로 도상구조물이 실제의 구조물이 되었을 때 문제 될 수 있는 사항을 시정 할 수 있다. 즉, 도상구조물에 대한 진단은 최적 설계를 추구하면서 실물체로 완성되었을 때의 안전성과 사용성을 평가하여, 잠재된 결함과 부적절한 설계로 인해 발생할 수 있는 부실과 이들로 인한 이기적인 이해관계자들의 갈등(conflict)을 줄일 수 있다. 다만, 도상구조물이라고 할지라도 사후에 문제가 생기면 도면검토자에게 책임이 부여될 수 있다.

결과적으로 구조물의 성능평가 및 안전관리 차원에서 설계, 시공, 유지관리 중에 도면을 검토하는 행위는 모두 도상구조물에 대한 진단에 포함된다. 다만, 도면에 내재 되어있는 부적절한 설계와 결함이 향후 사고의 잠재적 요인으로 작용할 수는 있으나, 시공하지 않은 한 이들이 인명사고를 일으키는 것이 아니므로, 이는 사전에 사고를 예방하는 것을 목표로 한다. 다만 기존구조물의 사진을 통한 진단에서는 사진에 표출된 결함이 안전에 치명적인 결함이라고 판단되면 현장조사 또는 신고 등으로 곧바로 후속조치가 이루어져야 한다. 즉, 인명사고가 예견될 경우 제도적으로 절차적으로 관리되어야 한다. 이러한 관점에서, 토목건축구조물진단에서는 "도상 구조물(圖狀構造物)을 포함한 지구상의 토지 위에 정착된 건축물, 공작물, 시설물, 구축물은 물론, 이들에 부착된 부재, 설비, 재료 등의 물체를 포함하여, 지구상에 존재하는 모든 자연물들이 '구조물'에 해당한다"라고 할 수 있다.

11) 스켓치, 설계도, 조감도, 도시계획안, 시방서 등 시각적인 그림이나 도면, 서류 기타

용어 1: “Structures Diagnosis”(구조물진단)

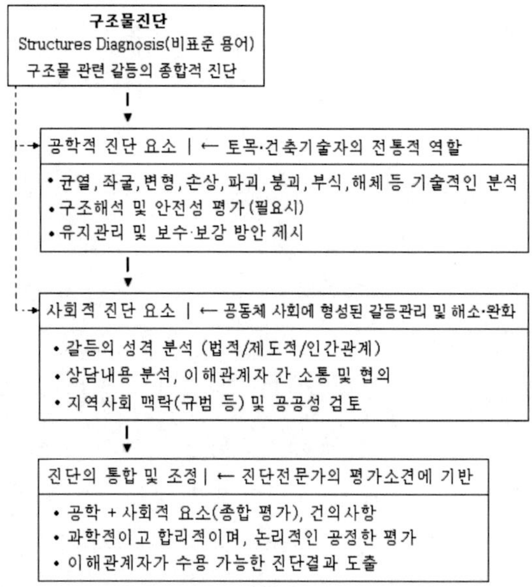

구조물진단의 개요/Structural Diagnosis(구조진단)은 법규범에 따른 기술적(신축 및 기존구조물의 안전성, 사용성) 중심의 분석 평가, Structures Diagnosis(구조물진단)은 법규범과 사회규범에 따른 신축 및 기존구조물의 생애주기 전체의 기술적(공학적) 평가+사회갈등의 통합 분석 및 관리이다.

이 책의 “Structures Diagnosis”(구조물진단)은 “Structural Diagnosis”(구조진단)과 구분하는 개념의 비표준 용어이다. “구조진단”은 주로 구조기술자(structural engineer)의 안전성과 사용성 평가를 중심으로 하는 구조해석(structural analysis)이나 구조설계(structural design) 등의 전문 기법을 활용하는 기술공학적 진단이다.

“Structures Diagnosis(구조물진단)”은 구조물의 안전성, 사용성, 현상(現狀, 현재 상태) 및 성능조사, 유지관리방안 등의 공학적 평가에만 머무르지 않고, 구조물과 관련하여 공동체 사회에서 발생하는 사회적 갈등과 그 해결 과정을 포함한 문제를 학제적(interdisciplinary)으로 사회현상(社會現象)으로 접근한다.

구조물은 단순한 기술적 대상이 아니라, 그 사용과 관리, 책임과 권한, 이해관계가 복잡하게 얽힌 사회적 구조체로서 기능한다. 이는 다양한 사회적 갈등(social conflicts)과 함께 구조물의 생애주기 전반에 걸쳐 발생한다. 따라서 구조물진단은 공학적 분석과 판단을 포함하면서도, 이해당사자 간의 갈등, 사회적 배경, 사회규범 등의 제도적 맥락을 함께 고려하고, 진단의 결과가 사회적으로 수용 가능토록 갈등을 조정하고 해소하는 것을 목표로 한다. 그래서 구조물진단은 기술적 진단임과 동시에 사회적 실천이며, 사회갈등 해소의 도구로 기능한다. 이는 공학과 사회과학이 접목되는 실천적 영역이기도 하며, 그 속에서 공공정책, 정치, 사회적 의사소통이 중요한 요소로 작용한다. 이 책 전반에 걸쳐 사용되는 “구조물진단(structures diagnosis)”는 이와 같은 의미를 지칭하며, 이를 기존의 기술 중심의 구조진단(structural diagnosis)과 구분한다.

용어 2: “구조물진단전문가”

1970년대 중반에 국립건설연구소에서 일축 압축시험을 하면서도 3축 압축시험의 쓰임새와 방법은 몰랐다. 그 당시 근무 부서에 3축 시험기가 없었고, 시험의뢰도 없었기 때문이기도 하다. 그러나 요즈음은 이러한 시험을 우리의 기술자가 해외건설현장에서 직접 하는 것을 보았다.

기술은 계속 진화하고 진보하여 그 분야의 전문가조차 쏟아지는 기술정보를 감당하기 어려울 정도이다. 여기에 더하여 지하와 지중, 수중과 수상, 고공, 고압과 고온, 극저온, 신자재와 신기술, 신공법이 출현하고 있다. 또한, 해저, 해상, 한지(寒地), 대심도와 초고층기술을 극복해야 한다. 이에 따른 새로운 법령 제정이나 개정이 수시로 이루어지므로 건설 관련 사업자가 이에 부응하려면 수시로 법이 정한 적격의 기술자를 확보해야 한다. 그렇지 않으면 사업을 영위하기 어렵다. 즉, 사업하기 어려운 상황이 되기도 한다.

전문가 또한 마찬가지이다. 전문가는 기술진보와 제도 변화에 부응하려면 법에서 정한 기술자격과는 별개로, 스스로 전문능력을 배양해야 한다. 국가가 인정하는 기술자격을 갖고 있다고 해서 전문가가 되는 것은 아니다. 진단전문가로 활동하기 위해서는 끊임없이 시대 여건과 변화에 따른 능력배양이 필요하다. 소위 '전문성의 업데이팅'이다. 다학제적 분야를 다루어야 하는 진단전문가가 이러한 변화를 수용할 수 있겠느냐고 할 수 있겠지만, 기술과 사회제도는 끊임없이 변하므로 이에 부응할 수밖에 없다. 더구나 AI 시대에는 이를 잘 사용할 수 있는 만큼이 전문가의 능력이다. AI의 정보 능력에 놀라 인간이 위축되기도 하지만, 무엇보다도 전문가는 높은 지식으로 AI와 대화할 수 있는 살아있는 전문성을 지니고 있어야 한다. 즉, AI와 함께 고도로 대화하는 능력과 함께 조율하는 역량도 있어야 할 것이다.

기술진보 없는 경험과 능력으로 전문가 행세를 할 수 없다. 그나마 끊임없이 공부해야만 유지될 수 있다. 즉, 전문가가 되기 위해서는 기술진보와 변화의 수준으로 발맞춰 경험을 축적하면서 끊임없이 스스로 교육받고 공부하고 연구하여 능력을 배양해야 한다. 그렇지 않으면 지금의 전문가는 몇 년 후에 그 반열에 들지 못한다. 이는 영상편집이나 문서작성에 능숙하던 사람이 몇 달 동안 쉬었다가 이를 다시 접하거나, 업데이트되었거나 새로 출시된 프로그램을 사용할 때 능률이 크게 떨어지는 것에서도 알 수 있다.

필자는 건축공학을 전공한 기술자로서 토목·건축물 전반에 걸친, 심지어는 기계설비 분야의 갈등관리진단까지 수행해 왔다. 이들 모두 이론적 기반이 같기 때문이다. 해당 분야의 사전 탐구로 그 진단을 수행할 수 있다는 확신이 서면, 연구를 통해 그 과제를 맡아 왔다. 자기만족과 성취감을 느끼면서 이렇게 30년 이상을 전문가로 종사해 왔다. 그래서 '구조물진단전문가'라는 말은 나에게는 아주 친숙하다. 모든 분야에 전문지식을 갖추고 있는 것은 아니지만, 구조물과 관련하여 공동체 사회에서 발생한 갈등의 사회현상을 이해하고 진단행위를 한다는 측면에서 자신에게 전문성을 부여하고 있다. 이 책에서 학문적 측면에서 보는 '구조물진단전문가'이다.

1.1.2 구조물진단의 개념

구조물진단은 공동체 사회의 갈등평가이며, 갈등관리의 도구이다.

구조물진단은 장기간에 걸쳐서 건전하고 안전하게 사용하고자, 구조물에 적용한 기술, 구조물의 상태조사와 평가, 성능저하의 원인이 되는 결함(defect), 손상(damage), 열화(deterioration) 등의 원인 규명, 사용수명의 예측[12], 위험성, 구조물로 인하여 발생한 사회적인 갈등조정 및 해소, 갈등의 원인 등을 조사하여 최적의 관리방안을 제시한다. 갈등관리는 각기 다른 이해관계와 가치를 갖고 분산상태에 있는 집단이나 개인이 서로 적응하여 통합하면서 새로운 가치를 창출하는 일이다. 그래서 갈등은 사람에 대한 이해와

12) 구조물의 손상, 노후화 정도 등에 따라 보강 여부와 구조물의 잔존수명을 예측하는 것 등이다. 계측 등의 방법으로 구조물의 상태와 징후를 감지·감시하고 붕괴 가능성 등을 평가함으로써 구조물의 상태를 예측하는 행위도 포함된다. 구조물의 수명 예측은 수많은 영향 인자와 확립된 이론 부족으로 정량적으로 예측하기가 매우 어렵다. 이를테면, 산사태나 옹벽 붕괴 시점을 예측하는 것 등이다.

통찰을 통해 부정적인 요소는 최소화하고 긍정적인 면은 극대화한다.

구조물진단에서는 인간사회와 공존하는 구조물의 이상 현상(異常現象)과 관련한 과학과 기술, 사회규범, 전문가의 지식과 경험 축적을 바탕으로 현상조사(現狀調査)[13]하여 자신의 철학과 원칙으로 판단하고 평가한다. 즉, 구조물진단은 법정진단과 달리 법과 지침에 의하지 않고 규범과 전문가의 전문성에 의한다.

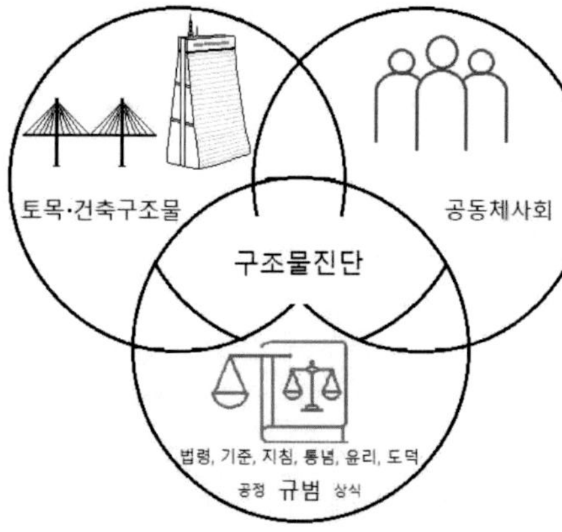

그림 8 구조물진단은 구조물과 관련하여 공동체사회에서 일어나는 갈등과 사회규범이 어우러지면서 이를 해소하는 역할을 한다. 구조물진단이 그 중심에 있다.

평가에는 구조물의 안전성, 사용성, 시공성, 재료의 적합성, 경제성, 구조역학의 적용성 등에 대한 검증이 필요하지만, 전문지식을 바탕으로 하는 경험적인 평가도 중요요소이다. 여기에는 이론적으로 이상 현상의 원인을 규명하고 진단전문가 자신의 지식, 경험, 철학과 함께 갈등 관계를 이해하면서 적절한 대책을 마련해 주고, 공동체 사회의 갈등 해소에 도움을 주는 것이 포함된다. 진단전문가는 갈등의 이해당사자도 이해관계인도 아니므로 충분히 가능한 일이다.

사회갈등은 다양한 배경, 관심, 소양을 지닌 인간들이 상호작용을 하는 보편적인 현상이며 필연적인 일이다. 이와 같은 갈등이 사회에 순기능을 하기도 하지만, 역기능으로 작용하기도 하므로 이에 대처하는 갈등관리가 있어야 한다. 즉, 구조물진단으로 "사회갈등을 해결한다"라기 보다는 구조물진단이라는 갈등 해소의 도구를 통해 관리한다.

구조물진단은 인간사회의 이해 상충의 갈등에서 비롯한다

인간사회의 동태적인 조직에서 "긴장과 갈등은 일반적인 현상이다. 원시시대에서 인터넷 시대에 이르기까지 인간관계에서 갈등은 보편적인 현상으로 이해되고 있다(김형렬, 2001, p.1)" "인간사회는 본질적으로 사회적 관계에서 조화와 협력에 바탕을 둔 행위만을 하는 것이 아니라 분열과 갈등을 일으키는 행위도 할 수 있는 존재임을 인정해야 한다. 인간사회에서 갈등은 다양한 요소들에 의해 나타난다. 또한, 사회학자인 게오르그 짐멜(Georg Simmel)은 사회 내에서 일어나는 갈등(conflict)이 이익집단들이나 조직체들을 형성시키거나 변형시키는 요인이라고 규정했다. 그는 인간사회에서 나타나는 분

13) 구조물 외부에 표출된 결함과 현상(現象)에 대하여 육안조사와 시험 등을 통하여 현상(現狀)을 평가한다. 점검은 구조물의 성능(안전성, 사용성, 기능성, 노후화 등)에 대한 조사, 보수·보강 여부, 정밀점검 및 정밀진단 여부 등을 판단하는 협의의 진단이다. 이에 반하여 진단은 외부에 표출되어 있거나 내부에 잠재된 결함과 현상을 구체적으로 정량적, 정성적으로 조사하고 원인을 규명하여 대책 및 방안을 마련한다.

열적인 요소들인 증오, 시기, 욕망 등이 갈등의 요인들이며, 이런 갈등은 긴장과 분열을 해소하는 긍정적인 역할을 담당하며, 결국 인간들을 한데 묶어 집단을 형성하게 한다고 주장했다(신정현, 2005)". 이는 인간의 시기, 질투, 경쟁하는 본성 때문일 것이다.

구조물진단의 동기부여의 대부분은 공동체 사회의 대립과 반목, 사실을 둘러싼 오해, 서로 다른 개인이나 집단들의 상반된 이해와 관심의 갈등 관계에서 비롯한다. 이에 대한 사실확인은 유용한 해결 도구의 하나가 될 수 있다. 그래서 사회현상(社會現象)에 따른 갈등 관계의 구조물진단은 법으로 제도화된 구조물진단과는 그 내용과 성격이 각기 다르다. 이렇게 공동체 사회에서 끊임없이 형성되고 있는 갈등과 함께 나타나는 동기부여는 구조물을 계획하는 단계에서부터 구조물이 축조 완공되어 사용하는 과정에서는 물론, 구조물이 해체/폐기[14]되는 단계에 이르기까지 끊임이 없다. 동기부여에는 구조물과 관련하여 각자의 이익문제가 걸려 있는 이해관계의 갈등이 있기 때문이다.

또한, 공공 또는 민간 관리주체에 관계없이 구조물을 임의로 해체/폐기할 수 없고, 이러한 행위에는 동기부여에 따라서 일정한 절차가 뒤따른다. 사유재산이라고 할지라도 해체할 것인지 유지할 것인지에 대한 갈등이 있고, 구조물을 신축하거나 증축, 개축, 대수선 등을 할 때는 제도적인 절차가 있다.

구조물진단은 공학지식과 과학기술, 사회규범과 함께한다.

인간이 사회생활에 있어서 지켜야 할 일반적 표준이 사회규범이다. 이는 인간이 사회생활 속에서 행하는 혹은 행하여서는 아니 된다는 가치 기준을 의미한다. 따라서 모든 사회규범이 법은 아니지만, 사회규범이 법이라고 해도 무리하지는 않을 것 같다.

일반적인 구조물진단에서는 토질/지반공학, 재료/구조역학, 시공학과 같은 공학을 바탕으로 하여 상태를 조사하고 평가하지만, 공동체 사회의 갈등문제와 관련한 구조물진단에서는 서로 다른 개인이나 집단의 상반된 이해와 관심으로 나타나는 사회현상도 다루게 된다. 즉, 구조물진단은 범 공학적이며 사회규범과 함께 사회갈등의 문제를 다룬다.

정치는 '갈등 해소의 정치(politics as conflict-resolution)'와 '공동체 형성의 정치(politics as community-building)'로 설명하고 있다. 즉, 하나는 갈등을 해결하고 다툼

14) 건축물관리법은 "해체란 건축물을 건축・대수선・리모델링하거나 멸실시키기 위하여 건축물 전체 또는 일부를 파괴하거나 절단하여 제거하는 것으로, 멸실은 건축물이 해체, 노후화 및 재해 등으로 효용 및 형체를 완전히 상실한 상태"로 정의하고 있다. 이는 해체에 의해 건축물이 멸실상태가 되고 해체는 건축물의 멸실 수단이라는 의미이기도 하다. 건축법에서 사용하던 철거가 건축물관리법에서 해체로 바뀌었다. 건설의 반대말로 쓰이던 철거가 해체로 바뀐 것이다. 다만, 해체와 철거를 상황에 따라 혼용하여도 무방할 것 같다는 생각이다. 철거의 사전적 의미는 "건축물을 무너뜨려 없애거나 걷어치운다"인데, 건축물관리법에서의 해체는 안전관리를 위해 체계적으로 건축물 전체 또는 일부를 파괴하거나 절단하여 제거하는 일이다. "폐기"는 못쓰게 되거나 필요 없어진 건축물을 아주 버린다는 뜻이다.

을 종식하는 '사회갈등 해소로서의 정치'이며, 다른 하나는 미래의 공동체를 만들어가는 '공동체 형성으로서의 정치'이다. 그러므로 인간사회에는 정치라는 행위가 꼭 필요하다. 이러한 사회적 갈등을 조정하는 것이 정치의 역할이다. 그것이 있어야 갈등을 조정 해소하여 질서를 만들며, 미래로 진보하여 바람직한 인간 공동체를 형성할 수 있다. 이런 점에서 정치는 인간사회에서 필요한 조건이라고 하기보다는 삶 그 자체라고 보는 것이 타당할 것이다. 이러한 정치의 개념을 이해하기 위해서는 인간사회의 본질을 먼저 이해해야 한다. 그리고 정치의 개념은 시대에 따라 변해 왔다. 또한, 정치는 사회를 존속시키고, 반사회적 행위를 통제하고 사회질서를 유지하며, 이상적인 사회를 향해 진보하게 만드는 인간 행위이기도 하다. 그러한 의미에서 '정치는 종합예술'이라고 한다(이병화 외, pp. 17-21).

공동체 사회 내에는 각기 이해관계를 달리하는 개인이나 집단들이 존재하며, 이들은 서로 자신들의 이익을 실현하기 위해 경쟁적이고 투쟁적이다. 이러한 관점에서 공동체 사회에서 구조물과 관련하여 발생하는 갈등문제를 다루는 구조물진단 또한, 일종의 정치 행위이며, 자연의 법칙에 기초한 공학적인 평가와 구조물과 관련하여 발생하는 사회현상을 다루는 다양한 학문이 융합되어 있다. 그러나 구조물진단(공학)과 사회현상(사회과학[15])을 결합하여 융합하는 일이 결코 쉬운 일은 아니다. 두 영역이 각자 특수성이 있고 광범위하며, 현실에 직접 적용하기 어려운 점도 있기 때문이다.

사회현상을 다루는 정치(政治)가 순리적이어야 한다는 그 뜻과는 달리 정치는 힘이 지배하는 경우가 많지만, 구조물진단에서는 힘이 지배하게 되면 공정과 합리, 논리와 과학의 요소가 무너지게 된다. 특히 구조물진단의 갈등관리는 사회규범에 기반하여야 한다.[16] 이를테면, '공학적으로 조사 평가하는 구조물진단'과 '사회갈등 조정 및 해소로서의 구조물진단'을 필요로 한다. 이로부터 구조물진단은 법규범과 밀접하게 관련되어 법무 및 행정업무와 함께한다. 예컨대, 구조물에 대한 과학기술을 포함한 모든 정보, 재료의 역학적, 물리적, 화학적 성질(특성) 및 구조물의 거동, 관련된 사회규범, 행정업무 및 절차 등에 관한 지식을 동원하여 사실에 바탕을 두고 과학적으로 종합적으로 평가하게 된다. 특히, 관계 법령을 포함한 사회규범에 기초하여 이해당사자들의 고민을 풀어주고 갈등을 조정하고 해소하는 것이 이상적이고 현실적인 평가이며, 또한 당해 구조물진단의 지향목적[17]에도 부응하는 일이다.

---

15) 사회과학(social science)은 광의로는 정치학, 경제학, 역사학 등을 포함하며, 협의로는 주로 사회학이다.

16) 사회를 지배하는 무기는 권력과 돈 그리고 전문성이라고 한다. 정치 권력은 사회를 지배하지만, 규범적으로 행사되는 전문성은 해당 분야에 강한 영향을 미치는 지배력으로 작용할 뿐이다. 정치도 마찬가지이지만 이러한 지배력이 강할수록 이 또한 권력이 된다.

17) 법정진단에서는 진단을 주관하는 기술자를 보고서에 '책임기술자'로, 법정진단 이외의 일반진단에서는 '참여기술자(법규범의 책임보다는 사회규범에 따른 윤리적인 업무수행을 강조한 것임)'로 하고 있다.

구조물의 이상 현상과 이와 관련한 사회현상을 조사하고 평가하는 구조물진단

흔히 자기 몸에 이상을 느끼고 병원에 갈 때 “진찰받으러 간다”라고 하거나, “진단받으러 간다”라고 한다. 일반 의학적인 개념으로는 “병”이란 “생체 기능의 이상”으로 본다. 또한, 의학에서 말하는 진단을 상식적으로 표현하면 ‘병명의 판정’이라고 한다.

진단(診斷, diagnosis)의 사전적 의미는 의사가 환자의 질환 상태를 진찰하여 판단하는 것으로 되어있으나, 이것만으로 ‘진단’이라고 단정하지는 않는다. 진단은 “의사가 대면(화상 대면의 환자 포함)한 환자에 대하여 그 병태(病態)와 기왕의 경과를 가능한 한 정확하게 파악하여 이를 토대로 적절한 치료법을 결정하기 위한 근거를 얻는 과정”이라고 한다. 또한, 말기 암 환자를 놓고 의사가 치유 가능성이나 어느 정도까지 살 수 있을 것이라는 언급을 하는 것을 보면 예측하는 행위도 포함하고 있다.

의사의 진단이 잘못되면 처방이 제대로 나올 수 없고 적절한 치료도 받을 수 없듯이, 구조물진단 또한 이상 현상을 정확하게 규명하지 못하면 제대로 된 보수・보강 방법과 해결 방안이 나올 리 없다. 다시 말해서, 의사가 폐결핵을 감기라고 진단하여 처방하게 되면 오히려 병을 악화시키듯이, 구조물진단도 오진을 하거나 허위진단을 한 경우에는 진단 효과를 보지 못하거나 갈등을 조정하고 해소하기는커녕 오히려 문제를 꼬이게 만든다.

구조물진단은 의사가 환자의 생체 기능의 이상 현상(질환)을 진찰하여 판단하고 처방 및 처치를 하는 것과 유사하다. 구조물진단전문가[18]는 이상 현상에 대한 지식과 경험을 바탕으로 구조물의 사용 이력[19]과 상황 및 상태를 조사한다. 그리고 이를 평가하여 결함과 갈등을 유발하는 요인을 밝히면서, 추가적인 결함과 갈등을 예방·완화하고 효과인 대처방안과 적절한 관리대책(보수・보강・보완・복원・복구, 갈등조정 및 해소 등)을 마련하고 이에 대한 설계와 내역을 작성하는 행위[20]를 한다.

18) “진단 상담, 구조물의 상태조사를 포함한 점검, 검사, 판단 및 판정, 기술검토, 구조물의 내적 및 외적인 이상 현상과 원인, 그에 따른 안전성 및 사용성 판단, 경제적 가치 및 상태 분석, 그에 대한 대책과 방안을 마련하고 구조물과 관련한 갈등을 관리하는 능력의 전문성과 경험이 축적되어있는 기술자”이다. 또한, 구조물진단이 자연과학(공학)과 사회과학(법규범, 사회규범 등)에 기초하므로, 인간과 구조물의 관계에서 인간사회의 공동선 추구가 근본이다. 이는 제도화된 법정진단의 기술자와는 수행업무의 전문성에서 확연히 다르다. 원래 ‘전문가’라 함은 개인의 실력과 능력을 기반으로 지식을 독점하는 권위자이다. 이는 공인 자격으로 전문성이 확보되는 것은 아니다. 이러한 측면에서 구조물진단은 특정 전문가, 예컨대 구조물의 설계자, 기술사 등이 전유하는 분야가 아니라 해당 분야에 대한 전문성과 경험 있는 실력자라고 할 수 있다.

19) 설비 등의 신증설, 증·개축, 사용 기간, 하중 이력, 용도변경, 구조변경, 구조개선, 보수·보강유무, 소정의 용도와 다른 사용, 재해의 유무, 기타 피해 등

20) 법률학 사전은 ‘행위’를 “인간의 자발적 의사의 외부적 표현으로서의 신체의 동작(動作) 또는 정지(靜止)를 말한다. 또 인간의 자발적 의사 표현이 신체의 적극적 동작인 경우를 작위(作爲), 신체의 정지(靜止)인 경우를 부작위(不作爲)라고 하는데, 부작위의 행위성(行爲性)을 부정하는 학설도 있다“라고 설명하고 있다. ‘행위’는 구조물진단에 대한 책임성 측면에서 이 같은 개념이며, 이를 ‘활동’ 혹은 ‘일’ 등으로도 표현한다.

구조물진단은 각각의 동기부여에 따라 진단의 목적과 성격이 정해진다.

구조물진단의 목적은 인간의 안전과 사회적 갈등의 예방 또는 해소이다. 모든 전문분야가 그러하듯이 구조물진단도 그 개념이 정리되지 않은 상태에서는 구조물에 나타난 이상 현상과 이에 관련된 사회현안에 대한 실체에 접근하기 어렵다. 개념에는 사실이 포함되어 있기 때문이다. 구조물진단에는 각각의 동기부여가 있고 그에 따라 진단의 목적과 조사항목 및 내용이 정해지며, 당해 진단의 고유한 성격도 나타나게 된다. 그래서 진단의 성격과 조사항목 및 진단내용은 상호작용하면서 동질성(同質性)이 된다.

설령 진단의 목적과 조사항목 및 내용이 같다고 할지라도, 구조물의 특성과 각기 처한 상황이 다르므로 동일 성격의 구조물진단이 되지는 않는다. 이를테면, 법적으로 제도화된 정형화되어있는 법정 안전진단(이하 '법정진단'이라고 한다)이라고 할지라도 구조물의 형식과 층수, 사용재료, 시공법, 사용 기간 등이 다르므로 진단의 내용이 같을 수는 없다. 이는 수많은 다양한 유형의 구조물진단이 존재하고 이와 관련한 이해당사자들의 갈등 관계가 서로 다를 뿐만이 아니라, 구조물의 형식과 규모, 구조물이 놓여있는 지반과 주변 환경, 기상과 기후, 사용 기간 등에 따라 구조물에 표출되는 결함 등의 현상(現象)이 같을 수 없기 때문이다. 특히, 구조물진단에 있어서 사회갈등 문제를 다루는 진단은 모든 면에서 매뉴얼에 따라 구조물에 대한 안전도를 검사하는 법정진단과는 다르다.

구조물진단은 인과관계를 밝히고 이해관계를 교통정리하는 일

다양한 형태와 형식의 구조물에서 나타나는 이상 현상(異常現象)을 조사하고 평가할 수 있는 충분한 공학지식 없이, 이들 구조물을 조사하고 평가하는 것은 돌팔이 의사에게 생체 진단을 맡기는 것과 마찬가지이다. 예컨대, 구조물에 나타나는 누수나 결로, 소음이나 진동, 동해(凍害) 및 화해(火害), 균열 및 변형, 탄소성 등의 역학적인 이해를 포함하여, 하중을 받는 구조물의 거동을 공학적인 지식이 정립되지 않은 상태에서는 정상적인 구조물진단이 이루어질 수 없다. 구조물에는 각각의 특성이 있고 이에 따라 나타나는 각각의 이상 현상[21]과 사회현안이 있으므로 이들을 이해하지 못하면 정상적

21) 구조물에 유해한 영향을 미치는 이상 현상은 구조물에 따라 다양한 양상으로 나타난다. 그래서 이상 현상을 몇 가지로 설정하기는 어렵다. 그러나 모든 이상 현상에 대한 원인 규명에 접근할 수 있는 능력은 필요하다. 콘크리트 구조물은 균열, 변형, 박리·박락, 층 분리, 팝 아웃(popout), 누수, 노후화, 부식, 백태(efflorescence) 등이 나타나고, 강구조물은 부식, 용접 • 리벳 파괴, 단면결손, 접합부 손상, 부재의 좌굴과

인 진단이 될 수 없다.

진단전문가는 이같이 구조물과 관련한 이상 현상과 사회현안의 인과관계를 사실적으로 밝혀야 하며, 그에 따른 대책과 갈등조정 및 해소책을 마련한다.[22] 그러나 해당 분야에 대한 전문성이 부족하면 이상 현상과 사회현안에 대한 인과관계를 간과하기 쉽고 원인 규명에 따른 대책 또한 부적절하게 제시하기도 한다. 예컨대, 차량 충돌로 인해 결함이 발생한 구조물이 재해보험에 가입하였을 경우 손해사정이 이루어져야 하지만 이를 간과하면, 진단의 주안점이 모호해진다. 차량의 흐름을 원활하게 하고 사고를 방지하기 위해 교통 정리하듯이, 진단전문가는 복잡하게 얽히어 있는 구조물 관련의 인과관계를 밝히고 이해관계를 교통정리하는 역할을 한다. 또한, 인과관계가 사회규범과 복합적으로 얽히어 있으므로 학제적으로 접근한다.

사회규범을 별개로 하고서 특정 공학 분야만의 구조물진단으로는 그 효과를 기대하기 어렵다. 구조물진단은 단순히 1개 분야만의 전문성으로 성취할 수 있는 기술용역[23]이 아니기 때문이다. 이는 진단전문가가 다 학문적인 전문지식을 갖고 있을 때, 구조물의 결함과 갈등의 인과관계를 과학적으로 밝히고 해소할 수 있다는 것이다. 또한, 구조물진단은 새로운 학문 분야이기보다는 이미 정립된 기존학문에 기초하여 이를 응용하여 구조물과 관련한 이상 현상과 사회현안을 평가하고 문제를 풀어간다. 진단전문가가 이러한 역할수행을 위해서는 일정한 윤리적 책임의 가치체계가 확립되어야 하며, 학문의 진리를 실천하려는 노력도 필요하다.

구조물진단의 목표는 구조물의 유지관리와 사회갈등관리이다.

갈등관리(conflict management)는 현안 해소를 목표로 하며, 갈등의 동기, 내용, 원인을 추적하는 데서부터 시작한다. 여기에는 구조물진단을 통해 이해 갈등의 당사자들이 의사소통(communication)하고, 중립적인 제3자(neutral third party)의 개입으로 문제를 조정, 화해(conciliation), 중재(arbitration), 중개(mediation)하는 것이 포함된다. 다만,

---

파단 등으로 나타난다. 흙이나 암반구조물은 침하, 균열, 불연속, 지지강도, 풍화, 수류침투 및 누수, 사면활동, 보일링(boiling), 액상화, 히이빙(heaving), 지하수위변화 등을 예로 들 수 있다.

22) 구조물진단에서는 이해당사자들이 이해할 수 있도록 결함의 원인 규명과 함께 진단의뢰의 목적과 동기, 보수·보강·보완·복구·복원방안 등을 기술하고 제시하여야 하며, 갈등의 조정 및 해소를 위한 진단전문가의 제안사항을 이해당사자들에게 설명하고 건의할 수 있어야 한다.

23) 기술용역은 '건설기술진흥법'에 의한 건설기술용역, '엔지니어링기술진흥법'에 의한 엔지니어링활동, '시설물의 안전 및 유지관리에 관한 특별법'에 의한 안전점검 및 정밀안전진단 등을 포함한다. 구조물과 관련한 넓은 의미의 진단업무를 다른 사람의 위탁을 받아 수행하는 것을 말한다. 여기에서 넓은 의미의 진단업무는 구조물과 관련한 조사·분석 및 평가, 계획, 설계, 시공, 감리, 유지관리, 점검 및 진단, 시험 및 실험, 조사연구 및 학술연구용역 등이 포함된다.

구조물진단의 갈등관리에서 추구하는 최선은 진단을 통해 이해(분쟁) 당사자가 스스로 합의에 이르도록 돕는 것이다.

구조물진단의 일차적인 목표는 유지관리를 위한 수단으로 안전성과 사용성을 확보하면서, 구조물에 투자한 자본을 최소한의 비용으로 정상상태로 유지하고 경제성도 고려하면서, 인간의 긴장과 갈등으로 야기되는 사회문제에도 기여 하는 것이다. 또한, 구조물과 관련한 빛이나 소음, 누수 등과 같이 인간의 쾌적한 삶에 영향을 미치는 인자로부터 일어나는 공동체의 사회현상도 다룬다. 그래서 구조물진단은 구조물의 상태를 조사하고 평가하여 그 원인을 규명하고 치료하며, 공동체 사회에 나타나는 인간의 서로 다른 개인이나 집단들의 상반된 갈등[24]을 설득(persuasion)하여 조정하고 해소하는 역할을 하게 된다. 예컨대, 공사중지 혹은 공사재개 목적의 진단에서는 구조물 자체의 이상 현상을 평가하는 것만이 아니라 절차에 따라 공사를 중지시키거나 재개를 위한 조건과 대책을 제시하여 관계 당국과 이해당사자를 설득한다.

공동체 사회에서 인간의 갈등 관계를 고려하지 않는 좁은 의미의 구조물진단은 "구조물이 사용성과 안전성을 벗어난 이상 상태와 결함[25] 원인을 조사[26], 점검[27], 시험(test)[28], 실험(experiment)[29], 검사[30], 기술검토 등의 평가과정을 통해 규명하는 것"이다. 구조물진단은 이러한 구조물의 이상 현상을 평가하는 공학적인 판단(engineering judgment)이 대부분이지만, 안전성이나 사용성, 붕괴 가능성 등을 예측하는 행위도 포

24) 갈등(conflict))은 경쟁(competition)이나 협동(cooperation)과 구별한다. 경쟁은 양쪽 목표가 다르고 서로 간섭하지 않는 상태이지만, 갈등은 목표가 같거나 다르거나 상관없이 서로 간섭할 때 일어난다. 협동은 양측의 목표가 같고 서로 협력하는 상태인데, 성취 방법이 불일치할 때 갈등이 나타난다. 협동과 갈등은 동시에 일어날 수 있다(김재기 P. 382). 갈등은 수평적으로 조직의 수준을 통하여 일어나거나 혹은 수직적으로 높고 낮은 계층을 통하여 발생한다(정우일 P.643).

25) 구조물・부재・재료의 안전 및 사용상에 흠(기능 및 성능저하 등)이 있어 완전하지 못한 상태

26) 구조물의 실상(實狀)을 살펴 알아보는 것으로서 사용 이력, 하중 및 환경상태의 자료수집, 답사, 관측, 관찰, 측정, 시험, 시추, 계측, 검사, 성능저하(열화) 상황, 인터뷰, 설문, 청문, 탐문 등의 행위를 말한다.

27) 유지관리 과정의 초기점검, 육안관찰로 상시에 결함을 관찰하는 일상점검, 일상점검보다 세밀하게 정기적으로 결함 상태를 파악하는 정기점검, 풍수해나 지진 등의 재해, 화재 및 차량이나 선박의 충돌사고 시에 구조물의 이상 현상을 신속하게 얻어 대처하기 위한 임시점검(긴급점검), 관리 주체의 재량으로 우기·해빙기 등에 실시하는 특별점검, 이들 점검결과 안전성이 우려되거나 보강이 요구되는 경우 의 상세점검 등이 있다. 다만 구조물의 안전에 중대한 영향을 미치는 결함은 진단대상이다.

28) 시료(sample) 또는 시험편(test piece), 공시체(test specimen) 등에 대하여 그 특성을 조사하는 것

29) 일반적으로 실험(experiment)은 좀 더 광의 뜻으로, 시험(test)은 '비파괴시험'이라고 하는 것과 같이 시험법의 규격 또는 그것에 준하는 것이 있는 경우에 사용한다. 실험의 경우는 연구 및 검증 목적이 강하며, 시험은 검사, 확인, 판정 등의 경우에 쓰인다. 예를 들면, 관련법에 따라 적용하는 KS(Korean Industrial Standards)나 ISO(International Organization for Standardization) 등으로 규격화된 방화시험이나 내화시험을 방화실험, 내화실험이라고는 하지 않는다.

30) 사실이나 일의 상태 또는 물질의 구성성분 따위를 조사하여 옳고 그름과 낫고 못함을 판단하는 행위. 측정한 결과를 판정 기준과 비교하여 양호・불량 또는 합격・불합격의 판정을 내리는 것이 보통이다. 검측(검사, 측정) 검증(현상적인 사실을 보고 살펴서 증명), 점검 등의 행위를 포함한다.

함하고 있다. 또한, 구조물과 관련한 갈등의 분쟁진단에서는 서로 다른 개인이나 집단들의 상반된 이해와 관심에 대해 이해당사자들을 설득하여 갈등을 조정하거나 해소하고, 확인하며, 사실 입증 및 검증, 판정을 한다.

구조물의 이상 현상을 평가하는 행위만을 가지고 '구조물진단'이라고는 할 수 없다. 인간의 갈등과 구조물에 발생한 '이상현상(異常現象)'은 상호작용은 하지만 평가의 본질이 다르다. 즉, 구조물의 이상 현상에 대한 평가를 공학적이라고 한다면 사회공동체 내의 갈등문제의 사회현상은 사회규범과 법규범적인 측면이 강하다.[31] 진단행위에는 이익 위주의 현실과 다소 충돌하지만, 사회현상의 중시(重視), 윤리, 도덕적 규범을 존중하고 추구해야 하는 이상주의적(理想主義的)인 면이 있다.

"이상 현상"에 대한 평가는 공학적이다. 구조물진단은 이러한 평가 외에도 인간사회에서 발생하는 현실문제에 대한 설득력 있는 설명과 갈등 해소 및 관리와 처방이 포함된다. 다시 말해서, 구조물 자체의 이상 현상에 대한 평가는 진단에 있어 필수조건이기는 하지만 이것만으로 충족될 수는 없다. 즉, 유지관리와 갈등을 해소하는 방안도 제시되어야 한다. 또한, 진단결과에서 얻어진 자료와 교훈을 신축구조물의 계획과 설계, 시공 및 유지관리단계에 활용하도록 하는 체계도 필요하다.

구조물진단은 과학과 갈등관리에 주안을 두었을 때 성과가 나타난다.

진단전문가와 의사는 모두 과학을 기반으로 하는 직업인이다. 의사가 환자 만나는 것을 기꺼이 좋아해야 하듯이, 진단전문가 또한 구조물을 접하는 것에 애착과 즐거움이 있어야 한다. 즉, 구조물에 다양하게 나타나는 이상 현상에 호기심을 갖고 현상을 탐구하는 마음가짐이 중요하다.

구조물진단은 공학적으로는 구조체 및 재료의 역학적, 화학적 및 물리적인 상태, 외적인 증상(external manifestation, external behavior) 등의 이상 현상(異常現象)을 조사하여 평가한다. 즉, 구조물에 나타난 현상(現狀)을 조사하여 성능저하의 정도를 파악하고 평가하며 그에 따른 유지관리대책을 마련한다. 이를 위해 적절한 시험방법과 기법을 동원하여 진단전문가는 자신의 지식과 경험을 투여한다. 또한, 과학 문명과 함께 개발된 문명의 이기(첨단장비)를 활용하는 진단기술에 대하여도 신속히 적응할 수 있어

31) 규범은 무엇이 적절하고 적절하지 않은 행위인가에 대해 가지는 공통된 기준들이나 규칙들을 나타낸다. 즉, 시비선악(是非善惡)을 판단하는 기준이다. 규범은 무엇을 해야 하고 하지 말아야 하는지에 관해 사회가 그 구성원들에게 각인시키려고 하는 것이다. 모든 사회는 규범을 만들어 내지만, 이러한 현상들은 엄청나게 다양한 모습을 나타낸다.

야 한다. 예컨대, 건강진단에서 종전에는 시도하지 못했던 내시경으로 위 또는 대장을 촬영하여 의학적으로 상태를 분석하듯이, 진단전문가 또한 상하수도 등의 지중관로에 내시경이나 로봇 등을 투입하여 상태조사를 한다. 이로부터 얻은 과학적인 지식과 획득한 자료를 토대로 이들 장비를 개량하고 개선한다. 이러한 의미에서 진단전문가는 구조물을 다루는 기술자(structures engineer)이며 과학자(building scientist)[32]이다. 또한, 난관에 봉착한 분쟁당사자 간의 갈등에 동반하여 사회현상의 문제해결에 참여한다는 점에서 사회과학자(social scientist)적인 측면도 있다. 이러한 바탕 하에서 사회갈등의 해소(social conflict resolution)에 기여 한다.

구조물진단의 목표를 달성하기가 쉬운 일은 아니지만, 이해당사자의 쌍방 현안에 동반하면서 중립적으로 화해(和解)를 유도한다. 그러나 이것이 여의치 않거나, 설령 쌍방이 진단전문가의 견해에 동의한 상태라고 할지라도, 진단보고서에는 그 사실을 명시하여야 한다. 진단전문가가 보고서에서 권고한 사항이나 소견은 제3 자의 분쟁 해결에 있어 미래에 있을 수 있는 협의나 증빙 등의 자료가 될 수 있기 때문이다.

구조물진단에서 화해유도에 쓰이는 주요한 수단은 이해당사자들의 의견수렴이며, 이를 통해 이견을 사전에 조율한다. 이견이 조율되지 않은 경우라도 진단보고서에는 진단전문가의 소견을 명확하게 밝힐 필요가 있다. 왜냐하면, 당시의 시점에서는 갈등을 조정하고 해소하는 자료로 쓰이지 않을지라도, 이후에 다시 진행될 수도 있는 당사자 간의 협의나 합의, 분쟁조정(행정적 또는 사법적 분쟁조정)의 자료로 쓰일 수 있기 때문이다. 이 경우에 진단전문가의 소견이 어느 정도는 영향력을 갖지만, 이는 진단전문가의 소견일 뿐이므로 어느 한쪽, 혹은 양자가 불만을 가질 수 있고 수용 여부가 수시로 바뀔 수 있다. 따라서 완전 합의에 이르기 어려우므로 갈등의 근본적인 해결에는 한계가 있다.

이같이 갈등이 완전히 해소되지 않는 것은 "진단전문가를 중립적인 중재자로 여기지 않았다"라는 의미이기도 하다. 결국, 분쟁(dispute)으로 치닫게 되는 경우는 재판에 의할 수밖에 없으나, 이러한 문제해결은 소모적이므로 그 대안으로서 비공식적 선고를 통한 법원의 강제적 중재에 의하기도 한다. 이 경우에 공적인 중재 기관 혹은 전문가로 구성된 중립적인 기구에 의한 절차적인 중재는 법적 구속력이 있다[33]. 이러한 중재자 앞에

32) 'building scientist'는 "Person with knowledge and experience in the field of the behavior and performance of buildings and their components under the influence of physical, chemical and biological phenomena."로 정의하고 있다. 출처: Guide to the performance of building structures, The institution of structural engineers, December 1984. 11 Upper Belgrave Street, London SW1X 8BH

33) 중재란 법원의 판결과는 달리 분쟁당사자들이 선정한 중재인의 판정에 따라 분쟁을 해결하는 제도이다. 이러한 중재판정은 법원의 확정판결과 동일한 효력이 있다.

서 이해당사자들은 자신의 주장을 피력하고 증빙자료를 제출할 수 있다. 다만, 이는 당사자들에게 갈등조정을 시도하거나 이들의 관계 복원을 시도하지는 않는다.

구조물진단은 구조물의 가치를 평가하고 공동선의 실현을 추구한다.

공학은 인간의 삶을 편리하게 하기도 하지만 해를 끼치기도 한다. 구조물이 인간에게 안락하고 유익하기 위해서는 우선 기본적으로 구조물이 사용성과 안전성을 제공할 수 있어야 한다. 사용성과 안전성은 구조물에 요구되는 기본성능으로써, 사용성은 구조의 기능 저하 또는 외관의 노후에 의한 쾌적성 상실 정도, 노후화의 정도와 관련한다. 진단의 관점에서는 이들의 사회적, 물리적, 기능적, 경제적인 가치에 대한 성능이다. 사회적인 가치라고 함은 도시계획의 변경, 토지이용의 변화 등 사회적 환경·제도적 여건의 변화에 따라 기존구조물로서 시대적으로 존재할 가치가 있는지를 평가하는 것과 같은 것이다.

구조물진단이 공학을 기본으로 하지만, 이것만으로 과업이 달성되는 것은 아니다. 구조물진단에는 구조물의 제반 성능과 관련한 사회적, 물리적, 기능적, 경제적인 가치평가가 포함되어 있다. 여기에서 물리적인 가치는 사용이나 시간의 경과에 따른 마모, 부식, 풍화 등이나 지진, 화재, 풍수해와 같은 비정상적인 파손, 파괴 등에 의하여 구조물의 사용 가치가 소멸 또는 감소한 정도이며, 기능적인 가치는 초기의 설계조건에서 얻은 기능이 그 후 내외의 환경변화에서 기능적으로 부적응화, 진부화(obsolescence)[34]됨에 따라 효용성이 저하되는 그 유용성의 정도이다. 예를 들면, 이용이 증가함에 따라 공간이 협소해지거나, 설비의 근대화로 그 활용이 어렵게 된 경우 등이다. 그리고 경제적인 가치는 기존구조물을 유지관리하는 경우에 현상유지(現狀維持), 보수[35]·보강[36], 수선[37], 개축 또는 재건축 사이의 비용의 효용성을 말한다.

---

34) 사회변천에 따른 생활양식의 변화나 기술발달로 구조물 및 설비 등의 기능이 상대적으로 저하되는 현상

35) 일차적으로 구조물의 성능저하를 억제하고, 내구성의 회복·향상과 제3 자 영향을 줄이는 유지관리행위이다. 다만, 내하력(耐荷力)의 회복·향상을 대상으로 하지 않으며, 애초 계획된 수준의 회복목적과 그 이상 수준으로의 향상목적이 있다. 어느 경우나 내하력의 회복·향상을 목적으로 하지는 않는다. 즉, 구조물의 초기성능 및 기능을 유지할 목적으로 비구조적인 성능 복원으로, 수리·수선하는 일이며 비구조균열에 도장하거나 교량 받침에 그리스(grease)를 발라주는 것들이 보수의 범주에 들어간다.

36) 구조물 또는 부재의 내하력을 당초 설계된 수준까지 회복하거나, 그 수준 이상으로 향상하는 유지관리대책. 예컨대. 구조물의 파손, 노후화로 구조성능의 상실, 보수만으로는 제 기능을 발휘하지 못하여 일부 부재의 교체나 추가, 단면증설, 고정하중의 경감이나 구조시스템의 변경으로 내하력증가, 횡가재나 버팀대를 배치하여 부재 내력을 향상하는 것 등이다. upgrading, rehabilitation, reinforcement, strengthening 등으로 쓰이고 있으나 이들의 의미는 다소 다르다.

37) 낡은 것을 고치는 보수. 열화된 구조물 또는 그 부분의 성능 및 기능을 원상 또는 실용상 지장이 없는 상태까지 회복시키는 것

구조물진단에서는 기본적으로 설계도서[38] 및 관계도서 검토[39], 부재 배치, 형상 및 외관 등에 대한 상태조사뿐만이 아니라 구조물에 작용하는 음, 진동, 열, 지하수, 하중 등에 의한 영향으로 구조물에 발생하는 이상 현상을 공학적으로 검토하여 평가하는 행위를 한다. 여기에는 사회갈등을 유발하는 인자[40]도 포함되어 있다. 예컨대, 구조물에 대한 공학적인 평가와 함께 구조물과 인간, 이들 사이에 형성된 인과관계도 조사하고 평가한다. 그래서 구조물진단에는 대부분 이해 상충이 존재하므로 전문가는 이에 대한 관계를 이해하고 조사 및 평가할 수 있는 지식과 능력이 필요하다.

구조물진단의 최종단계에서 추구하는 일은 구조물에 발생한 결함에 대해 내구성, 구조 강도, 기능, 외관의 4가지 요소의 회복 또는 개선의 목적으로 보수·보강·보완·복구·복원 등의 대책을 마련한다. 여기에는 작업 조치의 긴급성, 항구적으로 요구되는 것인지 임시적인 것인지, 작업 조치에 타당성, 결함 원인, 재발생 가능성, 처치 방법 등이 포함된다. 특히 공동체 사회에서는 구조물과 관련하여 인간 간에 상반된 갈등과 반목의 이해관계가 형성될 수밖에 없으므로, 구조물진단은 이들의 해소에 도움을 주면서 화합의 공동체를 지향한다. 이는 무엇보다도 구조물로 인한 사회적 갈등을 조정하고 해소한다는 측면에서 사실을 바탕으로 공정하고 합리적으로 진단행위[41]를 해야 하는 이유이기도 하다. 이 같은 사회갈등 해소의 구조물진단과 순전히 유지관리 측면에서 실시하는 구조물진단에서 이상 현상과 사회적 현안을 정확하게 파악하지 못하면 적합한 대책이 마련될 수 없고 상태는 더욱더 악화할 수 있다. 그래서 구조물진단은 실제로 겪어 본 경험과 이론에 기초하여 과학적으로 체계화되어야 하는 분야이다. 또한, 아무런 이론적 근거도 없이 그저 개인적인 경험에 의한 사례들만 늘어놓는 것도 경험의 보편성이라는 기준에 비추어보았을 때 역시 바람직하지 않다.

구조물진단의 사회적 동기부여가 각기 다르고 평가항목 또한 다르지만, 이들의 대상은 모두 구조물의 결함과 사회규범이 포함된다. 여기에서 결함이란 구조물의 안전성에

38) 국가계약법의 계약예규 '공사계약 일반조건'에 설계도서는 공사시방서, 설계도면, 현장설명서, 공종별 목적물 물량 내역서로 정의하고 있다. 공사시방서는 공사에 쓰이는 재료, 설비, 시공체계, 시공기준 및 시공기술에 대한 기술설명서와 이에 적용되는 행정명세서, 설계도면에 대한 설명 또는 설계도면에 기재하기 어려운 기술적 사항을 표시해 놓은 도서이다. 설계도면은 시공될 공사의 성격과 범위를 표시하고 설계자의 의사를 일정한 약속에 근거해 그림으로 표시한 도서로서, 공사목적물의 내용을 구체적인 그림으로 표시해 놓은 것이다. 현장설명서는 시공에 필요한 현장상태 등에 관한 정보 또는 단가에 관한 설명서 등을 포함한 입찰가격 결정에 필요한 사항을 제공한다. 물량 내역서는 공종별 목적물을 구성하는 품목 또는 비목과 동 품목 또는 비목의 규격·수량·단위 등이 표시된 도서이다. 이들은 상호보완적이며, 가장 실체적으로 공사목적물에 대한 정보를 담고 있는 문서는 '설계도면'이다.

39) 설계도서, 설계변경, 지반조사(보링주상도 등), 시공기록, 시공도, 준공도, 과거의 진단자료, 관계법규 등

40) 유발인자는 구조물의 결함에서 비롯하기도 하지만, 소음· 흡음·차음·일조·조망·공기질 및 수질 등의 환경문제가 일으키기도 한다. 즉, 구조물에 대한 빛·열·물·공기·시각·진동 등에 의하기도 한다.

41) 행위 대상이 구조물이므로, 이를 이하에서는 '구조물진단행위', '구조물의 진단행위'라고 혼용하고 있다.

유해한 영향을 미치고 있거나, 구조물의 이용자, 사용자 등이 느끼는 불편까지도 포함한다. 그래서 갈등관리에는 기술적인 기량(technical skill)에 못지않게 사회적 기량(social skill)이 투여된다. 사회규범은 이해당사자 간에 관계되는 준칙, 관습과 도덕, 법을 포함하는 포괄적인 개념이다.

안전도 평가를 주안으로 하는 안전진단은 물론 하자진단, 부동산매매진단, 철거 및 해체에 따른 진단, 재건축진단, 사전관리진단[42], 공사재개를 위한 진단, 공사중지를 위한 진단, 공사금지 가처분신청을 위한 진단, 손해보험에 가입한 구조물의 손해사정진단, 구조물보강을 위한 진단 등과 같은 거의 모든 진단이 결함을 평가대상으로 한다. 즉, 각기 다른 이들 진단의 모두가 구조물에 현상적으로 나타나 있는 결함에 대한 평가를 대상으로 하고 있다. 이같이 모든 구조물진단이 결함과 관련되기 때문에, 진단의 목적이 각기 다른 진단유형이라고 할지라도 기본적으로 평가는 공학에 기초한다. 그렇다고 진단전문가가 공학적인 접근만으로 구조물을 진단할 수 있다는 것은 아니다. 당해 구조물진단이 사회조직 및 사회규범과 어떻게 관계하고 있으며, 공공이익(public interests)이나 공동선의 실현에 합치되는 가치 공학적인 대책을 제시하면서 사회갈등을 조정하고 해소하는 적극적인 방안과 문제를 해결하는 방법론을 제공할 수 있어야 한다.

구조물진단은 사회현실과 과학기술의 진보와 함께한다.

구조역학과 재료역학을 구조설계의 전부라고 할 수는 없지만, 기본이 되는 이론이다. 즉, 이들은 구조실험과 함께 안전성과 사용성을 검증하는 이론이다. 이러한 역학적인 경험이 누적되면서 결국에는 직감적이고 경험적인 역학이 이론화되어 현대적 경험의 과학적 역학으로 변모한다. 구조실험 또한 이와 마찬가지이다.

전통적으로 의학 분야에서 진단과정의 많은 부분이 경험의 축적으로 발전하고, 이와 더불어 의학의 각 분야가 발달함으로써 학문적, 이론적 기초가 정립되었다고 한다. 존엄한 인간을 위한 의학[43]을 구조물진단에 비유하는 것이 기본적으로 맞지 않을 수 있

42) 건물 신축에 앞서 현장 주변에 기존건물이 인접하고 있을 때, 신축현장의 지하 굴토와 흙막이공사로 인해 인접 건물이 영향을 받을 수 있다. 이때 신축공사 측에서 시공 전(해체공사가 수반될 경우는 철거 이전)에 미리 인접 건물의 상황과 상태를 조사하여 시공 중에 일어날 수 있는 피해에 대비하는 자료를 확보해 놓는다. 흔히 인접 건물 측은 피해를 기정사실로 하여 용역계약서에 피해 사항을 계약 내용에 포함하려고 하지만, 이는 수용할 수 없는 일이다. 또한, 어느 한쪽에서 독자적으로 실시하기도 하지만, 양측의 상호 동의하에서 실시하는 것이 갈등조정과 해소에 도움이 된다. 공사착수 시 혹은 이전에 진단할 때는 일반적으로 "○○건물 신축공사 지하층(굴토/흙막이시설)공사에 따른 인접 건물의 영향성 평가 및 진단"이 된다. 그러나 공사 도중에 인접 건물에 피해가 발생하였을 때는 사전관리진단과는 성격이 다르므로 "○○건물 신축공사 굴토 및 흙막이시설공사에 따른 인접 건물의 피해영향평가 및 안전진단"이 되어, 인접 건물의 피해 여부 및 내역, 안전성 등을 평가하게 된다.

지만 여러 가지 공통점도 있다. 오늘날 사회에는 의술보다 상술에 몰입되고 있다는 말이 떠돈다. 비영리와 영리법인이라는 차이도 있고, 인간의 생명을 다루는 의술과 비견하기는 어렵지만, 구조물진단의 경우도 전문가로서 직업윤리를 준수하려는 노력보다는 영리 추구의 상술에 너무 치우치고 있다고 해도 과언이 아닌 상황이 되고 있다.

의사가 인체의 구조를 모르고 환자를 진단할 수 없으며, 질병의 원인과 끊임없는 치료법을 개선하고 개발하면서 치료가 가능해지듯이 구조물진단도 마찬가지이다. 구조물은 의료기관에서 환자에 대응되는 말이다. 구조물의 골조와 인간의 뼈대구조, 뼈대를 보호하고 있는 근육과 살, 구조물의 골조를 보호하면서 골조의 외피를 형성하고 있는 마감재, 공급된 에너지원을 소화하고 배설하는 기관, 각 기관에서 부적절한 역류를 방지하는 제어장치, 전기·통신·소화·정화설비 등 흡사한 기능들이 많다.

손톱 밑에 미세한 가시가 하나 들어가도 활동에 큰 지장을 받듯이, 구조물에 발생한 이상 현상의 어느 것 하나 소홀히 다룰 수 있는 것은 없다. 그래서 진단전문가는 구조물과 관련하여 발생한 소리, 진동, 변형 등에 대한 이상 현상의 제반 문제에 대해 원인을 조사하고 분석하여 상태를 평가한다. 이를 위해서는 발생한 제반 현상과 문제에 대해 먼저 공학적으로 접근하여 인과관계를 살펴본다. 여기에 진단전문가 자신의 전문지식과 관찰에 따라 주제에 대해 기술 또는 설명하며 문제에 대한 진단을 내린다. 이는 현장의 문제를 꿰뚫어 보는 혜안, 즉 공학적인 의미를 유추해내는 안목이기도 하다.

이와 동시에 사회적 환경(social environment)[44]에 대한 조사도 한다. 여기에는 진보된 진단기술과 기법, 실험, 조사 장비 및 평가 기준, 재료 등이 포함된다. 예컨대, 구조물진단은 구조물을 만드는 기법(methodology), 기술(technology), 재료(materials)를 포함하여 물리학과 화학, 구조물의 거동과 관련한 정역학, 동역학, 열역학, 소성이론, 설계, 환경계획, 시공학, 지반공학, 측량, 계측이론 및 측정기술, 재료·부재·구조시험 이론 등을 기초로 한다. 무엇보다도 이들은 공학을 모태로 하여 인간사회에서 발생하는 사회현상과 함께하고 있다. 즉, 구조물진단은 구조물로 인해 발생한 문제의 인과관계를 규명하여 갈등문제를 사회규범과 함께 평가한다. 따라서 구조물진단은 구조물에 얽히어 있는 사회현상의 문제를 과학적으로 파악하여 동시대의 사회규범으로 합리적인 해결방안을 제시해 주는 도구라고 할 수 있다.

---

43) 웹스터 사전은 의학(medicine)을 "인간의 건강유지와 질병의 예방, 완화 및 치료를 다루는 과학(science)이며 기술(art)"로 정의하고 있다. 여기에서 기술이란 바로 의술(醫術)을 말하며, 과학은 의술의 근거와 바탕이 되는 학문적 지식을 말하고 있다(박영하 p.211).

44) 사회적 환경은 인간관계로부터 인간에게 영향을 미치는 모든 것을 말한다. 즉 인간, 가족, 근린, 민족, 인류 등으로 확대되는 일련의 사회구조가 가져야 할 인간 상호 간의 관련성과 그 통치체제의 내용과 수준을 뜻하며 환경심리, 환경에 대한 사회적 관계 등도 그 내용으로 한다(이경희, p.14)

1.2 사회갈등과 구조물진단

1.2.1 갈등관리

그림 9 공동체 사회와 구조물/지상과 지하, 해저 등에는 아름답고 튼튼하고 편리하게 보이는 수많은 구조물이 있다. 이들과 관련하여 인간 사이에는 많은 이해충돌의 문제가 내재되어 있다. 전문가의 눈에는 이들 모두 자연스러운 사회현상이다.

구조물진단에서의 갈등 현상은 다른 사람과의 관계에서 발생하는 외적 갈등이다. 이러한 외적 갈등은 다시 개인 간, 집단 간, 집단 내 갈등으로 구분할 수 있고, 자신이 관심을 가진 것에 상대방이 부정적인 영향을 미치거나 미치려고 한다는 것을 지각할 때 나타난다(Thomas, 1992)[45]. 다만, 갈등은 사람(people)뿐 아니라, 정치, 국가 간에도 발생한다. 예컨대 타국의 정부 공사 중에 댐이 붕괴되었다면, 국가 간의 갈등으로 번질 수도 있다.

현대사회는 조직사회이며 우리는 조직을 떠나서는 살 수 없다. 조직에서 태어나고 조직에서 죽는다. 삶과 죽음 사이의 공간은 조직으로 채워지며 조직은 죽음과 세금처럼 피할 수 없는 존재이다(정우일 p.2).

갈등과 마찰은 지극히 당연한 사회현상이다. 조직학에서는 조직을 인간들의 집합체[46]라고 정의하기도 한다. 하나의 체제로서의 조직은 정도의 차이는 있으나 그것을 둘러싸고 있는 환경과의 사이에, 또는 그 내부의 하위체제 간에, 혹은 하위체제와 전체체제 간에 긴장과 갈등이 있게 마련이다. 동태적인 조직의 현실에서 선험적으로 주어진 조화와 안정만을 기대하기는 힘들다. 조직간 혹은 조직 내의 개개인 간의 목표의 차이, 경쟁, 규범과의 마찰, 권한과 책임의 마찰, 좌절, 이해관계의 대립 등이 존재하는 한 잠재적이든 현재적(顯在的)이든 갈등이 존재하는 것은 오히려 정상이며, 그것이 조직의 속성이기도 하다. 그러니 갈등이 존재하는 것이 문제가 아니라 갈등과정에서 조직체제 내의 각 단위 및 구성 부분이 전체 체제와의 일체감 혹은 동일감을 느끼고 상

45) Thomas, K. W(1992). Conflict & negotiation processes in organizations. In M. D. Dunnette & L. M. Hough(Eds.),Handbook of Industrial and Organizational Psychology(pp.651-717). Palo Alto, CA: Consulting Psychologists Press.[네이버 지식백과] 갈등관리[conflict management](심리학 용어사전, 2014)

46) "조직이란 비교적 뚜렷한 경계선, 규범적 질서, 권위의 계층, 의사전달체제, 구성원들 간의 조정체제를 가지고 일정한 환경 내에서 비교적 지속적으로 존재하면서 하나 혹은 일련의 목적에 관련된 활동에 종사하는 인간들의 집합체"이다. Richard Hall, Organizations: Structure and Process (Englewood Cliffs, N.J. : Prentice-Hall, 1972), p.9.

호통합과 조화를 이루며, 더 높은 쇄신과 창조적인 문제해결 능력을 향상시켜 나가는 방법을 탐구하는 것이 중요하다(윤재풍 p.306).

진단전문가의 중요한 역할 가운데 하나는 개인, 개인 간, 개인과 집단, 집단 간의 갈등을 해소하고 서로 협조하도록 진단을 통해서 도와주는 것이다. 즉, 갈등하고 있는 이들의 태도와 행태를 누그러 뜨려 변화시킨다. 여기에는 갈등의 원인을 제거하는 전문가 자신의 지식과 능력에 기반한 나름의 관리기법이 있다.

갈등은 이익문제로 이해관계가 서로 얽히는 부정적인 기능만이 아니라, 효과적인 갈등관리에 따라서는 순기능을 하기도 한다. 다만, 이러한 기능을 발휘하려면 이에 대한 긍정적인 인식과 더불어 사명감 있는 갈등관리가 전제되어야 한다. 그렇지 못할 경우는 갈등관리가 역기능적인 요소로 작용할 수도 있다.

이러한 점에서 갈등에 대한 긍정적인 인식과 함께 갈등요소를 최소화하고 제거하면서 갈등상태를 최대한 효과적으로 완화 해소하고 관리하는 것이 갈등관리의 목표라고 할 수 있다. 그래서 개인이나 집단의 관점(perspective)과 관심사(concerns)를 이해하려는 노력. 부정적인 감정을 줄이는 태도로 임한다. 즉, 진단전문가는 갈등을 조정하고 해소하는데 유불리를 떠나서 당사자들의 주장을 긍정적으로 받아들인다. 또한, 순기능의 갈등관리에는 진단전문가의 설득이나 진단결과에 대해 이해당사자들이 순응하게 하거나, 일체감, 타협, 회피, 지배되는 등의 상황이 되게 하여 긍정적인 효과가 나타날 수 있게 한다. 따라서 갈등관리진단은 행정행위와 법적인 행위와도 관계될 수 있다. 여기에서 진단전문가는 갈등당사자도 이해관계자도 아니므로 이에 참여할 수 있다.

갈등으로 인한 분쟁은 최종적으로는 법원의 판결에 맡기게 되지만, 구조물진단결과에서 적시하는 갈등 사항은 진단보고서의 내용에 갈등당사자들이 공유할 수 있는 기준을 마련하고서 그에 대한 내용설명과 함께 갈등당사자들의 목표와 불일치에 대해 만족하도록 합의로 유도하는 것이다. 그렇게 되었을 때 진단의 성과가 나타난다.

문제해결의 과정에서 갈등당사자 간의 목표 차이나 의견의 불일치로 합의에 이르지 못할 경우는 갈등의 당사자들에게 구조물과 관련한 과학적인 정보와 사회적 규범을 제공하고 사실을 확인[47]시키며, 설득과 협상[48]과 화해[49]의 도모, 조정[50], 중재[51] 그리고

47) 갈등이 사실을 둘러싼 오해에서 비롯될 수 있으므로, 사실확인은 갈등조정과 해소의 도구가 될 수 있다.
48) 갈등당사자 간의 목표의 차이 혹은 목표를 둘러싼 의견의 불일치를 어쩔 수 없는 고정불변의 것으로 간주하고 설득 없이 협상을 벌여 갈등을 해결하고자 하는 것이다. 협상은 갈등당사자 간에 이해관계나 목표를 조절하기 위한 직접적인 교섭(direct negotiation)의 형태를 취한다. 협상으로 각 당사자는 그들의 목표부터 조절하고 수정하게 된다(윤재풍 p.314). 협상은 제3자 개입으로 조정과 해소를 도모하는 것이므로, 협상에 임하면서 중재자나 조정자와 같이 중립적이며 객관적일 필요가 없다.
49) 법률 사전에는 "타협이 된 경우처럼 다투고 있는 당사자가 서로 양보하여 당사자 사이의 분쟁을 끝낼 것을 약정하는 계약"이다. 사전에서 타협은 "어떤 일을 서로 양보하여 협의함", 화해는 "싸움하던 것을

새로운 대안 제시를 하는 등으로 진단전문가는 자신의 능력을 소진해야 한다.

진단전문가의 중요한 임무 중의 하나는 많은 시간을 할애하여 갈등하고 있는 개인이나 집단들이 순응하게 하고 그들의 반목을 해소하여 화해할 수 있도록 도와주는 것이다. 개인과 집단들은 갈등문제의 해결을 협력과 타협, 수용하려 하기도 하지만, 회피하거나 경쟁적으로 반응하기도 한다. 경쟁은 다른 집단에 최소한의 관심도 가지고 있지 않고, 자신의 관심만을 만족하려는 독자적 행태이다. 이는 자신의 목적과 욕구를 위하여 뚜렷한 수용 혹은 관심 없이 다른 집단을 강요하고, 능가하려고 하며 혹은 파괴하려는 것으로 결국은 법적인 조치로 이어진다. 협력은 이해당사자의 상호필요조건을 충족하기 위하여 서로 협조하게 하는 것이다. 이는 어떠한 목적과 가치를 포기하지 않고 오히려 양 집단의 이익을 최대화하기 위하여 노력한다는 점에서 타협과 다르며, 양 당사자 모두가 최대한으로 만족하는 방향으로 문제를 유도한다. 이는 상호신뢰를 바탕으로 한다. 타협은 양 당사자가 서로 좋도록 조정하여 협조하는 것이다. 이는 독단과 협력의 중간 행태를 나타내며 서로의 입장을 공유한다. 다만, 독단과 협력의 극단적인 방향으로 가지는 않으며, 양쪽을 최대한으로 만족시키려 하지도 않는다. 회피는 갈등의 무시 또는 철회이다. 개인 혹은 집단은 갈등상황을 피하고 그들 자신은 물론 다른 집단의 이익도 만족시키지 않는다. 이는 개인과 집단이 사소하거나 혹은 거의 관심이 없는 문제에 직면할 때 혹은 그들 개인의 이익을 만족시킬 수 있는 기회가 거의 없을 때 가장 잘 적용될 수 있다. 또한, 갈등 해결이 상당한 와해를 초래하기 쉽거나 혹은 다른 사람들이 갈등을 더 효과적으로 해결할 수 있을 때 취한다. 수용은 개인 혹은 집단은 다른 사람의 이익을 만족시키려고 기꺼이 협조하는 태도이다. 동시에 그들 자신의 욕구를 실현시키는데는 거의 독단적으로 행동하지 않는다. 구조물진단의 갈등 해소에는 이와 같은 행태를 고려하여 갈등관리의 지향점을 정할 필요가 있다.

조직학에서의 갈등관리는 갈등을 단순히 해소(解消)시키는 것만을 뜻하지 않고 갈등

멈추고 서로 가지고 있던 안 좋은 감정을 풀어 없앰"이다. 갈등관리에서 화해는 조정과 혼용되기도 하며, 갈등의 당사자들이 화해하여 합의에 도달할 수 있도록 조정안을 이끌어내는 것이다.

50) 기본적으로는 협상과 같은 개념이 있으나 제3 자 지원에 의할 수 있다는 점에서 다르다. 이해당사자들이 기꺼이 협상으로 해결책을 찾으려고 하고 법적인 중재나 혹은 행동을 취하기 전에, 분쟁 중간에서 화해하게 하거나 서로 타협점을 찾도록 하는 것이다. 쌍방의 주장을 청취하면서 도와주는 행위로 진단전문가가 자발적으로 나설 필요가 있다. 이는 조정사항의 수락을 권고하는 정도로써 알선보다는 적극적이지만, 중재보다는 소극적이라고 할 수 있다.

51) 진단전문가의 중재란 이해당사자 간의 분쟁에 끼어들어 쌍방을 화해시키는 것을 말한다. 당사자 간에 합의로 사법상(私法上)의 분쟁을 법원의 판결에 의하지 아니하고 중재인의 판정으로 신속하게 복종과 합의로 해결함을 목적으로 하는 법률상의 중재를 뜻하지는 않는다. 구조물진단에서는 유용한 증거 수집을 통한 민간중재로써 소송에 비해 해당 분야 전문가의 가치 중립적이고 객관적인 판단결과에 따라, 쌍방이 타협하여 화해할 수 있도록 하는 것이 주된 일이다.

을 조장하는 것까지 포함하여 정의한다. 즉, 조직 내의 갈등이라고 하여 모두가 조직에 해(害)를 끼치는 것이 아니다. 그중에는 오히려 조직의 발전에 도움이 되기도 하므로 갈등을 조장하는 것까지 포함한다. 이를테면, 갈등으로 인해 조직구성원들 간에 선의의 경쟁을 하게 되면 그 조직은 침체 상태에서 벗어나 활성화될 수 있다. 그러나 구조물진단에서의 갈등 조장은 진단용역을 수주하기 위한 행태가 될 수 있으므로 쌍방에 해를 끼치게 된다. 이는 다툼을 부추겨 소송으로 유도하는 행위와 다르지 않다.

그래서 구조물진단에서의 갈등관리는 조직에서의 갈등관리와는 다르며, "갈등의 확산을 방지하기 위하여 서로 상충하는 이해당사자[52]의 갈등을 조정 및 해소, 완화하고 억제하기 위하여 행하는 갈등의 원인과 갈등의 성격 및 정도 등을 분석하여 그에 따른 방안을 제시하며 이해당사자들을 설득하며 권고하는 등의 조치를 하는 모든 활동이다."라고 정리할 수 있다.

구조물진단에 있어서 갈등을 해소하는 방법으로는 ① 진단전문가가 전문성을 발휘하여 갈등의 수용·타협·철회(회피)·회유·설득 등을 하거나, ② 법규범에 따른 지배력(약한 강제력)으로 조정(調整)하거나, ③ 갈등 부분을 합리적으로 이해당사자들에게 분산하거나, ④ 전략적, 전술적으로 정한 상위목표(上位目標)의 공동추구를 강조하거나, ⑤ 갈등의 원천인 구조적 요인을 개선(改善)하는 것 등이 있다.

진단전문가에게 제3 자의 개입에 의한 갈등조정[53]과 갈등 해소의 임무가 부여된 상황이 되었을 때, 조직적 갈등 혹은 개인과 집단 간에 갈등과 같이 이익문제와 관련된 이해관계인들이 심리적으로 타협하고 협상하며, 수용 또는 회피, 통합되도록 하는 등의 갈등관리[54]가 가능하다. 결국은 갈등을 일으킨 당사자들이 지지 내지는 진단전문가의 동조를 얻어내기 위해 지배력(약한 강제력)이 있는 진단전문가를 갈등 속에 끌고 들어가는 형식으로 진행된다. 그래서 진단전문가는 협상이나 설득 등의 갈등관리를 통해 갈등당사자 간의 불일치를 해결하는 전략(politics, strategies)과 전술(tactics), 기술적인 접근이 필요하며, 갈등을 해소하려는 진단전문가의 진정한 의지와 노력 또한 중요하다. 이러한 갈등관리의 철학이 없는 진단은 사회갈등 해소로서의 진단이라고 할 수 없다.

52) 이해당사자는 어떤 일에 대립하는 이해관계인으로, 갈등당사자는 어떤 목표나 이해관계가 달라 서로 적대시하거나 충돌 또는 그러한 상태의 사람으로 구분한다. 그러나 이를 혼용하여도 무리하지는 않다.

53) 구조물진단에서의 갈등조정은 정부의 행정조직에 의한 분쟁조정과 사법조직에 의한 법원의 분쟁조정과는 구별하여야 한다. 사법조직에 의한 분쟁조정은 법원에서 재판을 통해 시비를 가리는 것과 다르지 않다. 문제해결에 장시간 소요되는 사법적인 절차보다는 정부의 행정조직에 의한 분쟁(갈등)조정이 구속력은 떨어지지만, 문제해결에 효율적이다.

54) 타인과 자신에 대한 관심이 모두 낮은 회피(avoiding)를 가장 비효과적인 갈등관리, 통합(integrating)을 가장 효과적인 갈등관리, 그 중간에 위치하는 타협(compromising)을 보통의 갈등관리로 본다.

1.2.2 구조물진단과 인접 학문

1) 구조물진단과 학제적 접근

모든 인접 학문이 구조물진단과 관계된다고 해도 지나치지 않을 정도로, 구조물진단은 종합 학문적인 분야이다. 그러나 일반인들은 물론 기술자들까지도 구조물진단을 안전진단으로 여기는 경우가 많다.[55)]

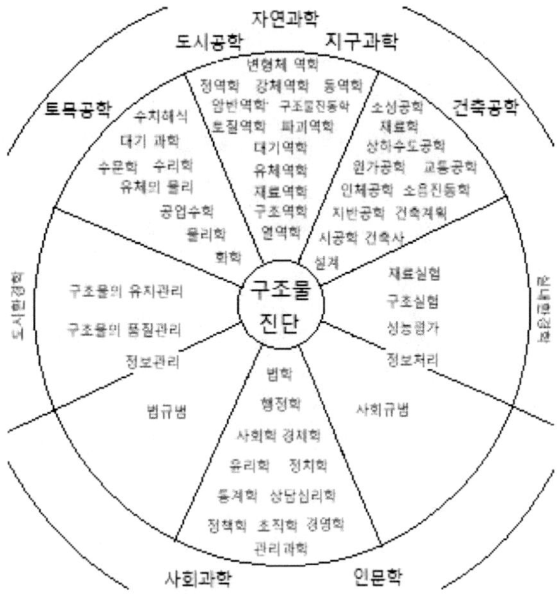

그림 10 구조물진단과 인접 학문

사회적 현안과 관련한 대부분의 구조물진단에 안전성 평가가 진단 내용에 포함되어 있기 때문일 것이다.

구조물진단에 있어서 안전성이 진단의 대표성을 가지고 있는 것은 아니다. 그 대표성이 재건축 여부일 수도 있고, 공사중지나 공사재개 또는 피해 발생에 따른 사실 입증의 감정[56)]평가일 수도 있으며 손해사정일 수도 있기 때문이다. 그래서 구조물진단을 안전진단이라고 통칭하는 것은 구조물진단의 일반 개념에 대한 오류를 불러일으킬 수 있다. 이는 구조물진단에 대한 본질적인 이해 부족에서 비롯한 것이다. 예컨대, 안전도는 구조물진단의 수많은 평가항목 중의 하나이므로, 일괄적으로 안전진단으로 총칭하는 것은 진단의 동기부여에 따라 각기 부여되는 진단목적과 의미를 대표하거나 상징하지 못하게 되

---

55) 재건축진단을 상징하고 대표하는 내용은 노후화로 인한 주택 불량의 정도를 평가하는 것이다. 따라서 평가를 대표하는 내용은 주택의 사회적 환경변화, 노후화 불량, 안전도이다. 불량주택에 대한 노후화 평가가 주안이므로, 그 대표성을 고려하여 '주택 재건축진단', 혹은 '노후화주택 재건축진단'이 주제라 할 수 있다. 그러나 정부의 진단지침서는 '주택재건축안전진단'으로 명기하고 있다. 몇십 년이 흘러, 이 책이 마무리된 2024년에 이르러서야 서울시에서 명칭변경을 검토한다는 보도를 접했고, 발간이 늦어져서 도시 및 주택환경정비법(2025년)에서 재건축사업 안전진단의 명칭을 재건축진단으로 변경되었다.

56) 특정 사실에 대하여 그 전문적 경험에 의한 지식 또는 이것에 입각한 판단을 하는 행위. 소송에서, 전문가에 대하여 어떤 결함의 증상이나 원인에 대하여 보고를 요구하는 것처럼, 법관의 판단능력을 보조시키기 위하여, 특별한 학식 경험자로부터 그의 전문적 지식 또는 경험을 이용한 판단을 소송상 보고케 하는 증거조사. 감식은 감정하여 식별하는 행위이다.

어 진단의 본질을 왜곡되게 만든다.

'재건축을 위한 노후화 불량주택에 대한 정밀진단'을 '재건축을 위한 정밀안전진단'이라고 명명한다면, 불량주택에 대한 노후화를 평가하는 진단에서 주된 항목으로 평가되어야 하는 노후화와 시대적 조화, 재건축의 경제성 및 주거 환경분석 등에 관한 평가가 명칭에 표현되지 못하는 결과가 된다. 이같이 안전진단으로 통칭하게 되면, 외적으로 안전성이 주안인 것처럼 되므로 재건축진단의 목적이 왜곡되어 진단대상의 주객이 바뀌면서 혼선을 빚을 수 있다.

흔히 구조물진단(Structures Diagnosis)을 안전진단으로 이해한다. 그러나 실제로 대부분의 구조물진단은 구조물과 관련한 공동체 사회의 대립과 반목, 서로 다른 개인이나 집단들의 상반된 갈등에서 비롯된 사회현상이다. 따라서 모든 진단은 공학적 접근을 기반으로 하되, 사회규범과의 상관관계를 살펴야 한다. 이를테면, 구조물진단의 내면에는 공동체 사회에서 구조물과 관련한 이해당사자들의 갈등 관계와, 이에 따른 사회규범 준수 여부가 중요한 요소로 작용한다. 인간의 삶에는 법과 무관한 것이 없으며, 구조물 진단의 대상은 구조물이지만, 그 행위의 본질은 사회시스템 속 공동체의 체계와 질서에 대한 진단이라고 할 수 있다.

이러한 이유로 구조물진단은 단순한 기술적 행위를 넘어, 사회과학적 접근이 요구된다. 즉, 구조물진단은 공학은 물론 사회학, 행정학, 정치학, 법학, 경제학, 윤리학, 상담심리학 등의 인접 학문과 종학적으로 상호 작용하며, 구조물, 이해관계자, 진단전문가, 행정기관, 공동체의 구성원들과 함께한다.

『사회학은 인간의 사회생활에 대한 과학적(scientific)인 탐구이다. 과학의 가장 뚜렷한 특징은 경험적(empirical)인 접근방법에 있다. 과학은 진리에 대한 주장이 관찰로부터 얻어진 사실들에 의해 철저하게 검증될 것을 요구한다. 과학적인 의미에서 진실이라고 주장되는 것은 이것이 직관적으로 적합성을 가졌다거나, 권위를 가진 개인이나 집단이 주장하기 때문에 타당성을 갖는 것이 아니다. 오직 알려진 사실에 경험적으로 부합되는 경우에만 타당성을 인정받을 수 있다.

과학자들은 많은 시간을 현장에서 자신이 관심 가지고 있는 현상들을 알아내고 특성을 발견하고, 분류하는 등의 기초적인 작업에 할애한다. 그러나 기초적인 작업만으로는 과학적 목표를 달성할 수 없으며 이는 단지 과학적 탐구의 예비단계에 불과하다. 과학의 궁극적인 목적은 설명(explanation), 즉 탐구대상이 되는 원인을 밝혀내는 것에 있다. 과학은 어떤 사건들에 대한 주의 깊은 관찰이나 측정, 또는 실험 등의 과학적 방법을 적용하여 체계화된 지식을 얻어내는 작업이기도 하다.

사회과학에서의 과학적 설명은 이론적 관점(theoretical strategies)과 이론(theories)의 구성을 통해서 이루어진다. 이론적 관점은 광범위한 일련의 기초적인 가정, 개념, 그리고 기본원칙들을 의미한다. 이런 것들은 사회현상에 가능하면 포괄적으로 적용되도록 고안된 것으로 특정한 이론을 만들어 내고 이 이론들을 검증할 수 있는 연구들을 시작하도록 함에 의의가 있다. 반면, 이론(theories)은 특정한 현상을 설명하기 위해 고안된 진술이나 관련된 진술들의 합이다. 따라서 이론들은 이론적인 관점보다는 훨씬 편협하고 특정화된 개념이다. 이론적 관점은 광범위한 현상에 포괄적으로 적용되며 여러 관련된 이론들로 이루어져 있다. 이렇게 관련된 이론들을 다양한 현상에 적용시킬 수 있는 것은 이들이 유사한 가정, 개념, 그리고 원칙들로부터 도출되어 많은 공통점을 가지고 있기 때문이다.

사회학자들은 이론적 관점과 이론들을 경험적으로 검증한다. 이론적인 관점은 경험적인 검증을 통과한 특정이론들을 만들어 낼 수 있을 때 유효한 것이다. 이론적 관점이 계속해서 많은 검증된 이론들을 만들어 내면 이에 대해 신뢰할 수 있다. 반면, 이론적 관점을 바탕으로 하는 이론들이 검증되지 못하고 거짓으로 판명될 때 이 관점은 부적합한 것으로 판명된다. 따라서 또 다른 연구와 이론화 작업의 기초로서 역할을 하지 못하게 된다.』[57] 흔히 구조기술자들은 구조해석으로 구조물진단에 접근하려고 한다. 그러나 구조는 힘과 재료에 관한 일상의 경험에서 체득하는 직관에서 배우기도 한다. 이를테면, 물질에 대한 경험과 모형, 실험체에 나타난 현상과 대면하면서 이론식을 쓰지 않고도 체계화된 지식을 얻는다.

수학은 공학의 기초가 되는 보조학문으로서 구조물진단의 구조이론 전반에 관련되지만, 평가에 필수적이지는 않다. 구조물진단은 초등수학만으로도 접근할 수 있으나, 고등수학과 밀접한 것으로 보는 경향도 있다. 수학은 구조물에 작용하는 힘의 흐름을 다루는 재료역학과 구조역학, 유체역학, 공기역학 등을 이해하는 것과 관련한다. 구조해석과 설계에 어려운 구조이론이나 고등수학이 중요한 부분을 차지하고 있지 않듯이, 구조물진단 또한 마찬가지이다. 구조물진단은 이론적인 관점과 경험을 바탕으로 이루어진다. 다만, 진단전문가의 사회과학적인 설명은 이미 검증된 사회규범이나 법규범에 바탕을 두고 있으므로 이론화 작업이 크게 요구되지 않는다. 사회과학이론은 인과관계를 설명하는 데에는 유용하지만, 전체를 지배하지는 않는다.

구조물진단행위에는 제도화되어있는 사회시스템을 고려하고 이에 대한 전반적인 이해, 인간사회의 법과 행정, 윤리와 도덕, 도의, 공동선의 문제에 이르기까지 매우 광범

57) 김정선 외 12인 역, 『사회학(인간사회의 구조와 변동』, p.19 일부 전재

위한 분야가 개입한다. 이는 진단행위에 다양한 현장경험과 전문지식이 요구된다는 의미이기도 하다. 그러나 경험이란 항상 좋은 결과만을 주는 것은 아니며, 이를 이론과 접목을 하면 복잡한 문제도 단순하고 쉽게 일을 수행할 수 있게 한다.

구조물진단(structures diagnosis)은 인접 학문과의 유기적인 관계로써 종학적(협조/협동 학문적, interdisciplinary)[58]일 필요가 있다. 즉, 학제 간 접근(interdisciplinary approach)으로 협진의 학제적 연구 성격을 띤 구조물진단은 "공학적인 구조물진단" 자체만으로 존립하기보다는 진단행위와 관련한 구조물 유지관리시스템, 보수보강, 정보관리 등은 물론 여타 사회과학 분야와도 유기적으로 조화를 이루고 있는 범 학문적인 응용 분야이다. 이러한 측면에서, 사회갈등의 구조물진단을 특정한 전문기술자가 수행해야 할 영역으로 한정하는 것은 적절하지 않다. 즉, 구조물진단은 공학의 한 분야로서 홀로 존재하는 학문이 아니라 인접 학문과 교류하고 융합한다. 또한, 학문적으로 여러 전문분야의 전문가와 협진이 필요할 때도 있다. 역사학과 정치학, 혹은 지역학과 사회학, 민속학 등 서로 다른 학문 사이의 학제(interdisciplinary)와 같이, 구조물진단 또한 하나의 주제를 놓고 구조물과 관련된 공학 분야 외에도 정보검토, 통계학, 윤리학, 심리학, 법학, 행정학 등과 연계가 요구되는 학제적, 종학적(綜學的)인 연구(inter-disciplinarity, 전문가와의 숙의가 필요한) 분야이다[59]. 그러나 대부분이 종학적인 진단을 수행할 능력을 배양한 상태에서 독자적으로 추진하는 것이 일반적이다. 진단전문가 측면에서는 공학과 사회과학의 경계를 없애거나 의식하지 않고 수행한다.

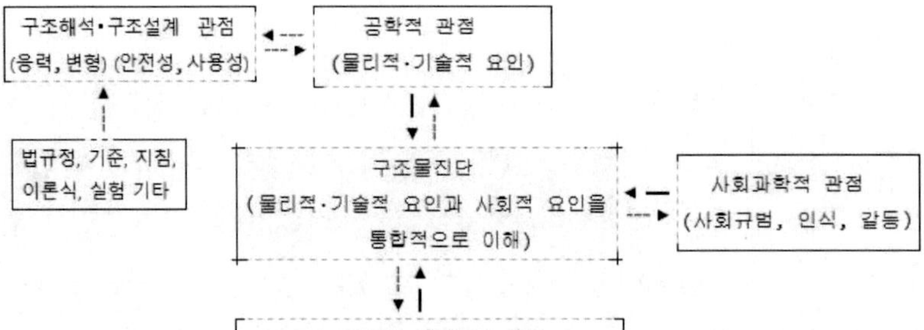

그림 11 구조물진단의 학제적 관계(Interdisciplinary Framework of Structures Diagnosis)/구조물진단은 기술적 판단과 사회적 맥락과의 상호작용 속에서 이루어짐.

58) 학문연구가 분화의 과정을 거쳐 통합화되어 가고 있는데, 사회과학분야에서 1970년대 이후에 통합현상이 전개되어 종합 학문적(綜學的) 또는 學際的(inter, supra, trans-disciplinary approach) 접근방법이 나타난다. 즉, 분화의 시대로부터 통합의 시대로 옮겨 가고 있다.

59) 학제적 연구는 서로 다른 학문을 연구하는 학자들이 각각 독자성을 유지하면서 하나의 주제를 놓고 함께 자료를 찾고 토론하는 공동연구이다.

그동안 과학기술은 학문 분야, 기술 분야, 여느 산업 분야 모두에 있어서 전문성을 바탕으로 세분화된 전문영역으로 나뉘어 분절적으로 발전해 왔다. 그래서 깊은 전문성으로 학문이 분화되어 각 영역이 다루는 폭이 점점 좁아지고 학문영역 간 경계의 벽은 점점 높아지면서 이들 상호 간에 단절되는 상황이 되었다. 인접 학문분야 또는 동일 학문 분야 안에서조차 상호 교통과 함께 보완적이지 않으면, 당해 분야와 타 분야와의 관계성은 물론 당해 분야의 정체성조차 약해진다. 이를테면, 구조물진단의 전문영역이 구조역학과 구조해석이라고 단정하면, "구조물진단=안전진단"이라는 등식이 되어 구조물진단은 안전진단이라는 개념으로 인식될 수 있다. 또한, 과학기술 학문 분야에서는 실증성이 강조되므로 인문학이나 예술 분야와 점점 더 멀어질 수 있다.

구조물진단행위가 특정 분야에 편중되거나 전유물이 되면 자연과학과 사회과학, 인문학이 이질화는 되는 부작용을 초래한다. 수많은 유형의 구조물진단에서 발주자(owner, client)는 구조해석을 과업 내용으로 지정한다. 그러나 법정 정밀안전진단을 제외하고는 구조해석이 적용되어야 하는 경우는 극히 드물다. 이같이 부득이 구조해석으로 안전성을 평가할 수밖에 없는 경우 이외에는 구조물진단에 구조해석이 거의 요구되지 않는다. 이는 대부분의 구조물진단이 인간의 갈등 관계와 관련되기 때문이기도 하다.

법정 정밀안전진단에서는 구조해석에 의한 안전성 평가[60]를 의무적인 사항으로 하고 있다. 이로 인해 점점 구조물진단이 역학을 다루는 구조 분야의 전유물로 인식되기도 한다. 이러한 공학 중심의 구조물진단은 인간 중심에서 벗어나 인문학적인 관점의 윤리나 도덕은 도외시하게 된다.

21세기에 들어와서는 첨단기술의 융합에 관한 연구개발 사업이 활발하게 추진되면서, 전문분야가 세분화되고 단절된 학문 체계의 비효율성이 지적되면서 새로운 융합학문을 모색하게 된다. 이는 여러 학문 간의 벽을 허무는 일이기도 하다. 즉, 분화된 학문의 전문성과 학문의 융합이 문명의 새로운 키워드로 등장하게 된 것이다. 실제로 첨단의 정보기술(IT), 생명공학기술(BT), 나노기술(NT) 분야들은 융합을 통해 새로운 분야를 창출하고 새로운 기술을 개발하여 인간의 생활세계 전반을 새롭게 변화시켜 가고 있다. 과학기술 분야에서 보자면 뇌와 의식에 관한 과학적 지식은 의학, 화학, 생물학, 심리학, 언어학 등의 융합 연구를 통해 생성되고 있는 것을 볼 수 있다. 로봇기술 또한 여러 분야의 기술융합의 산물이다. 세분화한 기존의 학문 체계에서는 만들 수 없는 작업이 융합을 통해 이루어지고 있다. 이러한 융합의 과학기술과 마찬가지로, 진단전문가 또한 공

60) 안전성 평가에 필요한 계측, 측정, 조사 및 시험이 수반되며, 위험성 평가는 잠재위험을 사전에 도출하는 것으로 이를 제거하는 활동이다.

학에 기초한 전문분야의 경계를 뛰어넘는 영역들과 융합되었을 때 자신의 정체성이 확립될 수 있을 것이다.

구조물진단도 이같이 학제적인 분야이지만 그 근본은 공학이며, 그것도 공학 전반에 대한 총론을 적용하기보다는 과학적으로 정립된 원론에 바탕을 둔 실용적인 응용과학이다. 토목·건축구조물진단 분야에서 그동안 학제 간 연구가 전혀 없었던 것은 아니지만, 이는 구조물 공학에서 각 개개인이 전공 분야별로 독립적인 평가를 한 뒤에 이를 종합하는 형식을 취했기 때문에, 이는 엄밀한 의미의 인접 학문 혹은 여타학문 간의 학제 간 평가로 보기 어렵다.

구조물진단이 학제 간 또는 다 학문적 접근에 의존할 수밖에 없는 - 즉, 학제 간 접근 또는 다 학문적 접근[61]이 현실문제를 해결하는데 필요한 이유는 산업화한 사회에서 표출되는 갖가지 문제가 너무나 복잡·다양하여 어느 한 분야에만 의존해서 해결하기에는 그 한계가 있기 때문이다. 다시 말해서 오늘날 인간이 직면한 문제는 너무나 복잡·다양하여 어느 한 분야만의 노력으로는 해결하기 어려운 것들이 많으므로 학제간(學際間))의 공동노력으로 범 학문(汎學問)적으로 풀어가야 할 필요가 있게 되었다. 이는 법원에서 민사소송을 판사 독단으로 판결하는 것 같지만, 그 내면에는 관련 전문가와 연계된 학제 간의 공동노력이 포함된 것과 같다. 즉, 구조물과 관련된 사회갈등이 구조물진단만으로 해소되거나 해결되는 것이 아니라, 보편타당성의 사회규범이나 판결과 같은 최상위단계에까지 이르러서야 종결될 수 있다는 것이다.

이러한 의미에서 구조물진단도 자연과학은 물론, 여타 사회과학으로부터의 도움을 받는다.[62] 즉, 구조물과 관련한 어떤 사회현상의 문제를 해결하기 위해서는 법률·행정학은 물론이고, 화학·물리학·사회학·경영학 등과도 연계될 때도 있다. 구조물진단과정

61) 각 학문 또는 전공 분야가 독자성을 유지하면서 다른 학문과 전공 분야와 공유와 협조 관계를 이루어 어떤 문제를 공동으로 해결하려는 방법을 학제 간 접근방법이라고 하며, 두 개 이상의 학문이 각각 독자성을 버리고 융합하여 새로운 학문 또는 전공 분야를 형성하여 어떤 문제를 해결하려는 방법을 다 학문적 접근방법이라고 한다(김형렬, 정책학, pp 17-23). 이러한 의미에서 법관의 독자적 판결을 배심원제로 혹은 순전히 법학을 전공한 법관 이외에 세무, 노무, 회계, 의료 등의 전문가를 적재적소에 배치하여 판결에 이른다면, 이 또한 판결의 유사 다 학문적, 학제 간 접근이라고 할 수 있을 것이다.

62) 공학 계열의 대학 교과과정에서 언어, 인문, 사회, 자연과학 분야의 교양과목을 이수하도록 하는 교육과정을 학제 간 범학문의 교양 교육으로 볼 수 있다. 교육학 용어사전에 인문학(人文學, humanities)을 인간의 사상 및 문화를 대상으로 하는 영역으로 정의하고 있고 자연과학(自然科學)에 대립하는 영역으로, 자연과학이 객관적으로 존재하는 자연현상을 다루는 데 반하여 인문학은 인간의 가치 탐구와 표현활동을 대상으로 한다. 광범위한 학문영역이 인문학에 포함되는데, 미국 국회법에 규정된 것에 따르면 언어(language)·언어학(linguistics)·문학·역사·법률·철학·고고학·예술사·비평·예술의 이론과 실천, 그리고 인간을 내용으로 하는 학문이 이에 포함된다. 그러나 그 기준을 설정하기는 매우 어려우므로 이에 대한 의견의 일치가 이루어지지 않고 있다. 예를 들면 역사와 예술이 인문학에 포함되느냐, 안되느냐에 대한 이론(異論)들이 있기도 하다.

에서 당면한 문제를 공학 이론만으로 해법을 마련하기 어려우므로, 사회규범에 대한 검토, 실증적 연구나 실무적인 경험 등으로 묘안을 찾는다. 이는 학계와 실무계의 관계가 일방적이 아니라 쌍방으로 이루어져야 한다는 것을 의미한다고 할 수 있다.

만일에 구조물진단을 공학적으로만 접근한다면 이는 공동체 사회에서 인간과 인간, 인간과 구조물 간에 얽혀 있는 구조물과 관련한 사회현상보다는 구조물에 나타난 현상만을 다루게 될 것이다. 그래서 구조물진단은 인간이 당면한 사회의 복잡·다양한 현실문제를 다루면서 학제적으로 접근하는 진단행위가 '사회갈등관리'라는 새로운 가치를 갖게 된다. 다시 말해서, 자연과학과 사회학, 인문학의 다양한 기초학문이 학제적으로 융합되었을 때, 구조물진단이 제 기능을 발휘할 수 있다. 이같이 구조물진단이 학문 분야로서 가치를 갖게 되려면 먼저 구조물진단과 관련된 여러 분야가 연계되어 하나의 분야로 작용하였을 때이다. 이때 비로소 구조물과 관련한 사회현상을 다루는 실용학문 또는 응용학문으로 정착될 수 있다. 그렇다고 사회과학의 전공자가 구조물진단을 수행할 수 있는 것은 아니다.

시설물의 안전관리를 구조물의 종류에 따라 교량, 터널, 수리 시설물, 항만, 건축물로 나누기도 하지만, 이는 안전관리의 제도화에 따른 진단전문기관의 지정을 위한 구분이다. 구조물진단은 구조형식, 갈등의 상황(민원·소송·하자 등), 공학 분야(구조, 토질, 재료, 설계 등)에 따라서 여러 가지로 파생된다. 그러나 구조물진단을 각각의 전문가에 국한하여 진단하도록 하지는 않는다. 즉, 구조물진단은 다학제적으로 응용되는 분야이므로 굳이 특정 기술자로 국한할 필요는 없다. 우선 갈등관리의 구조물진단은 편향된 평가를 지양하고 최선의 사회갈등관리를 위해 충분한 지식과 경험이 있는 진단전문가이면 된다. 그리고 필요시에 인접 분야의 전문가가 참여하는 협업 시스템으로 수행한다. 그러나 차후 점증적으로 갈등관리의 구조물진단이 정착되면, 전문가집단의 엔지니어링활동주체의 사업영역으로 발전할 수도 있을 것이다.[63]

2) 인간사회의 구조물진단

법적으로 제도화된 안전진단은 인간이 겪고 있는 외적 갈등에 대한 배려보다는 대부분 공학적으로 구조물의 안전도를 평가하는 것이 주된 내용이다. 그러나 인간의 외적 갈등에서 비롯한 구조물진단은 사회학이나 행정학, 법학, 정치학, 상담심리학과 같은 인문사회과학과 자연과학이 연계되어 있다. 따라서 구조물진단은 공학적인 평가와 함

63) 엔지니어링활동주체는 의사의 자격 및 면허제도와는 근본적으로 다르다. 엔지니어링활동주체는 등록제이다. 이를 자격 및 면허로 제한하면 직업종사를 제한하는 것이 된다.

께 행정절차와 법규범 등과의 연관성 조사와 평가로 진행될 수밖에 없다.

구조물진단에서 융복합의 의미는 각각의 구조물에 대한 이론과 기술뿐만이 아니라, 사회학, 경제학, 인류학, 철학 등과 같은 인문사회학이 서로 경계를 넘어 어느 정도 복합되면서 새로운 가치를 만드는 일이다. 그래서 구조물진단은 각종 구조물과 관련한 인간 세상의 복잡한 이해관계의 내용을 다룰 수밖에 없는 태생적으로 그 응용영역이 범 학문적인 융(복)합의 여러 요소를 가진 분야라고 할 수 있다.

모든 학문에서 사회학과 인문학이 배제될 수 없듯이, 사회현상을 다루는 융복합 학문으로서의 구조물진단 또한 마찬가지이다. 만일에 구조물진단에서 인간관계를 포함한 융합학문으로서의 여러 요소가 배제된다면, 공동체 사회의 사회현상과는 별개로 건조한 순수 공학적인 평가에 그친다.

구조물진단이 지향하는 주된 목표는 구조물이 생로병사 하는 과정에서 구조물과 관련하여 사회공동체에서 발생하는 사회현상을 조사 연구하여, 합리적이고 과학적인 처방을 통해서 서로 다른 개인이나 집단들의 상반된 갈등을 조정하고 해소하는 것이다. 즉, 대부분의 구조물진단에는 사회시스템의 작동과 함께 발생하는 인간 사이의 상반된 이해와 관심으로 인한 갈등이 내재 되어있으므로 이를 치유하는 일도 포함되어 있다. 이 때문에 진단전문가는 사회현상을 다루는 직업인으로서, 사실적으로 인간적으로 이해당사자 간의 갈등을 해소해야 하는 책무도 있다.

개인과 기업은 생계 수단과 용역대가로써 보수를 받고 사회봉사 하는 동시에 사회구성원으로서 책무가 있다. 여기에서 개인과 기업의 이익 추구는 근본적으로 개인의 삶과 기업의 경영과 직결되며 사회적인 책무도 있다. 진단전문가 또한 이익 추구와 함께 인간적으로 이해당사자 간의 갈등을 해소하는 사회봉사자로서 인간사회에 대한 특별한 책무가 요구된다. 이는 특별한 기술과 지식으로 봉사하는 직업인이기 때문이다. 또한, 진단행위에 사적인 관계를 드러내며 이해당사자에게 영향력을 행사하려 하거나, 사실과 다른 거짓 내용을 보고서에 기록하거나, 객관적 사실을 과장 또는 누락, 오도(誤導)하지 않아야 한다. 요컨대, 구조물진단행위에는 인간애도 포함되어야 한다.

1.2.3 구조물진단과 사회적 역할

갈등(conflict)은 둘 또는 그 이상의 양립할 수 없는 욕망, 목표, 동기들이 동시에 일어나서 모두 달성할 수 없을 때 경험하는 불쾌한 정서를 말한다. 인간의 욕구는 다양하므로 상반되는 욕구들이 동시에 발생하여 대립하는 상태가 된다. 갈등상태에 있는 사람은 고민이나 불확실성의 경험으로 스트레스(stress)를 경험한다. 다시 말해서 갈등은 두 개 이상의 장의 힘(field forces)이 대립하여 이것도 저것도 이룩하지 못하여 스트레스를 겪는 경우이다. 이러한 갈등은 서로 반대되는 내적 욕구가 있거나 두 개의 가치가 상충할 때 생겨나며, 반드시 그중 하나를 선택하도록 강요하게 된다. 구조물 진단에서의 갈등 현상은 이러한 개개인의 내적 갈등에 따른 다른 사람과의 관계에서 발생하는 외적 갈등이다.

그림 12 욕구 지향의 이해당사자/공동체 사회에 형성된 거래는 동등한 위상이 되도록 하는 것이 목표이다. 발주자는 상위의 통제 주체이지만, 경험, 관리제도, 조직의 정도에 따라 달라지기도 한다. 이해상충관계에서 발주자가 항상 갑의 위상을 갖는 것은 아니다. 발주자와 설계자의 계약에서 발주자는 갑의 위치에 있으나, 법령에 따라 설계자가 감리 및 준공검사를 겸하면 설계자의 위상이 높아진다. 이 경우에 설계 하자가 은폐될 수 있다. 설계, 시공, 감리, 준공검사는 상호견제가 필요하다.

인간은 태어나면서부터 크고 작은 어려운 사건들을 경험한다. 이러한 사건으로는 자연재해나 소음, 진동 등에 의한 피해, 사업 주체 간의 이해 상충에 따른 대립과 경쟁에 의한 다툼 등이 있다. 피해나 다툼은 여러 사람이 겪기도 하고 개인적으로 혼자 겪는 것도 있다. 또한, 이들로부터의 정신적 갈등도 있다.

스트레스란 현재 개인의 능력으로 대처하거나, 견딜 수 없는 새로운 환경적 요구에 부딪힐 때 느끼는 생리적 및 정서적 긴장 반응이다. 사람들은 스트레스에 대처하여 자신의 욕구를 충족시키려고 하는 노력을 하며 이러한 과정을 적응[64]이라고 한다. 이는 인간이 환경과 조화로운 관계를 유지하기 위하여 사회학적으로 개인의 욕구를 충족시키는 능동적인 상호작용이라고 할 수 있다.

개인이 스트레스를 받는 상황에 놓이게 되면 이를 중화하거나 벗어나기 위해 여러 가지 반응을 나타내는데 이같이 스트레스를 관리하는 과정을 대응(coping)이라고 한다. 그래서 대응하는 과정에 있는 개인들은 그 상황에 타협하는 길을 모색하거나 대립으로 작정하기도 한다. 공동체 사회에서 구조물과 관련하여 나타나는 사회현상으로 스트레스를 받는 상황이 되면 그에 대해 반응하는 과정에서 구조물진단이 갈등조정과 해소의

64) 인간이 어려운 갈등상황에 직면했을 때, 목표달성을 위해 대처하는 방법(적응방법)은 일반적으로 자신을 스스로 보호하려는 무의식적으로 방어반응을 하는 방어기제, 부정으로 방어하는 기제, 정당화하기 위하여 합리적이고 사회적 환경으로 받아들일 수 있는 이유를 붙이는 방어기제로 구분된다.

도구로써 이용될 수 있다. 즉, 구조물과 관련하여 발생하는 인간 사이의 갈등이 '사회현상'으로 돌출되어 구조물진단으로 이어진다.

인간이 구조물에서 추구하는 공통목표는 안락한 삶의 질 향상이지만, 현대에 이르러서는 재산으로서의 가치추구가 매우 강하다. 토목건축공학은 이를 달성하기 위한 응용과학이며, 공학인들은 이에 부응하기 위해 보기에도 좋고(美), 튼튼하고(構造), 제반 기능을 하는 구조물들을 만들어 왔다. 그러나 현대사회는 미・구조・기능을 갖춘 구조물을 만드는 것만으로는 부족하다. 이러한 구조물로 인해 공동체 사회에는 온갖 갈등이 형성되는데 이를 원만히 해소해야 삶의 질도 향상된다. 요컨대, 공동체 사회의 모든 구조물이 인간과 관련되지 않은 것이 없듯이, 구조물과 관련하여 인간 공동체 사회에는 상호경쟁, 규범과의 마찰, 권한과 책임으로 인한 마찰, 사회구성원 간의 이해 상충에 따른 대립 등 복잡한 갈등이 형성되어 있다. 여기에서 "구조물진단이 인간관계에서 형성된 인간의 갈등문제를 다루는 사회적인 역할이 있다"라고 할 수 있다.

인간관계가 궁극적으로 지향하는 것은 안정과 조화이지만, 현실은 분열과 갈등의 지속이다. 분열과 모순 자체가 질서를 만드는 본질이라는 점에서 갈등은 보편적 현상이며, 서로 상충하는 갈등이 부단하게 생성・변화하는 곳이 공동체이다. 공동체에는 갈등과 조화, 다툼과 평화가 언제나 존재한다. 이러한 다툼과 평화로움 속에서도 분열과 모순이 횡행하는 사회에서 외적으로 표출되는 수많은 현상을 구조물진단은 생산적으로 수용할 수 있어야 한다. 구조물은 인간의 개성만큼이나 그 구조형식과 특성이 매우 다양하며, 그 구조물에 발생하는 결함도 헤아리기 어려울 정도이다. 또한, 이러한 구조물에 못지않게 이들 결함으로 인한 사회구성원들 간의 갈등과 다툼을 해소하기 위한 다종다양한 구조물진단이 장소와 시간을 가리지 않고 발생한다.

이러한 점에서 구조물진단은 보편적이고 상식적인 사회시스템에 따라 인간관계와 함께 형성된다. 그러나 개인이나 집단의 욕구를 충족하기 위한 행동에는 많은 제약이 따르게 마련이므로 이들의 욕구를 충족시키는 과정이 언제나 순조롭게 진행되지는 않는다. 이러한 제약 속에서도 인간은 자기의 욕구를 포기하지 않고 자신의 조건과 특성을 환경과 조화시키면서 욕구를 충족시키려고 노력한다. 요컨대, 구조물에 결함이 발생하거나 돌발 사고가 터졌을 때 이를 어떻게 처리할지를 놓고, 혹은 구조물 사고와 관련하여 이해관계자들과 어떤 시비가 일어났을 때 받는 스트레스에 대처하여 이에 능동적으로 스스로 대응하려고 노력한다. 이를 스스로 해결할 것인가? 비용을 들여서 누구에게 맡길 것인가? 등으로 결정을 내리기까지에는 상당한 스트레스를 받는다. 그러나 세상에는 양립할 수 없는 상반된 목표를 모두 동시에 만족할 수 없는 갈등이 무수히 많다.[65]

이러한 인간의 스트레스에 대처하여 자신의 욕구를 충족시키는 노력으로 사회에 적응하면서 구조물과 관련한 갈등을 조정하고 해소하고자 하는 도구 중의 하나가 바로 구조물진단이다. 즉, 구조물과 관련하여 사회공동체 내의 사회현상과 함께 발생하는 구조물진단은 갈등관리의 도구로써 인간의 삶과 함께하고 있다. 그래서 갈등 속에서도 인간의 삶이 구조물에 의해서, 사회는 구조물진단으로 더욱더 안전하고 풍요롭게 살아가고 발전해 간다. 또한, 구조물진단이 법의 테두리 안에서 수행하지만, 이러한 도구를 법정(法廷) 이전에 이용함으로써 삭막한 사회를 보다 완화하는 작용도 한다.

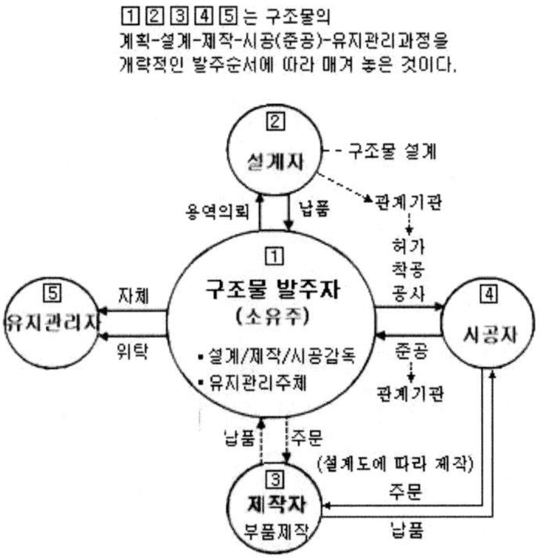

그림 13 발주자 중심의 이해 상충관계(예)/구조물 발주, 설계, 시공, 감리, 부품제작, 유지관리 행위에는 상호갈등이 형성될 수 있다. 여기에 부품제작, 준공 후 유지관리를 발주자의 계열사에 맡기는 경우 이해관계는 더욱 복잡해진다.

이러한 점에서, '구조물진단'은 공동체 사회의 갈등을 조정하고 해소하는 도구가 되어야 한다. 이렇게 구조물과 관련하여 발생하는 사회현상은 일종의 협의의 작은 정치사회와 같다. 이 경우에 구조물은 자연 과학적으로, 현실문제에 대해서는 사회과학적으로 사실에 기초하여 접근한다. 그래서 구조물진단은 건축·토목공학의 독자적인 분야로서가 아니라, 법학, 윤리학, 행정학 등의 학제 간(inter-discipline)의 연계와 연구, 실용적이고 실제적 경험이 투여된다. 즉, 다른 학문 분야와 마찬가지로 종학적으로 융합되어 인간사회에 발생하는 사회적 현실문제를 해소한다.

사회공동체에는 구조물과 더불어 발생하는 인간 사이의 다툼이 항상 존재하기 마련이고, 여기에는 인간의 모습이 담겨있다. 건물, 제방, 교량, 철도, 도로 등 다종다양한 구조물과 관련한 다툼에도 다양한 인간의 욕구만큼이나 공동체 사회의 수많은 갈등을 그대로 담고 있다. 구조물의 기획 및 계획단계에서의 기초자료조사, 설계단계에서, 시공단계에서, 또는 기존구조물의 유지관리단계의 생로병사과정에서 이상 현상이 나타났을 때, 이와 관련된 이해 상충에 따라 이를 대하는 인간의 모습 또한 다양하다.

환자가 의사와 대면했을 때에는 자신의 모든 표현력을 발휘하여 병의 증상을 털어놓아야 의사는 이를 토대로 상태를 파악하여 적절한 처치와 처방을 할 수 있다. 그러나 구조물진단에서는 이익문제가 걸려 있는 관계자들의 이해관계에 따라 득과 실이 첨예하게 대립되기 때문에, 환자와는 달리 증상을 솔직하게 있는 그대로 털어놓고 소통하

65) 최승희 외 1,『심리학개론』, pp. 291-309. 이옥형 외2, 『교육심리학』, pp. 296-302 참고.

려 하지 않는 경향이 있다. 그래서 진단전문가는 이해당사자들과 함께 갈등문제를 공유하고 공감하려 하지만, 이해당사자들은 소극적이다. 여기에 갈등 해소를 위해 진정성을 가지고 그들과 함께하는 것이 구조물진단이다. 이러한 구조물진단은 현재로서는 토목건축기술자로서 실제적인 경험과 능력을 갖춘 행정, 법무에 밝은 업무 능력이 있으면 누구나 참여할 수 있을 것이다. 이를테면, 정규 교육과정 혹은 교육을 받지 않아도 전문분야의 능력자 될 수 있다. 이는 학력과 무관한 개인의 능력에 따른 직업활동을 의미한다. 그러나 모든 분야에서 정규 교육과정과는 괴리된 자격시험과 면허제가 만연하고 있는 현재과 같은 상황에서는 이에 부응해야 하므로, 진단업무를 수행할 수 있는 요건을 명료하게 정리하기는 어렵다.

전문가의 지식과 능력은 끊임없는 연구와 실무경험을 통해 얻어진다. 즉, 연구와 관찰, 실험을 통해 공학적인 문제를 풀려고 할 때 얻을 수 있다. 비록 컴퓨터 프로그램에 의한 해석이나 수학적인 모델링이 대단한 유용성을 갖고 있다고 할지라도, 이를 이해하지 못하면 지식화될 수 없다. 진단전문가는 표준적인 답을 얻어내는 것이 아니라, 기존의 지식과 기술에 기초하여 문제에 대해 진일보한 답을 만들어서 내놓는 것이다. 깊은 지식과 기술력, 경험이 쌓이면 어떠한 문제이든 상황 파악을 빠르고 정확하게 한다. 전문가는 사회현상에 대한 수많은 각양각색의 문제를 경험함으로써 기술력과 평가능력을 높이게 되는데, 문제점에 대해 어떠한 지식과 기술을 적용하면 좋을지, 관계자와 함께 상황을 청취하는 순간 무엇이 문제이며 구조물의 어디에 문제가 있는지를 이론적으로 정확하게 혹은 완전하게 설명할 수도 있어야 한다. 종국적으로는 사회갈등 해소와 함께 구조물진단에서 얻어진 지식이 환류(feedback)되어 구조물의 설계와 시공, 유지관리 등에 연결되게 하였을 때, 해당 업무에 대한 소임을 다했다고 할 수 있다.

1.3 구조물과 인간의 생로병사

표 1: 구조물과 인간의 생로병사과정(笠井芳夫, p. 17 참고)

구조물계획	건축의목적	자금조달	토지선정	설계자선정	**설계**	기본설계	구조물 도면완성	시공자선정	**착공**	실행예산	변경·실시설계	재료	콘크리트배합	거집·배근	콘크리트타설	양생	마감·준공도면작성	**준공**	증축·개축	사고·용도변경	환경변화·매매	성능저하·보수	**계획수명**	보강	사용정지	**해체폐기**
																			⇒ 건물의 노화							
																			⇒ 인간의 노화							
수태					**태교**				**출생**									**성인**	결혼·이혼	전근·부서변경	근무처변경·전직	고령화·노화	**정년퇴직**	병기·입원	양로원	**사망**
(태 아)									(양육·교육)																	
유전자 ⇒ 태교									유아 ⇒소년 ⇒ 청년																	
									0세									20세								

계획·설계단계										시공단계		사용단계							해체
구조물 계획 (생애주기) 진단	사업계획입안	사업계획검토	입지검토·타당성검토	설계·구조설계·자문·심의	**건축허가 신청**	계획도면검사	설계도면심의	해체·철거·멸실신고	**착공 이후의 진단**	시공 과정에 수반되는 품질관리•검사시험•감리•민원제기 등의 제반 진단	**준공 이후의 진단**	유지관리·하자·이관·민원	부동산 감정평가·손해배상	부동산 매매·임대분양전환	증개축·개보수·리모델링	**내구수명 평가진단**	재생	재건축·재개발	**해체·폐기 처분을 위한 진단**

구조물의 생로병사과정은 사람이 태어나서 늙어가고 병들고 사망에 이르는 과정과 비견할 수 있다. 건축물은 인간과 환경과 끊임없는 상호작용이 일어나는 곳이므로, 생로병사 전반에 걸쳐서 인간의 기본적, 사회적 욕구를 충족시켜줄 수 있도록 계획·설계·시공·감리·유지관리를 하여야 한다. 이러한 과정에서 수반되는 모든 문제를 조사하여 평가하고 해소방안을 마련하는 것이 곧 진단전문가의 임무이기도 하다.

인간은 수태와 태교 과정을 거쳐 신생아로 세상에 탄생하여 어김없이 시간과 더불어 노화되고 사망하는 생로병사의 과정을 밟는다. 통상 인간은 수태→태교→출생→영유아 → 아동→청소년→성인→정년퇴직→사망하는 과정을, 구조물은 기획과 계획→설계→착공→시공→준공→유지관리→해체폐기의 생로병사의 과정을 밟는다.

인간과 구조물은 생물과 무생물의 차이는 있지만, 과정에 있어서 여러 가지 점에서 공통점도 있다.

인간은 부모와 선조의 유전자를 이어받아 수태하고 태교 과정을 거쳐서 출생하게 되면 양육과 교육을 통해 영유아에서 청년으로 성장하여 18세에서 20세를 전후해서 성인이 되어 사회인으로서 생활을 시작한다. 이후 성인으로서 인생의 새 출발과 함께 사회생활을 하면서 결혼도 하게 되고, 군 입영, 직장에서의 승진과 탈락, 근무처 변경, 사업실패, 때로는 속임 당하는 등의 풍상을 겪으면서 스트레스로 질병에 노출되며 노화되고 고령이 되면 정년퇴직을 하게 된다. 때로는 병마로 입원하기도 하고, 뜻하지 않은 사고로 상해를 입기도 하며, 노화와 더불어 양로원에서 여생을 보내는 등 인생의 생로병사의 과정을 거쳐서 결국 사망에 이르면 신고를 하게 된다. 그러나 인간의 이와 같은 일련의 과정은 개인마다 조금씩 다르다. 특히 출생 이후의 인생과정은 각 개인의 환경요소와 자기 관리능력에 따라 변화되기 때문에 상당한 차이를 나타낼 수 있다. 사회에 진출하는 시기나 정년 퇴임하는 시기, 사망에 이르는 시점 등은 개개인의 생활환경과 건강관리의 정도에 따라 큰 영향을 받기 때문이다.

인간이 쾌적한 삶을 영위하기 위해서는 우선 건강하여야 한다는 것은 두말할 나위가 없다. 그래서 건강한 신체를 위해 수태에서부터 사망에 이르기까지 건강관리를 한다. 여기에서의 건강은 신체적, 정신적, 사회적으로 건강하여야 한다는 의미이다. 출생과정에서의 건강의 정도는 좋은 유전자, 수태와 태교 등에 의한 선천적인 요인이 지배적이지만, 출생 이후부터 사망할 때까지는 선천적인 것과 함께 그가 몸을 담고 있는 생활환경이나 개인의 관리능력 등 후천적인 요인이 크게 작용하는 것이 일반적이다.66)

구조물은 인간으로부터 내력, 내후, 내풍, 내화, 내진 등의 자양분을 머금고 탄생한다. 이때가 구조물에서는 준공에 해당한다고 볼 수 있다. 인간의 욕구에 맞추어 좋은 구조물을 건축하고자 한다면, 우선 건축에 필요한 충분한 자금을 조달하고 건축할 양질의 대지도 선정하여야 할 것이며 교통 · 강우 · 홍수량 · 사회적 환경여건 등의 파악은 물론, 설계할 우수한 설계자도 확정하여야 할 것이다. 즉, 건축하고자 하는 구조물에 대한 건실하고 양질의 품질을 지닌 충실한 계획이 우선 수립되어야 한다. 이와 같은 구조물의 계획과정은 새로운 인생을 꾸미고자 결혼자금을 모아 삶의 보금자리를 마련하고, 동시에 좋은 배우자를 선택하여야 하는 인간의 수태 과정과도 비교할 수 있다.

인간에 있어서도 배우자의 유전자와 태교의 중요성이 강조되는 바와 같이, 구조물도 마찬가지로 건전한 설계자의 정선된 지식과 기술, 건전한 윤리의식이 구조물의 완성에

66) 인간의 생로병사과정을 구조물에 대비하기도 하고, 농작물에 비유하기도 한다. 이를테면 양질의 농작물을 얻기 위해서는 우선 좋은'씨앗'이 필요하듯이, 구조물도 선천적으로 건전한 구조물을 얻기 위해서는 계획 및 설계단계에서부터 좋은 '씨앗'이 뿌려져야 한다. 이뿐만이 아니라 좋은 씨앗이 건강하게 싹을 틀 수 있는 좋은 '토양'이 필요하다. 그리고 구조물이 완성되어 원래의 성능을 유지하고, 쾌적한 삶의 공간을 위해서는 농작물과 같이 적당한 물과 비료, 김매기 등과 같은 정성 어린 유지관리가 필요하다.

매우 중요한 요소로 작용한다. 이러한 상태에서 구조물이 계획되고 설계도서가 완성되었다고 하더라도 구조물을 건축하기 위한 허가와 함께 자금과 건실한 시공능력자가 선정되어야 이를 믿고 착공에 들어갈 수 있다. 이때를 인간의 생로병사의 과정으로 치면, 구조물이 기본설계도면으로 세상에 그 모습을 드러낸 상태로써 출생 시점(0세)으로 볼 수 있다. 그러나 이같이 정선된 기술과 건전한 윤리의식에 의해 구조물이 기본설계도로서 세상에 그 모습을 드러낸 출생 시점이라고 할지라도, 구조물이 인간사회에서 실제로 사용되기 위해서는 수많은 재료투입과 양생과정이 필요하다. 정선된 재료를 투입하고 건전한 양생이 되었을 때 건실한 구조물을 기대할 수 있기 때문이다.

출생 이후에 유아⇒소년⇒청년이 되는 과정에서 부모의 애정, 양육과 교육의 정도는 성인에 이르렀을 때의 건강과 품격형성에 영향을 미친다. 마찬가지로 구조물을 착공한 이후에는 사회 제도적 환경, 투여자금과 시공자의 노력 정도는 준공 구조물의 품질에 큰 영향을 미친다. 구조물이 준공되었다는 것은 이때부터 소정의 목적으로 인간이 사용할 수 있다는 것을 의미한다. 즉, 구조물이 사용성과 안전성을 확보하였으므로 인간이 구조물을 사용하여도 좋다는 것이다. 그래서 구조물의 준공에 해당하는 시점은 인간의 생로병사과정으로 보면 일반적으로 성인이 되었을 때를 일컫는다. 인간의 18세에서 20세는 수태 과정을 거처 유아에서 청년으로 성장하여 성인이 되었으므로 이제는 부모의 애정, 양육과 교육 지원에서 벗어나 최소한 이때부터는 사회에 진출하여 활동할 수 있으며 사회인으로서 사용될 수 있는 시점일 것이다.

구조물의 사용성과 안전성은 준공된 이후에 외기환경에 따른 스트레스나 노후화, 증·개축, 개보수, 용도변경, 구조변경, 구조개선, 불의의 사고에 의한 손상 등의 변화가 발생하더라도 유지하고 있어야 할 성능이다. 그렇다고 구조물이 계획수명 동안만 유지되어야 한다는 것은 아니다. 구조물의 계획수명이 다되었다고 할지라도 그것은 계획수명일 뿐이므로 사용성과 안전성을 상실한 것으로 간주하여 구조물을 폐기하여야 하는 것은 아니다. 인간은 노령·노화와 더불어 정년퇴직을 하게 되고 고령으로 생리적으로 회복 불능의 상태에 이르면서 결국 사망에 이른다. 이러한 관점에서 구조물의 계획수명 시점은 인간의 정년퇴직 시점과 대응시킬 수 있다. 그러나 계획수명에 이르렀다고 할지라도 구조물은 수명연장을 위한 수단을 동원하여 구조물로서의 성능을 계속 유지할 수가 있다. 그러다가 구조물이 사회경제적 측면에서도 도저히 유지하기가 곤란한 상태에 이르렀을 때는 구조물이 역사 문화적으로 가치가 있으면 보존하지만, 구조물을 사용정지 시키거나, 사용 폐기하는 과정을 갖는다.

인간의 사망은 죽음 그 자체로서 확정된다. 그러나 구조물은 시간의 경과에 따라 점차 노후화되고 화재나 지진, 기초침하 등으로 제반 성능이 거의 상실되어 해체 폐기하는 상태에 이르면 소유자[67](owner)의 재량으로 절차에 따라 폐기 여부가 결정된다. 이를테면 국가유산(문화재)과 같이 보존가치가 있다고 판단되는 구조물은 개보수・복원 등에 의해 폐기하지 않고 계속 유지하지만, 소유자의 결정과 절차에 따라 기존구조물(existing structures)을 해체할 수도 있고 증·개축이나 신축을 할 수도 있다.

이같이 구조물과 인간의 생로병사 과정은 상호 대응해 볼 수 있고, 또한 유사성을 지니고 있다. 다만, 인간은 생로병사과정에서 노후화와 함께 갑자기 기력이 소실되어 사망에 이르기도 하지만, 무생물인 구조물은 정상적으로 건설된 공작물이라면 일반적으로 갑자기 성능이 저하되어 붕괴하지는 않는다. 다만, 사면·옹벽과 같은 구조물은 돌발적으로 붕괴하기도 하므로 이를 인간의 급사와 관련 지우기도 한다.

구조물과 인체진단 모두 풍부한 지식과 경험, 올바른 윤리적 가치관이 요구된다. 다만, 주로[68] 무생물을 다루는 구조물진단은 전문기술자의 간단한 탐사와 계측, 육안조사 위주로 이루어지며 진단 장비는 전문가를 보조하는 도구이다. 반면에 존엄한 생명을 다루는 인체진단은 현대에 이르러 의사의 전문성과 진단 장비에 의한 검사가 차지하는 비중이 구조물진단과는 비교할 수 없을 정도로 지대하다 할 수 있다.

인간의 안락한 삶과 장수를 위해 건강관리를 하듯이, 구조물 또한 진단과 유지관리를 통해서 건전성(내구성)과 경제적 가치를 유지한다. 인간의 건강진단과 관리가 수태과정에서부터 사망에 이르기까지 이루어져야 하듯이, 구조물도 계획단계에서부터 해체되어 사용이 폐기될 때까지 꾸준히 관리되어야 사용 가치를 유지할 수 있다. 시간이 경과 할수록 노후화로 인해 구조물의 강성이 떨어지면서 내하력이 감소하기 때문이다. 건축물 또한 해체하려는 경우에는 시장 등의 허가권자에게 허가를 받도록 하고 있다.

표 2 : 인체의 건강관리와 구조물의 유지관리

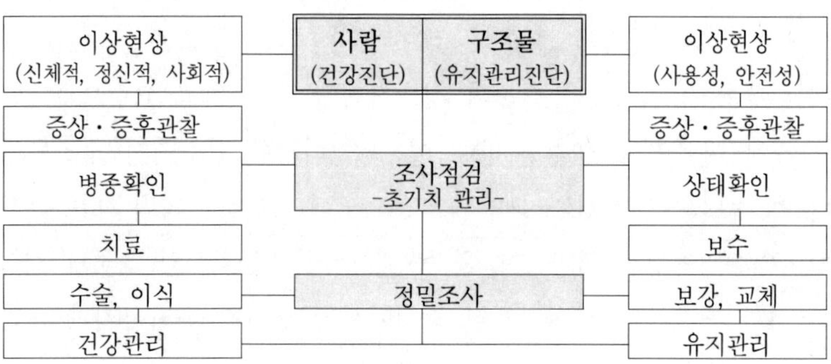

67) 소유주(所有主)는 법적인 의미가 다소 강하나 소유자(所有者)와 구분 없이 사용한다.

68) 여기서 '주로'라고 한 것은 토양에 뿌리를 둔 나무의 위험수목제거, 벌목의 안전한 전지작업을 염두에 둔 것이다.

1.4 구조물의 상태평가

상태평가는 상태조사결과에 따라 행하게 된다. 즉, 상태조사 없이는 상태평가를 할 수 없다는 뜻이다. 점검현장에서의 스케치(또는 현장 노트)에는 형상과 치수 등을 상태 조사한 내용이 포함되어 있다. 상태조사는 상태평가의 자료를 획득하는 일로써 우선 정확해야 한다. 예컨대, 구조물의 상태조사에 있어서 형상과 치수 조사는 진단할 때마다 가장 노력을 기울이는 부분이다. 이는 전문가의 스케치, 측량기, 레벨 측정기, 줄자, 레이저 거리측정기 등을 동원하여 수행해 왔다. 그러나 공간의 상호위치를 측정하고 그 특성을 파악하는 측량만 보더라도, 60년대, 70년대 학교에서 배웠던 평판측량으로부터 측량 장비에 따라 데오도라이트 측량 → 트랜싯측량 → 광파 측량, 현재 일반적으로 사용 중인 GPS(Global Positioning System) 측량에서 드론측량으로 진화되었다. 그래서 드론으로 비행하면서 실시간으로 영상을 보며 상태조사를 입체적으로 정확히 할 수 있다. 즉, 형상재현의 정확도 높은 구조물 상태조사를 하게 되었다.

향후 구조물진단에서 드론이나 BIM(Building Information Modeling)을 활용해야 하는 프로젝트가 출현할 수 있다. 다만, 현재는 구조물진단에서의 활용은 흔하지 않음에도 불구하고, 구조물진단의 상태조사 도구로서 이들의 운용과 활용은 활성화될 것이다.

결과적으로, 상태조사는 이들 ICT(Information and Communications Technology, 정보통신기술) 장비의 많은 도움을 받게 될 것이다. 다만, 상태조사자료에 기초한 상태평가는 대부분 진단전문가의 전문성에 의하기 때문에 그 지배력은 유지될 것이다.

1.4.1 일반사항

건설산업 전체 활동에서 기존구조물에 대한 유지관리는 아마 품질관리를 주안으로 하는 건설 중인 구조물 이상으로 큰 비중을 차지한다. 이는 품질관리기준 못지않게 기존구조물에 대한 평가 기준의 설정이 중요하다는 의미이다.

구조물은 끊임없이 증가하고 있고 실제 경제적인 기여도가 높고 인간의 삶과 함께한다. 또한, 사용자들은 기존구조물이 개보수재생 등으로 더욱 새롭고 신선하게 되기를 바란다. 이와 더불어 이에 대한 평가도 늘어나고 있다. 그리고 대부분의 기존구조물이 현행기준을 충족하지 않고 있으므로, 이에 대한 대책과 조치를 위해서 여기에 구조물진단이 수반된다. 그러나 이와 같은 구조물에 대한 평가 기준, 전문성 부족, 검증, 개념정립이 되지 않은 불안정한 상태에서는 구조물진단이 본 궤도에 이르기 어렵다.

ISO 13822:2010(E) “Basis for design of structures-assessment of existing structures."에는 기존구조물(건축물, 교량, 산업구조물 등)의 평가절차(순서)에 대해서 다음과 같이 기술하고 있다. 이는 요약한 내용이며 여기에 진단 경험을 덧붙인 것이다.

『기존구조물에 대한 평가는 점점 더 중요해지고 빈번하게 이루어지고 있다. 또한, 다종다양한 구조물이 끊임없이 건축되어 사용하는 환경, 경제 및 정치 사회적인 자산이 더욱 증가하고 있다. 이러한 점에서 지속 가능한 구조물이 요구되고 경제성을 유지하는 것과 함께 구조물의 수명연장도 필요하게 된다. 그래서 기존구조물을 평가하려면 일반적으로 전통적인 설계규정의 범위를 벗어나는 정교한 방법을 적용할 필요가 있다.

기존구조물에 대한 진단은 실제의 상황과 상태를 바탕으로 하여 평가하기 때문에, 여러 가지 측면에서 신축구조물을 설계하는 것과는 다른 점이 많다. 이를테면, 기존구조물에는 시공 과정에 내포된 결함 등에 의한 영향, 잔존 수명 및 작용 하중의 변화, 작용 하중과 노후화 등에 따른 재료의 성질 변화, 증·개축 및 개수 등으로 인한 모양 변화, 사용 중의 구조 및 용도변경, 애초 설계 시에 포함될 수 있는 모델링의 불확실성, 유지관리부실 등이 내포되어 있을 수 있다. 따라서 기존구조물에 대한 진단에서는 그 시점에서의 이와 같은 실제적인 모든 변수를 고려하면서 평가하여야 한다.

일반적으로 기존구조물을 평가할 때에는 일반적으로 다음 두 가지를 원칙으로 하고 있다. 첫 번째 원칙은 현재 유효한 검증기준을 적용하고 설계 당시에 유효했던 기준은 지침으로만 활용한다. 즉, 유용한 과학적 지식과 현재 유효한 규정을 포함한 실제 정보를 적용한다. 즉, 애초에 설계될 때의 유효한 규범과 규정은 지침 정보로만 사용할 필요가 있다. 이는 현재 신축 중인 구조물과 유사한 신뢰성 수준을 달성하기 위함이다. 이를테면, 우선 현행법을 포함한 실제적인 정보와 과학 지식을 적용하며, 구조물 건설(설계) 당시의 절차와 규정은 지침 자료(guidance information)로만 사용한다. 이러한 원칙은 구조설계기준의 강화에 따라 현행기준으로는 내진설계를 하여야 하는 경우나 내진설계를 6층 건물에서 3층 이상의 건물로 확대된 경우에 반드시 적용되어야 한다. 그러나 과거에 허용응력설계(WSD)한 구조물을 현행의 구조기준(극한강설계:USD 등)에 따라 반드시 구조검토를 하여야 하는가 하는 것은 시대적인 기술발전과 설계개념의 차이 등을 고려하여 진단전문가의 판단에 의할 수도 있을 것이다.

두 번째 원칙은 구조재료의 실제 특성, 현재의 부재 배치 및 상태, 형상 및 치수, 입력데이터 및 구조적인 거동을 고려하고, 도면을 포함한 원본 문서는 지침 자료로만 사용해야 한다. 즉, 진단 시점에서의 구조재료의 특성, 하중작용, 기하학적 자료(geometric data) 및 구조적인 거동(structural behavior)을 고려하고, 도면을 포함한 원본 문서 등은 참고자료로만 사용한다. 이는 대상구조물의 실제 신뢰도에 영향을 미칠 수 있는 구조적인 조건으로 인한 오류를 피하기 위해서다. 여기에서 도면을 포함한 원본 문서는 지침 자료(guidance material)로 사용하는 것을 원칙으로 한다. 다만, 기존구조물에 대한 평가는 진단전문가의 고유 업무이고 소관이므로 예외적인 평가를 할 수는 있다. 이를테면, 바람직하다고까지는 할 수 없지만, 이해 상충의 사회갈등 해소와 진단의 기본요소(과학적, 합리적, 논리적, 공정성) 및 법규범을 해치지 않는 범위 내에서 과거의 원본 문서를 준용하는 예외적인 평가를 할 수도 있다[69].

여기에서 첫 번째 원칙은 경제적인 측면을 고려하여 새로 설계하는 구조물의 경우와 유사한 신뢰성 수준으로 평가한다. 두 번째 원칙은 대상구조물의 실제의 신뢰성(바람직 또는 바람직하지 않은 방식)에 영향을 줄 수 있는 구조적 조건을 무시해서는 안 된다.

또한, 현장방문(site visit)에 따른 육안조사(visual inspection)는 평가할 때마다 이루어져야 한다. 실제의 경험에 따르면 현장 검사는 실제의 상황(actual situation)과 구조물의 상태평가에 매우 유용하게 쓰이기 때문이다. 일반규칙으로서 구조적인 변경, 수선, 개보수, 사용 변경에 영향을 받지 않거나 명백하게 손상되지 않았거나, 전문가의 판단에 신뢰성이 충분한 구조물의 부분에 대해서는 평가를 생략할 수 있다.

기존구조물에 대한 평가는 신축설계 시의 적용 이론과 다르기도 하지만, 일치하거나 연관되므로 신축설계에 대한 이해는 중요하다. 예컨대, 기존구조물은 증·개축 및 개보수, 재료 및 부재의 성능저하, 과하중의 사용, 기타 설계 및 준공 이후의 상태변경에 따른 영향 등을 고려한다. 즉, 실제로 구조물의 성능에 영향을 미치는 변동사항을 파악하여 평가한다. 여기에는 자연과학과 법규범이 기초한다.

평가절차는 평가대상에 따라 좌우되나, 일반적으로 다음과 같은 단계로 이루어진다.

---

69) 갈등 해소를 위해 부득이 기존의 원본 문서에 기반하여 평가해야 할 때도 있다. 이를테면, 건설 당시에 공동주택(15층) 단지 내의 보존녹지에 근접하여 옹벽을 축조하였다. 이후 주차난으로 도로(폭 4m)를 보존녹지 쪽으로 2m를 넓히고자 한다. 토목 부지조성도에 옹벽은 보존녹지경계선 2m 밖에 위치하였으나, 현재는 옹벽선까지 비오톱(절대 녹지)이 된 상태이다. 이로 인해 기존도로 4m를 확폭하면, 비오톱을 침범하게 되어 현행법에 저촉된다. 한편, 관할지자체는 급경사지의 옹벽을 위험시설물(D등급)로 평가하여 공동주택 관리주체에게 정비를 요청하였다. 그러나 진단의뢰 시에 관리주체는 이러한 사실을 숨겼다. 이때 까지만 하더라도 단지 내에 설치된 옹벽이어서 조경면적만 감소할 뿐이므로 녹지 쪽으로 옹벽을 2m 후퇴 설치할 수 있을 것으로 보았다. 그러나 진단계약 후에 비오톱이라는 사실이 확인되었다. 다만, 건설 당시 토목설계도상의 단지 내 옹벽이 보존녹지에서 2m의 여지를 두고 축조된 상태이므로 옹벽을 여기에 신설하여 도로를 확폭하는 것이 가능하다고 보았다. 현행의 비오톱으로는 검토의 여지가 없지만, 건설 당시의 보존녹지경계선에 준거할 경우는 여지가 있다고 평가한 것이다. 이후에 관리주체는 10m까지 넓혀 달라고 하면서, 주차난으로 민원이 발생하고 있음을 호소하였다. "2m의 도로 확폭으로는 진단의뢰의 의미가 없다"는 주장을 무시할 수도 없고, 현행법을 초월하는 평가도 할 수는 없지만, 비오톱의 해제를 관리주체가 해결할 수 있다고 하여 이를 수용하는 평가를 하였다. 즉, "(생략) 다만, 위험시설물의 급경사지에 대한 위험도를 확실히 해소하기 위해서는 단지 내의 보존녹지를 부분적으로나마 해제하여, 기존옹벽에서 2m 이상으로 이격거리를 확보할 필요가 있다."라고 부언하였다. 당시에 정비대상의 공동주택은 재건축진단이 심의 통과되어 재건축 정비계획안을 주민공람 중이었다. 주민공람 중인 것은 진단 완료 이후에 알게 되었다.

a) 고객(client) 또는 당국(authority)이 요구하는 평가목표의 명세(specification);
b) 시나리오[구조적인 상태 및 작용, 평가의 동기와 과정, 평가계획 등];
c) 예비 평가(preliminary assessment) :
- 관련 서류검토, 유용한 문서 및 입증자료의 조사 및 탐구;
- 예비 검사(조사, 측정, 시험 등) 및 판단;
- 예비 검토(평가대상에 대한 비교, 타당성 등)
- 즉각적인 조치에 대한 결정;
- 상세평가에 대한 권고(건의 혹은 소견);

d) 상세평가(detailed assessment):
- 세부적인 문서검색 및 재검토;
- 상세점검 및 재료시험;
- 점검 및 시험결과에 따른 조치 결정;
- 구조물의 성질 결정;
- 세부적인 평가 및 종합평가
- 구조해석(필요시)
- 구조적인 신뢰성 검증

e) 평가결과
- 위험요소의 통제, 보수보강방안제시, 검사・감리·제안을 포함한 보고서;

f) 필요한 경우 순서를 반복

예비평가에서 구조물에 특별한 결함이 없어 현상 유지할 수 있고, 잔여 수명 동안 의도된 용도로 사용할 수 있는 것으로 판단되면 상세평가를 하지 않을 수 있다. 반대로, 구조물이 위험하다거나 불확실한 상태이면 즉각 개입하여 상세평가를 한다.』

여기에 기술한 내용은 공학적인 측면에서의 구조물진단에 대한 평가절차이다. 기존구조물에 대한 평가는 대상구조물에 대해 탐문하고 기본적으로 비파괴적인 방법으로 상태조사를 하며, 이를 바탕으로 전문가의 지식과 경험에 따라 공학에 기초하여 평가한다.

예비평가보다 정밀한 조사가 필요할 시에 시료 채취에 의한 실내시험, 실제의 구조물에 대한 구조시험 등의 실험적인 방법, 또는 해석적인 방법 등에 의해 평가하는 과정을 '상세평가'라 한다. 그러나 실제는 기존구조물에 대한 평가를 처음부터 예비평가결과와 관계없이 구조해석으로 구조물진단을 수행하는 부적절한 평가를 하기도 한다[70].

---

70) 공연법에 따라 실시하는 가설무대(구동 무대 기계·기구가 있는 경우)의 정밀안전진단기준(2019.4.3.)에서도 구조물에 대한 현상조사(現狀調査)와 관계없이 구조해석(구조물에 재하될 것으로 예상되는 고정하중, 적재하중, 구동하중, 평형추 하중을 고려하도록 하고 있다)을 필수진단항목으로 정하고 있다. 즉, 역학 이론을 적용한 해석적 방법(analytical method)이나 수치계산적 방법(numerical method) 등을 이용하여 구조물에 가해지는 하중에 의해 발생하는 변형과 내력을 계산하도록 하고 있다.

구조물진단에서 구조해석은 구조성능이 현격히 저하된 기존구조물을 보강하고자 하거나 증·개축 설계 후에 실시할 수는 있으나, 기존구조물의 상태조사나 평가도 없이 무조건 내하력 검증에 구조해석을 적용하는 것은 옳지 않다. 기존구조물에 대한 내하력은 재하시험 등을 통해 평가하는 것이 일반적이다. 기존구조물에 대한 안전성 평가를 구조해석에 의존할 경우 자칫 현상조사(現狀調査)와 현상평가(現狀評價)를 기반으로 하는 구조물진단의 본질이 왜곡될 수 있다.

기존구조물의 안전성 평가는 구조설계 시의 구조해석개념으로 수행할 사안이 아니라, 구조물에 대한 현상조사를 기반으로 한다. 즉, 안전성 평가의 대상이 신축예정의 추상적인 도상 구조물(도면상태의 구조물)이 아니라 현재 실존하는 기존구조물이다. 기존구조물은 건설 중이거나 이미 준공된 실존건축물 등이 이에 속하며, 도상구조물에 대한 검토도 도면을 구조물로 간주하여 평가하므로 구조물진단으로 취급한다. 즉, 설계도서(도면, 시방서 기타) 등의 도상구조물도 구조물진단의 대상이 된다.

기존구조물이라고 할지라도 증축과 같은 건축행위에는 안전진단과 더불어 증축에 따른 구조설계가 수반될 수 있다. 그러나 개축이나 대수선, 용도변경의 경우는 이들 행위의 정도에 따라 구조설계가 요구되거나 그렇지 않을 수 있다. 즉, 모든 건축행위에서 구조설계가 필수적인 것은 아니며, 구조설계의 여부는 상황에 따라 전문가가 판단할 사항이다. 현상조사결과에 따라 그 여부를 결정하는 것이기 때문이다. 예컨대, 단층건물에 단층으로 수평증축하는 경우 구조설계 없이 증축할 수도 있다. 이러한 경우는 경험적 설계가 보다 합리적일 수 있다. 다만, 건축행위를 허가하는 관청이나 용역발주자가 구조설계를 요구하는 경우에는 그에 따를 수밖에 없다. 이를 어기면 행정절차위반이나 계약사항 불이행으로 제재를 받을 수 있기 때문이다.

구조물진단은 현존하는 기존구조물을 다루므로, 건축물을 신축할 때 가상의 건축물에 대해 수행하는 구조설계을 반드시 해야 하는 것은 아니다. 요컨대, 기존구조물에 대한 안전성은 우선 기존구조물에 대한 상태조사결과를 바탕으로 하여 현재 처해 있는 상황과 구조부재의 배치, 성능저해요소 등에 대하여 정성적(qualitative) 또는 정량적(quantitative)으로 평가하여 결정한다. 즉, 기존구조물에 대해 우선 육안 관찰, 기구 및 장비 등을 사용한 비파괴적인 방법으로 안전성을 정성적으로 평가(구조물진단에서 여기까지의 평가를 편의상 '예비평가'라고 한다)를 하고, 더욱 정밀한 조사를 위해 정량적인 방법이나 해석적인 방법, 실험적인 검토가 필요하다고 판단될 경우는 이들을 동원하여 평가의 신뢰성을 높이게 된다. 예외적인 경우도 있을 수 있으나, 기존구조물에 대한 안전성 평가를 예비평가(해당 구조물의 상황 및 상태에 따른 평가)도 없이 순전히 구조해석에 전적으로 의존하는 것은 정상적인 평가로 보기 어렵다.[71]

시설물의 안전 및 유지관리에 관한 특별법에 따른 법정 정밀안전진단의 과업지시서에는 안전성 평가를 "책임기술자는 계측 및 구조해석 또는 기존의 안전성 평가자료와 함께 부재별 상태평가, 재료시험결과 및 각종 계측, 측정, 조사 및 시험 등을 통하여 얻은 결과를 분석하고 이를 바탕으로 구조물의 안전과 부재의 내(하)력 등을 종합적으로 평가하여 세부지침의 안전성 평가 기준에 따라 시설물의 안전성 평가결과를 결정한다."라고 명시하고 있다. 이에 따를 경우, 해당 구조물의 상태와 관계없이 구조해석과 부재의 내하력 등을 필수적으로 검토해야 한다는 의미로 받아들여진다.

건축물의 안전점검 및 정밀안전진단 세부지침(2010. 12, 국토해양부)에는 안전성 평가 기준 및 방법을 "대상시설물의 구조해석 및 구조 안전성 검토는 설계 당시에 적용된 기준에 의해 실시하고, 그 결과에 따라 안전성 평가를 실시할 수 있으며, 2차 이상의 정밀안전진단을 할 경우, 전회차 진단 시와 구조 또는 용도 등의 변경사항이 없을 시에는 전회차 자료를 활용할 수 있다."라고 하고 있다. 이는 역설적으로 "1회차 (법정) 정밀안전진단은 반드시 구조해석을 통해 안전성 평가를 하여야 한다."라는 의미이다.

이는 준공 후에 실시하는 1회차 법정 정밀안전진단의 안전성 평가 시에는 구조기술자가 새로이 구조해석을 해야 한다는 의미로써, 1회차 정밀안전진단 시에 신축 때의 제반 구조성능을 유지하고 있다고 하여도 신축 시의 구조해석 자료를 활용할 수 없으므로, 새로 구조해석을 하여야 한다는 것이다. 이는 신축 시의 구조설계를 검증하는 의미가 있고, 구조해석(구조설계)가 시공 도중에 변경되었을 수도 있다는 점을 고려한 것으로도 볼 수 있다. 그러나 설계변경 시에 구조검토를 하였고 특별한 변경사항이 없다면, 이러한 경우는 신축 시의 구조해석자료를 활용할 수 있을 것이다. 그러나 무엇보다도 1회차 법정 정밀안전진단의 안전성 평가 시에 구조성능의 변화가 없음에도 불구하고 구조기술자가 새로이 구조해석을 해야 한다는 것은 신축건물의 구조해석결과를 1회차 정밀안전진단의 구조기술자가 확인한다는 의미이다. 이 경우에 각각 구조해석의 입력자료가 다를 수 있고, 또한 1회차 구조기술자와의 해석결과의 불일치로 신축 시의 구조기술자와 충돌할 소지도 있다. 이 때문에 신축 시의 구조기술자가 사용한 전산프로그램과 동일한 구조해석을 하여야 하는 상황이 될 수 있다. 특히, 신축 이후에 증·개축이나 대수선, 용도변경 등의 건축행위가 없고 구조변경이나 주요부재의 보강행위도

71) 법정 정밀안전진단의 안전성 평가를 일부 공공기관은 구조물의 상태와 관계없이 구조해석을 필수로 한다. 이로 인해 구조기준이나 물리·화학·역학적인 성질에 아무런 변화가 없어도 구조해석을 하도록 하고 있다. 신축 이후에 증축이나 개축, 대수선 등의 건축행위가 없었고 용도변경, 구조변경, 주요부재의 보강행위도 없었으며 구조물에 영향을 미치는 성능변화가 없음에도 불구하고, 구조해석으로 구조물의 안전과 부재의 내하력을 평가하도록 하는 것은 합당하다고 할 수 없다. 특히, 설계도서(구조계산서, 구조도면 등)가 없을 경우는 구조해석에 필요한 정확한 정보를 현장조사로 습득하기도 어렵다.

없었고, 안전성에 영향을 미치는 성능변화도 없다면 1회차 정밀안전진단의 구조해석 자료와 신축 시의 구조기술자가 구조해석으로 검토한 자료가 별반 다르지 않을 것이다. 따라서 정밀안전진단에서 1회차 구조해석 및 구조 안전성 검토자료를 활용할 수 없도록 하는 것은 제고의 필요가 있다.

'공공하수처리시설의 안전점검 및 정밀안전진단 세부지침(2010. 12, 국토해양부)'에서도 안전성 평가방법을 "구조물의 안전성 평가는 대부분 해석적 방법에 의해 이루어지며, 특별한 경우 재하시험방법에 의해 수행한다"라고 있다. 그러면서도 해석적 방법에 따라 구조물의 안전성을 평가할 경우, 현장조사 및 수집 자료에 의해 얻어진 구조물의 치수, 시공상세도, 재료의 성질 및 구조물의 결함 등을 종합하여 실제 상태대로 해석하도록 하고 있다. 이는 기본적으로는 문제가 없어 보인다. 그러나 이는 현장조사 및 제반 상태를 종합하여 해석적 방법으로 안전성을 평가하여야 한다는 의미이다. 이는 기존구조물의 제반 상태를 평가하여 그 결과에 따라 구조해석과 재하시험 여부를 정하는 정상적인 진단절차와는 배치(背馳)된다. 더구나, 지중구조물에 대한 특별한 재하시험방법이 개발되기 이전에는 지중 하수 암거와 같은 구조물은 재하시험을 할 수가 없다. 지중 터널에 대해 재하시험을 하는 예를 찾아볼 수 없다는 점이 이를 반증한다.

기존구조물에 대한 내력평가는 구조물 또는 그 일부가 안전상 요구되는 사항을 만족하는지를 알아보는 과정의 하나이다. 이는 구조물의 강도(품질)가 현저하게 저하된 상태, 구조물 또는 그 일부에 구조 안전에 영향을 미치는 결함 발생, 구조물의 기능변경 또는 구조변경, 현행 구조기준에 부합하지 않는 경우 등에 실시한다. 보통 이러한 경우에 구체적인 평가 기준이나 지침, 설계방법이나 보강공법을 일률적으로 정할 수 없다. 요컨대, 기존구조물의 실제 상태(예: 구조결함이 발생한 상태)에 따라 내력검토가 필요하면 해석적 방법이나 재하시험 또는 이들을 병용하는 방법으로 내력을 평가한다. 이 경우에 구조물의 현상조사는 필수사항이다. 즉, 구조물 및 부재 크기 및 상세, 재료의 성질, 기타 강도와 관련한 시험을 포함한 현장상태조사가 수반되어야 하며, 그 평가 결과에 따라 구조해석 혹은 재하시험의 실시 여부를 결정하는 것이 원칙이다.[72]

1.4.2 상태평가

구조물의 생로병사과정에서, 구조물의 상태평가로부터 얻은 성과는 궁극적으로는 구조물에 요구되는 본래의 성능 회복에 쓰인다. 예컨대, 구조물에 성능저하가 있으면 요

72) 구조해석과 재하시험의 내력평가는 ACI 318-19(Building Code Requirements for Structural Concrete)와 ACI 318R-19(Commentary on Building Code Requirements for Structural Concrete)에서도 볼 수 있다.

구되는 본래의 성능을 최대한 회복하도록 개보수·보강으로 재생(rehabilitation)하고 교체를 하기도 한다. 이러한 활동이 전체 건설산업에서 차지하는 비중이 높아지면서 이에 따른 평가도 많아지고 있다.

기존구조물은 경제활동의 자원으로서 계속 증가하고, 노후화된 구조물이 현행기준을 충족하지 않는 시대적 요구에 따라 평가도 잦아지고 있다. 또한, 사용자의 기존구조물에 대한 새로운 활용 욕구와 더불어 이에 따른 평가도 점증하고 있다. 그러나 이를 평가하는 개념이나 기준 등이 미흡하고, 다종다양한 구조물의 신축과 기존구조물의 증가, 이들의 지속적인 사용과 노후화는 신축에 못지않은 평가와 검증을 요구한다. 따라서 구조물의 건설에 맞추어져 있는 현재의 기술자 교육이 미래에는 기존구조물의 상태평가 및 유지관리와 구조물을 재생하는 교육의 비중이 높아질 것이다. 그래서 이를 구현하기 위한 학교 교육, 직업교육, 전문가 육성 또한 요구될 수 있다.

구조물진단에 있어서 상태평가는 조사대상의 구조물에 나타난 현상(現狀)에 대해 그 성능을 평가하는 행위를 총칭한다. 기본적으로 구조물 또는 부재에 나타난 열화(劣化) 등의 현상(現象)에 대해 제반 성능을 평가하는 현상평가(現狀評價)는 구조물 또는 부재에 요구되는 제반 성능이 시간이 지남에 따라 저항 능력(성능)이 저하하는 조사일 현재의 상태를 조사하여 평가한다.

구조물 또는 부재의 성능은 목적 또는 요구에 따라 구조물이 발휘하는 능력으로써, 크게 ① 기능에 관한 성능, ② 주변 환경에의 영향성[73], ③ 내구성[74]으로 분류하여 평가한다. 여기에서 ①은 내하성[75]과 내하성 이외의 기능에 관한 성능(기능성[76], ②는

73) 구조물의 성능저하(열화)가 주변 환경에 미치는 영향이다. 일반적으로 열화에 따른 구조물의 오염(녹물, 균열 등)으로 인한 미관과 구조물의 일부(콘크리트조각 등)가 낙하하는 것에 의해 생기는 제3자 영향 등이다. 주위 사람의 눈에 잘 띄는지 아닌지, 또 콘크리트와 타일의 박리 조각이 낙하한 경우에 구조물 밑의 사람과 물건에 위해를 가할 가능성의 유무 등이다.

74) 의미가 광범위하며, 시간 경과에 따른 변화와 환경조건에 대한 구조체 자체의 내적인 저항능력, 구조물 또는 그 부분의 성능•기능 저하에 대한 저항능력이다. 총론적인 정의는 경시변화에 따른 구조물의 성능·기능 저하에 저항하는 성능이며, 각론적으로는 ① 기능성에 관한 내구성(내구성 중에서 구조물의 기능성 저하의 경시변화에 대한 저항성), ② 내하성에 관한 내구성(구조물의 기능에 관한 성능 중에서 특히 내하성 저하의 경시변화에 대한 저항성), ③ 주변 환경에의 영향성에 관한 내구성(내구성 중에서 구조물이 주변 환경에 미치는 영향성의 경시변화에 저항하는 성능, 예컨대 미관이나 제3자 영향도)으로 열거할 수 있다. 구조물의 성능, 기능의 경시변화 정도가 작을수록 내구성이 높다.

75) 구조물 또는 구조부재가 견딜 수 있는 하중저항능력으로 평가되는 성능이다. 이는 구조물(부재)의 기능에 관한 성능의 하나이다. 조사 결과(부재의 형상 치수, 강재의 위치 및 단면적, 콘크리트 강도 등)에서 산정된 부재의 내하력(휨내력, 전단내력 등)을 바탕으로 평가한다.

76) 구조물 또는 부재가 필요로 하는 기능에 관한 성능에서 내하성을 제외한 성능이다. 이는 주관적인 요소가 강하며, 또한 대상이 되는 기능이 구조물에 따라 다양하다. 이는 각 부재의 요구 성능에 관한 중요도와 그 부재에 있어 기능상 문제가 되는 성능저하 현상에 기초하여 평가한다. 내하성도 구조물이 지녀야 할 기능성의 하나이다.

미관과 제3 자 영향도[77], ③은 기능성, 내하성 및 주변 환경에의 영향성에 관한 내구성이다. 이러한 성능평가를 위해서는 먼저 대상 구조물의 사용 이력, 상황 및 상태조사[78]를 한다. 이를 바탕으로 하는 상태평가는 구조물에 나타난 현상과 사회규범을 함께 조사한다.

이러한 모든 것의 출발점은 구조물에 대한 관찰과 사회규범의 탐구이다. 즉, 구조물진단은 구조물에 나타난 현상을 관찰하고 갈등을 탐구하는 것으로부터 시작된다. 다만, 관찰(visual observation)에 의한 상태조사는 그 효용성이 조사자의 성실성, 지식과 경험에 큰 영향을 받는다. 대부분 정보를 육안관찰로부터 얻기 때문에 조사자의 공학적인 지식, 재료 및 공법, 조사기법에 대한 깊은 이해가 요구된다. 이러한 상태조사 및 평가를 위해서는 구조물진단의 동기유발과 갈등 관계 등을 파악하기 위한 상담과 현장에서의 문진 및 탐문이 수반된다. 이와 동시에 구조물에 대한 이력 조사와 함께 관찰과 측정, 주변 상황 및 환경, 도면검토, 현장조사 및 현장시험, 실내시험, 당사자들의 이해관계조사 등을 통해서 상태평가에 필요한 정보를 습득하게 된다. 평가 결과에 따라 처방이 필요한 경우에는 구체적으로 내용을 적시한다. 여기에는 구조물에 대해 보강이 필요한 경우에 대상 부재에 대해 직접 보강하거나, 부재 단면을 증대하거나 추가하여 보강하거나, 내하력을 재평가하여 소정의 내력을 가진 구조부재로 교체하거나, 혹은 고정하중을 경감시키거나 응력을 이완시켜서 보강하거나, 구조형식을 변경하는 방법[79] 등이 있다.

상태평가의 주된 목표는 구조물에 나타난 제반 현상과 이와 관련한 사회현상을 조사하여 평가하는 일이다. 그래서 우선 기본적으로 구조물에 요구되는 제반 성능과 성능저하에 대한 공학적인 이해, 대상구조물과 관련된 용어의 정의와 사회규범 등에 대한 이해가 필요하다. 즉, 사회현상(社會現象), 외기환경과 외력에 노출된 각종 구조물에 대한 물리·화학·역학, 구조물의 이상 현상(異常現象) 등에 대한 이해 없이는 갈등으로 얽혀있는 구조물진단에 접근하기가 어렵다.

구조물의 이상 현상과 사회현상을 평가하기에 앞서 해당 구조물에 대한 이해, 즉 대상구조물과 관련한 법규범과 구조물의 각 요소에 대한 용어가 정리되었을 때만이 평가가 가능해진다. 해당 구조물의 요소에 대한 용어의 정의를 이해한다는 것은 과학의 현

77) 열화된 구조물의 주변에서 박락 콘크리트 등이 사람 또는 기물에 입히는 상해 등의 영향 정도.
78) 상태조사(狀態調査)의 내용에는 구조물에 대한 사용 이력 및 현황, 주변 상황, 구조형식, 설계도서 및 관계도서, 형상 및 치수측정, 하중 및 지반조건, 결함 상황, 현장시험 및 비파괴시험, 재료시험, 시료 채취 등의 파괴시험 및 구조체 시험, 기존 및 현행법령 등이 있다. 상태조사는 육안 관찰(visual observation)이나 진단 장비 또는 실내시험 등을 통해서 하며, 이를 통해 평가자료를 확보한다.
79) 아치교에 사재를 추가하여 하중분배를 개선하고 내하력을 증가시켜 트러스 아치로 변경하는 경우 등.

상이나 특성을 개념화할 수 있다는 것이므로, 이는 평가대상과 평가내용을 과학적, 논리적, 합리적으로 표현하여 이해당사자들을 설득할 수 있다는 의미다.

구조물진단의 또 다른 중요한 요소는 소정의 평가 기준에 따르는 것이다. 상태평가는 현상 그대로를 단지 서술하는 것을 뜻하는 것이 아니고, 이를 관찰하고 분석하여 일반적인 규칙성을 찾아내어 예측하면서 일정한 기준에 따라 편향을 최소화하는 일이다. 다만 예측이나 평가 기준은 사실에 준거한 경험 및 분석, 법규범, 검증실험, 연구문헌 등을 통해 설정되어야 한다. 즉, 구조물과 사회현상을 고정된 관념으로 평가하게 되면 구조물과 관련하여 발생한 현상에 대한 인식과 해법제시가 왜곡될 수 있으므로, 합리적인 평가 기준의 설정이 필요하다. 다만, 모든 평가에 대해 기준을 설정할 수는 없으므로, 만일에 평가 기준이 설정되어 있지 않다면 진단전문가의 지식과 경험을 통해서 평가할 수 있으며, 관련된 시험결과와 문헌 및 연구논문 등을 참조하여 합리적인 평가를 강구 한다. 합리적인 평가 기준에 준거하였을 때 공정한 평가도 이루어진다.

1) 평가의 개념

평가는 문제를 의식하는 것으로부터 시작된다. 인간은 선과 악, 정의와 부정의, 평등과 불평등, 공정과 불공정 등을 나름대로 주관적, 때로는 객관적으로 평가하면서 일상생활을 한다. 인간사회에서 사적으로 사회비평을 하거나 상대방을 비판할 때 혹은 물건의 특성이나 가치를 비교할 때 각양각색의 견해가 나온다. 이러한 평가가 그 분야의 전문가 의견이라면 이는 공적인 효용성을 갖는다. 이러한 공적인 평가는 공익적인 차원에서 공동선, 정의, 평등, 공정 등 인간이 공통으로 갈구하는 가치를 추구해야 한다. 이러한 추상적 가치 외에 세상에 존재하는 모든 사물에 대해서도 사람들은 평가하려고 한다. 종합건강진단에서는 기초검사 및 건강 관련의 각종 검사항목에 대한 검사 수치에 따라 건강의 적정 여부를 참고치(평가 기준)를 설정하여 판단하고 종합적으로 의사가 판단하는 형식을 취하고 있다. 이 같은 평가를 일정한 기준 없이 한다면 평가의 초점이 흐려질 염려가 있으므로 조사항목에 대한 평가 기준을 정할 필요가 있다.

사전적인 정의를 빌린다면 평가란 어떤 사물의 수학적·금전적 가치를 나타내는 것 또는 어떤 대상의 가치, 질, 양, 중요성, 정도, 상태 등을 판단하는 것이다.[80] 즉, "평가는 어떤 사물의 수학적·금전적 가치를 나타내며, 어떤 대상의 가치, 질, 양, 중요성, 정도, 상태 등을 판단하는 행위"라고 할 수 있다. 이러한 정의를 받아들인다면 우리는 다양한 대상을 선정하여 평가할 수 있다. 이를테면, 인물평가란 인물의 상태와 중요성

80) Webster's Third New International Dictionary(Springfield, MA: G. & C. Merriam Co., 1966), p.786.

그리고 질적·양적 면에서의 업적을 총체적으로 판단하는 것이다. 이와는 다른 관점에서 한 기업체의 자산(assets)평가를 논의한다면 이는 해당 기업체가 소유하고 있는 재산과 부채를 양적·금전적으로 검토 감정하는 것을 나타낸다. 이처럼 평가내용은 그 대상과 목적에 따라 다양하게 달라진다.[81]

구조물진단에서의 '평가'도 이와 마찬가지이며, 평가대상 또한 진단의 동기부여와 진단의뢰의 목적에 따라 다양하다. 구조물 '진단'이 곧 '평가'라고 할 정도로 평가라는 용어는 진단보고서뿐만이 아니라 이 책에서도 셀 수 없을 정도로 많이 쓰이고 있다. 구조물의 물리적·화학적·역학적인 상태를 평가하고, 사회공동체 속에서 구조물과 관련한 갈등 문제를 조정하고 해소할 때에도 그 내면에는 평가가 자리하고 있다. 이러한 평가 행위는 과학적이고 논리적이며, 합리적인 사고와 공정성을 기초로 한다. 법원의 판결이나 소정의 절차적인 판정에도 평가가 내재한다. 이를테면 재건축진단에서의 평가란 건축물의 노후화 상태, 사회적 가치와 경제성 그리고 노후화에 따른 제반 성능을 정성적(qualitative)·정량적(quantitative)으로 조사하여 재건축 여부를 정해진 절차에 따라 종합적으로 판단한다. 또한, 손해사정진단에서는 재해나 사고로 인한 손해를 금전적으로 나타내는 것이 평가내용이다. 하자보증금을 청구하는 진단에서는 하자판정과 함께 하자 내역을 금액으로 나타낸다. 다만, 단순히 구조물에 발생한 특정 결함에 대해서 하자 여부를 가려내는 평가이면 하자를 판단 혹은 판정하는 평가를 한다. 이러한 평가에는 정해진 절차가 내재 되어있다.

구조물의 안전성 평가는 구조 안전의 정도[82]에 따라 "안전성(사용성) 확보[83]", 현상유지상태의 "안전성(사용성) 유지" "붕괴위험", "부재 손상 및 성능저하보강", "긴급보강조치요망", "사용제한" "사용금지" 등으로 구분하여 평가하기도 한다. 이는 구조물의 사용성 평가에서도 마찬가지이다.

구조물진단에서 '평가'는 전술한 사전적 의미에 덧붙여 구조물의 상태를 조사하고 검사하여 정성적 또는 정량적으로 가치나 상태에 대한 전문가의 의사결정이라고 정의할 수 있을 것이다. 또한, 이해당사자 간의 갈등을 막고 사용자들에게 좋은 가치를 제공하

81) 김형렬, 정책학, pp. 574-575(참고)

82) 구조물이 보강조치가 필요한 상태는 엄밀히 안전성과 사용성이 있다고 볼 수 없다. 그러함에도 필자는 "안전성과 사용성을 유지하고 있다"라고 평가한다. 즉, 긴급한 보강이 필요하거나 돌발적인 붕괴위험이 없으면 '현상은 유지할 수 있는 상태'이므로 "안전성과 사용성을 유지하고 있다"라고 평가한다.

83) 법정진단은 주요구조 부재(기둥, 보, 슬래브, 내력벽, 기초 기타)를 대상으로 하므로, 안전성은 유효기간을 정하여 평가한다. 이를테면, 정기안전점검의 실시 주기(예: 6개월)를 기준으로 하여, 구조물의 상태에 대한 안전성 평가의 확보 혹은 유지를 "6개월에 한하여 유효하다"라고 하는 것 등이다. 다만, 비구조적인 마감재 등의 탈락 시점은 예측이 불가함으로, 현장상태조사일 현재(시각)에 한하여 "안전도는 유효하다"라고 평가한다. 이는 마감재 등의 탈락사고에 의한 책임논란을 불식하기 위함이다.

며, 책임질 사람에게 책임을 지우는 것도 평가의 중요한 요소이다. 그러나 무엇보다도 구조물진단에서는 진단결과를 이해당사자들이 쉽게 알 수 있도록 하는 것이다. 평가결과를 이해당사자들이 이해하지 못한다면 이는 평가로서의 가치를 부여하기 어렵기 때문이다.

2) 상태평가의 요점

구조물진단의 상태평가에 있어서 이해당사자들의 대립은 불가피하다. 여기에서는 옳고 그름이나 잘잘못을 따지는 평가가 아니라, 명백한 사실을 밝히고 어떻게 해결점을 찾아야 할 것인가에 주안을 두고 갈등이 일어난 상황을 구체적으로 기술한다. 즉, 문제를 정확히 짚어내어 마찰이나 갈등을 조정하고 최소화하는 방향의 상태평가가 필요하다. 여기에는 4가지 기본 요소(과학성, 논리성, 합리성, 공정성)가 함께한다.

공학을 기반으로 하는 상태평가는 구조물의 기능[84], 외관, 부재 또는 재료의 상태, 결함 등의 정도를 조사하여, 구조물(부재)에 요구되는 조건을 구조물이 충족하고 있는지를 평가한다. 또한, 구조물과 관련한 인간관계에서 발생한 사회갈등상황과 문제를 검토하여 평가한다. 따라서 상태평가는 진단대상에 대한 조사, 시험, 측정, 분석한 자료를 공학적인 평가와 사회규범 등을 기반으로 원인을 규명하고 대책을 마련하는 과정이라 할 수 있다.

이 같은 상태평가는 진단의 목적과 성격, 구조물에 나타난 현상과 처하고 있는 제반조건에 따라 다를 수 있고, 또한 이들이 현실에 부합되어야 신뢰성을 확보할 수 있다. 상태평가의 신뢰성은 진단전문가의 선택으로 적용하는 조사방법, 시험 및 측정방법, 평가 기준, 경험 등이 영향을 미치지만, 종국적으로는 전문가의 성실성, 과학적·논리적·합리적·공정한 판단이 신뢰성을 지배한다.

이해관계에 대한 가치중립의 객관적이고 공정한 평가가 이루어지지 않은 경우, 평가의 신뢰성은 떨어진다. 그래서 각 부문의 전문가로 구성된 평가위원회와 같은 조직을 구성하기도 하며, 이러한 조직으로 되어있지 않은 경우는 충분한 지식을 갖춘 윤리적이고 책임감 있는 전문가 개인 혹은 전문가그룹(grouped expert)이 담론과정(discourse process)을 통해 평가한다. 이는 개인의 자유스러운 의사 표현과 그룹 안에서의 여러 개인과의 의견교환은 곧 담론과정으로 연결되어 합리적인 결과를 기대할 수 있기 때문이다. 다만, 이는 담론문화의 정착을 전제로 한다. 즉, 담론문화의 기초가 되는 참여문

84) 목적 또는 요구에 따라 구조물이 하는 역할, 예를 들어 소정의 교량이 지장 없이 사람이나 차를 통행시키고 있는 경우에는 교량구조물로서의 기능(내하성, 내구성, 기능성 등)을 수행하고 있는 셈이 된다.

화, 평등문화, 비판문화, 토론문화, 자유로운 의사소통문화 등이 정착되었을 때이다.

구조물진단은 구조물의 상태를 정성적인 방법과 정량적인 방법, 그리고 구조물에 나타난 현상과 특성에 따라 선택적으로 적용하며, 이들이 서로 복합되기도 한다. 예를 들어, 기존건물의 내진안전도 평가는 정성적인 평가와 정량적인 평가의 2가지 방법이 적용되고 있다. 정성적인 평가는 기존의 설계자료, 시공자료, 시방서 및 현장상태조사를 통하여 수집된 자료를 바탕으로 주관적인 해석이 내포된 평가이다. 정량적인 평가는 수치나 데이터를 기반으로 하는 해석적 평가이다.

기존구조물의 설계규준이나 시방은 시대와 환경의 변화에 따라 변할 수 있지만, 현장상태조사 시에 구조물에 나타난 결함은 사실을 나타내며 변할 수 없는 자료이다. 이러한 결함양상을 뒷받침하기 위해서 현장 및 실내시험, 재료 및 구조시험, 평가자의 경험, 통계분석이나 구조해석 등의 자료가 이용되기도 한다. 이러한 관점에서, 구조물에 대한 상태평가는 균열양상이나 구조 거동, 표출된 현상을 바탕으로 하는 진단전문가의 주관적인 정성적 판단에 의하는 것이 보통이다.

여기에서 유의할 점은 진단전문가 자신의 주장을 강조하다 보면 본래의 논점에서 벗어날 수 있고, 실무경험이 풍부하고 공학적인 지식으로 논리적이고 합리적인 평가를 하였다고 할지라도 직감에 치우칠 우려도 있다는 것이다. 그래서 정성적인 평가는 이론에 기반을 둔 수치나 데이터의 해석적인 평가를 법규범에 의해 보완하기도 한다. 이를테면, 기초설계 및 설계 상세가 내진설계규정을 만족하고 있는지, 또한 주어진 자료에 의하여 내진 성능을 평가할 수 없을 때는 해석적 평가를 수행해야 할 것인가 등으로 이를 보완한다. 해석적 평가는 기존건물이 내진설계규준에 부적합하거나, 정성적인 평가결과에 따라 해석적인 평가가 필요하다고 판단될 때 수행하는 것이 보통이다. 이 경우에 가능하면 신축 설계할 때와 같은 순서와 가정으로 한다.

예전의 초등학교 성적평가에서는 정성적, 정량적인 평가방법을 병용하여 사용하였다. 이를테면, 과목별로 시험점수에 따라 ‘수’, ‘우’, ‘미’, ‘양’, ‘가’로 구분하여 성적을 평가한다. 이는 100점 만점에 점수대별로 구분하여 ‘수’, ‘우’, ‘미’, ‘양’, ‘가’로서 질을 평가하는 방법이다. 또한, 교과 성적의 점수와는 별개로 ‘품행이 단정한 학생’, 혹은 ‘품행이 불량한 학생’ 등으로 구분하여 해당 학생을 ‘가’, ‘나’, ‘다’로 구분하는 정성적인 평가도이다. 여기에서의 ‘수’, ‘우’, ‘미’, ‘양’, ‘가’와 ‘가’, ‘나’, ‘다’는 성적과 품행을 정성적으로 구분한 평가등급이다. 대학교에서의 성적 구분(A 학점, B 학점, F 학점 등) 또한 마찬가지이다. 즉, 해당 학생의 시험점수와 근태(출석율, 수업 참여도 등)를 고려하여 정량적으로, 정성적으로 성적을 평가하여 등급을 확정한다.

법정진단은 ‘A’, ‘B’, ‘C’, ‘D’, ‘E’등급으로 나누어 정성적인 방법과 정량적인 방법을 병행하여 상태평가를 하고 있다. 이를 등급으로 나누어 우수→양호→보통→미흡→불량으로 구분하여 평가할 수도 한다. 법정진단으로 제도화한 초반기에는 구조물의 등급평가를 모두 정성적인 방법으로 하였다. 이를테면, 구조물에 구조 안전상 유해결함의 발생 여부와 정도에 따라 안전관리를 정성적으로 '현상유지'의 'A'등급, 단순히 보수를 요하는(보수관리) 상태를 'B'등급, 부분적인 보강이 요망되는(부분적인 보강) 상태를 'C'등급, 대규모로 광범위하게 보강이 요구되는(사용제한) 상태를 'D'등급, 해체가 요구되는(사용금지) 상태를 'E'등급으로 구분한 것이다.

구조물의 모든 상태평가를 해석적으로 정량화하는 것은 바람직하지 않다. 정성적인 방법(qualitative method)에서도 결국에는 양적인 자료로 안정성(stability)[85]에 대한 정보를 제공하고 있다. 정성적인 방법은 실제의 해(solution)를 필요로 하지 않으며, 해석적인 방법으로 문제를 해결하기 어렵거나 불가능한 경우에 적용된다. 이는 단번에 근사적으로 평가할 수 있는(사실은 매우 정확하게 평가할 수 있는) 수치해석보다도 좋은 장점을 갖고 있다. 수치해석(방정식)과 같이 해를 직접 구하는 것이 아니라 현상의 일반적인 특성을 조사하여 평가하며, 해석적 또는 수치적으로 풀리지 않는 안정성에 대한 많은 정보를 제공한다.

대부분의 구조물진단은 응력과 변형에 대한 해석과 소정의 기준에 따라 특별히 구조검토가 요구되는 경우를 제외하고는 정성적인 평가에 의할 수 있다. 정성적인 평가는 시험성적 등에 기초하여 평가하기도 하지만, 관련 규정과 기준 및 지침, 해석, 사례 및 경험 등에 기초하여 진단전문가의 주관적 판단에 의한다. 정량적인 평가는 안전성과 사용성, 경제성 등의 가치를 계량화하여 평가하는 노후화 불량주택의 재건축, 하자 보증금 청구진단과 같은 진단에서 유용하다 할 수 있다. 그러나 실제는 대부분 정성적인 자료에 기초한다. 구조물은 정성적 평가 혹은 정량적 평가만으로도 할 수 있고, 이들의 병용 여부는 진단의 목적과 유형, 성격, 구조물의 특성과 여러 여건 등에 따라 진단전문가의 판단에 의하는 것이 보통이다. 일반적으로 손해사정, 하자 보증금청구나 노후화 불량주택 재건축과 같은 진단은 병용 평가하는 경우가 많으나, 정성적인 평가만으로도 가능하다. 그러나 정량적 평가의 계량화 자체를 신뢰하여 이를 선호하는 경향이 있다.

상태평가는 평가항목별 성능이나 기능성에 따라 A, B, C, D, E와 같이 등급으로 구분하여 평가하기도 하지만, 공사재개나 공사중지, 재건축진단과 같은 진단에서는 공사재개 및 공사중지의 적합 조건, 재건축의 타당성 등을 평가하는 것이 주 대상이다. 또한, 건축물의 철거 및 해체의 경우, 구조형식(예: 철골조, R.C 라멘조, 조립식 구조, 조

85) 간략하게 말해, 안정성은 임의의 순간에 물리적인 계(physical system)에 작은 변화가 가해지면, 그 순간 이후의 계의 거동에는 단지 작은 변화만이 나타난다.

적조, 목조 등), 노후화의 정도, 철거·해체의 범위와 규모 등에 따라 해체작업의 방법 및 순서 등이 달라질 수 있으므로, 철거 및 해체 이전에 이에 따른 구조물의 상태와 철거·해체공법 및 시방, 작업순서, 안전조치 등을 검토·평가한다.

또한, 구조물의 보수보강을 위한 진단이라면 그 범위와 방안을 설정하는 것이 주된 사항이다. 그리고 진단결과에 따라 보수보강이 필요한 경우는 그에 따른 인과관계와 구조검토 등의 과정을 거쳐서 보수보강방안과 함께 기본설계도가 제시된다. 여기에서 진단기술자가 구조물의 상태평가에 대한 능력이 없거나 부족하다면 적합한 보수보강방안의 제시나 설계를 기대하기 어렵다. 또한, 구조물에 발생한 이상 현상이 손해사정을 목적으로 하는 진단이라면 손해사정 기준을 설정하여 이에 따른 손해 발생금액을 산정하게 되며, 하자보증금을 청구하는 진단이라면 하자에 대한 정의와 함께 하자판정을 하여 하자내역을 금액으로 산출하게 된다.

이같이 상태평가는 진단의 성격과 유형, 구조물의 특성과 여러 여건 등에 따라 각기 평가대상이 다르다. 그래서 평가내용을 대표할 수 있는 상태평가의 대상에 따라 구조물진단의 명칭을 정한다. 예컨대, 재건축진단의 경우에 조사내용에는 구조 안전과 노후화 및 경제성 평가 등을 포함하고 있다.

재건축진단의 내용에 안전도 평가가 포함되어 있다고 하여 이를 '재건축안전진단'이라고 한다면, 이는 노후화 불량주택에 대한 재건축 여부를 평가하는 것이 주 대상인 재건축진단이 안전진단이라는 의미가 부여되어 버린다. 재건축진단을 상징하고 대표하는 상태평가의 핵심내용이 안전도가 아니라, '재건축 여부(가능 혹은 불가)'이며 또한 노후화 불량주택을 정비하여 주거환경을 개선하는 것이므로, 이를 고려한 그 대표성에 따라 '노후화 주택 재건축진단' 혹은 모든 진단내용을 포함하는 '재건축진단'으로 호칭하는 것이 합당할 것이다[86].

진단의 명칭은 모두 이같이 진단 동기와 성격 및 목적, 상태조사의 대표성을 나타내는 주된 내용이 함축되도록 하는 것이 바람직하다. 그래서 해당 구조물진단의 특성을 최종으로 상징하고 대표하는 상태평가의 주된 내용이 무엇이냐에 따라, 다시 말해서 진단목적과 종합적인 상태평가의 최종 도달점이 무엇이냐에 따라서 해당 구조물진단의 명칭을 부여한다. 일반인들이 이렇게 부여된 진단의 명칭에서 진단의 대상과 성격, 유형을 인식할 수 있도록 해야 하기 때문이다.

86) 재건축진단과 관련한 정부의 진단지침서에서도 '재건축안전진단'으로 명기하고 있다.

3) 상태평가와 스케치, 3D 스캐닝의 공간정보

구조물진단의 현상조사(現狀調査)는 기존도면과 대상구조물의 실제 상태를 비교 조사하고, 기존도면에 나타나 있지 아니한 부재의 상세치수나 부재 배치, 결함의 양상 등을 포함한 현상(現象)을 필요에 따라 현장(現場)에서 혹은 현장조사를 바탕으로 실내에서 직접 평면과 입면을 스케치(sketch)하거나 투상도, 투시도로 나타낸다. 이는 현장에서 직접 상태조사(狀態調査)한 사항을 그림으로 표현하고 기록하거나 현장촬영의 사진 등에 기초하여 상태평가(狀態評價)를 하는 자료가 된다. 즉, 스케치는 평가대상에 대한 형상과 치수는 물론 결함의 위치, 크기, 방향, 그 구조물의 상태를 그림과 기록으로 나타내는 개략적인 설계작업(schematic design)이다. 스케치만으로도 그 부분에 대하여 상태평가를 할 수 있을 정도로 필요한 사항과 부분에 대해 상세하면서도 간략하게 구조물의 상태를 그림으로 표현할 필요가 있다.

여기에는 스케치한 그림에 표시할 수 없는 기술적인 소견이나 현장에서 정리된 상태조사 사항도 포함된다. 이는 또한 현장에서 촬영한 사진에 나타난 현상(現象)을 보다 포괄적으로 나타내거나 촬영한 사진에서는 알 수 없는 현상이나 상황을 그림으로 나타내는 일이기도 하다. 또한, 구조물의 설계도면이 부재(不在)할 경우는 현장에서 스케치한 자료를 통해 평면과 단면, 입면, 부재 배치(기둥, 보, 기초, 내력벽과 비내력벽의 배치 등), 상세도 등 구조물진단에 필요한 도면을 작성하는 밑그림으로도 쓰인다. 그리고 스케치로서 표현하기 어려운 특기 사항은 그림과 함께 설명하는 문장으로 기록하기도 하며, 이들을 간단하게 나타내기 위해 기호와 부호도 사용한다. 이렇게 그림과 설명 및 소견을 포함한 스케치는 진단결과에서 제시하는 보강공사 등의 실시설계도면을 작성하는 자료로도 쓰이며, 공사 내역과 수량을 산출하는데도 쓰인다.

이러한 스케치는 특별한 현상에 대해서는 진단전문가가 직접 작성하지만, 현상조사가 방대하거나 일반적인 현상은 보통 진단전문가의 지도·지휘 하에서 진단 참여기술자가 작성한다. 이러한 스케치업무를 위해서는 부재의 구성과 명칭, 구조적인 역할과 기능 등에 대한 기본적인 개념을 이해한 상태이어야 당해 진단에 더욱 부합된 스케치작업이 이루어질 수 있다. 그래서 매뉴얼에 의한 법정진단을 제외하고는 거의 모든 진단에서 진단전문가의 상태평가와 대책 마련을 위한 스케치는 필수적인 업무이다. 참여기술자 또한 구조물의 외관 상황을 그림으로 나타낼 수 있어야 한다.

스케치할 부분이 많은 경우에는 정규화되어 있는 기록부에 스케치하여 소요시간을 절약할 필요가 있다. 이는 스케치를 계획적으로 하지 않으면 많은 시간이 소요되므로, 조직적으로 준비해서 점검 시에 누락 사항이 없도록 대비한다. 스케치한 부분은 촬영한 사진과 상태를 대조할 수 있도록 하면 더욱더 좋으며, 스케치가 곤란한 경우는 사진 촬영으로 대체할 수도 있다. 특히, 스케치 부분이 많을 경우, 혼선을 피하려 스케치한 부분에는 방위표시, 장소 및 부위, 기록자, 조사 일자 및 시간, 규모 등을 명기하고, 필요에 따라 참여기술자가 느끼는 환경(진동, 열, 지형, 지반, 배수 등)을 특기 사항으로 기록한다.

현장에서 스케치한 부분을 바탕으로 하여 실시설계도면을 작성하여야 하는 경우를 제외하고는, 스케치한 외관조사자료를 진단보고서에 그대로 수록해도 된다.[87] 거의 모든 스케치는 외부에 표출된 구조물의 상태를 명확히 서류화하기 위하여 현장에서 작성되며, 또한 발생한 현상을 자세히 문장으로 설명해 놓음으로써, 다른 기술자가 스케치를 보고 도상평가(圖上評價)를 할 수 있을 정도로 작성한다. 그러나 도상평가방법보다는 실무경험이 있는 참여기술자가 현장에서 실제의 현상을 보고 직감적으로 평가하여, 곧바로 결함상태평가, 발생원인, 보수·보강방안, 점검자의 견해 등에 대해 즉시로 현장에서 기록하는 것이 좋다.

참여기술자가 대상구조물의 부재 구성과 명칭, 기능 등을 이해하고 있을 때 스케치도 세분화할 수 있다. 스케치하고자 하는 목표물에 대한 이해도 높은 기술자만이 체계적으로 필요한 스케치와 기록을 남길 수 있다. 이러한 관점에서 어느 참여기술자라도 자기가 작성하고 있는 스케치가 왜 필요한지를 알아야 한다. 그래야 목표지향적인 스케치가 되기 때문이다. 수중조사와 같이 진단전문가가 직접 접근하기 어렵고 특별히 스케치가 필요할 경우는 진단전문가로부터 지침을 받은 기술자에게 스케치하게 할 수 있다. 그러나 해당 구조물에 대한 이해도가 높은 기술자는 상황에 따라 어떠한 종류의 스케치가 필요한가를 스스로 결정할 수 있다. 이렇게 현장에서 스케치한 그림을 통해서 더욱 진전된 상태평가를 하게 되고, 이에 따라 대책과 대안이 마련된다는 점에서, 스케치의 중요함이 강조된다.

진단전문가는 구조물의 이상 현상을 기술적(記述的)으로 이해당사자들에게 설명하기가 곤란한 경우, 이를 쉽게 이해할 수 있도록 그림으로 나타낸다. 스케치는 상담에서 진단이 완료될 때까지 이해당사자들을 설득하는 진단전문가의 자료이기도 하지만, 갈등을 조정하고 해소하는 역할도 한다. 이 같은 전통적인 스케치 방식이 현재까지는 소규모의 구조물진단에서 큰 비중을 차지하고 있다. 특히 사람의 손으로 형상 및 치수의 실측도면을 작성하고 실체적 상황을 기록 조사한다는 점에서 그 유용성은 여전하다. 그러나

87) 길이가 수 킬로미터에 달하는 구조물의 상태를 스케치한 이후 이를 모두 도면화하여 보고서를 작성하는 것은 비능률, 비생산적이다. 상세수준의 상태조사도가 요구되지 않은 경우, 예컨대, 보수공사의 실시설계를 제외하고는 상태조사도를 스케치로 대신하거나 사진으로 대체하여도 무방할 것이다.

이는 비효율적이고 기존구조물의 형상 및 치수재현에 일정 부분 한계도 있다. 즉, 통상의 구조물진단에서는 레이저 거리측정기(laser distance meter) 등의 도움을 받으면서 조사자의 인지능력으로 부재 배치 등 필요한 공간정보를 확보하여 상태평가를 하고 그에 따른 대책을 마련한다. 그러나 이러한 수작업(by hand)에 의한 일은 한계가 있다. 그래서 소규모는 물론 대규모 공간의 외관 조사에 각종 사물에 사물 센서와 통신 기능을 내장하여 인터넷에 연결하는 IoT(Internet of Things, 사물인터넷)을 적용한다.

진단전문가의 인지능력으로 작성하는 현장스케치는 IoT 기술기반의 정확도, 기존구조물을 3D 데이터로 정보화하는 BIM(Building Information Modeling)[88]에 훨씬 미치지 못하는 부분도 있다. 다만, 스케치 방식은 소규모의 부분적인 공간, 구조물의 실제 상태를 직접 육안으로 확인하는 등의 많은 장점도 있다.

그림 14 3D 스캐너 이용 역설계/역설계는 처음 설계를 하는 것보다 더욱 많은 과정이 필요하다. 서울 모 호텔 리모델링 현장(2021년, 관할 구청의 건축공사장 안전점검 시의 현장자료).

이러한 현장스케치를 전적으로 대체하는 수단으로서, IoT 기술[89]을 기반으로 3D 데이터로 외관을 정보화하여 설계하는 BIM과 병용하게 되면 상호보완이 되어 더욱 실질적인 조사를 할 수 있다. 근래에 이러한 BIM을 활용한 기술이 건축가와 구조설계자, 시공자, 자재생산자, 유지관리자 등의 정보를 통합 관리하여 건축물을 생산하는 등 건설산업 전반에 걸쳐서 적용되고 있다. 구조물진단에서도 이와 같은 융합기술을 통해 공간정보를 3차원 데이터를 만드는 과정으로 3D 데이터화하여 외관 및 상태조사 및 평가를 시도하고 있다. 이를테면, 건축물진단에서 3D 스캐너를 통해 기존건축물의 외관을 3D 스캐닝으로 공간정보를 데이터화로 역설계하여 증·개축, 개보수, 해체철거 도면작성, 계측 관리, 화해현장의 현황조사에도 쓰이고 있다. 토목 분야에서는 측량과 토공, 공정관리 등에 널리 쓰이고 있다.

구조물진단의 상태조사는 마감재를 제거하지 않은 채, 실측조사를 하는 경우가 대부분이다. 즉, 증·개축, 해체철거 등의 행위에 앞서 구조물 진단의 상태조사가 선행되므로, 골조가 마감재로 노출되지 않은 상태에서 건축물의 공간을 실측하게 된다. 이때 육

88) 다차원 가상공간에 기획, 설계, 엔지니어링, 시공, 유지관리 및 폐기까지 가상으로 시설물을 모델링. 3차원 모델, 즉 LiDAR 레이저 카메라의 3D 스캐닝을 통한 3D PCD(Point Cloud Data)와 BIM을 융합하여 기획, 설계, 엔지니어링, 유리관리, 해체철거하는 일까지 구조물의 데이터베이스를 만든다. 구조물진단에서도 시대 흐름에 맞추어 현장조사에 활용이 기대된다.

89) IoT 기술은 3D 스캐닝을 통해서 실측과 역설계를 할 수 있다. 역설계는 처음 설계를 하는 것보다 더욱 많은 과정이 필요하다.

안 및 검측을 통한 2D의 스케치는 구조물 전체의 형상과 치수를 나타내기 어렵고 이해하는데에도 한계가 있다. 그러나 기존건축물을 역설계로 3D 데이터화 하면 언제든 수치화 및 도면화할 수 있고, 이러한 디지털 데이터는 구조물진단에 유용하게 쓰일 수 있다. 여기에 주로 활용되는 장비는 LiDAR 장비 중 하나인 레이저 스캐너이다[90]. 예컨대, 이러한 레이저 스캐너를 활용하여 건물을 대상으로 UAV(Unmanned Aerial Vehicle, 무인항공장비)와 LiDAR(Light Detection And Ranging 또는 Laser imaging, Detection, And Ranging) 데이터를 조합하여 실외 데이터를 획득하고 레이저 스캐너 및 LiDAR SLAM(Simultaneous Localization And Mapping)을 활용하여 실내 데이터를 획득, 각 데이터를 조합하면 형상재현의 정확도가 더욱 높아진다. 이는 실내외의 스캐닝 데이터를 기반으로 BIM 데이터를 생성하는 기술이다. 현재는 3D 측정 전문업체에서 이러한 업무를 수행하는 추세이다[91]. 또한, 인공지능(AI)과 드론기술을 이용한 영상으로 딥러닝 모델을 학습하여 균열, 백태, 콘크리트 박리·박락, 철근 노출 등의 결함에 대한 육안점검을 대체하고자 하는 연구도 진행되고 있다. 이렇게 드론으로 조사한 균열의 위치와 폭, 철근 노출 등의 자료는 상태평가와 유지관리에 활용된다. 그러나 구조물진단에서는 이들 자료를 기반으로 갈등관리를 하게 되므로, 아직 상태평가는 전문가의 몫이다.

※ 책을 마무리하는 2025년 4월, AI가 실무에 쓰일 자료를 정리해서 제공하는 능력에 놀랐고, 이는 실제 진단업무수행의 필수 보조자료가 되고 있다. 필자의 전문분야까지도 점점 AI로 대체되겠다는 걱정도 생기고, 경험과 전문지식으로 몇십 년 넘게 정리한 자료가 AI에 미치지 못하여, 전문서적을 펴낸다는 것이 부질없는 일이라는 생각도 들었다. 이 시점에 AI 자료를 활용하지 못한 아쉬움도 있지만, 수십 년 동안 실무에서 얻은 정보와 경험은 자신만의 것이며, 구조물진단을 사회갈등 해소의 개념으로 접근하는 것은 새로울 수 있다. 뉴스에서 알파고의 능력을 보았고 인터넷에서 OPEN PDF의 문헌을 읽으면서 필요한 자료를 참고하기는 했지만, 필요한 정보를 놀라울 정도로 빠르고 시원하게 제공해주는 AI의 능력이 이렇게 가까이 와 있는지를 알아보지 못했다.

다만, AI 정보의 질은 대화 상대자(내담자, 피상담자)의 전문성에 따라서 달라진다는 점에서 대화 상대자의 능력이 더더욱 중요하다는 생각에 이르러서는 전문가의 위상은 변함이 없지 않을까. 이는 과거의 전문성을 고수하는 것이 아니라 축적된 경험과 과학적이고 논리적이며 업데이트된 전문성으로 AI를 대할 때 그에 따라 AI도 변모하게 될 것이므로 대화 상대자의 능력(전문성)이 더더욱 중요하다는 것이다. 대화 상대자의 전문성이 고도화될수록 그에 따른 적합한 정보를 받을 수 있기 때문이다. 결국, AI의 대화 상대자는 전문성으로 묻고, AI가 답하는 자료를 최종 검토해야 하는 능력자이어야 한다. 인공지능(AI)이 높아질수록 전문가의 능력도 함께 높아져야 한다는 것이다.

---

90) LiDAR는 레이저, 스캐너, 센서, GPS(Global Positioning System)로 구성하여 레이저 시각화 탐지 및 거리측정, 레이저를 쏘고 돌아오는 시간을 측정해 사물의 위치 좌표를 측정한다. LiDAR 센서는 건물 내부와 외부를 정밀하게 스캔해 디지털로 구현한다.

91) 현재 손으로 실측도면을 작성하고 있지만, 향후 장비의 저렴화와 더불어 구조물진단에서도 이를 운용하게 될 것이다. 검측과 확인의 의미를 내포하고 있는 소규모 외관 조사에 대한 적용은 시의적절성 검토가 필요하다.

건설산업 전반에 걸쳐서, 특히 토목·건축설계와 시공분야에 BIM과 IoT, 드론데이터가 결합 되어 활용되고, 입찰심의에도 ‘스마트건설기술’이 적용되고 있다. AI 신기술이 지속적으로 개발되고 있는 이러한 시대의 흐름에 부응하여야 사업도 영위하고 전문성도 업데이트된다.

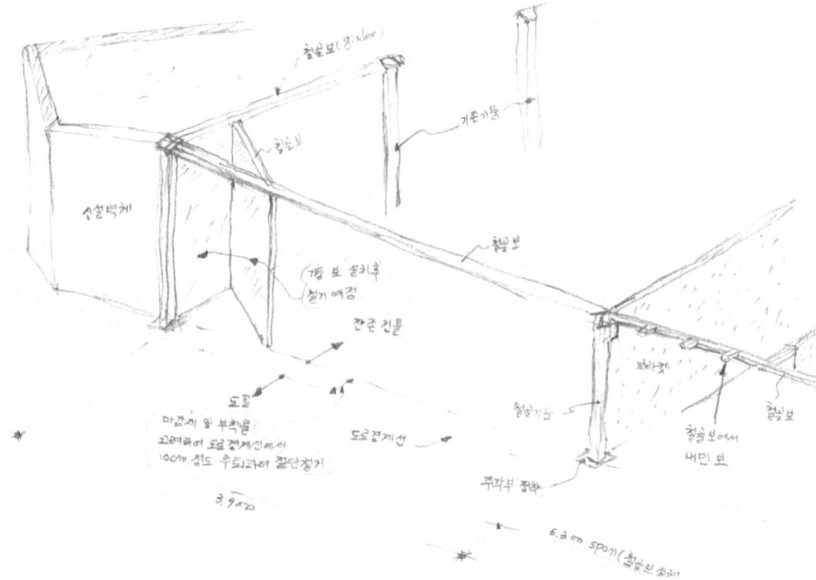

그림 15 도로확장에 따른 단층 조적건물 철거 절단 부분을 손으로 스케치/도로경계선 상의 잔존건물 절단부를 현장 작성의 철거평면도를 기초하여 작성

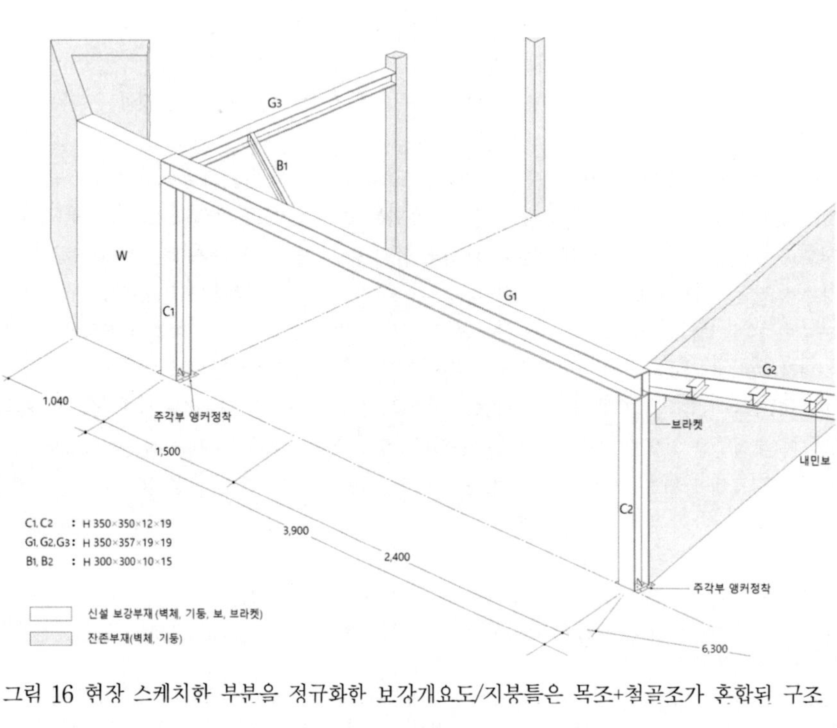

그림 16 현장 스케치한 부분을 정규화한 보강개요도/지붕틀은 목조+철골조가 혼합된 구조

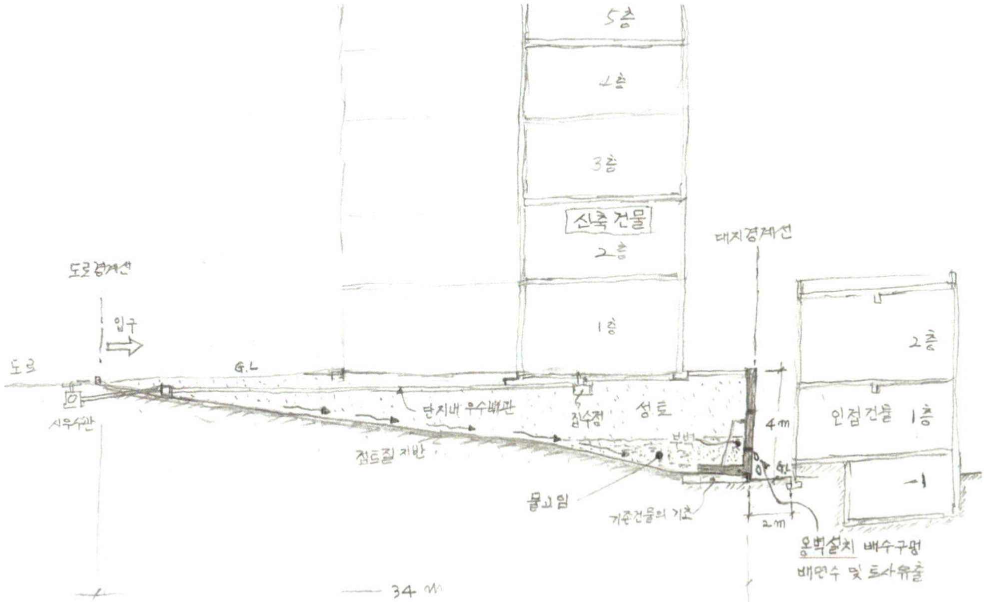

그림 17 현장스케치(예)/성토 대지의 인접대지경계에 설치한 옹벽 주변의 단면상황이다. 불투수층인 점토질 지반의 경사지에 지상 5층을 신축하면서 4m를 성토(인접 대지보다 0.5m 이상 성토하여 대지를 조성한 규정 위반문제는 차치한다)한 대지경계에 4m 높이(노출 높이)의 옹벽을 설치하였다. 옹벽 배면수를 신축 대지 내에서 처리하지 않고 옹벽의 배수 구멍을 통해 인접 건물의 대지로 배수하는 상황이었다. 신축 대지의 원래 지반이 경사지이고 불투수층인 점토질이어서 우기에 성토에 침투한 물이 토사와 함께 옹벽을 통해 인접 건물로 유출될 수밖에 없는 상황을 나타낸 것이다.

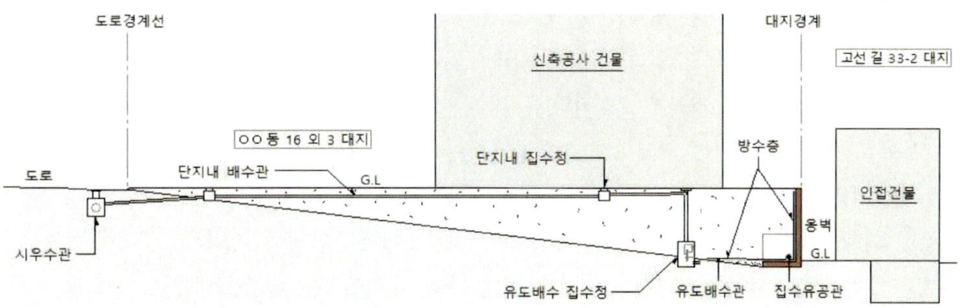

그림 18 현장스케치에 기초하여 작성한 옹벽 배면의 성토지반에 대한 배수처리방안(단면)

그림 19 위 대지경계 옹벽의 배면수가 인접 건물의 대지로 유출되고 있다.

■ 법정 안전진단에 대한 소고

시설물의 안전 및 유지관리에 관한 특별법의 안전진단(이하 '법정진단')는 안전도 평가가 주안이며, 더불어 유지관리방안도 제시한다. 그래서 안전도 평가에 별 영향이 없는 균열, 누수, 노후화 등의 비구조적인 결함도 조사한다. 이로 인해 구조부재와 비구조부재의 안전관리와 유지관리에 혼선이 일어나기도 한다. 이를 구분하여야 점검자 책임이 보다 분명해진다. 법의 명칭에 유지관리가 추가되면서 사고 발생 시에 '유지관리로 인한 책임논란도 일어나고 있다.

법정진단은 안전관리를 통해 시설물의 위험요인을 조사하여 재해와 재난을 예방하며, 평가결과를 유지관리에 이용한다. 예컨대 상태평가결과, '안전관리 측면에서 보강이 요구된다', 또는 '유지관리 측면에서 보수가 요망된다"라고 평가하는 것 등이다. 법정진단은 제정 당시(1995년)에는 안전관리만을 대상으로 하였으나, 이후 보강설계에서나 적용되는 안전성(구조해석) 평가가 추가되고 보수보강 여부까지 평가하면서 유지관리에까지 확대되었다. 이로 인해 안전 및 유지관리의 범위를 보, 기둥, 슬래브, 기초 등의 주요구조부재 이외에, 탈락 시각(時刻)을 예측하기 어려운 마감재 및 건물에 부착된 물체까지 안전도 평가를 포함한 것으로 보는 시각(視角)도 있다. 마감재 탈락으로 인명피해가 있을 때 점검자의 책임성 문제이다. 이에 대한 확실한 정리가 요구된다.

산사태, 옹벽붕괴, 건물 마감재 및 부착물 탈락 등은 초정밀조사에 의하지 않고는 예측하기 어렵다.

구조물의 구조형식, 지반 및 외기조건, 결함상태 등은 매우 다양하다. 상태평가는 책임기술자에게 재량권을 부여하고 이에 대한 책무를 주어야 한다. 그러나 고정된 평가프로그램의 정해진 틀에 의해 종합평가를 한다. 즉, 안전성 평가에 대한 책임은 진단 매뉴얼에 있는 것이 아니라 책임기술자이다. 매뉴얼에 의한 법정진단의 보고서에 주관업무를 수행한 자를 안전성 평가의 책임기술자로 명기하도록 하면서도 책임기술자의 주관적인 평가는 배제한다.

법정진단은 책임기술자의 재량을 거의 허용하지 않고 염화물 함유량 조사 등의 평가항목이 불합리하다고 할지라도 매뉴얼에 따라 기계적으로 평가한다. 안전도를 결함 발생의 정도에 따라 정성적으로 구분하고 정량적으로 평가하는 고정된 매뉴얼에 따르게 되면 평가결과가 왜곡될 수 있다. 예컨대, 보의 전단균열은 그 진행 상황과 발생 범위, 균열 폭, 관통균열의 여부 등에 따라 위험도(안전도, 보강 시기 등)를 판단한다. 그러나 이를 균열 폭의 크기에 따라 구분하여 점수와 등급으로 평가하게 되면, 실제로 안전성을 지배하는 주된 요소가 반영되지 않은 결과를 초래할 수 있다. 즉, 책임기술자의 전문성을 바탕으로 하는 직관적이고 주관적인 판단(subjective judgment)을 거의 배제하고 있다. 이러한 관점에서 정량적인 평가라고 하여 신뢰도가 높은 정확한 평가가 되고, 책임기술자의 정성적인 평가라고 하여 신뢰도가 낮다고 할 수 없다. 반드시 정량적으로, 정성적으로 평가하여야 할 결함이 있다.

법정진단이 제도화된 초기에는 정성적 평가만으로 상태평가를 하였다. 그러나 이후에 결함의 상태를 계량화하여 등급으로 구분하는 정량적인 방법이 적용되었다. 이와 함께 안전성 평가를 구조해석에 의하도록 하고 심의가 추가되면서 보고서도 점점 두꺼워진다. 정성적인 평가도 등급으로 구분하여 계량화할 수 있으므로 이들의 평가가 양립할 수 있다. 다만, 정량적인 평가에서 구조물의 성능이나 기능을 지배하는 요소가 등급평가의 기여도가 낮을 경우, 또는 재료의 물리적, 화학적, 역학적인 요소 간에 성능이나 기능에 대한 계량화의 부조화 및 충돌의 경우는 종합평가등급(신뢰성)에 오차가 커진다. 또한, 모든 평가사항을 포괄하여 정량적으로 계량화하기도 어렵다.

안전진단전문기관이 매뉴얼에 따라 올바르게 보고서를 작성토록 하는 것도 중요하지만, 보고서가 간결하면서 매뉴얼 만으로도 안전관리를 할 수 있도록 할 필요가 있다. 즉, 법정진단은 소정의 진단 교육을 받은 기술자이면, 매뉴얼을 활용하여 쉽게 평가하고 보고서를 작성할 수 있어야 하는데, 당국은 진단보고서를 매번 심의하여 보고서 내용의 적정성 여부를 살펴보고 있다. 이는 자칫 당국이 진단에 참여하는 형식이 된다.

진단 매뉴얼은 보고서작성요령과 평가방법을 상세하게 설명해 놓은 지침서이자 안내서이다. 이에 따라 작성된 진단보고서를 심의하고 공모전 우수작까지 예시하고 있다. 요컨대, 현장을 확인하고 매뉴얼에 따라 작성한 보고서의 부실을 지적하는 것도 중요하지만 우선 불필요한 시험장비의 사용이나 조사 및 평가를 없애고, 기술자가 쉽고 간편하게 사용하는 매뉴얼이 되게 할 필요가 있다. 예컨대, 법정진단에서 보강토옹벽의 요철 처리된 콘크리트 외피 블록(facing)에 대해 진단지침은 압축강도를 측정하도록 하고 있다. 이로 인해 블록 표면을 평탄하게 처리하여 콘크리트 반발계수를 측정한다. 그러나 보강토옹벽에서 외피 블록은 보강재(reinforcement)와 연결하여 뒷면의 보강토(reinforced soil)가 흐트러지지 않도록 보호하면서 보강토가 중력식 옹벽으로 역할을 할 수 있도록 하는 외피이다. 그래서 거칠게 표면 처리한 외피 블록의 압축강도 측정은 불필요하다. 즉, 외피 블록은 현장에서의 강도측정이 필요치 않다. 보강토옹벽은 중력식 옹벽이며 외피 블록은 콘크리트제품으로 관리되는 공산품으로 관리된다. 즉, 생산 시에 요철 처리한 블록 표면을 현장에서 평탄하게 연마하여 콘크리트 반발계수를 측정하게 하는 것은 요철 처리된 고유 표면을 훼손하는 것이 된다. 따라서, 보강토옹벽의 진단지침에서 외피 블록에 대해 압축강도를 현장 조사하는 것은 부적절하며, 여기에 더하여 요철 처리된 블록 표면을 연마하지 않았다고 하여 시정지시를 하는 일이 과거 몇십 년 전부터 있었다. 또한, 이를테면, 교량 안전진단에서 흔히 실시하는 동적재하시험의 과업지시서를 하수암거 진단용역에 그대로 첨부하여 발주하였다. 물론 재하시험을 실시하지 않는 것으로 해결은 하였지만, 이 때문에 토피 6m 아래의 하수관로에 대해 ”지상에서 동적 재하시험을 하라“는 실무자와 치열한 다툼이 있었다. 공공기관 발주의 진단과 법정진단은 지침에서 정하는 바에 따를 수밖에 없으므로, 고육지책으로 진단이 이루어진다.

1.4.3 진단전문가의 선택

옛날에는 중병이 들어도 의사의 진찰과 처방전 없이 증상 호소만으로 동네 약국에서 약을 받을 수 있었다. 그러나 지금은 의사의 상담, 진찰 및 진료과정이 없이는 처방전을 받을 수 없다. 구조물진단 또한 절차적으로 피상담자로부터의 진단 동기에 대한 청취와 현장답사요청 없이는 현장방문을 하지 않으며 처방(방안이나 대책)을 제시하지 않는다.[92] 진단현장을 방문했다는 것은 현장답사요청을 했다는 것이므로, 이는 상담과 진단의뢰가 이루어졌음을 의미한다.

의사는 환자의 진료기록을 남기지만, 구조물진단전문가는 평가기록을 기승전결로 보고서에 남긴다. 의사가 환자를 대면[93]하지도 않고 문진도 없이 처방을 내릴 수 없듯이, 구조물진단도 도상구조물(관련 서류검토 포함)을 제외하고는 전문가가 현장방문을 하지 않고 설계도서만으로 할 수는 없다. 물론 도상구조물의 경우는 도면을 살펴보는 것 자체가 현장조사이다. 다만, 도면만으로 상태를 조사하는 경우는 그 자체가 진단의 대상이므로, 관계자에 대한 문진과 설계도서만으로 진단한다. 그러나 구조물 사고 발생 시에 현장을 직접 보지 않고 T.V 화면을 보고 전문가가 기자와 인터뷰하는 것은 도상구조물에 대한 평가로 볼 수 있지만, 이는 현실의 사고를 화면만으로 대면한 것이므로 사실과 크게 다를 수 있다.

구조물진단은 현장조사를 하는 것이 원칙이다. 만약 그렇지 않았다면 이는 비정상적인 진단행위라고 할 수 있다. 또한, 구조물진단에서 진단전문가가 구조물의 사용 이력과 결함발견 시기 및 과정, 갈등상황 등을 묻는 문진(問診), 그리고 구조물에 발생한 현상과 인과관계를 파악하는 상태조사는 필수불가결의 행위이다. 이 같은 조사를 바탕으로 구조물을 조사 평가하여, 현상유지 혹은 보수・보강 등의 방안을 제시한다.

만일에 이러한 진단과정에 진단전문가의 불충분한 지식과 자질로 불필요한 조사항목이 포함되었다면, 진단의 본질을 흐리고 논점에서 이탈할 우려도 있고 과잉진단으로 흐를 수 있다. 구조변경, 복구, 개보수, 용도변경이 없었고, 구조적인 손상이나 성능저하가 없는 구조물의 안전도를 평가하는 것이나. 불필요한 파괴 및 비파괴시험, 구조해석을 하고 부적절한 보완· 보수・보강・복구・복원 등의 방안을 제시하는 것 또한 과잉진단에 해당한다. 이는 곧 의뢰자에게 재정적인 피해를 주게 된다. 구조물진단은 그

92) 현장답사 요청에 따라 전문가가 현장을 방문하는 것도 진단과정이므로, 현장답사비용이 결정되지 않으면 현장방문을 하지 않는다. 진단전문가가 현장을 방문하는 것은 의사가 왕진하는 것에 비유되며, 사전에 현장답사비용을 결정하지 않게 되면 자칫 무료방문답사가 될 수 있다.

93) 화상으로 하는 비대면을 포함

만큼 능력 있는 전문가의 선택이 필요하다는 의미이다. 예컨대, 당해 구조물진단에 대한 본질과 핵심을 충분히 이해하였을 때 진단의 범위와 내용을 설정할 수 있고 적합한 조사항목도 정해진다. 그래서 당해 구조물진단의 본질에 대한 이해력이 곧 진단수행능력이라고 할 수 있다[94]. 즉, 진단전문가가 설정해 놓은 진단의 범위와 내용, 조사항목만으로도 당해 진단의 수준과 질을 어느 정도 알 수 있다. 구조물진단과정에 있어서 진단의 범위와 내용, 조사항목을 설정하는 것이 그만큼 중요하며, 진단 성과에도 큰 영향을 미친다.

구조물진단은 기본적으로 「동기부여 → 상담 → 조사 → 평가 → 처치」의 과정을 갖는다. 첫 단추를 잘 끼워야 정상적으로 옷이 입혀지듯이, 진단의 시발점인 동기부여에 대한 전문가의 이해는 진단과정에 있어서 구조물에 대한 상태평가만큼 지대한 영향을 미친다. 일반인들은 구조물의 생로병사과정에서 구조물진단을 하여야 할 동기가 발생하게 되면 기술, 행정, 법무 등의 전문가와 상담을 한다. 이때 어떤 전문가와 상담할 것인가에 대한 선택은 전적으로 진단을 의뢰하게 될 당사자(피상담자, 내담자, 고객)의 몫이다. 그러나 상담자(전문가)의 선정은 곧 진단의 질에 영향을 미치므로, 진단과정에 있어 매우 중요하다. 구조물진단은 진단방법론에 영향을 받기도 하지만 전문가의 지식과 자질에 의한다고 할 수 있기 때문이다. 즉, 구조물진단의 성과는 적절한 진단전문가(의사로 치면 '명의')의 선정에 좌우된다고 할 수 있다. 환자가 돌팔이 의사에게 현혹되어 진료받다가 사망한 사고도 있고, 오진하여 병이 더욱더 악화되는 경우도 있다. 의료 진단기술의 발달로 오진율이 크게 낮아지고 있지만, 말기 암 환자가 의사의 오진으로 치료시기를 놓쳤다는 경우도 적지 않은 것이 이러한 사실을 방증한다.

동기부여와 함께 진단전문가의 상담을 통하여 진단을 받기로 확정한 후에는 진단을 의뢰하는 단계로 진행된다. 여기에서 진단의뢰는 갈등을 겪고 있는 이해당사자일 수 있고, 관계 당국, 보험회사, 구조물의 유지관리자일 수 있다. 만일에 상담 도중에 당해 진단전문가에게 의뢰하는 것이 신뢰성이 없다고 생각될 경우는 다른 진단전문가에게 상담을 받을 수도 있다. 진단전문가와의 상담은 진단을 의뢰하게 될 당사자가 추구하는 진단목적을 달성하기 위한 선행 과정이므로 신중해야 한다. 이는 환자가 자기 스스로 데스크 상담과 함께 가정의학과, 안과, 이비인후과, 치과, 비뇨기과, 성형외과, 신경외과, 소화기내과 등을 찾아 문의와 함께 진료를 받을 만한 의사를 지정 신청하는 것과 같은 맥락이

94) 진단항목을 정하는 것은 진단전문가이다. 예컨대, 쓰임새 없는 철근탐사는 당해 진단의 본질을 벗어나는 일이다. 철근탐사는 부재의 구조검토, 배근의 상태조사가 필요할 때이다. 콘크리트 강도 또한 마찬가지이다. 일단 매입된 철근은 그 위치나 직경, 피복두께가 변할 수 없으므로 쓰임새 없이 조사하는 것은 의미없는 일이다. 콘크리트의 중성화 또한 급속히 진행되지 않음으로 과도하게 실시하지 않아야 한다.

다. 병원에서는 비뇨기과에서 진료를 받다가도 병명이 신경계통의 문제라고 판단되면 신경외과에서 진료를 받도록 조치를 하여 주지만, 구조물진단에서는 이러한 배려를 기대하기 어렵다. 왜냐하면, 의료사업[95]과는 달리 용역사업은 영리사업으로서 계약에 의하기 때문에, 일단 용역계약이 성사되면 수행업무의 적부(適否)와 관계없이 기술용역을 진행하려는 경향이 있다. 즉, 스스로 용역계약을 해약하려 하지 않는다.

진단과정에 있어서 상담은 진단전문가로서도 매우 중요한 단계이며 행위이므로, 상황에 따라서는 상담내용을 기록하여 문서화 할 필요도 있다. 진단에 있어서 상담은 도움을 필요로 하는 사람(피상담자, 고객)이 전문적 훈련을 받은 사람(상담자, 전문가)과 대면(對面) 또는 비대면(非對面)의 관계에서 의사결정 및 문제의 해결이 이루어지도록 전문적으로 도와주는 과정이다. 여기에서 전문적 훈련을 받은 사람은 공학적인 판단과 법규범과 행정 등에 관한 지식[96]과 실제적 경험을 가진 전문가를 의미하며, 대면은 개인과 집단에 대한 설명회, 면접 등을 포함하여 양자가 진단과 관련하여 대하는 일체의 관계이다. 비대면은 전화 상담, 통신 및 문서 응답 등이다. 대부분 비대면 상담 후 신뢰가 구축되면 대면 상담으로 진행된다. 그러나 대면하지 않고 전화나 화상, 자료전송을 통한 비대면의 상담으로도 피상담자에게 소견과 처방을 제출할 수 있다. 이는 병원방문이 어려운 환자에 대해 비대면으로 진료하는 것과 유사하다. 구조물진단에서도 실제로 오래전부터 비대면 진단을 하여 왔다는 점에서, 향후 이러한 체계가 더욱 활성화될 수도 있을 것이다.

구조물진단의 조사 및 평가과정에서 진단전문가는 구조물에 나타난 현상을 구체적으로 조사하고 평가하는 고도의 전문성이 요구된다. 구조물에 대한 현상조사는 구조물의 현상적인 상태를 살펴서 알아보는 행위로써, 자료 분석과 정리, 관측[97], 시험, 시추, 측량, 계측[98], 설문, 청문, 탐문조사 등이 이에 해당한다. 또한, 평가는 구조물의 상태를

---

95) 의료법인은 의료법과 민법에 따라 의료업을 목적으로 의료행위를 할 수 있는 특수비영리 공익기관이다. 근년에 병원의 영리법인화(營利法人化)가 대두된 적이 있는데, 만일에 병원의 영리법인화가 허용된다고 할지라도, 일반사업의 영리사업자과 병원의 영리법인화와는 그 본질과 성격이 다를 것이다.

96) 특정 정보의 의미가 확실해져서 누구에게든 인정받을 수 있는 내용으로 확정된 것을 지식(knowledge)이라 한다. 이는 정보를 통한 체험의 결과로 나타나며 개인적(personal), 국부적(local), 포괄적(global) 지식이 존재한다. 지식의 출발은 개인에게서 시작되지만, 상호작용으로 인하여 국부적 포괄적 지식으로 만들어지는 것이다. 여기에는 규칙(rule), 정리(theorem) 등 일반적으로 적용될 수 있는 보편타당한 내용이 포함된다.

97) 어떤 현상을 조사하기 위하여 관찰하고 측정하는 행위

98) 인간사회의 진단에서는 복잡한 생체의 현상을 누구나 알아볼 수 있도록 객관화할 필요가 있는데, 이를 위해서는 생체의 신호처리기술이 필요하다. 이를테면, 심장과 뇌의 전기적 변화, 성대의 떨림, 혈액 내의 산소분압 등 생체에서 일어나는 모든 현상을 수치화하는 작업이 필요하다. 이를 위해서는 미세한 변화까지 감지해 내는 센서가 필요하며 센서가 잡아낸 신호를 증폭한 뒤 인간에게 유익한 정보로 프로그래밍 기술이 바꿔준다. 이같이 의학에서 의공학(醫工學)이 도입되듯이, 구조물진단에서도 계측기술이 이용된다.

조사・검사하여 구조물을 정성적 또는 정량적으로 구분하고 구별하며, 판단, 판별, 판명, 판정, 사정[99] 등을 하는 행위이다. 구조물진단에 있어서 조사·평가·판정 등의 행위는 진단전문가의 지식과 경험이 가장 크게 작용하는 부분이다.

구조물의 상태와 이해당사자 간의 갈등문제를 조사하고 평가하는 단계에서는 또한 과학적으로 구체적인 증거를 확보하고 검증하며 규명한다. 이 과정에서는 미리 정해놓은 결론에 증거를 끼워 맞추는 형식이 되지 않도록 하는 것이 중요하다. 만일에 선입관을 갖고 평가하면 중요한 현상을 보지 못하는 누를 범 할 수 있다. 또한, 고도의 기술력이 요구되는 평가에는 해당 전문가가 참여하여야만 제대로 된 구조물진단에 이를 수 있다. 이를테면, 화해를 입은 구조물진단을 소방방재 분야에서 다룬다거나, 피해구조물의 원가분석이 주류인 감정평가를 건설시공, 구조전문가가 다루는 경우 등이다. 다양한 구조형식과 특수한 공법으로 건축된 구조물에 대한 구조물진단을 학계의 권위자 혹은 유사 분야의 전문가에게 맡기는 것은 부적절하다 할 수 있다.

처치단계는 구조물진단의 결과를 나타내는 과정으로 진단의 성과를 실행하는 부분이다. 따라서 이 과정에서는 고도의 통합응용학문분야로서의 실제적 지식과 경험이 요구되며, 진단의 결과가 치유의 성과물이 되도록 문제의 사안에 따라 기술자로서, 혹은 상담자/평가자/협상자/조언자/중재자/조정자로서 역할이 요구되는 부분이기도 하다.

전문가가 구조물의 상태를 평가하고 그 치료법을 제시하는 것은 최선의 치유방안을 찾는 과정이다. 치유방법을 적용함에 문제가 있다면 부득이 보편타당한 차선책을 찾는 것은 구조물진단에 요구되는 기본요소의 하나인 합리성에 어긋나지 않는다. 이러한 합리적인 대안을 마련하는 것이 진단전문가의 마지막 과정이다. 결국, 구조물진단의 성과, 품질, 그리고 그 효용성은 진단전문가의 자질과 능력에 따라 달라진다. 이는 피상담자(고객)가 구조물진단 의뢰 시에, 어떤 진단전문가를 선택하느냐 하는 것이 성과를 좌우한다.

---

99) 특정한 사실을 하나하나 조사하여 결정하는 행위. 특정한 사실을 확인하여 인정하거나 조정하는 등의 행위. 수량 또는 금액의 내역 사정, 손해사정 등

1.5 구조물진단의 유형

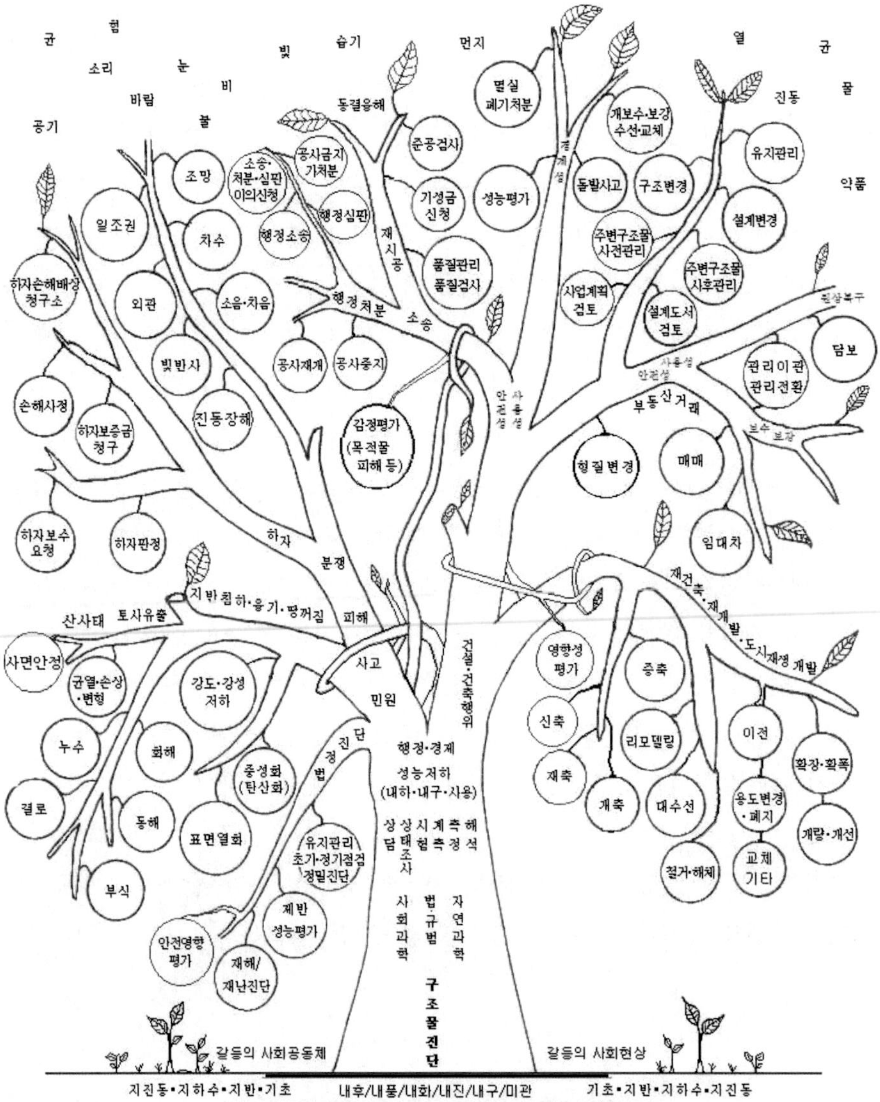

그림 21 구조물진단의 파생/나무가 성장하면서 나뭇가지가 분기되고 가지마다 나뭇잎과 열매가 열리듯이, 다양한 요구 성능과 구조형식에서부터 생성되는 구조물진단도 사회현상과 함께 다종 다양하게 생성된다.

구조물진단은 구조물의 종류와 형식, 구조물의 특성과 주어진 여건, 사용재료의 종류, 구법 및 공법, 규모와 형상, 재료의 특성, 부재의 종류 및 배치, 구조물의 정착 상태, 건축행위 등에 따라 여러 유형으로 나누어진다. 구조물에 표출된 이상 현상, 동기

유발, 이해당사자의 갈등 등 인간의 삶과 함께하는 공동체 사회의 구조물진단은 무궁무진하다고도 할 수 있다.

인간이 선조와 부모의 유전자를 이어받아 수태 과정에서부터 계획적으로 인간으로 태어나서 양육과 훈육 및 교육과정을 거쳐서 성인이 되는 것과 마찬가지로, 구조물도 계획적으로 대지와 자금을 마련하여 설계자를 선택하고 착공하여, 적절한 건축자재를 투여하고 양생하여 태어난다.

다만, 공동체 사회에는 일정한 규범이 존재하므로 인간이나 구조물이나 생로병사과정에서 독단적으로 생산되어 사용폐기 처분할 수 없다. 예컨대, 자기 마음대로 구조물을 생산하거나 용도변경을 한다거나 증·개축을 할 수 없다.

강제 결혼으로 아이를 출산하거나 식물인간에게 가족이나 의사가 임의로 사망선고를 내릴 수 없듯이, 구조물도 마음대로 신축, 증·개축 혹은 해체하거나 폐기할 수 없다. 다시 말해서, 건축물을 멸실 폐기할 때에는 관계 법령의 적용을 받아야 하고, 세월이 흘러 주택이 노후화되었다고 소유자 마음대로 재건축이나 재개발을 할 수 없는 것과 같은 맥락이다. 이는 인간사회가 사회규범에 따라야 하는 공동체 사회이기 때문이다.

구조물은 완성된 순간부터 결함이 발생한다고 말하기도 한다. 즉, 구조물은 시공 중에도, 완성된 순간부터 각종 하중의 부가, 주변 환경의 영향을 받는다. 이를테면, 자동차도 대형화되어 운반 하중도 크게 높아지고 교통량 증가와 함께 하중에 대한 피로가 누적되어 때로는 설계 시에 상정한 것보다 교량에 큰 하중이 작용하기도 한다. 구조물의 생로병사과정에서 예상치 못한 자연현상과 충돌 등에 의해 상해를 입기도 한다.

구조물진단은 이러한 과정에서 신축, 증축, 리모델링[100], 개축, 대수선, 일부 절단철거, 전체 철거 및 해체, 재건축 혹은 재개발의 행정절차, 혹은 갈등 관계의 사회현상으로부터 생성된다.

구조물진단은 관계 법령에 따라 실시 되기도 하고, 사회 내에서의 대립과 반목의 갈등 관계로부터 다양하게 생성된다. 예를 들면, 지반을 터파기하는 신축현장에 인접한 기존건물에 이상 현상이 생겨 이로 인한 물적 혹은 정신적인 피해보상을 받기 위해 우선 신축공사를 중단시키고자 한다. 그러나 신축공사를 하는 측에서는 공사가 중지될 경우 공사의 차질로 발생하는 손해 때문에 어떻게든 공사가 중지되지 않고 진행될 수 있도록 대처하게 된다. 이들에게 구조물진단의 동기부여가 유발된 것이다.

만일에 공사현장이 행정절차에 따라 공사가 중지된 상태라면 공사현장에서는 공사재개조건을 마련하는 구조물진단을 검토하게 될 것이고, 공사현장이 공사금지 가처분의

100) 대수선, 증축, 용도변경 등의 건축행위가 이에 포함되기도 한다.

상태라면 공사현장은 법원에 공사금지 이의신청 혹은 공사단행을 위한 구조물진단을 추진하게 될 것이다. 이를테면, 신축공사에 인접한 건물에서는 "공사중지를 위한 진단"을 실시하여 우선 신축공사를 중지시키려고 할 것이며, 반면에 공사가 중지된 상태라면 신축공사 측은 "공사재개를 위한 진단[101]"을 실시하여 공사재개를 하고자 할 것이다. 이와 더불어 부당한 공사중지 혹은 공사금지에 따라 막대한 손해가 발생하였다면 이에 대한 손해배상소송으로 이어질 수 있다. 또한, 건설공사가 거의 완료된 시점에 이에 인접하는 건물에 피해가 발생하였다고 하여 인접 건물에서 제기한 "건설공사 일정 구간에 대하여 공사를 속행하여서는 아니 된다"는 "공사속행금지 가처분신청"을 할 수도 있다. 이 경우에는 인접하는 건물의 건설공사에 따른 피해 영향을 평가하고, 조사시점에서의 공사속행금지요소에 대하여 검토하게 된다. 이러한 진단은 소송판결의 요건을 구비하여 각하되지 않도록 하거나. 본안판결이 기각되지 않고 인용되도록 노력하는 진단을 한다. 이 경우에는 공사속행금지 가처분신청이 각하되거나 기각[102]되지 않도록 인접 건물의 피해 영향과 감정을 포함한 제반요소를 검토하여 법원에 보고서를 제출하는 형식이 된다. 이같이 구조물과 관련하여 대립과 반목, 상반된 이해와 관심 등의 갈등이 형성된다.

이러한 갈등으로 인한 구조물진단은 구조물에 표출된 현상을 조사하고 평가하는 일뿐 만이 아니라, 공동체 사회의 법규범과 더불어 당면한 갈등을 조정하고 해소할 수 있도록 하는 방향으로 진행하게 된다. 이를 위해서는 공학적인 평가행위만으로 갈등을 조정하거나 해소하기는 어렵다. 이같이 구조물과 관련한 계획, 설계, 시공, 신축, 증·개축, 용도변경, 대수선, 해체/폐기, 성능미달, 하자, 피해/손해사정[103], 부동산 매매, 관리이관 및 전환, 각종 민원이나 소송준비자료의 확보를 위한 진단, 재건축 정비사업의 장

101) 건설 중에 공사가 중단되어 일정 기간 방치된 경우에 공사를 재개하기 전에 대상구조물에 대한 현상조사 및 평가와 함께 공사재개요건과 보수·보강방안 등을 마련한다. 공사재개 전에 실시하므로 사전진단의 성격을 띠고 있다. 즉, 대상현장의 상태와 여건에 기초하여 공사재개에 앞서 필요한 요건을 마련하여 공사를 재개할 수 있도록 하고 필요시에 그에 따른 보수·보강 방안도 제시한다. 이는 또한 공사재개의 수용 여부 권한을 가진 관계기관 또는 관계자를 설득하는 형식이 되어야 한다. 공사중지를 위한 진단은 공사재개를 위한 진단과 다르게 공사중지가 목표이다.

102) 기각은 법원이 소송을 심리한 결과 이유가 없거나 적법하지 않다고 판단하여 종국적 재판에서 배척하는 것이다. 기각의 재판은 본안판결이고 소송판결인 각하와 구별된다. 각하는 국가기관에 대한 행정상 또는 소송법상의 신청을 배척하는 처분으로, 민사소송법상 소송요건 또는 상소의 요건을 구비하지 않으므로 소 또는 상소를 부적법이라 하여 소송상의 청구 그 자체에 대하여 본안판결을 하지 않고 배척하는 소송판결을 가리킨다.

103) 처리방법(피해의 수용 혹은 거절, 협상, 진단의뢰 여부 등)의 결정이 쉽지는 않지만, 피해자는 가능한 신속한 대처가 필요하다. 특히 보험처리의 경우에 보상처리절차를 고려하여 신속 추진하는 것이 좋다. 피해자가 무관심하고 태만할 경우는 적기를 놓칠 수 있으며, 진단전문가의 도움을 받고도 손해사정진단 등에 소극적일 경우에는 보험사 주도가 되어 비효과적이고 실익이 떨어진다. 피해자가 손해사정진단업체를 추천하고 보험사가 진단비용을 지불하는 형식으로 협의 처리한다.

기간 지연에 따른 안전진단 등 거의 모두가 사회갈등문제와 관련되지 않은 것은 없다. 그래서 구조물진단은 공학 기반의 평가뿐만이 아니라 구조물과 관련하여 발생한 사회현상을 사회규범과 함께 다루게 된다. 사회공동체에는 이 같은 유형의 구조물진단이 수시로 발생하고 있다.

구조물의 안전성과 사용성이 의심되거나 문제가 있을 때, 소유자 등은 이를 확인하는 것에 갈등하게 된다. 또한, 사회적, 물리적, 기능적, 경제적인 성능과 가치가 구조물의 생로병사과정에서 떨어졌다거나 떨어지는 상태에 있을 때 소유자는 어떻게 대처하여야 할지 고민하게 된다. 그에 대한 투자가 과도하다거나 상대적 가치가 과소하다고 느낄 때도 마찬가지다. 이러한 가치변화에 따른 사회적, 물리적, 기능적, 경제적 변화에 대처하여 현상유지를 하거나, 현상유지나 보수(repair) 및 보강(upgrading)방안을 모색하거나, 그 문제점을 해결하고자 하는 데에 구조물진단이 그 해법으로서 관여하게 된다. 예컨대, 공동주택의 노후화와 시대적 변화에 대응하는 재건축진단, 구조물의 사용중에 발생하는 누수, 화해(fire damage), 균열과 변형, 습기, 결로, 하자, 손해사정, 결함의 원인 규명 및 사실 입증, 감정, 폭발사고· 홍수・태풍・지진 후의 재해 및 피해 등 매우 다양한 형태의 문제에 구조물진단이 함께 한다. 또한, 이해당사자들 간에 하자 여부를 다투는 일에 시비를 가려주는 하자판정, 하자발생 비용을 산출하여 하자보증주체(보험사 등의 보증회사)에게 하자보증금을 청구하는 일, 그리고 시공자 등에게 하자보수를 요청하는 일[104], 하자손해배상청구의 증빙자료를 확보하는 일도 있다.

또한, 설계도서에 대한 검토 및 검사, 공사대금 지급정지를 위한 진단, 건설공사를 중지시키기 위한 진단, 공사금지 가처분신청을 위한 진단, 공사금지에 따른 이의신청 목적의 준비서면[105] 자료확보, 그리고 일정 기간 공사가 중단된 현장의 공사재개를 위한 진단, 준공검사 혹은 가사용신청을 위한 진단, 신축건물의 사용승인처리를 위한 진단, 공사금지 가처분에 따른 공사재개를 위한 진단, 공사속행을 위한 진단, 노후화 불량건축물의 리모델링·재건축・재개발 평가, 건설공사 관련의 사전관리진단[106] 혹은 사

104) 하자판정은 관계 법령에서 지정한 기관 주체로 하자를 판별하여 결정하는 행위이며, 감정평가는 법원의 소송업무로서 법원에서 지정한 감정평가인이 하자판정과 함께 하자발생 비용을 포함한 내역서를 작성한다. 하자보증금청구진단에서도 하자판정으로 하자발생 비용을 포함한 내역서를 작성한다.

105) 민사소송법상 당사자가 변론에서 진술코자 하는 사항을 기재하여 법원에 예고적으로 제출하는 서면.

106) 건설공사 시작 전에 현장 주변 상황과 구조물의 결함을 문서화 하여 근거 없는 민원제기(claim)에 대비한다. 기존결함을 조사대상으로 하며 사후의 신규결함과 구분한다. 건축주, 시공자, 인접 건물 모두 피해에 대비하게 하는 효과가 있고 사실 증빙자료가 된다. 또한, 시공자에게 안전한 공법을 적용하게 하는 계기가 된다. 사전진단 이후에 시공의 영향으로 피해가 발생하면 시공자에게 피해보상을 요구할 수 있다. 이로 인해 소송이 제기되기도 하므로, 시공자는 이에 대한 예산을 사전에 반영한다. 일반적으로 민원인은 "설계자 혹은 전문가, 공공기관이 현안에 대해서 기술적으로 행정적으로 조정하고 해결해야 할 임무가 있다"라고 생각하며, 문제해결이 여의치 않으면 이해당사자들은 법적으로 해결하려 한다. 진단의

후에 실시하는 영향성 평가, 구조물의 보수보강 및 보완 등의 유지관리를 위한 진단 등 여러 형태의 구조물진단이 구조물과 관련한 갈등상황과 동기에 따라 다양하게 파생될 수 있다.

또한, 건축행위과정에서 공무원이 정당한 이유 없이 그 직무수행을 거부하거나 그 직무를 태만하여 유기하면, 이는 국민 전체에 대한 봉사자로서 국가공무원법이나 지방공무원법을 위반한 징벌 사유가 되므로 직무유기로서 범죄로 규정하고 있다. 따라서 건축행위과정에서 건축주가 민원으로 제기한 부실시공의 문제를 공직자들이 눈감아주는 상황에서는 공직자의 직무유기를 증빙하는 진단을 하여 관련 기관에 제소할 수밖에 없고, 그렇지 않은 상황에서는 건축주는 부실공사에 따라 시공업체를 부정당업자로 행정처분 받게 하려고 한다. 한편, 시공업체는 이에 대한 부당함을 증빙하는 자료를 확보하여 대응하려 한다. 이러한 과정에서 진단의 동기가 유발된다.

건축물의 신축・증·개축・재축・대수선・개수선・리모델링・용도변경 등에 있어서, 설계자가 작성한 설계도서에 내포된 부실, 오류, 결함 등을 발주자가 사전검토를 하고자 할 때 구조물진단이 이를 대신한다. 또한, 건설사업계획 입안에 대한 타당성 검토, 건축행위[107]와 공작물 축조 등의 절차상에 요구되는 관련 요건의 검토, 시공 및 감리[108]의 적정성, 생로병사과정마다 터져 나오는 구조물의 안전성과 사용성 평가, 부동산

주된 목적이 공사 이전의 상태를 문서화 하여 근거 없는 claim에 대처하고자 함이지만, 시공자가 피해 발생에 유의하여 시공하고 있음을 보여 주는 것이기도 하다. 누구나 성의를 보이면 좋아하기 때문이다. 작은 claim은 빨리 처리하는 것도 가능하지만, 이는 인접 건물 주민으로부터 더욱 많은 요구를 유발할 수 있다. 만일 큰 피해사고로 claim이 제기되었을 때 시공자가 무관심과 태만한 태도를 보이면 이는 불에 기름을 붓는 격이 된다. 피해 영향의 원인 규명이 되지 않은 상태에서 claim의 수용과 거절 여부의 결정이 쉽지 않지만 신속대처할 필요가 있다. 그렇다고 claim에 대한 신속대처가 빨리 배상해버리라는 의미는 아니다. 근래에 대부분의 claim은 이해당사자와 협의 없이 시공자의 보험사 주체로 손해사정진단을 하는 것이 관행화되어 있다.

107) 건축법 제2조(정의)에서 '건축'은 "건축물을 신축•증축•개축•재축 또는 이전하는 것"이다. 건축허가 대상 행위에는 이 같은 건축행위 이외에 공작물의 축조 등의 행위가 있다. 이와는 별도로 건축물의 주요구조부에 대한 수선 또는 변경, 건축물의 외부형태변경 등은 대수선으로 정의하고 있다. 건축법 시행령 제3조의 2(대수선의 범위)는 대수선의 범위를 정하고 이를 허가대상으로 하고 있다. 또한, 건축물의 용도를 변경하고자 하는 경우도 건축법 및 관계 법령에 적합하도록 하고 있다. 건축행위로서는 ① 구조물의 전체 또는 부분의 기능 및 성능에 노후화 또는 사회적, 기술적 상황변화에 따라 사물의 기능, 성질 등의 상대적 가치가 저하할 경우 보수, 수선, 개수 또는 증축, 개축(rebuilding) 등의 방법으로 그 기능 및 성능을 사용 목적에 적합하도록 유지 또는 개량하거나, 불필요한 성능 또는 기능의 삭제 또는 새로운 기능 및 성능을 추가시키는 것, ② 건축물의 노후화 억제 또는 기능향상 등을 위하여 증축, 개축 또는 대수선하는 행위(건축법 시행령 제6조). 다만, '구조물의 건축행위'라고 할 때는 도로 등의 신설, 확장, 확 폭 등도 건축행위에 포함된다.

108) 신축(설계, 시공)감리와 해체감리도 크게 보면 진단의 범주이다. 감리는 관계 법령의 규정이나 지침, 시방서, 계약조건, 계획 등에 적합성 여부를 검토・확인・조사・검측・지도・지시・감독・관리(품질관리·시공관리·해체 안전관리) 등을 하는 행위이다. 감리 또한 설계에서 철거·해체에 이르는 생로병사과정의 단계, 감리목적에 따라 구분한다. 정부는 건물철거과정의 건물붕괴로 인명사고(예: 2021년 6월 광주광역시

매매, 부동산의 관리 이관, 관리전환 및 반환[109] 등의 부동산거래, 구조물 일부의 절단 철거, 전체 철거 및 해체의 동기와 목적, 구조물에 나타나는 이상 현상, 사회현상 등에 따라 헤아리기 어려울 정도로 여러 가지 형태로 구조물진단이 나타난다.

구조물의 기획→계획→설계→착공→시공→감리→준공→유지관리→해체에 이르기까지의 모든 생로병사 단계에서 구조물과 관련하여 공동체 사회에서 일어나는 사회현상과 함께 구조물진단은 각양각색으로 파생되며 그 성격 또한 제각기 다르다. 따라서 구조물진단은 더욱 세분화 파생될 수 있다. 공동주택의 재건축·재개발진단과 리모델링 진단은 노후화로 인한 재건축과 개보수·증축 등을 통해 새로운 주거환경으로 사용하고자 하는 공통적인 목적[110]이 있지만, 안전도 평가는 서로 다를 수 있다. 이를테면, 재건축의 측면에서는 노후화가 심하고 안전에도 문제가 있어야 하지만, 리모델링 진단에서는 개보수·증축을 할 정도의 상태인가를 평가해야 하므로 우선 구조물이 건전하고 안전해야 한다. 대규모의 보강이 수반되면 리모델링이 타당하지 않을 수 있기 때문이다.

그림 22 부적절한 호칭의 '재건축정밀안전진단'/재건축추진위원회발족, 창립총회, 재건축진단통과, 건축심의통과, 사업시행인가 등이 진행될 때마다 일반인에게 경축을 알리는 일이 관행화되었다. 노후화 불량주택이라는 명예스럽지 못한 '재건축진단'을 부동산 투기로 인해 경축으로 받아들이고 있다.

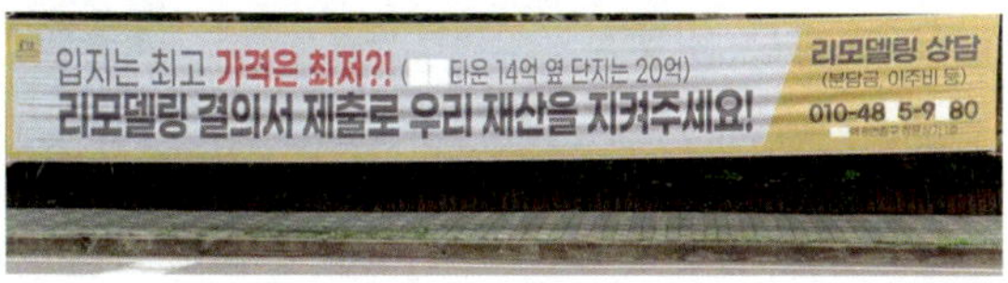

그림 23 리모델링 업체의 현수막/시중의 재건축·재개발, 리모델링 등의 행위에는 법 제정의 목적과는 달리 부동산 투기가 근저하고 있다.

구조물진단의 평가요소는 여럿일지라도, 최종평가는 당해 진단이 지향하는 단일목적으로 집약되어야 한다.[111] 이를테면, 구조물진단의 목적이 다중(多重)으로 복합되면 목적이 섞이어 이들과 관련한 사회규범 등도 복합되어 상충이 일어날 수도 있고, 목적이

재개발현장)가 발생하자 상주감리를 제도화하였다. 이는 건물철거에 앞서 철거 시방의 적정성 여부 등을 검토하는 해체철거건물에 대한 사전진단에 추가하여 안전관리를 강화한 조치이다. 또한, 시공감리에 더하여 구조감리도 하게 된다. 설계(건축, 구조)와 감리는 상호보완적이기도 하지만, 견제의 필요성도 있다. 건축물 해체공사는 건축물관리법 시행(2020.5.1)으로 법정 감리하게 된다.

109) 임대아파트를 분양아파트로의 관리전환, 민간기업이 건축한 지하상가를 일정 기간 운영한 후에 지방자치단체에 공유재산으로 반환하는 경우 등

110) 국내주택의 재건축·재개발과 리모델링은 사실상 부동산 투기목적이 매우 강하다.

111) 예컨대, 재건축진단은 노후화, 안전성, 경제성 등의 여러 요소를 평가하지만, 그 최종성과는 재건축 여부를 평가하는 단일목적의 진단이다.

복합적인 진단은 그들 각각의 목적을 동시에 효과적으로 실현하기도 어려워진다. 이는 진단의 목적과 지향점이 흐려지고 상호충돌할 가능성도 있기 때문이다.

하자진단은 구조물에 발생한 흠결을 평가하여 이해당사자들이 이를 수용하여 갈등을 원만하게 처리하는 것을 목표로 한다. 이러한 고유목적의 단일진단에서도 안전성과 사용성이 평가될 수 있다. 그렇다고 '하자보증금청구 및 안전진단', '손해사정 및 안전진단' 등과 같이 2개의 목적을 구조물진단의 명칭에 표시하게 되면 진단이 지향하고 실현코자 하는 목적이 이원화될 수밖에 없다. 이같이 진단목적에 부수되는 조사항목과 진단의 본질과 핵심이 이원화되는 상태를 정상으로 보기는 어렵다. 또한, 이들 이원화된 목적을 실현하고자 하면, 자연과학과 사회과학, 법규범에 기초한 진단행위에 일정 부분 부조화가 일어날 수 있다. 예를 들면, '하자보증금청구를 위한 구조물진단'은 하자보증주체(예: 보증회사)에 청구할 금액을 산출하는 것이 주 대상이다. 그런데 여기에 더하여 구조물의 안전성 평가를 추가하면, '하자보증금청구를 위한 하자진단 및 안전진단'의 형식이 된다. 이러한 진단에서 안전성은 하자평가에 필요한 보조적인 요소이므로 '하자보증금청구진단'의 명칭에 포함 시키지 않는다.[112]

만일에 하자보증금 청구진단을 하자손해배상청구소송에도 사용하고자 한다면, 구하는 상대자가 다르므로 이는 마치 일반건강진단서를 병역신체검사서로 사용하려는 것과 같다 할 수 있다. 하자보증주체에게 하자보증금을 청구하는 진단보고서를 법원에서 유리한 판결을 위해 제시하는 손해배상소송자료로 사용하려 한다면, 진단목적을 벗어나서 사용하는 것이 되므로 유효하지도 않고 효과를 기대하기도 어렵다. 이는 구조물진단의 지향점이 다르기 때문이다.

일반건강진단서를 병역신체검사서로 사용할 수 없듯이, 구조물진단에서도 지향점이 다른 진단보고서를 겸용으로 사용하는 것을 엄격히 제한할 필요가 있다. 이같이 진단의 성과물을 목적 이외의 용도로 사용할 수 없도록 한 것은 불문율이다. 요컨대, 목적과 성격이 다른 진단을 상호 교차하여 목적을 동시에 실현코자 하는 것은 부적절하기도 하지만 사회규범에도 어긋난다. 진단내용이 유사하더라도 그 성격이나 진단의 실현목표가 다르므로, 각기 다른 복수용도의 진단을 조화롭게 평가하기도 어려워진다. 또한, 성격이 다른 두 진단에 적용되는 규정이나 법리적인 문제로 동일한 진단내용에 대해 이율배반적인 평가가 나타날 수 있다. 이를테면, 대상구조물이 전체적으로는 양호한

112) 하자보증금청구 진단에서 구조물의 안전성을 평가하는 것은 구조 안전과 관련한 결함을 조사하기 위한 것이다. 즉, 하자보증금 청구대상의 하자가 구조물의 안전성에 영향을 미칠 정도로 중대한 하자라는 것을 강조하거나 그렇지 않다는 것을 표현하는 자료이다. '하자보증금청구를 위한 구조물진단'은 하자보증주체에게 하자보증금을 청구하는 것이 주된 목적이므로, 명칭에 안전성을 나타낼 필요가 없다.

상태로서 안전성을 확보하고 있지만, 하자는 안전과 무관한 결함을 포함하여 광범위하고 다양하다. 결과적으로 안전에는 문제가 없는 결함이지만, 하자로 판정할 수 있으므로 하자보증주체나 법원에서 볼 때 혼란스러울 수 있다. 이 같은 지향점이 다른 복수목적의 진단은 동시에 일거양득으로 목적을 실현하고자 하는 진단의뢰자의 욕망에서 비롯한다. 따라서 진단보고서는 그 용도를 모든 사람이 쉽게 인식할 수 있도록 명기되어야 한다. 예컨대, 하자보증금청구를 위한 진단은 구조물에 발생한 하자에 대하여 하자보증주체에게 하자보증금을 청구하는 것이 대상이다, 그러나 하자손해배상청구를 위한 진단은 이미 발생한 하자에 대한 손해배상금을 청구인이 법원에 제출하여 유리한 판결을 구하고자 법원에 제출하는 일종의 준비서면자료이다. 따라서 하자보증금청구를 위한 진단과 하자손해배상청구를 위한 진단을 각각 단일목적의 진단으로 각기 의뢰하는 것이 상식이고 정상이다.

여러 가지 항목을 종합적으로 평가하는 재건축진단에서 최종 평가사항은 재건축 여부이다, 즉, 노후화 불량으로 인한 재건축 여부[113]에 대한 평가이다. 그래서 재건축진단에 대한 평가항목은 여러 가지이지만 '노후화 불량주택 재건축진단' 혹은 '○○주택에 대한 재건축진단'으로 표현하는 것이 진단목적에 부합한다. 구조물진단의 조사항목은 당해 진단목적을 실현할 수 있도록 설정한다. 이는 당해 진단의 목적을 달성하기 위한 것이므로, 불필요한 항목이 포함되면 형식에 치우친 진단이 될 수 있다. 만일에 복수목적의 진단이라면 1건의 기술용역으로 성과품을 작성하는 것보다는 2건의 기술용역으로 분리하여 고유목적에 따라 각각 작성하는 것이 진단의 성과달성에도 부합한다. 즉, 복수목적을 성취하려면 성과품 내에서라도 각각 분리하여 구조물진단의 성과품을 작성할 필요가 있다.

예컨대, 고층용 이사짐 사다리차(손해보험가입)가 공동주택 22층에서 작업 중에 전도되어 옆 동의 13층 측벽에 충돌하여 옆 동의 주민이 정밀안전진단을 요구하여 안전진단과 손해사정진단을 하여야 하는 상황이 되었다. 손해사정진단은 손해 발생금액에 대한 공정한 사정으로 당사자들의 갈등을 조정 및 해소하고 처리하는 것을 주된 목적으로 한다. 이 경우에 2가지 목적의 진단을 완전분리하여 실시하여야만 주민과 보험사 간의 갈등의 부조화를 방지할 수 있다. 애초에 사다리차업체와 보험사를 당사자로 하는 손해사정진단이었으나, 이사짐 사다리가 옆 동에 충돌하는 사고로 인해 주민이 불안감을 호소함으로써, 여타의 다른 피해보다도 그들이 거주하고 있는 건물의 안전에 관심이 쏠리게

113) 기존공동주택에 대한 재건축진단결과, 재건축하는 것이 적절한 것으로 평가되었다면 철거 후 신축하는 것을 의미하므로, 사실상 이는 사망진단서에 해당한다. 그러나 보수·보강에 의해 재사용하는 것으로 평가되었다면, 이는 현상 유지관리이다.

되었다. 그래서 손해보험에 가입한 사다리차업체와 공동주택 관리주체와의 관계에서 보험사와 손해사정진단으로 연동되었다. 또한, 손해사정진단으로 추진되던 과정에서 사다리가 충돌한 옆 동의 입주민이 공동주택 관리주체에 민원을 제기하면서 옆 동에 대한 안전진단으로 확대되었다. 따라서 충돌사고와 관련한 피해에 대해서 보험사를 대상으로 하는 손해사정진단과 공동주택 입주민의 갈등 해소를 위한 정밀안전진단의 2가지 목적과 동기가 발생하였다.

제도화되어 의무적으로 실시하고 있는 기존구조물에 대한 내진성능평가는 현상을 조사하여 먼저 안전성과 사용성을 평가하고 이를 바탕으로 내진성능평가를 하는 것이 순서이다. 내진성능평가도 본질과 핵심은 안전성 평가이다[114]. 그래서 진단의 명칭을 '안전진단 및 내진성능평가'와 같이 복수목적으로 나타내기도 한다. 여기에서 안전진단은 구조물의 안전에 대한 상태조사 및 평가가 주안이며, 이를 기초로 하는 평가가 내진성능평가이다. 그래서 신축 시에 이미 내진 설계된 기존건물에 대한 상태조사 및 평가(안전진단)에서 안전성이 확인되었다면, 강화된 내진 기준으로 평가할 경우를 제외하고는 내진성능평가를 별도로 하지 않고 현상조사만으로도 성능평가를 할 수 있다. 대상건물이 내진 설계한 당시와 기준 등이 변한 것이 없고 구조적인 성능변화와 변경된 사항도 없다면 현상조사만으로도 성능평가는 가능하기 때문이다.

공동주택 재건축진단은 재건축행위에 요구되는 제도적 절차에 따라 노후화 불량주택에 대한 안전성과 사용성을 평가하여 경제적인 측면에서 보수·보강에 의한 재사용과 재건축의 타당성을 종합적으로 평가한다. 따라서 재건축진단에서는 노후화 불량주택에 대한 안전성과 사용성, 경제성 등의 평가가 주안이 된다. 즉, 노후화 불량주택을 대상으로 하여 최종적으로는 재건축 여부를 평가하는 것이다. 그래서 진단의 고유 명칭은 "노후화 불량주택에 대한 재건축안전진단"이 아니라, "노후화 불량주택에 대한 재건축(여부의)진단"이라고 하는 것이 적절할 것이다.

구조물진단의 대상과 동기 및 목적에 의해서 진단의 명칭이 정해지므로 이를 약칭으로 "노후화 불량주택 재건축진단"으로 할 수도 있다. 그러나 만일에 이를 "노후화 불량주택 재건축안전진단"이라고 한다면 이는 본래의 재건축진단의 주된 목적에서 벗어나게 된다.[115] 예컨대, 재건축을 상징하고 대표하는 내용은 노후화로 인한 주택의 불량상

114) 내진성능평가를 위해서는 실존구조물에 대한 현상(現狀)조사 및 평가를 하여 내진성능평가의 기초자료를 확보하는 것이 우선이다. 그리고 이를 바탕으로 내진에 대한 안전성을 평가하게 된다. 따라서 정밀안전진단과 내진성능평가는 서로 연계되므로, 이를 분리해야 한다는 일부의 주장은 자신의 영역확대라는 오해를 받을 수 있다. 이는 구조설계와 성능평가를 동일 영역으로 간주한 것에서 비롯한 것이다.

115) 예를 들면, '도시 및 주거환경정비법'의 규정에 따라 정부에서 고시한 재건축진단매뉴얼의 명칭이 "주택 재건축 안전진단매뉴얼"로 되어 있다. 이러한 매뉴얼에 의한 재건축진단에서는 책임기술자의 주관적인 평가를 거의 배제하거나 최소화한다

태를 평가하는 것이다. 즉, 평가를 대표하는 내용이 노후화 불량이지 안전도가 아니므로, 그 대표성에 따라 '주택 재건축진단', 혹은 '노후화 주택 재건축진단'이 적절하다. 그러나 정부의 진단지침서에서조차 '주택재건축안전진단'으로 명기하고 있다. 다만, 정부가 정책적으로 주택의 재건축에 대해서 안전도 평가를 주안으로 하고 있다면 '재건축안전진단'이라고 할 수는 있을 것이다. 그러나 이는 재건축진단의 본질은 아니다.

구조물을 철거·해체하고자 할 때도 진단전문가를 통해 해당 구조물의 구조형식(예: 철골, R.C 라멘, 조립식구조, 조적조, 목조, 쉘, 아치, 케이블 등)과 규모, 노후화, 구조물의 특성과 여러 여건 등을 정밀하게 상태 조사한다. 그리고 그에 적합한 철거·해체 방법 및 순서 등을 검토함으로써 안전하게 구조물이 철거·해체될 수 있도록 하는 사전관리진단을 하게 된다. 부분철거·해체일 경우는 그에 따른 보완 및 보강과 공사방안 등을 제시한다. 이러한 해체공사의 감리는 건축물관리법(2020.12)으로 의무화되었다.

기본적으로 구조물진단은 구조물의 균열 및 손상과 변형, 진동, 결로, 누수, 성능저하 등의 결함에 따라 명칭이 부여되고 갈등의 성격에 따라서도 파생된다. 또한, 구조물의 증·개축, 개량 및 개선, 확장 및 확폭, 대수선, 화해, 풍수해, 손해사정, 소송, 부동산 매매에 따른 가치평가와 명도 및 임대차, 형질변경 등 그 갈등을 해소하고자 하는 목적이 뚜렷한 진단은 물론 이들 진단으로부터 각기 다른 동기와 성격으로 구분되면서 헤아리기 어려울 정도로 다양한 구조물진단이 나뭇가지가 분기되듯이 파생될 수 있다. 즉, 과일나무가 성장함에 따라 새로운 가지에서 열매가 열리듯이, 사회 문명의 진화와 함께 새롭고 다양한 진단이 파생될 수 있다.

구조물의 기획→계획→설계→착공→시공→감리→준공→유지관리→해체단계에서 실시하는 조사와 검사, 심의 및 심사, 타당성 검토, 성능평가. 품질관리, 검증, 구조검토, 민원 및 소송 등 구조물의 생로병사과정에서, 나무가 성장하면서 나무줄기에서 나뭇가지로 나뭇잎으로 분기되듯이, 사회현상에 대한 갈등관리[116]와 함께 수많은 진단이 파생될 수 있다. 또한, 구조물 관리주체의 필요에 따라 임의로 자발적으로 자율적으로 하는 일반진단도 있지만, 관계 법령에 따라 구조물의 안전 및 유지관리가 제도화되어 의무적으로 실시하여야 하는 법정진단[117]도 있다. 일반적으로 사회기반시설의 안전관리는 제도적으로 의무화하고, 민간관리 주체의 시설물은 자율관리에 맡긴다. 즉, 사유재산의 유지

116) 이는 구조물에 문제가 발생하여 분쟁으로 현실화되기 전(예: 착공 전)에 실시하는 사전적 갈등 예방목적과 화재/누수/소음/진동/침하/손상 등의 결함 발생과 함께 사후에 이에 대한 다툼을 조정하고 해소하기 위해 실시하는 사후적 분쟁 해결목적이 있다.

117) 산업안전보건법은 산업재해를 예방하고 쾌적한 작업환경을 조성함으로써 노무자의 안전 및 보건을 유지·증진함을 목적으로 한다. 여기에는 건강진단도 있고, 특수한 유해인자에 노출되는 환경에서 근무하는 근로자에 대한 특수건강진단도 있다. 구조물진단도 이와 유사하다.

관리는 스스로 하게 한다. 그러나 민간관리주체의 시설물에 대해서도 공중의 안전을 위해 의무화하기도 한다. 구조물진단은 행정절차에 따라서, 이를테면 구조 안전, 대수선/용도 변경/구조변경/구조개선/개보수/증축/리모델링, 재건축진단 등은 제도화하기도 한다. 모든 구조물진단의 명칭에는 각각 고유의 동기와 목적을 내포하고 있으며, 여기에는 공동체 사회에 내재 되어있는 이해득실의 이해관계에 따른 갈등, 사회규범과 제도적인 절차 등이 언급되기도 한다.

또한, 이해관계가 복잡하게 얽히면서 공동체 사회 내에서 대립과 반목의 갈등이 형성되어 여러 형태의 구조물진단이 유발된다. 예를 들면, 지하층 굴토작업의 건설공사에 인접한 기존건물의 거주자가 건설현장의 소음과 진동으로 인해 이상 현상을 느낄 경우, 건설공사현장에 인접한 기존건물의 거주자는 "피해보상과 공사중지를 위한 진단"을 실시하여 우선 건설공사를 중지시키려고 할 것이다. 여기에 때로는 억지 민원이 발생하기도 한다. 만일에 건설공사가 중지되었다면 건설현장 측은 "피해보상과 공사재개를 위한 진단"을 실시하여 공사재개를 하고자 할 것이다. 즉, 건설공사 측에서는 민원이 제기되거나 공사가 중지될 경우, 공사의 차질로 발생하는 손해 때문에 어떻게든 공사재개를 위해 대처한다. 이렇게 건설현장과 기존건물의 거주자 간에는 상반된 주장으로 다툼이 생긴다. 그래서 우선 기존건물의 거주자는 건설현장 측에 대응하여 피해보상을 받으려 하고, 이것이 원만하게 이루어지지 않으면 관할기관에 민원을 제기하여 행정처분으로 공사를 중지시키려 하거나, 법원에 '공사금지 가처분신청'을 하여 어떻게든 공사를 하지 못하도록 하면서 피해보상을 받으려고 한다. 만일에 행정처분으로 공사가 중지된 상태라면 공사현장은 공사재개요건을 마련하는 구조물진단을 통해 공사중지에 대해 이의를 제기하고 해제를 요청할 것이다. 또한, 공사현장이 공사금지 가처분의 상태라면 공사현장은 법원에 공사금지 이의신청 혹은 공사단행을 위한 준비자료로 구조물진단을 추진할 수 있다. 이와 더불어 부당한 공사중지 혹은 공사금지에 따라 손해가 발생하였다면 이에 대한 손해배상절차가 병행될 수도 있다.

이같이 구조물진단의 이해당사자 간에는 이해득실과 관련하여 대립과 반목, 상반된 이해관계의 갈등이 형성되어 사회문제가 되기도 한다. 그래서 구조물진단은 구조물에 나타난 현상을 조사하고 그 원인을 규명하고 가치를 평가하는 것뿐 만이 아니라, 공동체 사회의 조직체계와 행정절차, 법규범 등과 더불어 당면한 갈등을 해소할 수 있도록 하는 방향으로 진행되어야 한다. 즉, 구조물진단은 공학적인 평가만으로 갈등을 조정하거나 해소하기는 어렵다. 구조물과 관련한 계획, 설계, 시공, 신축, 증·개축, 용도변경, 대수선, 해체/폐기, 성능저하, 피해, 하자, 손해사정, 부동산 매매, 각종 민원이나 소송 준비자료의 확보를 위한 진단 등 거의 모두가 사회갈등과 관련된다. 따라서 구조물의 이상 현상에 대한 구조 공학적인 평가뿐만이 아니라 사회과학적인 측면의 사회현상도 다룬다. 이같이 공동체의 사회현상과 관련하여 수많은 유형의 구조물진단이 생성된다. 즉, 구조물진단은 생로병사과정에서의 사회현상과 구조물에 나타나는 이상 현상에 따라 수없이 파생된다. 또한, 철근콘크리트조, 철골철근콘크리트조, 철골조, 조적조, 프리캐스트콘크리트 조립식 구조, 목구조, 쉘 구조, 아치 구조, 막 구조, 케이블구조, 현수교나 사장교, 입체 트러스, 흙 구조물 등의 각기 다른 특성과 이상 현상 및 증상에 따라 수없이 파생되며, 이에 따라 진단의 성격도 달라진다.

구조물에 발생하는 현상과 구조물의 종류에 따라서도 크게 누수, 결로, 일조, 소음이나 진동, 동해 및 화해, 균열 및 변형, 그리고 굴뚝, 담장이나 옹벽, 광고탑, 난간, 고가수조, 제방, 댐, 터널, 교량, 철도, 도로, 철도, 암거, 흙막이 구조물에 따라 진단이 분류되며, 이들의 동기유발에 따라 더욱 세분화될 수 있다. 또한, 옹벽의 재료에 따라 콘크리트, 개비온, 보강토, 석축, 토류벽 등으로도 구분할 수 있고 이들은 각각 구조형식에 따라 부벽식, 캔틸레버, 중력식 등으로, 또한 보강토 옹벽은 블록식, 패널식, 모래포대(sand bags), PEM(Prestressed Earth Method) 등으로 파생된다. 그러나 이러한 구조물진단의 명칭만으로는 당해 구조물진단의 성격이 나타나지 않으므로, 그 성격이 특성화되는 정도에 이르기까지 진단의 유형은 분기된다. 이들은 사용재료와 공법, 결함 발생의 양상에 따라 더욱더 파생될 수 있다. 구조물은 상세하게 구분함에 따라 이들에 요구되는 각각의 성능유지와 저하, 이들 구조물의 특성과 주변 여건, 구조물에 나타나는 이상 현상이 각각 다르므로 이에 따라 다양하게 구조물진단이 파생된다. 이같이 파생되는 대부분의 구조물진단은 공동체 사회에서 구조물과 관련하여 발생하는 사회현상의 갈등과 함께한다.

구조물진단의 다종다양성에서 볼 때, 안전진단이 전체의 구조물진단에서 차지하는 비중은 부분적이다. 그러함에도 불구하고, 구조설계 전문가집단을 활동 주체로 하는 구조물진단이 관행화되어 고착되고 있다. 안전진단이라고 할지라도 기존구조물에 대한 진단행위는 1.8(구조물의 성능평가)에서 후술하는 바와 같이 구조설계 전문가집단의 업무영역과는 구분된다. 이는 다양한 구조물의 특성과 구조물에 요구되는 성능을 무시하고 구조설계기술자 위주로 안전성과 사용성을 평가하는 구조물 안전진단이 진단의 주체인 것으로 오인할 수 있다. 즉, 구조설계전문가를 진단전문가로 인식할 수도 있다.

구조물과 관련하여 공동체 사회에서 생성되는 거의 모든 진단은 인간의 갈등 관계에서 비롯한 공동체 사회의 사회현상과 관련한다. 예컨대, 분화된 전문분야 간에도 업무영역을 놓고 다툼이 있을 수 있듯이, 구조물의 가치변화에 의해서도 갈등이 생길 수 있고 구조물을 통해 어떤 것을 얻어내고자 하는 다양한 사회적 욕구에 따른 갈등에 의해 구조물진단이 생성될 수 있다. 이같이 구조물의 생로병사과정에서 발생하는 인간 상호의 갈등 관계와 함께 다양하게 파생되는 구조물진단은 관련 법령 및 공동체 사회의 법규범과 별개로 분리하여 생각할 수 없다. 즉, 공동체 사회에 생성된 모든 구조물진단의 유형은 사회규범과 관계된다.

표 3: 진단의 목적/수준/주기/시기/발생결함에 의한 진단(예)

<table>
<tr><td rowspan="2">일반목적에 의한 분류</td><td rowspan="2">① 예방진단
② 증상진단
③ 유지관리를 위한 진단
④ 보수보강을 위한 진단</td><td rowspan="2">진단주기/시기에 의한 분류</td><td>기간</td><td>① 정기진단
② 부정기진단</td></tr>
<tr><td>시기
(갈등관리)</td><td>① 사전관리진단(갈등예방)
② 사후관리진단(분쟁해결)</td></tr>
<tr><td>진단수준에 의한 분류</td><td>① 간이진단(현장답사소견)
② 예비진단(예비평가)
③ 1차 진단(상세평가)
④ 2차 진단(상세평가)
⑤ 3차 진단(상세평가)</td><td rowspan="2" colspan="2">성능저하현상에 의한 분류</td><td rowspan="2">① 중성화(탄산화) 진단
② 강재부식진단
③ 균열진단
④ 누수진단
⑤ 결로진단
⑥ 강도저하진단
⑦ 표면성능저하진단
⑧ 동해, 화해진단, 기타</td></tr>
<tr><td>진단실시의 준수의무에 따른 분류</td><td>① 법정진단
② 일반진단(자발적 관리진단)</td></tr>
</table>

표 4: 구조물의 생로병사과정에서 파생되는 진단유형(예)

구조물진단		
일반관리(예방진단)	계획단계	입지, 지반, 사면 및 지장물 검토 등 타당성조사
	설계단계	입안검토, 선정시험, 구조계획, 기술심의, 설계의 안전성검토 등
	시공단계	품질관리, 검사시험, 안전점검 등
	사용단계	유지관리안전점검, 안전성평가진단, 개보수·보강진단
	멸실·폐기	철거·해체진단, 노후불량 건축물의 재건축·재개발진단,
재난관리	사고조사진단	화재, 폭발, 홍수, 태풍, 지진, 산사태, 지반침하, 충돌사고 등
특정목적	절차적 진단	증개축, 대수선, 리모델링, 설계변경, 용도변경, 용도폐지, 구조변경, 임대만료/하자만료진단, 내진성능평가 및 보강진단 등
	손해조사진단	하자보수요청, 하자보증금청구, 하자손해배상, 손해사정 등
	소송관련 진단	소제기, 준비서면, 공사금지 가처분신청, 공사단행(속행), 행정처분, 행정심판, 행정소송, 이의신청 등
	감정평가진단	손실보상, 법원판결을 보조하는 감정평가 등
	민원·분쟁진단	피해조사, 공사중지, 공사재개, 진동/소음/차음/방음, 누수, 일조·조망권 등의 민원제기
	기타 조사진단	부동산 매매, 태풍/내진실태조사, 풍수해, 해일피해조사 등
법정관리		

1.6 구조물의 성능과 유지관리

문명사회의 도시와 함께 구축되고 있는 각종 사회기반시설, 구조물의 대형화와 고층화, 그리고 삶의 터전으로서 다종다양한 수많은 구조물이 건설되면서 유지관리도 본격화되고 있다. 이와 더불어 안전사고와 분쟁도 빈번하게 발생하고 있으며, 한편에선 이에 대한 점검과 진단, 보수보강 및 개선, 자산 가치 등을 높이려고 노력하고 있다.

인간이 거주하고 이용하는 구조물에 요구되는 기능에는 안전성, 내구성, 사용성 등이 포함된다. 그러나 무엇보다도 구조물은 안전성을 확보할 수 있어야 한다. 이같이 안전성이 요구되는 이유는 곧 생명과 재산을 보호하는 데 있다. 그래서 구조물은 위험하지 않도록 안전하게 설계하여 시공하고 사용하면서 소정의 성능으로 유지관리되어야 한다. 이같이 구조물에 요구되는 제반 성능을 상시로 유지하고 관리하는 활동이 유지관리(maintenance & management)이다. 이러한 유지관리는 구조물이 지닌 초기성능 및 기능을 어떤 수준 이상으로 지탱해 나가기 위한 활동을 총칭한다. 그래서 유지관리를 보전(保全)이라고도 하며, 이는 초기점검[118]에 의한 구조물의 현상평가(現狀評價)로부터 시작된다.

구조물 유지관리의 시작과 함께 하는 초기점검을 할 때는 통상적으로 당해 구조물의 계획, 설계, 시공기록 등을 이용한다. 특히 이들 자료는 성능평가의 바탕이 된다. 처음부터 구조물의 유지관리를 고려하여 계획/설계/시공을 할 경우는 건설 후에 유지관리가 더욱 쉬워진다. 이를테면, 구조물의 변형이나 응력측정, 시험시설이나 장치를 신축구조물의 적재적소에 설치하여 계측하게 되면 이는 유지관리에 매우 유용하게 쓰일 수 있다. 기존구조물에 이러한 시설이나 장치를 설치하여도 마찬가지이다. 이는 초기투자비가 소요될 수는 있지만, 장기적인 유지관리 측면에서는 더욱더 유익하다고 할 수 있고, 또한 당해 구조물에 대한 유지관리의 신뢰성을 크게 높이는 효과도 있다.

일반적으로 구조물의 유지관리과정을 인간의 생로병사과정과 대비시키는 경우가 많지만, 한편에서는 농작물을 구조물과 비유하기도 한다. 이를테면, 양질의 농작물을 얻기 위해서는 우선 좋은 '씨앗'이 필요하듯이, 구조물도 선천적으로 건전한 구조물을 얻기 위해

118) '초기점검'은 신축・증축・개축・대수선 등의 건축행위가 완료된 직후에 구조물의 유지관리를 시작하면서 처음으로 실시하는 점검이라는 점에서 '초기조사'라고 할 수 있다. 이는 구조물이 적절히 시공 혹은 보수, 보강되어 있는가를 조사하는 것과 함께, 구조물의 유지관리를 시작함에 있어 기본이 되는 데이터를 모으는 목적으로 행하는 점검이다. 일반적으로 초기점검은 3가지로 분류하여 생각할 수 있다. 즉, ① 신설 구조물을 공용(供用) 이전에 실시하는 점검으로, 준공검사(사용승인일)를 초기점검으로 할 수도 있다. ② 기존구조물에 대하여 유지관리행위를 목적으로 하는 첫 점검이다. ③ 대규모 보수 및 보강으로 구조물이 신설과 같게 되었을 경우, 그 후 처음으로 실시하는 점검이다.

서는 계획→설계→시공단계에서부터 좋은 '씨앗'이 뿌려져야 한다는 것이다.

양질의 농작물을 얻기 위해서는 좋은 씨앗뿐만이 아니라, 좋은 씨앗이 건강하게 싹을 틀 수 있는 좋은 '토양'이 있어야 가능해진다. 그리고 구조물이 완성되어 원래의 성능을 유지하면서, 쾌적한 삶의 공간으로 사용하기 위해서는 구조물도 농작물과 같이 적당한 물과 비료, 김메기 등과 같은 정성을 들인 유지관리가 필요하다.

그림 24 건강한 구조물은 건전한 가치관을 가진 인간의 계획-설계-시공-유지관리로부터 시작된다.

유지관리[119]는 구조물진단이나 보수보강 기술(技術), 구조물의 운영관리가 포함되지만, 구조물진단기술이나 보수•보강기술, 구조물의 운영과는 그 내용에 있어 차이가 있다. 이들은 모두 구조물의 유지관리를 위한 수단이다. 예컨대, 구조물진단으로부터는 유지관리에 필요한 기본적인 정보[120]가 얻어지고 적절한 보수보강 및 개선방안과 관리운영[121] 등에 필요한 자료들이 나온다.

구조물의 수명은 유지관리 측면에서 구조물이 외주 환경에 의해 기능이 상실되었을 때의 기능적인 수명과 노후화나 파손 등의 물리적 변화에 따른 성능저하로 사용할 수 없는 물리적인 수명으로 나눌 수 있다. 예컨대, 교량에 통행하는 자동차의 증가나 차량의 대형화 및 중량화, 또는 운행의 고속화 등으로 교량의 폭이나 내하력 등이 교량으로서 소정의 기능을 할 수 없을 때 기능적인 수명을 다했다고 보아 철거한다. 그리고 시대적 변천에 따라 구조물이 기능적으로 사회적인 요구에 현저하게 부적합한 때에도 기능적인 수명이 다한 것으로 보아 개축하거나 재건축을 한다. 또한, 구조물의 기능이 보수·보강으로 유지되고 있는 경우에 관리에 과도한 비용이 소요되어 재건축하는 것이 경제

119) 유지관리는 크게 현상유지와 기능향상으로 구분할 수 있다. 전자는 일반적인 보수유지, 후자는 보강 혹은 개선이나 개축의 의미를 내포하고 있다. 기능향상은 기능을 증대하여 소정의 요구기능까지 달성하기 위한 유지관리의 일환이다, 예컨대, 설계수준 이상의 강성보강, 차선을 2차선에서 4차선으로 변경하는 경우 등이다. 보수보강설계는 진단기술자가 진단결과에 기초하여 직접 설계하는 것이 적절하다. 그러나 구조부재의 보강설계는 구조검토가 요구되므로, 보강공사의 설계도 작성을 건축사가 수행하여야 하는 것으로 자격을 부여하여, 구조물진단을 구조기술사와 건축사와 함께 수행하도록 발주한 경우도 있다. 이는 특정 전문가집단의 수주 활성화, 발주자와 특정 용역업체와의 유착으로 의심할 수도 있고, 진단기술용역의 본질과 시장 질서를 훼손하는 행위로써 결국 관행화되어 부조리의 폐해를 낳게 된다.

120) 구조물진단은 고객(client, owner: 소유자, 관리자 등)에게 정보를 제공한다. 이들에게 필요한 유지관리비, 수명주기의 분석, 보수보강, 난방, 수선 및 증축, 개축, 재건축, 재축조 등에 요구된 자료를 확보한다.

121) 관리운영은 구조물의 수명으로 볼 때 설계-시공-유지관리의 단계에서 가장 긴 기간에 해당한다. 국내의 공동주택 재건축은 그 기간이 불과 40년에 불과하지만, 구조물의 수명은 100년 이상일 수도 있고 거의 영구적일 수도 있다.

적으로 유리할 때도 있다. 이는 경제적인 수명이 다했다고도 할 수 있지만, 그 원인이 성능 열화에 의한 것이므로 물리적인 수명을 다한 것으로 볼 수 있다.

여기에서 물리적인 수명은 구조물 고유문제이다. 구조물은 일조, 강풍, 파랑, 유수, 적설, 혹한, 또는 지진 등의 극심한 자연환경에 노출되며, 자동차 충돌과 같은 인위적인 하중을 받아 손상되기도 한다. 구조물은 계획→설계→시공이라는 구조물이 완성되기까지의 각 단계에서의 적정함도 중요하지만, 이들에 대응해서 구조물을 양호한 상태로 유지하고 그 기능을 유지하기 위해 가장 중요한 것은 구조물의 유지관리(maintenance & control)에 있다고 할 수 있다.

앞서 기술한 바와 같이 유지관리는 구조물이 가지고 있는 초기의 성능과 기능을 어떤 수준 이상으로 유지하기 위한 행위를 총칭하며 이것을 보전하는 것도 포함한다. 구조물의 유지관리에 있어서는 구조물의 기능을 일정 수준으로 유지하는 것이 필요하다.

구조물의 유지관리 측면에서 요구되는 성능은 ① 구조물의 기능에 관한 성능, ② 내구성, ③ 주변 환경의 영향성으로 분류할 수 있다. 여기에서 구조물의 기능에 관한 성능을 내하성, 내하성 이외의 성능에 관한 부분으로 구분하여, 내하성 이외의 성능에 관한 부분을 '기능성'이라고 한다면, 구조물의 성능은 내하성과 기능성, 내구성(내하 및 기능, 주변 환경의 영향성에 관한 내구성), 주변 환경의 영향성으로 분류할 수 있다.[122)]

표 5: 구조물 유지관리 측면의 성능분류

<table>
<tr><td rowspan="7">구조물의 성능</td><td rowspan="2">기능에 관한 성능</td><td>내하성</td><td>부재의 내하력에 의하여 평가하는 구조물의 성능. 내하성도 구조물의 기능에 관한 성능의 하나이다.</td></tr>
<tr><td>내하성 이외의 기능에 관한 성능(기능성)</td><td>구조물에 요구되는 기능에 관한 성능에서 내하성을 제외한 성능.</td></tr>
<tr><td rowspan="2">주변 환경의 영향성</td><td>미관</td><td rowspan="2">구조물의 열화로 인한 미관손상, 구조물의 일부가 탈락함으로써 생기는 제3자에 대한 영향이 주된 원인으로 작용하며, 주변사람들의 눈에 불결하게 보이거나, 타일이 박리·박락되어 구조물 주변에 있는 사람에게 위해를 가할 가능성 등이다.</td></tr>
<tr><td>구조물 주변의 환경</td></tr>
<tr><td rowspan="3">내구성</td><td>기능성에 관한 내구성</td><td>내구성 중에서 구조물의 기능성 저하의 경과시간변화에 저항하는 성능</td></tr>
<tr><td>내하성에 관한 내구성</td><td>구조물의 기능에 관한 성능 이외에, 내하성 저하의 경과시간변화에 저항하는 성능</td></tr>
<tr><td>주변 환경의 영향성에 관한 내구성</td><td>내구성 중에서 구조물이 주변 환경에 미치는 영향성의 경과시간변화에 저항하는 성능. 환경회복과 향상, 제3자 영향도를 줄이는 성능.</td></tr>
</table>

122) コンクリート 構造物の 維持管理指針(案) 참조.

구조물은 외기에 노출되어 있고 모든 재료와 구조체는 온도·습도 및 주변 환경의 영향을 받고 있다. 즉, 구조물은 각종 자연환경 및 인위적인 사용 환경의 영향으로 시간이 경과 됨에 따라 역학적, 물리적, 화학적 성질이 열화[123]되어 결국에는 사용성 및 안전성이 저하된다. 구조물의 성능저하는 인간과 마찬가지로 생로병사의 과정이 근원으로 작용한다.

완벽할 정도로 건강하게 태어나서 일생을 마치는 사람은 흔하지 않다. 또한, 완벽하게 건강을 유지하며 사는 사람도 드물다. 이것은 애초부터 사람은 크고 작은 결함을 가지고 태어날 수 있다는 것이다. 또한, 흐르는 세월은 건강한 사람에게도 주름살이라는 노화의 흔적을 남긴다. 매일 매일 청결과 정성으로 피부 관리를 한다고 하여도 정도의 차이는 있지만 생기는 주름은 누구도 막을 수 없다. 인간은 유사 이래 이러한 세월의 흔적을 지우기 위해 다양한 의술을 구사해 왔다. 그러나 세월의 흔적을 지우기 위한 의술과 처방이 적절치 못하여 심각한 부작용을 일으키기도 한다.

의학의 발달은 화장술이 1회성의 한계를 뛰어넘어, 주름살을 펴거나 제거하는 것은 물론 고유의 피부색까지도 바꾸는 게 가능해졌다. 주름진 피부밑에 물질을 주입하거나, 뼈나 피부 표면을 깎아내기도 하고, 피부를 당겨서 펴주는 방법 등을 이용하여 외양적으로 훨씬 젊어 보이게도 한다. 이러한 행위들이 윤리적으로 의학적으로 논란이 없는 것은 아니지만, 처방에 앞서 기본적으로 우선 윤리적으로 의학적으로 정상적인 진단을 하여 그에 적합한 관리와 처방을 전제로 한다. 어쨌든 의사는 진단을 통해 적절한 시술과 건강관리법 등을 제시한다. 그러나 이러한 조치도 한계가 있어 노령·노화와 더불어 생리적으로 회복 불능의 상태에 이르게 되어 결국 사망하게 된다.

인간은 수태와 태교 과정을 거쳐서 탄생하고, 시간과 더불어 노화되고 병이 들면 치료를 받거나 수술이나 이식 등의 수단으로 생명을 연장하다가 결국에는 사망하는 생로병사의 과정을 밟는다. 이러한 과정에서 더욱 안락한 삶의 영위와 장수를 위하여 여러 가지 수단과 방법을 쓰게 되는데, 이는 일반적으로 신체에 대한 건강진단과 관리를 통해서 추구한다. 인간의 생로병사과정에서 평상시에는 일반적인 건강관리를 위한 진단을 하지만, 교통사고와 같은 불의의 사고로 불구의 몸이 되거나 사망에 이르기도 하는데 이때의 진단과정에는 피해자와 가해자로서 새로운 갈등이 생기기도 한다.

구조물의 생로병사과정도 이와 유사한 과정으로 진행된다. 그러나 생물(生物)과는 달리 구조물에는 자연치유로 원상회복되는 일이 없으므로, 항상 상태 점검과 진단 등을 통한 유지관리가 필요하다. 또한, 구조물은 치밀한 계획과 설계, 시공을 거쳐 완공 후

123) 구조체의 성능저하요인(물리적, 화학적, 생물학적)에 의한 성능저하를 말한다. 콘크리트의 중성화, 철근의 부식, 균열, 누수, 강도저하, 변형, 표면 노후화, 동해(凍害) 등이 대표적인 열화(劣化)현상이다.

사용을 하지만, 시간이 지나가면서 증·개축, 개보수, 용도변경, 환경의 변화 등을 겪으면서 어김없이 노후화된다. 그러면 보수보강을 통해 수명연장을 도모한다. 그러나 부적절한 증·개축과 용도변경, 보강공사 등으로 불안정한 구조물이 되기도 하며, 본래의 구조를 변경함으로써 구조물의 유형이 바뀌기도 한다. 이를테면. 조적조가 철근콘크리트조로 탈바꿈하기도 하고, 때로는 차량이 충돌하거나 수해(水害)나 화해(火害)를 입어 구조물이 치명적인 손상으로 모양이 바뀌기도 하고, 엉뚱한 보강조치로 정상적인 하중전달이 비정상적인 하중전달경로가 되어 구조물의 안전에 유해한 영향을 미쳐 위험한 구조가 되기도 한다.

구조물은 철저한 유지관리에도 불구하고 국가유산과 같은 특별한 구조물을 제외하고는 계획수명에 이르러 내구성이 다 되어 사용성이 없다고 판단되면 사용 정지되는 과정도 거치면서 해체되는 생로병사의 과정을 갖는다. 이러한 과정에 아무런 결함 없이 완벽하게 완공되어 건전한 상태로 사용되는 구조물은 거의 없다. 이는 구조물을 계획할 때부터 인간의 부실이 내포될 수 있고, 시공할 때부터 균열과 누수, 침하 현상이 발생하기도 하고, 외부환경에 노출되어 노후화되는 등으로 해체되기에 이를 때까지 수많은 외적인 환경요소에 시달림을 받기 때문이다. 즉, 인간이 계획하고 설계하여 건축한 구조물은 태생적으로 결함을 가지고 태어날 수밖에 없고, 외적인 환경요소에 항상 도전을 받고 있다. 이로부터 구조물의 계획에서 폐기과정에 이를 때까지의 생로병사과정에서 무궁무진할 정도의 구조물진단이 생성될 수 있다.

구조물의 유지관리는 구조물에 대한 사용성과 안전성을 확보하여 재해를 예방하고, 자산 가치를 높이고 수명을 연장하는 수단과 방법을 모색하는 과정이다. 즉, 이는 계획, 설계, 발주, 시공, 감리, 유지관리 등으로 진행되는 건축 활동의 모든 단계에 적용되는 관리활동이다. 따라서 이는 생로병사과정에서 발생하는 결함을 최소화하고 노후화를 억제하며, 삶의 질을 향상하기 위해 구조물의 계획단계에서부터 적재적소에 자금을 투여하여 적절한 자재와 기술이 구조물에 적용되어야 하는 활동과정이기도 하다. 그러나 사회규범의 위배, 계약 위반, 인간의 부주의와 부실, 유지관리에 대한 인식 부족과 지식의 불충분, 무지, 부정부패, 환경변화에 대한 무관심 등과 같은 외적 요인이 은연중에 유지관리에 내재하게 된다. 이로 인해 구조물의 계획, 설계, 발주 및 시행, 시공, 감리 및 감독, 유지관리자 간에는 서로 이익문제로 이해관계가 충돌하고, 유지관리 비용투여에 대한 갈등도 일어난다. 또한, 구조물은 세월이 지나면서 자연적으로 성능이 저하하여 수시로 결함이 발생하면서, 이를 놓고도 이해당사자간에 다툼과 대립의 갈등관계가 끊임없이 형성된다.

인간의 생로병사과정에서의 건강관리에서도 처방이 적절치 못하여 부작용을 일으킬 수 있고, 과도한 시술로 인해 신경이 마비되거나 사망에 이르는 등의 문제들이 많이 발생한다. 예기치 못한 교통사고나 폭발사고, 추락사고로 치명상을 입을 수도 있다. 그리고 이로 인한 가해자와 피해자 간의 다툼 또한 충분히 예견할 수 있는 일이다. 다시 말해서, 수태 과정의 유전자검사에서부터 사망 확인에 이르기까지 인간의 생로병사과정에는 어느 때고 간에 다툼이 일어날 수 있고, 이를 규명하는 진단도 수반될 수 있다. 구조물과 그에 대한 진단행위에서도 이와 유사한 다툼과 부작용은 수없이 나타난다.

구조물은 계획에서 설계과정을 거쳐서 착공하여, 준공과 함께 사용하면서 어김없이 시간과 더불어 노후화하고, 보수보강, 복구복원 등을 통해 유지관리하고 안전성과 사용성이 없어지면 해체되는 생로병사의 과정을 갖는다. 이러한 과정에서 구조물에 대한 안전성, 사용성과 내구성을 확보하여 재해를 예방하고, 수명을 연장하여 재산의 가치를 높이는 수단과 방법을 모색하게 되는데, 이를 뒷받침하는 것이 유지관리이다. 즉, 유지관리는 진단행위를 통하여 구조물에 요구되는 기능을 항상 건전한 상태로 유지하여 사용상의 편의와 안전 확보에 기여 한다. 물론, 구조물의 유지관리에는 그 성능을 충분히 발휘하기 위해 구조물을 주기적으로 점검하여 성능저하의 현상을 조기에 파악하고, 현상유지에 장애가 되는 결함을 제거하여 이해관계자와의 갈등요소를 관리하고 조정 및 해소방안을 마련하는 일까지도 포함된다. 또한, 구조물의 성능이 저하하는 것을 지연시키고, 이상이 있는 곳은 그 원인을 규명하여 적절한 개수선 · 보수 · 보강 · 보완 · 복구[124] · 복원[125] · 교체(replacement)[126] 등을 함으로써, 그 고유의 성능을 발휘할 수 있도록 한다.

구조물은 동일한 설계도서로 같은 시기에 건축하여도 사용조건이 다르고 자연조건이 다르면 장기간의 세월이 흐른 후에는 구조물의 상태가 서로 크게 달라질 수 있다. 그래서 구조물진단과 유지관리는 단순하지가 않다. 예를 들면, 해안지방과 내륙지방, 상시로 반복하중을 받는 공장과 사무소 건물, 토목구조물과 건축물 등이 동일한 환경과 사용조건에 있지 않으므로 구조물의 유지관리를 일률적인 기준으로 설정할 수 없다. 따라서 해당 구조물에 적합한 관리를 위해서는 풍부한 지식과 실제적 경험, 그리고 통찰력이 있는 진단전문가의 도움이 필요하다. 그래서 구조물 유지관리는 가족환경과 병력(病歷) 등에 근저(根底)하여 주체적으로 의료서비스를 제공하는 주치의에 의한 건강관리와 유사한 시스템이라고 할 수 있다. 특히, 기술진보와 함께 구조물의 형식과 공법이 다양해지고 첨단기술이 도입되면서 구조물진단과 유지관리도 이에 부응할 필요가 있다.

---

124) 손상되거나 성능이 저하된 구조물을 이전의 모양으로 회복하는 행위
125) 구조물의 성능을 설계 당시에 의도했던 수준으로 복원(restoration)하는 일
126) 기존의 재료 및 부재 등을 해체 · 제거하고 이와 동등 이상의 성능을 가진 재료, 부재, 부품 등으로 대체하여 보강하는 일

1.7 전문가와의 상담, 계약관리

1.7.1 상담의 일반사항

AI가 갈등관리에 관한 연구물을 소개해주고 보편화된 지식검색으로, 상담의 상당 부분이 대체되고 있다. 그렇다고 전문가 상담이 필요치 않다는 것은 아니다. 이는 의사와 대면하기 전에 인터넷의 지식검색과 AI를 통해 보편화된 지식의 도구로 본인의 상태를 알아보는 것과 대비된다. 구조물진단에서 AI는 상담자이며 AI의 대화 상대자(전문가 혹은 일반인)는 내담자에 해당한다. 즉, 일반상담과는 달리 진단전문가가 도움이 필요한 사람이므로 내담자가 되며, AI에게 대화로 상담을 구한다. 인공지능(AI)의 발달로 일반인은 물론 전문가도 AI에게 양질의 상담을 받아야 하는 시대이다.

상담은 현대산업사회에서 가장 많이 등장하고 있는 용어의 하나이며, 분야에 따라 여러 가지 의미로 쓰이고 있다. 상담은 기본적으로 심리치료 및 생활지도와 밀접한 관련을 맺고 있는 영역으로서, 산업사회로 발전할수록 복잡하게 구조화된 사회와 함께 그 필요성이 증가한다. 구조물진단 관련의 사회현상에 대한 상담은 내담자가 전문적 훈련을 받은 사람(상담자, 예: 진단전문가)과의 대면 또는 비대면의 관계에서 단순한 정보를 얻거나 궁금증을 풀게 하는 것이 아니라, 내담자가 지닌 문제를 이해하면서 현안(懸案)이 구체적으로 해결(problem solving)되도록 의논하면서 도움을 받는 과정이라고 할 수 있다. 간단히 말하면 '경험과 전문지식이 풍부한 사람이 문제를 가진 사람에게 조언을 해주는 것'이라고 정의한다(이장호, p.3 참조).

의사가 환자와 이야기를 나누면서 병력을 알아내는 것은 진단과정에서 가장 먼저 이루어지는 중요한 부분이다. 여기에서 의사는 환자의 상태를 완전히 이해할 수는 없지만, 병력을 구성하는 일단의 자료와 필요한 정보를 수집하여 예비진단을 내린다. 즉, 환자와 신뢰할 수 있는 관계를 이루면서 대화로써 환자가 속내를 드러내도록 하면서 문제점을 파악하게 되고 기본적인 검사를 통해 치료목표를 정한다. 이로부터 환자의 진단이 시작된다.

구조물진단의 전체과정에 걸쳐서 상담은 이루어진다. 구조물진단은 내담자(來談者)[127]와 전문가의 상담을 통한 효과적인 의사소통에서 시작되며, 상호탐색하는 과정으로서 이때 최우선으로 파악해야 하는 것이 그 욕구 동기이다. 이를 알아본다는 것은 곧 행동의 원인을 이해하는 것이기 때문이다. 행동이 일어났던 뒷면에는 반드시 어떤 원인이 있었을 것이므로, 이는 진단의 목표에 이르도록 하는데 결정적인 역할을 한다. 구조물진단에 있어서 상담은 진단전문가로서 지식이 축적되고 훈련된 상담자(expert)

127) 피상담자, 상담상대자, 진단의뢰자로서, 이들 모두 진단용역의 고객(client)이다.

와 도움이 필요한 사람(client, 피상담자·내담자·의뢰인·발주자·고객: 조언을 얻고자 하는 손님) 간에 이루어지는 일종의 전문적인 컨설팅(consulting)으로 이루어지는 인간관계이다. 따라서 상담은 이익문제의 이해관계에 초점을 두고 구조물과 관련한 갈등문제로 긴장하고 있는 개인이나 집단을 직접적인 인간관계를 통해 도와주는 전문적인 조력활동이라고도 할 수 있다. 상담 시에 내담자는 항상 상담에 대한 심리적 부담감이 있고 진단의뢰에 따른 반대급부와 경제적 타산을 염두에 둔다.

상담자는 관련 이해당사자들의 이해타산이 각기 다르다는 점에서, 이들로부터 협상에 필요한 전권을 위임받고서 부여된 범위 내에서 자율적으로 조력 활동에 임할 때 효과적이다. 이렇게 이해당사자 쌍방에 대해 조력 활동을 동시에 하기도 하지만, 일반적으로 단수인 경우가 많다. 복수의 이해당사자 간의 협상은 오히려 갈등문제를 악화시킬 수 있으므로, 진단전문가(expert)는 그들과 협상에 임할 때 때로는 중재자나 조정자와 같이 중립적이며 객관적인 제3자일 필요는 없다. 여기에서는 주관적이고 전문적이며, 적극적인 조력 활동이 필요하다. 이러한 상담은 단순히 내담자가 문의하는 사항만을 조언하는 것이 아니라, 정보를 제공해주는 것을 포함하여 내담자가 처한 상황을 이해하면서 사회규범에 벗어나지 않는 갈등조정으로 해소하여야 한다.

갈등 관계의 구조물진단은 갈등의 전개상황에 따라 상담이 진행되어야 하므로, 상담이 이루어진 초기 단계에서부터 진단이 종료된 이후까지도 계속된다. 즉, 구조물진단이 끝난 후까지도 진단기술용역과는 별개로 상담이 진행될 수 있고, 성공적인 상담이 유지되기 위해서는 무엇보다도 상담자와 피상담자 사이에 신뢰감이 형성되어야 한다. 상담자는 내담자가 무엇을 원하는지를 진지하게 경청하며, 상담자에게 신뢰감을 지니고서 자신의 문제를 솔직하게 있는 그대로 터놓고 말할 수 있는 환경을 만들어야 한다. 상담자(진단전문가)의 능력을 피상담자가 신뢰할수록 높은 성과를 기대할 수 있기 때문이다.

상담자와 내담자의 대면[128]은 구조물과 관련하여 어떠한 문제가 발생하고 있는지를 알아내야 하는 구조물진단의 중요한 국면이다. 즉, 상담 이후에 내담자에게 견적 내기(견적서 작성)를 위한 정보를 파악하고 수집하는 과정으로서 구조물진단의 첫걸음이다.

내담자와 대화하면서 구조물과 관련한 질문을 통해 그에게 어떤 사연이 있는지를 알아내는 것은 상담에 있어서 가장 먼저 해야 하는 일이다. 대화와 동시에 상황분석을 할 필요가 있으며 내담자가 무엇을 생각하고 있으며 무엇을 알고 있고 기대하는가를 추정할 필요가 있다. 내담자와의 대화로서 모든 것이 노출될 수 없고 상담자가 완전히 이해할 수

128) 가족 또는 집단상담을 제외하고는 대부분의 상담이 도움을 청하는 쪽(내담자)과 도와주는 사람(상담자) 간의 양자 관계에서 이루어진다. 이 관계는 전화/문서 등의 비대면 상담을 제외하고는 얼굴을 대하는 대면 관계이다. 특히 상담 성과는 한두 번의 '대화'보다는 대개 여러 번의 면접을 포함하는 대면'과정'에서 이루어진다는 것이 경험적으로 입증되고 있다.

도 없지만, 내담자와의 대화를 통해 구조물과 관련한 일단의 정보를 얻을 수는 있다. 상담자는 이 과정을 진단의 첫걸음으로 보고 상담에 임하면서, 내담자가 진정성을 느끼게 하여야 진단에 필요한 정보를 수집할 수 있다. 즉, 내담자(피상담자)와 대화로써 상담요청의 동기와 현안을 인식하게 되고, 그와 신뢰할 수 있는 관계가 형성되면서 진단목표를 정한다. 이러한 상담을 통해 진단용역의 성사 여부가 결정되며, 진단수행 중에도 상담을 통해 갈등을 조정·해소하고 중재한다.

구조물진단이 사회현상을 다룬다는 점에서 상담에는 고도의 전문성이 요구된다. 또한, 사회갈등은 본질적으로 인간의 심리적 상태와 관련되므로 상담에 이를 고려하지 않을 수 없다. 심리학자들은 주로 심리적으로 적응문제의 정도가 심각한 경우들을 다루며 진단을 통해 심리적 문제를 극복하는 것을 돕는 역할을 한다. 그러나 구조물진단과 관련한 상담은 공동체 사회에서 사람들이 겪게 되는 비교적 가벼운 적응문제들이다. 상담 후에 전문가에 대한 신뢰성과 진단비용에 대한 압박감이 있을 수 있지만, 전문가를 신뢰하게 되고 갈등 해소가 어렵지 않다는 느낌이 들면 대부분 상담에 동감한다. 그래서 상담은 구조물진단전문가(expert)의 충분한 전문지식을 기반으로 하였을 때 내담자의 이해와 설득이 가능해지고 현실에도 쉽게 적응하게 된다.

상담은 내담자와의 교감을 통해 수용적이고 구조화된 관계를 형성한 후, 이 관계 속에서 내담자가 자기 자신이 처한 상황에 대해 이해를 함으로써, 그 스스로가 효율적으로 의사결정을 하고 여러 심리적인 특성을 긍정적인 방향으로 변화시키도록 원조하는 과정이기도 하다. 이 과정을 통해서 구조물진단의 용역대가를 협상하면서 진단용역에 대한 상호약정이 이루어지게 된다. 진단이 지향하는 목표에 부합되려면 먼저 상담에 임하여 갈등의 속내를 순수하게 드러내는 내담자의 협력이 필요하지만, 이 또한 상담자가 해야 할 일이다. 상담은 내담자의 고민으로부터 시작되며, 내담자가 상담자를 신뢰하고 편안한 마음을 갖게 되면 자신이 겪고 있는 고민을 솔직하게 말하게 된다. 그래서 의사소통이 매우 중요하다. 또한, 상담은 비즈니스로 성공적으로 이끌기 위해서 내담자를 사로잡을 수 있는 능력을 요 한다. 그러기 위해 상담자의 카리스마, 지성과 인품, 윤리의식이 상담과정에 조화될 필요가 있다. 내담자가 자신을 좋아하게 만들고, 신뢰하게 하는 힘은 상담자의 화술과 기교만으로 발휘되지는 않는다.

상담을 통해서 내담자의 사정을 완전히 이해할 수는 없지만, 구조물과 관련한 일단의 문제성의 자료는 얻을 수 있다. 이러한 상담과정의 정보를 통해 진단의 목적과 성격을 파악한다. 즉, 내담자와 이야기를 나눔으로써 상담을 요청한 동기와 현안에 대해 인식을 하게 되고 이로부터 당해 진단의 방향과 내용이 설정될 수 있으며, 내담자와 신뢰할 수 있는 관계가 형성되면 자연스럽게 진단용역계약이 성사될 수 있는 환경으로 이어질 수 있다. 이는 법과 관련된 문제를 해결하거나 궁금증을 풀기 위하여 법률 전문가와 의논하여 갈등을 해소하려는 것과 유사하다.

결국, 상담은 구조물진단을 성사시키기 위한 것이며, 이를 위해서는 구조물에 대한 충분한 전문지식과 사회규범, 실제적 경험이 매우 중요한 요소가 된다. 상담자가 공동체의 사회현상으로 발생하는 구조물과 관련한 갈등상황을 이해하지 못하고, 단순히 일반기술용역을 수행하는 정도로 생각하고 있다면 '갈등 해소로서의 구조물진단'이 아니라 자칫 갈등을 더욱더 꼬이게 만드는 결과를 초래할 수 있다. 그래서 구조물진단에서 상담은 내담자에 대한 '전문적인 상담'을 의미한다. 이는 진단기술자들이 그 분야의 전문가에게 진단과 관련한 문제에 대하여 조언을 듣거나 자문받는 것과는 다르다. 상담은 구조물진단업무의 시작이므로, 이로부터 용역계약의 성사 여부가 좌우될 수 있다. 다만, 구조물진단에 있어서 상담은 내담자와 상담자가 처음 대면하기 시작해서 진단이 종결될 때까지 여러 번의 상담이 있을 수 있다. 따라서 상담은 진단의 시초에서 진단의 종결에 이르기까지의 전체과정에서 발생하는 문제에 대해 내담자와 상담자의 의사소통이라고 할 수 있다. 이 경우 내담자는 구조물진단과 관련된 이해당사자 모두를 포함한다.

갈등에 대한 상담은 상담자와 이해당사자 모두가 동시에 대면하여 공개적으로 하는 것이 바람직하나, 대부분 한쪽의 이해당사자가 상담자에게 도움을 청한다. 실제의 상담에서는 이해당사자들이 첨예하게 대립하며, 양측이 대면하면 불미스러운 상황을 유발할 수 있으므로 상담자가 대면을 주선하고자 할 때는 신중하게 결정하여야 한다.

상담자와 내담자의 의사소통은 방문 면접, 전화 상담, 통신 및 문서 응답, 개인 및 집단에 대한 설명과 설득 등을 통해서 이루어진다. 의사소통은 상담자와 내담자가 문제해결과 상호이해를 위해 대화하는 일이다. 현대사회에서는 대면 방식의 의사소통뿐만 아니라 비대면의 전화나 이메일, 텍스트 메시지를 통한 의사소통도 유용한 방식이 되고 있다. 전화통화에 의한 상담은 가장 일반적이며, 이는 일종의 탐색과정이라고 볼 수 있다. 이 과정에서 상담상대자(내담자)는 일반적으로 자신을 밝히지 않으려 하며, 도움을 청하기보다는 자신을 밝히기를 회피하면서 자신에게 필요한 사항만을 묻는 등 매우 폐쇄적이고 탐색으로 상담자에게 문의한다. 문의는 내담자의 뜻을 파악하는 정도의 협의적(狹義的)인 상담이다. 이때 상담자는 그에게 신뢰감을 주도록 노력하고 상호 간의 의사소통을 이끌어 본격적인 상담이 이루어지도록 유도해야 한다. 즉, 내담자와의 의사소통은 논리성과 합리성, 솔직성이 바탕이다. 상담 관계에서 핵심이 되는 것은 상호 간의 개방된 의사소통이기 때문이다.

구조물진단에서 "상담은 도움이 필요한 사람(내담자)과 전문적 훈련을 받은 사람(상담자)과의 대면 관계에서 의사소통을 통해 상담상대자는 의사결정을 하고 상담자는 문제해결이 이루어지도록 전문적으로 도와주고 중개하려고 노력하는 일체의 비즈니스 과정이다"라고 할 수 있다. 여기에서 전문적 훈련을 받은 상담자라 함은 기술과 행정, 상담심리, 사회규범 등에 대한 지식과 경험을 가진 윤리적인 전문가를 의미한다.

구조물진단은 문제해결이 필요한 사람으로부터 의뢰를 받아 그가 처하고 있는 문제(사건)에 대하여 의뢰인에게 평가결과를 제공하는 기술용역이다. 일반적으로는 진단용역의 계약 내용에 상담을 포함하고 있지는 않으나, 이를 포함하여 발주하기도 한다. 예컨대, 용역발주자가 구조물진단을 수행하는 도중에 구조물진단과 관련한 이해당사자들 간에 민원이 발생할 경우, 진단전문가가 원만한 민원처리의 상담에 수시로 혹은 주기적으로 참여하게 하는 경우 등이다. 이때에는 진단전문가의 상담비 지급을 전제로 하여 진단발주자(진단의뢰자)가 요청할 때마다 상담에 참여하게 된다. 다만, 이는 법정변호인의 역할과는 다르다는 점을 발주자에게 주지할 필요가 있다.

상담자의 활동영역은 구조물과 관련한 문제 발생의 동기와 성격에 따라 다양하며, 구조물진단이 이익문제와 관련한 이해관계자들의 갈등 해소와 밀접하게 관련되기 때문에 이들의 요청에 따라 활동무대도 달라지고 이에 따라 상담의 방향과 당사자와 대면하는 방식도 변하게 된다. 이를테면, 상담자는 분쟁, 소송, 민원해소, 손해배상, 건물의 증·개축, 설계/시공/관리 주체, 개인 또는 집단상담[129]이나, 전화, 통신, 면담, 문서 등에 의한 상담 등 그 활동영역과 형태에 합당하게 업무를 수행하게 된다. 숙련된 상담자는 고정된 상담개념에 얽매이지 않고 실제적 경험을 토대로 상담상대자(내담자)에 따라 다양한 접근방법을 활용한다. 이는 상황에 따라 지시적일 수도 있고 비 지시적일 수도 있다. 또한, 상담은 상담상대자의 지적 수준과 문제의 속성에 맞추어 조정할 필요도 있다.

상담은 '문제 중심'으로 접하고 '인간 중심'으로 접근할 필요도 있으며, 때로는 '인간 중심'으로 접하고 '문제 중심'으로 접근할 필요도 있다. 즉, 너무 인간적으로 하다 보면 문제해결이 불충분할 것이고 너무 문제의식에 사로잡히다 보면 인간 자체의 속성을 무

129) 집단은 2명 이상이 상호작용하는 개인들의 집합체이다. 문제해결을 위한 집단상담에서의 '집단'의 개념과 일반적으로 흔히 쓰이는 개인들의 집단이라는 개념은 다르다. 집단상담에서의 '집단'은 상호작용을 통해 변화를 추구하는 역동적인 집단이며, 여기에서 '역동적인 집단'은 집단 속에서 그리고 집단 내의 개인들 사이에 내재되어 끊임없이 진행되고 있는 상호 이해관계의 집단이다. 이러한 집단의 문제를 해결하고 더욱 바람직한 진행을 위해서는 전문가의 지도와 집단과의 역동적인 상호교류를 통해 각자의 감정, 태도, 생각 및 행동 양식 등을 탐색, 이해하는 과정이 필요하다. 그래서 전문가는 집단상담에 참여하고 있는 개인의 관심사에 귀를 기울이면서 바람직하고 효과적인 방향으로 문제를 이끌어 가도록 도와주는 것이 중요하며, '비정상적인 개인의 성격'이나 '비뚤어진 마음'을 고치거나 수정하려 하기보다는 집단이 공유하는 방향에 역점을 두는 것이 바람직하다. 즉, 비교적 정상적인 범위에 속하는 개인들의 이해에 바탕을 두고 문제를 해결한다. 집단상담은 극히 심한 개인적 문제를 가진 자를 제외하거나, 집단의 응집력을 파괴할 위험성이 있는 극단적인 개인행동은 억제하면서 수용적이고 문제해결 분위기를 만들어야 한다.

시함으로써 결국은 성과를 거두지 못할 수도 있기 때문이다. 상담의 접근방법이 다양해야 하는 이유가 바로 인간의 속성에서 찾을 수 있다. 또한, 상담자는 진단전문가의 지위로서 논리적으로 설명하고 설득[130]하며, 협상으로 이끌고, 때로는 전략[131]에 의해 갈등문제를 해결하는 방법도 고려할 수 있다. 이는 고도의 능력이 있을 때이다.

심리학은 기본적으로 인간의 마음과 행동을 이해하려는 학문이다. 상담자는 상호 신뢰적인 분위기를 조성하여 내담자가 거리낌 없이 자기를 공개하도록 함으로써, 자신의 감정・욕망 및 가치판단 등에 관한 내면세계를 이해하고 자신의 문제를 파악할 수 있도록 돕는다. 그러나 내담자 자신과 일치하는 상담을 받고자 혹은 상담 효과에 대한 확신을 갖지 못해 여러 상담자를 비교하면서 상담하기도 하여, 진단용역이 성사되지 않을 수도 있으므로, 상담자는 이에 대비하여 상담의 정도(程度)를 조절할 필요도 있다. 특히, 갈등문제를 다루는 구조물진단의 특성상, 상담을 심도 있게 진행할수록 상담자는 무료상담의 범위를 넘어섰다는 인식을 하게 된다. 따라서 내담자에게 상담비용에 대해 사전고지하거나, 상담비용을 전제로 하여 상담에 임할 필요도 있다. 즉, 상담자 스스로 상담의 정도를 조절하면서 무료와 유료 여부를 정할 수도 있지만, 내담자와 처음 대면하면서부터 무료와 유료 여부를 정리한 후에 상담하는 방식으로 진행할 필요도 있다. 이같이 충분한 지식과 실제적 경험을 가진 진단전문가에 의한 상담은 과거에 무상으로 해 왔던 변호사, 건축사의 상담과 기획설계[132](흔히 '가설계'라고 한다)를 유료로 하는 것과 다르지 않다. 모든 상담은 기술용역의 부분으로서 유료이기 때문이다.

이러한 과정에서 내담자는 스스로 자신의 환경에 대한 왜곡된 지각을 수정하고, 현실적 경험과 자아개념 간의 조화를 이루며 자아 성취감을 이루게 된다. 따라서 상담자는 내담자에게 자신의 걱정거리, 문제, 증상, 상담 동기 등을 말하도록 유도한다. 일반

---

130) 갈등당사자들의 목표는 서로 다를 수도 있지만, 그것이 고정된 불변의 것이라고 간주할 필요는 없다. 갈등 해결에 설득(persuasion)을 이용하는 것은 어느 수준에서이든 갈등을 빚는 당사자들의 목표는 공유 내지 합의될 수 있으며, 조정될 수 있다는 신념에 근거를 두고 있다(윤재풍 p.314 참조). 설득 효과는 사람에 따라 다르다. 상담자가 설득내용에 대해 전문성을 가지고 있다고 인정될 때, 상담자에 대한 신뢰성이 높을 때, 신체적인 매력 등으로 상담자에게 호감을 가질 때 설득 효과가 높다. 또한, 상담자가 소속되어 있는 준거집단도 설득압력이 강한 원천 가운데 하나이다(최승희 외 1, p.415 참조).

131) 전략(politics)은 상담과정에 갈등당사자들에게 영향력을 미칠 수 있는 관계 당국과 관계자를 협상 과정에 끌어들이는 것 등이다. 즉, 갈등당사자의 목표의 차이와 불일치를 협상으로 해결한다는 점에서 협상과 유사한 과정 혹은 성격을 띠지만, 협상에 제3자가 참여한다. 이는 당장에 갈등당사자와 직접적인 관련은 없으나 미래의 어느 시점에 이르러서 갈등이 공식적으로 표면화될 때에, 갈등당사자들에게 영향력을 미칠 수 있는 자를 끌어들여 문제해결을 도모하는 방식이다.

132) 구조물의 규모가 거대·다양화되고, 그 내용물도 복잡·고도화되면서 사업(프로젝트)의 설계조건을 맞추기가 어려워진 면도 있지만, 설계 후의 경영계획 등 설계 외적인 업무영역까지도 건축설계업무 시에 포함되어야 하는 등으로 건축설계에서 기획설계의 역할이 크게 증대하고 있다. 건축주가 이러한 시스템 변화의 주체이지만, 설계자와 고객(건축주) 간의 관계변화로 기획설계업의 등장도 예상할 수 있다.

적으로 내담자는 전문적인 상담의 필요성을 절실히 느끼지 못하므로 문제의 배경 및 관계를 먼저 이야기하게 한 후에 상담에 적극적으로 참여하게 한다. 그리고 내담자의 이야기에 주의하면서 경청하여 문제의 본질과 핵심이 무엇인지를 파악하도록 한다. 아울러 상담에 대한 내담자의 기대와 느낌을 명료화할 필요가 있다. 또한, 내담자의 말과 행동에서 표현된 감정 · 생각 · 태도를 상담자가 다른 참신한 말로 부연해 주고 내담자가 애매하게 느끼던 내용이나 자료를 상담자가 분명하게 표현해 주고, 상담이 유익하다는 느낌을 받게 해준다. 내담자가 모르고 있거나 인정하기를 거부하는 생각과 문제에 대해서 주목하고, 모르고 있는 점을 지적하여 준다. 이러한 점에서 상담자의 솔직성과 문제에 대한 긍정적인 존중, 그리고 공감적 이해가 필요하다.

상담자의 이러한 태도가 만들어 내는 분위기 속에서 내담자는 신뢰감과 성취감 내지는 만족하게 되면 도움을 청하게 된다. 때로는 한두 번의 대면으로 내담자의 관심사와 문제가 해결될 수도 있으나, 대체로 여러 번 상담이 진행된다. 예컨대, 온전한 상담이 이루어지기 위해서는 첫 번째 상담에서 미진한 부분을 몇 번의 추가 상담으로 보완하여 내담자가 신뢰하면서 용역계약이 이루어지도록 하는 것이다. 이러한 상담과정을 통해서 궁극적으로는 진단을 의뢰하게 되고 계약의 단계를 거쳐서 구조물진단용역이 성립된다. 보통은 첫 상담과 동시에 진단용역이 직결 성사되는 경우가 대부분이다.

1.7.2 발주자와의 상담과 소통

1) 상호관계

상담에서의 인간관계는 일상생활에서의 인간관계와는 질적으로 다르게 업무적이며 전문적인 관계이다. 그래서 상담의 결과로 나타나는 진단용역계약의 성공 여부는 상담자의 질적 수준에 달려 있다고 할 수 있다.

상담자가 바라보는 내담자(발주자·고객)에 대한 관점과 접근방법은 상담자 자신의 가치관과 성격이 크게 지배한다. 대개는 상담자 자신의 성격과 가치관에 따라 상담이 진행되지만, 상담자마다 가치관과 성격이 각각 다르므로 상담자는 수신(修身)을 통해 자기 나름의 접근방법을 연구하여 상담한다. 즉, 현실적으로 사회현상으로 나타난 문제에 대한 상담을 정형화하여 진행할 수 없으므로, 상담자는 사안(事案)에 대한 전문지식과 함께 성실한 인간적인 태도와 올바르게 숙련된 접근으로 임할 수 있어야 한다.

내담자는 저마다 상담할 내용에 대한 자기 나름의 지식과 견해를 가지고 상담자를 찾는다. 이렇게 시작된 상담이 피상적으로 그치지 않기 위해서 상담자는 문제에 대한 사전 학습[133]을 통해 자기의 것으로 소화한다. 또한, 상담을 자신의 개인적 편견이나 선입견으로 하게 되면, 상담이 추구하는 문제해결의 방향과 본질과 핵심에서 멀어질 수 있으므로 이를 피해야 한다. 상담자가 구조물진단에 대한 상담의 개념과 구조물진단의 절차와 과정, 이해득실의 문제가 있는 사회현상을 학습하지 않고서 상담에 임한다면, 진단이 갈등해결책으로 작용하지 않고 더욱 혼란을 초래할 수 있다.

내담자는 상담자에 대한 경계가 있을 수 있으므로, 상담자는 솔직한 의사표시와 함께 내담자의 문제에 대하여 주관적이고 직관적인 상황판단을 해야 할 때도 있다. 즉, 상담자에게는 전문가로서의 통찰력과 직관적 판단으로 문제를 분석하는 능력이 요구된다. 이러한 점에서 상담은 누구나 가능하다고는 할 수 없으며 전문가에 한정된다. 한편으론 내담자의 주장도 개방적인 자세로 받아들이면서, 내담자와 이해관계에 있는 당사자의 입장도 고려하면서 내담자에게 논리적으로 접근하려고 노력해야 한다.

내담자(고객)는 일반적으로 약간의 불안감을 안고 상담자를 찾는다. 잘 모르는 사람에게 자신이 처한 문제를 상의하고 도움을 받고자 상담자를 찾은 것이므로, 먼저 상담자는 내담자에게 어떠한 상담을 할 수 있는 전문가인지를 알 수 있도록 자신을 소개한다. 상담자가 곧바로 내담자에게 정보를 얻고자 한다면, 불안감 때문에 솔직하게 의사를 표명하지 않기 때문에 내담자에게 먼저 친근하게 접근하는 것이다. 내담자의 불안감은 상호간의 대화에 따라서 훨씬 줄어들 수 있다.

상담자는 처음에는 경청에 치중하면서 가끔 설명도 해주고, 특히 내담자가 현안에 대해 나타내는 심리적 저항에 관심을 가지며 상담자의 견해와 불일치되는 점에 주목하면서, 내담자가 자신의 문제를 파악할 수 있도록 도와준다. 상담 도중에 상담자의 해석에 대하여 내담자가 감정을 나타내기도 하는데, 이에 민감하게 귀를 기울이고, 이때 내담자의 성격과 심중을 이해하게 되면 문제의 윤곽이 대충 드러난다. 상담자는 이러한 과정에서 불안하고 폐쇄적인 내담자에게 별도로 묻지 않고서도 갈등이 유발된 동기와 상담을 청하게 된 목적을 파악할 수 있다. 결국, 상담자는 내담자의 문제를 들여다보면서, 내담자가 보다 자신을 이해하고 자신에 대하여 솔직하게 말할 수 있도록 도와주어야 한다.

구조물과 관련한 갈등문제에는 항상 이해관계가 상반된 당사자들이 있으므로, 내담자는 상담의 발전단계에 따라 여러 가지 경험을 한다. 처음에는 상담자에게 의존적이며 신뢰적인 인간관계를 맺지만, 상담의 발전단계에 따라 나중에는 처음에 의식하지

133) 학습이란 이전의 경험결과와 연습의 결과로 발생하는 비교적 영속적인 행동의 변화를 말한다(Kimble, 1961). 학습의 결과는 다른 상황에 전이된다. 전이는 반드시 긍정적인 결과만 가져오는 것이 아니다. 때로는 부정적인 결과를 낳을 수도 있다. 최승희 외 1인(1995), P.76

못했던 것을 알게 되면서 상담자에게 존경을 표하는 등의 긍정적인 경우도 있지만, 자기중심으로 저항하기도 한다. 긍정적인 경우는 상담이 계속 진행됨에 따라 상담자와의 관계를 깨달으면서 자신과 대인관계에서의 갈등이 해결되는 것을 경험한다. 이 경우에 내담자는 효과적으로 대인관계를 형성해 나가면서 충동적이고 저항적인 행동을 통제할 수 있게 된다. 반면에 저항을 하는 경우는 상담자와 불편한 관계 속에서 부당행위에 대한 고소 및 진단계약 취소와 같은 다분히 감정적이고 충동적인 행동도 한다. 그러나 진단용역계약이 파기되지 않은 한, 상담자는 솔직함과 문제에 대한 긍정적인 존중, 그리고 공감적 이해로 임해야 한다. 상담자의 이러한 태도가 만들어 내는 분위기 속에서 결국 내담자는 문제해결에 대한 신뢰를 더욱더 갖게 된다. 초기상담과 함께 진단의 동기와 목적 및 성격이 정리된 후, 내담자가 진단의뢰를 요청할 경우 용역견적서를 내게 된다. 그러나 상담 이후에 내담자가 상담한 정보를 바탕으로 용역 내용을 추가하여 경쟁입찰하기도 하므로, 이러한 상황을 고려하여 상담의 정도를 조절하면서 내담자와 대화를 하거나 혹은 사전에 상담비 지급을 전제로 하여 상담할 필요가 있다.

법정안전진단은 거의 모두 상담절차 없이 공개경쟁입찰 혹은 수의지명입찰로 발주하는 것이 일반적이다. 그러나 갈등 관계의 사회현상과 관련한 구조물진단은 내담자 자신의 고민에 대해 도움이 필요하므로 전화 혹은 방문상담을 하는 경우가 많다. 왜냐하면, 갈등 관계의 진단은 대부분이 특정한 사회현상의 발생에 따라 내담자가 도움을 받아야 하는 상황이기 때문에 전문가 상담이다. 또한, 상담자가 현장을 직접 방문하여 상담하기도 하지만, 전문가와의 상담이 절실한 민원진단이나 분쟁에 따른 진단, 피해진단 등은 일반적으로 내담자가 상담자를 방문하는 경우가 많다. 상담이 진행됨에 따라 이해당사자 모두가 참석하거나 그 구성원이 다수일 경우에는 집단상담이 될 수도 있다. 이때는 개인 간의 갈등이 집단 간의 갈등으로 이어지기도 하며, 더 크게는 조직 간의 갈등, 정부와 민간 간의 갈등으로 나타나기도 한다. 또한, 상담내용을 녹취하기도 하므로 이에 유념할 필요가 있다.

당사자들 간에 이해득실 문제로 상호 첨예하게 대립하고 있는 경우, 어느 한쪽만의 상담만으로는 갈등을 조정·해소하기가 어려우므로, 상담자는 한쪽 이해당사자와 계약이 체결되었다고 하더라도 상황에 따라서는 갈등관리 차원에서 다른 쪽 이해당사자에게도 상담을 시도해 볼 수 있다. 한쪽 이해당사자의 수용만으로는 진단목적과 효과의 기대치가 낮아지고 달성하기도 어려워져서 종국에는 소송으로 이어질 수 있기 때문이다. 그래서 내담자가 상담을 받은 상담자에게 직접 진단을 의뢰할 경우라도 가능한 양쪽 이해당사자로부터 진단수행에 대해 동의하도록 하여 이를 문서화 한 후에 진단을 수행하는 것이 바람직하다. 이를테면, 피해자와 가해자가 구분되는 진단은 양 당사자[134] 간에 이해관계가 상호충돌되어 누구에게 진단을 의뢰할 것인가부터 첨예하게 대립한다. 따라서 양 당사자가 “누구에게 진단을 의뢰할 것인가”를 협의하여 정하게 하면서 진단의 평가결과에 대해서도 이의 없이 수용하겠다는 합의를 하게 하는 것이다[135]. 왜냐하면, 전문가(상담자)의 진단이 공정하게 진행되는 것을 전제로 하여 양측이 향후 진단결과에 이의를 제기함이 없도록 하고, 진단결과를 양 당사자가 수용하거나 협의 처리하였을 때 진단의 성과(효과)를 기대할 수 있기 때문이다. 즉, 진단결과는 양 당사자의 합의사항에 대한 이행이 전제되어야만 소송으로 이어지지 않고 애초의 진단목적과 성과를 기대할 수 있기 때문이다. 그러나 양 당사자 합의 진단에도 불구하고 이후에도 양 당사자 간에 갈등은 계속될 수 있으므로, 각각의 상황에 따라 상담자는 양 당사자에 대한 수시상담을 통해 상호 이의가 발생하지 않도록 도모할 필요가 있다.

상담자의 주선 하에서 진단결과에 이의 없이 수용하기로 당사자 간에 서명한 합의서는 상담의 결과를 나타낸 문서이다. 이는 일단 상담자에 대한 신뢰를 나타내는 결과물이며, 계약서나 진단보고서에 첨부되어 법적인 효용성을 갖고, 진단결과에 대한 구속력을 높이는 효과도 있다. 이는 곧 당사자 간에 하나의 쟁점 사항이 해소되면서 갈등 해소는 물론 진단목적의 달성에도 큰 도움이 된다. 그러나 양측 합의에 따른 진단이라고 할지라도, 진단결과에 따라 처리하기로 각서로 합의한 서면이 심경의 변화로 결렬되어 도중에 무효화 되기도 한다. 이러한 합의 서면도 진단보고서에 첨부하게 되면 법원에 제출하는 준비서면자료로서 유용하게 쓰일 수 있다. 또한, 당사자 간의 갈등 해소를 위해 중재제도를 활용하는 방안도 있다. 즉, 계약서 작성 시에 중재조항을 사전에 마련해 두는 것이다. 이는 많은 시간과 경비가 드는 소송에 비해 비교적 단기간에 도움을 받을 수 있는 일종의 구제절차를 통해 갈등을 해소하는 것이다.

집단상담의 경우에 합의서가 작성된 이후 어느 한쪽이라도 혹은 어느 한 개인이라도 합의에 이의를 제기하면서 계약을 철회하겠다는 의사를 표명할 경우, 이는 진단의 목적달성에 장애로 작용하게 된다. 만일 이들이 극소수일 경우에는 이들은 상담 상대에서 제외하거나 무시하고서 진단용역을 진행하는 방법이 쓰일 수 있다. 그러나 대다수가 상담자에게 진단을 의뢰하는 것을 철회하겠다고 할 경우, 상담자는 일시적으로 진단을 중지하고 다시 상담하거나 혹은 용역 수주 여부에 연연하지 말고 진단의 중지는 물론 진단계약을 해약하는 것도 고려할 수 있어야 한다. 왜냐하면, 그러한 상황에서 진단을 강행하게 되면, 피해자와 가해자 간의 갈등 해소를 위한 진단이 자칫 갈등 관계

134) 예를 들어, 피해문제로 다툼 관계에 있는 ‘신축공사(예: 가해자) 측’과 ‘인접 건물(예: 피해자) 측의 양쪽이 상호 동의하에 진단의뢰 한 상황을 전제로 할 때를 말한다.

135) 양 당사자가 합의한 용역계약은 법원의 판결에 의하지 않고 제3자(전문가)를 통해 원만하게 갈등 해소를 도모하고자 하는 것이다. 그러나 이 경우에 진단결과는 법원판결에 큰 영향을 미칠 수 있다.

에 있는 이해당사자와 상담자와의 다툼으로도 번질 수 있기 때문이다. 그렇게 되면 진단의 본질이 흐려진다. 나름대로 뚜렷한 원칙과 원만한 갈등 해소를 목표로 하는 상담자의 전문상담에도 불구하고, 가해자와 피해자는 각자의 주관에 따라 각자의 편의대로 주장하고 판단하는 경향이 있다.

만일에 상담자의 주선 노력에도 불구하고 양 당사자가 합의에 이르지 못하게 되면, 맨 처음에 상담자와 대면한 내담자만의 구조물진단을 시도할 수도 있다. 이 경우에는 원고와 피고가 각자 준비서면을 작성하듯이, 양 당사자가 각자 독립으로 추진하게 되므로, 상호다툼에서 우위에 설 수 있도록 진단을 하면서도 편향적이지 않게 주안을 두고 평가한다. 또한, 용역계약에 앞서 진단결과에 대해 이의를 제기하지 않겠다는 서면약속(합의서)에도 불구하고, 어느 한쪽이 진단결과가 유익하지 않다고 판단되면 이의를 제기하거나 그들에게 유익한 다른 상담자를 찾아 나서기도 한다. 소위 분쟁으로 치닫게 된다. 특히, 자기 측이 분쟁에서 불리하지 않다고 판단하게 되면, 문제해결의 단계를 훨씬 높여서 소송으로 처리하려고 한다. 또한, 상담자가 제시한 문제해결의 방안에는 동의하였으나, 진단결과에 이의를 제기하지 않겠다는 약정에는 동의하지 않기도 한다. 쌍방의 동의가 필수적인 것이 아니므로 이에 개의할 필요는 없다.

이해당사자들이 가해와 피해를 서로 인정하지 않고 있는 첨예한 상황에서는 진단비용을 어느 쪽이 부담·분담하느냐의 문제도 있다. 피해자는 피해를 받은 것을 기정사실로 간주하려 하고, 피해자가 가해자로 지목하는 사람은 전적으로 자신이 피해를 준 것으로 여기고 있지 않기 때문이다. 이 때문에 진단결과에 따라 피해 여부를 가려서 진단이 완료된 후에 비용분담(또는 부담)을 하는 것으로 하기도 한다.

집단상담은 그 구성원 중에 비정상적인 개인이 있을 수 있고, 구성원 간에도 다수의견에 동의하지 않는 개인이 있을 수 있다. 이때 개별접촉은 상담자와 개인 간에 유착이 우려되고 자칫 오해와 불신이 생길 수 있으므로 피해야 하지만, 공개적으로 대면하여 상담하는 것은 있을 수 있는 일이다. 그렇다고 소수의 개인 때문에 진단용역 전체를 중단하는 것은 다수의 의견을 무시하는 것이 되므로, 이때는 이들을 제외하고서 정상적인 범주에 속하는 다수만을 대상으로 진행하여도 무방하다. 이 경우에 진단수행 중에 상담자에게 불평과 불만 등이 많아지고, 이해당사자 간에도 다툼이 고조되어 진단수행이 어려워질 수 있다. 그러나 진단수행에 큰 장애요소가 되지 않으면, 양 당사자에 대한 수시상담에 따라 장애요소를 점진적으로 제거하면서 진단을 지속할 필요가 있다. 이해당사자 간에 상호 상충하는 문제를 파악하고 설득하면서 합치에 이르도록 하는 것은 상담자의 임무이기 때문이다. 이때 상담자는 구조물진단의 수행에 있어서 사회규범과 절차에 어긋남이 없어야 신뢰가 확보되어 외세에도 흔들림이 없다.

2) 상담자의 설득과 내담자의 자기실현

구조물진단에 있어서 설득은 내담자에게 영향을 미치는 의사전달과정이다. 즉, 상담자(진단전문가)와 내담자가 언어와 비언어로 연결되는 복잡하고 계속된 상호작용과정을 통해서 내담자의 인식이 넓어져 기존의 태도나 행태에서 어떤 변화를 채택하도록 상담자가 영향을 미치려는 시도라고 할 수 있다. 진단보고서에서 논리적으로 전개하는 기술 내용 또한 이해당사자들을 설득하는 의사 표현이다. 설득이 성공적일 때 "나는 그것을 전에는 그런 식으로 결단코 보지 않았다"와 같은 식의 반응으로 효과가 나타난다. 설득의 결과는 내담자가 가지고 있던 자신의 정보나 경험 혹은 이 둘 모두에 있어서 변화를 보이는 것이다.

내담자가 설득내용을 수용하면 상담자의 설득목적은 달성된 것이다. 또한, 설득은 교류라고 할 수 있다. 이는 양 당사자가 서로 교류하면서 의존하는 상호작용이다. 상호작용은 관심을 끄는 방향으로의 변화를 암시하는 반면에, 교류는 더 지속적이고 역동적인 견고화의 과정이다. 사람들은 자신에게 부족했던 것이나 필요한 것이 어느 정도 채워지게 되면 어떤 방식으로든 자신을 도와준 상담자의 설득에 반응한다. 그것은 물론 내담자 자신의 필요에 따라 상담이 이루어졌기 때문이다. 설득이 양편 모두의 필요를 충족하기 위한 시도라는 것을 상담자가 이해하고 있다면, 상호작용 혹은 교류라는 것을 이해하는 상담자는 내담자를 피동적으로 대하지 않을 것이다. 내담자가 능동적으로 됨으로써 상담자와 지속적인 교류가 있을 것으로 생각하게 되며, 상담자 또한 반대급부의 상호작용과 교류로부터 능동적으로 태도 변화가 일어나게 된다. 내담자와의 거래가 1회에 그치지 않고 몇 년 후 또는 몇십 년 후까지 이어지는 것에서 상담자와 내담자의 상호교류를 엿볼 수 있다. 내담자에게 영향을 미치는 것은 상담자의 지식이나 이론·기법이 아니라, 내담자에 대한 상담자의 태도이다. 그래서 상담자는 내담자와 인간 대 인간으로서 친밀한 관계를 유지하면서, 현안을 해결해주는 분위기를 조성하도록 노력해야 한다. 내담자와 친밀한 관계를 유지하지 못한 상황에서는 쌍방 모두가 자기표현을 하지 않으므로 상담은 실패하게 될 것이다. 결국, 자기표현이 자유로운 분위기 속에서만이 내담자는 방어적 태도를 버리게 되고, 자기 자신을 솔직하게 드러내게 되며, 이런 과정을 통해 자기 이해가 깊어지게 된다.

일반적으로 상담 초기의 내담자는 생각 및 태도의 융통성이 모자라고, 자신이 처해 있는 정황을 분별하지 못하며, 자신의 옳고 그름에 대해 탐색해 보려 하지 않는다. 또한, 갈등을 빚고 있는 이해당사자를 비롯한 주변 사람들과 접촉하는 것을 두려워하며,

상대편을 구속하는 능력이 있다고 생각되는 상담자에게 의존적 태도를 보인다. 그러나 상담이 진행됨에 따라 내담자는 자신의 감정을 깊고 넓게 탐색할 수 있게 되고, 불안이나 분별력 · 분노 등 과거에 외면했던 자신의 부정적 감정들을 수용하고 표현할 수 있게 된다. 즉, 점차 자신의 내면세계에 대한 이해가 깊어짐에 따라, 내담자는 방어적 태도를 버리고 왜곡된 경험의 구속에서 벗어나 더욱더 자유로운 판단과 결정을 내리게 된다. 이에 따라 자기 자신에 대한 신뢰감도 커지며 상담자에 대한 의존적 태도도 약화 된다. 이러한 과정을 통해 내담자는 성숙과 자기실현을 이루어 간다(이장호 p.38 참조).

상담은 진단전문가에 의해서 전적으로 이루어지므로 당연히 구조물진단과 관련한 충분한 지식과 경험을 지니고 있어야 하고, 보고서작성은 이해 상충의 당사자들을 논리적으로 설득하는 방향으로 기술한다. 진단전문가가 원하는 바에 따라 동의하도록 하게 하거나, 태도가 변화하도록 하는데 가장 널리 쓰이는 방법은 설득이다. 설득은 논리적으로 호소하거나, 때로는 감정적으로 위협을 느끼도록 함으로써 그로부터 새로운 태도로 변화하도록 유도하는 방법이다. 이해당사자들에게 진단전문가가 원하는(제시 · 제안한) 행동을 하도록 유도하기 위해서 우선 그들의 태도를 변화하도록 한다. 이해당사자들은 각자 나름대로 어떤 생각이나 감정이 있으며, 이들의 생각이나 감정을 변화시키는 태도 변화에는 신념도 포함되어 있다. 이러한 태도에 의해 어떤 사회적인 문제나 대상에 대한 행동이 결정된다. 태도는 이같이 개인의 사회 행동을 결정하는 중요한 요인이며, 이에 대한 설득은 진단전문가의 역량에 해당한다.

구조물진단에서 상호갈등 관계에 있는 이해충돌의 문제는 보고서작성 완료 이전에, 설득을 통해 동의한 내용도 이해당사자들이 공유할 수 있도록 진단보고서에 기술한다. 이는 보고서에 이해당사자들이 동의한 내용을 확정 기록하여 갈등 사항을 최소화하려는 의도이지만, 이러한 기록이 사후 갈등의 조정 및 해소에 도움이 될 수도 있기 때문이다. 그러나 불가피하게 그럴 수 없는 경우가 대부분이므로, 이해 상충(충돌)의 당사자들이 납득할 수 있도록 진단평가의 내용이 논리적으로 서술되어 이해당사자들을 설득하는 방향으로 작성되어야 한다. 보고서를 이해하기 쉽게 어떻게 구성하느냐에 따라 이해당사자들의 설득 효과는 달라지기 때문이다. 이러한 설득과정을 통해 이해당사자들의 태도는 변화할 수 있다. 여기에 진단결과를 이해당사자들에게 직접 설명하게 되면 태도는 더욱 변할 수 있다. 이 같은 설득에 의한 태도 변화는 행동으로 이어지게 된다. 태도 변화에 영향을 미치는 요인으로는 설득문의 내용, 설득자와 이해당사자들의 사고 관념, 설득이 행해지는 상황 요인들을 들 수 있다.

이해 상충의 구조물진단에서 이해당사자에 대한 의사전달은 크게 진단전문가와 내담자와의 직접적인 상담형식, 진단보고서의 전개 내용을 자기의 소견으로 설득하는 형식의 두

가지로 구분할 수 있다. 일반적으로 구조물진단에서는 이들로부터 이해 상충 당사자들의 태도 변화를 끌어낸다. 이때 진단전문가가 어떤 사람이냐에 따라 설득 효과는 달라진다.[136] 또한, 설득 효과는 이해 상충의 당사자에게 의사전달을 하는 주체가 누구인지에 따라서도 달라진다. 예컨대, 신뢰성이 있는 전문가집단, 공공기관이나 단체, 사계의 전문가 등이다.

진단보고서에 책임기술자와 참여기술자를 명기하는 것은 진단결과에 대해 전문가에게 책임과 책무를 부여하는 것이기도 하다. 그렇지 않은 경우는 책임과 책무를 회피한다는 인상을 주게 된다. 또한, 이해 상충의 갈등당사자에게 신뢰감을 주고 설득 효과를 주는 의미도 포함하고 있다. 이는 진단결과에 대해서 책임을 회피하지 않으며 책무도 있다는 의미와 함께 조사하고 평가한 내용을 신뢰해 달라는 의미도 있다. 이같이 상담 과정에서 뿐만이 아니라 조사내용을 평가하는 과정에서도 갈등당사자들을 설득하는 것은 구조물진단과 내담자의 목표 실현에 크게 영향을 미친다.

이러한 설득 효과에 대해 사람들은 사회적으로 영향력이 있는 특별한 개인 혹은 집단, 공적인 기관을 신뢰하는 경향이 있다. 그러나 한번 형성된 내담자의 태도가 절대적으로 변화하지 않은 것은 아니므로, 상담자는 태도 변화를 위해 설득을 거듭할 필요가 있고, 적극적으로 설득할 때 설득 효과는 더욱더 높아진다는 점에 유의할 필요가 있나. 또한. 이해당사자의 태도를 변화시키는 데는 법규범과 같이 구속력이 있는 도구를 사용할 수도 있다. 법규범에 의해 이해당사자를 압박함으로써 공포심을 유발할 수도 있으나, 이는 법규범으로 자연스럽게 설득시키는 방법이다. 그러나 상호 간에 유익한 갈등 해소목적이라고 할지라도 너무 압박하면 설득 효과가 감소할 수 있음에 유의해야 한다.

3) 상담자의 태도

상담 관계에 있어서 기본이 되는 주요한 요소는 세 가지로 나누어 생각할 수 있다. 즉, 솔직성과 긍정적 존중, 그리고 공감적 이해이다. 매우 어려운 일이기는 하지만 상담자의 이러한 태도와 분위기 속에서 내담자는 상담자와의 교감으로 자기실현의 경험을 하게 된다.

---

136) 상담자가 진단전문가이면서 회사의 대표자로서 상담하는 것과 회사 소속의 진단전문가로서 상담할 경우 그 효과에는 다소의 차이가 있을 수 있다. 회사 소속의 진단전문가는 진단용역비용을 제외한 진단과 관련한 상담을 전담함으로써 상담의 신뢰를 높일 수 있다. 이 경우에 진단용역비용은 회사대표자의 일로 맡기므로 진단전문가는 비영리적인 인상을 주면서 상담할 수 있다. 그러나 진단전문가이면서 회사의 대표자로서 상담할 때는 전문성과 법인에 대한 신뢰도는 높지만, 한편으로는 상담상대자는 상담에 영리적인 면이 결부된 것으로 인식할 수도 있다. 회사의 대표자가 관련 지식이 불충분한 비전문가이면 일반적으로 상담 효과가 떨어지고 영리성이 강해진다.

(1) 솔직성

솔직성은 상담자로서 가장 중요한 태도이다. 상담자는 내담자와의 관계에서 느낀 감정과 태도를 긍정적이든 부정적이든지 간에 솔직하게 표현할 수 있어야 한다. 상담자가 자신이 생각하고 있는 부정적인 점을 표현할 뿐만 아니라 내담자가 표현하는 부정적인 점을 받아들일 수 있을 때, 상호신뢰가 구축되고 내담자와 솔직한 의사소통 및 감정 교류가 가능해진다.

(2) 긍정적 존중

내담자를 한 인간으로 존중하며, 그의 감정・사고・행동을 평가하거나 판단하지 않고, 있는 그대로 그의 입장을 진정으로 받아들여야 한다. 이는 상담이 우선 무조건적이어야 하고 긍정적인 것이어야 한다는 의미이다. 상담자가 이러한 태도를 마음과 행동으로 보여 줄 때 내담자는 자유롭게 자신의 감정을 표현할 수 있게 된다. 요컨대, 상담자는 비합리적인 요구나 주장, 상담자에 대한 거부감 등을 일방적으로 무시하거나 불쾌감으로 대하기보다는 이를 해소할 수 있는 가치중립의 객관적이고 경험적인 정보를 제공하거나 대화와 설득으로 대응한다.

(3) 공감적 이해

상담의 순간순간마다 드러나는 내담자의 태도와 감정을 상담자가 예민하고 정확하게 공감하고 이해하는 것을 말한다. 여기에서 말하는 공감은 동정이나 동일시하는 것과는 다르다. 상담자가 내담자의 입장이 되어 깊게 이해하면서도, 결코 자기 본연의 자세를 버리지 않는 것이 공감이다. 그리고 상담자가 내담자의 감정을 공감하고 있음을 내담자에게 진정으로 전달할 때 그는 자신이 위로받고 있다고 생각하게 된다. 이런 과정에서 내담자는 상담자를 신뢰하고 자신이 처한 상황을 있는 그대로 드러내 보임으로써 상담자에 대한 탐색을 끝내고 자기 이해의 길로 들어서게 된다.

1.7.3 견적 내기, 입찰, 낙찰 등의 계약과정

1) 진단용역의 범위설정

진단의 범위와 내용이 설정되었다는 것은 내담자에게 견적서를 작성하여 제출할 수 있는 능력이 있다는 뜻이다. 또한, 견적서 작성 이전에 용역계약의 구체적인 과업 범위와 그 내용, 조사항목 등 진단보고서의 전체적인 틀이 가상적으로나마 거의 정리되어 있음을 의미한다.

당해 진단의 본질과 핵심을 이해하지 못하고 진단용역의 범위와 내용을 설정하기 어렵다. 즉, 진단의 범위와 내용에 따라서 당해 진단에 필요한 조사항목도 정해지므로, 구조물진단의 본질과 핵심에 대한 이해가 곧 진단용역을 수행할 수 있는 능력을 나타낸다고도 할 수 있다. 또한 상담자(진단전문가)가 설정해 놓은 진단범위와 내용, 조사항목만으로도 구조물진단의 수준과 질을 가늠할 수 있다. 구조물진단에 있어서 진단범위와 내용, 조사항목을 정하는 것이 그만큼 중요하며, 이에 따라 진단의 성과가 좌우된다. 그러나 진단범위와 내용은 진단의 발생 동기, 목적, 유형, 구조물의 종류와 구조형식 등에 따라 달라지므로, 진단전문가의 상담으로 정해져야 하는 일이기도 하다[137]. 다만, 이러한 내용 등을 어느 정도까지 내담자에게 공개할 것인가는 상담자가 상담의 진척과 정황에 따라 정할 일이다.

모든 구조물진단은 매우 유사한 유형의 진단이라고 할지라도, 그 본질과 내용, 조사항목 등이 크게 달라질 수 있으므로 진단지침을 정형화할 수 없고 하기도 어렵다. 따라서 진단전문가는 그가 가지고 있는 지식과 능력에 따라 구조물의 종류, 진단의 발생동기, 목적, 진단유형 등을 기본적으로 고려하여 그에 부합된 진단범위와 내용, 조사항목 등을 정해야 한다. 발주자의 강요에 의한 불필요한 시험이나 구조해석, 조사항목 등이 포함되지 않았을 때 적합한 진단이 되기 때문이다.

진단의 주 대상이 안전성 평가인 경우도 있고 사용성 평가인 경우도 있으며, 어떤 이상 현상에 대한 평가일 수 있다. 또는 어떤 현안에 대해 이의를 제기하거나 이에 대응하는 것일 수 있다. 또한, 구조물의 가치를 평가하거나 비용분석과 경제성을 비교하여 이해관계자 간에 중재를 도모하거나 갈등을 조정·해소하는 것일 수도 있다.

진단의 범위와 내용은 진단계약에 앞서 진단견적서로 노출되는데. 이는 내담자(고객: 진단의뢰인)에게 진단견적서를 제시함으로써 진단의뢰에 신뢰감을 주며, 계약 이후에 실시하게 될 주요 내용을 잠정적으로 확정하는 자료이다. 이후 계약이 성립되어 진단을 수행하게 되면 특별한 경우를 제외하고는 계약 내용에 따라 조사하고 평가하여 진단보고서를 작성하게 된다. 아래에 기술한 내용은 상담과 함께 진단업무를 수행하면서 있었던 일을 정리한 것이다.

137) 진단범위, 내용, 조사항목은 당해 진단의 본질과 핵심을 이해하고 있을 때 설정할 수 있는 일이다. 예컨대, 법정 안전진단에서 매회 진단마다 배근 상태를 조사하거나, 건물 준공 이후에 2-3년마다 실시하는 안전점검에서 층별/부재별로 수많은 개소에서 시멘트함량을 조사하고 콘크리트 강도와 탄산화를 측정하는 것, 건전한 상태의 구조물이나 특수한 환경에 노출되어 있지도 않은 건전한 구조물에 대해 역학적, 물리적, 화학적인 비파괴시험을 단기간마다 실시하는 것은 과도한 조사이다.

진단의뢰인 중에는 행정기관에 제출하는 인허가서류의 작성과 제출을 대행(代行)하는 업무까지 용역 범위에 포함하려고 한다. 예컨대, 건축허가를 받기 위하여 행정기관에 신청・신고하는 등의 업무까지 대리(代理)해 달라는 것 등이다. 이로 인해 진단의뢰인(고객)에게 인허가의 행정절차를 설명하여 이해하도록 하는데 상당한 시간이 소요되기도 한다. 예컨대, 건축설계사무소[138]의 증·개축, 대수선 등의 건축인허가업무와 직접 관련되지 않은 진단용역업체에 건축인허가처리업무를 맡기려 하는 경우이다. 이는 건축설계사무소와 진단용역업체의 업무영역에 대한 혼선에서 비롯한다.

건물의 증·개축이나 대수선 등에는 기존건물에 대한 진단이 요구되어 이를 선행하여야 하는 경우가 있다. 예컨대, 진단용역 결과의 일부로써, '구조안전 및 내진설계확인서(이하 '확인서'라 한다)'에 날인하여 발주자(건축주)에게 제출하게 된다. 물론 확인서상의 제출 주체는 설계사무소의 건축사이다. 최종적으로는 건축설계사무소를 통해 행정기관에 제출하게 된다. 그러나 건물의 증·개축과 대수선 등의 행위에 필요한 서류로 제출하게 되어있는 '확인서'와 관련하여, 건설공사의 시행사 혹은 발주자(건축주)는 인허가업무를 보조하는 '확인서'를 진단용역업체의 업무로 간주하기도 한다. 건축행위의 인허가업무를 대행하는 것이 고유 업무인 건축설계사무소에서조차도 발주자(건축주)와 함께 이에 부응하기도 한다. 이는 물론 건축설계사무소가 건축주를 부추기면서 생긴 일이다. 즉, 진단용역을 발주한 건축주가 진단용역업체와의 계약서에 인허가업무의 대행을 특약 사항으로 포함 시키려고 하면서 일어난 일이다. 여기에는 인허가의 대관업무가 그만큼 어려우므로 이를 회피하고자 하는 의도가 있다.

증축진단의 용역계약에 앞서 건축설계사무소와 건축주는 증축설계용역계약을 하였으므로, 인허가는 건축주가 주체이지만 건축설계사무소가 총괄하는 것이 일반적이다. 즉, 기존건물의 증축에 따른 '확인서'는 설계용역계약의 인허가 제출서류의 일부이므로 건축설계사무소는 인허가에 필요한 서류를 모두 총괄적으로 취합하여 행정기관에 제출한다. 즉, '확인서'는 진단용역업체가 계약당사자인 발주자(건축주)에게 제출하면 증축설계의 일부 서류로서 인허가 제출서류에 첨부하여 제출한다.

이러한 일의 주체는 건축주이지만 일 처리는 건축설계사무소가 대행한다. 다만, 진단용역업체는 진단의 결과물로서 건축주에게 '확인서'를 포함한 용역성과품을 제출하고 이를 포함한 인허가 관련 서류는 설계사무소에서 취합하여 행정기관에 제출한다. 건축설

138) 여기에서 '건축설계사무소'는 건축관계법령에 따른 특정 자격자를 지칭하는 것을 피하기 위한 표현이다. 건축주가 건축허가신청을 할 때는 통상 건축할 대지의 도시계획사항과 토지이용계획 등의 확인된 내용에 따라 건축주의 생각과 미리 구상한 계획을 건축사와 협의하여 '건축사사무소'에 설계를 의뢰하는 과정으로 이루어진다.

계사무소의 책임 및 행정업무에 대한 회피에서 일어난 일이기는 하지만, 이러한 업무영역을 이해하지 못한 혼선으로 건축주(발주자)는 진단용역업체가 인허가업무를 회피하려는 것으로 오해하기도 한다.

소고(小考) 1 : 조사항목의 설정은 대부분 진단전문가의 재량

구조물진단용역의 발주자[139], 특히 공공기관 발주자는 진단의 질을 높인다는 명분으로 불필요한 조사항목을 추가하는 경향이 있다. 예컨대, 과업수행과 무관한 시멘트함량조사, 철근탐사나 콘크리트 코어공시체 파괴시험, 재하시험, 수리시험, 구조해석 등을 필수 과업으로 정한다. 철근탐사는 부재 내의 모든 배근 상태를 조사하는 것이 아니라, 피복 부분의 배근 상태를 조사하여 평가의 참고자료로 쓰기 위함이다. 그러나 발주자는 철근탐사를 관행적 의례적으로 조사항목으로 정한다. 이렇게 되면, 이에 따르지 않을 수 없다. 철근탐사는 기존건물을 구조 해석하려고 할 때, 철근 배근도를 포함한 기존의 구조설계자료와 실제의 배근 상태(철근 피복두께, 직경, 배근 간격 등)를 대조하는 측면에서, 기존 부재의 내력 및 구조해석의 입력자료가 필요할 때 주요부재에 대해 부분적으로 탐사한다. 즉, 전수조사의 철근탐사가 현실적으로 어려우므로 표본적으로 실제의 배근 상태를 조사하여 활용한다.

법정안전진단에서는 구조설계도면이 비치되어있어도, 고정된 매뉴얼에 따라 세부적으로 과도할 정도로 철근탐사 위치와 개소, 수량 등을 정하고 있다. 사실상 진단기술자의 재량은 없다. 법정진단이라고 할지라도 필수조사항목을 제외하고는 진단기술자의 판단으로 현장여건에 따라 필요한 조사항목을 정하여 평가하도록 하는 것이 진단의 지향 목표에 부합할 수도 있다. 일반진단에서는 구조물의 상황과 상태, 조사여건, 진단 이력 등을 고려하여 필수적인 몇 가지 항목을 제외하고는 기계적으로 상세하게 정하는 조사항목보다는 진단기술자의 재량에 맡긴다. 이는 구조검토의 중요도에 따라 탐사 부위나 개소 등을 탄력적으로 적용할 필요가 있기 때문이다.

구조설계도면이 없는 경우, 모든 부재를 철근 탐사하여 구조검토를 하는 것은 현실성도 없고 가능하지도 않다. 모든 부재의 배근을 탐사하기 위해 부재 단면의 상하·좌우·전후 면을 탐사할 수도 없기 때문이다. 따라서 철근탐사는 구조검토에 있어서 배근 상태에 대한 보조적인 자료로 쓰는 것이 적절하다.

비파괴/파괴시험, 재하시험, 현장/실내시험, 구조해석 등은 모든 진단에 필수적으로 요구되는 것이 아니라, 진단전문가의 재량으로 선택적으로 적용되어야 할 조사항목이다. 시멘트함량조사, 비파괴콘크리트 강도시험, 콘크리트 코어공시체 파괴시험, 수리시험 또한 마찬가지이다.

---

139) 통상 발주자'라 함은 해당 구조물의 조사·설계·시공·유지관리 등을 도급하는 자이다. '건설산업기본법'에서는 "건설공사를 건설업자에게 도급하는 자를 말한다. 다만, 수급인으로서 도급받은 건설공사를 하도급하는 자는 제외한다."라고 정의하고 있다. 그러나 구조물진단의 발주자는 도급받은 기술용역을 하도급

2) 진단용역의 견적 내기

□ 견적서작성형식

내담자와 상담자와의 첫 대면은 대부분 사적으로 이루어지지만, 추가 상담과 더불어 견적 내기를 하고 계약을 하게 되는 과정에 이르러서는 상담자와 내담자 간에 공적인 관계가 된다. 견적 내기는 사실에 입각하고 양자 간에 합의가 내재되어 있기 때문이다.

상담자가 내담자에게 제출하는 견적(見積)은 진단의 목적, 성격과 내용, 과업 소요기간, 구조물의 규모 등에 따라 진단수행과정에서 소요되는 인원수를 기초로 이에 필요한 직접인건비, 제 경비, 기술료, 직접경비 및 추가조사비 등을 계상하여 기술용역의 총비용을 산출하는 수리적 행위(數理的 行爲)이다. 다만, 견적가는 고도의 기술을 필요로 하는 정도와 이해당사자들의 갈등 관계가 복잡할수록 높아진다.

견적업무는 당해 진단에 적합한 용역비용을 미리 산정하는 일, 즉 상담자가 업체에서 견적서 요청자(예: 내담자)에게 입찰 또는 계약체결 전에 낙찰자 및 계약금액의 결정기준으로 삼도록 미리 산정하여 제출하는 일이지만, 일종의 진단용역에 대한 제안서의 성격도 갖고 있다. 즉, 제출하는 견적서는 진단내용에 대한 보증이 아니라 학술용역에서 연구내용과 연구 효과 등을 적시하여 제출하는 제안서와 유사하게 주로 진단목적과 내용, 비용 등을 어림잡아서 제안하는 서류이다. 즉, 이는 기술용역계약의 기초자료가 되며 견적을 낸 금액 내에서 계약이 성사될 수도 있는 일종의 예정가격이라고도 할 수 있다. 다만, 견적서를 요청하는 측에서 상세한 내용과 산출 내역의 근거자료를 포함한 견적서제출을 요구하는 경우는 단순한 견적서의 제출과는 다르므로, 그 용역에 대한 제안서로 간주하여야 한다. 이러한 경우는 대형사업에 대한 견적서제출 후에 수의계약 단계에서 발주자에게 내는 제안서와 같다. 만일에 수의계약 단계가 아니라면, 제안서 작성 자체가 기술용역의 성격이 있으므로 제안서 제출에 신중할 필요가 있다.

일반 견적서[140]에는 진단용역의 목적과 내용 및 범위를 내담자가 쉽게 알 수 있도록 간략하게 적시한다. 내담자는 견적서에 적시한 진단용역의 목적과 범위와 내용이 난삽하지 않고 쉽게 이해하게 되면 신뢰성을 갖고 진단용역을 의뢰할 수 있기 때문이다. 이는 견적서에서 용역 내용과 범위를 어느 정도 확정하기 때문에, 용역계약 이후에 발생할 수 있는 용역계약의 범위와 내용에 대해 이견이 있을 때 근거자료가 될 수도 있다. 그래서 견적서에 적시될 내용은 용역 완료 시의 해당 용역보고서를 최대한으로 축

하는 자와 관계없이 원도급·하도급·위탁, 그 밖의 명칭 여하에도 불구하고 점검이나 진단, 그 일부분을 완료하기로 약정하고, 상대방이 그 용역 결과에 대해 대가를 지급할 것을 약정한 자이다.

140) 법정 안전진단의 견적서를 제외한다.

약하여 나열한 것이나 마찬가지라는 개념으로 작성할 필요가 있다. 즉, 견적서에 적시한 용역 내용은 용역보고서에서 평가할 내용의 축약이라고 해도 무방할 정도로 진단용역의 범위와 내용을 담고 있어야 한다. 진단견적서를 작성하여 내담자에게 견적서를 내는 일은 의사가 환자에게 이상 현상을 상담하고서 진단을 받아보라는 소견을 내는 것에 상응한다고도 할 수 있다. 따라서 진단견적서 내기에 비용을 요구할 수도 있다. 진단용역의 견적서를 작성하는 자(cost estimator)는 진단 경험과 판단력이 풍부하고 구조물에 대한 풍부한 지식과 행정, 진단용역시장의 시세, 경제 사정 혹은 경쟁의 정도 등에도 밝아야 한다. 이는 곧 구조물진단의 견적업무가 진단전문가의 기본업무에 해당한다는 의미이기도 하며, 제출하게 될 견적서에 대해서 최종적으로 검토해야 할 일이기도 하다.

법정 안전진단은 진단의 유형, 구조물의 종류와 형식, 용도, 규모 등에 따라 기준대가(대가금액)를 정하고 있으나, 사회갈등문제를 다루는 구조물진단과 같은 일반진단은 통상 이러한 대가 기준에 준거하여 당해 진단의 특성 등을 고려하면서 진단 대가를 정하고 있다. 이같이 구조물진단용역비를 산출하는 것, 즉 견적서를 내는 것 또한 진단전문가의 중요한 업무의 하나이다. 요컨대, 당해 용역의 목적, 성격과 내용, 과업 소요기간, 구조형식과 규모에 기초하여 용역수행과정에서 소요되는 인원 구성을 전제로 하는 보수대가[141]로 작성한다. 즉, 이에 필요한 직접인건비, 직접경비(출장여비 및 체재비, 위험수당, 보고서 인쇄비 등), 제경비, 기술료가 계산된다. 현행 법정진단의 대가산정방식은 정액적산방식을 취하고 있다. 일반진단에서도 통상 이를 따르고 있다. 여기에 추가조사비[142]을 계상한 정액적산방식(진단대가=직접인건비+직접경비+제경비+기술료+추가조사비)이다. 이를 '실비정액방식'이라고도 한다.

정액적산방식은 용역과업에 직접 종사하는 인원의 구성을 전제로 직접인건비를 산정하고 이를 기준으로 직접경비, 제 경비와 기술료의 기본대가항목 4개 항에서 산출된 비용의 합계액으로 계산한다. 다만, 여기에는 원가계산방식(진단대가=인건비+경비+일반관리비+이윤)에서 별도로 가산되는 이윤이 기술료로 대체된 것으로 간주할 수 있으므로 사실상 기술료에 이윤이 포함되어 있다고 볼 수 있다. 즉, 제출하는 견적서에는 희망하는 계약금액이나 희망하는 낙찰가격으로써 발주자가 요망하고 있는 형식과 품질을 보장

141) 대가에는 인건비(간접인건비 포함), 장비사용료(기구 및 기기 포함), 현지조사비, 보고서작성비, 기타수당·제 경비·전산처리비 등의 항목이 포함되어 있다.

142) 기기·기구에 의한 탐사, 지질·지반·수중조사 등의 현장시험, 재하시험·측정, 보수보강설계, 구조해석, 전문가 자문 등을 추가조사비로 계상할 수 있다. 그러나 추가조사비는 구조물진단의 초기단계에서 구조물의 상태, 현장의 작업조건 등에 따라 조사항목과 조사방법, 소요 장비 등이 크게 달라지므로 상호 협의 하에 추가조사비가 변동될 수 있다는 점을 견적서에 표기할 필요가 있다.

하는 선에서 일종의 정액적산방식에 소정의 기술료가 포함된 이윤을 가산하여 제출하고 있다. 그러나 견적가격(금액)을 최저로 제출한 진단업체를 계약당사자(낙찰자)로 선택하는 방식143) 때문에, 낙찰자로 선정되기 위해 정부에서 고시한 정액적산방식의 대가기준보다 훨씬 이하의 대가로 조정하여 견적서를 작성하고 있다. 이러한 견적서의 산출 내역과 정액적산(실비적산) 방식의 내역 간에는 괴리가 발생한다. 이로 인해 견적제출업체의 창의성이나 경영, 진단의 조건 및 품질, 진단방법 등의 제반 사항이 거의 무시된다. 또한, 진단전문가에게 자문비를 지급하는 방식으로 직접인건비에 제 경비, 기술료 등을 가산하는 노임단가형식의 견적서도 있다.

구조물진단용역의 견적서는 해당 구조물의 제반 조건, 진단목적, 상담 시에 설명한 내용을 내담자가 쉽게 이해하여 제출 견적서를 수용할 수 있도록 적시하고, 그에 따른 제반 비용과 소요기간 등을 기술하는 것이 보통이다. 일반적으로 견적서를 제출할 때부터는 상담자는 견적을 제출하는 용역업체, 내담자는 발주자로 표현한다. 즉, 견적서는 "견적을 제출하는 업체가 발주자에게 진단용역의 내용 및 제반 비용을 적산 형태로 기술하여 제출하는 문서"가 된다. 발주자에게 제출하는 진단견적서에는 용역명, 견적금액과 용역 내용 및 조건, 비용산출내역, 용역기간, 작성 일자, 유효기간 등을 기재하는 것이 일반적이다. 특히, 견적서에는 용역 내용을 명확하게 명시할 필요가 있으며, 상황에 따라서는 견적조건으로서 견적형식(개산견적, 상세견적, 확정 견적)과 견적기준, 용역비 지급조건 등의 특기 사항을 기재하기도 한다.

또한, 견적서에는 견적서를 제출한 자의 주소와 사업자 표기, 견적서 요청자의 주소와 전화번호 및 e-mail 등을 기재한다. 이는 견적서 그 자체가 계약의 부속문서로 볼 수 있고, 만일에 분쟁이 발생하였을 때 견적서가 증빙자료가 될 수도 있기 때문이다. 즉, 견적서는 용역발주자의 요청에 따라 견적업체(용역업체)가 제공한 근거이며 계약서에 명기되는 않는 사항에 대한 근거자료가 될 수 있다.

□ 견적서제출과 입찰방식의 문제

구조물진단용역 입찰공고에 있어서 용역수행의 적격기준으로 용역업체의 경영상태, 신인도, 기술자보유현황, 입찰가격 등을 정하여 낙찰자 결정하고 있다. 그리고 특정 전문기술자나 집단에게 특혜를 주기 위한 위인설관과 유사한 여러 조건도 나타나고 있다. 여

143) 최저가낙찰제는 정부 발주공사의 예산 절감을 목적으로 정부의 필요에 따라 도입한 제도이다. 이러한 공공공사의 최저가낙찰제가 민간영역의 기술용역에도 그대로 무분별하게 적용된다면, 자율경쟁을 기본으로 하는 민간시장의 질서가 무너져서 혼돈의 사회를 초래할 수 있다. 따라서 이러한 공공정책을 도입할 때에는 정부 발주공사만의 시각이 아니라 민간시장에 미치는 영향(폐해 방비책)도 고려해야 한다.

기에 더하여 업무수행능력과는 무관한 특허나 신기술 보유를 조건으로 달기도 한다. 이 같이 특정 조건과 기술자의 등급에 따라 업무수행능력을 초급기술자에서 특급기술자, 기술사 등으로 구분한다. 그러나 특급기술자가 초급기술자보다 업무수행능력이 높을 수 있으나, 초급기술자가 훨씬 높을 수도 있으며, 중급기술자가 특정 전문기술자(기술사)보다 높을 수도 있다. 실제로도 고도의 기술력이 요구되는 분야에서 초급·중급·고급기술자들이 첨단장비와 함께 전문가의 도움을 받으면서 고도의 기술력이 요구되는 업무를 수행하고 있다. 그러나 이들의 실질적인 업무수행 능력과는 무관하게 입찰참여를 제한하는 다른 조건(기술자 등의 확보)이 업무수행능력평가를 지배하는 양상이다.

이는 특히 IT업체를 운영하는 CEO 대부분이 젊은 층이라는 사실에서도 알 수 있다. IT업체를 운영하는 CEO는 특정 자격을 보유하여야 하고, 종사자들 또한 특정 등급을 가지고 종사하고 있을까? 만일에 그러하다면, 이는 학력이나 자격조건 때문에 능력이 있는 자가 자유롭게 기업에서 활동할 수 없는 환경이 되어 IT산업 발전에 장해요소가 될 수 있다. 요컨대, 종사자의 업무수행능력은 IT업체를 운영하는 CEO가 판단하여 인재 위주로 운영하면 될 일이다. 물론 기술자 등급부여는 소비자들을 신뢰할 수 있게 하는 효과가 있다. 그러나 이는 행정 절차상의 필요요건이나 보여 주기에 불과할 수 있고, 개인의 직업종사를 제한하는 것이 되어 궁극적으로는 불공정이 횡행(橫行)하면서 시장 질서에 해를 끼치고 특정 전문기술자나 집단이 시장을 독식하는 사회를 만들 수 있다. 이는 공정거래의 시장 질서를 유지하고 개인의 직업종사에 대한 제한을 최소화하는 범위 내에서, 이를테면, 의료나 법률서비스와 같은 분야에 국한하여 적용되어야 함을 시사한다. 더구나 IT산업이 발전하면서 모든 분야에서 인간보다 AI의 도움을 받는 시대이다.

공동체 사회의 법 제정의 목적은 공공복리의 증진과 국민경제의 발전에 이바지함에 있다. 이에 따라 공정한 시장경쟁과 질서유지를 위해서 여러 가지 제도적인 장치가 도입된다. 이러한 제도적 장치의 일환으로서 직업종사와 영업활동자격을 제한하는 각종 등록제와 인증제, 면허제가 쓰인다. 다만, “시장경제의 시장거래(시장경쟁의 거래질서)에 있어서 중요한 요소 중의 하나는 ‘공정거래’이다. 그러나 당국자들은 완전한 시장경쟁을 추구하기가 현실적으로 어려워서, 진입장벽이 최소화된 경쟁 시장을 추구한다고 하면서도 제도적으로 불공정거래를 초래하는 과도한 진입장벽을 치기도 한다.

토목건축 기술용역의 입찰 시장만 놓고 볼 때도 이러한 현실은 열거하기 어려울 정도이지만, 공공/민간부문의 부정당한 사업집행과정과 불법/불공정행위를 당국은 바로 잡지 못한다. 반면에 당국의 권한으로 업체에 대한 규제는 더욱 강화되고 중소 민간업체들의 입찰 시장에의 진입도 점점 어려워진다. 이러한 현상은 공공부문의 발주에서 민간부문으로 점점 확대되어 소규모 기술용역에서조차도 일어난다.

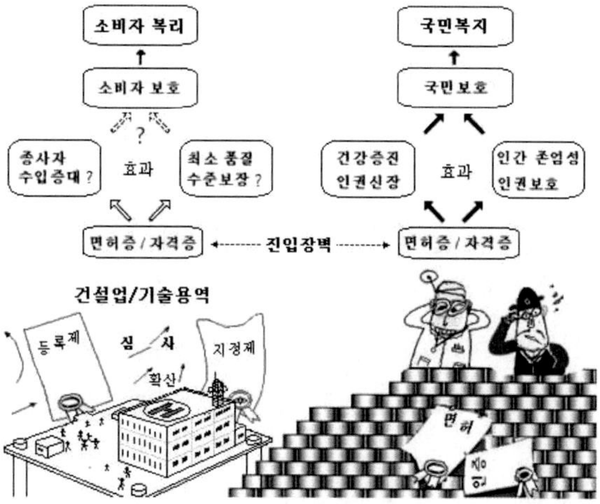

그림 25 등록제, 인증제, 면허제는 직업종사의 진입장벽이 될 수 있다. 이는 소비자와 국민을 보호하기 위함이므로, 불가피하다. 다만, 과도하게 확대되면 개인의 경제활동과 직업선택의 자유가 제한되는 상황이 된다. 즉, 인간의 존엄성과 인권을 다루는 분야, 운전면허와 같이 사회적으로 보편화 된 분야 이외에 거의 모든 분야에서 면허제를 적용하게 되면, 직업선택의 자유는 좁아질 수밖에 없다. 면허나 자격제도는 소비자를 보호하기 위한 수단이지만, 직업종사를 제한하기도 하므로 제한적이어야 한다. 이를 과도하게 사용하여 진입장벽이 높게 형성되면 국민경제에 악영향을 미칠 수 있다.

발주자는 신뢰할 수 있는 2~3개의 용역업체로부터 견적서를 받아 그중에서 '가장 적당'하다고 생각되는 업체를 지명[144]하여 가격절충 혹은 교섭하거나, 견적서 제출업체를 대상으로 내정가격에 의해 지명경쟁입찰로 용역업체를 선정하거나 혹은 완전한 공개입찰방식[145]에 의하는 것이 원칙이다. 여기에서 '가장 적당'하다는 것은 반드시 가격이 최저인 경우를 가리키지는 않는다. 이는 합당한 가격으로 용역의 목적과 발주자가 의도하는 내용에 가장 가까운 견적서를 제출하거나, 합당한 내정가격[146]을 정하여 낙찰자를 결정하는 경우이다.

발주자가 합당한 내정가격을 정해놓은 상태에서 이에 기초하여 낙찰자를 선정하면, 기술용역 견적업체와 발주자가 서로 가격이 어느 정도 합치할 경우 낙찰자로 선정한다면 이는 적절한 발주방식이라고 할 수 있다. 이러한 방식이라면 견적입찰도 2~3개 업체를 대상으로 하므로 사실상 경쟁입찰로 간주할 수 있다. 그러나 이같이 용역발주자의 합당한 내정가격과 어느 정도 합치한 용역업체를 계약당사자로 지명하는 경우는 매우 드물다. 대부분이 수의견적으로 2~3개의 업체, 그 이상의 업체를 지명해서 최저가로 견적서를 낸 업체들을 지명하

144) 발주자가 용역업체의 재산, 신용, 기술, 장비, 경력 등을 상세히 조사하여 해당 용역에 적절한 몇 개의 업체를 지명하여 경쟁입찰을 하는 형식이다. 이는 용역업체의 지명에 부정이 없으면 신뢰할 수 있어 적정한 용역성과를 기대할 수 있다. 그러나 지명입찰자가 한정되어 있어 이들 간에 담합 우려도 있고, 발주자와 특정 지명입찰자 간의 요식적인 수의계약(negotiated contract)으로 흐를 수도 있다.

145) 거의 모두 낙찰자의 결정은 전자입찰공고에 의한다. 공개입찰, 특명입찰(수의견적입찰) 등의 특성에 따라 각기 다른 방법으로 낙찰자를 결정하고 있다. 이들 모두 낙찰자의 결정에 담합 등에 의한 입찰부정행위를 방지하여 공정한 거래가 이루어질 수 있도록 하기 위함일 것이다. 특명입찰은 해당 기술용역에 가장 적당하다고 인정되는 업체를 단일로 택한다. 이는 가장 간편한 입찰방법이지만 자칫 용역비용이 높아질 우려가 있으므로, 업체의 기술, 자본력, 실적 등에 대한 신뢰를 바탕으로 한다.

146) 합당한 내정가격이라고 함은 소정의 대가기준에 의한 예정가격, 혹은 원가계산에 기술료(이윤 포함)를 더하여 정한 가격 등을 말한다. 일반적으로 개인 용역발주자는 대가산정이나 원가계산에 대한 정보가 부족하므로, 진단용역업체(상담자)가 제시한 견적금액을 수용하거나 협상을 통해 계약금액을 결정한다.

여 그 견적가격에서조차 각각의 견적업체에 대해 사실상 최대로 값을 내리도록 종용하는 방식으로 용역업체를 선정한다.

민간발주자는 공개경쟁입찰을 통해 이같이 최저가로 견적서를 낸 업체에 진단용역을 맡긴다. 즉, 거의 모든 민간발주자는 가장 저가로 응찰한 자(이하 '응찰자'라 한다)를 낙찰자로 선정한다. 이렇게 선정된 낙찰자 또는 공개입찰로 선정된 낙찰자를 "당해 용역의 성과달성에 부합한다"라고 하기는 어렵다.

또한, 응찰자가 제안한 내용을 검토하여 가격협상과 함께 수의시담(수의협상)으로 낙찰자를 선정하는 방식을 택하기도 한다. 이는 발주자 측에서 사업수행능력을 평가하여 일단 당해 용역에 가장 적절한 용역업체(적격업체)를 선택하는 것이 되므로 일종의 협상입찰이라고 할 수 있다. 원래 이 같은 협상입찰계약에 참여하고자 하는 진단업체는 발주자가 정한 요식에 따라 제안서 및 가격입찰서를 별도로 작성하여 발주자에게 제출한다. 이를 바탕으로 사업수행능력 등을 평가하여 협상대상자와 협상을 하면서 계약을 체결한다. 이때의 제안요청서는 당해 기술용역에 적합하고 상호협상이 가능할 정도로 완벽해야 한다. 그러나 발주자가 정한 제안요청서 자체가 당해 기술용역과 부조화하여도 발주자는 이에 개의치 않고 비용 면에서 가장 유리한 조건으로 견적을 내도록 하면서도 '최저가 낙찰'로 경쟁입찰에 부쳐 낙찰자를 정한다. 이 방식은 최저가 입찰가격을 낙찰자로 선정하기 때문에, 결국 진단용역의 성과나 용역업체의 능력을 무시하는 방식이다. 이는 또한 협상대상자가 되기 위해서 진단용역업체의 노하우까지 노출하게 된다. 이러한 경쟁입찰의 모순을 방지하기 위해 내정(예정)가격 밑이나 위의 일정한 범위의 가격을 무효로 한다거나, 혹은 입찰참여업체들의 평균가에 가장 근접한 평균가입찰방식을 적용한다[147]. 이는 공공기관의 입찰에서 흔히 볼 수 있다. 또한, 긴급발주의 요건이 되거나 특수한 구조물이거나, 고도의 기술력이 요구되는 경우에는 경쟁입찰에 부치지 않고 수의계약으로 추진한다.

이러한 수의계약은 발주자가 직접 계약당사자로 지목하기도 하지만, 통상 재입찰 또

147) 예정가격의 일정비율 이상으로 입찰한 자 중 가장 낮게 입찰한 자를 낙찰자로 선정. 예를 들어, 공공기술용역발주의 경우에 수의견적의 전자공개입찰 시에 낙찰자를 결정하는 예정가격은 기초금액(추정가격+부가가치세)을 기준으로 ±3% 범위에서 복수예비가격 15개를 작성하여 입찰에 참가하는 각 업체가 추첨한 번호 중에서 가장 많이 선택된 4개의 복수 예비가격을 산술평균하여 결정한다. 이러한 예정가격의 낙찰 하한선(90%) 이상으로 견적서를 제출한 자 중 최저가격으로 제출한 자 순서대로 낙찰자를 결정한다. 또한 (전자)공개입찰 시에 낙찰자 결정방법은 '국가를 당사자로 하는 계약에 관한 법률'과 '지방자치단체를 당사자로 하는 계약에 관한 법률' 등에 따라, 예정가격대비 낙찰하한율[예정가격대비 87.745%(예)] 이상 입찰자 중 최저가로 입찰한 순으로 적격심사하여 종합평점 95점(예) 이상인 자를 낙찰자로 결정하고 있다. 여기에서 예정가격이라고 함은 입찰 또는 수의계약 등에 부칠 사항에 대하여 낙찰자 및 계약금액의 결정기준으로 삼기 위하여 미리 작성·비치하여 두는 가액이다.

는 제3차까지 입찰을 하여도 낙찰자가 없을 때 최저 입찰자 순으로 내정가격 이내에서 교섭하여 희망자와 계약을 체결한다. 수의계약이 체결되지 않을 경우는 내정가격을 적당히 내려서 다시 입찰에 부치거나 저가 입찰자 순으로 교섭을 하여 상호양보를 통해서 계약을 체결한다. 다만, 발주자가 당해 진단용역이 고도의 기술력과 지식이 요구되어 이를 경쟁입찰로 할 경우, 발주자의 용역목표달성에 지장이 있다거나 발주자의 욕구를 충족시킬 수 없다고 판단될 경우는 입찰참가자격을 두거나 용역수행능력에 덧붙여 사업수행능력을 평가하여 낙찰자를 선정한다. 이는 고도의 기술이 요구되거나 대형·대규모의 국책사업과 같은 프로젝트에 적용되어야 하나, 이를 중소규모의 기술용역에까지 각종 제한조건을 두어 불공정한 기술용역시장을 초래하고 하고 있다. 또한, 발주금액이 큰 경우에 입찰참가의 제한조건으로 응찰을 하지 못하게 하기도 하며, 수의계약조건에 맞추어 고액의 발주금액을 여러 개 쪼개기로 하여 특정 업체에 몰아 주기도 한다.

용역 수의견적 제출 안내

1. 견적에 부치는 사항

가. 사 업 명 : 2020년 소규모 공동주택 안전점검 용역
나. 사업위치 : ______________________ 등 6개 단지
다. 과업개요 : 과업지시서 참조
라. 과업기간 : 착수일로부터 90일
마. 예정금액 : 금73,700,000원
바. 기초금액 : 금73,700,000원

2. 견적제출 및 계약방법

가. 견적서 제출 수의계약 대상용역입니다.
나. 산출내역서를 첨부하지 아니하는 총액수의 견적 대상용역입니다.
다. 전자입찰로 집행하며 적격심사 비대상용역입니다.
라. 청렴계약제가 적용되는 용역입니다.

3. 견적제출 참가자격

가. 「지방자치단체를 당사자로 하는 계약에 관한 법률 시행령」 제13조 및 동법 시행규칙 제14조 규정에 의한 자격을 갖추고, 「공동주택관리법」 제34조 및 제89조, 동법 시행령 제95조 제8항에 의한 한국[illegible]공단 또는 주택[illegible]단체

나. 조달청 전자입찰 참가자격 등록업체이어야 합니다. 조달청 전자입찰 자격 미등록업체는 국가종합전자조달시스템 입찰참가자격등록규정에 따라 전자입찰서 제출 마감일 전일까지 조달청에 입찰참가자격 등록을 하여야 합니다.

그림 26 법정단체를 대상으로 하는 수의견적의 공개입찰공고(실례)/이는 비영리법인이 민간사업영역을 침범(이해 상충)하므로, 국민경제의 시장 질서를 교란하는 일이기도 하다.

입찰제도와 공정거래는 불가분의 관계이다. 중소기업으로 분류하기도 어려운 구조물 진단업체가 관련법에 따라 등록되었다면, 이들 모두가 입찰에 참여할 수 있도록 하는 것이 공정거래의 원칙일 것이다. 그러나 법정진단의 입찰참가를 제한하는 여러 조건을 두고 있는 현행의 입찰제도에는 많은 모순과 문제점을 안고 있다. 소정의 기술인력과 장비보유 등의 법적인 인정 및 지정요건에 따라 등록되어 당해 용역에 참가할 수 있는 자격을 갖추고 있음에도 불구하고, 입찰참가의 여러 제한조건 때문에 신인도의 가점에도 상당수의 진단기관이 응찰하지 못한다. 예컨대, 입찰참가자격을 해당법에 따른 기술인력보유 이외에 입찰기관 담당자의 생각이 반영되어 추가로 특정 기술자를 보유한 업체로 제한한다거나, 특허 또는 실용신안, 연구투자실적, 진단용역 수행실적 등을 평점으로 고려하는 경우 등이다. 또한, 구조물의 규모와 특정 단체[148], 용역실적(금액) 등에

148) 소규모 공동주택 안전점검을 '지방자치단체를 당사자로 하는 계약에 관한 법률'과 '공동주택 주택관리법'에 근거하여 'ㅇㅇ공단'과 'ㅇㅇ단체'로 지명한 것은 특정 단체에 참가자격을 부여한 전형적인 예이다.

따라서도 참가자격을 제한하기도 한다. 또한, 발주자들은 전형적인 입찰방식을 준용하면서도 발주자의 편리에 따라 비정상적으로 변형된 조건149)으로 입찰을 내고 있다.

이같이 변형된 입찰방식을 발주자가 임의로 정하여 낙찰자를 결정한다. 공개입찰이면서도 발주자가 공개하지 않은 낙찰하한율로 인해 발주자와 특정 응찰자 간에 유착할 수 있는 부적절한 입찰도 있다. 일반적으로 전자입찰의 개찰에서는 낙찰자를 공개하지만, 이러한 경우는 미공개하고 있어 유착 관계를 의심하게 한다. 이 같은 입찰은 최저가로 입찰한 순으로 적격심사를 하는 낙찰자 결정에서도 나타나고 있으며, 진단용역 기초금액이 큰 경우(예: 1억원 이상)에는 적격심사에 더하여 사업능력평가까지 하여 입찰참가자격을 제한한다. 이러한 제한으로 신생업체는 물론 진단용역을 수행할만한 능력과 전문성이 있는 기존업체까지도 입찰에 응할 수 없는 일이 생긴다. 또한, 적격심사의 기준이 입찰참가자의 적격/부적격을 평가하는 것인지, 특정 기업이나 집단을 위한 것인지를 분간하기도 어렵다.

이러한 공공기관의 입찰환경은 민간시장에도 영향을 미쳐 소액의 구조물진단(예: 500만원 이하)에도 이 같은 적격심사를 도입하고 있다. 간단명료하게 용역발주를 하던 민간발주자들이 입찰단계에서 적격업체를 선정한다는 명분으로 응찰자에게 입찰참가업체의 실적과 기술인력, 장비보유현황, 진난세획서, 입찰보증금, 법인등기부등본, 법인인감증명서, 국세 및 지방세 납세필증 등 상당한 분량의 서류까지 제출토록 하고 있다.150) 이런 서류들은 대형·대규모·특수한 기술용역의 낙찰자에 한하여도 될 것이다.

이 밖에도 적격심사와 사업능력평가에 부응하기 위해서는 신기술과 특허, 연구개발투자 등의 자료가 필요하다. 문제는 구조물진단용역의 수행과 관련이 없는 신기술이나 연

이는 적법 여부를 떠나서, 기술용역을 수행할 수 있는 단체라 할 수 없는 ○○단체(협회)라는 점에서 문제의 소지가 있다. 이는 위인설관과 같이 어떤 업체나 단체를 위해 의도적으로 전문가집단이 아닌 단체에 입찰참가자격을 부여한 행위이다. '기술용역'은 건설기술에 관한 역무(役務)를 수행하는 일이며, 구조물에 관한 계획・조사・설계・감리・시공・안전점검 및 진단(안전성 검토 포함), 시설물의 유지・보수・철거・관리 및 운용, 시험・평가・자문 및 지도, 건설사업관리 등이다. 이들의 기술은 분화되어 각각 고유의 업무영역으로 활동하고 있다. 이는 특정한 사업목적으로 설립된 비영리법인이 영리사업에 뛰어들어 영리업체와 시장에서 경쟁하면서 서로 이해 충돌하는 일이 생긴다. 공동주택관리에 관한 연구와 업무를 수행하기 위해 설립된 법정단체가 민간시장의 안전점검 입찰에 참가자격을 주는 것은 기술용역시장의 공정거래질서를 해치는 일이다.

149) 예를 들면, 제한경쟁입찰/총액(가격)입찰/전자입찰 비공개 1회 투찰방식으로 제한적 최저가 낙찰제를 적용하면서, 예정가격(예: 일억이천사백만원 ₩124,000,000)을 정해놓고 낙찰자 결정은 발주자가 예정가격에 대한 낙찰하한율을 현장설명회에서 각각 60%, 70%, 75% 이상으로 설정하였음을 구두로 참석자에게 고지하고서 발주자의 낙찰하한율은 비공개(비밀)로 하여, 발주자가 비공개로 정해놓은 낙찰하한율 이상의 입찰자 중에서 최저가로 응찰한 자를 낙찰자로 선정한다. 이는 사실상 최저가 입찰이지만, 특정 용역업체와의 유착과 함께 높은 낙찰하한율로 낙찰될 소지가 있다.

150) 용역입찰포탈 사이트에서는 낙찰자에게 낙찰금액에 따라 낙찰수수료를 청구하고, 소액의 발주자까지도 계약이행각서, 계약이행보증 등의 서류를 낙찰자에게 요구한다.

구개발실적 등이 적격심사와 사업능력평가에 적용되고 있다는 점이다. 설령 구조물진단과 관련된다고 할지라도, 이 또한 특정 분야의 진단수행에 쓰일 뿐이므로 보편화 되어 수행되고 있는 법정안전점검이나 정밀안전진단과 무관하다. 특히 공인된 신기술이라고 할지라도 이는 공인 그 자체로서 인정받은 것이므로, 그 신기술의 사용에 대한 선택은 소비자의 몫이다. 따라서 신기술이 구조물진단과 관련 있다고 하더라도, 일률적으로 그 신기술을 용역수행능력 평가에 가점을 주는 것은 이중특혜가 될 수 있다.

1960년에서 2000년 초에 정부에서는 갖가지 세제 혜택 등의 특혜를 주면서 신기술과 연구개발을 촉진하였고, 한편에서는 이를 악용한 현상이 나타나기도 했다. 건설공사와 기술용역에서도 각종 혜택이 주어지면서 입찰 시장의 참여에 큰 장벽이 되고 있다. 21세기에 이르러 신기술과 연구개발은 기업 자체의 성장 동력이 되어 기업의 생존을 좌우하기도 한다. 이들이 기술용역의 공개입찰에서 낙찰의 가점으로 작용하면서 낙찰을 받기 위한 결정적인 요소가 되었다. 이밖에도, 특정 업체를 위한 입찰참가조건이라고 의심할 만큼 또 다른 여러 가지 입찰참가조건을 두고 있다. 이 같은 입찰참가조건의 제한으로 인해 몇몇 업체가 용역시장을 독식하는 이러한 현상은 기술용역시장뿐 아니라 건설업 전반에 걸쳐서 일어나고 있다. 진단용역의 목적이나 내용과는 무관하게 민간발주자까지도 이러한 일련의 입찰참가조건을 내세운다. 이에 따른 폐해는 공정한 시장 질서를 흐트러뜨리는 것으로 나타난다.

2010년경부터 제도화된 '건축물 안전진단 및 내진성능평가'의 입찰참가자격으로 건축사의 참여를 조건으로 한 적이 있다. 이는 내진성능평가결과에 따라 수반되는 내진보강설계도의 작성을 건축사의 업무로 간주한 것으로서, 그의 업무영역을 지나치게 확대한 것이다. 그래서 입찰참가조건에 맞추려면 건축사를 확보해야 했다. 건축물의 증축·개축 또는 재축 등에 대한 설계는 건축사의 고유 업무이다. 내진성능평가결과에 따른 내진보강이 건축법의 대수선에 해당할 경우, 이에 대한 설계는 건축사의 고유 업무로 간주하여 실시설계를 건축사가 수행하도록 할 수는 있다. 구조물진단과 건축사의 업무영역은 구분되어야 한다. 예컨대, 내진보강에 따라 소정의 내력벽이나 기둥을 증설 또는 변경하거나, 보와 지붕틀을 증설 또는 변경하는 설계업무는 건축사의 영역이다. 이러한 경우는 진단의 후속 단계로 내진보강의 실시설계를 하면 된다. 그렇지 않을 경우는 진단업체가 제시한 내진보강방안으로도 내진보강공사를 할 수 있다.

기술용역시장의 입찰과 낙찰조건은 수시로 바뀌므로 이러한 변화에 맞추어 적응하기 위해서는 상당한 비용투자와 노력이 따르게 된다. 발주자가 그때그때 의도적으로 입찰참가조건을 변경하면, 이에 응하기 위해 발주자가 특정하는 모든 조건에 적합하게 용역업체를 유지하는 수밖에 없다. 이러한 상황이 누적되면, 결국 점점 공정한 거래는 사라지고 기술용역시장은 더욱 무질서해진다. 당국은 그때그때 개선된 발주시스템을 내놓으면서 기술경쟁력 강화, 업체의 양극화 해소 및 상생, 투명성 확보 등을 기치로 하고 있지만, 현실의 시장은 이와는 상반된 방향으로 흘러갈 수 있다. 다만, 민간발주자의 입찰방식은 시장 질서 속에서 이익을 최대화하여야 하므로 자유롭게 취할 수 있다.

□ 발주자 요구의 진단견적서와 진단업체의 제안견적서

법정진단은 고시된 진단지침에 의해 조사방법과 평가방법이 매뉴얼로 정형화되어있다. 일반진단에서도 발주자들은 이와 마찬가지로 정형화된 조사내용과 범위를 설정하여 발주하기도 한다. 이는 자칫 일반 환자가 의사의 진찰소견에 따르지 않고 병역신체검사와 같이 정형화된 항목으로 진단해 달라는 것과 같다.

일반적으로 중소기업의 용역발주자나 개인이 의뢰하는 구조물진단은 진단전문가와의 상담에 따라 견적서가 내어지고 진단전문가와 숙의하면서 용역계약으로 이어진다. 그러나 대기업의 민간발주자는 그들에게 등록된 협력업체에서 그들이 설정한 특정한 사항과 함께 제안견적서를 받아 진단용역업체를 선정하는 방식으로 발주하는 경우가 많다. 이들 또한 진단용역의 자체 발주 경험이 쌓이면서 법정진단과 마찬가지로 조사항목과 조사 수량 및 위치 등을 정형화한 고정된 과업지침을 정하여 견적서를 요청한다. 이에 따르지 아니할 경우는 제출한 견적서를 무효로 한다.

이는 흡사 '국가를 당사자로 하는 계약에 관한 법률'에서, 입찰 및 입찰서상의 금액과 산출내역서 상의 금액이 일치하지 아니한 경우에 입찰 무효로 처리하는 내역입찰[151]과 비교된다. 이 같은 내역입찰과 구조물진단의 기술용역과는 성격상 괴리가 있지만, 민간기업에서도 그들이 주문한 사항과 같지 않으면 무효화시킨다. 더욱이 용역업체 선정에는 최저가 낙찰을 적용한다. 구조물진단업체가 전문성과 진단목적의 달성을 고려하면서 작성한 조사범위, 조사내용, 평가항목 등은 무시하고, 발주자가 진단을 규격화한 것이다. 이는 마치 건설공사의 공사비 산출내역서[152]와 같은 견적서를 제출하는 형식이며, 진단업체가 용역의 성격과 내용에 따라 작성한 기술용역견적서는 인정하지 않는다. 이렇게 되면 창의성을 내포한 기술용역이 아니라 일정한 틀 속에 내용을 채워 넣는 콘크리트의 작업공정이 된다.

---

151) 공사내역을 발주자가 모두 정하여 입찰에 부치는 방식이다. 발주자가 풍부한 공사경험과 함께 당해 공사내역과 공사금액을 완벽하게 설정하여 스스로 공사발주를 할 수 있을 때 적용하여야 할 것이다.

152) 건설공사에 있어서 설계(도)서는 공사시방서, 설계도면, 현장설명서, 공종별 목적물 물량내역서를 말 한다. 그러나 공사비 산출내역서, 단가산출서, 자재단가조서, 견적서, 일위대가(항목별 단가를 산정하는 행위) 등의 단가산출근거 등은 설계도서에 포함되지 않는다. 발주자가 진단견적서를 요청하면서 공사비 산출내역서 수준의 진단견적서를 제출하라고 하는 것은 정도가 지나치다고 할 수 있다.

견적서는 구조물진단의 고유한 목적과 성격, 구조물의 특성 등 여러 여건 및 요건을 고려하여 진단업체가 작성한다. 그런데 일부 대기업의 건설회사는 기술용역을 건설공사와 같다고 취급하여 공사내역서 형식의 견적서를 요청한다. 이 같은 상황에서 발주자의 협력업체가 입찰참가를 위해서는 정형화된 견적서를 제출할 수밖에 없다. 협력업체가 당해 구조물에 적합한 진단을 수행하려면, 발주자 요청의 정형화된 견적서와는 다른 제안견적서(아래 예시)를 제출하여 발주자를 설득한다. 그러나 발주자는 협력업체의 이런 태도를 불손하게 볼 수 있으므로, 당해 기술용역에 부합된 내용의 제안견적서를 내기가 어렵다. 이같이 전문성이 부족한 발주자가 그들이 원하는 모든 사항이 포함된 사항으로 견적서를 제출토록 하게 한다. 무엇보다도 이렇게 작성된 견적서에는 불합리한 조사사항까지 포함될 수 있고, 중요한 조사사항이 누락 될 수 있다. 이는 결국 당해 구조물진단의 목표달성을 저해하는 결과로 나타난다.

그 실례로서, 모 대기업은 신축공사현장과 이에 인접한 여러 건물에 대해 사전진단을 예정하고 있었다. 여기에서 발주자는 과업 내용을 세세하게 설정하고서 이를 또 세분화하여 정형화된 내역으로 견적서를 작성하여 제출토록 하였다. 따라서 발주자가 결정한 요식과 항목을 포함한 견적서를 제출해야 한다. 여기에는 신축공사현장과 관련하여 어떠한 문제가 생기더라도, 진단용역업체에서 해결하라는 내용도 포함되어 있다. 물론 공공 발주에서도 이 같은 경우를 볼 수 있다. 이는 마치 법정진단의 진단지침에서 정하는 바와 같이 조사항목과 내용, 측정기기의 설치 위치 및 개소, 조사방법 등에 대해 구체적으로 상세하게 조사내용을 명기하여 기계적으로 진단을 수행하도록 하는 것과 다르지 않다. 이들은 또한 인접 건물주의 연락처 및 성향분석자료, 거주자의 요구사항은 물론 신축공사의 인접 건물 측에서 조사거부 혹은 부재중인 경우는 조사 협조공문을 3회 이상 발송하고 3회 이상 방문하여 협의하며 그 자료를 보고서에 언급하여야 하고, 실내조사를 하지 못할 경우는 내부조사를 전체의 1/2로 간주하여 조사면적비율에 따라 정산하여 용역비용을 감하는 것을 조건으로 하고 있다.

이는 용역발주자가 진단업체보다 더욱더 전문성이 있어 보일 정도이지만, 용역발주자와 계속 거래를 유지하기 위해서는 이러한 용역지침에 따지 않을 수 없다. 이러한 발주자 주도의 권위주의가 팽배하면서 구조물진단의 본질과 핵심, 진단업체의 전문성이 무시되고, 발주자의 권위와 위세에 강요되는 형식이 된다. 특히, 민원인의 사적인 정보나 성향분석까지 조사항목에 포함하고 있다는 점에서 견적서제출을 포기하게 된다. 이와 같은 견적서 요청은 신축공사로 인한 인접 건물 관련의 민원사항을 진단업체에서 책임지고 관리하라는 의미로 받아들일 수도 있지만, 이는 어떤 경우에도 화를 면하겠다는 면피 행위이며, 발주자의 사회규범에 대한 일탈이기도 하다.

<table>
<tr><td colspan="5">사전진단 제안견적서(예)　　별도의 제안견적서</td></tr>
<tr><td colspan="5">발주자: ㈜OO주택</td></tr>
<tr><td>1) 용 역 명</td><td colspan="4">OO호텔 신축사업 주변 시설물 사전조사진단</td></tr>
<tr><td rowspan="2">2) 위　치</td><td colspan="4">서울특별시 OO구 □□동 10번지 외 16개동</td></tr>
<tr><td>전 화 번 호</td><td>010-1234-134</td><td>e-mail</td><td>jj1216@naver.com</td></tr>
<tr><td>3) 규모/구조</td><td colspan="4">OO빌딩(연면적 30,60,000㎡) 외 16개동 대상(RC,SRC,조적조,도로,기타)</td></tr>
<tr><td>4) 용역내용</td><td colspan="4">① 현황 및 상황, 신축도면검토
② 대상시설물 외관 및 상태조사(침하, 변형, 균열, 누수, 파손, 탈락, 기타)
③ 결함 위치도 및 결함상태도(캐드 파일), 사진 및 동영상 촬영, 기타(필요시 추가)
④ 계측기기 부착 및 초기값 설정(균열게이지, 건물 경사계)
⑤ 지하굴토 및 주변 시설물에 대한 영향성 평가(신축건물과 대상 건물의 이격 거리 측정, 삼재하중, 주동활동범위, 유해 영향성 여부 평가 등)
⑥ 주변 시설물에 대한 안전성 및 사용성 평가
⑦ 신축공사 및 주변 시설물(건물)에 대한 보수보완보강방안제시(필요시)
⑧ 신축공사 중 민원협조(각 건물당 2회 방문기준)
⑨ 보고서작성(전체 4부, CD 4장, 건물별 1부)</td></tr>
<tr><td>5) 책정비용</td><td colspan="4">금 액 : 일억팔천만원정(₩180,000,000)-부가세포함</td></tr>
<tr><td>6) 비　용
산출내역</td><td colspan="4">1) 직접인건비(내업 및 외업):
소요인원수 × 소요일수 × 고급기술자노임 × 용도별조정비
3 × 75 × 227,507원 × 1.2 = 61,426,890원
2) 제경비 = 직접인건비 × 1.0 = 61,426,890원
3) 기술료 = (직접인건비 + 제경비) × 0.35 = 42,998,823원
4) 직접경비 = 18,285,378원
- 기계·기구 손료 :직접인건비 × 0.2 = 12,285,378원
- 조사비(기타여비) = 4,500,000원
- 보고서 인쇄비 = 1,500,000원
5) 용역비용 (내업 및 외업) 184,137,981원 ⇒ 180,000,000원</td></tr>
<tr><td>7) 용역기간/기타</td><td colspan="4">착수일로부터 90일(협의조정), 지반조사 시 비용별도추가</td></tr>
<tr><td colspan="5">엔지니어링활동주체(구조)/안전진단전문기관　2019. 11. 05
KOSIS
서울특별시 서초중앙로 31길 14-13
TEL : (02)595-7115　FAX : (02)595-1579
㈜한국구조물진단연구원　대표이사 김 국 진</td></tr>
</table>

별도의 사전진단 제안견적서작성의 특기 사항

1. 사전조사는 주변 시설물에 대한 **외관조사**(균열, 기울기, 침하, 손상, 기타)만으로도 민원관리가 충분함(이는 신축공사 영향을 받을 경우 외부에도 결함이 발생하기 때문)
2. **주변 시설물 영향성 평가** : 신축건물(지하 7층, 지상 27층)이므로 지하 굴착(토) 및 지상건물 하중에 따른 주변 시설물에 대한 유해 영향성을 신축공사 이전에 조사하여 평가하는 것은 필수적인 일이며, 사전진단을 수행함에 따라 조사항목이 추가될 수 있으므로 이를 고려함.
3. **견적서 작성기준** : 사전진단은 민원 발생에 따른 갈등문제의 조정 및 해소가 목적이므로, 용역비를 실제의 조사면적에 따라 정산하는 것보다는 총액견적이 적합할 것임.
4. **용역기간조정** : 17개 구조물(연면적 3만4천㎡)에 대한 용역 기간 60일은 부족, 90일 기준함(진단 및 계측보고서작성 및 계측기기 설치/해체 등에 소요되는 기간이 부족)

□ 입찰공고에서 계약에 이르는 과정

계약은 일방적이 아니라 당사자의 동의나 합의 등에 의한 것이며, 사회규범과 법규범 안에서 이루어지므로 특정한 규칙과 법률, 관습에 따르게 된다. 이는 법률에 따른 지시보다는 법률에 따라 조건이 주어지는 것이다. 이는 또한 단순히 약속한 계약의 이

행만을 다루기보다는 계약이 제대로 이루어지도록 하는 관리를 포함한다.

계약은 일정한 법률효과의 발생을 목적으로 하는 2인 이상의 당사자 간 의사표시의 합치에 따라 성립하는 법률행위이다. 계약의 목적은 체결한 계약 내용을 완전히 이행함에 있으며, 그 의사표시는 일반적으로 신청과 승낙의 형식으로 이루어진다.

일반경쟁, 지명경쟁계약의 경우는 가격의 의사표시가 입찰로써 행해지고, 수의계약의 경우는 견적의 방식으로 행하여진다. 예컨대, 특명입찰(수의계약)을 제외하고는 일반적으로 공개입찰에 의한 공고로 응찰자를 모집한다. 공개입찰에서는 기술용역의 종류, 응찰자의 입찰참가자격, 기타 입찰규정 등을 공고하여 널리 일반으로부터 응찰자를 모집하여 경쟁한다. 그래서 당해 진단용역에 특수성이 있는 경우 이외에는 입찰참가자격에 제한을 두지 않은 것이 공정거래의 질서일 것이다. 즉, 구조물진단에 특별한 기술이 요구되는 용역 이외에는 공정거래 차원에서 입찰참가에 균등한 기회가 주어져야 한다.

구조물진단용역의 입찰공고가 나오면 응찰하고자 하는 자는 먼저 입찰참가자격 가능여부를 확인한다. 왜냐하면, 법적으로 정해진 이상의 기술자와 장비 등을 갖춘 등록용역업체이지만, 이와는 별도로 입찰참가자격 조건(특정 기술자보유와 실적 등)을 등록기준보다 훨씬 높여 제한하고 있기 때문이다. 예컨대, 입찰공고문에는 입찰참가자격 중의 하나로서 “입찰공고일 기준 최근 3년 이내 단일 건으로 일정 면적(예: 연면적 80,000 ㎡) 이상의 건축물진단용역을 완료한 실적을 보유한 자” 등과 같이 입찰참가에 진입장벽을 치고 있다.

이러한 진입장벽은 입찰참가에서부터 계약단계에 이르기까지 겹겹이다. 또한, 개찰 후에 낙찰예정자는 이에 대한 입증서류 및 자격에 관한 증빙자료 등을 제출하여야 하며, 이들 자료를 제출하였다고 하더라도, 낙찰예정자에 대해 항목별 적격심사를 통해 소정의 평점 이상을 받아야 하고, 또한 입찰공고문에 기재되지 않은 적격심사 세부기준에도 통과되어야 낙찰자로 결정된다. 우수한 인력과 장비를 갖추고도 이러한 진단용역시장의 장벽을 넘는다는 것은 불가능에 가깝다고도 할 수 있다.

이러한 입찰참가조건 때문에 신생업체의 입찰참가를 불가능하게 하고, 수년 동안 수많은 진단실적이 있는 업체조차도 참가조건에 맞추지 못하면 퇴행 업체로 전락한다. 입찰참가조건이 비교적 완화된 경우에도 기존의 진단업체가 입찰참가조건을 충족하기에는 몇몇 기존업체를 제외하고는 어렵다. 이와 같은 용역 수주체계는 입찰참가자격에 점점 간극이 생기면서 1군, 2군, 3군, 4군으로 차등화된다. 이러한 악조건 속에서 입찰참가조건에 따른 입찰심사의 결과에 따라 낙찰자로 결정되면 발주자는 낙찰통지를 하게 되며 이행보증 등의 여러 첨부서류와 함께 계약이 이루어진다.

때때로 적격심사에는 해당 구조물진단의 수행능력과 관련이 없는 항목도 포함되어 있다. 예컨대, 철골구조의 지상 주차장 건물의 안전진단에 교통기술사 보유를 전제로 하거나. 하수처리장이나 정수장 구조물에 대한 안전점검에 상하수도기술사를 보유한 업체로 제한하는 경우 등이다. 또한, 진단과 관련한 신기술이나 특허라고 할지라도, 사실상 진단용역을 수행하는 능력과 직접 관련성이 없는 조건을 전체로 한다. 그러함에도 이들에 가산점을 주는 것은 신기술 인정과 특허 그 자체에 더하여 이중으로 특혜를 주는 것이 된다. 이들에 의해 진단업체 선정의 중요한 요소가 되어 특정 업체군에 기술용역이 편중될 수 있다.

이 같은 엄격한 적격심사를 통과하여도 낙찰 여부는 미지수이다. 낙찰하한율 이상에서 최저가 입찰 순으로 심사하여 종합평점이 높은 업체를 낙찰자로 결정하기 때문이다. 이는 단지 몇 개 업체를 대상으로 하는 사업수행능력으로 낙찰자를 결정하는 것이 되므로, 개발실적이 결국 낙찰 여부를 좌우하기도 한다. 이는 연구소를 운영할 정도의 업체나 단체로서, 연구 활동을 꾸준히 하는 업체를 낙찰대상자로 특정하는 낙찰로 볼 수 있다. 이같이 입찰참가조건과 절차가 복잡하여 이해하기도 어렵고 제출해야 하는 증빙서류도 많으며, 이들을 준비하고 작성하는 것만으로도 적지 않은 일이다. 민간발주의 경우에는 최종낙찰자 선정을 발주자의 심정으로 임의로 정할 수 있는 여지도 있다. 그래서 이러한 복잡한 조건에 부응하여도 민간발주자는 공공발주자의 절차에 따르면서도 최저가 입찰을 한다.

재건축진단은 근본적으로 사업수행능력평가(적격심사)와 연관시키지 않아도 무방함에도, 상기와 같은 과정으로 낙찰자를 결정하고 있다.[153] 재건축진단은 정부에서 고시한 '주택재건축진단 매뉴얼'에 따라 수행하여야 하므로 이에 충실함이 수행능력이다. 요컨대, 재건축진단은 사업수행능력에 따른 주관적인 평가보다는 매뉴얼에 따라 객관적으로 평가하라는 의미이다. 이러한 재건축진단에 대해서 사전적격심사를 통해 수행능력을 평가한다는 것은 특정 업체나 단체를 지정하는 것이 되고 자유시장 경제에도 어긋난다. 수행능력은 매뉴얼이 대신하며, 그에 대한 판정결과에 대해 위원회의 심사과정도 거치는 것이 재건축진단이다. 즉, 공동주택의 재건축진단결과가 '재건축'으로 판정되어도, 보통은 재건축심사위원회와 같은 공식기구에 의해 재건축사업의 적합성을 인정받아야 할 만큼 재건축은 정해진 절차가 요구된다. 재건축진단매뉴얼을 제정하고 재건축에 대한 심사가 요구될 만큼 절차가 요구되는 것은 무분별한 재건축을 지양하여, 국민경제에도 선한 영향을 미치도록 하기 위함이다.

153) 노후화 불량주택 재건축진단과 같은 기술용역은 공공기관이 진단발주업무를 맡아 처리해 준 데 대한 대가로서 수수료를 주는 대행방식을 적용하기도 한다.

소고 2 : 민간발주 일반경쟁입찰의 허와 실

환자는 “정밀진단이 필요하다”라는 의사의 소견에 보통은 따른다. 그러나 심리적 불안감으로 이를 확인하고자 비용에 개의치 않고 여러 병원을 찾아다니기도 한다.

구조물은 “정밀진단이 필요하다”라는 소견을 내면, 반신반의 갈등 속에서 따르기도 하지만 무시할 때도 많다. 만일에 “발생한 결함에 비추어 정밀진단이 요망되지만 시급한 상황은 아니다”라고 하면, 결함 발생에도 불구하고 위험한 상태는 아니므로 현상 유지하려고 한다. 또한, 정밀진단이 불가피하여도 여러 진단업체에 문의하면서 가장 저렴한 가격의 진단을 추구한다. 다만, 소유자 자신에게 책임을 묻거나, 민원이 빗발칠 때나 관계기관의 행정명령 등이 있을 때는 어김없이 이에 따른다.

7개월 전(2020년 12월)에 정화조 상부의 기존테니스장을 지상 주차장으로 용도 변경코자 ‘정화조 정밀진단’을 최저가 공개입찰에 부쳐 A사가 낙찰되었다. 다만, 낙찰금액이 공개입찰 이전에 A사가 수의계약조건으로 공동주택 관리 주체에게 제출했던 견적가격(금액)을 훨씬 뛰어넘어 낙찰되었다.[154] 최저가 공개입찰로 비용을 줄이려는 계획이 무산된 것이다. 이로부터 7개월 후 관리 주체는 인접 건물에서의 민원제기로 옹벽진단을 수의계약으로 추진하려고 A사에 연락하였다. 즉, 용역비 ○백만 원 이하에만 수의계약이 가능한 공동주택관리규정에 따라 이번에도 수의계약을 추진하였다. 이에 A사는 “수의계약에 응하기 어려운 너무 낮은 금액이므로 공개입찰로 추진해 보라”고 하였다. 공개입찰에 A사는 참가하지 않았고 B사가 낙찰된 후 현장과 관계기관의 공문을 살펴보고 계약 포기하였다. 이러한 상황에서 인접 건물 측의 민원으로 옹벽 진단이 시급한 상황이 되었고, 정화조 위의 기존테니스장을 지상 주차장으로 변경하는 포장공사도 중단됐다. 관리주체의 요청으로 A사는 정상적인 금액의 견적서를 제출하였고, 이후에 다시 긴급히 ‘정밀진단 견적서’를 제출하였다. 결국, A사는 정상 금액으로 수의계약을 하게 된다.

금액 ○백만 원 이하에서만 수의계약이 가능하다는 지침이 용역시장을 지배하는 상황은 오래되었다. 그래서 A사는 옹벽진단의 예비안전점검을 ○백만 원 이하로 실시하였고 그 결과 “허용한계를 크게 초과한 횡 변위가 발생한 상태이므로, 정밀진단에 따라 적절한 보강방안을 마련할 필요가 있다”라는 소견을 냈다. 이에 대한 후속 조치로 관리 주체는 나름의 상황판단에 따라 많은 논의를 거쳐 ‘긴급’이라는 명분으로 옹벽 정밀진단을 수의계약으로 결의한 것이다. 여기에는 일전의 ‘정화조 정밀진단’을 최저가 공개입찰에 부쳤으나, 수의계약 지침에서 정한 금액보다 몇 배 이상의 금액으로 투찰한 A사가 최저가로 낙찰된 것이 영향을 미쳤다고 할 수 있다. 또한, 이 같은 수의계약의 결정에는 주차장 포장공사의 중단으로 공사업체가 손해를 호소하고 있어 공사를 조속히 재개하여야 한다는 압박감이 있었다고 볼 수 있다. 그래서 관리 주체는 A사와 긴급 수의계약을 한 것이다.

154) 이에 앞서 관리 주체에 수의계약 견적서를 제출하면서, “최저가 공개입찰을 하면 이보다 훨씬 높아질 수 있다”라고 하였다.

1.8 구조물의 성능평가

일반적으로 성능(performance)이라고 함은 "목적 또는 요구에 따라 발휘되는 성질"이다. 성질(property)은 "물체가 원래 가지고 있는 본성"으로서 이것에 의해 다른 물체와 구별할 수 있다. 이들과 유사하게 쓰이는 기능(function)은 "전체 시스템 중에서 어떤 물체에 부여된 역할"을 의미하며, 품질(quality)은 "몇 개의 성질과 성능에 바탕을 두고 행하여지는 종합적인 평가결과"이다.

기본적으로 구조물에 요구되는 성능은 물리적, 화학적, 역학적인 조건이 미리 적정치로 설정되어, 이에 따라 구조물을 계획→설계→시공→관리한다. 즉, 구조물 또는 부재, 재료, 설비 등은 각각 안전하면서 쾌적한 공간을 구성하기 위해 여러 가지 역할을 하고 있는데, 성능은 이와 같은 역할을 어느 정도 실현할 능력이 있는가를 정량적, 정성적으로 표시하는 것으로 정의되고 있다.

구조물은 공간구성, 부재, 재료, 설비 등의 성능이 서로 조합되고 또 이들이 총합 되어 전체의 성능조건을 만족하는 형식이다. 그래서 구조물에 요구되는 성능은 입지조건과 주변 환경 등에 따라 성능을 어떤 수준으로 할 것인가는 구조물이 놓여 있는 조건에 따라 달라진다. 이는 구조물에 요구되는 성능이 일정하지는 않다는 의미이며, 또한 구조물의 성능평가에는 각각의 성질과 기능을 구분하는 지표가 설정될 수 있다.

의사는 환자에 대한 정확한 진단과 처방을 위해 환자와 대화, 증상관찰, 그리고 필요 시에는 의료기기에 의해 정밀한 조사를 한다. 이와 마찬가지로 기존구조물의 상태평가에서도 구조물 관리자에게 상황을 탐문하고, 가능한 비파괴적인 방법[155]으로 조사를 하고 이를 바탕으로 공학적으로 평가하여 적절한 방안을 제시한다. 그리고 더욱더 정밀한 조사가 필요할 시에는 시료 채취에 의한 공시체시험, 실제의 구조물에 대한 재하시험 및 모델시험체에 의한 구조시험[156] 등의 실험적인 방법, 또는 수치 해석적인 방법(numerical methods) 등에 의해 안전성과 사용성을 평가한다.

기존구조물을 진단하여 평가하는 데에는 신축구조물의 설계[157](신축설계 등)와는 실질

155) 육안조사(Visual Examination), 콘크리트중성화시험, 반발계수측정(Schmidt Rebound Hammer, Windsor Probe(관입저항), Core for Compression Test, Ultrasonic Pulse Velocity, 철근탐사(Cover Meter, Radar 등), 방사선투과(Radiographic Test), 자분탐상(Magnetic Particle Test), 초음파탐상(Ultrasonic Test), 액체침투탐상(Liquid Penetrant Test), 와전류탐사(Eddy current Test), 음향방출(Acoustic Emission), 적외선 탐사(Infrared Test) 등.

156) 실물(實物), 실대(實大) 또는 모형구조물과 구조물의 부분을 대상으로 하여 그 역학적인 성질과 상태, 거동을 조사한다. '재료시험'은 구조물의 소재에 대해, 재하시험은 구조물의 안전성을 평가하고자 하거나 보강 효과를 확인하고자 할 때 등에 실시하며, 정적 재하시험과 동적 재하시험으로 분류할 수 있다.

157) 구조물의 설계는 응력과 변형량이 안전성의 확보상, 충분히 허용되는 범위 내에 있도록 한다.

적으로 다른 접근방법을 기초로 하고 있고 설계기준에 규정된 범위를 벗어난 지식(knowledge)을 요구하고 있다.158) 다만, 구조물진단의 평가에는 신축구조물의 설계기준과 대부분 관련되므로, 이를 도외시할 수 없다.

진단전문가가 구조물이 내포하고 있는 결함을 정확하게 진단하고 상태를 평가하기 위해서는 전문가가 현장을 방문하여 구조물 관리자에 대한 탐문, 전문가의 육안(관찰)에 의한 현상조사(現狀調査), 안전성 및 사용성 검토, 필요에 따라서는 비파괴시험과 함께 평가하여 합당한 방안을 내놓게 된다. 더욱더 정밀한 진단이 요구될 시에는 해당 구조물진단에 필요한 측량, 계측과 구조시험, 구조해석 등을 실시하기도 한다. 그러나 의사가 오진을 하거나 과잉진료를 하였을 경우 병을 더욱더 키울 수 있듯이, 구조물진단의 경우에도 평가를 부적절하게 하거나 과잉조사를 하게 되면 오히려 구조물을 비정상으로 만들기도 하고, 불필요한 검토와 보강을 유발하여 경제적인 손실을 입히기도 한다. 다음은 일반적으로 구조물진단에서 안전성 및 사용성에 대한 평가가 요구되는 경우이다.

① 구조물의 노후상태가 심하여 사용이 불안하거나 수명연장이 필요한 경우
② 구조물에 이상 현상이 발생한 경우로서 원인 규명이 필요한 경우
③ 구조물에 유해한 부동침하, 균열 등의 결함으로 구조보강을 하여야 하는 경우
④ 화해(火害)의 정도와 손상원인규명과 보강대책을 마련하여 원상 복구하고자 할 때
⑤ 폭발사고로 손상을 입어 구조 안전에 대한 영향과 대책을 강구 하여야 할 때.
⑥ 태풍, 지진 등의 피해로 손상의 정도와 대책 마련(accidental actions)이 필요할 때.
⑦ 용도변경이나 구조변경, 구조개선 등의 적합성을 조사할 필요가 있을 때
⑧ 증·개축, 리모델링 등으로 인해 기존구조물의 구조성능에 변화를 초래하였을 때.
⑨ 공사 도중에 구조물에 이상이 발생하여 예정대로 공사를 진행할 수 없을 때, 설계변경, 또는 시공방법을 변경하고자 할 때 등
⑩ 주변 공사로 인하여 인접 건물에 이상이 발생하였을 경우
⑪ 새로운 구조부재가 기존의 하중전달체계에 추가되거나, 구조체계가 의심될 경우.
⑫ 설계기준의 개정과 함께 기존구조물에 대해 새로운 구조성능평가가 요구될 경우, 이를테면 기존구조물에 대한 내진성능평가가 새로이 제도화159)되었을 때이다.

158) ISO/TC 98/SC2/WG6(1999-12-9) Assessment of Existing Structures(초안)
159) 기존구조물의 내진성능은 해당 구조물이 보유하고 있는 내력과 변형성능, 구조형태 및 경과년수를 기초로 평가하며, 소정의 내진설계기준을 만족하여야 한다. 여기에서의 '내진성능평가'란 지진으로부터 안전을 확보하고 기능을 유지하기 위하여 「지진·화산재해대책법」 제14조제1항에 따라 시설물별로 정하는 내진설계기준에 구조물이 지진에 견딜 수 있는 능력 평가이다. 성능평가란 구조물의 기능을 유지하기 위해 요구되는 구조물의 구조적 안전성, 사용성 등의 성능을 종합적으로 평가하는 일이다.

1.8.1 안전한 구조물이란

그림 28 암석 기반 위에 미끄러질 듯 불안정하게 놓여 있는 바위/자연물이라도 시각적으로 불안정하면 심리적으로 불안감을 주게 되므로 불안정한 상태로 보며 안전하다고 할 수 없다. 이렇게 수백년 이상도 유지될 수도 있다. 인간 세상에서는 이러한 바위도 안전관리대상이다.

안전한 구조물이라고 하여 절대적인 안전을 추구하는 것은 아니다. 방사능의 누출위험을 내포하고 있는 원자력발전소와 같은 구조물조차도 절대적으로 안전하다고 할 수 없으며, 절대적인 안전추구는 경제성의 문제로 현실적이지도 않다. 예컨대, 내진설계와 공법을 적용한 구조물이라고 하여 지진력에 전혀 손상을 받지 않고 절대적으로 안전을 유지하는 것은 아니다. 절대 안전을 유지하려면, 지구상에서 일어날 수 있는 최대의 지진하중에서도 입지나 경제성과 관계없이 구조물에 입력되는 지진력을 절대적으로 수용할 수 있는 공법이 적용되어야 한다. 이러한 면진 공법은 지구촌 어디에서나 적용할 수 있는 공법이라고 할 수 있으므로 극도로 중요한 시설에나 적용할 수 있을 것이다. 그러나 안전과 경제성 추구의 관점에서, 구조물은 절대적인 안전보다는 지진 후에 일어날 수 있는 지진의 위험도에 따라 최소성능 수준을 목표로 하고 있다. 예컨대, 학교시설의 내진성능평가수준(교육부)에서도 건축물, 구조요소, 비 구조요소에 따라 성능 수준을 달리 설정하고 해당 구조물의 지진위험도의 높고 낮음에 따라서 기능수행(거주 가능, 기능수행)→즉시 복구(거주 가능, 위치유지)→인명보호(인명안전, 인명안전)→붕괴방지(붕괴방지, 미고려)의 성능 수준으로 구분하고 있다. 이러한 성능 수준은 결국 지진력을 받은 후에도 구조물이 붕괴하지 않고 간단한 보수·보강에 따라 사용 가능하며 인명보호뿐만이 아니라 자산 가치까지 보존하는 것이 목표일 것이다.

인간사회에서 안전한 구조물이란 안전성과 사용성을 확보한 구조물이다. 구조물에 어떤 힘(아래 그림에서 화살표)이 작용하여 구조물이 움직이지 아니하면 '안정'이라고 하고, 어느 방향으로든지 조금만 움직여도 이는 '불안정'이라 한다. 그림 ①, ②, ③의 구조물은 하중에 대해 어느 한 방향으로든 움직일 수 있으므로 '불안정'이라고 하고, ④는 어느 방향의 하중에 대하여도 힘의 평형상태를 유지할 수 있으므로, 이 구조물은 '안정된 상태(stable state)'라고 할 수 있다. 그러나 이는 외부에서 저항한계를 초과하는 어떤 힘이 작용하게 되면 이때는 '불안전'이 된다. ⑤와 같이 어느 방향의 하중에 대하여도 소정의 응력과 변형에 저항하는 구조물, 즉 인간이 정한 소정의 기준에 따라 설계한 구조물은 '안전한 구조물'로 평가한다. 즉, 아무리 큰 어떤 힘이 작용하였다고 할지라도 구조물이 현상을 유지하고, 인간이 거주하고 사용할 수 있는 일정한 성능을 확보하고 있으면 '안전'하다고 평가한다. 안정과 불안정, 안전은 아래와 같이 설명할 수 있다.

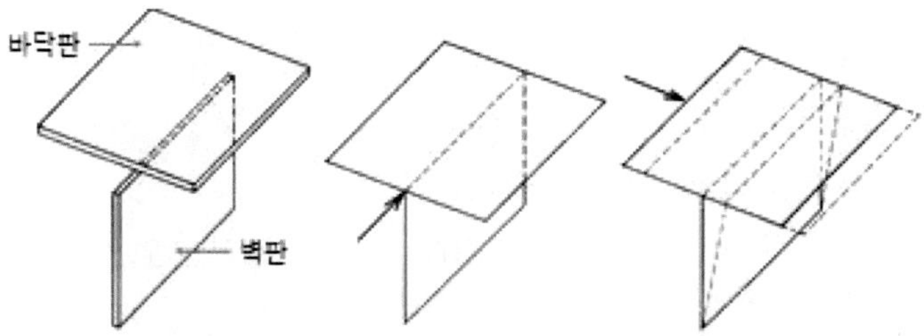

1개의 벽판이 바닥판과 접합·고정된 경우 : 불안정(movable)

그림 29 ① 불안정한 상태: 중간그림의 화살표 방향으로만 하중이 작용하면 안정 상태라고 할 수 있다. 우측과 같이 하중이 바닥판에 작용하면 하중은 벽체의 하부방향으로 전달되어 벽판과 바닥판은 움직(movement)이게 될 것이다. 이렇게 움직이는 순간에 구조물은 불안정이 된다.

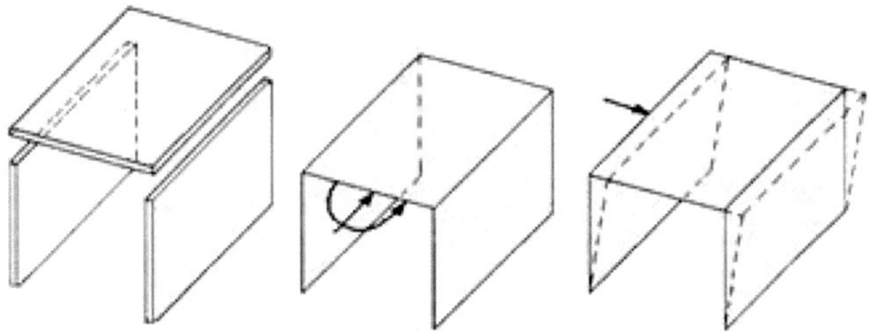

2개의 벽판이 바닥판과 접합·고정된 경우 : 불안정(movable)

그림 30 ② 불안정한 상태 : 바닥판에 작용하는 하중을 서로 마주 보는 2개의 벽판이 받는 경우이다. 중간 구조물과 같은 하중만 작용한다면 이는 안정된 상태라고 할 수 있다. 그러나 우측처럼 화살표 방향에서 하중이 작용하게 되면 그 하중이 작아도 구조물이 움직이게 된다. 이렇게 움직이는 순간에 구조물은 불안정한 상태가 된다.

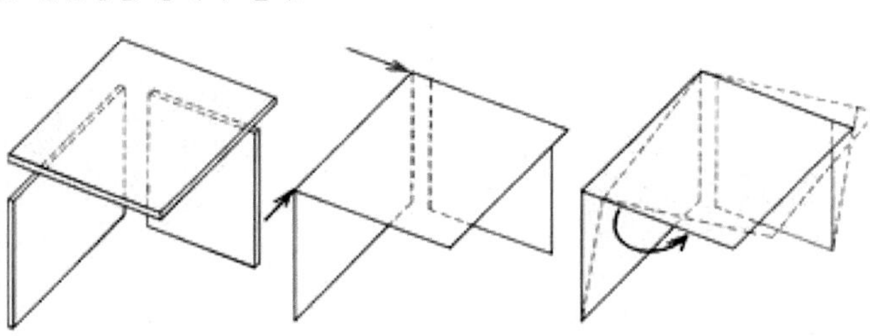

2개의 벽판이 바닥판과 접합·고정된 경우 : 불안정(movable)

그림 31 ③ 불안정한 상태 : 바닥판에 작용하는 하중을 서로 직각으로 마주한 2개의 벽판이 받고 있다. 중간처럼 화살표 2개의 하중만 작용한다면 안정된 상태라고 할 수 있다. 그러나 우측과 같이 화살표 방향으로 하중이 작용하게 되면 그림에 표시한 바와 같이 구조물이 움직이게 될 것이다. 이렇게 움직이는 순간에 구조물은 불안정이 된다.

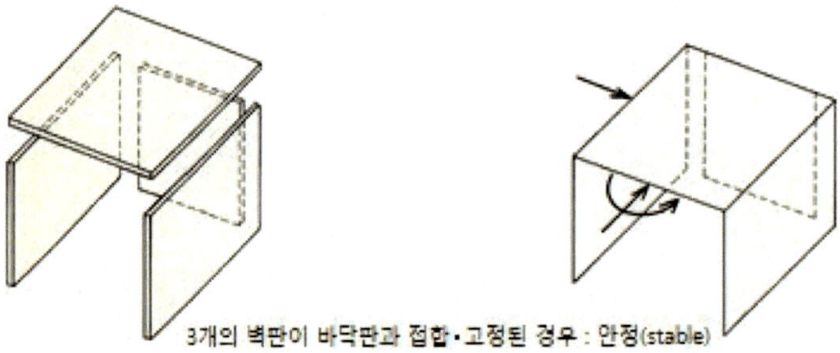

그림 32 ④ 안정된 상태 : 구조물이 바닥판에 작용하는 하중을 전달하는 3개의 벽판으로 구성되어 있다. 이 경우에는 어떠한 방향의 하중에 대하여도 저항할 수 있다. 따라서 이 구조물은 힘의 평형상태를 유지할 수 있으므로 '안정된 상태'라고 할 수 있다.

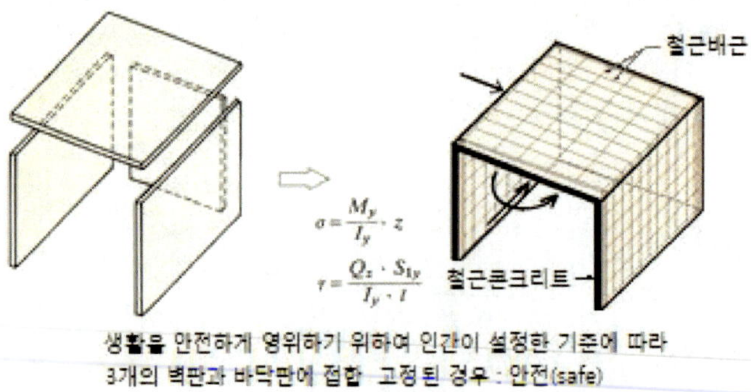

그림 33 ⑤ 안전한 구조물 : 안전은 인간의 생활을 기준으로 하여 정한 성능이다. ④의 구조물은 힘의 평형 조건에 따라 안정 상태이기는 하지만, 이러한 상태만을 가지고 안전하다고 평가하지는 않는다. 따라서 안전성을 확보하기 위해서는 인간의 안전한 거주와 사용을 전제로 하여 일정한 성능을 가지고 있어야 한다. 즉, 구조물을 안전하게 사용하기 위해서는 작용하는 하중에 벽판과 바닥판이 파괴되지 않고 구조체가 일정 기준 내에서 흔들리지 않아야 한다. 이때 비로소 구조물은 안전한 구조물이 된다.

인간이 구조물에서 안전하게 거주하기 위해서는 안정된 구조와 각종 하중을 지탱할 수 있는 저항력을 지녀야 한다. 구조물이 무거운 중력 하중에는 내하력을 지니고 있지만, 미풍에도 심하게 흔들린다면 불안해서 살 수 없을 것이다. 구조물이 내하력[160] 뿐만이 아니라, 흔들림에 대해 심리적인 위험을 느끼지 않고 사용할 수 있도록 인간의 사용기준에 맞게 구조물을 설계[161]하여야 하는 이유이다.

안정과 불안정은 힘의 평형상태에 따라서 물체가 움직이는 것을 가지고 평가하는 힘의 체계이지만, 안전은 인간이 거주하여 사용(serviceability)할 수 있는 성능

160) 구조물 또는 구조부재가 견딜 수 있는 하중 또는 힘의 한도

161) 계획한 구조물의 요구조건, 환경 등을 고려하여 공학적으로 계획・검토・분석・해석하여 시공할 구조물의 설계도서(도면, 구조계산서, 시방서, 내역서 등)를 완성하는 것

(performance)[162]을 구조물이 확보하고 있는지를 평가하는, 소위 인간의 기준에 따라 인간에게 요구되는 소정의 성능을 갖추고 있는지를 평가한다. 따라서 안전한 구조물이란 "인간이 안전한 생활을 영위하기 위해 최소한으로 정해놓은 기준에 적합한 구조물"을 일컫는다. 어떠한 구조물이든지 인간이 정한 기준에 적합하지 않으면 안전하다고 할 수 없다. 그래서 안전성 여부는 인간이 정한 기준에 따라서 평가하게 된다. 즉, 인간이 설정한 기준이 없이는 어떤 경우에도 안전 여부를 판단하기 어렵다.

그림 34 새와 인간의 안전기준/새가 나뭇가지에서 안전하게 거주하기 위해서는 새의 둥지가 추락하지 않도록 잘 고정하고 바람이 불어도 흔들림으로 둥지에 있는 새알이나 새끼들이 굴러떨어지지 않는 튼튼한 나뭇가지에 지어야 할 것이다. 나무가 건물보다 바람에 몇십 배 크게 흔들려도 나무에 둥지를 틀고 문제없이 성장한다. 그러나 사람이 거주하는 건물이 나무와 같이 크게 흔들린다면 불안해서 살 수 없다. 이는 새와 인간의 '안전기준에 대한 척도'가 다르기 때문이다.

구조물이 안전하다는 것은 구조물이 내·외적으로 안정된 상태이다. 그러나 이러한 구조물이라고 할지라도 안전상으로는 불안한 구조물일 수 있으므로 외적 및 내적으로 안정하다고 하여 안전성이 확보된 것은 아니다. 왜냐하면, 구조물의 안전성은 구조물 사용자 또는 이용자의 심리적 부담까지도 포함하고 있기 때문이다.

만일에 서울 남산에 있는 서울타워의 전망대 부분이 초속 3~4m의 일반적인 바람에도 수평 방향으로 1.0m가 움직인다고 하면, 전망대를 이용하는 사람들이 과도한 움직임 때문에 불안감을 느끼는 것은 당연하다. 실제로 이러한 상황이 발생한다면, 서울타워 구조물을 아무리 지반에 견고하게 정착 및 고정하여 구조역학적으로는 안정된 구조물이라고 할지라도 이러한 구조물을 안전한 구조물이라고 할 수는 없다. 이는 바람에 의하여 허용하기 어려운 큰 변위가 구조물에 실제로 발생하여 사람들에게 심리적으로 위험을 느끼게 하는 상태이므로 구조역학적으로는 '안정 상태의 구조물'이라고 할지라

162) 구조물 또는 이것을 구성하는 부재, 재료, 설비 등이 안전성과 사용성을 발휘하기 위한 여러 가지 역할을 어느 정도 실현할 성질과 능력이 있는가를 정량적, 정성적으로 표시하는 것

도 이를 '안전한 구조물'이라고 할 수는 없다.

안전은 자연이 정한 기준이 아니라 인간이 정한 기준이므로, 인간 스스로 감내하고 지킬 수 있는 기준이어야 하며, 상황이나 시대에 따라 변할 수는 있으나 이를 지켜야만 안전하게 살 수 있다. 사람들은 위험에 대한 표현으로써 '안정감이 있어 보인다, 불안정하게 보인다.' 혹은 '안전하다', '불안하다', '안전하지 않다'라는 말을 사용한다. 여기에서 안정이라는 말은 '외관상 느낌이 안정되어 보인다'라는 의미를 내포하고 있으며, '안전'이라는 말은 구조물의 외관 상태에 대한 심리적 안정감은 물론 구조적으로도 성능이 확보된 구조물이라는 의미가 포함되어 있다. 안전(safety)의 사전적 의미는 "온전하여 걱정이 없음", "위험하지 않음", "위험이 없음 또는 그러한 상태"이다.

구조물이 손상되거나 큰 변형이 발생하여 거주자가 걱정이 있는 상태에 도래하였을 때"를 안전상 유해한 것으로 평가하기 때문에, 안전의 사전적 의미에는 심리적 불안감을 주는 변형에 대한 것이 포함되어 있다. 그래서 구조물이 안전하기 위해서는 무엇보다도 구조물이 움직이지 않도록 기반에 정착하고 고정되어야 한다. 구조물이 움직인다는 것은 구조물이 불안정함을 의미하며, 심리적으로도 불안한 상태이다. 그렇다고 모든 구조물이 기반에 강하게 정착하고 고정해야만 한다는 것은 아니다. 이를테면, 열응력이나 지진에너지를 흡수하기 위해서 때로는 구조물의 움직임을 일정 한도로 허용하기도 하기 때문이다. 그러나 일반적으로 구조물이 안정 상태를 유지하기 위해서는 구조물을 움직이지 않도록 기반에 견실하게 정착하고 고정한다. 이는 매우 간단하고 단순한 원리이며, 구조물의 안전을 확보하기 위한 이러한 원리는 불변의 법칙이다. 이러한 관점에서 우리는 구조물의 안전을 이해하기 위해서는 먼저 구조물의 안정과 불안정에 대한 개념을 이해할 필요가 있다.

지구상에 있는 모든 구조물은 그 구조물에 가해지는 각종 하중(load)에 의하여 힘(force)을 받게 되는데 그 힘의 크기가 그것에 저항하고자 하는 능력을 초과하면 그 구조물은 파괴되고 만다. 이러한 지극히 일반적인 파괴법칙이 구조물에 예외 없이 적용된다. 물리적인 「힘과 운동」에서 '힘의 평형', 즉 정지하고 있는 물체에 힘을 주면 물체는 힘의 방향으로 운동하고, 운동하고 있던 물체는 속도가 변한다. 또, 용수철과 같은 물체에 힘을 가해주면 늘어나거나 줄어들면서 물체의 모양이 변한다. 이같이 물체의 운동상태를 변화시켜 주거나 물체의 모양을 변형시켜 주는 원인이 되는 것을 힘이라고 한다.

책상 위에 있는 책에 힘을 가하면 힘의 크기에 따라 운동속도가 달라지고, 힘의 방향이 변하면 이동 방향이 변한다. 또한, 힘을 가하는 작용점이 변하면 책은 회전하거나 회전하면서 이동한다. 이와 같은 힘을 다루는 학문에서는 물체에 힘이 가해 졌을 때 움직이지 아니하면 '안정'이라고 하며 움직이면 '불안정'이다. 그래서 물체가 움직인다는 것은 힘의 평형이 깨졌다는 것을 의미하며 힘의 평형이 깨졌다는 것은 움직인다는 것이므로 이는 곧 불안정을 의미한다. 즉, 불안정은 힘의 평형이 깨지는 현상이다.

앞서 기술한 바와 같이, 이러한 불안정 상태를 바로 안전하지 않다고 하지는 않는다. 안전은 힘이 가해졌을 때 움직이는 정도가 인간이 안주(安住)할 수 있느냐의 여부에 의해서 판단하기 때문이다. 그래서 힘의 평형이 깨져서 움직였다고 하여 바로 불안전하다고는 하지 않는다. 예컨대, 안전성이 검증된 고속열차를 타고 어디론가 여행을 가고 있는 사람을 기준으로 할 때, 열차와 함께 움직이고 있으므로 열차 안에 있는 사람은 불안정한 상태(unstable state)라고는 할 수 있으나, 안전하지 않다고 하지는 않는다. 다소 흔들리는 불안정한 가운에 사람이 고속열차와 함께 이동하고 있지만, 열차 내에서 그런대로 안주하면서 여행할 수 있는 상태이기 때문이다.

설명이 너무 복잡하게 전개된 것 같아, 독자들의 이해를 위해 다시 정리해 보면 이렇다. 힘의 역학에서는 힘이 평형을 이루고 있느냐 없느냐에 따라 안정과 불안정을 구분한다. 그러나 인간이 거주하고 사용하는 구조물에서는 힘의 평형이 깨졌다고 할지라도 인간이 불안을 느끼지 않고 거주하고 사용할 수 있는 정도이면 안전한 것으로 본다. 그래서 일반 물체의 경우에는 주로 안정과 불안정의 관점으로 평가하지만, 인간이 거주하는 구조물의 경우는 안전과 불안전의 관점에서 평가한다.

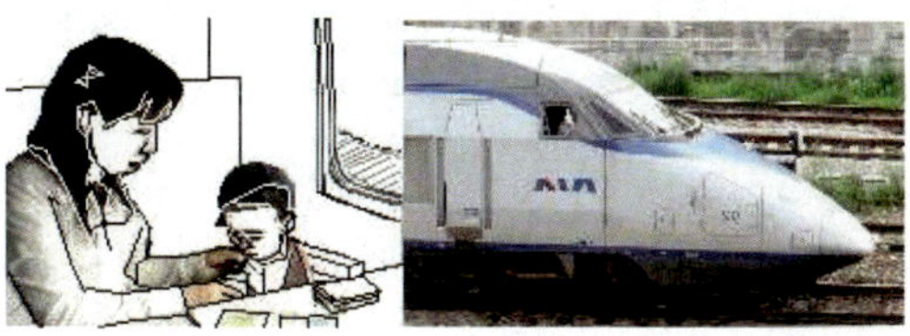
그림 35 운행 중인 고속철에서의 승객의 안전

안전과 불안전의 여부는 외부에서 작용하는 힘에 의한 운동량이 어느 정도 발생하였는가에 따라 인간을 기준으로 하여 구분한다. 즉, 인간이 안주해야 할 구조물은 인간이 정한 척도로서 그 구조물을 사용할 수 있느냐 없느냐를 가지고 안전과 불안전을 평가한다. 그래서 구조물의 생로병사과정에서 실시하는 구조물의 성능평가는 안정성(stability)이 아니라 안전성(safety)을 평가하는 것이다.

안정성은 물리학에서 제시되는 개념으로 다른 정의도 있지만, 물리학에서는 개략적으로 말하면, “어떤 순간에 물리계의 적은 변화(적은 교란)가 미래의 모든 시간에서 계(system)의 거동(behavior)에 단지 아주 적은 변화만을 주는 것”을 의미한다. 안전성은 인간이 안락하게 구조물에 거주하거나 이용하면서 삶을 영위할 수 있도록 인간이 정한 척도에 따라 평가하는 개념으로서 환경과 조건에 따라 달라질 수 있다.

■ 기술자료 1 : 풍하중의 작용과 말뚝지정 건물의 인발력에 대한 안전성

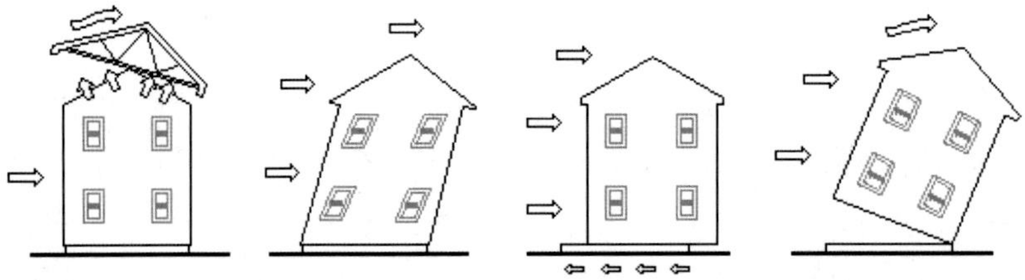

그림 36 왼쪽부터 wind effect에 의한 uplift, shear(racking), sliding, overturning이다.

바람은 목조 지붕의 아스팔트슁글(shingle), 바탕재(sheathing), 서까래(roof rafter), 지붕트러스(roof truss), 심지어는 깔도리(wall plate) 위의 지붕구조물(roof structure)은 물론 기초위의 벽체 및 바닥을 포함한 모든 구조물까지도 들어 올린다. 이는 구성 부재의 접합과 정착이 부실하면(연속성이 없으면) 건물의 어느 곳에서나 붕괴할 수 있음을 의미한다. 강풍이 건물에 작용할 때, 지붕 너머의 공기의 흐름은 비행기의 날개에 양력(uplift)의 바람이 생성되는 것과 마찬가지로 상향의 흡인력이 생긴다. 'uplift'는 이같이 구조물을 들어 올리는 상향력에 의한 거동이다. shearing or racking은 구조물이 평행사변형으로 변형되는 거동, 즉 구조물이 기울어지는 기동이다. sliding은 구조물이 기초에서 이탈하여 이동하는 현상이다. 'overturning'은 구조물이 바람이 부는 방향으로 전도(lifting and toppling of structure)되는 거동으로서, 구조물이 횡력(lateral force)에 의해 미끄러지지는 않지만, 한쪽 기초를 이탈하여 인발력과 함께 회전한다. 결과적으로 구조물이 풍하중과 같은 횡력에 대해 안정성과 안전성을 확보하기 위해서는 이와 같은 거동에 저항하기 위한 강도와 연속성이 요구된다.

아래의 말뚝기초 건물에 대한 인발력 검토는 1981년(39년 전)에 5층 프리캐스트 철근콘크리트패널 조립식아파트의 풍하중에 대한 말뚝기초(ϕ 300)의 인발력을 검토한 예이다. 말뚝지정의 경우에 건물의 인발 문제는 내진설계 시에도 검토할 사항이지만, 현재의 내진설계(구조계산) 시에도 말뚝지정에 대한 인발력을 검토하는 경우는 드물다.

말뚝의 인발력 검토는 건물 전체에 작용하는 풍하중 및 지진하중을 조합하는 하중을 적용하는 것이 아니라, 이들 각각의 하중 중에서 건물의 전도를 지배하는 하중을 적용하게 된다. 그래서 만일에 지진하중이 건물의 전도를 지배하는 경우에는 풍하중과 마찬가지로 지진하중을 수평하중으로 작용시키면 된다. 그러나 풍하중이 지배하는 것이 일반적이다.

말뚝기초에 대한 인발력은 건물의 전체 하중, 건물기초 말뚝의 도심 축, 수평 하중에 의한 건물의 전도모멘트, 건물기초 말뚝의 도심 축에 대한 단면 2차 모멘트의 산정에 의해 검토할 수 있다. 즉, 말뚝의 반력 $N_t = \frac{P}{n} \pm \frac{M}{I} y$ 에 의해 인발력을 검토할 수 있다.

1) 건물 전체하중(구체적인 하중산출 내역은 생략)

A열 : 500.58ton
B열 : 471.06ton
C열 : 401.64ton
5열 : 167.36ton
6열 : 355.86ton
7열 : 156.54ton
1열 : 138.96ton 계 : 2,192ton

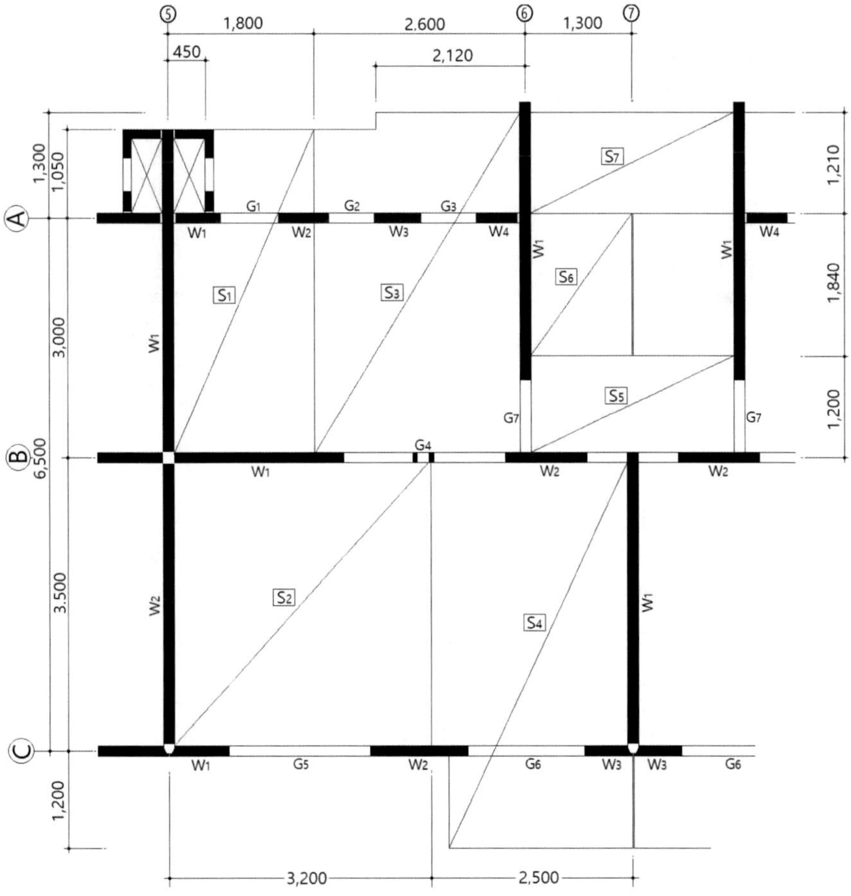

그림 37 판분할도(panelization)

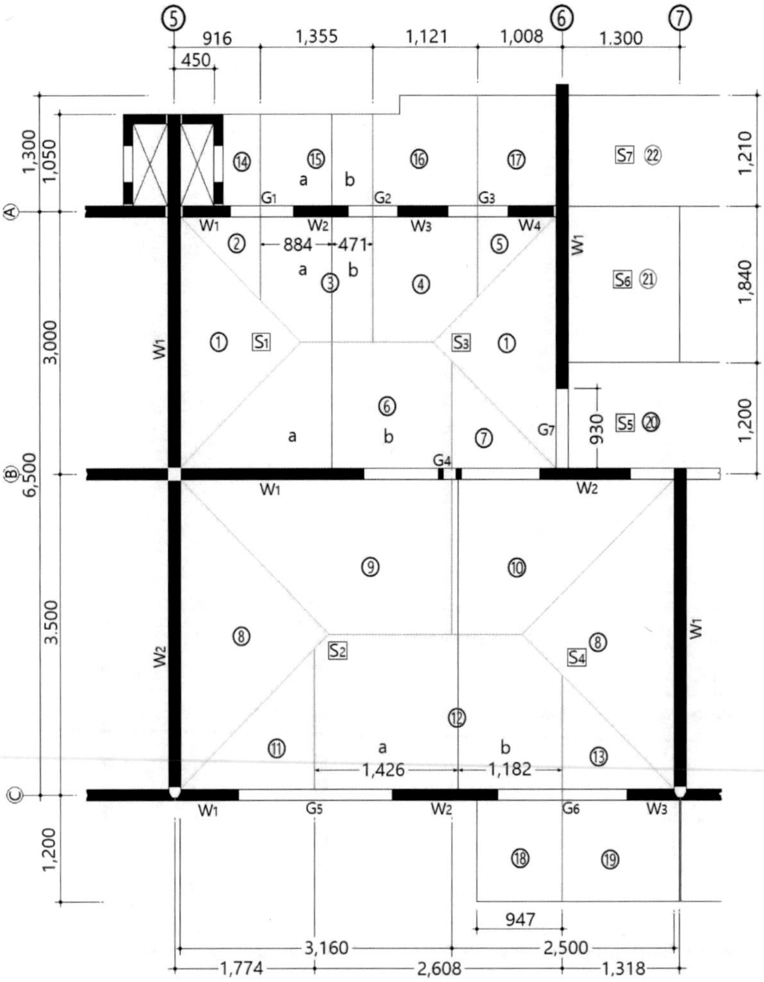

그림 38 P.C 패널조립식 건물(precast concrete panel building structures)의 내력벽 및 슬래브의 분할, 하중분담/슬래브의 분할(panelization)에 따라 내력벽(bearing wall) 및 보(girder)의 설계하중을 산정하는 구조구획도이다. 그림에서 검은 선은 슬래브의 분할선이며, 보라색은 하중분담을 구분하는 경계선, 파란색은 개구부를 중심으로 한 하중 분담의 구획선이다. G_7의 보는 캔틸레버보이기 때문에 파란선으로 하중분담을 구획하지 않았다. G_4는 개구부 중간에 기둥형상의 중간벽체로 2개의 개구부로 되어있으나, 중간벽체를 편의상 생략하고 1개의 개구부로 간주하여 파란색으로 구획한 것임.

2) 수평하중 산정

풍압력

$$P = cq \qquad q = 50\sqrt{h} \qquad c = 1.2$$

주) 고층건물이 거의 없었던 1970년대 당시까지만 해도 우리나라는 속도압(q)를 $q = 50\sqrt{h}$를 적용하고 있었다. 이는 일본의 순간최대풍속의 측정치 $v = 63m/\sec$(높이 $h = 15m$)를 기준하여 $v \fallingdotseq 60m/\sec$를 채용한 $q = 60\sqrt{h}$에 기준하여 우리는 일본보다 순간최대풍속이 낮은 것으로 간주하여 속도압을 조정한 것이다. 일본건축기준법의 $q = 60\sqrt{h}$의 속도압은 $\rho = 1/8$, $v \propto \sqrt[4]{h}$ $v = 60m/\sec(h = 15m)$의 값을 취하여 얻은 것이다. 즉, $q = \frac{1}{2}\rho v^2 = \frac{1}{2}\cdot\frac{1}{8}\left(60\sqrt[4]{\frac{h}{15}}\right)^2 \fallingdotseq 60\sqrt{h}$ (kg/㎡). 이것이 일본에 있어서 당시의 설계용 속도압의 기준치였다. $50\sqrt{h}$는 그 불합리성은 주지된 사실이었고, 당시의 일본건축기준법($60\sqrt{h}$)에서도 16m 높이 이하에서만 적용되는 식이었다.

바닥(층)	h	q	p	P(kg/㎡)
P.H	17.4	208.57	250.28	250
Roof	14.5	190.4	229	230
5th *Floor*	11.8	171.8	206	210
4th 〃	9.1	150.8	180	180
3rd 〃	6.4	126.8	152	160
2nd 〃	3.7	96.3	115	120

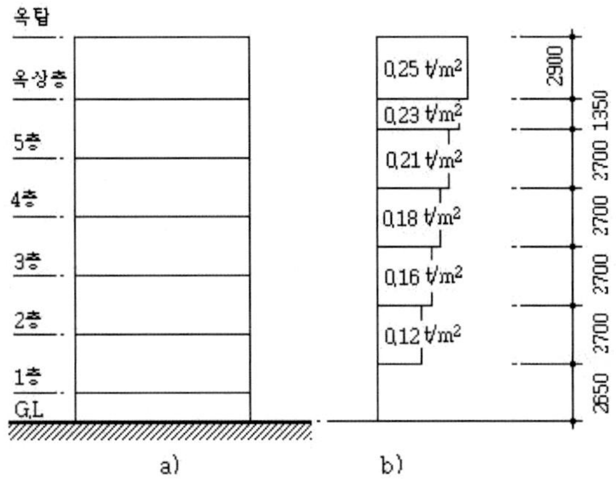

그림 39 풍압에 의한 수평하중

표 : 종방향 풍하중(y방향 1세대당)

층별	풍압(t/㎡)	벽단면(㎡)		H(ton)	ΣH(ton)
옥탑	0.25	2.9 × 3.02/2	4.38	1.10	1.10
옥상층	0.23	5.7 × 1.35	7.70	1.77	2.87
5	0.21	5.7 × 2.7	15.39	3.23	6.10
4	0.18	5.7 × 2.7	15.39	2.77	8.87
3	0.16	5.7 × 2.7	15.39	2.46	11.33
2	0.12	5.7 × 2.7	15.39	1.85	13.18

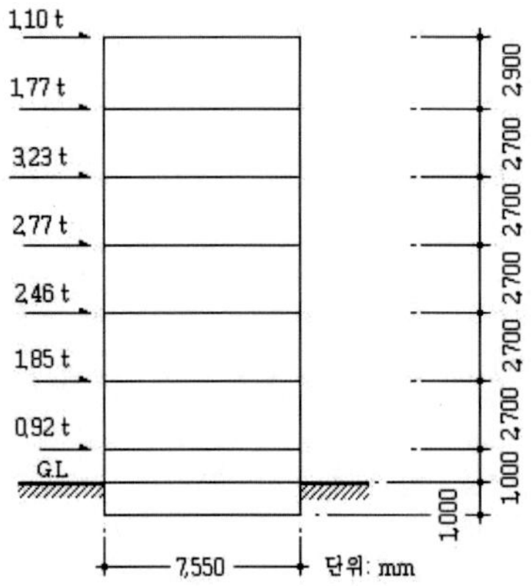

전(全) 전도모멘트 계산:
세대당 풍하중 × 세대(개소) × 거리=모멘트

1.10 × 2개소 × 18.4=40.48 t · m
1.77 × 6세대 × 15.5=164.61 t · m
2.77 × 6세대 × 10.1=167.86 t · m
2.46 × 6세대 × 7.4=109.22 t · m
1.85 × 6세대 × 4.7=52.17 t · m
0.92 × 6세대 × 2.0=11.04 t · m
계 : 793.44 t · m

3) 건물 기초말뚝의 도심 축($\overline{x}$) 계산(단면 1차모멘트, 면적 : 1㎡)

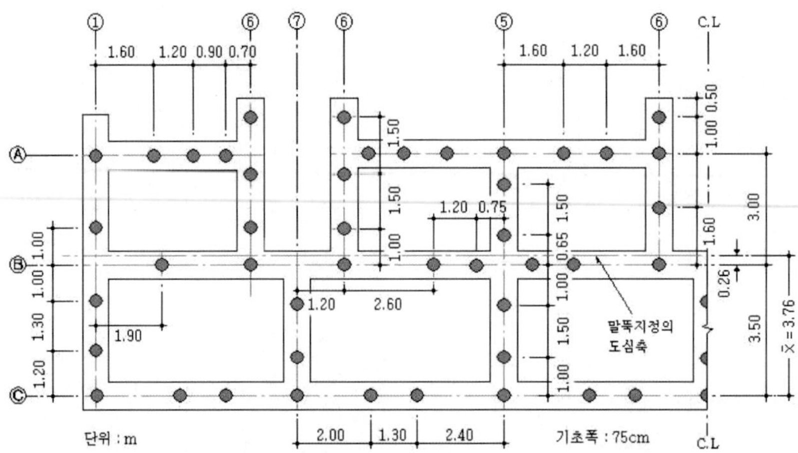

그림 41 말뚝지정의 배치도/1개동의 1/2 기초 부분

각각의 말뚝(ф 300) 단면적이 같으므로 개개 말뚝의 면적을 1㎡로 한다. 각 말뚝의 단면1차모멘트는 아래와 같이 말뚝의 면적과 임의의 축(Ⓒ축)까지의 거리와의 곱을 총합하여 구한다.

A열(위로부터 순서대로)

3 × 2 = 6㎡(본) ⇒ 6 × 7.5 = 45 ㎥
11 × 2 = 22㎡(본) ⇒ 22 × 6.5 = 143 ㎥
2 × 2 = 4㎡(본) ⇒ 4 × 6.0 = 24 ㎥
1 × 2 = 2㎡(본) ⇒ 2 × 5.65 = 11.3 ㎥
1 × 2 = 2㎡(본) ⇒ 2 × 5.10 = 10.2 ㎥
3 × 2 = 6㎡(본) ⇒ 6 × 4.50 = 27.0 ㎥
1 × 2 = 2㎡(본) ⇒ 2 × 4.15 = 8.3 ㎥

B열

8 × 2 = 16㎡(본) ⇒ 16 × 3.5 = 56.0 ㎥
3.5 × 2 = 7㎡(본) ⇒ 7 × 2.5 = 17.5 ㎥
1 × 2 = 2㎡(본) ⇒ 2 × 1.2 = 11.3 ㎥
2.5 × 2 = 5㎡(본) ⇒ 5 × 1.0 = 5.0 ㎥

C열(©축 말뚝의 단면1차 모멘트는 0 이다)

9.5 × 2 = 19㎡(본) ⇒ 19 × 0 = 0 ㎥

계 9㎡(본) 349.7 ㎥

∴ 기초말뚝의 도심축 $\overline{x} = \dfrac{349.7}{93} = 3.76m$

4) 건물기초 말뚝의 도심 축에 대한 단면2차모멘트

전체 말뚝의 단면 2차 모멘트는 아래와 같이 임의의 거리에 있는 말뚝과 각 말뚝의 도심 축까지의 거리의 제곱과의 곱을 총합하여 구한다.

A열

$6 \times (3.74)^2 = 83.93\ m^4$
$22 \times (2.74)^2 = 165.17\ m^4$
$4 \times (2.24)^2 = 20.07\ m^4$
$2 \times (1.89)^2 = 7.14\ m^4$
$2 \times (1.34)^2 = 3.59\ m^4$
$6 \times (0.74)^2 = 3.29\ m^4$
$2 \times (0.39)^2 = 0.30\ m^4$

B열

$16 \times (0.26)^2 = 1.08\ m^4$
$7 \times (1.26)^2 = 11.11\ m^4$
$2 \times (2.56)^2 = 13.11\ m^4$
$5 \times (2.76)^2 = 38.09\ m^4$

C열

$19 \times (3.76)^2 = 268.61\ m^4$

계 615.49 m^4

5) 말뚝의 반력

$N_t = \dfrac{P}{n} \pm \dfrac{M}{I} y$에서

$N_t = \dfrac{2,192}{93} \pm \dfrac{793.44}{615.49} \times 3.76 = 25.57 \pm 4.85 = 30.42$ or $20.72 < 30$ ton × 2(단기하중)

여기에서 N_t : 수평하중 시 말뚝(pile)응력, P : 건물의 전체하중(t)
n : 말뚝 (본)수, M : 전전도(全轉倒)모멘트(t · m)
I : 말뚝군(郡)의 도심축에 대한 단면2차모멘트(m^4)

⇒ 단기 허용내력 이하이고, 건물 전체에 인발은 생기지 않으므로 안전하다. 이는 건물 종방향으로 작용한 수평하중(풍하중)에 의해 말뚝에도 인발응력이 작용하지 않는다는 의미이다. 따라서 건물의 길이 방향의 외주에 배치된 말뚝(ϕ 300)에 인발응력을 고려하지 않는다.

■ 기술자료 2 : P.C 커튼월 조립 줄눈의 어긋남

* 건물 옥상 부분의 외벽이 외부로 튀어나온 것을 목격한 사용자가 위험을 느끼고 건물관리단에 신고하면서 비롯된 기술용역이다.

〈소견서〉

건물(지하 2층, 지상 3층, 사용승인: 2003년) 계단실 벽판의 어긋남에 대한 평가이다.

1) 조사대상은 공장 생산되어 현장에서 조립한 P.C 커튼월(Precast Concrete Curtain Wall)이며, 단위 부재(패널)당 4개소의 접합부가 있다. 이와 관련한 조립 도면이 없어 건축 도면과 현장조사로서 이를 확인하였다.

2) 벽판(5, 6, 7) 줄눈의 어긋남은 준공 이후 줄눈 코킹(caulking)을 교체 시공한 적이 없으므로, 조립시공 오차에 의해 발생한 것으로 판단된다. 그 허용범위는 벽판 크기에 따라 각각 다르지만 이미 초과한 것으로 조사되었다. 즉, 조사일 현재(2024.9.11.) 사용성 측면에서 심리적인 불안감을 주고 있다. 그러함에도 건물(골조)의 지반침하나 변형, 수축팽창의 열응력에 의한 영향으로 판단되는 결함이 관찰되지 않았다. 주변의 벽판에도 경미한 어긋남과 줄눈의 코킹(caulking)에 균열이 관찰되었으나 현상 유지해도 무방한 상태이다. 다만, 장기적으로는 누수와 접합철물의 부식 원인이 되므로 적절한 대책(정밀조사)이 요망된다.

3) 결과적으로 장기간의 사용에도 불구하고 구조적으로 벽판의 변형이 없고, 어긋남을 예민하게 받아드리면 사용성 측면에서는 불안감을 느낄 수는 있으나, 안전성을 우려할 필요는 없다.

*** 커튼월 줄눈평가 보조자료**

1. 커튼월 일반사항

P.C 커튼월은 통상 공장에서 제작 운반되어 현장에서 조립한다. 콘크리트의 열팽창이 높아지거나, 열저항이 작고 비교적 단위가 큰 커튼월은 동적인 운동으로 문제를 일으킨다. 커튼월의 접합부는 외기온도의 온도변화에 따른 열팽창과 수축을 흡수한다. 이러한 열응력 응력 이외에도 커튼월은 층간 변위에 따른 비틀림 모멘트도 받는다. 이러한 문제는 벽체에서 어떠한 것이 운동의 원인이 되든 그것에 대처하는 접합부 설계로 귀착된다. 그래서 구조물의 운동을 전적으로 수용하는 접합부 설계가 강조된다.

단위 커튼월의 접합부(panel joints)는 4개소가 원칙이다. 이를테면, 절점 구속에 대한 해방운동을 위해 2개의 활절점과 2개의 이동절점을 배치한다. 따라서 커튼월의 구조적인 문제는 접합부의 특성을 고려하여 이러한 커튼월의 운동을 수용하는 접합점(절점) 배치가 필요하다.

2. 커튼월의 상황 및 상태

외부로 삐져나온 벽판의 어긋남이 강절점(rigid joint)으로 시공됨에 따른 해방운동(열응력에 의한 절점의 구속에너지를 소산하는 운동)에 기인할 수 있다. 그러나 어긋남이 5번 판을 기준(0㎝)으로 7번 판 -0.3㎝, 6번 판 상부 +1㎝, 하부 - 0.5㎝이다. 이러한 엇갈림은 시공(조립) 오차일 때 발생하는 현상으로 판단된다. 허용범위는 판의 크기에 따라 다르지만 초과한 상태이다. 접합부 용접판, 앵커볼트의 허용오차 12㎜~25㎜에 대한 접합 줄눈 3㎝의 어긋남은 허용오차를 초과한다.

조립 줄눈과 겉보기 줄눈(apparent joint)이 외벽 면에 혼재하여 일반인이 이를 구분하기는 쉽지 않다. 줄눈 부분의 코킹(caulking) 충전 여부에 따라 이들을 구분할 수 있다. 일반적으로 조립 줄눈은 줄눈 코킹의 외기 노출에 따른 열화와 함께 어두운 색깔이며, 겉보기 줄눈은 밝은색을 낸다

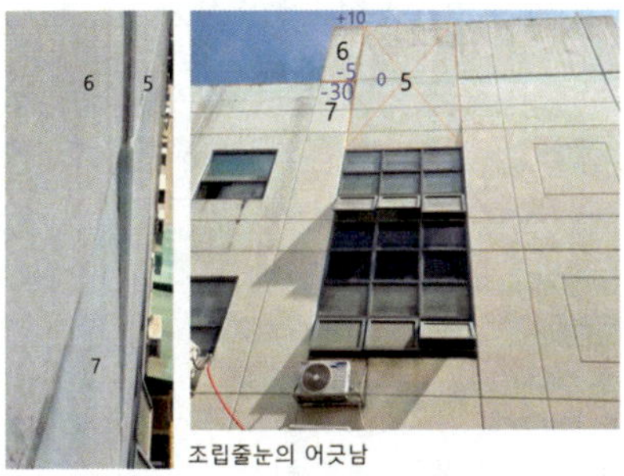

그림 42 최대 3㎝의 조립 줄눈 어긋남

그림 43 조립 줄눈과 겉보기 줄눈

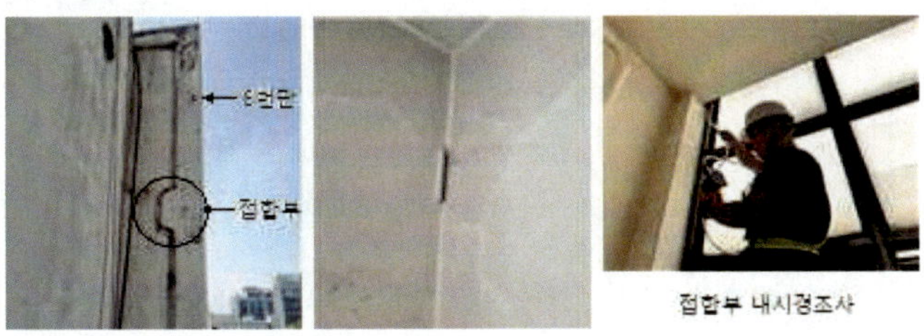

그림 44 계단실 6번 판, 창고 내부의 2번 판 접합철물의 노출

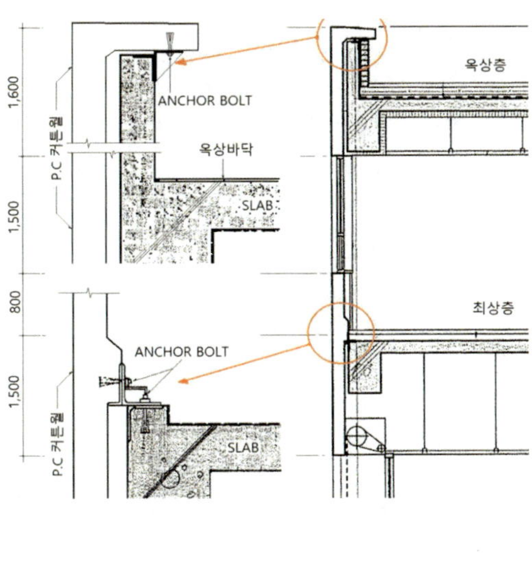

그림 45 옥상층 커튼월의 접합부/접합 상세도가 부재(不在)하여 현장조사자료에 기초하였다. 즉, 건축 단면도와 현장에 노출된 접합철물과 내시경 조사에 의했다. 건축 단면도의 상하부에 각각 2개소의 접합부가 있으며 용접과 볼트로 접합된 상태이다

1.8.2 구조물에 요구되는 기본성능

건축이 추구하는 목표는 이미 BC 25년경 Rome의 건축가 Vitruvius의 건축십서(The Ten Books on Architecture)에 잘 나타나 있다. 즉, 편리함(commodity), 튼튼함(firmness), 기쁨(beauty)의 3가지가 그것으로, 오늘날 기능(機能), 구조(構造), 미(美)라는 건축의 3대 요소이다. 여기에 더하여 현대건축물은 경제성까지 추구하는 것이 목표가 되고 있다. 실존하는 모든 구조물을 다루는 구조물진단에서도 마찬가지로 이들 4가지는 추구하여야 할 요소이다. 이는 구조물진단의 유형에 따라 구조가 평가의 주안일 수 있고, 기능이나 미, 혹은 경제적인 문제일 수도 있으며, 또한 복합적일 수 있다.

구조물진단은 예측 가능한 자연과학과 사회과학이 같이하는 분야로서 경험을 쌓은 토목, 건축, 기계, 설비, 전기, 위생, 냉난방 등의 기술과 물리, 화학, 생물학, 인간공학과 사회학, 도시 인류학, 법규범 등에 대한 지식이 종합적으로 요구된다. 다만, 진단전문가 홀로 이 같은 분야를 모두 섭렵해야 하는 것은 아니다.

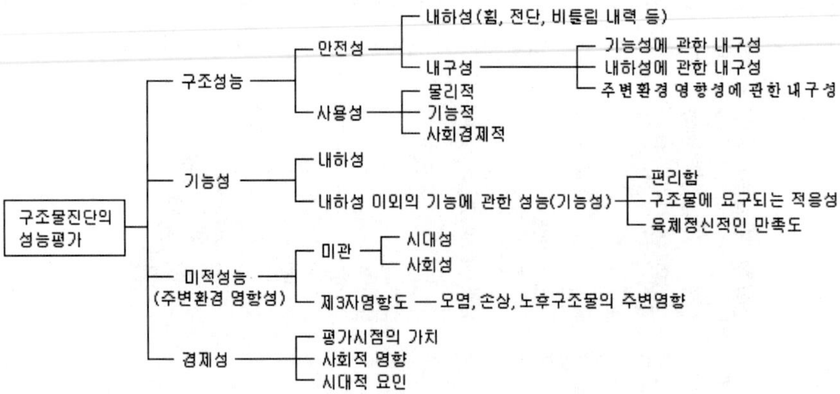

구조성능(structural performance)은 구조물에 요구되는 기본성능으로서 안전성과 사용성으로 구분한다. 건강하고 안정된 삶은 인간이 신체적으로나 정신적으로나 사회적으로 건강하고 안정된 환경에서 영위될 수 있다. 인간이 안정된 삶을 영위하기 위해서는 우선 구조물이 사용성과 안전성이 있어야 한다는 의미이다. 여기에서 안전성은 내하성(load resistance capability)과 내구성(durability)을 유지하기 위한 성능이며, 사용성(serviceability)은 균열, 진동, 변형 등에 따른 물리적, 기능적, 사회경제적인 사용자의 반응으로부터 요구되는 성능이다.

구조물은 그 사용 목적과 기능에 적합하고, 안전하며, 또한 경제적이며 내구성을 갖도록 설계가 되어야 한다. 이를 위하여 일정한 기준[163], 실험결과 및 과거의 경험을 토대로 하여 구조물이 받는 각종 하중, 즉 고정하중, 적재하중, 충격하중, 지진하중이나 태풍 및 홍수와 같은 자연현상에 의한 하중, 교통이나 기계진동과 같은 작동 하중, 부등침하, 온도변화, 크리프(creep), 건조수축 등의 제반 하중을 모두 고려하여 안전하게 설계하도록 하고 있다. 그러나 이러한 하중에 비하여 처짐, 균열, 피로 등의 사용성에 관하여는 상대적으로 크게 다루지 않는다. 다만 설계 시에 처짐과 균열에 대해 검토하도록 포괄적으로 정하고 있을 뿐이다.

구조물에 외력이 작용할 때 안전에는 문제가 없으나, 구조물을 사용함에는 지장을 받는 경우가 있다. 예를 들면, 구조물에 손상은 없으나, 구조물 또는 부재의 과도한 처짐, 균열, 진동 등이 일어나면 구조물의 기능에 지장을 주고 미관을 해치며, 또한 사용자에게 불안감을 주게 된다. 이러한 상태를 사용성(serviceability)이 한계에 달했다고 한다. 즉, 사용한계상태(serviceability limit state)[164]에 있다고 말한다. 이는 구조물의 변형(deformation), 진동(vibratory response), 열화(degradation) 혹은 다른 작동 상의 결함(operational inadequacy)으로 인해 사용 목적에 부합하지 않는 상태이다. 이를테면 건축물이 노후화되어 이를 바라보는 모든 사람이 불쾌감을 느끼면 이는 이미 사용성을 상실한 것이라고 할 수 있다.

구조적인 성능(이하 '구조성능'이라 한다)은 안전성과 사용성을 주 대상으로 하여 공학에 기초하여 평가한다. 구조물은 여러 종류의 재료로서 하나의 복합체로 구성되어 있고 구성재료는 자연적으로 물리, 화학적 재질 변화로 시간 경과에 따라 내구성이 저하되며, 구조체에 어떤 변화를 일으키게 된다. 또한, 자연적이든 인위적이든 그 어떤 외력(재해 등)을 받아 급격한 변화를 일으켜 구조물 본래의 기능과 내하성을 만족할 수 없다고 판단되면 구조성능을 평가하게 된다.

기능은 건축물과 인간의 관계를 기본으로 하여 건축물이 가져야 할 공간기능을 충분히 발휘할 수 있는 능력을 뜻한다. 건축물이 그 용도를 만족하기 위해 갖추어야 할 모든 사항이 기능에 포함된다. 따라서 기능적인 성능은 인간의 의식변화에 대한 적응성을 검토한다. 즉, 건축물에 요구되는 적응성은 근린상황의 변화, 개인이나 사회적인 환경의 변화, 재해 발생, 설비기능 등으로서 육체적, 정신적인 만족도를 의미한다. 따라서

---

163) 여기에서는 기준으로 표현하였지만, 구속력의 정도에 따른 시방서(specification), 규준 및 규정(code) 또는 지침(guideline, recommendations)), 표준(standards), 기준(criterion), 요령(manual) 등을 의미한다. 이들을 총칭하여 설계기준이라고 하기도 한다. 이에 근거하여 단순한 설계는 가능하지만, 이들이 명시하고 있는 각각의 사항에 대한 과학적인 근거와 개념에 소홀할 경우는 중대한 위험성에 처할 수도 있다.

164) 사용한계상태에 대응되는 '극한한계상태(ultimate limit state)'는 구조물의 강도(strength) 혹은 연성한계(ductility capacity)를 초과한 상태, 혹은 평형상태를 유지할 수 없어 사용이 불가한 상태이다. 내진설계에서 작은 지진에는 사용한계상태, 구조부재에 손상은 있으나 마감재는 보수 후 재사용이 가능한 손상한계상태(중간지진), 구조물이 붕괴되지 않고 인명피해를 방지할 수 있는 붕괴한계상태(큰 지진)로 구분한다.

건축물의 용도, 설비, 동선 등 사용상의 편리, 내외공간의 이용, 건물 내외의 질서, 위험성에 대한 보호와 안전성을 종합적으로 평가하게 된다. 광의로는 구조, 미, 설비, 재료 등의 거의 모든 분야가 모두 기능의 범주에 포함될 수 있다.

미적인 성능에 대한 평가는 건축물 내외의 미관에 대한 평가로서, 건물기능의 심적 요인으로 주변 환경의 변화와 건축물의 개성, 관리유지방법 등에 따라, 또한 시대성, 사회성에 크게 좌우된다. 미에 대한 감정은 개인적이고 주관적이므로 미관 평가에는 유동적인 요소가 많이 내포되어 있다. 그러나 그 시점에서 그 건축물의 특성과 조형적인 기본과 변화하는 요인에 대한 적응성을 중심으로 평가하게 된다.

경제성은 건축물의 평가 시점에 대한 진단결과의 효과와 부동산으로서의 가치와 건축물에 영향을 줄 수 있는 사회적인 요인과 그 건축물이 가지고 있는 개성적인 요인에 대해 건축물의 기능, 용도, 관리유지 등을 종합하고 사회의 변화와 경제의 변화요인을 배경으로 하여 평가한다.

사회적으로 "안전성"이라는 말은 그동안 대체로 신뢰성을 함축하는 의미로 사용되어 왔다. 그러나 구조물 공학적인 측면에서의 "안전성"은 내하성과 내구성에 대한 성능으로서, 구조물의 설계/시공/사용 중에 외력과 환경조건에 대해서 지지하고 감수할 수 있는 저항의 능력이다. 즉, 안전성은 내하성과 내구성을 유지하기 위한 성능이며, 여기에서 내하성은 외력의 작용에 대한 구조 내적인 하중저항능력을, 내구성은 시간이 지남에 따른 환경조건에 대한 구조체 자체의 내적인 저항능력과 구조물 또는 그 부분의 성능•기능 저하에 대한 저항능력을 말한다.

사용성은 구조의 기능 저하 또는 외관의 노후에 의한 쾌적성 상실 정도, 노후화의 정도 등을 말하며, 이들의 사회적, 물리적, 기능적, 경제적인 가치[165]로서 부식, 균열, 진동, 변형 등에 대해 인간에게 불안감을 느끼지 않도록 하는 성능이다. 안전성과 사용성을 대상으로 하는 구조성능은 구조 역학적인 안전성 평가 이외에 거주자 등에 대한 사용성 평가까지도 포함한다.

구조물은 어느 방향으로 어떠한 크기의 하중이 작용하더라도 이동하거나 움직이지

165) '사회적인 가치'는 도시계획의 변경, 토지이용의 변화 등 사회환경・제도적인 여건 변화에 따라 더 이상 기존구조물로서 시대적으로 존치할 가치가 있는지를 평가하는 것이며, '물리적인 가치'란 사용이나 시간의 경과에 따른 마모, 부식, 풍화 등이나 지진, 화재, 풍수해와 같은 비정상적인 파손, 파괴 등에 의하여 구조물의 사용 가치가 소멸 또는 감소하는 정도를 말한다. '기능적인 가치'는 초기의 설계조건에서 얻은 기능이 그 후 내외적인 환경변화에서 기능적으로 부적응화, 사회변천에 따른 생활양식의 변화나 기술의 발달로 구조물이나 설비 등의 기능이 상대적으로 저하되는 등의 진부화(obsolescence)현상에 따라 그 효용성이 저하되는 유용성의 가치이다. 예를 들면, 구조물의 이용이 증가함에 따라 구조물의 공간이 협소해지거나, 설비의 근대화로 그 활용이 불가능할 경우 등이다. '경제적인 가치'는 기존구조물을 유지관리하는 경우에 현상유지, 보수, 수선, 개축 또는 재건축 사이의 비용의 효용성을 말한다.

아니하면 안정된 상태이며, 이는 또한 안전한 상태이기도 하다. 즉, 구조물이 이동하거나 회전하지 않는다는 것은 구조물에 어느 방향으로 어떠한 크기의 힘이 작용하더라도 힘이 평형을 이루고 있다는 말이다. 그러나 안전성 평가는 단순히 운동 여부만을 가지고 평가하는 것이 아니므로 이를 평가하는 것은 간단하지가 않다.

구조물이 지반침하 또는 구조체의 미소변형으로 이동하고 회전하였다고 하여 그 구조물을 바로 불안전한 구조물로 평가하지는 않는다. 물론 이러한 지반침하에 의한 구조물의 이동이나 회전, 구조체의 변형이 발생한 순간을 불안정 상태라고 표현할 수는 있다. 이러한 불안정 상태가 장기적으로 지속되어 구조물이 허용범위를 초과하여 구조물이 이동하고 회전하였다면 이때는 불안전한 구조물로 평가한다. 다시 말해서 구조물에 변형이 발생하여 이동하고 회전한 것을 역학적으로는 불안정 상태라고 할 수는 있으나, 구조물 안전성 평가에서는 응력과 변형이 소정의 허용 값을 초과하지 않으면 안전성과 사용성166)이 있는 것으로 평가한다.

인간이 쾌적한 삶을 영위하기 위해서는 우선 건강하여야 한다는 것은 두말할 나위가 없다. 여기에서 말하는 건강은 신체적으로나 정신적으로나 사회적으로 건강하여야 한다는 의미이다. 구조물이 인간에게 안락하고 유익한 역할을 다하기 위해서는 구조물 자체부터가 소정의 성능, 요컨대 구조물은 우선 인간에게 안전성과 사용성을 제공할 수 있어야 한다. 이들은 구조물에 요구되는 기본성능이다.

(1) 안전성 평가

① 내구성 : 외력 및 대기 환경에 노출된 구조물의 중성화, 부식, 균열, 누수, 강도저하, 처짐, 표면성능저하, 동해, 화해 등으로 내구성에 영향을 주는 요소를 평가한다. 내구성을 육안조사만으로 판단하기 어려울 경우는 비파괴시험이나 국부파괴시험, 현장에서의 시료 채취에 의한 실내시험을 통한 분석결과를 병행하여 평가한다. 일반적으로 콘크리트 구조물에서 철근의 부식이 내구성능을 저하하는 주된 요소가 되고 있다. 내구성 평가에서는 외관상 어떤 결함이 나타나지 않는 상태에서도 구조물에 내재한 결함의 존재 여부를 조사하여 그 결과에 따라 적절한 조치를 강구하게 된다. 일반적으로 내구성 평가는 구조물이 어느 정도의 내구성이 있는가, 이를테면 구조물의 수명을 예측하는 평가로 생각한다. 그러나 수명을 예측하거나 열화의 정도를 평가하는 것뿐만이

166) 구조물이 안전에는 지장이 없으나, 사용에 지장이 있는 경우다. 이를테면, 구조물 또는 부재의 과도한 처짐, 균열, 진동 등이 일어나면 구조물의 기능에 지장을 주고 미관을 해치며, 또한 사용자에게 불안감을 주게 된다. 이러한 상태를 사용성(serviceability)이 한계에 달했다고 한다. 이는 구조물의 변형(deformation), 진동(vibratory response), 열화(degradation) 혹은 다른 작동 상의 결함(operational inadequacy)으로 인해 사용 목적에 부합하지 않는 상태이다.

아니라, 성능저하의 요인을 규명하는 일이 대부분이다.167)

② 내하성 : 구조물 또는 부재(구조체)의 성능저하에 따른 하중저항능력이다. 요컨대 기존구조물이 처한 모든 상황과 조건 등을 고려하여 외적 작용에 대한 구조 내적인 하중 저항성을 조사한다. 내하성 평가의 대표적인 예는 교량의 상부구조이며, 소정의 하중에 의해 실시하는 재하시험은 현재의 보유 내하성능을 평가하는 매우 유효한 방법이다. 또한 화해(火害)를 입은 구조물 등의 내하성능을 파악하는 데에도 재하시험이 적용되고 있다.

(2) 사용성 평가

사용성은 일상적인 사용에서의 구조물의 기능, 외관, 유지관리, 내구성 및 사용자 편리함을 보장한다. 이를 보장하기 위한 구조적 거동(예: 최대 처짐, 가속도 등)의 한계값은 구조물의 계획된 기능에 따라 선택하게 된다.

과거에는 부재의 처짐에 대해 구조성능 만을 만족하면 됐지만, 구조물의 기능 저하 또는 외관 노후, 사용자의 불편에 의한 쾌적성 상실 등과 관련한 사용성까지 검토하면서는 적절한 하중과 구조물의 응답 및 구조적 응답에 대한 사용자의 반응도 고려한다. 사용성 검토에서 고려해야 할 하중으로는 적재하중, 바람 및 지진, 보행, 충돌과 같은 인간 활동에 의한 영향, 온도변화 및 구조물 주변의 교통이나 건물 내의 설비와 장비 운용으로 발생하는 진동도 포함된다. 적절한 하중 조건에서 충분한 구조성능을 갖게 하는 것이 중요하지만, 사용성 평가는 사용자의 반응에 따른 불편함 등을 고려한다.

하중에 의한 구조물의 응답은 보통 탄성적인 것으로 간주하고, 어떤 구조 요소는 하중하에서의 장기거동으로 검토한다. 이러한 구조성능에 대한 사용성의 한계치는 구조물의 형태와 사용계획 및 주관적인 생리적 반응 등과 폭넓게 관계되므로 일률적으로 결정하기는 어렵다. 특히, 구조물이 구조적으로 피해를 받는 거동보다 인간은 훨씬 적은 구조적 수준의 거동까지 감지하기 때문에, 사용성의 한계는 특히 사용자의 반응이 고려되어

---

167) 내구성 평가항목을 인간의 질병과 대비하면 인간의 성인병에 해당한다. 어린이에게도 성인병이 도지고 있다는 보도가 있지만, 대개 40세 이상 층이 주 대상이다. 구조물의 준공검사(사용승인일)에 즈음하여 향후 내구성(유지) 관리를 위해 초기점검을 받는다. 인간은 생애 기간에 몇 번이고 필요에 따라 진단을 받지만, 구조물은 최초의 초기점검에서의 평가항목에 특별한 문제가 없으면 그 이후로는 사고, 구조 및 용도변경이나 대수선·증·개축 등의 행위 이외에는 성능평가(진단)를 하지 않는다. 치명상을 입은 구조물이나 노후 구조물 이외에는 현격한 성능변화의 가능성이 매우 낮기 때문이다. 이러한 측면에서 최초의 초기점검 후 실시하는 법정 정기 및 정밀점검 또는 정밀진단의 실시주기는 이러한 상황을 고려한다. 또한, 내구성 평가에서 인간과 구조물의 다른 점의 하나는 진단수행 기간이다. 인간은 짧아도 2시간, 길어도 4~5일 정도이지만, 구조물은 그 규모, 종류, 상태 및 조사여건 등에 따라 보통 2주에서 6개월 이상이 소요되기도 한다.

야 한다. 예를 들면, 공장건물에서는 허용할 수 있는 구조적인 거동이 환자가 입원해 있는 병원 건물에는 허용될 수 없는 것 등이 그 대표적인 예이다.

사용성 평가는 구조물에 작용하는 일사 등의 외적 환경요소와 하중, 기계장비의 작동이나 바람과 같은 동하중 등에 따른 처짐이나 회전, 진동, 사용상의 쾌적성 및 평탄성 등의 상태가 인간의 사용 목적에 부합되는지, 또는 그러한 현상이 발생한 요인 등을 조사하여 그 가치와 수준을 논하게 된다. 또한, 균열, 진동, 변형, 평탄성 등의 정도에 따른 기능 저하 또는 외관의 노후에 의한 쾌적성 상실의 정도, 재사용 및 교체 여부 및 그에 따른 경제성 등이 사용성 평가에 포함된다. 이를테면 건축물이 노후화되어 이를 바라보는 모든 사람이 불쾌감을 느끼거나, 주택 거실의 바닥 슬래브가 인접도로의 차량 통행으로 수직 진동이 발생하여 거주자가 심리적 불안감과 함께 견디기 어려운 상태라면 이 슬래브는 사용성을 상실한 것이라고 할 수 있다. 또한, 아직 까지는 건물이나 교량과 같은 구조물의 심한 진동 때문에 사망에 이르는 일이 없다고 하더라도, 이로 인한 심리적 불안감을 호소하는 경우는 상당히 많다. 사용성 평가는 이러한 현상을 조사하여 그 발생원인 등을 밝히는 일이다. 구조물의 노후화에 따른 미관저해, 처짐 및 진동 등이 사용한계를 초과하는 이러한 사용성 문제가 많이 발생하고 있다.

구조물은 내력이 부족하거나 과도한 하중을 받게 되면 파괴양상을 나타내며, 이러한 양상이 종종 붕괴를 유발한다. 그 이전에 안전성과 사용성을 평가하여 재축조하거나 폐기하기도 한다. 그러나 사용성 평가 기준의 미비, 평가에 대한 이해 부족, 사용성 회복에 따른 경제적인 문제, 또는 결함 발생에 따른 개인재산의 가치 저하 등으로 상당 부분이 외부에 노출되지 않은 경향이 있다. 이러한 점에서, 사용성 평가는 구조물진단으로 진행되지 않고 묻혀버리는 경향도 있다. 그러나 부재의 처짐이나 흔들림, 초정밀 마이크로 전자제품을 조립하는 바닥 슬래브, 실험실 바닥 슬래브, 병원 수술실 바닥과 같이 진동에 민감한 슬래브에 대한 진동 제어는 설계단계에서부터 엄격하게 적용하여야 한다. 이같이 처짐이나 진동을 엄격하게 제어하여야 하는 경우는 설계단계에서부터 사용성 문제를 고려하게 된다. 이로 인한 피해를 사전에 방지하여야 하기 때문이다.

1.8.3 내진성능과 내진보강/지상, 지하구조물의 내진성

1) 개 론

다종다양한 수많은 구조물의 건설과 노후화 단계에 이른 구조물이 급격히 증가하고 있다. 이는 전 세계적인 추세이다. 그래서 재생할 필요성도 높아지고, 또한 사회적 변화에도 대응하기 위해 기능을 개선하기도 하고 대규모 개보수공사를 하기도 한다. 특히 내진설계[168]와 기존구조물의 내진성능평가는 이미 제도화되었고, 2017년 11월의 포항지진으로 인해 구조물의 내진에 대한 사회적 불안감이 고조되어 성능평가의 중요성은 더욱 높아졌다. 이에 관계 당국은 더욱 높은 평가 기준을 입안하여 성능평가를 제도화한다. 그러나 여기에는 이미 몇 년 전에 내진설계로 건설된 구조물을 현행기준에 부합하는 수준으로 내진 성능을 확보해야 하는 문제가 대두된다. 이러한 구조물은 정상 하중 하에서 특별한 결함이 발생하지 않았으면 해당 구조물에 대한 상태조사 및 평가와 간단한 현장시험에 의한 예비평가로 가름할 수도 있을 것이다. 다만, 현상적으로 구조결함이 발생한 경우에는 내진성에 대해 검토할 필요가 있다. 그러나 예비평가단계에서부터 구조해석을 전제로 하는 구조물진단(내진안전성평가)은 정상적(예비평가→1단계→2단계 상세평가의 단계)으로 보기는 어렵다.

이미 내진 설계된 기존구조물 또한 내진성능평가를 하기에 앞서 기존구조물에 대한 상태조사 및 평가와 함께 안전진단을 하게 된다. 그 결과 신축 당시와 비교하여 내진설계기준이 강화된 바가 없고[169] 구조적으로 유해한 결함이 발생하지 않았으며, 제반 구조성능 또한 신축 당시에 상응하는 건전한 상태를 유지하고 있다면 내진성능평가를 생략할 수도 있을 것이다. 즉, 내진성능평가까지 가지 않고 상태조사 및 평가로서 대상 구조물이 내진 성능을 유지하고 있는 평가시스템이어야 한다. 이는 이미 내진 설계된 구조물이 원래의 상태를 그대로 유지하고 있으므로 평가를 생략할 수 있다는 의미다. 다만, 내진성능평가기준이 내진설계로 신축한 당시보다 강화되어 있다면 이에 따라야 하지만, 심각한 지진 경험이 거의 없는 상태에서 강화된 평가 기준을 적용하여야 하고 추가로 내진보강까지 하도록 하는 것은 그 이행이 어려울 수 있다. 한, 이미 내진성능평가에 따라 내진 등급이 정해진 것과는 별도로, 당국은 '지진안전시설물 인증제'를 도입하여 이에 따른 일부 비용까지 보조해 주면서 심의절차에 따라 특등급, 1등급 등의 확인서를 발급한다. 이러한 옥상옥의 인증에는 또 다른 내진성능평가와 절차를 요구한다. 내진성능평가 자체가 인증이라고 볼 수 있으므로 내진 건물의 확산과 촉진을 위해 인증제를 도입한 것이라면, 이는 인증의 남용으로 비추어진다.[170]

---

168) 건축물은 1986년 12월에 지진에 대한 안전을 건축법으로 규정하여 1988년에 "건축물의 구조기준 등에 관한 규칙"을 개정함으로써 처음으로 건축물 내진설계기준이 마련되었다. 교량구조물의 경우에도 내진설계의 필요성이 대두되어 1992년 12월에 개정된 도로교표준시방서에서 교량의 내진설계개념이 도입되어 점점 내진 규정이 강화되고 있다.

169) 현행의 내진기준과 동일하다는 의미이다.

170) 시중에서는 부동산 가치를 높이는 의도로 비용이 소요되더라도 인증서를 받아 건물에 붙이기도 한다. 인증 목적이 내진보강을 장려하기 위한 것이라고 할지라도, 실제는 건축주의 자산 가치를 높이는 부동산 투기와 맞물려 있다. 집값을 올리기 위해 기존아파트의 명칭을 신축 브랜드로 바꾸는 것과 같은 행태이다. 과거 몇십 년 전에는 점검 또는 정밀진단결과(A등급)를 붙이기도 하였다.

'내진설계 건축물'을 인증하는 동판을 부착한 건물이 시중에서 목격되고 있다. 이렇게 인증된 건물이라고 할지라도 주변 조건에 따라 '내진 건축물'로 평가할 수 없을 때도 있다. '내진 건축물'은 그 건물 자체의 내진성만으로 평가하는 것이 아니라, 인접 건물에 의한 충돌피해나 지진 시의 파편(debris)이나 붕괴로 인한 위험성도 고려하여야 하기 때문이다. 그래서 인접 건물의 영향에 의해 내진 설계된 건물이 지진 시에 위험한 상황에 놓일 수도 있다. 예컨대, 내진설계의 3층 건물에 인접하여 노후화된 7층 건물의 파편이나 붕괴로 3층 건물이 지진피해를 받을 수 있으므로 '내진설계 건축물'로 인증되었다고 하여 지진에 안전하다고 할 수 없다. 즉, 내진 건축물의 인증은 건물 자체의 내진성만으로 평가할 수 없으므로, 인증에는 지진 위험에 영향을 미치는 당해 건물 주변의 여러 요소가 포함되어야 한다(이 책의 2.17 참조). 특히, 기존건물의 내진성능평가에 있어서는 이러한 요소들이 구조물의 모델링에 의한 내진성능평가 못지않다.

그림 47 노후주택에 인접한 내진설계 인증건축물

하자손해배상소송에서 구조해석이 남용된 예도 있다. 건물주는 진단전문가에게 대상 건물의 보에 발생한 다수의 구조균열(전단 및 휨 균열)을 대상으로 하자진단을 하여 소제기를 하였다. 이에 맞서 시공자 측은 구조기술자에게 구조해석에 의한 구조검토를 의뢰하여 부재(=보)가 구조내력을 확보(O.K)하고 있느냐, 없느냐(NG)의 여부로 하자를 판단하였다. 이는 기존건물에 실제로 발생한 구조균열에 대한 하자와 모델링의 구조해석에 의한 부재내력 부족(NG)을 동일시한 것이다. 이에 대해 건물주 측의 진단전문가와 시공자 측의 구조기술자가 증인으로 참석하여 법정에서 설명하게 되었다[171]. 이에 대해서 진단전문가는 대상 건물에 구조균열이 이미 발생한 그 자체가 하자인데, 이를 구조해석으로 검토하여 해당 부재의 내력이 확보(O.K)되었으므로 하자가 아니라고 주장하는 것은 모순이라고 설명하였다. 당연히 이러한 주장은 받아들여졌다.

지진력은 단기 하중으로 지진 시에 구조물(건물)이 진동함에 따라 생기는 관성력(inertia force)이다. 지진 시에는 물론 상하 방향의 진동도 있으나 건물은 그 자체에 고정하중과 적재하중이라고 하는 연직[172] 방향의 하중을 지탱하는 내력을 지니고 있으

171) 이러한 법정 증언으로부터 20년이 지난 현재(2022년)의 시점에서도 하자진단을 공개입찰하면서 하자진단에 대한 안전성 평가에 구조해석(구조설계)을 의무적인 과업으로 정하고 있다.

172) 연직(鉛直: vertical)은 지구 중심을 향하는 중력 작용 방향이므로 절대적인 개념이며, 수직(垂直: normal)은 어떤 평면이나 선에 대하여 직각인 방향이므로 상대적 개념이다.

므로 일반적으로 상하 방향의 진동에 의한 관성력은 그다지 문제가 되지 않는다. 따라서 지진력이라고 할 때는 수평 방향의 진동으로 생기는 관성력, 즉 수평력(횡력)을 가리킨다. 이러한 수평력은 평면적으로 보면 종, 횡, 경사 방향으로 작용하는 것이지만, 구조설계 상으로는 건물의 장변(longitudinal direction)과 단변(transverse direction)의 두 방향으로 나누어, 즉 건축물의 직교 2방향에 대하여 각각 독립적으로 지진하중이 작용하는 것으로 해석하는 것이 보통이다. 실제의 지진동(earthquake motions)은 수평 2방향과 연직방향의 세 성분이 합성된 것이므로 실제 계산된 하중보다 복잡성을 갖고 있다. 따라서 건물에 수평 비틀림이 생기지 않도록 구조요소의 배치가 필요하다.

신축구조물을 내진설계 할 때는 크게 두 가지 요소를 고려한다. 그 하나는 변형을 제한하는 방향으로 설계하는 것으로써 이는 구조체의 강성(EI)을 높여 흔들림(swaying)과 수평변형(drift)을 감소시켜 안정성을 높이고 비구조재에 대한 피해를 감소시키려는 것이고, 또 다른 하나는 구조체의 에너지 흡수능력을 향상하여 취성파괴(brittle failure)를 방지하는 것으로써 주로 구조체의 연성을 높이는 것이다. 그리고 일반적인 내진설계는 지진력의 평가, 평가된 지진력에 의한 구조물의 응답 해석, 해석결과에 기초한 구조물의 내력 및 변형성능을 검토하는 순으로 이루어진다. 또한, 내진설계 시에 고려하여야 할 필수적인 사항으로서, "보(beams)는 기둥(columns) 이전에 파괴되어야 하며, 전단파괴가 아니라 휨(flexure) 파괴, 절점(joints)의 조기파괴(premature failure)방지, 취성파괴가 아니라 연성파괴(ductile failure)가 되도록 하여야 한다"는 것 등이다. 기존 구조물에 대한 내진성능평가에서도 이와 거의 동일한 과정으로 검토를 한다.

지진에 건물 등이 진동하는 현상을 나타내는 지진 응답(earthquake response)의 기본은 건물이 강체로서 지반과 똑같은 움직임을 하는 것이 아니라 건물 자체가 크건 작건 간에 유연함을 갖고 있으므로 지반의 움직임에 따라서 건물이 지반과는 다른 진동을 한다는 것이다. 이 같은 개념을 가장 단적으로 나타내고 있으며, 또한, 내진설계에 극히 유용한 것이 응답 스펙트럼(response spectrum)[173]이다. 그러나 구조물의 내진설계에 응답 스펙트럼을 직접 사용할 수는 없다. 왜냐하면, 응답 스펙트럼이란 특정한 하나의 지진에 대해서 진동주기에 대한 성질을 나타내며 건축물이 건설될 대상 지역에서 앞으로 예상되는 지진의 특성을 정확하게 예측할 수 없기 때문이다. 또한, 설계의 대상이 되는 지진에 대해서 구조물이 전혀 피해를 받지 않도록 내진설계를 하는 것은 지나치게

173) 반응스펙트럼이라고도 한다. 이는 지반 위에 고유주기가 다른(예 : 높이가 다른) 건물이 나란히 있다고 하고, 그 지반을 어떤 지진이 흔들었을 때 건물의 흔들리는 최대응답치가 어떻게 되는가를 진동주기에 대해서 그 관계를 기입한 것이다. 이를테면 감쇠정수를 매개로 하여 진동주기와 속도, 변위와 가속도의 관계를 가로와 세로축 및 45도로 배열하여 나타낸 것이다. 질점의 변위, 속도, 가속도에 대하여 구한 스펙트럼을 각각 변위응답스펙트럼, 속도응답스펙트럼, 가속도 응답스펙트럼이라 한다.

비경제적이라는 것이 과거의 여러 지진의 영향을 분석한 결과 밝혀졌기 때문이다.

설계용 스펙트럼은 해당 지역에서 예상되는 지진의 성질과 지반조건에 따라 결정될 수 있는데, 지역마다 이들을 일일이 결정하는 것은 대단히 번거로운 일이므로 각국의 내진설계규준들은 동역학이론에 근거하여 표준치(C)를 설정하고 각 지역의 지진위험도 및 지반의 성질 등을 고려하여 이를 수정하여 사용하는 방법을 사용한다. 또한, 현재의 내진설계법은 비선형해석을 수행하는 경제적 부담을 피하고자 구조물의 거동을 탄성, 비탄성으로 가정하고 설계용 스펙트럼의 값을 낮추어서 사용하도록 하고 있다.

국내에서 시행되고 있는 기존건축물에 대한 내진성능평가단계[174]는 예비평가를 통해 선형해석과 비선형해석[175]의 여부를 판단하여 내진성능을 평가한다. 즉, 내진성능평가를 초기단계에서부터 1단계(선형해석), 2단계(비선형해석)의 내진성능을 평가하는 것이 아니라, 먼저 예비평가에서 평가결과가 만족하지 못하면 상세평가를 통한 정밀한 평가를 하도록 하고 있으며, 예비평가 단계에서 성능수준을 만족한다면 1단계, 2단계의 평가로 진행할 필요가 없는 것으로 명시하고 있다. 즉, 간단한 자료를 토대로 내진성능 상세평가의 필요성을 판단하기 위해 먼저 예비평가를 하고, 대상구조물에 대한 탄성해석의 결과를 토대로 주로 부재의 강도 측면에서 내진성능을 평가하는 1단계 내진성능 상세평가에서 평가결과가 만족하지 못할 경우 2단계 내진성능 상세평가를 한다.

부재의 연성도 및 변형 능력을 고려하는 비선형 해석에 의한 2단계 상세평가(내진성능평가)가 적합하지 않다고 판단될 경우는 탄성해석(선형해석)의 결과를 토대로 부재의 강도 측면에서 평가하는 1단계 상세평가로 내진성능을 평가한다. 이같이 모델링에 의한 구조해석을 주안으로 하는 내진성능평가에서도 절차적으로 예비평가에서 성능수준을 만족한다면 상위단계의 평가로 진행하지 않을 수 있다. 여기에서 예비평가는 내진성능 상세평가(선형, 비선형 구조해석)의 필요성을 판단한다. 이는 대상구조물에 대해 탐문하고 비파괴로 상태조사를 하며 이를 바탕으로 공학적으로 평가하는 구조물진단에서의 예비평가 방식과 다르지 않다.

---

174) 내진성능의 평가절차는 자료정리, 재료 강도의 결정, 현장방문을 통한 조적 채움벽 조사, 비정형성평가, 예비평가, 1단계 상세평가, 2단계 상세평가의 순서로 진행된다.

175) 정하중이 가해지는 구조물 설계는 대부분 선형거동만을 고려한다. 그러나 강진의 내습 시에는 재료의 항복점 강도를 넘는 응력에서 비선형거동을 하게 된다. 이러한 비탄성거동은 대부분 저층부에 집중된다. 동적거동은 이러한 비선형거동을 고려하였을 때이다. 특히 구조물의 내진설계에서 취성파괴를 피하고 경제적인 연성설계를 위해서는 비선형 거동의 고려가 필수적이라 할 수 있다. 이러한 비선형 거동은 응력-변형 곡선이 일정하지 않으며 plasticity, strain hardening, strain softening, stiffness degradation, energy absorption 등의 비탄성 거동특성들을 포함하게 되므로 매우 복잡하다. 콘크리트조/조적조와 같은 취성재료는 탄성한계 내에서 선형해석을 주로 하게 되므로 해석이 비교적 간단한 반면, 연성구조의 대표적인 철골조는 에너지를 소산하는 능력이 뛰어나 내진구조로는 적합하지만, 연성재료는 항복강도, plasticity, strain hardening 등의 비탄성특성을 고려해야 하므로 그 해석이 복잡하다.

2) 내진보강방안

기존구조물의 내진성능향상에는 여러 수단과 방법이 쓰이고 있다. 이를테면, 구조내력이나 인성의 향상, 또는 강성분포의 개선을 도모하거나 중량의 저감, 노후화에 따른 내진성능의 저하를 개선하는 것 등이다. 이 중에서 구조물의 내력과 인성(靭性)을 향상시키는 내진보강이 널리 쓰이고 있다. 여기에는 내진벽[176] 증설이나 가새 증설, 개별 부재(보, 기둥)에 대한 단면증설보강, 허리 벽이나 날개벽 설치 등과 같은 보강공법과 이들 보강 부재에 대한 접합방법 등이 포함되어 있다.

가) 내진보강법

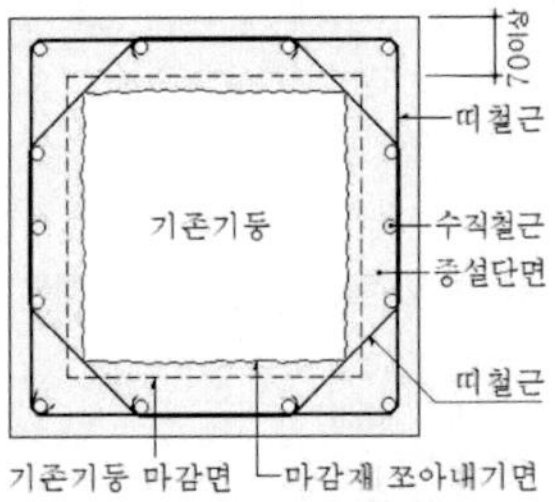

그림 48 내력 향상을 위한 개별 부재 단면증설보강(예)

내진보강은 연성(변형능력), 강도와 강성을 높이거나, 그리고 감쇠 증진을 통한 지진하중을 저감하는 방법으로 크게 3가지로 분류할 수 있다. 다만, 부적절한 보강은 더 나쁜 결과를 초래할 수 있으므로 보강방법의 적용은 신중해야 한다. 예컨대, 기존건물에 대한 내진보강은 매우 신중하게 다루어야 한다. 잘못 보강하면 더 나쁘게 될 수 있기 때문이다. 즉, 한쪽을 보강하면 예기치 않게 다른 쪽에 문제가 생길 수도 있으므로, 기존건물에 대한 보강은 구조계산보다는 기술적인 경험에 의하는 것이 바람직할 수 있다. 또한, 내진보강의 기술이 현재 충분히 정착되었다고 보기 어렵고, 이에 대한 확정된 시방이나 지침이 명확하지 않을 때가 많아서 흔히 진단전문가의 판단으로 보강방안을 결정하고 있다.

기존구조물에 대한 내진보강은 지진의 성질과 지반조건 등을 고려해야 하는 쉬운 일이 아니며, 또한 경제적인 부담을 고려할 때 대규모(대대적인)의 보강은 바람직하지 않으므로 우선 가장 위험한 손상을 피하도록 부분 보강이 적절할 때도 있다.

① 부재의 변형 능력(연성)을 높이는 방법

내진성능이 부족한 경우에는 강도와 연성능력을 증가시키는데, 변형 능력의 척도인 연성(ductility)은 내진성 확보에 중요한 요소이다. 연성은 소성 영역에서 큰 지지력에 대한 에너지흡수 능력을 발휘하므로 구조물의 피해가 감소한다.

연성보강방법으로는 기존 부재에 대한 횡 방향구속, 붕괴기구의 변화를 위한 기둥보

176) 내진벽은 수평력을 받아도 변화가 적으므로, 라멘과 일체구조로 할 때는 큰 전단력을 부담할 수 있다.

강, 취성파괴가 예상되는 부분에 대한 국부보강 등이 있다. 이같이 강도와 연성을 증가시키는 보강과 함께 제진(制震)과 면진(免震)으로 지진력에 대응한다. 이를테면, 기둥의 연성(변형능력)을 증가시키기 위해 기둥 주변을 강판이나 섬유시트 감기, 기둥과 강판 사이에 고강도 철근의 배근, 혹은 부재 단면을 증설(그라우팅, 모르타르 충전 등)하여 강도와 인성을 향상하는 개별 부재보강이다. 즉, 개별 부재에 대해 강판보강, 탄소섬유 감기, 부재 단면의 증설을 통해 변형성능을 개선한다. 다만, 보에 대한 개별 부재보강은 실험자료가 극히 적으며 몇몇 문헌에서 보고되고 있을 뿐이다.

보에 강판을 볼트정착하여 틈새를 에폭시 등으로 충전하는 방법으로 내진 보강한 실험결과에 의하면, 보강으로 강도(强度)는 크게 향상되지만, 인성(靭性, toughness)의 향상은 관찰되지 않은 것으로 알려져 있다. 이 같은 보강은 내진설계 시에 "보는 기둥 이전에 파괴되도록 하는 것이 바람직하다"라는 점에서 논란이 있을 수 있다.

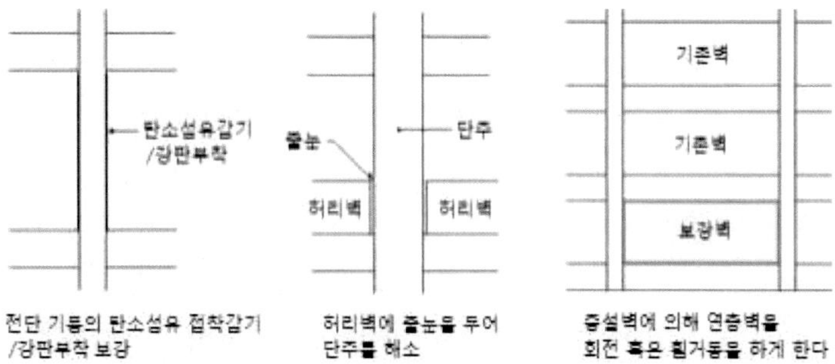

그림 49 변형 능력을 높이는 보강/중간그림: 보에 매달린 벽(내림벽)이나 허리벽에 분리줄눈을 두어 굵고 짧은 단주를 해소시켜 가능한 연성을 갖도록 하여 기둥이 취성파괴를 일으키지 않도록 한다. 분리줄눈이 없으면 지진 시에 변형이 구속되어 강성이 커져서 기둥에 힘이 집중되어 다른 기둥보다 먼저 취성파괴를 일으킬 수 있다. 기둥의 허리벽은 단주(short-column)효과에 의해 파괴가 일어날 수 있다.

허리벽177)에 줄눈을 설치하여 단주(短柱)178)를 장주로 하는 방법도 있고, 상부층에는

177) 허리벽, 채움벽의 모델링: 구조해석 시 구조체와 밀착되어 하중을 전달하는 허리벽과 채움벽은 반드시 고려하여야 한다. 현장조사결과, 이들의 벽이 구조체와 구조적으로 이격이 확인된 경우에는 구조해석에서 제외할 수 있다. 이들 벽은 재료특성과 거동특성을 고려하여 전단력만 전달하는 요소로 모델링되어야 하며, 간략한 모델링을 위하여 대각가새요소로 치환할 수 있다. 참고: 학교시설 내진성능평가 및 보강매뉴얼(2019)

178) 갇힌 기둥(captive column)이라고도 하며, 기둥이 비구조요소 등으로 에워싸여 단주와 같은 불리한 효과가 발생하게 되는 기둥을 말한다. 원래 '단주(short column)'는 기둥에 압축력을 작용시킨 경우 압축응력으로 파괴되는 기둥이다. 단면 치수에 비하여 굵고 짧은 기둥은 재축 방향으로 압축력을 받으면 탄성 좌굴을 일으키지 않고, 그 재료의 압축・전단강도에 따라서 파괴양상이 달라지면서 압축파괴 된다. 이에 '장주'는 기둥의 단면 치수에 비해 그 길이가 길다는 정도를 표시한 개념으로 세장비를 사용한다. 장주와 단주 모두 개념적인 용어로써 수량적으로 명확한 구분은 없다. 단주는 휨항복이 일어나기 전에 전단파괴라는 취성파괴의 가능성이 높으며, 허리벽의 철근을 절단하거나 허리벽과 기둥 사이에 좁고 긴 줄눈을 두면 파괴모드를 변형

연속적인 내진벽이 있지만 1층에만 없는 소위 필로티 형식에 내진벽을 증설함으로써 파괴모드를 변형 능력이 높은 휨 형 및 회전형으로 하여 보강하는 방법도 있다.

② 강도와 강성을 보강하는 방법

강도나 강성의 증가는 고강도 재료를 사용하거나 단면증가, 단경간화(shortening span) 등의 도입, 버트레스 및 모멘트저항골조의 추가, 기둥이나 가새골조 및 전단벽(채움벽)과 같은 새로운 부재증설을 통해서 도모하며 이를 통해 내진성능을 향상한다. 일반적으로 이를 증가시키기 위해 내진벽[179], 버팀벽(buttress), 가새(brace) 등의 내진요소[180]를 신설하는 방법이 많이 쓰이고 있다.

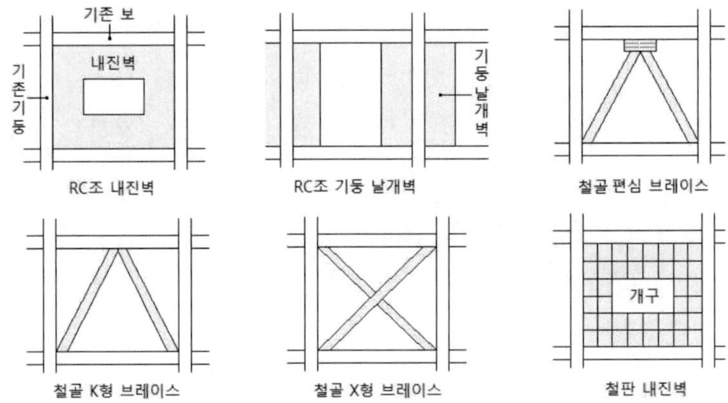

그림 50 강도(내력과 인성의 향상)를 높이는 보강/지중보가 없을 경우는 신설

철근콘크리트계에서는 기존의 골조 부분에 내진벽을 새로이 증설하기도 하고, 기둥의 양측 혹은 한쪽에 기둥 날개벽을 증설하는 방법 등이 있다. 또한, 기존 내진벽의 두께를 증가시키거나 기존 개구부를 막아서 벽체의 강도를 강화하기도 한다. 다만, 어떠한 보강방안이든 상시하중이 증가하여 기초에 영향을 미치기도 하고, 보강에 따라 저항기구가 변화하여 구조적인 거동이 변동될 수 있으므로 이에 대한 검토가 필요하다.

요컨대, 중량의 관점에서 볼 때, 철근콘크리트구조물에서 내진벽을 설치하는 것보다는 강재의 가새를 설치하는 것이 바람직하다고 할 수 있다. 어떻든 내진요소의 신설은 건물의 수평 강성을 높여 지진 시에 수평 내력을 증가시키기는 하지만 새로운 보강 부재를 추가로 증설하면 건물의 중량이 증가하는 결과를 초래한다. 이 같은 고정하중의 증'

능력이 있는 기둥의 휨 파괴로 변화시킬 수 있다.

179) 내진벽(earthquake resisting wall)은 지진력을 받을 경우에 내진효과가 있는 벽체를 말하며, 내력벽과 전단벽을 겸할 수 있다. 철근콘크리트벽이 일반적이지만 고층건축에서는 강판제 벽체, 철골이 들어있는 벽체도 쓰이고 있다. 라멘조에 내진벽을 설치하면 기둥 및 보의 수평력 부담이 경감되며, 구조물 전체의 강성, 진동에 크게 영향을 미친다. 내진벽 효과를 높이기 위해서는 기초가 회전을 일으키지 않도록 강고하게 고정할 필요가 있다. 또한, 벽체 높이와 두께 비가 커지면(세장하면) 효과가 감소한다.

180) 구조물을 구성하는 요소 중에서 주로 지진에 의하여 생긴 수평력에 저항하는 부재로, 라멘을 형성하는 기둥, 보, 내진벽, 가새 등이 이에 해당한다.

단치 않은 기초보강으로 이어지게 된다.

철골계에서는 K형 및 X형의 가새 및 편심가새, 철판 내진벽을 새로이 증설하는 방법이 있다. 어느 경우든 기존의 기둥, 보 부분과 신설 벽 및 가새가 일체로 되도록 스터드 볼트 등을 이용하여 체결한다. 이는 기존의 건물이 변형 능력이 작은 강도 저항형의 파괴형식이 지배하는 경우에 유효하다.

③ 감쇠 증진을 통한 지진하중 저감방법

감쇠형 시스템을 통해 지진 응답을 저감하는 기법으로 건물의 내진성능을 향상시킨다. 즉, 횡력 저항 구조시스템 내에 감쇠장치(댐퍼를 이용한 제진, 기초 면진 공법)를 설치하여 건물에 유입되는 지진에너지를 소산시켜 건물의 변위 응답을 저감 시키는 방법이다. 즉, 횡력 저항 구조시스템 내에 감쇠 장치를 설치하여 건물에 유입되는 지진에너지를 소산하여 건물의 변위 응답을 저감 시킨다.

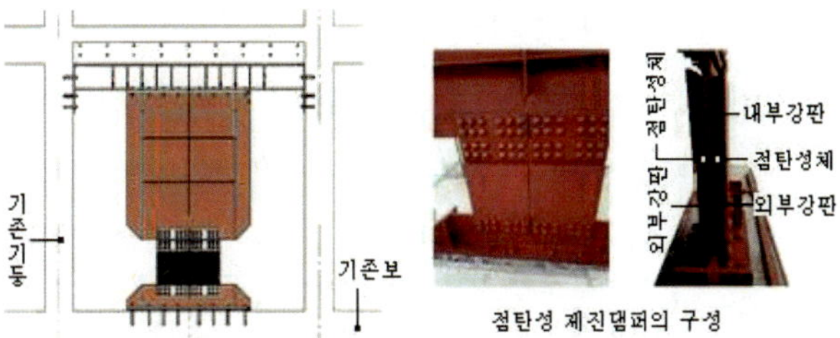

그림 51 제진댐퍼설치(예)

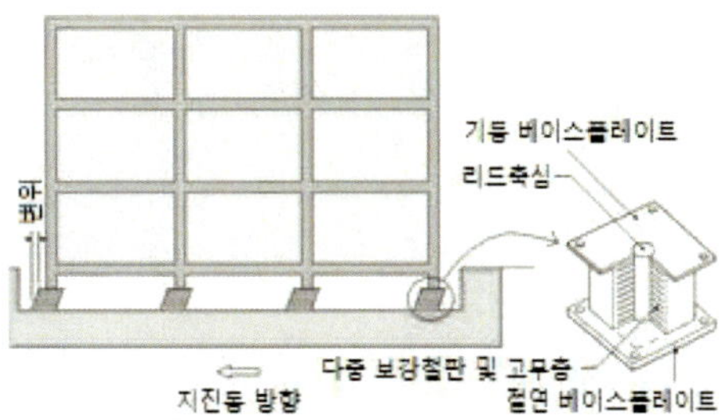

그림 52 기초 면진(분리) 공법(예)

①과 ②의 경우는 내진보강, ③의 댐퍼를 이용한 경우는 제진, ③의 기초 미끄러짐의 경우를 면진보강이라고도 한다. 예를 들어, 건물은 지진력에 대해 내진(耐震)과 제진(制震)과 면진(免震)으로 대응하게 된다. 내진은 지진력을 구조물의 내력으로 감당하는 것이고, 제진은 진동 자체를 감소시키는 동적 흡진(吸振) 시스템 또는 진동을 억제하는 능동적 장치로서 지진에너지를 소산하여 피해를 최소화하며, 면진은 건물을 지반에서 분리하여 구조물에 지진력의 전달을 감쇠시키는 방식이다.

면진구조는 건물과 기초 사이에 진동을 감쇠시킬 수 있는 분리장치를 삽입하여 지반과 건물을 절연시켜 지반진동이 상부 건물에 직접 전달되는 것을 차단하는 구조형태이다. 이밖에도 건물의 내진성능은 하중의 편심, 강성비 분배 등에 의해서도 좌우되므로 이에 대한 고려가 필요하다. 내진보강의 주요목표는 설계에 고려한 지진이 발생한 경우 허용해서는 안 되는 피해를 최소한으로 줄이는 것이며, 이러한 내진은 보강수준에 따라 강도 능력의 향상, 변형 능력의 향상, 강도 및 변형 능력의 향상 둘 다 고려한 보강을 고려해야 할 때도 있으며, 이들에 대한 보강공사의 효과는 시공 정도에 따라 크게 달라진다.

④ 기타 보강방법

기둥만이 아니고 보를 포함한 골조(가구)의 보강, 보강에 따른 중량증가로 기초의 지내력이 부족한 경우의 기초보강, 전체 골조(가구)의 성격상 건물 내부의 보강이 곤란하여 건물의 양측에 내진성이 매우 큰 골조(가구)로 증축하는 방법 등이다. 다만, 이 경우에 증축된 부분의 변형이 기존 부분과 조화를 이루도록 한다.

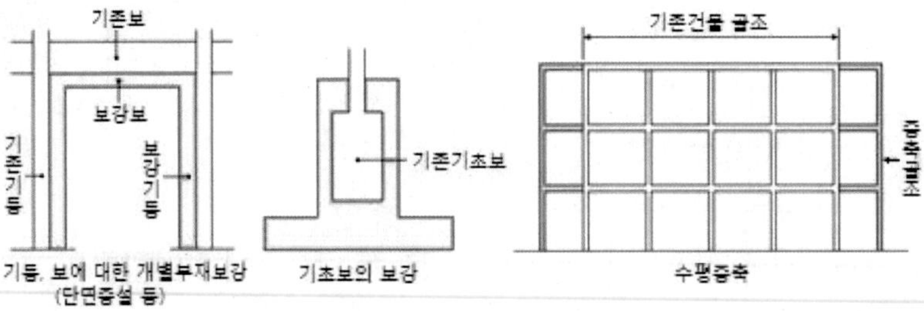

그림 53 기타 내진보강

나) 내진벽의 신설

교육부 '학교시설내진성능평가 및 보강매뉴얼'은 모멘트골조 내에 철근콘크리트 벽체를 신설하고 벽체의 수직과 수평 철근을 보와 기둥에 정착 또는 관통하는 보강공법(그림 참조)이 제시하고 있다. 그리고 "신설되는 철근콘크리트 채움벽의 철근을 기존 보에 관통시키지 않는 경우, 채움벽은 전단력만을 전달하도록 구조해석하고 설계되어야 한다. 이때에도 채움벽의 수직 철근과 수평 철근은 벽체의 전단력을 전달하는 데 충분하도록 보와 기둥에 정착하여야 한다. 단부 기둥과 채움벽을 포함하는 벽체의 휨모멘트에 의한 인장력은 단부 기둥의 수직 철근에 의하여 저항한다. 따라서 단부 기둥에 별도의 보강이 없는 경우에는 벽체의 휨모멘트는 단부 기둥이 지지하는 것으로 검토하여야 한다."라고 하고 있다. 이는 벽체의 수직과 수평 철근을 보 및 기둥에 정착 또는 철근을 기존 보에 관통시키는 경우에 일체화 정착구조로 볼 수 있다는 점에서 이론적으로는 타당하지만, 그림 b)와 같은 관통시공은 난해하다.

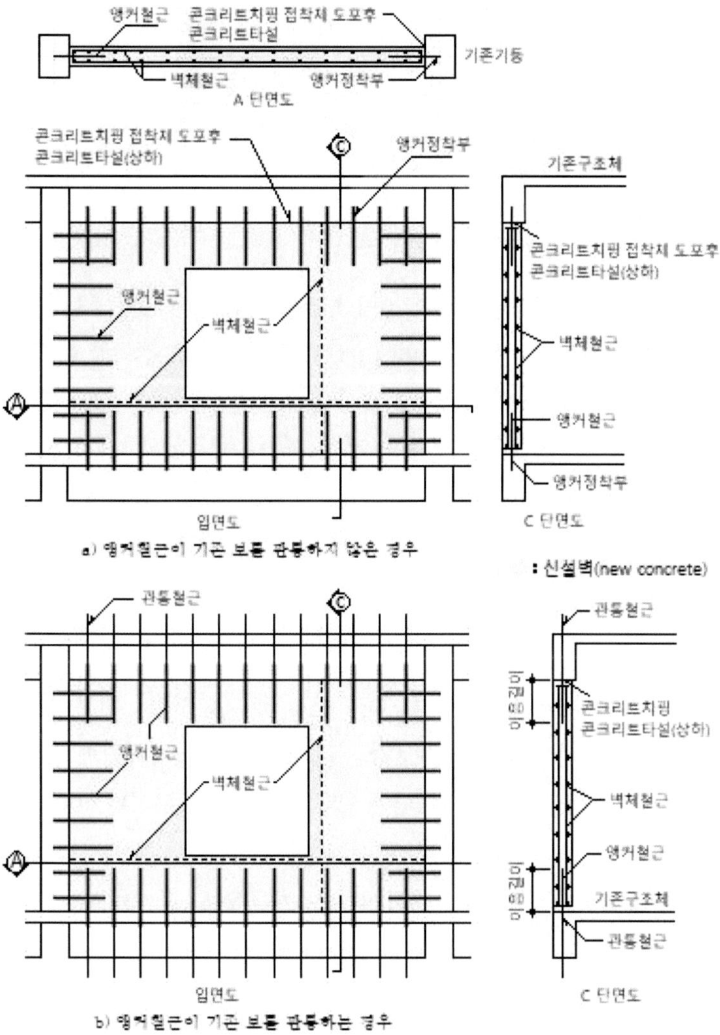

그림 54 신설벽의 일체화 보강/a)는 앵커철근를 기존 보와 기둥에 정착하여 일체화하는 보강이며, b)는 앵커철근이 기존 보를 관통하고, 기존기둥에 정착하여 일체화하는 보강이다. 이들 모두 신설 전단벽과 골조의 상호작용에 따른 운동에 대해 골조와 벽체를 분리작용을 하도록 하는 경우와 구분하여야 한다. 그림발췌: 학교시설 내진성능평가 및 보강매뉴얼:해설그림 11-1

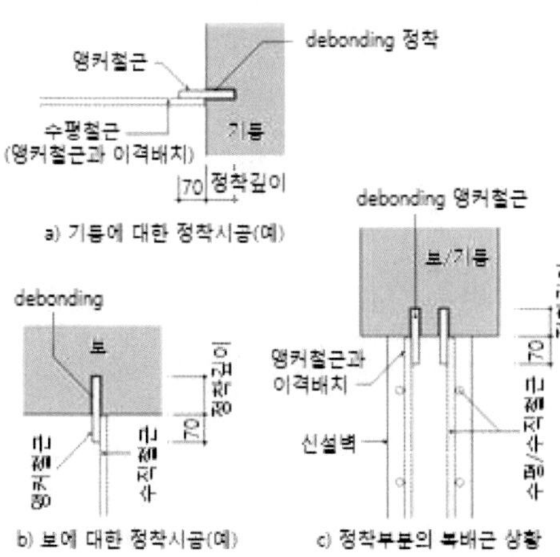

그림 55 채움벽(내진벽)의 정착부분/채움벽과 골조의 거동에 대해 분리작용을 도모하는 debonding 정착을 위해, 채움벽 철근과 앵커철근을 엇갈리게 배치하여 상호 불연속이 되게 상호 겹치거나 용접하지 않는다. stud anchor을 사용할 수도 있고, 채움벽의 수평·수직 철근을 기둥과 보의 천공에 직접 삽입하여 정착할 수도 있다.

그림 56 케미칼 앵커와 stud bolt의 정착

국내에서는 벽체와 골조를 분리하는 철근의 비정착(de-bonding, non-bonded)보다는 일체화 정착을 선호하는 경향이 있다. 아래는 비정착 시공181)이다. 이는 내진벽의 수직과 수평철근을 보와 기둥에 정착하는 교육부의 보강방식과 기본적으로는 같다.

신설 벽체와 골조(보/기둥)는 지진동에 의해 "골조와 채움벽의 상호작용으로 인해 채움벽이 유리하게 혹은 불리하게 작용할 수 있으므로 이들 사이를 분리(separation)함으로서 상호작용을 없앨 수도 있다"는 점을 고려한다. 그래서 기둥과 벽의 경계에 약간의 틈을 두거나 약한 부분을 만들어 먼저 깨어지게 하기도 한다. 이에 대하여는 보강 효과를 확인하는 실험적인 연구가 필요할 것이다.

또한, 국내현장에서 채움벽을 분리 시공하는 경우를 보지 못하였고 실무자들이 이를 현실적으로 받아들일지도 의문이다. 여기에서는 활렬보강근 없이 벽체의 복배근에 맞추어 정착 철근도 복수정착으로 하여 서로 불연속이 되는 방식182)을 제시하였다. 이는 시공의 번거로움으로 인해 활렬보강근 방식을 현장에서 쉽게 받아들이기 어렵다는 판단에서이다. 그렇다고 일본건축방재협회의 '기존철근콘크리트조 건축물의 내진개수설계 지침'에서 제시한 싱글정착과 할렬보강근 방식을 부정하는 것은 아니다.

181) 앵커철근과 벽체 철근을 긴결, 용접 또는 케미칼앵커로 정착하여 연속성을 확보하면 '일체화시공'이라 할 수 있다. 이에 반해 겉보기 일체화는 debonding 정착으로 분리작용을 한다. 채움벽의 내진보강은 지진동에 의한 전도방지와 분리작용이 주안이므로, 골조와 전단벽의 상호작용으로 인한 충돌 없이 지진력을 전달할 수 있도록 골조와 전단벽이 상호작용을 하면서도 골조의 손상 없이 자유로이 움직이게 한다. 여기에서 제시한 일체화 시공은 공공 발주의 경우에 기존골조와 신설 내진벽을 사실상 일체화하는 방식이므로, 이를 거역하기 어려워서 궁여지책으로 제시한 것이다.

182) 정착철근을 벽체철근과 긴결하지 않고 정착철근의 표면에 윤활유를 도포하여 부착성이 낮게 debonding한 것으로 사실상 벽체의 4주변(골조와 채움벽 사이)에 신축줄눈이 있는 상태라고 할 수 있다.

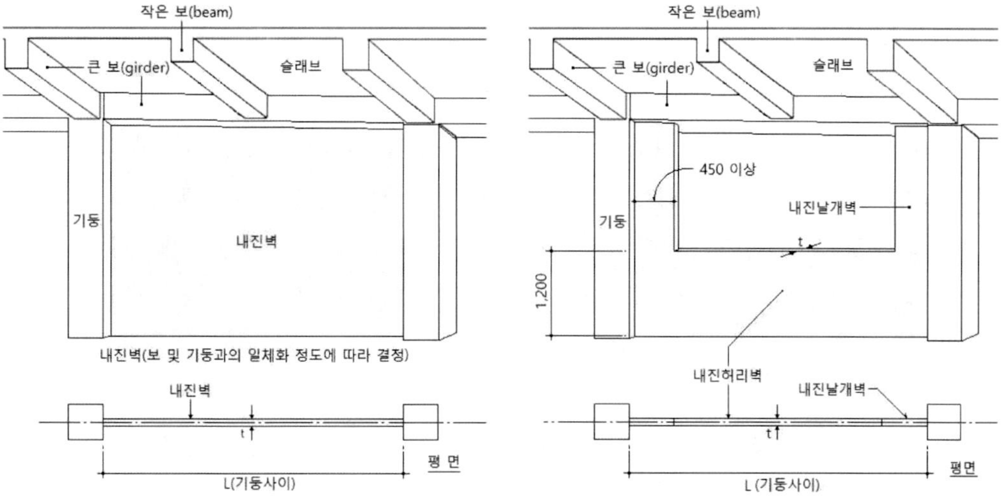

그림 57 내진벽 신설보강개요도(좌), 날개벽/허리벽 내진보강 개요도(우)

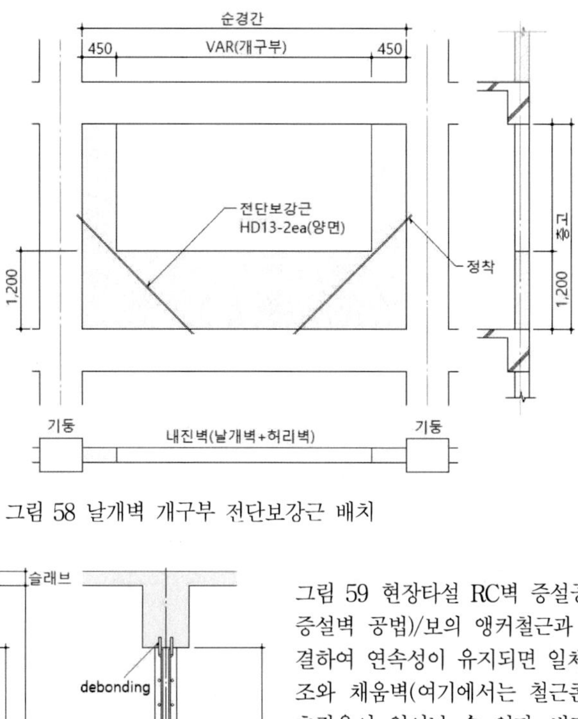

그림 58 날개벽 개구부 전단보강근 배치

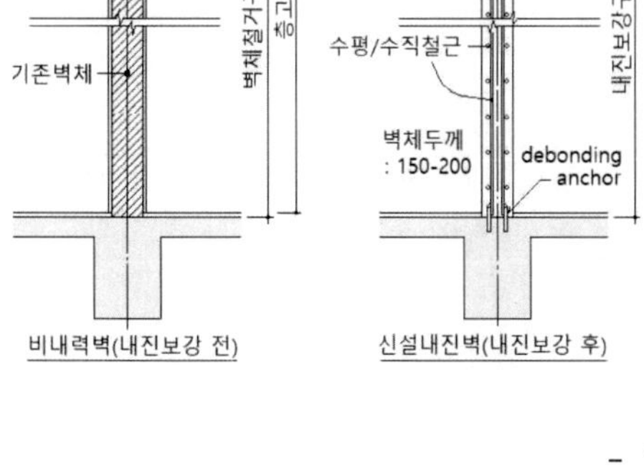

그림 59 현장타설 RC벽 증설공법(채움벽 설치의 증설벽 공법)/보의 앵커철근과 벽체의 철근을 긴결하여 연속성이 유지되면 일체화되어 이때는 골조와 채움벽(여기에서는 철근콘크리트벽)간에 상호작용이 일어날 수 있다. 반면에 debonding 정착은 지진 시에 채움벽과 골조 간에 분리작용을 기대할 수 있다. 이는 상하부의 보에만 앵커를 하거나, 벽체 4주변 모두를 앵커하는 방식이 있다. 그러나 기존 벽체에 대한 단면증설(증타벽), 개구부 폐쇄 벽 보강의 경우는 4주변에 대해 앵커를 하는 것이 일반적이다. 이는 기존 벽체의 바탕에 덧붙이는 증타벽은 일체화가 다소 떨어질 수 있음에 따른 보완으로 보인다.

철근콘크리트조 건축물의 내진성 확보에 있어서 중요요소라고 할 수 있는 내진벽에는 출입구와 설비 배관 등으로 인해 개구부가 설치되는 경우가 많다. 이같이 내진벽에 개구부를 설치하는 경우 개구부의 비율에 따른 탄성 강성과 내력의 저감율 및 개구부 주변의 보강철근량이 내진성에 영향을 미친다. 개구(開口) 내진벽은 무개구(無開口) 내진벽에 비하여 파괴되는 부분이 더욱더 명확하다. 일반적으로는 개구 옆의 날개벽이 파괴된다. 개구 옆을 보강하여 내진벽 각부(耐震壁脚部)에서 휨 항복 되도록 하면 무개구 내진벽과 마찬가지의 인성 거동을 기대할 수 있다. 개구 옆벽의 전단 강도를 증대시키기 위해서는 개구 옆벽 전체에 경사 보강근을 배근하는 것이 구조 내력상 유효하다. 기존 건축물에 대한 증설내진벽의 보-기둥에 대한 시공은 아래와 같은 여러 방법이 적용될 수 있다.

아래의 자료는 학교시설 내진성능평가 및 보강매뉴얼(교육부), 既存鐵筋コンクリート造建築物の耐震改修設計指針 同解說, 既存鐵筋コンクリート造建築物の耐震診斷基準 同解說을 전재하였다.

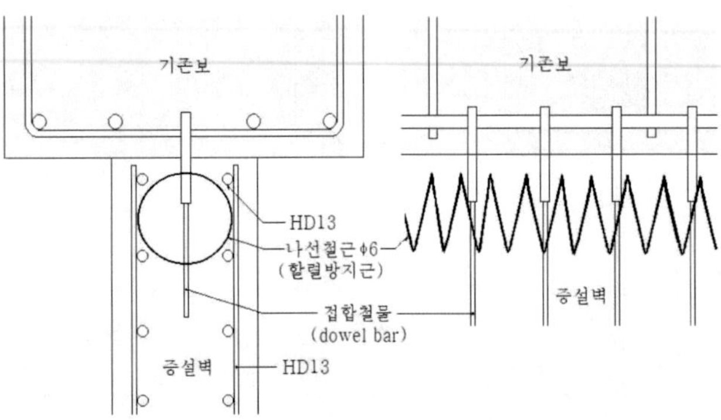

그림 60 나선철근에 의한 할렬보강요령/참고문헌: 既存鐵筋コンクリート造建築物の耐震改修設計指針 同解說. p.85.

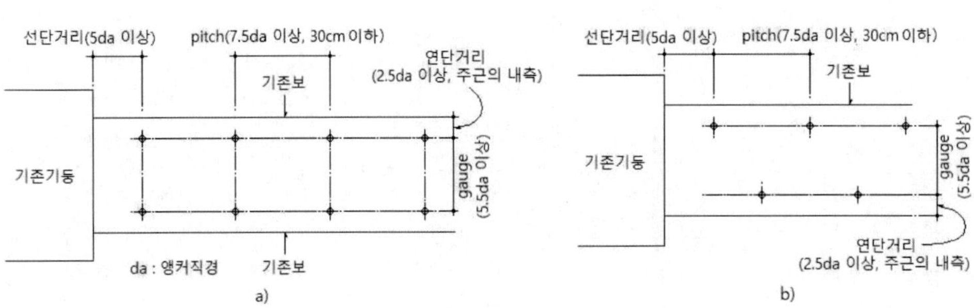

그림 61 후 시공앵커의 간격 및 호칭/a)는 복(double) 배치, b)는 엇갈림배치. a) 배치와 b) 배치는 내진성능평가 기술자의 판단에 따른다. 엇갈림배치는 신설 내진벽의 두께가 얇거나 기존 보의 폭이 시공앵커의 복배근 배치의 기본치수에 미달할 경우에 유효하다.

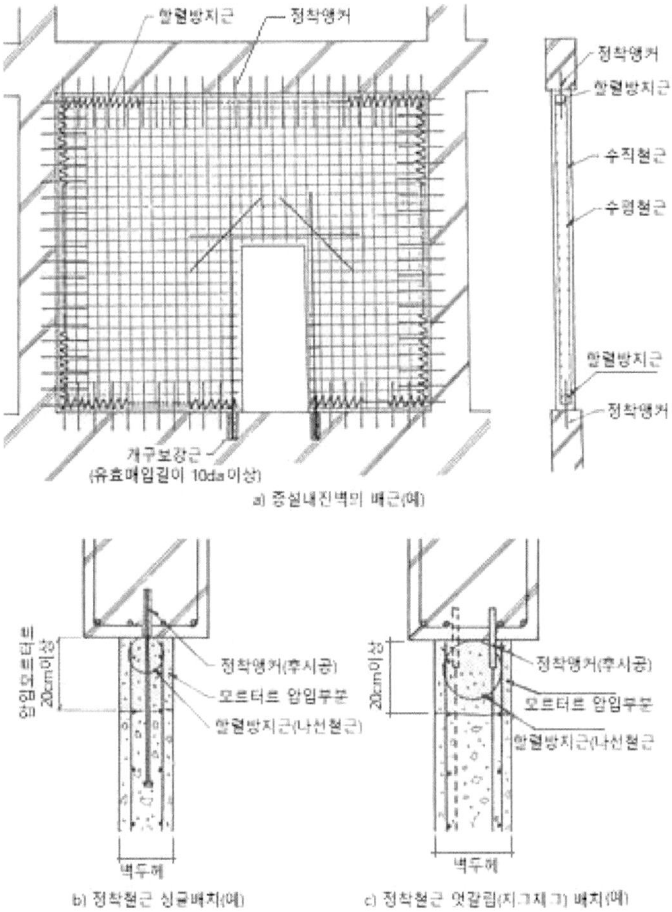

그림 62 증설내진벽의 후 시공 앵커배근의 예 /그림 출처: 既存鐵筋コンクリート造建築物の耐震改修設計指針 同解說. p.207.

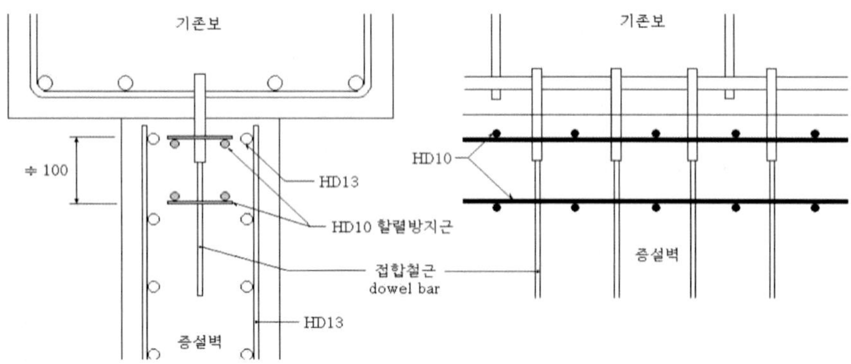

그림 63 싱글정착 할렬보강(예)/복배근의 증설벽 선단의 외주 변을 마무리하는 철근이 없는 상태에서, 할렬보강근이 증설벽 상단의 균열 발생을 억제한다. 증설벽은 복배근이지만 기존 보와는 싱글로 연결한다. 나선철근 형식의 할렬보강근도 있다. 증설벽 선단에 대한 이 같은 처리는 증설벽과 기존구조체(예: 보, 기둥)가 일체화될 경우에 이들이 서로 상이한 거동을 하여, 증설벽의 전단응력과 변형으로 증설벽과 정착(앵커)부가 파괴될 수 있다. 이같이 기존 부재와 증설벽의 힘의 흐름에 따른 상호작용을 고려하여 기존구조체와 증설벽의 선단이 분리작용을 하도록 할렬보강근을 설치한다. 더블정착으로 접합부를 보강할 경우에도 증설벽 자체의 복배근 철근과 할렬방지 더블정착근은 서로 연결하지 않는다. 그림: 既存鐵筋コンクリート造建築物の耐震改修設計指針 同解說. p.85

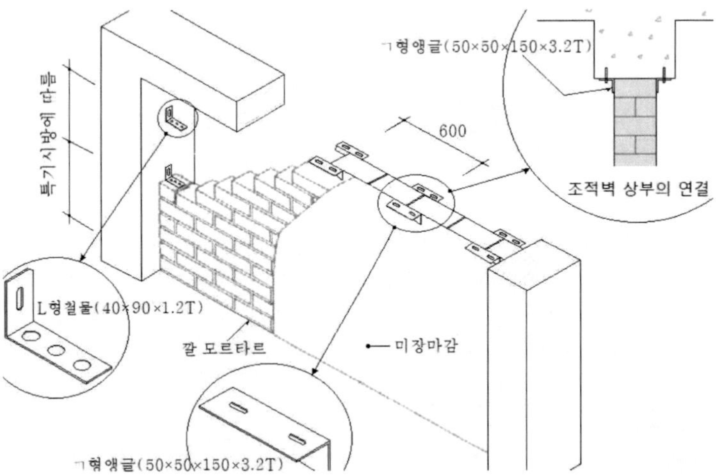

그림 64 조적벽의 내진보강/국내기업의 '비구조요소 내진설계 가이드라인(2021)'에 ㄱ형 앵글이 한쪽 면에만 설치된 것을 양쪽 면 설치로 수정하였다. 또한, 구조계산으로 L형 철물의 설치 간격을 구하는 것이 실용적이지 않으므로 경험치로 변경하였다. 이는 현행 구조기준이 조적조의 특성을 고려하여 경험적 설계법을 적용하고 있고, 조적벽의 내진보강은 횡력에 대한 전도방지와 골조와 벽체 간의 충돌방지가 목표이기 때문이다. 벽체의 지지형식은 조적벽 하단부 바닥면의 깔모르타르 부분을 기본 지지변으로 하여, 2변지지(바닥면 깔모르타르+상부ㄱ형앵글설치), 3변지지(바닥면 깔모르타르+양 측면 L형 철물설치), 4변지지(바닥면 깔모르타르+상부ㄱ형 앵글설치+양 측면 L형 철물설치)로 나누어 여러 조건(규모 등)에 따라 적용한다.

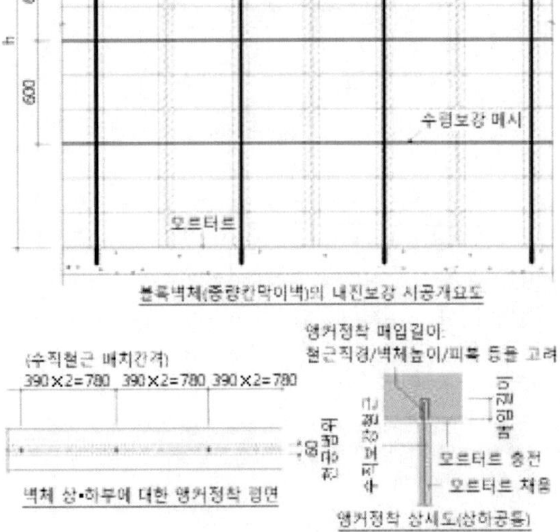

그림 65 보강블록벽체(비구조요소)의 내진보강(예)/블록벽체를 양 측면(예:기둥)에 대한 고정철물 없이, 수직보강철근이 매입된 모르타르 채움의 블록벽체 상하부를 보에 2변지지로 정착하는 방식이다. 여기에서 블록 3켜마다 배치된 수평보강 메시는 수직보강철근에 대한 보조철근이기도 하지만, 지진력 또는 풍하중으로 유발된 횡 방향 전단력(lateral shear force)에 저항하는 벽체의 수평보강철근의 역할을 한다. 수직보강철근은 벽체의 전도(overturning)에 따른 인장과 압축에 저항한다.

다) 조적조 건물의 내진보강요소

조적조 건물의 내진보강에는 다음과 같은 요소를 고려한다.

① 벽량의 확보

내력벽의 양이 많을수록 횡력에 저항하는 힘도 커지므로 큰 건물일수록 벽량을 증가할 필요가 있다. 내력벽 길이의 총합계를 그 층의 건물면적으로 나눈 값을 벽량이라고 한다. 즉, 단위면적(㎡)에 대한 그 면적 내에 있는 벽길이(㎝)의 비이다.

② 전도방지를 위한 벽체(면적, 두께) 설치

벽체의 전도(면외 변형)는 지진으로 발생할 수 있는 치명적인 현상이다. 전도방지를 위해서는 횡력에 대응하는 벽체 면적을 최소화하고, 그 면적에 맞는 벽두께를 확보하는 것이다. 건축구조기준에서는 벽돌조 2층 이상 건물에서 공칭두께 200㎜ 이상이어야 하며 층높이가 2.7m를 넘지 않은 1층 조적조 건물의 경우 150㎜ 이상으로 하도록 하고 있다.

③ 벽체의 테두리보 설치

최소의 벽체 면적과 소정의 두께를 확보하고 횡 지지 부재와의 일체성을 확보하는 역할을 한다. 즉, 테두리보와 벽체와의 적절한 부착성을 확보하고, 또한 대린벽,·부축벽과의 일체성도 확보한다. 테두리 보[183]의 역할은 지진피해의 조적조 건물에서 확인되고 있다.

④ 개구부 인방보 설치

조적조 건물에서 개구부에 인방보가 없는 경우는 수직하중에 대해서도 취약하지만, 지진 시에 횡력이 가해지면 개구부 모서리에 사인장 경사균열이 발생하게 된다. 조적조 건물 개구부의 인방보 설치(철근콘크리트)는 내진보강의 필수적인 요소이다.

라) 지하실/기초의 지진동 영향

→ 표면구조물(surface structures)에 비하여 지하구조물(underground structures)은 지하지반의 높은 강성으로 인해 진동과 진폭이 감소되는 특성이 있다. 또한, 표면 구조물보다 지진피해가 현저하게 적으며, 피해는 토피(overburden depth)가 증가함에 따라 감소(예: 깊은 터널은 얕은

183) 테두리 보(wall girder, bond beam)는 벽돌 조적조 위에 슬래브가 놓일 때 하중을 벽체에 균등하게 분포시키고 슬래브와 하부 벽이 하나의 구조단위로 작용하도록 연결한다. 각 층의 둘레에 연속해서 설치하여 수평 방향 횡격막작용(horizontal diaphragm action)에 의한 축인장응력에 저항하는 역할을 한다.

터널보다 더 안전하고 지진동에 덜 취약하다)하는 것으로 보고 되고 있다. 2021년 서울지하철의 지하구조물 내진보강공사가 한창 진행 중에, 아래에 기술한 지진동의 영향은 필자가 저층의 학교건물에서 주상복합의 초고층 건물에 이르는 '내진성능평가'용역을 수행하면서 정리한 자료이다. 여러 문헌에서 지하구조물 부분과 관련된 내용을 발췌하여 개인소견을 덧붙였다. 정리된 자료 중에는 현재 국내에서 수행하고 있는 내진성능평가(지하구조물은 내진설계기준을 준용하여 평가)와 다소간 상충하는 부분도 있으나, 내진설계[184]에 대한 지침 또한 공적으로 고시한 일종의 행정규칙에 해당하므로 이에 따를 수밖에 없다. 그래서 아래의 자료는 내진성능평가의 참고자료로 쓰일 수 있을 것이다.

『 지표면에서의 지진동의 성질은 표층지반의 영향을 크게 받게 된다. 따라서 표층지반 하부에 위치하면서 그 영향(증폭작용)을 거의 받지 않는다고 생각되는 충분히 견고한 지층을 고려하여 이를 지진기반(암반에 해당)이라고 정의한다. 따라서 이 지진기반을 기준으로 하여 진원(震源)의 특성과 전파경로의 특성 등 두 개의 요소를 근거로 하여 지진동의 성질을 보다 보편적으로 다룰 수가 있게 된다. 실용적인 방법으로 지지기반(기반암)을 정할 수 있는 조건은 다음과 같다.

① 전단파속도가 700m/sec 이상인 지층
② 지반의 강성이 표층지반에 비하여 현저하게 높은 지층
③ N값이 50 이상인 지층 』[185]

구조물이 건축되는 장소는 대개 단단한 지반 위에 충적층(沖積層)이라고 하는 부드러운 지반이 있으며 지진동은 여기에서 크게 증폭된다. 즉, 기반층의 지진동에 비하여 그 상부층을 구성하고 있는 유연한 충적층 지반의 지진동이 크게 증폭된다[186]. 이같이 구조물에 작용하는 지진동은 표층지반의 특성에 따라 크게 영향을 받는다. 즉, 기반 상부의 성층(成層) 지반은 각기 고유의 진동특성을 가지고 있으며, 기반으로부터 입사 전달되는 지진동의 특성을 변화시켜 증폭시키는 작용을 하게 된다. 내진설계 및 내진성능평가에 있어서 지반의 종별에 대한 판별은 건축물기초의 저부(파일의 경우에는 선단 지지부) 직하의 지반으로 한다. 여기에서 기초의 저부를 지지하는 지반은 단순히 건축물의 중량을 직접 지지하고 있는 지반의 기능보다는 건축물에 작용하는 지진동의 특성을 크게 좌우하는 지층으로 평가한다.

184) 현재 국내에서 지하실 부분은 지표에서 기반암 깊이, 기초저면의 깊이, 지반조사정보(N치, 심도, 전단파속도, 기타)등을 토압(지진토압, 정적토압)으로 입력하여 응답변위법에 의해 내진설계를 하고 있다.
185) 고층P.C아파트 내진구조설계연구(구조시스템연구), 1990, pp. 54~55
186) ATC3-06에서는 지반의 종류에 따라 최고 1.5배의 증폭효과가 있는 것으로 간주하고 있다.

□ 지하실 부분 및 기초의 내진효과

말뚝에 지지되어 있는 건물에 지진하중(수평하중)이 작용하면 건물의 지하 부분도 수평 변위와 함께 전도모멘트에 의해 변형이 일어난다. 이때 수평력에 대한 지하 부분의 저항요소는 지하실 외벽 전면(前面)의 수동저항, 지하실 측면의 마찰저항, 지하실 저면(底面)의 마찰저항, 말뚝지정의 수평 저항 등이다. 이와 함께 전도모멘트에 대해 지하 부분에서 기대할 수 있는 것은 건물의 밑면에 대한 일체화[187]와 부상(浮上)에 대한 앵커정착(앵커작용)이다. 이는 기둥, 벽, 코아 등의 내진요소를 지하 외벽 또는 내벽에 연결하여 개개 내진요소의 밑면에 생기는 모멘트 혹은 축방향력을 건물 전체 폭으로 넓히는 역할을 한다. 또한, 지하 부분의 건물 근입은 지반(地盤)의 기반(基盤)에 직접 강한 지하부를 설치하는 것에 의해 연약지반 내에서의 지진력의 증폭을 피하거나, 또는 지하부에서의 지진입력의 일산 등의 효과도 기대할 수 있다.

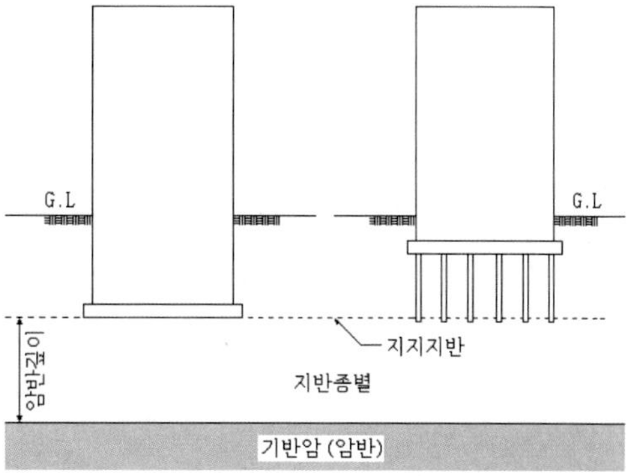

그림 66 내진성능평가의 지지지반, 지반 종별과 기반(암반)깊이/현행의 내진기준에서는 기반암을 전단파속도 760m/sec이상으로, 지반의 종별은 증폭효과에 따라 $S_1 \sim S_6$로 분류하고 있다. 또한, 기반암의 깊이(암반깊이)는 20m 이하와 초과로 나누어 적용하고 있다. 이는 충적층의 깊이가 두껍게 됨에 따라 도괴율(倒壞率)이 급격히 증가하는 것을 반영한 것이다.

건물기초 부분의 증폭(增幅)은 전도모멘트에 저항하는 폭을 넓힌다는 의미이기도 하다. 기초 부분의 폭 넓힘에는 고층건물의 기초부에 저층부를 접속하거나 지하부에서 폭을 넓히는 방법 등 형상 면에서는 여러 가지가 있다. 그러나 기초의 증폭이 의도하는 바는 기초부에 대한 단면계수의 증가이다. 이는 기초부에 대한 일체성을 전제로 한 효과이므로, 이것이 이루어지지 않은 평면적인 형상만의 폭 넓힘만으로는 의미가 없다. 전도모멘트에 대한 지반 반력은 하중을 받은 건물의 길이의 크기에 반비례하므로 건물기초의 증폭은 지반의 반력감소에 유리하다.

구조설계 시에 고려하는 지하 외벽에 작용하는 하중은 면내 하중과 면외 하중으로 나눌 수 있다. 면내 하중은 벽면에 평행하게 작용하는 지진력이나 풍압력이며, 이들의 하중에 의하여 벽면에 수평하중의 면내 전단력과 연직하중의 면내 압축력·면내 인장력이 발생하고 이들의 응력에 대응하는 것이 내력벽이다. 면외 하중은 벽면에 직각으로 작용하는 하중으로서 토압 및 수압이 있으며, 그 밖에도 주변 구조물과 외주 변에서의

187) 예컨대, 기초(말뚝지정을 포함)를 연결하는 지중보를 설치하여 모든 기초가 일체로 거동하도록 한다.

공사 등에 의한 수평 방향의 압력이 문제 될 때도 있다. 다만, 지진 시에 지하벽(basement wall)에는 3가지 성분의 압력이 작용하는 것으로 상정할 수 있다. 즉, 중력하중에 따른 정압력(static pressure), 지진에 기인한 동압력(dynamic pressure), 그리고 상재하중 등의 외력에 의해 배면토(backfill)와 함께 벽에 변위를 일으킬 수 있는 수압을 포함한 토압력이다. 따라서 지진 시에 지하 내·외벽에 작용하는 수평하중은 토압력(earth pressure)과 지진력(earthquake load)이라고 할 수 있다. 건축물 지하실 부분은 일반적으로 다음과 같이 평가한다.

① 토피고(overburden)가 증가할수록 고정도가 증가한다. 여기에서 건축물의 진동주기와 변위 응답이 감소한다.
② 기초 부분의 감쇠성이 증가한다.
③ 매입부 측벽에 동토압(動土壓)이 작용하게 된다.

내진설계 시에는 지진의 영향으로 인한 힘을 구조물의 기초로 전달하는 기초 저부(底部)에 있는 부재(예:파일지정)까지도 내진설계를 적용하도록 하고 있다[188]. 그러나 Dowrick은 토압을 받는 모든 지하벽의 설계에 동토압(seismic earth pressure)을 고려하지 않아도 무방하다는 사실을 다음과 같이 설명하고 있다. '사실상 내진구조설계를 실시하고 있는 여러 나라에서의 관례를 종합하여 볼 때, 일반적으로 건축물의 지하실 외벽설계에 동토압을 특별히 고려하고 있지 않다는 경향이 상례라고 지적하면서, 정적인 토압만을 고려하여 설계하였을 때의 장기하중에 대한 안전율을 고려한다면, 이와 맞먹는 동토압(단기하중에 해당)을 충분히 지지할 수가 있게 된다"는 것이다.[189]

근래의 지진에서 지하실 벽 및 가새 지지구조(braced retaining structures[190]))의 성능을 관찰한 결과, 실제의 지진하중의 실제 크기에 맞게 구조설계가 되어있지 않았더라도 지진으로 인한 지하 또는 깊은 굴착 벽의 붕괴는 드물다고 보고되고 있다. 예를 들어, Loma Prieta(1989년), Northridge(1994년) 및 Kobe 지진(1995년)의 경험에서 지하실 벽 또는 깊은 굴착(deep excavations)으로 인한 붕괴는 드물었으며, 오래된 많은 구조물이 지진하중으로 전혀 설계되지 않았거나, 설계하였다고 하더라도 지반운동이 실제의 구조물이 경험한 것보다 훨씬 작았다는 것이다.

이는 관계문헌(Roozbeh Geraili Mikola, Nicholas Sitar, 2013)에서도 "최근의 지진에서

188) 예컨대, 지하실이 없고 단지 지지파일만으로 지지되어 있는 경우는 힘의 전달이 기대되지 않으므로 파일의 수평저항에 의해 수평력이 지반에 전달되도록 해야 한다.
189) 고층P.C아파트내진구조설계연구, p.57.
190) 캔틸레버형식의 1변 자유단(지진하중이 직접 전달되지 않은 부분) 옹벽과는 달리, 건물 지하층의 외주벽과 같이 횡가재(보, 가새 등)로 지지된 옹벽의 구조물로 정의한다.

지하실 벽과 옹벽의 성능을 관찰한 결과, 내진설계를 하지 않았음에도 불구하고 지진 발생 시에 지하실 파괴가 거의 발생하지 않았다."라고 언급하고 있다. 또한 "약간의 파괴는 관찰되었지만, 매우 가혹한 지진하중 하에서도 기존의 정적인 하중으로 설계한 옹벽에 문제가 있다는 증거는 없었으며, 중국의 Wenchuan지진(2008) 또는 칠레(2010)와 일본(2011)의 대규모 섭입대(subduction zone)[191] 지진과 같은 지진에서도 옹벽의 심각한 손상이나 파괴가 발생하지 않았다"라는 것이다. 현재의 설계방법은 실제로 관측되지 않은 지진토압에 의한 큰 동적하중으로 추정할 수 있고, 또한 최근 연구에서는 매립 효과를 반영할 필요가 있다고 인정하고 있지만, 구체적인 규정은 제안되지 않고 있다.

지하구조물(underground structures)은 대부분 표면구조물(surface structures)과 구별되는 지진 거동을 한다. 지하구조물은 토양이나 암석에 완전히 둘러싸여 있고 터널과 같이 상당한 길이의 구조물도 있다. 따라서 지하시설물의 내진설계는 표면구조물과는 매우 다른 면이 있다. 지하 시설(underground facilities)은 지하철, 철도, 고속도로, 자재 저장, 하수 및 송수 등에 광범위하게 사용되고 있으며, 역사적으로 보면, 지상 구조물보다 지진에 의한 손상이 적음에도 불구하고. 일부 지하구조물은 1995년 일본 고베(Kobe), 1999년 대만 치치(Chi-Chi), 1999년 터키 코카엘리(Kocaeli) 지진을 포함하여 대규모 지진에서는 심각한 피해를 받았다고 보고되었다. 즉, 역사적으로 지하 시설은 지상 구조물보다 지진에 의한 손상이 적음에도 심한 피해사례가 나타나고 있다.

지진동에 의한 지하구조물(지하층, 지중구조물 등)의 지진재해에 대한 검증은 지하구조물의 지진피해 사례 및 향후 지진동실험과 함께 심층 연구되어야 할 과제이다. 특히 지상구조물과 지하구조물의 지진동에 대한 조건이 다르고, 대부분의 지하구조물은 지상구조물에 비해 거주 안전에 대한 위험부담이 적다. 안전관리의 근본이념이 인명 존중에 있으므로, 지하구조물의 지진재해에 대해서는 특별히 내진을 고려하지 않거나 과도한 내진평가가 되지 않도록 할 필요가 있다. 다만, 지하 거주공간이나 중요시설, 지하도시 수준의 지하구조물은 지진동에 대해 여러 복합적인 위험요소가 있을 수 있고, 근본적으로 지상에 노출된 구조물과 지중의 지하구조물은 지진동에 대한 조건과 특성이 같을 수 없으므로, 이들에 대해서는 별도의 검토를 고려할 수는 있을 것이다.

『기초의 내진성을 확보하기 위해서는 상부구조의 층수에 대해 지하실 부위를 많게 하는 것이 바람직하다. 이는 과거의 지진피해를 보더라도 지하실이 있는 건물과 없는 건물에는 뚜렷한 차이가 있는 것으로 나타났다. 즉, 지하실이 있는 건물이 피해가 적은 것으로 나타났다. 그 이유는 명확하지 않지만, 지하실이 있는 구조물은 지하벽 및 기초

191) 섭입대(攝入帶)에서 섭입은 "두 개의 판이 서로 충돌하여 하나가 다른 하나의 아래쪽으로 밀려 들어가는 과정"으로서, 이러한 현상이 발생하는 지역을 섭입대(subduction zone)라고 기술하고 있다.

저면에서 진동에너지가 분산되기 때문으로 생각할 수 있다[192].

또한, 지진피해 상황에서 보면 연결보(지중보)의 강성이 부족하여 상부구조에 큰 피해를 주기도 한다. 기초구조의 강성이 낮으면 지반의 부분적인 변형으로 부등침하가 생기든지 접지압 분포의 복잡한 변화 등으로 기둥에 불규칙한 변위를 주어 상부구조에 불리한 응력이 생기게 한다. 연결보는 주각을 수평으로 이을 뿐만 아니라 기초부의 회전에 저항하는 역할도 함으로 주각과 기초와의 쌍방을 결합하도록 배치하는 것이 필요하다. 기초구조의 내진효과를 상승시키기 위해서는 지진 시에 기초부분과 부분적인 수평 변위에 변화하도록 하는 방법도 고려하여 연결보의 강성을 높여주는 것이 바람직하다. 또한, 지하실을 두어 많은 벽을 배치하고 지하구조 전체의 강성을 높이는 것이 내진에 유리하다.

직접기초를 지지시키려는 지반에서는 특히 액상화가 일어나지 말아야 하며, 만약 액상화가 염려되는 경우에는 기초를 그 범위 아래층의 견고한 지반까지 내리던가, 또는 지반개량법에 따라 지반을 개량하던가, 또는 말뚝기초로 설계변경이 필요하다. 즉, 액상화가 염려되는 연약지반에서는 지반개량을 하거나 견고한 지반까지 말뚝을 관입시켜야 한다.

직접기초인 경우와 같이 말뚝기초인 경우에도 기초의 연결보는 반드시 설치하여 기초전체가 가능한 한 일체로 거동하게 하여 부분적인 수평변위에 저항하도록 하는 것이 바람직하다. 특히, 기초를 연결하는 연결보를 설치함으로써 가능한 한 모든 기초가 일체로 작용하도록 할 필요가 있다(참고: 내진설계 지침서작성에 관한 연구, p.378-380).』

학교시설내진성능평가 및 보강매뉴얼(교육부)에는 지하층의 모델링에 대해 "지하층 구조의 바닥면적이 지상구조의 바닥면적에 비하여 매우 큰 경우에는 지상구조를 분리하여 해석할 수 있다. 그렇지 않은 경우는 지하구조를 지상구조와 함께 모델링하여야 한다."라고 되어있다. 이는 다중이 이용하는 지하철 구조물에 대한 내진성능평가도 이에 해당할 수 있다. 그러나 문헌에 의하면, 지하구조물은 구조물이 지진단층(fault) 내에 존재하지 않은 한 지진의 영향을 고려치 않음을 원칙으로 하고 있다. 다만, 지하실을 갖고 있는 건축물의 내진효과 등에 대해서는 내진성능검토에 이를 반영하기 어려운 것이 현실이나, 적어도 탁월 주기가 건축물의 1차 고유주기와 일치되지 않도록 요망하는 정도이다. 또한, 구조물과 지반의 상호작용이 복잡하고 특히 독립적인 말뚝지정(pile)은 그 상호작용에 대한 해석이 불가능한 것으로 되어있어, 말뚝은 한둘씩이 아니라 여러 개씩 함께 군집(group)으로 사용하도록 하고 있다. 다만, 내진성능평가에 있어서 말뚝의 설치는 경제성과 시공성을 고려하여 기초보강에 가급적 피할 필요가 있다.

192) 이는 지하층이 있는 건물에서는 지하벽의 수평저항을 기대할 수 있다는 의미로 받아들여진다.

→ 국내의 상하수도·전력·전기통신설비·가스시설, 지하 공동구, 지하차도, 터널, 지하철 등 지하구조물의 내진성능평가에 대한 정보는 거의 습득할 수 없는 실정이다. 따라서 국내 및 국외의 내진성능평가가 어떻게 이루어지고 있는지 등, 향후 지하시설물의 내진성능에 대한 연구와 검토가 필요하다.[193]

□ 지하일산감쇠(地下逸散減衰)

지진에 의한 지반의 흔들림은 지반특성, 기저지반의 증폭특성에 의해 다양하다는 것은 잘 알려져 있다. 기초 직하의 지반층에서의 지진동(earthquake motions)의 증폭작용의 영향이 지배적이기 때문에, 내진 기준에서 지반 종별의 판별은 기초저부(基礎底部) 직하의 지반층을 기준으로 하는 것이 타당할 것이다. 지진파가 구조물의 기초저부에 도달하였을 때, 그 일부가 구조물을 진동원으로 하여 지반에 퍼지는 운동에너지를 소비하고 구조물의 진동이 감쇠하는 현상을 일산감쇠(dissipation damping, radiation damping)라고 한다. 이는 지반 위에서 진동하는 구조물이 있을 때, 구조물이 진동원이 되어 파동이 지중에 전해지는 것과 같은 현상이다. 건물진동의 파동이 사방팔방에 퍼져서 다시 되돌아오기 때문에 구조물은 에너지를 잃게 된다. 이같이 잃어버린 에너지는 마치 점성 감쇠(viscous damping)로 잃은 에너지와 동일한 차원을 지니기 때문에 일반적으로 이를 지하 일산감쇠(逸散減衰) 또는 방사감쇠(放射減衰)로 부르고 있다.

건물의 감쇠는 부재의 불완전 탄성에 기본이 되는 이력 감쇠, 부재 간 접합부의 미끄러짐으로 기인하는 구조 감쇠, 지하 일산감쇠 등 여러 가지의 요소가 겹쳐서 생긴다. 이러한 감쇠를 이론적으로 추정하는 것은 곤란하다. 그래서 실제 건물의 감쇠 정수를 측정하고 적절히 추정하는 방법이 쓰일 수 있다. 즉, 실제의 지진동을 가지고 건물의 저부와 상층에서 동시에 측정하여 그로부터 감쇠를 역산하는 편이 실행적이라고 할 수 있다. 이러한 감쇠 정수는 직접적으로는 지반 강도와 관계없이 건물의 중량이 적을수록, 또한 접지 면적이 클수록 크게 된다. 다만, 건물에 지진계가 설치되어 있다고 할지라도, 건물의 저부와 상층과의 지진데이터에서 일산감쇠는 들어오지 않는다. 왜냐하면, 일단 건물에 투과된 파동이 정부(頂部)에서 반사하여 다시 기초에 도달했을 때 파동의 일부는 지반에 전해지며, 이 사실은 건물의 진동에너지의 일부가 지하에 일산하는 것을 의미하고 그 때문에 건물의 진동이 감쇠하기 때문이다. 따라서 지하 일산감쇠는 실험치와 이론치의 비교에 의해서 적절히 판단하여 결정하고 있다. 문헌에 의하면 건물

193) 사견으로, 지중구조물은 외주면이 탄성체인 흙에 의해 지지되어 있는 상태이므로 상대적으로 지상구조물과는 달리 전도붕괴의 위험이나 부착물의 추락 등에 대한 위험이 거의 없을 것으로 추정된다. 이를 위해 이들 지중구조물에 대한 내진성능연구, 이를테면 지중에 암거(터널)가 설치된 상황을 축소모델시험체로 재현하여 진동대(shaking table) 시험을 통해 지진동의 영향을 실증해 보는 것이다.

이 강(剛)할수록 지하 일산의 효과가 나타나는 것으로 되어 있다(金井清, pp. 125-164).

□ 지하구조물에 대한 내진성능평가

지하구조물에 대한 내진성능평가는 건축물 내진설계(KDS 41 17 00 : 2019)의 지하구조물의 내진설계기준에 준하여 수행하도록 하고 있다. 예컨대, 내진설계에 있어서 지진하중[194]은 지상구조물의 관성력에 의한 지진하중, 지하구조물의 관성력에 의한 지진하중, 설계지진토압(토사의 관성력에 의해 지하구조물에 작용하는 하중)을 포함한다. 여기에서 지진토압은 지표면으로부터 기반암(지층의 전단파속도 760m/s 이상) 사이 토사의 운동을 고려하여 계산하며, 기반암은 지하구조물에 지진토압을 유발하지 않는 것으로 가정한다.

그림 67 2021년 현재, 지진피해를 겪어본 적이 없는 지하철 구조물 전반에 걸쳐 내진보강공사(예)가 진행 중

일반적으로 지하구조물에 대한 지진해석 및 내진설계를 위한 지진토압은 응답변위법, 시간이력해석법을 이용하여 계산할 수 있다. 다만, 지표면으로부터 기반암까지 토사의 깊이가 15m 이내이고, 지표면에서 지하구조물 기초 저면까지의 깊이가 토사 깊이의 2/3 이하인 경우 지진토압은 이들 두 가지 방법 이외에 추가로 등가정적법을 적용할 수 있다. 여기서 등가정적법에 의한 지진토압은 지표면에서 지하구조물 저면까지 깊이가 증가함에 따라 선형으로 증가하는 토압분포로 가정한다. 또한, 지하구조의 강성이 지상구조의 강성보다 매우 큰 경우, 이를 분리하여 해석할 수 있다. 이때 지상구조의 해석모델은 지표면에서 고정조건을 사용할 수 있고 지하구조의 해석모델은 기초하부가 고정된 해석모델을 사용하며, 지상구조로부터 전달된 하중, 지하구조의 지진하중, 지진토압, 정적토압을 고려해야 한다. 다만, 상기와 같은 구조설계기준으로 내진성능평가를 하게 되면 구조설계와 마찬가지 개념이 되어 신뢰할만한 내진성능평가라고 할 수 없다는 견해도 있다. 즉, 내진성능평가를 내진설계기준에 준하면 서로 상충할 수 있다.

1.8.4 실내시험 및 현장시험

구조물진단은 일반적으로 동기유발→상담→의뢰→조사→평가→방안제시→결론(종합)

194) 지진에 의한 지반운동으로 구조물에 작용하는 하중.

→보고서 제출(설명195))의 과정을 갖는다. 이 과정에서는 현장답사, 사용 이력 및 상황조사, 도면검토, 상태조사 및 평가, 구조검토 등을 통해 경험이 축적된 진단전문가에 의해 보통은 개별적으로 수행한다. 대부분의 구조물진단은 이러한 과정으로 이루어진다. 그러나 고도의 전문지식과 기술을 필요로 하는 조사, 또는 시험이나 구조해석 등에 의한 평가가 병행되는 경우에는 그 분야 전문가와의 협업이나 관계기관 등에 해당 사안에 대한 의견조회 등을 하게 된다. 이 경우에도 적절한 시험방법에 대한 최종평가는 전문지식과 실제적 경험이 축적된 진단전문가에 의해서 이루어진다.

진단전문가는 구조물을 정성적(qualitative), 정량적(quantitative)으로 평가하기 위해서 계측과 시험 등에 의한 조사도 병행하지만, 구조물에 이상(異常)이 생겼을 때는 대부분 이로 인한 결함이 구조물 외부로 표출되기 때문에 현상조사만으로도 정밀한 진단을 수행할 수 있다. 그래서 역량과 경험을 지닌 '진단전문가의 눈'은 첨단진단장비를 능가하는 도구라고 할 수 있다. 말하자면, 구조물진단과 관련한 풍부한 지식과 이론을 겸비한 '진단전문가의 눈'이 가장 좋은 장비이다. 다만, 현상조사가 어려운 지중하수관이나 배수관과 같은 구조물에 대해서는 진단전문가의 눈이 도달할 수 없으므로, 이러한 경우는 별도의 탐사 장비를 사용한다.

다종다양한 구조물진단의 동기부여와 성격으로, 이들에 대한 조사항목 및 방법, 평가기준, 시험방법 등을 표준으로 정하기 어렵고, 정해진 경우도 거의 없다. 그래서 상당부분이 진단전문가의 역량에 따른 개인판단에 의할 수밖에 없다. 이는 진단전문가의 풍부한 진단 관련의 공학지식과 실제적 경험이 중요한 이유이기도 하다.

구조물진단에 있어서 진단전문가의 판단을 보조하는 시험조사는 2가지로 생각할 수 있다. 레벨측정과 같은 간단한 기구를 사용한 조사와 표면 경도(예: hammer), 초음파(Ultrasonic), 자기장이나 전자파, 방사선, 공진 및 타격법 등의 시험장비에 의한 조사이다. 이들은 모두 재료와 구조체의 성질을 변화시키거나 내구성을 떨어뜨리지 않고 평가하는 시험으로써, 특정 목적의 조사항목과 조사내용에 따라 필요시에 사용한다. 그리고 구조물에 손상을 주는 파괴시험(destructive testing)은 현장에서 직접 실시하거나 혹은 현장에서 시료를 채취하여 실험실에서 실시하기도 한다. 이러한 파괴시험은 시료

195) 진단결과의 이해당사자들에 대한 설명은 갈등조정 및 해소 차원에서 부득할 경우만 한다. 진단보고서는 이해당사자들에게 제출하는 성과물이지만, 갈등이 전개되는 과정에 따라 제3자(행정기관, 법원 등)에게도 제출되므로 넓게는 이들까지도 설득하기 위한 문서이다. 이해당사자가 개인 간일 수도 있고 집단일 수도 있다. 계약당사자에게만 진단결과를 설명하게 되면 자칫 그가 '갑'이라는 입장에서 보고를 받아야 하는 것으로 오인하기도 하며, 보고서의 평가내용을 구체적으로 지적하여 자신의 편의대로 변경하려 하기도 한다. 그래서 설명은 이해당사자 모두가 계약조건으로 동의하였을 때로 한정할 필요가 있다. 다만, 진단용역계약이 완료(용역대금이 지급)된 이후에 설명하는 것이 바람직하다. 그렇지 않으면, 이해당사자 상호 간 혹은 이들과 용역수행자 간에 분란이 일어날 수도 있다. 자기 편의적인 엇갈린 주장이 난무하기 때문이다.

채취와 함께 재료 및 구조체의 성질을 검사 및 또는 측정하는 과정에서 구조물의 성질을 변화시키고 손상 또는 파손시켜 내구성에도 영향을 미칠 수 있다. 그러나 구조물진단에는 항상 비파괴시험(nondestructive testing) 또는 파괴시험이 필요한 것으로 이해하고 이를 통해서만 정밀한 진단을 할 수 있다고 생각하여, 진단전문가의 육안조사를 신뢰하지 않는 경향도 있다. 이는 곧 필요 이상의 시험장비를 사용하게 하고, 불필요한 장비를 구비 하게 만든다.

'시험'이라고 함은 구조물의 지반, 구성 부재나 재료가 가지고 있는 역학적, 물리적, 화학적 성질이나 기능을 기구나 장비를 사용하여 그 수준과 정도를 실지로 파악하여 보는 일이다. 여기에서는 조사기구나 장비를 이용한 진단전문가의 '눈'에 의한 관찰도 시험에 해당하는 것으로 간주하였다. 이는 모든 구조물진단이 진단전문가가 관찰하는 '눈'에 의해서 조사하고 시험 여부와 방법이 최종적으로 결정되기 때문이다.

구조물의 실체가 곧 구성 부재이며 재료라는 점에서, 구조물진단에서의 시험은 매우 중요한 요소이다. 그러나 사용 중인 실물대(實物大)의 기존 구조체에 대한 시험은 실험실에서 연구와 개발 등을 목적으로 하는 실물대의 실험체나 축소 모형체의 실험과는 다르다.[196] 즉, 구조물진단에서의 시험은 특정 조사항목에 대한 계측과 검측, 품질과 성능, 열화 등의 상태 여부를 확인하는 것이 대부분이기 때문에, 실험실에서 행하는 구조체 및 재료의 성질이나 특성을 조사 연구하는 측면의 실험과는 구분된다고 할 수 있다. 물론 구조물진단에서도 실험실에서의 시험이 필요할 때도 있다. 그러나 구조물진단에 있어서 시험은 대부분이 현장에서 직접 실시하게 된다.

아래의 조사 자료는 구조물진단현장에서 필요에 따라 직접 탐사했던 현장시험, 공인기관에 의뢰한 시험자료의 예이다.

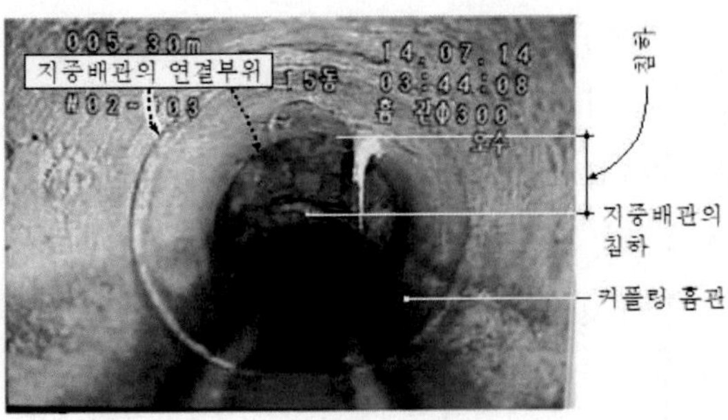

그림 68 탐사 로봇에 의한 지중매설관 탐사/지표면 4-5m 깊이에서 하수관의 연결부위가 약 15㎝ 정도 침하된 상태이다. 내부탐사 장비에 의해 지중매설관의 침하와 이탈이 관찰되어 건물 지하층 외벽의 누수경로를 확인하였다 이러한 누수는 주변 토사를 교란하고, 토사 교란이 장기화하면 지중에 공동이 형성되어 싱크 홀(땅 꺼짐) 현상을 일으키기도 하다.

196) 실험(experiment)은 조사연구로서 광의 뜻으로, 시험(test)은 검사의 뜻이 있다. 예컨대, 재료실험, 구조실험은 실시목적에 따라 각각 재료시험, 구조시험이라고 할 수 있지만, 재료실험의 일환으로 실시하는 압축강도나 인장강도시험을 실험이라고 하지는 않는다. KS나 ISO(International Organization for Standardization) 등에 의한 방화시험이나 내화시험을 방화실험, 내화실험이라고는 하지 않는다.

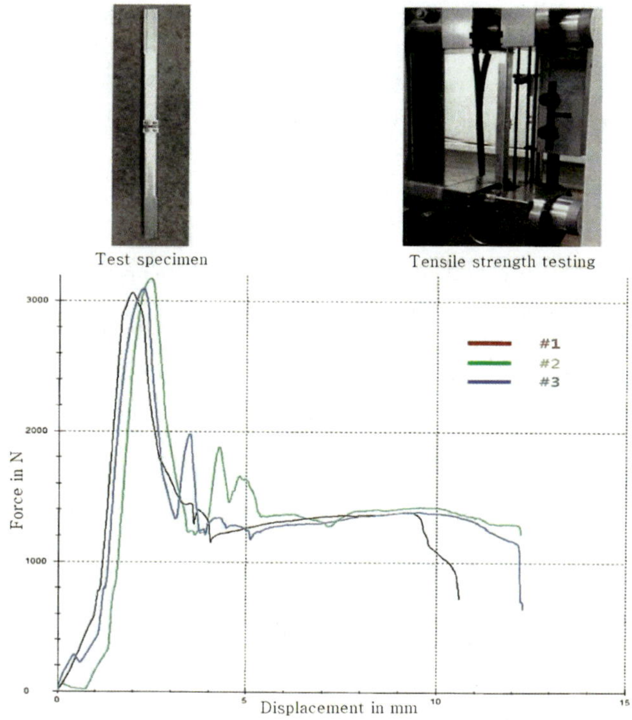

그림 69 공인시험기관의 시험결과(예)/접이식 옥외피난계단의 접합부를 절취하여 의뢰한 결과의 인장강도시험성적서이다. 인장강도에 대한 언급(평가)이 없는 시험성적서이다. 이는 공인시험기관의 관례이므로, 접이식 계단에 요구되는 접합부의 인장강도에 대해 진단기술자가 적의(適宜) 평가할 수밖에 없다. 인장시험성적서의 y축은 가력(force), x축은 변위(displacement)이다. 좌측사진은 인장시험편, 우측은 인장시험기에 시험편이 설치된 상태 사진이다. 일반의 시험성적서에는 인장강도만을 기록하므로, 이들 자료는 시험의뢰 전에 별도로 요청하여 받은 것이다.

그림 70 시험결과에 대한 언급이 없는 공인시험기관의 시험성적서(예)/KS D 9502(염수분무시험방법, Methods of Neutral Salt Spray Testing)에 의해 식염수의 분무 속에 시료를 폭로시켜 내식성(corrosion resistance)을 조사하는 촉진시험성적서이다. 접합부(힌지 절점)의 내식성을 보기 위한 720시간 중성염수분무 시험결과로써, 시험기관에서 시험결과에 대한 평가 없이 시험 전과 시험 후의 상태 사진만을 게재한 시험성적서를 받았다. 이러한 경우에 시험을 의뢰한 개인이 시험성적서의 상태 사진을 보고 직접 내식성을 적의(適宜) 평가할 수밖에 없다.

모든 구조물은 엄밀히 말하면 비선형 거동을 한다. 그러나 대부분 변형이나 응력이 크지 않다고 보아 구조물이 선형거동을 하는 것으로 가정하여 선형해석으로 수행한다. 다만, 비선형 거동이 크거나 해석결과를 정확하게 요구하는 경우, 이를테면 극한하중을 구해야만 하는 경우는 비선형 해석을 한다. 구조물진단에서의 비선형 해석은 진단평가에 필요한 결과를 얻기 위해서 혹은 결과의 신뢰성 확보가 필요한 경우에 실험이 가능한 부분은 실험을 병행하여 결과를 찾는 것이 좋다.

신축건물의 구조설계와는 달리 구조계산으로 기존구조물을 평가한다는 것은 극히 신뢰성이 낮고 부적절하다. 현재의 상태를 평가하는 구조물진단과는 달리, 구조계산은 가정과 추정을 전제로 하는 해석이고 평가이기 때문이다. 따라서 특정 구조부재에 대한 내력평가는 그 구조체에 대한 상태평가를 통해서 혹은 불가피한 경우에는 소정의 실험을 통해서 평가하는 것이 최선이며 또한 신뢰성도 높다.[197]

구조설계에서는 사용 부재 및 재료의 성질과 구조체의 역학적 거동이 확실하지 않으면, 구성 부재의 성질(강도, 강성 등)을 매개변수로 하는 구조해석의 신뢰성이 떨어진다. 이러한 경우는 실물이나 축소모형체에 의한 구조실험을 통하여 그 값을 확인하는 방법을 병용하기도 한다. 부재와 재료의 명확한 물성 자료에 의한다고 하더라도 구조해석으로 탄성 범위 내의 구조체의 거동은 알 수 있겠지만, 전단면이 소성화 되어 파괴에 도달할 때까지의 비선형 거동은 실물대 크기의 파괴시험을 하지 않는 한 과거의 자료, 혹은 새로운 구조시험에 의해 추정할 수밖에 없다.

구조물의 탄성 영역을 초과하는 비탄성 소성 영역의 거동은 확인할 방법이 없을 때도 있다. 그러기 때문에 구조물은 이론과 실험적인 연구가 서로 일체[198]가 되도록 부단한 노력을 기울여 안전에 대한 이론이 실험적으로 검증되거나, 실험을 통해서 이론식이 정립되어야 적용할 수 있다. 예를 들어, 실물체(實物體) 혹은 실대구조물(實大構造物), 축소모형시험체[199]의 파괴시험을 통해, 시험체(試驗体)를 탄성 영역에서 파괴영역에 이르기까지 가력(정적, 동적 하중 등)을 하여 부재 및 접합부 등의 응력과 변형, 뒤틀림, 변위, 파괴상태를 조사하여 구조물의 거동을 분석하고 그 결과에 대하여 해석적인 계산 값과 비교하여, 당해 구조물이 구조기준에 적합 여부를 판단하는 것 등이다.

구조물진단의 경우에도 현장에서 직접 구조시험을 하는 경우가 많다. 그 대표적인 예가 교량 상부구조나 말뚝기초에 대해 실시하고 있는 정규화 되어있는 재하시험이다.

---

197) 실존구조물의 내력평가에 구조해석 또는 하중시험이 적용될 수 있다. 다만, 이들은 기존구조물의 내력평가의 한 부분으로 적용할 필요가 있으며, 내력부족의 영향을 잘 이해하고 치수를 측정할 수 있고 해석에 요구되는 부재의 재료특성이 결정되면 이러한 정보를 기반으로 하여 평가가 가능해진다.

198) 구조물의 합리적인 설계와 안전을 뒷받침하는 구조시험은 구조역학과 재료역학을 기본으로 하는 구조설계법의 발전에 중요한 역할을 하므로, 구조시험과 구조설계는 동전의 양면처럼 따로 따로는 가치를 발휘할 수 없는 관계라고 할 수 있다. 구조이론과 구조설계법의 발전에 구조실험이 중요한 역할을 한다는 것이다.

199) 최소한의 오차범위 내에서 원형(prototype)시험과 같은 결과를 재현하고 예측하고자 하는 축소모형의 시험체이다. 이는 실물체로는 직접 시험하기가 곤란하기 때문에, 시험체를 상사법칙(similitude law)에 따라 축소 제작한 모형구조체이다. 모형시험을 하기 위한 모형(모델)은 원형(prototype)과 상사성이 성립(similitude requirement)되어야만 그 모형시험에 의미가 있다. 구조시험은 실물 혹은 실대 크기의 구조체로 실시하는 것이 가장 좋은 방법이지만, 이는 치수가 크고 공간적인 제한을 받고 많은 시간과 비용이 필요하므로 이 같은 축소모형시험을 이용하게 된다. 다만, 이러한 축소모형시험에는 상사법칙이 적용되어야 한다. 즉, 상사법칙의 적용은 어떤 물리적 현상을 연구하는데 있어 모형시험을 통해 얻은 결과를 이용하여 원형시험을 하는 것과 똑같은 결과를 얻을 수 있는가에 목표를 두고 있다.

구조물진단에서 이같이 정규화된 구조시험을 적용하기도 하지만, 이보다는 진단전문가가 구조물의 상태 파악을 위해 직접 시험방법을 현장에서 착안하여 적용하는 시험이 실용적으로 쓰이고 있다. 구조물의 상태조사결과에 따라 필요시에 실시하게 되는 구조성능시험은 그 시험방법이 정규화(또는 표준화)되어 있지 않고 표준화하기도 어렵기 때문이다. 보 및 슬래브와 같은 부재의 재하시험은 직접 재하하여 처짐이나 변형을 측정하는 시험으로써, 시험조건에 따른 재하 장치와 도구를 구비하여 집중 재하와 등분포 재하방식으로 실시한다. 이러한 시험은 주로 부재 내력이 의심되는 경우, 설계하중을 초과하는 하중이 가해지는 경우, 화해(fire damage)를 입은 부재 등의 내력평가에 쓰인다. 그러나 시험대상에 대한 재하량의 적용과 계측에 있어서 오차 발생에 대한 유의, 과대 재하에 따른 대상 부재의 파괴에 대한 충분한 검토가 필요하다. 그러나 구조시험이나 부재시험, 재료시험 등의 실험시설과 전문 인력이 충분하지 못한 국내의 여건을 고려하여, 구조물진단 시에 요구되는 이와 같은 성능시험을 생략하기도 한다.

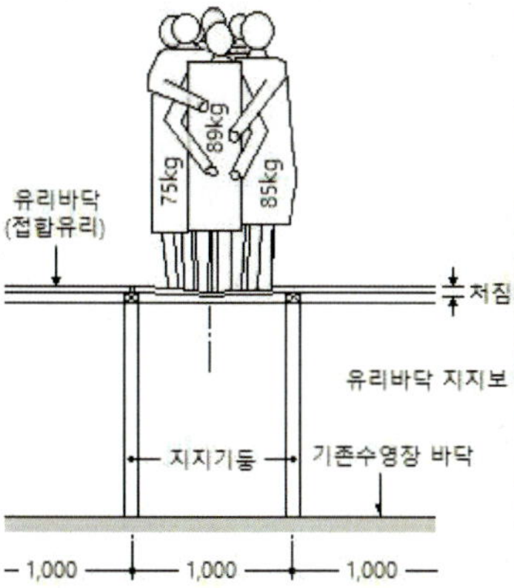

단변방향에 대한 유리바닥 지해시험개요도

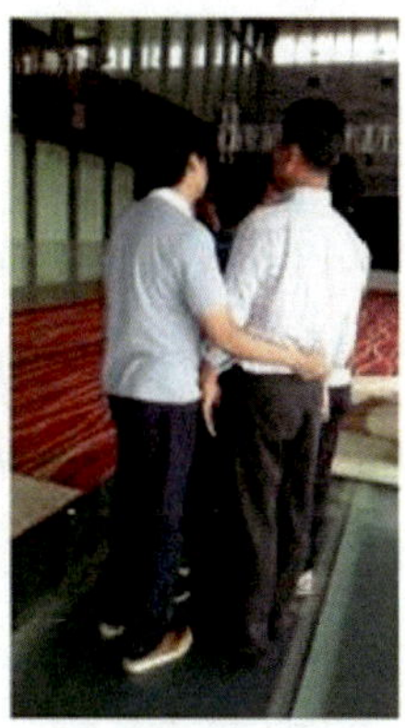

7인 재하시험

그림 71 현장에서 유리바닥에 대해 약 500kg/㎡ 재하시험(예)/현장에서 직접 실시한 7인 재하시험이다. 계측기를 사용하지 않고 육안으로 관찰하는 수준으로 실시하였다.

구조물의 내력과 관련한 응력 또는 변형, 부재의 거동과 특성 등을 파악하기 위하여 실시하는 모형시험체나 부분골조시험체(sub-assemblage), 실제의 구조물에 외력을 가하는 실물대 구조시험은 가력 장치와 방법 등에 따라 시험대상이 제한되는 등의 단점이 있으나, 실제의 구조물을 시험대상으로 할 때는 구조물의 내력을 직접 판단하는 이점이 있다. 아래의 재하시험은 실제의 구조물에 측정 기구를 설치하여 직접 하중을 가하고 내력(하중, 변형, 잔유변형, 복원력 측정 등)을 검토한 실물대 구조시험의 예이다.

옥외피난계단 난간살에 대한 수평충격시험 광경

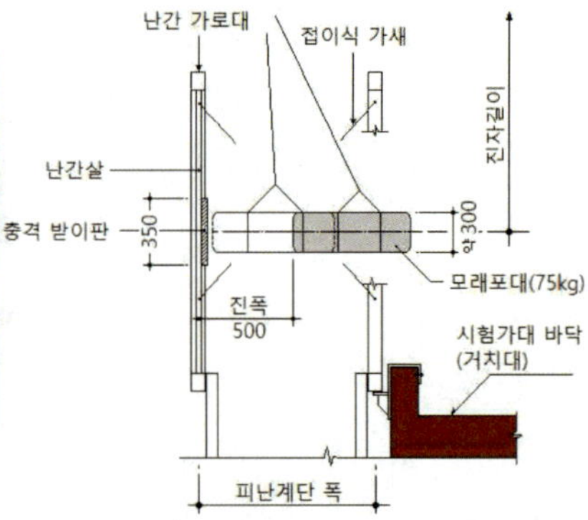

그림 72 발코니 난간에 대한 충격(75kg, 진폭 50㎝ 가로타격)시험(예)/난간에 대한 충격시험은 긴급대피 시에 피난자가 충격을 가했을 때의 난간살에 대한 충격내력시험이다. 출처: 접이식 안전난간 및 옥외피난계단 안전성능평가보고서(2016.08), 한국구조물진단연구원

그림 73 유리안전난간에 대한 수평하중 가력시험(예)/현장간이시험

구조역학과 구조해석 기법의 진보가 새로운 구조시스템으로 개선되게 하는 것과 마찬가지로 실험연구에 따른 부재 및 재료의 성질 등의 구조물에 대한 실험자료는 구조설계를 보다 합리적이고 용이하게 한다. 뒷받침하는 이론적 자료도 없고, 실험적으로도 검증되지 않은 부재 및 재료를 구조설계에 적용될 수는 없기 때문이다.

구조설계의 목적은 허용할 수 있는 위험확률의 범위 내에서[200] 건설 중 및 사용 중에 예상되는 모든 외적 작용에 대해서 소정의 안전성, 내구성 및 사용성을 만족하고 구조물을 경제적으로 만들어 내는 것에 있다. 이러한 구조설계는 모델링(modeling)[201]을 통한 구조해석에 의하여 이루어진다. 이에 적용되고 있는 구조이론은 수많은 실험적 연구와 해석적 연구, 이론적 연구에 의하여 확립된 것들이다. 구조해석에 이미 적용되고 있는 부재 및 재료의 물성 또한 수많은 파괴시험을 통해서 검증된 자료이다. 그러나 구조물진단에서는 사용 중인 기존구조물에 대해 파괴시험으로 안전성을 평가할 수가 없으므로 가능한 비파괴적인 방법으로 구조시험을 한다. 그래서 구조물진단에서의 구조시험은 파괴시험으로 극한상태의 거동까지 규명하고자 하는 연구실험과는 그 성격과 범위가 확연히 다르다.

기존구조물에 대한 구조시험은 구조물의 안전성을 실증하는 역할을 한다. 구조시험이 구조물진단에 실제로 적용되는 대표적인 예는 앞서 기술한 바와 같이 교량 상부구

200) 허용할 수 있는 위험 범위 이내로 제한하는 것은 구조설계에서 피할 수 없는 각종 불확실성 때문이다.
201) 물리적인 문제(physical problem)를 이에 대응하는 수학적 모델(mathematical model)로 전환하는 것을 말한다.

조에 대한 내하성 평가이다. 이는 소정의 시험방법에 의한 재하시험에서 얻은 응력과 변형 등의 데이터와 설계상의 가정에 의해 산출된 데이터를 대비하여 평가한다.

기존구조물의 내하력을 평가하는 방법은 크게 두 가지로 나누어 생각할 수 있다. 그 중에 하나는 상태조사에서 확보한 자료에 따라 구조해석에 의해 안전성을 평가하는 방법이고, 다른 하나는 재하시험에 의해서 직접적으로 안전성을 평가하는 방법으로써 이들의 결과를 대비하는 평가이다. 이러한 점에서 교량 상부구조에 대한 재하시험[202]과 함께 병행하고 있는 구조해석은 신축계획도면을 대상으로 하는 구조설계에서의 구조해석과는 그 목적이 사뭇 다르다. 신축구조물에서는 구조해석을 통해 부재 설계를 하는 것이 주된 일이지만, 구조물진단에서는 기존구조물의 현 상태를 평가하여 원인을 규명하고 필요시에만 성능개선을 위해 보강하고 보완하는 것이 주된 일이다.

여기에서 재하시험과 함께 실시하는 구조해석에 의한 내하력 검토는 탄성거동에 영향을 주지 않은 범위 내에서의 구조체의 응력과 변형을 대상으로 하는 안전성 평가이다. 다시 말해서, 구조물진단에서의 내하력평가는 대상구조체가 지닌 극한능력이 어느 정도인가를 알아보는 평가가 아니라, 설계 당시의 수준을 탄성 범위 내에서 어느 정도 유지하고 있는가를 비파괴로 검사하는 안전성 평가이다. 요컨대, 구조물의 상태에 따라 안전성과 사용성을 평가하고, 필요시에는 구조시험과 더불어 구조해석을 함으로써 안전성 평가를 보조하는 역할을 한다.

1.8.5 실험, 구조해석 및 설계의 조화

구조설계와 구조물진단의 차이, 경험적인 구조설계와 진단 경험에 기반한 평가

구조기술자는 건축물의 배치나 전체적인 규모 등을 정하지 않는다. 이는 건축주와 건축설계자의 몫이기 때문이다. 구조기술자는 오직 기본계획의 결정이 내려진 후에 구조물에 대한 개개 부재의 해석과 설계를 한다. 이에 반해 구조물진단은 법률(법규범 등), 사회학(사회규범 등), 계획과정(programming), 인간의 행동, 건축계획, 환경조절문제, 시공, 구조설계, 기술검토 등 광범위한 분야를 다루게 된다. 따라서 진단전문가는 이에 대한 통섭(通涉, consilience)이 요구된다.

또한, 구조물진단의 범위와 규모가 커지면 시간적인 제약도 받지만, 여러 분야의 전문

202) 교량의 재하시험은 교량의 탄성 거동에 영향을 주지 않은 크기로 결정된 하중을 직접 재하 하여, 주요 부재의 실제 거동을 관찰 및 계측하여 교량의 거동을 검토하는 것이다. 재하시험의 목적은 교량의 실제 내하력을 정량화시키기 위함이며, 재하시험의 결과는 이론적인 방법으로 평가된 교량의 내하력을 보완하는데 있다.

가와 협력이 요구되기도 한다. 물론 건축물의 기본계획을 결정함에도 구조물진단과 유사한 이러한 통섭이 필요하다. 구조설계에서도 구조역학과 재료역학이 기본이 되기는 하지만 전부는 아니다. 즉, 이는 구조역학적인 것과 재료의 성질뿐 만이 아니라 부재의 배치 및 계획, 실험, 공법의 적용 및 경제성 등에 대한 폭넓은 지식을 포함하고 있다. 이러한 관계는 BIM(Building Information Modeling)의 활용을 통해 건축가와 구조설계자, 시공자, 자재생산자, 유지관리자 등의 정보를 통합 관리하여 건축과 구조공학의 융합으로 건축물을 생산하고 이를 통해서 건설산업이 진화되어 발전하는 것과 같다.

구조설계는 제도적으로 대부분을 구조기술사가 다루게 되어있다. 그러나 구조설계와 기술검토를 포함하여 다양한 분야에 대해 넓고 깊은 지식이 요구되는 구조물진단을 이들의 업무로 특정할 수는 없다.[203] 구조설계는 최종적으로는 구조도면의 형태로 완성된다. 이러한 구조도면이 완성되기 위해서는 '구조계획', '구조계산', '구조기준(법규범)'이라는 3가지 요소가 서로 적합하게 어우러져야 한다. 그래서 구조계획과 구조계산이 아무리 잘(적합하게)되었다고 할지라도, 당국에서 정한 소정의 구조기준(법 규정 등)에 따르지 않았다면 그 구조도면은 쓰일 수 없게 된다. 구조설계는 이같이 3가지의 기본요소가 바탕이 된다.

구조설계에서는 보통 상시 하중(고정, 적재하중)의 상태와 호우・폭풍・지진과 같은 비상의 상태, 그 어느 경우에도 건축물이 구조적으로 안전하도록 설계한다. 그리고 평상시의 상태에 대해서는 '장기(長期)'라 하고, 비상시에 대해서는 그 작용하는 기간이 짧으므로 '단기(短期)'라고 하고 있다. 단기 하중은 비교적 단시간 작용하는 임시하중으로서, 통상 구조설계의 응력계산 시에 쓰이는 외력이다. 따라서 '장기의 하중 상태'란 상시 하중만이 작용하고 있는 경우이며, '단기의 하중 상태'란 이 상시 하중에 임시하중(적설 하중, 풍 압력, 지진력)이 가해졌을 때의 하중 상태이다. 이같이 '장기', '단기'의 하중 상태에 따라서 구조부재에는 각각 '장기응력'과 '단기응력'이 생긴다. 이와 같은 하중조합에 의해서 구조설계를 하게 된다.

상식적으로 구조부재에 생기는 응력은 장기보다는 단기의 쪽이 커질 때가 많다. 다만, 힘의 방향이나 구조부재의 조합에 따라서는 응력이 서로 상살 되어 조합 응력이 적어지는 일이 생기기도 한다. 어떻든 이같이 하중 상태가 2가지로 구분되므로 그에

203) 예컨대, 실제적인 계획·설계·시공의 기술검토를 위해서는 해당 전문기술자로 특정하여야 한다. 기술검토는 구체적으로 해당 분야의 기술자로 특정하는 것이 바람직하다. 그러나 건설공사의 관련 법규 및 일반 시방은 물론, 특기 시방, 특정공법에 대한 시공기술검토 등에서조차도 일률적으로 구조기술사를 특정하고 있다. 이 때문에 특수 전문시공업체에 종사하는 전문기술자가 비전문 구조기술사에게 요식행위를 하게 하는 상황이 전개되기도 한다. 당해 기술검토사항이 구조기술사의 분야가 아닐 수도 있고, 이로 인해 요식적인 기술검토로 흐를 수 있으며 이것이 관행화될 수도 있다.

대한 허용응력 또한 '장기'와 '단기'로 구분하게 된다. 보통 '단기응력'이 '장기응력'보다 크기 때문에 이에 대해서 '단기의 허용응력도'는 '장기의 허용응력도'보다도 크게 설정되어 있다. 예를 들면, "단기 허용압축응력도는 장기 허용압축응력도의 1.5배로 한다." 등이다. 결국 '장기'보다 '단기'의 쪽에서 '안전율'을 적게 취하고 있는 셈이다.[204] 이같이 '장기'와 '단기'의 안전율을 다르게 하는 것은 장기의 상태 때와 같이 적재가 계속 지속될 경우에 재료적인 고통이 일어나지 않도록, 또한 다소나마 여유가 있도록 해 놓고, 단기의 상태와 같이 말하자면 비상시에는 부재 강도의 최대한도까지 응력이 걸리더라도 어쩔 수 없다는 구조설계의 개념이라고 할 수 있다.

기존구조물은 안전성을 충분히 신뢰할 수 없는 상태이면 구조적으로 개입을 하게 된다. 즉, 보수·보강·보완·교체 등을 통해 구조물을 재생하거나 혹은 철거로 결정하여 재축을 적용하기도 한다. 또는 감시관찰이나 용도변경을 통해 현상을 유지하면서 관리하기도 한다.

국제 표준 ISO 13822(기존구조물의 평가)에 명시된 안전 및 사용성에 대한 요구사항[205]은 신축구조물 설계에서 제시하는 것과 원칙적으로 같다. 그러나 신축구조물에 대한 설계기준과 기존구조물에 대한 평가 기준에는 근본적인 차이가 있다. 다만, 일반적으로 기존구조물에 대해서는 구조적인 개입을 최소화하여야 하며 기존 자재를 사용하는 것이 요구되며, 기존 재료의 실제 성질은 신중하게 평가해야 한다.

<표6> 구조물의 신뢰성에 대한 성능요구사항의 차이

기준	기존구조물	신축구조물
경제적	구조적 안전성을 높이기 위한 증분 비용(incremental cost)은 일반적으로 높다.	구조적 안전성을 증가시키는 증분 비용은 일반적으로 더 낮다.
사회적	사용성 및 유산 가치보존의 감소 또는 중단으로 인해 중요할 수 있다.	일반적으로 기존구조물보다 덜 중요하다.
지속 가능성.	기존 자재가 많이 사용되며, 폐기물 감소 및 재활용으로 이어진다.	일반적으로 새로운 재료가 적용된다.

아래의 표는 구조물의 구조설계와 안전진단의 차이점을 간략하게 구분한 것이다. 신축구조물은 도상구조물(예상구조물)을 대상으로 하여 설계조건에 따라 응력과 변형에 대한 구조해석으로 부재 설계를 하는 과정을 갖는다. 이러한 신축구조물의 구조설계와

204) 그러나 최근의 구조설계기준을 살펴보면, 구조설계의 최적화보다는 구조설계이론의 단순화 및 사회적으로 고조되는 안전에 대한 불안감으로 허용응력도에 대한 장단기 재료 안전율(예: 안전율 1.5)을 동일하게 설정하는 경향도 있다.
205) 국제 표준 ISO 13822는 기존구조물의 평가를 위한 일반원칙만을 제공하고 있다.

기존구조물을 대상으로 하여 현재의 성능을 평가하는 안전진단의 과정을 비교해 보면, 이들의 차이점을 구분할 수 있을 것이다.

<표7> 구조물 설계와 구조물(안전)진단의 차이

구분 과정	구조물 구조설계	구조물(안전)진단
1	주 대상: 신축 도상 구조물(예상 구조물)	주 대상 : 기존 구조물, 구조도면의 미비
2	설계조건의 가정 (하중, 지반, 허용 변위 및 응력)	설계 당시와 조건변화 실제(현실) 구조물에 대한 상태조사 및 평가
3	구조해석(응력, 변형)-예상 하중, 예상 변위	필요 시 구조해석 및 검토(응력, 변형) -실제 하중, 예상 변위
4	부재 설계66	유지관리 및 보완·보강방안제시 및 설계
5	법규범	법규범, 사회규범

실제의 현실(現實)에 바탕을 두고 현상(現狀)을 검토하는 구조물진단은 기존구조물을 대상으로 한다. 이는 가정(假定)을 전제로 하는 도상구조물을 대상으로 하는 구조설계와 명확히 구별된다. 즉, 구조물진단은 실존구조물에 대한 현상조사 및 평가를 통해 구조물에 적합한 조치를 찾는다. 구조설계는 기준에 충실하면서 기술적인 판단이 필요한 경우에 설계단계에서 소위 '안전 측'으로 가정하는 것이 주안점이다.

구조물 안전진단에서는 실제 구조물에 실제 외력이 작용하면서 발생한 실제의 변위/변형을 측정하게 된다. 이를 허용 변위와 비교하거나 실제의 변위/변형으로부터 실제의 응력(혹은 단면력/내력)을 구하여 허용응력과 비교한다. 이 경우에 허용 변위나 응력을 초과할 경우는 보강을 검토하게 된다. 따라서 구조설계에서는 대상구조물에 대한 설계방침을 정하고 외력을 가정하는 것으로부터 시작되지만, 구조물진단에서는 대상구조물에 대한 상태조사가 선행되어야 한다. 상태조사와 평가결과에 따라 구조검토여부가 정해지기 때문이다. 즉, 상태조사 및 평가결과에 따라 구조검토가 필요할 경우는 부분적으로 혹은 전체적으로 구조해석을 하여 보완 및 보강방안을 제시하는 과정으로 진행된다. 그러나 상태조사결과, 구조물의 상태가 보강이 요구되지 않을 경우는 그러한 상태에서는 구조안전진단이 아니라 구조물에 대한 현상진단으로 수행하게 된다. 요컨대, 응력과 변형의 2가지 조건을 만족하고 있지 않으면, 대상구조물은 안전에 문제가 있는 것으로 판단하여 안전성과 사용성을 확보하기 위한 보완 및 보강방안을 마련하는 과정으로 진행된다.

『구조해석은 구조물에 작용하는 외력에 대한 정•동적 응답(static & dynamic response)을 구하는 일련의 해석적 또는 수치적인 과정이다. 이러한 구조해석방법들은 흔히 수치적인 공식이나 알고리즘으로 표현되는 것이 보통이지만, 대부분의 구조해석법은 구조역학 및 재료역학, 구조해석이론의 발전과 더불어 수정•보완되고 체계화되었으며, 이론뿐만 아니라 실험적 연구, 모형 및 현장실험, 실제적 경험 및 공학적 판단 등을 통하여 알게 된 구조 응답 및 거동에 관한 수많은 연구결과와 정보에 바탕을 두고 그 타당성이 입증된 것이다.』 206)

이러한 구조해석은 안전하고 경제적으로 설계하기 위한 구조물의 설계과정, 또는 작용 하중에 따른 시공과정이나 유지관리과정에서 기존구조물의 안전성 평가에 필요한 정보인 구조물의 정•동적구조응답(부재력, 변위, 진동수, 진동모드 등)를 수치적인 방법으로 구한다. 다만, 설계과정에서는 예상한 하중에 의한 구조해석과 작용 하중에 따라 구조설계를 하지만, 기존구조물의 안전진단에서는 상태조사결과에 따라 안전성 검토가 필요할 때에 한하여 실제 하중과 상태에 따른 구조해석과 구조검토(응력, 변형)를 한다. 그러나 구조물의 해석결과로 얻은 정•동적 응력과 변형에 따라 구조물의 형상과 부재치수 등이 결정된다. 이 때문에 구조해석이 기존구조물의 유지관리과정에서도 필수과정으로 여겨 이를 맹목적으로 적용되고 있는 것은 아닌지 의심할 정도이다.

구조물 공학은 전문분야별로 고유의 이론과 특성이 있고, 이와 관련한 구조물진단은 여러 분야의 구조물 공학이 융합되어 행하여진다. 이를테면, 측정과 계측, 구조해석, 구조설계, 구조 및 구조실험, 시공 및 구조물의 유지관리 등의 특정 분야 하나만으로 구조물진단이 이루어지지는 않는다. 또한, 구조물진단은 성능평가, 재료 및 구조실험, 실제적 경험, 구조해석이나 구조설계이론만으로 평가할 만큼 단순하지도 않다.

기존구조물에 대한 진단은 신축구조물의 구조설계와 마찬가지로 충분한 지식과 기술, 그리고 이를 적용하여 분석하는 역량과 경험에 기초하여 평가하는 분야이다. 구조물진단에서는 구조해석이 처음부터 일률적으로 직접 쓰이지는 않지만, 구조물의 상태에 따라 안전성과 사용성을 평가하는 하나의 바탕으로 쓰이고 있다. 요컨대, 가정과 함께 진행되는 구조해석으로 현재 상태의 안전성과 사용성을 평가하고 구조검토와 보강설계를 위한 도구로 쓰인다. 그러나 구조해석은 구조물진단에 필요한 여러 도구 중의 하나일 뿐이다. 즉, 기존구조물에 현상적으로 나타난 실제의 현상을 파악하여 안전성과 사용성을 평가하는 것이 주안이므로, 구조물 안전진단에서의 구조해석은 해당 구조물의 상태조사결과에 따라 필요시에 수행하는 일종의 보조적인 일이라고 할 수 있다.

구조물진단은 진단전문가 눈앞에 놓인 실물대(實物大)의 실체를 가지고 현상적으로 나타난 문제를 해결해야 하는 현실 문제이다. 반면에 구조물 설계에 있어서 구조기술자는

206) 조효남(1998), pp. 11-12에서 부분 인용

구조물에 주어진 여러 가지 조건에 따라 먼저 구조계획을 한다. 구조계획은 구조설계의 중요한 부분이며 이는 구조설계와 관련한 많은 연구와 실제적 경험을 더하면서 점점 능숙해진다. 구조계획이라는 것은 구조체의 주재료와 역학적 형태의 선정을 말한다. 구조물은 구조체의 주재료와 구조체의 형태에 따라 건설비 기타에 상당한 차이를 가져온다. 구조물의 설계에 있어서 만족할만한 구조계획을 얻은 다음에는 구조물의 각부를 설계하게 된다. 구조계획에 따라 구조물의 각부를 역학적으로 해석하고 부재의 크기 등을 결정하는 과정을 구조계산(structural analysis and design)이라고 부른다(함성권, 1984, p.2).

구조계산은 구조물을 역학적으로 이상화한 골조의 모양을 대상으로 하며, 그것에 외력을 작용시킨 후의 내부응력, 변형 등을 이론적인 방법 혹은 가정에 기초한 경험적인 방법에 따라 계산하는 일이다. 따라서 구조물을 이상화된 상태로 변환시키는 능력은 구조물의 거동에 대한 올바른 이해와 경험에 의해서만 얻어질 수 있다. 즉, 적절한 모형으로 구조시스템을 이상화시키는 능력은 구조역학[207]에 대한 충분한 지식과 경험이 지배한다. 그래서 구조기술자가 구조해석과정에서 부재에 작용하는 힘을 이론적으로 실제 해석할 수 있도록 구조물을 모형화하거나 이상화할 수 있는 능력이 필요하다.

구조해석을 통해서 어떤 하중에서의 부재 단면에 대한 응력도와 허용응력도를 비교하기도 하고 혹은 골조의 극한강도를 계산하여 외력과 비교하는 것에 의해서 구조물의 안전성을 확인한다.[208] 그래서 구조계산과정에서는 구조물에서 이상화한 역학적 골조의 모델을 만드는 일 및 외력을 정하는 일은 매우 중요하다. 요컨대, 구조설계는 "미리 계획된 설계도면을 대상으로 하여 구조해석을 도모하는 모델링과 함께 진행된다.

구조물을 설계할 때에는 소정의 구조기준과 구조지침에 충실하게 따르는 것이 중요

207) 구조역학은 구조물의 안전성과 사용성을 검증하는 이론이다. 즉, 구조계산의 이론으로서 역학의 일반원리를 응용하여 구조물이 여러 외력을 받을 때 구조물 내부의 힘의 흐름이나 이에 따라 일어나는 변형을 추적하여 합리적인 설계를 가능하게 한다. 구조물에서 하중을 지지하는 부분을 구조체 또는 구조물이라고 하며, 이러한 구조물에 대한 역학적 관계를 규명하는 학문이 구조역학이다. 그리고 구조물의 설계와 시공기술을 논하는 학문을 구조공학이라 한다. 구조역학과 구조공학은 불가분의 관계이며, 구조역학은 구조공학을 위하여 있고, 구조공학은 구조역학의 뒷받침이 없이는 발전할 수 없다(함성권, 1984, p1~p2 참조).

208) 허용응력도설계법의 안전율은 주로 경험과 관행에 의한 공학적 판단에 따라 결정론적 방법으로 정해진 것이다. 즉, 종래의 구조설계는 결정론적 해석에 의하였다. 이를테면, 적절한 치수, 재료특성 및 하중이 가정되고, 그런 다음 구조해석을 하여 구조물에 대한 보다 상세하게 요구되는 성능이 정해진다. 극한강도설계법은 확률론적 방법으로 추정할 수 있는 극한하중상태에 대비하여 구조체의 허용극한내력을 적절히 확보할 수 있도록 하는 동시에 상시하중 상태일 때에 사용성에 지장이 없도록 설계하는 방법이다. 이러한 극한강도설계법은 소위 신뢰성이론에 근거한 준확율론적 방법을 채택하고 있다. 그래서 일반적으로 하중의 변동, 재료특성의 변동성 및 해석모델에 관한 불확실성 모두가 구조물이 의도한 대로 기능하지 않을 확율은 작다. 이러한 신뢰성 이론에 부응하여 하중 및 재료특성의 확률적 특성을 다루는 방법이 개발되고, 통계적으로 효과를 비교하고 조합하기 위한 일반적인 이론이 등장하였고 이러한 방법이 구조설계와 기존구조물에 대한 안전성의 재평가에도 적용되고 있다.

하다. 또한, 구조설계는 기술적인 판단이 불확실한 경우, 소위 '안전 측'으로 적용하면 이것만으로도 설득력이 있다. 예컨대, 구조설계는 신뢰성에 기반하여 구조단면을 가정하고 하중을 조합하는 등의 모델링을 통해 응력과 변형을 검토하여 부재를 설계하는 등의 절차와 수순에 따라 기계적으로 이루어진다. 다만, 구조설계를 전산에 의존하고 있는 구조설계에 있어 가장 우려되는 것은 기술자들이 구조물의 역학적인 거동과 해석, 설계, 실험 이론에 대한 개념이나 올바른 이해 없이 전산프로그램에만 의존하는 경향이다.

그림 74 실제의 트러스

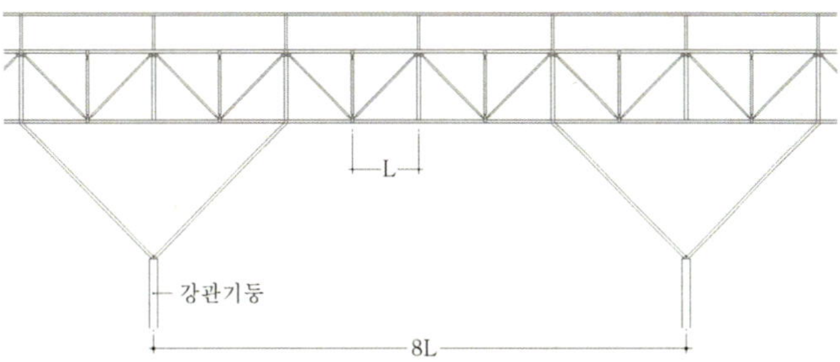

그림 75 강관 지붕 트러스의 구성/격점 길이(panel length) L를 1.2m로 하면 강관 기둥의 간격(8L)은 9.6m가 된다.

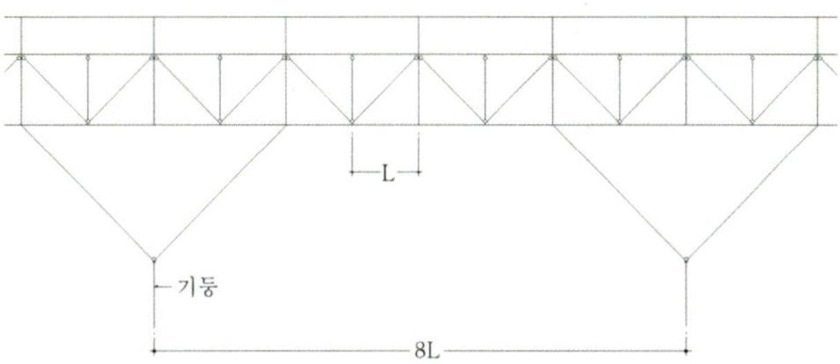

그림 76 강관 트러스 지붕의 구조해석을 위한 모델화(예)

또한, 구조물진단에는 사회적 갈등이 내재 되어있으므로, 실물대의 구조물에 나타난 현상을 다루는 구조물진단은 구조설계와 같이 구조기준과 지침에 충실히 따른다고 해서 적합한 것은 아니다. 구조설계는 구조규준에 따라 기계적인 구조계산에 의한 것만으로도 안전성과 사용성을 만족할 수 있다. 다만, 설계조건의 변화에 따른 안전성이 의심되거나 우려되면 구조시험(혹은 구조물시험)을 통해서 안전성을 검증한다. 풍동실험, 내화실험, 실제 건물의 파괴실험이나 철골 혹은 철근콘크리트 등의 조립식 구조물에 있어서 접합부에 대한 강성/강도실험이 그 대표적인 예이다.

요컨대, 구조설계는 이론에 근거한 구조해석에 따라서 행해지며, 이들의 이론은 실험적 연구에 따라 상당수가 뒷받침되고 있다. 또한, 이론이 미 정립되고 해석체계가 확립되어 있지 않은 경우에도 많은 구조실험으로 현상을 파악하여 그 결과(지식)를 구조설계에 적용한다. 즉, 실험 결과에 따른 경험적인 방법을 바탕으로 하는 실험식이 구조설계를 뒷받침하고 있다.

구조실험은 실재 건물의 파괴실험에서 각종 부재실험, 이를테면 실물체 시험, 보 시험, 기둥시험, 보-기둥시험, 접합부 시험, 건물의 주 구조체인 라멘시험, 내진벽 시험, 축소모형 시험 등이 있다. 구조설계 과정에서 해석적으로 검토할 수 없을 때 구조실험에 따라 검증하는 과정을 갖는다.

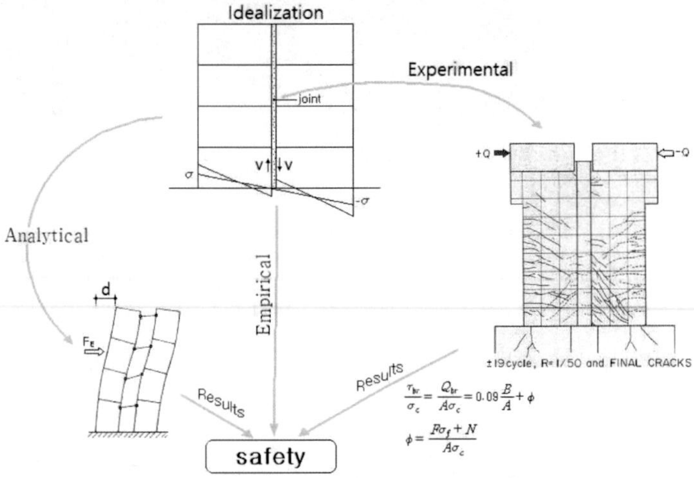

그림 77 기존구조물의 안전성 평가(예)/구조물진단은 현상조사로부터 시작하여 이론과 실험 및 경험적인 방법 등이 병행된다. 이들의 적용 여부는 현상조사결과에 따라 진단전문가가 판단한다. 그래서 구조물진단에 관행화되어 있는 구조해석 일변도의 평가는 제고의 여지가 있다. 일반적으로 구조기술자는 구조해석과 컴퓨터 시뮬레이션으로, 실험에 정통한 전문가는 실험으로, 재료전문가는 재료의 물성 위주로 안전성을 평가하려 한다. 또한, 발주자는 진단전문가와 의견 개진도 없이 독단으로 이론적, 실험적, 그리고 해석적인 평가를 모두 하도록 하는 조건으로 발주하기도 한다.

구조실험은 보통 ① 이론체계 혹은 실험식의 확립을 위한 연구목적, ② 설계 내력 혹은 안전성 확인 등을 통해 실시설계 적용성을 판단하거나, ③ 이들 양자의 중간 성격을 갖는 목적 등으로 실시한다.

① 연구목적의 구조실험에서는 구조물 혹은 구조부재에 영향을 미친다고 생각되는 여러 요인을 실험변수로 취하는 것이 보통이고, 이로부터 이론의 체계화와 실험식이 유도된다. ② 설계에의 적용성이나 ③ 이들 양자를 목적으로 하는 구조실험은 실시설계 구조물(구조검토 대상)의 골조의 응력상태를 시험체에 재현하여 설계 내력과 안전

성을 확인하거나, 현재 이론이 미 정립되어 있어 그의 타당성을 확인하고자 하거나, 설계과정에서 해석적인 검토가 곤란한 경우에 실험적 수단에 의하여 검토하고자 할 때 실시한다. 이같이 구조실험은 이론 및 구조설계법의 발전에 중요한 역할을 한다.

구조설계를 뒷받침하면서 상호보완적으로 구조실험을 하는 검증체계와 함께 이들의 기술과 경험이 축적되면 구조기술자는 스스로 구조계산에 의하지 않고서도, 구조실험에 의존하지 않고서도 경험적인 구조설계를 할 수 있게 된다. 이를테면, 특정 전문분야에서 일정한 구조형식과 규모의 건축물은 제반 조건이 다소 다름에도 불구하고, 구조설계를 반복하다 보면, 신축구조물을 기왕의 구조설계 경험으로 구조해석 결과에 상응하는 표준도 개념의 설계가 가능하여진다. 소위 경험에 의한 구조설계를 할 수 있다. 예컨대, 낮은 옹벽이 아님에도 불구하고, 높이 5m 이하의 콘크리트 옹벽에 대해서는 표준설계도를 적용하는 것이 좋은 예이다. 이러한 설계가 가능하다는 것은 모듀울 설계를 적용한 중층 및 고층의 프리캐스트콘크리트 판구조의 조립식 공동주택 설계에서도 알 수 있다. 즉, 수십 회 혹은 수 백회에 걸쳐서 반복적으로 각종 평형의 수많은 공동주택을 구조계산으로 설계하면서, 이에 대한 구조설계 경험이 축적됨에 따라 정형화되고 표준화되어 있는 접합부와 슬래브 및 벽체는 물론 기초판에 대해서도 경험적인 설계를 적용할 수 있다는 판단에서이다. 다시 말해서, 구조설계기준에서도 이 같은 경우는 경험에 의한 구조설계를 허용하거나, 또는 거의 일률적이고 역학적인 구조해석에 의한 구조설계를 면제하여 규격화된 표준도면으로 구조계산을 대체할 수 있다면, 반복적으로 진행되는 지루한 과정의 기계적인 구조계산, 즉 응력(안전성)과 변형(사용성)의 구조검토와 부재 설계에 의하지 않고도 경험적인 설계가 가능하다는 것이다. 모든 구조물의 설계조건이 같을 수 없으므로, 이러한 경험적인 설계방법은 구조해석에 대한 경험이 풍부하였을 때 가능하다. 이러한 경험 기반의 설계방법론은 구조물진단의 모든 평가에도 충분히 적용할 수 있다.

구조물진단에서 구조해석의 남용, 필수적으로 요구되는 경우에만 적용해야.

구조물진단에는 구조물과 관련한 여러 이해관계자들이 존재할 수 있고, 그 구조물에 발생한 결함이 다양하고 복합적이기 때문에 그 해결책이 매우 난해한 경우가 많다. 또한, 구조물에 발생한 문제(결함)의 본질(사실)에는 변함이 없지만, 문제를 대하는 관점이 개개의 진단전문가는 물론 구조물 소유자/관리자/설계자/감리자/시공자들이 서로 다를 수 있다.

구조물진단은 또한, 실물체를 대상으로 하므로 구조형식과 구조물의 상태에 따라 진단의 정도(程度)가 크게 달라진다. 예컨대, 구조물의 상태가 양호하면 간단한 간이점검으로도 마무리될 수 있지만, 고도의 기술력이 요구되는 구조이거나 중대한 결함과 복잡한 갈등 관계를 내포하고 있을 때는 2차, 3차, 고차의 진단으로 확대될 수도 있다.

구조물진단은 이같이 진단의 정도를 단적으로 확정할 수 없는 경우가 많다. 그러함에도 불구하고 구조물진단은 구조물에 표출된 현상을 가지고 사실대로 조사하고 평가해야 하는 특징이 있다. 즉, 어떤 가정하에서 상태평가하는 것은 적절하지 않으며, 현재의 상태를 현상적으로 직접 관찰하여 평가한다. 그래서 구조물을 보강해야 하는 상태이면 구조검토가 수반되지만, 그렇지 않을 때는 구조해석에 의존하는 것은 과잉진단이 될 수 있다.

만일 건전한 구조물을 구조해석으로 진단한다면, 이는 건강한 사람이 예민하여 쓸데없이 건강진단을 받는 것과 같다. 결함 발생과 함께 현실 문제를 다루는 구조물진단과 결함 발생과는 관계없이 확률적인 가정과 함께 구조기준에 따라 수행하는 구조설계는 그 대상과 목표가 다르다. 이들을 명확히 구분하여야 정상적인 구조물진단이 된다.

기존구조물의 현 상태를 고려하지 않고 구조해석만으로 평가하였다면, 이는 신축구조물을 구조해석하여 설계하는 것과 같은 방법으로 안전성을 평가하는 것이 된다. 만일에 기존구조물의 재료성능(콘크리트, 철골, 철근 등)이 부식, 콘크리트의 탄산화[209) 등에 의해 강도가 저하되고 철근의 유효 단면이 줄어든 상태였다면, 이들이 구조물의 안전성에 어느 정도 영향을 미치는지를 평가할 필요가 있을 것이다. 그러나 설계 당시의 성능에 영향을 미치는 특별한 결함이나 성능저하 없이 현상 유지되고 있다면, 이는 신축 당시와 역학적, 물리적, 화학적으로도 변한 것이 거의 없다 할 수 있다. 이러한 경우에 구조해석에 의한 안전성 평가는 무의미하다.

구조해석프로그램이나 구조해석을 수행한 기술자에 의한 오차가 발생할 수는 있으나, 신축 당시 혹은 앞서 수행한 구조해석 시의 입력자료와 같다면 진단 시의 구조해석 결과는 대동소이할 것이다. 법정 정밀안전진단에서는 구조해석에 의한 안전성 평가를 필수적으로 하도록 하고 있다. 예컨대 교량 상부구조의 재하시험에 의한 내하력평가와 구조해석, 건축물의 구조해석에 의한 안전성 평가가 이에 해당한다. 이는 안전성 평가를 예비평가와 상세평가로 구분하여 가능한 상위단계로 진행하여야 하는 정상적인 평가과정과는 배치되는 개념이다. 즉, 처음부터 상세평가가 부득한 경우에는 상위단계

209) 콘크리트는 탄산가스에 의하여 알칼리성이 저하되거나, 고열에 의하여 알칼리성분이 열분해되어 탄산화된다. 이러한 콘크리트는 철근콘크리트구조물의 내력이 저하되는 한편 내구성에 영향을 미치게 된다. 특히 철근을 피복하고 있는 콘크리트의 중성화(탄산화)가 부재의 철근표면에 이르면 철근이 부식될 가능성이 크며, 철근이 부식될 경우 철근의 부피팽창으로 인하여 피복 콘크리트에 균열이 발생하거나 박리되고 철근의 부착력이 저하되어 구조체의 내력이 감소한다. 화재를 입은 화해 콘크리트의 중성화 정도를 측정함으로써 수열온도를 추정하여 콘크리트 강도를 추정하기도 한다.

에서 진행할 수 있으나, 그렇지 않은 경우는 기존구조물의 상태에 따라 하위단계에서부터 상위단계로 진행하는 것이 정상적인 체계이다.

구조물의 경험적 설계와 구조물진단

구조계획은 넓은 의미로서 구조설계의 기초가 되는 요소를 전반적으로 생각하고 궁리하는 것이다. 구조물의 설계는 구조부재의 치수와 설계하중, 사용하게 될 부재에 대한 재료의 물성 등을 미리 확정하여 구조해석을 통해서, 향후 건축 예정인 구조물이 확정적으로 안전한 내하성(耐荷性)을 확보[210]할 수 있도록 하는 것이다. 이러한 과정을 우리는 통상 '구조설계'라고 한다. 즉, '구조설계'는 구조물이 구조적인 안전성과 사용성을 갖도록 하는 일이다.

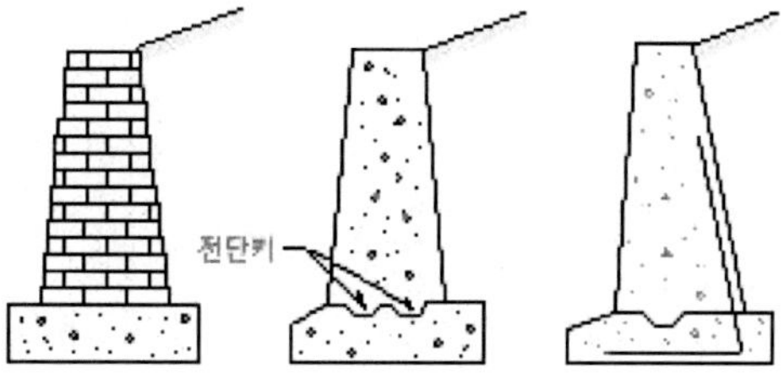

그림 78 중력식 옹벽은 경험적 설계를 하는 것이 일반적이다.

구조설계는 최종적으로 구조도면이라고 하는 형태로 완성된다. 이러한 구조도면을 그리기 위해서는 구조계획과 구조계산, 그리고 구조계산에서 반영할 수 없는 혹은 반영하기 어려운 요소에 대해서는 구조기준이나 실험결과 및 연구, 이론 혹은 실제적 경험 등을 바탕으로 하여 설계한다. 일반적인 구조물을 설계하고자 할 때, 그동안의 구조해석과 축적된 구조설계 경험을 바탕으로 하여 구조설계기준에 대한 일반사항에 기초한 경험적 설계법으로 교량을 설계할 수도 있다. 그러나 이를 무시하는 경향도 있다. 건축물의 경우에 3층 미만의 목조, 조적조, 철근콘크리트조 건물에 대해서는 경험적 설계법을 적용할 수 있다. 그러나 구조설계기준에는 이 같은 경험적 설계법이 제시되고 있지만, 일선 지방정부의 부서에서는 지나친 행정편의주의로 단층의 소규모 건물에 대해서도 구조계산에 의한 구조 안전 및 내진설계확인을 요구하기도 한다[211].

구조물을 신축할 때, 신축 구조설계에서 가정한 단면 치수와 재료의 물성 등에 대한

210) 내하성 평가는 하중에 저항하는 능력뿐 만이 아니라 변형에 대한 능력을 포함한다.

211) 예컨대, 콘크리트, 벽돌조 중력식 옹벽은 옹벽 높이의 0.5~0.6배의 두께를 확보하며, 토압에 의한 밀림 방지를 위해 저면(기초판 사이)에 전단키(keys)를 두기도 한다. 보강토옹벽의 보강재 길이를 옹벽 높이의 0.5-0.7배로 하는 것 또한 같은 맥락이다. 중력식 옹벽이 아니라도 옹벽은 구조설계 없이 표준설계도로 시공하기도 한다. 이는 이론적 계산에 의한 것이 아니라 이론에 기반한 경험적 설계도이다. 중력식 옹벽은 구조계산의 번거로움을 피해 '구조상세지침'을 철저히 준수하면 되므로 구조계산이 필요 없다. 그러함에도 일선에서는 지침 준수에는 관심이 없고 특정 구조기술자의 구조계산서를 요구한다. 따라서 구조지침에 대한 체크리스트를 구조계산서로 눈갑시켜 제출한다. 구조설계는 작용하는 환경과 조건에 따라 설계해야 하지만, 먼 훗날 초고층 건물이 보편화되면 여기에도 표준설계(경험적 설계)라는 것이 적용될지도 모른다. 설계를 많이 하다 보면 경험이 쌓이기 때문이다.

품질을 시공 과정에 확보하지 않으면 완전한 구조물이 되지 않음으로, 이를 위해 시공 시에는 감리·감독을 통해 구조설계에서 정한 규격과 시방에 따라 신축되도록 관리한다. 그리고 준공 이후에는 이들의 성능이 제대로 유지되고 있는지를 관리하면서 사용한다. 그러함에도 불구하고, 신축구조물의 내력 평가와 기존구조물의 내하력평가, 즉 신축구조물의 구조설계와 기존구조물의 사용 중에 실시하는 안전성 평가를 동일시하는 기술자들도 엄연히 존재하고 있다. 그래서 기존구조물의 내하력평가가 신축구조물의 구조설계와 같은 개념으로 이루어지면서 혼란과 갈등이 발생하기도 한다.

기존구조물에 대한 내하력 평가는 가상의 설계 도면으로 내력을 평가하는 신축구조물과는 다르다. 이는 신축 이후의 사용과 함께 노후화 등의 성능저하에 따라 구조물에 나타날 수 있는 하중에 대한 내력을 검토하는 행위이다. 구조물진단이 지향하는 목표 중의 하나는 원래 구조물이 가지고 있던 성능저하 만큼에 대해 보수와 보강, 보완을 통해 원상 복구하여 궁극적으로는 안전성과 사용성을 확보하는 것이다. 그래서 구조물의 내력에 영향을 미친 요소와 신축 구조설계 시의 성능, 다시 말해서 신축구조물이 설계 혹은 준공 당시에 가지고 있던 구조부재의 역학적, 물리적, 화학적 성질 등에 대한 변화가 있는지를 조사한다. 만일에 변화가 없다면 그 구조물의 상태조사 결과만으로도 그 구조물은 안전성(내력)에 변화가 미소하다고 간주하여 현상 유지할 수 있다. 이는 시간의 경과와 함께 장단기하중을 받은 상태에서도 기존구조물의 상태가 사용 초기(준공 시)의 제반 상태에 변화가 없다고 판단할 수 있기 때문이다. 만일에 설계 당시의 구조성능과 대동소이하면, 동일한 구조해석을 반복하는 것이 되어 구조계산에 의미를 두기 어렵다는 것이다. 다만, 구조물의 설계기준이 개정되어 이에 대한 성능개선이 필요할 때, 기존구조물에 새로운 내진설계기준을 적용해야 하는 경우, 새로운 내진성능평가 제도가 도입되었을 때에는 이에 따른 검토가 필요할 것이다. 그리고 기존구조물에 대한 상태조사결과에 따라 구조 안전에 유해한 결함이 발생하고 있고 이러한 결함 때문에 안전성을 검토할 필요가 있다고 판단될 경우, 혹은 이들의 결함이 신축설계 당시의 설계부실과 직접 관련될 경우는 구조해석으로 내력을 검토할 수 있을 것이다.

또한, 설계상의 오류를 검토하고 결함 발생에 따른 성능저하의 정도를 정량화하여 보강방법[212)]과 정도를 결정한다는 측면에서 현재 상태의 구조물에 대해 응력과 변형을 재해석할 수는 있을 것이다. 그러나 기존구조물의 안전성 평가를 신축건물의 구조설계와 마찬가지로 구조물의 상태와 관계없이 구조계산(구조해석)을 구조물진단의 필수사항으로 여기는 것은 부적절하다. 요컨대, 기존구조물에 대한 안전성을 구조물의 상태에 따라 평가하기

212) 부재의 내력보강, 부재의 추가 및 교체, 구조계의 변경, 고정하중을 경감 하는 등의 방법이 쓰인다.

보다는 구조해석만으로 평가하는 것은 구조물진단의 본질을 벗어나는 일이다.

기존구조물의 안전성 평가는 상태조사를 바탕으로 하여 공학적으로 평가하는 것이므로, 가정과 이론을 전제로 하는 구조설계의 모델링에 의한 구조해석과는 다르다. 그래서 구조물진단에서의 구조해석은 안전성 평가에 필수적인 것이 아니라 보조적인 자료로 활용되어야 한다. 요컨대, 기존구조물의 구조해석에 의한 안전성 평가는 신축구조설계할 때와 같이 반드시 수행해야 할 업무가 아니라, 구조물의 상태에 따라 결정하는 진단전문가의 공학적인 판단으로 선택해야 할 조사항목이다.213)

구조해석은 기존구조물의 구조적인 성능이 이전과 크게 달라졌거나, 구조적인 조건이 변경되었을 때, 구조물진단의 안전성 검토를 보조하고 보완하는데 적용되어야 한다. 이를테면, 건축물의 증·개축이나 대수선, 용도변경에 따른 하중 조건의 변경, 구조변경, 주요부재에 대한 보강 후, 현저한 성능저하 등의 구조결함이 발생하였을 때 구조해석으로 부재 내력을 검토하여 안전성 평가자료로 활용한다.

기존구조물의 내진 성능평가에 대하여

구조물의 내진성은 구조계획의 여하에 따라 큰 영향을 받는다. 즉, 내진설계에 앞서 구조설계의 기초가 되는 전반적인 내진요소에 대해 생각하고 궁리하는 구조계획의 여하에 따라 내진성이 좌우된다. 무엇보다도 내진설계를 위한 구조계획에서 내진요소의 배치는 매우 중요하다. 이를테면, 구조물의 형상이 정형과 비정형에 따라 응력의 집중과 분배가 달라지고, 구조물의 수평 강성이나 질량의 분포에 따라서도 달라진다. 또한, 편심이 있는 경우에는 평행이동과 함께 회전변형도 생겨 내진성을 떨어뜨린다. 특히 건축물의 편심이 큰 경우에 전단벽을 배치함으로써 전체적인 회전에 대한 강성을 커지게 하여 비틀림에 저항할 수 있게 한다. 이 같은 이유에서 내진설계 상으로는 기둥, 내력벽214), 가새 등의 내진요소를 평면상 균형 있게 배치하고 가능한 편심을 적게 하는

213) 발주자 임의로 구조해석을 과업 범위에 포함 시키면서, 계약당사자 간에 분쟁이 발생하기도 한다. 용역계약서에 구조해석(구조계산)을 명시한 경우에는 계약이행사항이므로 그 필요 여부와 관계없이 반드시 수행해야 한다. 그런데 구조해석이 계약사항이 아님에도 불구하고, 용역수행 중에 혹은 완료된 이후에 용역보고서에 구조해석이 없다는 이유로 용역비 전액반환을 요구하기도 한다. 그들이 당면했던 분쟁 사항이 해소된 경우에는 진단계약을 무효화시켜서 용역비용을 되돌려 받으려고 어떤 구실을 찾게 되는데, 이때 그들은 진단보고서에 구조해석이 없음을 빌미로 삼는다. 이는 구조물진단에서 구조해석이 필수적이라는 인식이 일반인의 의식 속에 잠재되어 있다는 의미이기도 하다.

214) 내력벽(bearing wall)은 건축물의 외부나 내부에 위치하여 수직하중을 지지하는 구조벽이다. 내력벽은 전단벽(shear wall)을 겸할 수가 있다. 여기서 전단벽이라 함은 벽체의 면내로 평행하게 작용하는 수평력에 저항하도록 설계된 구조벽을 말한다. 비내력벽(nonbearing wall)은 자중 및 이와 긴결된 최소한 범위의 수직하중만을 지지하는 구조벽이며, 주로 비내력 전단벽(infill panel) 등이 이에 속한다. 이 같은 내력

고려를 하게 되며, 또한 기능적으로 편심이 큰 평면계획을 하지 않을 수 없는 경우에는 보통의 경우와 비교해서 강성을 보다 크게 하는(연성도를 높이는) 것이 필요하다.

기둥과 보로 구성된 골조(frame)구조에서 중요하게 고려되어야 할 점은 기둥의 강성이 보의 강성보다 커야 한다는 것이다. 이는 구조체의 일부가 극한상태에 도달했을 때 소위 소성 힌지(plastic hinge)[215]가 보에 먼저 형성되어 기둥보다 먼저 파괴되도록 하여 구조물이 갑자기 붕괴하는 것을 방지하고자 하는 것이다. 여기에서 기둥은 붕괴유발 1차 부재로서 구조물의 붕괴를 직접 유발할 수 있지만(안전에 치명적이지만), 보는 붕괴유발 2차 부재로서 소성 힌지가 보에 먼저 형성되어도 구조물이 곧바로 붕괴하는데 시간적인 여유를 제공하게 된다. 내진성에 영향을 미치는 이러한 사항들은 이론적인 구조검토에 의하기도 하지만 내진설계에 대한 끊임 없는 경험을 통해서 가능해진다.

내진설계를 적용하지 않는 기존건축물에 대한 내진성을 상태조사결과만으로도, 제도화된 내진성능평가에서와 같이 '즉시거주', '인명안전', '붕괴방지', '붕괴위험'상태로 성능수준을 평가할 수도 있다.[216] 현재 국내에서는 구조해석에 따라서 내진성능을 평가하고 있지만, 내진설계를 적용하지 않은 기존건축물에 대해서는 내진성을 평가할 때에 정성적인 방법도 유효한 방법이 될 수 있다.[217] 정성적 평가는 잠정적인 지진 위험성을 내포한 구조체 및 비구조체[218]를 대상으로 하여 설계 및 시공자료, 시방서 및 현장상태조

벽 및 비내력벽을 구조벽과 비구조벽으로 혼동하는 기술자들이 있으나, 구조벽(structural wall)은 하중을 지지하는 구조부재 즉, 수직하중이나 수평하중만을 지지하거나, 또는 수직하중과 수평하중을 모두 지지하는 벽체이며, 비구조벽(nonstructural wall)은 하중을 지지하지 않는 비구조부재로서, 사무실에 세워 놓은 칸막이벽과 같이 자중이나 경미한 외력은 지지할 수 있어야 한다. 벽체는 적용에 따라 내진벽, 내력벽, 장막벽(curtain wall)으로 구분하기도 한다. 내진벽은 라멘구조(rahmen, rigid frame)의 보-기둥의 골조면에 배치되어 지진력에 대해 라멘구조를 보강하는 역할을 하며, 내력벽은 일반적으로는 벽식 철근콘크리트구조를 구성하는 벽체를 의미하며, 장막벽은 건물 외피를 구성하는 두께가 비교적 얇은 콘크리트, 금속, 혹은 벽돌이나 목조 벽체이다.

215) 단면력 휨모멘트의 크기가 소성 모멘트가 되면 그 단면은 강 절점에서 활 절점(pin joint)과 같은 거동을 하므로 그 단면을 소성 힌지로 표시한다.

216) 국내기준에 따른 midas Gen 내진성능평가의 성능수준을 인용.

217) 일반적으로 내진안전성평가방법은 정성적 평가(qualitative evaluation)와 해석적 평가(analytical evaluation)로 구분한다. 정성적인 평가는 주로 진단전문가의 주관적이고 직관적인 경험에 의존한다. 만일에 기존구조물(건물)이 내진설계기준에 부합하고 있다면 정성적 평가로 가름할 수도 있을 것이다. 그렇지 않다면 정성적인 평가사항을 바탕으로 해석적인 평가를 하여 대처하여야 할 것이다. 그러나 기존구조물에 대한 내진보강이 난해할 경우 정성적인 평가로 대처하는 것도 유효하다는 뜻이다.

218) 비구조체는 구조체를 제외한 구성부재 또는 구조물에 부속되는 공작물로서, 구조체와 연결되어 있으면서 구조체와는 달리 구조 내력 이외의 기능이 있으므로 지진에 의한 피해가 단순히 구조적인 파괴의 정도뿐이 아니라 기능상실이라는 점도 있다. 이는 비구조체 자체의 다양성이나 기능의 복잡성으로 인해 인간에 대한 위해의 관점에서 탈락이나 비산 등에 중점을 둔다. 구조체의 파괴와 관계없이도 비구조체가 파괴됨으로 인해 인명피해를 입힐 수 있기 때문이다. 이러한 비구조체로는 구조체(골조)의 구조계산 시에 무시되는 허리벽을 포함하여 비내력벽, 비구조벽, 내외부벽의 마감재, 유리, 창문틀, 천정의 마감재 및 조명기구, 지붕의 파라펫과 두겁석 등의 마감재, 옥외돌출물, 물탱크, 광고탑 등이 있다.

사를 통하여 수집된 자료를 바탕으로 평가한다. 일반적으로 기존건축물의 내진성능을 정성적으로 평가할 때에는 다음의 두 가지 사항을 고려한다.

① 기초설계 및 상세설계가 내진 규정을 만족하고 있는지의 여부. 내진설계를 하지 않은 기존구조물에 대해 현행 내진 규정을 적용할 경우는 배근 등의 내진 상세설계가 되어있지 않으므로 전단벽 등의 내진요소가 충분하지 않으면 내진에 대한 구조검토 없이도 내진보강 또는 붕괴위험으로 평가될 수 있다. 그러나 내진 설계된 기존구조물의 내진성능평가는 구조물의 내진 성능에 대한 지식과 내진설계기준을 숙지하여 대상구조물이 기준에 만족하고 있는지를 파악하면서 평가한다. 즉, 대상구조물이 현행 내진 규정과 내진 상세설계를 만족하는지를 먼저 내진 일반사항에 대한 예비평가 수준으로 건물 전체의 내진성을 평가하는 것이다. 이들에 대한 적격 여부는 구조물에 대한 이력과 구조형식 등을 조사하여 진단전문가의 경험과 직관적인 판단에 의한다.

② 구조물의 현재 상태와 현행의 평가 기준에 따라 내진성을 평가한다. 내진설계를 하지 않은 기존건물에 대하여 내진성을 평가하는 것은 의미가 없다. 다만, 설계 시에 내진을 적용하지 않았다고 하더라도, 기존구조물이 지진에 대한 충분한 저항요소를 가지고 있다면 정성적으로 내진성이 있는 것으로 평가할 수도 있다. 따라서 먼저 정밀안전진단을 실시하여 정성적(qualitative)으로 지진하중에 대한 취약성을 평가한다. 또한, 내진설계를 하였다고 하더라도, 증축이나 구조변경 및 개선, 칸막이벽이나 출입구, 지붕, 계단, 장식물 등의 실내의 비구조체가 내진성을 저하시킬 수 있다. 이러한 사항도 내진 성능의 정성적 평가에 포함된다.

기술자료 3: 하중과 구조물의 역학 모델, 모델링, 구조해석 및 구조설계

주) 구조검토에 앞서 구조기술자는 구조해석을 위한 '하중의 모델화'와 '구조물의 모델화', 구조역학과 구조설계에 대한 개념을 이해할 필요가 있다. 구조기술자의 목표는 안전하게만 설계하는 것이 아니라 적절한 재료사용, 비용을 최소화하면서 안전에 부합되게 설계하는 것이다. 실제의 구조물을 역학 모델로 표현하여 하중계의 설계하중과 역학 모델의 조합으로 응력과 변형의 양면에서 안전성과 사용성을 검증하게 된다. 역학 모델은 기하학적으로는 직선, 곡선, 평면, 곡면, 연속, 이산, 집중, 분산으로, 부재로서는 단순보, 캔틸레버 보 또는 아치(원형, 포물선 등), 케이블, 라멘, 트러스, 격자보, 평판(내진벽, 슬래브, 박판 프레임), 쉘 등이 있다. 지배하는 힘으로는 축력계와 휨계, 전단계(剪斷系)로 구분한다. 여기에서 단순보, 격자보, 라멘, 평판은 휨과 전단계로, 케이블과 아치, 트러스, 쉘은 축력계로 분류한다. 아래의 자료는 관련 문헌[219]에서 발췌한 일부이며, 이해도를 높이기 위해 보충 설명하였다.

1) 모델링과 수치해석

구조물에 힘이 작용할 때 받는 힘의 상태나 변형을 다루는 구조역학은 순 이론적으로 구조물/외력/거동을 3요소로 한다. 또한, 구조설계는 만족할만한 구조계획과 구조계산을 통해 구조물 각부를 설계한다. 구조계산은 구조계획에 따라 각부를 실제의 하중에 대해서 구조물이 안전한가를 검증하기 위해 역학적으로 구조해석하고 부재의 크기 등을 결정하는 과정이다. 구조해석은 구조모델(structural model)과 하중 모델의 조합에 의하게 되는데, 이를 실제의 하중과 구조의 조합으로 한다면 많은 어려움에 직면할 수밖에 없다. 하중이 명확한 형태로 주어지지 않음으로, 예컨대 건물에 작용하는 풍압력은 시간과 더불어 변동하며 더욱이 그 작용 위치마다 다른 변동을 한다. 그래서 이것을 단순하게 생각하여 구조물의 어느 위치에도 일정하게 작용하는 정적(靜的)인 등가등분포하중(等價等分布荷重)으로 모델화한다. 구조물도 이같이 단순화하고 추상적으로 표현하여 구조해석이 가능하도록 모델화하여 실용적인 범위 내에서 해(解)가 얻어진다면 복잡하게 처리할 필요가 없어진다. 구조물의 모델화 또는 이상화가 요구되는 이유이다.

결국, 구조 모델링(modeling)은 역학의 원리를 사용하여 실제 구조물의 거동을 분석적으로 조사할 수 있는 수단이 된다. 모델링은 주어진 물리적 문제 또는 다른 문제(other information and data)를 이에 대응하는 수학적 모델(mathematical model)로 전환하는 것이다. 수학적 모델은 물리적 시스템이나 과정의 필수적인 특징들을 수학 용어로 표현하는 공식이나 방정식으로서, 주어진 물리적 상황(physical situation)으로부터 유도되는 미분방정식(differential equation) 등을 말한다. 미분방정식 이론의 주 과제는 주어진 미분방정식의 모든 해(solutions)를 구하고 그들의 성질을 조사하는 것이다. 많은 물리법칙과 관계가 수학적으로 미분방정식의 형태로 나타나기 때문에 미분방정식은 공학에서 아주 중요하다. 모델링의 전형적인 단계, 즉 물리적인 상황(물리적 체계)에서 수학적인 공식(수학적 모델)을 도출하는 단계와 해(solution), 그리고 그 결과의 물리적 해석(physical interpretation)으로 이어지는 것이 모델링이다.

수년간의 관찰과 경험을 통해 기술자와 과학자는 그들의 실험적 연구들이 반복적으로 나타나는 것을 발견해 냈다. 대부분의 공학 문제해결에 실험과 이론적 분석의 접근방법을 도입한다. 이를 위한 많은 종류의 수치 해법이 있으며, 한가지의 공통적인 특징으로 항상 많은 연산을 내포하고 있다. 수치 해법은 일련의 수치연산에 의해 수학적 문제를 구체적으로 계산하기 위한 기법이며, 이러한 수치계산법의 수학적 성질을 조사하는 분야를 수치해석(numerical analysis)이라 한다. 빠르고 효율적인 디지털 컴퓨터의 개발로 인해 공학 문제해결에 있어서 컴퓨터와 수치 해법(numerical methods)이 복잡한 계산 문제를 파악하고 해결하는 능력을 증대시킬 수 있는 대안을 제시한다. 수학적인 문제들을 산술연산으로 풀 수 있도록 공식화한 수치 해법은 방정식, 비선형방정식, 그리고 평이하지 않고 분석적으로 풀기에 복잡한 기하학적인 문제에 유용하다.

모든 문제(많은 물리적인 법칙과 관계)는 모델링(modeling)→해(solving)→물리적 의미부여(interpreting)[220]의 순으로 설명할 수 있다. 이것은 공학자, 물리학자, 컴퓨터 과학자 등에게 대단히 중요하다. 모델링을 하려면 대상으로 하는 실체의 특정 현상만을 취급하며 다른 현상들은 버린다. 동일한 실체(實體)에 대하여도 목적에 따라 다양한 모델이 있을 수 있다.

2) 구조역학, 구조해석, 건축설계

구조물의 운동을 다루는 구조역학은 구조물에 외력이 작용할 때 나타나는 거동(결과: 응력과 변형)을 파악하고 예측하는 것을 대상으로 한다. 구조물(system)에 원인(input)인 하중이 작용하면 그 결과(output)인 변형의 거동으로 나타난다. 원인은 어떤 물체의 상태를 변화시키거나 일으키게 하는 근본이 되는 힘(driving force)이다. 이같이 외력[221]이 물체에 작용할 때 이에 대응하는 해(解)를 추동력(driving force)에 대한 구조물(system)의 출력(output) 또는 응답(response)이라고 한다.

구조역학은 구조물과 작용 하중(load)과 거동(response)을 논한다. 이를 다르게 설명하면, 구조물에 원인인 하중이 작용하면 그 결과인 거동으로 발생하는데 이 거동을 구조물의 변형(deformation)이라고 하며, 결과인 변형을 설명하는 함수는 변위(displacement)와 변각(rotation)이다. 변위는 하중이나 외응력에 의하여 구조물 내의 어떤 부분이 위치가 이동하는 변화이고, 변각은 하중이나 외응력, 내응력에 의하여 구조물 내의 어떤 부분이 회전하는 변화이다. 구조역학에서 '변형'과 '변위'는 그 의미가 다르지만, 일반적으로 이를 구분하지 않아도 큰 혼란은 없다. 변위에서 특히 수직 변위를 처짐(deflection)이라 한다.

결국, 구조물의 역학적 거동을 다루는 구조역학은 구조물, 외력, 거동의 3자가 관계되며 모델링도 이를 대상으로 한다. 구조해석은 구조역학으로 이들의 3자 관계를 이론적으로 해명하는 일이며, 논리적 흐름이 일 방향은 아니다.

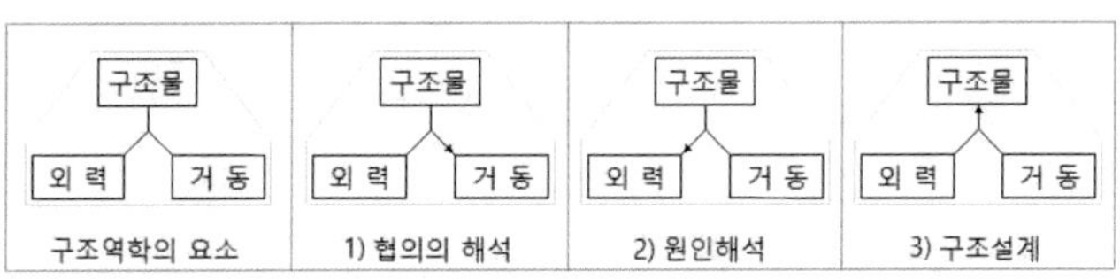

그림 79 구조역학의 요소와 구조해석의 3가지 흐름

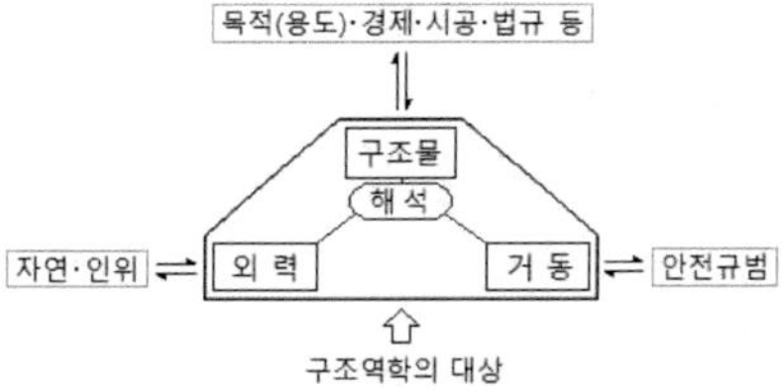

그림 80 구조역학, 구조설계

구조해석의 3가지 흐름은 ① 구조물에 원인인 작용 외력에 따른 거동(결과)을 역학적으로 해석하는 협의의 구조해석, ② 구조물의 거동에 따른 외력에 대한 원인해석, ③ 구조물의 외력과 그에 따른 거동을 역학적으로 해석하여 설계하는 구조설계로 분류할 수 있다. 즉, ①은 구조물에 작용하는 외력(excitations)에 따른 거동(응력, 변형)을 해석, ②는 구조물에 나타난 거동에 따라 외력의 역학적인 원인을 해석, ③은 구조물에 작용하는 외력과 그에 따른 거동에 기초한 구조해석(구조설계)이다.

구조역학의 외적인 어떤 각종 조건은 다차원적으로 나타난다. 외력에 대하여는 사용 목적, 부지의 지리적/사회적(관습, 법규 등) 조건, 거동은 안전의 척도와 레벨, 바람직한 척도 등의 조건, 또한 구조물 자체의 미/사용/강도/시공/경비 등의 제반 조건이 연관되어 있다. 따라서 건축설계의 구조역학 모델은 외력, 구조물, 거동에 관한 설계조건과 해석목적에 따라서 검토할 현상, 정(밀)도와 취급 용이성 간의 균형 등을 고려하여 설정한다.0 검토해야 할 항목이 빠져서 실제 사고(事故)로 이어지므로 이에 대해 특히 유의해야 하며, 거동의 허용한계를 물리량으로 표현하여 척도화할 필요가 있다. 그에 따라 외력도 양적으로 정확히 모델링하여야 한다. 여기에서 문제는 '안전', '안전한 강도', 고려하는 외력과 구해야 할 안전성 레벨은 어떻게 해야 할 것인가, 바람직한 구조물인가와 같은 가치평가척도의 항목과 레벨이다. 설계에서는 이러한 가치평가척도가 중요하며 이는 역학 문제가 아니고 '구조학(構造學)'의 문제이다. 이것이 정해지지 않으면 모델 설정의 의미가 없다. 그래서 예상항목에 대한 정량적 척도는 정해진 것으로 하고 모델링 한다.

3) 안전성의 모델링

인전성의 기준척도가 정해지지 않으면, 요구되는 거동(결과)의 항목(물리량) 척도를 정할 필요도 없다. 그 원인인 외력에 대해서도 어떤 작용을 채택해야 할지도 정해지지 않고, 또한 알고 싶은 거동을 적절히 연역하기 위한 구조물 자체의 모델링도 할 수 없다. 다음은 안전성 관련 척도의 예이다.

- 공간 안전 : 변형, 변위, 물체의 낙하 등
- 운동의 허용영역 : 변위, 속도, 가속도(對人間, 對機械機能) 등
- 파손 레벨 : 복구성, 잔류변형, 균열, 좌굴, 붕괴 등

안전성의 양적 평가법은 추계학적 방법, 확정론적 방법 등이 있고, 목적에 따라 취급방법을 선택한다. 안전성의 척도로서는 실무적으로는 단일척도로서 '안전'으로 취급하지만, 현실은 상시 안전과 비상시 안전을 생각할 수 있고, 비상시에도 몇 단계로 나눌 수 있다. 구체적으로 구조규준에는 장기와 단기의 허용응력도, 내진설계에는 지진이라는 비상사태를 가끔 있는 지진과 거의 없는 지진으로 나누어 척도를 다르게 할 수 있다. 이는 안전이 단순히 절대적이지 않다는 것이며, 척도는 내구성과도 연관되고 투자효율, 지출한계 등의 경제적 평가, 구조물의 용도, 기타 인간의 위험회피능력 등에도 관련된 사회정세에 영향을 받는다.

4) 외력의 모델링

실제의 하중을 정확히 나타내는 하중 모델에 확률론의 적용은 필수적이다. 보통 외력은 규준, 법규 등에서 정한 것이 많을수록 일이 쉬워지지만, 이는 진실의 검토를 방기(放棄)할 우려

도 있다. 자연적 외력과 인위적 외력으로 나누는데, 전자는 확률적인 성격이 있고 다만 후자는 확률적인 면도 있지만, 인위적 제어가 가능한 경우가 많다. 외력은 본래 시간의 함수이지만, 그의 시간적 특성과 구조물의 동적 성질의 관계에서 취급방법을 3가지로 분류할 수 있다.

구조물 고유주기 << 외력주기 → 정하중(靜荷重)으로서 취급한다.
구조물 고유주기 ~ 외력주기 → 동적하중(動的荷重)으로서 취급한다.
구조물 고유주기 >> 외력주기 → 충격하중(衝擊荷重)으로서 취급한다.

동적하중에 대해서는 감쇠성의 외력(外亂, excitation force)에 주어진 효과를 주파수 필터를 씌워서 하중 자체를 바꾸어 쓰기도 한다. 여기에는 구조물 자체의 역학적 성질이 관계되며, 동적인 외력을 어떠한 형으로 모델화하든, 예컨대, 지진 외력을 지반 변위의 시간적 변화로 준다고 해도, 그 자체 구조체인 지반의 어떤 위치에 줄 것인가 등 문제는 많다.

확률론적 방법에 대하여는 그 하중이 발생하는 확률과 각종 하중의 조합 확률도 포함되며, 하중의 재현 기간은 건물의 수명만으로는 안 되고, 인간 수명과의 관계도 고려하여야 한다. 극단의 경우, 매일 조립하는 구조물의 수명은 하루가 될 수도 있지만, 그것을 몇 년 동안 계속 짓는다고 하면 사용하는 인간에게 있어서 평균수명을 80년이라 치면 기준수명을 몇 년으로 할 것인가이다. 구조물 자체 보험으로서는 수명을 1일로 하고, 인간은 80년이나 100년으로 보험을 생각할 것이다. 그로부터 역산하여 인간에 대한 위험도의 비중이 크다면, 기준수명으로 인간의 수명을 써야 할 것이다.

하중 자체도 구조물의 성질과 얽혀져서 생긴다. 지진력이 건물 고유주기에 밀접한 관계가 있고, 설하중은 구조물의 형상에 관계하고 절반이 녹은 한쪽의 하중이 위험할 수도 있으므로, 가장 위험한 상태를 무시하지 않은 주의가 필요하다. 변형이 큰 텐트(막)구조 등에서는 빗물 고임으로 물웅덩이같이 되는 빗물 하중의 폰딩(ponding)이 생긴다. 바람에 의한 유연구조의 자유진동 등도 하중 자체가 구조물의 성질에 강하게 의존하는 예이다. 기타 화재와 물체의 충돌, 충격파 등도 'excitation force'이다.

5) 구조물의 모델링

1) 재료의 모델화

(1) 대상으로 하는 현상과 물리량

어떠한 현상을 문제의 대상으로 할 것인가에 따라 모델이 달라지는 것은 당연하므로 우선 대상을 명확히 해 놓을 필요가 있다.

(2) 대상으로 하는 현상의 구분

- 구조물의 연속적 변형 : 탄성, 소성, 점성 등

- 현상의 전환점 : 탄성한계, 항복점, 최대내력점, 파단점 등
- 시간과 관계되는 항목 : 재령, 속도, 가속도, 관성, 점성 등
- 시간과 무관한 항목 : 탄성, 소성 등
- 기타 : 환경에 의한 역학적 성질의 변화 등

(3) 척도

- 강성(剛性) : 강성텐서(tensor), 등방성, 이방성, 증분강성 등
- 소성(塑性) : 소성 텐서(tensor), 소성 한도 등
- 점성(粘性) : 흐름의 법칙, 점탄성 계수 등
- 응력도(應力度) : 주응력도, 응력 불변량 등
- 변형도(歪度) : 주변형, 변형 불변량, 체적변형, 전단변형[222] 등
- 에너지-밀도 : 탄성에너지-밀도, 흡수에너지-밀도 등
- 변환점 : 탄성한계, 항복점, 최대내력, 크리프 한도, 좌굴점, 분기점 등

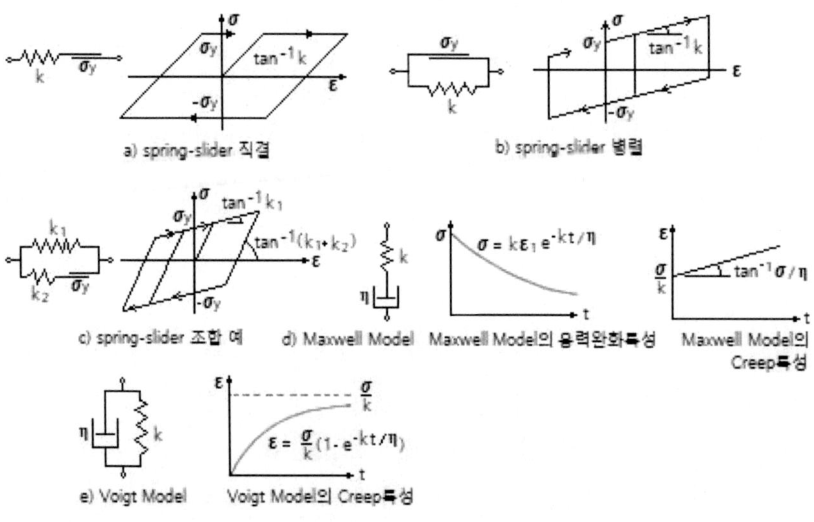

그림 81 간단히 조합한 역학 모델의 예/단위모델의 조합으로 구성한 모델

2) 구조요소의 모델링

하중을 실제의 설계에 사용하기 위해서는 복잡한 하중은 간략한 형(形)으로 정리하여 때에 따라서는 통합시켜야 한다. 그리하여 실제의 하중에서 설계하중(design load)이 설정된다. 마찬가지로 구조물도 직접 하중에 저항하지 않은 부속 부분 등의 2차 요소는 제외하고 간략한 뼈대로 이상화시킨다. 이를 구조모델이라 한다. 더욱 실제로 힘과 변형의 흐름을 추적할 때에는 그 목적에 따라 여러 가지 구조모델이 만들어진다. 이 구조모델은 역학 모델(mechanical model)이라 할 수 있다(구조역학, 김현산 외, p.8).

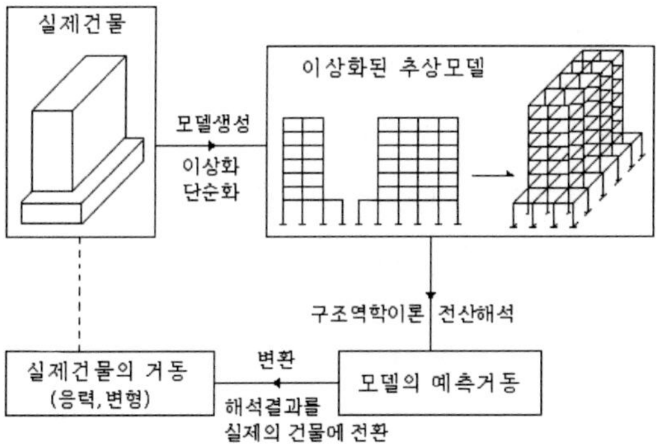

그림 82 구조해석과 모델링/구조해석은 규정된 하중 및 환경조건에서 실제 구조물의 거동을 예측한다. 그 첫 단계는 기본구조시스템과 그 구성 요소를 구체화하여 해석의 대상으로 실제의 구조물을 단순화하고 이상화하여 추상적인 모델을 만든다.

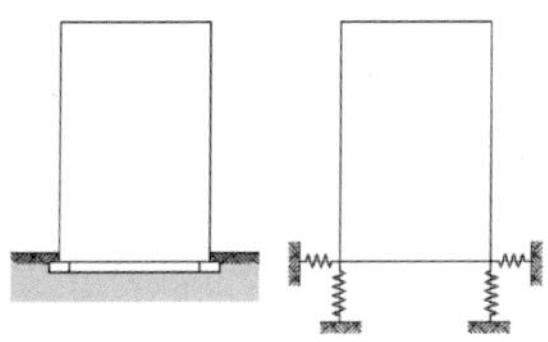

그림 83 지반 탄성에 대한 모델링/지반도 일반의 구조와 같이 탄성적 성질을 가지고 있다. 이는 마치 건물이 스프링으로 받치는 것과 같은 것으로 모델링할 수 있다.

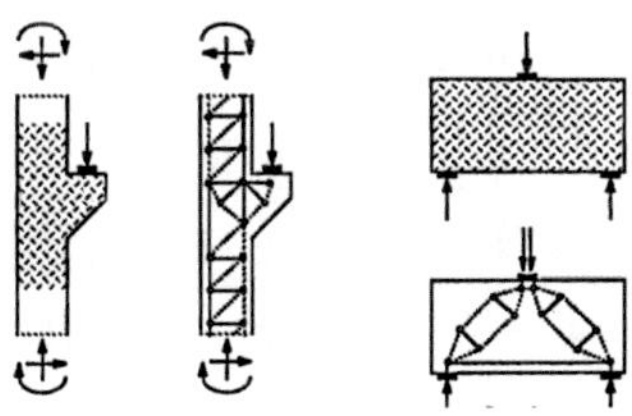

그림 84 strut and tie models, 깊은 보(deep beam)

구조모델의 이산계와 연속계 모델의 구조요소는 그 이상 분해되는 것으로 생각지 않은 구조 부분으로 정의되고, 이산계에서는 어떤 유한한 크기를 갖는 부분을 구조요소로 하고, 연속계에서는 무한소요소(無限小要素)를 고려한다. 구조요소의 수는 이산계에서는 유한개로 되고, 연속계에서는 무한대로 된다.

연속계 구조모델은 본래 이산계 또는 불연속(discrete)이라고 생각할 수 있는 분자의 집합에서 어떤 물체를 거시적으로 성질을 파악하고, 그 성질은 물체가 어느 정도 작아져도 유지될 수 있다고 가정한다. 미분 적분이라는 극히 강력한 해석방법으로 그의 유용성이 발휘되고 있다. 연속체 문제의 해법에 있어서 이것을 작게 분해하고 그 분해된 각각의 유한요소에 관하여 근사적으로 응력과 변형과의 관계를 구하고 전 요소에 대하여 종합하여 해석한다. 연속체 이론은 현실의 결정(結晶)과 분자(分子)의 틈새 등은 고려하지 않고, 어느 정도의 크기의 어떤 부분을 파악해서 그것과 같은 크기로 같은 거동을 나타내는 연속체를 우선 생각하고, 그의 성질에서 미소요소의 역학적 성질을 모델화하고 있다. 이 방식은 상당한 크기를 가진 격자구조에 대하여도 상태의 변화가 격자의 간격에 비하여 느슨하면 성립한다.

유한요소법의 기본적인 개념은 실제의 구조물에 대하여, 유한의 크기로 이루어진 구조요소인 유한요소(finite element)를 유한개의 절점(node)으로 연결함으로써 집합체로 한 수학적 모델로 치환한다는 생각에 기초하고 있다. 즉, 실제의 구조물은 연속체(continuum)이지만, 이것을 근사적으로 가공(架空)의 경계선, 또는 면(面)에 의해 유한요소로 분할 하고, 요소는 그 경계상의 절점에서 서로 연결된 것으로 보는 것이다. 유한요소이론에서는 유한크기의 부분을 요소로 고려하지만, 경계상에 무한의 변위 자유도를 고려할 때는 보통 연속체 이론에 포함 시킨다. 유한요소법이라고 할 때는 경계상의 변위 자유도를 유한 개수로 한정하므로 미지수의 수는 유한요소법에서는 유한개이다. 요소 외면에 작용하는 외력에 의한 요소의 응력과 변형의 성질을 정하고 구성방정식을 만드는 것이 보통 경우의 구조요소의 모델화이다.

유한요소법은 어떤 부분을 취하여 구조요소로 할 것인가 문제이며, 트러스와 라멘에서는 한 개의 부재(봉재)를 구조요소로 하여 경계는 그의 양단으로 한다. 트러스는 재단(材端)을 핀으로 3개의 힘 혹은 변위를 고려하고, 라멘은 통상 재단을 강면(剛面)으로 보아 6개의 변위 자유도, 즉 3개의 평행이동과 3개의 회전 변위, 힘으로 치면 3개의 힘과 3개의 모멘트를 고려한다. 봉재는 2개의 접속 면을, 접합부는 그곳에 집성된 부재 수의 접속 면을 갖는다. 일반적으로 구조요소는 유한개의 접속 면(점)을 갖고, 그들의 점에서 다른 구조요소와 접속된다. 협의의 유한요소법은 2차원 혹은 3차원 연속체를 작지만, 유한크기의 요소로 나누어 해석하는 방법을 가리키는 경우가 많다. 유한의 크기를 가진 구조요소를 모두 미소요소에서 적분하여 요소의 역학적 성질, 즉 구성방정식을 유도하는 것이 현상 표현성이 높은 것은 아니다. 특히, 대량생산 부재는 불완전성과 성질의 편차 등도 포함하여 알 수 있는 실험적 방법이 오히려 바람직하다. 구조물 거동의 복잡성 때문에 수치해석과 함께 실험 결과를 이용하여 접합부의 성질을 검증하는 이유이다.

『구조물을 연속체가 아닌 이산체(discrete system)로 처리하는 것은 첫째로 미분방정식을 사용하는 대신 대수(연립)방정식을 사용하는 것을 의미하고, 둘째로 구조물을 부재(member)와 크기가 없는 절점(joint)으로 구성되어 있다고 생각한다. 여기에서 이산체란 복수 개의 영역과 복수 개의 경계로 이루어진 구조계에서 경계를 절점으로, 영역을 부재로 변환하여 구하려는 변위를 부재 내에 모든 위치에서 결정하지 않고 오직 절점에서만 결정하는 구조계를 의미한다. 그러므로 이산체 구조물은 부재들과 절점들로 구성되어 있다.』

『구조역학을 방정식으로 설명하면 중요한 네 개의 방정식이 존재한다. 그 첫 번째 방정식은 원인(input)인 하중(외력/내력/단면력/응력)으로 설명하는 평형방정식(equilibrium equation)이다. 즉 외력, 내력, 단면력과 응력 간의 보이지 않은 힘의 항들로 표현된다. 여기서 평형상태라는 것은 물체가 힘(하중/외력)의 작용에도 물체의 가속도가 영(zero)인 상태를 말하고 평형방정식이 이를 나타낸 것이다. 예를 들어 정지해 있던 물체는 정지해 있고 등속직선운동 상태에 있는 물체는 힘이 작용하기 전과 마찬가지로 등속직선운동을 한다는 것이다. 만약 물체의 가속도가 영이 아니면 그 물체는 평형상태가 아닌 운동상태에 있다고 말하며 평형방정식이 아닌 운동방정식(equation of motion)으로 설명된다. 이는 동역학에서 주로 공부하는 방정식이다.

두 번째 방정식은 계(system)인 구조물의 물성치를 설명하는 구성방정식(constitution

equation)이다. 이 식은 다른 말로 특성방정식이라고 하며, 그 재료의 응력(stress)과 변형률(strain)의 관계식이다. 이 식은 재료를 인장 및 압축 실험한 결과를 표현한 것이다. 응력은 눈에 안 보이는 원인인 힘의 기본단위라고 할 수 있으며, 변형률은 눈에 보이는 결과인 변형의 기본단위라고 할 수 있다. 재료역학 혹은 응용역학에서 주로 공부하는 것이 구성방정식이다.

세 번째 방정식은 결과(output)인 변위/변형만으로 설명하는 적합방정식(compatibility equation)이다. 즉, 변위와 변형에 관한 식으로 운동학에서 주로 공부하는 방정식이다. 그러므로 원인에 관한 첫 번째 식인 평형방정식과 재료에 관한 두 번째 식인 구성방정식, 결과에 관한 세 번째 식인 적합방정식을 모아 정리하면 네 번째 지배방정식이 된다.』 『지배방정식을 사용하려면 평형방정식, 적합방정식, 구성방정식을 작성하여 결합하여야 하므로 매우 번거롭고 어렵다. 지배방정식을 이용한다는 것은 평형, 적합 및 구성방정식을 먼저 작성하여 결합하고 또한 그로부터 변위와 단면력(응력)과 반력을 계산한다는 것을 의미한다.

결국, 지배방정식이 미분방정식 형태로 표시된 경우는 구조물도 연속체이고, 외력(하중)도 연속함수로 표시되는 분포하중이며, 구조물 내의 임의의 위치에서의 변위도 연속함수이므로 이들의 관계식은 미분방정식으로 표현된다. 지배방정식이 대수(연립)방정식 형태로 표시된 경우는 구조물과 외력(하중)이 불연속함수인 경우이다. 미분방정식 대신 대수방정식으로 처리하면 연속체인 구조물을 이산체로 보아 부재와 절점들이 연결되어 있는 것으로 모델링하며 절점은 반드시 불연속(discontinuity)이 발생하는 곳에 두어야 한다. 여기의 불연속은 구조물, 하중, 변위의 불연속이다. 탄성계수와 포아송비 중 어느 것이라도 다르게 되는 경계와 구조물의 기하학적 형상의 불연속이 발생하는 곳, 즉 단면적과 단면 2차 모멘트(면적의 관성 모멘트) 등이 변하는 경계가 첫 번째 불연속인 구조물의 불연속으로 절점으로 처리하는 곳이다. 부재의 꺾인 곳은 좌표계의 불연속이므로 첫째 불연속에 속한다. 두 번째 불연속은 집중하중이 작용하는 곳이나 분포하중이 작용하지만 하나의 함수식이 아닌 서로 다른 함수식으로 표현될 때 그 경계는 하중의 불연속이므로 절점으로 처리해야 한다. 이것이 내부지점을 포함한 구조물의 지점을 절점으로 처리하는 이유이다. 세 번째 불연속은 특정 위치에서 특정 방향의 구하려는 변위를 불연속으로 보아 그 위치를 절점으로 처리하여야 한다. 그 이유는 대수방정식에서 변위는 절점에서만 계산되기 때문이다(심재수, 2001).』 앞에서 정리한 내용은 개념적인 설명일 뿐이므로, 굳이 이해하려고 할 필요는 없다.

실제의 구조해석과 구조설계에서는 어려운 구조이론이나 고등수학이 중요한 위치를 점하지 않는다. 즉, 이들을 이해하지 못해도 구조해석과 설계는 가능하다. 구조물진단은 학교에서 학생들이 고등수학처럼 배우기 시작하면서 포기해버리는 구조역학이 아니다.

---

219) 建築構造力學の最近の發展(應力解析の考え方), 日本建築學會, 1987年 참조
220) 물리학에서 기초한 문제에 대해 수학적인 의미부여를 이해하는 일
221) '외란'(外亂)으로 'excitation force'이며 하중, 외력, 외적인 자극력 등이다.
222) 고층건물은 전단변형이나 기둥의 축 방향변형(예: column shortening)을 구조해석에 포함하기도 한다. 이들 해석에 대한 문제의 복잡성을 수용할 정도로 해석프로그램이 고성능화되어 있다.

1.8.6 재하시험에 의한 안전성 평가

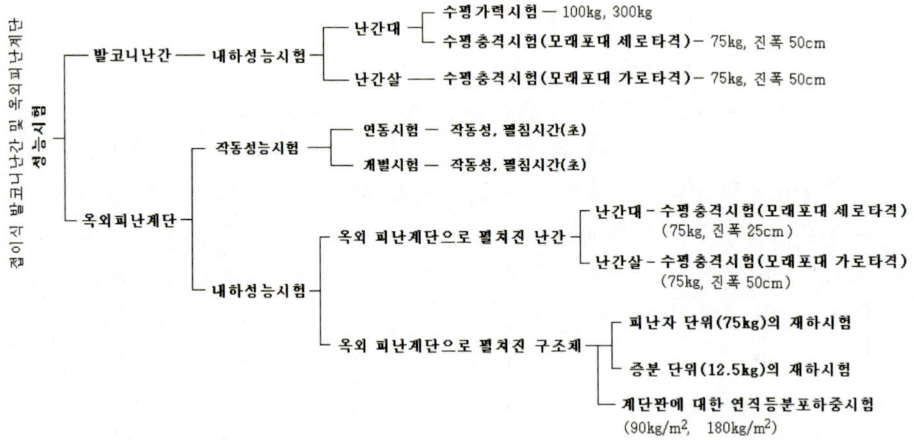

그림 85 접이식 발코니 난간 및 옥외피난계단 성능시험(예)/해당 구조물에 요구되는 제반 성능과 시험방법이 존재하지 않아, 사적으로 정하여 구조성능시험을 실시하였다. 여기에서 성능은 옥외피난계단의 역할을 어느 정도 실현할 수 있는지에 대한 정량적, 정성적인 능력이다. 출처: 접이식 안전난간 및 옥외피난계단 안전성능평가보고서(2016.08)

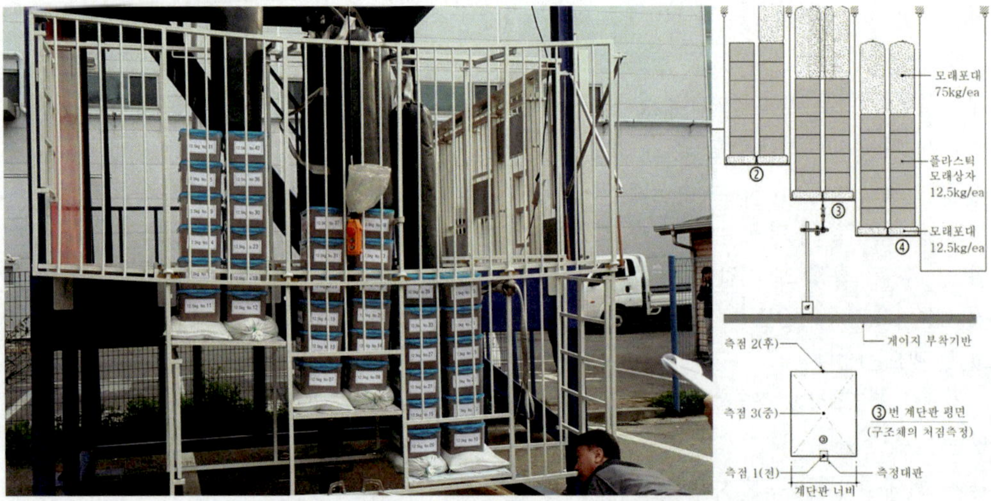

그림 86 거치대에 설치된 시험체의 연직방향 재하시험(예)/난간 및 옥외피난계단에 대한 구조안전성 평가의 일환으로 실시한 재하시험(1,050kg)광경/대상 구조물의 기능과 용도 등을 고려하여 측정항목(하중, 변위, 잔유변형, 처짐의 회복력 등), 시험방법, 평가기준을 설정하여 실시하였다. 재하물은 모래포대(12.5kg, 75kg)와 증분단위 모래(12.5kg)를 사용하였다. 플라스틱 상자에 넣어 일정한 중량(12.5kg)으로 개량하였다. 출처: 접이식 안전난간 및 옥외피난계단 안전성능평가보고서(2016.08)

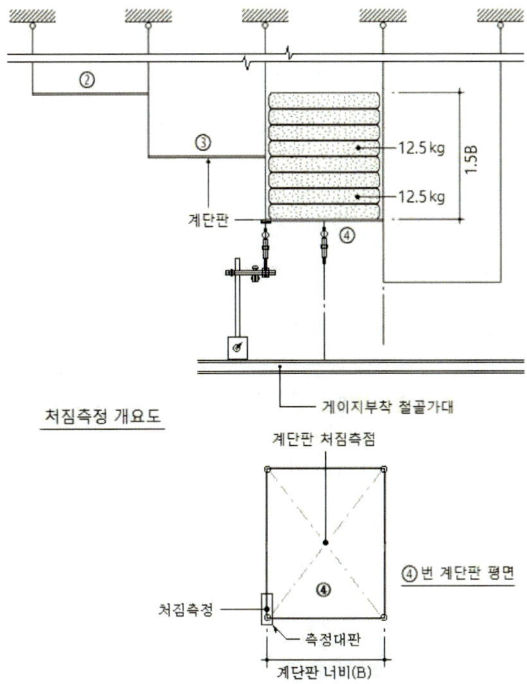

그림 87 옥외피난계단의 계단판에 대한 연직등분포하중 재하시험/측정의 정도는 1/100㎜, 스트로크(stroke) 50㎜의 디지털 다이얼 게이지사용. 다이얼게이지 홀더 또는 다이얼게이지 거치대 등을 사용하여 지지점에 고정하고 변형량을 측정하였고 다이얼게이지 가대는 진동 등의 영향을 받지 않는 곳에 설치.

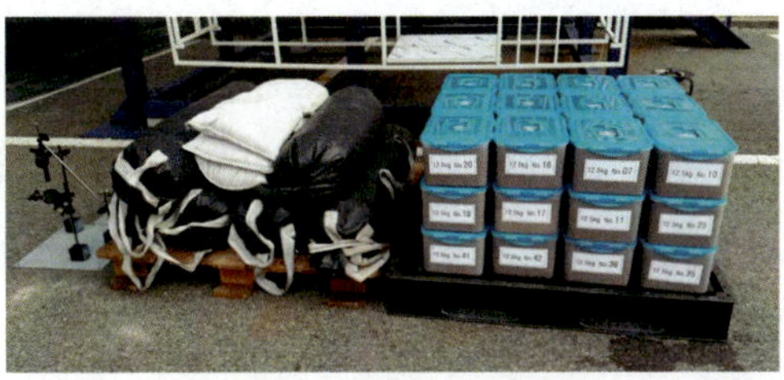

그림 88 재하시험용 재하물/모래포대와 증분단위(12.5㎏) 플라스틱 박스

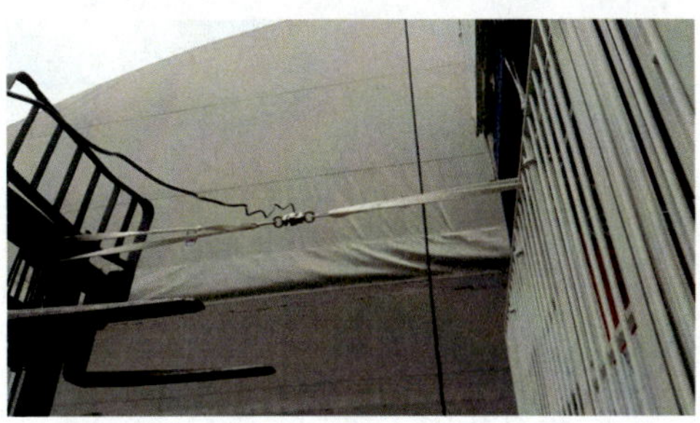

그림 89 옥외피난계단의 난간에 대한 수평 하중 가력시험(예)/옥외시험으로서, 일종의 수평 방향 재하시험이다.

기존구조물의 내력검토에는 해석적인 방법이나 재하시험, 또는 해석적인 방법과 재하시험을 조합하는 방법이 쓰일 수 있다. 해석적인 방법으로 구조 안전성을 평가하고자 한다면, 상태조사와 부재의 크기 및 상세, 재료의 성질, 그리고 실제로 건설된 구조물의 다른 관련 조건에 대한 현장조사(field investigation)가 이루어져야 한다. 다만,이는 현장조사결과 해석적인 안전성 평가가 요구되었을 때 수행한다.

기존구조물의 내력을 조사하는 또 다른 방법은 비파괴 재하시험에 의해서 직접 구조물의 건전도를 평가하는 것이다. 내하력 평가에 있어서 주안이 되는 사항은 현재 구조물이 보유하고 있는 내력의 크기를 구하여 안전상 유해성을 판단하는 것이다. 구조물에 손상이 있을 경우는 그 손상된 값이 재하시험에서 얻어진 측정치에 반영되므로 재하시험은 현재의 보유 내하력을 평가하는데 유효하다. 다만, 기존구조물의 내력 계산은 구조물을 신축할 때의 내력 계산과는 사뭇 다르다. 설계 시의 단면의 내력은 설계자가 의도 또는 가정한 대로 산정할 수도 있고 가정된 단면에서 이루어지므로 불확실성이 있다. 또한, 기존구조물에서는 재료의 강도, 단면의 크기 등은 시험과 실측에 따라 알 수 있으나 현재의 응력 또는 변형도의 상태 등은 정확히 알 수 없으므로 가정에 따른 불확실성도 있다. 이러한 문제의 해결을 위하여 내력평가의 직접적인 방법으로 재하시험에 의한 방법을 쓰기도 한다. 따라서 기존구조물에 대한 불확실한 내력 산정을 고려하여 재하시험의 보조자료로서 해석적으로 탄성 범위 내에서의 내력을 평가하여 재하시험 결과의 신뢰성을 검토한다.

재하시험(載荷試驗, loading test)[223]은 구조물에 하중을 일시적으로 가하여 응력이나 변형 등을 조사하는 시험으로써, 강도와 강성 기타 구조적으로 필요한 자료를 얻는다. 예컨대, 정적인 하중을 재하하여 구조물의 응력과 변형을 직접 측정하고 강도와 강성 등을 파악한다. 실제 구조물, 말뚝, 지반 혹은 모형시험체 등에 중량물 또는 가력기구에 의해 정적인 하중을 가하여 그 내력, 변형, 파괴양상 등을 조사한다. 이는 구조부재(보, 슬래브)에 대한 연직방향 재하시험이 일반적이지만, 기둥이나 난간 등을 대상으로 하는 수평방향 재하시험(가력시험)도 행해지고 있다. 또한, 이는 비파괴시험이 일반적이며, 기존의 실제 구조물 또는 실물로 제작된 공시체로 구조물의 조사·연구를 목적으로 파괴시험으로 행하기도 한다.

원래 이 방법은 구조부재에 대한 비파괴시험이 미비했던 시기에 노후화 등에 의한 구조물의 성능평가에 대한 수단으로 이용되었다. 그러나 콘크리트 강도시험 등에 대한 간편한 각종 비파괴시험방법이 개발되어 광범위하게 구조부재의 성능평가에 사용됨에 따라 이와 같은 비파괴시험만으로도 구조물의 성능저하 여부를 판단할 수 있게 되었다. 이러한 영향에 기인한 것으로 단정할 수는 없으나, JASS 5(1958)에 규정되어 있었던 재하시험이 1962년 개정되면서 본문에서 재하시험이 삭제되어 해설만 게재된 사실에서도 재하시험은 특별한 경우에 적용되어야 한다는 것을 유추할 수 있다.

재하시험은 기존구조물의 건전도 평가를 대상으로 하며, 신축구조물은 계획한 재료

223) '하중시험', '가력시험'이라고도 한다.

와 부재의 성질, 시공품질 등에 따른 불확실성이 내포될 수 있으므로 이를 고려하여 설계한다. 그러나 기존구조물은 불확실성이 이미 내포된 상황에서 외력으로 응력이 발생하고 변형된 상태이므로 불확실한 요소가 실제로 반영된 상태라고 볼 수 있다. 그리고 비파괴시험에 의해 재료의 강도 등을 추정할 수 있고, 구조단면 등을 실측할 수 있다. 그러나 구조물에 작용하는 응력과 변형을 알 수 없으므로, 이를 위해 이들을 직접 확인하는 방법으로 재하시험을 하여 이를 통해 건전도를 파악한다. 즉, 재하시험으로부터 구조물의 건전성을 평가한다. 또한, 구조물에 기진기, 진동기 등을 설치한 진동시험에 의해서도 구조물의 손상 및 결함 유무를 파악할 수 있다. 원래 이러한 진동시험은 구조물의 내진성능평가에 쓰였지만, 기존구조물의 진단에도 응용되고 있다. 예컨대, 대상 부재의 고유진동수와 진폭을 상호 비교하여 강성이 상대적으로 저하된 부재를 가려내며, 이로부터 결함이 내포된 부재를 파악할 수 있다.

철근콘크리트 구조설계기준이라고 할 수 있는 ACI에서도 318-95 규정 중에 재하시험에 의한 안전성 평가에 대해서 간략하게 언급하고 있으나, 이러한 재하시험을 기존구조물에 대한 안전성 평가의 주체로 보기는 어렵다[224]. 예컨대, 재하시험과 구조해석을 병행하여 각각의 결과를 비교 분석하는 것을 구조물의 안전성을 평가하는 필수과정으로 생각하는 경향도 있다. 이 경우에 재하시험과 해석결과가 크게 불일치할 수 있고, 이로 인해 결과가 거의 일치하도록 인위적으로 해석상의 입력자료를 조정하는 일이 발생할 수도 있다. 그러나 구조물진단은 육안에 의한 상태조사와 평가, 비파괴시험 및 재료시험 결과만으로도 구조물의 안전성을 평가할 수 있다. 이러한 측면에서, 특별한 손상이 없고 성능 또한 양호한 구조물에 대해 재하시험을 의무적으로 실시하게 하는 것은 구조물진단의 본질을 벗어난 비생산적인 일이다.

재하시험은 구조물의 안전성 평가를 위한 육안조사와 비파괴시험 및 재료시험[225]을 포함한 제반 상태조사결과에 따라 현격한 성능저하가 있다고 판단되거나, 상태조사와 함께 획득한 시험결과가 재료의 역학적, 물리적, 화학적 성질이 현저하게 감소 되어 진단기술자가 재하시험이 필요하다고 판단되었을 때에, 내하력 평가의 보조자료로써 해석적인 방법과 재하시험을 병행하여 비교할 필요가 있을 때 실시한다. 즉, 구조물의 현재 상태에 비추어 재하시험에 의하지 않고서는 구조물의 응력과 변형성을 평가하기가 어렵고,

224) 재하시험 규정은 개개의 국가마다 다소의 차이는 있으나 대체로 시험방법과 측정내용은 같다. 미국은 ACI(American Concrete Institute) Building Code에 재하시험을 규정하고 ACI-437에서 별도로 기존 콘크리트건축물의 내력진단규정이 설정되어 있다. 일본에서는 1958년에 JASS(Japanese Architectural Standard Specification) 5로 규정되어 1962년에 개정되면서 재하시험이 삭제된 바 있다.

225) 재료시험의 목적은 그 재료가 사용 목적 및 사용조건에 적당한가를 조사하고 또한 안전한 하중의 한계와 재료의 변형 능력을 검토함에 있다. 즉, 재료의 특성을 파악함에 있다. 보통 넓은 의미로 역학적, 물리적, 화학적 성질을 시험하는 것, 좁은 의미로는 역학적 성질을 시험하는 것만을 뜻하기도 한다.

구조물에 대한 육안조사나 재료시험만으로는 구조물의 건전성을 평가하기가 곤란한 경우에 고려하여야 한다는 것이다.

또한, 비교연구의 목적으로 해석적인 방법과 대비할 필요가 있거나, 혹은 육안조사나 재료의 비파괴시험에 의해서 성능저하를 평가하기가 곤란하거나, 보강 또는 성능개선 후에 새로이 내하력 평가가 필요한 경우도 고려하게 된다. 이는 현재의 교량 상태가 양호하고 이러한 상태에서 이론적인 방법으로 평가한 내하력이 관리수준을 이상을 유지하고 있을 때, 구조물의 현재 상태가 직전에 실시한 정밀안전진단(기존의 재하시험 및 구조해석 자료)과 정기안전점검 때와 변함이 없고 안전상 특별한 결함이 관찰되지 않은 경우는 재하시험을 실시할 필요가 없다는 의미이다.

여기에서 기술하고 있는 재하시험은 구조물의 기초지반이 흙을 지지할 수 있는 능력, 즉 구조물 설계 시에 지반의 선정시험(選定試驗)226) 차원에서 반드시 실시하여야 하는 지반의 재하시험과는 의미가 다르다. 신축 지반에 대한 재하시험은 원위치에서 지내력을 구해 적절한 구조설계(지반력 검토)를 위해 실시하는 시험이다. 이는 구조물의 상태와는 무관하게 의무적으로 적용되고 있는 법정 정밀안전진단의 재하시험과는 그 성격이 다르다. 이러한 재하시험은 평가 업무를 수행하는 진단전문가의 공학적인 판단에 맡기는 것이 바람직하다.

실물대 구조물에 대한 현지에서의 재하시험은 응력과 변형을 측정하여 구조체의 건전도를 평가하고자 실제의 구조물에 정·동적 외력을 가하는 시험이다. 이는 시험장치, 가력 상황 등에 따라 시험대상이 제한되고, 과대한 재하에 의한 구조체 거동(탄성한계를 초과하는 거동), 재하량(載荷量)의 적용과 계측 등에 오차 발생 등의 결점이 있으나, 실제 구조물을 대상으로 할 때는 구조체의 내력평가가 용이한 이점이 있다. 다만, 구조물에 대한 재하시험 결과와 모델링에 의한 구조해석결과가 거의 일치하는 경우보다는 일치하지 않은 경우가 많으므로, 구조해석은 구조물진단의 내력평가에 직접 적용하기보다는 안전도 평가의 보조자료로 활용할 필요가 있다.

교량 정밀안전진단에서 적용하고 있는 재하시험은 ① 기존의 설계도서(도면, 시방서, 구조계산서 등)가 미비하여 교량의 내하력 및 거동을 이론적인 방법만으로 평가할 수 없는 경우, ② 교량의 일부 부재가 다른 부재로 교체되었거나, 구조적으로 구조변경에

226) 선정시험은 건설공사의 적절한 설계 또는 시공을 위하여 필요한 토질조사, 유기물 함량시험, 골재원 시험 기타 사전조사를 위한 시험과 건설공사에 사용될 재료의 선정을 위해 실시한다. 관리시험 및 검사시험과 함께 건설공사의 기본적인 품질시험이다. 관리시험은 건설공사에 사용되는 재료와 설계도서, 시방서 및 품질관리확보에 관한 관계 법령의 규정에 적합하게 이루어지도록 하는 시험이며, 검사시험은 건설공사의 품질확보를 위한 선정시험 및 관리시험이 적절하게 이루어지고 있는지를 확인하는 시험이다. 선정시험과 검사시험은 일반적으로 발주자가 실시하고, 관리시험은 건설업자가 실시한다.

상응하는 변화가 발생하여 교량의 전체적인 거동을 재료의 물성과 이론적인 방법만으로는 평가하기 어려운 경우, ③ 교량의 노후화, 구성재료의 전반적인 성능저하와 변형이 현격하고, 주요부재의 손상으로 구조물의 복원력(elastic restoring force)에 대한 검증이 필요하다고 진단기술자가 판단한 경우, ④ 보수·보강·성능개선(당초 설계 시에 의도했던 수준보다 성능을 향상하는 일) 등으로 인하여 안전관리 초기치의 설정이 필요하다고 판단되는 경우, ⑤ 조사 및 연구목적으로 교량의 정·동적 특성을 평가하고자 하는 경우 등이다. 통상 재하시험은 철근콘크리트 구조부재를 설계할 때에 콘크리트 재료의 성질에만 의존하는 불합리성[227], 혹은 시공상의 결함 또는 설계하중을 초과한 과하중이 가해진 경우, 보수보강의 효과를 검증하고자 하는 경우, 화해(fire damage)를 입은 구조물의 내하력 평가, 검사시험 목적의 내하력 평가에 활용되고 있다.

정적 재하시험은 응력과 변형측정을 대상으로, 동적 재하시험의 경우는 동적 응답으로서의 충격계수와 구조물의 동적 특성, 이를테면 고유주기, 진동모드, 감쇠율(減衰率)에 의해 안전도를 평가한다. 동적 재하시험에 의해 고유주기, 진동모드, 감쇠율 및 충격계수를 알게 되면 그 구조물에 대한 강성, 성능저하의 정도 등을 평가할 수 있게 된다. 즉, 구조물에 발생한 결함이나 노후화 등에 의한 강성저하, 구조물의 이상 유무 등의 건전성을 동적 특성을 통해 평가한다. 또한, 구조물의 건전성을 모니터링(Structural Health Monitoring, SHM)하는 기술이 발전하면서, 구조물의 노후화를 조사하는 기법도 변화하고 있다. 예컨대, 진동기반의 SHM은 구조물의 진동을 측정하여 이로부터 손상의 정도와 위치 검출, 노후화의 정도 등을 파악한다. 이러한 진동측정에는 가속도계가 흔히 사용되었고, SHM이 발전하면서 영상기반의 모니터링기법, 구조물의 동적 특성(고유주기, 감쇄율, 진동모드)을 측정하는 기술로 발전하고 있다.

건물진동에는 고유주기 외에 감쇠성(減衰性)이라는 요소가 있다. 이는 자유로 흔들었을 때 진동이 오래 유지되는가 아니면 곧 멈추어버리는가를 나타내는 지표이다. 물론 빨리 멈추는 것일수록 감쇠성이 크다고 말한다. 감쇠 현상은 어떤 진동범위 내에서 진동을 흡수하고 공진을 감소시켜 구조물에 대한 잠재적 충격을 줄인다. 여기에서 고유주기는 강성과의 상관관계, 진동모드는 진폭의 형태, 감쇠율은 감쇠의 변화, 충격계수는 이론과 실측으로 구조물의 상태를 평가한다. 다만 고유주기 파악은 거시적인 측면에서 구조물의 강성 이상 유무를 파악하는 것이므로 고유주기로서 세부적인 구조 강성을 파악할 수는 없다.

227) 초고강도 콘크리트가 개발되어 이를 사용하고자 할 때, 재료시험에 의한 콘크리트 성적만으로 평가하게 된다면, 그 재료적 특성이 구조부재에서도 그대로 발휘될 것인가 하는 불확실성이 일어나게 된다. 이러한 경우는 재료시험과 구조시험을 병용한다.

1.9 구조물진단행위에 요구되는 기본요소

그림 90 구조물진단의 기본요소

구조물진단은 공동체 사회에서 구조물과 관련하여 발생하는 제반 사회현상을 공학적인 평가와 더불어 인문사회과학적으로 인과관계를 규명하여 대책을 마련하는 분야이다. 사회현상은 논리적, 경험적인 고찰이 요구되며, 여기에는 합목적성(合目的性)과 법칙성(法則性)을 추구한다. 이들 모두 이론에 바탕을 둔 기본요소이다. 이들로부터 구조물진단은 보편타당한 합리성과 공통된 원칙과 처리기준에 의하여야 소정의 목적과 사회적 사명이 달성될 수 있다.

이러한 점에서 구조물진단은 과학적이고 논리적 근거에 의한 평가, 합리적이고 공정한 평가가 요구되는 분야이다. 요컨대, 구조물진단은 무엇보다도 과학적인 엄밀성에 바탕을 두고(과학성) 진단내용의 전개에 이익문제가 걸려 있는 이해관계자들을 설득할 수 있도록 논리적이어야 하며(논리성), 합리적이고(합리성), 어느 한쪽에 편향되지 않은 공정한 평가(공정성)가 요구되는 분야이다. 이들 4가지는 공동체 사회에서 행해지는 구조물진단에 요구되는 필수기본요소이다. 또한, 이들은 각기 독립적이 아니라 상호 유기적으로 작용하여야 하며, 이로부터 전문성이 발현된다.

고대 이집트에서는 구획정리 등의 토목사업에 의한 경험기술의 축적이 "기하학"이라는 고유의 수리(數理)와 과학으로 발달하였다고 한다. 또한, 근세에 있어서 천체의 관측이 "미적분학"을 매개로 비약적으로 추상화, 보편화 되어 뉴턴역학에까지 발전된 것은 널리 알려진 사실이다. 이같이 경험에서부터 과학으로의 발달은 수리에 따라 매개 촉진되어 온 것이고, 과학적 수리의 전개에는 수리적 인식이 필요하며, 수리 없는 과학은 존재하지 않는다고 하여도 지나치지 않다. 수리가 과학에 있어 불가결이라고 하는 것은 과학이 구비 해야 할 특성을 보증하는 것이기 때문이다.

자연과학은 사실(fact)을 다루기 때문에 그 예측이 가능하다. 사회과학은 사회현상을 다루는 학문이며, 그러한 사회현상이란 결국 인간 개개인 혹은 집단의 행태를 통해서 빚어내는 것이다(윤재풍 p.45). 이같이 사회과학은 인간을 대상으로 하므로 가치의 문제가 존재한다.[228] 또한, 자연과학과는 달리 실험실이 요구되지 않는다. 이를테면 사회과학(경제학)에서는 항상 그런 것은 아니지만 "통화량이 많으면 물가가 상승한다."라는

228) "자연과학은 각기 다른 현상에서 공통점을 모아 숨겨진 원리를 찾아내는 학문이고, 사회과학은 정(正)과 반(反)을 합치면서 단점을 최소화하는 학문이고, 인문과학은 각기 다른 것들을 합쳐 새로운 화(和)를 만들면서 논리화하는 학문이다."라고 구분하기도 한다.

단순 가치로써 평가할 수는 있으나 그 현상을 사실로 예측하거나 확정할 수 없다. 반면에 자연과학은 실험 등을 통하여 사실에 대한 예측이 가능하다. 즉 수소 2분자와 산소가 결합하여 H_2O라는 물(사실)이 형성된다는 사실 등이다.

과거에 경험을 바탕으로 한 경험의학은 이른바 명의(名醫)를 만들어 내었으나 명의의 직감이나 육감이 아무리 훌륭하다 하더라도 보편화 되지 못할 때는 어디까지나 개인의 소유물이 된다. 따라서 이러한 의학이 과학으로 성장하기 위해서는 일반과학 법칙으로의 보편성이 있는 것으로 확대되고 널리 개방되어야 한다. 결과적으로, 과학성과 논리성, 공정성과 합리성은 구조물진단행위에 있어서 진단전문가가 준수하여야 할 극히 보편적인 요소라고 할 수 있다.

그림 91 갑·을·병의 책임전가/진단이 갑의 영향력에 지배될 수 있다.

1.9.1 과학성

과학성은 사실을 진실로써 규명하는 과정이다. 과학(science)[229]은 공학(engineering)과는 그 의미가 다소 다르다. 과학은 과정에 관한 사실을 밑받침해주는 지식의 체계적인 집합이지만, 공학은 과학에서 발견된 것, 과학으로 개발된 과학의 현상이나 특성에 대한 지식을 사용 가능케 하는 도구, 기술 및 과정과 관계된다. 즉, 공학은 인간이 사용함으로써 발생한 문제(human problems)를 풀기 위한 과학적이고 기술적인 지식의 응용이다. 그래서 기술자들(engineers)은 과학과 기술(technology), 수리(mathematics), 실무경험(practical experience)을 사용하여 창의적으로 판단하고 추론한다. 이 과정에서 공학은 사용의 적부에 따라 사회에 기여도 하지만 해를 끼치기도 한다.

오로지 인류에게 득을 주는 과학은 논리성과 합리성에 기초하지만, 이론적이고 경험적(empirical)인 것이 특징이라 할 수 있다. 과학의 가장 뚜렷한 특징은 실증적인 접근

229) 과학은 인류에게 오로지 편리함과 도움을 준다.

방법에 있으며, 관찰로부터 얻어진 진실이 철저하게 검증되는 것을 요구한다. 과학적 의미에서의 진실은 이것이 직관적으로 적합성을 가졌다거나, 권위를 가진 개인이나 집단이 주장하기 때문에 타당성을 갖는 것이 아니다. 직관은 관련 지식의 축적에서 나오며, 권위는 오직 실력과 능력으로부터 세워지며, 알려진 사실에 경험적으로 부합되는 경우에만 타당성을 인정받을 수 있다.

현대사회에서는 과학의 발달과 더불어 과학자의 영향력이 더 커지고 중요해지고 있다. 과학자들은 많은 시간을 관심 있는 현상들을 알아내고 특성을 발견하고, 분류하는 등의 기초적인 작업에 할애한다. 그러나 기초적인 작업만으로는 과학적 목표를 달성할 수 없으며 이는 단지 과학적 탐구의 예비단계에 불과하다.

과학의 궁극적인 목적은 탐구대상이 되는 현상의 원인을 밝혀내는 것에 있다. 이러한 점에서 과학자들은 사회의 건전한 구성원으로서 개인의 이익보다는 인간의 존엄성을 지키는 동시에 인류의 안녕과 번영에 우선적 가치를 두고 있다. 과학은 인류에게 편리함을 주지만, 기술(공학)은 인류에게 도움도 되고 해(害)도 될 수 있는 이중성(양날을 가진 칼)이다. 예를 들어 화석연료를 추출하고 연소시켜서 에너지를 얻는 에너지기술은 인류에게 많은 도움을 주고 영리도 추구하게 하지만, 이의 사용으로 인한 환경오염 등의 해를 끼치기도 한다.

구조물진단에서의 과학성은 구조물에 발생한 현상과 이로 인한 사회현상을 진실로써 원인을 규명하는 일이다. 다만, “모든 과학은 반증할 수 있어야 한다.”는 원칙이 있듯이 구조물진단의 원인 규명에도 반증이 필요하다. 반증할 수 없다면 과학이론이 될 수 없기 때문이다. 즉, 과학은 현상에 대해 체계적으로 인과적 설명을 하는 역할을 한다. 구조물진단은 과학에 기초한 공학을 바탕으로 하지만, 이에 관련된 이해당사자들 모두에게 최선의 도구가 되어야 하고 이를 공정하게 수행하려면 과학적인 평가가 뒷받침되어야 한다. 즉, 과학을 통해 어떤 진단주제에 대해 깊은 관찰과 측정, 분류, 또는 실험 등의 과학적인 방법들을 적용하여 체계화된 지식을 얻어낸다.

또한, 과학은 자연 세계에서 보편적 진리나 법칙의 발견을 목적으로 현상을 체계적으로 분류 파악하는 일이다. 즉 화학적, 물리적, 역학적인 본질을 기술하는 “추상성”, 특수한 경험을 일반화하는 “보편성”, 주변의 유사현상을 설명하는 “외연성(外延性)”, 과거의 현상으로부터 미래를 추정하는 “예측성”의 네 가지가 과학성의 보증 조건인데,

이 네 가지가 또한 바로 수리(數理)의 특질이기도 하다. 다시 말하여, 어떤 과학이라도 과학이라고 주장하려면 이러한 조건들을 충족시켜야 하며, 이것들은 보증하는 수리를 지니지 않으면 안 된다. 다만, 지나치게 일반화된 보편성은 선택적 경험(관찰)이 될 위험이 있다. 그러면, 구조물진단에 있어서 수리적 인식의 현실은 어떠한가. 현대 의학이 과거의 경험의학으로부터 탈피하여 객관으로 착실히 진보하려고 노력하고 있음은 틀림없다. 구조물진단에서도 경험이 중요하지만 경험을 위주로 하기보다는 정성적, 정량적인 분석을 바탕으로 한 사실에 바탕을 둔 진단으로 발전하는 경향도 있다. 구조물진단은 과학성을 바탕으로 하고 공학적인 이론이나 이치에 부합하여야 한다.

1.9.2 논리성

구조물진단은 공동체 사회의 구조물에 관련된 사회현상을 과학적으로 파악하여 그에 따른 인과관계를 논리적으로 규명하고, 합리적인 해결방안을 제시해 줄 수 있어야 한다. 즉, 과학적인 사고를 통해 구조물의 결함과 갈등상황을 빠르게 분석하여 논리적이고 합리적인 결정을 내릴 수 있어야 한다. 논리성은 문제에 대한 평가를 물증과 함께 논리적으로 전개하여 의미를 부여하면서 이치에 맞게 생각하고 원인과 결과를 근거에 의해 판단하는 구조물진단과정에 기본적으로 요구되는 요소이다. 이는 이론, 기본법칙, 규칙, 지침, 규범 등을 분명히 밝혀서 평가의 개념을 정립하고 판단하여 논점에 대한 선입관과 편견을 버리고 타당성을 확보함으로써 모순이 드러나지 않게 이해관계인들이 공감할 수 있도록 적절한 논증을 하는 것을 말한다. 만일에 구조물진단보고서에 기술한 내용이 논리적으로 전개되었음에도 이해관계인들이 공감하고 있지 않다면 적절한 논증에 미치지 못한 것으로 볼 수 있으며, 이해관계인들을 이해시키거나 설득이 되었다는 것은 이론적으로나 논리적으로 논증된 것으로도 볼 수 있다.

논증은 진단전문가의 논리적 사고력으로 주장을 뒷받침하는 판단의 근거로서, 이해당사자들을 믿게 하거나 용인하도록 영향력을 행사하는 수단으로 쓰이며, 하나의 결론을 논리적으로 추론(logical reasoning)하는 과정을 갖는다. 적절한 논증에는 반드시 정당한 추론이 있어야 하며, 추론이라고 하더라도 논리적 연결은 되어야 한다. 과학적인 근거를 통해 확실한 주장을 도출해 내거나 이성적인 전제로부터 합리적인 결론을 얻어내는 것이 추론이다. 다시 말해서, 추론이란 '결론짓는 법', 어떠한 판단을 근거로 삼아 다른 판단을 끌어내는 것이다. 그런데 근거로부터 주장을 도출하고 전제로부터 결론으로 이어지는 과정에는 '필연성의 원칙'이 적용된다. 필연성이 부족하거나 예외가 허용될 수 있는 추론은 오류가 개재된 부당한 추론이다. 그래서 실험이나 관찰, 예시, 분석,

조사가 상세할수록 결론이 더욱더 명확해진다. 평가대상에 대한 논리전개를 과학성에 기초하여 여러 각도에서 보는 평가, 기준에 따라 타당성을 입증하는 것 등이 이에 해당한다. 그러나 현실의 세계는 꼭 논리적으로 움직이는 것만이 아니다. 그리고 진단전문가가 올곧게 옳고 그름을 판단하는 비판적인 사고를 갖지 않는다면 과학적인 논리전개가 어렵게 된다. 진단전문가의 사사로운 정이나 관계에 이끌려 논리적 근거가 왜곡되는 일이 있을 수 있기 때문이다. 이를테면, 논리전개에 있어 이치에 맞지 않게 주관적이고 편향된 사고로 평가를 할 수 있고, 구조물진단에 부합하지 않은 평가방법을 적용하는 것은 논리적 오류를 일으킬 수 있다. 논리적 오류를 알고 범하는 경우는 자기 목적을 달성하기 위해 속마음으로 다른 사람을 기만하는 것이며, 모르고 하는 것은 무지에 해당한다. 다만, 논리적 오류를 이용하는 것은 도덕적으로 문제가 된다. 그러나 이를 이용했을 때 정작 논리적 오류를 범한 사람은 거기에 넘어가는 사람이다.

분쟁 중인 사회현상에 진단전문가가 독자적으로 갈등관리 차원에서 문제를 조정, 중재, 판단, 평가, 판정 등에 의해 해소하고자 할 때 논리성은 더욱 중요해진다. 법원을 포함한 관계기관에서는 구조물과 관련한 사회현상을 구조물진단의 논리적인 평가자료에 기초하여 판결할 수도 있고, 이를 통해 이해당사자들을 조정, 중재, 설득할 수도 있다. 다만, 다툼 등의 사회갈등 해소에 있어서 논리적인 평가에만 주안을 두다 보면, 완전한 문제해결을 위해 진단전문가 자신이 원칙에 집착하게 되어 비타협적인 태도로 일관할 수 있다. 즉, 이상적인 평가를 추구하는 진단전문가의 성향 때문에, 현실과 다소 유리된 이상적인 평가로 흐를 수도 있다. 그렇다고 하더라도 기본을 벗어난 지엽적인 문제에 대해서는, 즉 진단목적에서 벗어나지 않은 범위 내에서는 타협적일 필요도 있다. 진단전문가 자신의 논리적인 틀을 법규범 등의 천이과정을 고려하여 과거와 현재를 넘나들면서 현실에 맞도록 수정하는 유연한 자세도 필요하다는 것이다.

구조물진단에 있어서 원인과 결과에 대한 논리성은 문제해결에 직접 영향을 미친다. 그리고 구조물진단행위에 있어서 평가의 논리적 오류[230]에 대해 진단전문가에게 책임을 직접 가하지는 않지만, 갈등당사자에게는 매우 부정적인 영향을 미치게 된다. 그래서 갈등문제를 다루는 구조물진단에서는 갈등 해소에 필요한 방식이나 절차, 법규범 등을 정리하여 업무수행에 필요한 인력과 장비, 진행순서, 이해관계인들의 애로사항 등을 물증과 함께 논리적으로 구조화하여 문제를 해결하려는 노력이 요구된다.

230) 논리적 오류는 부당한 추론이며, 이의 발생 요인은 '기만' 아니면 '무지'이다. 이는 상대를 기만하거나 아니면 스스로 논리적 오류인 줄을 모르기 때문이다. 논리적 오류는 지식이나 지혜 그리고 대부분 윤리와 도덕과는 무관하다. 즉, 논리적 오류를 범했다고 해서 지혜가 없거나 비윤리적인 것은 아니다. 윤리는 인문학적인 관점이기 때문이다.

1.9.3 합리성

“합리성(rationality)은 이론이나 이치에 합당한 성질로서, 일반적으로 논리(論理, logic) 또는 이성(理性, reason)의 적합성을 가리키는 개념으로 사용되고 있다. 합리성의 개념은 추상적이어서 다양한 정의가 제시되고 있다.[231] 이를 개략적으로 정리하면, 『막스베버는 법적·합리적 권위의 이상형(ideal type)이라는 관점에서 규정의 비정의적(非情誼的) 운영을 통해서 의식적으로 적용되는 주어진 현실을 그대로 인정하고 현재 직면한 이익증진 등의 어려움을 해결하기 위해 실용적·이기적 관점에서 판단하려고 하는 실제적 합리성(practical rationality), 정확한 추상적 개념에 근거해서 귀납이나 연역, 인과성의 과정에 따라 현실을 주도해 가려는 이론적 합리성(theoretical rationality)이다. 그리고 규정과 법률의 형식에 따른 형식적 합리성(formal rationality)이다.

사이몬(Herbert A. Simon)의 실질적 합리성(substantive rationality)과 절차적 합리성(procedural rationality)이다. 효용성 또는 이윤을 극대화하는데 목표를 둔 그의 실질적 합리성은 베버가 제시한 과거, 현재 그리고 미래의 잠재적인 가치에 목표를 둔 것과는 차이가 있다. 사이몬의 절차적 합리성은 심리학적인 개념으로서 의식적인 숙고과정을 의미한다. 어떤 행위가 의식적인 숙고과정의 산물이거나 인지력과 부합될 때 절차적 합리성이 그 효력을 발휘한다는 것이다. 이러한 합리성은 사람들이 직면한 문제를 원만하게 해결하기 위해서 정보와 자료를 최대한으로 수집하고 각종 지식을 동원해서 여러 방안을 모색하려는 노력에서 나타난다. 하지만 이러한 과정에서 사람들은 완전한 합리성을 찾을 수 있는 것이 아니라 제한적 합리성에 봉착하게 된다. 왜냐하면, 현실 문제들은 너무나 크고 복잡하여 이들을 해결하기에는 인간의 인지적 사고능력은 매우 제한되어 있기 때문이다. 이러한 의도적 합리성이나 제한적 합리성은 바로 절차적 합리성을 의미한다. 이는 현실적이지만 제한된 합리성이라는 점에서, 법적으로 합리적 권위를 갖는 실정법에 적합한 합법성(legality)은 제한적 합리성으로서 절차적 합리성을 갖는다. 합법성은 위법성의 대립개념이지만, 종종 형식적 합법성으로서 실질적 정당성과 대조적으로 사용된다. “이 행정 처방은 형식적으로는 합법이라 하겠지만 실질적으로는 정당한 것이라고 하기 어렵다”고 하는 경우가 이에 해당한다.

기본적으로 인간의 합리성은 인간이 논리적으로나 수학적으로 추리할 수 있는 능력 또는 합리적인 것과 비합리적인 것을 구별할 수 있는 능력, 논리적 법칙에 맞는 것이나 과학적 인식에 합치하는 것으로 정의할 수 있다. 이는 주로 철학적 또는 윤리학적 관점에서 제시된 것인데 사회과학에서는 다른 측면에서 정의하고 있다. 대표적으로 막

231) 김형렬(2002), 147-156 참고

스베버(Max Weber)는 목표를 최대한으로 달성하게 하는 올바른 행동이 합리적인 것이며, 구체적으로 법적·합리적 권위의 이상형이라는 관점으로 설명한다. 그에 따르면 규정의 비정의적(非情誼的) 운영을 통해서 조직이 목표에 의식적으로 적용되는 것을 의미한다. 한편 사이몬은 넓은 의미에서 합리성을 "주어진 조건과 제약 속에서 목표를 달성하는데 적절한 형태"라고 정의한다. 이처럼 합리성은 주어진 목표를 효율적으로 달성하는데 요구되는 올바른 형태라고 정의한다.』

공공조직이나 사적조직을 막론하고 그 운영상 가장 널리 쓰이는 규범적·가치적 개념의 하나는 합리성이다. 합리성을 내세우고 그것에 따라 결정을 내리고 일을 하며 비합리성을 배제하는 것이 정당한 것으로 간주된다. 그러나 합리성이 무엇인가에 관해서는 확립된 정설이 없으며, 그것은 논자에 따라 정의가 다양하며, 한 논자의 견해도 여러 가지로 그 내용이 분류된다.232)

『"합리성이란 대체로 어떤 가치체계 속에서 선호된 행동 대안(그 행동이 초래하는 결과는 그 가치체계에 의해서 평가됨)의 선택과 관련되는 것이다."라고 규정하고, 어떤 목적과 누구의 가치에 따라 합리성이 판단되는가를 기준으로 다음과 같이 분류하고, 합리성 대신에 합리적(rational)이라는 형용사를 쓰고 있다.233)

① "객관적" 합리적("objectively" rational): 어떤 행동이 주어진 상황에서 부여된 가치를 극대화하기에 정확한 행동인 경우
② "주관적" 합리적("subjectively" rational): 어떤 사람이 실제로 지니고 있는 지식만으로 성과달성을 극대화하고자 하는 경우.
③ "의식적" 합리적("consciously" rational): 목적에다 수단을 적합시키는 의식적 노력이 강할 경우.
④ "계획적" 합리적("deliberately" rational): 목적에 대한 수단의 적용(개인이나 조직에 있어서)이 계획적으로 이루어지는 경우.
⑤ "조직적" 합리적("organizationally" rational): 의사결정이 조직목적에 지향하여 행해지는 경우.
⑥ "개인적" 합리적("personally" rational): 의사결정이 개인의 목적에 지향하여 행해지는 경우

합리성 개념의 복잡하고 애매함은 또 다른 측면에서도 엿볼 수 있다. 아리스토텔레스는 이를 인간의 윤리적 행태로 언급하였으나, 오늘날은 정해진 목표나 가치(그것이 어떻게 정해지고, 그 내용이 무엇이든)를 최적화하는 행태로 보는 경향이 두드러지게 나타난다. 거기에는 善이나 不善(honest or dishonest) 등의 문제는 포함되지 않는다. 부여된 목표가 무엇이거나 그것을 달성하기 위한 수단이 목표에 적합하기만 하면 합리적인

232) 윤재풍, 『조직학원론』, pp. 118~120에서 전재.
233) Herbert A, Simon, Administrative Behavior(New York: The Free Press, 1945), pp. 75~77.

것으로 정당화된다. 아무리 윤리적인 내용이라도 목표에 부적합한 수단은 비합리적으로 간주되는 것이다. 그러므로 합리성이 무엇인가를 판단하기가 더 어렵게 된다.』

구조물진단행위에 대해서도 합리적 혹은 비합리적이라고 판단하기는 쉽지 않다. 합리성에 관한 확립된 정설도 없고, 합리적 평가에 주관성이 내재 되어있으며, 진단전문가의 소양에 좌우되는 경향도 있고 언제나 완벽한 것도 아니다. 진단의 '합리성'은 전문가의 '사고의 합리성'과 '현상평가의 합리성'이다. 구조물진단행위는 합법적이어야 하고 감정이 개입될 수 있고, 주관적인 판단을 배제하기도 어려우며 편견으로 타당성을 잃을 우려가 있다. 따라서 구조물진단행위의 의사결정이 합법적인 정해진 절차와 과정으로 이루어져야 하고 여기에 보편타당한 이유가 있을 때만이 합리적이라고 할 수 있다. 또한, 선택적으로 합리성을 추구하기도 한다. 이러한 합리성의 문제는 소송사건의 원고와 피고 측의 준비서면(예: 분쟁 사항에 대한 사실 입증의 평가자료)에서도 나타난다. 예컨대, 원고 측과 피고 측은 각자의 목표에 부적합하지 않도록 선택적인 합리성으로 정당화하는 자료를 작성한다. 즉, 사실 입증자료에 부정당한 사항이 포함되어서는 아니 되지만, 원고와 피고 측은 각자 지향하는 목표에 적합한 선택적인 사항에 대해 합리적인 소견을 제시하면 정당화될 수 있다.

인간이 공동체 사회에서 살아가는 모습은 매우 다양하다. 어떤 사회는 조직이 작고 단순하며, 규모가 크고 복잡한 조직도 있다. 이러한 사회에서는 복잡하고 애매한 합리성 개념에도 불구하고, 합리성은 규범적·가치적 개념을 판단하는 요소로 쓰인다. 합리성은 과학이론과 기법을 구사하여 문제해결에 쓰이며, 상호 이율배반적이기는 하지만 합리성에 선(善)과 불선(不善) 등의 문제는 개의치 않는다. 이러한 개념의 합리성을 구조물진단의 기본요소로 하고 있다.

인간의 불법행위를 선에 대해서는 변호를 하고 악에 대해서는 변호하지 않는 사회시스템은 용인될 수 없다. 그러나 이 같은 합리성 문제는 구조물진단행위에 요구되는 요소인 공정성[234]에 의해 보완되고 견제될 수 있다는 점에서, 비윤리적 행위가 일어나거나 부적합한 구조물진단으로 진행되는 것이 일정 부분 통제될 수 있다. 또한, 합리성은 법리를 바탕으로 하는 법원의 판결행위에서와같이 법규범과 자연과학과 사회학을 기초로 하여 정도(正道)를 벗어나지 않아야 한다. 합리적인 평가에 대해 확실한 설명은 어렵지만, "충분한 지식과 경험을 지닌 진단전문가가 진단의 본질과 핵심을 충분히 이해하고 사회규범의 내에서 사리적으로 판단하여 심사숙고[235]한끝에 이성에 따라 평가했을 때를 합리적이다"라고 할 수 있을 것이다. 또한, 논리적·과학적으로 판단을 내릴 수

234) 여기에서의 공정성은 기술용역시장에서 불합리한 제도로 인한 불공정의 시장경쟁과는 구별하여야 한다.
235) 예를 들면, 합리성을 담보하기 위해 중립적인 제3자, 혹은 심의위원회와 같은 기구를 통해 숙고한다.

있는 평가능력이기도 하므로, 인문사회과학적으로는 올바른 행동으로 윤리학적인 판단을 하는 의미를 포함하고 있다.

구조물진단을 의뢰해야 하는 상황에서 갈등의 당사자는 진단전문가와 상담을 한다. 그 결과에 따라 진단을 의뢰하는 과정을 거쳐서 구조물의 상태조사를 통해 인과관계를 분석하고 그에 대한 합리적인 대책을 마련하는 과정을 갖는다. 이는 이론과 논리에 기초한 합리성이어야 한다. 이러한 구조물진단에서 인과관계가 규명되면 진단의 목표에 거의 도달한 것이나 다름이 없으므로 그에 대한 대책 또한 마련할 수 있게 된다. 이는 곧 진단전문가에게는 구조물진단의 목표가 설정된 것으로도 볼 수 있다. 합리적인 대책은 충분한 경험과 전문지식으로 합리적이고 논리적인 추리력을 지닌 전문가만이 가능하다고 전제할 때, 이를 위해서는 이러한 능력을 지닌 전문가가 진단에 참여토록 하여야 한다. 여기에서 합리적이고 논리적인 추리력이란 진단대상에 대한 충분한 전문지식과 경험을 바탕으로 조사한 자료를 이치에 합당하게 추정하는 능력이라 할 수 있다. 요컨대, 구조물진단의 평가행위가 이론적·논리적·과학적·윤리적·법적(절차적)·실질적(경제적 효용성)·현실적인 조건이 보편타당성을 갖추고 있을 때 합리적이라고 할 수 있다.

1.9.4 공정성

공정성은 공적인 관계에서 준수할 원칙이다. 공적인 관계에서는 정확성이 유지되어야 하며, 이것은 정보의 정확성을 의미한다. 진단의 목적이나 성격에 따라 비밀을 유지할 필요가 있어서 거의 모든 내용을 이해당사자들에게 공개하고 설명할 수는 없다고 하더라도 내용은 정확해야 한다. 내용이 왜곡되거나 과장되는 경우에 장기적으로는 결국 노출될 가능성이 항상 있으며, 만일 그렇게 되면 공정성은 상실된다.

공정성은 공평하고 올바른 성질로서, 평가내용이나 방법이 어느 한쪽에게 편파적이지 않고 올바른 정도이다. 예컨대, 형평성을 고려하는 측면에서 이해당사자 양쪽의 입장을 적절히 반영하는 모양을 갖춘 형식적인 공정성이 아니라, 실제의 본질적인 사실에 근거하여 정확하게 평가하는 실질적인 공정성을 말한다. 그래서 이해관계자들의 성분과 배경 등에 따라 평가가 이루어지게 되면 공정한 평가라고 할 수 없다. 요컨대, 갈등의 이해관계가 형성되어 있는 구조물에 대한 진단행위를 특정인이나 단체에 유리하게 한다면, 이것은 불공정이 된다. 다만, 구조물진단행위에 참여기술자의 주관적이고 직관적인 평가를 배제할 수는 없다. 이때, 주관적이고 직관적인 판단은 기본적으로 평가자 자신의 전문성에 따른 판단이어야 한다. 이 때문에 구조물진단행위에 필수적으로 요구되는 가치중립의 경험적이고 객관적인 평가에 대해 공정성이 떨어질 가능성은 있다. 그러함에도 사회갈등에 대한 문제해결방안을 제시함에는 평가자 자신의 전문성과 경험에 기초하여 객관적인 평가이어야 공정성이 유지될 수 있다.

요컨대, 공정성은 제반 현상에 대한 진실을 왜곡하지 아니하고 냉철하게 가치 중립적으로 객관적으로 다루어야 한다. 합당한 절차와 냉철한 공정성이 없는 평가는 진단행위가 왜곡으로 흐를 가능성이 있기 때문이다. 이는 사실을 객관적으로 다루되 이해가 상충할 때에는 양쪽 입장을 냉철하고 균형 있게 정해진 절차와 기준을 반영하라는 의미이다. 또한, 공정성을 유지하는 바탕에는 평가자 자신의 윤리적 사고(思考)와 합리적이고 논리적인 근거제시 능력이 기저(基底)하고 있다.

"진실을 왜곡해서는 안 된다"라는 것은 사실을 있는 그대로 보고 전문가 나름의 철학과 원칙을 유지하라는 것이다. 이해당사자가 위력으로 평가를 강요하거나, 전문가가 특정 사항을 부풀린다든지, 없는 사실을 만든다든지, 통계 중 일부를 과대하게 해석하여 전체를 왜곡한다든지 등은 허위문서를 작성하는 범죄행위이다.[236]

이같이 구조물진단은 전문지식과 의사소통능력이 있고 건전한 가치관과 태도를 지닌 전문가가 과학성, 논리성, 합리성. 그리고 공정성의 기본요소를 바탕으로 하여야 이해당사자 간에 신뢰성이 확보되면서 구조물진단이 지향하는 목적이 달성될 수 있다.

진단전문가는 자신의 건전한 가치관과 구조물에 대한 과학적인 접근과 도덕적인 태도와 윤리적인 사고를 함양하여 평가능력을 고양하고 과학 이외의 여러 분야와 긴밀히 연계하여 평가의 근거가 논리적이고 합리적이며, 공정한 평가가 되도록 노력하여야 한다. 그래야만 진정한 구조물진단이 이루어지고 구조물에 의한 사회갈등조정 및 해소의 역할도 할 수 있게 된다. 불공정한 평가나 체제는 오히려 갈등을 부추긴다. 또한, 공정한 평가를 위해서는 합리적인 평가 기준의 설정, 전문가의 건전한 철학과 원칙, 사회규범의 연구, 진단기술자의 지식과 경험, 선행 진단사례의 탐구[237] 등이 요구된다.

---

236) 초고층 건물진단 관련의 일화: "5층 바닥 폭의 1/30 경사도(7.8㎝ 처짐)는 이용자가 심리적 불안감을 주기에 충분하다. 그러나 건물의 변형이나 기초지반침하, 또는 슬래브의 내력 부족에 의한 처짐으로 판단할 만한 균열이 전혀 관찰되지 않았다. 이러한 바닥 경사도는 시공오류에 의한 것으로 건물의 안전과는 무관하지만, 허용한계를 초과하는 이 같은 경사도는 사용상의 불안과 불편함을 충분히 호소할 수 있다. 따라서 바닥 경사도를 수정 및 조정하는 방안을 진단보고서에 적시하였다. 용역 완료 2개월 후, 이에 대해 건축주는 더욱 센 평가결과로 수정 요청하면서 그렇지 않으면 용역비를 지급할 수 없다는 문서를 보내왔다. 그래서 "당사의 참여기술자가 시공도 검토 및 현장상태조사(현장시험 포함)에 따른 고유의 권한으로 평가한 것이므로 누구도 이에 관여할 수 없다. 따라서 시공자에게 더욱 강한 내용으로 수정 요청한 것은 진단의 본질을 부정하는 것으로써, 이는 환자가 병원장 발부의 진단소견서를 수정해 달라는 것과 같은 행위이며, 특히 시공자와 이해관계가 있는 진단결과에 대하여 수정사항을 구체적으로 명시하여 요청하는 것은 범죄행위가 될 수 있으므로 그리 아시기 바라며, 용역비 미처리 시에는 법적 절차에 따라 적의 처리할 것임을 알려드립니다"라고 통보하기에 이른다.

237) 사례연구(case study)이다. 이는 어떤 현상이 지닌 특성을 집중적으로 묘사함으로써 문제해결에 도움을 주게 된다. 이는 이론적, 실험적, 해석적일 수 있다.

1.10 진단전문가의 임무, 사회적 책무와 역할

건물진단(building diagnostics)은 대부분 공통된 특징을 갖고 있으면서도 각 건물은 자신의 고유성을 지니고 있다. 건물은 살아있는 유기체와 마찬가지로, 매우 단순한 동굴 주거에서부터 각종 설비를 갖춘 초고층 건물, 대경간 구조물, 해양구조물, 조립식 건물, 혹은 막 구조물, 그리고 반도체 제조시설이나 인공지능건물과 같이 매우 복잡한 건물로 진화되었다. 이로 인해 건물이 복합성의 구조시스템으로 다양하게 변화하고 있다. 또한, 구조물과 관련한 갈등과 반목의 사회현상도 증가하고 있다. 한편으로는 구조물진단의 영역이 정책적으로 설계·감리 등의 영역으로 분리되어 가기도 하지만, 갈등관리의 구조물진단이라는 특수성 때문에 영역이 크게는 축소되지 않을 것이다.

이러한 변화부터 얻은 각종 지식과 정보를 더욱더 전문화하고 자연과학과 인문사회학의 융합으로 사회현상을 통찰하면서 전문직업인으로서 책임과 의무감을 가질 때, 진단전문가로서 업무수행이 가능하다 할 수 있다. 향후 전문분야별로 전문가집단이 분화되어 업무를 수행할 수도 있겠지만, 구조물진단의 개념이 정립되어 가고 있는 현시점에서 진단전문가는 어떠한 유형의 구조물이든지 간에 수행할 수 있는 능력이 배양되어 있어야 한다. 또한, 진단전문가는 단위사업(project) 성격의 진단일 경우, 자신의 부족한 부분을 외주(outsourcing)하는 것도 전문능력에 해당한다.

1.10.1 진단전문가의 사명

구조물진단은 일반적으로 동기유발→상담→의뢰→조사→평가→방안제시→결론(건의종합)→보고서 제출과정으로 진행된다. 진단의 동기는 그 발생원(發生源)인 구조물 소유자 또는 관리 주체로부터 상담요청을 받음과 동시에 윤곽이 드러난다. 상담 시에 진단전문가가 상황을 청취하고 그에 기초하여 상담의 핵심이 무엇인가를 정리하고 보고서에 기술하며, 때로는 의뢰인에게 동기부여에 따른 진단의 성격, 진단의 진행 과정과 그 내용을 설명하여 원만한 해결을 도모한다.

구조물진단은 초기상담, 현장답사, 구조물 이력 및 현황조사, 상태조사, 도면검토, 간단한 구조검토, 법규범 등을 바탕으로 경험이 축적된 진단전문가의 주관하에 실시한다. 대부분의 구조물진단은 이같이 수행된다. 그러나 고도의 전문지식과 기술이 요구되는 조사, 또는 시험이나 구조해석 등에 의한 평가가 병행되는 경우에는 그 분야의 전문가나 시험기관 등에 의뢰하여 그 결과를 자료로 하여 해당 분야에 대해 검토를 한다. 이 경우에도 평가 주체는 전문지식과 실제적 경험이 축적된 진단전문가이다.

건축가는 설계 시에 미와 실용성을 추구해야 하고, 구조설계자는 안전하게 설계해야 하며, 진단전문가는 이들을 모두 포괄하는 이상(以上)의 책무를 갖는다. 예컨대, 구조물에 나타난 현상과 이와 관련한 사회현상에 대한 조사, 평가 및 예측, 보수/보강/복원설계, 갈등 해소와 해결방안 등에 필요한 사실(facts)을 검토·정리하여 제시할 수 있어야 한다. 해당 구조물의 모든 정보를 수집하여 구조물에 발생한 공학적/사회적 현상에 대해 평가하고, 필요에 따라서는 신뢰성 있는 평가를 위해 특별한 시험이나 다른 전문가의 의견을 청취하기도 한다. 또한, 진단의뢰인이 처하고 있는 갈등상황에 따라서는 법률가의 의견을 들어보아야 할 때도 있다.

조사항목별로 여러 평가가 동시에 병행되는 경우에도, 진단전문가는 각각의 조사결과에 대하여 이해하고 판단도 하여야 하지만, 전체에 대한 종합과 건의할 사항도 정리한다. 그러나 분야별 평가이든 종합평가이든 어느 정도 개인차가 생기는 것을 피하기는 어렵다. 또한, 한정된 개인의 지식과 경험만으로 혹은 개인의 역량과 경험 부족으로 인해 판단에 오류가 생길 수 있다. 그래서 감정평가나 하자진단과같이 판정수준으로 평가를 하는 경우이거나, 공적인 평가에서는 각 부문의 전문가로 구성된 평가위원회와 같은 조직을 통해서 각각의 의견을 총합하기도 한다. 이는 판단 오류를 최소화하기 위한 과정이지만, 사적(私的)인 진단에서는 총체적으로 책임이 부여된 진단전문가에 의해 조사결과를 확정하는 것이 효율적이다. 이는 진단수행의 진단전문가에 의해 총합하는 형식으로서 자칫 주관적일 수 있으므로 참여기술자와 협의 과정을 거치는 것이 좋다.

그러나 이러한 형식의 평가시스템은 이상적이기는 하지만, 실제로 현실성이 떨어지기 때문에 분야별 의견수렴 없이 진단전문가 개인이 총합적으로 평가하는 형식이 보통이다. 이러한 평가 업무가 역량과 실제적 경험이 충분한 진단전문가에 의해서 이루어진다면 별반 문제 될 것은 없다. 그러나 진단전문가의 직관과 개인의 주관에 의존하여 편향으로 왜곡되어 오류를 범하게 되면, 조사항목과 조사방법이 적절하다고 하여도 진단의 목적과 상충하고 부합하지 않게 되어 구조물진단의 본질이 흐려지는 결과를 초래할 수 있다. 이러한 판단 오류를 최소화하기 위해서 진단전문가는 부단히 끊임없이 학습하여 관련 지식을 습득해야 최선의 성과를 낼 수 있다. 이는 곧 구조물진단이 개인능력의 업무로서, 진단전문가 자신의 역량과 경험이 얼마나 중요한가를 깨닫게 하며, 막중한 임무인가를 보여 준다. 이와 함께 진단전문가는 사회규범에 따라 갈등의 시시비비를 가리는 판단과 판정행위도 하므로 다른 어떤 분야 이상의 높은 직업윤리와 책임감, 사명감도 요구된다.

1.10.2 진단전문가의 책무

과학기술의 발전으로 측정 및 비파괴 시험장비가 진보하면서 구조물진단이 더욱더 정확하게 이루어지고 있다. 그러나 구조물에 대한 상태조사나 평가에 있어서 가장 중요한 주체는 진단대상의 실체를 보고 업무를 수행하는 진단전문가이다. 진단전문가의 실제적 경험과 지식을 포함한 능력이 가장 큰 영향을 미치기 때문이다. 그래서 일반인들처럼 진단 장비를 구조물진단의 주체로 보아서는 아니 된다.

진단전문가는 구조물을 과학적으로 다루는 공학자의 자질을 갖추고, 문제의 해결을 도와주는 제3 자로서 조정과 중재, 이해당사자들을 계도·지도하고 안내하며 방향을 제시하는 행정적인 관리능력도 필요하다. 이 때문에 구조물진단은 해당 분야에 대한 개인의 자질과 능력에 크게 좌우된다. 이는 하나의 이상적인 건축물이 탄생하는데에도, 건축가와 구조설계자, 분야별 전문시공자, 자재생산자 등의 자질과 능력에 따라 구조물의 품질이 좌우되는 것과 같다.

의학은 자연과학에 기초를 두어 그 진단이나 치료법이 끊임없이 발전되어 왔다. 흔히 의사는 영어로 Physician, Medico, Doctor로 표현한다. Physician은 라틴이 Physic(자연을 사랑한다)에서 기원하여 자연의 이치를 이해하여야 한다는 뜻이다. 이는 적어도 의사는 자연 과학자로서의 소양을 가져야 한다는 뜻이 내포되어 있다. Medico는 medere(치료한다)와 med(생각한다, 숙고한다)에서 기원하였고, Doctor는 지도자, 숙련자 또는 학위소지자를 뜻하여 deceo(가르친다)에서 기원하였다. 이러한 의미에서 의사는 과학자적인 자질을 갖춘 치료사(治療師)이며 지도자이고 교사(카운셀러 등)인 모습으로 나타난다. 따라서 의사는 일반인이 대행할 수 없는 고도의 능력을 지닌 전문직인 것이다. 그렇지만, 환자의 질병 치료에 있어서 의사는 과학적인 지식, 숙련된 기술뿐만이 아니라 환자의 처지를 공감하는 참된 인간애를 가지고 있어야 한다.

존엄한 인간의 생체를 다루는 의사의 경우와는 차이는 있지만, 인간사회에서 나타나는 갈등의 현실 문제를 다루는 진단전문가 또한 공학자로서 업무를 수행하면서, 손상된 구조물을 보수・보강하는데 있어서도 구조물에 대하여 사회・문화・경제적인 애착심이 필요하다. 또한, 구조물 관련자에게 카운슬링에 임할 수 있고, 갈등 속에 놓여 있는 이해 당사자들의 처지에 대한 인간애를 가지고 있어야 한다.

이러한 점에서는 구조물진단에 참여하는 전문가도 “의사(Doctor)”의 개념으로 생각할 수 있을 것이다. 그래서 구조물진단행위는 직업윤리와 행정적 리더십을 갖춘 공학적인 전문지식인의 전문가에 의해서 이루어지는 것이 가장 이상적이다. 그렇다고 진단수행자를 이와 같은 요건을 갖춘 자로만 제한해야 한다는 것은 아니다. 이는 진단을 수행할 수 있는 이상적인 능력을 갖춘 자를 제도적으로 자격을 부여하는 것이 가능하지도 않으며 또한 무모한 일이므로, 당해 진단을 수행할 수 있는 능력자만이 스스로 진단에 참여할 수 있도록 하는 시스템이 작동되도록 하면 된다는 뜻이다. 그런데 문제는 진단을 수행할 수 있는 능력과는 무관하게 정도(正道)를 벗어난 영리 추구의 진단에 참여함으로써 진단의뢰인에게 양질의 서비스를 제공하지 못하였다고 하더라도, 도덕적 책임만 있을 뿐 진단참여자에게 책임(responsibility)[238]을 물을 수 없다는 것이다.[239] 물론 진단을 수행한 자가 고의로 진실을 왜곡하고, 허위사실을 진단보고서에 문서화 하였을 경우는 법적인 책임을 면하기 어렵다. 또한, 법적으로 제도화되어있는 법정안전진단[240]에서는 진단수행자에게 책무성(accountability)[241]이 부여된 것이므로, 진단행위에 따른 책무소홀에 대해 엄격하게 물을 수 있다. 이를테면, 법을 위반한 행위에 대해서 관리 주체에게 벌칙[242]을 부과하듯이, 진단수행자에게도 소월한 행위에 대해 법적인 책무가 있다.

진단전문가는 업무수행과정에서 소송에 연루될 수 있다. 따라서 법원으로부터 감정인으로 촉탁된 경우 업무를 성실하게 수행해야 할 책무가 있다. 그래서 고의 또는 과실로 인해 소송 당사자에게 재산상의 손해를 입히게 되면 손해배상책임도 있으므로 무엇보다 공정한 감정 업무가 요구된다. 또한, 업무수행에 전문성이 없어도 피해를 주게 되므로 당해 분야의 업무수행능력은 필수적이다. 그러나 진단의 성격과 유형이 무궁무진하여 각각의 진단에 대해 전문가를 특정하는 것은 매우 어려운 일이다. 예컨대, 건설 소송 관련의 감정 평가와 같은 분야만 놓고 보더라도 다종다양하여 이를 수행하는 감정인을 특정하는 것 또한 매우 어렵다. 흔히 법원에 등재하는 감정인으로 건축사와 기술사 등을 특정하고 있으나, 이들(토목, 건축, 기계, 전기, 소방 등)에게는 업무수행을 위한 법적 지

238) 責任이라는 용어는 법학에서 매우 多義的으로 사용된다. 일반적으로 도덕적 책임·정치적 책임 등에 대하여 법률적 책임이라는 뜻에서 사용될 때에는 법률상의 불이익 또는 制裁가 가해지는 것을 뜻한다. 그러나 진단의뢰인이 진단결과물(성과품)을 소송자료로 활용하였으나 패소하였다는 이유로, 혹은 진단성과품을 제출받은 후, 이를 사용한 적이 없었다는 이유로 진단비용을 반환하라는 소를 제기하는 경우이다. 이 경우는 진단의뢰인이 진단전문가에게 법률적인 책임까지를 지게 하는 것이 되는데, 이는 마치 진단성과품이 진단의뢰자에게 유리할 경우만 진단비용을 지급하는 것이 되므로 타당성이 없다.

239) 형사사건을 전문으로 하는 변호사에게 민사사건에 대해 상담을 하고 당해 사건의 변호사로 선임하여도, 이를 법으로 제한하고 있지 않은 한 문제 될 것은 없을 것이다. 이는 변호사의 선임에 관한 한 전적으로 소를 제기하는 당사자의 의사이기 때문이다. 그리고 법률서비스의 질과 사건의 승소 여부와 관계없이 수임료는 유지된다.

240) 여기에서 '법정 안전진단'이라 함은 시공 중 또는 사용(유지관리) 중에 건설기술진흥법, 시설물의 안전 및 유지관리에 관한 특별법, 건축법 등의 관련 법령의 규정에 따라 의무화되어 있는 점검 및 진단을 말한다.

241) 책임성의 윤리 도덕적인 의미에 대하여, 책무성은 책임이나 임무라는 뜻으로서 법률적인 의미가 포함되어 있다.

242) 벌칙에는 징역, 금고, 벌금, 구류, 과료(科料), 과태료 등이 있다. 과태료는 행정처분으로 부과 징수할 수 있으나, 벌금은 법원의 판결에 따라 부과 징수된다.

식을 포함하여, 하자 적출 및 비용, 공사비, 용역비, 건축피해, 구조물의 상태, 화해, 수해, 동해 등에 대한 전문감정을 의뢰하기는 어려울 것이다. 특히, 거의 모든 감정평가에는 전문가적인 경험과 원가계산이 포함된다. 이러한 감정을 기술자에게만 맡기는 것은 감정의 신뢰성을 저하할 수 있다. 감정은 양심과 학식만으로 이루어지는 것이 아니라, 특별한 전문성과 경험이 필요하다. 법관의 지식과 경험을 보충해 주어야 할 능력이 부족하다고 생각되면, 이를 피하는 양심도 필요하다.

또한, 법원으로부터 감정인으로 촉탁되어 사실 입증의 감정 평가를 수행한 감정인이나, 진단결과가 소송사건과 관련되면 진단을 수행한 당사자가 법원으로부터 증인으로 소환되기도 있다. 즉, 감정인이 법원에 출석하여 증인신문을 받을 수도 있고 진술을 할 수도 있다. 이러한 점에서 진단전문가에게는 수행한 일에 대한 책무가 부과된다. 진단전문가는 최상의 지식과 경험, 능력을 갖추고 최적의 진단행위를 하면서, 정도를 벗어난 경우는 그에 대한 책임과 맡은 임무에 대한 대가를 받는다. 이러한 책임과 책무에 따른 최적의 진단결과를 얻어내기 위해서 진단전문가는 반복된 확인과 검증 작업을 하게 된다.

구조물진단에는 항상 이해관계자 간에 복잡한 물적 및 심적인 갈등문제가 내포되어 있으나, 그 본질에 대한 조사와 평가는 누구도 침범해서는 안 되는 불가침의 고유 업무이다. 진단전문가에게는 업무수행에 따른 편견이 없어야 하고 특정인에게 이권이 가지 않게 해야 하는 사회적인 책무도 있다.

환자가 뇌사상태에 빠져 전혀 생존 가능성이 없다고 하더라도, 의사가 독자적으로 사망선고를 내릴 수는 없다. 그러나 의학적(생물학적)으로는 의사의 판단으로 사망선고를 내릴 수는 있을 것이다. 다만, 인간 생명의 존엄성과 사회적 윤리 등을 고려할 때, 전문 의사 혼자만의 판정으로 생명 연장장치를 제거하고 사망선고를 내릴 수는 없다.

구조물도 진단전문가의 공학적인 판단만으로 구조물의 사용폐기 결정을 할 수는 없다. 왜냐하면, 구조물에 대한 사용폐기 역시 그 구조물에 대한 사유재산 혹은 국가의 사회적, 문화적, 경제적 가치와 환경 등에 대한 고려가 필요하기 때문이다. 이처럼 구조물의 진단에도 공학 외적인 요인들이 많이 작용하므로, 진단전문가는 양질의 서비스를 제공한다는 측면에서 끊임없이 지식을 배양하고 향상된 기술을 습득하여 전문직업인으로서의 자질을 지녀야 하며, 정직과 건전한 심성을 키우는데도 끊임없는 노력이 필요하다. 또한, 진단전문가는 자기의 명의를 대여하여서도 아니 되며, 업무상 알게 된 기밀을 누설하거나 도용하는 행위를 하여서도 안 되고, 진단으로부터 얻은 정보는 진단의뢰 당사자 이외는 노출이 되지 않도록 비밀을 유지해야 한다.

또한, 재건축·재개발, 손해사정, 감정, 하자평가와 같이, 진단결과가 특정 집단이나 개인의 사익과 밀접히 관련된 경우에, 편향된 평가는 결과적으로 건전한 거래질서를 무너뜨리는 행위가 된다. 더구나 특정 집단이나 개인은 그들이 지향하고 있는 평가를 받기 위해서 진단책임자를 매수하려 할 수도 있다. 그래서 진단의 경우에는 특히 공정성과 직업윤리(진단윤리)가 강조되며 또한 완전히 진단내용을 공개하는 공적 진단(公的 診斷)으로 행할 필요도 있다.

직업윤리는 직업인이 지켜야 하는 도덕적 행동 규범이다. 맡은 일에 책임성을 갖고 타인을 기만하지 않아야 하는 것은 특정 직업을 가진 사람들에게만 요구되는 것이 아니라, 누구에게나 요구되는 일반적인 직업윤리다. 특정 직업인에게만 요구되는 직업윤리는 높은 전문성을 가진 직종에 종사하는 자에게 특히 중요하다. 왜냐하면, 전문가의 비윤리적 행위는 해당 분야에 전문지식이 없는 이들이 발견하기 어렵고 공동체 사회에 미치는 악영향이 다른 직업에 비해 훨씬 크기 때문이다. 그래서 각 분야의 전문가는 높은 윤리의식하에서 업무를 수행해야 한다. 또한, 의사가 사람의 건강과 생명을 소중히 여기면서 존엄하게 활동하여야 하듯이, 진단전문가는 인명과 타인의 재산을 보호하고 부당한 피해를 받지 않게 해야 한다는 사명감도 요구된다. 진단전문가가 규범에 따라 행동할 수 있음에도 불구하고, 사회적 기대에 배반하여 반규범적(反規範的)인 행위를 하면 여기에는 사회적인 비난과 함께 법적인 책임(규범적 책임)도 성립될 수 있다.

소유자, 사용자 등은 구조물의 생로병사과정에 발생한 어떤 결함으로 이해관계의 갈등이 생기면 이에 대처하기 위해 해당 전문가를 찾게 된다. 이를테면 먼저 행정·법무·감정·변호업무를 사회적으로 수행하는 공적인 영역의 전문가(이하 '공적인 전문가'라고 한다)와 상담도 하고, 갈등 대처에 조예가 깊으면 원천적인 인과관계를 밝혀줄 수 있는 진단전문가와 먼저 상담하여 그 결과에 따라 공적인 전문가에게 위탁한다[243]. 피상담자(내담자)가 공적인 전문가와 먼저 접촉해도 진단전문가에게 진단용역을 연결하기도 하지만, 이러한 경우는 극히 드물다. 공적인 전문가가 주체가 되어 진단업체(진단전문가)를 선정하는 상황에서는 공적인 전문가는 소개비용을 포함하여 부당이득을 취할

243) 신축건물 대지를 인접 대지보다 3m 이상 성토하여 축조한 대지경계옹벽으로 인해 이에 인접한 기존건물로 옹벽 배면수와 토사가 대량으로 유입되는 피해가 발생하였다. 이에 대해 인접 건물 측은 관할시청에 옹벽에 문제가 있다고 민원을 제기하였다. 이에 신축공사 측은 TV에 보도되는 영향을 받아 처음에는 공사피해의 해결 및 보상에 대한 제안서를 주기로 약속했으나 나중에는 옹벽의 배수구멍을 막고 표면에 방수처리를 하겠다는 등으로 민원을 모면하려고 하였다. 또한, 시청담당자는 인접 건물 측의 몇 번의 요청으로 현장에 나와 피해 상황을 인지하고서는 피해 사실은 인정되나 신축공사가 법대로 진행되고 있다고 하면서 적의 조치는 취하지도 않고, 쌍방이 원만하게 해결이 안 되면 "민사소송으로 가라는 행태를 보였다. 이는 쌍방의 민원 해결에 노력해야 할 공무원의 본분은 아니다. 이후에도 시청담당자는 "건축허가에 문제가 없고 자신이 허가 낸 것이 아니다"라며 공무원이 할 수 있는 일은 없다고 민원인을 대한다. 이에 민원인은 담당 공무원을 직무유기로 고소하기에 이른다. 민원을 담당하는 공무원은 공적인 진단전문가의 소양과 자질을 갖춘 자이어야 한다. 현재 신축공사가 진행 중인 현장에서 발생한 민원을 이같이(민원상담) 처리하는 경우는 직무유기라고 할 수 있다.

수 있다. 이러한 현상은 역으로 진단전문가에게도 일어날 수 있다.

구조물진단이 완료된 후에라도 공적인 전문가를 알선하는 것은 진단전문가 본연의 직무를 벗어난다. 부득이 공적인 전문가를 소개할 경우는 부조리한 검은 거래 없이 전적으로 피상담자(용역의뢰자)의 판단에 의하도록 하여야 한다. 진단전문가가 소송대리인을 소개하면 부정 알선이 될 수 있기 때문이다. 진단전문가는 본연의 직무에만 충실하게 임할 필요가 있다.

1.10.3 공조직의 비대화, 그에 따른 규제

모든 직업인과 마찬가지로 진단전문가 또한 사회구성원으로서 각자 맡은 바 직무를 성실히 그리고 책임을 갖고 수행할 때 비로소 소임을 다하는 것이다. 사회적 책임을 지고 있는 사회구성원으로서의 전문직업인이기 때문이다. 진단전문가는 자신의 판단에 누구에게도 동요하지 않는 권위자로서 합당한 능력을 지니고 있으면서, 인간존중의 의식과 함께 사회 전체의 발전에 도움을 주면서도 책임의식이 특히 강조되는 직업인에 속한다. 결국, 진단전문가와 기술자들에게는 기본적으로 공공의 안전과 신뢰유지, 공공 및 사적인 재산 보호, 정확한 사실 제공, 진단정보의 파급이나 제공, 법규범의 준수 등에 대해 윤리적인 책임성(responsibility)과 법적인 책무성(accountability)이 요구된다. 그러나 당국은 이를 명분으로 흔히 공공조직을 강화한다.

태생적으로 권위적일 수밖에 없는 공공조직이 점점 비대해지면서 이에 비례하여 사조직(민간영역)에 책임과 책무를 부여하고자 하는 조직의 압력이 강해지고, 더욱더 다양한 규칙과 규정, 그리고 공공조직에 보고하라는 등의 요구가 증대되는 현상을 초래한다.[244] 또한, 민간시장에 대한 지나친 규제와 동시성이 있는 공조직의 강화는 권위주

244) 파킨슨의 법칙(Parkinson's Law)과 비견된다. 즉, “공무원의 수는 해야 할 일의 경중이나 유무에 무관하게 상급 공무원으로 출세하기 위해 부하의 수를 늘릴 필요가 있으므로 일정한 비율로 늘이려 한다”는 것과 “지출은 수입만큼 증가한다”는 것으로 “세금을 올릴 수 있는 한 공무원의 숫자는 무한정 늘어날 것이다”라는 것이다. 즉, 공무원의 수가 늘어나면 지시·보고·감독 등의 파생적 업무가 창조되어 본질적으로 업무가 증가하지 않음에도 업무량이 늘어나며, 이는 다시 공무원 수를 늘리는 순환과정으로 결국 본질적인 업무량과 관계없이 지속적으로 공무원이 증가한다. 이러한 현상이 확장되어 공조직의 비대화와 비능률, 비합리적 운영이 이루어진다. 시설안전관리의 공조직 변화를 보면, 1994년 성수대교붕괴와 함께 사회기반시설(infrastructure)을 주체로 하는 ‘시설물의 안전관리에 관한 특별법’이 제정되었고 이와 함께 정부부처에 안전관리조직이 신·증설되고 법정 안전진단전문기관으로 정원 213명(기술인력 146명)의 시설안전기술공단(Korea Infrastructure safety & Technology Corporation, 법정 단체: 공기업))이 설립(1995년 4월)되었으며, 이후 2008년에는 한국시설안전공단으로 명칭이 변경되고, 2018년에는 ‘시설물의 안전 및 유지관리에 관한 특별법’으로 개칭되었고, 일반 건축물에 이르기까지 관리대상이 확대되면서 안전진단전문기관+위탁 집행형 준정부기관으로, 2020년 12월에는 국토안전관리원(Korea Authority of Land & Infrastructure safety)으로 승격되어 행정관리직을 제외한 787명 기술인력의 조직이다. 위탁 집행업무가

의를 팽배하게 하고, 관(官) 주도가 주류를 이루면서 공중(민간)에 대해 공직자들은 우월적 위치에서 점차 무사안일로 흐를 수 있다.245)

이는 공공 발주의 진단용역시장은 물론 민간발주의 소규모공사나 기술용역에 까지도 권위주의를 스며들게 한다. 또한, 직업인의 책임과 임무를 강화하면서 직업인의 경제활동을 위축시키기도 한다. 결국, 공공조직이 비대해지고 우월적 위치에서 군림하게 되면, 공공복리의 증진과 국민경제의 발전에 이바지해야 할 공공조직으로서 존재해야 할 가치를 잃게 된다. 이러한 상황을 민간영역에서는 관료화와 관료의 횡포, 혹은 공공조직의 비대화와 비능률로 받아들인다. 예컨대, 법정 안전진단은 구조물에 따라 제각기 법을 제정하거나 개정하여 적용대상과 범위를 확대하고 이에 따른 시행준칙 등을 마련하고 해당 업무를 수행하는 행동강령까지 작성하기도 한다. 여기서 법령과 규칙, 지침과 기준, 강령 등이 구조물진단에 미치는 영향은 지대하다. 사실상 이 같은 상위법령과 하위강령에는 그 지배력에 특별한 차이가 없다. 그래서 현실의 시장에서는 관련법에 근거한 지침이나 기준, 강령 같은 상세규정에 더욱 신경을 쓴다. 종국에는 이들을 모두 준수하기도 어려울 정도가 된다. 만일 하위규정이나 강령을 관장하는 공공기관이 관련 법령과 충돌하거나 상식을 벗어나는 강령이라고 할지라도, 민간업체(진단종사자)는 권위주의의 지배력 때문에 이를 타파하기보다는 감내를 택한다.

그림 93 선부른 여론과 탁상공론의 정책 수립과 시행이 일반화되면 공공조직이 비대해지고 기업활동이 위축되면서 국민경제에 해(害)를 끼치게 된다. 상식과 공정한 사회에서 전문가는 기술과 문명의 발달을 위한 지식을 활용하여 사회에 헌신할 수 있다. 전문가의 책임과 책무의 부재, 불공정에 대한 무관심 또한 국민경제에 해를 끼친다.

증가하고, 중소형 민간건축물의 자율관리가 축소되고 안전관리가 제도적으로 확대된다.

245) 권위가 항상 나쁘게 작용하는 부정적인 영향력만이 있는 것이 아니라, 전문가(예: 판사, 검사 등)의 권위는 평가와 판정(판결 등)에 긍정적인 좋은 영향력으로 작용한다. 경제활동이 다양화되면서 경제주체간의 관계에도 변화가 일어날 수밖에 없고, 이와 동반하여 각 주체의 역할도 새롭게 전개될 수밖에 없다. 행정기관이 이러한 과정을 조정하고 규제하면서 관여하는 일은 부정적인 영향이라 할 수 없다.

그림 94 공조직의 비대화는 민간업체의 규제강화로 이어질 수 있다. 법령이나 규칙, 지침의 제정과 개정, 신설로 지도 감독 권한을 강화하면서, 위원회 또는 특정 단체를 신설하거나 심의조직을 확대한다. 이는 민간업체의 활동을 위축시키기도 한다. 공기업을 신설하여 관리하기도 하고, 때로는 민간시장에 진출하여 경쟁도 한다. 독과점규제와 같은 규제정책이 국민경제를 증진하기도 하지만, 상당수 규제정책은 민간시장의 경제활동을 위축시킨다. 특히 공조직을 감시하는 체계가 미비하고 민간업체의 무관심이 더해지면 시장은 점점 경직된다.

1.10.4 진단전문가의 사회공헌

의사가 정성을 다하여 환자를 진찰하고 치료하여 병이 나았을 때, 희열을 느끼지 않을 수 없을 것이다. 이와 마찬가지로 진단전문가도 그의 성심과 노력으로 이해당사자 간에 갈등문제가 해결되었을 때는 희열을 느끼게 된다.

갈등은 이익 문제가 걸려 있는 이해관계자의 충돌이므로, 진단전문가는 구조물진단의 수행과 함께 먼저 대화를 통해서 갈등을 해결할 수 있도록 노력해야 한다. 구조물진단에서의 갈등문제는 진단전문가의 책무에 상응하도록 관리되어야 한다는 것이다. 즉, 이해관계인들의 갈등을 완화하고 조정·해소하는 갈등관리자로서 업무를 수행하여야 한다.

구조물진단의 목적과 성격에 따라 진단전문가의 역할은 달라진다. 즉, 진단의 유형에 따라서 특정 사안에 대한 판정, 평가, 대변(代辯), 대리, 해결, 조정, 공증[246], 중재[247],

246) 구조물 관련 진단전문기관이 직권으로 공정하게 어떤 사실에 관하여 공적으로 증명하는 일종의 법률적 행위.

247) 당사자 간의 합의(계약)에 의하여 사법상의 권리, 기타 법률관계에 관한 분쟁을 법원의 소송절차에 의하지 아니하고 私人(전문가)의 제3자를 중재인으로 선정하여 그 분쟁을 중재인에게 맡기는 동시에 최종적으로 그 결정에 복종함으로써 분쟁을 해결하는 일(제도)을 말한다. 중재는 분쟁을 최종적으로 심판한다는 점에서는 법원의 재판과 상통하는 면이 있으나, 사적 자치원칙에 입각하여 분쟁의 해결을 제3자(중재인)의 결정에 맡기고 그 결정에 복종한다는 당사자 간의 계약(합의)이 있어야만 한다는 점에서 소송과는 큰 차이가 있다. 중재의 합의는 합의 이후에 야기될지도 모르는(경우에 따라서는 야기된) 분쟁에 대하여 제3자의 판정에 복종하겠다는 계약으로서, 사적 자치의 원칙에 따라 국가공권력의 개입이나 간섭을 배제하게 되며, 그 판정의 효력은 법원의 확정판결과 동일한 효력을 갖게 된다. 중재는 분쟁 해결을 위한 가장 적합한 방법의 하나이다(김신, 2004, pp. 624-625 참고).

상담하는 등의 역할을 하게 된다. 여기에서 진단전문가에게는 기본적으로 과학적인 판단능력, 그리고 윤리적 가치관과 태도에 공정한 평가가 요구된다. 이와 더불어 논리적인 사고와 의사소통능력, 정보수집 및 관리능력 또한 요구된다. 이를테면, 건물화재로 인한 손해사정과 같은 특정한 목적을 지닌 진단은 구조물의 안전성과 사용성 평가가 주안(主眼)이 아니라, 화재사고로 인하여 구조물에 어느 정도의 손해가 발생하였는지를 원가 공학적(cost engineering)으로 접근하여 평가하는 것 등이다.

원가계산은 누구나 수행할 수 있는 일이 아니지만, 이러한 진단에서는 화해(fire damage)에 따른 손해사정을 하는 것이 주된 목적이므로 구조 공학적인 판단과 함께 원칙적으로 보험 또는 비보험 구조물에 발생한 손해를 원가 공학적으로 사정하는 능력을 갖춘 전문가적인 능력이 요구된다. 또한, 손해사정과 관련한 이해관계자에 따라 득실이 존재하므로 손해사정에는 건전한 가치관과 태도가 요구된다. 물론 손해사정진단에서도 구조물의 설계・시공・유지관리 등에 대한 공학적인 지식과 실제적 경험이 진단에 큰 영향을 미치지만, 진단전문가의 소양과 자질에 따라서는 불공정한 손해사정이 되어 불이익을 받게 되는 형국을 만들 수 있다.

진단전문가는 구조물과 관련한 제반 현상을 조사・평가하여 문제의 원인을 규명하고, 가치를 평가하며, 문제해결을 위한 대안과 대책, 방안을 마련하며, 필요에 따라서는 그 구체적인 내역을 포함한 설계업무까지도 수행하게 된다. 앞에서 기술한 바와 같이 진단전문가의 진단행위에 기본적으로 요구되는 자질은 전문기술을 바탕으로 하는 과학적이고 논리적인 근거에 기초한 판단능력, 그리고 윤리적 가치관과 태도에 의한 공정한 평가이다. 합리적인 사고와 의사소통능력 또한 진단전문가에게 요구되는 중요한 요소이다.

진단의 성과는 진단전문가의 소양과 능력에 의해 큰 영향을 받기 때문에, 도움을 필요로 하는 사람(내담자, 來談者)는 어떠한 유형의 진단이든 진단전문가를 선정하는데 신중할 필요가 있다.[248] 즉, 진단결과에 따른 성과는 진단의뢰 당사자가 어떤 진단전문가를 선택하여 진단을 수행하게 하느냐에 따라 크게 달라질 수 있다. 그래서 구조물진단에 있어서 진단전문가의 선정은 매우 중요하다.

구조물진단은 진단전문가 개인의 명예와 직결되는 업무이다.

1960년에서 1970년대만 해도 종합병원을 제외하고는 대부분이 의사 개인의 성명(姓名)으로 개원을 하였다고 할 수 있을 정도로 개인병원이 많았다. 그러나 근래에는 개

248) 갈등에는 이익문제가 걸려 있으므로 특정인과 결탁하는 등 건전하지 못한 가치관으로 진단을 수행하는 자가 있을 수 있다.

인병원도 그렇지않은 경우가 많다. 이같이 자신의 성명을 걸고 개원하여 의료행위를 한다는 것은 전문직의 직업종사로서 의료행위에 대해서 일종의 자신감과 책임감을 표출한 것이라고도 할 수 있다. 법률 변호의 경우도 마찬가지이다.

구조물진단에서도 진단전문가는 진단행위에 대해 이 같은 자신감과 책임감을 나타낼 수 있어야 한다. 이러한 자신감과 책임감을 진단업체의 이름으로 나타낼 수도 있겠지만, 통상 구조물진단에서는 진단의 성과물인 보고서의 제출문에서 나타낸다. 예컨대, 법정진단에서는 의무적으로 책임기술자의 성명을 진단보고서에 기록한다. 그러나 법정진단 이외의 진단에서는 보고서에 참여기술자의 기록 없이 진단업체만을 밝히기도 한다. 여기에는 진단에 참여한 기술자들이 평가에 대한 책임을 회피하고자 하는 의도가 숨어 있을 수 있다. 모든 업무에는 직업인의 사회적 역할에 따른 책임감이 주어져 있다. 그래서 구조물진단 또한 진단전문가 자신의 성명을 보고서의 제출문에 명기함으로써 평가한 내용에 대해 책임감을 나타내야 한다. 진단보고서의 제출문에 당해 진단에 참여한 전문가나 참여기술자를 명기하지도 않고 대표자의 성명도 없이 진단업체명만을 표기하는 경우는 전문직업인으로서, 전문기술용역업체로서 당당하지 못한 책임회피의 발로일 수 있다.

구조물의 진단행위에서의 점검은 의사의 진찰행위에 상응하며, 이는 의사가 문진과 함께 환자의 상태를 파악하는 것과 비교된다. 이때 전문 의사는 진찰행위를 함에 있어 매우 신중하고 정확하게 환자의 상태를 의학적으로 조사하여 어느 부위가 어떠한 상태인지를 파악해서, 이에 따른 이상 유무를 판단하여 정밀한 진단이 필요할 경우는 환자에게 알려 적절히 대처하도록 한다. 아무리 경미한 환자라고 할지라도 이러한 진찰과 진료를 의료보조원에게 하도록 하지는 않는다. 이와 마찬가지로, 아무리 단순한 구조물 안전점검이라고 할지라도 그 평가는 진단전문가의 몫이다. 즉, 진단전문가에게는 자기가 수행한 점검행위에 대하여 책임이 부여된다. 점검결과와 배치(背馳)되는 중대한 사고가 발생하였을 경우 그에 대한 책임을 인식한다면, 구조물에 대한 평가를 수행해서는 안 될 자에게 맡기지는 못할 것이다.

이러한 관점에서 구조물진단을 수행하는 진단전문가(진단책임자)는 대상구조물과 관련된 지식과 경험이 충분하여야 한다. 그렇지 못한 진단전문가는 일반적인 통념을 넘어서는 오진율을 보이는 의사와 다름이 없다. 끊임없는 노력과 탐구 정신을 가진 진단전문가는 불충분한 지식으로 진단행위를 하였다고 할지라도, 지식이 쌓이면서 몇 년이 지난 후에는 진단 당시의 지식 부족에 의한 오진을 깨닫게 된다. 이를 깨닫지 못하면 문제에 대한 원인 규명을 함에 있어 자신의 제한된 지식정보로 오진을 할 수 있다. 그래서 진단전문가는 항상 사회규범과 관련 학문을 탐구한다.

관계 법령에 따라 제도적으로 실시하는 법정안전진단에서의 책임기술자는 법령과 지침에 준거하여 평가한다. 그러나 진단전문가의 실제적 경험과 주관적인 사고가 평가를 지배하는 사회갈등해소의 구조물진단에서는 공학적인 판단과 함께 규범과 건전한 가치관이 진단에 큰 영향을 미친다. 즉, 진단전문가의 지식과 건전한 가치관이 지배하면서 사회갈등 해소에 기여 한다.

대부분의 구조물 진단행위에는 진단의 목적과 성격, 구조물의 특성과 제반 조건에 따라 제도적인 행정절차, 법규범 등에 대한 이해가 요구된다. 이를테면, 준공검사(사용승인), 공사재개, 공사속행, 공사금지(혹은 중지), 분쟁, 소송, 대수선・증축·개축・재건축 등에 따른 진단행위에서는 공학적 및 기술적인 평가 이외에도 다양한 행정절차에 따라야 한다. 만일에 진단의 목적이 일시적 혹은 장기적으로 중단된 공사의 재개 여부를 검토하는 것에 있다면, 이를 수행하는 진단전문가는 공사재개에 필요한 조건을 마련하는데 주안을 둔다. 또한, 건설공사로 인하여 이에 인접한 건물에 피해가 발생하였을 경우는 건설공사를 일단 잠정적으로 중지시켜 적절한 협의와 함께 피해보상을 받을 수 있도록 '공사중지를 위한 진단'을 하게 된다. 이를 행정기관에 제출하는 경우 또는 공사중지 가처분 신청의 소제기를 하는 경우는 공사를 중지(금지)시키기 위한 행정 및 법적인 절차와 요건을 마련하는 것이 주된 목표가 된다.

또한, 하자보증기간 내에 실시하는 하자진단에서는 하자 사항을 정량적·계량적으로 적출하는 상태조사와 함께 하자보수요청을 하거나 하자보증금을 청구할 수 있도록 한다. 특히, 분쟁이나 소송과 같이 상호 간에 첨예한 이해관계에 놓여 있는 경우, 진단전문가는 복잡하게 얽힌 문제에 대해 진단의뢰자의 입장을 고려한다. 그러나 평가의 바탕은 과학적이고 논리적인 전개와 합리성과 공정성에 목표를 두어야 한다. 또한, 진단전문가는 진단의뢰자와 계약관계를 떠나 중립적인 위치에서 상호대립된 이해당사자에게 때로는 교량 역할을 하는 중재자로서, 혹은 조정하는 역할도 하게 된다.

민원진단은 기본적으로 행정기관에 대하여 민원인이 원하는 바를 청원하는 것에 주안을 두고 실시한다. 민원이라고 함은 민원인이 행정기관에 허가・인가・면허 또는 승인신청, 등록 신청, 증명 또는 확인 신청, 이의신청・진정・건의 또는 질의, 기타 행정기관에 특정한 행위를 요구하는 의사표시를 하는 사항이다[249]. 민원진단은 이러한 민원제기사항에 대한 자료를 확보하여 민원이 처리될 수 있도록 하는 것이 주된 사항이다. 이 경우에 행정기관은 민원사무를 원활하게 처리하기 위하여 민원실을 설치하고 조정위원회를 두는 경우가 많다. 민원이 있는 곳에 조정이 필요하다는 일반적인 논리에 따라 "분쟁조정위원회"를 지방자치단체, 기타 관련 공공기관 등과 같은 기관이나 단체에 두

249) 법률학사전 p.437

게 되면 분쟁당사자들은 분쟁 사안에 대하여 조정신청을 하게 될 것이다. 이 경우에도 민원인은 행정기관에 원하는 바를 민원진단을 통해서 준비한다. 이때 진단전문가는 분쟁당사자들 상호 간에 합의에 도달할 수 있도록 협의자료를 제공하여 민원해소에 도움을 주거나 조정에 필요한 자료를 준비한다. 이러한 민원해소자료를 작성하는 것이 민원진단의 요점이다.

또한, 진단전문가는 공적인 업무와 사적인 업무를 분별하여야 한다. 행정기관에 민원을 제기하여 행정기관이 주관하여 실시하게 되는 민원진단과 분쟁당사자들이 상호합의하에 사적으로 실시하는 민원진단은 그 성격이 다르다. 행정기관에 의지하여 민원을 해소하려는 측면에서 실시하는 민원진단은 행정기관에 진단결과를 제출하여 민원사무[250]처리자료로 활용할 수 있도록 하는 것을 주안으로 한다. 그러나 분쟁당사자들의 쌍방합의에 따라 혹은 각자 실시한 사적인 민원진단은 분쟁당사자들 간의 협의자료로 작성된 것이므로 추후에 행정기관이 이를 참고할 수도 있다. 그러나 이러한 사적인 민원진단은 원칙적으로 이를 공적인 민원처리자료로 사용할 수 없다.[251]

행정청의 중재 또는 법원판결의 준비서면 자료로서 사전에 유리한 유권해석[252]을 받기 위해 실시하는 진단, 법관의 판단능력을 보조하기 위해 법원이 촉탁한 감정평가진단은 법적인 정부판정(正否判定)을 위한 공적(公的)진단에 해당한다. 이같이 진단전문가는 진단의 발생 동기, 목적, 유형 등에 따라 사적(私的) 진단인지 혹은 공적(公的) 진단인지, 그렇지 않으면 사적 진단이지만 진단행위 자체가 특별히 공정성이 요구되는지를 확인하고 계약체결에 앞서 진단의뢰자에게 진단의 성격을 주지시켜, 합목적성의 진단이 될 수 있도록 한다.

인간은 사회적 존재이다. 사회생활을 떠난 인간은 가정할 수는 있어도 실존할 수는 없다. 이는 인간이 자신의 삶을 영위함에는 사회구조와 불가분의 관계가 있음을 의미

250) 민원사무 처리에 관한 법률(법률 제8852호 2008.2.29)에 "민원사무라 함은 민원인이 행정기관에 대하여 처분 등 특정한 행위를 요구하는 사항에 관한 사무"라고 정의하고 있다. 이 법은 민원사무처리에 관한 기본적인 사항을 규정하여 민원사무의 공정한 처리와 민원행정제도의 합리적 개선을 도모함으로써 국민의 권익을 보호함을 목적으로 하고 있다. 민원인이 행정기관에 대하여 처분 등 특정한 행위를 요구하는 민원사무와는 달리, 구조물 관련 민원진단은 민원인들 간의 분쟁에 대해 행정기관에 조정신청을 하거나 혹은 유권해석 등을 청원하는 형식이다.

251) 진단전문가의 양해 없이 사적인 민원진단을 만약에 공적인 민원처리자료로 사용하게 되면 진단보고서의 당초 목적 이외의 용도로 사용한 것이 되므로 분쟁당사자들의 계약 위반이 된다.

252) 공권적 해석 또는 강제적 해석이라고도 한다. 학리해석(學理解釋)에 대하여 국가기관에 의하여 행하여지는 구속력 있는 법의 해석. 해석하는 기관에 따라서 입법해석·행정해석·사법해석으로 구분되지만, 협의로는 입법해석만을 가리킨다. 행정해석: 행정청에 의하여 행하여지는 해석. 여기에서 행정해석은 법의 집행에 있어서 구체적으로 행하여지는 경우도 있고, 상급행정청의 하급행정청에 대한 회답·통첩 등의 형식으로 일반적·추상적으로 행하여지는 경우도 있다. 행정해석은 일단 유효하지만, 최종적인 구속력은 없다. 사법해석은 법원 특히 대법원에 의하여 행하여지는 해석. 그러나 행정해석과 마찬가지로 법의 해석이라고 할 수 없다는 견해도 있다. 사법해석은 최종적인 구속력을 가진다(법률학사전 p.914).

한다. 또한, 인간이 사회생활을 유지·발전시키는 데에는 일정한 질서와 책임감이 필요하다. 그러기 위해서는 그 사회공동체를 구성하는 사람들의 행동기준이 필요하다. 이러한 행동기준의 가장 중요한 것이 규범이다.

모든 사람은 이러한 각 사회의 구성원으로서 서로 이해관계를 가지고 각자 역할을 하고 있다. 또한, 사람들이 모여 사는 사회는 항상 분쟁이 있게 마련이며, 이러한 분쟁을 해결하고 예방하는데 필요한 많은 규범이 있다. 사회 속에 이러한 규범들이 없다면 사회는 끝없는 혼란에 빠지게 될 것이다. 강자가 약자를 죽이거나 힘센 자가 약한 자를 폭행하는 등의 사태가 발생할 때 이를 그대로 두면 그 사회는 어떻게 될 것인가? 우리는 여기에서 사회생활에는 규범이 필요하다는 것을 알 수 있다. 이같이 제반 사회규범이 존재하고 있지만 우리는 법규범의 필요성을 더 느끼지 않을 수 없다.

규범이란 인간이 사회생활을 함에 있어서 지켜야 할 일반적인 표준을 의미한다. 따라서 법규범은 사람이 그 사회생활 속에서 반드시 지켜야 할 당위의 법칙인 것이다. 그러나 인간의 욕망은 한계가 없으므로 좀 더 많은 재산과 권력, 그리고 전문성을 갖기를 원하고, 좀 더 편하고 안락해지기를 원하는 마음은 누구나 다 가지고 있다.

이러한 각양각색의 인간 욕망이 서로 충돌할 때 인간사회의 질서는 깨지기 쉽고, 또한 깨져왔다. 따라서 이러한 욕망이 공평하게 충족될 수 있는 규칙이 필요하게 된다. 그러나 수많은 규칙이 만들어지고 깨어지고 무시되기 때문에 사회에는 반드시 존립의 존재로서 법적인 질서가 필요한 것이다.

현대는 복잡다단하고 다원화, 전문화된 사회이며, 이와 함께 사회구조가 복잡하게 얽혀져 있고, 다양한 이익을 가진 개인이나 단체가 자신의 욕구를 표출하고, 또한 이를 정치과정에 반영하려 하고 있다. 이러한 과정에는 다양한 이익집단이 정책 결정과정에 참여하고, 자신들의 이익을 주장한다. 그리고 다원화된 사회에서 스스로 이익을 표출하는 과정에서 상반된 주장으로 개인이나 집단이 서로 상충한다. 이는 시간이 지남에 따라 양 당사자 간의 갈등으로 이어지게 되고, 결국에는 사회갈등으로 확대되기도 한다. 또한, 사회적 갈등은 사회현상이나 사회문제에 대해 가지는 사람들의 가치관이나 신념의 차이로 나타나기도 한다. 사람은 누구나 자기 자신의 인생관, 사회관으로 살아가므로 어떠한 사회문제에 대하여 바라보는 시각이나 인식의 차이가 발생하고 의견 대립이 발생하게 됨으로써 갈등이 생긴다.

이러한 사회적 갈등의 원인과 양상은 다양하며, 돈과 권력, 전문성 등 사회적인 가치의 희소성으로부터 나타나기도 한다. 돈과 권력과 전문성은 누구나 얻기를 원하지만 원하는 만큼 무한정 제공되지 않는다. 이들은 노력 여하에 따라 혹은 사회구조에 따라 배분되지만 소외되거나 자신이 원하는 만큼 얻어지지 않을 때는 개인이나 사회에 대해 불만을 품게 되고, 그 대상에 대해 대립하거나 투쟁을 하게 된다. 그래서 다양한 이해관계는 이러한 사회구조만큼이나 이해관계로 대립하고 심화되어 통합하기가 어렵다. 이는 사회적 대립이 심화 될수록 이를 통합하는 것이 어렵게 된다는 말이다.

사회에서 대립 되는 의견을 해소하는 바람직한 방법은 대화와 토론을 통한 타협이다. 서로 대화하는 과정에서 이해관계의 조율이 이루어지기도 하고 서로 관용과 양보를 통하여 이해관계의 배분이 이루어지기도 한다. 그러나 이것이 원만하게 진행되지 않을 경우는 대립이 심화 되어 이해관계에 대한 공정한 분배를 위한 제도적인 절차나 정책 수립이 필요하게 된다. 이를테면 조정위원회 등과 같은 기구를 활용한다.

이는 분배 정의실현의 한 과정이기도 하며, 그러기 위해서는 대립하는 당사자들이 서로의 다양성을 인정하고, 스스로 자제하여 개인의 이익을 절제하고 공동체에 대한 집단의식을 갖는 것이다. 그리고 갈등조정과 해소의 과정에서는 합리적인 의사결정 능력과 절차를 준수하여야 한다. 자신의 정당성만을 내세우거나 자신의 주장이 정당하다고 주장하여 탈법적 행위를 자행해서는 안 된다. 즉, 확립된 준법 의식을 바탕으로 사회적 환경의 테두리 안에서 문제를 해결해 나가는 것이다. 특히 자신의 선택이나 주장에 책임을 질 줄 아는 책임의식이 필요하다.[253)]

구조물진단 또한 이 같은 사회규범 속에서 사회적 환경의 갈등조정과 이해당사자들의 이해관계를 집합하여 결정하고 갈등을 해소하며 그에 대한 책임의식으로 이루어져야 한다. 현대문명의 공동체 사회에는 헤아릴 수 없을 정도로 많은 건축물, 교량, 터널, 댐, 제방, 도로, 철도 등의 구조물 그리고 이에 부속된 시설, 자연물이 존재하고 있다. 이러한 구조물과 관련하여 공동체 사회에서는 균열, 침하, 땅 꺼짐, 붕괴, 화재, 빛, 소음 및 진동, 누수, 자연환경에 의한 열화와 파괴 등으로 인해 분쟁과 대립, 갈등의 사회현상으로 이어지고 있다. 이 같은 인간사회에 나타나는 구조물과 관련한 문제는 공학적인 지식만으로 다루지 않으며 해결하기도 어렵다. 여기에 공동체 사회의 규범이 자리하고 있다.

전문성은 기술과 문명의 발달을 위한 지식으로 활용되어야 한다

현대사회에서 구조물은 인간이 이루어 놓은 성과물이자 부(富)의 산물이기도 하다. 이 때문에 구조물과 관련한 이해당사자 간의 대립과 반목 등의 사회적 갈등은 부단히 생성될 수밖에 없다. 그래서 구조물이 인간 세상에서 상시로 사회문제가 되어 갈등사회의 하나의 요인이 되고 있다.

공동체 사회의 모든 구조물이 인간의 삶과 관련되지 않은 것이 없듯이, 세상에는 구

253) 위에 게재한 내용은 「박재우, 법학개론(제2개정판), 1994,」 21~28쪽에서 부분 발췌하여 정리.

조물로 인하여 이웃 간에도 이해관계로 얽히는 등의 갈등 관계가 형성된다. 공동체 사회의 인간관계가 항상 안정과 조화를 이루게 되면 구조물로 인한 갈등도 쉽게 풀리고 평화로운 세상이 되겠지만, 현실은 대립과 분열, 갈등이 끊임없다.

사람들은 이러한 대립과 갈등 속에서도 이를 해소하려는 노력과 함께 보편타당한 사회를 추구하고 있다. 이러한 추구로 인해서, 공동체 사회는 진단전문가에게 새롭고 각기 다른 합당한 형태의 구조물진단이 갈등에 개입하게끔 한다. 이때 진단전문가의 역할이 매우 중요하다. 그러나 이와 같은 사회갈등문제에 정치 권력과 돈이 우선하면서 전문성의 위상이 좁아지기도 한다.

「우리 사회를 지배하는 무기는 흔히 권력과 돈 그리고 전문성이라고 한다. 이들의 무기가 강할수록 그 사회를 지배하는 지배력은 강화된다. 그러나 유토피아의 사회에서 권력은 봉사의 도구로, 돈은 사회를 위한 나눔의 재원으로, 전문성은 사회의 기술과 문명의 발달을 위한 지식으로 활용된다. 이 주체들 즉, 정치인, 경제인, 전문가들은 각각 헌신과 기여를 통한 명예와 존경의 대상이다.

우리 사회를 지배하는 이 같은 무기가 각각 사회적으로 헌신하고 기여할 때, 이들은 명예와 존경의 대상이 된다. 유토피아 사회에서의 권력은 정치제도와 과정, 특히 정당과 선거 및 의회 제도를 통해 조정한다. 유토피아 사회에서 인민들에 대한 돈의 지배력은 개인의 소득에 대한 적절한 과세 및 이의 재분배를 통해 조정한다.

그리고 전문성은 그 자체로 독립성을 가지고 있고, 이를 돈으로 보상받기보다는 보람과 열정을 통한 존경과 명예로 만족할 때에 그 빛을 발한다. 이 같은 전문성도 권력과 결합해 국가기관의 언저리에 위치하면 새로운 천박한 지배 무기로 변질된다. 전문가라는 이름으로 권력과 결탁하여 수억대의 연봉을 받는 부류와 실험실에서 밤늦도록 불을 밝히는 전문가는 다르다.

전문성이 권력과 유착되고 돈에 관심을 가지면 비굴해진다. 전문성이 권력과 돈보다 더 우대되어야 사회와 문명이 발전한다. 권력과 돈 그리고 전문성이 공익보다는 사익으로 허우적거리면, 권력은 국가를 계급화하고, 경제는 권력의 눈치를 보며 때로는 권력에 영향력을 행사하려고도 하며, 전문가는 꾀를 제공하여 굶주린 하이에나처럼 끝없이 돈을 좇는 천박한 사람이 된다.」[254]

이러한 사회환경이 되면, 전문성은 기술과 문명의 발달을 위한 도구로 활용되기보다는 부패와 부조리, 부정의, 혼탁한 사회를 만드는 흉기로 전락한다. 또한, 사회갈등을 관리하여 해소하는 전문가의 역할에 역행하여 갈등을 조장하는 당사자가 되기도 한다. 특히 비정상적인 사회에서 '권력'과 '돈'은 불순하고 천박한 거래로 승계되기도 한다. 그러나

254) 최한수(2011), pp. 349-350 참고.

'전문성' 그 자체가 승계될 수는 없다.

진단전문가는 자존과 봉사와 명예를 보람으로 여길 때 박수와 존경을 받을 수 있다. 무엇보다도 전문가는 사회의 건전한 구성원으로서 개인의 이익보다는 자존과 봉사에 우선적 가치를 두고서 진실을 평가하고 그에 따른 책임을 져야 하는 직업이다. 그런데 현실은 정치적인 이해관계로 권력과 돈 그리고 전문성이 불순하게 뒤엉켜 우리 사회를 갉아 먹고 있는 경우도 많다.[255]

단상(斷想) 1: 구조물진단의 성과품과 저작권관리

저작권은 지적 재산의 한 가지 형태이다. 법률학 사전(吳錫洛, 1995)에 의하면 "저작권이라고 함은 무체재산권(無體財産權)의 하나로서, 저작물을 독자적으로 지배하고 이익을 받는 배타적인 권리이다. 주로 저작권법에 의해 규제되고 있다. 여기에서 저작물이란 문학·학술 또는 예술의 범위에 속하는 창작물을 말하고 이와 같은 저작물을 창작한 자를 저작자라 한다. 인간의 정신적인 창조 활동의 소산이라는 점에서는 특허권의 객체인 발명 등과 동일하지만, 사상·감정 자체의 독창성은 반드시 필요하지 않고, 그것을 일정한 표현형식 속에 구체화한다는 데서 독창성이 인정되어야 한다는 점이 다르다. 저작자는 저작인격권과 저작재산권을 갖는다. 이 같은 저작권은 저작물을 저작한 때부터 발생하며 어떠한 절차나 형식의 이행을 필요로 하지 않는다. 저작재산권은 저작권법에 특별한 규정이 있는 경우를 제외하고는 저작자의 생존하는 동안과 사망 후 50년간 존속한다."

구조물진단용역의 발주자와 계약을 체결하고 진단업무를 수행한 후에 성과품으로 진단보고서를 제출하는 과정을 갖는다. 과거 아날로그 시대에는 건축설계도면을 트레이싱 페이퍼(tracing paper)라는 반투과성 종이로 원본을 작성하여 설계자가 보관하고 건축주에게는 일반 종이에 복사한 청사진을 제출하였다. 디지털시대인 요즈음에도 진단용역보고서의 원본은 저작자가 보관하고, 용역발주자에게는 복사본에 해당하는 진단보고서(책자)를 제출한다. 용역발주자가 공개입찰 참가조건의 성과품 목록에 복사본의 보고서 제출 이외에도 원본으로 변환할 수 있는 PDF(Portable Document Format) 보고서를 제출케 하기도 한다. 이러한 경우는 용역발주자로 하여금 PDF 보고서의 정보유출 우려에 대한 특별한 약정을 요구할 필요가 있다. 용역발주자에게 PDF 보고서를 제출하는 것이 문제의 소지가 있다고 판단되면 입찰참가를 하지 않으면 되지만, 그런 경우는 용역시장에서 거의 발생하지 않는다. PDF 보고서 때문에 입찰을 포기

255) 정부가 단기간에 실행에 옮긴 4대강 16개의 물막이 보는 "누수와 세굴로 붕괴될 수도 있다"라는 민간단체와 "안전에 문제가 없다"라는 당국의 주장이 팽팽하게 맞선 적이 있다. 문제가 있는 것만은 확실한데, 전문가들이 속해있는 위치와 이들의 이해관계에 따라 극명하게 견해가 나누어져서 정치적으로 창과 방패의 역할을 한다. 여기에 권력과 돈, 전문성이 서로 유착되면 온전하게 정리될 수 없다. 가덕도 신공항건설에도 정치적인 이해관계가 엿보인다.

할 수는 없고, 변환방지 조치를 할 수 있기 때문이다.

이같이 PDF 보고서 제출이 입찰참가조건일 때, PDF 보고서는 원본 파일이 아니므로, 저작권과는 직접 관련되지는 않은 것으로 볼 수 있다. 다만, 아날로그 시대에 청사진으로 제출하는 설계도면의 경우는 복사에 일정 부분 한계가 있으나, 디지털시대의 PDF 보고서는 복사본의 재생산이 무한적이고 공적인 공간에 대량으로 공개될 수 있다. 이 때문에 저작권(권리 보호)과 무관하지 않다고 할 수 없다. 따라서 PDF 파일 제출을 약정하였을 경우는 이를 용역성과품으로 제출은 하되, 용역에 참여한 기술자 및 용역수행업체와 관련된 정보(성명, 업체명, 주소, 인장 등)를 삭제한 상태의 PDF 파일보고서를 제출할 필요가 있다. 왜냐하면, 이들은 비공개로 보호되어야 하는 법인과 개인정보이기 때문이다. 즉, 용역발주자에게 제출한 PDF 파일보고서가 인터넷에 공개되면, 용역참여기술자와 수행업체의 신상과 법인격이 침해될 수 있다. 다만, 민간발주자와 차별화하는 이중성의 문제는 있지만, 공공기관에서 PDF 파일보고서 제출을 의무 조건으로 하였을 경우는 PDF 파일보고서를 용역수행업체 관련의 정보삭제 없이 제출하고 있다. 우월적 위치에 있는 공공기관은 이를 거부하기도 어렵고 정보공개에 상당한 통제절차가 있다고 보기 때문이다. 그러나 민간발주자의 경우에는 정보통제에 대한 개념이 낮고, 사익 차원으로 흐를 가능성도 있어 인터넷에 진단전문가의 독창적이고 지적 자산이라고도 할 수 있는 자료와 개인정보가 유통되는 결과를 초래할 수도 있어 그에 상응한 대책과 대응이 필요하다.

원본 파일은 국책사업과 같이 특별한 경우를 제외하고는 용역발주자에게 필수 자료가 아니다. 그러함에도 원본 파일을 제출토록 하는 것은 용역발주자가 저작자의 독점적 이윤을 갖는 저작권까지 인도하겠다는 의도로 보아야 한다. 필자는 진단용역보고서를 영문보고서로 번역하여 해외 영업에 활용코자 하는 민간용역발주자의 요청에 따라 원본 파일을 번역 용도로 사용하는 것을 조건으로, 진단용역과는 별도 계약으로 원본 파일을 매도(2016년)한 적이 있다. 원본 한글파일이 있어야 번역을 쉽게 할 수 있기 때문이다. 그러나 원본 파일의 저작권 인도는 용역발주자의 의도대로 평가내용을 조작할 우려도 있다는 점에서 신중하여야 한다.

단상(斷想) 2: 원본 파일까지 제출하게 하는 '건축물안전영향평가'
(제출자료의 간편화와 축소를 도모할 필요가 있다)

기존건축물에 대해 실시하는 내진성능평가와는 달리 '건축물안전영향평가'는 건축허가 전에 실시하는 일종의 사전진단이다. 즉, 연면적 10만㎡ 이상이고 16층 이상이거나, 초고층 건축물에 대해 건축법(제13조의 2)이 규정하는 바에 따라, 건축주가 건축허가를 신청하기 전에 건축계획서 및 기본설계도서 등의 관계도서, 인접 대지에 설치된 상수도·하수도 등 지하시설물의 현황도 등을 첨부하여 허가권자에게 의뢰하도록 하고 있다. 이는 건축물의 구조, 지반 및 풍환경 등이 건축물의 구조안전과 인접 대지의 안전에 미치는 영향 등을 평가하는 것으로 신축건물의 도상구조물을 대상으로 한다. 이를테면, 건축물에 적용된 설계기준 및 하중의 적정성, 하중저항시스템의 해석 및 설계의 적정성, 지반조사방법 및 지내력(地耐力) 산정결과의 적정성, 굴착공사에 따른 지하수위 변화 및 지반 안전성에 관한 사항 등이 '건축물안전영향평가'의 대상이다. 또한, '건축물안전영향평가'를 위한 도서(구조도, 구조계산서, 풍동실험보고서, 지질조사서, 흙막이 가시설계획서, 인접 건물 건축물 및 지반에 대한 배치도, 현황도, 영향검토서 등), 설계하중에 대해 주요구조부재의 응력 및 변위를 산정한 구조해석 전산 파일을 제출하도록 하고 있다. 여기서 말하는 전산 파일은 원본 파일을 말한다. 그러나 '건축물안전영향평가'의 심의를 위해 저작권 보호 문제가 걸려 있는 원본의 구조해석 전산 파일 전체를 법령으로 제출토록 하는 것은 과도한 규정이며 법의 지배범위를 벗어나 논란의 여지가 있다. 물론 구조해석 전산 파일은 창작물로 간주하지 않고 전산프로그램의 시스템에 의한 자료로 간주할 수도 있다. 그러나 구조물에 대한 모델링에는 일정한 표현형식 속에서 구조해석 당사자의 독창성이 인정되어야 한다는 점에서 전산 파일 전체를 제출토록 하는 것은 분명 논란의 소지가 있어 보인다. 설계기준이나 하중 등의 적정한 적용을 위한 지침이 있고 이에 따르도록 하고 있다. 모델링에는 구조해석 당사자의 창조적이고 축적된 경험에 의한 재량권도 주어져야 한다는 점에서 이를 심의사항으로 하는 것은 부적절하다는 생각이다.

결국, 이 같은 평가 및 심의 규정은 초고층 건물이나 대규모 건축물의 건축계획 및 구조계획과정에서 나타날 수 있는 문제점을 사전에 방지하는 효과는 있을 것이다. 그러나 원본 파일까지 제출토록 하는 것은 저작자의 권리를 침해하는 것은 아닌지 전문가들이 검토해볼 필요가 있다. 이는 초고층 건물이나 대규모 건축물에 국한되지 않고, 고층건물은 물론 중층 및 저층 건물로 확대될 수 있으며, 더구나 기존의 신축건물의 허가심의과정에서도 안전영향평가가 필요하다는 조건을 부의(附議)함으로서 원본 파일을 제출케 할 수도 있다.

요컨대, 사전안전영향평가는 행정절차에 의한 건축위원회의 재량으로 그동안 실시 되어 왔다는 점에서, 기존의 건축위원회와 별반 다르지 않을 것이다. 다만, 차이가 있다면 설계하중에 대해 주요구조부재의 응력 및 변위를 산정한 구조해석 전산 파일을 심의위원들이 들려다 보고 설계자와 각각 다를 수도 있는 의견을 내놓을 수 있다는 점이다. 이는 자칫 건축물의 구조, 지반 및 풍환경 등이 건축물의 구조안전과 인접 대지의 안전에 미치는 영향 등을 주안으로 하는 '건축물안전영향평가'의 본질이 전문기술자의 기술적인 평가방법을 검사하는 것으로 비추어질 수 있다. 즉, 이는 '건축물안전영향평가'에 있어서 전문기술자의 경험에 의한 설계가 배제될 수 있고, 옥상옥의 과잉심의 혹은 건축설계자 또는 구조설계자의 고유 업무에까지 깊숙이 관여하는 검사행위로도 볼 수 있다.

또한, 이는 저작권을 심의위원들에게 개방하는 문제도 있지만, 구조계획단계에서부터 해석 모델링 및 부재 설계에 이르기까지의 전체 과정에 제3 자가 관여함에 따른 문제도 있다. 심의위원들이 전체 과정에 직접 참여함으로써 구조설계 당사자와 다툼의 소지도 있고 이들 간에도 분란이 일어날 수 있다. 또한, 기존에 운영되고 있는 건축위원회의 심의내용과 일부 겹치는 부분도 있을 수 있다. 과장해서 말하면, 구조설계자의 업무를 검사함으로 인해 심의위원들이 보완자료를 요청할 경우, 심의사항이 대폭 증가하여 자칫 소형 트럭으로 심의자료를 배달하여야 하는 일이 벌어질 수도 있다. 그렇지 않아도 허가기관이나 발주기관에서 용역성과품으로 제출하라는 제출물들이 점점 증가하고 있고, 이들 기관이 용역발주 후에 나타날 수 있는 하자에 대한 책임을 면하고자 이들 기관에서 추가로 요구하는 제출서류와 용역성과품(도면, 시방서, 구조계산서, 지반조사서, 평가보고서, 기타)의 수량과 부피도 점점 커지는 추세이다.

사실은 건축설계 또는 구조설계에 대한 안전영향평가는 기존 설계심의위원회의 심의절차에 의하여도 가능하다. 물론 이는 초대형/초고층 건축물의 건설이 증가하면서 발생하는 신축건물의 안전과 주변의 인접 건물의 영향에 대처하고자 한 것이다. 결국, 이를 위해서는 지반·구조·방화·내화·내풍·풍동시험, 인접 건물에 대한 영향성 평가 등의 자료를 분야별로 제출하고 종합보고서까지 작성하여야 할 것이다. 이러한 것들을 법적으로 제도화하면 자칫 건축허가 전에 실시하는 사전영향평가보다는 건물설계에 대한 분야별 검사로 비추어질 수 있다. 특히 초대형/초고층 건물의 안전성 평가에 필요한 시험이 법적으로 의무일 경우에는 점점 형식적인 절차로 변질될 수 있다. 이러한 점을 고려하여, 현장여건의 특수한 경우를 제외하고는 초고층 건축물에 대한 영향성 검토를 구조설계 일반사항과 같이 간편하게 지침화하거나 필요에 따라 실시하도록 할 필요가 있다.

결과적으로, 초대형/초고층의 건축설계 혹은 구조설계 전문가의 책무가 늘어나고 이들에게 부여된 고유의 업무영역을 제3 자의 검사절차로서 대처하는 것은 바람직하지 않다는 생각이다. 이 같은 법적인 절차는 일반적인 민간용역 발주자들에게도 영향을 미칠 수 있다. 이를테면, 내진성능평가진단용역을 의뢰한 일부 민간관리 주체가 성능평가의 원본인 전산 파일을 입찰단계에서부터 요구하고 있는 행태와도 무관하다고는 할 수 없을 것이다. 이러한 '건축물안전영향평가' 이외에도 건축허가 단계에서는 관련 기관에 제출하여야 하는 각종 제출물이 당사자들에게는 버거울 정도로 많다. 예컨대, 신축공사에 따른 안전관리계획서(굴착 및 발파공사 등), 유해위험방지계획서, 지하해체공사계획서, 건축물해체계획서, 공사안전보건 대장작성 등이다. 이와 더불어 각종 민원과 사고 발생과 함께 이에 대한 대책으로 제출물이 점점 늘어나면서 이들을 처리하는데 상당한 노력이 소요되고 있다. 또한, 당사자들이 이들의 실체를 파악하지 못하거나 이를 작성할 전문기술인력이 없으면, 이들 제출물에 대해 신축건물 설계도서 작성용역과 같이 외주용역을 주어야 하는 상황이 되고 있다.

제2편 사례로 본 구조물진단의 실체

우리 공동체 사회에는 구조물의 생로병사과정에서 일조·채광·환기·통풍·조명·의장 등의 환경, 구조물붕괴, 폭발·충돌·화재, 수해, 지반침하, 균열 및 손상, 변형, 부식, 누수, 소음·진동, 부실한 계획·설계·허가·시공·감리·준공·해체·유지관리, 사회규범과의 마찰 등과 관련한 갈등이 부단히 생성되고 있다. 여기에는 공학 문제의 해결(engineering problem-solving)을 위한 구조물의 결함에 대한 원인 규명과 그 대책 마련이 요구되지만, 그 성격이 각기 다른 각양각색의 진단 동기와 내용에 갈등 관계가 얽혀 있고, 그 원인은 무엇이며 이러한 갈등을 어떻게 관리하고 조정하며 해소하여야 하는가를 모색하는 것도 포함되어 있다.

갈등은 인간의 존재를 지탱하는 물질적인 자원을 둘러싸고 아주 흔하게 발생한다. 이러한 갈등이 내재 되어있는 구조물진단에서 이익문제로 어떠한 속성의 이해관계가 있는가를 들여다보면, 공동체 사회에서 발생하는 다양한 미시적인 사회현상도 엿볼 수 있다. 그리고 우리 사회가 복잡다단하고 갈등의 사회라는 것에 이르게 된다.

어떤 구조물이 붕괴하였을 때 사고에 휘말려서 별반 관계되지도 않는데 사고관련자가 되어 덤터기를 쓰기도 한다. 그리고 신축·증축·재축·개축·대수선 등의 건축행위나 재건축·재개발 등에 따른 공사금지 혹은 공사재개의 민원제기, 혹은 하자보수요청이나 하자보증금청구·손해배상 소제기 및 이의신청, 감정평가, 부동산 매매에 따른 구조물진단 등을 하고자 할 때, 이에 수반되는 일의 말미를 몰라 적절히 대처하지 못하여 피해를 받거나 필요 이상의 재정적인 손실을 보기도 한다. 또한, 애초의 계획이나 기대와는 달리 딱한 형편에 처할 수도 있다. 또한, 진단관련의 이해당사자도 아닌 진단전문가가 이들과 갈등이 생기기도 한다. 이에 대한 사례도 여기에 싣고 있다.

구조물진단은 사회에서 일어나는 수많은 현실의 충돌과 조정을 다룬다. 아래에 수록된 사례는 구조물과 관련하여 생로병사과정에서 일어난 문제에 대한 구조물진단의 실례로써, 부분적으로나마 공동체 사회에서 일어난 현상을 볼 수 있다. 또한, 구조물에 대한 이해와 진단학습에도 도움이 되도록. 구조물진단을 통해 얻은 구조물과 관련된 기술자료를 사례마다 싣고 있다.

차 례

2.1 환풍구 덮개 붕괴사고의 허와 실

차 례

<사고 후기 > 붕괴사고의 처음과 끝, 사고조사의 참고인 소환은 신중해야.

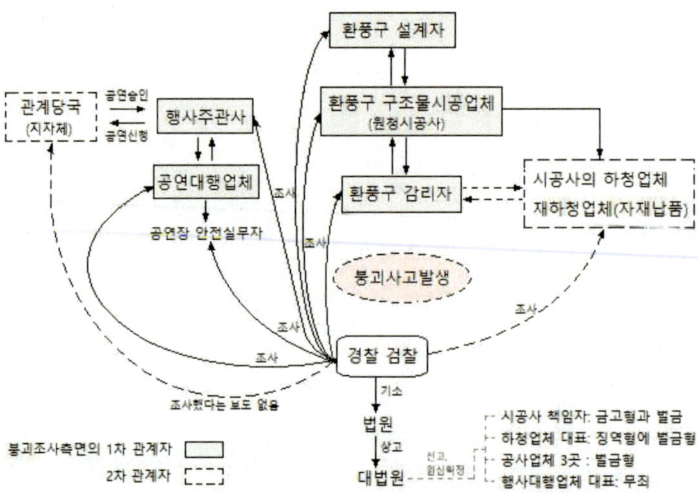

붕괴사고의 관계자와 조사결과/보도기사에 기초하여 실제와 다를 수 있음

2014년 10월, 수도권의 한 야외 공연장에서 환풍구 덮개 위에 있던 관람객 27명이 지하 20m 아래로 추락해 16명이 사망하고 11명이 중경상을 입는 참사가 발생했다. 환풍구 덮개가 지하로 붕괴하여 발생한 사고였다.

붕괴원인이 의심되어 사고 직후 현장을 개인적으로 답사했다. 필자의 판단으로는 설계와 시공의 부실이 주요 원인이었다. 사고 초기, 당국은 앵커볼트정착 불량, 용접 불량, 구조검토 미비, 그리고 행사 관계자의 안전관리 소홀 등을 원인으로 발표했다. 당시 많은 관람객이 환풍구 덮개 위에 올라가 있었고, 지지구조가 이 무게를 견디지 못해 붕괴한 것이다. 그런데 무대구조물의 붕괴가 아님에도 불구하고 공연행사 실무자가 참고인조사를 받은 직후, 10층 건물 옥상에서 극단적인 선택을 하는 안타까운 일로 이어졌다.

사고 직후 "시공면허가 없는 자재 납품업체가 환풍구를 설치했다"는 보도가 나왔다. 수사 당국은 시공업체, 납품업체 관계자, 시공사, 설계자, 감리자 등을 조사하고, 부실시공 및 불량 자재사용 여부도 확인했다. 이후 행사주관자를 포함한 17명이 검찰에 송치되었으며, 안전의무 위반 혐의로 행사대행업체 관계자가 기소되었다.

보도에 따르면, 사고 발생 2년 뒤 대법원은 27명의 사상자를 낸 이 사건에 대해 시공사 책임자에게 업무상 과실치사, 건축법 위반, 건설산업기본법 위반혐의로 금고형과 벌금형을 선고한 원심을 확정했다. 하청업체 대표는 징역형, 재하청업체 대표 2명은 각각 징역형 및 금고형과 벌금형을 선고받았으며, 시공사를 포함한 3개 공사업체에는 벌금형이 내려졌다.

시공사는 금속구조물 공사를 B사에 하청 주었고, B사는 자재 납품업체 C사에 재하청을 맡겼다. 환풍구 시공을 담당한 C사는 무등록업체였으며, 감리확인을 받은 상세 설계도면을 무시하고 경험과 추정에 따라 임의로 시공한 것으로 밝혀졌다.

대법원은 환풍구 덮개구조물이 통상적인 안전성을 갖추지 못했다고 판단했다. 또한, 시공사가 설계도면 수정 시 승인 절차를 거치지 않았음을 지적했다. 대규모 공연으로 40명이 넘는 인원이 환풍구 위에 올라간 상황을 행사대행업체가 예견하기는 어렵다는 점에서 업무상 과실치사 혐의에 대해서는 무죄가 선고되었다. 그러나 다수의 관람객이 몰릴 것으로 예상되는 행사에 안전조치를 하지 않은 주최 측의 책임은 크다고 보았다.

행사대행업체 대표에게는 무대제작, 연출, 장비 준비 등 행사 운영에 국한된 역할만 있었다는 판단으로 무죄를 선고한 원심이 확정되었다. 결국, 대법원이 행사대행업체 대표의 무죄를 확정함으로써, 사고 직후 조사받고 극단적인 선택을 한 참고인의 안타까운 죽음이 더욱 안타깝게 다가온다. 붕괴사고의 근본 원인을 밝히기 위해서는 환풍구 덮개구조물의 설계가 적정했는지를 우선적으로 조사했어야 한다. 이와 같은 사고에는 다양한 이해관계가 얽혀 있으므로 인과관계를 예단한 조사는 억울한 피해자를 낳을 수 있다. 붕괴원인은 정확한 인과관계를 바탕으로 이뤄져야 한다. 따라서 사고와 관련된 행사대행업체나 시공사 등 이해관계자들은 법원의 판단에 앞서, 전문가의 조력을 받아 억울한 피해를 막을 수 있는 자료(예: 붕괴 원인 규명 진단 등)를 준비해 수사기관이나 법원에 제출할 필요가 있다. 아울러 경찰, 검찰, 법원도 전문성 향상을 위해 실제 전문가의 자문을 적극적으로 받아야 하며, 이들 전문가는 사회적 책임의식을 갖고 역할에 임해야 한다.

물고기는 죄가 없어요! 2003년 태풍매미 때에 해안 보호를 위해 설치한 수많은 거대한 테트라포트(Tetrapod)가 해변도로까지 올라왔다. 또한, 바다속의 바위덩어리를 제방 마루까지 올려놓았고, 계단식 제방 마루(폭 30m)의 보도블럭이 25m 날아가 도로(폭 12m) 반대편 상가건물을 파손하였다. 이때의 상황을 나타낸 것이다

제1장 구조물 붕괴사고의 일반론

재해에는 태풍, 지진, 홍수 등에 의한 자연재해(natural disaster)와 인간의 실수, 태만, 무지 등으로 인한 인위적 재해(man-made)가 있다. 자연재해는 구조물 설계 시에 하중으로 고려하지만, 이는 경험이나 연구결과에 의한 가정일 뿐 "언제 어느 정도에서 재해가 일어날 것이다"라고 예측하기 어려워 최소화되도록 대처하는 것이 목표이다. 그러나 인위적 재해는 인간이 계획·설계하여 유지관리하고 개보수하는 과정에서 인간에 기인한다.

통계에 의하면, 구조물 사고와 관련된 인간의 실수(human error)는 불충분한 지식과 무지, 태만 및 사려 부족이 가장 높은 비율을 차지한다. 또한, 인간의 실수를 단계별로 보면, 계획 및 설계단계가 가장 높고 사용단계보다는 시공단계에서 훨씬 높게 나타나고 있다. 다만, 사고는 원인을 제공하는 설계 및 시공 때에 못지않게 사용 중에도 발생 확률이 높다고 한다. 이는 실수를 줄이는 것이 중요하다는 의미이다. 실수는 기술자는 물론 발주자에 의하기도 하며, 부실설계·시공·유지관리의 낮은 투자비용과 함께하기도 한다. 발주자는 최소비용으로 계획·설계·시공 및 유지관리 하기 위해 원가에도 못 미치는 최저가로 계약하여, 효과는 최대화하려 한다. 저가의 비용으로는 제대로 된 설계도서 작성과 시공, 유지관리도 어렵게 된다. 이러한 발주자와 수주자의 경제적 이유에 의해 저품질이 되어 이것이 구조물붕괴의 요인으로 작용할 수 있다.

구조물의 사고원인규명에는 계획・설계・시공・감리・유지관리과정을 포괄적으로 들여다보는 것도 중요하지만, 직접적인 요인이 밝혀져야 적절한 대책이 마련될 수 있으며 부당하게 피해를 받는 일도 줄어든다. 붕괴사고는 구조물의 부실한 계획과 구조계산 및 도면작성, 유지관리에 대한 인식 부족도 요인이 되고 있다.

제2장 환풍구 덮개의 붕괴상황

붕괴원인은 환풍구 덮개(grate)의 부실한 지지임을 직감할 수 있었다. 예컨대, 환풍구 덮개가 콘크리트 벽체 상단의 걸침 턱에 지지 되지 않고, 환풍구 벽면에 별도로 설치한 받침대 위에 환풍구 덮개를 얹어 놓은 상태였다. 이러한 받침대 위의 설치는 현장작업자들이 즉흥적으로 설치하지 않고서는 시공할 수 없는 구조이다. 이를 설계자 측은 "설계도면에 표시되지 않은 사항에 대하여는 표준시방서에 따르거나 현장에서 상세도면을 작성하여 시공하게 되어있다"라고 할 것이다. 반면에 건설현장의 시공자나 감리자는 설계도서에 따라 시공을 하면 되는 것이고, 상세 부분은 현장에서 작업자 임의로 시공을 할 수 있다고 할 것이다.

이러한 논란을 떠나서, 설계 당시에 부분상세도가 작성되었다면 일어날 수 없는 사고이다. 환풍구 덮개의 지지를 벽면에 부착된 형강 받침대에 의하였다는 것은 애초부터 상세도 없이, 현장작업자들이 즉흥적으로 시공하였다는 의미이다. 이 같은 방식의 지지는 쉽게 한계상태에 이르러 지지점에 소성 힌지(plastic hinge)가 생기면 응력이 더욱 커져서 힌지의 수가 늘어나게 되며(부정정 차수가 줄어들어), 종국적으로는 구조물이 불안정한 상태에 이르게 된다. 즉, 구조물에 소성붕괴기구(mechanism of plastic collapse)가 형성되어 환풍구 덮개는 결국 추락하게 된다.

그림 98 붕괴될 환풍구 덮개 위에서 30~35명 공연 관람장면(좌), 환풍구 덮개가 지하의 바닥으로 추락(중). 환풍구 덮개 하부의 환풍구 공간 모습(우)

그림 99 지하로 추락한 부분/main beam(3.6m)은 처져있으며, 환풍구 덮개의 받침앵글, 정착앵글(L-45×45). main beam(1.8m 간격으로 배치). sub-beam(ㅁ-15×30)의 상황

그림 100 처진 상태의 main beam(좌), 인발시험으로 main beam의 지점 파단(우)

제3장 환풍구 덮개의 붕괴원인

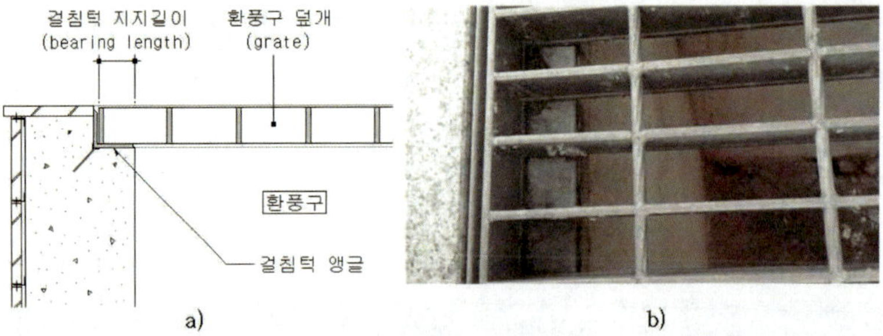

그림 101 정상적인 환풍구 덮개의 걸침턱/환풍구 3.6m×5.4m는 걸침턱을 누고 소정의 간격으로 배치한 철근콘크리트 보(혹은 철골보)에 환풍구 덮개를 설치한다.

현장답사 시에 환풍구 덮개가 모두 제거된 상태였으나, main beam과 받침앵글, 뽑혀 있는 앵커볼트는 관찰할 수 있었다. 한눈에도 조잡한 시공이었으며, 위의 그림과 같이 콘크리트 벽체 상단에 환풍구 덮개(grate)를 지지하는 걸침턱이 없고, 취약한 main beam이 붕괴원인이라는 것을 직감할 수 있었다.

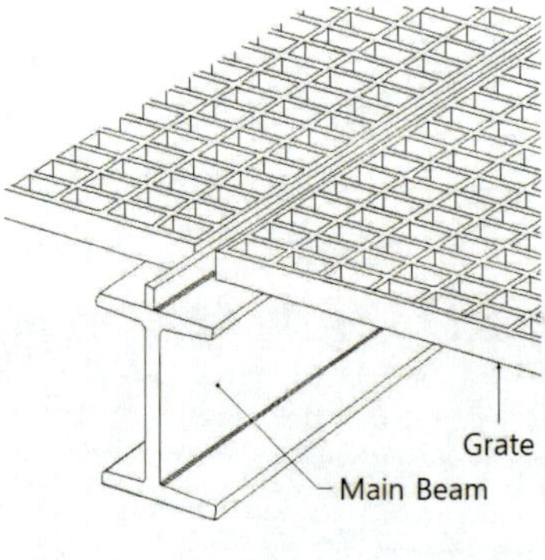

그림 102 철골 보(main beam) 걸침턱(예)/작용하는 하중을 철골 보의 양 지점으로 전달하는 정상적인 구조

예시한 바와 같이 걸침 길이(bearing length)가 확보되면 과도한 하중이라도 걸침턱으로 직접 전달되므로 환풍구 덮개가 다소 휘어질 수는 있으나 밑으로 빠질 가능성은 희박하다. main beam은 붕괴된 환풍구 스팬이 3.6m이므로 철골보 또는 철근콘크리트 보였어야 한다. 이같이 걸침턱에 환풍구 덮개를 직접 지지하면 설령 콘크리트 걸침턱이 일부 손상되어도 연속성이 있으므로 지점의 구조적인 기능이 완전히 상실되지는 않는다. 즉, 최악의 경우 환풍구 덮개

가 국부적으로 탈락할 수는 있어도 전체적으로 붕괴할 가능성은 희박하다. 그러나 사고현장은 환풍구 덮개를 콘크리트 벽에 앵커볼트로 부착한 앵글의 바깥쪽에 다시 앵글을 부착하여 이를 받침대로 하는 형식으로 지지시켜, 이들의 하중을 지지하는 sub-beam(경간 1.8m)과 main beam(경간 3.6m)을 통해 상부 하중을 전달하는 복잡하고 조잡한 구조이다. 특히, 붕괴유발 부재인 main beam을 왜소한 단면으로 벽체에 강접합하지 않은 지지방법은 환풍구 덮개구조물 전체를 붕괴시킬 수 있다. 즉, main beam의 지지력 상실은 곧 붕괴로 이어진다. 물론 main beam의 구조단면과 지점의 강성이 충분하였다면 붕괴에 이르지 않을 수도 있지만, 근본적으로 구조단면의 부족과 부재의 강축(strong axis)과 약축(weak axis)을 고려하지 않고 약축으로 설치하여 처짐에 취약한 상태였다.

환풍구 덮개에 작용하는 하중은 받침앵글에서 sub-beam을 통해 main beam의 양 지점에서 콘크리트 벽면으로 전달되는 비정상적인 하중전달경로이다.[256] 이 같은 구조에서는 양 벽면을 지점으로 하는 main beam의 처짐만으로도 전체붕괴로 이어질 수 있다.

구조물 붕괴사고의 원인 규명은 설계도의 검토로부터 시작하여 해당 구조물에 대한 상세도면이 있는지를 먼저 조사하는 것이 보통이다. 설계부실 여부를 평가하기 위해서다. 이와 함께 시공 및 감리, 유지관리부실에 대한 조사로 이어진다. 이는 붕괴의 책임 소재를 구분하기 위함이다. 다만, 현장작업자는 시공책임자의 지도와 지시에 따르기 때문에 처음부터 이들에게 책임을 지우는 것은 원인 규명의 본질을 벗어나며 또한 순리적이지도 않다. 그러나 시공책임자의 지시를 어겼거나 불복하였거나 문의 없이 독단적으로 일을 했다면, 이들에게도 책임이 있다.

만일 상세설계도가 없거나 설계에 문제가 있다면 시공자와 감리자는 이를 현장에서 보완해야 하는 임무도 있으므로 일정 부분 책임이 있다. 또한, 환풍구 붕괴사고의 경우에 애초부터 해당 부분의 상세도면이 없었다면, 설계자에게 책임을 물을 수 있다. 그렇다고 시공자와 감리자가 면책될 수는 없다. 설계도면에 해당 부분의 시공도면이 없다면, 현장에서 이를 보완하는 것이 그들의 업무이기 때문이다. 설계도면도 없고, 현장에서 시공도를 작성하지도 않은 상태에서 사고가 발생하였다면, 설계자, 시공자, 감리자 모두 붕괴에 대한 귀책사유가 동시에 발생한다.

붕괴사고를 조사 당국은 총체적 부실로 보는 경향이 있다. 즉, 발주자와 건설사업관리자, 설계자, 시공자, 감리자, 유지관리자 등 관련자 모두에 대해서 경중에 따라 일단 책임을 묻는다. 그리고 붕괴가 공연 도중에 일어났다는 점에서, 구조물붕괴와 직접 관

256) 통상 환풍구 덮개는 그 기반인 콘크리트 벽체 상단의 걸침턱에 직접 단순 지지한다. 하중이 걸침턱(또는 정상적인 main beam)에 직접 전달될 경우, 덮개가 빠질 가능성은 희박하다.

련되지 않은 행사 기획과 주관을 한 관계자도 조사한다. 그러나 억울한 누명을 받지 않도록 하기 위해서는 붕괴의 근본적이고 직접적인 원인이 어디에 있는가를 밝히는 것이 순리일 것이다. "공연이 없었다면 사고가 발생하지 않았을 것이다"라는 개념으로 접근하는 것은 이치에 맞지도 않고 도리도 아니다.

인명사고가 발생하자, 공연행사 현장에 안전요원을 배치하지 않았다고 하여 행사주최자를 죄인 취급하고, 행사를 허가한 기관의 담당자를 사고에 끌어들이고, 광장 옆에 있는 환풍구 위에서 행사를 관람한 시민들의 안전의식을 꾸짖고, 심지어는 "환풍구의 높이를 사람이 올라갈 수 없도록 했었어야 한다"는 주장도 나왔다. 이런 상황에서는 사고의 실체가 밝혀질 수 없을뿐더러, 사실이 왜곡되어 억울한 피해자가 생길 수 있다. 붕괴사고의 본질은 행사주최 담당자의 자격문제도 아니며, 공사비를 줄여서 부당이득을 취하려는 것도 아니며, 환풍구 자재의 품질문제도 아니다. 문제는 붕괴를 일으킨 직접적인 원인을 밝히는 것보다는 전문가의 즉흥적인 소견에 맞추어 시류에 휩쓸리면서 붕괴원인을 총체적으로 몰고 가는 경향이다.

'건축물의 설치기준 등에 관한 규칙'에는 지하 면적 1,000㎡ 이상 건물은 환기 성능을 유지할 수 있는 구조물(환기구 등)이 필요하다고 규정하고 있다. 또한, 환기구 덮개는 100kg/㎡의 무게를 견딜 수 있도록 하고 있다. 지하철 환풍구의 경우에는 설계하중을 500kg/㎡으로 하고 있다. 이를 두고 혹자는 건축물의 환기에 대한 환기 용량만을 규정할 뿐 시설물의 높이, 형태, 두께, 재질 등 안전 관련 내용은 포함되어 있지 않고 100kg/㎡의 적재하중은 사고를 일으킬 수밖에 없으며, 지하철 환풍구는 500kg/㎡ 이상으로 강화할 필요가 있다고 지적한다. 그러나 적재하중을 높이는 것은 사고 예방의 본질이 아니며 부적절한 지적이다. 환풍구 덮개에 작용하는 하중전달경로가 근본적으로 부적절하여 일어난 사고를 마치 미비한 안전기준으로 치부해 버리면 본질은 사라져 버리기 때문이다.

거의 모든 환풍구 덮개는 콘크리트의 걸침턱에 설치한다. 이렇게 설치하였다면 기존의 설계기준으로도 내력을 충분히 확보할 수 있었을 것이며 붕괴사고도 일어나지 않았을 것이다. 또한, main beam을 정상적인 철골 접합부로 벽체에 설치하였더라도 사고는 일어나지 않았을 것이다. 환풍구 붕괴사고의 원인은 바로 잘못된 설계와 시공에 있다.

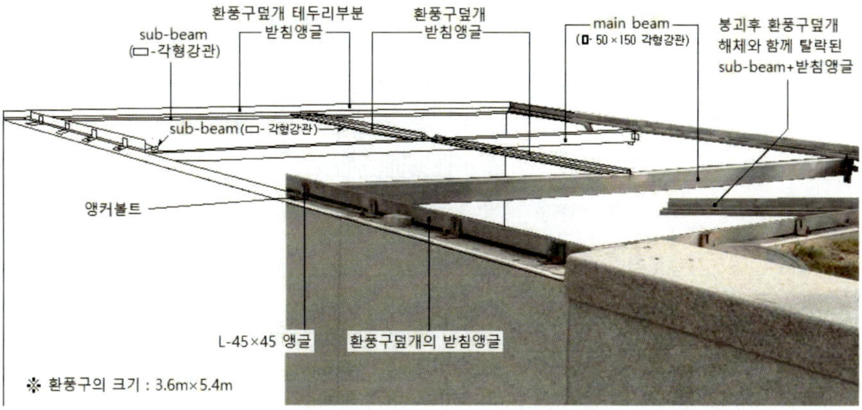

그림 103 구조단면과 부재배치/스팬 3.6m 기준으로 main beam(▫-50×150 각형강관)의 구조단면 부족, 스팬 1.8m sub-beam(▫-15×30 각형 강관)의 춤이 1.5㎝에 불과하고 구조단면을 약축으로 설치하였다. 즉, sub-beam을 세워서 강축으로 설치하지 않고 눕힌 상태의 약축(▭)으로 설치하여 지점이 파괴되기 전에 sub-beam의 처짐이 붕괴를 유발할 수 있다.

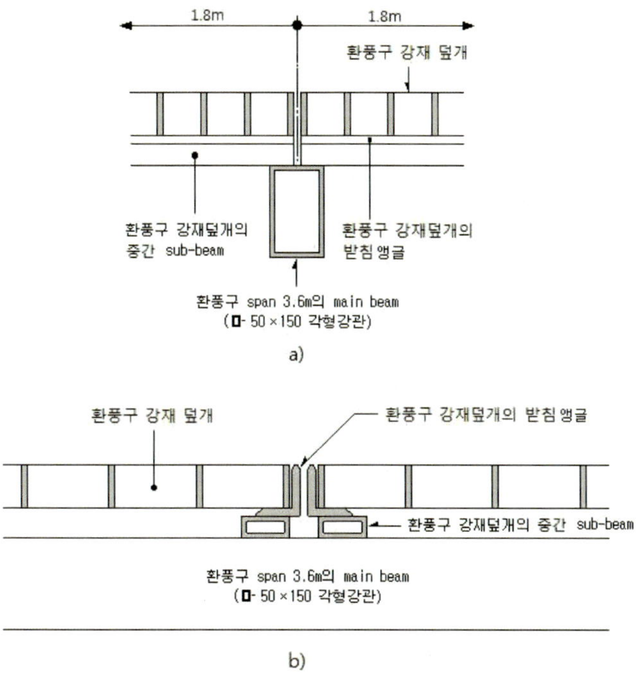

그림 104 main beam과 sub-beam의 교차부분/a)는 main beam에 직각으로 교차하는 sub-beam의 지지상태를 나타내며, b)는 main beam에 지지되고 있는 sub-beam의 받침앵글 위에 환풍구 덮개를 얹어 놓은 상황을 나타낸 것이다. main beam과 sub-beam, 환풍구 덮개의 받침앵글은 이들의 지점에서 용접하였다.

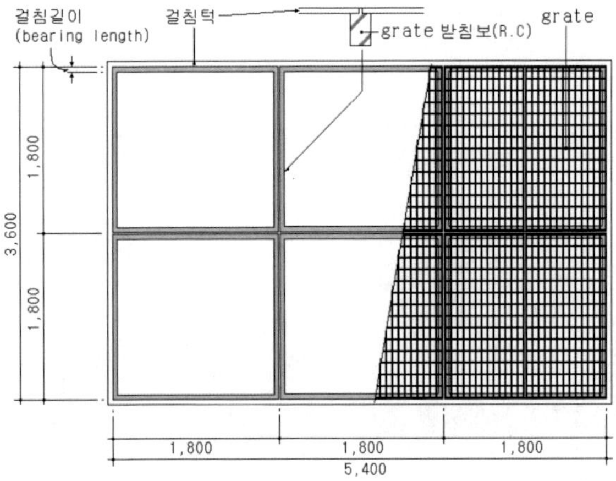

그림 105 환풍구 덮개구조물의 정상적인 설치개요/지상에 돌출된 환풍구의 콘크리트벽체와 일체화된 보(beam)위에 환풍구 덮개를 설치하였다면 붕괴사고가 발생할 가능성은 거의 없다.

제4장 과대하중과 환풍구 덮개의 붕괴 매카니즘

1994년 성수대교붕괴 이전의 설계하중은 DB-18(총중량 32.4t)이었다. 붕괴 이후에 이를 철거하고 새로 건설하면서 DB하중을 붕괴 이전보다 훨씬 높였다. 이는 DB-18을 초과하는 과적차량의 하중이 붕괴원인의 하나라는 것을 고려한 것이다. 즉, 교량 붕괴가 과도한 하중과 관련되어 있나.

1995년 삼풍백화점붕괴는 잦은 용도변경과 옥상 냉각탑의 위치변경과 신설에 따른 하중증가가 붕괴원인 중의 하나로 지적되기도 하였다. 2014년 2월의 경주 마우나 리조트 건물붕괴에도 지붕에 쌓인 눈을 치우지 않은 과적 하중이 붕괴를 일으킨 것이라는 말이 회자 되었다. 그리고 환풍구 덮개구조물의 붕괴도 어김없이 과하중이 붕괴원인으로 지목되었고, 이보다 먼저 발생한 2014년 4월 16일의 세월호 침몰의 참사 원인도 과적과 급변침이 주된 원인이라고 하였다. 이밖에도 구조물 붕괴사고가 일어날 때마다 과하중을 원인으로 보는 경우는 수없이 많다.

아마 이러한 현상은 금후에도 계속될 것이다. 그래서 일반인들은 언뜻 과도한 하중을 구조물의 붕괴원인으로 인식하곤 한다. 물론, 자신이 종사하는 업종에 따라 품질미달의 자재사용, 저가입찰, 낮은 설계단가와 무자격 기술자의 설계, 부정한 하도급 체계, 불충분한 인원 배치 등 종사하는 업역에 따라 다양한 원인을 내놓는다. 그러나 붕괴원인은 기본적으로 당해 구조물이 붕괴에 이르는 과정과 그 인과관계가 규명되었을 때 가능하다. 그래서 구조물붕괴가 어떠한 붕괴기구(collapse mechanism)인가를 먼저 살펴볼 필요가 있다.

구조물의 붕괴는 과하중으로 붕괴한 것으로 오인할 수 있으나, 구조물은 하중이 작용하면 그 전달경로와 절점의 상태에 따라 이후에 구조부재에 발생하는 응력과 변형에 의해 안정과 불안정, 안전과 불안전이 될 수 있다. 그래서 원인 규명에 있어서는 과하중과 같은 외력보다는 하중전달과 구성 부재의 붕괴과정을 조사하는 것이 먼저라 할 수 있다.

구조물 또는 그 일부가 안전성 또는 사용성을 다하지 못하는 상태가 되면, 즉 한계상태(limit state)에 달하면 사용할 수 없게 되고 종국에는 붕괴에 이르게 된다. 이러한 한계상태는 극한한계상태와 사용한계상태로 구분한다. 극한한계상태(ultimate limit state)는 구조물 또는 그 부재의 최대 내하력에 대응하는 한계상태를 말하며, 이는 구조물의 전체 또는 그 일부분의 안전성이 상실되거나, 구조물의 어느 단면의 파괴(극한상태), 구조물 붕괴기구의 형성, 변형에 따라 일어나는 불안정 등에 의하여 도달하게 된다.

사용한계상태(serviceability limit state)는 보통의 사용상태 또는 내구성에 관한 기능을 발휘할 수 없는 한계상태를 말하며, 이는 정상적인 사용상태에 대하여 일어나는 과대한 변형, 과대한 균열, 손상, 과대한 진동 등에 의하여 도달한다. 즉, 구조물 붕괴기구의 극한한계상태와 사용한계상태를 검토함으로써 안전성과 사용성을 평가한다.

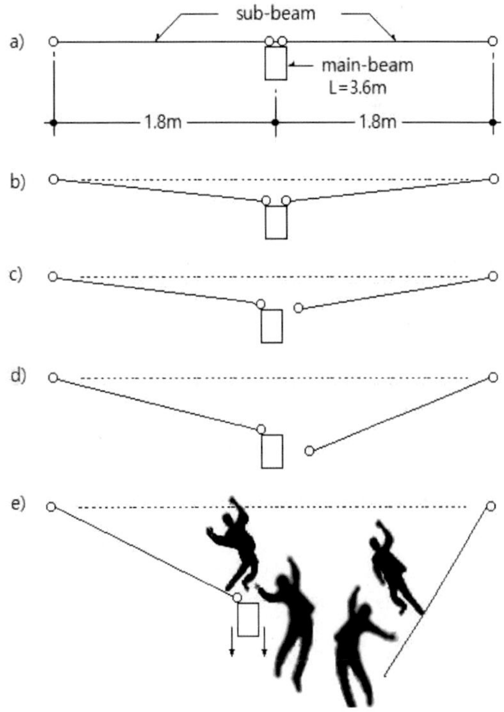

그림 106 가상 붕괴/a)는 붕괴 이전의 상태, b)는 한계상태, 회전변형에 대한 저항력을 잃은 상태로써 소성힌지라고도 한다. c)는 main beam의 처짐이 크게 발생하고 있으나 지점은 유지하고 있는 상태에서 sub-beam의 한쪽 절점이 파괴된 상태, d)는 main beam의 처짐이 더욱더 커지면서 한쪽 지점이 파괴되고 이미 파괴된 sub-beam의 절점이 탈락하고 회전하는 상태. 즉, main beam의 지점파괴와 함께 이미 파괴된 sub-beam이 회전하면서 전체붕괴로 진행되는 상태, e)는 사고 발생. a)에서 e)까지의 과정에서, 붕괴를 유발한 부재는 main beam이며 처짐은 환풍구 덮개 위에 25-30명 정도의 적재하중에 의한 것이다. 그렇다고 붕괴요인을 적재하중이라고 한다면, 이는 노인이 넘어진 이유를 노인의 나약함이 아니라, 앞에서 부는 바람 때문이라고 말하는 것과 같다. main beam의 처짐이 커지면 커질수록 sub-beam의 절점이 정 위치에서 벗어나게 되어 main beam의 지점파괴가 일어나지 않더라도, main beam의 처짐만으로도 sub-beam의 절점이 파괴에 이르러 환풍구 덮개와 함께 탈락하게 된다.

이 같은 구조물의 붕괴기구를 검토하기 위해서는 하중이 작용함에 따라 구조물이 어떻게 작동하면서 붕괴하는가를 파악하면, 붕괴를 일으킨 직접적인 요소가 무엇인지에 도달할 수 있다. 붕괴원인을 과도한 외력 작용으로 접근하게 되면 구조물이 붕괴한 실체적 원인을 규명하기 어려우므로, 과도한 하중작용에 따른 구조물의 붕괴기구를 먼저 검토할 필요가 있다. 즉, 구조물에 작용하는 과하중은 구조물에 붕괴기구가 형성되게 하는 외력일 뿐이므로, 이러한 외력의 작용으로 구조물이 붕괴하는 요소와 과정을 조사하는 것이 붕괴의 실체를 밝히는 것이 된다.

환풍구 덮개구조물의 붕괴유발부재는 환풍구 덮개, 가로보(main beam) 및 세로보(sub-beam)로서, 이들의 지점이 단순 지지상태이므로, 이들이 손상되거나 과도 변형이 발생하면 환풍구 덮개는 바로 추락하게 된다. 즉, sub-beam이 단순 보로써 main beam에 지지 되어있고, main beam의 지점 또한 취약하여 처짐에 의해 환풍구 덮개와 이들이 동시에 붕괴할 수 있다. 지점의 접합이 부실하고 휨강성이 낮은 main beam의 붕괴유발부재 위에 단순보 형식으로 sub-beam를 두고 그 위에 환풍구 덮개를 올려놓았다. 다만, 환풍구 덮개는 강성이 강하여 덮개 자체의 변형으로 지점을 벗어나 추락할 가능성은 희박하다. 환풍구 덮개가 지하바닥으로 추락한 것은 환풍구 덮개의 지지기반이 되는 가로보와 세로보가 한계상태 이상으로 변형되면서 붕괴기구를 형성했기 때문이다. 여기서 환풍구 덮개의 추락을 유발한 부재는 환풍구 덮개의 지지기반(걸침 턱)인 가로보와 세로보이다. 즉, 설계나 시공부실에 기인하여 붕괴기구가 형성된 것이다.

제5장 종합소견

환풍구 덮개구조물에 대한 설계도면은 애당초 작성하지 않고, 현장에서 즉흥적으로 시공한 것으로 보인다. 결국, 설계부실과 부실한 현장관리 그리고 현장작업자들의 무지와 부주의에 의한 사고라고 할 수 있다. 원칙적으로 이들은 사고 책임에서 벗어나기 어렵다. 다만, 현장에서 일하는 작업자에게 법적인 책임을 지우기는 어려울 것이다.

붕괴사고가 일어날 때마다, 흔히 "전문가중심의 안전관리시스템의 부재", "기술자의 낮은 기술 수준" "미흡한 안전관리체계", "안전관리대상에서 제외된 탓", "감리 감독의 소홀", "부실한 시공과 자재사용[257]", "저가 입찰제도의 문제", "하도급 체계 때문" 등의 주장이 나온다. 그리고 사고를 천재이니 인재이니 하면서 사회의 안전 불감증을 지적하고, 이를 예방하기 위한 당국의 정책이 필요하다고 한다. 이는 결국 국민경제에 부담을 주는 정책으로 나타난다.

한편 전문가들도 사고원인과의 연관하여 지상에 돌출된 환풍구 덮개구조물의 안전펜스에 대한 지침이 없고, 설계하중을 500kg/㎡ 이상으로 강화해야 하고, 환풍구가 지상에 노출된 것을 지적한다. 또한, 많은 사람이 환풍구 위에 올라가는 것을 고려하여 적

257) 언론매체들은 조사 당국의 말을 빌려 앵커볼트 등 사용한 강재의 재질이 약하다는 등으로 보도하였다.

재하중을 최대하중으로 높여야 한다고도 한다. 이는 최적 하중의 최적 설계를 추구하는 공학에서는 적절하지 않다. 또한, 정책당국은 신속히 기준을 한층 더 높이고 조직도 강화한다. 그리고 안전관리는 전문가 중심이 되어야 하고, 기술 수준이 높은 기술자를 배치하여 설계•시공•감리•유지관리가 이루어져야 한다고 한다. 이를 제도화하면서 여론이 불식되기도 하지만 공조직의 강화와 이익단체를 위한 것일 수 있다. 그래서 소규모 시설물까지 안전관리범위를 넓혀야 한다는 단체들의 제언에, 관계 당국은 이를 반영하여 이에 대한 안전관리는 준정부기관 등에 위탁한다. 이로부터 공조직이 강화된다. 여기에는 "안전관리는 아무리 지나쳐도 문제 될 리 없다"라는 대중의 생각도 포함되어 있다.

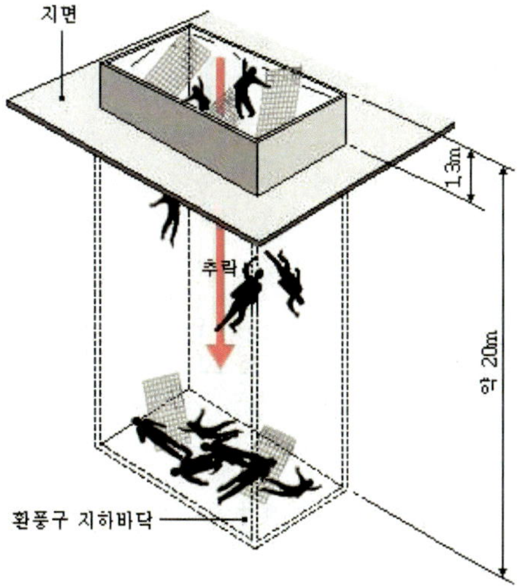

환풍구 덮개의 붕괴사고 개요도/붕괴사고의 원인은 복잡하게 사용재료의 인장강도시험을 하지 않아도 밝힐 수 있다. 즉, 벽체 상단의 걸침 턱이 강재 덮개를 지지하고 있는 지하주차장 환풍구의 강재 덮개(grate)를 보면 알 수 있다.

이러한 대책들은 환풍구 덮개 붕괴사고의 본질이 아니며, 사고 예방에도 도움이 되지 않는다. 사고 이후에 추락할 위험성이 전혀 없는 환풍구 덮개까지, 도가 지나칠 정도로 환기구 접근을 통제하는 공사가 전국적으로 진행되었고, 정상적인 환풍구 덮개를 서로 용접하는 일까지 있다. 또한, 지상에 노출된 환풍구에 접근하거나 오르내릴 수 없도록 주변에 안전펜스를 치거나 출입금지 푯말을 붙이고 원천적으로 통제하였다.

이와 함께 한편에서는 설계하중을 강화하려 하고, 불가피하게 지상에 돌출될 수밖에 없는 환풍구를 제한하려는 움직임도 있다. 관련 규정과 시방에 따라 설계하고 시공하면 될 일을 사고에 예민하게 반응하면서 환풍구 주변에 안전펜스를 설치하면서 보행에 지장을 주는 도시의 흉물이 되고 있다. 이같이 붕괴사고의 본질과는 동떨어진 방향으로 대책이 난무하면서 안전관리는 겉돈다.

그림 108 사고 발생 후의 환기구 보강조치들/지상에 돌출형식의 환풍구, 돌출형 환풍구에 안전펜스 설치 및 덮개 상호 용접

2.2 개략 스케치도면으로 안전점검하면서 겪은 일: 이해당사자들과의 갈등

차 례

<갈등의 시작>
<점검 후기 : 이해당사자들의 속 사정>
제1장 점검목적
제2장 상태조사 및 평가
제3장 보완 및 보강방안제시
제4장 유의사항

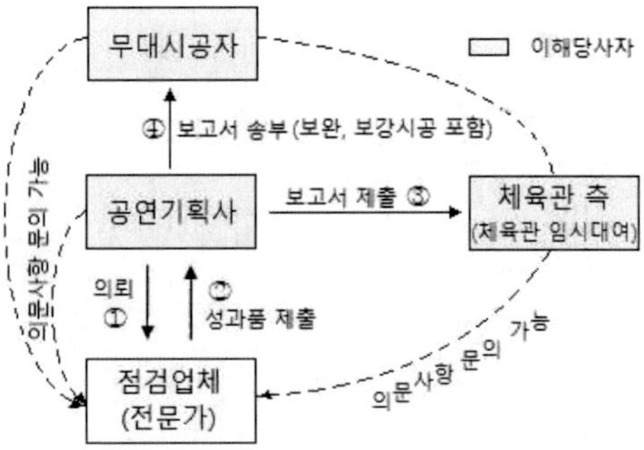

이해당사자들의 정상적인 갈등관리/점검업체는 갈등의 이해당사자도 관계자도 아니다.

체육관 실내의 가설무대는 조립식 철제 구조물이며, 단기간 임시로 사용(2~3일)하기 때문에 공연법 제12조에 규정되어 있는 무대 시설의 안전진단 대상은 아니다. 공연법의 '무대시설'은 공연의 효과를 높이기 위하여 공연장 내에 설치하는 모든 기계·기구이며, '공연장'은 연간 90일 이상 또는 계속하여 30일 이상 공연에 제공할 목적으로 설치하여 운영한 경우이다. 즉, 일시적으로 설치되는 무대시설은 해당하지 않는다. 이같이 임시로 사용하는 무대는 단기간 사용하므로 안전관리에 소홀하기 쉽고, 설령 안전점검에서 문제점이 지적되어도 지나치는 경우가 많다. 그러나 이는 공연법 적용대상의 무대 시설(기계·기구)보다 대형이고 야외나 벽으로 밀폐된 공간에 설치한 임시 가설무대는 사고 위험성이 높다. 공연법에서의 안전진단전문기관은 기계·전기·금속·전자 등의 기술인력을 등록요건으로 하고 있다. 따라서 토목건축의 안전진단전문기관과는 별개이다.

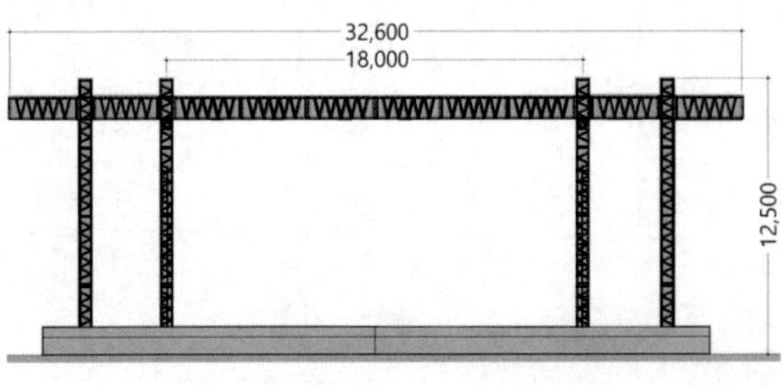

수평 변위를 잡아주는 버팀줄 없는 외적 불안정의 가설무대(입면)/체육관 실내에 설치되어 있지만, 횡력(진동, 편심, 충격 등)에 취약한 구조물이다. 무대설치 관계자들은 "무대 사용시간이 2~3시간에 불과하며 그동안 사고가 발생한 적이 없었다."라고 한다. 사고는 시간과 무관하게 발생한다.

<갈등의 시작> 책임을 면하기 위해 형식적인 요식행위를 요구하는 데서 비롯

• 갈등 관계: 공연기획사, 실내체육관 관리주체, 무대시공자

체육관 실내에 가설무대를 설치하는 도중에 공연기획사가 현장조사 없는 긴급점검을 의뢰하면서 이해당사자들(체육관 측, 공연기획사, 무대시공자)과 함께 겪은 일이다. 체육관 측이 공연기획사에게 안전점검을 요구하면서 비롯되었다. 이는 실제의 안전관리를 위한 것이라기보다는 사고 발생 시 책임을 면하기 위해 공연기획사가 스케치 상태의 '도상구조물(圖狀構造物)로 안전점검을 의뢰하였다. 공연이 48시간도 남지 않은 촉박한 상황에서 현장조사 없이 점검용역을 수행해야 하고, 면피 문서만을 제공하는 것이 될 수 있음에도 고민 끝에 맡게 되었다. 이러한 용역을 수행하게 된 데에는 극히 소액이지만 영업을 포기할 수 없고, 도상구조물도 점검의 좋은 대상이며 이러한 업무를 회피하는 것은 전문직업인으로서의 자세가 아니기 때문이다.

조립식 가설무대는 2시간여의 공연 후 곧바로 해체한다. 주 기둥 4개(정면 2개+후면 2개)와 정면 양쪽에 2개의 보조 기둥이 있고, 무대 바닥은 4각형이며 외적으로 볼 때 불안정하다. 더구나 가설무대는 이미 완공 상태였고, 이러한 상황에서 공연기획사는 가설무대가 안전하다는 확인서만 갖추어 놓으려고 하였다. 체육관 측은 안전점검을 촉구하고, 공연기획사는 이를 무대시공자에게 떠넘기려는 상황에서, 점검의뢰 후에는 모든 책임을 점검업체에 떠넘기려고 하여, 이로부터 이해당사자 모두가 노심초사하게 되었다.

<점검 후기> 이해당사자들의 속사정

가설무대가 거의 완공된 시점에 전화 상담이 시작되었다. 체육관 측의 요구에 의한 것이며, 가설무대는 공연 후 바로 해체하여 다른 지역에 있는 체육관에 다시 설치한다. 그래서 현장조사는 필요 없으며 안전 확인서만 있으면 된다는 것이다. 그러나 점검결과가 현장에 반영되도록 하려면 상담 시점으로부터 2~3시간 이내에 무대시공자에게 점검결과를 알려주어야 한다. 보완 및 보강이 필요할 경우 시공자가 철수하기 전에 점검결과를 통보해 주어야 한다.

그러나 공연기획사가 제공한 도면은 골조의 모습만 표현된 그림 수준이고 계약도 아직 이루어지지 않았다. 이렇게 촉박한 상황에서 무대시공자에게 상세한 조립도면을 요청하여 받아보았으나, 이 또한 공연기획사로의 도면과 마찬가지로 기둥 배치 간격만 있을 뿐, 부재의 형상과 치수, 접합 상세가 없는 스케치 수준의 입면도였다. 그래서 현장조사 없는 안전점검임을 언급하고 극히 소액의 용역비를 제시하고, 용역 범위를 명확히 부재 배치의 적정성만으로 한정하였다. 공연기획사는 나중에 가설무대의 모든 안전문제를 용역업체에 떠넘길 수 있기 때문이다.

공연기획사는 공연시간에 쫓겨 체육관 측에 "안전점검 중"이라고 곧바로 알려야 하는 상황이

므로, 용역 내용이 명시된 점검견적서로 구두계약을 원했다. 소액이고 지체할 수도 없어 공연기획사는 용역 범위에 수긍하고 용역비를 곧바로 전액 처리하였다. 이 시점부터 계약이 성립되어 스케치도면을 검토하기 시작했다. 예상대로 공연기획사와 체육관 측은 곧바로 가설무대의 안전에 대한 모든 것을 떠넘기기 시작했다. 계약서류에 용역 범위를 명확하게 명시하여야 하는 이유이다. 이는 다툼 시에 책임을 입증하는 중요한 자료가 된다. 이후에 공연기획사는 용역 범위를 무시하고 안전과 관련한 모든 사항에 대해 정밀진단을 요구하였고, 무대조명 및 촬영 장치(기계·기구), 체육관 바닥의 안전성 검토도 필요하다고 했다. 즉, 체육관 바닥이 가설무대의 하중을 견디어 낼 수 있는지를 현장조사로 평가해 달라는 것이다. 이들은 간이점검을 빌미로 가설무대와 이에 부수되는 모든 시설에 대한 정밀진단을 요구한 것이다. 그러한 일은 불가하다고 하여도 막무가내였다. 이러한 상황에 얽매이지 않고 업무를 수행하였고, 공연기획사와 구두계약 시에 언급한 용역 범위와 내용(녹음)을 보고서에 기술하였다.

이러한 상황에서 부재의 형상과 배치 등을 확인하고, 주각 부분에 버팀대 보강을 하도록 하였다. 결국, 그 이상의 자료를 받을 수 없다고 판단하여 이로부터 몇 시간여 동안에 보고서를 완료하였고, 이를 설명하기 위해 공연기획사 담당자를 만났다. 보통은 보고서를 택배나 속달로 보내지만, 이들의 면피 행태가 들여다보여 이례적으로 대면하여 설명해 주기로 했다. 가설무대가 매우 불안정하다는 것을 공연기획사에 직접 알려줄 필요가 있고, 책임을 회피하려는 경향이 짙다는 생각이 들었기 때문이다. 그러나 공연기획사 담당자는 설명을 듣고서 그가 취해야 하는 후속 조치에는 관심이 없었고, 가설무대에 매단 조명 및 촬영 장치 등의 안전 여부만을 묻는 것이었다. 그래서 공연법의 무대시설(기계·기구)이므로 점검자격이 없으며, 특히 점검대상이 도상구조물이고 현장조사 없이 촬영 및 조명장치의 부착에 대한 “안전을 상상으로 평가할 수는 없다”라고 설득하였다. 다만, “가설무대에 매달리는 하중을 감안하여 구조물의 안정유지에 필요한 부재 배치를 평가하였으며, 그 결과를 체육관의 무대설치에 반영하도록 하여야 할 것이며, 점검결과는 대상체육관 현장에 한하여 유효하다”고 알려 주었다.

대면 이후에 공연기획사 측은 무대시공자에게 아무런 조치도 취하지 않았다. 이는 가설무대에 어떤 문제가 생길 경우, 점검업체와 무대시공자의 문제로 돌리려는 의도일 것이다. 점검결과를 무대시공자에게 일러줄 의무는 없지만, 그간의 행태에 비추어 볼 때 외면할 수 없어 무대시공자와 몇 차례 통화하여 보강요점을 강조하고, 보고서는 공연기획사에 제출하였으니 그에 부합하도록 시공하면 될 것이라고 일러 주었다.

공연기획사에 점검보고서를 전달한 후, 믿을 수가 없어 몇 시간이 지난 후에도, 공연 시작 몇 시간 전까지도 무대시공자는 공연기획사 담당자를 만난 적도 없고 점검보고서를 받아보지도 못한 상태였다. 그래서 공연기획사 측에 점검보고서가 무대시공자에게 전달되어야 가설무대가 보강될 수 있으므로 현장에 전달하라고 하였다. 그러나 그렇지 않을 것이라고 확신되어 무대시공자에게 다시 전화하여 점검결과의 대강을 다시 일러주었다. 이때는 이미 휴대전화에 들리는 체육관에서의 예행연습 음향으로 볼 때, 무대가 완공된 상태임을 알 수 있었다. 그래서 무대시공자에게 "무대 전면의 스팬 18m의 트러스보(높이 76㎝)는 높이가 낮으므로 처질 우려가 있다. 현재의 트러스보를 2개 겹쳐서 시공하여야 할 것이다", 그리고 "무대구조물이 뒤틀림에 약하므로 X자 당김줄을 측면과 뒷면에 설치하여야 한다"고 일러주었다. 이에 대해 무대시공자는 "아직 까지는 처짐이 없고 밧줄로 단단히 조이고 있다"라고 하면서, "무대설치비용 때문에 더 보강할 수 없는 상황이다"라고 호소하였다.

이러한 상황에서 공연기획사에 몇 차례 전화로 가설무대가 불안정함을 주지시켰으나, 무대시공자에게 이야기하라는 것이었다. 주객이 바뀐 공연기획사의 이러한 행태는 사고가 발생하면 안전점검업체와 무대설치시공자에게 책임을 떠넘기려는 것이므로, 다음과 같은 문자를 보냈다.

"제 소관 사항은 아닙니다만 노파심에서 한 번 더 알려드립니다. 무대시공자에게 정면트러스(춤: 76㎝)를 두 개 겹쳐서 시공하고, 기둥이 4개뿐이어서 불안정함으로 기둥을 두 개 정도 추가해야 할 것입니다. 정면트러스도 한 개만 시공한 것 같은데 보고서에 언급한 바와 같이 안전하게 시공하여야 할 것입니다. 현장에서는 보고서를 아직 받지 못했다고 합니다. 안전관리에 참고 바랍니다." 이로부터 몇 시간 동안 마음이 편치 않았다. 무대시공자의 "밧줄로 단단히 조였다"는 것이 안도감을 주었지만 불안한 마음을 떨칠 수가 없었다. 진동을 수반하는 공연 2시간 동안만 버티면 되고, 만일에 문제가 생겨도 점검업체가 책임질 일은 없다고 보지만, 내심 부담감을 떨칠 수 없었다. 그날 오후 8시가 넘어서야 이로부터 자유로워졌다. 오후 7시에 공연이 끝났고 인터넷에서 "□□실내체육관 무대장치 붕괴사고"라는 속보가 뜨지 않았기 때문이다.

그 후 2주 지나서 공연기획사는 안전점검을 안 했어도 되는 것이었다는 것이다. 그리고 보고서의 원본 파일을 보내달라는 것이다. 이는 다른 공연현장에서 이를 사용하고자 함일 수 있다. 이에 대해 "원본 파일은 저작권 문제로 공개하지 않으며 점검보고서가 성과품이다[258]. 공연이 끝났는데 지금 시점에서 어디에 제출하려고 그러느냐"며 거절하였다.

점검보고서를 체육관 측에 제출하였는지는 알 수 없으나 문제없이 공연이 끝났으므로 점검보고서가 필요하지 않을 것이다. 만일에 가설무대가 붕괴되었다면, 공연기획사는 전문업체의 안전점검을 받았고 무대시공자가 설치하였다고 하면서 체육관 측과 공연기획사는 책임을 회피하려 할 것이다. 그래서 용역 목적과 범위를 보고서에 명확하게 기술하여야 한다. 만일에 용역비용을 받지 않고 혹은 일부만을 받고서 용역을 착수하였거나, 견적서도 없는 구두계약으로 용역을 수행하였다면 용역비 전액 혹은 잔액을 받지 못할 수 있다. 이같이 구조물진단에는 진단업체, 발주자, 시공자, 기타 관계자들 간에 복잡한 이해관계가 형성되어 갈등으로 이어지는 경우가 종종 있다.

결과적으로, 진단전문가(진단업체)는 갈등당사자도 이해관계자도 아니나, 구조물의 갈등관리에 적극적으로 참여하여 이들과 소통을 하다 보면 이러한 일이 발생할 수도 있다.

258) 원본 파일은 저작권(지적재산권) 문제도 있지만, 만일에 공개할 경우 원본 파일의 내용을 바꾸거나 위조하여 보고서를 사용할 수도 있다.

제1장 점검목적

실내체육관에 설치 중인 가설무대(도상구조물)의 부재 배치에 대한 안전성 검토이다. 필요시에 보강・보완방안을 제시하며, 실내체육관의 바닥이 구조적으로 유해한 영향을 받지 않고, 가능한 집중하중이 작용하지 않도록 설치하는 방안도 검토한다. 이는 점검용역의 범위와 별개의 사항으로써, 무대구조물의 안정성 유지와 무대 하중이 실내체육관의 바닥설계하중을 초과하여 바닥이 손상될 수도 있다는 우려 때문이다.

제2장 상태조사 및 평가

2.1 설치개요도

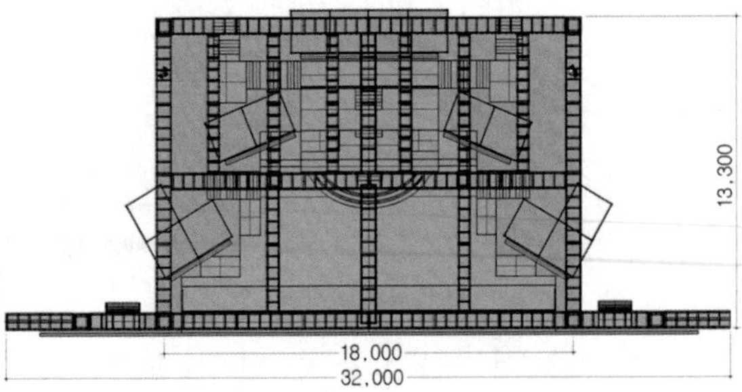

그림 111 가설무대의 바닥틀 복도/바닥틀의 평면 크기는 약 18m × 13m

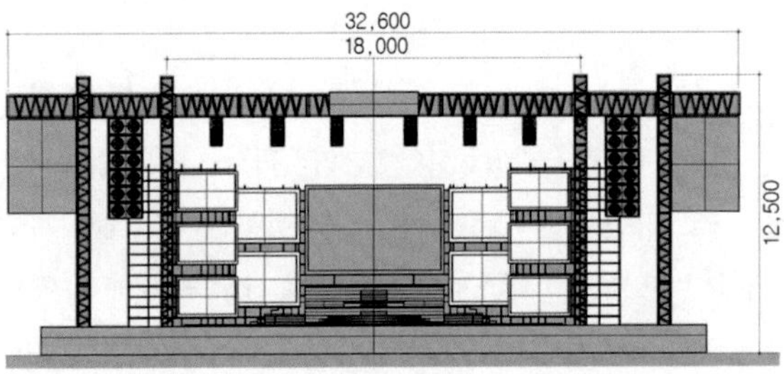

그림 112 가설무대의 철골 트러스 기둥과 보의 조립도 (정면)/양 측면의 2개의 기둥은 부축개념의 보조 기둥

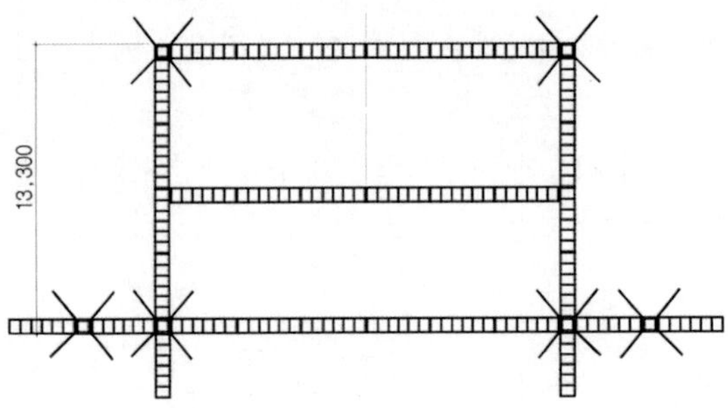

그림 113 무대 지붕틀 복도 /X자형 버팀대(주각부) 설치는 애초에는 없었으나, 보강 요청에 응하여 무대설치시공자가 보완하여 제출한 것임

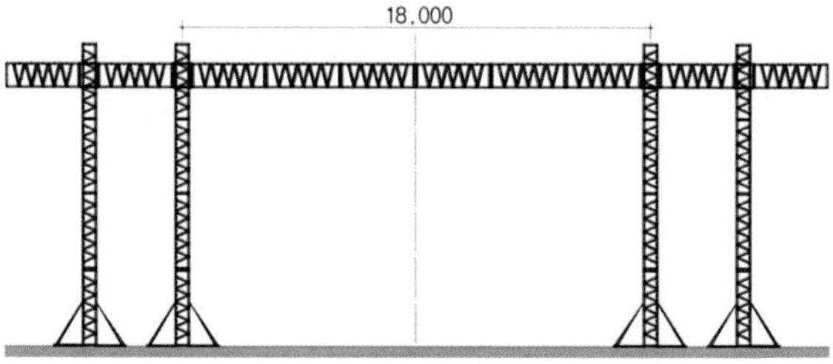

그림 114 기둥 4개소의 정면 주각부분/X자형 버팀대의 주각은 X자형으로 기둥의 안정과 주각을 보강한다. 주 기둥의 경간은 18m로서 장경간(long span)에 해당하며. 18m 경간에 적합한 트러스 높이를 확보할 필요가 있다.

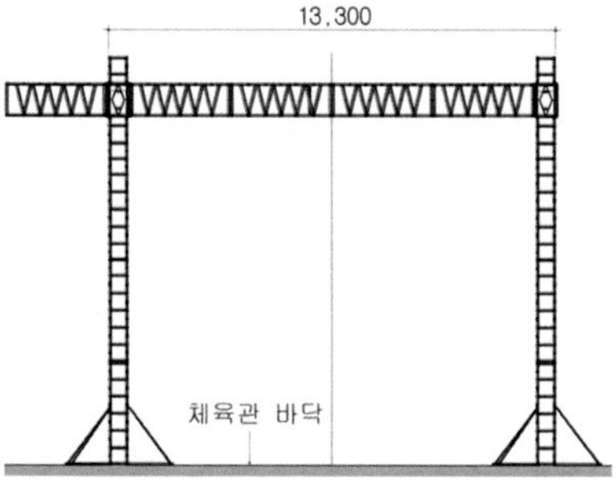

그림 115 기둥 4개소의 주각부분(측면부분)의 개요도/ 높이 12.5m 트러스 기둥의 주각부를 X자형(버팀대)를 두고 있다. 이는 주각부의 강성과 안정에 기여한다.

2.2 상태조사 및 평가

1) 일반사항

가설무대는 트러스 기둥과 보를 조립한 철골조 조립구조물이다, 이러한 구조물의 안전은 부재 배치 및 절점의 접합상태, 접합부의 시공상태에 따라 좌우된다. 여기서는 도상구조물에 대한 검토이므로 접합부의 현상조사(現狀調査)는 용역 범위에 해당하지 않는다.

2) 상태조사 및 평가

무대 바닥틀의 평면 크기는 18m×13m, 최고높이 12.5m,. 바닥틀의 전면부는 보를 4.5m 간격으로 배치하고, 후면부는 2.25m 간격으로 배치되어 있다. 지붕틀은 중간에 1개의 보를 배치한 상태이다. 정면에는 주 기둥에 인접하여 보조 기둥이 양측에 각각 1개 배치되어 있다. 이는 4개의 무대구조물을 부축하는 역할의 기둥으로 볼 수 있다, 그러나 18m×13m×12.5m(높이)로서 힌지(hinge) 접합부를 가진 4개의 주 기둥으로 조립한 구조물로서는 진동이나 횡력과 같은 하중에 의한 비틀림 등에 매우 민감하게 반응할 수 있고, 4개(정면 2개+ 후면 2개)의 주 기둥에 지붕틀을 구성한 외적 불안정의 구조물로 간주 된다.

바닥틀 보가 촘촘하게 배치되어 작용 하중을 체육관 바닥 면에 등분포로 전달할 수 있는 상태이다. 추가로 설치하는 X자형 버팀대(strut)는 주각의 안정을 유지하고 하중을 실내체육관 바닥 면에 전달하는 데에 기여할 것으로 판단된다.

요컨대, 주 각부에 작용하는 하중을 하중분담면적으로 개산한 결과, 기둥 및 보 트러스에 의한 최대하중(기둥 1,440kg+보 1,980kg,)은 3,420kg(조명설비 등의 부착물 포함)으로 추산되며, 이는 X자형 버팀대에 의해 주각이 보강되고 하중 또한 분산될 것으로 판단된다. 즉, 가설무대의 주각에 전달되는 하중이 분산되어 체육관 바닥의 설계 적재하중(500kg/㎡으로 추정)을 초과할 것으로 판단되지는 않는다. 다만, 주각부에서의 바닥 손상 없이 원활한 하중전달을 위해 X자형 버팀대 보강과 함께 체육관 바닥과 무대구조물 사이에 탄성패드(pad) 혹은 기판(base plate)이 필요하다. 안전점검 의뢰자가 제공한 도면에서 트러스의 치수를 알 수 없지만, 18m의 지붕 보는 장 경간에 해당하고 이에 따른 처짐 등을 고려할 때 보의 춤은 최소 140㎝를 확보할 필요가 있다.

제3장 보강방안제시

18m × 13m × 12.5m(높이)의 트러스골조로 구성된 조립식 구조물은 4개의 기둥만으로 철골트러스의 골조를 조립으로 연결한 불안정한 상태이다. 이러한 구조물은 진동이나 횡 하중, 비틀림 등에 대비하고 구조물의 외적 안정을 위해 지붕틀(지붕 평면)의 4개의 모서리에 귀잡이보(horizontal angle tie) 설치를 제안한다.

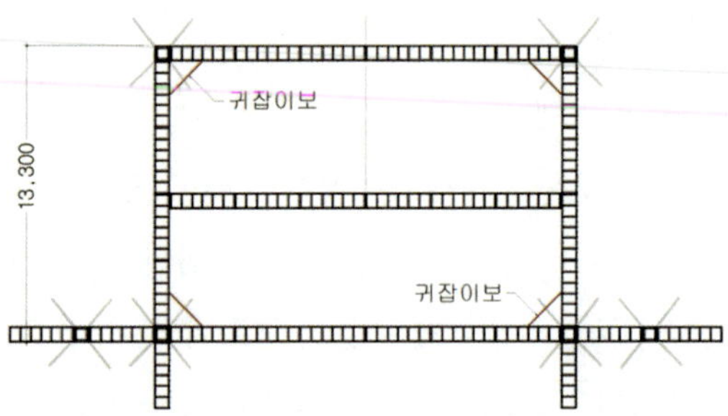

그림 116 비틀림 방지 귀잡이보 설치/지붕틀의 4개 모서리에 귀잡이보를 설치하여 보강한다.

* 참고) 18m 장경간 지붕 트러스의 처짐 등을 고려하여, 양 지점에 버팀대로 보강하고 트러스보 유효높이를 최소한 140㎝ 확보할 필요가 있다. 또한, 13m 경간의 지붕 트러스의 경우도 버팀대 보강이 필요하다.

제4장 유의사항

본 안전점검은 현장조립 철골조의 접합부 시공이 정상적이라는 전제하에 스케치도면(도상구조물)을 대상으로 검토한 결과이며, □□실내체육관 현장에 한하여 유효하다.

2.3 겉보기 아치의 모호한 설계, 무분별한 시공과 유지관리

차 례

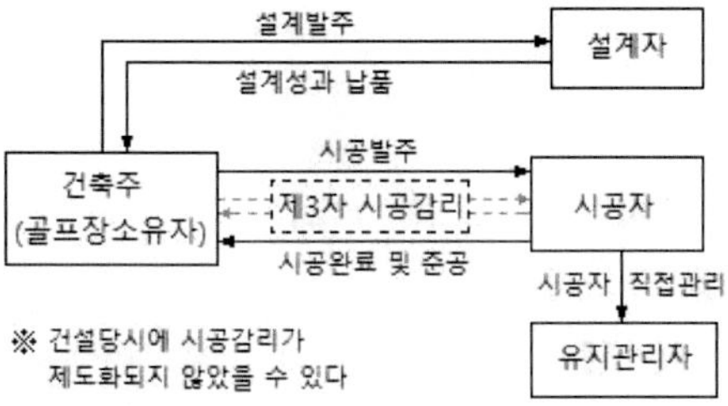

건축주-설계자-시공자-유지관리자의 관계

설계자가 시공감리를 하는 경우는 설계 잘못을 인정하려 하지 않으므로, 설계-시공의 견제와 균형이 깨질 수 있다. 그래서 감리는 제3 자에게 맡긴다. 그러나 시공감리를 설계자에게 맡기는 경향도 있다. 사실 건축과정에서 수반되는 감리(설계, 시공, 철거 등)는 건축주에게 상당한 건축비의 증가를 초래하지만, 시공, 철거 감리는 민간 및 공공관리 주체 모두 제도화되는 추세이다. 설계와 시공이 통합으로 발주되기도 하지만, 건축주, 설계자, 시공자, 감리자, 유지관리자는 상호견제와 균형이 요구된다. 그래서 이들 간에는 이해관계로 갈등이 형성되기 쉽다. 그러나 점검대상의 현장에는 이러한 견제와 균형 시스템이 작동하지 않은 상태였다.

<요지> 아치교 돌붙임 탈락에 무관심한 유지관리자

상행도로와 하행도로가 서로 교차하는 철근콘크리트 고정 아치교의 외부 마감이 설계도면에는 돌쌓기 아치와 돌 붙임으로 혼용 표기되어 있다. 골프장 관계자에 의하면, 건설공사 중에 발주자가 고정 아치의 외부 마감을 벽부(壁付) 장식 기둥(pilaster[259])형식의 돌 붙임 시공을 요청하였다고 한다. 건설 당시에 시공자는 발주자의 요청을 무시할 수 없었기에 아치의 외부 면을 돌 붙임으로 시공한 것이다. 그래서 돌쌓기 아치가 아니라 돌 붙임으로 시공된 것이다. 즉, 아치 틀기가 아니라 돌붙임으로 시공되어, 충격·진동 시에 돌붙임이 개개로 박리 탈락할 수 있는 구조가 되었다.

준공 이후 골프장 시공자가 유지관리하는 중에, 하행도로를 통행하는 차량이 천장부(crown)에 충돌하여 돌 붙임이 탈락하였다. 유지관리자는 석재 아치의 탈락문제를 발주자(건축주=소유자)에게 제기할 수 있다. 소유자와 시공자와의 관계는 알 수 없었지만, 시공자가 유지관리를 하게 되면 탈락문제를 소유자에게 알리기 어렵다. 제3 자인 유지관리자라고 할지라도 먼저 유지관리에 문제가 있었는지부터 살펴보므로 소유자에게 곧바로 보고하지는 않는다. 또한, 애초에 설계자와의 협의 없이 발주자와 시공자가 임의로 아치를 돌붙임으로 변경하였다면 돌 붙임 탈락문제를 설계자에게 노출하기도 어렵다.

아치는 상부에서 작용하는 수직압력이 아치의 축선을 따라 좌우로 나뉘어 직압력으로 기초에 전달된다. 그래서 인장력이 생기지 않게 하는 구조이므로 석재로 축조한 경우에는 아치의 축선에 수직 방향으로 줄눈을 맞추어 쌓아야 하고, 줄눈의 방향을 모두 그 중심에 모이게 한다. 그러나 대상 아치는 겉보기로만 아치 틀기를 하였을 뿐, 돌붙임이다. 이 같은 시공은 발주자의 요구대로 아치 양쪽 어깨(shoulder)의 벽부 장식 기둥을 시공자가 돌붙임으로 처리함으로써 발생한 것이다. 이는 발주자의 부적절한 요구에 의한 것이지만, 기본설계도의 입면도에는 아치 틀기, 상세도에는 돌붙임 마감으로 되어있다. 이러한 상황을 설계도서를 보관하고 있는 유지관리자가 알고 있지는 않을 것이다. 그들은 설계도면까지 신경을 쓰지 않기 때문이다.

결국, 설계자의 오류와 발주자의 몰이해, 시공자와 유지관리자의 관행과 무관심에 의한 것이다. 설계자는 부주의로 애매하게 마감재 시공과 아치 틀기로 설계하였고, 시공자와 유지관리자도 아치 구조에 대한 개념이 없었기에 문제점이 노출되지 않은 것이다. 설계자가 돌붙임 시공과 아치 틀기를 혼재하여 혼란스럽게 한 것이 일차적인 잘못이지만, 발주자의 요구에 순응하는 설계자와 시공자, 준공 이후에 발주자가 시공자에게 유지관리를 맡기고 있다는 것은 정상적인 견제와 균형 시스템이라 할 수 없다.

현장점검 시에 유지관리자에게 아치 구조의 개념을 포함하여 설계와 다른 시공상태를 설명해 주었으나 관심을 기울이지 않았다. 이는 아치 틀기를 시공한 건설업체가 시설물유지관리까지 하는 상황이어서 그에 대한 책임이 자신이라는 것 때문일 수 있다. 유지관리자에게 탈락한 돌붙임이 아치작용을 할 수 있도록 보완할 필요가 있다고 일러주었으나 관심을 기울이지 않았다.

---

259) 붙임 기둥으로 부르고 있으나, 본래는 벽돌 벽체를 보강하거나 상부에서 오는 집중하중을 기초에 전달하기 위해 기둥 모양으로 벽면에서 내밀어 쌓은 것을 말한다. 벽체의 강성을 증가시키거나 보, 트러스를 지지하기 위하여 벽면에서 조금 내밀어 쌓은 수직체로서 간략화된 부축벽이다. 기본적으로 부축벽(buttress)은 벽체를 보강하여 상부에서 오는 집중하중 또는 횡압력 등에 대항시키고자 벽면에서 넓게 내밀어 쌓은 것이다.

제1장 점검목적

아치교(2012년 3월 준공)는 상하를 차량 도로로 사용하고 있고, 전면부와 후면부의 외부 면은 돌붙임으로 마감하였다. 양쪽 어깨(shoulder)를 벽부(壁付) 장식 기둥(pilaster)으로 처리한 아치교에 차량이 충돌하여 천장부(crown)의 돌 붙임이 탈락하면서, 추가탈락에 대한 우려에서 점검을 의뢰하였다. 따라서 조사일 현재(2015.1.6) 이에 대한 상태조사를 통해서 안전성을 평가하고, 적절한 보강・보완방안을 제시한다.

제2장 구조물 개요

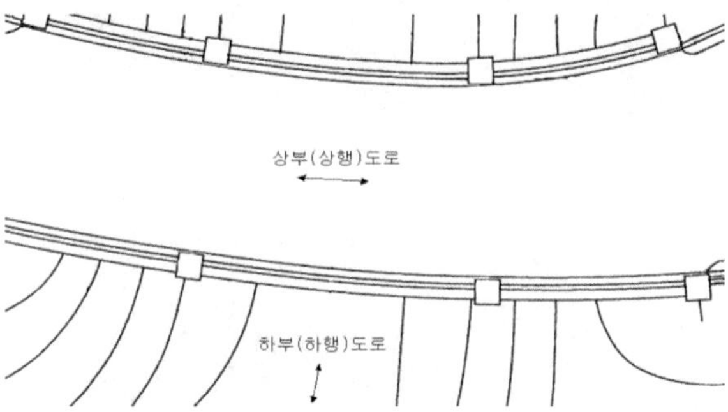

그림 119 진입교량 평면도/교량형식: 철근콘크리트 고정 아치교, 차량통로 폭: 상부통로 - 8.6m(교량 폭), 하부통로 - 6.4m(아치교 경간 6.7m), 아치교 높이(rise): 3.7m.

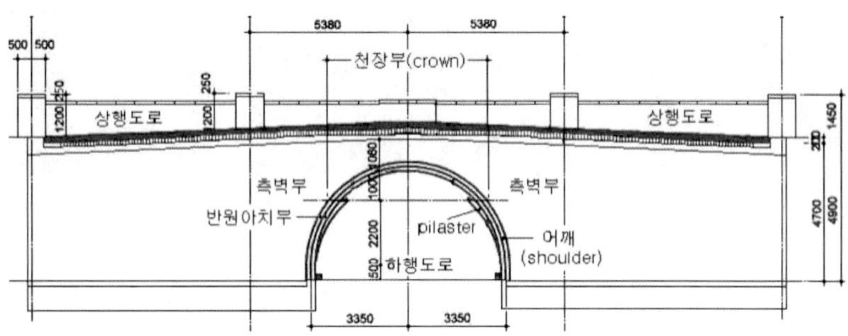

그림 120 아치의 종단면 및 명칭

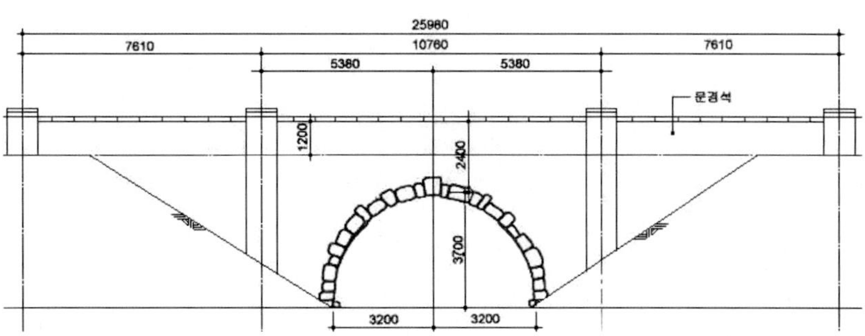

그림 121 입면도 상의 아치 틀기/당초 설계의 아치 틀기를 발주자의 요청에 따라 장식돌 붙임으로 임의 변경.

a) b)

그림 122 아치교 전경/a) 하행도로, b) 상행도로

그림 123 후면부 겉보기 반원아치 부분(좌), pilaster 주두 부분과 천장부(우)

그림 124 pilaster(의장 기둥) 기타 부분의 돌붙임 상황

제3장 상태조사 및 평가

3.1 아치 일반사항

아치는 부재 축이 곡선이므로 응력의 영향선이 부재의 축과 거의 일치한다. 그래서 휨모멘트와 전단력은 극소화된다. 즉, 상부에서 작용하는 수직압력이 아치의 면내에서 축선을 따라 좌우로 나뉘어 직압력으로 전달되고, 부재 하부에 인장력이 생기지 않게 하면서 이를 지점에서 큰 수평 반력으로 지지하는 구조이다. 아치를 벽돌이나 석재로 축조한 경우는 아치 축선에 수직 방향으로 줄눈을 맞추어 쌓고, 주요한 줄눈의 방향은 모두 그 중심에 모이게 한다. 이는 주로 포물선, 원호 등의 곡선 형상을 가지며 직선 부재로 구성되는 다른 구조와는 거동이 매우 다르고 하중을 지지하는 방식도 독특하다.

3.2 상태조사 및 평가

가) 아치 틀기의 상황

몸체는 철근콘크리트 콘크리트 양단고정 아치이지만, 돌붙임으로 외부를 마감한 겉보기 아치이다. 양쪽 어깨 부분(shoulder)은 미적 효과를 주기 위해 돌붙임 벽부 장식기둥(pilaster)으로 처리한 상태이다.

나) 아치부의 상태조사 및 평가

▫ 철근콘크리트 고정아치

역학적으로 축 방향 압축력을 받는 양단고정 아치는 콘크리트의 건조수축과 온도변화에 의한 열응력, 상하부의 차량통행에 의한 진동[260], 지반의 부등침하 등에 의해 균열이 발생할 수 있다. 이러한 영향으로 돌붙임이 박리되고 아치 지점의 추장력(thrust)으로 지점이동이 발생할 수는 있으나 아치에 인장균열이 발생할 가능성이 거의 없다. 아치에 구조 안전상 유해한 균열이나 지점의 이동, 침하 등의 결함이 관찰되지 않았다.

▫ 아치부의 돌 붙임

돌붙임 개체의 틈새는 충전하지 않았다. 즉, 돌붙임의 개체가 모르타르와 세트 앵커로 바탕에 부착되어 개체별로 하중이 벽체에 전달된다. 이러한 돌붙임은 지반침하 등의 변형에 매우 민감하게 반응하여 증상이 즉각적으로 표출될 수 있다. 또한, 돌붙임은 엄밀히 이질 재료의 부착이므로, 크리프, 동결융해, 온도변화 및 건조수축, 지반의 부등침하, 차량통행의 진동으로 개체가 박리될 수 있다. 이러한 증상이 관찰되지는 않았으나, 외관만 아치 모양으로서 돌붙임의 돌발탈락 위험성이 있다고 보았다. 따라서 돌 붙임(천장부 및 pilaster)에 대한 적절한 보완 및 보강이 필요한 것으로 판단하였다.

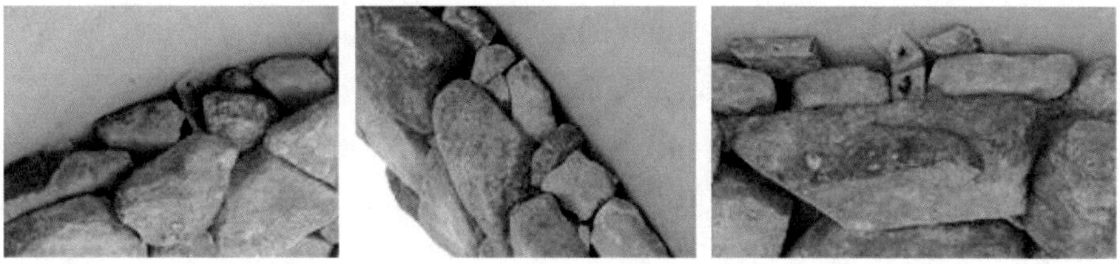

그림 125 정착철물과 모르타르 부착의 돌붙임/돌붙임의 틈새와 불연속으로 탈락 위험이 상존

260) 느슨한 사질층 또는 매립층 등의 특정 지반조건인 경우는 진동과 함께 지반침하의 원인이 될 수 있다.

제4장 반원아치 부분의 보완·보강방안

조사일 현재 안전한 것으로 판단되나, 차량 진동 충격 등에 의해 탈락 가능성은 내포하고 있으므로 정상적인 아치 기능과 경제성 등을 고려하여 선택 적용한다.

(제1안) 현상 유지하는 방안

그림 126 현상유지를 위한 틈새 줄눈의 충진

돌 붙임과 층지어 쌓기가 바탕 벽에 건전하게 정착되어있어도, 동결융해, 온도변화 및 건조수축, 지반의 부등침하, 특히 차량통행에 따른 진동으로 돌붙임이 탈락할 수 있다. 따라서 약하게나마 아치작용을 하도록 석재간의 틈새를 모르타르류의 재료로 충전하여, 현재의 돌붙임을 그대로 유지하면서 돌붙임 개체의 연속성과 아치의 하중전달 효과를 증가시키는 현상유지방안이다.

(제2안) 보완 및 보강방안

장식용 붙임 기둥의 주두를 천장부(crown)까지 연장하고 돌 붙임의 틈새를 수지모르타르 등으로 충전하여 돌 붙임도 보강하고 실제로도 아치 거동을 할 수 있는 구조를 만드는 방안이다. 이는 아치 높이(rise)가 약간 낮아지게 된다.

(제3안) 반원아치 부분의 돌 붙임을 교체 시공하는 방안

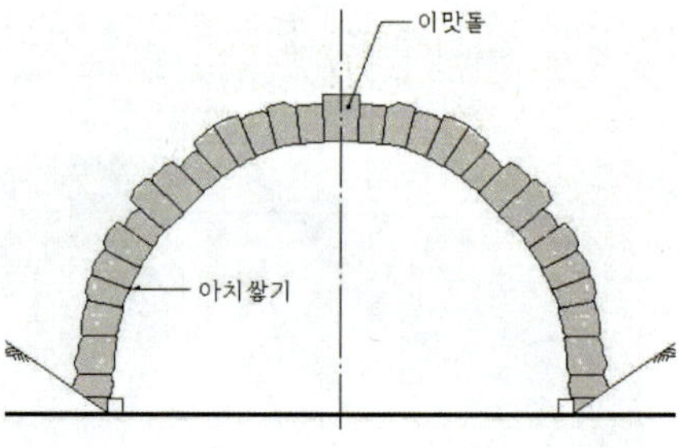

그림 127 정상적인 아치 틀기

기존 반원아치 부분의 돌붙임(천장 및 어깨, pilaster)을 일정 부분 절단하여 제거하고, 기존 돌붙임의 제거된 부분을 정상적인 아치 틀기를 하는 방안이다. 즉, 천장부의 이맛돌(key stone)을 중심으로 아치 틀기를 하여 반원아치로 축조한다. 이는 미관 및 안전성 확보에도 유효한 구조이며, 아치의 응력과 변형의 어긋남(misfits)이 없이 상부 하중을 원활하게 지반에 전달할 수 있다.

2.4 지하구조물의 부상과 분리조인트의 오배치
(지나치게 제한하는 시설물 정보공개)

- 분리조인트는 지반의 부등침하, 건물형상 및 질량, 고층과 저층 연결부 등에 배치하여 각자 독자적으로 거동하도록 하는 기능을 한다. 이는 기하학적으로 복합된 큰 건물의 질량을 더 작게 분절하거나 혹은 서로 독자적으로 움직이게 한다. 기존건물의 수평증축 부분에 적용할 때 보통은 벽체, 기초, 기둥, 슬래브를 완전분리한다. 건물에 작용하는 힘이 독자적으로 각각 지반에 전달되도록 조인트 상세의 간결함이 필요하다. 고유진동주기를 달리하는 2 이상의 건물이 독립적이면서도 하나의 건물로 안전하게 거동하게 하는데도 쓰이며, 기능상의 필요에 따라 신축조인트로도 쓰인다. 체적변화조인트(volume-change joint), 침하조인트(settlement joint), 지진분리조인트(seismic separation joint)가 있다.

- 지하철 터널과 지상으로 통하는 비상계단실이 서로 붙어 있는 구조물은 지하수위의 변화로 부력을 받을 때, 서로 분리되어 있어야 부력이 약한 지하 철로가 부력이 강한 비상계단실의 영향을 받지 않게 된다. 즉, 이들 지하시설물(Underground Facilities: 지하철, 계단실 등을 포괄) 사이에 분리조인트를 설치하여야 한다. 여기에서는 지하철로를 가로지르는 위치에 분리조인트를 두었기 때문에 지하철로와 비상계단실이 동시에 부상하면서 지하철 운행이 중단될 수도 있는 상태이다. 즉, 지하 터널은 부상의 우려가 없으나, 비상계단실은 지하터널과 같은 깊이에 있으면서도 볼륨(내부공간)이 커서 부상할 우려가 충분히 있는 상태이다. 실제로도 비상계단실이 지상으로 4.5cm 부상하였다.

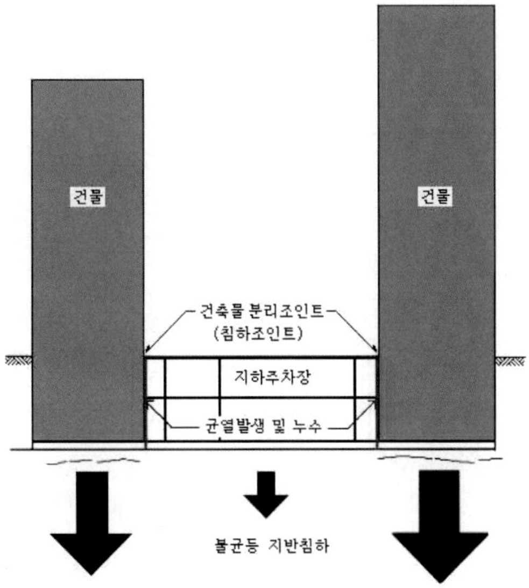

분리조인트 배치(예)

<요점> 분리조인트의 부적절한 위치와 관리 주체의 정보공개 제한

- 갈등 관계: 지하철 관리 주체, 민원을 제기한 지상 주차장 관리업체

시설물 관리 주체가 갈등업무를 수행하는 진단업체에까지 관련 정보를 공개하려 하지 않은 것은 나름의 이유가 있을 것이다. 예컨대, 계약당사자가 아니면 정보 노출이 득이 되지 않으므로, 혹은 내규로 보안시설물로 지정되어 있어서 등이다. 조직사회이므로 이해할 수는 있으나, 지나친 보안유지일 때도 있다.

설명하자면, 지하구조물 상부의 토피 지반에 조성된 지상 주차장 바닥에 균열이 나타나면서, 지하구조물 관리 주체와 지상 주차장 관리업체 간에 다툼이 생겼다. 지상 주차장 관리업체는 바닥의 침하균열을 그 당시에 도시에서 자주 발생한 땅 꺼짐(싱크 홀) 현상일 수도 있다고 생각하였다. 이로 인해 주차장에 주차된 차량이 피해받을 수 있다는 우려에서 지하구조물(지하철) 측에 문제를 제기하였다. 그러나 지하철 측이 "지하구조물은 정기적으로 안전점검을 받고 있으며 그 결과에 아무런 문제가 없었다"라고 단정하여 통보하였다. 이로부터 주차장 관리업체와 지하철 측은 침하균열에 대한 책임소재를 놓고 서로 대립하게 된다. 결국, 주차장 관리업체에서 원인을 규명하여 주차 차량에 대한 안전대책을 마련한 후 지하철 측에게 문제를 제기하고자 이에 대한 조사를 의뢰하였다.

조사결과, 외적으로는 지하철 주변의 단순한 성토지반침하로 간주할 수도 있었으나, 지상 주차장 하부에 건설된 지하구조물의 부상(浮上)이 의심되었다. 즉, 지하구조물의 질량에 비해 이에 작용하는 부력이 현저하게 커서 부상한 것으로 보았다. 여기에서 특별히 강조하고자 하는 것은 분리조인트의 위치에 대해서이다. 지하구조물의 부상을 조사하고 대책을 마련하면서, 지하 터널의 일부와 일체화된 분리조인트 구간의 비상피난계단구조물의 분리조인트가 지하터널(지하철의 주행 방향)을 횡단하고 있어 위치가 부적절하다는 판단을 하였다.

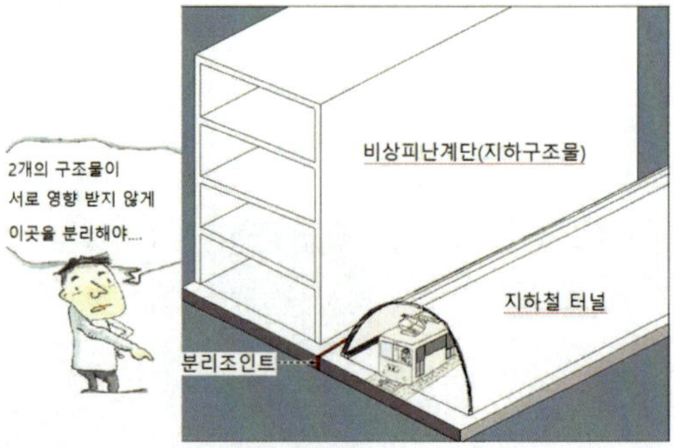

이와 반대로 지하철 터널을 가로질러 분리조인트를 설치하게 되면 서로 다른 구조물의 무게, 부력, 진동, 지반변형, 수위변화 등에 의해 영향을 받을 수 있다.

지상 주차장 하부에 건축된 비상피난계단의 지하구조물이 지하철 터널 구간의 양면에서 2개의 조인트로 각각 분리된 채 연결되어 있다. 즉, 전동차가 운행하는 지하철 터널이 비상피난계단의 지하구조물을 통과하는 양단에 각각 분리조인트를 배치하였다. 이 경우에 조인트로 분리된 비상피난계단 부분과 인에 연접한 지하철 터널구조물은 질량이 각기 다르므로 서로

의 질량 차에 의해서 분리조인트 부분에서 부상 또는 지반침하가 일어날 수 있다. 즉, 분리조인트 부분에서 층단 현상이 일어날 수 있다. 즉, 평탄해야 하는 지하철 선로가 분리조인트 부분에서 질량 차에 의한 서로 다른 지반침하나 부력에 의한 부상이 일어날 수 있다.

만일에 지하 터널이 비상피난계단의 지하구조물을 통과하지 않고 이에 접하는 부분에 분리조인트를 배치하였다면, 지하 터널은 부력의 영향을 받지 않았을 것이다. 지하 터널은 비상피난계단의 지하구조물에 비해 지하 공간의 부피를 놓고 볼 때 부력이 크지 않기 때문이다. 그러나 현실은 지하 터널과 비상계단구조물이 합체로 부력을 받는 구조이므로 지하 터널도 함께 부상할 수 있는 상황이다. 지하철 측에서 이 부분에 대한 현장조사를 허용하지 않았다. 추정이지만 이를 전제로 하여 비상계단과 합체된 지하 터널구조물이 동시에 부력을 받아 부상하면서 지상 주차장 바닥에 층단 균열이 발생한 것으로 보았다.

이러한 관점에서, 전동차가 운행하는 지하 터널에 분리조인트를 배치하는 것보다는 비상피난계단구조물과 지하철 터널구조물을 분리하는 구조가 적절하다는 것이다. 다시 말해서, 이들 구조물이 서로 질량이 달라 침하량이 다르다고 할지라도 혹은 어느 한쪽(여기에서는 비상피난계단의 구조물)이 부상하더라도, 이들 구조물이 서로 분리조인트로 절연된 경우에는 다른 한쪽(지하 터널)의 구조물에 영향을 미치지 않기 때문이다. 즉, 지하의 두 구조물이 서로 침하량이 다르거나, 비상피난계단의 구조물이 부상하더라도 전동차가 운행하는 지하 터널에 영향이 미치지 않도록 절연하는 것이 적절하다는 것이다. 여기에서 의심되는 점은 지하철 선로를 횡단하는 층단 현상을 은폐 혹은 인지하지 못하고 있거나, 설계단계에서 분리조인트의 배치개념이 간과되었을 가능성이다.

기술용역업무를 수행하면서 지하철 측의 권위의식에 대한 불편함도 있었다. 지하구조물이 보안시설이라는 이유로 현장 출입을 할 수 없었고 관련 설계도서에 대한 열람이 제한되었다. 설계도면을 부분적으로 머릿속에 기억하거나 간략하게 스케치하는 정도밖에 허용되지 않았다. 지하철 측의 협조가 극히 부분적인 열람에 그치면서 정확한 상태조사가 그만큼 어려워졌다.

제1장 점검목적

지상 주차장 외곽 지반에 육안상 확연한 침하균열이 관찰되어, 이로 인한 물적, 인적 피해 가능성, 안전성 등이 우려되어 그 원인과 대책 마련을 위해 실시하게 되었다. 따라서 조사일 현재(2017. 2. 16)의 지상 주차장 주변 상황 및 비상피난계단 공간의 상태조사를 통하여 안전성 및 사용성을 평가하고, 지반침하의 원인을 조사하여 그에 따른 소견을 제시하는 것을 대상으로 한다.

제2장 상태조사 및 평가

2.1 대상구조물의 상황

지상 주차장의 하부에는 지하철 비상피난계단의 지하구조물이 위치하고, 이에 접하여 터널(지하철, 2013년경 완공)이 통과하고 있다. 이에 근접하여 하천이 흐르고 있다.

1) 지상 주차장

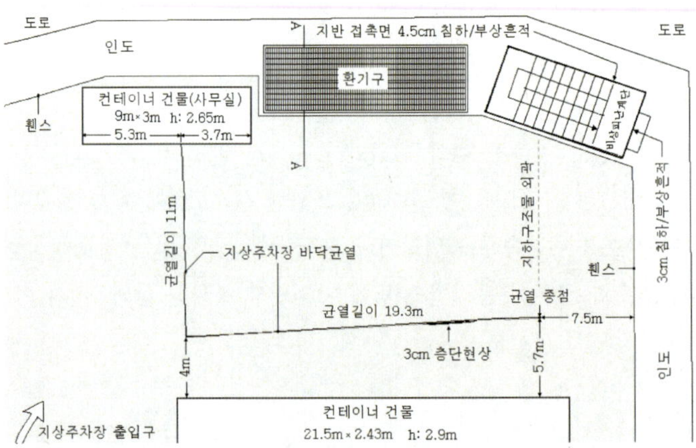

그림 130 지상 주차장의 지면바닥 및 균열상황

그림 131 좌: 지상 주차장 및 비상피난계단(건설 당시), 우: 지상 주차장(현재)

그림 132 좌: 비상피난계단 출입구(현재), 우: 환기구 지상 부분(현재)

그림 133 좌: 지하구조물 부분의 균열(실선 표시)과 물 고임, 중: 비상피난계단(지하구조물) 위의 컨테이너사무실, 우: 컨테이너 건물

2) 비상피난계단

그림 134 좌: 지하구조물의 비상피난계단, 우: 지하구조물의 내부 공간

2.2 상태조사 및 평가

그림 135 지상 주차장 바닥의 직선 층단 균열

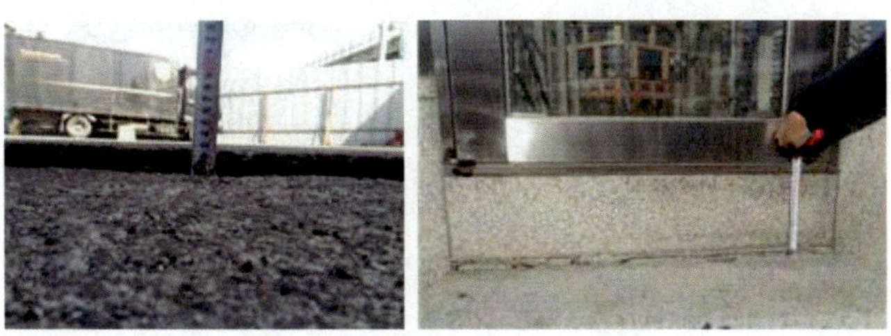

그림 136 좌: 균열을 발견(2017년 1월 초)한 1개월 후 2cm가 진행되어 전체 단차는 3cm, 우: 비상피난계단 부분의 단차 4.5cm

지상 주차장 하부의 지하구조물[비상피난계단, 지하철 터널 구조물]의 기초 저면은 G.L - 36.2m(기초높이 1.5m+최하층의 지하철 높이 8.23m+자연풍도 12.4m+급기높이 14.1m=36.2m), 최하부층은 2연 박스 형태의 지하 철로(높이 8.23m)가 통과하고 있다. 지하철로의 상부는 환기구의 자연풍도이며 환기구 구조물과 연결되어 있다.

지하구조물의 외곽에 연하여 발생한 층단균열을 건설 시의 외주성토 침하로는 판단하지 않았다. 이는 지상의 컨테이너 건물과의 이격거리가 4~5m이고, 지하터널의 분리조인트와 층단 균열 위치, 부력(buoyancy)을 받는 지하 공간의 깊이 및 부피 등을 고려한 것이다. 지상 주차장 바닥의 물 고임은 지하구조물 토피(성토 약 12m)의 국부 침하로 보았다. 지상 주차장 바닥 면의 약 23.6m의 직선균열의 위치는 비상피난계단 구조물의 단면 폭 19.52m에 근접한다[261]. 이는 층단균열로서 근접 하천의 수위 변화(건기, 우기 등)에 따른 부력과도 연관된 것으로 볼 수 있다. 또한, 지하구조물 내부에 지반침하나 구조물의 부상에 따라 발생할 수 있는 균열이 관찰되지 않았다는 점에서 지하구조물은 강체[262]로 간주하였다.

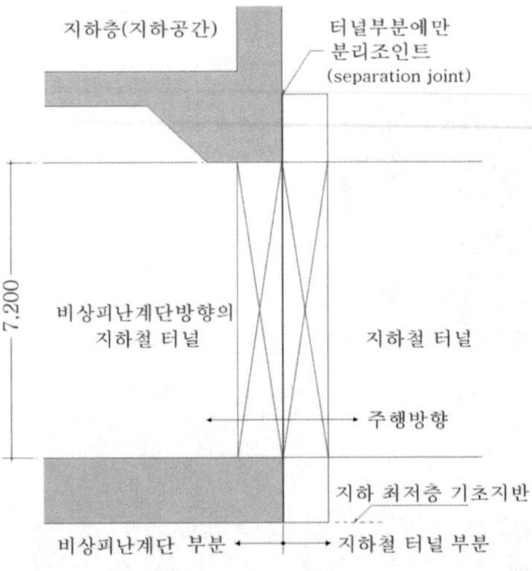

그림 137 비상계단구조물의 지하철 터널 부분과 지하철 터널구조물(기초지반 포함)이 일체화되어 있는 상태/열람 도면의 A-A, H-H 단면에서 확인.

261) 지상 주차장의 균열 발생과 지하구조물과의 연관성을 검토하기 위해 비상피난계단구조물에 대한 위치를 확인한 결과, 지상 주차장 바닥에 발생한 균열의 위치와 지하구조물의 위치가 일치하였다.

262) 지하수위 상승으로 지하구조물이 부력을 받으면 구조물의 변형 없이도 부상(浮上)하거나 부분적으로 변형(손상)되면서 부상하기도 한다. 전자는 지하구조물의 기초가 강체 거동을 하였을 때, 후자는 강체거동을 하지 않았을 때이다. 여기에서 강체(剛體, rigid body)란 상호 간에 고정된 위치를 가지고 있는 많은 양의 질점(particle)들의 결합체이다. 질점은 공간상에서 한 점을 차지하는 매우 작은 양의 물질이다. 부력을 받은 기초가 강체거동을 하지 않았다는 것은 변형을 일으켰다는 의미이며, 강체거동을 하였다는 것은 변형되지 않은 것으로 볼 수 있다. 구조물을 완전한 강체로 가정하지만, 실제는 완전한 강체가 아니고 그들이 받고 있는 하중에 의해 변형된다. 이러한 변형은 보통 작으며 고려대상인 구조물의 운동이나 평형조건에 큰 영향을 미치지 않는다. 그러나 이러한 변형들도 구조물의 파손(failure)에 대한 저항을 고려할 때 매우 중요하다. 이러한 문제들은 변형체의 역학(물체 내부의 응력과 변형률)을 다루는 재료역학에서 다룬다. 정역학과 동역학은 질점이나 강체에 작용하는 힘과 운동을 다룬다.

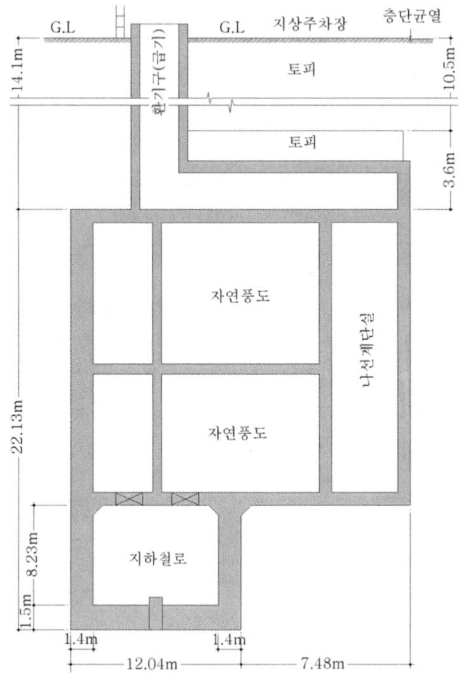

그림 138 A-A단면의 지하구조물개요도/개략 치수이며, 환기구 14.1m 부분에 부상을 억제하는 턱이 존재하여 이 부분의 토피가 부상을 억제할 수 있다. 비상피난계단구조물이 지상 주차장 바닥 하부 지면의 지하부분에 어떠한 상태로 구축되어 있는지를 파악하기 위해 지하철 측에 도면열람을 요청하여 확인한 결과, 도면상[본선 환기실 일반도(Ⅰ), □호선 □□공구 건설공사]으로는 지하철 관련 지하구조물이 옥외주차장 바닥에서 10.5m 토피층 아래에 위치.

제3장 층단 균열의 원인

비상피난계단구조물이 지하철 터널과 접하는 양쪽에 분리조인트(separation joint)가 배치되어 있어 지반변형이나 부력(buoyancy)에 각자 거동할 수 있는 상태이다. 특히, 피난 계단실의 최하층 바닥(기초 저면 G.L - 36.2m)에 균열이 발생하지 않았고 집수정이 없는 상태에서 누수가 관찰되었다. 이는 콘크리트 모체누수로 간주 되며, 이러한 상태에서는 근접한 하천수위의 상승으로 비상피난계단구조물과 일체화된 지하철 터널이 함께 부상할 수 있다. 요컨대, 지상 주차장 바닥균열과 지하구조물의 외주 벽체 선이 일치하고, 층단 균열이라는 점에서, 균열의 원인을 지하구조물에 작용하는 부력에 의한 부상(structural uplift)으로 판단하였다.

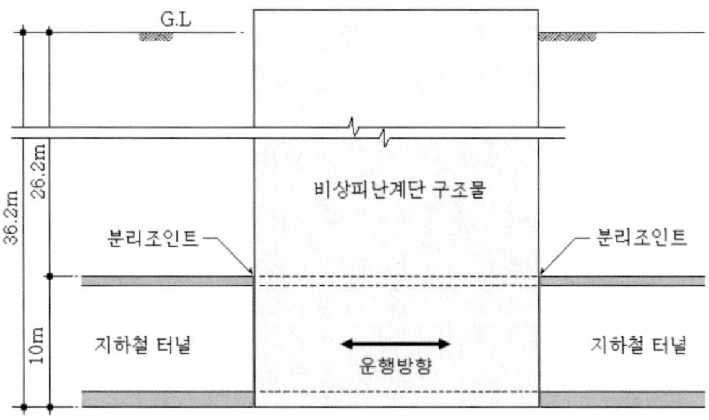

그림 139 지하철 터널의 질량과 비상피난계단 구조물의 질량 차가 크므로 분리조인트가 필요하지만, 그림에서와같이 분리조인트를 두게 되면 일체화된 지하철 터널 부분이 비상피난 부분과 함께 거동하게 되어 지상의 지면에는 층단균열이 표출될 수 있다.

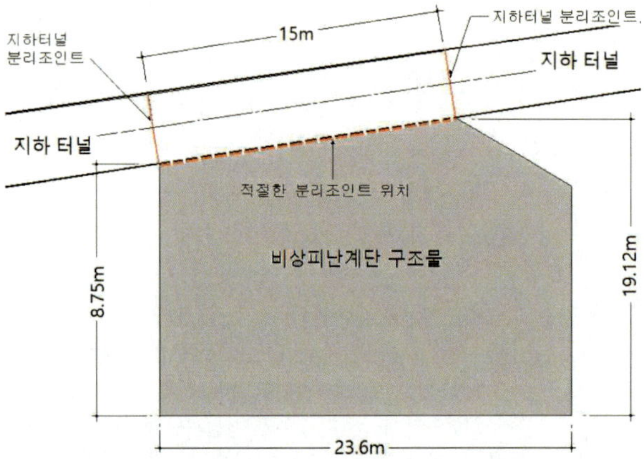

그림 140 분리조인트의 설치(안)/지하철 터널과 비상피난계단 구조물이 분리조인트로 절연되기 때문에, 상호 다르게 발생할 수 있는 지반침하나 부상, 구조물의 변형, 열차 운행의 진동영향 등을 받지 않게 된다. 이 경우에 지하철 터널 부분의 환기를 위한 자연 풍도의 공간 확보에 대한 설계검토가 수반될 수 있다. 지하터널 분리조인트 위치는 정보공개제한으로 추정한 것임

제4장 종합 및 건의사항

4.1 안전성 및 사용성평가

1) 지하 비상피난계단구조물은 안전상 유해한 결함(휨/전단, 지반침하에 의한 사인장 균열 등)이 관찰되지 않은 양호한 상태이며, 지상 주차장 측이 우려하는 층단 균열이 땅꺼짐(싱크 홀)으로의 진행은 희박하다.

2) 조사일 현재 지상 주차장의 사용성에는 문제가 없으며, 현상 유지하거나 균열 부위를 아스콘 등으로 충전 보수하여 사용할 수 있다.

4.2 유지관리 기타

1) 지하구조물은 수위변화에 따라 지하 외벽 면과 이와 접촉되는 지반과의 마찰력에 의해 저항을 한다. 다만, 향후 부상이 거듭될수록 마찰력이 저하되어 자중 혹은 상재하중에 의해서 스스로 부상이 원상회복되기도 하며, 다시 부상하면서 부상 높이가 점증할 수 있다. 따라서 주기적인 관찰을 통해서 부상의 진행 정도를 관찰할 필요가 있다. 예컨대, 정기적인 안전점검으로 관리한다.

2) 지하구조물의 부상을 통제하기 위한 더욱 상세한 상태조사의 정밀안전진단을 통해 지하구조물의 부상방지방안, 최하부층에 토사 여과용 집수정 설치, 지하수위 조절 여부 등을 검토한다.

2.5 매스콘크리트 양생과 균열/원인 규명과 그에 따른 갈등상황

차 례

양생과 균열 발생 관련자 개요도

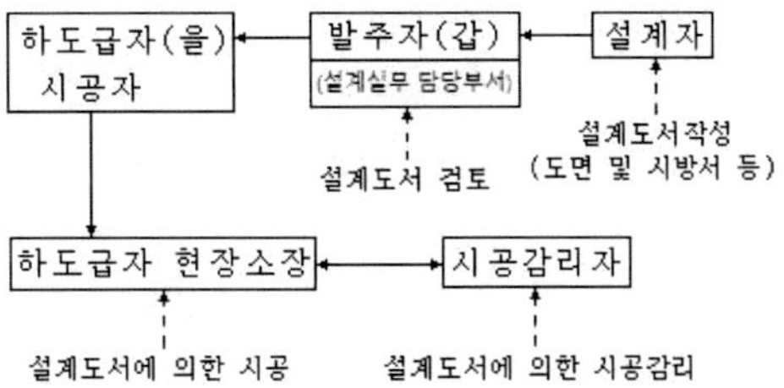

<갈등상황> 매스 콘크리트의 습윤 양생 기간

갈등 관련자: 발주자(갑), 갑의 실무부서, 설계자, 하도급자(을), 현장사무소장, 시공감리자

진단목적은 발전소의 '아직 굳지 않은 콘크리트 슬래브'의 균열원인을 규명하여 적절한 방안을 제시하는 것이다. 현장조사에는 진단을 의뢰한 현장소장과 을이 입회하였고, 시공감리자의 입회를 요망하였으나 이에 응하지 않았다. 이는 문제를 확대하고 싶지 않다는 의도일 수 있다. 진단결과는 "매스콘크리트 습윤 양생 기간의 부족"으로 판단하였다.

발주자(갑)와 하도급자(을)[263] 간에 슬래브의 균열원인을 놓고, 갑은 시공부실이라며 을에게 대책 마련을 요구하고, 을은 수용할 수는 없으나 시공 중에 발생하여 을의 비용부담을 안고서 진단을 의뢰하게 된다. 그러나 진단 완료 후에 갑에게 불리한 내용을 수정하는 문제와 균열원인으로 갑과 을, 시공감리자, 그리고 진단업체와도 밀고 당기는 상황이 전개되었다.

을의 현장소장은 본사에서 진단계약을 하므로 업무의 원활한 추진을 위해 선 용역수행, 후 본사와 계약하는 것을 제안하였다. 즉, 편의상 진단업체가 계약서를 작성하여 날인 한 후에 을의 현장에 제출하면, 진단을 수행하는 중에 본사에서 결재하는 절차이다.

진단이 끝날 때까지 이를 이행하지 않았으나 어쩔 수 없이, 진단 완료 후 현장에서 진단결과에 대한 설명과 함께 성과품(보고서)을 제출하였다. 이후 1개월이 지나서 갑의 설계 실무담당 부서에서 전화가 왔다. 을의 용역비가 처리되지도 않은 상태에서, 그는 보고서의 내용확인과 현장실사를 하였다고 하면서, 균열원인에 대한 설명을 듣고자 하였다.

갑이 계약당사자는 아니지만, 을의 상위에 있는 발주자이므로 그들이 불편해하는 문제에 대하여 수긍하도록 노력을 기울였다. 문제를 비교적 완곡하게 설명하였음에도 불구하고, 며칠 후 그들의 귀책이 될 수 있는 사항에 대하여 당당하게 수정요청을 하였다. 크게 2가지로써, 매스콘크리트의 불충분한 습윤 양생의 수화열에 의한 균열 발생, 그리고 사인장 균열이 발생한 개구부에 보강근이 배근되어 있지 않다는 사실을 삭제해 달라는 것이다. 이들은 설계자와 갑의 과실에 해당한다.

그들의 요청대로 "수화열이 아니라 건조수축에 의한 것"으로 수정하면 갑의 설계 및 시방서에 명기된 3일간의 습윤 양생은 문제가 없는 것이 된다. 건조수축균열은 자연균열이며, 매스 콘크리트의 3일 습윤 양생은 불충분하다고 평가했기 때문이다. 을은 갑이 작성한 시방에 따라 3일 습윤 양생을 했으므로 귀책사유가 되지 않는다. 요청을 거부하자, 갑은 을에게 기존의 용역보고서는 없는 것으로 하고, 갑과 진단업체가 새로 용역계약 하는 것을 모색하였다. 이에 대해 갑과 직접 계약을 추진할 수도 있다고 판단하였다. 시방서 오류의 노출을 꺼리는 갑의 담당 부서는 수정사항에 대해 예민하게 반응하고 있지만, 이는 구조 안전과 직결되거나 큰 영향을 미치는 요소로 보지는 않았고, 또한 을과 계약도 체결되지 않은 상태였기 때문이다.

을에게 보고서 제출 후 2개월이 지나도록 계약은 물론 용역비가 처리되지 않았다. 이는 갑과의 조율 때문이었을 것이다. 그래서 갑의 새로운 계약 제안이 내키지는 않았지만 직접 계약을 일단 받아들이면서 용역비는 애초 을과 약정한 비용의 5배가 될 것이라고 미리 일러 주었다. 이는 을과의 용역비가 너무 저가이기 때문이기도 하지만, 갑과의 용역계약이 내키지 않음을 은연중 나타낸 것이며 고액으로 그렇게 해야만 한다면 못 할 바 없다는 신호였다.

원인 규명과 책임회피

갑은 흔히 기존의 진단보고서에 계약자만 바뀔 뿐인데 "애초에 을과 약정한 금액으로 할 수 있지 않냐"라고 생각한다. 이게 여의치 않으면, "을과의 용역비보다 훨씬 낮게 갑의 협력업체에게 맡길 수도 있다"라고 한다. 한편으론 자신들의 약점을 잡아 진단업체가 갑질을 하는 것으로 오해하기도 한다.

결국, 진단업체와 갑과의 진단용역은 이루어지지 않았다. 그리고서 얼마 후, 을과 애초에 약정한 용역비용이 입금되었다. 이로부터 7개월이 지난 다음 해에 시공감리자는 "균열 부위를 보강해야 하느냐?"고 전화하였다. 그는 그동안 뒤에서 지켜보고 있었다는 의미이다. 결국, 진단보고서의 평가내용에 대한 갑의 수정요청과 계약자 변경 등을 수용하지는 않았지만, 갑과의 용역계약을 긍정적으로 받아들였던 것에 대한 후회감도 있다. 이는 구조물진단의 이해당사자들과 진단업체는 계약 상대자로서의 갈등이다.

263) 발전소 발주자를 '갑'으로 하고 진단용역계약을 약정한 하도급자를 '을'로 표현한다.

제1장 구조물의 개요

조사대상은 건설 중인 천연가스발전소의 수처리조(water & waste treatment system basin) 등에 발생한 슬래브 균열이다. 2015년 10월 14일 현재, 지하 부분(벽체, 보, 슬래브 등)의 구조체 공사가 완료되었다. 균열이 발생한 슬래브는 두께 30㎝~50㎝로써, 매스콘크리트[264]에 상응한다. 콘크리트강도는 $f_c' = 27MPa$이며, 조사일 현재 슬래브는 외기의 노출되어 있고, 발주자 시방서에 따라 3일 동안 습윤 양생한 상태였고, 슈미트해머 반발계수에 의한 콘크리트 압축강도 추정결과, 소정의 품질을 확보하고 있다. 그러나 콘크리트 타설 후 양생과정에서 슬래브에 균열이 발생한 것이다.

제2장 상태조사 및 평가

2.1 균열 발생상황

2015년 9월 11일 슬래브 콘크리트 타설 후, 9월 23일의 1차 균열조사에 비추어 볼 때 타설 후 2주 이내에 발생한 것으로 볼 수 있다. 2차 조사(10월 6일), 3차 조사(2015년 10월 13일) 모두 3주~4주 이내이며, 이때까지 균열이 진행된 것으로 보인다. 현장조사일 기준 콘크리트 재령은 32일 정도이다. 슬래브 균열은 1차 조사일 이전부터 이미 발생한 것으로 추정할 수 있다. 균열 폭은 최대 0.45㎜로서 자유단 1개소 부분이며, 전체적으로는 0.1㎜~0.3㎜이다.

그림 143 현장전경(좌), 슬래브 개구부(중), 지하 전경(우)

264) 건설교통부 제정 콘크리트 표준시방서(1999)에는 매스콘크리트를 부재 또는 구조물의 치수가 커서 시멘트의 수화열로 인한 온도의 상승 및 하강에 따른 콘크리트의 과도한 팽창과 수축을 고려하여 시공해야 하는 콘크리트로 정의하고 있다. 그리고 매스콘크리트로 다루어야 하는 구조물의 부재치수는 일반적인 표준으로서 넓이가 넓은 슬래브에서는 두께 80㎝ 이상, 하단이 구속된 벽에서는 두께 50㎝ 이상으로 보고 있다. 그러나 프리스트레스트 콘크리트구조물 등 부배합의 콘크리트가 쓰이는 경우는 더 얇은 부재라도 구속조건에 따라 매스콘크리트로 적용할 수 있다.

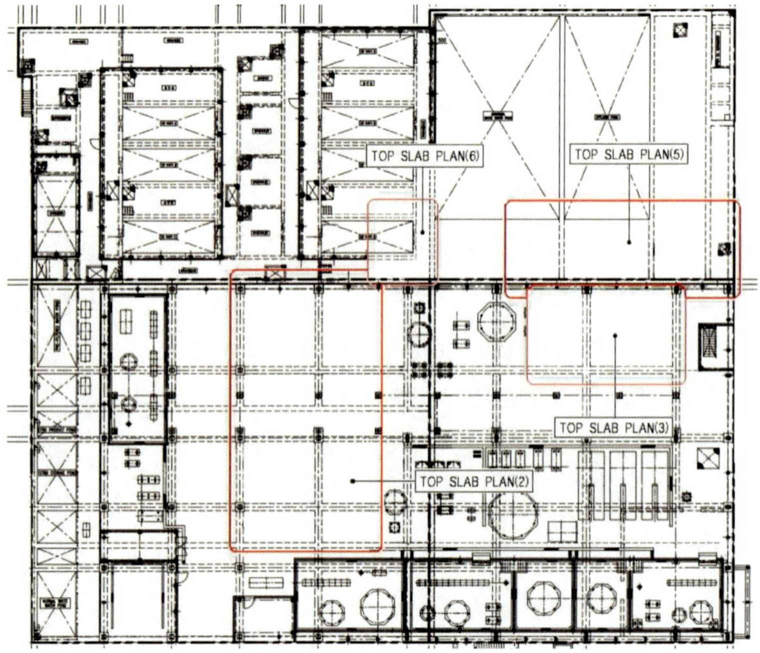

그림 144 균열부분의 평면개요/TOP SLAB PLAN(2), TOP SLAB PLAN(3), TOP SLAB PLAN(5), TOP SLAB PLAN(6)는 현장의 균열조사 부분

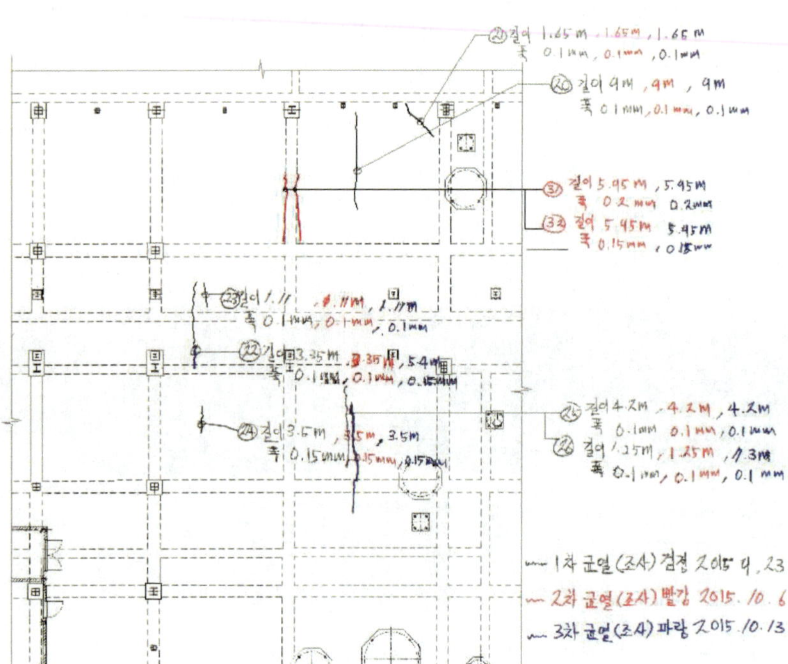

그림 145 TOP SLAB PLAN(2) 균열 발생 부위/콘크리트 타설: 2015년 9월 11일

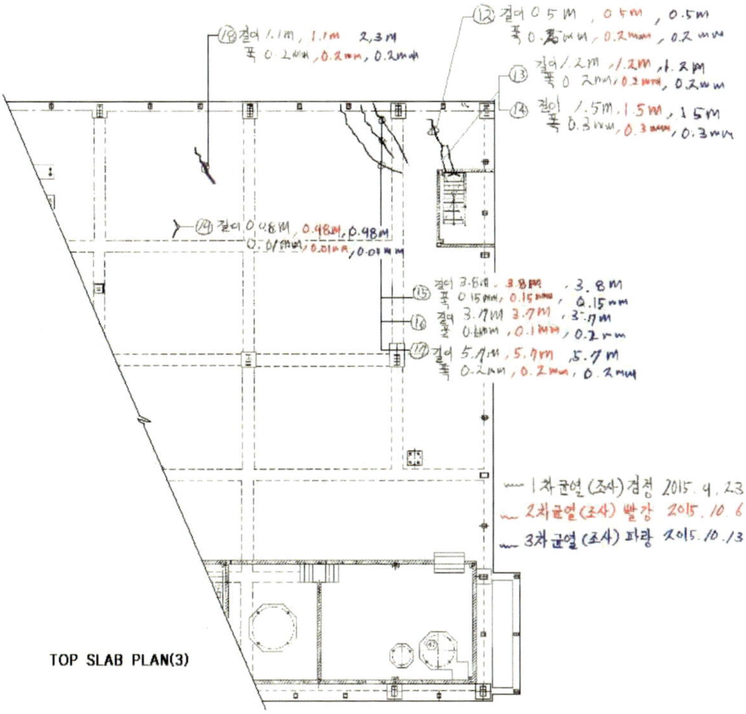

그림 146 TOP SLAB PLAN(3)의 균열

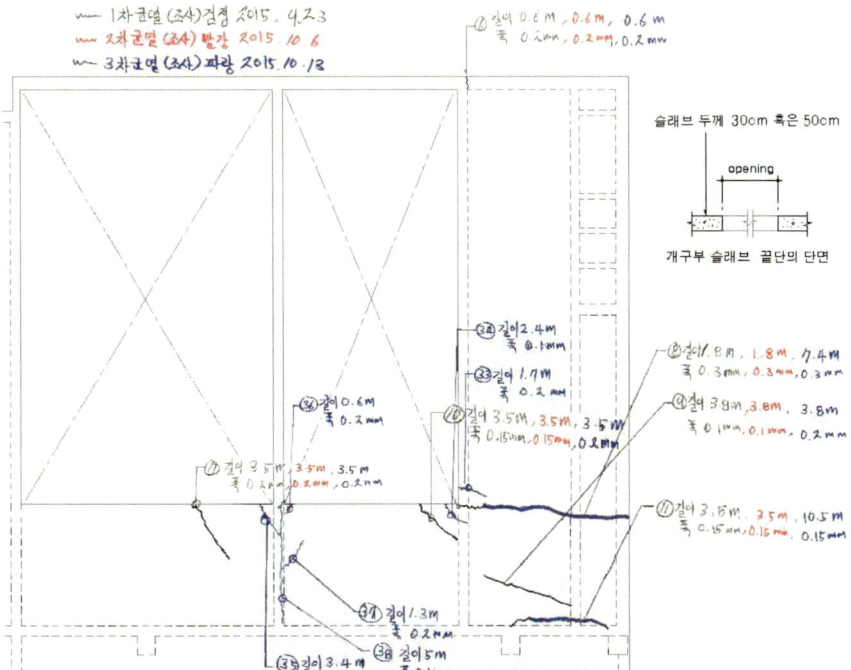

그림 147 TOP SLAB PLAN(5) 부분의 균열/슬래브 개구부의 코너에 발생한 균열 및 슬래브의 양단부에서 보의 재축방향과 나란하게 발생한 균열 등

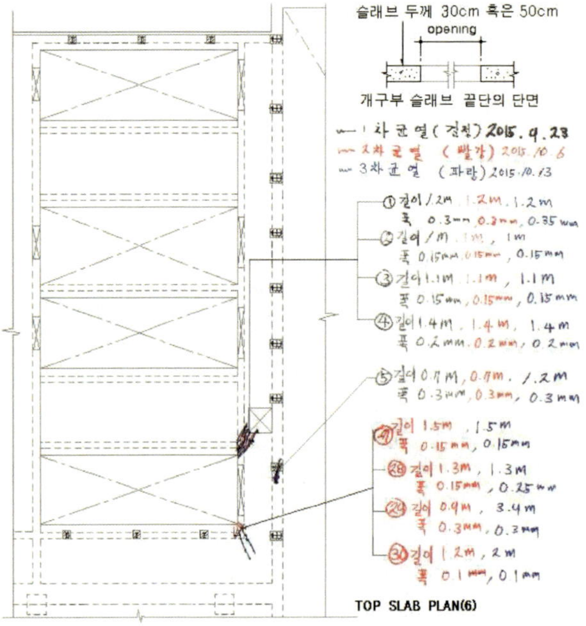

그림 148 TOP SLAB PLAN(6) 부분의 균열/슬래브 개구부의 코너 슬래브에 발생한 균열

2.2 균열양상

슬래브의 균열양상은 크게 4가지이다. 즉, ① 슬래브의 양단부에서 보의 재축방향과 나란하게 발생한 균열, ② 슬래브 코너부의 대각선에 대략 직각 방향으로 발생한 균열, ③ 슬래브 스팬의 중앙 부분에 발생한 균열, 그리고 ④ 슬래브 개구부 코너 부분의 사인장(斜引張) 균열이다.

그림 149 슬래브에서 보를 통과하여 진행된 균열/TOP SLAB PLAN(2) 부분에 슬래브 균열에 연속되어 넓은 보의 스팬 중앙부를 관통하는 균열이 발생한 상태

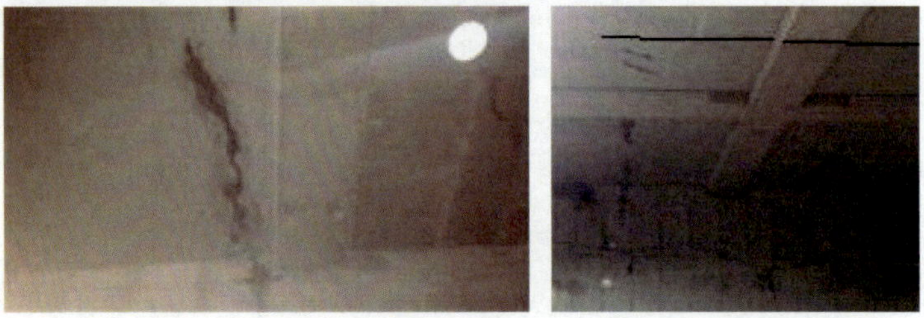

그림 150 균열양상 ①의 균열(좌). 균열양상 ③의 균열(우)

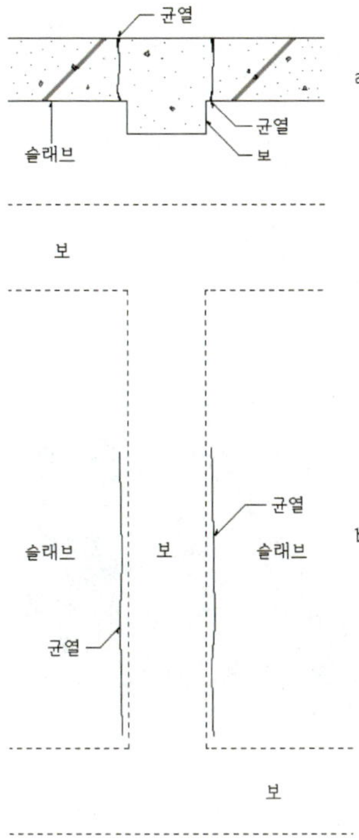

그림 151 균열양상 ①의 균열

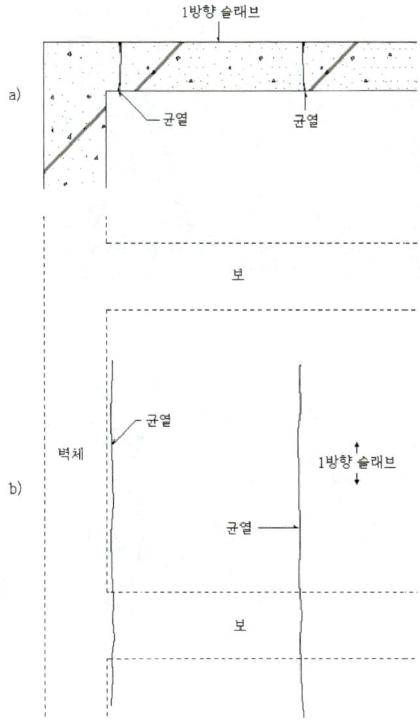

그림 152 슬래브 단부 및 ③의 균열

그림 153 슬래브 하부 면의 사인장 균열

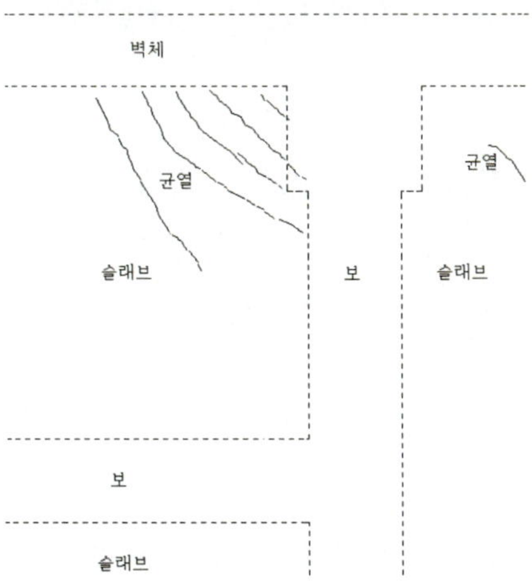

그림 154 슬래브 상부 면의 균열 /슬래브 코너부의 대각선에 대략 직각 방향으로 균열이 발생하고 있고, 상하부를 관통하는 균열이다.

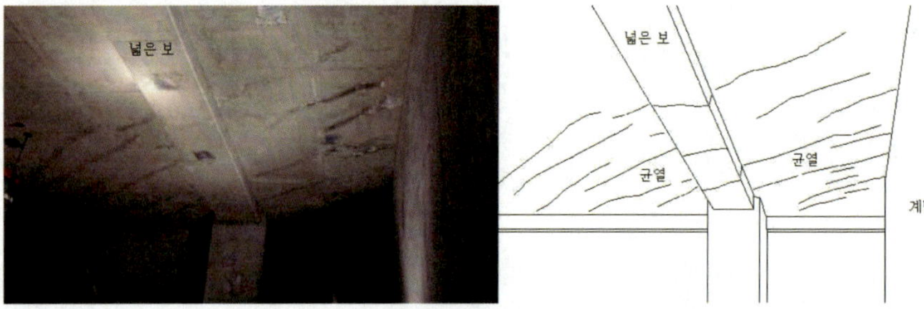

그림 155 슬래브 하부 면의 균열/사인장 균열이 발생한 슬래브의 하부 면의 균열양상

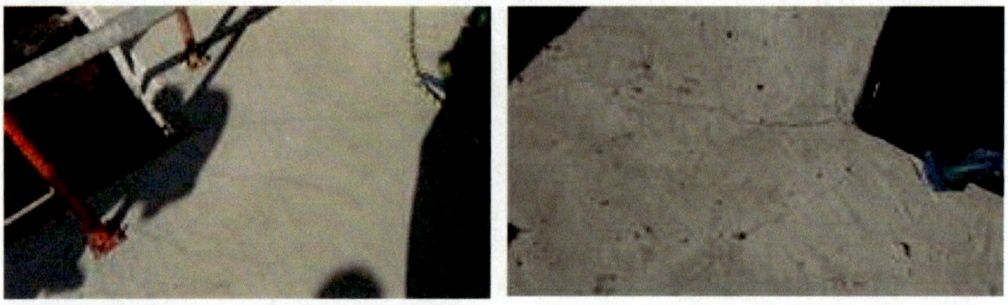
그림 156 개구부 코너의 슬래브 상부면 균열

그림 157 개구부 코너 슬래브 하부가 벽체 혹은 보와 일체화되어 있는 상태

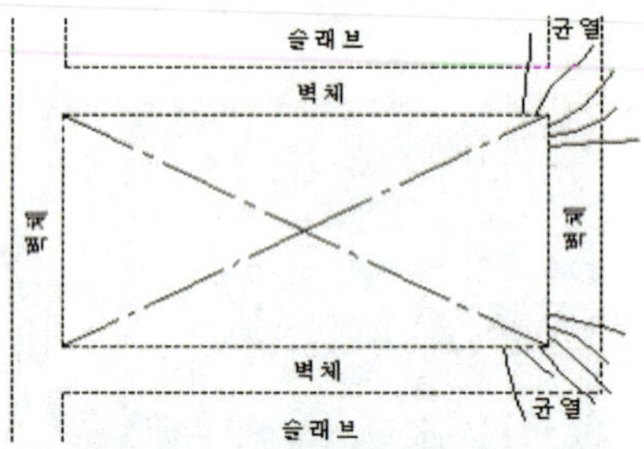

그림 158 슬래브 개구부의 코너에 발생한 균열

2.3 균열원인

슬래브 두께는 매스콘크리트에 상응하며, 콘크리트 타설 2주 이내, 3주 이내의 시공 하중이 경미한 상태에서 균열이 발생하였다. 콘크리트의 수화반응에 의해 균열의 폭이 고 작은 폭의 균열이 발생하지 않을 수는 없다. 이러한 관점에서 원인을 추정해 본다.

① 슬래브의 양단부에서 보의 재축 방향과 나란하게 발생한 균열, ③ 슬래브 단부 및 슬래브 스팬의 중앙 부분에 발생한 균열에 대하여

슬래브 [TOP SLAB PLAN(2)] 양 단에서 보의 재축 방향과 나란한 균열은 바닥 상부

면의 균열만을 놓고 볼 때는 시공 하중에 따른 슬래브 단부의 휨모멘트에 의할 수 있고, 슬래브 하부의 서포트 및 거푸집의 조기 탈형으로도 발생할 수 있다. 그러나 그 가능성은 희박하다. 슬래브에 처짐이 발생하지 않았고, 조기 탈형에 의한 처짐 균열은 슬래브 단부의 상부 면에서 발생하지만, 슬래브를 관통하는 균열이기 때문이다. 요컨대, 발생균열은 콘크리트의 건조수축[265]과 수화열에 기인한 것으로 추정된다. 즉, 콘크리트가 응결하고 경화할 때는 수화작용(水和作用)에 필요한 반응 수량이 있어야 한다. 상당량의 물을 사용하면 수화작용에 필요한 이상의 수분이 증발로 빠져나간다. 따라서 콘크리트는 체적감소를 일으키며, 수축의 정도는 외기온도, 습도, 통기 상태에 따라 차이가 있다. 또한, 콘크리트 전체에서 수분이 고르게 빠져나가지 않기 때문에 수축의 차이가 일어나고, 이 때문에 내부응력이 생겨 균열 발생의 요인이 된다. 이러한 내부응력을 없애기 위해 콘크리트를 습윤 양생한다.

일반적으로 비구조적인 균열은 구조균열에 비해 균열 폭이 크게 발생하는 경향이 있다. 균열 폭 0.1~0.3㎜ 이내로 발생하였으며, 초기의 습윤 양생(3일)은 양호한 상태였다. 그러나 이후에 습윤 양생이 이루어지지 않아 콘크리트 내부에 잔존하는 내부응력에 의해 균열이 발생한 것으로 추정된다.

슬래브가 보와 벽 등에 의해 4변이 구속된 상태이고 30~50㎝ 두께로서 실제로도 수축이 고르지 않기 때문에 내부응력이 정도 차가 있고, 고른 수축이 일어났다고 할지라도 철근은 압축응력, 콘크리트는 인장응력을 받게 된다. 이같이 하중작용 없이도 콘크리트의 체적감소에 의한 변형, 즉 건조수축(drying shrinkage), 소성수축(plastic shrinkage) 등과 같이 작용 하중이 없는 변형을 '자연수축'이라고 한다. 다만 이렇게 발생한 균열이 안전에 미치는 영향은 미미하다.

아직 굳지 않은 콘크리트의 성질을 지배하는 것은 시멘트 수화반응에서 방출되는 열이다. 콘크리트 타설 시의 발열량은 시멘트의 종류와 분말도, 단위시멘트량, 등에 따라 다르지만, 매스콘크리트는 수화열[266]이 콘크리트 내부에 갇혀 내부온도가 높아지면서 축적되어 외부와 온도차로 균열이 발생한다. 즉, 타설 초기에 시멘트의 수화열에 의한 온도상승-온도 강하가 균열을 발생시킨다.

시멘트와 물의 반응은 발열반응이므로 용적이 큰 매스콘크리트에서는 수화열의 외부 배출이 빠르지 않다. 그래서 수화열에 의한 균열은 단면이 크거나 깊은 부재에서, 부재

---

265) 예컨대, 콘크리트 타설 시간의 흐름에 따른 수분 증발로 체적이 감소함에 따른 현상이다. 또한, 콘크리트의 수분이 전체적으로 고르게 빠져나가지 않은 수축 차이에 따라 내부응력이 생기면서 균열이 발생하게 된다.

266) 수화열이 외부로 방출되면서 온도가 하강하여 체적이 변하고, 이때 부재가 구속된 상태이면 매우 큰 인장변형과 응력이 발생한다. 이러한 수화열로 인해 균열이 발생한다.

내외부의 온도 차가 클 때 발생한다. 즉, 수화열이 콘크리트 내부에 갇히게 되어 내부온도는 크게 높아지게 된다. 이러한 수화열이 외부로 방출되면서 온도가 하강하여 구조물의 체적이 변하게 되는데, 이때 구조물이 구속된 상태이면 매우 큰 인장변형과 응력이 발생하게 된다.

이같이 콘크리트는 온도변화에 따라 팽창 수축하므로 콘크리트의 단면이 크거나 깊을 경우, 내외부의 큰 온도 차이에 따른 수화열의 온도 경사로 인해 수축과 팽창이 일어나면서 균열이 발생하게 된다. 즉, 부재 내부는 높은 온도가 유지되는 반면에 표면은 온도가 급하게 강하하면 표면에서 수축이 일어나면서 인장균열이 발생한다. 이러한 온도의 영향은 부재 내의 고온부의 신장변형(=체적팽창)을 온도가 낮은 외주부 콘크리트가 구속하는 표면부는 재축방향(材軸方向)에도 또한 이와 직교하는 방향에도 인장응력이 발생하므로 부재 표면이 큰 경우에는 종횡(縱橫) 방향으로 균열이 발생하기도 한다. 이렇게 발생한 인장균열은 내·외부의 온도가 균일하게 되고 온도 차가 없어지면 균열이 닫히기도 하며, 이렇게 수화열에 의해 발생한 균열은 구조물의 내구성을 떨어뜨린다.

* 균열 발생의 근본적인 원인은 콘크리트 습윤 양생(3일)의 부족으로 보았다.

② 슬래브 코너부의 대각선에 대략 직각 방향으로 발생한 균열에 대하여

두께 50㎝ 슬래브에 발생한 균열은 콘크리트 타설 초기에 수화열에 의한 온도상승-온도 강하, 구조물 완성 후의 주변 외기온의 변동과 구조물 내부와의 온도 경사에 기인한 것으로 판단된다. 이는 균열이 콘크리트 타설 후 2주 내외에서 발견하였다는 점에서이다.

콘크리트 응결 및 경화 시에 시멘트는 그의 수화작용으로 수화열을 발산한다. 콘크리트 내의 온도는 두꺼운 경우 80℃가량 되며, 내부의 온도가 주변의 온도보다 높으면 온도가 균등화될 때까지 대기 중으로 방열한다. 이 과정에서 부재 중앙부와 표면부에는 온도 차가 생기므로 각각 다른 변형이 일어나고 내부구속에 의한 온도 응력(고유 응력)이 발생한다. 이 응력이 콘크리트의 인장강도보다 큰 경우에 균열이 발생한다.

보와 벽체로 둘러싸인 4변 고정 슬래브의 수축변형에 의한 균열은 슬래브의 수축량보다는 보, 벽체의 수축량이 적기 때문에, 그 차이만큼 슬래브의 수축변형은 보, 벽체에 의해 구속된다. 이러한 슬래브의 코너부 대각선에 직각 방향으로 균열이 발생하였다. 이는 보와 벽체에 의해 구속된 코너 콘크리트의 변형이 대각선의 직각 방향에 대한 변형보다는 대각선 방향의 수축변형이 커서 대각선에 직각 방향으로 관통균열이 발생한 것으로 설명할 수 있다. 즉, 대각선 방향의 수축에 의한 인장 응력이 대각선의 직각 방향보다 크게 일어나면서 발생한 사인장 균열이라 할 수 있다. 이는 수축하는 길이가 대각

선 방향이 대각선의 직각 방향보다 훨씬 더 길이가 커서 더 큰 수축 응력이 발생하면서 대각선 방향의 인장 응력으로 균열이 발생한 것으로 보았다.

④ 슬래브 개구부의 코너 슬래브에 발생한 사인장균열

사인장 균열이 발생한 개구부의 코너 슬래브에 대한 보강 철근이 탐사되지 않았다. 또한, 설계도면에도 배근 되어있지 않은 것으로 조사되었다. 이는 개구부 코너의 슬래브 하부 부분이 벽체 혹은 보와 일체화(연결)되어 있어, 구조단면이 충분하다는 판단으로 설계 시에 배근하지 않은 것으로 보인다. 그러나 수축균열의 발생은 질량(mass)의 급격한 변화, 개구부의 존재, 구조물의 시공순서 및 시공속도 등에 의해 영향을 받는다. 개구부의 코너 부분의 사인장 균열은 대부분 개구부로 인한 응력집중에 기인한다.

제3장 보수방안 및 종합

1) 콘크리트의 건조수축과 수화열에 의한 인장균열은 내외부 온도 차가 없으면 균열이 닫히기도 하지만, 일단 발생한 균열은 내구성을 저하시키므로 보수조치가 필요하다.

2) 외기에 면하여 수분과 접하고 있는 관통균열은 에폭시 등의 재료 주입(injection)으로 보수효과를 기대하기 어렵다. 이러한 균열은 재료 주입과 함께 도막을 형성하는 침투성 도막 처리가 적절하다. 벽체의 균열에 대하여도 이 같은 보수가 적용될 수 있으나, 이는 원론적으로 제시한 것이므로 현장여건에 따라 선택적으로 적용한다.

3) 아래 그림과 같이 넓은 보의 중앙을 가로지르는 균열은 비구조균열이라고 할지라도, 최대 휨모멘트가 발생할 수 있는 부분이므로, 보강하는 것이 바람직하다.

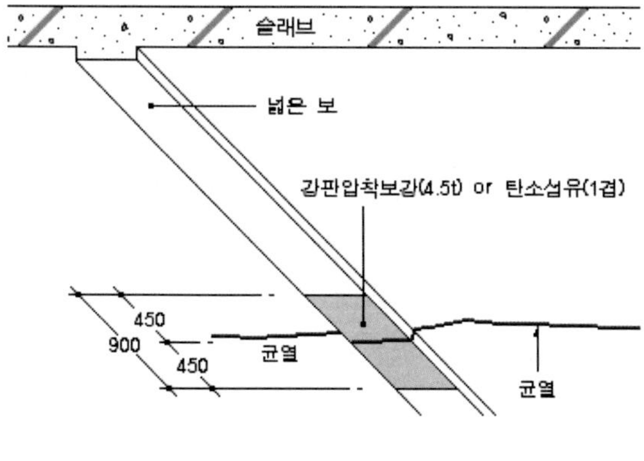

그림 159 슬래브에서 넓은 보로 균열이 진행된 부분에 보강개요/균열 발생의 넓은 보 하부 면에 대한 강판압착(강판 두께: 4.5㎜) 및 탄소섬유(1겹)보강의 범위를 나타낸 것이다. 다만, 균열이 외기에 노출되지 않을 경우는 탄소섬유부착공법의 적용이 가능하며, 슬래브가 외기에 노출되어 빗물과 접촉될 우려가 있는 경우는 강판압착공법을 적용하는 것이 적절하다.

2.6 충격진동파쇄에 따른 슬래브의 뚫림 전단

뚫림 전단(예)/사진은 breaker에 의해 옥상 보호모르타르(50㎜)를 제거하고 있는 광경이며, 진동 충격으로 철근콘크리트 슬래브의 무근콘크리트 부분이 뚫림으로 파손되거나, 깔때기 형태의 슬래브 뚫림이 발생하곤 한다.

차 례

<요지>

□ 소견서

□ 상태조사 및 평가 관련 자료

<요지> 충격진동에 의한 뚫림 전단

- 갈등 관계: 건물주(관리담당자), 개보수공사업체

건물 개보수공사 중에 바닥마감재를 breaker로 제거하면서 슬래브에 깔때기(cone) 모양의 뚫림 전단이 발생하였다. 이로 인해 건물주(관리담당자)는 건물의 안전을 걱정하게 된다. 콘크리트의 추락으로 인적인 피해는 발생하지 않았으나, 진동 충격으로 슬래브에 구멍이 뚫리는 정도라면 예사로운 일이 아니고, 이로 인한 건물 전체에 대한 영향과 안전성이 우려되어 안전진단을 요구하기에 이른다. 시공자는 별것이 아니므로 원상복구로서 충분하다는 주장을 폈으나 결국 전문가 소견을 받는 것으로 합의하였다. 지하 1층, 지상 8층 건물의 지상 1층 바닥에서 breaker를 사용하여 바닥마감재(모르타르 두께 50㎜)를 제거하는 파쇄작업 도중에, 충격진동이 슬래브에 직접 가해지면서 슬래브의 뚫림과 함께 콘 모양의 콘크리트가 지하 1층으로 떨어진 사고이다. breaker 충격진동을 가볍게 생각한 안이한 작업이 화를 부른 것이다.

소견서는 개보수공사 측에서 의뢰하였고, 현장답사와 함께 평가하여 제시하였다. 이는 슬래브의 뚫림 원인을 밝히는 것이 아니라, 건물의 안전성과 적절한 복구 시방을 제시하는 것이 주안이다. 따라서 breaker 충격진동에 의한 전단뚫림의 원인을 설명하는 그림은 소견과는 별개로 나중에 작성한 자료이다.

⇒ 경험에 의하면 슬래브 두께 200㎜ 이하에서 breaker를 사용하여 두께 30~50㎜의 모르타르 마감재를 제거할 경우, 특별한 보완조치를 하지 않으면 슬래브의 무근(plain concrete) 부분에서 뚫림 전단이 발생할 수 있다. 따라서 breaker를 사용하지 않는 것이 바람직하지만, 사용할 경우는 슬래브 두께, 슬래브 배근 간격, 충격진동에 대한 위험 단면의 범위 등을 조사하여 breaker 사용 여부를 검토할 필요가 있다.

□ 소견서

1) 현장탐문(2016년 6월 9일)에 의하면, 건물 1층 바닥에 사용된 장비는 실내에서 사용 가능한 왕복 해머로 연속적으로 타격력을 가해 파쇄하는 소형 breaker이다. 파쇄대상은 5㎝ 두께의 모르타르(혹은 콘크리트) 마감재이다.

2) breaker의 충격진동파쇄로 인해 모르타르 하부의 12㎝ 두께의 콘크리트 슬래브가 콘 모양으로 내화피복과 함께 뚫렸다. 콘 모양의 탈락은 breaker의 왕복 해머가 슬래브에 국소적으로 수직력을 가하면서 타격에너지가 방사형으로 하향으로 전달되면서 국소적인 전단파괴가 발생한 것으로 추정된다. 손상된 슬래브는 스팬 3.0m의 일 방향 슬래브(one way slab)이며, 뚫림부위는 슬래브의 지점 부근이다. 또한, 뚫림으로 슬래브 하부의 주근과 배력근이 노출되었다.

3) 뚫림부분을 원상복구할 때는 부착성이 중요하다. 그러나 복구재료와 기존 콘크리트는 엄격히 이질성이 있으므로 시간이 경과 하면 부착력이 저하되어 분리될 수 있다. 따라서 복구재료는 무수축 혹은 수지 모르타르가 적절할 것이며, 또한 손상 부위에 노출된 하부철근에 수평 수직으로 철선을 체결하여 복구하는 것이 적절할 것이다.

4) 충격진동파쇄에 사용된 소형 breaker의 국소적인 연속타격이 콘 형태의 전단파괴를 일으켰으나, 단 경간(short span) 일 방향 슬래브로서 손상된 부분이 국소적이므로 구조적으로 큰 영향을 미치지는 않을 것이다. 따라서 재료적인 보수조치로서 슬래브의 안전성과 사용성이 유지될 수 있다.

□ 상태조사 및 평가 관련 자료

1) 슬래브 뚫림 손상의 현황 및 상태

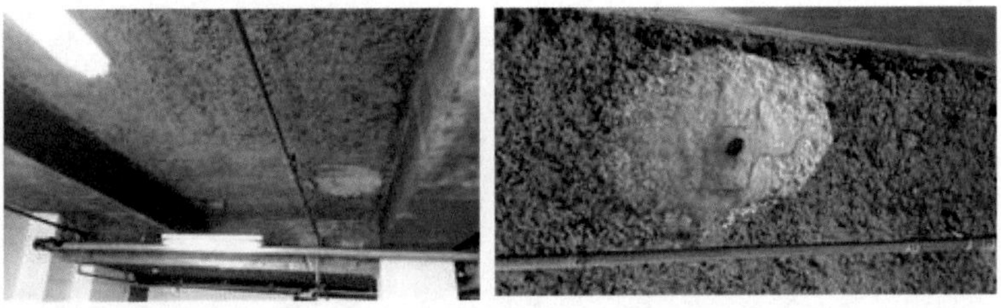

그림 161 전형적인 콘 형태로 발생한 슬래브 손상(좌), 콘크리트 탈락 부분에 하부철근이 노출되어 있고, 중앙의 구멍은 breaker 파쇄봉의 뚫린 부분(우)

그림 162 콘(cone) 형태로 손상된 콘크리트 탈락한 부분에 하부철근(주근)이 노출되어 있다. 중앙 부분은 천공 부분으로서 슬래브 상부에서 합판으로 막아놓은 상태이다. 원상복구 시에 노출되어 있는 철근에 철선을 수직과 수평으로 체결하여 복구재료와 기존 콘크리트가 가능한 일체화되도록 한다.

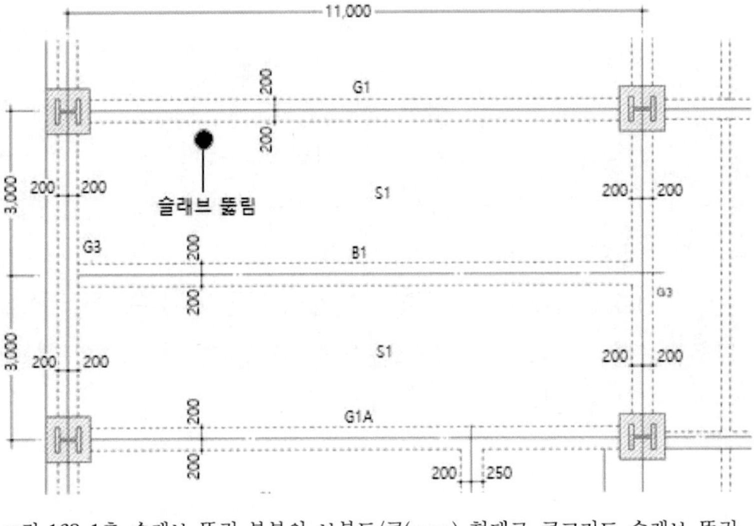

그림 163 1층 슬래브 뚫림 부분의 보복도/콘(cone) 형태로 콘크리트 슬래브 뚫림

2) 슬래브의 뚫림 전단파괴의 원인

슬래브의 뚫림은 바닥 위에서 국소 충격하중이 작용하여 전단파괴를 일으킨 것으로 볼 수 있다. 직사각형의 기둥이 집중하중으로 슬래브에 작용한다면 전단파괴는 사다리꼴 육면체의 모양으로 나타난다. 그러나 원형의 breaker 파쇄봉이므로 슬래브 파괴의 외곽 면이 콘(cone) 모양이 된 것으로 보인다. 이를테면, breaker의 왕복 해머가 슬래브의 무근콘크리트 부분에 국소적으로 수직력을 가하면서 타격에너지가 방사형으로 하향으로 전달되면서 콘 형태의 국소적인 전단파괴가 발생한 것으로 추정된다. 전단파괴를 일으킨 부분은 주근과 배력근 사이의 무근콘크리트이다. 이 부분의 콘크리트가 뚫림전단(punching shear)에 의해 전단파괴되면서 내화피복도 함께 탈락하였다.

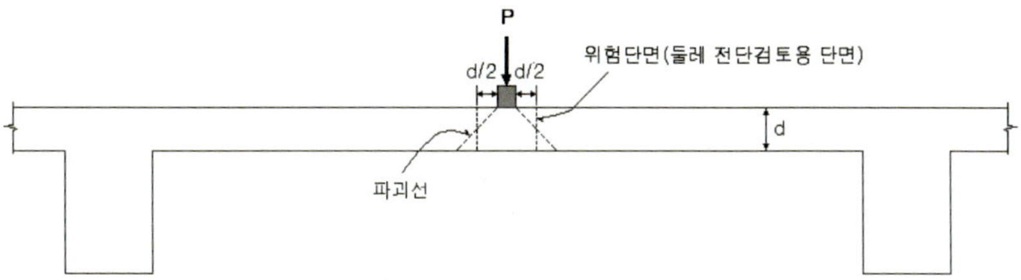

그림 164 슬래브에 작용하는 집중하중에 의한 전단파괴/슬래브의 펀칭파괴

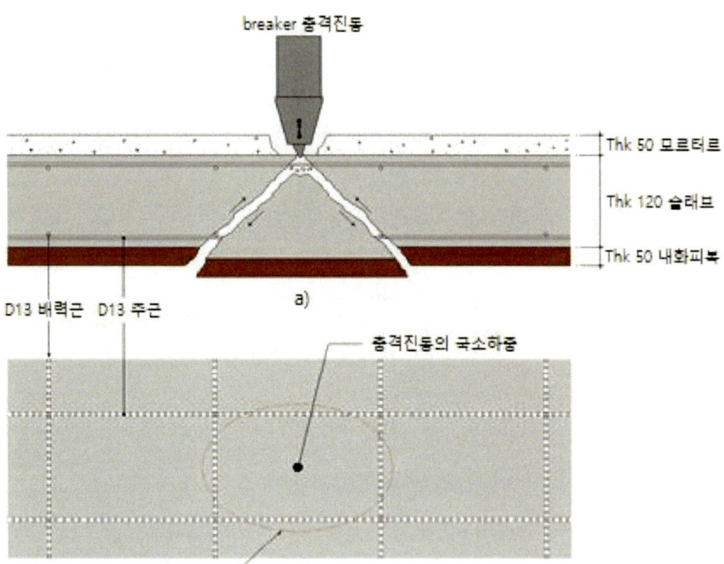

그림 165 Breaker 충격진동에 의한 슬래브의 뚫림 전단/무근콘크리트(plain concrete)에 국소 충격하중이 가해지면 뚫림 전단이 발생

2.7 무량판구조의 냉장•냉동창고 진단/의뢰자와의 갈등

<진단 후기> 갑질은 자신이 상대적으로 우위에 있다는 생각에서 비롯

• 진단발주자는 '갑'이고 수행자는 '을'이라는 의식이 팽배한 건물관리자와의 언쟁

창고의 실내가 다량의 수분으로 젖어 있고 거푸집 마감의 천장이 박락하면서 건물붕괴가 걱정되어 의뢰한 진단이다. 냉장•냉동업체(이하 '업체'라 한다)는 다량의 수분을 옥상 누수로 보았고 천장 붕괴는 옥상 슬래브의 붕괴징후라고 본 것이다. 업체는 진단을 의뢰하기까지 문제해결에 부단한 노력을 하였으나 결국 거푸집 천장이 붕괴하여 진단을 의뢰하였다.

업체에 제출한 견적서에 명시한 진단대상은 준공(1981년) 후 35년 된 무량판구조의 냉장•냉동 창고(201호실)이며 장기간 사용하지 않은 상태였다. 상담 시에 진단비용을 최소화하는 업체의 요구에 따라 진단대상을 2층 201호실로 한정하였고, 이를 구체화하여 견적서를 제출하였다. 그러나 현장조사 시에는 현재 가동 중인 또 다른 냉장•냉동 창고에 대하여도 진단을 요구하여 건물관리자와 불편한 상황이 되었다.

몇 차례의 전화 상담에서 진단명을 "201호 누수진단"이라고 하였고, 진단범위와 용역비용을 확정하여 비용은 현장조사 후 즉시 지급하는 것으로 하고, 일정을 확정하고서 방문하였다. 방문 시에 전화 상담을 했던 업체 담당자는 부재중이었고, 건물관리자가 현장을 안내하면서 현재 가동 중인 1층, 2층의 냉장•냉동 창고도 조사해달라고 하였다. 그러나 계약이 성립된 상태가 아니므로 응답하지 않았다. 현장안내 후 계약을 마친 후에 현장조사를 하였다.

여느 진단과 같이 상태조사에 앞서 건물관리자에게 현장 입회를 권유하였다. 이 같은 입회 권유는 진단내용과 과정에 대한 기본적인 설명과 건물의 결함 발생 및 관리 이력 등을 탐문으로 정보를 수집하기 위함이다. 그러나 건물관리자는 입회하지 않았다. 폐쇄회로를 통해 확인할 수 있다는 것이다. 창고의 내부는 물론 외부까지를 관찰할 수 있는 폐쇄회로가 작동되고 있었다. 이는 감시하는 것이 되어 다소 언짢기는 했지만, 이에 개의치 않고 현장조사를 진행하였다.

천장이 높아 사다리를 설치하는 등으로 상태조사가 쉽지 않은 비파괴시험 등을 완료한 몇 시간 후에, 현장조사가 모두 완료됐고, 이를 검토하여 보고서작성에는 며칠이 걸리며, 기간 내에 보고서를 제출하게 될 것이라고 했다. 건물관리자는 이에 비파괴시험을 했느냐고 물었고 어떤 장비를 사용하였는지를 확인하였다. 그리고 1층, 2층 부분의 가동 중인 냉장•냉동 창고도 조사하였는지를

물으면서, 그는 아파트에서 근무하였는데 등급평가도 해달라는 것이다. 그래서 "누수진단이므로 안전등급을 평가하는 아파트의 법정진단과는 다르다"라고 설명해 주었다. 그러나 그는 우리가 비용을 지급하는데 그런 것도 요구하지 못하느냐면서 폐쇄회로에 의해 조사하는 면면을 살펴보았으니까 어떻게 진단하였는지 모두 다 확인했다고 하면서, 다른 진단업체는 어떻게 진단을 하는지도 알아보겠다는 것이었다. 그래서 "그렇게 하라"고 하고 현장조사를 마쳤다.

발주자로서 감독자라고 생각하는 그를 설득할 수가 없었다. 이러한 일이 생길 수 있으므로 "용역계약이 확정된 후에 진단해야 한다. 그렇지 않은 상태에서 현장조사를 하였다면 그는 진단의뢰가 없었던 일로 하여 버렸을 것이다.

현장조사를 마치고 서울로 돌아오는 중에, 처음에 상담했고 현장조사 시에는 부재중이었던 업체 담당자로부터 전화가 왔다. 그래서 "건물관리자가 걱정하는 사항은 진단결과를 보고 추후 이야기하면 될 것이며, 현장조사는 모두 마쳤고 용역 완료 후에 일전에 부탁한 바가 있는 연세 높으신 귀 회사 대표의 서울사무실에서 결과를 설명해 주겠다"고 하였다. 이는 진단보고서만으로도 충분히 이해할 수 있으므로 별도의 설명은 하지 않으나, 일전에 업체 담당자가 부탁한 사항이다.

그러나 용역 완료 후 설명해 주려고 하자 그는 회사 대표가 출장 중이므로 현장에서 건물관리자에게 설명해 달라는 것이다. 그래서 서울에서 귀사 대표에게 설명해 드리겠다고 하였으나, 그 후부터 오랫동안 통화가 되지 않았다. 그래서 보고서를 우편으로 발송하였고, 그로부터 2주가 지난 후에 예상과는 달리 용역비 전액이 입금되었다. 이는 용역보고서에서 기술하고 있는 누수 보수공사의 내용을 어느 정도 이해하였기 때문에 입금한 것으로 보았다. 즉, 건물관리자와 불쾌한 언쟁에도 불구하고, 보고서의 내용을 비교적 쉽게 이해할 수 있도록 작성하였기에 원활하게 마무리된 것이라는 생각도 하였다. 이같이 진단업무를 수행하다 보면, 업체와 견해 차이로 인해 지난한 다툼이 이어지기도 한다.

→ 흔히 갑질을 행사하는 사람은 정해진 일 이외에 다른 일까지 요구하거나, 용역대금을 예정보다 늦게 결제하기도 하며, 특정한 물품이나 재화를 요구하기도 한다. 그러나 이와는 반대로 정분이 넘칠 때도 있다. 구조물진단에 있어서 진단전문가는 갈등당사자도 이해관계자도 아니지만, 시장에서는 이러한 일이 생기기도 한다.

제1장 개요

1.1 진단목적

옥상에 냉각 탱크 및 변전실(변압기, 하중 40톤)이 있는 공장건물(임가공식품 냉동제조)은 사용승인(1981. 10. 28) 후 35년이 지난 2층 철근콘크리트 건물이다. 조사대상은 2층 냉장•냉동 창고(201호실, 311.64 m^2)이며, 조사일 현재(2017년 4월 17일)는 가동하지 않고 창고로 쓰고 있다. 이곳의 천장이 붕괴하고 다량의 누수가 발생하여 이로 인한 건물의 안전성이 우려됨에 따른 것이며 진단결과에 따라 보수보강 및 보완방안을 제시하는 것이 목적이다.

1.2 대상 건물의 개요

- 대지면적 2,642 m^2, 건축면적 1,563 m^2, 연면적 3,195 m^2
- 구조형식: 무량판(flat slab) 철근콘크리트조, 지하 1층, 지상 2층, 높이 9.5m

그림 167 좌: 대상 건물의 전경. 우: 옥상 냉각 탱크 및 변전시설(40톤)

그림 168 냉장•냉동 창고(201호)의 출입구(좌). 냉장•냉동 창고의 내부(우)

제2장 상태조사 및 평가

2.1 일반사항

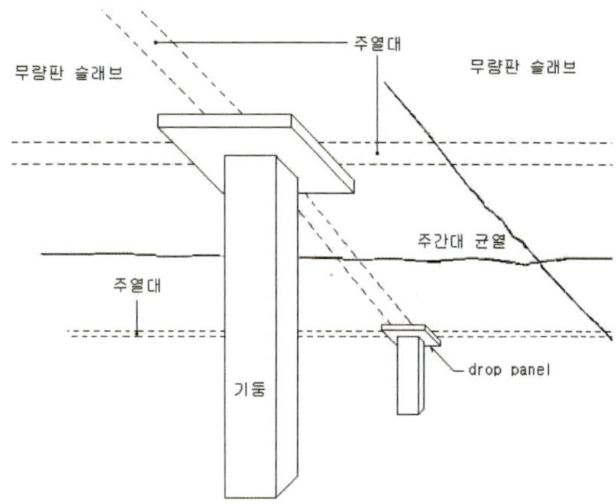

그림 169 무량판구조의 결함과 명칭(예)

철근콘크리트 라멘조(rahmen) 건물의 안전에 유해한 영향을 미치는 구조균열에는 슬래브의 휨모멘트에 의한 항복선 균열, 보 단부의 전단균열, 보 중앙부 하부 면의 휨균열, 기둥의 미끄러짐 압축 전단균열 및 압괴 현상 등이 있다. 이 같은 구조결함의 발생 여부와 정도에 따라 보강조치를 하게 된다.

무량판의 경우는 드롭패널(drop panel) 부분의 뚫림 전단(punching shear)에 의해서 발생하는 균열 및 드롭패널 주변 슬래브에 발생하는 균열, 그리고 주간대의 휨 균열이 구조 안전에 영향을 미친다. 따라서 무량판구조에 이 같은 양상의 균열이 발생한 경우에는 구조물의 안전관리 차원에서 보강조치를 하여야 한다.

2.2 상태조사 및 평가

누수로 착각하기 쉬운 결로현상/진단의뢰자는 옥상 누수로 보았으나, 냉장•냉동 창고의 결로현상에 의한 것으로 조사되었다. 무량판 슬래브의 지판(drop panel) 부분을 단열재와 합판으로 마감한 부분이 결로현상으로 수분에 젖어 있다.

그림 171 합판 마감 외벽과 붕괴한 천장(좌), 흡수상태 벽면 합판 거푸집(우)

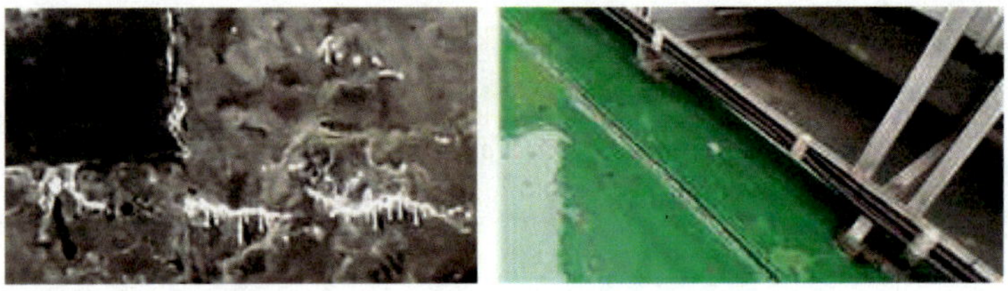

그림 172 무량판 하부 면의 백화결정체(좌), 옥상의 양호한 우레탄 도막(우)

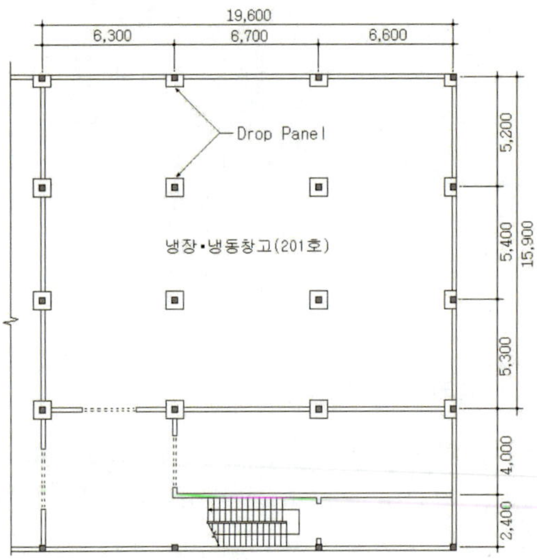

그림 173 2층 평면도/대상 건물은 전체적으로 보가 없는 무량판 구조-기둥과 슬래브로 구성된 철근콘크리트구조이다. 드롭패널의 겉보기 치수(거푸집 포함)는 약 75㎝×75㎝×15㎝이다.

옥상에는 암모니아 냉각 탱크(30톤)와 변전실(변압기 10톤)이 있고, 바로 하부층이 냉장•냉동 창고(201호)이다. 무량판에 결빙과 동결융해, 내부결로의 장기간 지속에도 불구하고, 주간대(柱間帶) 일부에 발생한 균열을 제외하고는 주간대 및 주열대(柱列帶)에 처짐이나 균열, 뚫림전단(punching shear)이 관찰되지 않았다. 즉, 철근 피복 박리와 주간대의 일부 균열을 제외하고는 특별한 결함이 관찰되지 않았다.

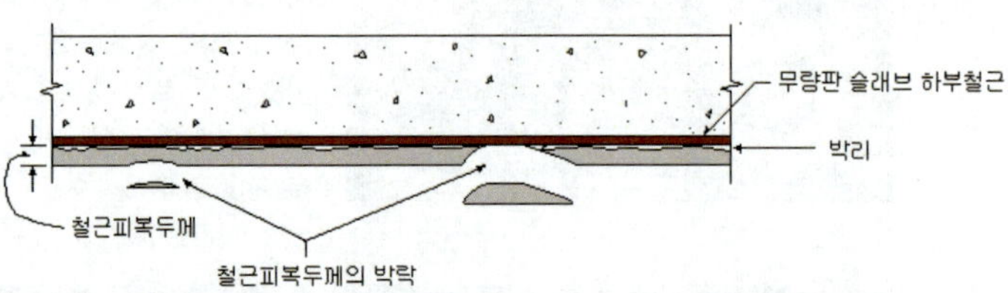

그림 174 무량판의 박리•박락/철근 부식은 균열과 피복 박리를 촉진

천장의 붕괴는 환기구가 전혀 없는 상태에서 동결융해와 결로가 반복되고 단열재(스티로폼)의 흡수(젖음)로 하중이 증가하고 슬래브와의 부착성이 저하되면서 박리·박락과 함께 거푸집과 천장의 달대(hanger)도 탈락한 것으로 판단된다. 천장의 젖음은 옥상 슬래브의 방수층 손상으로 인한 누수가 아니라 환기구 없는 밀폐된 공간에서 발생한 결로에 의한 것으로 판단된다. 이는 옥상 바닥 면의 방수막

상태가 양호하여 누수 통로가 될 수 있는 결함이 발생하지 않았기 때문이다. 또한, 무량판에 단면두께 30㎝의 드롭패널(drop panel)이 있고, 기둥 치수 70㎝×70㎝와 드롭패널이 기둥 면에서 양면으로 내민길이 1.4m(70㎝×2) 등을 고려할 때, 드롭패널의 크기 2.1m 적절하다.[267]. 다만, 철근탐사에서 배근결함을 발견할 수 없었으나, 콘크리트 반발계수가 낮고 둔탁한 타격음으로 볼 때, 피복(3㎝로 추정)이 상당 부분 박리된 것으로 보인다. 따라서 피복의 추가 박락과 슬래브 철근의 부식으로 구조 내력이 현저히 저하할 수 있으므로 적절한 보강조치가 필요하다.

1) 냉장•냉동 창고(201호)의 내부는 합판 거푸집으로 마감되어 있고, 무량판의 일부 합판 거푸집은 단열재와 함께 박락된 상태이다. 합판 거푸집은 신축 시에 동바리와 함께 설치하여, 콘크리트 양생 후에 동바리만 제거하고 그대로 유지하여 마감재로 이용한 것으로 보인다. 또한, 합판 거푸집은 구조부재의 내력과는 무관한 형틀이므로, 냉장•냉동 창고를 일반창고로 사용하고자 할 경우는 거푸집은 제거해도 상관없다.

2) 콘크리트 결빙과 동결융해, 결로, 옥상 냉각 탱크 등의 하중작용에도 불구하고 주간대의 일부에 발생한 균열을 제외하고는 안전상 유해균열이 발생하지 않았다. 이와 같은 점에서 대상구조물은 안전성과 사용성을 유지하고 있는 것으로 판단된다.

제3장 보수•보강방안제시

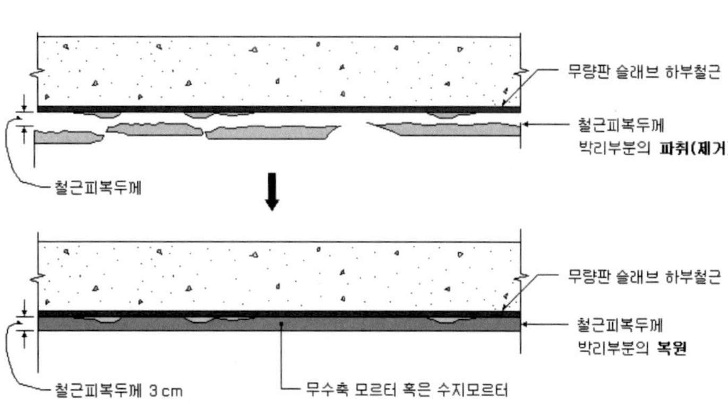

그림 175 무량판 슬래브 박리·박락 부분의 제거 및 복원공사순서

1) 환기구 없는 밀폐 공간의 결로로 인해 합판 거푸집의 젖음과 단열재의 흡수로 인한 하중증가로 천장이 붕괴한 것으로 판단된다. 다만, 합판 거푸집은 구조부재의 내력과는 무관한 마감재에 해당하므로 이용목적이 없다면 제거해도 무방하다.

2) 냉장•냉동 창고를 일반창고로 사용하고자 할 경우, 결로 방지를 위해 외기에 면하는 외벽 면의 상하에 환기창을 설치할 필요가 있다.

267) 구조설계기준은 무량판 슬래브의 두께 최소 15㎝, 드롭패널의 크기는 0.4L(L: 기둥 중심간 거리)이다.

3) 무량판 피복(약 3cm)의 상당 부분이 박리되어 있으므로, 이를 파취(破取) 한 후에 시멘트 모르타르 혹은 수지 모르타르로 복구한다. 즉, 박리 부분을 제거하여 복구한다.

4) 주간대 균열 및 피복 박리를 방치하면 박락과 철근 부식으로 구조 내력이 저하되므로 예시한 그림을 참조하여 주열대를 강판 보강한다. 다만, 박리 부분을 파취하고 표면 정리 후 바로 강판보강을 하면 바탕 면의 미 양생으로 강판의 부착성이 저하되므로 1~2개월이 지난 후 건조한 상태에서 시공한다. 즉, 피복의 복구와 강판보강은 시차를 두고 시행한다. 이는 시멘트 모르타르 건조수축과 수분함유로 인해 강판의 부착성능이 저하될 수 있기 때문이다. 다만, 강판부착 대신에 탄소섬유쉬트를 적용할 수도 있으나, 수분이 많은 곳은 부착성을 장기간 기대하기 어렵다.

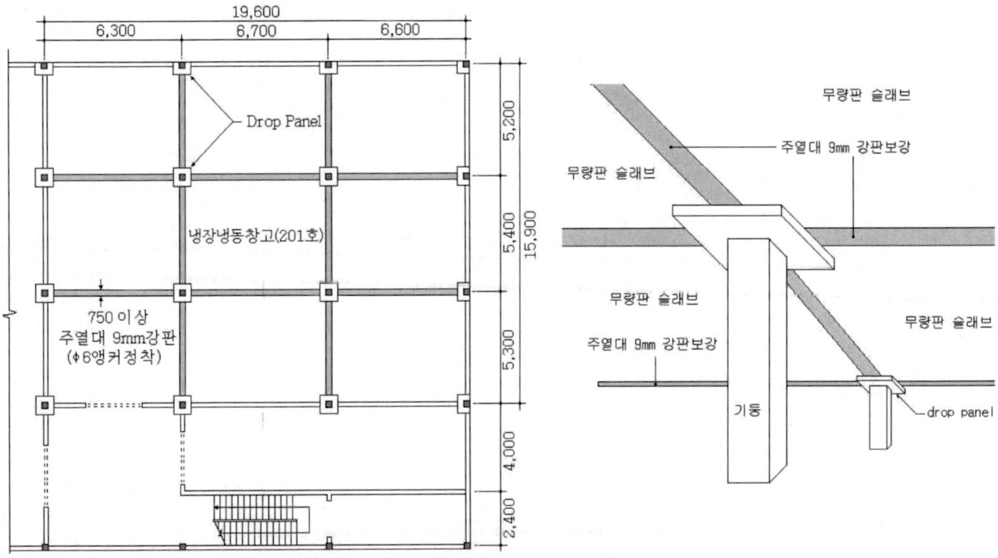

그림 176 무량판 슬래브 주열대 강판보강 평면도(좌), 무량판 주열대 보강(우)

제4장 건의사항

안전성 평가는 현장조사일로부터 6개월간 유효하며, 진단결과에 따른 적절한 보강을 위해서는 가능한 별도의 상세설계서를 작성할 필요가 있다.

2.8 노후 목조건물의 임차 타당성 검토/임차계획인의 갈등

< 차 례 >

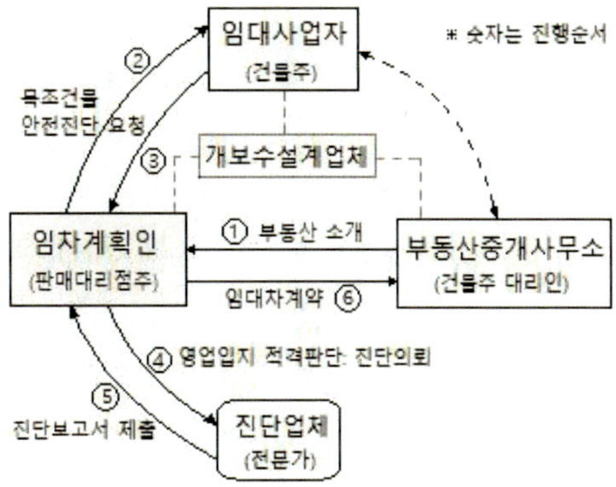

임차계획인이 계약에 이르는 과정

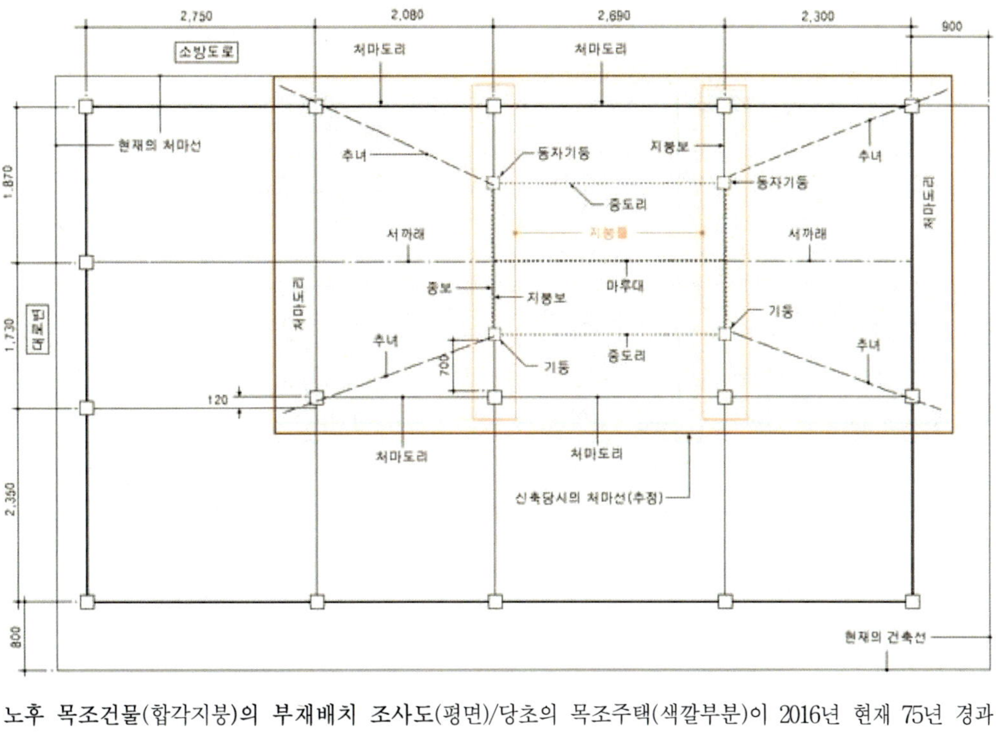

노후 목조건물(합각지붕)**의 부재배치 조사도**(평면)/당초의 목조주택(색깔부분)이 2016년 현재 75년 경과(도시화)와 함께 신축 당시의 외관을 알아볼 수 없을 정도로 변경 및 증축된 상태이다. 여기에서는 한옥이 증축되는 단편적인 모양새를 볼 수 있다. 서울도심지에는 목조건물의 원형을 유지하고 있는 오래된 건물이 아직 까지는 남아 있다

<갈등상황>

- 갈등 관계: 임대사업자(건물주), 부동산중개사무소, 임차계획인, 인테리어업체

노후목조건물의 임대차에 따른 임대사업자(건물주)와 임차계획인, 부동산중개사와의 사이에는 목조건물 개보수의 범위와 안전에 대한 신뢰, 그에 따른 임대차 가능성과 임대차계약 성사 여부가 내재 되어있다. 점검의뢰인은 목조건물을 영업시설로 사용하고자 하는 임차계획인이다. 단층의 노후목조건물은 최근까지 식당으로 사용되었다.

개보수하여 사용해야 하는 임차계획인이 개보수설계업체와 접촉하면서 개보수설계자가 안전진단의 선행을 언급하게 된다. 이에 따라 노후 목조건물을 사용코자 하는 '임차계획인'이 건물주에게 건물이 노후화되어 불안하므로 현 상태에서 안전진단을 해달라고 요청하였다. 그러나 건물주는 임차계획인에게 안전성을 알아보고 임차 여부를 결정하라고 하였다. 결국, 임차계획인은 노후 목조건물의 안전에 대한 우려를 제외하고는 판매사무소의 영업입지로서는 적격이라고 보아서, 이를 수용한 것으로 보인다. 임차계획인은 75년 된 노후목조건물을 사용할 때 우려되는 안전문제와 실내에 좁은 간격으로 배치된 기둥의 제거 여부를 확인한 후(개보수공사 범위가 확정된 후)에 임차 여부를 판단코자 한 것이다.

따라서 대상 건물의 실내 바닥 면이 계단을 이루고 있어 이를 평탄화하는 굴토공사가 수반되고 이에 따른 안전상의 영향, 제거 가능한 실내기둥에 대한 조사가 필요한 상황이다. 다시 말해서, 임차계획인은 임차 여부의 결정에 앞서, 이 같은 문제에 봉착하여 이에 대한 평가용역을 의뢰하게 된 것이다.

임차계획인과 먼저 상담을 하였으나 의뢰 동기에 대한 자초지종을 이야기하지 않아 초기에는 용역의뢰의 주체가 건물주인지, 아니면 임차계획인 인지를 알 수 없었다. 그러나 이후에 임대차계약과 개보수공사와 관련된 부동산중개사무소(건물주 대리인) 및 개보수설계업체(흔히 '인테리어업체')와 접촉하면서 점검의뢰의 동기와 목적, 이들 사이의 이해관계를 파악할 수 있었다. 결국, 임차계획인이 점검결과에 따라 임차 여부를 결정하고자 하는 것이었다. 즉, 임차계획인은 지반 굴토에 따른 개보수범위, 실내의 공간 활용에 장애가 되는 기둥 제거의 유무를 확인하고 임차 여부를 결정하고자 한 것이다.

현재의 기둥을 그대로 유지하여야 한다는 점검결과에도 불구하고, 몇 달이 지난 후 임차계획인은 노후 목조건물을 개보수하여 사용하고 있었다.

제1장 점검 동기와 목적

사용승인일이 1941년 6월 10일로 등재된 2개 면이 도로와 접한 75년이 지난 단층 목조건물이다. 점검 동기는 임차계획인이 임대차계약에 앞서 최근까지 식당으로 사용된 건물을 사무실로 개보수하여 사용하고자 함이다.

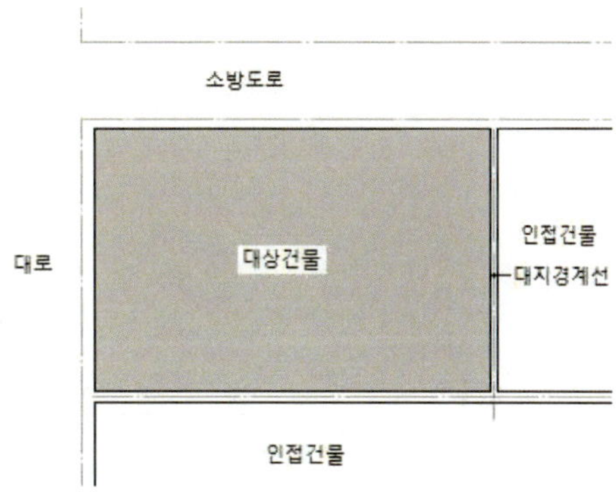

그림 179 건물 배치도

건물의 실내 바닥 면이 50㎝ 층단을 이루고 있어 이를 평탄하게 굴토 했을 때의 안전성과 실내기둥의 존치 여부에 따라 임차를 결정하려는 것이다. 임차계획인은 이를 위해 사전에 인테리어업체와 개보수설계를 협의하였고, 인테리어업체가 “안전진단결과에 따라 결정해야 한다”고 피력하면서 점검을 의뢰하게 되었다. 따라서 실내의 바닥 면을 평탄하게 낮추는 공사에 따른 안전상의 문제와 실내기둥의 제거 여부를 평가대상으로 하였다. 즉, 상태조사를 통하여 건물의 안전성을 평가하고, 실내 바닥 굴토에 따른 목조건물의 구조적인 영향성 평가를 기반으로 적절한 보수/보완/보강방안을 제시한다.

180 조사 당시의 목조건물의 외관/오래된 목조건물의 경우는 잦은 구조변경과 증·개축, 개보수 등으로 인하여 원래의 외관을 유지하고 있지 않은 경우가 많다. 따라서 이러한 목조건물에 대한 지붕틀의 구조와 기둥, 보 등의 배치상황을 조사하기 위해서는 실내에 노출된 부재와 지붕 모양을 확인하여 추정할 수밖에 없다.

그림 181 지붕틀/보/기둥 배치(좌), 천장의 지붕틀(중), 지붕틀 하부의 중도리 및 처마도리 지지기둥(우)

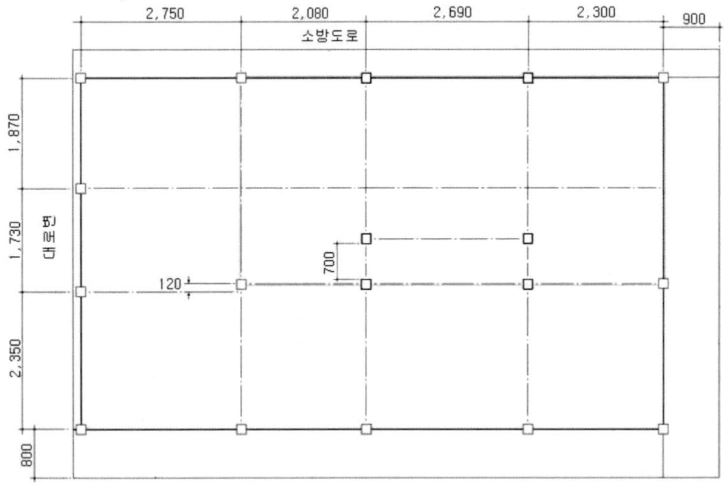

그림 182 목조기둥 배치 현황/합각지붕의 지붕틀

제2장 상태조사 및 평가

2.1 일반사항

일반적으로 한옥의 합각지붕틀(half hipped roof truss)[268]은 지붕보(tic beam) 위에 동자기둥(purlin post)을 세워 종보(straining beam)를 대고 대공(stud)을 세우고 지붕을 받는 마루대(ridge piece)를 건너 대는 형식이다. 이는 전체적으로 지붕틀, 기둥과 보, 중간홈대와 밑홈대, 통나무 서까래(rafter) 등으로 구성된 소위, 기둥 위에 보를 올려놓은 가구식 구조(frame construction, skeleton construction, post & lintel construction)이다.

가구식 구조는 가늘고 긴 목재를 맞춤으로 조립하므로, 각 부재의 짜임새, 접합부의 강도가 안전을 좌우한다. 부재의 맞춤으로 집성되는 접합부는 보통 마찰이 없는 핀(pin) 절점이다. 이 때문에 휨모멘트를 받게 되면 그대로 회전하는 경향이 있다. 또한, 진동 충격과 같은 하중에 어느 정도 완충(에너지 소산)하는 효과도 있으나 과도한 하중이 작용할 경우는 구조물 전체가 민감하게 거동하여 붕괴 상태에 이르기도 한다. 특히 지반침하 등에 의해 접합부에 심한 변형이 생기거나 돌발적인 외력이 작용할 경우 쉽게 손상되는 것도 특징 중의 하나이다.

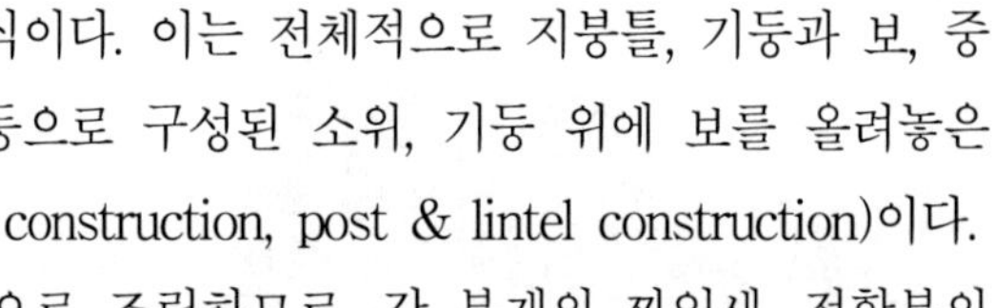

그림 183 단일부재(單一部材)의 기둥으로 종보와 중도리를 받치면서 지붕보를 함께 지지하는 내부 기둥이 지붕틀 구조(예)

268) 외적으로 합각지붕은 하반부는 추녀(hip)와 함께 모이는 모임지붕 형상이고 상반부는 작은 박공지붕(gable roof) 형상이므로 'half hipped roof'라 한다.

수평 하중에 대해서 가구의 모서리 기둥과 보의 접합부에서 응력이 크게 되므로 그 부분의 국부 응력에 의한 변형에 유의할 필요가 있다. 또한, 건물 전체의 평면이 비대칭인 경우는 건물 전체의 수평 하중의 중심과 건물을 일체로 했을 때의 강심이 일치하지 않게 되어 수평 하중이 작용할 시에 건물에 뒤틀림이 증가할 수 있다. 특히 수평력은 항상 구면 방향에만 작용하는 것은 아니므로 목구조 골조 사이사이에 연결가새로서 수평가새 및 경사가새를 넣어 강성을 높인다. 목조건물의 뒤틀림 강성을 증가시키는 연결가새가 배치되어 있지 않은 경우는 뒤틀림 변형에 민감하게 거동하게 된다.

2.2 대상 건물의 상태조사 및 평가

지붕틀의 마루대, 종보, 동자기둥, 서까래, 지붕보 등의 맞춤 접합부의 변형, 어긋남 등의 결함이 관찰되지 않았다. 일부 서까래에 발생한 목재섬유방향의 갈라짐은 목재의 건조과정에서 자연적으로 발생한 것으로 안전과는 무관하다. 대상 건물은 장기간 사용되었고 부재 간에 연결가새가 없으며 수평증축으로 평면을 대칭으로 보기 어려우나, 조사일 현재(2016.3.24) 횡 변위와 같은 결함이 관찰되지 않았다. 다만, 전체적으로 주각부가 지반에 묻혀 있어 그 상태를 확인하지 않았다.[269]

그림 184 종보와 중도리를 받고 2개의 지붕보를 지지하는 3개의 기둥과 지붕틀 상황/외부지지 기둥은 처마도리와 지붕보를 지지한다. 결국, 지붕 하중을 이들 3개의 기둥이 분담한다.

그림 185 실내공간의 기둥 상황/지붕틀 하부의 신축 당시의 외부기둥(현재는 내부 기둥)은 기존의 지붕 하중과 수평증축에 따른 하중을 받는 상태이다.

269) 임대차계약 이후에는 임차인의 인테리어공사와 함께 주각부 상태를 확인할 수 있을 것이다. 그러나 그에 앞서 현장조사를 하는 상황이므로 주초석이 묻혀 있는 상태를 추정하였다.

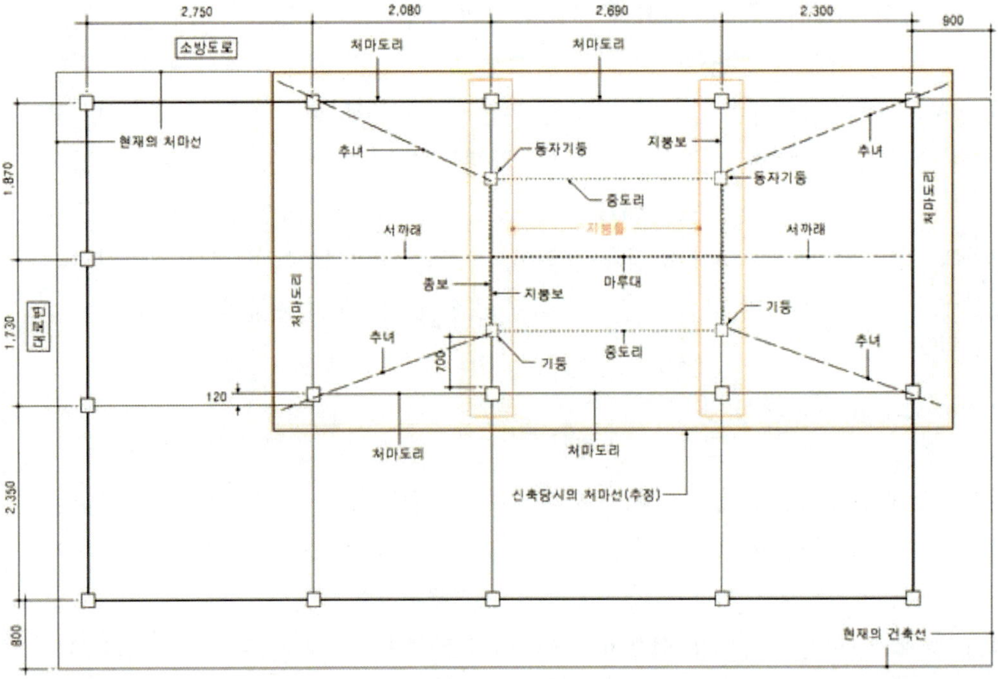

그림 186 증축 후, 부재 배치도/합각지붕을 구성하는 지붕틀과 증축 기둥의 배치이다. 합각지붕은 지붕보 위에 세우는 동자기둥, 종보와 중도리, 2개의 지붕보, 처마도리, 마루대, 서까래, 추녀 등으로 짜여져 있다.

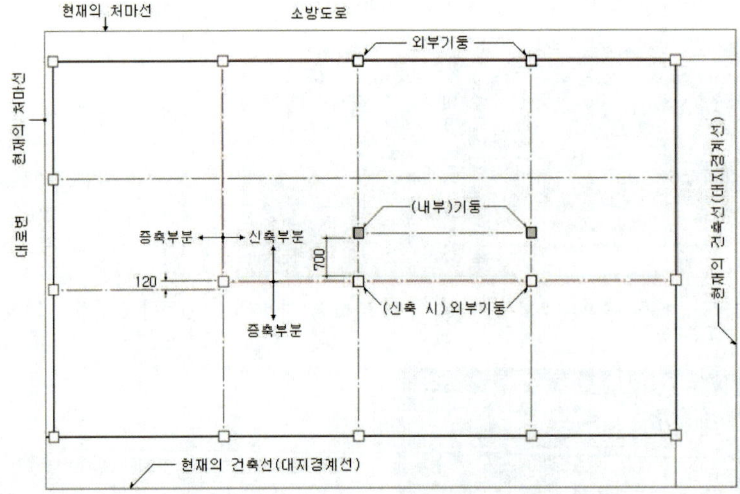

그림 187 지붕틀 부분의 내부 기둥(종보+중도리 그리고 2 경간 지붕보의 지지 기둥) 배치상황/대지경계선 부분까지 수평증축을 하면서 기존건물의 외부 기둥에 추가하중이 부가(附加)되는 상태이다.

3칸의 목조건물은 중앙 칸의 내부 기둥 양쪽의 외부 기둥에 각각 지붕보를 걸치고 그 위에 동자기둥과 대공(stud)을 세워 중도리, 마룻대를 걸쳐대고 서까래를 받게 한 지붕틀이다. 즉, 3개(외부 기둥 2개와 내부 기둥 1개)의 기둥으로 지붕틀을 지지하는 합각지붕이다.

실내의 내부 기둥은 단일부재로서 종보와 중도리를 받치면서 2 경간의 지붕보를 지지하는 형식이다. 결국, 동자기둥을 포함한 지붕틀은 트러스 구조로서 인장재인 지붕보를 통해서 기둥으로 하중이 전달된다.

결과적으로, 내부 기둥은 지붕틀을 지지하는 구조부재이므로 절대로 제거해서는 아니 되며, 모든 기둥은 현상 유지(존치)하여야 한다.

그림 188 종보와 중도리를 받는 기둥/지붕에 작용하는 하중은 지붕틀(지붕 트러스)을 통해 기둥으로 전달된다. 마감재로 덮혀 있어 겉보기 기둥으로 오인하여 제거해서는 안 되는 기둥이다. 이는 종보와 중도리에 이르기까지 연속된 구조 안전에 중요한 역할을 하는 지지 기둥이다. 기둥의 양측에서 지붕 보가 지지 된다.

2.3 실내 바닥면의 굴토에 따른 안전성 평가

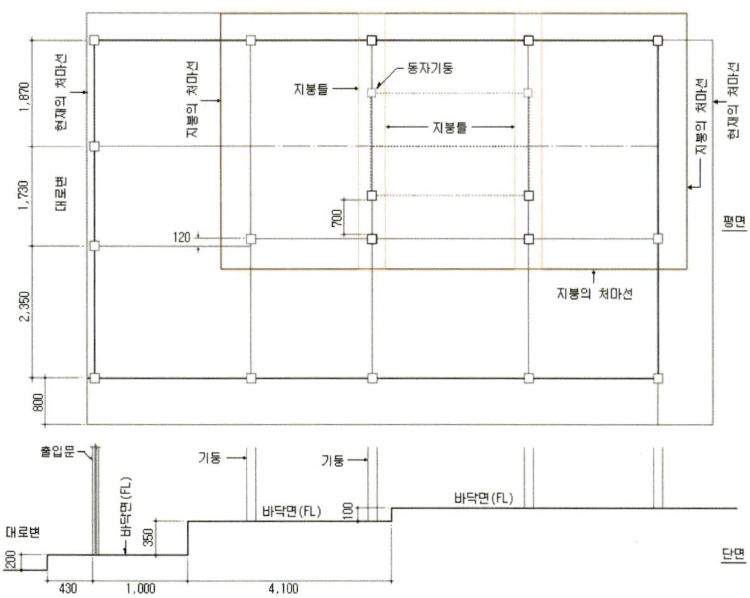

그림 189 건물평면과 바닥 레벨의 상황/바닥면은 대로변 입구에서 35cm, 10cm 높이의 두 계단이며, 10cm 단에서 후면의 창고까지는 동일 레벨이다. 전체 45cm 단차에 주각은 지면에 묻혀 있다. 이로 인해 기둥의 부식이 예상된다.

신축 시의 건물은 주초석을 사용한 것으로 추정된다. 따라서 바닥 면 굴토에 따라 묻혀 있는 주초석이 노출될 경우 기초기반의 교란으로 지내력이 저하할 수 있다. 즉, 상부 하중을 지반에 안전하게 전달하기 위해서는 주초석에 대한 지반보강이 필요하다.

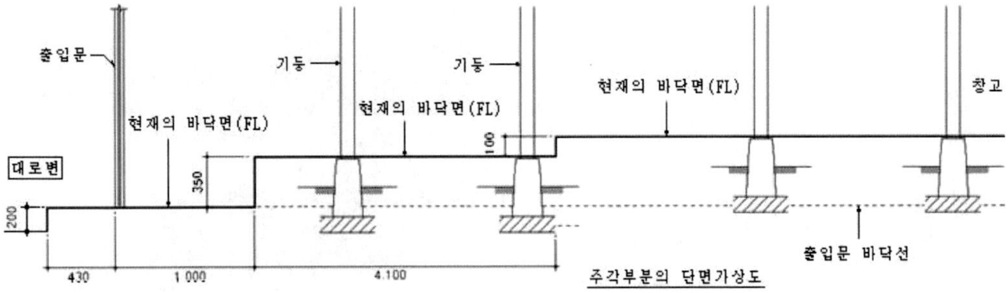

그림 190 출입문 바닥 면으로 바닥을 낮출 경우는 주각의 밑 부분이 노출되어 지반 교란으로 주각부가 불안정하게 된다.

2.4 실내 바닥면의 굴토에 따른 보강방안

바닥 면의 평탄화 작업에 따른 보강은 주초석의 노출 상태에 따라 크게 달라진다. 바닥 콘크리트와 마감재를 포함하여 약 55cm~65cm의 굴토가 예상된다. 따라서 굴토 시에 주초석의 잡석 지정이 노출되면 기둥의 하중전달에 영향을 줄 수 있으므로, 주초석 기초를 확대하는 보강방안을 제시한다.

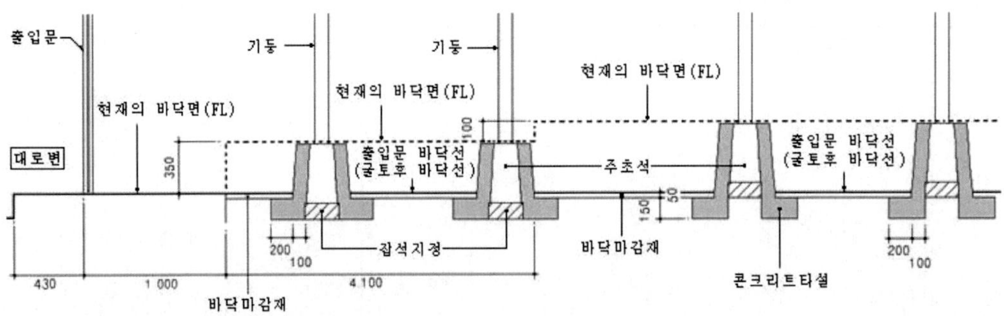

그림 191 주각부 보강안/주초석의 잡석 지정은 추정이며 노출 상황에 따라 보강방안이 달라질 수 있다.

제3장 종합

건축 당시의 합각지붕의 내부목조기둥, 증축 시에 설치한 기둥 모두 구조부재이므로 존치할 필요가 있다. 즉, 모든 기둥을 그대로 유지하여야 하며, 바닥 굴토 시에는 주각부 지반 교란이 예상되므로 안전한 하중전달을 위한 보강이 필요하다.

2.9 반박공 지붕의 3층 목조건물에 대한 조사

차 례

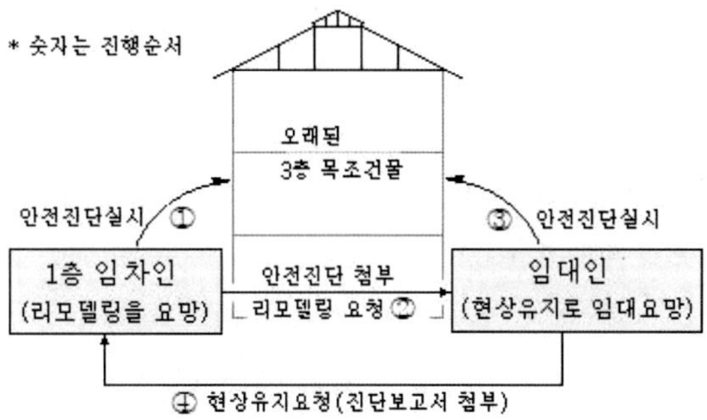

임차인과 임대인의 갈등 흐름

<진단의 요지> 노후 목조건물의 임대차 갈등

1층 임차인(승용차 전시 판매)이 몇 년 전에 진단 의뢰하여 그 결과를 가지고 임대인에게 리모델링을 요청하였다. 이에 대처하기 위해 임대인이 별도의 진단을 추진하면서 맡게 된 기술용역이다. 이로 인해 임차인이 의뢰한 진단과의 상충은 물론 진단을 수행한 업체, 임대인, 임차인과의 사이에 이해 상충이 형성될 수 있는 상황이 되었다.

목조건물은 외관상 철근콘크리트(R.C)조로 보이지만, 실제는 80년 전에 지어진 3층 목조였다. 현재(2017.3.17)는 신축 당시의 목조건물이 개조되고 수평과 수직으로 R.C조로 증축하면서 철골과 콘크리트, 조적조가 혼재되어 있다. 다만, 지붕틀을 포함한 바닥틀, 벽체는 부분적으로 원형을 유지하고 있다. 현재, 1층은 판매시설로 사용 중이고, 목조의 2층, 3층 부분은 안전이 우려되어 사용하지 않고 있다.

임차인의 진단결과(2013년 7월)는 “목조건물의 시스템이 불안정하며 내구성 저하로 임의접합, 미 접합 등의 결함에 대한 보수가 필요하고, 2층 기둥의 위치와 1층 기둥의 위치가 일치하지 않은 불안정한 상태이며, 목재의 단면성능 부족으로 2층 및 3층 바닥의 목재 보와 장선(joist)의 여유 내력이 부족하고, 기둥 및 보의 여유 내력도 부족하며, 또한 철근콘크리트 건물은 콘크리트 중성화의 심도가 철근까지 도달하여 철근이 부식되어 보호조치가 필요하다”라고 평가하였다.

임대인의 이번 진단에서는 임차인의 진단결과와는 이와는 달리 “구조 안전에 특별히 유해 결함이 없고 장기간 사용되고 있다는 점에서, 유지관리 및 안전관리하면서 적절한 시기에 재건축을 고려하는 것이 바람직하다”라고 평가하였다.

구조물진단은 참여기술자의 공학적인 판단(engineering judgment)에 다소의 주관적인 평가가 포함될 수 있으므로, 타 진단업체와 평가결과가 다르다고 하여 그것이 문제가 되는 것은 아니다. 물론 각기 다른 진단결과로 첨예하게 대립하면 법적인 다툼으로 이어질 수 있지만, 여기에서는 개보수나 리모델링을 원하는 임차인과 현상유지로 임대하고자 하는 임대인 간의 완곡한 요청일 뿐 첨예한 다툼은 없다.

결국, 임대인에게 대상 건물에 대해 안전성과 사용성을 유지하고 있으나 재건축을 고려할 것을 건의하였다. 이에 대해 임대인의 요구에 따라 재건축 문제는 별도의 문서로 처리하는 것으로 하여 진단보고서에서는 삭제하였다. 이는 개보수 혹은 리모델링을 원하는 임차인의 속내에 대해 임대인이 적절히 대처하기를 바란다는 뜻이다. 진단보고서에서 단순한 건의사항이라고 할지라도, 임대인에게 재건축 여부는 소유자인 임대인이 선택할 사항이고, 이를 조기에 이행할 형편도 아니며. 재건축(리모델링)이 진단보고서에 언급되면 이에 대해 임차인의 요구를 들어주어야 하는 상황이었기 때문이다. 그러나 여기에서는 이러한 임대인과 임차인의 갈등문제와 더불어, 좀처럼 보기 어려운 반박공 지붕틀의 3층 목조건물과 관련 자료를 소개함에도 있다.

⇒ 1940년대에 신축된 반박공지붕의 목조건물에서는 당 시대에 사용된 지붕틀의 형식, 층보와 장선으로 구성된 마루틀(바닥틀), 합성보(포갬보) 등을 볼 수 있었다. 그러나 도시화와 함께 목조건물의 원형이 훼손되어, 요즈음은 이러한 목구조를 접하기도 어렵게 되었다. 더구나 부동산투기로 무분별한 주택단지의 재건축과 재개발로 인해 향후 몇 년 후에는 이 같은 목조건물은 접하지 못할 수 있다.

* 목구조의 적용현황

높이 18m까지만 허용되던 목조건축물의 높이 제한이 폐지(2020년) 되면서, 고층 목조아파트건설의 제도적인 기반도 갖추어져 있다. 예컨대, 콘크리트에 상응하는 강도의 집성 목재(Mass Timber)는 여러 개의 목재 패널을 접착제나 기계적 고정 장치로 집성하여 기둥, 보, 벽, 바닥 등에 사용한다. 구조용 집성판(CLT, Cross-Laminated Timber, 여러 단면의 목재를 교차하여 접착제로 붙임), 접착 집성 목재(Glulam, Glue-Laminated Timber, 작은 목재 조각을 접착제로 붙여 만든 기둥이나 보 형태의 부재), 접합 구조용 집성판(NLT, Nail-Laminated Timber, 여러 개의 목재를 못으로 접합한 구조용 패널), 다우웰 접합 구조용 집성판(DLT, Dowel-Laminated Timber, 전단 목재 못으로 접합하여 만든 구조용 목재 패널) 등이 있다. 이들 대부분 기존 목구조에서 쓰이던 구법으로, 공장에서 사전 제작된 패널을 현장 조립하여 공기가 단축된다. 철근콘크리트, 철골구조와 조합한 하이브리드건축방식도 있다. OSC(Off-Site Construction)공법으로 외부 공장에서 제작된 부재를 현장으로 이송하여 건축하므로, 현장여건 및 프로젝트 특성에 따라 다양한 방식을 적용할 수 있다.

출처: 국립산림과학원

나뭇결을 직각으로 교차(cross) 접착하여 휨, 뒤틀림 등의 구조성능개선(예). R.C 등에 대해 비강도가 높고, 경량으로 수송비 절감 등의 효과기대.

제1장 건물의 개요

전체 건물(지상 4층) 중에서 목조건물(지상 3층)은 1940년대에 신축되었고 이후에 증축되면서 철근콘크리트조, 철골조, 조적조가 혼재되어 있다. 순수 목구조가 혼합구조가 된 것은 목조지붕틀을 그대로 유지한 상태에서 실내공간의 개방성 확보, 구조 및 용도 변경과 개보수 등에 따라 목조건물의 원형이 크게 구조변경됨에 의한 것이다.

그림 194 왼쪽부터 건물 전경, 건물 측면, 반박공 지붕

제2장 상태조사 및 평가

목조건물 신축 시의 반박공지붕틀(hipped gable roof truss)[270]은 조사일 현재(2017.3.17)에도 유지하고 있다. 이에 기초하여 지붕틀과 바닥틀, 기둥 배치상황을 조사하였다. 반박공지붕의 지붕틀에 기초하여 건축면적을 추산한 결과, 목조건물의 수평투영면적은 121㎡(13m×9.3m)이다. 이는 일반건축물대장의 3층(목조) 바닥면적 121㎡와 거의 일치한다. 이러한 반박공지붕과 접하고 있는 철근콘크리트조 건물(바닥면적: 약 8.8m×14.1m=124㎡)은 목조건물이 신축된 이후에 수평 증축되었다.

목조건물은 장기사용에 따른 개보수와 함께 부재를 보강하고 교체하면서 보-기둥 접합부와 주각부가 훼손되고, 또한, 토대(土臺, ground sill)[271]가 제거되어 지중보(tie beam, footing beam) 역할이 사라진 상태이다. 이로 인해 수평 하중 등의 뒤틀림 모멘트에 대한 저항성은 기대하기 어렵다. 이러한 점에서 볼 때, 현재는 안전성과 사용성을 유지하고 있지만, 과도한 풍하중이나 돌발 충격하중 등에 취약한 구조가 될 수 있고, 건축물의 내진 추세에 따라 재건축도 고려하여야 하는 상황에 이를 수 있다.

또한, 일부 박공벽에 목재의 탄화 흔적이 있으나 화재 후에 보강하여 화해(fire

270) 박공지붕(gable roof)의 상반부가 모임지붕(hipped roof)과 같아서 'hipped gable roof'라고 함.
271) 목조건물의 기초 위에 가로 대어 기둥을 고정하고, 기둥을 고정하는 최하부의 수평부재로서 기둥에 전달되는 하중을 기초에 분포시키는 역할을 한다.

damage)로 인한 구조적인 유해성은 관찰되지 않았다. 목재섬유방향의 갈라짐이 다수 발생하였고, 맞춤 접합부에 변형 흔적도 있으며, 건조수축, 온도변화 등에 따라 발생할 수 있는 목재 재축방향의 갈라짐도 관찰되었으나 구조 안전에 미치는 영향이 미미한 것으로 평가하였다. 이는 목재에서 흔히 발생하는 현상이며, 장기간 사용(70년)되어왔다는 점에서 안전에 영향을 미치는 결함으로 판단하지 않았다. 결과적으로, 개보수과정에서 철골 부재로 지지하는 등 구조변경공사가 이루어졌지만, 비교적 양호한 것으로 간주하여 사용성과 안전성을 유지하고 있는 것으로 평가하였다.

2.1 지붕틀

목조건물의 지붕은 박공의 상부가 모임지붕(hipped roof) 형식인 반박공지붕틀이다. 이는 박공의 상부가 모임지붕으로 되어 붙여진 호칭이다. 모임지붕은 추녀(hip rafter, angle rafter)마루가 용마루에 모여 합친 지붕으로 마룻대에서 사방으로 흐르는 지붕이다. 이는 주로 주택 등에 사용되어왔다.

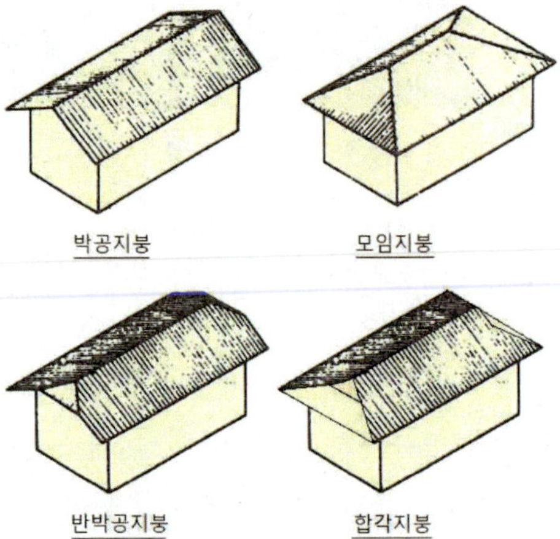

그림 195 지붕의 유형(예)

1940년대에 준공된 목조건물 지붕틀은 그림에서 나타낸 바와 같이 반박공지붕에 부합하는 목조트러스이며, 모임지붕 부분의 지붕틀에 해당하는 부분을 제외한 반박공지붕틀의 부재 배치는 왕대공 지붕틀(king post roof truss)의 평보를 달대공(hanging post)으로 4등분 하는 지붕틀과 거의 같다. 반박공지붕틀의 간사이(경간, span)은 약 11m이며, 이들 지붕틀의 배치 간격(bay)은 1.8~1.9m이고, 지붕틀 간에는 대공가새(diagonal brace)가 설치되어 있다.

지붕틀의 대공과 달대공 간에도 지붕틀 또는 평보의 횡 변형을 막고, 대공 밑을 연결하며, 지붕틀 상호 간의 연결을 위해 평보에서 평보로 보잡이(horizontal tie)를 설치하였다. 또한, 지붕틀 평보의 이음은 맞댄 이음(butt joint)으로써 양면에 덧판(splice)을 대어 볼트 조임(bolting) 하였다. 이는 전형적인 목재 이음이며 파단이나 부식 등의 결함은 관찰되지 않았다.

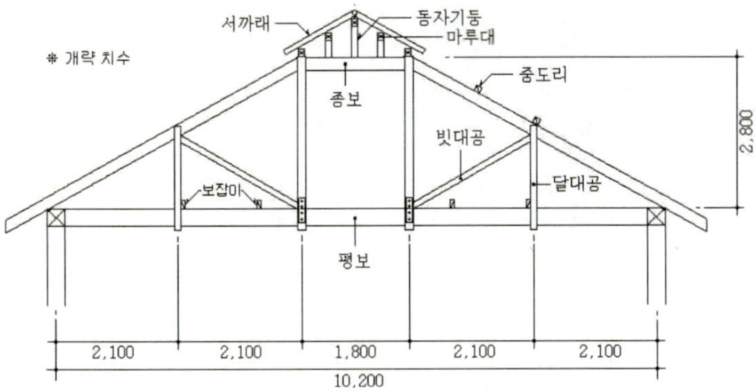

그림 196 지붕틀의 구성/박공지붕의 용마루 끝부분을 경사로 접은 형태이다. 이는 지붕틀의 용마루 하부에 종보를 두고 그 위에 동자기둥을 세워 지붕틀을 형성한 것이다. 지붕의 다양함을 보여준 예로서 요사이는 이러한 목조지붕틀을 접하기 어렵다.

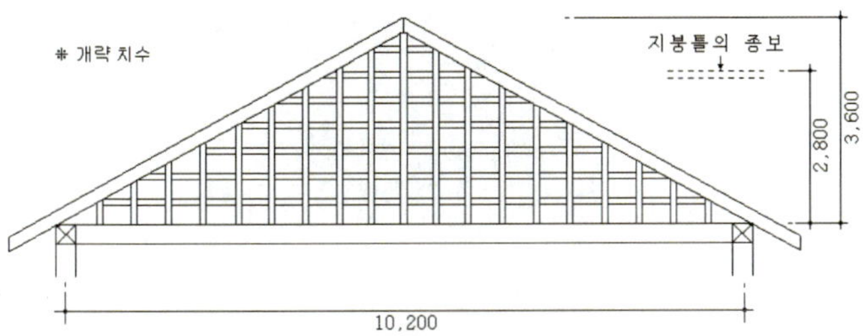

그림 197 박공벽의 구성/박공벽은 일반적으로 수직 방향의 샛기둥과 X형으로 가새를 설치한다. 대상 건물의 박공벽은 수직 방향의 샛기둥에 수평 띠장을 설치하였다.

그림 198 반박공지붕의 지붕틀

그림 199 박공벽의 탄화 흔적(좌), 박공벽 및 지붕틀 배치 간격 2m(우)

그림 200 지붕틀의 ㅅ자보, 달대공, 빗대공, 평보 기타

그림 201 지붕틀 평보의 맞댄 이음(좌), 지붕틀 배치(2m 간격) ㅅ자보 위의 중도리, 서까래 및 지붕널 마감 상황(우)

그림 202 평보는 인장 부재이므로 평보 측면 중간 부분의 갈라짐은 구조 안전상의 영향은 경미하다.

세장한 부재를 조립하여 구성한 가구식은 각 부재의 짜임새, 접합상태가 안전을 좌우한다. 기둥-보 접합부 및 주각 등을 못이나 철물, 가새 등으로 보강하여 강성을 확보하여 회전을 구속하지만, 보통은 마찰이 없는 핀(pin)으로 가정하므로 모멘트를 받게 되면 그대로 회전하는 경향도 있다. 이는 외력을 어느 정도 완충하는 효과도 있지만, 이에 민감하게 거동하는 취약성도 있다. 특히 지반침하 등에 의해 접합부에 심한 변형이 생기거나 돌발적인 외력이 작용할 경우 건물이 쉽게 변형되는 것도 특징 중의 하나이다.

대상 건물은 박공벽 이외에는 도리 방향으로 4개의 지붕틀이 배치되어 있고. 지붕틀에 작용하는 지붕 하중은 모두 지붕틀(간사이 약 10.2m)의 양 지점을 통해 지반으로 전달된다. 이러한 지붕틀에 안전상 우려할 만한 증상이나 결함은 관찰되지 않았다. 즉, 안전상 유해한 결함이 관찰되지 않은 상태로서 안전성과 사용성을 유지하고 있다.

2.2 바닥틀

반박공지붕의 지붕틀이 원형을 거의 유지하고 있고, 1층 내부의 기존 기둥이 제거되고, 외부 기둥과 홈대 등의 외벽(특히 도로 부분)은 조적조 혹은 강관 기둥으로 교체된 상태이다. 이를테면, 지붕틀과 바닥틀을 제외하고는 신축 시의 기둥, 벽체는 거의 제거된 상태이다. 즉, 바닥틀 밑의 기존 목조기둥을 제거하고 강관 등으로 기둥 경간을 넓히면서 1층, 2층의 벽체와 기둥이 제거된 것으로 판단된다. 다만, 지붕틀 양 지점의 기둥 위치와 현재의 기둥 위치는 일치하고 있다. 이러한 점에서 현재까지 창대 등이 유지되고 있는 부분이 있을 수 있다. 따라서 현재 무창(無窓) 벽체로 되어있는 2층, 3층 부분 외벽의 개구부에는 창문을 설치할 수 있을 것으로 판단된다.

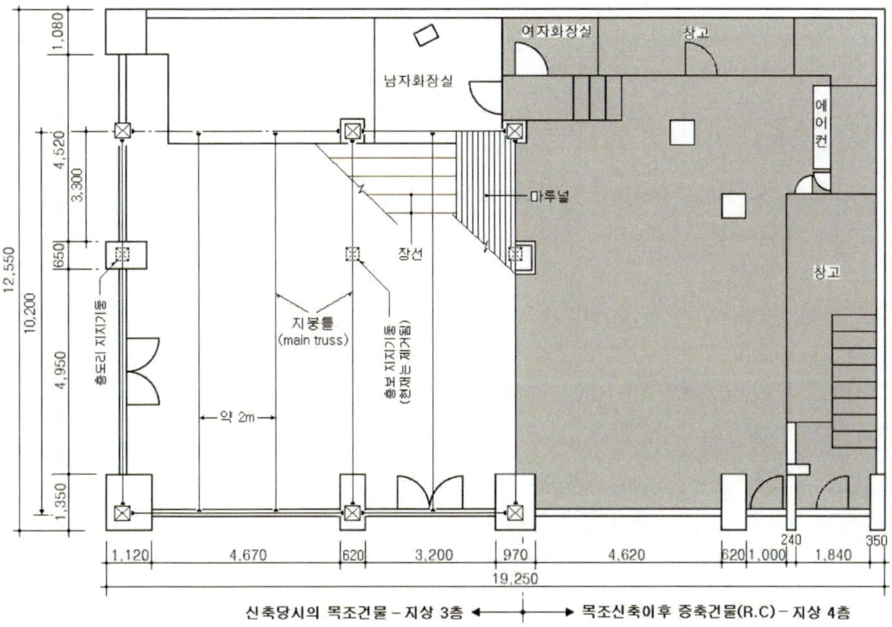

그림 203 신축 당시의 목조건물과 신축 이후의 증축 부분/기둥, 지붕틀의 위치

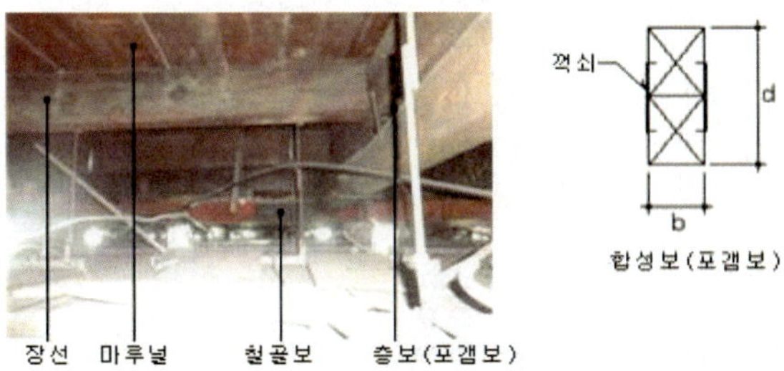

그림 204 바닥보를 포함한 바닥 틀의 하부를 철골보로 보강한 상태/목조 바닥틀 층보의 하부에 철골 보를 설치하여 하중을 기둥으로 전달하고 있다. 일반적으로 층보의 상하 목재 사이에 듀벨을 사용하였을 때 완전한 합성보로 간주하지만, 여기서는 동일 단면의 목재를 상하로 포개어 꺾쇠 치기 하였다.

바닥틀의 층보(바닥보)는 2개의 각재를 상하로 겹친 포갬보이다. 이는 일종의 합성보(목재 조립보: built-up girder)이며, 주로 큰 경간에 쓰인다. 이러한 보의 하부에 철골보가 설치되어 있고, 이를 강관 기둥 또는 조적 벽체로 지지하면서 목조와 철골조, 조적조가 혼용된 상태이다. 이는 신축 당시의 바닥틀이 개보수하면서 철골보로 보강하고, 목조기둥이 강관과 조적 기둥으로 대체됨에 따른 것이다.

그림 205 바닥 틀과 철골 보 사이의 벽돌은 하중을 가중하므로 제거(좌), 바닥 틀을 철골 보와 강관 기둥 및 벽돌 조적으로 지지(중), 1층 영업장의 기둥 배치상황(우)

제3장 종합 및 기타

3층 목조건물은 개보수·개조에 의해 지붕틀과 바닥틀 이외는 원형이 크게 변경되었고, 증축된 철근콘크리트조 건물이 부축하고 있다. 특히 목조건물의 개조과정에서 기둥이 강관으로 교체되어 바닥틀을 단순 지지하고 있고, 횡격막작용을 하는 1층의 목골벽체가 제거된 상태이다. 안전성은 유지하고 있지만, 향후 지속적인 점검을 권장한다.

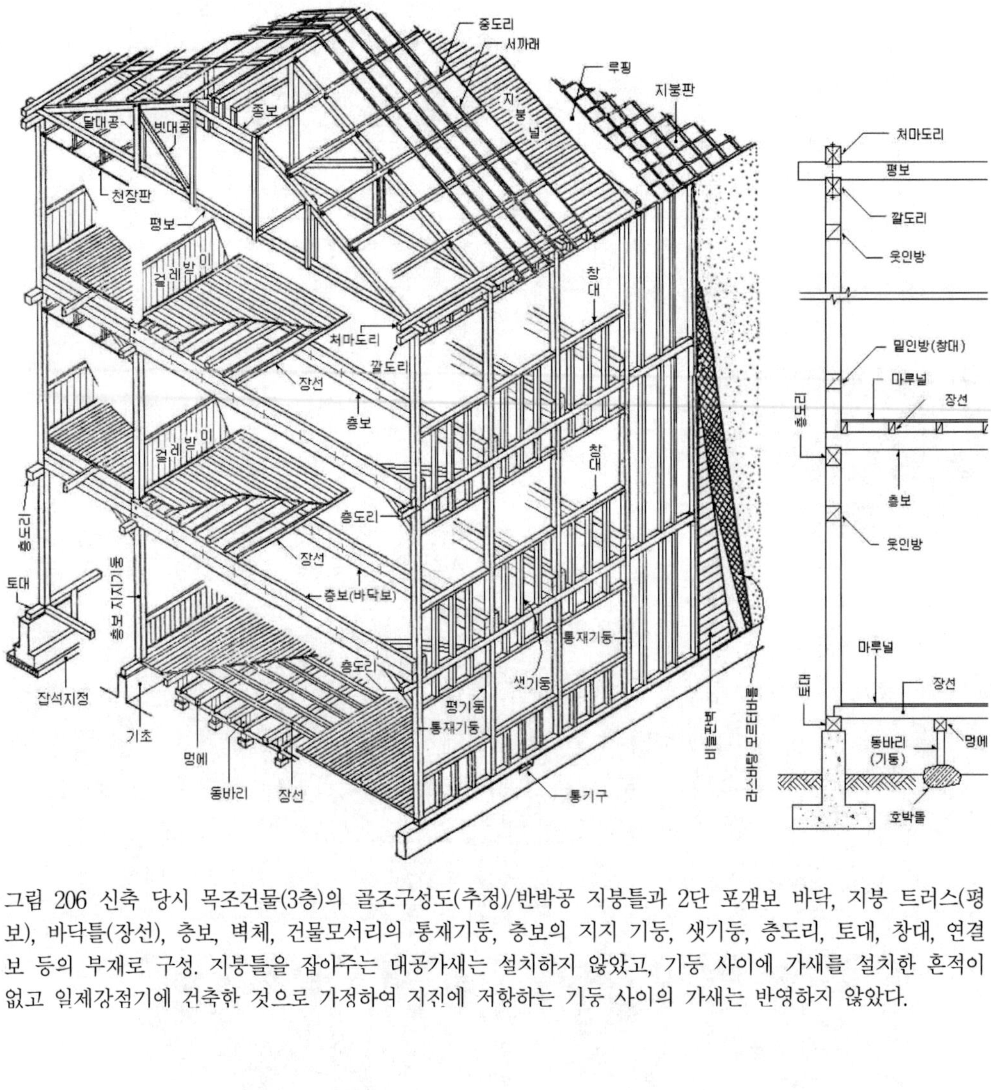

그림 206 신축 당시 목조건물(3층)의 골조구성도(추정)/반박공 지붕틀과 2단 포갬보 바닥, 지붕 트러스(평보), 바닥틀(장선), 층보, 벽체, 건물모서리의 통재기둥, 층보의 지지 기둥, 샛기둥, 층도리, 토대, 창대, 연결보 등의 부재로 구성. 지붕틀을 잡아주는 대공가새는 설치하지 않았고, 기둥 사이에 가새를 설치한 흔적이 없고 일제강점기에 건축한 것으로 가정하여 지진에 저항하는 기둥 사이의 가새는 반영하지 않았다.

■ 기술자료 : 목구조 일반사항

목구조계산규준은 1973년 제정(건설부)되었고, 이후 각종 규준(건축구조계산기준, 1979)과 함께 정비 보완되었다. 2005년 국토교통부는 건축구조설계기준(KBC 2005; 제8장 목구조기준)을 제정하고, 2020년에는 건축물의 구조기준 등에 관한 규칙에서 목구조 건축의 규모 제한 조항이 삭제되었다. 따라서 목조건축도 구조와 화재 안전성이 확인되면 철근콘크리트조와 마찬가지로 규모 제한 없이 건축할 수 있다. 또한, 경주지진의 영향으로 소규모 목조건축물도 구조계산이 의무화되었다.

벽체, 마루 바닥, 지붕 등의 뼈대를 나무로 짜 세운 가구식 구조체를 나무구조, 목구조, 목질구조 또는 목조(wood construction, timber construction)라고 한다. 이는 동양식과 서양식, 이들의 절충식이 사용되고 있다. 동양식은 옛날부터 전하여진 전각, 사원 등의 동양 고전식 구조법, 이를 모체로 하여 한국에서 발전된 한식 구조, 일본에서 개량한 일식 구조이다. 이들은 세부의 차이는 있으나 대체로 같은 술법이다. 한식 구조는 그 대부분이 고전식 술법이 남아 있고 일식은 양풍구조를 많이 도입하였다. 또한, 구미에서 전해진 소위 양풍 구조이다. 그러나 이들은 뚜렷한 구별이 있다고 할 수 없을 만큼 서로 절충하여 쓰이게 되었다(장기인, p.292 참고).

목조의 구축방법이 다양하며, 그 형식에서 보면 축조식(軸組式)과 벽식(壁式)으로 나누고 이들을 혼성하기도 한다. 축조식은 목재의 중량에 비해 강도비가 높은 특성을 발생케 하여 보와 기둥 등의 구조적 선재(線材)를 사용한다. 벽식은 목재를 가로로 겹쳐서 교차부에서 합쳐지면서 외벽을 구성한 구조(예: log house) 또는 목재 사이에 구조적 판재를 합쳐서 패널바닥, 벽, 천장을 구성해서 그것들이 일체로 되어 지지하는 구조형식이다.

목골조(wood frame construction, timber frame construction)는 구조물의 뼈대를 나무로 만들고 뼈대 사이의 공간을 벽돌, 석재, 흙벽돌 등과 같은 재료로 축조한다. 이는 심벽식과 평벽식[272]이 있다. 또한, 경골구조(balloon frame construction)와 플랫폼 골조구조(platform frame construction)로 나눈다. 경골구조[273]는 큰 간사이 구조법을 간략하게 비교적 단면이 작은 표준 치수의 부재만으로 여럿을 사용한다. 보통 50㎜ 두께의 부재를 좁은 간격으로 설치한 샛기둥 벽체가 토대에서 처마의 top plates(경골 목조의 벽에서 샛기둥 상부에 있는 수평부재)에 이른다. 2개 층을 연속으로 통과하는 장척의 샛기둥(stud)의 골조에 비늘판을 못 박기로 외주 벽을 구성하며, 토대, 기둥, 도리, 보 등을 일정한 표준 치수의 재로 하되 구조 내력상 1개의 부재로 부족하면 2개 이상을 겹쳐 쓰거나 조립하여 쓴다. 이는 작은 목재로 뼈대를 균등하게 배치하여 경제적이고 강한 벽체를 구성하여 조립과 함께 공기 단축과 시공이 쉽지만, 접합부가 약하고 보강이 복잡해질 수 있다.

플랫폼 골조(뼈대)구조는 우선 바탕널 바닥(sub-floor)[274]을 기초위에 만들고 그 위에서 작업

272) 심벽식(心壁式)은 기둥 복판에 벽을 쳐서 기둥이 벽의 바깥쪽으로 내보이게 한 것이며, 평벽식(平壁式)은 기둥이 나타나지 않게 기둥의 바깥 면에 벽을 친 것이다.

273) 예컨대, 주요구조부가 KS F 3020의 1종 구조재[공칭두께 50mm 이상, 125mm 미만(실제 두께 38mm 이상, 114mm 미만)의 부재]로 건축된 목구조. 이는 1980년대 중반에 국내에 처음 도입되어 주로 주택에 적용되고 주요구조부재로 골조와 덮개를 집성한 목재제품을 사용하며 서로 접합하여 전체 구조물을 꾸민다.

274) 바닥은 floor, 바닥을 어떤 재료로 마감하는 것을 flooring이라 한다. flooring의 바탕이 되는 바닥을 sub-floor 또는 under-floor라 한다. 이 경우 바탕이 되는 재료는 목조나 콘크리트에 무관하다.

하여 벽을 만든 후 2층 바닥을 만든다. 작업단(platform) 위에서 2층 벽과 지붕을 얹는 순서로 작업을 할 수 있으므로 이 명칭이 생겼다. 이 구조는 벽 하단의 밑(깔)도리(sole plate)를 바탕 바닥에 못으로 고정한다. 이는 보통 50㎜ 두께의 부재를 좁은 간격으로 배치한 벽 부재가 바닥틀(floor framing members)을 넘어서지 않는다. 또한, 중량 목구조(heavy timber construction)는 기둥과 보 등의 각 부재의 치수를 크게 하고 속이 비어 있지 않은 견고한 목재 데크(solid timber decking)를 사용하여 내화성능을 높이며 최소치수가 규정되어 있다. 중량 목구조를 slow-burning construction이라고도 하며 공장 등에 많이 사용되므로 mill construction이라고도 한다. 아래의 자료는 목구조 주요부재의 명칭과 기능이다.

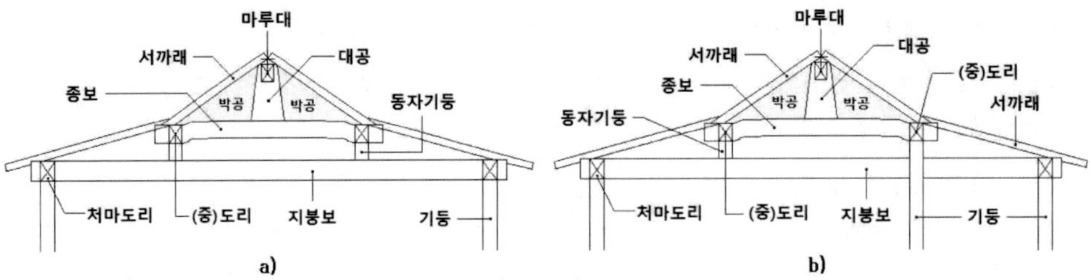

그림 207 합각 지붕틀의 구성/a)는 지붕보 위에 짧은 동자기둥을 세워 종보와 중도리를 받는 단경간(single span) 지붕틀이며, 이는 지붕보를 단경간으로 하여 지붕보의 응력과 변형성을 확보하는 부재 배치라고 할 수 있다. b)는 종보와 중도리를 직접 받는 통기둥 설치의 두 경간 지붕틀이다.

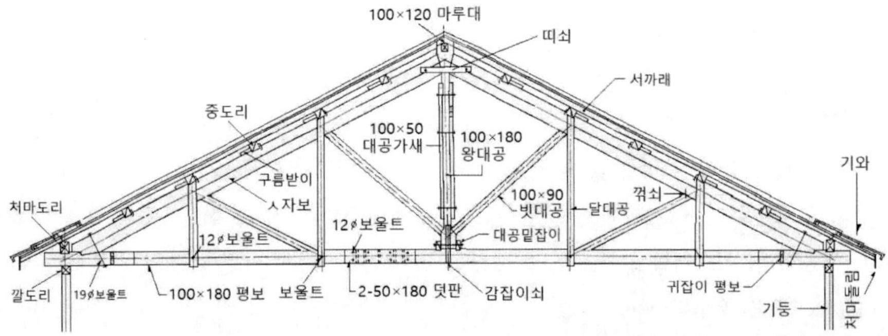

그림 208 왕대공 지붕틀/70년대까지도 주변에서 볼 수 있었고, 트러스를 이해하는 표본이었다. 간 사이는 10m에서 20m 정도, 지붕틀을 짜는 방식에 따라서는 철골 못지않게 큰 간 사이를 확보할 수 있다. 새로운 재료와 트러스 구조의 등장으로 목조트러스가 쇠퇴하고 있는 듯하나, 현재 지붕 등에 많이 쓰이고 있다. 그러나 현장에서 중구난방으로 짜지기도 한다.

그림 209 지붕의 부재 구성(예)/문화부(1991)

ㅅ자보, 평보, 왕대공(king post), 빗대공(버팀대공, strut), 달대공, 귀잡이보(horizontal angle tie), 보잡이, 대공 상호 간의 연결을 위해 V자형 또는 X자형으로 설치하는 대공가새, 마루널, 지붕널, 동바리, 토대(土臺), 서까래(rafter) 등은 목구조의 주요구조부재이다. 보통 접합부의 강성은 못이나 철물, 가새 배치 등을 통하여 확보한다.

연직하중의 작용 하에서 왕대공 지붕틀(king post roof truss)의 ㅅ자보와 빗대공은 압축력, 그리고 vertical post의 왕대공과 달대공은 인장력을 받으며, 평보도 인장력을 받으나 반자가 달려 있을 때는 휨모멘트(bending moment)도 받는다. 이러한 부재력(member forces, internal force)[275]을 고려하여 압축재에는 목재를, 인장재에는 철봉을 사용하여 합성 지붕틀을 만들기도 한다. 또한, 쌍대공 지붕틀(queen post roof truss)은 지붕 속을 소정의 공간으로 이용하고자 할 때 또는 꺾임 지붕틀로 외관을 꾸미고자 할 때 쓰이며 지붕 속의 한 가운데가 네모꼴로 된다.

목조트러스의 부재력은 풍하중이나 지진하중과 같은 수평 하중에 의해서 힘의 반전이 일어날 수 있다. 이를테면, 왕대공 지붕틀(truss)의 달대공은 연직하중의 작용 하에서는 인장재이지만, 건물의 지붕 면에 작용하는 바람의 영향(wind effects)에 의한 상향의 흡인력(upward suction, wind uplift forces)은 이러한 인장재의 힘을 반전시키기도 한다.

- 가새(brace): 4변형의 뼈대에 대각선상으로 설치된 보강재. 바람이나 지진 등에 의한 수평력에 저항하고, 사변형의 뼈대가 마름모꼴로 변형되는 것을 방지한다. 수평력에 저항하는 요소로 사용되며, 힘이 작용하는 방향에 따라 인장 또는 압축력을 받게 되고, 일반적으로 세장비가 크면 인장력에만 저항하는 것으로 한다.
- 기둥(柱: post, stud): 지붕, 2층 마루 등의 상부 하중을 토대에 전달하는 수직구조재. 2층 이상까지 하나의 부재로 된 통재기둥(通材柱, continous column))과 1개 층 높이의 평기둥(平柱)이 있다. 건축물에서 기둥 호칭의 유사용어: pilaster(벽기둥, 붙임 기둥)는 벽면 밖으로 나오게 한 기둥으로서 벽체의 한쪽 또는 양쪽으로 돌출되어 기둥 역할을 하는 벽 부분이다. pier(피어, 교각 등 독립 기둥 형태), column(기둥, 수평 단면 내 가로와 세로 치수의 비가 3을 넘지 않은 수직부재), support(다른 물건 밑에 괴는 것, 받침 기둥, 지주) 등과는 구별된다. 'stud'는 지붕틀에서는 대공, 외벽 또는 내벽의 골조에 사용하는 일련의 샛기둥을 일컫는다.

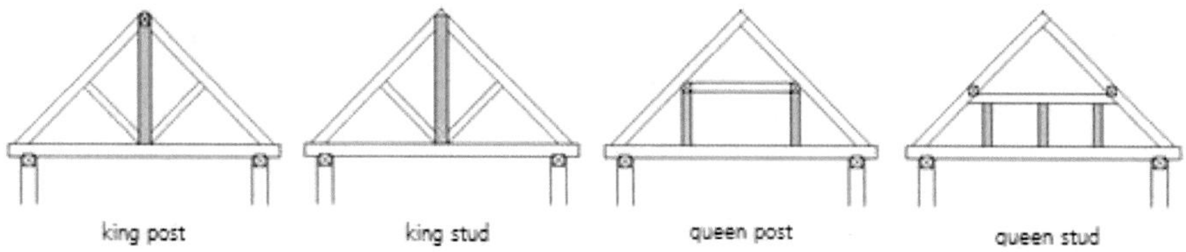

그림 210 지붕틀 구조에서 post와 stud/ post는 일종의 기둥으로서 보(도리)를 받치고 있다.

275) 구조물에 작용하는 하중, 즉 외력으로 인하여 구조부재 내부에 생기는 힘을 부재력 또는 외력에 대비하여 내력(內力, internal force)이라 한다. 축방향력(인장력, 압축력), 전단력, 휨모멘트 등을 총칭하여 부재력 또는 단면력(斷面力)이라 한다.

- **귀잡이재**: 골조에서의 버팀대에 상당하는 부재로서 내력벽 또는 가로재와의 교차부 보강에 쓰인다. 가로재와 긴결 부분에 생기는 휨모멘트, 두 가로재의 맞춤에 생기는 전단력을 고려하여 배치한다. 규모가 큰 것은 수평 트러스로 구성하며, 이를 배치하지 않고 마루널을 빗 방향으로 엇갈리게 배치하여 강성을 확보하기도 한다.
- **깔도리**(wall plate, rising plate): 수평부재로서 기둥 또는 벽 위에 걸어 위층 바닥의 장선 또는 지붕틀을 지지한다. 예컨대, 기둥 맨 위의 처마 부분 혹은 벽돌벽과 지붕틀 사이에 수평으로 놓여 기둥머리를 고정하며 지붕틀을 받아 하중을 기둥에 전달한다. 깔도리와 처마도리 사이에 끼움재를 설치하면 처마도리에 작용하는 지붕 하중이 간접적으로 깔도리에 전달되어 휨부재가 되기도 한다. 벽돌 벽체의 깔도리는 지붕, 처마 또는 도리 부분에서 상부 하중을 균등하게 분포시키면서 벽돌벽 전체를 보강하는 역할을 한다. 지붕틀의 하부를 받치는 얇은 벽과 같은 역할을 한다는 의미에서 'wall plate', 또는 'rising plate'로 호칭하고 있다. 깔도리 위에 지붕틀을 걸고, 지붕틀의 평보 위에 깔도리와 같은 방향으로 처마도리(pole plate)를 걸쳐대며, 처마도리와 깔도리를 평보 옆에서 보울트로 조이거나, 기둥 옆에서 주걱 보울트로 꿰뚫고 처마도리를 조인다. 처마도리가 깔도리를 겸하기도 한다. 사다리보, 포갬보, 트러스보, 못질 충복보 등의 조립보를 깔도리와 층도리로 사용할 수 있다.
- **달대공**(hanging post, pendant): 왕대공 지붕틀(truss)에서 평보를 ㅅ자보에 달아매는 대공(post)으로써, 연직하중 하에서는 인장재(tension member)이다. 그러나 지붕 면에 작용하는 풍압에 의한 상향의 흡인력(upward suction, wind uplift forces)은 인장재의 힘을 반전시키기도 한다.
- **동바리**: 호박돌을 기초로 하여 멍에를 지지하는 길이가 짧은 기둥으로 동자기둥(童子柱)이라고도 한다. 동바리는 목조건물 지붕틀의 동자기둥도 동바리에 해당하며, 건설현장의 보 및 슬래브 콘크리트와 콘크리트 거푸집(형틀)을 떠받치는 기둥(써포트)를 일컫기도 한다.
- **마루대**(ridge beam): 지붕 마루에서 서까래의 끝을 지지하는 수평 보(horizontal beam)
- **바닥틀**: 건물의 횡격막으로서, 고정 및 적재하중에 대한 강도와 강성, 수평 방향의 강성을 확보하고 수평 하중에 의해서 생기는 전단력을 벽체와 기둥에 전달하는 역할을 한다. 여기에는 바닥보와 층도리를 잇는 귀잡이보(재) 또는 수평 트러스 등을 사용한다. 바닥틀(마루)은 큰 보[276]와 장선을 사용하여 을 구성한다. 장선은 마루널의 하중을 지지하며, 즉, 바닥판에 작용하는 하중을 지지하는 장선이 직교 2방향으로 가로와 세로로 배치되며, 이는 구조적으로 작은 보(beam)에 해당한다.
-**버팀대**(strut, knee brace): 기둥과 보의 결합 부분에 설치하는 부재로서, 보-기둥 결합부의 강성을 높이기 위해 설치하는 압축력을 받는 경사재. 흙막이 구조물의 버팀대(strut)는 흙막이 벽판에 직각으로 설치되어 띠장(wale)을 직접 지지해주는 수평압축부재이다.
- **보잡이**(horizontal tie): 지붕틀 또는 평보의 횡변형에 저항하여 휨을 막고, 대공 밑둥의 지붕틀 상호 간의 연결을 통해 평보에서 평보에 걸쳐대는 보이다. 이는 '대공밑잡이' 또는 .'연결대'라고도 한다.
- **중도리**(purlin): ㅅ자보, 동자기둥 위에 처마도리와 평행으로 배치하여 지붕널(roof board, sheathing board), 서까래를 받는 수평부재이다. 왕대공 위에 대는 수평부재를 마루대(ridge piece)라 하며, 이는 휨재로서 보에 해당하며, 지붕널과 함께 지붕이 횡격막작용을 하도록 도모한다. '미끄럼막이'로 구름받이(purlin cleat)를 대며, 중도리가 길 때는 중도리 연결대 (sag rod)를 사용한다.

276) 멍에 또는 도리, 대들보 또는 들보, 층도리 등은 기둥에 지지되는 부재로써 큰 보에 해당한다.

- **띠장**(girt): 기둥 사이의 벽 외장재를 지지하는 가로재, 지붕틀에서의 중도리에 해당한다. 흙막이 구조물의 C.I.P벽, 강널말뚝, 엄지말뚝 등에 가로로 대는 수평부재도 띠장(wale)이라고 한다.
- **ㅅ자보**(principal rafter): 왕대공, 쌍대공 지붕틀에서 평보 위에 볼트 조임 맞춤으로 연결한다. 이는 평보와 대공(stud)으로 연결하여 중도리를 받으며 그 위의 서까래를 받는 경사재이다. 중도리가 ㅅ자보의 절점에 올 때는 단순한 압축재이지만 그 절점 사이에 올 때는 휨을 받는 압축재가 된다.
- **인방**(lintel) : 기둥과 기둥에 가로 대어 창문틀의 상하벽의 하중을 받고, 이를 기둥에 전달하며 창문틀을 설치하는 뼈대가 된다. 벽이 위쪽에 있는 것을 웃 인방이라 하며 기둥 사이가 커지면 달대공을 넣는다. 하부에 있는 것을 밑인방 또는 지방(地枋)이라 한다. 또한, 창 밑의 것을 창대(window sill), 문 밑의 것을 문지방(門地枋, door sill)이라고도 한다.
- **연결대**(collar tie): 박공지붕에서 마주 보는 양쪽 서까래를 연결하여 벌어짐을 막거나 풍하중의 부상력에 저항하는 역할을 한다.
- **종보**(宗樑, straining beam): 지붕틀의 지붕보 위에 동자기둥을 양쪽에 세우고 그 위에 수평으로 건너댄 수평부재. 즉, 보 위에 다른 보를 얹은 구조로써, 양쪽 동자기둥 위에 건너대어 마룻대를 지지하는 대공을 받는 수평 보이다.
- **장선**(floor joist, floor beam): 'joist'는 구조적으로 보(girder)에 지지되는 'beam'이므로 장선을 'floor beam'이라고 할 수 있다. 기둥에 얹힌 보는 'girder'이므로 장선(floor beam)과는 구분된다. 그래서 기둥에 지지 되는(하중을 전달하는) 층보(바닥보)를 'floor girder'로 표현할 수 있다.
- **처마도리**: 깔도리 위에 지붕틀을 걸치고 지붕틀의 평보 위에 깔도리와 같은 방향으로 걸쳐 서까래를 받는 도리. 이는 지붕틀을 지지하는 기둥과 기둥 경간을 연결하여 가구식 구조를 이룬다. 처마도리 위에 서까래를 걸쳐서 그 위에 지붕널로 지붕면을 구성한다. ㅅ자보 또는 동자기둥 위에 처마도리와 평행으로 배치하는 중도리는 지붕널에 작용하는 하중을 ㅅ자보에 전달하는 역할을 한다. 처마도리는 처마 부분에서 중도리와 같은 역할을 하면서 지붕널에 작용하는 하중을 기둥으로 전달한다. 처마도리는 깔도리를 겸하기도 한다.
- **층도리**(girth, girt): 층 마룻바닥의 위치에서 기둥을 상호 연결하는 수평으로 대는 가로재(橫架材). 즉, 2층 이상의 바닥을 구성하기 위한 보이다. 샛기둥과 평기둥 위에 얹히며, 기둥과 기둥 사이를 건너지른다. 예컨대, 층마루 바닥의 하중을 받는 기둥 경간을 연결하는 층간(테두리) 보이다. 기둥 사이의 샛기둥과 함께 장선이 층도리에 얹히면 '장선받이'라고도 한다. 경간이 크거나 혹은 경간이 작을 경우라도 사다리보, 포갬보, 트러스보, 못질 충복보 등의 조립보를 사용할 수 있다.
- **층보**(floor girder): 층도리 위에 놓여 기둥에 지지되는 보. 층보 위에 장선을 걸치고 마루널을 깔아 바닥을 마무리한다. 따라서 바닥보로 표현하기도 한다. 이를 지붕층에서는 지붕보(roof girder, roof beam)로 호칭한다.
-**토대**(sill plate, ground sill): 목구조에서 조적 혹은 콘크리트기초의 바로 위에 놓이는 부재. 기둥 하부의 외벽과 내벽에 구조적으로는 기초에 긴결하여 가구식 골조를 형성하고, 기초 부분에서 풍하중이나 지진하중과 같은 수평 하중에 대한 들림에 저항하는 수평부재이다. 기초 위에 놓여 상부에서 오는 하중을 기초에 전달하고 기둥 밑을 고정하고 벽을 치는 뼈대가 된다. 중요 부위에서는 외벽은 물론 칸막이벽에도 댄다.

- **평보**(tie beam) : 왕대공 지붕틀과 쌍대공 지붕틀에서 평보는 깔도리에 걸침턱으로, 처마도리는 평보에 걸침턱으로 물리고, 깔도리와 처마도리에 의해 볼트 조임 된다. 평보는 천장이 없을 때는 단순한 인장재이지만, 반자틀의 천장 하중이 달대를 통해 평보에 매달릴 때도 있다. 이 경우에는 휨을 받는 인장재가 된다. 귀잡이 평보는 깔도리 상면에서 평보의 측면에 설치한 수평재이다.

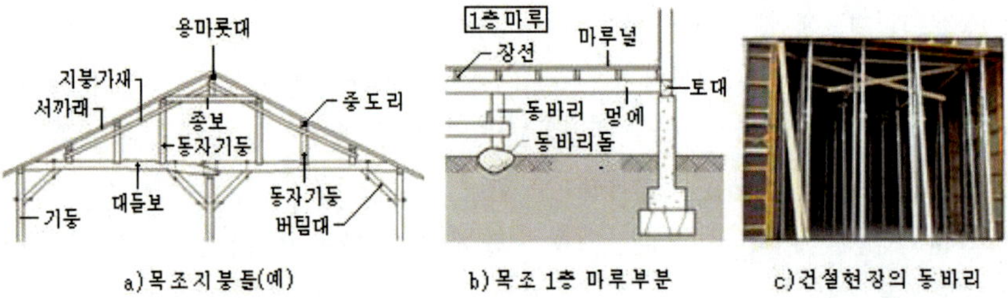

그림 211 동자기둥, 동바리의 사용

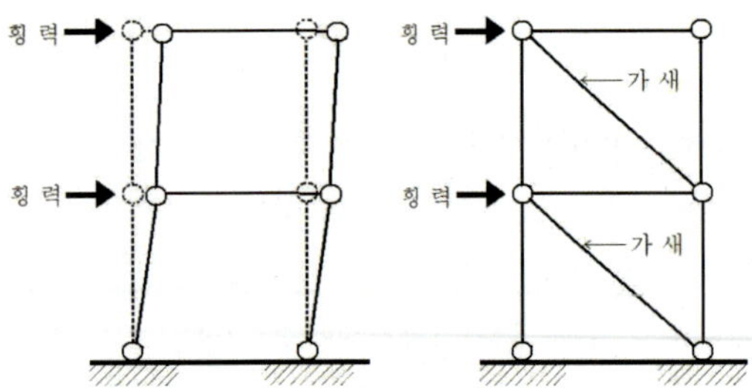

그림 212 가새/사각형의 가구에 대각선 방향으로 부재를 배치하면 구조물이 훨씬 강해진다. 즉, 구조물에 경사가새를 배치하면 골조가 삼각형이 되어 바람이나 지진과 같은 힘에 대한 저항성이 커져서 안정된 구조물이 된다. 건설현장의 동바리에도 이 같은 가새를 배치한다

층도리, 깔도리, 처마도리, 장선, 멍에, 인방 등은 구조적으로 보에 해당하며 휨재로서, 하중을 보와 기둥에 전달한다. 휨재는 휨모멘트 및 전단력에 대해서 내력을 가져야 하므로 부재 단면과 경간 등을 고려하여 정한다. 또한, 구조적인 안정을 위해 큰 보와 작은 보의 조합, 특히 여러 개의 작은 보를 큰 보에 구조적으로 적절히 연결 배치함으로써 바닥판이 작은 보로 구획되는 부분 부분마다 2방향으로 하중을 전달하여 구조적인 효과를 도모하는 등의 부재 배치도 필요하다.

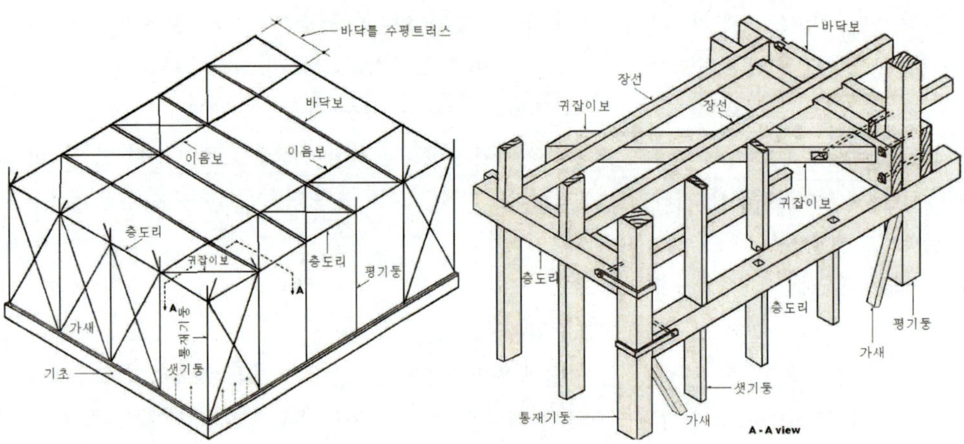

그림 213 수평트러스구조의 목조바닥틀 구성/목구조계산규준·동해설(1973) 참고

일층 마루틀은 지반 위에 동바리 초석(footing of floor post)을 놓고 그 위에 동바리(floor post, strut))를 세운다. 그 동바리 위에 멍에(sleeper)를 걸고 그 위에 직각 방향으로 장선(floor joist)을 걸치고 마루널(floor board)을 깐다. 멍에는 동바리 기둥 위에 얹혀 장선을 받으므로 girder이며, 장선(長線, floor joist)은 마루널의 하중을 전달하는 보(beam)이다.[277] 멍에는 동바리(기둥) 위에 걸쳐지므로 굳이 구분한다면 큰 보(girder)에 해당한다.

목구조에서 큰 보(girder) 위에 작은 보(beam)를 걸고 그 위에 장선을 대고 마루널을 깐 경우에, 작은 보는 가로보가 되고, 장선은 세로보에 해당한다. 즉, 작은 보에 장선을 대고 마루널을 깔게 되므로 이때의 장선은 가로보와 함께 마루널(floor board)을 지지하는 세로보(stringer)의 역할을 한다.

2층 마루는 기둥 또는 층도리 위에 층보를 걸고 그 위에 장선을 걸치고 마루널을 깐다. 층보는 기둥에 지지되므로 큰 보에 해당하고, 장선은 층보 위에 걸치므로 작은 보 또는 가로보(cross beam)로 호칭할 수 있다. 층보 위에 장선을 걸치고 마루널의 하중이 장선을 통해 전달되므로 장선은 바닥보(floor beam)이 된다. 바닥틀과 마찬가지로 지붕틀도 수직 하중과 횡 하중에 대해 건물의 골조, 내력벽에 연결하여 수평 방향의 강성을 확보하고 수평하중에 의해서 지붕틀에 생기는 전단력을 안전하게 골조와 내력벽에 전달할 수 있게 한다. 지붕틀에 풍압력이 가해지면 수평력에 의한 전단력뿐만 아니라 인발력도 생기므로 지붕틀이 이동하거나 낙하하지 않도록 골조에 연결한다. 예컨대, ㅅ자보와 평보 맞춤에서 평보 끝부분을 20㎝ 이상으로 내민 것은 전단력에 의한 파괴를 방지하기 위함이다. 또한, 수평 트러스나 귀잡이재를 사용해서 수평 하중을 내력벽에 전달한다. 지붕의 수평 트러스는 되도록 대칭으로 설치하고, 바닥틀과 같이 지붕널을 빗방향으로 까는 것도 좋다. 지붕틀의 스팬이 커지면 옆으로 넘어지는 것을 방지하기 위해 보잡이(대공 밑둥잡이)나 대공가새를 사용한다.

과거에는 트러스의 기본개념을 이해시키기 위해 '왕대공' 지붕틀을 반복적으로 그리도록 하였다. 현재에는 이러한 교육을 접하기도 어렵다. 목구조 기술자도 극소수이고, 기술 또한 미약하다. '근래에 이르러 대한건축사협회가 한옥 설계전문가 양성과정'을 개설하는 등 건축사에게 전통건축에 대한 설계를 경험하도록 하고 있다. 기본적으로 대학교육과정에서부터 목구조 일반사항은 물론 기존 목구조 현장실습, 목구조의 부재 명칭과 용어, 이들의 구조역학적인 거동과 역할 등에 대한 이론 교육과 이를 바탕으로 하는 설계 실습 등이 필요하다. 모든 구조물 설계가 그러하듯이, 단순히 현장답사나 부재 명칭을 이해하는 것만으로는 한계가 있으며, 구조역학적인 이해가 없는 설계를 전문가 설계로 보기 어렵다. 또한, 동일학부이면서도 예술 분야와 공학 분야로 분화되어 '건축학'과 '건축공학'이 유리된 교육과정이 되고 있다.

그림 214 국내 농촌 창고의 목조지붕틀(좌), 중국의 대나무 트러스 지붕틀(우)

277) 영영사전에서 joist는 "one of the beams that support a floor or ceiling" 이다. 즉, joist도 바닥을 지지하는 beam에 해당하므로, 'floor beam'이나 'floor joist' 모두 같은 의미의 구조부재이다.

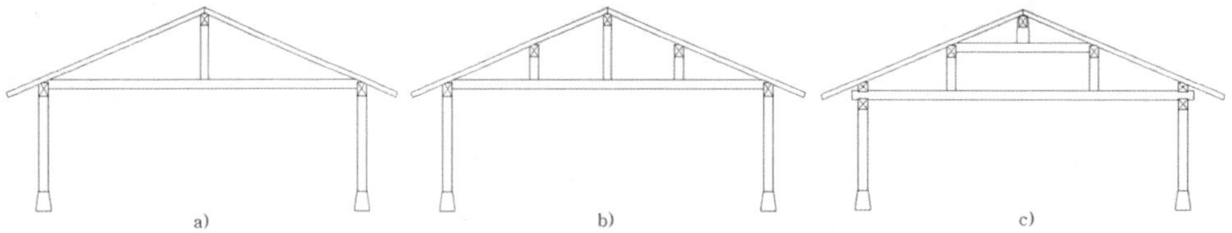

그림 215 목조 지붕의 하중 분할과 휨모멘트의 변화/평보 단면의 크기는 주로 휨모멘트에 의해 결정된다. 전단력도 작용하지만, 그것은 휨모멘트의 증가율이다. a)는 평보(지붕보)의 중앙에 집중하중이 작용할 때$M_{\max} = \frac{P}{2} \times \frac{\ell}{2} = \frac{P\ell}{4}$이고, 전단력은 $\frac{P}{2}$이며, 이 값이 휨모멘트의 증가율이다. 휨모멘트는 이 비율로 증가하므로 중앙에서의 $M_{\max} = \frac{P\ell}{4}$이 된다. P는 평보의 중앙에 작용하는 집중하중이며, ℓ는 기둥 간사이. 이같이 전체 하중을 평보의 중앙에 작용시킬 때에 휨모멘트가 최대이며, 이 하중을 등분포로 작용시키면 작아진다. 모멘트뿐만이 아니라 처짐도 하중의 수가 많으면 유리하다. c)와 같이 평보 위에 종보를 놓은 간접하중일 때에는 휨모멘트 값이 작아진다.

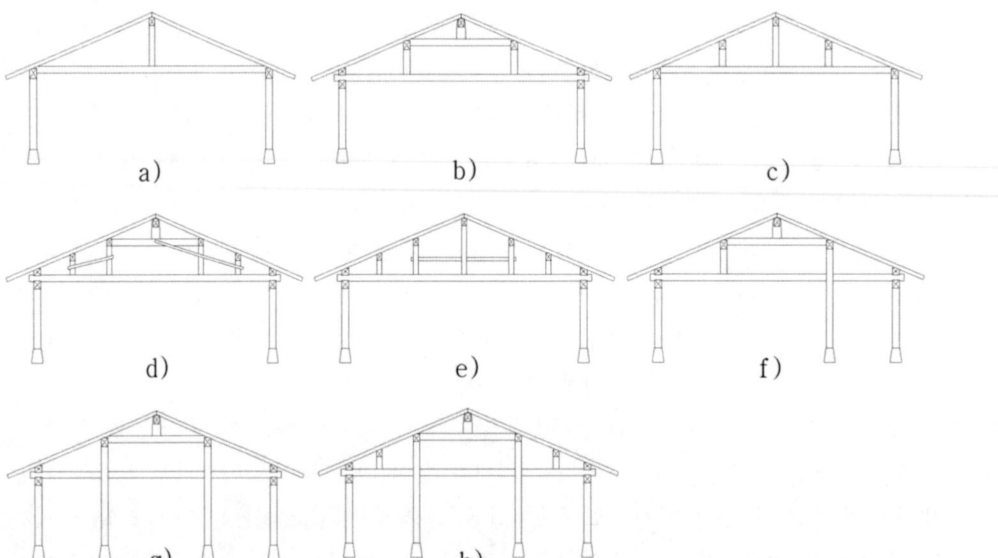

그림 216 지붕 하중의 등분과 지붕보의 휨모멘트 감소, 지붕틀의 구성 및 확장/a)~e)는 단 스팬의 지붕보를 짧은(동자) 기둥의 집중하중으로 2분할~6분할 한 지붕틀이며, b), f), g), h)는 양쪽 기둥을 지지점으로 하는 지붕보를 각각 단 스팬, 2 스팬, 3 스팬으로 지지하는 지붕틀이다. h)는 3 스팬 g)의 양측 지붕보 위에 동자기둥을 세워 지붕하중을 등분하는 형식이다. 지붕하중의 등분과 기둥지지 지붕틀의 다(多) 스팬을 통해 지붕보의 구조성능을 높이고 보다 넓은 실내공간을 확장할 수 있다. 동자기둥(purlin post)은 중도리(purlin)를 지지하는 기둥으로 지붕보에 집중하중으로 지붕 하중을 전달한다. 이상과 같은 지붕틀 구법으로는 한계가 있고, 단일스팬으로 장스팬의 트러스 지붕틀을 구성하고자 할 경우는 앞서 기술한 왕대공이나 후술하게 되는 핑크 트러스 등을 적용한다.

2.10 하중 강도에 의한 바닥 슬래브 안전성 검토/기술용역의 이면

차 례

<소고> 발주자 작성의 부적절한 용역과업

발주자 작성의 용역과업에는 슬래브의 적재하중에 대한 안전성 검토를 구조해석으로 하도록 특정하였다. 그러나 경험적인 방법으로 검토하는 것이 적절하다고 판단하여 과업과는 다르게 수행하고 이를 설득하였다.

경험적인 방법은 실험연구에서 얻은 경험식이나 이론적인 연구 문헌에 기초하여 평가한다. 즉, 구조해석으로 평가하는 것이 불합리하다고 판단되면 전문가의 실증적인 경험이나 실험결과를 통해서 평가하는 방법이다. 그러나 이에 대한 이해가 부족한 발주자는 구조해석으로만 안전성 평가하려는 경향이 있고, 전문가들까지도 이에 의존하기도 한다. 이러한 영향으로 발주자들은 "안전성은 구조해석에 의한다"라는 인식이 팽배하다. 안전성 검토는 상황에 따라 해석적, 실험적, 경험적인 방법이 적용될 수 있다.

이들의 결정은 진단전문가가 정할 일이다. 그러나 발주자들은 대부분 구체적인 평가항목까지 세부적으로 확정하여 전문영역에 깊숙이 개입하고 있다. 비전문인 발주자가 구조해석으로 한정한 검토용역의 과업은 자칫 당해 진단의 본질과 범주를 벗어날 수 있다. 해당 분야에 대한 지식이 부족한 발주자는 이를 포괄하기 위해 이상적인 사항만을 추려서 과업 내용에 넣기도 한다. 이러한 용역과업으로 용역수행자는 부득이 불필요한 과업을 수행해야 하거나 어겨야 하는 혼란에 빠지기도 한다.

검토대상(업무시설)의 8층~10층 슬래브는 적재하중 300kgf/㎡으로 설계된 철근콘크리트조(지하 2층, 지상 10층, 건축면적 826㎡, 1997.1 준공) 건물이다. 현재(2017년)의 전산실의 적재하중에 대한 안전성을 검토하는 것이 주안이다.

용역계약서에는 안전성을 구조해석으로 검토하게 되어있었으나, 이를 바닥 적재하중에 대한 하중강도로 평가하였다. 그래서 용역보고서 제출 후에 이에 대한 발주자의 항의에 대해서 다음과 같이 설명하였다.

"보통 구조해석은 실물체보다는 신축예정건물과 같은 도상구조물의 구조설계에 적용한다. 즉, 구조설계는 사용재료의 물성과 형상, 치수를 가정한 도상구조물에 대해 모델링하고 응력과 변형을 해석하여 안전성과 사용성을 평가한다. 반면에 기존건물의 안전성은 현재 상태를 평가하여 구조부재에 문제가 있을 때 구조해석으로 성능을 평가하여 보강하며, 문제가 없을 때는 현상 유지하게 된다. 즉, 구조적인 결함(휨, 전단균열 등)이 발생하지 않은 경우는 건전한 상태이므로 구조검토를 생략한다. 이 같은 개념으로 적재하중에 대한 하중강도로 평가하였다. 만일 현재의 전산실 적재하중(350kgf/㎡)으로 구조해석을 한다면, 건전한 상태의 부재(슬래브, 보 등)에 대해 불필요한 보강을 하게 될 수 있다. 이는 자칫 골다공증이 없는 매우 건강하다는 진단결과에도 불구하고, 더욱더 튼튼한 다리를 유지하기 위해 다리에 철판을 덧대는 불필요한 보강이 될 수 있다."

"만일, 계약서에서 명시한 바와 같이 구조해석으로 안전성을 검토할 경우, 모든 구조부재(보, 기둥, 슬래브 등)에 대해 대규모 보강공사가 수반될 수 있다. 실제는 건전한 부재인데 구조해석결과 내력이 부족하다(N,G)는 이유로 보강을 해야 하는 일이 생길 수 있다. 이 같은 경우에 안전성 평가를 구조해석에 의하는 것은 적절하지 않다"라고 설명하였고, 발주자가 이에 대해 동의하였다.

기존구조물의 안전진단을 전적으로 구조해석에 의존하는 기술자들은 구조해석이 곧 구조물의 안전성 평가라고 생각하기도 한다. 예컨대, 기존구조물에서 건전한 부재임에도 불구하고 구조해석 결과가 N.G인 부재는 모두 하자로 판정한다. 이런 일은 기존구조물에 하자를 구조해석으로 판단하는 구조기술자들의 무개념에서 비롯한다. 이러한 무분별한 사고가 관행화되어 발주자들을 설득하느라 애를 먹는다. 15년 전에는 하자소송에서 구조물 전체에 구조균열이 발생하지 않은 건전한 보에 대해 구조기술자가 구조해석 결과의 내력 부족(N.G)에 근거하여 이를 하자로 판정한 건에 대해 증인으로 참석하여 이에 대해 논쟁을 벌인 일도 있다. 결국, 재판부가 구조해석에 의한 잘못된 하자판정으로 받아들였지만, 이 같은 갈등도 구조물진단에는 내포되어 있다.

제1장 개요

설계 시에 바닥에 작용하는 등분포 적재하중은 등가등분포하중(等價等分布荷重)으로서 확률•통계적 방법에 의해 정하고 있다. 사용실의 용도에 따라 사람과 물품의 위치와 방향이 다르므로 사용 용도에 기초하여 평가한다. 실제 거주하는 사람과 물품의 위치와 방향이 다양하고, 그 설치가 방향에 따라 대상 구조부재에 대한 응력과 변형 등의 하중효과(load effect)도 다르기 때문이다. 여기에서 '하중효과'라 함은 하중이 구조물에 작용함에 따라 구조물에 생기는 응력, 변형, 가속도 등을 말한다. 구조물이 안전성과 사용성을 확보하는 것을 나타내는 구조물의 저항요소인 내력과 변형, 가속도와 같은 차원(dimension)의 물리량이다.

설계 시에는 각각의 설치 방향의 모든 경우에 대해 하중 조건을 수용하는 것은 곤란하므로, 일반적으로 부재에 생기는 하중효과가 등가로 되는 등분포하중, 즉 "등가등분포하중"으로 평가한다. 또한, 사람과 물품의 위치와 방향의 집중 정도는 대상으로 하는 면적이 작을수록 커지고, 면적이 크게 되면 균등화된다. 이것은 평면적인 것만이 아니라 다층의 바닥을 지지하는 기둥의 층수에 대하여도 마찬가지이다.

본 검토에서는 적재하중에 대한 이러한 특성을 고려하여 검토하였다. 즉, 검토대상의 3개 층(8층, 9층, 10층) 바닥면적($X_1-X_5 \times Y_1-Y_3$=30m × 15.9m=477㎡)이 크고, 현장조사결과 전산장비가 규칙적으로 배치되어 있고, 바닥 슬래브 위에 데크 바닥을 구성하여 등분포로서 슬래브(두께 15㎝)에 하중이 전달되는 구조이므로, 하중에 대한 집중계수를 적용하지 않은 것으로 하였다.

제2장 안전성 평가

1) 적재하중에 대한 안전성 평가

하중 강도(load intensity)는 하중의 크기를 규정하는 가장 기본적인 물리량으로서, 적재하중의 경우는 어떤 면적당의 실제의 평균중량이다. 적재하중의 기본값 L은 다음 식에 의하여 산정한다.

$$L = L_O \times C_E \times C_{R1} \times C_{R2}$$

(建築物荷重指針・同解説, 4章 積載荷重, 日本建築學會, 1993年 참조)

L_O : 기본적재하중강도(kgf/㎡), 사무실의 경우에 300kgf/㎡, 전산실의 경우에 350kgf/㎡.

C_E : 등분포환산계수로서, 사무실 및 전산실 바닥의 경우에 1.6

C_{R1} : 면적저감계수, 사무실 및 전산실 용도의 경우에 $C_{R1} = 0.6 + \frac{1.6}{\sqrt{A_I}}$

여기에서 A_I : 영향면적(㎡), 다만 $A_I \geq 18m^2$로 한다.

C_{R2} : 층수저감계수, $C_{R2} = 0.6 + \frac{0.4}{\sqrt{n}}$, 여기에서 n는 지지하는 바닥의 수

대상 건물의 10층을 기준하여 적재하중 검토대상의 바닥면적($X_1 - X_5 \times Y_1 - Y_3$)은 30m×15.9m=477㎡이며 비교적 면적이 크고 하중이 널리 분포되어 있어, 등분포하중으로 균등화가 가능한 상태이다. 따라서 면적저감계수(面積低減係數)와 층수저감계수(層數低減係數)를 적용할 수 있는 상태이다.

적재하중의 기본 값 L= 350kgf/㎡×1.6×0.60×0.88=296kgf/㎡→ 300kgf/㎡

상기의 적재하중의 기본값은 상시작용하는 하중으로, 통계적으로 구한 기본적재하중강도로, 등분포환산계수, 면적저감계수, 층수저감계수를 곱하여 산정한 것이다. 기본적재하중강도는 실의 용도와 함께 면적 18㎡의 인간 및 물품의 평균 중량을 통계 데이터와 함께 비초과 확률 99%의 값으로서 얻어진 것이다.

1) 검토대상 : 가장 많은 하중이 적재된 10층을 기준으로 한다.
2) 설계 시에 적용한 적재하중 : 300kgf/㎡
3) 총 바닥면적: 477㎡ ($X_1 - X_5 \times Y_1 - Y_3$ = 30m×15.9m=477㎡)
4) 바닥면적에 작용하는 기본적재하중= 477㎡×300kgf/㎡= 143,100kg > 70,492kg(사람과 물품을 포함한 실제의 추산 적재하중)

현재 10층의 적재하중(70,492kg)+슬래브 위의 배선 Floor(30kg/㎡×477㎡=14,310 kg)=84,802kg

→ 기본적재하중 143,100 > 84,802kg(배선 FLOOR하중을 포함한 10층의 적재하중)

⁜ 충분한 기본 적재하중을 확보한 상태

2) 실제작용의 적재하중 산출내역

※ 일부 자료(X, Y 평면좌표 등) 생략

구분			단위무게(kg)	수량	무게(kg)	비고
9층	서버랙	○○ 화재			14,491	
		화재 네트워크			2,250	
		고려가람			2,390	
		□브로드			9,510	28,641
	항온항습기		1,000	5	5,000	
	이중마루		7.5	1,120	8,400	
	소화약제		130	9	1,170	
	분전반		100	13	1,300	
	창고(선반 및 물품)		80	7	560	
	책상		30	4	120	
	사무실	책상	60	39	2,340	
		인력	70	35	2,450	
	소계				**49,981**	
10층	서버랙	□□생명			23,445	
		생명 네트워크			2,970	
		△△ 산업			3,900	
		기타계열			11,570	41,885
	항온항습기			7	8,000	
	이중마루		7.5	1,785	13,388	
	소화약제		130	9	1,170	
	분전반		100	12	1,200	
	창고/랩실(선반 및 물품)				1,610	
	생명/화재 상황실(인원, 책상 포함)				3,240	
	소계				**70,493**	
총계					**120,474**	약 120톤

10층 적재하중의 분포

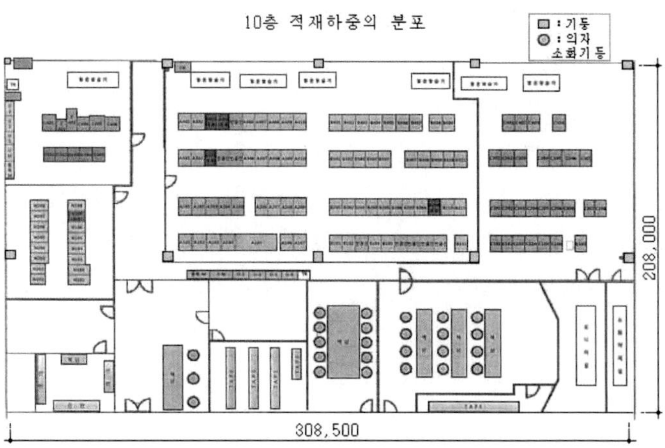

제3장 8층, 9층, 10층의 적재하중에 대한 안전성 검토 결과

설계 당시 전산실의 사람과 물품의 적재하중에 대한 기본하중강도는 300kgf/㎡이며, 이는 등분포환산계수(하중집중 포함), 면적저감계수, 층수저감계수 등을 고려한 것이다. 이와 같은 설계 시의 적재하중으로서 최대적재하중이 작용하고 있는 10층 바닥면적(477㎡)을 기준할 경우에 10층의 총 적재하중은 143,100kg으로 산출된다.

10층 바닥에 작용하고 있는 적재하중(사람+물품) 79,494kg에 슬래브 위의 배선 Floor

에 의한 적재하중(30kg/m² × 477m²=14,310kg)을 산입할 경우에 10층 바닥에 작용하고 있는 적재하중은 84,802kg으로 추산된다. 이는 설계 시의 기본하중강도에 의한 적재하중 143,100kg의 약 60%에 이르는 적재하중으로서, 현재의 적재하중을 과하중으로 보기 어렵다. 이는 안전성을 유지하기에 충분한 상태라고 판단할 수 있다.

8층~10층 슬래브의 큰 보(Girder)와 작은 보(Beam)에 대한 상태조사결과, 조사일 현재 구조부재의 내력 부족으로 발생할 수 있는 보의 휨 균열이나 전단균열, 슬래브의 항복선 균열이 전혀 관찰되지 않은 건전한 상태이다. 즉, 조사일 현재까지는 장기기간의 하중작용에도 불구하고 구조균열이 발생하지 않은 양호한 상태로서 안전성을 확보한 것으로 판단된다.

제4장 용역 완료 후의 추가평가(10층 서버 증설 및 9층 적재하중 추가, 7층 적재하중)

앞의 제3장까지의 정밀진단용역이 완료(용역성과품 제출)된 이후에, 발주자는 용역비용을 발생시키지 않으면서 7층 적재하중과 9층 및 10층 적재하중의 증가에 따른 추가검토를 당연하게 요구하여 작성하게 된 소견서이다. 이미 2주 전에 용역이 완료되었으나, 그때까지 용역비용을 처리하지 않았고, 발주자와 다른 2건의 진단용역도 수행 중이었으므로, 추가검토에 따른 별도의 용역비를 요청할 수 없었다. 설령 별도의 용역비를 요청해도 받아들여질 리 없고, 또한 향후 그들과의 거래가 단절될 수 있으므로, 언짢았지만 흔쾌히 협조할 수밖에 없었다. 소위, 계약의 갑을관계가 상호 간에 형성되어 있기 때문이다.

만일에 별도의 용역비를 요구했을 때, "갑" 측에서 발주 시에 용역 범위에서 누락된 것이라고 하면, 지난한 다툼으로 이어질 수도 있다. 원칙에서 벗어나는 일이지만, "을"의 입장에서 이를 포용함으로써 얻을 수 있는 득실을 고려하여 소견서에 회사의 직인을 날인 하면서도 비용 발생 없이 수행하게 되었다.

1) 하중개요

- 10층 : 서버증설 300kg × 16ea=4,800kg
- 9층 : 사무실공간 : 300kg × ea(랙) = 21,000kg
  항온항습기(3기) : 1000kg × 3 = 3,000kg
  자동 소화설비 : 130kg * 4 = 520kg
  기존 서버실 : 300kg*약 30ea=9,000kg　　Total 33,520kg
- 7층 : 10층 조건과 거의 동일(약 70,000kg).

2) 평가소견

• 10층

서버 증설(4.8t)의 적재하중이 분산 배치되어 있다. 기실시한 정밀진단용역(2017.3. 한국구조물진단연구원)의 적재하중에 대한 안전성 평가 시에, 사용하중이 전산실 설계 시의 기본하중강도에 의한 적재하중의 약 60%에 이르렀다. 이러한 상태에서 분산 적재된 4.8t의 하중을 과하중으로 보기 어렵다는 측면에서, 서버 증설에도 불구하고 안전성을 유지할 수 있을 것으로 판단된다.

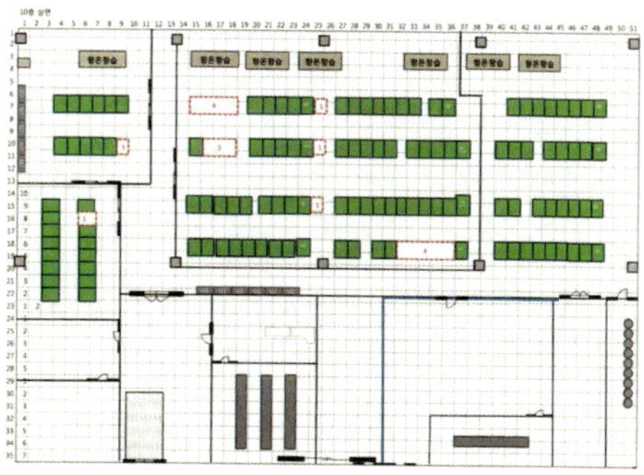

그림 219 10층 서버증설

• 9층

9층에 신규로 추가되는 부분의 하중은 34t에 이르나, 이 부분의 면적 또한 20.8m×11.0m로서 적재하중이 균등화될 수 있는 면적(229㎡)이다. 또한, 항온항습조와 기존의 서버, 기타 물품의 위치와 방향이 열을 이루는 등으로 집중하중을 유발하는 상태로 판단되지 않는다. 결과적으로 안전에 문제를 일으킬 수 있는 하중 상태로 평가하지 않는다.

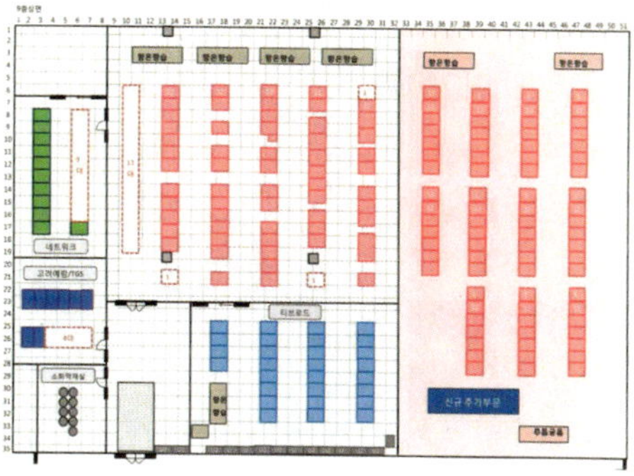

그림 220 9층 신규추가분

• 7층

7층 부분은 "10층 부분과 구조부재(기둥, 보, 슬래브)의 배치가 동일하고 하중효과(load effect)도 같다"라고 할 수 있으므로, 기실시한 ○○(주) 사옥 정밀안전진단용역(2017년 3월, 한국구조물진단연구원)의 안전성 평가와 마찬가지로 구조적인 안전을 확보한 것으로 평가할 수 있다. 즉, 7층 하부의 보(girder, beam)에 전단균열이나 휨균열이 발생하지 않은 한, 내력과 사용성을 유지하고 있는 것으로 볼 수 있다.

2017년 3월 ○ 일

책임기술자 : 윤재진(공학박사)

한국구조물진단연구원 (인)

※ 법정진단이 아닌 일반기술용역에서 책임기술자로 명기한 것은 의뢰인에게 진단에 대한 책임감을 강조하기 위함이다.

2.11 지붕 트러스와 지지 브라켓의 균열양상

차 례

<요지> 지붕 트러스 지지의 브라켓 손상과 균열

준공 후 40년이 지난 공장건물에서 요즈음에는 접하기가 흔치 않은 핑크 트러스(Fink truss) 지붕틀을 조사하게 되었다. 지붕틀의 경간 28m이고 브라켓의 양 지점부가 거의 고정상태였고, 트러스의 걸침 길이(bearing length) 부분까지 브라켓 손상과 균열이 발생하였다. 외관상 트러스 자체는 좌굴, 부식 등의 결함이 관찰되지 않은 건전한 상태였다.

건축주는 트러스가 오래되어 안전성이 의심되고, 브라켓의 손상으로 지붕 트러스가 탈락할 수 있다는 우려에서 의뢰하였다. 그래서 이러한 우려를 해소하는데 주안을 두고, 결함 발생의 원인 규명과 보강방안, 보강공사 기본도면작성 및 공사내역서를 작성하였다. 그러나 여기에 발췌한 주된 내용은 핑크 트러스의 구조적인 특성을 소개하고, 지붕틀의 하중작용에 따라 발생할 수 있는 전형적인 전단균열의 양상과 다르게 나타난 브라켓의 균열양상을 정리하였다. 예컨대, 핑크 트러스의 구조적인 특성, 브라켓에 작용하는 전단력(V_u)에 의해 발생하는 전형적인 전단균열과 수평력(N_u)에 의해 발생하는 균열양상을 기술하고 있다.

제1장 대상 건물의 개요

1.1 건물의 현황 및 상황

조사일 현재(2017년 2월 15일), 40년이 경과한 철근콘크리트조 공장건물에 사용된 지붕틀은 2L-형강으로 구성한 핑크 트러스이다.

그림 222 건물 정면(좌), 건물의 우측면 박공 부분(우)

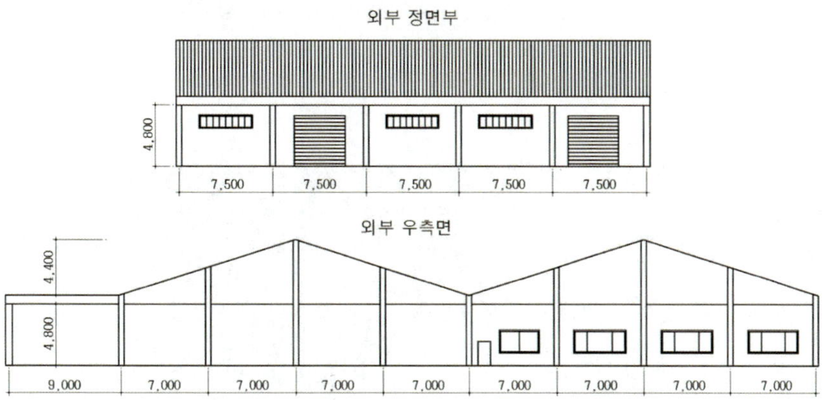

그림 223 입면 개요도

1.2 지붕 트러스 및 브라켓 상황

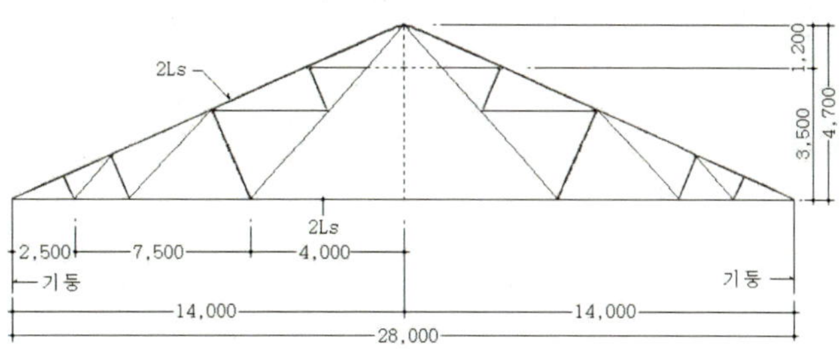

그림 224 Fink truss의 형상 및 치수

main truss는 전형적인 Fink truss이며, 지점 거리(간사이) 28m, 배치 간격 7.5m이고, main truss의 중간에 sub-truss가 배치되어 있다. 트러스 부재(truss member)는 $2Ls$ 앵글을 사용

하였고, 각각의 절점(panel point)은 가셋판(gusset plate)의 볼트접합형식이다. Fink truss의 지점은 철근콘크리트 주두 브라켓의 밑판(base plate)위에 놓여 있다. sub-truss는 main truss 사이의 중간(7.5m/2=3.75m)의 브라켓 위에 지점을 두고 있다.

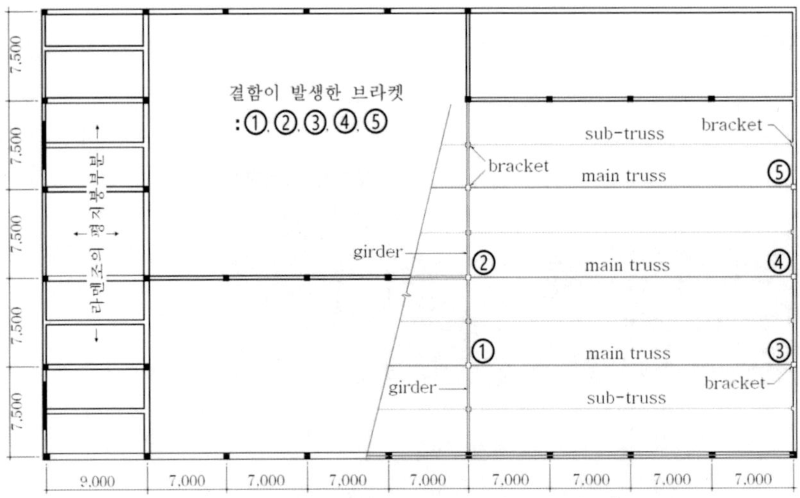

그림 225 지붕틀 평면도/결함 발생 부분

브라켓결함 ①

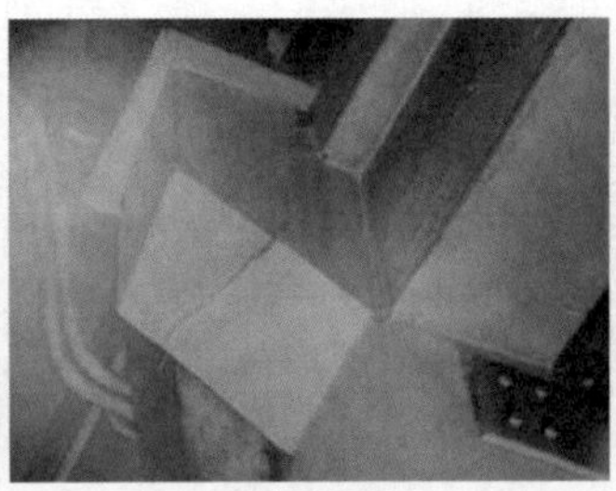
브라켓결함 ②

브라켓결함 ③

브라켓결함 ④

브라켓결함 ⑤

주) main truss를 지지하는 주두 브라켓에서 균열 및 파손이 발생하였다.

그림 226 브라켓에 발생한 결함양상/①. ②. ③. ④. ⑤는 '결함 발생의 브라켓을 나타낸다.

그림 227 지붕 트러스 /main truss, sub-stress, purlin, 수평연결 트러스 등으로 구성

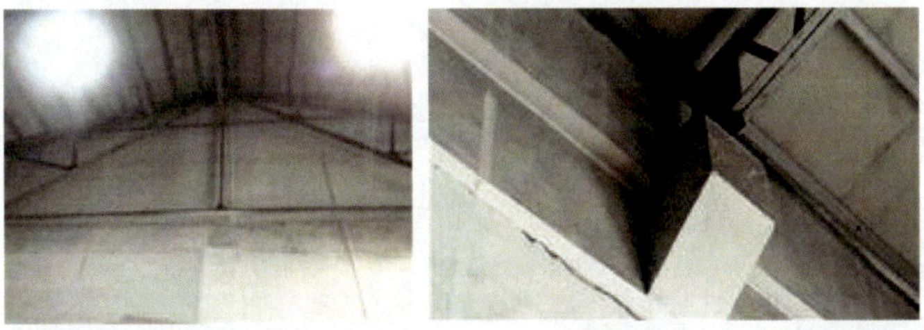

그림 228 박공 부분의 main truss(좌), sub-truss의 브라켓 부분 (우)

그림 229 sub-truss(좌), sub-truss 지지 보(스팬 7.5m)의 양면 브라켓(우)

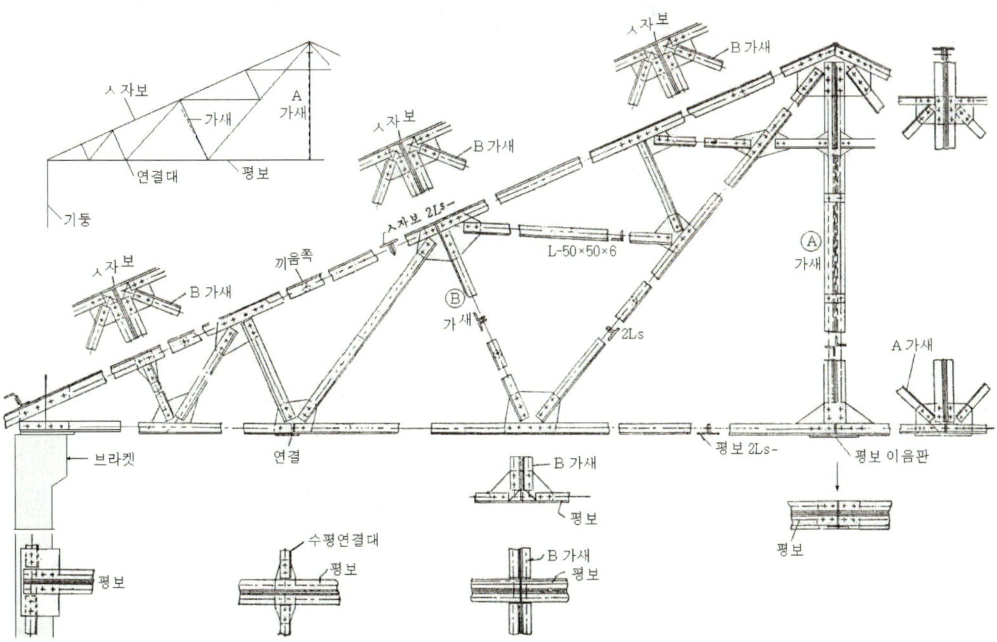

그림 230 진단대상의 핑크 트러스의 부재 배치 및 절점 개요도

제2장 지붕트러스

2.1 핑크 트러스의 특성

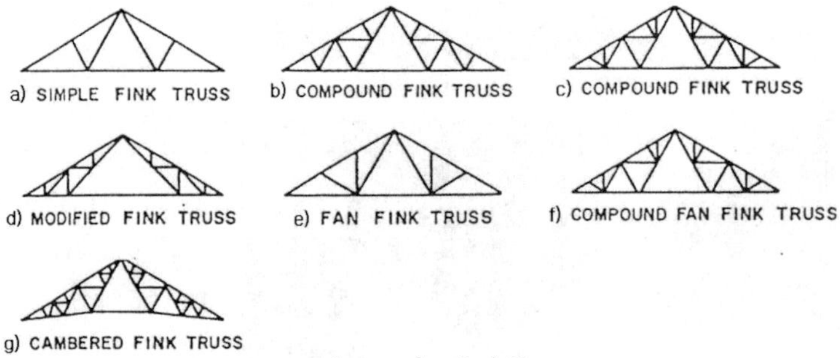

핑크 트러스의 유형

Fink truss는 미국에서 개발 초기에 주로 교량에 광범위하게 쓰였고 이제는 거의 사용되지 않고 있다. 인장재는 길게, 압축재는 짧게 하여 장스팬으로 사용한다. 일반적으로 트러스는 연직하중에 대하여 트러스의 상현재(top or upper chord)는 압축재가 되고, 하현재(bottom or lower chord)는 인장재가 되며, 트러스의 복재(腹材: web member)는 그 배치에 따라 압축재가 되기도 하고 인장재가 되기도 한다. 트러스 부재는 일반적으로 세장하게 설계되고 세장한 부재는 압축력을 받을 때는 인장력을 받을 때와 달리 쉽게 좌굴(buckling) 되므로 복재는 가급적으로 긴 부재가 인장을 받고, 짧은 부재는 압축을 받는 것이 좋다. 이러한 의미에서 span이 큰 지붕 트러스를 설계할 때, 긴 복재가 주로 인장을 받게 되는 Fink truss 혹은 Pratt truss를 쓰면 경제적으로도 유효한 설계가 된다.

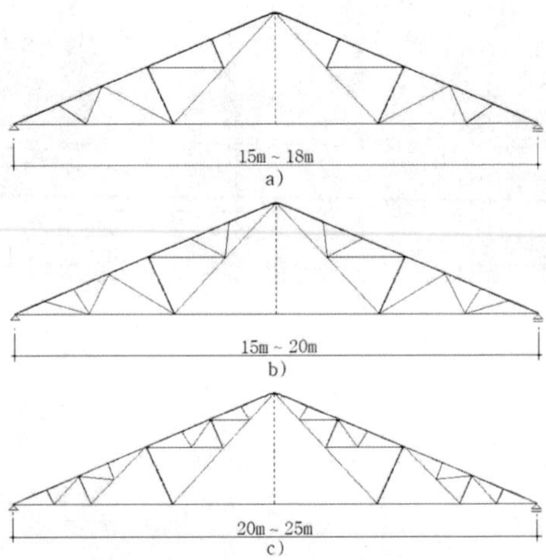

그림 232 부재 배치에 따라 일반적으로 a), b), c)와 같은 경간에 사용된다. 핑크 트러스는 압축재가 짧은 것이 장점이다.

2.2 지붕 트러스 상태조사 및 평가

핑크 트러스(지붕 트러스) 지점에 버팀대(knee brace)를 설치하게 되면, 트러스의 단부는 자유스러운 회전이 구속된다. 이 경우에 기둥은 일반적으로 세장하고 지붕 트러스는 키(rise)가 크고 강하므로 기둥이 지붕 트러스의 단부 회전을 구속하는 율(率)은 무시할 정도로 적다고 할 수 있다.

이러한 트랜스버어스벤트(transverse bent)[278]의 실용적 응력해석에 있어서는 연직하중에 의한 지붕 트러스의 응력은 트러스가 양 지점에서 단순 지지되어 있다는 가정하에서 구하고, 연직하중에 의하여 knee brace와 기둥에는 아무런 외응력도 생기지 않는다고 가정하여도 좋다. 그래서 지붕 트러스의 단부가 버팀대(knee brace)와 함께 기둥에 구속된 상태라면 지붕 트러스는 단순 지지 트러스라고 볼 수 없다. 이와 같은 점에서 대상 트러스는 knee brace가 없으므로 단순 지지로 간주하였다.

일반적으로 경간이 비교적 작은 트러스의 지점은 양단을 고정으로 할 수 있으나, 조사대상의 Fink truss와 같이 28m의 장 경간인 경우는 단순지지 지점으로 할 필요가 있다. 특히 철근콘크리트 주두(柱頭) 브라켓 위의 지점은 트러스의 온도변화에 따른 신축을 고려하여 한쪽 단부는 고정으로 하고, 다른 한쪽 단부는 미끄러질(이동할) 수 있는 가동단(可動端, movable end)으로 하여 브라켓이나 기둥에 변형이 일어나지 않게 할 필요가 있다. 여기에서 고정이라 함은 역학상의 완전고정이 아니라 앵커볼트를 조이는 정도가 힌지(hinge)정도인 회전지점을 의미한다. 또한, 가동단은 대규모의 트러스에서 트러스 방향으로 움직일 수 있는 이동지점(roller)을 의미한다.

상기와 같이 span 28m Fink truss의 지점이 구성되어야 함에도 양 지점이 콘크리트 혹은 모르타르 등에 매입된 상태가 되어 양단부가 거의 고정된 상태인 것으로 조사되었다. 다만, 트러스 양 지점 간의 거리가 28m에 이르는 Fink truss의 강성을 높이기 위하여 위 그림의 점선으로 표시한 바와 같이 트러스 span의 중간에 대공형식의 부재를 추가로 배치하고, 용마루 하부 부분에도 수평부재를 보강한 것으로 판단된다. 즉, 점선으로 표시한 부재들은 트러스의 하현재가 자중으로 처지는 것을 막거나 트러스의 형태를 건축적 요구에 맞추는 등의 목적으로 부가하는 보강 부재로 보인다. 그러나 이 같은 부재는 실선으로 표시한 부재와 같이 트러스에 역학적으로 필수적인 부재에 해당하지는 않은 것으로 판단된다. 또한, 지붕틀은 전체적으로 main truss, sub-truss, purlin, brace, 수평연결 트러스 등에 의해 적절히 구성된 상태인 것으로 조사되었다.

진단대상의 트러스에는 조사일 현재까지 좌굴, 접합부 파단 및 부식, 기타 구조 안전상 유해한 영향을 미치는 결함이 나타나지 않은 건전한 상태인 것으로 조사되었다. 이

278) transverse bent는 사실상 knee brace가 있음으로써 건물에 작용하는 횡력에 저항하게 된다. 이는 단층 철골구조물의 주(主) 뼈대로서, 건물에 작용하는 연직하중(D.L, L.L, S.L)뿐만 아니라 풍하중과 같은 횡력에 대해서도 저항하는 구조부분이다. transverse bent는 트러스를 기둥에 강성 접합하므로 기둥에 휨모멘트가 생긴다. transverse bent 형태는 여러 가지 종류가 있으며, 형태상의 특성은 지붕 트러스와 기둥 사이에 knee brace가 붙어 있음이다. 그래서 transverse bent를 knee braced bent라고 부르기도 한다.

는 준공 후 40여 년이 지난 지붕 트러스가 장기하중을 받은 상태에서도 구조 내력을 확보하고 있음을 의미한다.

그림 233 박공 트러스 하현재의 중간에 설치한 수직재와 상부의 수평재는 하현재의 처짐을 고려하여 배치한 부재(좌), 2Ls-가세트 플레이트 부분(우)

제3장 브라켓

3.1 균열 발생

1) 일반사항

브라켓에 작용하는 수평력 N_u는 지붕틀의 건조수축, 온도변화[279], 크리프에 의한 체적변화로 생기는 힘이다. 그 크기를 아주 정확하게는 계산할 수 없으므로 N_u는 적재하중으로 간주한다. 이는 적당한 베어링 패드(bearing pad)에 의해서 제거하지 않는 한 설계 시에 고려되어야 한다. N_u는 해석을 통해 결정하여야 하지만 최소한 0.20V_u이상으로 한다. 또한 V_u는 지압판(bearing plate)의 외측 1/3점에 작용하는 것으로 가정한다. 정확하게 설계된 코벨에 초과하중이 가해지면 예시한 그림과 같은 사인장균열이 발생한다. 그때 작용 하중 V_u와 N_u는 주인장철근의 인장력 T와 균열 외측에 형성된 압축 스트럿(항압재 or 압축지주: strut)의 압축력 C에 의해서 트러스와 같은 형태(트러스 모델)로 평형을 유지한다. 이로 인한 균열을 막기 위해서는 수평전단보강근(주근인 휨인장철근과 나란하게 배근된 철근)의 단면적은 주근의 1/2이상으로 하고 주근(main reinforcement) 쪽에서 유효 춤(d)의 2/3내에 균일하게 배근한다.[280]

main truss를 지지하는 5개소의 브라켓을 제외하고는 건전하다. 브라켓 균열 및 파손은 그 발생 양상에 비추어, 지붕 트러스의 과하중에 기인한 것이라기보다는 40여 년의 장기적으로 작용한 온도변화, 크리프 등의 응력에 의해서 발생한 것으로 판단된다.

279) 건조수축은 온도변화의 하강에 의한 수축의 경우와 비슷하지만, 온도변화의 경우는 수축팽창이 존재하는 한 반복함에 비해 건조수축에 의한 변형은 어떤 일정 기간 수축을 계속하다가 추후 정지한다.
280) 사인장 균열로 인한 지압면 부분에서 조기파괴가 생기지 않도록 자유단의 유효 춤을 0.5d 이상으로 한 것과 주근인 휨인장철근 쪽에서 멀어질수록 코벨의 단면적이 줄어드는 것을 고려한 것으로 보인다.

즉, 트러스 span 28m의 양 지점이 콘크리트 벽체에 매입 고정되어 있고, 온도변화나 크리프변형에 의한 응력 에너지(트러스 방향의 수평력)가 소산되지 아니하여 발생한 것으로 간주 된다. 이러한 지점구속으로 트러스 부재에 나타날 수 있는 좌굴은 관찰되지 않았다. 또한, 트러스의 변형에 영향을 미칠 수 있는 지반침하도 관찰되지 않았다. 이는 건물의 기초지반이 안정된 상태라는 것을 의미하지만, 브라켓에 발생한 사인장 전단균열은 지붕 트러스의 붕괴를 유발할 수 있다.

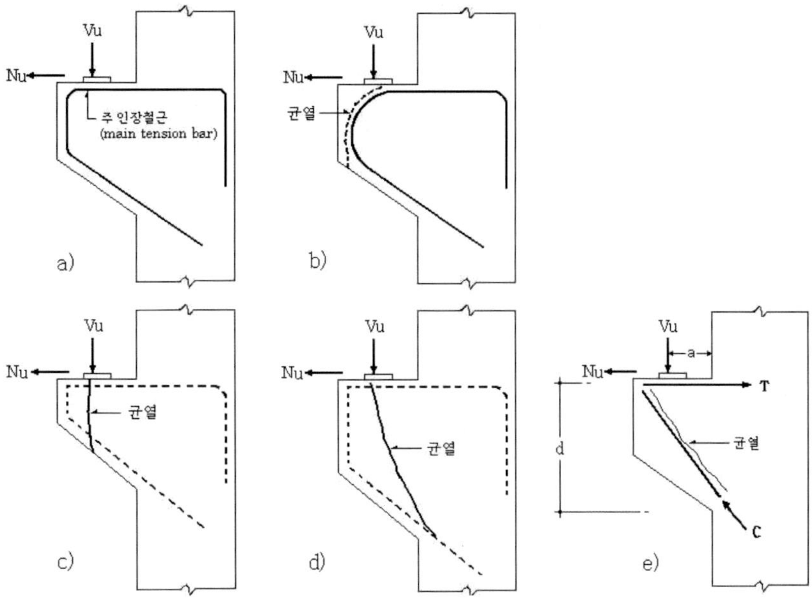

그림 234 코벨의 균열양상과 트러스 모델/a)는 전형적인 주철근의 배근(예)이며, b)는 철근을 원호 형태로 절곡(bent)되어 코벨의 외부 춤(자유단의 유효 춤)이 균열 파괴된 경우, c)는 외부 춤이 너무 작은 경우의 균열 발생, d)는 외부 춤을 충분히 확보한 경우의 균열양상을 나타낸 것이다. e)는 코벨의 균열과 트러스 모델.

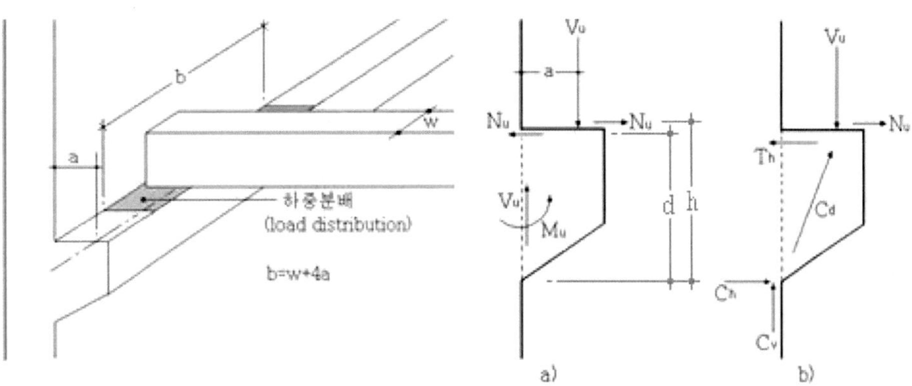

그림 235 연속 코벨의 하중분배(좌). 단면력도 a)는 자유 물체도이며 b)는 역력도(우)

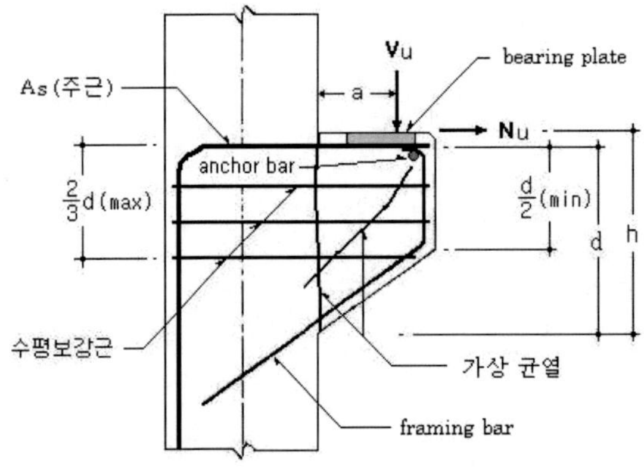

그림 236 전단강도를 검토할 때에 사용될 전단면과 가정된 균열/수직균열은 전단균열, 경사균열은 휨균열이다. 주근(main reinforcement)은 'primary reinforcement'로, 수평보강근(horizontal stirrup)는 'secondary reinforcement'라고 하기도 한다.

2) 지붕 트러스 지점의 브라켓에 발생한 균열양상

브라켓의 균열 및 파손 현상은 main truss의 지점 5개소에서만 발생하였다. 건조수축, 온도변화, 크리프에 의한 체적변화 등에 의해 브라켓에 생기는 힘(N_u)은 적당한 패드(pad)에 의해서 제거될 수 있다. 그러나 지붕 트러스에 작용하는 과하중에 의해 발생할 수 있는 처짐이나 좌굴 등의 결함이 발생하지 않았고, 브라켓의 지점에는 탄성패드가 설치되어 있지 않았기 때문에, N_u에 기인한 것으로 보았다. 균열 발생의 양상 또한 브라켓의 과도한 V_u에 의한 전형적인 사인장 전단균열이 아니라, 이와는 다른 양상으로 발생하였다는 점에서 브라켓에 발생한 균열을 N_u(건조수축, 온도변화, 크리프에 의한 체적변화 기타)에 의한 것으로 평가하였다.

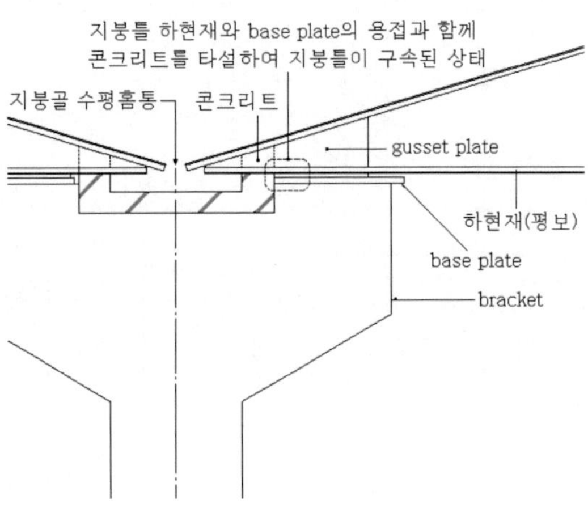

그림 237 지붕틀 브라켓 지점부에 대한 구속상태/지붕골 수평홈통의 콘크리트에 지붕틀이 구속

그림 238 지붕골 수평홈통 부분의 실내 부분/대부분의 지붕틀 지지 브라켓은 건전

그림 239 브라켓 균열/브라켓 외부 춤의 철근을 원호 상태로 절곡(bent)하거나 너무 작을 때 자유단 부분이 전단균열과 함께 파괴되기도 한다.

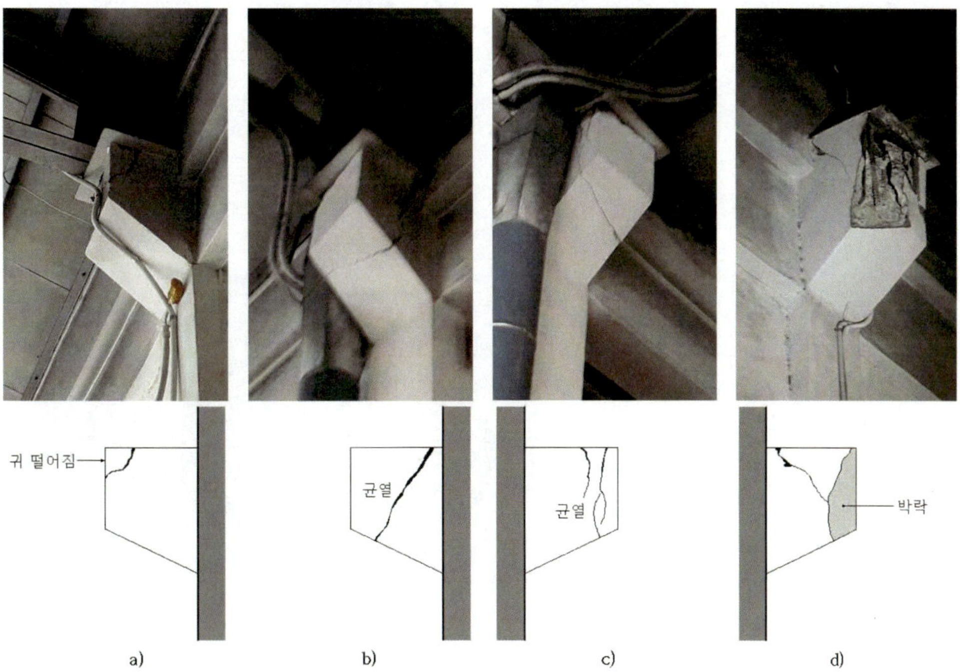

그림 240 브라켓의 균열양상/브라켓에 발생한 균열은 지붕 트러스의 과하중 작용에 의한 전단균열이라고 하기보다는 트러스 지점구속과 브라켓에 작용하는 수평력(트러스의 온도변화, 브라켓의 크리프 응력 등)에 의한 브라켓 단부의 파손(귀 떨어짐), 사인장응력에 의한 균열로 평가하였다.

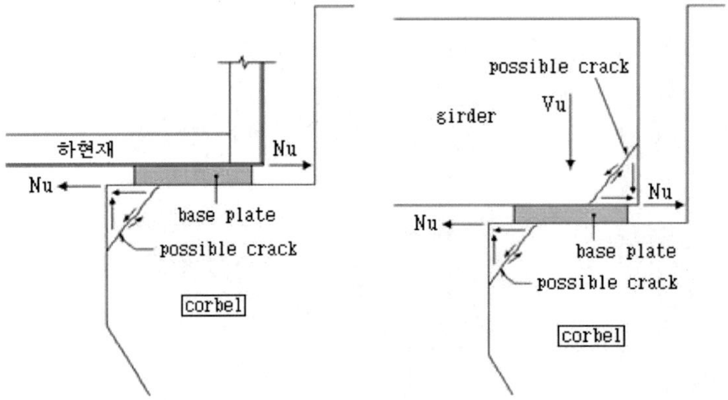

그림 241 지점구속과 트러스 수축팽창에 의한 균열(좌), 보 지점의 브라켓 균열(우)

3.2 균열발생원인 및 보강방안

1) 균열발생원인

건조수축, 온도변화, 크리프의 체적변화에 따라 지점에 생기는 힘(N_u)은 기판의 베어링 패드(bearing pad)에 의해서 소산 제거되어야 한다. 그러나 이러한 패드가 설치되어 있지 않다. 또한, 균열이 V_u의 과하중으로 발생할 수 있는 전형적인 균열양상과는 진행 방향이 다르다. 이러한 관점에서 균열이 V_u에 의한 것이 아니라, N_u에 의한 변형 에너지를 소산할 수 없는 지점의 구속에 의한 것으로 판단하였다.

2) 브라켓 보강

브라켓 보강은 균열 및 파괴된 부분을 완전히 제거하고 그 부위의 연결 배근과 함께 콘크리트를 타설하여 원상 복구한다. 그러나 이는 브라켓의 신구 콘크리트 간의 일체화에 대한 신뢰성을 가늠하기 어렵다. 그래서 예시한 그림과 같이 외부표면에 강판을 부착 보강하는 방안을 제시한다. 즉, 손상된 부분에 강판을 거푸집으로 하여 콘크리트 또는 무수축 모르타르 충전과 볼트정착으로 보강한다. 또한, 현재의 브라켓 손상으로 지붕틀이 돌발적으로 탈락할 수도 있으므로 조기에 보강 조치할 필요가 있다.

그림 242 브라켓 보강/전면에 부착한 강판은 전단보강의 측면강판의 보조재이다.

■ 기술자료: 브라켓(bracket) 및 코벨(corbel,), 캔틸레버(cantilever)

브라켓과 코벨은 하중전달 부재로서 우리말로 까치발(bracket)과 내쌓기(corbel)라고 할 수 있다. 기둥에서 돌출된 보를 브라켓, 벽에서 돌출된 보를 코벨로 구별하기도 하지만, 이를 철근콘크리트구조계산규준 등에서는 "브라켓 및 코벨"로 함께 묶어서 사용한다. 아마 구조설계 시에 구조적으로 차이가 없기 때문일 것이다. 이들은 캔틸레버 형식으로써 하중전달에 같은 기능을 하는 구조부재이며, 일반적으로 전단스팬비(shear span to depth ratio)가 1 이하인 부재를 말한다.[281] 전단스팬비가 춤(d)보다 작은 경우에는 하중점과 내민 받침부 사이에 형성되는 압축으로 직접 전단이 발생할 수 있으므로 사인장 균열은 거의 발생하지 않고 전단응력이 크게 작용하면서, 내민 받침 부분의 압축에 의한 전단파괴가 발생할 수 있다.[282]

그림 243 캔틸레버 보에 발생한 휨 균열(좌측: 자유단)

전단파괴는 취성파괴로서 갑자기 발생하는 특성이 있으므로, 하중에 의해 부재가 파괴된다면 부재가 전단 파괴되기 전에 휨파괴에 이르도록 하는 것이 안전상으로는 바람직하다. 현존하는 균열 면이나 서로 상이한 재료의 이음 면, 상이한 시간에 시공하면서 발생한 콘크리트 이음 조인트(cold joint)면은 전단 마찰로 전단력이 전달되는 곳이다. 전단 마찰은 이러한 곳 이외에도 시공 조인트(construction joint)면, 콘크리트와 철근 사이의 면, 프리캐스트 콘크리트 구조물의 접합부, 그리고 구조용 콘크리트에서 어떤 면을 따라 직접 전단전달(shear transfer)을 검토해야 할 그러한 곳에 적용한다.

균열이 없는 콘크리트는 직접 전단에 대해 비교적 강하나, 콘크리트 구조물은 항상 균열이 어떠한 위치에서도 형성될 가능성이 있다. 따라서 전단전달 개념에 대한 설계는 균열이 일단 형성된다고

---

281) 콘크리트 구조설계기준에서, 브래킷과 내민 받침(bracket and corbel)을 유효길이에 대한 전단 스팬(span)의 비(a/d)가 1보다 크지 않은 내민보 또는 내민 받침 부재로 정의하고 있다. 여기에서 a: 전단 스팬 길이(집중 하중점과 지지점과의 거리), d: 춤(지지점에서 측정한 값)이다. a/d의 값을 1로 상한 시킨 것은 춤에 대한 전단스팬비가 1을 넘을 때는 작지만 사인장 균열이 생성될 수 있으므로 수평보강근(horizontal stirrup)만 사용하는 것은 적절치 못하다, 즉. a/d의 값이 1보다 큰 경우에는 수직 수평보강근이 모두 필요하다. CP110은 "전단스팬비가 0.6보다 작을 때에는 수평보강근을 배근하여야 한다"라고 규정하고 있다. '브라켓과 코벨'을 '내민 받침 부재'라고 부르는 것보다 익숙하여 여기에서는 브라켓과 코벨을 혼용하고 있다.

282) 전단스팬비가 커질수록 부재는 휨에 의한 파괴를, 전단스팬비가 작아질수록 전단압축파괴를 일으킨다. 코벨 설계를 초창기에는 보(beam)에서 유도된 휨 및 전단설계식(flexural and shear design equations)을 사용하는 짧은 캔틸레버(short cantilever)로 간주하여 설계하였다.

가정하고, 가정한 균열 면에 따라 상대적인 변위를 제어할 수 있도록 철근을 배근하는 것이다. 여기에서 전단전달은 균열 면의 돌출에 의한 전단 저항, 보강근에 의한 꽂임촉 작용(dowel action)의 두 가지의 합으로 나타낸다. 브라켓과 코벨은 형태에 따라서 전단파괴양상이 사인장 파괴나 전단파괴가 될 수 있다. 이들의 설계는 주로 전단에 의해서 지배되지만, 통상 휨모멘트, 전단력과 동시에 일어나는 수평력에 의한 인장력 등을 고려하여 설계한다.

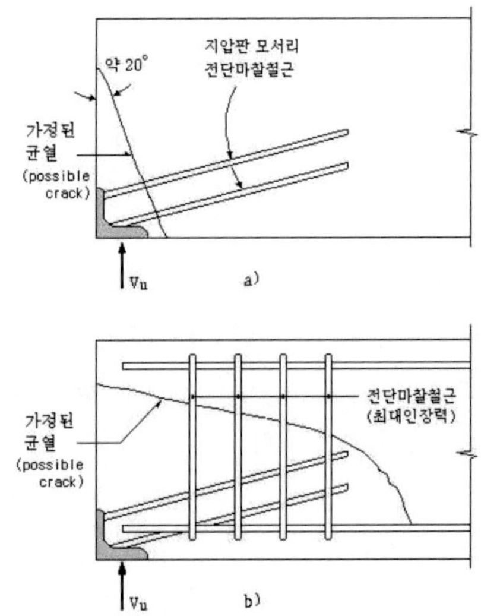

그림 244 코벨 지압판(bearing plate) 위에 지지된 보의 단부보강

캔틸레버는 브라켓과 코벨과 마찬가지로 1단 고정, 타단 자유단을 가진 구조부재이지만, 슬래브(slab)와 보(beam)로서 기능을 한다. 스터브(stub)는 구조부재로써 코벨이나 브라켓보다 돌출된 길이가 길며, 돌출부의 한 쪽 끝(자유단)이 하중을 전달하거나 부재의 연결 매체로 쓰일 경우를 일컫는다.

한편, 철근콘크리트 건축물에서 벽체는 바람이나 지진하중과 같은 수평하중에 저항하는 역할을 한다. 이러한 구조부재에서 전단(shear)은 부재의 길이에 비해 상대적으로 높이의 비가 작은 경우에 구조적으로 더욱 중요한 요소가 된다. 높이-길이의 비(ratio of height to length)[283]가 작은 전단벽은 그 규모와 구조형식에서 다르지만, 구조적으로 코벨과 같은 거동을 한다. 따라서 이들의 부재는 균열의 발생 양상뿐 만이 아니라 단면력에 요구되는 보강 철근 또한 유사하다.

→ 철근의 단면력: 철근은 부재력에 따라 크게 인장, 압축, 전단 철근으로 구분할 수 있다. 인장철근은 보와 슬래브에서 인장력에 저항하는 역할을 한다. 단순 보의 하단, 캔틸레버의 상단철근이 이에 해당한다. 압축 철근은 단순보의 상단, 캔틸레버의 하단에 배근되며 콘크리트와 공동으로 압축력에 저항한다. 전단철근[284]은 부재의 전단력에 저항하는 사인장 균열에 대한 전단철근으로서, 기둥의 대근(hoop), 보의 늑근(stirrup), 벽체 개구부 모서리 철근 등에 배근된다. 이러한 철근의 파단은 부재파괴에 치명적인 손상을 일으킨다. 보와 기둥의 주근은 지점의 고정도와 휨모멘트의 발생에 따라 인장과 압축 철근이 되며, 또한 단기 하중의 지진력 등이 작용할 때는 인장과 압축으로 응력이 교차한다.

283) 코벨(corbel)과 브라켓(bracket)에서는 전단스팬비(shear span to depth ratio)라고 한다.
284) 전단력에 대해 콘크리트는 압축, 철근은 인장의 공동작용으로 전단에 저항한다.

2.12 가연성 폐기물 재활용공장의 화재안전점검/소극적인 하자처리

건축주에 대한 탐문 :

철골조 공장건물이 화재에 노출되지 않은 부재에서조차 내화피복이 부분적으로 박리·박락되어 있어서 이같은 결함만으로도 하자처리를 요청할 수 있는 상태였다. 이같이 철골 부재의 내화피복이 손상된 상태에서 화재가 발생할 경우, 이로 인해 철골조 건물은 큰 화해를 입을 수 있다. 그러함에도 불구하고, 건축주는 하자처리를 하려 하지 않았다. 여기에는 건축주가 시공자에게 요청할 수 없는 어떤 내부사정이 있는 것 같아 그 이상 탐문을 할 수 없었다. 건축주는 화재에 따른 건물의 안전점검만을 원했기 때문이기도 하다.

차 례

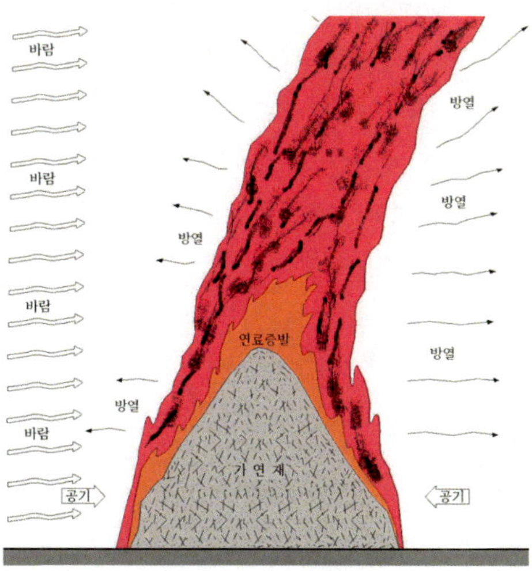

발화점의 불꽃/가연재료가 액체이든 고체이든 어느 경우에도 증기가 일단 증류된 뒤에 방출되어 일정한 열방사가 일어난다. 증기가 연속적으로 방출되면 위로 올라가며 이때 많은 공기가 불이 일어난 곳으로 들어오면 타기 시작한다. 불꽃은 보통 불에서 검은 부분의 색깔을 띤 부분으로 기체가 연소되는 것을 말한다. 공기의 공급량과 바람이 부는 방향에 따라 고열의 가스가 퍼지면서 연소범위가 확산된다.

< 건물 시공자와 얽힌 내막을 함구하는 건축주 >

준공 후 9개월의 철골조 공장건물이 짧은 시간의 화재 노출에도 불구하고, 내화피복이 박리·박락된 상태였다. 화재에 노출되지도 않은 내화피복의 손상된 상태로 볼 때, 철골조 건물은 더욱 큰 화해를 입을 수도 있는 상황이었다. 그러함에도 불구하고, 건축주는 탐문에 응하지 않아 화해에 따른 이해당사자들의 갈등 관계를 파악하지 못했다.

화재가 발생한 곳은 폐기물 재활용공장의 폐기물 반입장이다. 화재보험에 가입하지 않은 상태이므로 화해(fire damage)를 보험 처리할 수도 없고, 건물 준공 후 9개월이 지났을 뿐이므로 하자보증 기간에 해당하지만, 폐기물처리 중에 가연성 물질의 자연발화로 화해를 입었기 때문에 건축주의 부담으로 화해복구공사를 할 수밖에 없는 상황이었다.

화해조사 시에 건축주에게 1시간 내화피복의 성능미달에 해당할 수 있으므로 하자처리가 가능함을 알려주었다. 그러나 화재 진화 후에 건물 시공자 측에서 화재건물을 방문하여 철골부재의 뒤틀림 등은 시공과 무관한 결함이라는 주장을 이미 수용했다는 것이다. 그래도 1시간 내화피복설계의 철골 부재가 40분 정도의 화재 노출에 좌굴이 일어났고 내화피복의 손상 상태로 볼 때, 충분히 내화피복의 성능미달로 평가할 수 있다고 일러 주었다. 건축주는 이에 관심을 기울이지 않았고, 화재사고에 따른 관계기관의 조사와 복구공사에 더욱더 신경을 쓰고 있는 것으로 보였다. 여기에는 건축주의 우월적 위치가 바뀌는 어떤 불가피한 사정이 있을 것이라는 하는 생각이 들었다.

당초에 건축주는 화해진단을 받지 않고 건물 시공사 측에서 제안한 보강방법과 범위로 원상복구를 하려고 하였다. 그러나 적절한 복구를 고민 한 끝에 화해건물이 신축건물이며 폐기물의 발열량이 매우 높고 화재 흔적이 천장 부분에까지 나타난 점 등을 고려하여 안전점검 결과에 따라 보수보강을 하는 것으로 방침을 세운 것이다. 다만, 내화피복의 성능미달과 관련하여 신축공사 시공사 측에게 하자보수요청을 하여야 하는 상태여서, 용역 완료 후에도 이러한 내용을 건축주에게 전달하였다. 이는 상담 시에 건축주가 시공자와의 관계를 함구하려 하였기 때문이다. 따라서 단순히 화재건물을 점검하고 보완보강범위 등을 설명하는 선에서 마무리되었다.

제1장 개 요

1.1 점검목적

9개월 전에 준공(2016.6.30)된 지상 1층 철골조 건물의 폐기물 반입장에 화재가 발생(2017.3.13. 오전 11시 30분경)하였다. 반입장 내부의 바닥에 고정된 크레인 주변의 가연재료(적치 높이 약 3.5m)에서 발화되었고, 40분 정도 계속된 화재에 인접한 콘크리트 벽체와 철골조 외벽이 화재에 노출되었다. 점검(2017.3.21)목적은 화재 상황과 화해(火害) 상태조사 및 평가를 통하여 건물의 안전도와 사용성을 검토하고, 적절한 보완·보강 방안을 마련하는 것이다.

1.2 화해건물의 개요 및 상황

반입장 건물의 주 골조(main frame)인 rigid frame[285)]의 span은 40m, 배치 간격 9m, 처마높이 14m, 용마루(ridge strut) 천장부까지의 높이 약 19.5m이다. rigid frame의 외벽은 수평 띠장(horizontal girt)과 수직 띠장(vertical girt)을 배치하고 골 강판으로 마감한 상태이다. 또한, 지붕은 중도리(purlin)와 중도리를 연결하는 연결재 위에 골 강판으로 마감하였다.

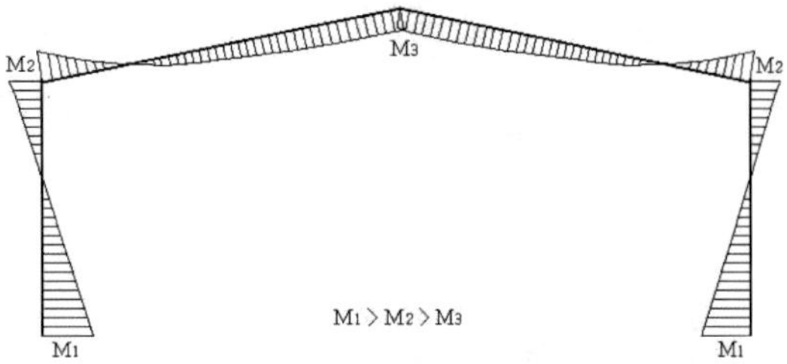

그림 246 주각 고정 rigid frame 주각부의 최대모멘트/높이 3.5m 콘크리트 벽부 기둥 위에 rigid frame

화재에 노출된 rigid frame의 주각(柱脚)을 힌지(hinge, pin, 滑節)으로 보느냐 고정으로 보느냐에 따라 주각부의 저항 응력에 차이가 있다. 대상 건물은 rigid frame이 높이 3.5m의 콘크리트 벽부 기둥에 매입되어 있고 벽부 기둥은 기초 판에 일체화되어 고정된 상태이다. 따라서 주각은 고정지점으로 볼 수 있고 고정도가 높다고 할 수 있다[286)]. 즉, 콘크리트 구체의 주각을 고정으로 가정할 경우 주각부 모멘트는 그림에 나타낸 바와 같이 최대모멘트는 주각에서 생긴다. 이같이 주각이 고정일 경우에 rigid frame의 최대모멘

---

285) 대공간이 요구되는 단층건물에서 지붕트러스 대체골조로 사용되고 있다. 이는 H형강 단면이 연속된 골조(continuous framework)이며, 지붕 경간의 보가 단일부재로서 기둥에 강접된 일종의 라멘조이다.

286) 고정으로 설계한 주각이 핀에 가까운 상태가 되면, 주두 모멘트가 증대하여 설계응력보다 커져서 부재의 안전에 유해한 영향을 미칠 수 있다. 주각은 구조물의 중요 부분에 해당한다.

트는 주각에서 생기며, 또한, 고정으로 설계하는 것이 rigid frame의 단면을 감소시킬 수 있다. 다만, 주각을 고정으로 할 때 주각부 모멘트가 적지 않기 때문에, 이것에 저항할 수 있게 주각을 구성할 필요가 있다.

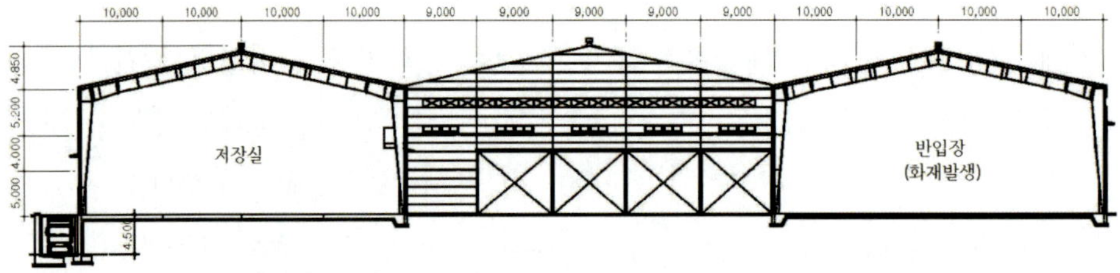

그림 247 건물 정면의 단면

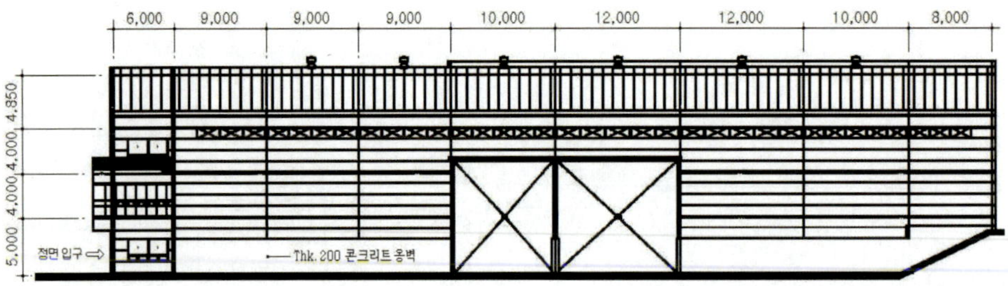

그림 248 건물의 측면도

그림 249 화재건물 정면 및 측면 개구부와 발화점(좌), 발화점 부분의 화재실 내부(우)

그림 250 화해를 입은 측면모습(좌), 조사일 현재 반입장 내부의 폐기물 적치 상태(우)

제2장 상태조사 및 안전성 평가

2.1 화재 위치 및 상황

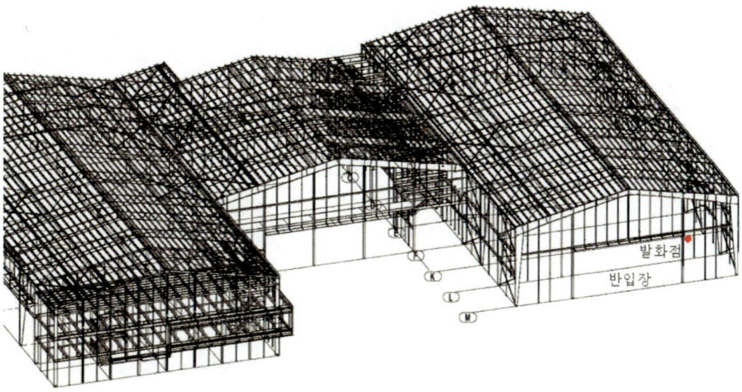

그림 251 대상 건물의 입체골조도 및 발화점

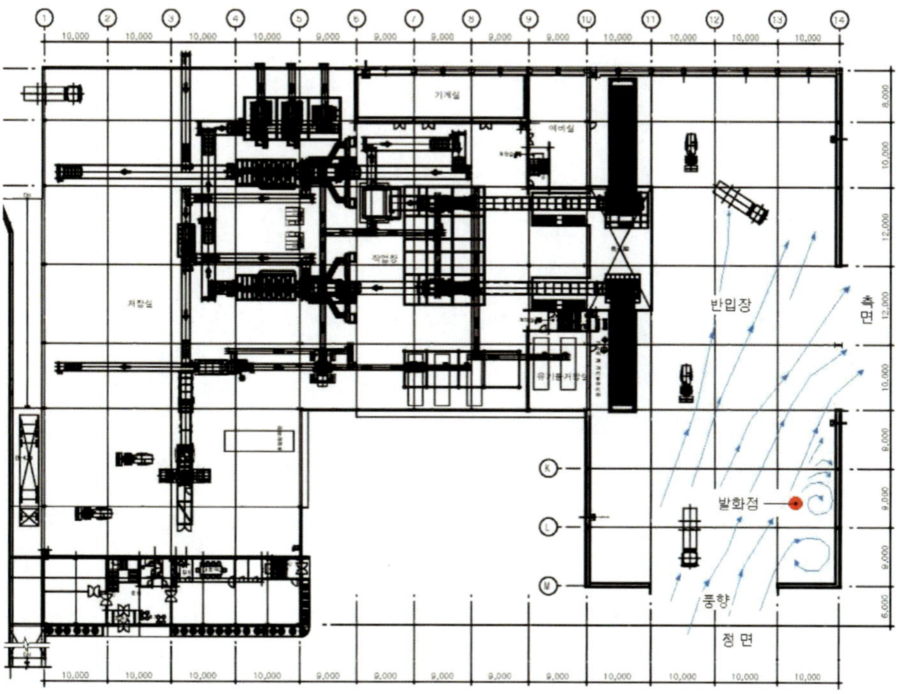

그림 252 화재 발생 반입장의 발화 위치, 화재 시의 풍향 추정/화해 정도와 강판 벽패널의 손상, 연기표출 흔적에 비추어, 화재 시의 풍향은 평면상으로 정면 개구부에서 우측면 개구부 쪽으로 이동한 것으로 추정된다. 이는 발화점과 인접한 벽체와 기둥이 화열에 직접 노출되었음을 의미하며, 이들 이외의 부분은 화열의 영향을 직접 받기보다는 연소 가스에 노출된 것으로 보인다.

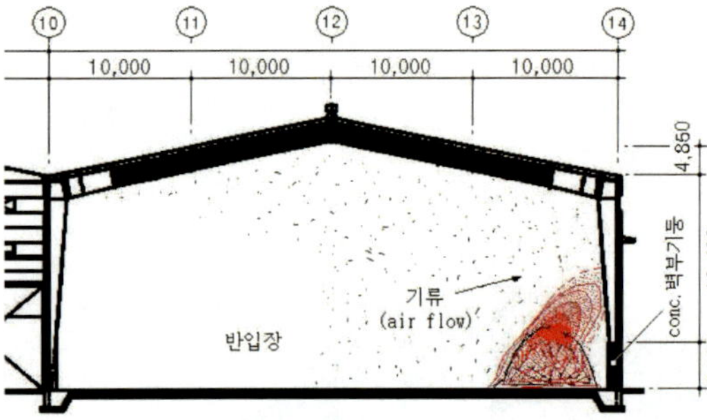

그림 253 발화 부분의 화재확산/평면상으로 정면 개구부에서 우측면 개구부 방향으로 공기가 이동하고, 화재발생공간 상하부의 기압차에 의한 상승기류와 함께 rigid frame의 외벽이 고온의 화재 열을 받은 것으로 추정된다.

2.2 화해상태조사 및 평가

2.2.1 일반사항

실내화재 시의 화염은 개구부를 통해서 외부로 나가고, 화염이 매우 큰 경우에는 화재건물(exposed building)의 구조부재에 치명적인 영향을 주게 된다. 구조부재가 화염에 노출되면 화재 열의 전도에 따라 재료의 구조역학적인 성질(내력)이 상실될 수 있으므로, 피복 재료의 방화 및 내화가 화재 내구성을 결정하는 요소가 된다. 그래서 무엇보다도 구조부재에 대한 내화피복이 중요하다. 구조부재의 방·내화성능의 상실은 화재실의 온도상승으로 발생하며, 이는 내화피복이 파괴되거나 떨어져 나감으로써 일어나게 된다. 그러므로 자연히 내화피복재의 성질이나 접착성이 화재 내구성에 큰 영향을 미치며, 내화성능 유지에 중요한 요소가 된다.

강재는 고온의 화재에 현저한 강도저하를 일으켜 구조물을 붕괴에 이르게 한다. 강재의 온도에 의한 특성은 일반적으로 상온에서 100℃까지는 강도의 변화가 없고, 그 이상이 되면 약간 강해져서 200~300℃에서 최대가 되고 그 이상 온도가 상승하면 급속도로 약해져 500℃ 전후에서 연화되어 상온 시 강도의 1/2 정도로 줄어들고, 1,000℃에서는 거의 0이 된다. 이러한 강재의 강도저하로 인해 단열성의 내화피복으로 강재를 보호하여 항복점 강도에 쉽게 도달하지 않도록 하게 된다.[287] 이를테면, 화재 시에 강재는 재질이 변하고 가열 초기의 급격한 온도상승에 비례해서 신장량(伸張量)도 늘어난다. 이러한 신장은 일정 시간까지 계속된 후 차차 감소하지만 결국에는 붕괴요인으로 작용한다. 이는 강재가 가열될 때에 발생하는 좌굴(buckling)과도 관련된다.

일반적으로 철골구조물이 직접 불에 노출되면 엿가락처럼 휜다. 철골의 최대 약점은 이처럼 내화에 대한 취약성이다. 그래서 철골이 내화성능에 미달하거나, 시공 중 혹은

287) 가열된 강재는 350℃ 정도에서 항복점 강도에 도달하고 장기적인 응력저하를 감안하면 350℃ 이상의 상승을 막을 수 있는 적극적인 피복이 요구된다. 대체로 극한강도의 도달은 550℃로 보고 있다.

건물 사용 중에 내화피막이 손상된 상태에서 이 부분이 화재에 노출되면 철골의 강도와는 무관하게 철골이 불에 녹아내리면서 부재에 치명상을 입게 된다.

순간 확산 전의 시기(pre-flashover period)는 발화기(發火期, growth period)라고도 하는데, 이때의 내부온도는 상대적으로 낮으며, 화염이 실내의 각 재료에 불붙기 시작하는 시기로서 화해손상은 아주 적다. 그러나 재료의 연소가 쉬우면 쉬울수록 그리고 고열이 발생하면 할수록 화재의 확대는 빨라진다. 재료에 불이 붙는 시간과 그에 의한 열 발생은 재료의 크기와 열전도율과 관계가 있다.

실내화재의 연소기에는 모든 가연성 재료가 활발하게 타들어 가고 이에 따라 온도는 급격히 상승하며, 실내의 발생 열과 열 손실이 균형을 이룰 때까지 계속 상승한다. 모든 가연물이 열분해 되는 성기화재(post-flashover period)시에 구조부재가 화염에 휩싸이게 되는데, 날아다니는 불꽃에 의해서도 천장으로 불이 번질 수 있다. 이러한 순간확산현상은 실내화재에서 중요한 의미를 갖는다. 특히 바람의 영향으로 고열의 가스가 위로 상승함에 따라 연소가 우려되는 범위가 확대되는데, 이는 수열 부재(지붕틀, 기둥, 벽체 기타)와의 이격거리에 따라 수열온도 또한 변화하며, 바람 부는 방향에 따라 고열의 가스가 널리 퍼지면서 구조부재가 고온을 받게 된다.

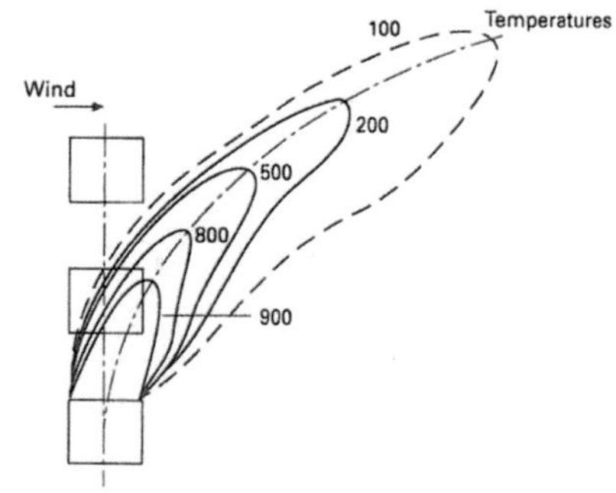

그림 254 성기 화재의 연소 확대

화재가 발생한 실내공간에서 충분한 연료와 환기가 함께 한다면, 화재실의 온도는 화재실에 있는 모든 물질의 복사 열류(radiant heat flux)가 증가함에 따라 높아진다. 열류가 극도에 이르렀을 때, 화재실의 모든 물질은 열방출율(heat release rate)과 온도를 급속하게 증가시키면서 연소될 것이다. 화재의 이러한 과정을 통해 실내의 온도는 급격히 상승한다. 이러한 전이현상(transition)을 순간 확산(flashover)이라 하며 이에 따라 모든 화재실의 재료가 일제히 발화된다. 순간 확산으로 알려진 이러한 변화 이후의 화재를 때에 따라서는 순간 확산 후 화재(post-flashover fire), 전체적으로 발전된 화재를 성기화재(fully developed fire), 혹은 전체실내 연소화재(full room involvement)라고 부르기도 한다. 순간 확산 후의 시기는 화재가 번지기 시작하며, 이때를 연소기(燃燒期, burning period or fully-developed fire)라고 한다. 이 시기에 실내의 모든 가연성 재료는 활발하게 한결같이 타들어 가고 온도는 갑자기 550℃ 이상으로 급격히 상승한다. 온도는 실내에 발생한 열과 벽 주위에 대한 열 손실이 균형을 이루 때까지 계속 상승하다가 이후 쇠퇴기에 들어서면서 온도는 내려가기 시작한다. 즉, 화재의 확대가 멈추기 시작하면서 쇠퇴기(decay period)가 시작된다. 이때에도 온도는 높으므로 화재가 외부로 확대될 위험이 있고, 건물이 붕괴될 수도 있다.

2.2.2 화해상태조사 및 평가

rigid frame의 배치 간격 9.0m 사이에는 수평띠장이 높이 5.2m와 높이 9.2m에 각각 배치되고, 이들 사이에 수직부재 3개가 4등분하고 있다. 또한, 바닥에서 주각까지의 3.5m 부분은 철근콘크리트 벽체이며, 벽체 내에 주각부의 벽부 기둥이 함께 하고 있다. 즉, rigid frame 기둥의 3.5m 높이까지는 콘크리트 벽부 기둥의 형식이다.

화재에 노출된 시간은 40분 정도이며, 가연재료는 발열량이 높은 것으로 볼 수 있는 발전 연료로 쓰이는 폐기물로서 화재에 직접 노출된 부분은 반입장 건물 코너부의 3 span(3 bay) 부분이다.

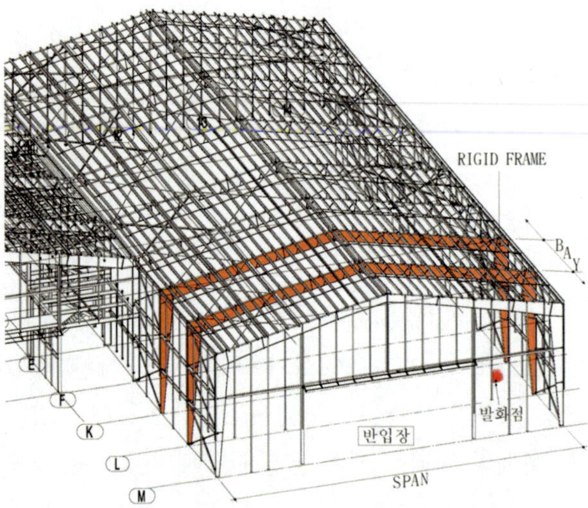

그림 255 반입장 건물의 주요구조부재 및 rigid frame과 발화점/그림은 주골조(main frame)이면서 발화점의 가연재 연소에 의해 구조 안전상 치명적인 내력 손상(구조역학적인 성능저하)을 입을 수 있는 위치에 있는 rigid frame을 나타내고 있다.

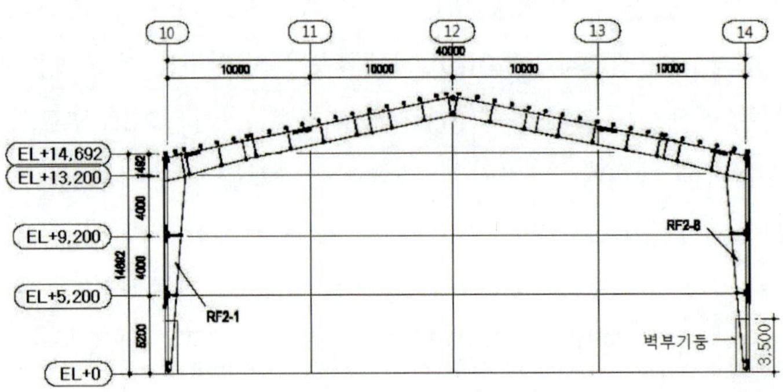

그림 256 K, L Line rigid frame 개요도

발화점 양측의 개구부를 통해 기류가 발생할 수 있는 상태이며, 고정식 너클크레인 주변에 적치된 가연재의 높이는 약 3.5m~3.7m이고 천장과 발화점과의 거리는 약 10m 이므로 천장의 화재 영향은 경미할 것으로 보인다.

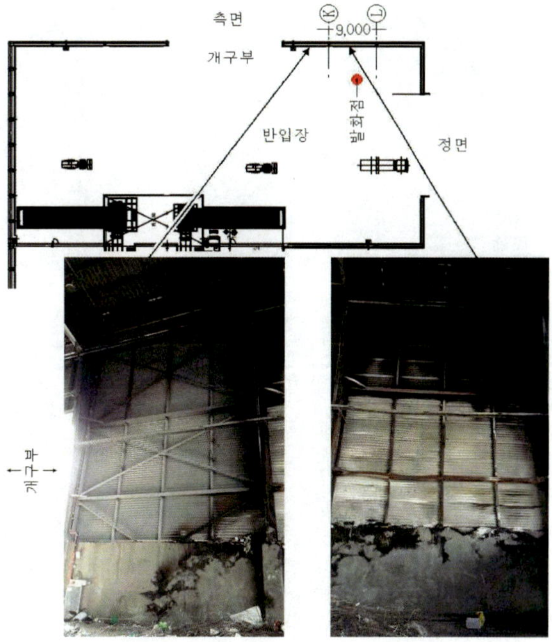

그림 257 발화점의 상황과 화해상태

rigid frame의 횡가재는 화열에 내화 도막이 부분적으로 박리·박락되었고, 이보다 낮은 위치의 주각부 콘크리트 벽체는 rigid frame이나 횡가재 보다는 화해를 적게 받은 상태이다. 즉, 발화점 부분의 rigid frame 간격 9m 구간은 화재에 직접 노출되어 횡가재와 강판이 엿가락처럼 휘는 좌굴이 발생하였다. 이는 900℃ 이상의 온도에 노출되었을 때의 현상으로 간주 되며, 1시간 내화의 rigid frame의 기둥에는 내화 도막이 부분적으로 손상되기는 하였으나 flange와 web에는 화해로 인한 좌굴이 관찰되지 않았다.

발화점 구간의 외벽 부분(높이 3.5m~9.2m)을 제외하고는 화해를 입지 않은 것으로 평가되며, 천장에 부분적으로 백색으로 나타난 그을림은 연소 가스의 확산과 상향식 스프링클러의 작동에 따른 표면 씻김에 의한 것으로 판단된다. 따라서 검게 그을린 부분이나 천장의 하얀 부분은 현 상태로 사용하거나, 그을림 등을 제거하고서 사용할 수 있을 것으로 판단된다.

발화점 부근의 콘크리트 외벽 부분은 그을린 상태로서 화재 노출이 경미 하며, 콘크리트 벽체의 중간에 발생한 수직균열은 콘크리트 재료의 건조수축 및 온도변화 등에 의해 발생하는 기존균열로 판단하였다. 다만, 이러한 균열이 화재의 발화 부분에서 발생한 관통균열이라는 점에서, 화재의 열응력의 영향을 전적으로 배제하기는 어려우나, 수직균열이므로 구조적인 영향이 경미한 것으로 간주하여 보수 조치하거나 현상 유지하는 것으로 한다. 다만, 화재에 직접 노출된 구간의 강판 마감의 외벽에 대하여는 교체할 필요가 있다.

그림 258 화재에 직접 노출된 rigid frame의 화해상태/좌굴이 발생하지 않았고, 횡가재에는 좌굴과 함께 내화피막이 박리 박락된 상태

그림 259 귀잡이 가새(knee brace)의 상태(좌), 내화 도막의 손상(중), 수평부재의 화해 좌굴(우)

그림 260 rigid frame 천장부의 백화부분(좌), 화해를 입은 외부 마감 강판의 교체구간(우)

그림 261 화재와 무관하게 손상된 내화피막.

그림 262 반입장 외주 벽체의 수직균열

대상 건물에서는 화재에 노출되지 않은 철골 기둥의 내화피(도)막이 손상된 곳이 관찰되었다. 이같이 손상된 상태에서, 발열량이 높은 가연재의 화재에 40분 정도 노출될 경우 철골이 변형될 수 있다. 내화 처리된 부재의 좌굴은 강재의 강도가 거의 상실될 수 있는 화재 온도에 노출되었거나 내화피복의 성능 부족으로 볼 수 있다.

제3장 보수•보완 및 보강방안

3.1 화재에 노출된 rigid frame 주각부 보강

1시간 내화의 rigid frame에 좌굴은 관찰되지 않았다. 따라서 화해에 따른 부재의 역학적 성능 저하가 발생한 것으로 판단하지 않았다. 그러나 화해에 의한 좌굴이 발생하지 않았다고 하더라도, 주각부는 작용 하중에 의해 최대모멘트가 발생하는 부분이므로 보강한다.

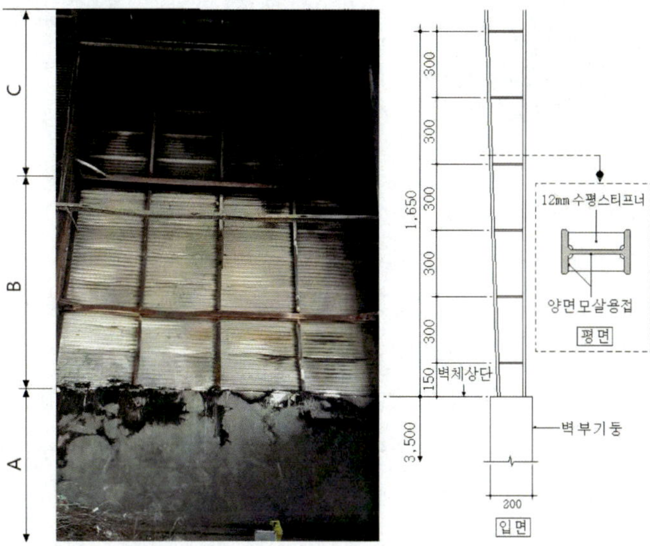

그림 263 현상유지와 교체구간, rigid frame 주각부 보강개요도

3.2 수평 횡가재 및 수직부재의 교체

그림의 A 부분은 수직균열이 발생한 벽체로서 현상유지를 하여도 무방할 정도로 화해가 경미하다. B 부분은 rigid frame을 제외한 모든 부재에 좌굴이 발생하고, 수평 횡가재 및 수직 띠장, 귀잡이보(knee brace)의 내화 도막이 박리•박락되고 좌굴 상태이므로 교체하는 것으로 하였다. C 부분은 화재에 노출되기는 하였으나, 대부분이 그을린 상태로서 화해의 정도가 경미 하므로 수직부재 및 수평부재 모두 현상 유지한다.

3.3 외벽 강판 마감재

화열에 뒤틀린 강판(0.8t)은 사용성을 상실한 상태이므로 교체하며, 이에 인접한 강판은 부분적으로 그을린 상태이므로, 이를 제거하고 도장 보수하여 재사용한다.

그림 264 rigid frame과 외벽 강판 마감재의 상태/외벽마감재는 화열이 변형되어 사용성을 상실한 상태이다.

그림 265 측면 부분의 상태/rigid frame 사이의 외벽 마감 강판(0.8t)의 화해

3.4 천장 그을림 및 기타

1) 천장 표면에 부분적으로 검게 그을린 부분이나 하얀 부분은 현 상태로 사용하거나, 그을림 등을 제거하고서 사용할 수 있다.

2) 벽체의 균열은 화열에 의한 것이 아니고, 벽체의 내력에 대한 큰 영향을 미치지 않은 수직균열이며, 빗물 누수의 영향을 고려하여 균열 부위를 에폭시 혹은 시멘트계통의 재료로 충전하거나, 현재 상태로 유지하여도 무방하다.

3) 발화점 부분의 rigid frame은 안전성과 사용성을 유지하고 있으나 안전관리 측면에서 보강하는 것이 바람직하며, 화해를 입은 부재는 교체하거나 보강이 요망된다. 이들 이외의 경미한 화해 부재는 연소 가스에 그을린 정도이므로 도장 보수 또는 현상 유지할 수 있다.

2.13 지하철 승강장 비상도어의 안전성 검토/보여주기식 기술용역

<요지> 발주자를 의식하여 보고서 내용보다 분량에 치중한다

지하철 터널 승강장(플랫폼)의 스크린도어 안쪽에서 수리작업을 하고 있던 작업자가 갑자기 진입한 열차에 치여 숨지는 사고가 발생(2016년 5월 서울 구의역 스크린도어 사망사고)하였다. 이를 계기로 하여 작업자가 비상도어를 통해 승강장으로 비상 탈출할 수 있게 개발된 제품(비상도어개폐시스템)이다.

개발업체는 특허 출원 중이며 열차운행 시에 제품에 작용하는 풍압 등에 대한 안전성 검토의 기술용역을 지하철의 철도시설 관련 연구소와 추진하였으나 계약이 성사되지 않았다. 이러한 기술용역은 개발자 임의로 수행할 수 없고 지하철 측이 용인하는 절차를 요구할 수도 있다. 그래서 이들을 참작하는 기술용역으로 수행하여야 성과가 나타난다. 그러기 위해서는 비상도어에 요구되는 제반 성능을 지하철 측이 수긍할 수 있도록 평가해야 한다. 물론 개발자가 지하철 측과의 사전협의하였으므로 그들이 제시한 용역 범위와 내용에 따라 수행하면 되지만. 그들은 전문가집단이 아니므로 평가내용을 용인할 수 있도록 하는 것은 전적으로 진단전문가의 몫이다.

개발자는 "지하철 측에서 안전성 검토는 3D 구조해석을 원한다"라고 하여 용역보고서에 이를 첨부하였다. 많은 지면을 차지하는 관계상 여기에는 수록하지 않았다. 이 같은 보여 주기식 업무는 많이 줄어들고 있지만, 제도적으로 실시하고 있는 법정진단은 보고서작성 매뉴얼의 내용 전개 자체가 과대하고, 구조해석과 구조물진단을 동일시하는 개념도 있어 보고서의 분량이 1권으로 제본하기 어려운 지경에 이르기도 한다. 이로 인해 기술용역보고서가 과대 포장한 상품으로 보일 때도 있다. 비상도어의 개발자도 마찬가지로 용역보고서를 지하철 측에 제출하게 되므로 부피(두께)도 신경 써 달라는 부탁이 있었다. 개발자의 과민함이 엿보였다. 개발자는 이러한 용역성과품으로 대관업무를 추진하였고, 몇 개월 후에 또 다른 개발자가 지하철 측에서 용역보고서를 받았다고 하면서 그와 같은 보고서 형식으로 용역을 의뢰코자 한다면서 방문하였다.

제1장 개 요

1.1 목적

“지하철 플랫폼 스크린도어 광고판 일체형 비상도어 개폐시스템(이하 ‘비상도어’)”을 실제로 적용하기에 앞서 안전성을 검토하는 용역이다. 즉, 열차운행 중의 열차풍[288]에 대한 안전성과 기존 고정기둥(캔틸레버 지지의 Post)[289]의 구조검토가 주안이다. 따라서 비상도어 패닉바(가로틀 및 세로틀)의 변형, 열차풍의 수압하중(受壓荷重)의 작용으로 기존 고정기둥의 내력 확보, 즉 비상시에 비상도어가 90˚로 열렸을 때 Post(기존기둥+보강재)에 대한 전도(overturning) 내력, 기존 기둥에 비상도어를 부착함에 따른 나사 부분의 단면결손에 대한 영향성 검토이다. 이를 위해 해당 도면의 검토, 개발제품의 실물체(prototype)에 대한 현장조사와 구조검토를 통하여 안전성을 평가하고 보완보강방안을 제시한다.

1.2 구조물의 개요

비상도어의 가로틀 및 세로틀[290]의 형상과 치수는 그림에 나타낸 바와 같으며, 사용된 도어 틀(frame) 재료는 알루미늄합금(aluminum alloy)이다. 대상구조물은 크게 보강대와 비상도어의 실체인 패닉바 구조물+광고판 몸통과 광고판 덮개로 구성되어 있다.

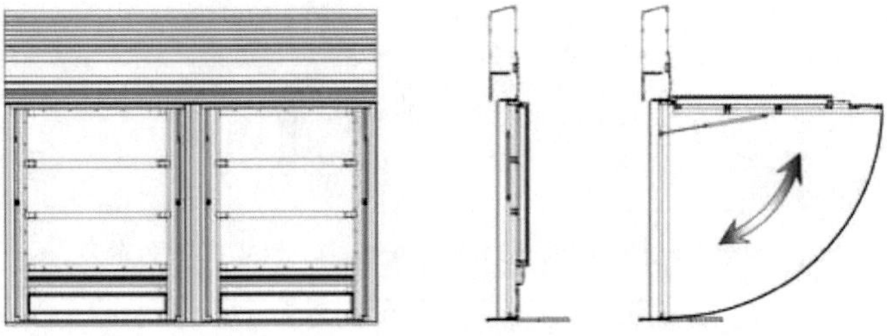

비상도어 열차선로 부분의 정면도　　닫힌상태 단면　　비상개방

승강장(플랫폼) 비상도어의 개요도/실물체 대한 안전성 평가를 크게 ① 터널에서 열차운행시의 열차풍에 의한 스크린도어의 안전성, ② 플랫폼의 기존기둥에 미치는 구조적인 영향, ⑨ 비상도어를 완전개방하였을 때의 전도(顚倒) 등으로 구분하여 검토하였다.

---

288) 지하터널 내의 열차운행은 터널을 따라 피스톤 효과(piston effect)가 나타나서 터널 내부의 공기가 터널 벽에 갇혀 바닥의 지면 부분을 제외하고는 옆으로 밀어젖히는 힘을 생성하는 공기의 운동을 말한다.

289) Platform Screen Door는 일반적으로 고정기둥이 승강장 바닥(station floor)과 천정(ceiling)에 이르는 높이의 스크린도어(Full height platform screen door)와 일정 높이까지만 고정기둥이 설치되는 캔틸레버 형식의 스크린도어(platform edge door/half-height platform screen door)로 구분하고 있다. 검토대상 스크린도어는 고정기둥이 천정에 미치지 아니하는 캔틸레버 형식이다.

290) 창문을 구성하고 있는 부재를 일반적으로 ‘창문틀’이라고 한다. ‘비상도어’도 일종의 창문으로 간주하여 틀(frame)로 표현하였다. 이 틀을 수평 보, 수직 기둥 등으로도 표현하고 있다.

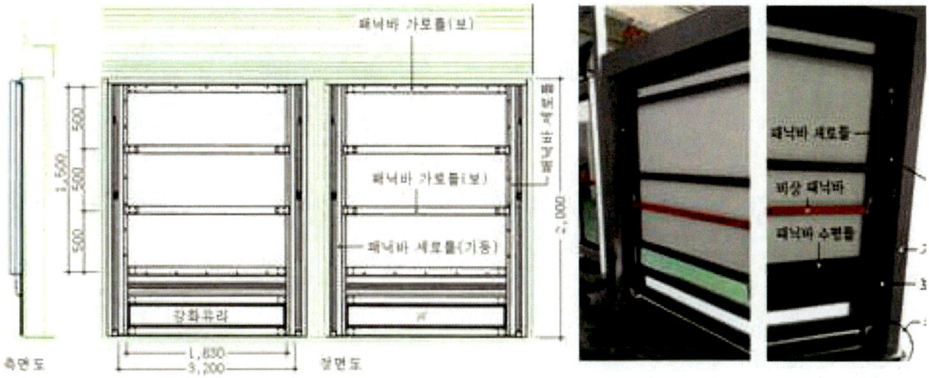

그림 268 풍압을 받는 비상도어와 골조 명칭

그림 269 열차풍의 수압(受壓)부분(좌), 비상도어의 작동시험(우)

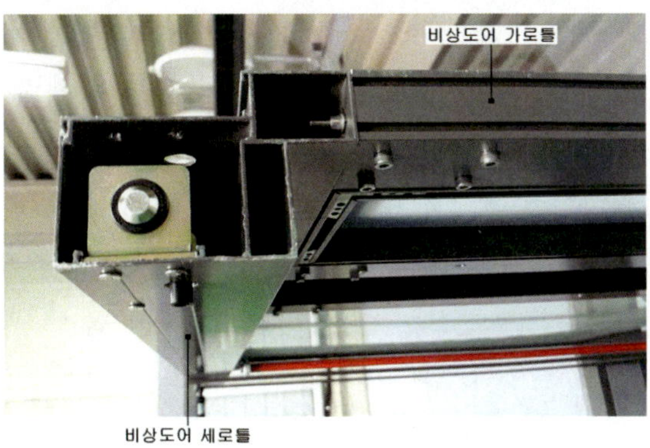

그림 270 패닉바(비상도어) 가로틀(수평보)과 세로틀(수직기둥

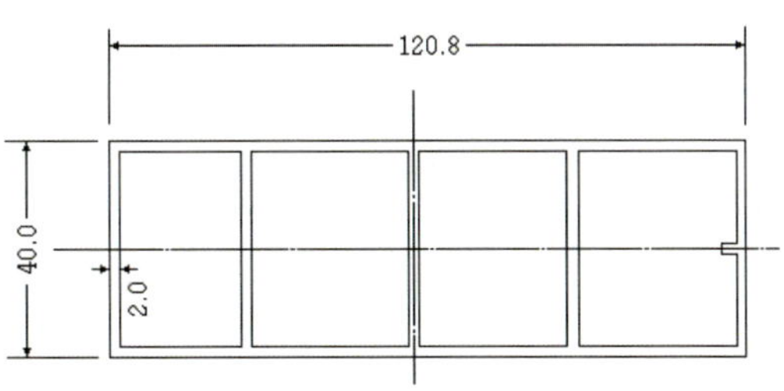

그림 271 수평 보강대의 단면 형상 및 치수/수평 보강대(고정보)와 수직 보강대[고정기둥(보강대)]는 기존의 frame에 나사로 고정되고 플랫폼 바닥의 주각 부분에서 기판(base plate)과 함께 정착된다.

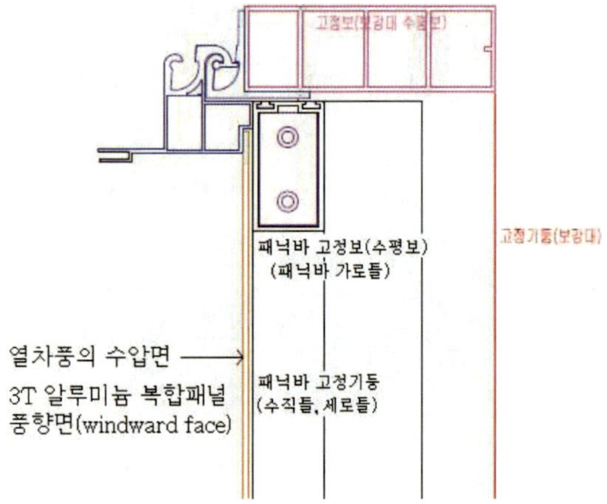

그림 272 열차풍의 수압면과 패닉바 가로틀의 힌지, 고정보(보강대 수평보) 및 고정기둥(보강대) 부분

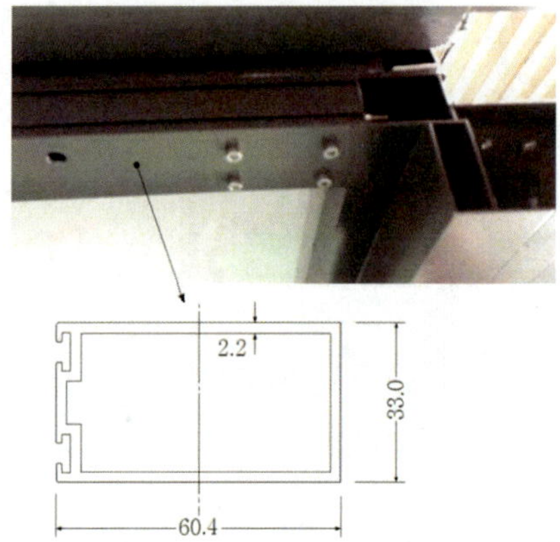

그림 273 비상도어 개폐시스템의 수직틀,세로틀, 패닉바 고정기둥 및 수평보(세로틀)의 연결부. 하부 그림은 수평보의 단면

제2장 안전성 검토

2.1 패닉바에 대한 구조검토

□ 구조검토조건

비상도어가 닫혀 있을 때는 잠금장치에 의해 상부의 절점은 힌지(hinged), 하부의 절점은 이동지점, 비상도어의 수평부재 또한 1단 회전지점, 타단 이동지점의 단순지지로 가정한다. 닫혀 있는 경우 열차풍에 의한 풍압은 4변 단순지지의 상태로 패닉바를 통해 보강대로 전달되는 구조이다. 예컨대 G_1은 힌지 상태이며, G_3는 열린 상태에서 자유단, 닫힌 상태에서는 이동단이 된다. G_2 및 B 또한, 단순 보로 가정한다. 따라서 4변 단순 지지로 검토하였고, 정정구조물로서 응력이 재분배되지 않으므로 안전 측이다.

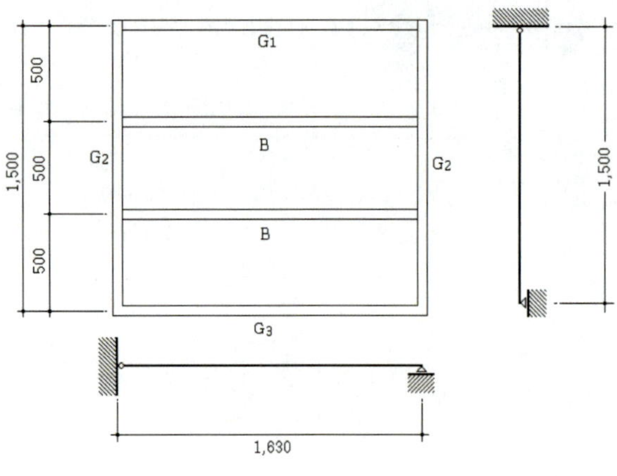

그림 274 비상도어에 풍압이 작용할 경우, 대상구조물은 광고판의 횡격막작용(diaphragm action)에 의해 4변이 단순 지지된 슬래브와 같은 상태가 된다. 이는 각각의 부재가 나사로 접합되기 때문이다. 이들 가로 틀(frame)과 세로 틀로 구성된 패닉 바는 각기 다른 구조적인 조건으로 보(girder or beam)의 역할을 하게 된다. 따라서 구속조건에 따라, 가로 틀과 세로 틀에 각각 보의 명칭을 부여하였다.

□ 설계하중 및 구조재료의 성질

- 대상구조물에 사용된 Frame 재료: 알루미늄합금(aluminum alloy)
- 구조검토 풍압= 270kg/㎡
- 허용변형 δ=1/175 [참고문헌 5) 참조]
- 탄성계수: $E = 7 \times 10^5 kg/cm^2$(알루미늄합금)
- 수압면적 A= : 1.63m × 1.50m= 2.5㎡
- AL Frame 두께 : Thk. 2.2㎜, 1.7㎜

□ 단면 2차 모멘트 계산(예)

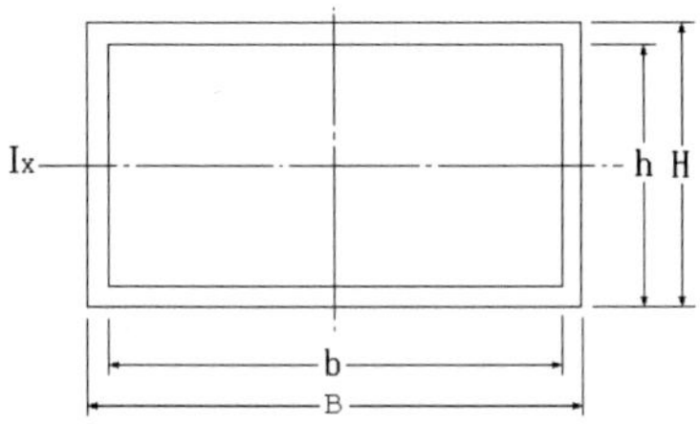

그림 275 중공 단면(hollow section)의 도심축에 대한 단면 2차 모멘트 계산/

$$I_x = \frac{BH^3}{12} - \frac{bh^3}{12} = \frac{1}{12}(BH^3 - bh^3)$$

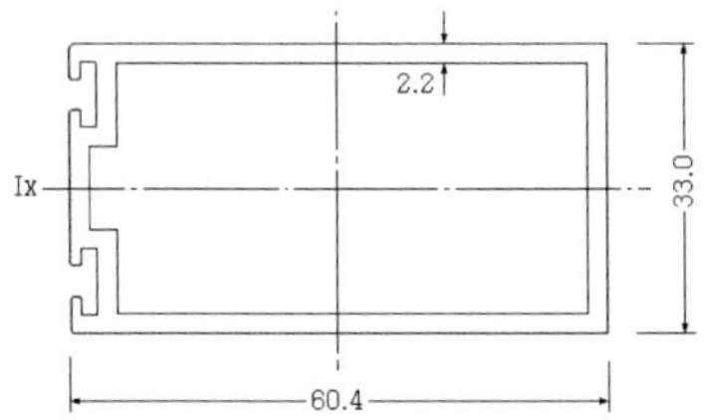

그림 276 단면 2차 모멘트의 계산(예)/수평보 단면형상 및 치수/

$$I_x = \frac{BH^3}{12} - \frac{bh^3}{12} = \frac{1}{12}(BH^3 - bh^3) = \frac{1}{12}(6.04 \times 3.3^3 - 5.6 \times 2.86^3) = 7.17 cm^4$$

□ 하중 부담면적 계산과 구조검토 모델

G_1은 지점에 놓인 힌지로 연결된 부재이고, G_2 및 B는 단순 지지의 보로 간주할 수 있으며, G_3는 잠긴 상태에서는 1단 힌지 상태이다. 그리고 열린 상태에서는 타단 자유단에 해당하므로 열차풍에 의한 풍압 작용과는 무관하다. 따라서 구조검토의 대상 부재는 G_2 및 B로서 단순 지지상태의 단순 보(simple beam)로 볼 수 있다.

패닉바의 수평보(Beam) B는 지점 간의 거리가 1.63m이고, 하중을 분담하는 수압면적이 가장 크며, 풍압 작용에 따른 보의 처짐이 크게 나타날 수 있는 부재이다. 이 경우에 단순 보의 처짐변형은 $\delta = \frac{5W\ell^3}{384EI}$이며, 이 처짐은 W에 의해서도 영향을 받지만 주로 절점 간의 거리(ℓ^3)에 지배된다. 따라서 경간 1.63m의 B의 보를 처짐변형의 안전성 및 사용성을 검토대상으로 하였다.

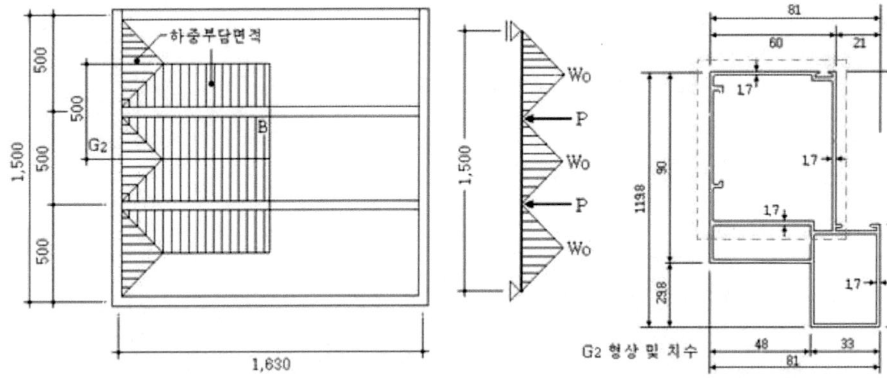

그림 277 G_2의 패닉바 기둥(패닉바 수직보)는 B와 같은 수평보와 조건이지만, 보의 구조단면이 강축으로 놓여 있고 단면계수가 다른 보에 비하여 상대적으로 크기 때문에 처짐이 B에 비해 작을 수밖에 없다. 따라서 구조검토에서는 차 순으로 하였다. 구조검토의 편의상 단면 2차 모멘트 산정은 그림에서 점선 부분을 대상으로 함.

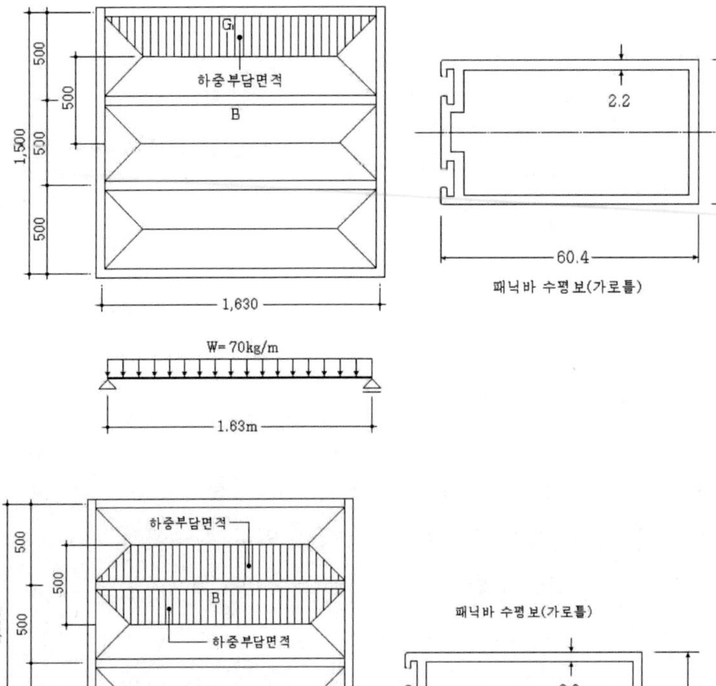

그림 278 패닉바 수평보(가로틀)/G_1은 힌지로서 보강대에 연결된 부재이다. 이는 열차풍에 대한 검토를 생략하였으나, 중간의 패닉바 수평보는 하중부담면적이 크고 풍압에 대해 약축(weak axis)으로 놓여 있으므로 검토대상으로 함.

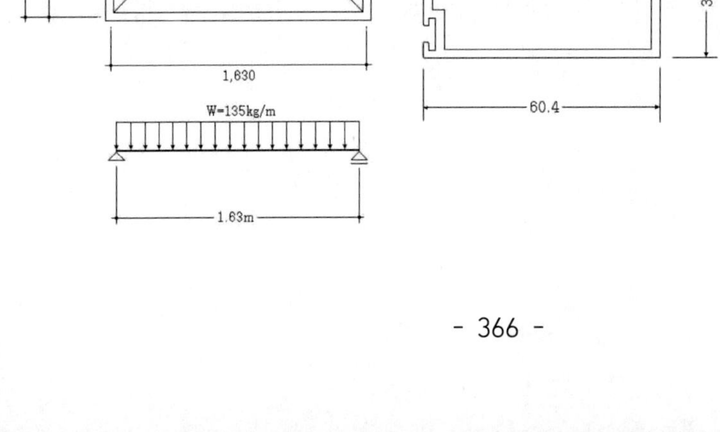

그림 279 중간 패닉바 수평보(Beam, 가로틀)의 개요/부재가 약축(weak axis)으로 놓여 있다. 처짐을 지배하는 단면계수가 작은 반면에 하중 부담면적은 크다. 지점 거리는 1.63m이다. 따라서 수평보(B)를 구조검토의 대상으로 하였다.

2.1.1 열차풍압에 대한 변형($\delta_{\max}$)검토-수평보 B

- 풍압력(열차풍) : 270kg/㎡, 30m/sec
- 중공 단면(hollow section)의 도심축에 대한 단면 2차 모멘트/

$$I_x = \frac{BH^3}{12} - \frac{bh^3}{12} = \frac{1}{12}(BH^3 - bh^3) = \frac{1}{12}(6.04 \times 3.3^3 - 5.6 \times 2.86^3) = 7.17cm^4$$

- $E = 7 \times 10^5 kg/cm^2$(알루미늄합금)
- $W = 135kg/m$
- 허용변형(위): $\delta = \frac{\ell}{175}$ 이하

최대처짐변형$\delta_{\max} = \frac{5W\ell^3}{384EI} = \frac{5 \times 1.35 \times 163^3}{384 \times 700,000 \times 7.17}$ =0.02cm 〈허용변형(δ) O.K

(δ=163/175=0.93cm)

❖ 열차풍압 270kg/㎡에 대한 수평보(B)의 안전성(변형내력)을 확보

2.1.2 열차풍압에 대한 변형($\delta_{\max}$)검토- 수직틀 G_2

중간 수평보(B)가 단순히 비상도어 외곽틀(비상도어 frame)을 연결하여 비상도어 frame의 강성을 높이는 역할만을 할 경우는 중간 수평보가 열차풍의 면내 전단하중을 전달하는 횡격막작용에 기여하지 못하게 된다. 따라서 이 경우에는 비상도어의 외곽틀(패닉바: 수평보와 수직보=가로틀과 세로틀)만이 열차풍에 의한 풍압을 받는 구조부재가 된다. 이러한 상태의 구조부재는 아래와 같은 하중 부담면적에 작용하는 풍압을 받게 된다.

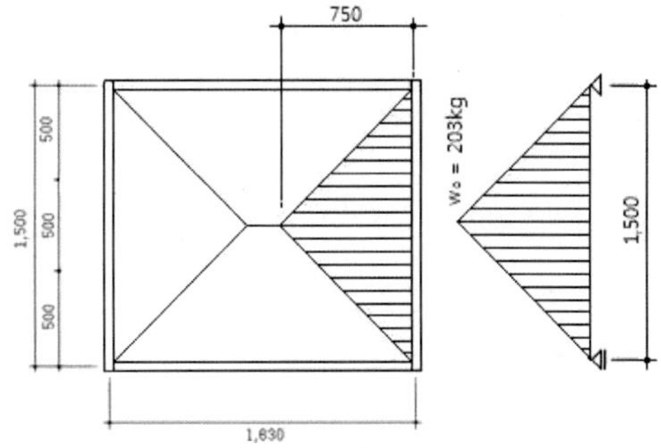

그림 280 수직틀 G_2의 단순보 처짐계산

- 중공 단면(hollow section)의 도심 축에 대한 단면 2차 모멘트/

$$I_x = \frac{BH^3}{12} - \frac{bh^3}{12} = \frac{1}{12}(BH^3 - bh^3) = \frac{1}{12}(6.0 \times 7.0^3 - 5.66 \times 6.66^3) = 35.92cm^4$$

- $w_o = 270 \times 0.75$=203kg

최대처짐변형 $\delta_{\max} = \dfrac{w_o \ell^4}{120EI} = \dfrac{2.03 \times 150^4}{120 \times 700{,}000 \times 35.92}$=0.34㎝ 〈허용변형($\delta$)

(δ=150/175=0.86㎝) O.K

❖ 열차풍압 270kg/㎡에 대한 수직틀(수직기둥, G_2)의 안전성(변형내력)을 검토한 결과, 허용변형 이내에 있음이 확인되었다.

2.2 비상시 90° 로 열었을 때 Post(기존 기둥+보강재)의 전도에 대한 안전성 검토

구조물이 기존플랫폼의 골조(frame)에 수평 및 수직의 보강대와 7개의 나사(ϕ5)로 고정되며, 수직 보강대[고정기둥(보강대)]는 플랫폼 바닥의 주각 부분에서 기판(base plate)으로 정착되어 있다. 수직 보강대는 기본적으로 보강대의 주각을 통해 열차풍압의 하중이 전달되는 구조이다. 즉, 보강대의 주각이 플랫폼에 정착된 지점구조이므로 비상도어가 90° 로 열었을 때의 전도모멘트에 대하여 기존플랫폼 골조에 전체 하중을 전달하기보다는 보강대 자체적으로도 지지되는 구조이다.

비상도어의 무게는 150~180㎏이나 하중변수를 고려하여 고정하중 180㎏으로 설정하고, 이를 단위길이당의 등분포하중으로 환산하면 작용 하중은 120㎏/m이다. 이러한 등분포하중이 지간의 중간에 작용하고 버팀 댐퍼(damper)에 의해 일종의 트러스 구조가 되면서 이를 통해 하중이 전달되며, 플랫폼 골조에 작용하는 전도모멘트는 0.12ton × 1.5m × 0.75m=0.135t-m이다. 이는 역학적으로 경미하며, 하중 또한 일시적으로 작용한다.

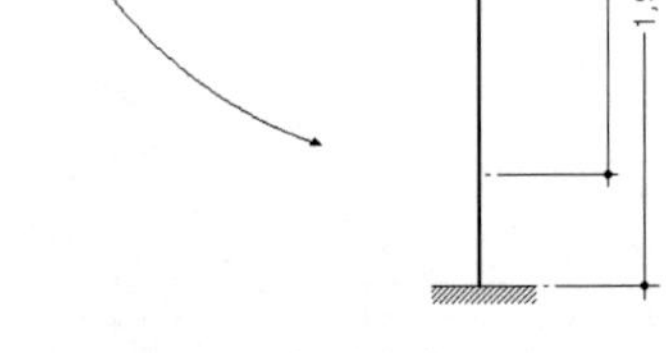

그림 281 Post의 작용하중 개요

결국, 비상시 90° 로 열렸을 때 이로 인한 Post(기존기둥+보강재)의 전도는 상정하기 어렵다. 다만 90^0로 열렸을 때, 비상도어 뒤의 승강장에 있는 사람이 열림에 의해 넘어질 수 있으므로, 탈출할 수 있을 정도로만 열리도록 한다.

2.3 기존 기둥에 비상도어 접결합에 따른 나사 부분 단면결손의 구조적인 영향

고정기둥의 1면을 관통하는 고정나사의 직경이 $\phi5 \sim \phi11.2$에 불과하고, 고정기둥 1면의 고정나사의 관통으로 단면결손이 생긴다고 하여도 원형 홀이 일종의 아치작용으로 압축력을 전달하므로, 나사에 의한 단면결손의 영향은 무시할 수 있다. 따라서, 기존 고정기둥의 내력저하는 극소할 것이며, 또한, 시공성만 확보된다면 나사의 엇갈림 배치도 구조적으로 유효하다.

2.4 열차운행 풍압에 의해 비상도어가 자연적으로 열릴 수 있는지 여부

구조검토 풍압 270kg/㎡은 건물설계 시에 지반 면에서의 높이 30~40m에 이르는 벽면에 작용하는 풍압에 해당한다. 이러한 열차 풍압에 의해 비상도어가 자연적으로 열릴 수 있는지는 '비상도어의 비상 바(bar)를 누르지 않은 상태에서는 비상도어가 잠금(lock) 상태를 유지한다. 따라서 비상도어에 작용하는 풍압은 단지 미소한 국소면적의 바 표면에만 작용하게 되어 자연적으로 비상도어가 열릴 가능성은 없다.

제3장 종합소견

비상도어 부재의 열차 풍압에 대한 처짐변형을 검토한 결과, 수평보 B 및 수직 기둥(수직틀) G_2 모두 허용변형(δ=1/175) 이내이다. 즉, 비상도어의 부재는 안전성과 사용성을 확보하고 있다.

참고자료 : 1) 스크린도어 광고판 일체형 비상도어 개폐시스템(개발자 제공) 동영상
2) 윤재진, 건축·토목사회문제와 해법, '구조물진단', 서울: 기문당, 2010.
3) Mechanics of Materials, sixth edition, James M. Gere.
4) 建築の試驗硏究情報誌 GBRC. VOL.2 NO4, 日本建築總合試驗所

2.14 대지 성토로 인한 인접 옹벽의 영향과 그에 따른 대책

<요지> 토지형질변경심의 조건부 승인에 대한 기술용역계약의 상대자는?

토지형질변경(개발행위) 허가신청에 따른 도시계획위원회의 조건부 수용 심의 결과의 후속 조치로 이루어진 기술용역이다. 도시계획위원회는 대지 성토로 인해서 기존 옹벽(높이 12m)에 미치는 영향을 고려하여 성토 높이 2.5m를 50㎝ 이상 낮추라는 조건부 승인을 하였다. 관할구청이 심의 결과를 대지 소유자에게 통지하자, 소유자는 토지형질변경을 설계한 토목업체(엔지니어링 활동주체)에 이에 대한 처리를 의뢰하기에 이른다. 이에 토목업체는 조건부 수용에 맞는 대지조성 도면을 작성하여 제출하여야 하는 상황이다.

여기에서 관할구청은 심의 결과를 허가신청자인 대지 소유자에게만 통지하였다. 그러나 대지조성계획도면을 작성한 허가신청 대행업체인 토목업체에게도 알리는 것이 원칙일 것이다. 이로 이해 실제는 대지 소유자가 진단용역을 발주하면서도 계약은 중개인 격인 토목업체와 하였다. 이는 대지 소유자의 위임으로 토목업체와 계약을 한 것이 아니고, 소유자 발주의 진단용역에 토목업체가 중개인으로 끼어든 형식이다. 이 경우에 소유자와 일면식도 없는 계약이 된다. 결국, 설계 주체인 토목업체가 진단용역을 선도함으로써 진단용역비를 토목설계업체에서 받으면서 용역보고서 제출은 대지 소유자에게 하였다. 결국, 대지 소유자가 치른 진단비용을 알 수 없으므로 토목업체가 부당이득을 취할 수도 있어 정상적인 절차로 보기 어렵다는 것이다.

당초 토목업체는 기존에 계획한 성토 높이를 1m 낮추고 조경석 쌓기는 옹벽과 반대 방향으로 1m 옮기는 것을 전제로 하여 의뢰하였다. 그러나 그러한 조치는 기존 옹벽에 대한 구조적인 영향을 해소하기 어려우므로, 성토 높이에 영향을 받지 않는(옹벽배면의 지반활동에 의한 영향을 받지 않도록 하는)방안이 제시될 것이라고 현장에서 언급하였다. 그래서 성토 하중이 옹벽에 가능한 영향을 주지 않는 방안, 즉 조경석 부분의 성토가 옹벽에 영향을 미치지 않도록 조경석 하중을 기초판과 소구경 파일을 통해 지반활동선 하부지반으로 전달시키는 방안을 제시하였다. 이는 성토 높이를 1.0m 낮춘 상태에서 소구경 파일의 선단이 지반활동선 하부에 이르게 함으로써, 기존 옹벽에 성토 하중이 미치지 않게 하여 도시계획위원회의 '조건부 수용'의 심의 결과에 부응하는 방안이다.

제1장 진단개요

1.1 진단목적

본 용역은 건축주(대지 소유자)의 개발행위(토지의 형질변경) 허가신청과 관련한 도시계획위원회의 심의 결과에 따른 조건부 수용을 위한 진단이다. 즉, 대지의 남측 옹벽(철근콘크리트조, 높이 12m, 두께 40~45㎝) 안전에 대한 도시계획위원회의 심의 결과(계획된 성토 높이를 50㎝ 이상 낮추는 조건)를 수용하기 위해 실시한 안전진단이다. 따라서 조사일 현재(2016.04.20)의 남측 옹벽에 대한 상태를 평가하고, 성토 높이를 50㎝ 이상 낮춘 상태에서 남측 옹벽의 안전상의 영향성을 검토하고 안전성을 유지하기 위한 적절한 보완/보강방안을 마련하는 것을 주안으로 한다.

수신자 서울시 ㅁㅁ구 도림 1길 74, B동 202호(연포동, 대한 하우스) 홍길동귀하
(경유)
제목 **도시계획위원회 심의결과 알림**

1. 우리구 발전을 위하여 협조하여 주시는 홍길동님께 감사드립니다.

2. 홍길동님께서 한강동 523-47번지 개발행위(토지의 형질변경) 허가 신청과 관련하여 우리 구 도시계획위원회 심의결과를 알려드립니다.

가. 개최일시 : 2016. 4. 8.(금)

나. 심의결과 : 조건부 수용

○ 대지의 남측 옹벽(12m) 안전에 대한 기술검토 결과에 따라 허용되는 성토 범위를 결정하되, 성토 높이는 50㎝ 이상 낮추기 바람. 끝.

그림 282 관할구청 도시계획위원회의 심의결과 공문/개인정보 보호를 위해 공문서의 수신자, 소재지 등은 변경

1.2 진단대상의 현황

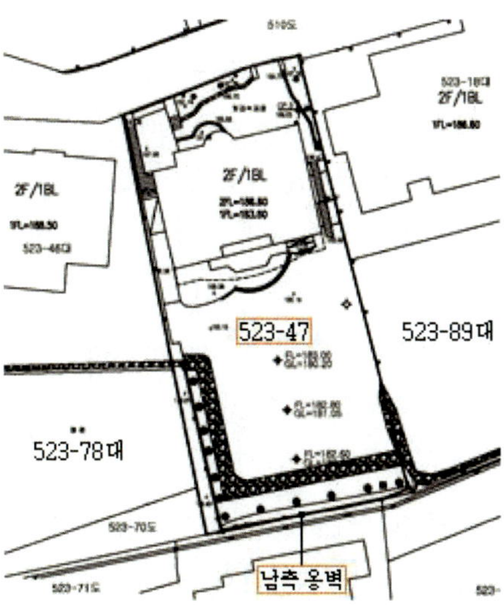

그림 283 대지의 건물과 남측 옹벽 및 인접 대지 현황

그림 284 남측옹벽과 형질변경의 대지(좌), 523-47대 성토 부분(우)

그림 285 남측 옹벽의 전경 및 상황

제2장 상태조사 및 평가

남측 옹벽(높이 12m)은 현재의 지반 상태로 최소한 15년 정도 사용되었고, 배면토 방향으로 약간의 경사도가 있는 외적으로는 안정된 상태이다. 또한, 특별한 유해결함이 관찰되지 않았고, 대지 북쪽의 건물(2층)과는 25m 이상 떨어져 있어 건물의 과재하중이 남측 옹벽에 영향을 미칠 수 없는 상황이다. 그러나 옹벽에서 조경석 쌓기 성토 부분까지의 거리가 7.5m로서 남측 옹벽에 영향을 미칠 수 있는 범위 내에 있다. 즉, 조경석 쌓기 부분에서 북측 방향으로 5.5m~6.5m까지는 과재하중(surcharge) 2.25t/㎡~2.50t/㎡의 성토 하중이 작용하여 기존 옹벽에 구조적인 영향을 미칠 수 있다. 이러한 하중은 옹벽에 횡 하중을 부가된다.

남측 옹벽이 성토하중에 대해 현상(現狀)을 유지하기 위해서는 옹벽 자체를 보강하거나, 조경석을 주동 활동선 밖에 쌓거나. 혹은 성토 하중을 경감시켜 옹벽에 극미한 영향만을 미치도록 성토 높이를 크게 낮추는 방안이 적용될 수 있다. 그러나 이러한 방안을 적용할 수 없는 상태이다. 즉, 현장의 작업공간이 극히 협소하여 보강공사가 어렵고, 조경석을 주동 활동선 밖에서 성토할 경우 대지 활용이 제한되며, 성토를 낮추어 옹벽에 극미한 영향만을 미치도록 하는 성토 높이가 불과 수십 cm에 불과하다.

따라서 성토로 인한 과재하중의 작용에도 남측 옹벽에 영향을 주지 않고 현재의 상태를 유지하면서 옹벽 배면의 주동활동에 의한 영향을 받지 않도록 성토하는 방안제시가 필요하다. 즉, 조경석 부분의 성토 하중이 남측 옹벽에 영향을 미치지 않도록 조경석 부분의 하중을 기초판과 소구경 파일(micro pile)을 통해 하부지반으로 직접 전달한다. 이는 강관 파일(ϕ50)을 연결하여 소정의 깊이까지 해머 타격으로 압입하는 방식으로 최소길이 6m 강관 파일을 @1,200 간격으로 배치하여 성토 하중을 주동 활동선 하부의 지반에 전달한다. 여기에서 강관 파일은 지중에서 지반의 주동 활동을 억제하는 억지 말뚝의 역할도 기대할 수 있으므로, 남측 옹벽을 현상유지 하는데도 구조적으로 유효하게 작용할 것이다. 이같이 성토 하중을 전달할 경우, 도시계획위원회의 조건부 심의 결과(성토 높이 50cm 이상 낮추고 성토 범위를 결정)를 수용할 수 있을 것이다.

제3장 대지 성토에 따른 남측 옹벽의 안전성 유지방안

3.1 강관 파일에 의한 성토 하중의 전달방식

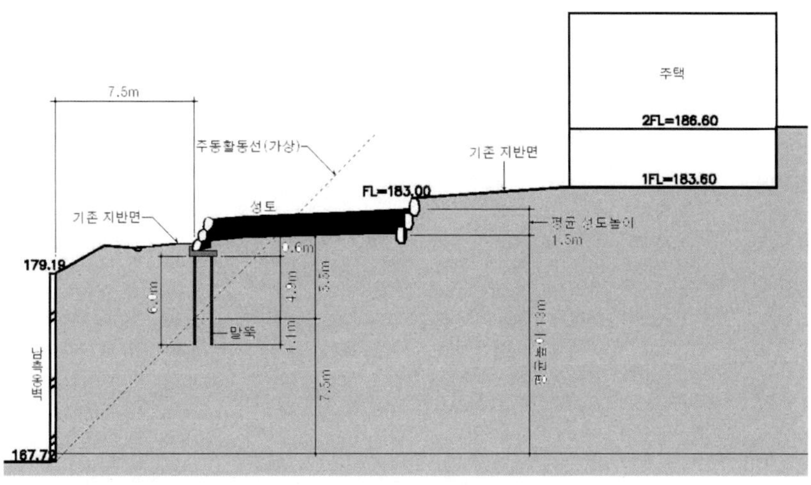

성토 높이를 낮추지 않고도 남측 옹벽에 구조적인 영향을 최소화하는 방안제시/남측 남측 옹벽에 성토 하중이 전달되지 않도록 성토부 석축의 기초에 말뚝을 설치하여 가상의 주동활동선 이하의 지반에 이르도록 말뚝을 선단 지지한다.

3.2 참고자료(강관 파일의 시방 개요)

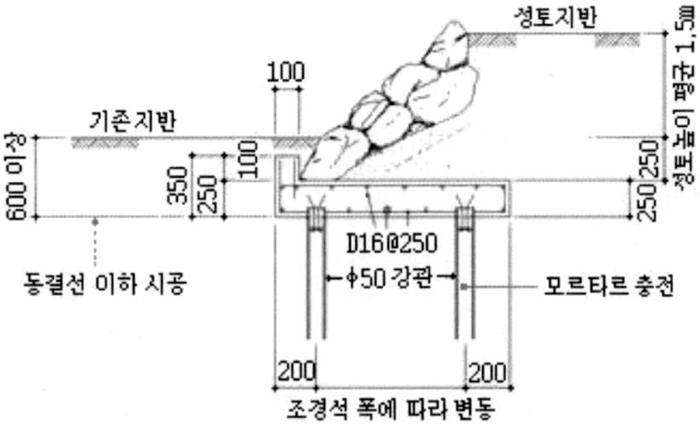

그림 287 조경석 기초 및 파일지정의 시공개요

조경석의 기초지정을 소구경 파일(micro pile)로 시공할 경우, 성토 부분의 대지에 지반천공을 위한 코어드릴(예: 폭-600, 길이-1,200, 중량-800 kg)이 반입한다. 성토 대지에 이 같은 장비반입이 곤란하면 해머 타격에 의한 시공을 적용할 수도 있을 것이다. 이는 강관(ϕ50)을 해머로 타격할 수 있는 길이(1.5m 정도)의 강관을 연결하여 굳은 지반에 지지하는 방식이다. 강관 파일을 해머로 타입할 경우 단위 강관(1.5m)마다 말뚝 두부에 파일 캡(예: steel plate)을 부착하고 말뚝 선단부는 관입이 쉽게 뾰쪽하게 제작한다. 기타 상세 시방은 현장기술자의 지도에 의한다.

3.3 건의사항

진단결과에 따른 적절한 시공을 위해서는 진단기술자의 감리를 고려할 필요가 있다. 즉, 조경석 기초지반 및 강관 파일의 시공방법이 현장여건에 따라 달라질 수 있고, 이에 따른 적절한 시공을 위해서다.

2.15 주택건설 성토지반의 침하, 대책, 이해관계

차 례

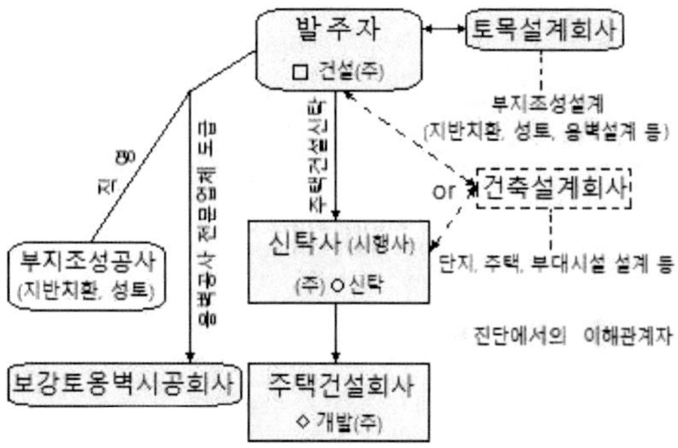

주택건설사업 주요 이해관계자: 사업 발주자, 신탁사(시행사), 주택건설회사, 토목설계회사, 보강토옹벽 시공회사

<진단후기> 다수의 이해관계자 모두가 수용하는 갈등관리

⇒ 지방자치단체의 현장점검 시의 지적에 따라 실시하게 된 진단이다.

성토지반의 보강토옹벽이 정상적으로 시공되지 않았고, 연약지반을 치환하면서 흙의 섞임을 방지하는 토목 섬유를 사용하지 않았고 측방 유동이 발생하였다. 높이 15m의 성토구조물이 기저유출(基底流出)로 여겨지는 전체 활동을 하면서 지반균열도 관찰되었다. 이러한 결함 발생이 복잡하게 얽히어 있는 관련자들의 이해 상충관계 속에서 직관적이고 상황적으로 조사가 이루어졌다. 이와 관련된 이해당사자는 연약지반치환 및 성토공사를 직접 시행한 주택건설사업 **발주자, 시행사**인 □건설(주), 발주자로부터 주택건설사업을 신탁받은 ㈜○신탁의 **시행사**, 주택건설사업의 **토목설계회사**, 발주자로부터 보강토옹벽공사를 도급받은 **보강토옹벽시공회사**, ㈜○신탁으로부터 주택건설공사를 도급받은 ◇개발(주)의 **주택건설회사**이다.

진단계약은 발주자와 하였고, 주택건설사업을 신탁받은 ㈜○신탁은 발주자로부터 계약을 승계받은 상태였다. 그래서 용역비는 발주자에게 청구(세금계산서 발행)하지만, 지급은 ㈜○신탁에서 한다. 이는 계약을 체결하기 이전에 이미 발주자와 ㈜○신탁 간에 분양형 토지신탁계약(주택건설신탁)을 체결함에 따른 것이다. 또한, 발주자는 ㈜○신탁에게 분양형 토지신탁을 하였으나, 보강토옹벽과 연약지반치환 및 성토공사는 직접 발주하였다. 이 같은 경우에 어느 한쪽에 치우치지 않는 중립과 공정이 매우 중요하다. 다시 말해서, 용역비를 발주자와 ㈜○신탁으로부터 받는다고 하여 이들에게 유리하게 업무를 수행해서는 안 된다는 것이다. 또한, 발주자와 ㈜○신탁은 이해관계가 같을 수 없고 '갑'의 위치에 있다고 하여 이들에게 호의적으로 하거나 불공정이 개입될 경우 '갈등 해소'로서의 진단이 오히려 반목과 다툼으로 이어질 수 있다. 이러한 상황을 고려하여 진단수행 중에 필요한 자료요청 이외에는 이들과 가능한 접촉을 하지 않았다.

실질적인 용역발주자는 □건설(주)와 ㈜○신탁이므로 이들로부터 동시에 용역 완료승인이 떨어졌을 때 진단용역은 종료된다. 이들 시행사(발주자) 사이에도 이견이 있을 수 있고 이를 두고 밀고 당기는 갈등이 있을 수 있어 용역 완료와 용역비 지급이 지체될 소지도 있다. 진단결과는 주택건설 시행사이며 발주자인 □건설(주)가 직접 시공한 성토구조물의 토괴(soil mass) 활동문제로 귀착되었다. 이에 따라 용역비 지급이 지체되었고, 발주자 측은 평가결과를 극히 부분적으로 유리하게 수정하고자 노력을 기울였음에도 이를 수용하지 않았다.

진단용역업무를 수행하는 동안에는 갑을관계에서 최하부로 볼 수 있는 보강토옹벽 시공회사를 제외한 관련자들로부터 평가결과에 대한 중간 설명요청이 있었으나, "특정 이해당사자에게만 중간 설명하는 것은 평가의 공정성을 해친다."라는 설득을 통해 양해를 구하였다. 현장조사 시에는 보강토옹벽 시공회사와 주택건설회사 관계자의 현장설명이 가장 눈에 띄었었다. 이는 갑을관계에서 그 위상이 가장 낮다고도 볼 수 있는 보강토옹벽 시공회사 관계자는 시공에는 문제가 없다는 사실을 설명하고자 하는 것이었고, 주택건설회사는 공동주택과 보강토옹벽의 배면에 설치하는 구조물(오수처리시설)이 준공된 후에 시행사로부터 제기될 수 있는 민원에 대비하여야 하는 처지였다. 발주자가 의뢰한 토목설계회사 또한 부실설계에서 벗어나기 어려운 상황이었다.

이들(5개 회사) 간에 얽히고설킨 관계를 이해하여야 이들의 갈등조정과 해소에 기여할 수 있다. 결과적으로 토목공사(성토, 보강토옹벽 공사 등)을 직영한 발주자가 재시공해야 하는 상황이 되었다. 이같이 이해관계자가 많아진다는 것은 건설과정의 다단계로 갈등 관계 또한 더욱 복잡해진다. '도시 및 주거환경정비법'의 개정(2016년)으로 신탁사를 건설사업시행사로 참여할 수 있게 하였다. 이는 신탁방식의 정비사업 활성화를 기대할 수 있으나, 건설과정이 다단계가 되어 건설경제의 측면에서는 효용성을 떨어뜨리며, 이해 상충의 갈등 관계는 더욱 복잡해진다.

제1장 개 요

1.1 용역목적

기존에 논으로 사용한 연약지반의 불량토를 현장유용토로 치환하여 보강토옹벽을 축조하고, 주택단지 조성을 위해 높이 15.63m를 성토하였다. 옹벽 축조 3개월여 후, 전면벽 및 상하부 지반균열, 이들과 연장선에 있는 공동주택(104동) 기초지반(버림콘크리트 타설 전)에 균열이 발생하면서 단지 조성 이해당사자 간의 갈등으로 원인 규명과 대책 마련이 요구되기에 이른다. 이에 따른 대책과 이해당사자 간의 갈등을 조정하고, 현장 조사일(2017.4.21, 5.12) 현재, 보강토옹벽의 재축조 및 재사용 여부를 평가한다.

침하 발생 이력	
연약지반치환/성토지반 대지조성(2016.10 ~2016.12) 1) 2016. 09. 수목 이식(대지조성공사) 2) 2016. 10. 연약지반 불량토 치환 (현장유용토) 3) 2016.11-2016.12 표토제거 및 대지 조성 토공사 4) 2016.12.1-2017.4.18 건축 터파기 및 골조공사시공	보강토옹벽공사 1) 2016.11.3 보강토옹벽구간 평판재하시험실시 2) 2016.11.24 보강토옹벽 기초터파기 및 줄 기초 콘크리트타설 3) 2016.11.27-2017.1.9 보강토옹벽 1단 블록 쌓기(공정율 90%) 4) 2017.2.27 보강토옹벽 1단 지반침하로 인한 블록균열 확인 5) 2017.4.21. 1차 조사(침하량 57㎝) 6) 2017.5.12. 2차 조사(침하량 57㎝)-변동 없음

1.2 대지조성 및 보강토옹벽 상황

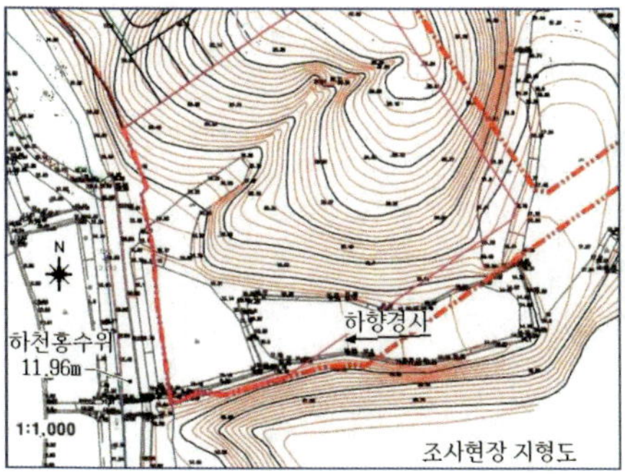

조사현장 지형도

지반치환 및 성토공사 전

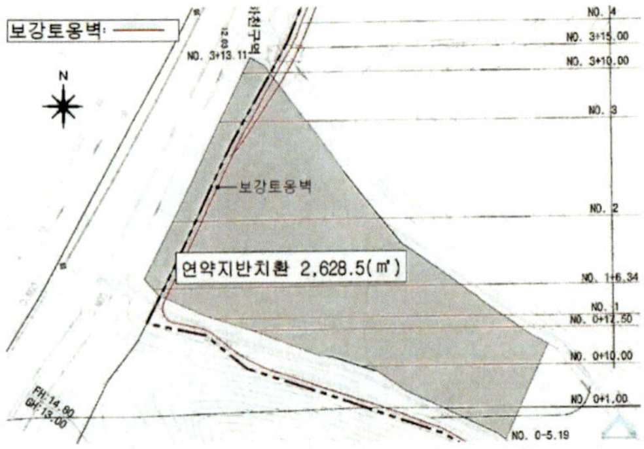

그림 291 연약지반치환 평면도

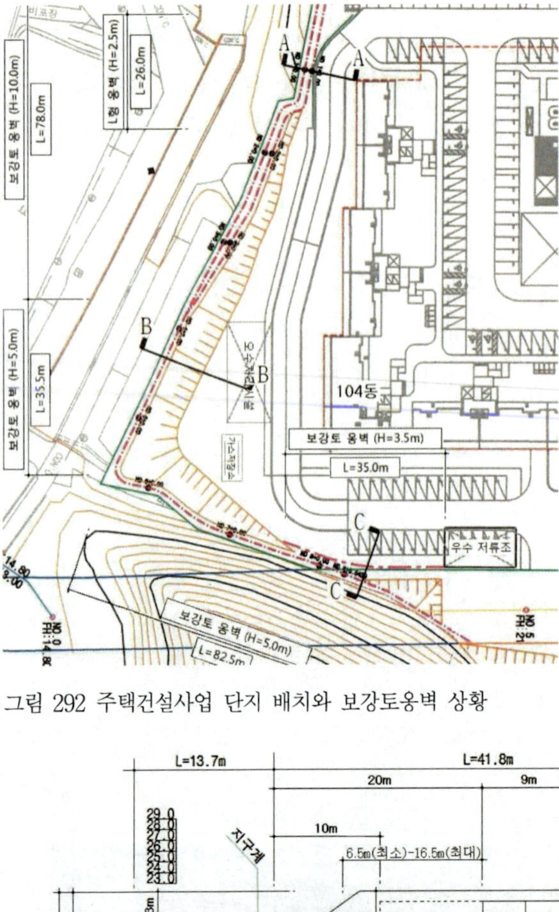

그림 292 주택건설사업 단지 배치와 보강토옹벽 상황

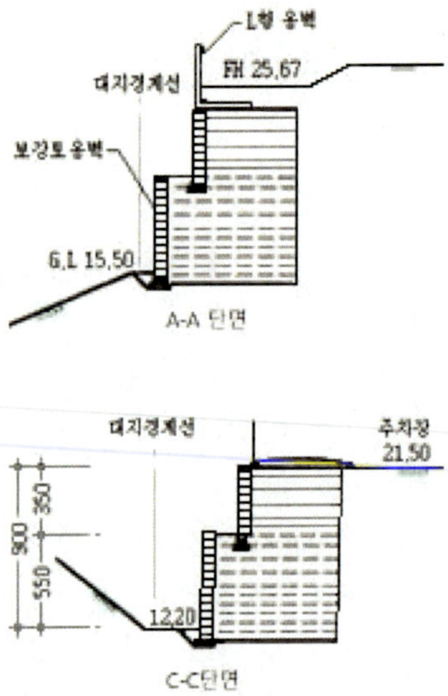

그림 293 A-A, C-C 단면
(보강토옹벽)

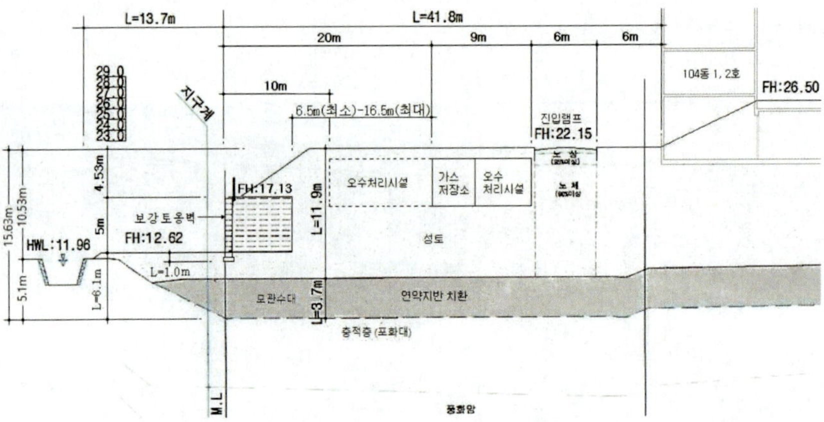

그림 294 B-B 단면, 연약지반치환, 성토, 보강토옹벽, 104동 상황

연약지반치환 및 성토구조물은 서쪽의 소하천 방향으로 흘러내리는 소골짜기와 북쪽에서 남쪽으로 흐르는 소하천(홍수위 11.95m)이 만나는 부분에서 거의 90^0의 곡면을 형성하고 있다. 이 부분으로 우기에 빗물침투의 지중유수가 흐를 수 있고, 수위변화에 따라 성토 저면이 포화상태에 이르러 간극수압이 증가할 수 있는 상황이다. 서쪽과 남쪽의 보강토옹벽이 축조된 이후에, 지형상 흙 속에서의 물의 흐름에 의해 90^0 곡면부의 보강토옹벽의 기초지반에 세굴과 이에 따른 토사붕괴, 보강토옹벽 90^0 곡면부에서 물 흐름이 막혀 옹벽 배면의 수위가 상승할 수 있는 상황이다.

그림 295 좌: 서쪽 면의 보강토옹벽과 성토사면 및 104동의 상황(2017. 4. 2), 우: 보강토옹벽 축조 부분의 소하천 및 저류지(소류지) 상황

그림 296 보강토옹벽과 13m 떨어진 소하천(폭 8m, 깊이 2m)과 성토사면의 상황(좌), 서쪽 면 성토사면과 소하천(우).

제2장 상태조사 및 평가

2.1 성토지반

연약지반치환(높이 3.7m, 면적 2,628.5㎡)하고, 그 위에 62,281㎥를 비다짐으로 11.9m 성토하여 전체 높이는 15.6m이다. 보강토 및 오수처리시설, 우수저류조 지반은 다짐 시공이다. 연약 토층(N치 3/30 이하)을 제거한 후 부지조성 절토에서 발생한 토사 또는 잡석 치환으로 박층 다짐 후에 현장 유용토로 11.9m 성토하였다. 이 같은 치환 층과 현장유용토의 성토 층, 원지반의 토사와 연약지반치환 층의 경계 부분은 토립자의 입경이 달라 흙이 서로 섞일 수 있다. 즉, 분리기능의 토목섬유(geotextile)을 두지 않았으므로 서로 섞여 성토지반이 교란될 수 있는 상황이다[291]. 일반적으로 성토사면의 붕괴는 연약지반에서 일어나며, 침하속도를 고려하지 않은 급속시공에 의하기도 한다.

291) 세립토와 자갈 등의 조립재료가 외부하중으로 서로 압착될 때 토목섬유는 이들 재료가 혼합되는 것을 방지한다. 즉, 흙의 섞임 방지로 외부하중에 저항한다. 흙의 섞임은 두께감소, 전단강도가 낮아진다.

소골짜기와 소하천이 만나는 부분은 거의 90^0의 곡면 성토이며, 급속한 성토와 함께 비배수 조건이 유지되면 불포화토의 비배수시 압축변형이 간극 공기의 압축과 간극수 중의 용해에 의한 물리적인 작용으로 측방활동이 일어날 수 있다. 또한, 빗물이 침투하여 포화되거나 지하수의 상승으로 코너 부분의 비탈면에 부분적인 표층 붕괴와 성토구조물 전체가 원호 활동을 할 수도 있다. 보강토체와 주변 지반 간에 강성의 차가 클 경우도 활동이 일어난다. 요컨대, 성토구조물 전체의 활동파괴(global stability failure), 원호파괴 및 국부파괴가 복합적으로 발생할 수 있다. 또한, 보강토옹벽의 상부 및 하부 지반 면의 균열, 104동 기초지반에서 균열이 양상에 발생하였다.

성토 비탈면의 표층 붕괴는 경사면의 구조에 따라 달리하며, 비탈의 다짐 불량과 식생 등이 완전히 마무리되지 않았을 때 강우 침식에 의하기도 한다. 또한, 경사면의 표층부가 빗물 침투로 포화 되어 그 부분이 미끄러질 수 있다. 미끄러짐은 성토 본체와 비탈면(기슭부) 투수계수에 차가 있는 경우에 비탈면 내에 침투한 빗물이 정체해 간극수압을 확대하여 유효응력이 저하하여 일어난다.

빗물침식에 의한 붕괴를 제외하고는 이같이 유효 응력이 저하하여 발생하는 경우가 많다. 또한, 급경사 지역의 지하수위는 평상시에는 낮지만, 강우 시에는 급상승하며, 하천의 수위상승이나 급저하에 의한 성토 내에 이상한 간극수압이 발생하여 표층 붕괴를 일으킨다. 즉, 하천수위의 상승에 따라 성토 부분에 물이 침투하면 간극수압은 높아지지만, 이후 하천수위가 급저하한 경우에 간극수압의 배출이 그것에 미치지 않기 때문에 활동에 균형(balance)을 잃어 붕괴한다. 이들은 모두 간극수압의 상승과 관계가 있고, 지중유수에 의한 세굴이 붕괴요인이 되기도 한다. 그 밖의 붕괴요인으로는 홍수, 동상이 있으나, 발생한 균열이 대체로 성토지반과 원지반과의 경계부(절토·성토 경계부)에서 발생하여 배제하였다.

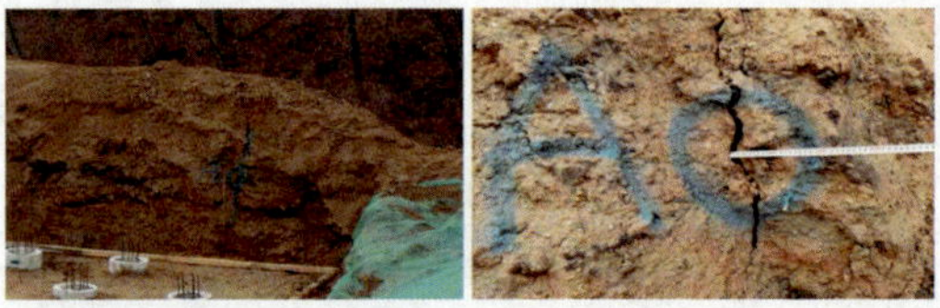

그림 297 A 구간의 균열 및 104동 남쪽균열

그림 298 B 구간 균열

그림 299 C 구간의 균열

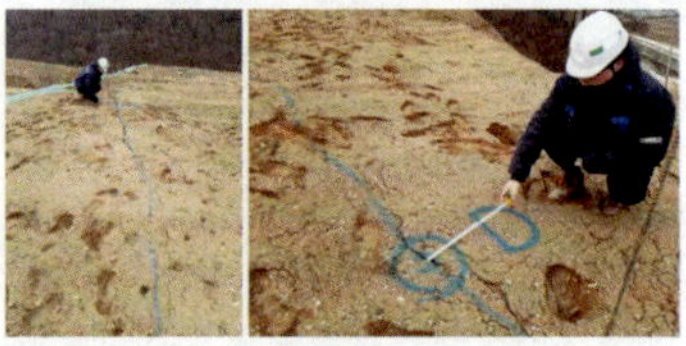

그림 300 D 구간의 균열

그림 301 보강토블럭의 층단밀림 및 하부지반에 발생한 균열양상(좌), 옹벽 길이에 직각으로 상부지반에 발생한 폭 15㎝ 균열(우)

그림 302 지반의 측방변형으로 추정되는 104동 1, 2호 라인 버림타설 전 성토부 균열

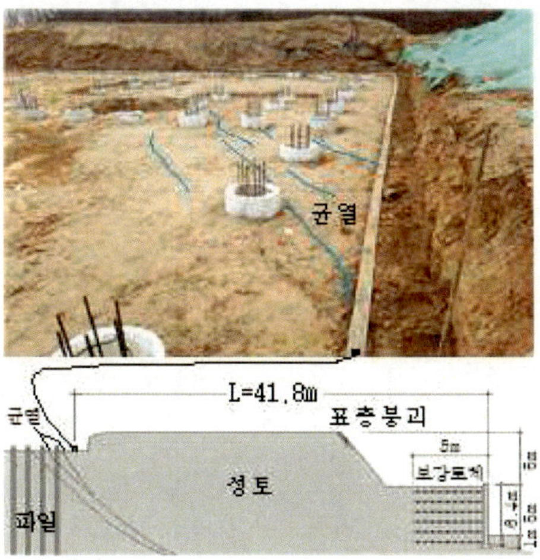

그림 303 104동 1, 2호 라인 버림콘크리트 타설 전의 성토부 균열

그림 304 서쪽 사면의 표층 붕괴/비탈의 다짐 부족, 보강토체 밖이라는 점에서 외적 안정의 전체파괴로도 볼 수 있다. 즉, 토괴의 이동에 의한 안정성 파괴로서, 지하수위가 옹벽 높이 혹은 위에 있거나, 옹벽 선단 혹은 상단에 가파른 비탈이 있거나. 층단(tiered) 사면의 하중작용으로 일어날 수 있다.

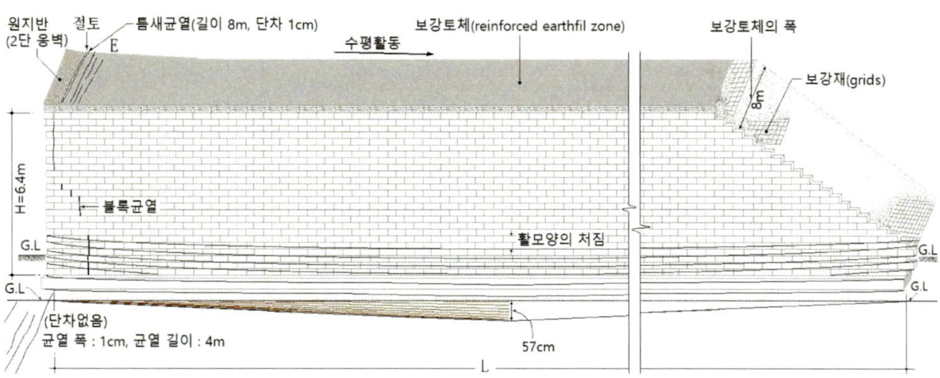

그림 305 보강토의 수평활동과 지반 침하/옹벽(L=40~50m) 상단의 균열(그림 E), 기초콘크리트(=수평고름패드, leveling pad or bearing pad)와 하단지반의 경계에 층단 형성

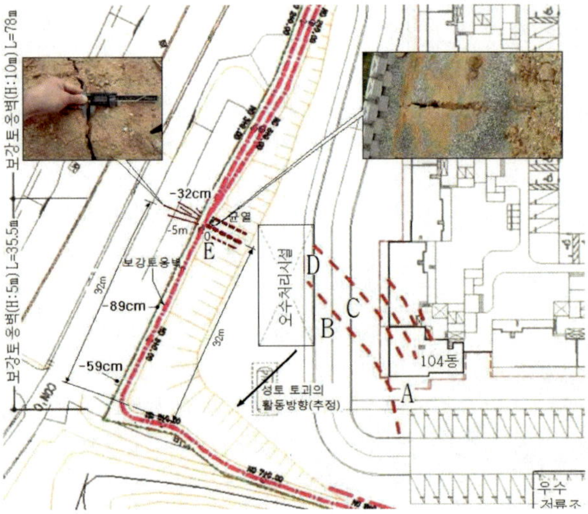

그림 306 성토지반 남서 방향의 균열 양상과 침하/옹벽 상단지반의 균열폭은 최대 15cm, 깊이 30cm, 길이 6m이며, 하단은 균열폭 1cm, 길이 4m이다. 절토와 성토의 경계부에서도 균열이 발생하였고, 우연일 수도 있으나 균열의 연장선 부분이 지형도의 골짜기와 거의 일치하고 있다. 이는 연약지반침하일 수 있으나 성토지반의 지중유수에 따른 기저유출(base flow)에 의한 토괴 이동으로 추정할 수도 있다. 균열 A(길이 30.6m, 폭 20mm), B(길이 3.25m, 폭 25mm), C(길이 28m, 폭 20mm), D(길이 28m, 폭 20mm), E(길이 6m, 깊이 30cm, 폭 최대 15cm, 단차 1cm)이다.

2.2 보강토옹벽

2.2.1 일반사항

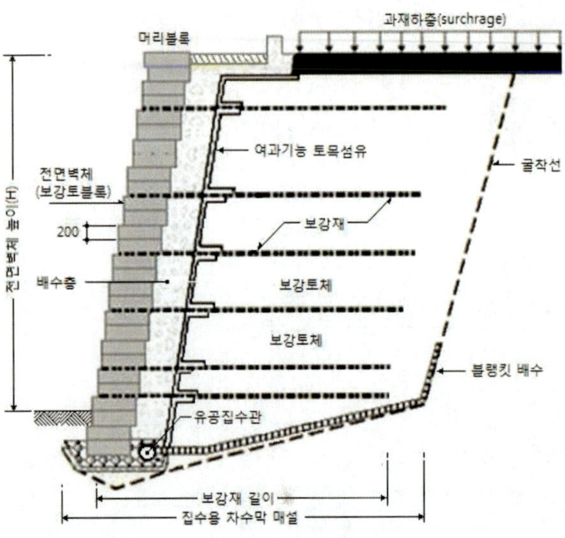

그림 307 보강토옹벽의 기본구조(예)

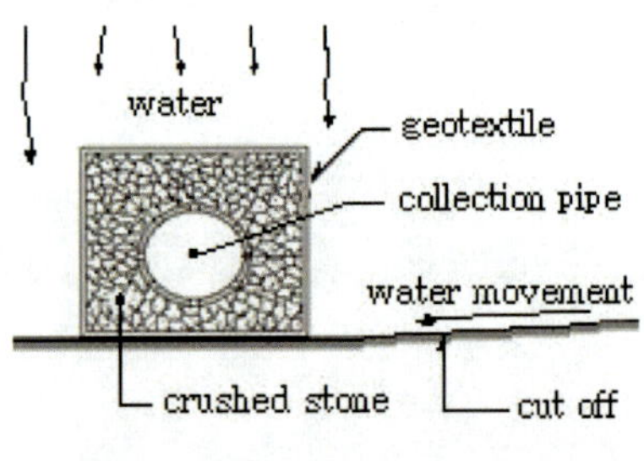

그림 308 집수관의 부분 상세(예)/지중유수나 침투 및 침루에 따른 함몰 침하를 방지하기 위해 필터 기능의 집수관으로 유도하여 토사 유출을 방지한다.

1) 파괴모드

보강토옹벽의 파괴는 기초지반의 미끄러짐(base sliding), 전도(overturning), 지지력 파괴(bearing capacity & excessive settlement), 전체 사면 활동(global/overall slope stability), 보강재의 인발(pullout failure) 및 인장력 과잉의 절단(tensile overstress), 내부 미끄러짐(internal sliding), 전면벽과 보강재 연결부의 파괴(facing connection), 전

면벽의 배부름(bulging), 보강토체 상단의 과재하중에 의한 들림이 있다. 기초지반의 미끄러짐, 전도, 지지력 파괴 및 전체 사면 활동은 외적 파괴이며, 보강재의 인발파괴를 포함한 기타는 내적 파괴형태에 해당한다. 그러나 이들 파괴에 대처하는 것만으로 안정성이 유지되지는 않는다. 원활한 배수와 토사 유출이 방지되지 않은 상태에서는 구조적인 안정성을 유지하기 어렵다.

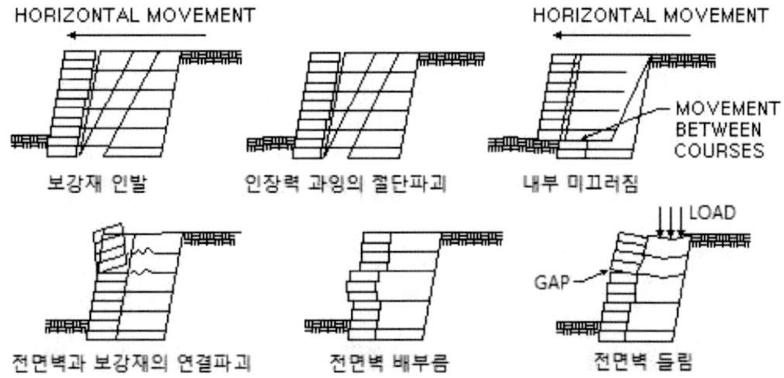

그림 309 내적 및 전면벽의 국부적인 파괴모드/일반 옹벽에서 뒤채움 흙의 성질이 내적 안정 요소가 되는 것과는 달리, 보강토옹벽의 내적 안정은 뒤채움재 및 보강재의 강도와 배치, 보강토와 보강재, 전면벽과 뒤채움 흙의 상호작용, 보강재 내구성, 전면벽과 보강재 간의 연결(특히 블록, segmental 전면판) 등이 요소가 된다.

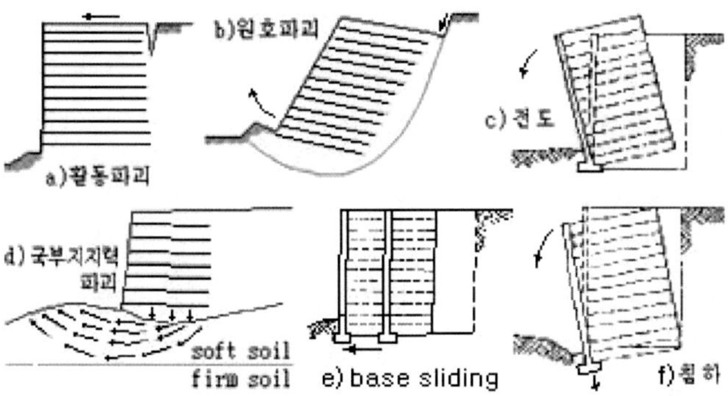

그림 310 보강토옹벽의 외적 파괴모드(external failure modes)/외적 안정은 옹벽체(토체, retaining structures)와 기초지반(foundation soil) 간의 마찰력(base sliding 가능성), 기초지반의 지지강도(bearing capacity)와 기초지반의 크리프(전도 및 침하 가능성), 전체사면안정(overall slope stability)에 의한다.

(1) 외적 안정성

보강토옹벽은 보강재가 매입된 토체를 하나의 연성구조물로 간주하여 안정성을 검토한다. 캔틸레버 옹벽과 같은 방법으로 활동, 전도, 지지력에 대한 안정성을 검토하고, 추가로 사면 활동 및 지반침하에 대하여도 검토한다. 다만, 보강토체와 주변 지반 사이의 강성차이가 작을 경우는 활동과 전도에 대한 검토는 생략할 수 있다. 일반적으로 외적 안정을 확보하기 위해 보강재의 길이를 옹벽 높이의 0.5-0.7 배 또는 2.5m 이상, 기초깊이는 옹벽 높이의 0.1-0.2배 이상, 0.4m 이상으로 한다.

(2) 내적 안정성

보강재에 작용하는 인장력이 재료의 인장강도보다 크면 보강재가 늘어나 절단파괴(breaking failure)를 일으킨다. 또한, 보강재에 작용하는 인장력이 보강재와 흙 사이의 마찰력보다 크면 보강재가 흙 속에서 미끄러지면서 인발파괴를 일으킬 수 있다. 내적 안정을 위해서는 이에 대한 검토가 필요하다.

(3) 보강토옹벽의 배수와 토사유출

보강토에 물이 침투하여 흙과 접하게 되면 내력이 저하한다. 흙이 주재료인 보강토가 물과 접하여 흙이 교란되거나 마찰력이 떨어져 보강토체의 토사가 유실되거나 유출될 수 있다. 요컨대, 보강토옹벽의 불안정은 보강토체에 물이 침투하였을 때 일어난다. 그러나 흙 속에서는 항상 물의 흐름이 있을 수 있고, 현실적으로 침투하는 빗물을 전적으로 보강토체에 이르지 않게 하기도 어렵다. 그래서 보강토체에 침투하는 물을 전적으로 차단할 수 없으면 최소화하여야 한다.

2) 보강토옹벽의 구조

보강토옹벽은 보강토에 적합한 사질토의 뒷채움 흙 속에 인장력과 마찰력이 큰 보강재를 배치하고, 전면 벽과 보강재를 연결하여 흙의 변형을 억제하는 보강재의 길이가 옹벽두께가 되는 질량이 매우 큰 흙 구조물(soil structure)이다. 흙 속에 철근이나 토목 섬유 등의 보강재가 삽입된 보강토(reinforced earth)는 진흙에 짚을 섞어서 진흙의 약점을 짚의 질긴 성질로 보완하는 원리와 같다. 즉, 철근이나 토목 섬유와 같은 보강재를 흙 속에 적절하게 배치하여 보강재가 지닌 인장 및 전단, 휨저항력으로 지반의 약점을 보완하여 지반을 강화하고 안정성을 확보한다. 흙 자체만으로는 얻을 수 없는 기능을 흙 속에 보강재를 배치함으로써 흙 구조물로 기능하도록 개선한 공법이다.

2.2.2 보강토옹벽 시공상황 및 상태

높이 6.4m 옹벽의 보강재 길이가 8m에 이르러 다져진 흙과의 마찰력으로 외력292)에 저항할 수 있는 상태이다. 보강재는 보강토블록 3단마다 배치하였고 블록 뒷면에 배수층(drainage)이

그림 312 옹벽 상단의 성토사면(좌), 옹벽 상단의 배수층 및 보강재 포설(우)

292) 보강토체 위에서 작용하는 상재하중, 보강토체 외부의 토압과 수압, 충격진동하중, 지진하중과 같은 횡 하중을 말한다.

그림 311 옹벽 배수층 및 토체(좌), 전면벽의 활모양 휘어짐과 층단 지반침하(중), 전면벽(E부분) 수직 줄눈의 열림(우)

있으며, 안전에 치명적인 배부름이나 들림 현상이 발생하지는 않았다. 다만, 현장조사일 현재(2017.4.21, 5.12) 서쪽 면 전면 벽은 40m~50m 구간에서 활모양으로 최대 처짐 57㎝가 발생하였다. 이렇게 사용성을 상실한 상태임에도 불구하고 보강토블록에는 균열이 관찰되지 않았다. 다만, 블록 개체의 균열이 구조 안전에 미치는 영향은 경미하다.

절토와 성토의 경계선 부근에서 남쪽 방향으로 성토구조물 전체 활동으로 볼 수 있는 길이 6m, 폭 15㎝, 깊이 30㎝의 균열이 발생하였다. 또한, 전면벽의 과도한 처짐으로 사용성에는 문제가 있으나 붕괴징후는 관찰되지 않았다. 이는 보강토체의 결합에 의한 것이라고 하기보다는 성토구조물 전체(높이 15.63m) 활동으로 추정된다. 다만, 보강토옹벽은 붕괴징후는 없으나 과도한 처짐으로 인해 외적으로 불안정하고 심리적으로도 불안한 상태이다. 이러한 측면에서 재축조하는 것이 바람직할 것으로 판단된다.

2.2.3 보강토옹벽의 평가 및 보완시공

1) 안전성 및 사용성 평가

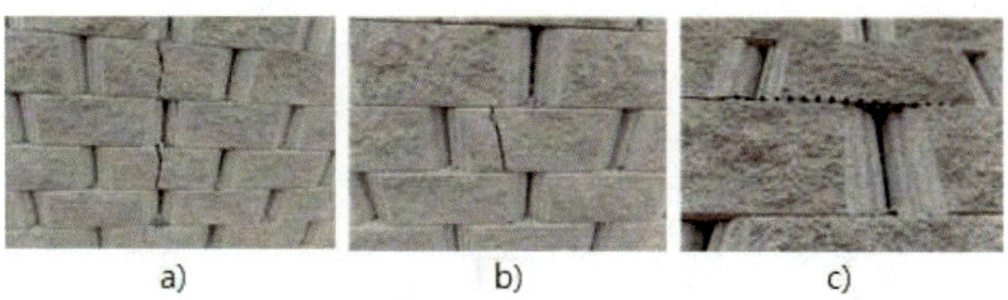

그림 313 블록의 개체균열(a, b), 줄눈에 돌출된 지오그리드(c)

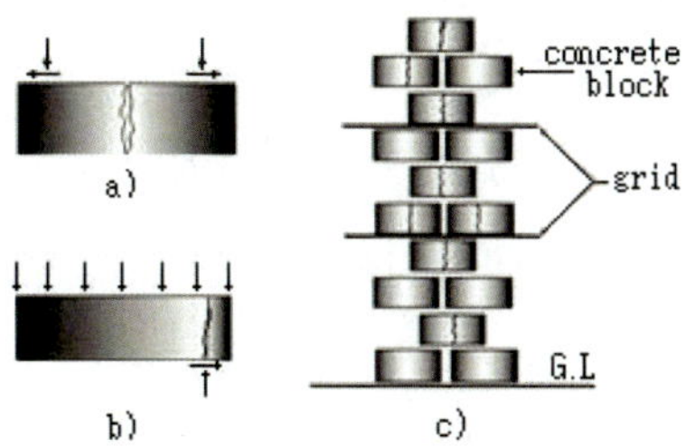

그림 314 보강토블록의 불균등 하중에 의한 균열양상/a)는 양측 집중하중에 의한 중앙부균열, b)는 편심 집중하중에 의한 편측 균열, c)는 곡선부(굴곡부) 균열.

보강토옹벽은 보강토체에 매입한 보강재의 인장과 마찰력, 보강토체의 중량에 따라 저항하는 중력식이다. 전면벽(예: facing block)은 보강재가 접결되는 보강토체의 외피이다. 여기에는 경사, 수직, 귀 떨어짐 등의 균열이 나타나며, 이러한 결함은 블록의 강도 부족에 의할 수도 있으나, 대부분은 불균등한 하중작용에 의한다. 구조적으로는 보강토체에 매입한 보강재의 인장과 마찰, 보강토의 중량으로 저항하는 옹벽이므로 블록 개체에 발생한 균열이 안전에 미치는 영향은 경미하다. 과도한 57㎝ 처짐(약 L/100)에도 불구하고 전면벽에 사인장 균열은 발생하지 않았다. 다만, 외적으로 심리적 불안정을 충분히 느낄 수 있으므로, 사용성을 상실한 것으로 볼 수 있다.

2) 보강토옹벽 보완시공

옹벽은 보강토체의 저면과 보강토체의 외적 파괴면(보강토체의 뒷채움 흙의 활동예상 면)에 배수층(차수막을 포함한 배수층)을 설치하여야 우수침투 및 침루, 지중유수에 의한 보강토체 및 토사유출에 의한 지반침하를 방지할 수 있다. 예컨대 지중유수(흙 속에서의 물의 흐름)는 토사 유출과 다량의 공극을 유발하고 지반을 교란하므로 이를 차단해야 한다. 이러한 정상적인 옹벽 시공으로 오수처리시설 및 공동주택 104동의 과재하중에 따른 지반과 파일지정의 측방이동에 유효하게 저항할 수 있다.

제3장 성토지반의 침하원인과 보강•보완방안

3.1 지반침하 일반사항

침하의 원인으로는 ① 구조물 하중에 의한 지중응력의 증가로 인한 지반의 탄소성변형, ② 지하수위 강하에 따른 지반 내의 응력증가, ③ 점성토 지반의 건조수축, ④ 함수비 증가에 의한 지반지지력의 약화, ⑤ 지반의 기초파괴, ⑥ 지반의 토사유출에 의한 공극 발생 및 지하 공동, 지하매설물 등에 의한 지중공간의 함몰, ⑦ 지반 동결융해의 지반연화에 의한 지지력의 약화 등이 있다. 지반침하는 압축이나 압밀에 의하여 지반의 전체 또는 일부가 연직변위를 일으키는 현상이다. 구조물의 모든 부분에서 거의 동일하게 일어나는 균등침하는 구조물에 균열이 생기지 않고 연직 위치만 달라진다. 부동침하는 구조물의 크기가 다른 변형으로 구조물에 인장과 압축응력이 생기면서, 지반침하의 방향으로 경사균열이 나타나 안전성과 사용성에 치명상을 입히기도 한다. 이밖에도 지반 부분에 연약층, 경사 지반, 이질 지층, 석축, 성토지반 등이 있거나, 구조물 증축, 이질 지정, 일부 지정, 인접 지반의 굴토 등에 기인한다.

상부 하중에 의한 지중 응력증가에 따른 침하에는 탄성 압축의 즉시 침하(immediate settlement)[293], 압밀침하(consolidation settlement)[294] 및 소성 유동에 의한 크리프침하

293) 사질토 지반은 투수 계수가 커서 하중 재하와 동시에 배수되면서 즉시로 침하 되므로 즉시 침하가 전체침하와 같다고 본다. 그러나 일반적으로 점토 지반은 투수 계수가 작아 배수가 일어나지 않는 상태에서 침하를 일으킨다. 즉, 점토 지반은 하중이 가해지는 방향으로 압축된 양만큼 흙이 팽창하므로 흙 전체 부피에는 변화가 발생하지 않는 침하가 일어난다.

294) 흙의 골격(skeleton)을 이루는 토립자 사이의 간극은 물과 공기로 채워져 있다. 흙은 압축성 물질이므

가 있다. 지반에 하중작용과 동시에 발생하는 침하, 또는 하중이 제거되었을 때 원래 상태로 복원되는 침하를 즉시 침하 또는 탄성 침하(elastic settlement)라고 한다. 이후에 시간이 지나면서 간극 속의 물이 빠져나가면서 지반의 체적이 감소하는 침하를 압밀침하라고 하는데 일반적으로 점성토 지반에서 일어난다. 반면에 모래 지반에서는 압밀침하가 거의 없는 것으로 간주하여 탄성 처짐 만을 고려하기도 한다. 소성 유동에 의한 크리프침하는 탄성 침하를 넘어서 일정한 하중을 장기간 가하면 시간의 경과에 따라 기초 저면의 흙이 옆으로 밀려나 소성변형이 커지면서 생기는 침하를 말한다.

3.2 성토지반의 침하원인

성토구조물(soil structure)의 변형은 ① 다짐 불량 보강토층의 질량에 의한 침하, ② 성토지반의 압밀침하, ③ 보강재의 미끄러짐(slip) 침하, ④ 우수침투와 침루에 따른 토사 유출, ⑤ 소하천 유수의 흐름과 같은 방향의 지하수의 흐름에 의한 국부적인 토사 유출, ⑥ 점성토 위의 흙 속에서의 유수에 의한 성토층의 토사 유출, ⑦ 점성토 지반의 건조수축, ⑧ 이질 및 경사지반의 접촉 운동으로 구분할 수 있다. 이는 다짐 상태에 좌우되며, 지중응력을 증가시키는 상재 하중에 의한 즉시 침하나 압밀침하에 의할 수 있다. 그러나 상재 하중이 작용하지 않고, 보강토옹벽, 오수처리시설 및 우수저류조 지반은 다짐 시공이므로 이를 침하요인으로 보기 어렵다. 보강토옹벽의 측정 시점(2단과 1단 옹벽의 경계 부근)과 종점(축조가 마무리된 소하천 하류 부분) 사이의 최대 57㎝ 활모양 처짐으로 인해 기초판의 파손과 그 하부지반이 침하 되었을 것으로 추정된다. 이들의 저면은 연약지반치환부 및 논(畓)이었으며, 소하천 하류로 낮아지는 경사지이고 남쪽의 벨트형 답은 동쪽에서 서쪽으로 낮아지면서 소하천과 합류한다. 또한, 지중유수와 성토층 하부의 충적층(유기물 실트질 점토)의 층후(thickness: 6.3m)를 놓고 볼 때. 남쪽의 보강토체도 침하된 것으로 추정된다.

또한, 연약지반치환부분이 있고 논으로 사용한 이력과 물웅덩이의 존재는 지반 다짐과 비다짐의 여부와 관계없이 지반침하요인이 될 수 있다. 연약한 퇴적층이 분포한 보강토옹벽 하부의 포화대 충적층의 함몰 침하, 성토지반 전체의 원호 활동과 수평 이동, 지반 공극과 물웅덩이가 함몰 침하의 요인이 되어 단기간에 발생하였을 수 있다.

지반침하와 보강토 블록균열이 발견된 시점은 옹벽 축조 완료 48일 후이다. 1차 현장

로 하중을 가하면 부피가 감소한다. 흙의 압축성은 토립자, 물, 공기 중에서 물과 공기의 배출에 따른 간극 부피의 감소에 의한다. 그래서 최종침하량은 배출된 물과 공기의 부피 감소량과 같다. 따라서 하중작용 전의 초기간극비가 크면 침하량은 커질 수밖에 없고, 침하속도 또한 물과 공기의 배출속도에 지배된다. 공기는 하중작용 즉시 배출되지만 물의 배출속도는 투수계수가 지배한다. 그래서 흙의 간극비와 투수 계수가 중요한 의미를 갖는다. 포화 점토는 투수성이 매우 낮으므로 침하속도가 극히 느려진다.

조사의 침하 57㎝는 매우 빠른 속도이며, 지중유수의 토사 유출과 보강토체(reinforced zone) 하부의 연약한 퇴적층 기초저부가 불안정한 상태에서의 원호 활동 가능성도 있다. 또한, 보강토옹벽에 인접한 소하천, 남쪽 논의 원지반과 치환 성토 부분의 경계층에서 소하천의 흐름 방향과 함께 흙 속에서의 물의 흐름과 물 흐름의 굴곡에 따른 국부적인 세굴과 보강토옹벽 하부지반의 토사 유출도 예상할 수 있다.

보강토옹벽 축조가 거의 완료(2017.1.9)된 후 지반침하와 블록균열이 발견된 시점까지, 현장과 가장 가까운 지역의 강수량 조사에 의하면 누적강수량이 89.8mm[295]로서 크지 않으며, 1월 20일의 29.3mm와 1월 30일의 16.8mm조차도 성토지반의 침투(infiltration)와 침루(percolation) 유발의 의미를 부여하기 어렵다. 이러한 강수량은 증발 및 승화 현상으로 대부분 대기 중으로 되돌아갈 수 있는 양이므로, 우수침투의 토사 유출에 의한 지반침하의 영향으로 평가하지 않았다.

보강토옹벽의 활모양 처짐이 옹벽 자체의 결함이라면, 전면벽 전반에 균열이 표출되나, 그러한 결함이 조사되지 않았다. 이는 보강토옹벽 기초지반의 국부적인 과도한 침하를 추정케 한다. 또한, 옹벽 상하부지반에 보강토옹벽 길이에 직각 방향으로 균열(길이 4~6m, 폭 1~15㎝)이 발생하였다. 특히, 충적층의 두께(6.3m)로 인해 상대적으로 잔류침하의 효과가 크게 나타날 수 있고, 지하수위로 포화대와 모관수대가 형성될 수 있다. 보강토옹벽이 이에 민감하게 반응하여 침하될 수도 있다. 즉, 옹벽 하부 포화대의 충적토에는 흙구조물이 가하는 방향으로 압축된 양만큼 반대 방향으로 흙이 팽창하여 국부적으로 탄성 침하(순간침하)가 발생할 수 있다.

보강토옹벽에는 활동 및 전도파괴, 지지력 파괴, 원호파괴, 보강재의 인발 및 절단파괴, 내부 미끄러짐, 전면벽과 보강재의 연결 파괴, 배부름이 발생하지 않았다. 이는 활모양 57㎝ 처짐양상과는 배치(背馳)된다. 이러한 점에서, 성토지반의 전체 활동으로 추정하였다. 보강토옹벽의 활모양의 침하는 하부지반이 액상의 충적층이거나 국부적인 침하를 일으킬 수 있는 논, 기타의 습지 물웅덩이와 같은 층이 존재하였을 때 발생할 수 있다. 그러나 전체적으로 볼 때, 지반균열이 보강토옹벽 상하부의 지반 및 공동주택 104동 지반에 상호 연속성으로 발생하여 성토지반 전체가 활동하는 양상이다. 이는 거의 90^0 굴곡의 전체 성토구조물이 남서 방향으로 토괴 활동을 한 것으로 추정할 수도 있다. 이러한 토괴 활동의 원인은 연약지반의 치환, 연약한 보강토옹벽 하부지반(두꺼운 실트질 충적층의 층후와 포화대 및 포화대 상부의 모간수대)과 함께 성토구조물 전체의 활동파괴, 원호파괴, 수평 이동 등이 복합적으로 작용한 것일 수 있다.

295) 1월 20일 29.3mm, 29일 6.8mm, 30일 16.8mm, 3월 1일 0.2mm, 2일 7.9mm, 5일 1.7mm, 6일 6.5mm, 14일 8.3mm, 21일 4.8mm, 23일 0.9mm, 25일 4.7mm, 26일 0.6mm, 27일 1.3mm

포화대의 충적층은 중앙부가 가장 크게 침하 할 수 있고, 보강토옹벽의 중량이 가해지는 방향으로 압축된 양만큼 흙이 팽창되므로 전체 부피에 변화가 없이 단기간에 침하가 일어날 수 있다. 즉, 보강토체의 지반은 하중이 가해지는 방향으로 압축된 양 만큼 양방향은 흙이 팽창하면서 지압 부분의 바깥까지 침하가 발생할 수 있다.

그림 315 서쪽 옹벽과 남쪽의 일부 곡선부 옹벽(17단, 높이 3.4m)까지 축조된 상태(좌), 2017년 1월 9일 현재 지반침하구간의 옹벽 높이는 5.8m, 흙구조물은 FH: 12.62에서 -6.7m의 충적층 위에 연약지반치환 3.7m, 그 위에 약 11.9m를 성토하여 전체 높이는 약 15.6m(우)

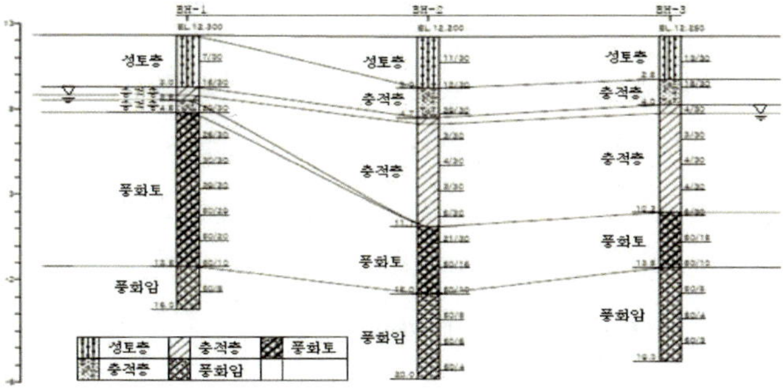

그림 316 성토지반 균열발견(2017.2.27) 후에 실시한 지반조사(2017.3.9.)의 단면도(예)/최대 57㎝ 침하된 보강토옹벽이 소하천에 인접하고 있고, 하부지반이 충적층(유기물 실트질 점토)의 층후(thickness) 6.3m, N치 3~5이다.

3.3 성토지반에 대한 영향성 평가

조성 대지의 지표면에 발생한 연속성 균열(길이 3.25m~30.6m, 균열 폭 15㎝~25㎜, 깊이 30㎝)은 성토지반의 전체 활동에 의한 것으로 추정되며, 이는 보강토체와 주변 지반, 성토지반과 원지반 간의 강성 차에 따라 발생할 수 있다. 또한, 높은 성토(15m), 보강토체 하부지반의 충적층 포화대, 연약지반치환, 90^0 코너부를 형성한 성토지반의 활동이 복합되어 일어날 수 있다. 지반의 레벨차 5m, 균열의 연속성, 균열 폭과 깊이의 양상, 다짐 성토의 보강토옹벽과 오수처리시설과의 이격거리(6.5~16.5m), 연속성 균열을 고려할 때, 성토부분이 곡선부 방향으로 토괴 활동을 한 것으로 보았다.

성토지반의 균열은 토층의 함수비, 성토의 다짐이나 재료의 성질, 배수시설에 따라 영향을 받는다. 그러나 절토와 성토의 경계선 부근에서 균열이 발생하였고, 보강토체와의 거리가 35m~41m에 이르고 연약지반을 치환한 상태이므로, 보강토체의 활동은 104동 지반균열과 무관한 것으로 보았다. 성토지반 전체의 활동에 의한 것으로 추정할 경우는 지중구조물(오수처리시설 등)과 104동의 지반 및 파일지정의 횡 이동(측방 유동)이 일어날 수 있다. 특히, 90도 코너부의 성토지반은 소하천과 남쪽의 벨트형 답(畓)에 의한 지중유수가 합류할 수 있는 곳이므로 기저지반의 활동을 도모할 수 있다. 성토지반에는 우수침투, 소하천 혹은 저류지의 수위상승에 따른 수두압에 의한 피압수, 강우 시에 점증하는 소하천의 유속과 지중유수에 의한 공극 발생과 토사 유출, 지반함몰, 활동파괴가 발생할 수 있다. 이에 대한 대책으로 보강토체의 기초하부에 차수벽이나 PHC 파일을 설치한다.

3.4 성토지반에 대한 보강방안

연약지반에 성토 하중이 가해지면 미처 압밀되지 않고 측 방향으로 이동한다. 이를 방지하기 위해 수동말뚝(passive pile)이 활동 면을 통과하도록 하여 말뚝 주변 지반의 측방토압을 받게 한다. 이는 말뚝 주변 지반의 연직 이동으로 발생하는 부마찰(negative friction)과 유사하게 생각할 수 있다. 일반적으로 연직 및 수평하중이 말뚝 두부에 작용할 경우 지반은 부동의 상태에서 말뚝 이동에 저항한다는 개념이지만, 말뚝 주변 지반이 연직 혹은 수평으로 이동하면 지반으로부터의 저항력은 이미 기대할 수 없고 오히려 지반의 이동은 말뚝에 하중을 증가시키는 결과를 초래한다. 이 같은 지반의 이동에 대해 수동말뚝은 상당한 저항력을 기대할 수 있다.

옹벽의 기초판에 설치된 말뚝에 배면 성토의 수평력이 작용할 경우 주동 말뚝(active pile)으로 간주할 수 있다. 일반적으로 주동 말뚝의 설계는 지반의 극한저항파괴에 대하여 적절한 안전율을 가지고 있는가, 다른 하나는 말뚝의 변위량이 허용범위에 있는가를 검토하는 것이다. 이는 용역 범위를 벗어나므로 경험적으로 1) 말뚝지정을 옹벽 매트 기초에서 말뚝 선단(N치 50 이상의 지반)까지의 거리 15~20m, 전면 벽의 기초에 성토구조물의 활동을 억지하는 PHC Pile(예: D300@750) 혹은 쉬트파일을 설치하며, 이는 현장여건과 경제성에 따라 선택 적용한다. 2) 보강토체 폭 8m는 옹벽 두께로서 충분하므로 특별한 결함이 없다면, 배면 지반(retained soil)이 활동할 때 보강토체가 흙막이벽 역할을 할 수 있을 것이며, 오수처리시설 등의 과재하중에 따른 별도의 지반 보강 없이도 측방 유동에 대처할 수 있을 것이다.

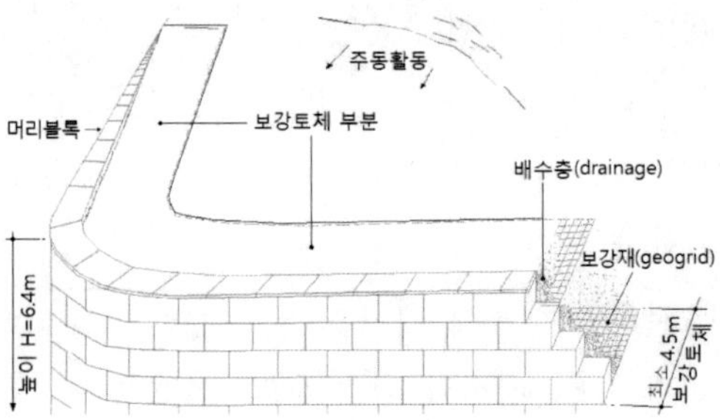

그림 317 성토부에 축조된 보강토 옹벽의 곡선부/뒷채움흙의 배면지반이 주동활동을 할 경우 그 폭이 충분하여 보강토체가 흙막이벽 역할을 할 수 있다.

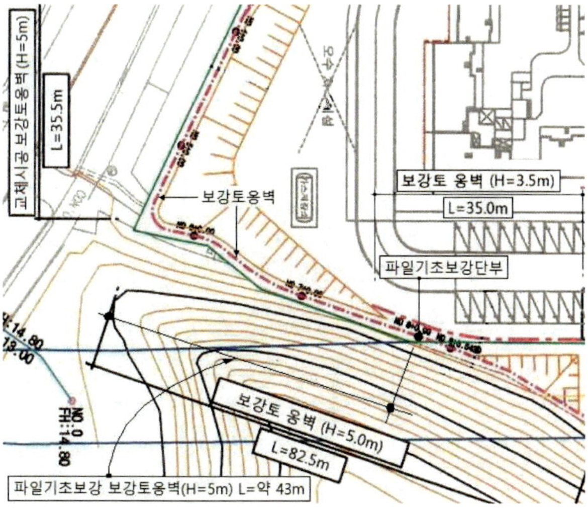

그림 318 보강토옹벽(남쪽 파일보강구간 82.5m)/지중유수와 경제성을 고려하여 L=43m 지점은 굴곡으로 부축벽 형식으로 축조. L=43m 이상의 구간은 성토 활동이 경미하므로 원래의 옹벽시공방식으로 축조하거나 L=82.5m 전체를 파일 시공. 다만, 보강토옹벽 파일설치구간은 성토 높이, 지층의 상태(주상도), 현장여건 등에 따라 현장에서 조정한다.

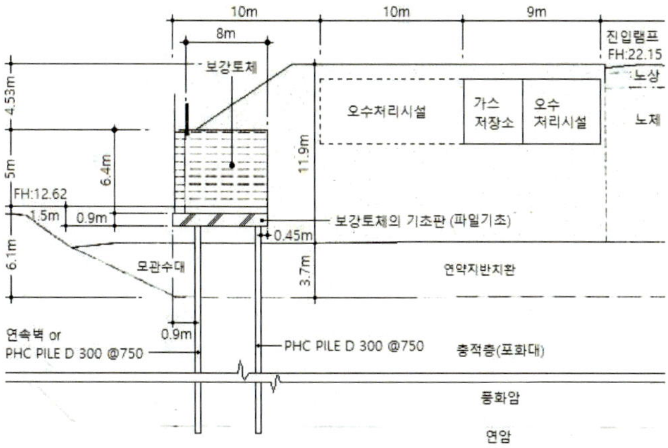

그림 319 억지 말뚝보강/지반균열의 발생 위치에 의해 토괴활동을 ① 활동을 일으키는 머리 부분, ② 이것에 끌려가는 중간부, ③ 활동을 억지하는 말단부로 구분할 수 있다. ①은 토괴의 일부를 제거하면 활동력이 감소하여 안정을 도모할 수 있으나 향후 공동주택으로 하중이 증가한다. ③에 압성토를 두면 저항력이 증가되나 보강토체가 이를 보완하며, 억지말뚝이 옹벽하부지반(충적토)의 지중유수에 의한 토사 유출과 토괴활동을 억지하는 역할을 할 수 있다.

제4장 공동주택 시공사에서 제기한 문제점 및 해소방안, 건의사항

1) 재축조 옹벽(40m~50m) 구간에 전체사면안정을 위한 파일설치.

2) 뒷채움 장기 침하 시 배면부 오수처리시설 부동침하예상: 보강토체 저면과 배면의 차수 처리, 배수층과 집수관을 통해 토목섬유로 토사 여과하고 물은 배출. 오수처리시설 등의 기초는 기초 저면적 증대.

3) "인접부 소하천 융기 및 마을 안길 콘크리트 도로 구조물 변형" 및 "104동 측면 보강토옹벽 지반침하 및 대지조성공사 비다짐 성토부 슬라이딩으로 인한 104동 PHC PILE 측방 유동 우려": 1)과 같이 보강하여 저지.

4) 보강토옹벽의 재축조 및 지반보강 공사를 권장하며, 이에 따른 기술자문이나 감리를 고려할 필요가 있다.

2.16 근현대건축물로 지정된 건축물/보존과 재건축/내진평가

< 차 례 >

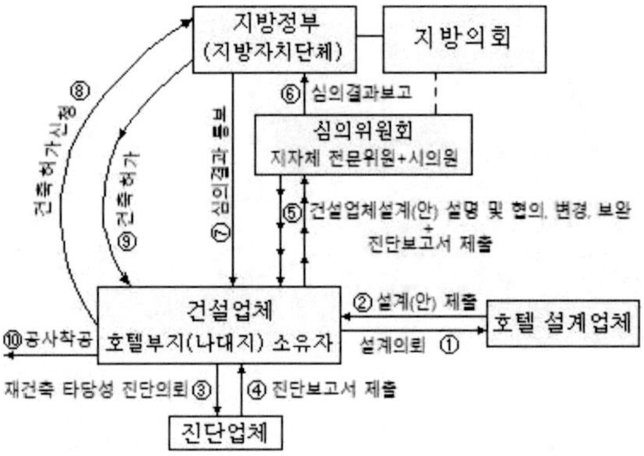

근현대건축물의 존치와 철거(갈등 관련자)/그림에서 ①에서 ⑩의 숫자는 공사착공에 이르기까지의 과정과 절차적인 순서를 개략적으로 나타낸 것임

주) 건물의 내진성은 내진 강도, 변형성능, 하중의 편심, 강성비 분배 등의 영향을 받는다. 간이내진 방법으로, 적절한 구조계획으로 구조물의 상부에 질량이 집중되는 것을 피하고, 높이 방향의 강성변화가 원활하며, 극단적으로 강성이 낮아지는 것을 피하고, 수평 면내에서 강성의 중심(中心)과 중심(重心)이 가능한 한 일치하도록 한다. 이를 소홀히 하면 지진력이 커지고 변형이 집중하며 중심(重心)과 강심(剛心)의 차에 따라 비틀림이 생겨서 지진피해를 받을 수 있다. 일반적으로 기존건물은 지반 및 기초의 상태, 옥탑 유무, 지붕재, 인접 건물과의 이격거리, 층수, 벽배치, 가새 배치, 벽량[296], 노후도, 건물의 편심율[297] 등을 고려하여 평가한다.

기존건물은 증·개축 및 개보수 등에 의해 벽량이 작아지고, 기둥 배치와 형상이 불균등하게 되는 등으로 내진요소가 다양하고 복잡해져서 평가가 어려운 경우가 많다. 더구나 기존건물의 내진성에 대한 최저수준을 정하는 것도, 최저수준을 만족하고 있는지를 확인하는 것도, 개개 건물의 내진평가기준을 정하기도 어렵다. 다만, 기존건물의 내진성은 건물 자체의 내진성뿐만 아니라, 인접 건물의 영향에 의한 위험성도 중요한 평가요소이다.

296) '내력벽 길이의 총합계를 그 층의 건축바닥면적으로 나눈 값. 단위면적에 대한 그 면적 내에 있는 벽의 길이의 비'로 나타낸다. 벽량이 건축면적에 비하여 많고 적음에 따라 평가.

297) 건물의 중심(重心)에서 내력벽이 치우친 정도이다. 정밀조사가 요구될 때 실시하며, 이는 건물 및 내력벽의 중량과 배치, 수평하중의 검토와 도심 축에 대한 단면1차, 단면2차모멘트, 건물 전체하중과 반력 검토 등이 수반된다. 따라서 간이진단에서는 평면 및 입면, 외관상 치우침이 있는지의 여부로 평가한다.

<존치와 철거 갈등>

- 갈등 관계: 나대지 및 건물소유자(건설업체), 지자체, 의회, 심의위원회, 신축호텔건물 설계업체

근현대건축물로 지정된 건물을 철거하고 건물 뒷면의 넓은 나대지와 함께 대형호텔을 계획하고 있는 건설업체(소유자)가 의뢰한 진단(2016.1)이다. 나대지의 도로 쪽에는 45년에서 82년 된 지상 5층에서 지상 12층의 판매 및 업무용 건물 7개 동이 일렬횡대로 늘어서 있으며, 이들 중에서 5개 동은 지방자치단체(지자체) 지정의 근현대건축물이다. 나대지의 소유자(건설업체)는 도로변의 7개 동 건물을 모두 매입하여 이들 건물(건물 폭 12m)을 철거하고 신축호텔의 건축선을 도시계획에 따라 도로 경계선에서 6m를 후퇴시켜 비좁은 도로 폭을 넓히고 인도를 설치하는 조건으로 지자체와 협의 중이었다. 그러나 지자체는 모든 건물을 그대로 유지하면서 1층 부분을 필로티로 처리하여 도시계획에서 획정된 6m 후퇴 건축선을 인도로 사용하는 것을 선호하고 있었고, 건설업체는 철거를 전제로 하는 기본설계를 확정하여 지자체와 의회, 그리고 심의위원회와 협의하는 단계였다.

이러한 상황에서의 진단은 건설업체, 지자체, 의회, 심의위원들이 상대자이므로 세심한 조사와 검토가 필요하다. 그래서 과학과 논리, 합리와 공정을 주안으로 수행하여도 이들 모두에게 신뢰감을 받기는 어렵다. 이는 진단뿐만이 아니라 신축설계를 수행한 설계업체도 마찬가지이다. 실제로 진단과 설계업무수행 중에 현장에서 몇 차에 걸쳐서 관계자들에게 브리핑하였다. 지자체에서 필자에게도 심의위원으로 참석요청을 하였으나, 진단보고서에 의견을 충분히 개진한 진단참여자가 심의에 참석하는 것은 바람직하지 않다는 이유를 들어 거절하였다.

이러한 유형의 건축물은 국내에 다수 산재 되어있어 근현대건축물로 보존가치가 있는지 의심스럽고, 또한, 증·개축 등에 의해 원형이 바뀌고 훼손된 상태이며, 현행건물로서 내진성과 사용성에도 문제를 내포하고 있었다. 이들 건물은 도심지 상권의 명소였다는 점 이외에는 별다른 특성은 없다. 그러나 당국은 건설업체에서 제시한 설계안에 부정적이었고, 진단업체도 기술용역의 갑을관계로 건설업체에 유리하게 평가하지 않을까? 의심하고 있었다. 또한, 건설업체의 설계안을 수용하면 특혜의혹을 받지 않을까에 신경을 쓰는 모습도 엿보였고, 개발과 보존으로 의견이 분분하였다.

일제강점기 1930년대에서 1960년대 초에 건축된 근현대건축물은 내력벽이 없는 비내력 벽돌벽의 순수 라멘조이며, 신축 당시는 고층건물(5층, 10층, 12층)이었다. 이들의 건축물에 대해 여기에서 설명하고자 하는 것은 기존의 내진평가방법이다. 이는 구조물을 모델링하여 해석적으로 내진성능을 평가하는 것보다 효과적일 수 있다. 즉, 내진 성능을 건물의 형상, 벽량 및 부재 배치, 지반조건, 골조시스템, 건축 시기와 주변 상황에 따라 평가하는 것이 적절할 때도 있다.

주) 7개 동 중에서 1개 동(②번 빌딩)을 주 대상으로 기술하였다. 나머지 건물에 대한 평가는 ②번 빌딩과 대동소이하고 이들과 연계하여 평가하였으므로 생략하였다.

<진단 이후의 상황>

일제강점기의 건물과 해방 후에 건축된 건물을 보존하는 것이 적절한지를 두고 논란이 있었지만, 지자체의 전문위원들은 7개 동 건축물이 가진 옛 흔적을 남겨서 역사적 사실과 교훈을 잊지 않고, 현재의 가로 경관을 유지하자는 의견이 다수였던 것으로 알려졌다. 이에 따라 근현대건축물 7개 동 중에서 2개 동을 철거(①번 및 ②번 빌딩)하고 나머지 5개 동은 현재의 위치에 신축하면서 1층 도로변 일부는 필로티 형태의 보행로로 조성하고 기존 외벽은 보존 또는 복원하는 것으로 건축심의가 통과(2017년 8월)되어, 건축허가 절차와 공사착공준비에 들어갔다.

정밀진단에서는 건물의 구조형식이 근현대건축물로 분류하기 어려운 것으로 판단하였으며, 건물로 사용함에도 안전성에 문제가 있으며, 특히 내진성 측면에서 볼 때 7개 동 모두 재건축대상이라고 평가한 바 있다. 결과적으로 2개 동은 철거하고 5개 동은 현재의 위치에 신축하게 되므로, 이는 사실상 재건축대상으로 평가한 정밀진단결과와 부합된 것으로 볼 수 있다.

* 2019년 관할구청 건축허가(신축) 처리, 동년 11월 신축예정건물의 주변 시설물에 대한 사전조사진단용역 추진, 7개 동 건물은 오래전에 철거되었으나 2025년 6월 현재까지 건축공사 미시행 상태.

제1장 개 요

1.1 진단의 목적

대상건축물의 구조·기능·사용성 등을 조사(2016. 01. 18.~2016. 03. 07)하는 정밀안전진단과 재건축 여부를 평가하는 것이다. 즉, 정밀안전진단과 함께 재건축·재개발진단을 병행하는 형식으로써, 전반적으로 사용 환경이 낙후된 건축물에 대한 노후화와 사용성, 안전성을 평가한다.

1.2 건물(7개 동) 개요

연 번	건축물				
	주용도	건폐율(%)	용적률(%)	층수	사용승인(경과년도)
1	근린생활	82.74	563	6	32.10.28 (82년)
2	판매	75.55	1,132	10	69.01.08 (45년)
3	업무	77.74	402	5	37.12.01 (77년)
4	업무	60.96	562	6	-
5	업무	86.31	574	6	64.10.23 (50년)
6	업무	92.92	1,081	12	69.08.30 (45년)
7	업무	81.99	1,386	12	69.11.15 (45년)

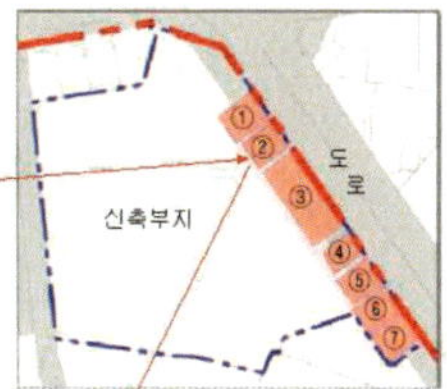

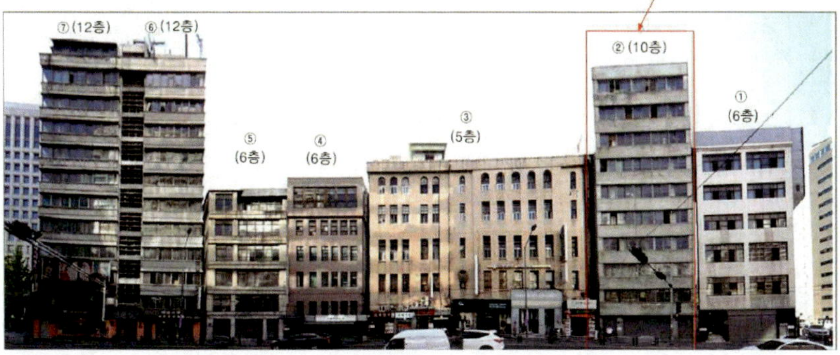

그림 321 대상 건물의 전체 전경 및 배치상황/7개 동 건물의 현황: 근대건축물(③), 현대건축물(②, ④, ⑥, ⑦), 미지정(①, ⑤), 주 평가대상 건물: ②

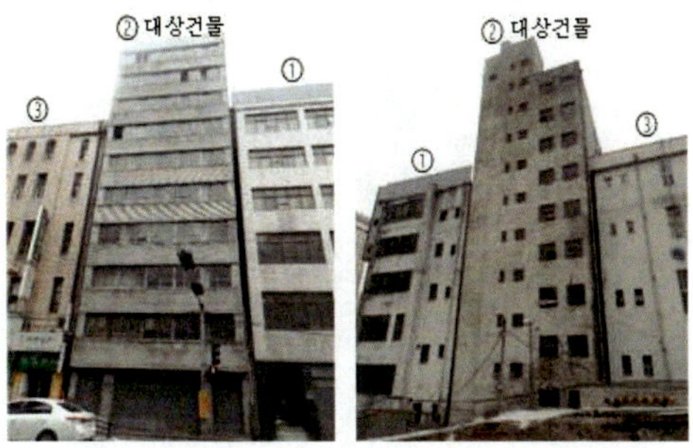

그림 322 좌: 대상 건물과 인접 건물(정면), 우: 대상 건물과 인접 건물(후면)

1.3 평가 기준

내진성능평가는 소정의 매뉴얼(건설교통부고시 제164호, 2003.7)에 준거하지만, 여기서는 철거와 보존에 대한 평가이므로 주변 인접 건물에 의한 위험성 등을 포함한다. 이와 함께 진단 동기와 목적을 고려하여 평가 기준을 별도로 설정하여, 여기에 건물의 노후화, 사용성, 안전성, 구조형식, 건물의 배치상황, 경과 년수 등을 고려하였다.

제2장 상태조사 및 평가

2.1 안전성(내용 요약)

장기간(45년)의 사용으로 내구성(탄산화 등) 저하 및 수평 변위는 C등급이다. 또한, 건물 전체가 도괴위험의 비내력 조적벽체이고, 라멘구조 고층(10층)건물의 수평저항요소인 전단벽이 부재(不在) 상태이다. 일반층 슬래브, 특히 지하층 슬래브의 철근 부식과 콘크리트의 열화는 E등급의 상태에도 불구하고, 이들의 결함이 슬래브(2차 붕괴유발 부재)라는 점에서 전체적으로는 D등급(안전성 유지, 대규모 보강)으로 평가.

□ 세부항목별 안전성 평가표

평가항목	도괴위험의 조적벽		구조균열 및 손상		수평변위 여부 (침하, 시공오차 관련)		추가하중재하		증개축 및 용도변경		전단벽배치	
평가등급	없음	있음	없음	있음	없음	있음	없음	있음	없음	있음	없음	있음
B	○		○		○		●		●			○
C	○			○		●		○		○	○	
D		●		○		○		○		○	●	
E		○		●		○		○		○	○	

2.2 노후화(내용 요약)

철근 피복두께가 미달하거나 불규칙하며, 배근 간격, 단면규격 등에는 특별히 문제 요소는 없지만, 장기간 사용된 구조체의 노후화로 철근 부식 및 콘크리트 탄산화(보: 37㎜ 초과)가 진행된 상태이다. 특히 지하층 슬래브에 심한 열화가 있고, 반발계수의 콘크리트 추정 압축강도는 설계기준강도를 유지하고 있으나 부분적으로 탄산화가 깊어 적절한 조치가 요망된다. 이밖에 사용성에 큰 영향을 미치는 계단 및 설비시설 등의 불편함 등을 감안하여 E등급으로 평가.

2.3 내진성

우선 평면과 단면형상(정형성, 변장비, 조인트, 잘록한 형상 등), 지하실 유무, 층고 차이, 필로티 유무, 기타 변단면 및 경과 년수(균열, 변형, 노후화 등)를 평가요소로 한다. 인접 건물의 위험요소, 평면의 비대칭, 내진벽, 구조/비구조체, 그 밖의 내진성 확보에 영향을 미치는 요소를 검토한다. 또한, 벽량에 현저한 차이가 있는 층의 건물, 내력벽의 위치, 대린벽(對隣壁 : 서로 직각으로 교차되는 내력벽)의 배치, 지붕과 건물의 부착물이 탈락하여 안전사고를 일으키므로 이에 대하여도 평가한다.

□ 세부항목별 및 내진 종합평가

<table>
<tr><td>평가항목</td><td>평가등급</td><td>A</td><td>B</td><td>C</td><td>D</td><td>E</td><td>내진 종합평가등급</td></tr>
<tr><td rowspan="2">층고/층수 동일</td><td>여</td><td>○</td><td>○</td><td></td><td></td><td></td><td rowspan="15">대상 건물은 1층 부분을 수평 증축한 인접 건물과 접해 있고, 2개 면이 인접 건물과 인접하고 있으며(D등급), 또한 인접 건물과 외적으로 현격한 질량 차이가 있다. 또한, 45년을 경과한 상태이고, 모든 벽체가 조적조의 비내력벽임을 고려하여, 종합적으로 D등급으로 평가.</td></tr>
<tr><td>부</td><td></td><td></td><td>●</td><td>○</td><td>○</td></tr>
<tr><td rowspan="2">층고 동일/층수 다름</td><td>여</td><td></td><td></td><td>●</td><td>○</td><td>○</td></tr>
<tr><td>부</td><td>○</td><td>○</td><td></td><td></td><td></td></tr>
<tr><td rowspan="2">층고/층수가 다름</td><td>여</td><td></td><td></td><td>●</td><td>○</td><td>○</td></tr>
<tr><td>부</td><td>○</td><td>○</td><td></td><td></td><td></td></tr>
<tr><td rowspan="3">인접 건물과의 소요 이격거리</td><td>이상</td><td>○</td><td>○</td><td></td><td></td><td></td></tr>
<tr><td>미만</td><td></td><td></td><td>○</td><td></td><td></td></tr>
<tr><td>직접 접촉</td><td></td><td></td><td></td><td>●</td><td>○</td></tr>
<tr><td rowspan="2">건물 1개 면이 인접 건물과 근접 대면</td><td>여</td><td></td><td></td><td>●</td><td>○</td><td>○</td></tr>
<tr><td>부</td><td>○</td><td>○</td><td></td><td></td><td></td></tr>
<tr><td rowspan="2">건물 2개 면이 인접 건물과 근접 대면</td><td>여</td><td></td><td></td><td></td><td>●</td><td>○</td></tr>
<tr><td>부</td><td>○</td><td>○</td><td>○</td><td></td><td></td></tr>
<tr><td colspan="7">인접 건물 간에 현격한 질량 차가 있을 경우, 혹은 해당 건물의 경과 년수가 40년 이상인 경우, 외벽이 비구조재(벽돌조적조 등)인 경우, 연쇄붕괴의 우려가 있는 경우에는 등급을 하향 조정(예: C→D)할 수 있다.</td></tr>
</table>

2.3.1 내진벽 배치여부

대상 건물(사용승인일:1969.1.8. 45년경과)은 계단실 벽체를 포함한 모든 벽체가 조적조의 비구조벽(non structural wall)으로, 지진력에 저항하는 역할의 내진벽이 존재하지 않은 상태이다. 요컨대, 구조벽(structural wall)이 배치되어 있지 않다.

2.3.2 인접 건물과의 충돌 안전성

지진피해요소는 건물의 질량 및 내진요소의 비대칭 배치, 질량 과다 또는 편중 등 다양하다. 지진 시 비내력 조적벽의 파손 탈락 위험도 있지만, 애초 내진설계를 고려하지 않은 비내력벽이 국소적으로 기존구조물의 강성을 높여 예기치 못한 동적 거동을 일으키기도 한다. 인접 건물과의 충돌 또는 동일건물의 신축조인트(expansion joint) 충돌이 생길 수 있다. 부등침하는 '건물에 대한 직접적인 피해와 비대칭성을 유발'한다. 이밖에 층간 변위, 인접 층간의 강성변화, 연약 층, 단주 등의 정량적인 문제도 피해요인으로 작용하지만, 여기에서는 현장에서 외적인 요인을 확인하는 것이므로 이를 고려하지 않았다.

라멘구조(rahmen) 건물은 지진하중이 작용할 때에 골조의 연성(ductility)으로 인해 인접한 건물과 충돌하기 쉽다. 또한, 상층부로 갈수록 응답가속도가 증폭되면서 비구조재 손상도 증가한다. 이때 건물 층고가 인접 건물과 다르다면 인접 건물의 슬래브 지붕(횡 하중에 대해 횡격막작용)이 건물의 외부 벽/기둥과 충돌하여 국부적인 손상이나 붕괴를 일으킬 수 있다. 대상 건물이 이에 해당한다. 슬래브는 각층의 내진요소에 지진력을 분배하는 구조부재로서 작용한다. 각 건물의 횡 변위에 따른 충돌은 이들 건물의 층고가 달라 바닥이 단차가 있는 경우 더욱더 위험성이 높아진다. 이러한 위험성을 파악하기 위해 인접 건물의 층수와 구조형식, 인접 건물과의 이격거리를 조사한다.

□ 항목별 등급평가표

평가항목	평가등급	A	B	C	D	E	비 고
층고/층수동일	여	○	○				·D등급은 전체적으로 대규모의 내진보강 혹은 광범위한 보강조치가 요구되는 경우이다 ·E등급은 대규모의 내진보강에도 불구하고 거의 효용성이 없는 상태로서 철거/해체가 요구되는 경우이다.
	부			●	○	○	
층고동일/층수다름	여			●	○	○	
	부	○	○				
층고/층수가 다름	여			●	○	○	
	부	○	○				
인접건물과의 소요 이격거리	이상	○	○				
	미만			○			
	직접 접촉				●	○	
건물 1개면이 인접 건물과 근접 대면	여			●	○	○	
	부	○	○				
건물 2개면이 인접 건물과 근접 대면	여				●	○	
	부	○	○	○			
인접건물 간에 현격한 질량차이		등급하향(예: C→D)을 할 수 있다.					
해당건물의 경과년수		45년 경과 등급 하향할 수 있다.					
외벽 비구조재(벽돌조적조 등)의 탈락 가능성 및 연쇄붕괴		순라멘조에서 벽돌조로 외벽체를 축조하였을 경우에도 등급 하향을 할 수 있다.					

■ 인접건물과의 위험성 평가등급

등급 (rank)	인접건물과의 상황
A	층고/층수동일+소요이격거리 이상
B	층고/층수동일+소요이격거리 이상
C	층고동일+층수가다름+소요이격거리 이상
D	▪ 층고동일+층수가다름+소요이격거리 미만 ▪ 건물의 2개면이 인접건물과 접함
E	▪ 층고/층수가 다름+소요이격거리 미만 ▪ 건물의 2개면이 인접건물과 접함

* 인접건물 간에 현격한 질량차이(20% 이상)가 있을 경우에는 등급을 상향으로 평가할 수 있다.

그림 324 좌: 인접 건물③과 대상 건물②의 지상층 이격부분(내부간격 40cm)을 수평 증축하여 맞닿아 있음. 우: 이격부분에 노출된 벽돌 조적 벽체

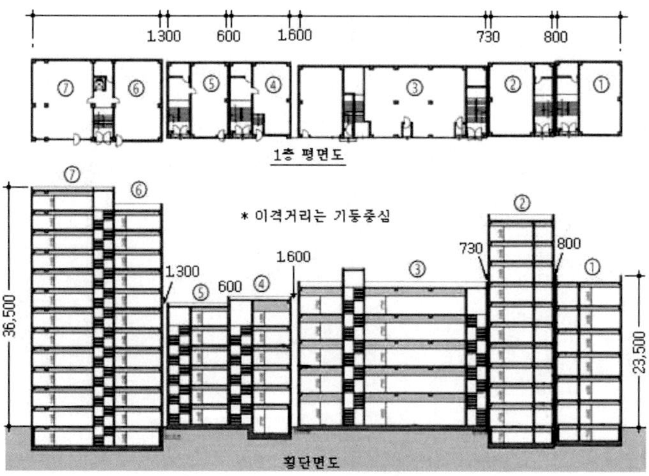

그림 325 인접 건물과의 이격거리가 소요거리 이상이어도, 여러 동의 건물이 일렬로 근접 배치된 경우는 건물이 연쇄붕괴를 일으킬 수 있으므로 내진에 불리하다.

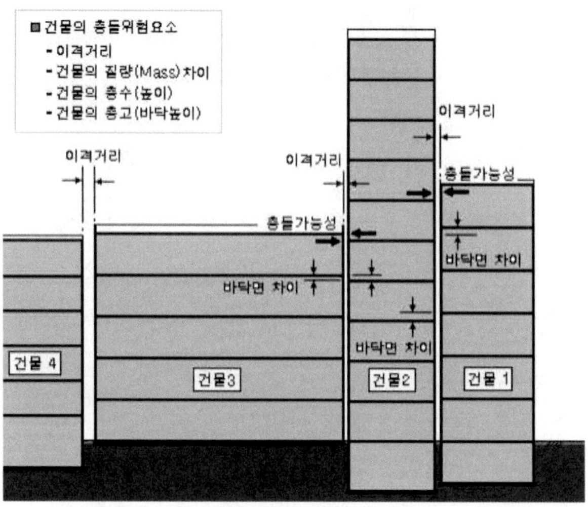

그림 35 인접 건물 간의 충돌위험에 대한 개요도/인접 건물 간의 이격거리가 소요이격거리 미만인 경우와 건물의 층고 및 층고 차이(바닥면 차이)에도 평가등급을 구분하며, 건물의 질량(mass) 차이(건물 주기의 차이로 인한 충돌 발생)에도 평가등급은 달라진다. 예를 들면, 그림의 건물2와 건물3 간의 질량 차에 현격한 차이가 있다면, 이러한 경우에도 충돌 위험성이 크게 높아진다. 인접 건물 간의 이격거리가 소요이격거리 미만인 경우에 건물 2와 건물3의 질량에 의한 충돌 가능성은 두 건물 모두 D등급에 해당한다.

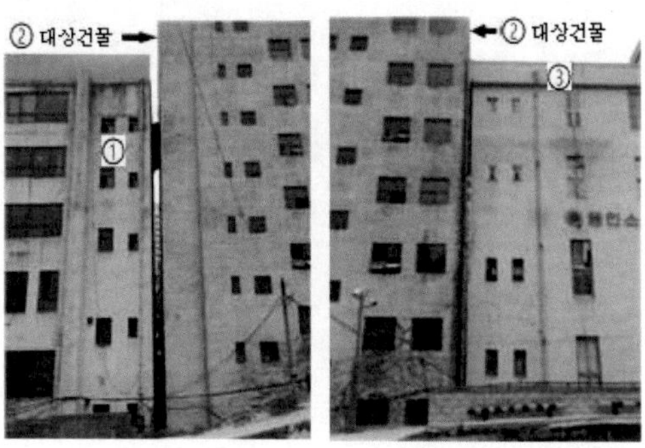

그림 327 좌: ②와 ①건물의 후면 이격상황(지상층 수평증축으로 서로 접촉), 우: ②건물과 ③건물과의 이격상황(후면)

인접 건물과의 바닥 높이가 다르고, 이격거리가 충돌방지 거리(건물 층수×5cm 계산)보다 현격하게 작은 경우에는 불안정(E등급)으로 판정한다. 대상 건물(10층)과 인접 건물(6층)의 이격거리는 45cm, 요구되는 충돌방지 이격거리는 6층×5cm=30cm이므로 충돌 가능성은 없는 B등급(안정)으로 분류한다. 다만, 충돌 가능성에 대한 평가는 지상 1층의 인접 건물(①번 건물) 부분은 수평증축으로 인접 건물과 직접 접하고 있고, 건물의 양면에 인접 건물과 접하고 있으며, 바닥 높이와 층수에 차이에 따른 취약성 등을 고려하여 D등급으로 평가한다. 또한, 인접 건물과 현격한 질량 차이도 있고, 여러 건물과 연접하고 있으므로 연쇄 붕괴의 우려도 있다.

2.4 재건축의 경제성

균열, 철근 부식, 콘크리트 탄산화, 손상 결함이 광범위하게 다수 발생하여, 거주성(livability), 안전성(safety), 내구성(durability)이 저하된 상태이다. 따라서 보수보강으로 재사용코자 할 경우는 대규모의 내진보완/보강/교체공사가 불가피하고, 건물이 주변 환경, 지역 및 도시에 미치는 영향을 충족하고 있다고 보기 어렵다. 결국, 현재의 상태만으로도 신축에 준하는 비용이 소요될 수 있다.

노후화뿐 아니라 편리성(commodity) 및 유용성(utility)도 크게 떨어진다. 특히 층높이, 천장높이, 덕트 공간, 창대 높이 등이 시대적으로 유용성이 없고, 평면 및 동선, 실내공간, 복도, 계단 등의 편리성이 떨어지며, 냉난방, 물탱크, 위생 설비가 기능적으로 적합하지 않은 상태이다. 결과적으로 경제성/기능성/사용성 측면에서의 장기적인 유지관리비용을 무시하더라도 과도한 비용이 소요될 것이고, 대수선을 한다고 해도 비용효과를 기대하기 어렵다. 즉, 재사용에 따른 효용성을 기대하기 어렵다.

제3장 종합평가

1) 대상 건물의 내진성은 인접 건물의 영향을 포함하여 평가한 결과이며, 안전성/노후화/내진성/재건축의 경제성 등을 종합하여, 대규모의 보수보강이 필요한 D등급으로 분류된다.

2) 대상 건물은 내진성, 기능적, 경제적인 측면에서, 재건축이 적절하다.

2.17 전문가와 고객 모두가 수용할 수 있는 누수방지조치

차 례

<누수점검의 이면>

누수가 발생한 건물은 지상 1층 철골조의 데크 플레이트(deck plate) 콘크리트 평지붕이다. 지붕 누수로 인해 1층 휴게실은 사용하지 못하고 있고, 옥상은 리조트 방문객들의 전망과 휴식공간으로 사용 중이다. 휴게실은 오래전부터 천장에서 다량의 물방울이 떨어지고 있는 상태였다.

그동안 관리자가 자체적으로 대처하여 왔으나 누수가 멈추지 않자 결국 누수 부위에 노출 유도 배수관을 설치하였다. 그러함에도 천장 전반으로 확대되자 1층 부분을 사용 중지하고 점검을 의뢰한 것이다.

진단의뢰에 앞서 대기업의 계열사인 관리 주체는 전문가에게 진단을 받고 방수공사를 할 것인지, 방수업체에 직접 공사를 맡길 것인지를 놓고 상당 기간을 고심하였다. 또한, 누수점검이 아니라 안전점검으로 계약을 하게 되었는데, 이는 안전진단보다 수준이 낮은 안전점검이어야 본사에서 결재를 받을 수 있다는 것이다. 누수점검으로 결재를 올리면, 본사의 윗선에서는 누수점검의 필요성을 이해하지 못하므로 방수공사로 직행하게 된다는 것이다. 그래서 윗선을 속이는 것이기는 하지만 승인을 받아야 하므로 안전점검으로 결재를 올려서 누수점검을 받고, 그 결과에 따라 방수공사를 하고자 한다는 것이다. 실제로는 점검이 아니라 진단수준으로 수행하였다.

＊ 누수진단은 상태조사와 함께 누수 원인(leakage sources)을 규명하여 대책을 마련하는 것이 주된 일이다. 누수가 발생하였을 때는 먼저 현상조사(現狀調査)를 통해 누수 요인과 누수 경로 등을 파악한다. 이를 위해 누수유발요소인 수분(moisture), 누수 경로(pathway), 누수를 일으키는 추동력(driving forces)에 기반하여 누수 현상에 접근하고, 누수의 표출양상에 따라 흡수 누수(吸水漏水), 균열 누수(龜裂漏水), 세굴 누수(洗堀漏水), 누수와 결로 여부를 판단한다. 또한, 중력(gravity), 표면장력(surface tension), 모세관력(capillary force), 압력차(pressure differentials), 풍압력(wind pressure), 수압(water pressure), 모멘텀(momentum)의 추동력을 검토하여 그에 대응하는 누수방지방안을 마련한다.

<관리자가 제안한 누수방지방안>

누수 상태조사 후, 현장에서 조사결과를 종합하면서 3가지의 누수방지방안을 관리주체에게 제시하였다. 첫째는 건축 당시의 비노출방수층이 손상된 상태이므로, 슬래브(100㎜) 위의 방수층을 포함한 모든 구성재료를 제거하고 새로 누수방지구조를 복원하는 방안, 둘째는 현재 옥상 면에 해당하는 기존의 보호모르타르(30㎜) 위에 방수층을 새로이 형성하고 비흘림 물매를 잡기 위해 최대두께 60㎜의 방수층 보호모르타르로 비노출방수로 마감하는 방안이다. 마지막으로 현재의 옥상 면의 보호모르타르(30㎜) 위에 방수도막을 형성하는 방안이다. 이는 노출방수층이지만 방수 도막 위에 데크 방부목으로 마감하므로 사실상 비노출방수가 된다는 점을 고려한 방안이다.

관리자의 윗선에서는 합판으로 경사지게 지붕 전체를 덮고 그 위에 데크 방부목으로 마감을 하는 방안을 실무자를 통해 제안하였다. 그래서 검토는 하겠지만, 실용성이 희박할 것이라는 점을 전달하였다.

현장조사를 마친 7일 후 관리자 측에서 이번에는 합판 대신에 두께 1㎜~3㎜ 철판으로 지붕 전체를 덮는 방안을 보내왔다. 가장 용이하고 경제적인 방안이므로 가능한 이 방식으로 제시해달라는 것이다. 그래서 진단보고서에 이에 대한 의견을 "제안한 방안은 철판으로 전체의 옥상 면을 지붕 형태로 덮은 형식이다. 그러나 철판 이음을 용접 처리하면 지붕의 열응력에 민감한 철판이 사용 중에 좌굴되어 지붕 방수막의 기능이 상실될 우려가 있다. 특히 루프드레인(roof drain)과 옥상 난간과 개구부 등에 대한 누수방지구조가 난해하여 누수 통로를 차단하기 어려우며, 철판의 가공 특성상 시공의 용이성 또한 낮고 시공 전례가 없다". 또한, 철판의 비중이 모르타르보다 2배 이상 높아 하중의 증가를 초래한다. 여기에는 궁색한 설명도 포함되어 있기는 하지만, 결과적으로 "철판에 의한 지붕 방수는 불가능하지는 않으나, 지붕 누수방지에 적절하지 않은 것으로 평가된다"고 설득하였다.

관리자는 점검을 의뢰하기 오래전부터 누수방지를 위한 노력을 하였으나 옥상 누수가 계속되어, 옥상의 휴식공간을 폐쇄하고 전체를 내수합판으로 처마 부분까지 경사지붕 형식으로 덮어씌우는 방안을 생각하고 있었다. 그러나 현장상태조사를 하던 중에 이에 대한 부정적인 설명을 듣고 그 대안으로 합판 대신에 강판을 덮어씌우는 방안을 다시 실무자를 통해 제안한 것이다.

실무자는 윗선에서 제시하는 방안을 위계에 따라 마지못해 전달하는 것 같았다. 또한, 대기업의 계열사이므로 가장 저렴한 비용으로 윗선의 승인을 받고자 하는 심정이 역력하였다. 그렇다고 하여 실무자가 제시한 방안을 그대로 수용할 수는 없었다. 전문가는 누수방지원리에 따른 방안을 제시하여야 하기 때문이다.

건물 누수는 일반적으로 관리자가 자체적으로 조치한 후, 효과를 거두지 못하면 공사비 부담을 안고서 방수업체에 도움을 청한다. 그러나 대부분 공사와 함께 방수구조의 원형이 변형되고 누수의 본질에도 접근하지 못한다. 흔히 방수업체에 의지하여 방수공사를 하지만, 이로 인해 건물이 조잡해지고 고액의 공사비가 투여되기도 한다. 건물에서 가장 골치 아픈 누수를 방수업체만으로 해결하기는 어렵다. 전문가의 처방전이 필요한 이유이다.

누수 원인이 규명되었다고 할지라도, 누수방지원리에 따른 누수방지법이 적용되지 않으면 누수는 잡히지 않는다. 이를테면, 방수업체가 옥상의 전체 면에 대해 폴리우레탄계의 재료로 방수를 하였다. 외기에 방수 도막이 노출된 옥상 면의 도막 방수는 일사작용 등에 의해 재료가 쉽게 열화되어 손상되며 누수로 직결된다. 누수의 본질에 제대로 접근하지 못한 이러한 옥상 노출 방수가 흔히 시공되고 있다. 이는 누수방지전략(Deflection:편향/Drainage:배수/Drying:건조/Durability:내구성)[298]중에서 내구성의 결핍으로 일시적으로는 누수가 잡힐지 몰라도 이내 누수가 발생한다. 일사에 노출된 방수재료의 당연한 결과이다. 왜냐하면, 외기에 노출된 폴리우레탄의 도막 재료는 방수모르타르와 같은 내후성이 없으므로 쉽게 열화되기 때문이다. 그러나 옥상 노출 방수에 폴리우레탄계의 도막 방수재가 많이 쓰이고 있다. 이러한 재료는 비노출 방수가 되도록 해야 한다. 그래야 일사작용에 의한 도막 손상을 막고 내구성을 확보할 수 있다.

이 같은 누수방지에 대한 설명에도 불구하고, 용역 완료 2주 후 다시 새로운 누수방지(안)으로 문의하였다. “현재의 목재 데크 위에 합판(12mm)을 깔고 그 위에 방수시트로 방수층을 형성하고 그 위를 합판(12mm)으로 덮고, 그 위에는 탄성매트를 까는 방법은 어떻겠냐”는 것이다.

“방수시트와 같은 방수층이 외기에 노출되면 내구성을 담보할 수 없다.”라는 것에 대한 대책으로 방수시트 위에 합판을 덮은 것이다. 그래서 “합판은 방수시트의 보호층으로 부적합하며, 관광객의 통행으로 인한 진동 충격 등에 의해 방수층이 손상될 수 있으며, 내수합판을 사용하여도 흡수 등에 의한 부식으로 내구성이 낮아 사용성이 없을 것이다. 이러한 방식은 적절하지 않다.”라고 밝혔다. 또한, 진단결과는 가장 최적의 방안을 제시한 것이기는 하지만, 그에 대한 적용 여부는 관리주체에서 판단하여 정할 문제라고 일러주었다.

누수방지는 누구나 접근하기 쉬운 일로 여긴다. 그래서 진단결과를 무시하고 그들이 착안한 방법으로 누수방지공사를 하는 경향도 있다. 이러한 경우는 진단과는 무관하게 공사를 한 것이 되므로, 그에 따른 하자는 그들 자신의 몫이 된다. 이후에 누수가 발생하면 방수공사업체와의 다툼으로 이어지기도 한다.

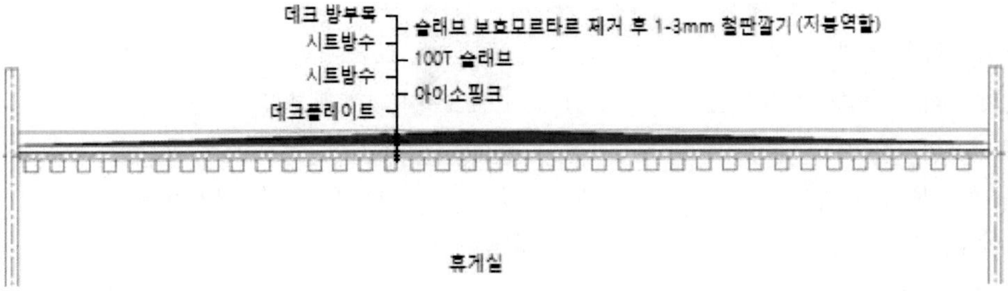

그림 328 관리주체(유지관리자, 누수점검발주자))에서 최종 제안한 누수방지방안/철판으로 옥상 바닥을 경사 지붕 형태로 덮은 형식이다. 그러나 얇은 철판은 용접의 열응력에 민감하고 일사에 의한 좌굴, 드레인이나 난간 부분, 개구부 등에 대한 시공처리가 난해하고, 시공 전례도 보기 어렵다는 점을 예로 들었다.

298) 윤재진, 『구조물의 누수방지원리』, 서울 : KOSIS, 2015. pp.58-69

제1장 점검목적

대상 건물(건축면적: 1,120 m^2, 평지붕)은 사용승인일(1999.1) 후 18년이 지난 지상 1층의 철골조이며, 평지붕 옥상은 휴게시설로 사용 중이다. 1층 천장과 처마 부분 등에 광범위하게 누수가 발생함에 따라 안전성이 우려되어 그 원인 규명과 이에 따른 대책 마련이 목적이다. 조사일 현재(2017.8.17), 천장과 벽체 등에 광범위하게 나타난 누수와 백화현상[299] 및 철골 부식에 대한 적절한 보수보강 및 보완방안을 제시하고자 함이다.

1.1 건물 현황

그림 329 건물 정면(좌), 건물 후면(우)

그림 330 옥상 진입통로(bridge) 부분(좌), 건물 옥상 바닥(우)

그림 331 누수 발생의 1층 실내

299) 콘크리트 백화현상은 재료 내에 존재하는 가용성 성분인 수산화칼슘, 알카리금속화합물 등이 물에 용해되어 표면으로 이동한 후, 물이 증발되어 가용성알카리금속 황산염 또는 난용성염인 탄산칼슘의 형태로 나타나며, 대체적으로 백색을 띠므로 백화(白化, Efflorescence)라고 한다. 시멘트 경화 과정의 주성분인 규산화칼슘계의 화합물이 물과 반응하여 규산칼슘화합물과 수산화칼슘을 생성, 그 밖의 수용액이 표면에 스며나와 공기 중의 탄산가스 작용으로 수불용물(水不溶物)이 되어 눈꽃이 핀 것처럼 하얗게 나타난다.

그림 332 평지붕 천장 내부의 데크 플레이트+철골보+반자틀

1.2 건물평면 및 단면상황

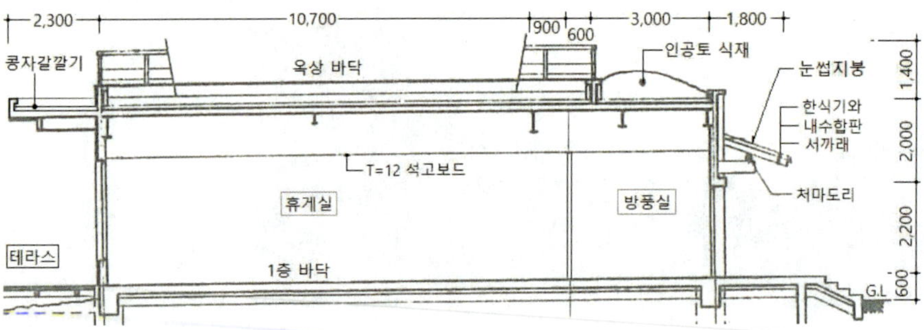

그림 333 단면도/데크플레이트 부식, 빗물 정체와 저수, 콘크리트 백화, 단열재 흡수상태,

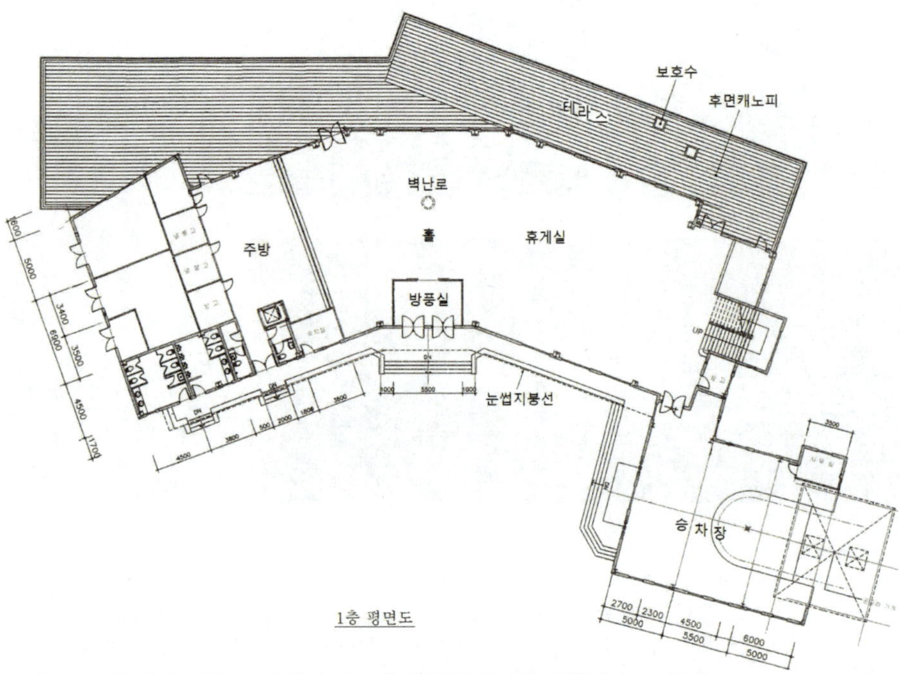

그림 334 1층 평면도/루프드레인, 눈썹지붕, 중앙홀 벽난로 부분에 누수 발생.

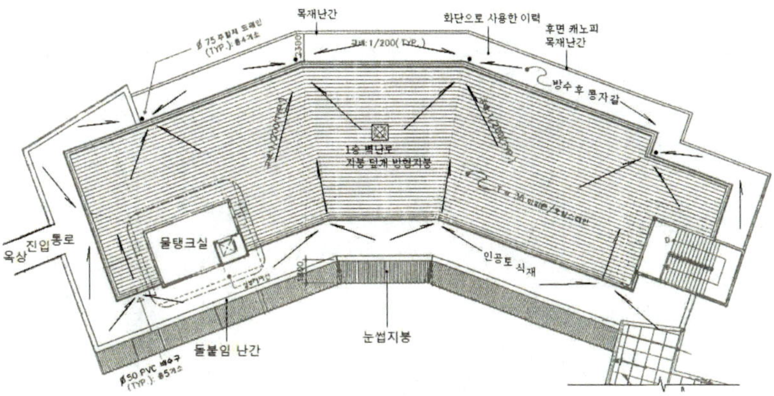

그림 335 평지붕의 루프드레인(정면 5개소, 후면 4개소)을 향한 비흘림(화살표)

제2장 상태조사 및 평가

2.1 상태조사 및 평가

1) 평지붕 부분

루프드레인은 측면의 1개소를 제외하고는 모두 후면의 캔틸레버 슬래브(과거에 화단 조성) 부분에 있다. 즉, 빗물 처리가 대부분(지붕 면적: 1,120m^2) 후면의 캐노피 방향이다. 지붕 5개소의 배수구((roof drain) 주변에서 누수가 발생하고 있고, 1층 천장 데크플레이트(deck plate)의 물 떨어짐도 슬래브 전반에 발생하고 있다. 이로 인해 데크플레이트 부식이 진행 중이다. 이는 침투한 빗물이 손상된 방수층과 콘크리트 슬래브 균열 등을 통해 데크플레이트의 오목 부분에 고이고 정체되면서 강판을 부식시키고 틈새로 누출되고 백화도 표출되고 있다. 데크플레이트는 시공 시에는 거푸집으로, 시공 후에는 구조적으로 인장력에 저항하지만, 슬래브의 인장철근으로 대체하지는 않는다. 따라서 데크플레이트 부식이 안전에 미치는 영향은 무시할 수 있다.

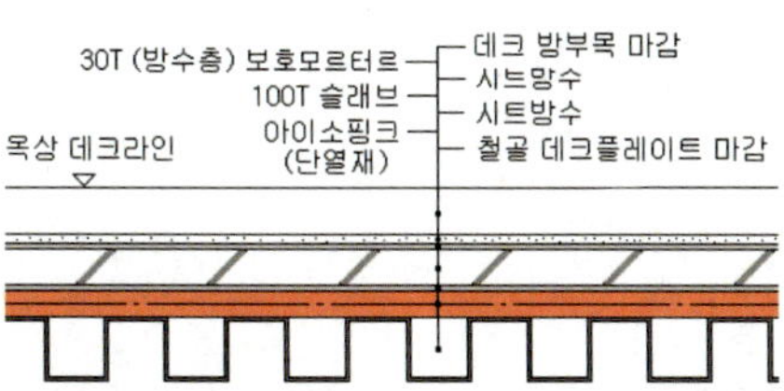

그림 336 평지붕 슬래브의 기존 방수상세도/철판 데크플레이트 위에 단열재+시트방수+100T 슬래브+시트방수+보호모르타르로서, 시트 방수(방수층)은 2개층으로 구성되어 있는 정상적인 방수구조이다.

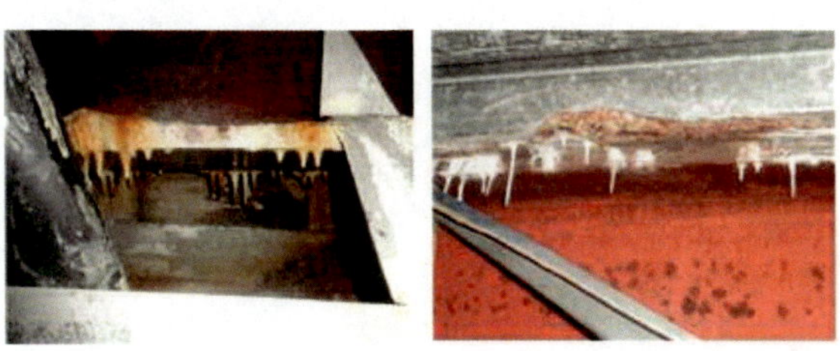

그림 337 누수로 인한 데크플레이트 부식과 백화 결정체

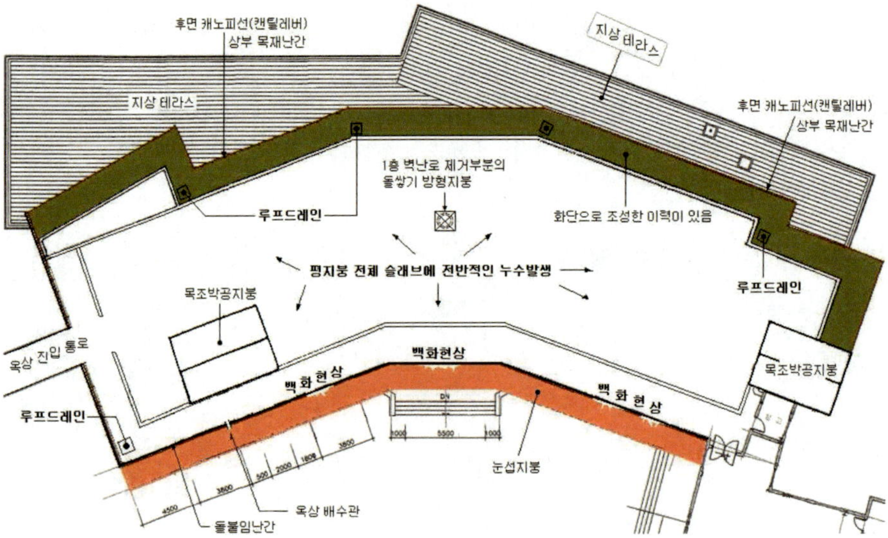

그림 338 옥상의 누수, 백화, 루프 드레인 설치상황

2) 정면 눈썹지붕 부분

백화현상이 발생한 눈썹지붕은 옥상 슬래브의 비흘림 물매가 후면을 향하고 있으므로 누수 발생 가능성이 낮은 부분이다. 그러함에도, 처마도리 부분에서 백화가 발생하고 있다. 이는 물매가 눈썹지붕 방향이거나, 지붕슬래브와 옥상 난간(높이 1.1m)의 접합 부분에 방수 치올림이 되어있지 않거나, 혹은 접합부의 균열 누수에 의할 수 있다.

그림 339 눈썹지붕 목조 처마에 표출된 백화

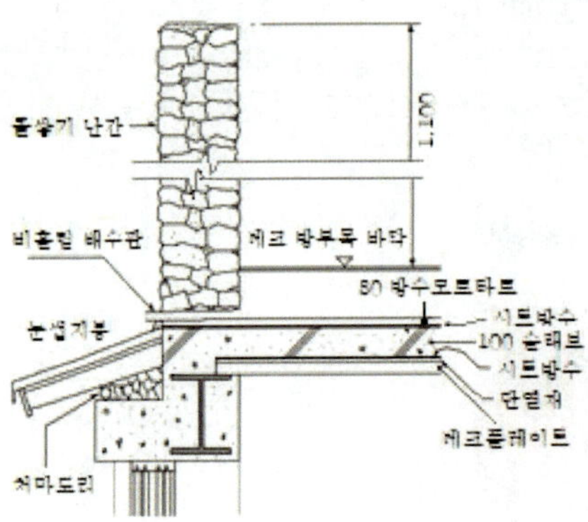

그림 340 눈썹지붕 부분의 단면/철골철근콘크리트의 슬래브, 목조 눈썹지붕, 돌쌓기 옥상 난간과 같은 혼용구조는 돌쌓기 난간과 슬래브 연결부에 방수 치올림을 충분히 확실하게 하는 것이 최선이다. 난간 두겁(coping)은 비흘림을 돌쌓기 부분에 빗물이 침투하지 않도록 하고 옥상 바닥 면으로 비흘림이 되게 한다. 평지붕 비흘림 배수관은 처마도리 부분으로의 누수 때문에 사용 중에 별도로 설치한 것이다.

그림 341 옥상의 물 고임 배출의 유도배수관/설계도의 지붕평면도에는 건물 정면과 측면의 인공토 식재부분에 배수구(ϕ50 PVC)를 5개소 설치하여 내부홈통으로 건물 내부로 배수하는 형식이다. 현재 옥상 바닥이 데크 방부목 마감이므로 건물 정면과 인공토 식재 부분의 배수구(5개소) 설치 여부는 확인이 어렵다. 실제의 옥상 배수는 설계도의 지붕평면도와는 달리, 돌쌓기 옥상 난간을 관통하는 유도 배수관을 통해 옥상 난간 외부로 처리하고 있다. 이러한 유도 배수관은 눈썹지붕 천장의 누수 발생에 따라 별도로 설치한 것으로 보인다.

3) 후면 목재난간 부분

루프 드레인의 누수는 주로 설계 및 시공부실에 의한다. 이곳은 슬래브와 방수층, 방수층 보호모르타르, 드레인, 매입홈통, 선 홈통의 여러 요소가 집성되므로 하나의 요소라도 부실하면 누수로 이어진다. 따라서 상태조사에 기초하여 건전하면 현상유지하고, 누수 발생의 지붕 드레인은 교체시공한다.

그림 342 데크 방부목 바닥면의 루프드레인 부분(좌), 스트레이너가 없는 루프드레인은 낙엽과 쓰레기, 토사 등에 의한 막힘으로 빗물이 저수된다(우).

그림 343 후면 캐노피 (좌), 지붕 드레인의 선 홈통 부분의 누수(우)

4) 중앙홀 벽난로의 지붕부분

빗물은 개구부 단부 턱[300]을 월류(overflow)하기도 한다. 중앙홀 벽난로 부분에 단부 턱이 있어도 이 부분의 변단면(變斷面)에 균열이 발생할 수 있다. 이러한 부위가 누수 통로가 된다. 만일에 슬래브와 일체화된 단부 턱을 두지 않았다면 누수는 필연적이다.

2.2 누수 발생원인 및 경로

데크 방부목으로 마감된 옥상 바닥은 전망 및 휴식공간이며, 하부의 실내천장에는 누수가 발생하고, 데크플레이트 부식과 콘크리트 탄산화에 따른 백화현상도 발생하고 있다. 이는 누수에 의한 것으로 판단된다. 균열 누수는 기존방수층이 손상되었을 때 슬

300) 옥상 슬래브 개구부의 가장자리에 두는 턱이다. 이러한 부분에 방수 치올림을 한다.

래브 균열을 통해 발생하며, 흡수 누수는 장기적인 물 고임과 함께 방수층을 통과하여 다공질 콘크리트에 네트워크화된 미세공극을 통해 중력과 모세관작용으로 침투하여 하부로 스며 나오는 누수이다.

건물 정면의 눈썹지붕에는 백화 결정체와 함께 용해 물질이 노출된 상태이다. 이 같은 백화와 부식 및 누수는 방수층이 손상되고 슬래브에 균열이 발생하였음을 의미한다. 결국, 누수의 주원인은 아래의 그림과 같은 방수층의 손상으로 볼 수 있다.

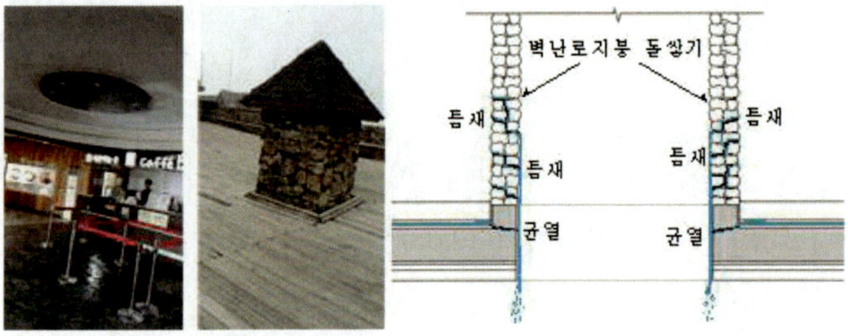

그림 344 중앙홀의 벽난로 제거 부분 실내의 누수 흔적(좌), 벽난로 제거 부분의 돌쌓기(중), 돌쌓기 부분의 누수경로(우)

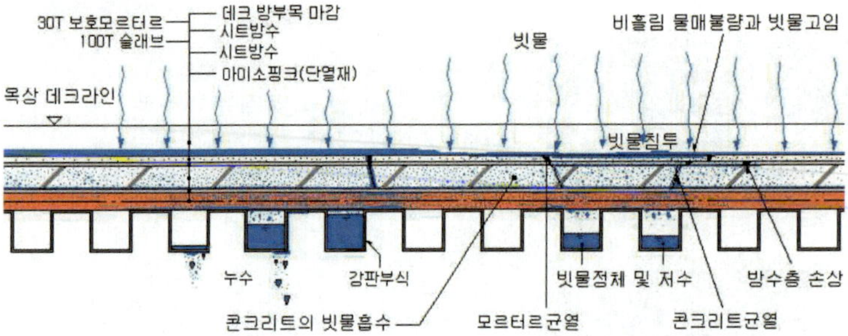

그림 345 옥상 슬래브의 누수 상황 추정/균열 및 흡수 누수의 중력과 표면장력 등에 의해 저수된 물은 철판에 배수구멍을 뚫어 배출.

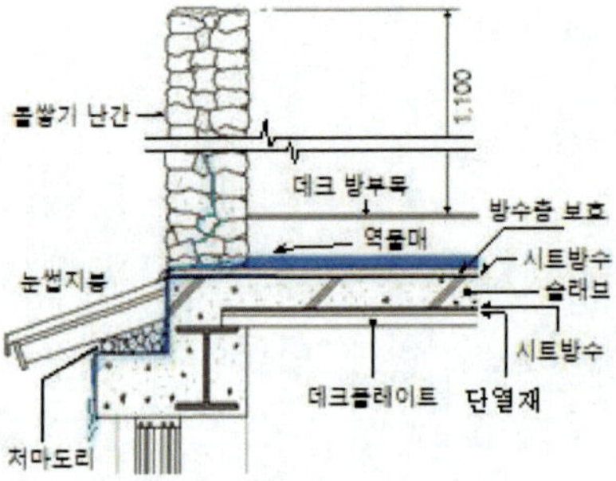

그림 346 눈썹지붕의 누수경로/돌쌓기 난간의 하부를 관통하는 배수관을 설치하여 눈썹지붕으로 빗물을 유도하고 있음에도, 처마도리의 누수와 함께 창문 인방보 콘크리트에 백화가 발생하였다. 적절한 누수방지전략(4D's approach: Deflection/Drainage/Drying/Durability)이 필요하다.

제3장 누수방지방안

3.1 누수방지공사 수순

기존의 옥상 하중을 유지하는 누수방지방안이며, 노출 방수는 일사 때문에 적용이 어렵다. 다만, 기존과 같이 데크 방부목으로 바닥 마감하면 비노출이 되므로 이를 활용한다. 그러나 기존 방수층 위에 고름 모르타르(30㎜)와 도막방수를 하면 60kg/㎡의 하중이 증가한다. 따라서 고름 모르타르를 물매 잡기 용도로 물고임 부분에만 시공한다. 이는 데크플레이트 슬래브에 상대적으로 미미한 하중증가로 간주되어 옥상 누수방지 처리는 다음과 같이 한다.

① 부분 공사로는 누수방지가 어려우므로, 기존의 데크 방부목을 제거하여 루프드레인 방향으로 비흘림 물매 확보의 고름 작업을 한다. 그 위에 도막(예: 폴리우레탄계 재료) 시공한다.

② 도막 시공과 동시에 정면의 눈썹지붕과 후면의 드레인, 벽난로 부분도 작업 한다.

③ 상기와 같은 노출 방수층을 시공(루프드레인, 눈썹지붕의 옥상난간 부분의 치올림 시공포함)한 이후에 새로 데크 방부목으로 옥상 바닥을 원상 복구한다.

3.2 누수방지방안제시

기존 슬래브(두께 10㎝) 위의 모든 방수층을 제거하고 재시공하는 방법이 최선이다. 그리고 기존과 같이 데크 방부목으로 최종 마감하면 비노출 방수가 된다. 이는 데크바닥이 방수 도막을 보호하기 때문이다. 그래서 손상된 방수층을 제거하지 않고도, 현재의 30㎜ 보호모르터르 위에 고름모르타르로 비흘림 물매 잡은 후에 누수(균열과 흡수 누수)를 통제하는 도막 방수(예: 폴리우레탄계 등)를 적용한다.

1) 평지붕 도막방수

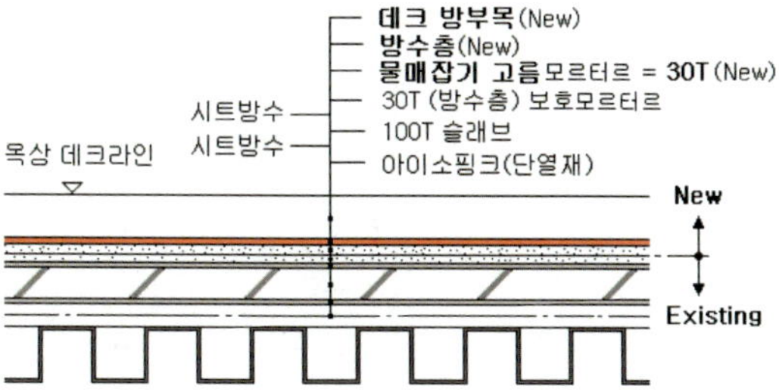

그림 347 도막방수+데크바닥시공/기존 30T 보호모르터르 위에 물매잡기 고름모르터르로 물고임이 없게 하고 루프드레인을 향해 비흘림 물매를 두고 그 위에 노출도막방수층을 형성하여 방부목으로 바닥 데크를 만든다

2) 후면 캐노피 루프드레인 누수방지

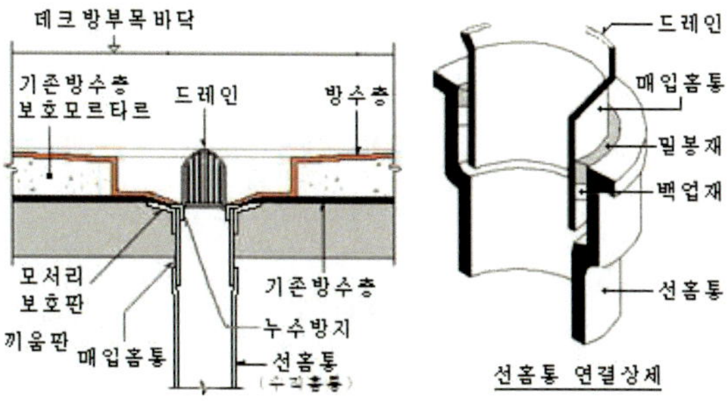

그림 348 매입홈통은 선홈통의 내부에서 겹치고, 모서리 보호판과 매입홈통과의 접촉면의 틈새 위에 방수층을 두고, 접촉면에서 모세관 작용의 누수를 막기 위해 매입홈통의 내부까지 방수층을 연장한다. 방수층은 드레인 쪽으로 물매 지게 하며, 토사나 낙엽 등에 의해 막혀 드레인에서 배수되지 않고 저수되어 개구턱을 월류할 수 있으므로 드레인을 높게 한다.

3) 정면 눈썹지붕 및 중앙홀 벽난로 지붕 부분의 누수방지

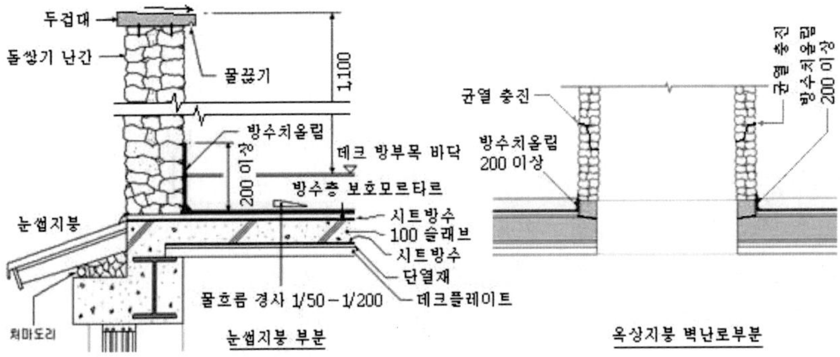

그림 349 눈썹지붕과 벽난로 옥상 부분의 방수처리 개요도

4) 통기구 설치 기타

방수층의 손상으로 단열재는 습윤 상태가 되어 성능이 현저하게 저하되었다고 할 수 있고, 데크플레이트도 부식된 상태이다. 유지관리를 위해서는 데크플레이트의 공간과 단열재의 수분을 외부로 배출할 필요가 있다. 이를 위해 데크플레이트 하부에 통기구(通氣口)를 두어 수분을 배출하고 증발시킨다. 또한, 천장 공간의 공기 정체는 데크플레이트의 부식과 결로를 유발할 수 있으므로, 후면의 외벽 및 눈썹지붕(정면) 부분에도 통기구를 설치한다. 이러한 처리가 곤란할 경우는 천장 점검구(현재 폐쇄형)를 그릴형으로 대체한다.

제4장 종합 및 건의사항

1) 누수 원인, 현장여건, 경제성 등을 고려하여 데크 방부목으로 비노출 방수를 적용한다. 이는 방수 도막의 노출 방수층 위에 데크 방부목이 최종 마감되므로 일사작용으로부터 보호되어 비노출 방수 효과를 충분히 기대할 수 있다.

2) 점검결과와 적절한 시공을 위해 참여기술자의 감리를 권한다.

2.18 슬래브의 진동장해를 간과한 구조설계

(슬래브의 휨 강성부족에 의한 진동장해는 횡격막보강으로)

주) '진동장해(振動障害)'라 함은 진동에 기인하는 모든 장해를 총칭한다. 장해를 받은 대상은 인간에 국한되지 않고, 정밀 기기 등도 포함한다. 일반 시민에 대한 진동장해는 '진동공해'라고 하여 구별하기도 한다. 일반적으로 건물이 전체적으로 강도(强度) 혹은 지구력(持久力)이 있으면 붕괴위험이 없으므로 그것으로 구조 안전의 목적은 달성된다. 그러나 거주자가 안락하게 사용하는구조설계와 슬래브의 진동장해 검토 것도 주된 목적이므로 평상시에 이에 불편함이 생기면 곤란하다. 이 같은 불편의 대표적인 것이 건물 바닥판 등의 각부작용에서 생기는 '변형 장해'와 '진동장해'이다. 이들 모두 강성(剛性) 부족이 그 원인이다. 따라서 슬래브는 구조강도, 변형, 진동장해 등의 조건을 충족하도록 설계하여야 한다. 이들의 장해는 비교적 강성이 낮은 목질계, 철강계의 주택에서 일어나는 경우가 대부분이며 부적절한 설계로 콘크리트계에서도 자주 일어나고 있다. 특히, 장스팬 슬래브가 증가하면서 슬래브의 강성부족으로 인한 과대한 처짐, 균열과 진동장해 등이 종종 발생하고 있다. 구조기준에는 이를 방지하기 위한 슬래브 두께 산정식이 실험식으로 제시되어 있다.

차 례

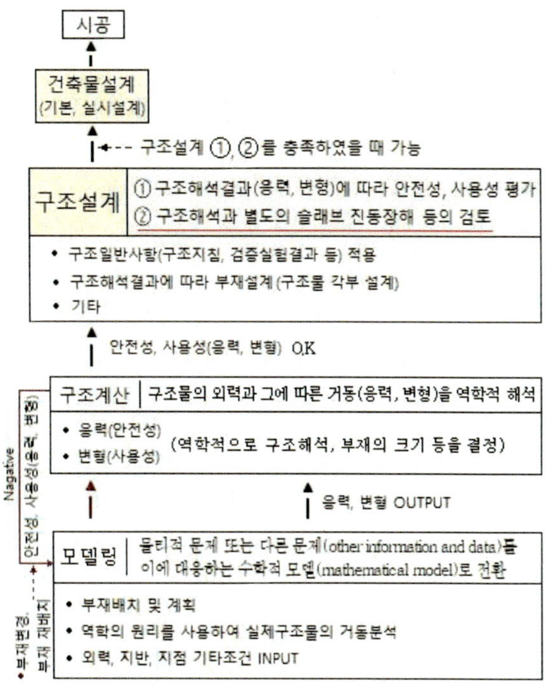

구조설계와 슬래브의 진동장해 검토

<요지> 슬래브의 휨 강성부족과 진동 위험을 간과하는 엔지니어들

- 갈등관계자: 시공업체(진단발주), 구조설계자, 입주자대표회의,
  입주민 중의 구조기술자, 시공업체 본사 및 현장사무소 직원, 관할 지자체
- 진단전문가(진단업체)는 갈등의 당사자나 관계자가 아닌 갈등관리의 역할

- 일부 구역의 발주로 전체 구역의 진단 효과를 얻어내려는 발주자

준공 후 3년이 지난 아파트 지하주차장 슬래브에 출렁임 현상과 항복선(yield line) 균열이 발생하였다. 이에 주민들의 민원제기가 있었고, 지방자치단체(이하 '지자체')는 시공업체(진단발주자)에게 적절한 조치를 통지하였다.

지하주차장 A, B, C 구역 전체가 동일 조건의 슬래브이므로, 발주자에게 "구역 전체가 진단대상이다"라고 하였다. 그러나 발주자는 주민들이 지적한 C3 지하주차장 1층의 일부에 한정하였다. 이는 지자체에서 범위를 특정하지 않았고, 민원의 대상이 지하 1층의 일부에 국한된다고 압박하여 이를 받아들였다. 본사에서 계약이 체결된 후에는 "상태조사만이라도 전체 구역을 포함해 달라"는 요청이 있었으나 거부하였다. 이것으로 일단락되었으나 현장 하자관리팀에서 구역 전체를 조사해 달라고 압박하였다. 이에 계약서에 명시된 용역 범위를 보여주면서 그럴 수 없는 이유를 설명하는데 많은 시간이 소요되었다.

- 진단결과를 설명하는 자리에 구조설계자를 대동한 진단발주자(시공업체)

슬래브의 출렁임은 대형슬래브(두께 20㎝, 8.2m×8.2m)에 대한 진동장해에 의한 것이다. 여기에는 발주자와 구조설계자가 원인 제공자라고 할 수 있다. 그래서 진단용역이 마무리되는 시점에 발주자에게 이를 설명하는 자리를 마련하였다. 이에 발주자는 구조설계자와 함께 왔다. 이들은 출렁임의 원인이 시공이나 설계부실로 귀착되는 우려 때문이다. 이 경우에 발주자와 구조설계자는 일체이므로, 진단결과가 그들에게 불리하면 용역계약을 파기하려고까지 한다. 예상한 대로 구조설계자는 "동일 조건으로 여러 곳에서 시공되었으나 출렁임이 발생한 적이 없었다."라고 주장하였다. 구조설계자는 불청객이고 면전에서 논의할 필요가 없어 출렁임의 원인을 구체적으로 밝히지 않았다. 그러나 구조설계에 문제가 없다 하더라도 출렁임과 항복선 균열이 뚜렷하게 나타났고 현실적으로 민원이 발생한 상태이므로 보강방안을 마련하여야 하지 않느냐면서 설득하였다.

한편 발주자는 지자체에 제출하게 된다는 점을 참작하여 보고서작성을 해 달라는 부탁과 함께, 지자체에서 요청 시에 진단결과에 대한 설명과 주민설명회 참석도 요청하였다. 그래서 진단업체가 끼어들 일이 아니고, 지자체의 공문에 설명을 명시하고 있지도 않으며, 만일에 설명하게 되는 일이 있으면 별도의 비용이 소요된다고 하였다. 이는 자칫 보강범위가 크게 확대

될 수 있다고 하였음에도 발주자는 주민에 대한 설명을 재차 요망하였다.

이후에 발주자는 주민들과 협의하여 진단결과에서 불리한 것은 배제하고 편의에 따라 보강범위와 방안을 마련하고 주민설명회를 통해 확정하는 행위를 하였다. 사실 발주자는 진동장해를 고려하지 않은 구조설계자에게 책임을 물을 수 있다. 여기에는 발주자가 구조설계용역을 의뢰하고 이를 검토하였을 것이므로 발주자도 책임이 없다 할 수 없다. 그래서 발주자는 구조설계자와 일체가 되어 공동으로 수습에 나선 것으로 볼 수 있다.

- 발주자 본사의 진단결과 설명회와 직원의 수정요청

이후에 발주자 본사의 임직원들에게 진단결과를 다시 설명하였고, 설명이 끝나자 임직원들은 진단업체에 박수를 보낸 것으로 용역이 마무리되었다. 그러나 설명회가 끝난 며칠 후, 발주자 측의 직원이 개인적(수정사항을 적시)으로 진단보고서에 수록된 진동시험 그래프의 보완요청과 함께, "거주지, 사무실 또는 일반작업장에서 허용하는 수준의 일반적인 진동에도 불구하고 슬래브보강이 필요하다"라고 평가했다면서 "슬래브보강이 불필요하다"는 것이다. 그는 슬래브에 진동장해가 발생하고 있는 현실과 발주자/지자체/아파트 주민/구조설계자 간에 얽히어 있는 관계를 이해하지 못하고 발주자가 처한 상황만을 생각하고 있는 것으로 간주하여 공문을 전송하였다.

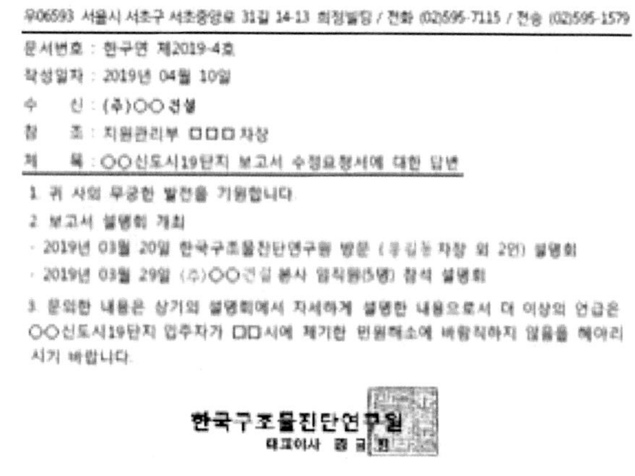
우06593 서울시 서초구 서초중앙로 31길 14-13 희정빌딩 / 전화 (02)595-7115 / 전송 (02)595-1579

문서번호 : 한구연 제2019-4호
작성일자 : 2019년 04월 10일
수 신 : (주)○○건설
참 조 : 지원관리부 □□□차장
제 목 : ○○신도시19단지 보고서 수정요청서에 대한 답변

1. 귀 사의 무궁한 발전을 기원합니다.
2. 보고서 설명회 개최
- 2019년 03월 20일 한국구조물진단연구원 방문 (홍길동 차장 외 2인) 설명회
- 2019년 03월 29일 (주)○○건설 본사 임직원(5명) 참석 설명회
3. 문의한 내용은 상기의 설명회에서 자세하게 설명한 내용으로서 더 이상의 언급은 ○○신도시19단지 입주자가 □□시에 제기한 민원해소에 바람직하지 않음을 헤아려 시기 바랍니다.

한국구조물진단연구원
대표이사 정 금 희

- 끈질긴 주민설명회 참석요청과 진단결과의 왜곡

이로부터 3개월 후, 발주자 본사와 현장으로부터 "보강공사를 하려고 하는데 이에 대한 주민설명회에 참석해 달라."는 것이다. 이는 당초에 발주자의 요구로 주민설명회를 포함한 견적서를 제출하였으나, 용역비용의 증가로 제외했던 일이다. 그러함에도 불구하고, 담당 임원이 바뀐 발주자는 물론 현장담당자까지 나서서 진단업체의 대표에게 끈질기게 설명회 참석을 요구하였다. 발주자는 민원을 제기한 주민들과 보강공사에 대해 사전협의한 후에 설명회에 진단업체를 참석하게 하여 사전협의한 보강공사(안)를 추인하는 절차를 밟으려는 것이다. 이러한 행태는 진단업체가 발주자의 협력업체로 등록되어 있음에 따른 위세라고 할 수 있다. 이에 대해 진단업체 대표는 협력업체에서 제외되는 것에 개의치 않고 단호하게 거부하였다. 그러나

결국, 갑의 위치에 있는 발주자의 이러한 행태를 수용하여 “주민설명회에 참석만 하면 되지 않겠나.”라는 생각과 회사의 영업을 고려하여 협력업체를 유지하는 것이 좋을 것 같다는 결론에 이르러 참석하겠다고 했다. 그러함에도 불쾌한 감정은 이내 가라앉지 않았다.

며칠 후에 주민설명회 참석하였고, 입주자 대표와 임원들, 발주자 등 10명이 3시간 동안의 회의에서 그들은 질문과 설명을 주고받았다. 주로 발주자와 주민들 간의 논의였으나, 주민 중의 구조기술자는 응력해석이 없는 안전진단은 신뢰할 수 없다고 하였다. 그래서 신축건물의 구조계산과 기존구조물진단과는 성격이 다르다. 이를 이해하지 않으면 오늘 회의 주제인 ‘보강방법’은 원점에서 새로 시작해야 한다”라고 답변했다. 즉, 구조계산으로 다시 평가하려면 기존의 진단결과는 무시하고 새로 진단해야 할 것이라고 하였다. 그러자 주민들은 진단을 부정하는 것은 아니며, 물어볼 사항이 있다는 것이다. 그러나 중요한 사항은 없었다.

발주자는 구조설계자가 작성한 보강방안으로 주민들과 사전협의하였고, 그들이 정해놓은 방안을 진단업체가 추인하게 하는 독선형식을 취했다. 그들의 시공방안은 단순한 철골 보 설치였다. 그러나 진단업체가 제안한 ‘슬래브의 중간에 작은 보(beam)를 설치하는 방안’은 슬래브의 진동제어를 위한 휨강성 보강이다. 이는 그들이 주민들과 협의하여 제시한 것과는 전혀 다르므로 주민설명회에 참석한다는 것은 무의미한 일이 된다. 한편 슬래브 위를 전체적으로 콘크리트(5㎝)로 마감해달라고 주민들이 요구하는 등으로 논쟁을 하기도 했다. 또한, 주민으로 참석하여 구조해석을 주장하던 구조기술자는 당해 건물의 구조설계자가 제안한 방안은 언급하지도 않았다. 3시간 동안 논의한 결과는 발주자와 구조설계자가 제시한 방안으로 결정되었다. 결국, 그들의 주민설명회이며, 진단업체는 입회자가 된 셈이다.

- 불충분한 지식으로 인한 갈등

그들만의 주민설명회가 끝난 후, “결정된 방안은 보강 효과가 크게 떨어진다. 진단에서 제안한 방안은 신설 RC 보와 슬래브의 일체화로 휨강성이 높아지지만, 단순한 철골 보 설치는 보강효과를 기대하기 어렵다. 슬래브와 일체화된 보는 4변 고정슬래브로 만들지만, 철골 보는 그렇지 않다. 결국, 진동장해의 방지 효과를 기대하기 어렵다.”라고 발주자 측의 간부에게 전화하였다. 그는 구조설계자에게 알려드리겠다고 해서, “그것은 발주자와 구조설계자 간에 일이므로 우리가 상관할 일이 아니다.”라고 일러 주었다. 통화내용은 녹음하였다.

일부 구조기술자는 모든 안전성 평가를 구조해석프로그램에 의존함으로써, 구조물에 대한 현상조사와 함께 하는 구조물진단을 구조설계와 동일 시 한다. 문제는 구조기술자들이 슬래브 진동장해를 간과하고 응력과 변형의 구조해석만으로 진단하려는 사고방식이다. 당해 건물의 구조설계자에게 초면에 진동장해를 고려하지 않은 슬래브설계임을 일러 주었음에도, 아직 그는 외면하고 있었다. 즉, 진동장해를 일으킬 수 있는 대형 슬래브(8.2m×8.2m)로 설계한 것을 간과하고서 철골 보를 단순히 슬래브 밑에 받치는 방안을 제시한 것이다. 또 다른 구조기술자는 구조계산에 의한 진단만을 고집하면서, kine(진동속도)는 처음 들어보았으며, 진동측정으로 진단하는 것을 인정할 수 없다는 것이다. 구조물진단방법으로 다툴 수도 있는 상황이었지만, 지엽적인 문제이고 발주자와 주민들의 회의에 방해가 될 수 있다는 측면에서 대응하지 않았다. 진단결과에 대한 오해가 우려되어, 주민설명회 후 2인의 구조기술자를 제외하고 슬래브 출렁임 하자에 대해 주민들에게 설명하였다.

- 선의적인 부당이득과 악의적인 부당이득, 그리고 선의적인 진단행위

법률학 사전에 '부당이득'은 "법률상의 원인 없이 타인의 손실에 의해 이익을 얻는 것.", 이를테면 채무자가 이중변제를 한다든가, 타인의 산림을 자기의 산림으로 오인하여 수목을 벌채(伐採)하였을 경우이다. "누구든지 정당한 이유 없이 타인의 손실에 의하여 이득을 얻어서는 아니 된다."고 하는 형평의 이념에 입각하여 부당한 이득자는 손실자에게 그 이득을 반환하여야 한다는 것이 이 제도의 취지이다. 부당한 이득에 의하여 손실자는 이득자에 대하여 이득반환청구권을 취득하기에 이르므로 민법상 채권 발생의 원인으로서의 지위가 주어진다. 즉, 부당이득의 효과로서 손실자에게 이득반환청구권이 생긴다. 반환의 범위는 ① 이득자가 선의(善意)인 경우에는 현존하는 이익에 한하며, ② 악의(惡意)인 경우에는 받은 이익과 그 이자를 반환하고 또한 손해가 있으면 그 배상 책임이 있다.

필자는 주택재개발[301]구역의 건물에 대한 현금청산자로서 재개발수용과 함께 세입자(임차인)를 조속히 이주시켜 건물을 조합에 인도하도록 요청받았다. 이에 임차인들에게는 이전할 사무실이 정해지면 사무실 사용 기간까지 임대료 결산 후 보증금을 언제라도 반환한다는 사항을 고지하였다. 이에 대해 임차인들이 이주할 때까지 수용개시일 이후의 월세 미납금 정산 및 보증금 반환에 이의를 제기하지 않았다. 그러나 일부 세입자들이 이주한 몇 개월 후에 재개발 측에 편승하여 수용개시일 이후의 월세금에 대해 부당이득(월세금)반환 소를 제기하였다.

이 같은 부당이득과 관련하여, 법원에 『주택재개발조합(이하 '조합')으로부터 재개발수용개시와 함께 세입자를 포함하여 조속히 이주 후 건물을 조합에 인도하도록 요청받았으나, 세입자들의 이주 시점이 달라 현재 피고(필자)는 조합으로부터 수용개시일 이후 건물 사용에 대한 부당이득반환 소송(사건번호 2016가단106745 부당이득반환)을 받아 현재 재판이 진행 중이다. 이는 악의적으로 이득을 취하고 있는 것이 아니라 세입자들의 사정에 의하여 불가피하게 현존하는 선의의 이득이므로 조합과의 소송결과에 따라 조합 측에 월세금을 반환하여야 하는 상황이며, 따라서 원고(세입자)가 점유한 사무실 이주 이전까지의 월세금과 관리비 등을 보증금에서 공제하는 것은 당연하다고 하였다.

위 사건의 건물을 사용한 사람은 원고(세입자)이므로 원고는 자신이 사용한 것에 대한 월세와 관리비 등을 피고에게 지급해야 할 의무가 있다. 원고가 반환을 주장한 월세금이 부당이득인지 아닌지는 조합과 피고와의 문제이며 그것은 소송결과에 따라 피고가 조합에 돌려주어야

하므로 원고(세입자)의 부당이득(월세금) 반환청구는 부당하며 기각되어야 한다.』는 취지의 준비서면을 제출하였다. 이후에 이 사건은 기각되었다. 여기에서 구조물진단과 관련하여 주시할 점은 악의적인 부당이득과 선의적인 부당이득에 대한 반환의 범위이다. 이러한 선의와 악의를 구조물진단행위에서 그대로 적용하기에는 상당한 무리가 따르지만, 구조물진단에서도 악의적인 진단행위와 선의적인 진단행위가 있을 수 있다는 의미에서 아래와 같이 기술한다. 즉, 진단전문가의 책무를 벗어나지 않는 범위 내에서는 선의적인 진단이 이루어질 수도 있다는 것이다.

예컨대, 발주자는 우월적 위치에서 진단의 대상을 그들의 이해득실에 따라 정한다. 민원을 제기한 주민들은 발주자의 이해득실까지 간파하기는 어려우므로 진단업체는 발주자가 정한 조사범위에 따를 수밖에 없다. 그래서 발주자는 주민들이 C3 지하주차장의 일부 슬래브만을 지적하였으므로 진단범위를 이에 국한하였다. 그러나 계약 후에 비용은 고정하고 A, B, C(C1, C2, C3) 전체 구역으로 확대하려 한다. 그러나 진단업체는 애초부터 전체 구역은 물론 C3 지하주차장 전체만이라도 포함하는 용역계약서를 제시한다. 주민들에게는 진단계약서가 제출되지 않으므로, 발주자는 우월적 위치에서 비용의 증액 없이 C3 지하주차장 일부에 국한된 진단범위를 C1, C2까지 확대하는 행태를 보였다. 이렇게 확대된 조사는 자칫 민원이 더욱더 첨예화되고 보강범위가 확대될 수 있다고 하자, 발주자는 C3 지하주차장 이외는 단순 조사하는 것으로 해 달라는 것이었다.

발주자는 확정된 계약금액으로 전체 지하주차장을 포괄하는 최대효과를 내고자 하는 것이다. 이는 조사범위가 확대될수록 용역비가 상승한다는 사실을 무시하고, 주민들에게 끼치는 잠재적인 불이익을 진단업체가 용인하라는 의미이기도 하다. 이 경우 영업상의 문제와 발주자의 우월적 위치 때문에 부득이 따를 수밖에 없다. 즉, C3 지하주차장에 대해서만 진단을 하는 것은 주민 편에서 보면 부도덕이다. 이 같은 용역계약을 수용하는 것을 두고 악의적인 기술용역이라고 할 수는 없을 것이다. 바람직하지는 않지만, 이를 수용한 것은 영리 업체로서 계약을 포기할 수 없기 때문이다. 그래서 진단을 C3 지하주차장의 일부에 국한하면서도 발주자 요청대로 C3 지하주차장 전체를 조사하였다. 그러나 발주자의 요청을 전적으로 받아들일 수 없기에 추후 결함 발생의 추이에 따라 모든 주차장에 대해 단계적으로 보강공사를 진행하도록 하여 보강공사를 점진적으로 하도록 하였다. 선의로 보면 융통성을 보인 것이다.

라멘조의 보 단부에 발생한 휨·전단 균열은 "취성파괴를 일으키는 매우 위험한 균열이다'라고 평가한다. 또한, 선의적으로 구조보강을 권장하는 측면에서 "보 단부의 양 측면을 관통하는 휨·전단 균열은 갑자기 붕괴를 유발하는 매우 위험한 결함이다"라고 평가한다. 그렇다고 건물에 휨·전단 관통균열이 광범위하게 발생하지도 않았는데, 붕괴 우려가 있다고 평가하지는 않는다. 이러한 균열이 발생해도 보강 없이 25년이 지나도 그 당시의 상태를 유지하기도 한다. 그렇다고 하여 이러한 구조물을 "안전성을 확보하고 있다."'라고 평가할 수는 없다.

구조물진단에서는 안전관리에 경각심을 갖고 보강조치를 촉구하는 의미로 "관통 휨·전단

균열은 취성파괴를 일으키는 매우 위험한 결함이며, 붕괴될 수도 있으므로 조기에 적절한 보강조치가 필요하다"고 평가한다. 또한 "안전사고의 방지를 위해 이러한 균열이 발생한 경우는 사용제한을 할 필요가 있다"라고 평가한다. 이러한 평가의 배경에는 붕괴 우려와 함께 관리주체에게 경각심을 주어 조기에 보강조치 하도록 하는 선의적인 의미도 내포하고 있다.

- 단편 지식에 대한 신념과 그에 매몰된 위세의 기술자들

슬래브 진동장해에 대한 원인조사를 위해 진동을 측정하였다. 슬래브에 처짐과 항복선 균열이 있으면, 이러한 결함만으로도 보강은 필수적이다. 그래서 진동측정결과에 상관없이 보강이 요구된다. 그러나 슬래브에는 출렁임의 진동장해(kine단위나 Hertz에 의한 진동측정결과)도 있다. 원래 진동측정은 계약 내용에 포함되어 있지 않았다. 이는 처짐과 항복선 균열의 관계, 출렁임의 정도, 슬래브와 보의 동시 발현을 살펴보고자 필요에 따라 실시한 것이다. 즉, 출렁임으로 민원이 제기되었으므로 진동장해를 설명하고 설득하는 자료로 쓰기 위함이었다.

진동측정은 1인 보행의 상태에서 실시하였다. 이는 군집 뜀뛰기로 측정하여 그 값이 지나치게 높을 경우, 이해당사자들 간에 분란을 일으킬 수도 있었기 때문이다. 이렇게 진동을 측정한 것이 주민, 시공업체, 구조기술자에게 선의적이어서가 아니라, 진동장해 평가에 있어서 합리성과 논리성을 뒷받침하고자 함이었다. 그래서 진동측정 자료는 진단보고서에 수록하지 않아도 무방하나, 보강방안과 평가의 신뢰성을 높인다는 측면에서 이를 부록에 첨부하였다. 그러나 1인 보행의 진동만으로도 진동장해였다. 이러한 자료를 가지고 발주자 측의 어떤 직원은 보고서에 수록된 일부 진동 값에 근거하여 진동 문제가 없다고 간주하고서 보고서 내용을 "보강 필요 없음"으로 수정 요청하였다.

또한, 주민으로 참석한 구조기술자는 주민설명회가 끝난 후 입주자 대표에게 "진동측정은 불필요하며 구조계산이 없는 진단은 문제가 있다"라고 재차 언급하였다. 이미 발생한 슬래브 처짐 균열과 출렁임에 대해 구조계산을 한다고 이러한 현상이 없어지지는 않는다. 즉, 현상적인 진동장해에도 불구하고, 구조해석으로 문제가 없다고 할 수는 없을 것이다. 이는 구조기술자가 주장하는 "구조해석결과, 처짐이 허용범위 이내에 있음이 확인되어 구조설계에 아무 문제가 없었다"라는 것과 상통한다.

슬래브가 진동장해의 면적 한도를 훨씬 초과하여 설계한 사실은 민원해소에 도움이 되지 않는다는 측면에서 언급하지 않았다. 그러나 구조설계자와 시공회사에는 알려준 바가 있다. 이는 그들을 보호하기 위해서가 아니라 실제로는 문제가 있지만 붕괴할 정도의 상태는 아니므로 선의적인 측면에서 이를 외부에 노출하지 않고, "대상 건물은 구조계산서만으로는 문제가 없다"라고 하였다. 다만, 추후 결함이 발생하는 상태에 따라 모든 주차장에 대해 단계적으로 보강공사를 하도록 보고서에 적시하였다. 그러나 이들은 시간이 흐르자 진짜로 문제가 없는 것으로 인식하는 것 같았다. 이는 진단결과에 따르지 않고, 시공업체와 당해 건물의 구조설계

우.06293 서울시 서초구 서초중앙로 31길 14-13/전화 (02)596-7115 /FAX (02)596-1579 담당 김□□

문서번호 : 한구연 제2019-729

시행일자 : 2019. 7. 29

받 음 : ○○시 ○구 ○○○○ 4길 24 주식회사 ○○건설 대표이사 귀하

참 조 : 지원관리본부 홍길동 차장님

제 목 : 구조안전진단용역보고서의 보강방안적용 건

1. 귀사의 무궁한 발전을 기원합니다.
2. 귀사에서 의뢰(2019년 2월)하신 "□□도 ○○시 □○구 ○□○로 190 ○○신도시 19단지 지하주차장 지하1층 바닥(슬래브) 구조안전진단용역보고서" 관련입니다.
3. 위 구조안전진단과 관련하여 귀사에서 요청하신 입주자설명회(2019. 07. 25)에 당사가 참석(윤재진, ○○○)하여 보강범위 등에 대해 입주자에게 설명을 드렸으나, 당사에서 제출(2019. 03. 27.)한 구조안전진단용역보고서의 보강방안을 적용하지는 않은 것으로 사료되어 이를 알려드리오니 안전관리업무에 참고하시기 바랍니다.

한국구조물진단연구원

대표이사 김 [illegible]

자가 협의하여 보강 효과가 미미할 수밖에 없는 철골 보 설치방안을 주민에게 제시하고 협의한 것이 이를 뜻한다. 그들은 보강도면을 공개하지 않았고, 설령 공개해도 주민들은 구별하지도 못할 것이다. 이러한 일련의 일은 발주자와 구조설계자 간에 단순하게 이루어진 것이 아니다. 진단업체에게 주민설명회 참석을 집요하게 요구했던 것은 그들이 확정한 보강방안을 추인하고자 하는 것이었다. 그들은 "진단결과와 다른 방안으로 대체한다"는 언급을 하지 않았고, 주민으로 참석한 구조기술자와 당해 건물의 구조설계자가 보강방안을 확정한 것이다. 또한, 주민의 공사 범위에 대한 질문에 발주자는 전체 지하주차장을 대상으로 한 것이라고 답하였다. 그러나 무엇보다도 중요한 것은 그들이 계획적으로 확정한 "공사 범위와 보강법이다"라는 결론에 이르자 이에 대한 적의 조치를 하지 않을 수 없었다.

발주자가 확정한 보강방안이 진단에서 제시한 방안과 전혀 다르므로, 진단업체는 그에 따른 책임은 없다. 그러나 주민설명회에 진단업체가 참석하였으므로 대체방안을 추인한 것이라고 할 것이다. 진단업체는 주민설명회에 참석하였을 뿐이지만, 그들과 함께했으므로 이해관계에 얽힐 수 있다. 그래서 주민설명회 직후에 발주자의 하자관리소장에게 "진단보고서에서 제시한 보강방안과는 전혀 다르다"라고 구두 통보하였다. 계약당사자인 진단발주자의 본사에도 이러한 사실을 통보하였다. 그리고 수신 여부를 확인하자 담당자는 "보낸 메일주소는 본인 것이 아니다. 이런 공문을 왜 보냈으며, 철골 보 설치와 철근콘크리트 보 설치가 같은 것이 아닌가?"라고 반문하였다. 그래서 e-메일로 "진단결과와는 다른 보강방법이며, 진단결과(R.C 보 설치)의 구체적인 시공방법은 보고서에 있다"라고 답하였다.

< 후기 >

A, B, C 구역의 슬래브는 진동장해를 일으킬 수 있는 같은 조건이므로, 전체가 진단대상이어야 한다. 대형(8.2m×8.2m) 슬래브이고 두께(20㎝)가 얇아, 출렁임을 일으키기 충분하기 때문이다. 그러나 계약체결에 앞선 진단업체의 요청에도 불구하고 그들의 편의대로 민원 발

생의 C3 주차장 일부 슬래브만을 진단범위로 하였다.

계약체결 후 현장실무자는 전체 구역을 진단해달라고 압박하였으나, 이를 단호히 거부하였다. 용역이 완료된 후에는 발주 담당자가 바뀌어 있었고, 그들은 진단업체의 주민설명회 참석을 강요하기 시작했다. 우여곡절 끝에 참석했으나 주민들의 질문에 그들은 “지하주차장 전체를 진단했다”라고 답변하는 발주자의 오만과 부정한 행위를 목도 했다.

문외한이라고도 할 수 있는 주민들과의 대화를 보면서, 그들의 행태가 계획적이며, 또한 어떤 문제가 발생하면 진단업체에 책임을 전가하려는 속셈이 분명했다. 순간적인 일이여서, 그들의 일 처리에 제동을 걸 수도 없이 묻어갈 수밖에는 없었다. 그들은 진단보고서에서 제시한 방안과 전혀 다르게 그들의 편의대로 일을 추진한 것이다. 즉, 주민들에게 진단범위는 최대로 하였다면서도 보강방법을 별도로 마련하여 최대한 축소하고 있었다. 그들이 주민들과 확정한 보강방안이 진단보고서에서 제시한 것과 전혀 다르고, 전체 구역에 대해 단계적으로 보강공사를 실시하도록 한 것이 그나마 다행이라는 생각이 들었다. 이때 진단업체는 협력업체를 포기할 각오로 임했고, 발주자(시공업체)가 향후 진단용역을 맡기지 않을 것이라고 예단하였는데, 이후에 그렇게 되었다.

301) 열악한 환경을 완전히 제거하고 전면 재개발을 통해 토지이용의 경제성을 극대화하는 철거재개발이다. 주택재개발에는 극히 낡고 불량한 요인들을 제거하고 부족한 공공시설 등을 확보하는 소극적인 형식도 있고, 훼손이 염려되고 역사적 문화적으로 보존해야 할 경우 건축을 제한하는 형식, 주거 환경을 개선해 나가는 개량 재개발형식 등이 있다. 재개발의 기본 목적과는 달리 부동산투기가 강하여 재개발기준이 강화되고 완화되는 경향이 있고, 철거재개발이 주류를 이루고 있다. 철거에 따른 안전사고도 증가추세이다.

제1장 진단목적

지하주차장 바닥에 차량이 통행하거나 보행할 시에 슬래브가 상하 방향으로 출렁임이 발생하여 주민들이 민원을 제기하면서 실시한 진단이다. 출렁임 현상이 발생한 부분의 슬래브 및 보에 대한 상태조사와 원인 규명을 통해서 안전성과 사용성을 평가하고 적절한 대책(보강방안)을 마련하는 것이 주안이다.

제2장 대상 건물의 현황

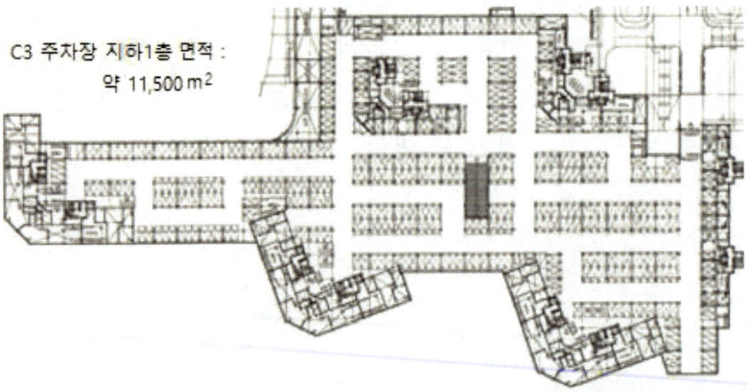

그림 353 C3 구역 지하 1층 주차장 평면도

그림 354 지하주차장 내부 전경(좌), 보-기둥-슬래브(우)

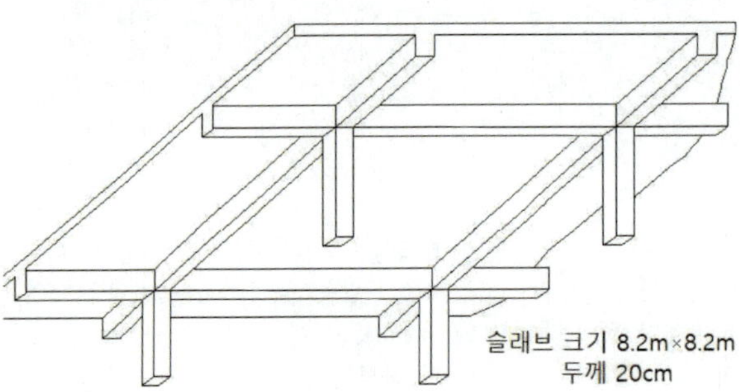

그림 355 4변 고정 2방향 슬래브/ 작은 보(beam)의 배치 없이 큰 보(girder)로 고정된 슬래브이다.

제3장 상태조사 및 평가

3.1 슬래브 및 보에 발생하는 구조균열의 양상

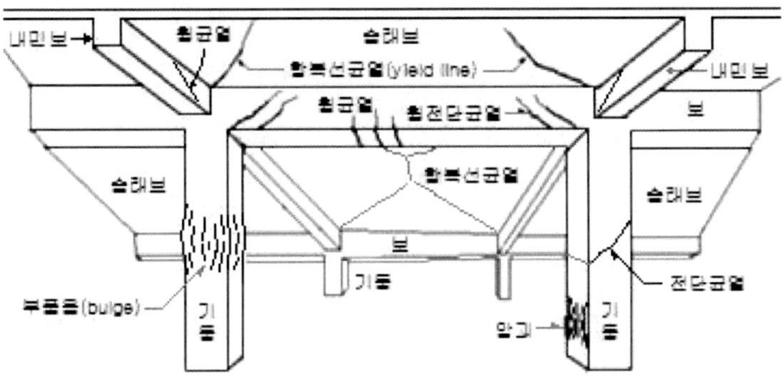

그림 356 일반(평) 슬래브의 라멘조 구조결함/기둥의 전단균열과 압괴, 부풀음(탄성 및 크리프 쇼트닝에 의한), 보 단부 측면의 휨·전단균열, 보 중앙부 하부 면의 휨균열, 슬래브의 항복선 균열이 있다. 이러한 결함은 보강한다. 슬래브 형식은 평슬래브, 장선 슬래브(joist, ribbed slab) 등 다양하다.

슬래브의 구조 내력이 부족할 경우는 상하부 면에 그림에서 나타낸 바와 같이 인장력에 의한 휨 균열이 발생한다. 이를 항복선(yield line) 균열이라고도 한다.

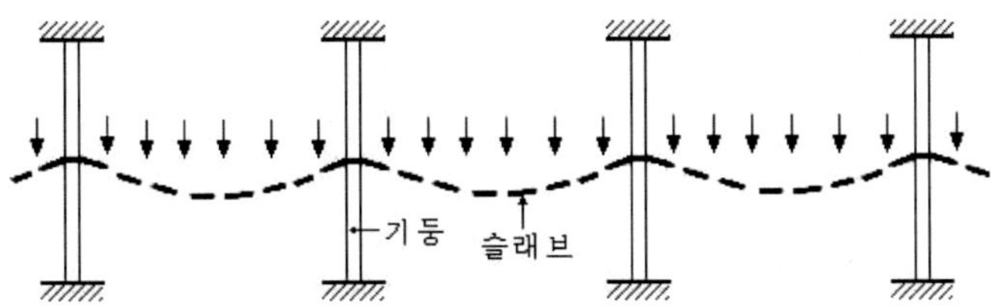

그림 357 기둥의 강성이 강한 경우(rigid column)에 슬래브의 변형패턴/슬래브의 단부 구속이 클 경우에 중앙부의 처짐이 감소한다. 대상구조물의 기둥 강성은 높은 상태

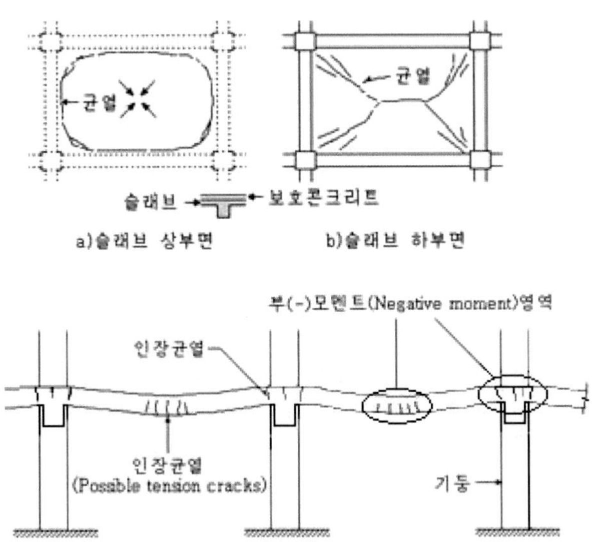

그림 358 4변 고정 슬래브의 상부 및 하부 면에 발생하는 균열

→ 큰 보(girder)로 둘러싸인 슬래브에 작은 보(beam)가 배치된 경우:

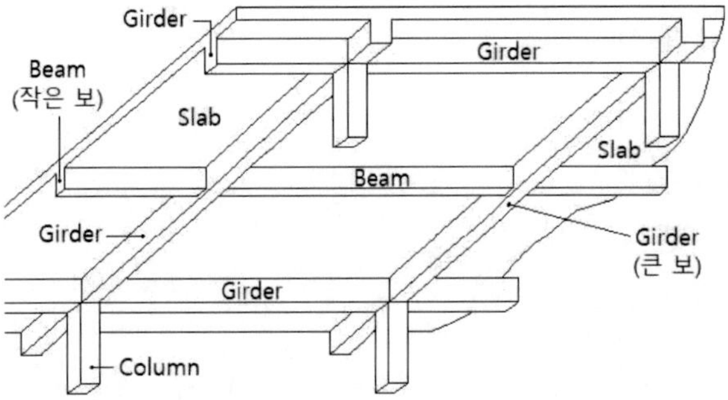

그림 359 작은 보의 처짐에 따른 부(-) 모멘트에 의해 큰 보에 면하는 슬래브 상부 면에 균열이 발생할 수 있다. 이를 방지하기 위해 작은 보의 충분한 휨 강성이 필요하다. 그러나 작은 보의 춤은 보통 낮아 휨강성이 충분하지 못하면 작은 보에 처짐이 생기고, 큰 보와의 처짐 차로 큰 보와 접하는 슬래브에 부(-) 모멘트가 증가하게 된다.

3.2 슬래브 상태조사 및 평가

진동은 흔히 슬래브의 강성부족, 경량화, 장 스팬에 따라 건물 내의 보행자 통행 등 인간의 일상적인 활동과 함께 발생할 수 있다. 이로 인해 발생하는 연직방향의 진동은 거주성에 미치는 영향이 크다. 또한, 면적이 큰 슬래브에 의해서도 발생할 수 있다.

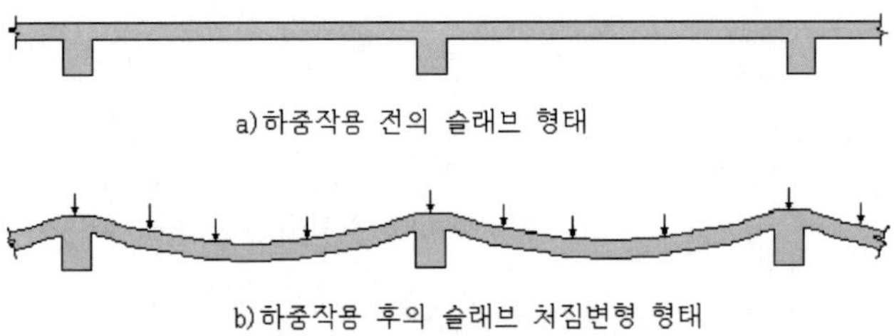

그림 360 하중작용 전후의 슬래브의 형태/슬래브의 처짐 형태(deflected shape)로서 슬래브 레벨 측정결과를 바탕으로 작성.

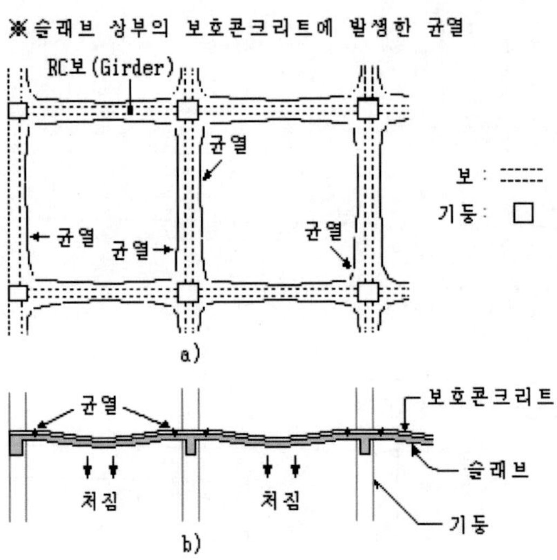

그림 361 a)는 슬래브 바닥 면에 발생한 균열양상이며, b)는 작용하는 휨모멘트에 의한 슬래브의 휨 거동을 나타낸 것이다. 슬래브의 상부 면에 항복선 휨균열이 확연하며, 허용범위를 초과한 처짐이 발생하였다.

그림 362 슬래브의 하부 면(좌), 슬래브 상부 면에 발생한 균열(중, 우)/균열은 슬래브 지점 부근에서 보의 길이 방향으로 진행되어, 점점 슬래브 중앙부 방향으로 전개되었다. 보의 하부 면에는 휨균열이 관찰되지 않았으나, 슬래브의 하부 면에는 발생하였다.

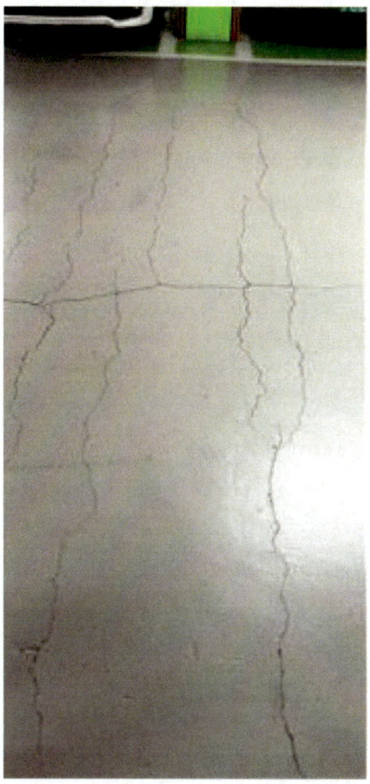

NAME	TYPE	A	B	C	D	E	비고
	THK	가	나	다	라	마	
-1S1	D	HD13 @400	HD13 @400	HD10 @400	HD10 @300	HD10 @300	8.2*8.2
	200	HD13 @400	HD13 @400	HD10 @400	HD10 @300	HD10 @300	

• GIRDER REINFORCEMENT LIST

NAME	Mu= Vu= END(IN) -	Mu= Vu= CENTER	Mu= Vu= END(EXE) -
-1G1 B = 600 D = 500	7 - HD19 3 - HD19	2 - HD19 5 - HD19	- HD - HD
	STIRRUP - HD 10 @ 200	STIRRUP - HD 10 @ 250	STIRRUP - HD @
NAME	Mu= Vu= END(IN) -	Mu= Vu= CENTER	Mu= Vu= END(EXE) -
-1G1A B = 600 D = 500	9 - HD19 3 - HD19	2 - HD19 5 - HD19	3 - HD19 3 - HD19
	STIRRUP - HD 10 @ 200	STIRRUP - HD 10 @ 250	STIRRUP - HD 10 @ 200

그림 363 슬래브 지점 부분(보의 상부면)에 발생한 항복선 균열(좌), 항복선 균열은 초기에는 보의 상부 면에서 발생하며 점점 슬래브의 중앙부 방향으로 균열이 전개된다. 슬래브 및 보 배근 개요(우)

항복선 균열이 발생한 슬래브(8.2m×8.2m)는 4변고정 슬래브로서, 두께 20㎝(보: B=600, D=500)이다. 슬래브의 상하부 면에는 전형적인 항복선 균열이 발생하였다. 이는 허용응력을 초과하는 휨모멘트가 발생하였음을 뜻한다.

슬래브 보호의 누름 콘크리트(포장 콘크리트) 없이 슬래브 자체가 주차장 바닥이다. 여기에 확연하게 나타난 항복선 균열은 슬래브의 처짐과 함께 발생한 것이다. 즉, 보의 방향과 나란히 휨(항복선) 균열이 발생하면서 처짐이 나타난 것이다.

C3 구역 지하 1층 슬래브의 X31～X41, Y19A～Y33 구간의 일부 슬래브를 제외하고

는 전체적으로 항복선 균열과 출렁임이 뚜렷하지 않거나 경미한 것으로 조사되어, 안전성과 사용성이 우려되는 것으로 판단하지 않았다. 다만, X31~X41, Y19A~Y33 구간의 일부 슬래브는 균열 처짐과 함께 슬래브에 강제로 진동을 가하는 일종의 보행(1인 뜀뛰기)충격진동시험 시에 출렁임이 감지되었다. 이러한 보행, 뜀뛰기 충격진동시험은 어떤 부분에 결함이 있는지를 조사하고자 하는 건물의 건전도 평가에 유효하다. 여기에서의 진동측정은 슬래브와 보의 동시성과 진동 차이를 알아보기 위해 실시하였다.

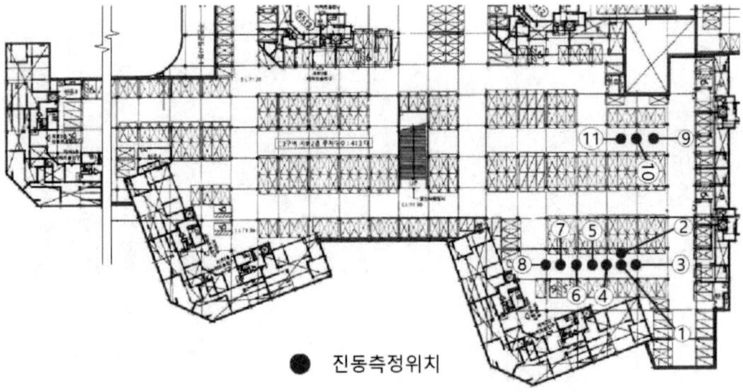

그림 364 blastmateⅡ에 의한 진동측정, 수직 진동 9.1Hz로서 슬래브 중앙부에서 상대적으로 큰 진동이 측정되었으며, 슬래브의 수평진동은 미미하나 수직진동은 0.28kine(㎝/sec)으로서 매우 크게 나타났다. 보의 수평진동 또한 미미하나 수직진동, 특히 측점⑧과 측점⑩의 수직진동이 각각 0.14kine, 0.18kine의 상태로서, 측점⑧ 및 측점⑩에 위치한 보는 슬래브에 상응하는 정도의 수직진동이 발생하고 있다. 출렁임이 심한 부분의 슬래브와 보는 보강이 필요한 상태이다.

슬래브에 항복선 균열이 확연하다는 것은 허용범위를 초과한 처짐과 출렁임이 발생할 수 있음을 의미한다. 특히, 슬래브의 상하 출렁임은 일반인도 충분히 감지할 수 있는 상태이다. 즉, 출렁임에 대한 불안감을 충분히 느낄 정도로 발생하고 있다.

슬래브의 진동장해는 일반적으로 슬래브의 1차 고유진동수가 15 Hertz 이하[302]로 되면 장해가 생기는 예가 많으므로 다음의 한도에 따를 것을 권장하고 있다.

$\lambda \leq 2$의 2방향판의 면적($A = \ell_x \times \ell_y$)　　$A \leq 36m^2$

$\lambda > 2$의 2방향 또는 1방향판의 유효간사이　$\ell_x \leq 4.2m$

대상 슬래브는 진동장해가 생길 수 있는 1차 고유진동수 15Hz 이하로서 8.1Hz로 나타났으며, 면적은 $A = \ell_x \times \ell_y$=7.6m×7.6m=57.76㎡>$A \leq 36m^2$로써, 진동장해의 면적 한도를 크게 초과하고 있다. 이에 근거하여 진동장해를 "슬래브 횡격막의 강성부족에 기인한 것"으로 판단하였다. 요컨대 진동장해를 충분히 일으킬 수 있는 상태이

302) 일반적으로 진동장해는 슬래브의 고유진동수에 관계되어 진동수가 낮아지면 더욱더 진동장해가 일어난다고 되어 있다. 실대건물(實大建物) 슬래브의 고유진동수 실측 예에 따르면 진동장해는 슬래브의 고유진동수가 15Hz 이상에서는 장해의 예는 적고, 12~10Hz 이하에서는 장해를 일으키는 예가 많다고 한다. 출처: プレハブ建築の構造計劃と設計(PC板工法の 手法), p.86, 번역판(인용문헌: 高橋和男, 철근콘크리트조 슬래브의 슬래브두께 制限과 振動障害, 日本建築學會大會學術講演便概集, 1968.10)

므로 슬래브 단면증대, 보 신설 등의 강성보강이 요구된다. 또한, 보(girder)와 슬래브가 동시에 출렁이는 것으로 조사되었다. 이는 레벨 측정기의 처짐 측정에서도 동일한 양상이다(부록자료 참조). 예컨대, 슬래브의 지점과 중앙부의 레벨 차가 7㎝이며, 보는 2㎝의 레벨 차가 있다. 이는 시공 오차 및 크리프 처짐 등이 포함되어 있을 수 있으나, 슬래브 및 보의 처짐 양상이 유사하다는 점에서 동시 처짐으로 판단하였다.

결국, 슬래브의 출렁임을 통제하기 위해서는 슬래브와 보를 동시에 보강조치가 필요하며, 슬래브의 진동장해가 구조 안전에는 문제 되지 않는다고 할지라도 강성이 낮은 바닥 슬래브는 균열결함과 함께 진동장해가 생기므로 통제가 필요하다.

● 슬래브 진동장해의 원인검토

$\frac{\lambda \bullet \ell_x}{16+24\lambda}$는 지지조건($\lambda \leq 2$의 2방향판) 및 주변고정의 철근콘크리트 슬래브에 지나치게 큰 균열 및 처짐이 생기지 않도록 정한 슬래브의 두께이다. 여기에서 $\lambda = \frac{\ell_y}{\ell_x}$이며, ℓ_x=단변 유효길이, ℓ_y=장변 유효길이이다. 또한, 슬래브의 1차 고유진동수가 15 Hertz 이하로 되면 진동장해가 생기는 예가 많으므로 $\lambda \leq 2$의 2방향판의 면적 $A \leq 36m^2$, $\lambda > 2$의 2방향 또는 1방향판의 유효간사이 $\ell_x \leq 4.2m$, 이 한도를 넘어서 설계할 때에는 15Hz 이하가 되지 않도록 슬래브두께를 증대시키거나 보를 설치하는 등의 고려를 해야 한다(부척량 외 1인 공저).

여기에서 대상 슬래브의 $\frac{\lambda \bullet \ell_x}{16+24\lambda} = \frac{1 \cdot (820-60)}{16+24 \cdot 1}$=19㎝이다. 이는 최소 구조단면으로 평가할 수도 있으나, 대상 슬래브의 두께가 20㎝이므로 균열과 처짐이 생기지 않도록 하는 값 이상으로 볼 수 있다. 다만, 이는 구조계획에 따른 단면일 뿐이다. 그러나 수직 진동(엄밀하게는 연직 진동) 측정결과, 1차 고유진동수가 8.1Hz로 나타났으며, 슬래브의 면적 또한 $A = \ell_x \times \ell_y$ =57.76㎡ > $A \leq 36m^2$로서 한도를 훨씬 초과하고 있다. 즉, 슬래브가 진동장해를 충분히 일으킬 수 있는 상태이다.

주1) 보행자 통행으로 생기는 바닥 슬래브의 진동장해는 구조 내력상 거의 문제가 되지 않지만, 어느 한계 이상으로 강성이 낮은 바닥 슬래브는 구조 내력상의 문제가 생길 수 있다.

주2) 0.1~500Hz 범위가 인지 가능한 진동주파수이며, 이 중에서 인체에 심한 영향을 미치는 진동 주파수 범위는 1~90Hz이며, 일반적으로 사람은 10 Hertz 이하의 진동에 민감하다고 한다.

주3) 헤르츠(hertz/Hz)는 진동운동에서 물체가 일정한 왕복 운동을 지속적으로 반복하여 보일 때 초당 이러한 반복 운동이 일어난 횟수(진동주파수, frequency)를 일컫는다. 1헤르츠는 진동 현상이 있을 때 1초에 한번 왕복운동이 반복됨을 의미한다. 예를 들어 100Hz는 어떠한 현상이 1초에 100번을 반복 혹은 진동한다는 애기이다. Hz 단위는 주기적으로 반복되는 모든 현상에 일반적으로 쓰일 수 있는데 아

주 간단한 하나의 예로써 정확히 맞는 시계의 초침은 1Hz로 똑딱거린다.
주4) 진동에너지는 진동속도(㎜/s)나 진동 r.m.s 단위로 표현할 수 있다. 여기에서 'r.m.s(root mean square)'라 함은 진폭(또는 가속도)을 표현하는 파형 신호의 peak 값의 자승평균제곱근으로 에너지를 나타내는 면적개념으로써 '실효치'라고도 한다. 이는 일반적으로 각종 기계류의 수명을 판단하거나 에너지발산을 판단하는 양으로 쓰인다. 진동속도(㎜/s)는 하중에 의해 1초(second)당 운동(진동)한 이동 거리를 뜻한다. 예를 들어, 진동속도 5.0㎜/s(0.5kine)라 함은 교통하중의 작용에 의해 1초당 운동한 거리가 5㎜라는 뜻이다. 일반적으로 건설공사현장에서는 이러한 진동속도(㎜/s)에 의해 구조물에 대한 진동영향을 평가하고 있다.

3.3 종합소견 및 보강범위

1) 1차 고유진동수 8.1Hz로 측정되고, 슬래브(8.2m×8.2m, t=20㎝) 면적 또한 $A = \ell_x \times \ell_y$=57.76㎡로서 면적의 한도($A \leq 36m^2$)을 훨씬 초과하고 있다. 이는 처짐과 진동장해를 충분히 일으킬 수 있는 상태이며, 실제로 처짐과 출렁임이 발생하고 있다.

2) 결과적으로 슬래브의 단면증설이나 보 신설 등의 보강이 요구된다. 이를테면, C3 구역 지하 1층 슬래브의 안전성과 사용성 확보를 위해 구간 X31~X41, Y19A~Y33 내부의 일부 슬래브 및 보에 대하여는 적절한 보강조치가 요구된다.

3) 보강범위의 결정은 참여기술자의 공학적인 판단에 따라 최소한으로 정하였다. 이는 보강조치의 시급성에 따라 조사일 현재 보강이 필수적인 부분(휨균열 및 처짐과 출렁임이 심한 부분)과 향후 추가결함(출렁임 등)의 여부에 따라 보강하여도 무방한 부분(처짐이 심한 부분)으로 구분하였다. 휨 균열 및 처짐과 출렁임이 심한 부분은 보의 슬래브 상부 면에 항복선 균열과 출렁임이 뚜렷하기 때문이다.

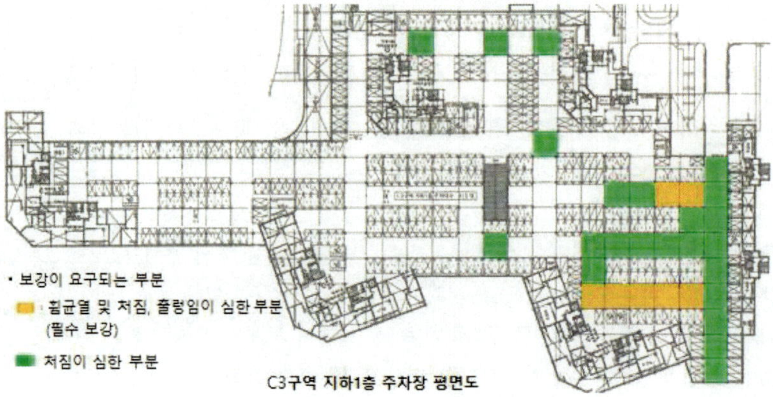

그림 365 보강의 시급성에 따른 단계적 보강/보강이 요구되는 부분은 차량이 통행하면서 충격진동 등의 동적하중이 작용하는 통행로이다. 보강의 시급성에 따라 휨균열 및 처짐과 출렁임이 심한 부분에 우선하여 보강할 수 있다. 다만, 처짐이 심한 부분의 슬래브 이외에도 슬래브의 조건이 같아 진동장해가 충분히 발생할 수 있으므로 감시관찰에 따라 추후 보강 여부를 결정하여야 한다.

제4장 보강방안

설계 시부터 진동장해를 고려하면 간단히 적은 비용으로 방지할 수 있지만, 사용 중의 진동장해는 까다롭고 비용 또한 많이 소요된다. 특히 슬래브는 고유진동수, 거주자 유발의 동적 외력(dynamic excitations)의 탁월진동수와 가까워짐에 따른 공진(resonance)의 가능성으로 인해 높은 수준의 수직 진동(vertical vibrations)을 받을 수 있다. 이러한 진동이 종종 사용자에게는 안전 측면에서 받아들일 수 없는 것으로 인식되어 심각한 문제가 되기도 한다. 이 경우는 지침으로 표준화된 진동평가기준으로 진동의 허용 여부를 검토하여, 만일 진동수준이 높다면 구조적인 응답(structural response)을 줄이기 위한 여러 가지 유용한 방안을 강구 해야 한다.

슬래브 진동의 보강방안으로는 해당 부재의 강성보강이 주로 쓰이며, 제어장치로는 조화진동(harmonic vibrations) 감쇠에 효과적이라는 TMD(Tuned Mass Dampers, 동조질량감쇠기)[303]가 있다. 이는 강성계수 및 감쇠 계수, 질량비가 주요 설계변수로서, 스프링(spring)과 감쇠기(damper)에 의해 구조물에 부착된 추가질량(additional mass)으로 구성되어 있다. 그러나 바닥 슬래브는 좁은 주파수대역(frequency bandwidth)에서 많은 진동 모드를 특징으로 하는 복잡한 구조 거동을 하므로 여러 가지 TMD의 설계 및 동조(tuning)가 어려울 수 있다. 따라서 능동적인 제어기술이 적절하게 고려되어야 한다. 진동문제의 원인이 만일에 외부 입력의 공진현상에 의한 것이라면 TMD와 같은 제진장치를 사용하여 진동을 제어할 수 있겠으나, 슬래브 휨 강성의 낮음에 의한 진동장해가 원인이라면 TMD는 효과를 기대하기 어려울 것이므로 부재의 강성을 높이는 방법이 적절하다고 할 수 있다. 즉, 슬래브의 출렁임은 질량으로 흔들림을 제어하는(균형을 잡아주는) TMD보다는 강성보강이 유효할 수 있다.

대상 슬래브 및 보의 출렁임과 균열양상에 비추어, 출렁임을 공진현상으로 보기는 어렵다고 판단하여, 부재의 강성을 보강하는 것으로 하였다. 즉, 슬래브 및 보의 강성을 높이는 방법을 적용하였다.[304]

303) TMD는 그 자체가 구조체인 고체질량의 운동을 이용하여 진동을 제어하는 장치이다. 즉, 구조물의 진동을 동조질량감쇠기 내의 운동에너지로 변환하고 이를 통해 구조물 자체 진동을 제어한다. 수직 및 수평방향을 동시에 제어하고자 할 경우, HMD(Hybrid 감쇠기)로서 동조질량감쇠기(Tuned Mass Damper)+능동질량감쇠기(AMD: Active Mass Damper)를 설치하기도 한다. 수평 진동에 대하여 Mass는 수평방향으로, 수직진동에 대하여 Mass는 수직 방향으로 자유롭게 이동한다.

304) 부재(보, 슬래브)의 강성을 높이는 방법으로 부재의 지점 거리의 줄임(shortening span), 부재의 구조단면증설, 휨인장응력 보강방안(인장철근매입 등)등이 사용되고 있다. 시중에서 사용하기도 하는 휨인장응력의 보강(특히 external post-tensioning의 긴장재를 사용한 경우)을 필자는 외관상 선호하지 않고 있다. 다만, 요즈음 신축건물의 보와 슬래브에 포스트텐셔닝을 도입하는 방식이나, 도심지 신축건물의 지하층 공사에 Top-Down 공법을 적용하는 것이 보편화 되고 있다. 예컨대, 슬래브에 포스트텐셔닝 방식을 적용하

4.1 휨인장응력에 대한 강판보강

인장 응력에 대한 보강은 인장철근을 매입하거나, 구조단면의 외연에 강판을 부착한다. 이 같은 내력을 보강하는 방안은 보와 슬래브의 하부 면에 철근매입이 곤란하고, 또한 철근을 매입할 보의 상부 면이나 슬래브 상부 면에 벽체가 있으면 곤란하다. 일반적으로 보, 슬래브의 상하부 면에는 얇은 강판을 부착한다.

지하주차장에는 벽체가 없으므로, 보 및 슬래브의 상부 면에 철근매입이 가능하나, 하부 면은 철근매입이 어려우므로, 강판부착이 유효하다. 다만, 보 및 슬래브 상부 면에 대해 강판으로 휨보강을 할 경우는 슬래브 상부 면이 강판 두께만큼 돌출한다. 또한, 크리프에 의한 처짐은 슬래브의 인장응력 부분보다는 압축응력 부분에 강판을 보강하는 것이 효과적이며, 슬래브의 처짐에 대한 강판보강은 단면2차모멘트(I)를 크게 높이지 못하므로 의미를 부여하기 어렵다.

철근매입이나 강판부착보강은 인장력에 대한 구조 내력의 보강 효과가 탁월하다고 할 수 있으나, 출렁임에 대한 보강에는 거의 효과가 없다. 출렁임은 상하 방향으로의 처짐과 관련되는데, 강판 12㎜ 정도에 불과한 단면증가로는 처짐에 큰 효과가 없기 때문이다. 요컨대, 등질, 등방성 재료의 스팬(l), 등분포하중(w)을 받는 단순 지지된 보의 처짐은 $\delta = \dfrac{5wl^4}{384EI}$(처짐각 $\theta = \dfrac{wl^3}{24EI}$)으로 표시할 수 있다. 여기서 EI는 휨 강성(flexural rigidity)을 나타낸다. 이는 $EI = \dfrac{5wl^4}{384\delta}$로도 나타낼 수 있다. $\delta = \dfrac{5wl^4}{384EI}$에서 처짐을 줄이려면 탄성계수($E$)를 높이거나, 단면2차모멘트($I$)를 높여야 하는데, 탄성계수를 높이기 위해 콘크리트 강도를 높이는 것은 처짐을 줄이는 효과가 극히 미미하다. 따라서 단면2차모멘트를 높이는 것이 처짐을 기하급수적으로 낮추는 것이 된다. 예컨대, 구형 단면의 단면2차모멘트($I = \dfrac{bh^3}{12}$)에서 h(구조단면의 두께)가 단면2차모멘트를 증가시키는 지배요소이므로, 강판 12㎜의 단면증가로는 처짐의 효과를 기대하기 어렵다.

또한, 강성(EI)을 높이려면 스팬을 줄이는 것도 효과적이다. 예를 들어 적설하중으로 처짐이 발생한 지붕 트러스를 원위치시켜 놓은 상태에서, 지붕 트러스의 스팬을 줄일 수만 있다면 트러스의 강성은 크게 높아질 것이다. 이같이 강성을 높인다는 것은 결국 변형이 복원되면서 성능이 저하된 트러스 용접접합부의 허용내력을 높이는 것이 되므로, 스팬 줄임(shortening span)으로 보강 효과를 도모할 수 있다.

면서 무량판구조(예: 슬래브 두께 27㎝, 설계기준강도 f_{ck}: 30MPa, 긴장 시의 강도 f_{ci} : 24MPa, 긴장재 강도 f_{pu}: 1,860MPa)로 건축하는 것 등이다.

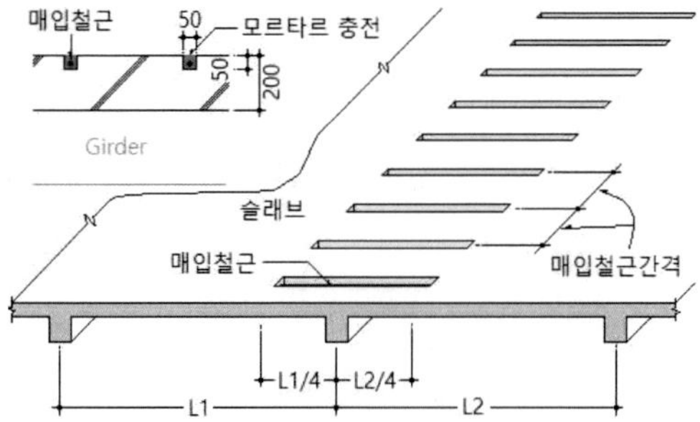

그림 366 보 및 슬래브 상부(지점) 면에서의 철근매입에 의한 휨인장응력보강/보 및 슬래브의 하부 면에 대해서는 철근매입이 어려우나, 상부 면에서는 가능하다.

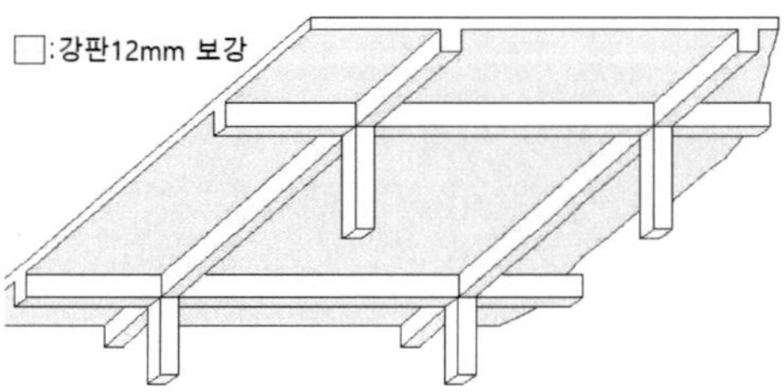

그림 367 보, 슬래브에 대한 휨보강/강판 12㎜의 단면증가는 슬래브나 보의 처짐을 다소 억제할 수 있으나, 구조역학적인 측면에서는 무시할 수 있는 정도이다. 즉, 강판 보강은 인장응력에 대한 보강 효과는 높지만, 슬래브 및 보의 출렁임에 대한 보강 효과를 기대하기 어렵다.

4.2 일체화 시공에 의한 단면증설

출렁임과 항복선 균열에 대해 가장 확실한 보강방안은 슬래브 위에 일체화 시공으로 부재(보 및 슬래브)의 구조단면을 증설(두께 10~14 ㎝)하는 것이다. 즉, 구조단면의 증설로 강성을 높여 슬래브의 출렁임을 억제한다. 그러나 단면증설 부분이 기존 슬래브 바닥 면에서 10㎝~14㎝ 돌출되므로, 이 같은 보강은 바닥에 층단을 조성한다.

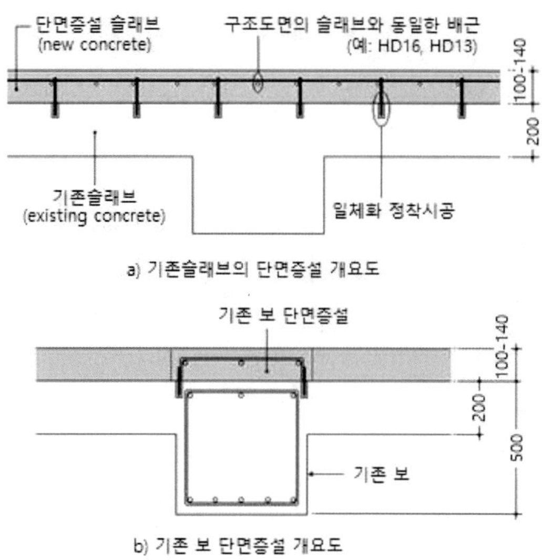

그림 368 기존 슬래브 및 보에 대한 일체화 단면증설

4.3 2방향(two way) 슬래브의 중간에 작은 보(beam) 설치 방안

작은 보(beam) 신설보강은 기존 슬래브의 큰 보(girder)가 충분한 내력을 보유하고 있을 때 유효하다. 슬래브와 보의 진동이 이들 부재의 중앙부 모두에서 의미 있는 수직 진동이 동시에 측정되었고, 보행자 통행의 진동 또한 보와 슬래브 중앙부에서 최대

진동(보 0.18 kine, 슬래브 0.28 kine)으로 나타났다(부록 참조). 이는 레벨측정에 의한 처짐과 일치하는 거동으로서, 보에 비해 슬래브의 출렁임이 매우 크다는 의미이다.

정적인 상태에서 슬래브 및 보의 지점과 중앙 간에 상당한 레벨 차가 있으며, 이는 시공 오차와 크리프변형이 포함될 수 있으나, 진동장해의 처짐과 균열이 주된 요소로 판단된다. 특히 슬래브의 상하진동은 불안감을 충분히 느낄 정도로 일반인이라도 충분히 감지할 수 있는 상태이다. 이러한 점에서도 슬래브 단면증대나 보 신설을 고려할 수 있다. 예컨대, 큰 보의 중간에 작은 보를 신설한다. 다만, 슬래브의 중간에 작은 보를 설치하게 되면, 슬래브 처짐(출렁임)은 크게 감소될 수 있으나, 큰 보(girder)의 중간을 교차하는 작은 보에 의해서 큰 보에 하중이 집중되어 처짐이 더욱더 커지고 이로 인해 큰 보의 중앙부 하부 면에 휨균열이 발생할 수 있다. 이에 대해서는 큰 보의 하부 면에 강판을 부착하여 보강한다.

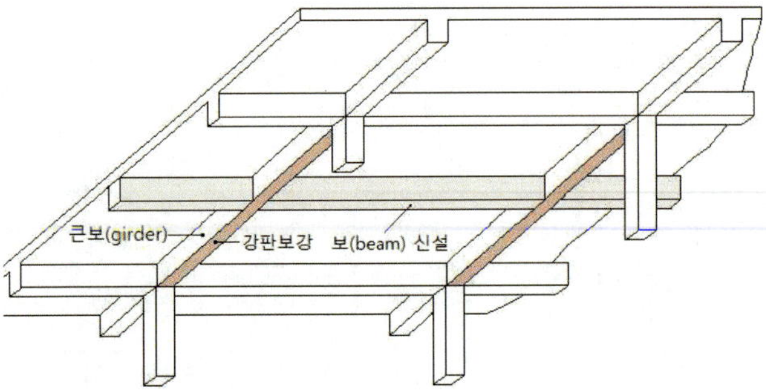

그림 369 보 신설보강/큰 보의 중간에 보를 설치하여 슬래브 처짐(출렁임)을 억제한다. 보 설치로 인해 하중전달 경로가 바뀌면서 큰 보의 처짐이 증가하여 중앙부 하부 면에 휨균열이 발생할 수 있으므로 이 부분에 강판이나 탄소섬유로 보강한다. 다만, 탄소섬유는 두께가 얇아 처짐에 효과적이지 않다.

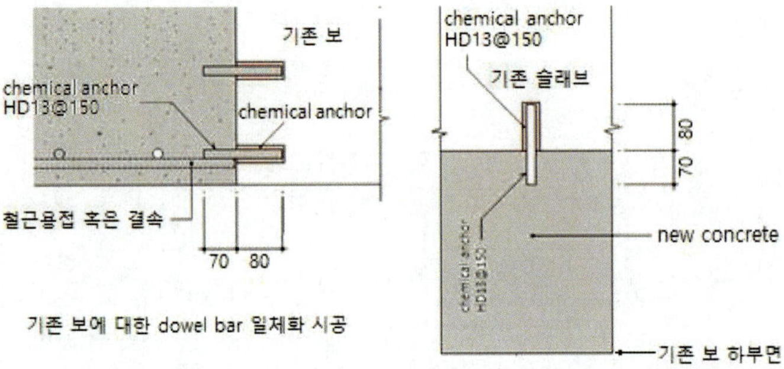

그림 370 기존 보 측면에 대한 일체화 시공(좌), 기존 슬래브에 대한 일체화 시공(우)

4.4 슬래브 4변(지점 보) 코너 부분에 대한 강성보강

주두의 단면증설로 슬래브 코너 부분의 강성을 높이고 보의 스팬을 줄이는 효과를 도모한다. 보강은 2단계로 나누어 1단계로 슬래브 코너 부분의 보강 이후에 출렁임을 측정하여 문제가 없을 경우는 보강을 종료하고, 출렁임이 한계치를 초과하는 경우는 2단계로 보 및 슬래브의 하부 면에 대해 강판보강을 하여 마무리한다.

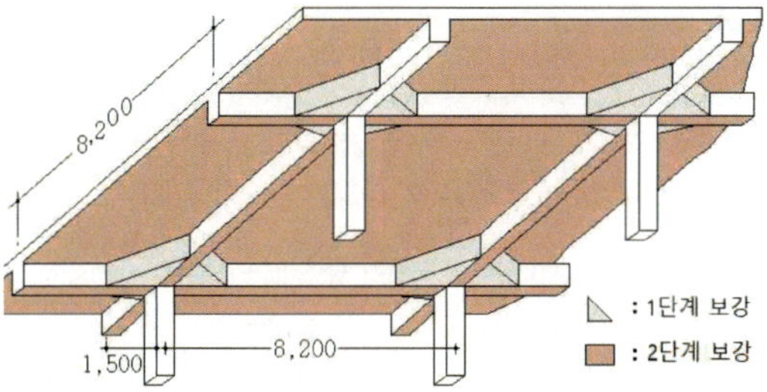

그림 371 1단계+2단계 보강/2단계 보강은 1단계 보강 이후에도 출렁임 현상이 있을 때, 슬래브 및 큰 보의 하부 면에 강판을 부착하는 보강이다. 1단계 일체화 보강은 무량판구조의 드롭패널과 같은 형상이 된다. 결국, 슬래브와 보의 강성도 높아진다.

제5장 종합 및 건의사항

1) 상태조사 및 평가

슬래브가 균열 및 처짐에 저항할 수 있는 최소 단면(두께 20㎝)이며, 균열과 뚜렷한 출렁임이 보에서 동시에 발생하고 있다. 출렁임은 차량운행 시에는 더욱 크며, 진동장해를 일으킬 수 있는 고유진동수 9.1Hz(수직진동)이고 면적(A==57.76㎡)이다.[305] 이러한 출렁임의 억제를 위해서는 보를 동시 보강할 필요가 있다.

2) 보강방안

① 단면증설, 강성증대, 보 신설의 보강이 적용될 수 있으나, 슬래브 단면증설은 기존 슬래브 위에 신설 콘크리트가 돌출되므로, 슬래브 중간에 작은 보(beam)를 신설하고 기존 보(girder)의 하부 면을 강판으로 보강한다.

② 슬래브 4변 코너부에 대한 보강방안을 1단계로 적용하고, 이후에 출렁임을 계측하여 진동이 한계치를 초과할 경우 2단계로 보 및 슬래브의 하부 면을 보강한다.

③ 제시한 보강방안은 모두 거의 동등한 내력을 확보할 수 있으므로, 현장여건과 시공성 및 경제성 등을 고려하여 선택적으로 적용한다.

3) 건의사항 기타

상기와 같은 보강으로 안전성과 사용성을 확보할 수 있을 것이나, 이는 최소한이며, 향후 추가로 결함이 표출될 수 있으므로 감시관찰 및 보강이 요망된다. 또한, 적절한 보강을 위해 진단기술자의 지도나 시공감리를 고려할 필요가 있다.

---

305) 슬래브의 면적 또는 스팬에도 한계가 있다. 면적이 커지면 수축 응력과 휨 응력이 겹쳐져 균열이 생기기 쉽고, 스팬이 크고 소정의 두께를 만족하지 못할 때도 마찬가지이다. 슬래브두께, 지지조건과 변장비 등에 따라 달라질 수 있다. 슬래브가 건전하기 위해서는 25㎡ 이내가 적절한 것으로 알려져 있다.

부록: 상태조사자료

1) 바닥균열 상태조사

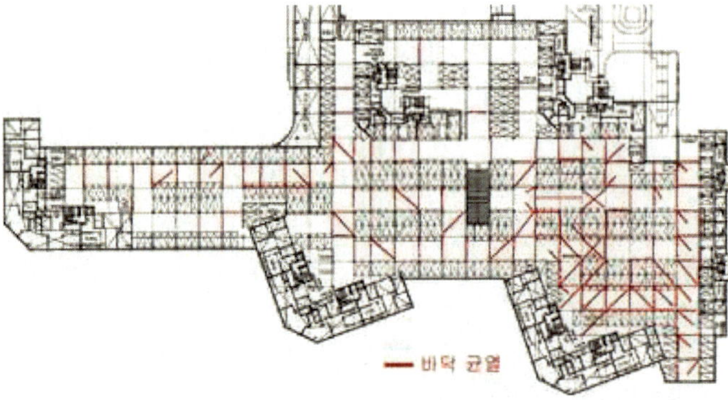

그림 372 C3 지하 1층 주차장 바닥균열/대부분 균열은 콘크리트의 건조수축과 온도변화 등에 의해 자연적으로 발생한 비구조 균열이다. 다만, 슬래브 지점의 보 상부면에 보의 길이 방향으로 발생한 균열은 구조 안전에 매우 유해한 영향을 미치는 항복선 균열이다.

2) 비파괴시험(바닥 슬래브 처짐)

▣ C3 구역 지하 2층 주차장 바닥 처짐 측정결과-1

측정부위	측정값				슬래브 처짐 변위량(cm)
	1-기둥(기준)	2-보	3-슬래브	4-기둥	
1	0	0	0.5	-2.0	+0.5
2	0	0.5	-1.5	2.0	-1.5
3	0	-2.0	-5.0	-1.8	-5.0
4	0	-0.5	1.0	2.5	+1.0
5	0	4.0	5.5	6.5	+5.5

▣ C3 구역 지하 1층 주차장 바닥 레벨(처짐) 측정결과-2

측정부위	측정값				슬래브 처짐 변위량(cm)
	1-기둥(기준)	2-보	3-슬래브	4-기둥	
1	0	-2.0	-4.0	-2.0	-4.0
2	0	-2.5	-7.0	-1.0	-7.0
3	0	-1.5	-7.0	3.0	-7.0
4	0	-0.5	-4.0	1.0	-4.0
5	0	2.5	-2.5	1.0	-2.5
6	0	-3.5	-5.5	-2.0	-5.5
7	0	-3.5	-7.5	-2.5	-7.5
8	0	-1.0	-4.5	0	-4.5
9	0	2.0	-3.0	0.5	-3.0
10	0	-0.5	-3.0	0.5	-3.0
11	0	1.0	1.0	1.5	+1.0
12	0	-3.5	-6.0	-0.5	-6.0

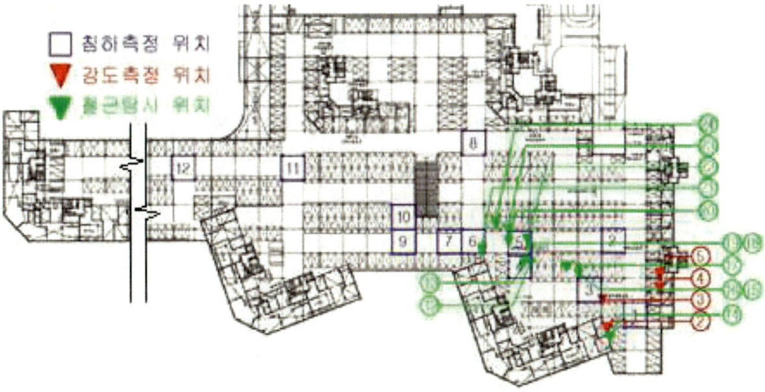

그림 373 조사 위치/콘크리트 압축강도, 철근탐사자료 생략

그림 374 레벨측정(상), 진동측정(하)

3) 진동측정

보 부분 및 슬래브 중앙부에서 보행과 함께 측정한 진동측정(blastmateⅡ)자료이다. 보 및 슬래브 중앙부의 수직(vertical) 진동이 보 부분 0.03 kine~0.18 kine, 슬래브 중앙부 0.04 kine~0.28 kine으로서 큰 차이로 나타났다. 즉, 슬래브 전후좌우의 진동은 미미하나 수직 진동은 0.04~0.28 kine(㎝/sec)으로서 상대적으로 매우 크게 나타났다. 보(수직 진동 0.032 kine~0.18 kine)의 진동도 마찬가지 양상이다. 특히 측점⑧ 및 측점⑩의 수직 진동이 각각 0.14 kine, 0.18 kine으로 측정되어, 측점⑧ 및 측점⑩에 위치한 보는 슬래브에 상응하는 수직 진동이 발생하고 있다. 즉, 외적으로 출렁임이 심한 부분의 슬래브와 보는 모두 보강이 필요하다.

표 : 보 및 슬래브의 수직진동

측점	진동값(㎜/s)	비고	측점	진동값(㎜/s)	비고
①	0.937	슬래브	⑦	0.873	슬래브
②	0.413	보	⑧	1.810	보
③	0.333	보	⑨	0.349	슬래브
④	0.492	보	⑩	1.143	보
⑤	2.810	슬래브	⑪	0.587	슬래브
⑥	0.318	보			

Date/Time	Vert at 13:29:27 March 8, 2019	**Serial Number**	2679 V 5.52 BlastMate II/477
Trigger Source	Geo: 0.302 mm/s	**Battery Level**	6.3 Volts
Range	Geo: 254.0 mm/s	**Unit Calibration**	March 7, 2019 by Moduinter INC.
Record Time	1.0 sec at 1024 sps	**File Name**	D679HU9E.T30

Notes
Location: P
Client:)
User Name:]
Converted: March 8, 2019 16:18:24 (V 10.74)

Extended Notes
L

Microphone 'A' Weight - Slow
PSPL <50 dB(A)
Channel Test Check (Freq = 0.0 Hz Amp = 2 mv)

	Tran	Vert	Long	
PPV	0.159	2.810	0.127	mm/s
ZC Freq	6.0	9.0	11	Hz
Time (Rel. to Trig)	0.561	0.014	0.425	sec
Peak Acceleration	0.003	0.015	0.003	g
Peak Displacement	0.004	0.064	0.002	mm
Sensor Check	Passed	Passed	Passed	
Frequency	8.0	8.1	7.8	Hz
Overswing Ratio	3.7	3.6	3.8	

Peak Vector Sum 2.810 mm/s at 0.012 sec

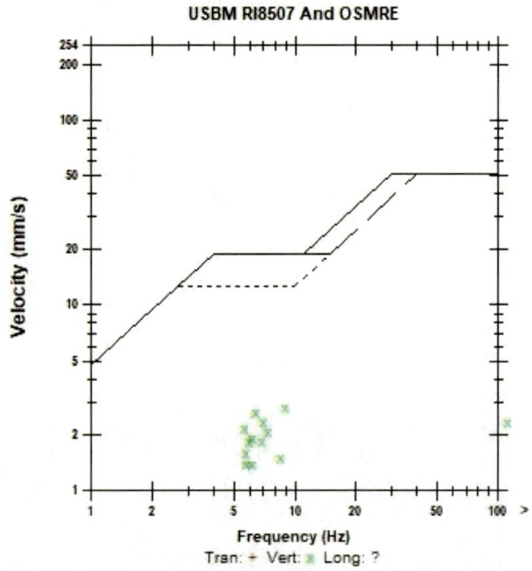

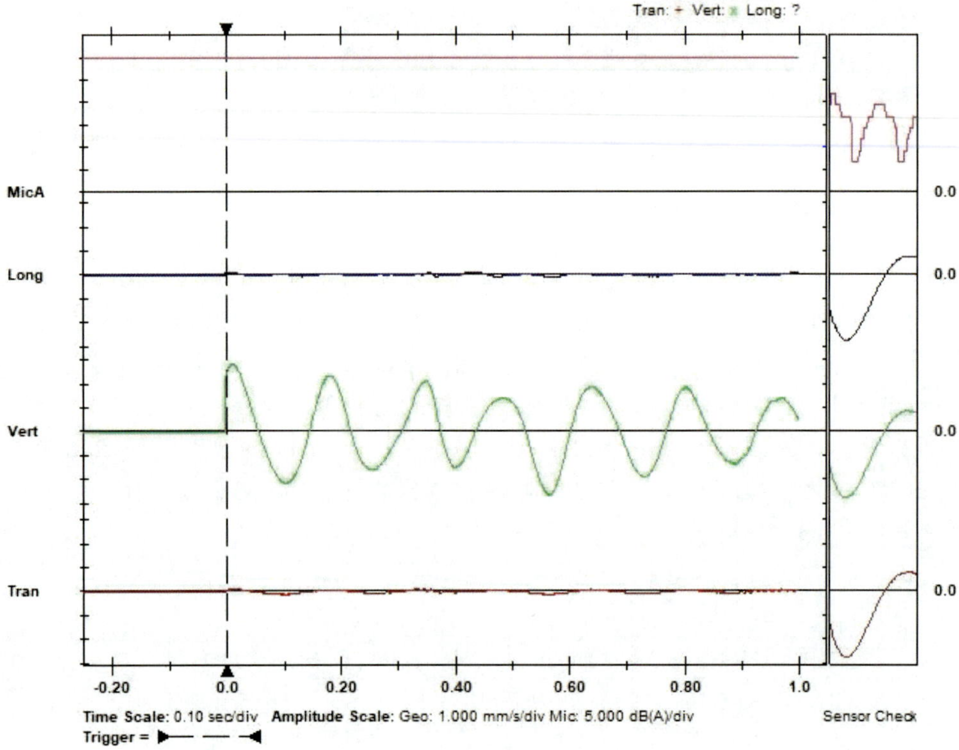

그림 375 진동측정값(예)/종방향(longitudinal), 횡방향(transverse)의 진동속도는 미소하지만, 수직진동은 비교적 크게 나타났다. PPV(=Peak Particle Velocity): 최고입자진동속도로써 진동의 3방향 성분 중 최고치를 의미, Time of Peak(s): 각축의 최대진동 값이 측정된 시간, ZC(Zero Crossing)Frequency at Peak (Hz): 1초당 진동수 즉, 주파수(탁월주파수), Peak Vector Sum: 동일시간대 3축 성분의 PPV의 합성치로 Vector합을 취한 것(최고진동속도), Peak Acceleration: 최고입자진동속도(PPV)를 시간에 따라 미분한 최대가속도 값. Peak Displacement: 최고입자 진동속도(PPV)를 시간에 따라 적분한 최대변위 값.

■ 기술자료 1: 바닥 슬래브(보)의 진동시험법

진동시험은 구조물의 안전성을 검토할 때도, 기계음 등이 진동원이 되어 업무에 불쾌한 감정을 초래하는 등 인체에 영향을 미치는 영향을 평가할 때도 쓰인다. 진동이 인체에 미치는 영향은 진동 현상에 의해 좌우된다. 이는 기계 운전 시에 발생하는 것과 같은 계속적인 진동과 파일 항타 시에 발생하는 충격적인 진동으로 나눌 수 있다. 이들에 대해서는 인체의 감각을 진동수와 진폭(변위, 속도, 가속도)의 관계로 나타내고 있다. 인간의 진동에 대한 감각에 대해서는 건물 부근의 교통기관 또는 건물 내부의 기계설비의 동력원 등 구조물 내외에서 전하여지는 소위 정상진동이라고 여겨지는 것, 감쇠를 수반하는 인간의 보행 기타 작업에 의한 진동으로 접근하고 있다.

보, 슬래브 등의 수평부재에 대한 안전성을 검토하고자 할 때 재하시험이 쓰일 수도 있으나, 이는 구조물의 노후화나 손상된 구조물의 경우에 각 부재의 재료특성이 크게 달라질 수 있고, 최대처짐과 잔유 처짐 등의 변형측정에 따른 장비설치에 대한 시험장소의 제한, 과다한 시간 및 경비 등 여러 어려움이 많다. 그래서 안전성 평가방법으로 진동시험을 하게 되면 매우 간편해진다. 그러나 재하시험으로 가능한 대 변형 효과 등은 진동시험으로는 평가하기 어렵고 측정하는 값도 미소변형의 탄성 거동에 한하는 단점이 있다.

보, 슬래브에 대한 안전성 평가는 동일건물 내에서 다른 것과의 비교 또는 유사치수의 보 및 슬래브의 고유진동수와 진폭을 서로 비교함에 따라 균열, 처짐 등에 의하여 강성이 상대적으로 저하하는 부재를 조사하고, 재하시험을 위한 부재선택에도 이용한다. 이는 또한 보강한 구조물의 전후에 측정하여 그 효과를 진동수의 증가율로부터 안전성을 판단하는데도 쓰인다. 진동측정치를 계산치와 비교함에 따라 구조체로서의 탄성 거동의 안전성을 검토하는 데에도 쓰이나, 측정치 특히 계산치의 신뢰성을 높게 평가하지 않기 때문에 계산치는 참고자료로 하는 것이 좋다.

건전한 철근콘크리트조 건물에서도 바닥이 진동을 일으키고 불쾌한 음을 내는 등의 장해가 있지만, 일반적으로 진동발생원이 공조 관련 기계에 의한 것이 많으며, 정상진동이 기둥, 보의 구조체를 전파하여 오는 제반 진동으로써 공진이 있다. 또한, 사람이 분주하게 출입하고, 교통기관(전동차와 자동차 등)이 통과할 때에 바닥이 진동하는 인간과 차량이 일으키는 불규칙한 충격진동도 있다.

진동 계측은 진동발생원과 빈도에 따라 방법을 달리 적용할 필요가 있다. 예컨대, 진동 발생이 하루 몇 번에 불과한 발파의 경우에는 진동 발생(발파) 때마다 계측하고, 공장의 기계적 진동(mechanical vibration)[306]과같이 지속적인 경우에서는 일정 시간 동안의 계측으로 충분할 것이다. 반면에 교통진동과 같이 불규칙적인 상시성의 진동일 경우에는 시간에 따라 진동 계측 값이 현저한 변화를 가져올 수 있으므로 상시계측 등의 특별한 처리가 필요하다.

바닥 슬래브, 보 등의 수평 구조부재는 그 휨 진동을 측정함으로써 탄성 거동을 파악할 수 있다. 휨 진동은 인간이 뛰거나 모래포대를 낙하시켜서 쉽게 발생시킬 수 있어, 재하시험에 비하여 훨씬 간편한 비파괴시험이다. 그러나 진동에 의해 생긴 부재변형은 스팬 중앙의 변위량으로 기껏 수십에서 수백마이크론에 상당하므로 미소변형의 탄성 거동밖에 측정할 수 없다. 즉, 대 변형에서

306) 평형 위치에서 진동하는 질점이나 물체의 운동

의 변형성과 내력을 조사하는 것은 진동시험으로는 무리이다. 그래서 바닥 슬래브와 보의 진동시험에서는 다음의 3가지를 검토할 수 있다.

① 동일건물 내에서의 바닥 슬래브(혹은 보)에 대하여 건전성의 상호우열을 비교할 수 있다. 동일 가진력(加振力)에서 얻어진 유사한 치수의 슬래브(보)의 고유진동수와 진폭을 상호 비교하는 것에 의하여 균열 및 휘는 정도 등에 따라 강성이 상대적으로 저하하고 있는 부재를 조사하고, 재하시험을 위한 부재선택에도 이용한다.

② 바닥 슬래브(보)의 고유진동수의 실측치 상호 간, 혹은 계산치와 비교하는 것에 의해 구조체로서의 탄성 거동의 건전성을 검토한다. 예컨대, 보수 전과 보수 후에 측정하여 진동수의 증가율에서 바닥 슬래브(보)의 보수효과를 판단하는 것이 가능하다.

③ 슬래브의 진동장해와 함께 바닥 슬래브에 휨 균열이 이미 발생한 상태일 때, 큰 변위가 생긴 상태에서 진동장해의 정도를 측정하거나 바닥 슬래브와 보의 휨거동, 이들 부재의 동시성과 변위량을 비교하여 보강방안을 검토한다.

바닥 슬래브의 고유진동(진동수와 진동모드)은 형상(변의 길이, 변장비, 두께), 재질(조밀성, 일체성, 탄성계수, 중량), 주변의 지지상태에 의해 결정된다. 그래서 고유진동수, 진폭, 모드, 감쇠를 실측하는 것에 의해 상기 가운데에 어떤 불확정량(일체성, 지지상태 등)을 검토하기 위한 것이 바닥 슬래브의 진동시험이라고 할 수 있다. 이는 크게 강제진동과 충격진동으로 나눌 수 있으며 보에 대하여도 같은 방법으로 실시한다.

1) 강제진동시험

1차 및 고차의 진동수, 모드, 감쇠를 조사하는데 적절하다. 특히 기진기(起振機)의 회전수를 일정하게 유지하고서 슬래브면 각 개소의 진폭을 측정하면, 진동 모드를 알 수 있다. 회전수와 실측진폭의 관계를 나타내면 공진진동수(고유진동수)와 감쇠 정수를 구하는 것[307]이 원리적으로 가능하지만, 기진기의 구동 조작에 숙달을 요한다. 기진기의 설치 개소는 통상 슬래브의 중앙이 좋다. 진폭의 계측 위치는 시험슬래브의 중앙을 기점으로 하여 모드를 필요로 하는 경우는 수시로 위치를 지지 변으로 향하여 이동시키면 좋다.

2) 충격진동시험

1차 고유진동수와 진폭, 감쇠 정수를 조사하는데 적당하며, 강제진동시험에 비교해서 훨씬 간편하게 실시할 수 있다. 일상적으로 바닥 슬래브가 받는 충격력에는 인간의 보행, 도약, 차량의

307) 강제진동시험에서 감쇠정수를 구하는 방법으로는 ① 자유진동시험에서 산정. ② 공진곡선에서 산정하는 2가지가 있다, ①의 방법은 기진기의 회전수 제어에 의해서 공진 상태로 두고 급정지 후의 건물의 자유진동을 측정한다. 그의 파형에서 산정할 수 있다. ②는 $1/\sqrt{2}$ 법이라고 일컬어지고 있는 방법으로서, 공진곡선의 공진부근을 확대하여 규정된 식($h \fallingdotseq \frac{1}{2}\frac{\Delta f}{f_o}$ $h \ll 1$)에 의하여 감쇠정수(h)를 산정하는 방법이다. $f_2 - f_1 = \Delta f$, f_o = 공진진동수

주행 등 동작의 종류에 따라 여러 가지이다. 인간 이외에도 바닥 위 물건의 이동, 낙하물에 의한 충격력 등도 있다.

집단 뜀뛰기와 같은 시연(試演)은 도약충격에 해당하며, 모래포대를 이용한 낙하시험이나 강제 추를 이용한 낙추시험은 낙하충격에 해당한다. 이들 모두 공진 여부를 검사하는 시험이라기보다는 충격에 의한 구조물의 손상 유무(건전도)를 평가지표로 하고 있다.

구조물의 진동반응에 큰 변화가 있을 때, 이러한 구조물의 진동반응에는 구조물에 대한 손상 정보를 내포하고 있다. 구조물의 손상은 물리적 성질, 즉 강성, 감쇠 혹은 질량의 감소를 초래한다, 그래서 충격진동시험이 공진 여부를 확인하는 시험이라기보다는 인간에 의한 충격진동시험에 의해 고유진동수와 진폭, 감쇠 정도를 조사하여 변형이나 균열결함에 따른 슬래브나 보의 건전성을 평가한다. 충격진동시험의 충격을 가하는 방법은 다음 3가지가 있다.

① 인간에 의한 가진 : 슬래브의 경우 중앙에서 크게 뛰어오름, 가능한 직립 상태에서 착지하면 자유진동파형이 얻어진다. 진동수와 감쇠상태를 알고 싶을 때는 이 방법으로도 좋으나, 가진력(加振力)이 고르지 못하기 때문에 진폭의 비교는 어렵다.

② 10-20 kg의 포대를 바닥 슬래브(보) 중앙에서 20-50㎝의 높이에서 낙하시킬 때 평상시와 다른 자유진동 파형이 얻어진다. 모래포대의 중량과 높이를 일정하게 하여 행하면 다수의 시험슬래브 상호의 데이터 비교가 가능하다. 이 경우에 필히 수회 동일방법으로 반복검정을 한다. 또한, 모래포대는 낙하할 때 옆으로 쓰러지지 않은 안정된 모양의 형상으로 하여 사용하는 것이 좋다.

③ 충격시험기를 사용하여 충격력이 항상 일정하게 유지되어 재현성을 높인 시험이다. 다수 데이터의 상호비교가 좋고 정밀도가 있다.

■ 기술자료 2: 실재 건물의 진동시험

실재건물(實在建物)의 진동을 다수 측정하여 그 경향을 통계적으로 조사하는 것은 건물의 내진설계나 피해를 상정하는 기초자료의 축적이 된다. 이를 위한 진동실험(振動實驗)의 범위를 약간 넓히면 실제의 지진관측도 포함할 수 있으며, 이들은 비교적 대규모 건축물을 대상으로 한다.

건물의 진동특성을 알기 위해서는 고유주기, 감쇠 정수, 진동 모드의 측정이 필요하다. 구조물진단에서는 일반적으로 기본주기·기본모드에 주목하는 경우가 많다. 강제진동시험은 비교적 큰 진폭 레벨에서 고차(高次)까지의 진동특성을 조사할 수 있고, 상시미동시험은 기본주기·기본 모드 등 건물의 저차(低次) 특성을 대상으로 한다.

1) 강제진동시험

분동(추)의 회전에 의한 원심력을 이용한 기진기(起振機[308])를 건물에 설치하고, 정현파형의 가진력을 가하여 건물을 진동시킨다. 가진력의 주기를 여러 가지로 변화시켜 그에 따른

308) 가진기(vibration generator, a shaker, exciter)라고도 한다. 구조물의 진동특성을 조사할 목적으로 인공적인 진동을 발생시키는데 사용하는 진동발생기.

건물의 변형에서 공진 곡선을 구하고 건물의 고유주기, 고유진동형, 감쇠 정수 등을 구한다.

강제진동시험은 실물구조체에서 유용한 자료를 얻기 위해 미진동시험보다 보다 큰 반응의 진폭을 일으키게 한다. 기진기는 통상적으로 건물의 최상부에 위치하게 된다.

2) 자유진동실험

건물의 상부에 와이어로프 등을 결착하여 인장 가력으로 초기변위를 주어 가력을 급격히 개방하여, 그때 생기는 자유진동을 진동계(振動計)에 의해 고유주기, 감쇠 정수 등을 구하는 실험이다. 즉, 건물의 상부를 와이어로프 등으로 잡아당겨 초기변위를 주고서, 그 힘을 급격히 해방함으로써 생기는 자유진동을 계측하여 고유주기, 감쇠 정수 등을 구한다.

3) 상시미동측정

모든 구조물은 바람이나 교통기관 등의 외력에 의하여 미약하나마 끊임없이 진동하고 있다. 그래서 기진기로 흔들거나 힘을 가해 그 힘을 급격히 해방하지 않아도, 구조물(건물)은 기계진동, 바람이나 교통 하중 등의 미세한 진동을 받아서 상시미동(microtremors)[309]을 한다. 특히 다수의 측정을 하지 않은 경우는 특별한 진동원을 필요로 하지 않는 상시미동측정이 적당하다. 이는 인체로는 느낄 수 없는 상시의 미동을 고감도의 진동계로 측정하고 이를 해석하여 건물의 고유주기, 고유진동모드와 감쇠정수까지 구할 수 있다. 계측기술과 해석기술의 진보로 많이 쓰이고 있다. 상시 미동의 측정에 의하여 탁월 주기를 근거로 간접적으로 지반의 특성 및 종별을 추정하기도 한다. "지반에서도 공진현상을 보이며 이 고유주가(보통은 '탁월주기'라고 한다)는 표면층의 두께에 비례하여 길어진다. 일반적으로 지진의 입사파형이 가진 성질은 주기가 긴 것일수록 변위진폭이 크므로 결국, 지표면에서는 표층이 두꺼운 것일수록 큰 진폭으로 진동하게 된다. 그러므로 내진설계에 있어서 미리 지반의 탁월주기를 알아두는 것이 중요하다. 이 탁월주기를 구하는 데는 이론에서 명확히 한 바와 같이 표면층의 두께와 이것을 통하는 횡파(transversal wave)의 속도를 알고 있으면 좋다. 그러나 이 횡파의 속도를 현 위치에서 측정은 쉽지 않다. 이것을 상시미동을 측정함으로써 해결하였다 [310].

지반은 끊임없이 여러 자극을 받아서 미세진동을 계속하고 있으나, 이러한 미진동 속에도 표면층의 고유진동이 크게 유기되어서 탁월해가는 것을 발견한 것이다. 상시 미동의 측정은 측정기술로 진전되어 내진 공학에서 중요한 역할을 하고 있다.

---

309) 교통기관이나 공장의 기계 등이 주된 원인으로 인공적인 진동에 의해 자극되는 단주기 상시미동, 기압의 변동으로 발생하는 바다의 파도 등에 기인하여 내륙부에 전파되는 표면파가 주원인인 장주기 상시미동으로 분류할 수 있다. 과거에 이러한 상시미동은 잡음으로 취급되었다. 1954년 이후 金井淸에 의한 상시미동관측과 이론적인 연구에서 상시미동과 지진동의 성질에 밀접한 관계가 있다는 사실이 밝혀졌고, 상시미동에서 계측된 탁월주기가 지진 시의 주기와 상당히 일치한다는 사실이 지적되었다.

310) 構造物振動學, 理建社, p.117, 1981(번역서). 원래의 인용문헌: 金井淸, 地震動의 卓越周期에 대해서, 地震工學 國內심포지움 講演集, p.931, 1962.

* 자유진동과 강제진동 : 물체가 진동할 경우 자연력 이외에 외력이 작용하지 않을 때의 진동을 자유진동, 자연력 이외에 인위적 외력도 작용하는 경우의 진동을 강제진동이라 한다. 어떤 외력이 자연력 또는 인위적 외력인가는 명확하다고는 할 수 없지만, 일반적으로 생각하고 있는 고유의 보존력으로서 진동체에 규칙적인 복원력을 주는 경우의 외력은 자연력으로, 기타의 외력은 인위적 외력으로 간주한다. 자유진동은 진동 중에 기초의 이동이라든가, 바람 등의 외력(excitations)311)이 가해지지 않은 진동이다. 이는 진동계에 초기변위를 부여하여 그것을 급격히 해방한 후에 발생하는 진동으로, 진동 중에 외부에서 변동하는 힘을 주지 않는다. 자유진동은 외력이 제거된 후 진동체 또는 매질 자체의 성질에 의해 정해지는 주기를 가지고 복원력(restoring force)에 의해서 운동을 지속한다.

* 진동파의 종류 : 지진 발생 시에 지반에 전파되는 파(wave)는 체적변화와 함께 전파되는 체내파, 공기와 지표 경계면에서 파동하는 표면파로 분류하며, 여기서 체내파는 P-파와 S-파, 표면파는 R-파(Rayleigh wave)와 L-파(Love wave)로 구분하고 있다.

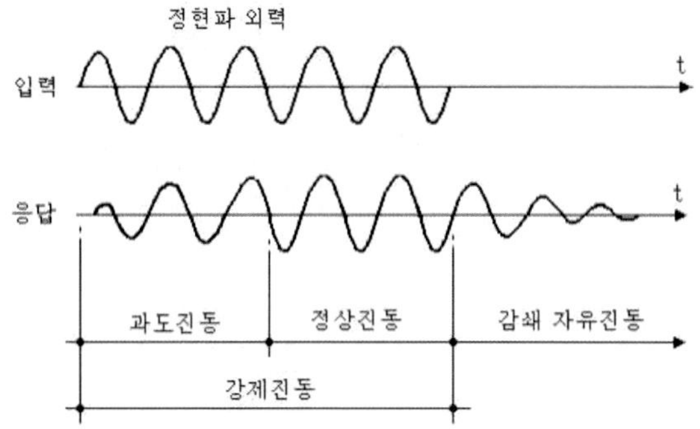

그림 376 진동파의 종류/진동계에 감쇠가 없는 경우를 비감쇠자유진동, 감쇠가 있는 경우를 감쇠자유진동이라 한다. 과도진동(過渡振動)은 강제진동을 받는 진동계가 일정한 진폭을 나타내는 시간까지의 과도적인 상태의 진동이며, 예컨대 일시적인 진동으로서 열차에서의 진동에서 나타난다.

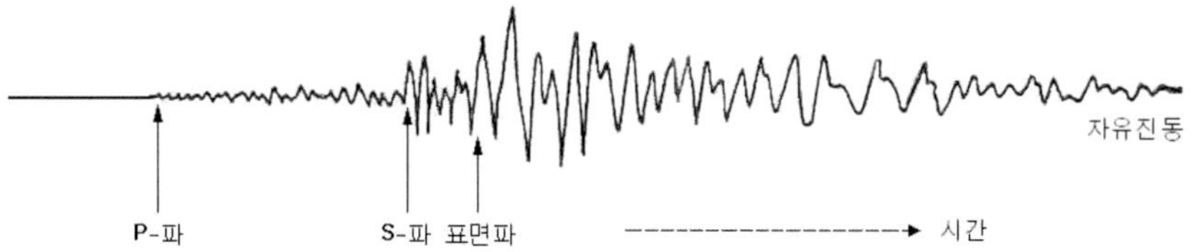

그림 377 지진파(=진동파)의 성분별 도착순서

311) 외란(外亂)이라 함은 "구조물을 교란시키는 동적인 외력을 포함한 외적인 자극(작용)"으로 정의한다. 'excitation force'에 대한 적절한 우리말이 없어 일본 문헌에 표현된 外亂을 외력으로 표현하였다.

2.19 건물 바닥 슬래브의 진동장해와 평가

차 례

2.19.1 ○○건물의 진동 발생에 대한 개인소견

주) 진동 발생 직후에 지상에 보도된 극히 제한된 자료에 기초한 개인소견이다.

2011년 7월 5일 서울의 지하 6층, 지상 39층(1998년 준공) 건물이 상하로 흔들리는 진동이 발생하였다. 관계기관과 조사단에서는 이를 집단리듬운동에 의한 공진현상으로 잠정 결론을 내린 후, 8월 3일에는 "10층의 영화관 천장 일부가 붕괴되었다."는 보도가 있었다. 8월 11일 또다시 흔들림이 발생하여 이용자들이 대피하였고, 이에 따라 집단리듬 운동실을 폐쇄하였다.

사고 발생 후, 사고조사단에서 다양한 실험과 해석을 수행하여 진동원인을 제시하였으나 당시에 시중에서는 조사결과를 신뢰하지 못하고 여러 가지 설이 회자 되었다. 필자도 건물 12층 부분의 운동시설에서 발생한 진동이 집단 뜀뛰기(집단리듬운동)에 의한 공진(共振)현상이라는 잠정 결론의 신문 보도에 수긍하지 못하고 바로 기고문을 작성하였다. 그러나 자칫 논쟁에 휘말릴 수 있어 이를 접었다. 그로부터 8년여가 흐른 후 2019년 초에 모처의 지하주차장 슬래브 진동장해에 대한 진단을 수행하면서 그동안 정리해두었던 자료에서 2011년 7월에 작성된 기고문이 발견되었다. 그 당시에 작성했던 미완의 자료가 슬래브의 진동장해와 관계된 것으로 간주되어 이를 약간 수정하여 아래에 게재한다.

수신 : 홍길동 기자

△신문의 독자이면서 구조물진단을 하는 기술자입니다. "12층 바닥에서 집단으로 뛴다고 39층 건물이 흔들릴까?"라는 기사 첫 마디가 제가 하고 싶은 말입니다.

전문용어가 많아서 이해하기 어렵겠지만 내용을 보시고 가능하다면 연락 주시면 설명해 드리겠습니다. 대상 건물의 진동이 공진현상에 의한 것으로 볼 수도 있겠으나, 저의 구조물진단 경험에 의하면 바닥 슬래브의 강성부족에 의한 진동장해와 같은 문제를 검토할 필요가 있지 않을까 생각됩니다. 건물진동의 원인을 공진현상만으로 보는 것 같아서, 결국 그것으로 귀결되지 않을까 하는 생각이 들어 아래와 같이 자료를 정리한 것입니다.

가제(假題) : 공진현상 이외의 또 다른 요인도 고려해야.

자연적인 공진현상[312]으로 건물이 흔들린 것이므로 안심해도 된다는 학자들의 주장에도 불구하고, 지금 시중에서는 ○○건물의 진동에 대해 여러 가지 말들이 회자 되고 있다. 이를테면, 아무리 공진이라지만 뛴다고 39층 건물이 흔들릴까? "구조적 결함이 없이는 발생할 수 없는 일이다" 등등이다.

물론 이러한 진동 현상에도 불구하고 건물의 안전에는 별문제가 없다고 본다. 그러나 공진현상 이외에 또 다른 요인, 즉, 바닥 슬래브의 진동문제로 주목되는 부분이 있어, 일반인들의 이해를 도우면서 이를 강조하고자 하여 소견형식으로 정리해 보았다.

보도에 따르면, 이번 달 7월 5일 '이상 진동'이 사무동 건물 이용자들에 의해 감지되었다. 이상 진동은 39층 사무동 건물 12층 부분의 운동시설에서 발생한 집단 뛰뛰기로부터 시작된 약 10분간의 흔들림이며, 이를 공진현상으로 보고 시연을 통해 파악하려고 한다는 보도(△신문 7월 15일 자, 1면)가 있었다. 7월 19일에는 이에 대한 공개시연이 있었고 이와 동일한 결과발표가 있었다.

건물 내부에서의 집단 뛰뛰기는 건물에 대한 진동시험이라 하기보다는 바닥 슬래브에 대한 일종의 강제충격진동시험(强制衝擊振動試驗)이다. 이러한 시험은 공진현상을 조사하고자 하는 목적보다는 고유진동수와 진폭, 감쇠 정도를 조사하여 변형이나 균열결함에 따른 건물 내부의 어느 부분에 결함이 있는지를 조사하고자 하는 건물의 건전도 평가에 유효하다. 그러므로 슬래브 위에서 집단 뛰뛰기에 의한 진동을 조사하여, 이를 공진현상으로 예단하는 것은 또 다른 진동요인을 간과하는 일이 될 수 있다.

건물 12층 바닥의 집단 뛰뛰기에 의해서 슬래브에 충격이 가해 졌다면 이에 따른 충격진동파가 발생하여 주변 구조체로 전달되었을 것이다. 보도된 사진에 실린 진동파는 자유진동파(自由振動波)와 집단 뛰뛰기에 따른 강제진동(强制振動)에 의한 응답진동파(應答振動波)로 보인다. 즉, 뛰뛰기 시연(강제진동)에서 공진현상을 나타내는 진동파로 읽힌다. 이로부터 문제의 진동장해를 평가하기는 무리하다.

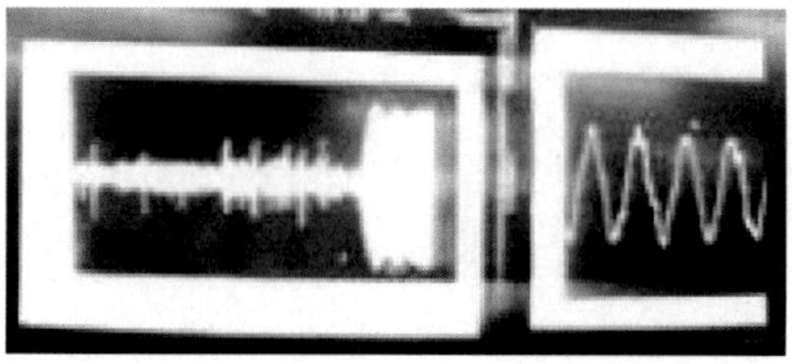

그림 378 보도매체에 실린 진동파

그렇다면, 진동의 원인을 공진현상에만 얽매어서 설득하려고 하기보다는, 시중에서 오르내리고 있는 국부적인 결함, 보 및 기둥 구조단면의 부족, 슬래브의 강성부족에 기인한 출렁임과 같은 진동장해(振動障害) 등의 또 다른 요인에 대한 검토가 있어야 논란이 해소되고, 일반인들로부터도 신뢰를 받을 수 있지 않을까? 즉, 흔들림이 발생한 또 다른 요인이 잠재되어 있을 수 있으므로, 이를 포용하는 의미에서 흔들림이 발생한 요인을 좀 더 넓게 살펴보았으면 한다. 그래야만 일반인도 수긍을 하게 되고, 피해당사자인 건물주도 보다 확신하게 된다. 또한,

근원적으로 진동원인이 규명되었을 때, 그에 따른 적절한 보강방안이 마련될 수 있고 재발도 막을 수 있다.

건물 12층 바닥에서 집단으로 뛰어서 39층 건물이 흔들렸건, 상시 미동의 공진에 의하였건, 바닥 슬래브의 강성부족에 따른 진동장해이건 간에 건물의 안전성에 미치는 영향은 작지 않을 것이다. 건물이 집단 뜀뛰기로 흔들려서도 안 되지만, 만일에 흔들렸다면 문제 있는 건물이라고 할 수 있다. 사고 당시에 이용자들이 건물이 흔들렸다고 표현한 것은 슬래브의 출렁임을 그렇게 표현한 것일 수 있다. 그래서 사고 직후에 진동원인 중의 하나로 공진현상을 생각하였으나 슬래브의 출렁임으로 간주하여 건물의 안전에는 문제가 없을 것이라고 보았다. 즉, "12층 바닥에서 건물의 고유주기와 동일하게 집단으로 뛴다고 39층 건물이 상하로 흔들릴까?"라는 의구심과 함께, 또 다른 요인도 검토할 필요가 있다는 생각을 하였다. 공진을 진동원인으로 단정하기에 앞서, 슬래브 자체의 진동장해를 검토하는 것이 우선하였어야 한다는 생각이다. 만일, 수직 진동의 원인이 공진현상에 의한 것이라면 이를 제어하는 것으로 문제해결을 할 수 있겠지만, 슬래브 부재 등의 강성부족에 따른 '진동장해'라면 공진을 제어하는 것으로는 진동문제를 해소하기가 어려울 것이라는 판단 때문이다. 결국, 건물의 진동문제를 공진현상만으로 미리 정해놓은 결론을 입증하려다 보면, 중요한 현상을 보지 못하는 누를 범 할 수 있다는 것이다.

그림 379 건물 천장 마감재의 탈락/슬래브에 진동장해가 발생할 경우, 진동의 영향으로 천장 마감재가 탈락할 수 있다.

- 편집된 보도 -

진동 발생 직후, 모 신문사의 기자로부터 ○○건물의 진동원인이 무엇이라고 생각하느냐는 문의 전화에 대해 "여러 가지 원인이 있을 수 있다. 예를 들어, 주변의 교통 하중에 의한 진동이 건물에 전달되어 나타나는 공진, 상하진동이라면 슬래브 자체의 출렁임, 보-기둥접합부 고정상태의 이상, 건물 수직 방향의 변 단면 등에 의해 발생할 수 있고, 진동으로 인해 지반침하가 발생할 수도 있다."라고 언급하였다. 그러나 보도내용은 필자의 의도와는 전혀 다르게, 지반문제를 거론한 다른 전문가들의 견해와 연계하여 "미세한 지반침하나 지반변형이 지속 되면서 건물구조에 영향을 미쳤을 가능성이 있다"라고 하였다. 공진현상과 지반문제, 수위변화에 따른 진동 가능성에 무게가 쏠리던 때, "수평 슬래브 바닥이 부분적으로 진동할 가능성이 있다"라고 하는 구조설계전문가의 견해도 있었으나 주목을 받지 못했다.

312) 외부에서 가해진 진동주파수가 건물의 고유진동주파수와 일치해 진동이 증폭되는 현상

2.19.2 바닥 슬래브의 진동평가에 대하여

-슬래브의 진동장해이면 횡격막보강을 먼저 고려해야-

건물의 바닥 진동은 슬래브의 구조 안전 및 거주자의 사용성에 큰 영향을 미치므로 엄밀하게 통제 설계되어야 한다. 특히, 슬래브의 휨 강성부족에 의한 진동장해는 횡격막(슬래브) 자체를 보강하는 것으로 먼저 접근할 필요가 있다. 즉, 슬래브의 진동장해는 기존의 보 또는 슬래브의 강성을 높이는 것이 효과적이다. 이러한 진동장해를 외력(하중) 작용에 따른 진동 저감과 감쇠 기능을 하는 장치로, 이를테면 고유주기를 길게 하여 진동을 저감 하면서 감쇠 기능을 하는 일종의 면진 장치로 통제하려고 하는 것은 횡격막보강보다는 바람직하지 않다는 생각이다.

국내에서는 건축법의 '구조 내력 등'의 조항에서 "건축물은 고정하중, 적재하중, 적설하중, 풍압, 지진, 그 밖의 진동 및 충격 등에 대하여 안전한 구조를 가져야 한다."라고 규정하고 있다. 그리고 건축물의 구조 내력에 관한 기준은 '구조부재의 사용성 및 내구성' 조항에서 "건축물의 구조부재는 사용에 지장이 되는 변형이나 진동이 생기지 아니하도록 필요한 강성(剛性)을 확보하여야 하며."라고 보다 구체화하고 있다. 다만 생활환경에 영향을 미치는 진동제한은 건축법 및 규칙 등에서 다루지 않고 있다.

건물의 슬래브는 거주자의 활동에 따른 고유진동수와의 공진현상으로 진동이 흔히 일어날 수 있으며, 또한 바닥 슬래브 자체의 강성부족에 의해 수직 방향의 진동장해를 일으킬 수 있다. 다만, 공진현상으로 인해서 구조물이 손상되는 일은 거의 없다. 그러나 인체는 진동에 매우 민감하게 반응하므로 거주자는 이를 건물의 안전상 받아들일 수 없는 것으로 간주하여 두려움과 불편함을 호소한다. 이 같은 바닥 슬래브의 진동에 대해 기술자들은 공진현상만을 고려하여 흔히 댐퍼(damper)를 설치하는 경우가 많다.

○○건물 2011년 10월의 최종보고서는 진동원인에 대해서 집단리듬운동으로 발생한 진동수와 구조물의 연직방향 진동수가 동일하여 공진현상이 발생한 것으로 보고하고 있다. 즉, 2.7Hz의 진동성분을 가진 집단리듬운동이 건물의 수직고유진동 2.7Hz와 공진현상을 일으켜 수직 진동이 증폭되는 것을 확인하였다는 것이다.

대상 건물의 진동 현상에서 주목되는 부분은 바닥 슬래브의 수직 진동(엄밀하게는 연직 진동)의 측정결과이다. 이를테면, 사무동 22층 및 26층 바닥판의 고유진동수 10Hz와 상영관 기계진동의 20Hz 대역의 진동수 성분, 인력가진(人力加振) 및 집단리듬운동의 시연결과에서도 2.7Hz 성분[313)]이 구조물 전체에 수직 진동을 일으킬 수 있는 진동수일 가능성, 바닥판 진동수인 10Hz 부분에서 탁월 진동수(=고유진동수)가 나타난 결과이다. 최종보고서는 종합결론에서 2.7Hz 진동수에 따른 공진현상이 이후에도 발생할 우려가 있고, 구조물의 사용성을 만족하지 못하고 있으므로, 최상층에 동조질량감쇠기(TMD)로 진동저감장치(수직 및 수평 방향의 진동제어)의 설치를 제안하였다. 이 감쇠기들(tuned dampers)은 건물의 흔들림을 줄이기 위해 건물과 같은 진동수로 진동하도록 컴퓨터로 제어 가능한 질량이 큰 물체로 구성되어 있다.

초고층 건물의 진동을 줄이기 위해 최상층에 TMD의 제진장치를 설치하는 경우, 해석 시의 건물주기와 완공 후 현장계측을 통한 건물의 고유주기가 서로 다를 수 있다. 실제로 건물의 주기가 해석 치(결과)와 상당한 차이를 보일 수 있고, 실제의 상황이 이론과 크게 다를 수 있다는 점에서, 동조질량감쇠기의 적용에 신중할 필요가 있을 것이다.[314] 이러한 동조질량감쇠기의 설치는 안전성 평가보다는 거주성(사용성) 평가에 기반한 제진장치라고 할 수 있다. 따라서 ISO 6897의 기준을 초과한다고 하여 건물의 안전성에 문제가 되는 것은 아니다. 여기에서 건물진동에 대한 거주성 평가는 ISO 6897(건물 및 해양구조물의 저주파 수평운동에 대한 거주자 반응평가지침)[315]를 적용할 수 있을 것이다. 일반적으로 슬래브의 진동장해는 고유진동수에 관계되며 진동수가 낮아지면 더욱더 진동장해가 일어나는 것으로 알려져 있다. 실대건물(實大建物) 슬래브의 고유진동수 실측 예에 따르면 진동장해는 슬래브의 고유진동수가 15Hz 이상에서는 장해가 적고, 12~10Hz 이하에서는 장해를 일으키는 예가 많다(출처: 高坂清一, p.86).

또한, 슬래브의 진동장해는 일반적으로 슬래브의 1차 고유진동수가 15 Hertz 이하로 되면 장해가 생기는 예가 많으므로 다음 한도에 따를 것을 권장하고 있다.

$\lambda \leq 2$의 2방향판의 면적($A = \ell_x \times \ell_y$) $\quad A \leq 36m^2$

$\lambda > 2$의 2방향 또는 1방향판의 유효간사이 $\quad \ell_x \leq 4.2m$

슬래브 진동장해에 대한 위의 기준은 '철근콘크리트구조(부척량, 노희일. p22)'의 부재설계(슬래브 두께) 부분에 기술되어 있다. 인체 관련의 진동인지곡선(진동평가곡선)으로 진동인지 수준을 결정하는 국내외의 여러 진동기준이 슬래브 진동장해에 대한 평가기준이 될 수는 없을 것이다. 결과적으로 복잡하고 다양한 국내외의 여러 진동기준보다는 슬래브의 진동장해에 관한 한 적용이 간편하다는 점에서, 구조물의 안전성 평가

313) 2.7Hz는 인력가진 및 집단리듬운동에 의해서 발생한 실제의 수직 방향 진동수로 간주 된다.

314) TMD는 그 자체가 구조체이므로 구조물의 노후화나 보수로 인하여 구조물의 진동특성이 변하였을 때, 또는 설계와 시공오차가 발생하였을 때 쉽게 구조물의 조건과 동조시키기 어려운 단점이 있다.

315) ISO 6897, "Guidelines for the evaluation of the response of occupants of fixed structures, especially buildings and offshore structures, to low-frequency horizontal motion(0.063 Hz to 1 Hz), 1984.

는 위에서 기술한 슬래브의 면적 한도와 고유진동수로 평가할 수 있을 것이다. 여기에는 슬래브 두께와 처짐도 포함된다.

바닥 슬래브의 고유진동수와 관련한 자료는 국내외의 각종 설계기준에서도 언급되고 있다. 『유로 코드의 허용기준은 전통적으로 단 스팬 현장타설 콘크리트 바닥의 사용 때문인지 북미의 기준보다 일반적으로 더 엄격하다. 예를 들어, Bachman과 Ammann(1987)은 콘크리트 슬래브-철골골조바닥시스템은 적어도 9Hz의 1차 고유진동수를 갖도록 권장하고 있다. 북미의 사무용 건물의 경우에, 대부분의 철골조바닥시스템은 5-9Hz 범위에서 1차 고유진동수를 갖지만, 이들 바닥의 대다수를 거주자에게 허용한다. 진동수(주파수)는 관성 모멘트의 제곱근에 비례하기 때문에 9.0Hz 기준을 충족하려면 상당한 양의 재료가 요구된다. 그러나 Wyatt(1983)는 7Hz 미만인 기본 고유진동수에 대하여 설계지침에서 권장하는 것과 유사한 보행 진동에 대한 설계기준을 제안했다. 더욱 높은 기본 고유진동수에 대하여는 이 설계지침에 기재되어 있는 것보다도 그의 기준이 보수적이다. Ohlsson(1988)은 경량 바닥 시스템에 대한 기준으로서 경량 플로어 시스템이 기본 주파수가 8Hz보다 낮지 않도록 설계하는 것이 좋다고 제안하였다.』[316] 인간은 4~8Hz의 진동수에 가장 민감하며, 이보다 높거나 낮은 진동수에서는 더 큰 가속도 값을 허용할 수 있다[317].

과도한 구조적인 거동으로 수반되는 진동문제를 최소화하기 위한 근본적인 목표는 가속도, 속도 및 변위의 레벨을 거주자가 불편하지 않은 수준까지 제한하는 것이다. 일반적으로 거주자는 일시적인 진동보다는 지속적인 진동이 훨씬 불쾌하다고 느낀다. 사람들이 불쾌하다고 느끼는 피크가속도의 정도는 응답의 진동수에 좌우된다. 일시적 진동에 대한 불쾌함의 지각 점은 약간 더 높으며 바닥구조의 감쇠 효과에 좌우된다. 그 정도는 자극 시에 각 개인차와 그의 동작에 따라서도 다르다.

건물진동과 관련한 국내의 설계지침은 "진동을 고려한 설계"의 필요성을 건축법 및 규칙에서 선언적으로 제시하고 있다. 건물진동의 구조 안전성 확보를 위해 철근콘크리트구조설계, 강구조한계상태설계의 진동설계기준에서 진동을 고려한 사용성설계방법을 제시하고 있다. 해당 건물의 진동수준에 대한 구체적인 진동평가방법, 제한치 등의 평가지침은 해설 부분에서 제시하고 있다. 강구조한계상태설계기준(제2장 사용성 한계상태 중 2.4절 처짐 진동 및 수평 변위)에서 바닥구조는 바닥 판, 바닥 보, 천장 및 칸막이벽의 상하진동으로 불쾌감을 유발하지 않도록 바닥구조의 강성, 고유진동수 및 감쇠효과

316) Thomas M. Murray, David E. Allen, *Floor Vibrations Due to Human Activity(2003),* Design Guide Series, American Institute of Steel Construction-Appendix Historical Development of Acceptance Criteria.

317) Design of floor structures for human induced vibrations, EUR 24084 EN - 2009

등을 고려한 설계를 하도록 하고, 바닥 판의 고유진동수가 최솟값 이상이 되도록 하고 있다.

철골철근콘크리트 구조설계기준(제5장 5.3.4 처짐과 진동)에서는 합성슬래브의 처짐과 진동은 건물의 용도에 따라서 적절히 고려하도록 하면서, 해설 부분에서 바닥판의 고유진동수는 5Hz 또는 8Hz 이상을 요구하고 있으며, 단순보 바닥판의 고유진동수 계산식과 보행 진동에 의한 진동가속도 예측 식을 제시하고 있다.

합성데크 바닥구조설계기준(제3장 3.5절 처짐 및 고유진동수)에서는 철골구조의 보가 지지하는 바닥판에서 문제시되는 처짐 및 진동장해는 보의 강성부족에 기인하는 경우가 많으므로 주의하도록 하고 있으며, 합성슬래브의 고유진동수를 15Hz 이상으로 정하고, 1방향 슬래브의 고유진동수 계산식으로 지지단의 종류별 보 진동식을 제시하고 있다.

냉간성형강구조설계기준(안) 및 해설(3장 부재 설계 3.4절 휨재)에서는 인간의 주행이나 물품의 반송에 따른 충격에 의한 바닥의 진동장해의 유무에 대해서도 특히 주의하도록 하고 있다. 바닥의 고유진동수로 15Hz(목조)와 20Hz(철근콘크리트) 이상을 권장하고 있으며, 고유진동수 계산식으로 단순보의 진동식을 제시하고 있다.

상기와 같이 국내외의 설계지침에서도 건축물 수직 진동을 평가하기 위해서 바닥판의 고유진동수를 고려하여 기준에서 정하고 있는 최소 고유진동수 이상이 되도록 제한하는 방법을 제시하고 있다. 즉, 구조 안전성을 저해하는 진동을 억제하기 위한 수단으로 고유진동수를 제한하고 있다.

아래의 <표 > 콘크리트 건물에 대한 해외 이상 진동의 사례에서 보듯이, 건물의 진동문제가 **고유진동수** 2.4Hz~4.9Hz에서 발생하고 있다. 필자는 콘크리트 건물의 슬래브나 보의 진동 현상을 검토할 때에 이와 같은 고유진동수(Hz)를 준용하여 평가하고 있다. 즉, 진동측정결과, 제한된 고유진동수를 벗어난 경우는 슬래브 두께 및 경간, 보의 구조단면 및 경간 등의 상태조사를 통해 진동장해를 검토하고 있다. 만일에 이들 부재에 진동 장해요인이 없다면 또 다른 진동원으로 접근해본다.

헤르츠(Hz)는 진동운동에서 물체가 일정한 왕복 운동을 지속적으로 반복하여 보일 때 초당 이러한 반복 운동이 일어난 횟수를 일컫는다. 즉, 1헤르츠(cycle/sec)는 진동 현상이 있을 때 1초에 한번 왕복 운동이 반복됨을 의미한다. 따라서 집단리듬운동의 시연결과, 수직 방향의 진동성분이 2.7Hz로 나타났다는 것은 슬래브의 출렁임이 크다는 것을 의미하는 것으로서 슬래브가 사용성의 한계를 초과하였음을 뜻한다. 다만, 슬래브의 진동장해는 일반적으로 슬래브 자체의 강성부족으로 생기며 건물 전체의 안전성에 미치는 영향이 경미하므로, 집단 뜀뛰기에 의해 발생한 슬래브의 출렁임이 마치 대상 건물이 불안전하여 흔들리는 것으로 평가하는 것 또한 경계하여야 한다.

출렁임에 의해 구조부재에 균열결함이 발생하고 있지 않은 한, 구조물의 안전성을 우려할 필요는 없다. 이는 당시에 실시한 대상 건물의 정밀안전진단에서 주요구조부재에는 전혀 문제가 없는 것으로 나타난 결과와도 일치한다. 결과적으로 슬래브의 진동장해를 진동평가요소의 하나로서 대책 마련에 접근할 필요가 있다.

보행 등 인간의 활동, 기계실 및 기타의 진동원에 의한 진동은 또한 거주자의 인지와 건물의 기능을 저해하지 않은 수준으로 검토한다. 그러나 공진 및 과도한 진동이 예상되는 경우에는 바닥판의 고유진동수와 최대가속도 응답을 고려하여 사용성을 검토할 필요도 있다.

슬래브의 출렁임(이 크다는 것)은 슬래브 및 보의 강성, 기둥의 강성, 구조부재의 일체성과 밀접한 관계가 있다. 이러한 슬래브의 출렁임은 일반적으로 슬래브의 구조단면이 작거나 진동장해의 면적 한도를 초과하였을 때 나타난다. 또한, 슬래브에 진동장해가 발생하고 있다고 하더라도 구조물 전체의 안전성에 급진전의 위해한 영향을 미치지는 않으므로 이는 해당 구조부재의 강성보강을 통해서 충분히 억제할 수 있다.

<표 1> 콘크리트 건물 해외 이상 진동의 사례(D. E. Allen, 1990)

건축물의 용도 및 위치	날짜	구조형식	진동원인	고유진동수(Hz)	최대가속도, %g	해결방안
Health Clubs, Gymnasiums						
1. Alberta	1988	Reinforced concrete	Aerobics	5		Relocation(이전)
2. Switzerland	1977	Reinforced concrete	Aerobics	4.9	50	Stiffen with plates(강성보강)
3. New York	1988	Precast T	Aerobics	4.5	2.5	Tuned dampers(제진장치설치)
Office Buildings						
4. Ontario	1985	Reinforced concrete-18Story	Aerobics	4.4	0.4	Not known
5. Ontario	1986	Reinforced concrete-26Story	Aerobics	4.2	1	Stop activity(활동중지)
Concert Hall						
6. Switzerland	198?	Reinforced concrete cellular slab	Pop concert	4.5	30	Relocation
Dance Floors			Rock dance			
7. Great Britain	1974	Reinforced concrete	Aerobics,	2.9		Control music(음원통제)
8. Georgia	1983	Reinforced concrete?	Greek dance	-	-	Stiffen with cables(강성보강)
Stadiums						
9. Ontario	1980	Precast seats	Pop concert	2.4	34	No action
10. South Carolina	1986	Reinforced concrete cantilever	Football song	-		Alter activity(활동변경)

슬래브 두께는 모두 균열과 처짐을 억제하는 구조단면이지만, 슬래브의 크기는 A, B type은 면적 한도를 초과하고 있고, 간사이(span) 또한 6.15m~7.4m로서 모두 초과한 상태이다. 결과적으로 이는 모두 구조적으로는 진동장해를 일으킬 수 있는 조건의 슬래브라고 할 수 있다.

■ 기술자료 : 구조물의 진동평가 기준

건물은 지반진동에 비교적 회복력이 있으며 진동으로 인한 손상은 드물다. 진동으로 인한 손상은 다양한 방식으로 발생할 수 있으므로 손상위험을 적절하고 간단하게 나타낼 수 있는 보편적인 기준을 만들기는 어렵다. 손상은 노화의 가속으로 인해, 혹은 높은 동적 응력(dynamic stresses)으로 인해, 혹은 지반 다짐(soil compaction)과 같은 준 정적 응력(유사정적 응력, quasi-static stresses)으로 인해 발생할 수도 있다.

대부분의 진동은 응력의 증가와 에너지손실을 일으키므로 구조물에 유해한 영향을 끼칠 수 있다. 건물에 일어나는 진동은 보행자 통행이나 다른 진동원에 의해서, 혹은 바람 기타 건물에 작용하는 외력에 기인한다. 이러한 진동이 중요한 이유는 부재 단면(바닥 두께 등) 부족의 처짐에 따른 사용성(serviceability)에 문제를 일으키기 때문이다.

교통이나 기계 등에 의한 진동은 도심 등 교통량이 많은 경우를 제외하고는 진동의 크기가 건축물에 직접적인 손상을 유발할 만큼 크지 않은 것이 보통이다. 공장 기계 등에 의한 진동은 어느 정도 기술적인 제어가 가능하다. 이에 비해 발파 또는 건설장비와 같은 진동원은 건축물에 직접적인 손상을 주기에 충분한 진동수준으로 발생한다.

2013년 4월 방글라데시(Bangladesh)의 Rana Plaza 건물의. 붕괴사고는 8층 상업용 건물의 최상층에 과적된 발전기에서 발생한 진동과 균열을 무시한 것이 하나의 요인이었다고 보고하고 있다. 건물의 균열은 진동에 노출되었든 그렇지 않든 간에 온도변화와 재료의 건조수축 등 비구조적인 요인에 의해서도 발생한다. 그러나 이들을 진동과 연관시키지 않은 경향이 있다. Rana Plaza 붕괴사고도 최상층에서 발생한 진동과 이에 따른 균열을 무시함으로써 참사(사망자 1,134명, 부상자 약 2,500명)가 빚어진 것으로 보고 있다. 이 사고의 경우도 건물소유자는 삼풍백화점 붕괴사고와 유사하게 영업상의 문제로 진동과 균열결함을 무시해버렸다.

일반적으로 사람들은 균열에 대해서는 무심코 지나칠 수는 있어도 흔히 진동에는 민감하게 반응을 한다. 그래서 건물의 거주자가 진동을 느꼈을 때는 즉각적으로 위험성을 인지한다. 인체의 반응은 구조물보다 훨씬 민감하기 때문이다. 그래서 진동이 인지되면 무의식적으로 피난을 하려고 한다. 이 같은 건물의 손상위험에 대한 평가와 인간의 반응(human response)에 관련된 환경적인 진동영향을 다루고 있는 다수의 국제환경진동표준과 이들 기준에 기초한 국내의 진동규제치들이 각종 지침으로 나와 있다.

필자는 건물에 대한 손상위험평가는 German Standard DIN 4150-3:1999(모든 진동원과 관련된 건물손상위험)을 구조물에 대한 영향평가의 진동표준으로 주로 적용하고 있다. DIN4150 Part 3는 진동피해를 평가하는 비교적 정확한 평가방법이지만, 이를 국내실정에 맞는 진동수준에 맞게 조정된 진동기준이 제시되어 있다.

인간의 반응을 평가하기 위해 채택되고 있는 진동표준으로는 Norwegian Standard NS 8176.E:2005(교통 및 철도진동에 대한 인간의 반응), British Standard BS 5228:2009(건설진동에 대한 인간의 반응), BS 6472(인체 노출에 대한 건물진동), ISO 2631(진동에 대한 인간의 노출),

ISO 8041: 1990(진동에 대한 인적 반응) 등이 대표적으로 쓰이고 있다. 또한, 진동가속도와 진동속도에 따라 물적 피해의 정도, 건물의 용도별 진동평가 기준, 발파진동, 작업종류에 따른 건설진동 등으로 다양하게 구분된 진동허용치들이 제시되어 있다.

“진동량의 단위인 변위(cm), 속도(cm/s), 가속도(cm/s^2) 등은 선형적 척도로서 건축물에 대하여는 이러한 척도가 잘 적용될 수 있으나, 인체의 감각에 미치는 영향은 이러한 선형적 척도로써 평가하기는 어렵다. 이에 따라 인체감응을 기준으로 하는 대수 척도인 가속도 레벨 또는 수직보정진동레벨 등이 제안되어 있다. 또한, 적용하는 척도에 따라 다른 차원을 갖는 스펙트럼이 되므로, 상이한 척도를 사용하여 도출된 결과를 직접적으로 비교하는 것은 불가능하다고 할 수 있다” 라고 기술하고 있다, 아울러, 건축물 피해와 관련하여 진동 레벨로서 그 영향도를 평가하는 경우도 일부 있으나, 진동 레벨(수준)은 인체감응을 기준으로 설정된 척도라는 점에서 적용이 불가하며, 반드시 진동속도를 근거로 하여야 한다는 점을 강조하고자 한다.“[318]

위의 진동표준에서 명시하고 있는 진동평가지침에서의 진동치는 "중대한 손상"을 일으키는 진동한계로서 심각한 문제의 진동수준이라고 특별히 부기하고 있지 않은 한, 한계 진동치로서 관리하도록 지도하는 수준이거나 혹은 진동으로 피해를 받는 자에게 대책이 필요하다고 판단되는 수준의 진동평가기준이라고 할 수 있다. 즉, 진동수준이 과도한지 아닌지를 평가하는 지침이므로 진동한계치를 초과한 상태라고 하여 대상구조물(혹은 인체)에 안전상 위험한 균열이 발생하거나 파손되는 것과 같은 현상이 바로 나타나는 것은 아니라는 것이다. 다시 말해서, 진동기준치를 초과하는 수준의 진동이 작용하였다고 하여 반드시 구조물 피해가 발생한다는 의미가 아니며, 어느 정도의 인과관계가 인정될 수 있는 수준이라고 보는 것이 적절하다 할 것이다. 흔히 구조적인 손상원인을 거주자들은 교통이나 기계. 시공 하중, 풍하중 등에 의한 진동으로 지목하지만 이러한 경우는 매우 드물다. 가장 일반적으로 나타나는 진동으로 인한 손상은 마감재 균열과 유리가 파손되는 정도이며, 이는 구조물의 침하, 지지요소의 변형, 온도 혹은 수분의 변화에 기인하여 발생하는 경우가 대부분이다.

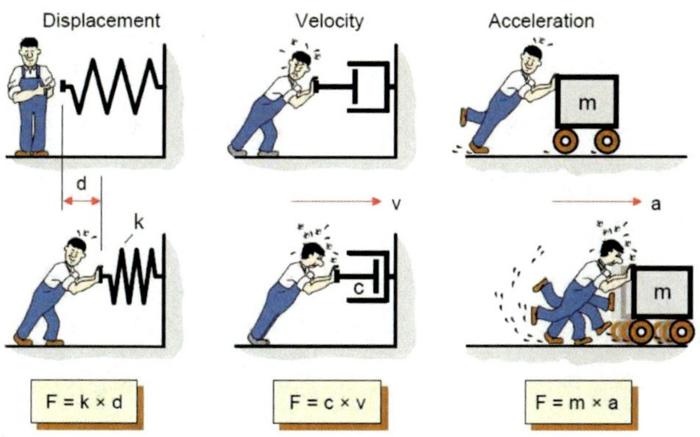

그림 380 변위, 속도, 가속도의 개요/이들은 어떤 일정한 힘에 노출되면 일정한 변위, 속도 및 가속도로 각각 반응하게 된다. k: spring, c: damper, m: mass, 그림 출처: Brüel & Kiær

318) 진동으로 인한 건축물 피해평가에 관한 연구(2002), pp. 10~13.

진동피해는 매우 작은 진동에 의해서도 발생할 수 있고, 진동 민원의 발생은 기준치 이하의 진동수준에서도 충분히 제기될 수 있다. 왜냐하면, 기준치 이내의 진동속도에서도 구조물의 종류와 노후상태, 기초의 상태, 그리고 진동의 종류에 따라서 피해가 발생할 수 있기 때문이다.

측정진동의 물리량으로는 변위, 속도, 가속도가 쓰이고 있다. 변위(Displacement)는 시간에 따른 진동 거리(m, ㎝, ㎜, ㎛)로서 진폭(D)을 말한다. 관례적으로 대부분 D는 half-amplitude(zero-to-peak), 2D는 full-amplitude(peak-to-peak)를 의미한다. 속도(Velocity)는 단위 시간당의 변위의 변화량(m/s, mm/s, ㎝/s=kine)으로서 속도가 직접 측정되지만, 가속도로부터 유도되기도 하며 시간에 대한 변위측정으로부터 유도되기도 한다. 가속도(Acceleration)은 단위 시간당의 속도의 변화량(m/s^2, cm/s^2=gal, 1gal=9.8cm/s^2)으로 흔히 직접 측정되며, 측정 속도 혹은 변위(진폭)로부터 유도되기도 한다.

진동의 단위는 같은 값이라도 평가하는 대상에 따라 최적의 지표를 나타내기 위해 각기 다른 단위를 사용하다. 이를테면, 변위는 기계의 회전축 변형, 장비의 Alignment, 정밀장비 등에 주로 사용되며, 속도는 진동에너지와 직접 관계되는 구조물 안정성, 발파진동, 고체소음평가 등에 주로 사용된다. 또한, 가속도는 인간의 감각과 관계, 환경관점의 허용 규제치에 주로 사용된다. 이는 토목건축 건설현장에서 구조물의 건전성을 평가하는 데에 있어서 진동속도를 적용하고 있는 것과 궤를 같이하고 있다. 그러나 상기와 같은 적용이 절대적이지는 않은 것으로 보인다. 이를테면, 진동계와 신동가속도 레벨, 진동속도의 수준을 보면, 진동의 인체 감각과 물적 피해를 동시에 나타내고 있다. 따라서 진동속도는 구조물의 안정성과 발파진동 등의 평가에, 가속도는 인간 감각과의 관계 등에 주로 사용하는 이론적인 이유를 문헌과 관련 업체를 통해서 알아보았으나 명확하게 정리하지는 못했다. 다만 정현 진동의 경우에는 변위, 속도, 가속도 사이에 각 주파수의 곱과 나눔에 의한 상호 변환이 가능하지만, 정현 진동 외의 진동에 있어서는 이러한 관계가 성립되지 않는다는 점이다.

진동속도와 가속도의 적용개념을 머릿속에 새겨 넣기 위해 유추해 본다. 예를 들어, 자동차로 고속도로를 100㎞/h 속도로 질주하다가 운전자가 가속페달(accelerator)을 밟아 속도가 150㎞/h로 되었을 때, 차 속에 있는 승차자는 이미 가속된 가속도 레벨로 인해 감각적으로 승차감(위험성)을 느끼면서 더욱더 긴장하게 될 것이다. 다른 한편으로, 만일에 처음의 주행속도 100㎞/h에서 충돌사고가 났을 때와 주행속도 150㎞/h에서 충돌사고가 났을 때의 주행속도 차이로 인한 자동차에 대한 손상영향과 정도는 150㎞/h에서 더욱더 크게 손상될 수 있으므로 자동차체의 손상은 주행속도에 어느 정도의 비례관계가 있다고 볼 수 있을 것이다.

올바른 비유인지는 의문이지만, 이러한 측면에서 구조물의 손상평가에 대하여는 진동속도의 개념을, 인간의 감각적인 위험평가에 대하여는 "가속도 레벨의 개념이 적용성에 근사하다"고 유추하였다. 결과적으로 진동에 있어서 인체가 감응하는 정도는 "가속도 성분에 따라 변하고, 지상이나 지하구조물이 받는 피해 정도는 진동속도의 성분과 관련이 있다"라고 이해하여 본 것이다.

이같이 건물의 손상위험과 인간 반응의 환경적인 진동의 영향을 구분하고 있는 것은 진동을 느끼는 사람들의 감수성과 구조물을 손상하는 진동수준의 사이에는 차이가 있기 때문일 것이다.

구조물의 손상위험평가에 DIN 4150이 널리 채택되고 있으며 이는 다소 안전 측으로 보수적이기는 하지만 지나치게 제한적이지 않은 합리적인 한계를 설정한 기준으로 알려져 있다. 즉, 진동으로부터 건물 손상의 위험을 평가하고 정량화하는데 적합한 것으로 간주되고 있다. 다만, 이들은 구조물 손상위험의 가능성을 평가하는 것과 함께 흔히 진동으로 인한 민원을 관리하는 허용기준으로도 적용하고 있다.

<표 2> 충격진동에 의한 건물의 피해 등급별 최대진동 속도 허용치(서울지하철 건설시 적용, 충격진동)

등급	건물형태	건물기초에서의 최대속도허용치(㎜/sec)
Ⅰ	국가유산, 고적(역사적으로 매우 오래된 건물)	2.0 (0.2 kine)
Ⅱ	주택, 아파트, 상가(작은 균열을 지닌 건물)	5.0 (0.5 kine)
Ⅲ	주택, 아팥트, 상가(균열이 없는 양호한 건물)	10.0 (1 kine)
Ⅳ	산업시설용 공장(철근콘크리트로 보강된 건물)	10.0~40.0 (1~4 kine)

* 독일의 DIN 4150(1971년) 규정에 의한 허용 진동 값을 기초하여 작성되었으며, 외국의 다른 기준들에 비해 상당히 안전 측의 수준이다.
* 연속진동인 경우는 위의 표의 최대속도허용치를 1/3로 한다. 그러나 건물의 피해 정도는 기초가 점토층에 있는가 또는 기반암층 위에 있는가 등 지반 여건에 따라 상당한 차이가 있다.

<표 3> 건물 손상기준의 요약(summary of building damage criteria in DIN 4150-3:1999)

line	Type of Structure	단기진동(Short-term vibration) Vibration peak particle Velocity (mm/s)				장기진동 (Long-term vibration) (mm/s)
		기초진동수 (Foundation Frequency)			최상층 바닥면 (Plane of Floor of Uppermost Storey)	
		10Hz 미만	10~50 Hz	50~100Hz	모든 주파수대 (Frequency Mixture)	모든 주파수대
1	상업용/산업용 및 이와 유사한 건물	20	20~40	40~50	40	10
2	주거용 및 학교, 이와 유사한 건물	5	5~15	15~20	15	5
3	1, 2, 이외에 진동에 예민한 구조물 및 국가유산과 같이 본질적으로 큰 보존가치가 있는 구조물	3	3~8	8~10	8	2.5

* DIN 4150-3(1999) 구조진동지침-진동이 구조물에 미치는 영향의 진동 레벨을 제공.
* 여기에서 진동은 구조적 피로를 유발할 만큼 자주 발생하지 않는 것으로 평가대상의 구조물에서 공진(resonance)이 일어나지 않은 경우이며, 장기진동은 다른 모든 유형의 진동을 말한다. 단기진동은 본질적으로 충동적이거나 일시적이지만 일정 시간 동안 주기적으로 반복되는 진동을 의미하며, 일반적으로 말뚝 박기 및 해머 치기와 같은 반복적인 충격이 이에 해당한다.
* 상기의 지침에서 상업용 건물이 주거용 및 역사적인 건물보다 더 높은 진동수준이다. 또한, 진동주파수(Hz)가 증가함에 따라 단기진동의 값이 증가하고 있다.

<표 4> 지반조건과 탄성파(P파) 속도를 고려한 허용진동치(Esteves, 1978)-포르투갈

지반조건 / 건축물종류	허용진동치(vector sum peak particle velocity)		
	결집력이 없는 토양 및 자갈의 혼합	어느 정도 결집력이 있는 토양, 균일하고 높은 등급의 모래	결집력이 있는 토양, 암석
	P<10,000㎜/sec	P<10000-20,000㎜/sec	P>20,000㎜/sec
유적, 병원, 매우 높은 빌딩	2.5㎜/sec	5㎜/sec	10㎜/sec
통상적인 건물	5㎜/sec	10㎜/sec	20㎜/sec
철근콘크리트, 내진구조물	15㎜/sec	30㎜/sec	60㎜/sec

<표 5> 사용 용도별 진동평가기준(ISO 2631-2, 건물진동, 1Hz~80Hz)

구분	시간	연속 혹은 간헐진동		충격진동(3회이하/일)	
		보정가속도 실효치(m/s^2)	진동레벨 (dB)	보정가속도 실효치(m/s^2)	진동레벨 (dB)
수술실, 정밀작업실	작업 시	0.005	54	0.005	54
	휴지 시	주거용의 기준정도			
주거	주간	0.01~0.02	60~66	0.15~0.45	83.5~93
	야간	0.007	57	0.007~0.45	57~80
사무실	상시	0.02	66	0.3~0.64	89.5~96
공장, 작업장	상시	0.04	72	0.45~0.64	93~96

진동계와 최대진동 가속도, 진동가속도레벨, 인체감각 및 피해손상

진도계	명칭	최대진동 가속도 (cm/s^2)	진동가속도 레벨 (환산치)	피해손상의 상황
진도 0	무감(無感)	0.8 이하	55dB 이하	인체가 느끼지 못하며 지진계에 기록되는 정도
진도 1 Ⅰ	미진(微震)	0.8~2.5	55~65	정지해 있는 사람이나, 지진에 특히 주의깊은 사람만이 느낌
진도 2 Ⅱ	경진(輕震)	2.5~8	65~75	많은 사람이 느끼는 정도의 것이므로 집의 미닫이가 약간 움직이는 것을 알 정도
진도 3 Ⅲ	약진(弱震)	8~25	75~85	집이 흔들리고, 미닫이가 덜덜 소리내며 움직이고, 전등이 흔들리고, 그릇의 수면이 움직이는 것을 알 정도
진도 4 Ⅳ	중진(中震)	25~80	85~95	집의 동요가 심하고, 안정감이 좋지 않은 꽃병 등이 쓰러지고, 그릇의 물이 넘치고, 걷고 있는 사람에게도 느껴지고, 많은 사람이 집밖 으로 뛰어나오는 정도
진도 5 Ⅴ	강진(强震)	80~250	95~105	벽이 갈라지고, 묘비·석등탑이 넘어지고, 굴뚝·돌담이 파손
진도 6 Ⅵ	열진(裂震)	250~400	105~110	집이 무너지는 것이 30% 이하이고, 산이 붕괴 되고, 땅이 갈라지는 현상이 나타나고, 많은 사람들이 서 있는 것이 불가능한 정도
진도 7 Ⅶ	격진(激震)	400 이상	110 이상	집이 무너지는 것이 30% 이상에 이르고, 산이 붕괴되고, 단층 등이 생긴다

주) 기상청 진도등급에 진동속도, 진동레벨을 대응시킨 것 (자료원 : 日本 東京都環境保全局, 1994, ; 정일록, 1984)

DIN 4150의 평가 기준은 건물 최상층 바닥 면에서 측정하여 주파수대역(진동수 Hz)에 관계없이 구조물의 중요도(종류)에 따라 line 1에서 line 3으로 갈수록 영향을 평가하는 기준진동속도를 강화하고 있다. 이를테면, <표 3>의 단기진동에서 예민하게 반응하는 국가유산과 같이 보존가치

가 있는 구조물 0.8 kine, 주거용 건물 1.5 kine, 상업용 건물 4.0 kine으로 정하고 있다. 이는 국가유산과 같은 구조물은 상업용이나 주거용 건물보다 진동에 약하므로 진동 레벨(vibration level, 진동수준)을 이들 구조물보다 진동속도를 낮게 정한 것으로 볼 수 있다. 즉, 역사적으로 가치가 있는 구조물은 진동기준이 더욱 엄격하다. 다만, 여기에서 최상층 바닥 면에서 측정한 진동수(Hz)에 관계없이 정한 기준진동속도를 슬래브의 진동장해를 일으킬 수 있는 15Hz 이하의 진동속도와 무관하지는 않을 것이다. 슬래브의 진동장해는 고유진동수에 따라 검토하기 때문이다.

진동속도에 따른 인체 구조물 피해

	(mm/sec)	영향
진동속도		-건물에 큰 피해가 일어난다.
	500.0 100.0	-건물에 균열이 생긴다.
	50.0	-건물에 극히 가벼운 피해가 일어난다.
	10.0 5.0	-건물에 극히 가벼운 피해가 생긴다. (사람은 건물이 무너질듯한 느낌을 받는다.)
	2.0	-인체는 심하게 느끼나 건물은 피해가 없다.
	1.0 0.5	-일반적으로 많은 사람이 진동을 느낀다.
	0.1	-매우 민감한 사람이 진동을 느낀다.
	0.05	-인체로 느낄 수 없다.

(자료 : 한국토지개발공사, 1993)

<표 3>에서 기초의 단기진동 기준치가 진동수가 증가함에 따라 증가하고 있다. 이는 구조물의 진동수가 많아짐에 따라 구조물의 강성 또한, 높다는 것을 의미하기 때문에, 이를 고려하여 기준 진동속도를 구분하여 정한 것으로 판단된다. 예컨대, 일반적인 건설발파의 경우 건축물과의 거리가 가까워 주로 암을 통하여 진동이 전달되므로 더 높은 주파수를 만들어 내는 경향이 있다. 이러한 고주파수를 갖는 지반운동은 저주파수의 경우보다 건축물에 더 낮은 변형도를 유발한다. 이로 인해 주변 건축물에 균열을 발생시킬 가능성이 더 낮아진다. 즉, 강성과 감쇠 현상이 높으면 높을수록 이러한 감쇠 현상은 빨리 진행되고 거주자가 겪게 되는 불안도 적어진다. 또한, 고주파는 심각한 불안을 야기하지 않으므로 무시된다.

<표 3>에서, 주거용 건물의 경우에 10Hz 미만에서는 0.5 kine, 10~50Hz 범위에서는 0.5~1.5 kine, 5.0~100Hz 범위에서는 1.5~2.0 kine으로 정하고 있다. 이는 역설적으로 기초의 경우는 주파수대역(진동수 Hz)에 따라 진동수가 높아질수록 더 높은 진동수준에 견딜 수 있다는 의미로서 진동속도기준이 완화된 것으로 볼 수 있다.

영국 표준 BS 5228-2:2009는 건설진동의 인간 반응에 대한 지침을 제공한다. 진동에 대한 인체의 반응은 구조물보다 훨씬 민감하여 구조물에 피해를 입히는 1/100도 감지할 수 있다.

<표 6> 건설진동의 인간 반응에 대한 기준(BS 5228-2:2009, Annex B) PPV(Peak Particle Velocity)

진동수준(vibration level, PPV)	영향(effect)
0.14㎜/s	시공과 관련된 대부분의 진동에 대해 가장 민감한 상황에서 인지할 수 있는 상태. 낮은 주파수에서 사람들은 진동에 덜 민감하게 느낀다.
0.3㎜/s	주거 환경에서 진동이 감지할 수 있는 상태
1.0㎜/s	주거 환경에서 민원(불만)이 야기될 수 있으며, 미리 예고를 하고 민원인에게 설명을 하면 용인될 수도 있는 상태
10㎜/s	매우 짧은 진동 노출에도 참을 수 없는 상태.

앞에서 “구조물의 손상 가능성은 진동속도의 개념을, 인간의 감각적인 위험성은 가속도의 개념이 적용성에 근사하다”고 기술하였으나, 이와는 달리 건설진동에 대한 인간의 반응에서는 인간 감각(human comfort)의 환경 수준으로 진동속도(㎜/s)의 개념이 적용되고 있다. 이는 속도와 가속도의 적용성이 일률적이지는 않다는 것을 의미한다. 다만, 고주파가 지배적인 진동의 경우는 측정대상이 진동속도일지라도 가속도계를 사용한 후 환산하는 방식을 채택하는 것이 바람직하다(진동으로 인한 건축물 피해평가에 관한 연구, p.45, 2002).

이를 DIN 4150-3:1999와 비교하면, 건물 손상을 초래할 수 있는 진동수준보다 훨씬 낮은 진동수준에서 사람들이 민원을 제기할(불평할) 가능성이 있음을 알 수 있다. 이는 건설진동의 해소에 우려되기는 하지만, 이를 특별히 공동체 사회와의 접촉과 교육을 통해서 피해가 발생하지 않도록 갈등관리를 하게 되면 진동에 대한 인간 반응에 따른 불평이 최소화될 수는 있을 것이다. 또한, 사람들은 건물 손상(building damage)을 유발할 수 있는 진동에 민감하게 반응한다. 건설공사에서는 광범위한 주파수로 진동이 유발되며, 사람들의 민감도로 인해 건물 손상의 가능성에 대한 인식도 나쁘다.

발파, 말뚝 박기, 기계류 또는 도로/철도의 교통 등의 진동원으로부터 지반으로 전달되는 진동은 주변 건물의 거주자에게도 피해를 입힐 수 있다. 이러한 우려로 인해 구조물에 부과된 진동이 구조물에 미치는 영향을 평가할 필요가 있다. 영국 표준(BS 7385: part 2)은 건물의 진동평가 및 측정, 지반진동으로 인한 손상수준 가이드로서 다양한 진동원으로 인한 건축물의 손상 가능성에 대한 평가지침이다. 건물진동에 대한 직접적인 영향만 고려할 수 있으며, 지반운동(ground movement), 건물 내의 느슨한 물체의 움직임, 민감한 장비에 대한 손상 가능성 및 사람에 대한 진동의 영향 등과 같은 간접적인 영향은 BS 7385의 범위를 벗어난다.

또한, BS 7385는 건물에서 발생하는 많은 균열원인과 관련 지우기는 어렵다. 균열은 일반적으로 진동과 무관하게 발생하기 때문이다. 지진이나 과도한 압력, 바람 또는 파도로 인한 피해평가도 BS 7385의 범위를 벗어난다. 건물 내의 기계, 굴뚝, 교량, 터널 및 파이프라인과 같은 지하구조물도 마찬가지이다. 이는 건물 내에서 지면을 통해 전달되는 진동(ground borne vibration)에만 적용된다.

2.20 사실 입증의 감정평가, 그리고 증인으로서의 소환과 진술

<감정인으로 촉탁, 그리고 감정의 시작과 끝>

지방법원에서 전화가 왔다. 지하철 건설공사현장에서 상수도관의 제수밸브가 파손되었는데 그 원인 감정이 가능하냐는 것이다. 그래서 감정할 사항을 보고 바로 연락드리겠다고 하였다. 법원으로부터 사건복사본의 자료를 받은 후 곧바로 가능하다고 통보하면서 현장은 보존되어 있는지, 원고 측이 법원에 제출한 기존의 원본보고서를 받아볼 수 있는지를 물었다. 그것은 원고 측 변호사와 통화해서 진행하라고 했다. 아울러 감정평가비용을 견적서 형식으로 법원에 제출하였다.[319]

원고 측 변호사와의 통화하여 원본보고서를 받았으나, 사고현장은 공사 진행으로 보기 어려울 것이라고 했다. 그래서 파손된 제수밸브의 재료시험 시편이 남아있는지 확인을 요청하였으나, 시험소에서 이미 폐기 처리하였다는 것이다.[320] 그러나 제수밸브 파단면의 실제 상태가 중요하므로 재료시험(회주철 성분시험, 인장강도 등) 시료 채취 이후에 남아있는 부분이 있는지를 현장관계자에게 확인하였으나 없었다. 통째로 시험을 의뢰한 것으로 추정되어서, 현장관계자에게 시험소(한국△△시험연구원, 한국□□시험연구원)에 시편 조각이라도 있는지를 다시 알아보도록 했고 감정인이 볼 수 있도록 조치해 달라고 요청하였다. 제수밸브의 파단면을 직접 육안으로 보기 위해서였다. 결국, 도상(圖狀, 사진과 문서 등)으로 감정할 수밖에 없었다. 그러나 사고현장을 답사하는 등으로 최대한으로 사실 입증자료를 확보하였다. 아래는 독자의 이해를 위해 제1막과 제2막의 전개과정을 정리한 것이다.

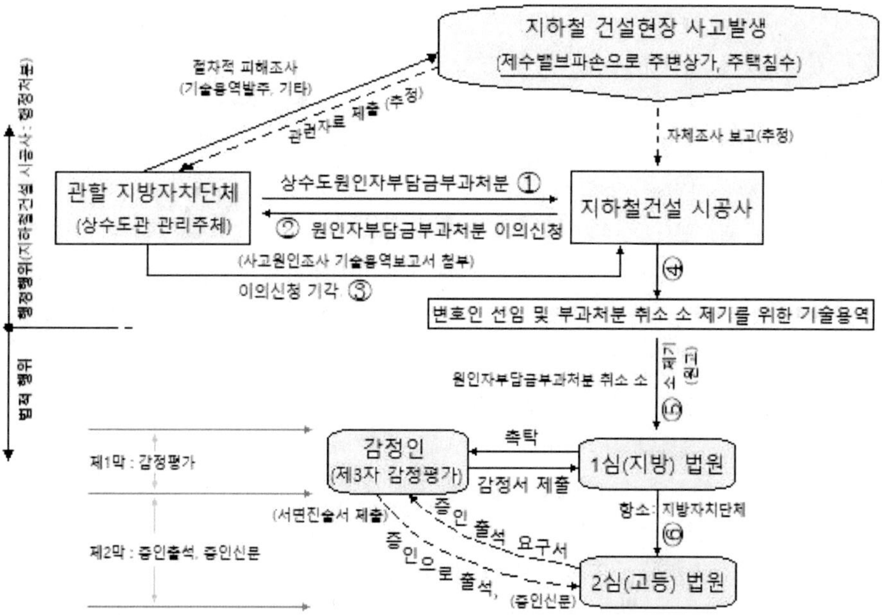

그림 383 사고 후 행정 및 법적 행위의 전개. 1심 감정인→2심 증인으로 소환

319) 원고 측에서 '상수도원인자부담금부과처분'에 대한 취소 소를 제기하였으므로 감정평가비용은 원고가 부담한다. 통상 감정인이 법원에 낸 견적금액이 감정평가비용으로 확정된다.

* 1심법원의 감정인으로 촉탁되어 감정한 평가(제1막)와 2심법원의 증인으로 소환되어 진술(제2막)한 내용을 각각 제1막, 제2막으로 나누었고, 법원에 제출한 감정평가서이므로 그대로 게재하였다.

차 례

제1막 : 상수도원인자부담금 부과처분취소 소에 대한 감정

<갈등의 전개상황>

'도시철도건설사업'의 건설사업의 노반공사 중에 지방자치단체(이하 '□□시')의 상수도관 제수밸브가 파손됨에 따라 □□시는 건설공사 측에게 '상수도원인자부담금부과처분을 하였다. 제수밸브(400㎜) 파손으로 공사현장 정거장 구간의 침수, 인근 택지지구와 상가일원 약 3천 가구에 단수 조치하는 사고가 발생하였다. 이에 □□시는 부과처분에 앞서 자체적으로 이 사건 사고의 원인조사를 ○○기술법인에 의뢰하여 이에 근거하여 상수도원인자부담금부과처분을 하였다.

이에 따라 건설공사 측에서는 상수도원인자부담금부과처분취소 소를 제기하기에 이른다. 즉, 건설공사 측은 원고로서 이 사건 사고의 원인조사를 △△안전진단업체에게 의뢰하여 ○○기술법인의 평가보고서와 다른 주장의 기술검토보고서로 상수도원인자부담금부과처분취소 자료로 대응한다. 결과적으로, 건설공사 측은 소송대리인으로 하여금 주장하는 사실을 입증하기 위한 감정신청을 하기에 이른다. 즉, 건설공사 측의 소송대리인은 "□□시는 임의로 이 사건 사고의 원인조사를 ○○기술법인에 의뢰하였고, ○○기술법인은 애당초 이사건 제수밸브 자체가 심각한 품질상의 결함을 안고 있었음에도 이를 간과한 채 밸브파손에 대한 모든 책임을 원고에게 떠넘기는 내용의 보고서를 작성하였다'라고 주장한다. 이후 원고는 이 사건 사고원인의 조사를 별도로 의뢰하면서 위 ○○기술법인의 보고서를 △△안전진단업체에 제공하였는데, △△안전진단업체는 이 사건 제수밸브의 하자를 이 사건 사고의 주된 원인으로 판단하여 ○○기술법인의 보고서와는 전혀 다른 결론을 내렸다. 이에 원고는 이 사건 사고가 피고의 귀책사유에 의하여 발생하였다는 사실을 입증하기 위하여, 법원에 이 사건 사고의 원인에 대한 감정을 신청하고자 합니다."라는 감정 목적으로 감정신청을 하게 된 것이다. 이 사건 심리에 필요한 사항에 대해 법원이 감정을 촉탁하였다. 이와 같은 갈등상황과 함께 원고 측의 소송대리인은 감정 사항에 대한 아래와 같은 전제 사실과 함께 감정할 사항(7개항)을 적시하여 법원에 감정신청을 하였다.

320) 공인시험기관은 재료시험(회주철 인장강도시험 등)의 시편을 제공하지 않으려는 경향이 있다. 어떤 사건이나 사고와 연루된 것이라면 일정 기간 시편(증거물)을 보존하는 것이 원칙이라고 본다.

전제 사실

원고는 2013년 12월경 설계•시공일괄입찰방식으로 발주한 □□시 '도시철도건설사업 노반공사'의 5공구 중 3공구의 시공사로 선정되어 위 시점부터 현재까지 공사를 수행해 왔습니다. 원고는 2016.4.경 위 공사 구간의 일부인 □□시 소재의 현장에서 615 정거장 공사를 수행하고 있었는바, 위 현장의 복공판 하부를 지나가는 상수관은 소위 매달기 방식으로 고정해 둔 상태였습니다(사진 참조). 그런데 2016.4.6. 원고의 작업자들이 위 상수관과는 전혀 관계없는 부분의 작업을 진행하던 중 갑자기 위 매달기 구간의 제수밸브(이하 '이 사건 제수밸브')가 파열되면서(사진 참조), 수돗물이 유출되어 터널 굴착 장비 5대를 포함하여 지하정거장 구간 약 7m가 침수되고 인근의 택지지구 및 상가 일대의 약 3천 가구에 단수가 되는 사고가 발생하였습니다.

□□시는 임의로 이 사건 사고의 원인조사를 ○○기술법인에 의뢰하였고, ○○기술법인은 이 사건 제수밸브의 품질상 결함을 간과한 채 밸브파손에 대한 모든 책임을 원고에게 떠넘기는 내용의 보고서를 작성하였습니다. 이에 원고는 이 사건 사고원인의 조사를 △△안전진단업체에 별도로 의뢰하면서 위 ○○기술법인의 보고서를 제공하였는데, △△안전진단업체는 이 사건 제수밸브의 하자를 이 사건 사고의 주된 원인으로 판단하여 ○○기술법인의 보고서와는 전혀 다른 결론을 내렸습니다. ○○기술법인의 보고서와 △△안전진단업체의 보고서의 내용 중 공통점과 차이점을 정리하면 다음과 같습니다.

<table>
<tr><td rowspan="2">공통점</td><td colspan="2">이 사건 제수밸브는 1992년에 제작되어 2016년 이 사건 사고 당시까지 24년이 경과하였음</td></tr>
<tr><td colspan="2">이 사건 제수밸브의 규격상 두께는 22.50㎜~28.75㎜이나, 이 사건 사고 당시 이 사건 제수밸브의 최소두께는 9㎜였음</td></tr>
<tr><td></td><td>○○기술법인</td><td>△△안전진단업체</td></tr>
<tr><td rowspan="3">차이점</td><td>이 사건 제수밸브의 내구연한은 유형고정자산 내용년수표에 의할 때 30년임</td><td>일반적인 제수밸브의 내구연한은 30년이나, 이 사건 제수밸브의 몸통 두께는 9~21㎜로 편차가 매우 심하고 비대칭이므로 이 사건 제수밸브의 내구연한을 30년으로 볼 수 없음</td></tr>
<tr><td>이 사건 제수밸브의 몸통은 회주철인 'GC200'으로 제작됨. 이 사건 제수밸브는 KS규격에 부합되게 제작됨</td><td>이 사건 제수밸브의 몸통은 회주철인 'GC100'으로 제작되었고 따라서 '한국공업규격 KSB2332 수도용 제수밸브규격'에 적합하지 않음.</td></tr>
<tr><td>상수도 시설기준에는 수도용 제수밸브의 규격에 관한 기재가 없음</td><td>상수도시설기준에 의하면 이 사건 제수밸브는 분류기준상 대형이고, 설치된 지반은 느슨한 사질토층이므로 제수밸브에 보호콘크리트설치 등 제수밸브를 보호하는 조치가 있어야 하나 이러한 조치가 없음</td></tr>
</table>

	이 사건 제수밸브는 내부 부식 및 침식으로 두께가 9㎜로 얇아짐	이 사건 제수밸브의 재질인 주철은 부식 및 침식에 강한 재료이고, 이 사건 제수밸브는 상시 상수가 흐르는 유수관이므로 부식이 심하게 일어날 수 있는 환경이 아님. 따라서 이사건 제수밸브는 그 제작 시부터 두께가 얇았던 것임
	공사현장 복공판 부분의 최대진동이 1.5rms인데 반해 상수관로 주변 구조물의 최대진동이 2.4rms인 것은 복공판에서 발생한 진동이 증폭되어 전달되고 있는 것을 의미하고, 결국 상수관로 주변 구조물의 진동에너지를 흡수 차단하는 방진시설이 부족하였던 것이 이 사건 사고의 근본적인 원인임.	교통하중에 의해 발생되는 진동에 대한 구체적인 기준은 없으나 건설공사 중 발생하는 진동에 대한 기준은 서울 및 부산 지하철공사가 정한 발파진동기준이 가장 많이 사용되고 있으며, 진동기준은 진동에너지가 아닌 진동속도로 규정하고 있음. 진동에 예민한 구조물이라고 할지라도 허용진동속도가 8~10㎜/s 이내인데, 교통하중에 대한 진동측정치 결과 최대진동속도가 5.33㎜/s로 진동속도 이내이므로 교통하중으로 인한 진동이 이 사건 제수밸브에 미치는 영향이 크다고 할 수 없음.

위와 같은 사실을 전제로 하여, 이 사건 사고와 관련한 아래 사항을 감정하여 주시기 바랍니다 [단 현재 사고현장은 공사가 완공되어 현장 감정이 어려운 관계로, 최대한 2건의 사고조사원인보고서(○○기술법인 및 △△안전진단업체 보고서)를 포함한 참고자료에 기초하여 감정을 수행하여 주시기 바랍니다.]

주) 아래의 감정평가는 감정목적물인 제수밸브가 완전히 멸실되어 감정인에게 제공된 자료와 **현황 사진만으로 감정한 결과**이다.

□□법원 사건 2017____ 부담금처분취소(담당재판부: 제□□부)
감정촉탁에 따른 '도시철도건설사업' 615정거장 공사현장 제수밸브파손

상수도 원인자부담금 부과처분취소 소에 대한 사실입증 감정결과

2018. 06

□□법원 제□□부
감정인: 윤재진

제 출 문

□□법원 제□□부 재판장 판사 ○○○

귀 법원에서 의뢰하신 사건번호 2017홍합5××9 관련 "□시 '도시철도건설사업' 615정거장 공사현장 제수밸브 파손에 따른 '상수도원인자부담금부과 처분취소 소'에 대한 사실 입증 감정평가결과"보고서 작성을 완료하고 이를 제출합니다.

2018. 06

감정인: 윤재진(공학박사)

< 차 례 >

1. 개 요

1.1 감정 목적물의 사고개요

사고장소	도시철도 제5공구 615정거장 복공구간(○○사거리)
사고일시	2016년 4월 6일(수요일) 00:10 경
사고개요	사고장소의 615 정거장 복공판 하부의 상수관 매달기 구간의 상수관로(900㎜)에서 분기된 제수밸브(400㎜)파손으로 인한 정거장 구간 침수 및 ○○택지지구와 □□상가 일원 약 3천 가구 단수 조치
피해 사항	터널굴착장비 5대 및 지하정거장 굴착 구간 약 7m 침수 및 ○○택지지구 및 □□상가 일원 약 3천 가구 단수 피해
목적물(제수밸브) 시공년도	1992년

파손 전 제수밸브(400mm) 현장매달기 상태

파손 전 제수밸브 구간 굴착시공 상태

파손후 제수밸브 보관상태(2017. 9.19)

파손후 제수밸브 보관상태(2017. 9.19)

파손된 제수밸브 교체후 매달기 상태

사고 후 교체된 제수밸브

1.2 감정목적물 제수밸브의 일반사항

밸브(valve)는 액체(혹은 가스)의 흐름을 조절하기 위하여 배관 도중에 설치한 수동식 혹은 자동식 장치를 총칭한다. 제수밸브(制水밸브, sluice valve, gate valve)는 유지관리 및 사고 발생 시 통수량을 조절하는 장치로 송수관의 시점 종점, 분기장소, 연결관, 기타 중요한 관로구조물의 전후(前後)에 설치한다. 제수밸브는 이러한 밸브의 하나로서, 관에 흐르는 액체를 차단할 때 쓰인다.

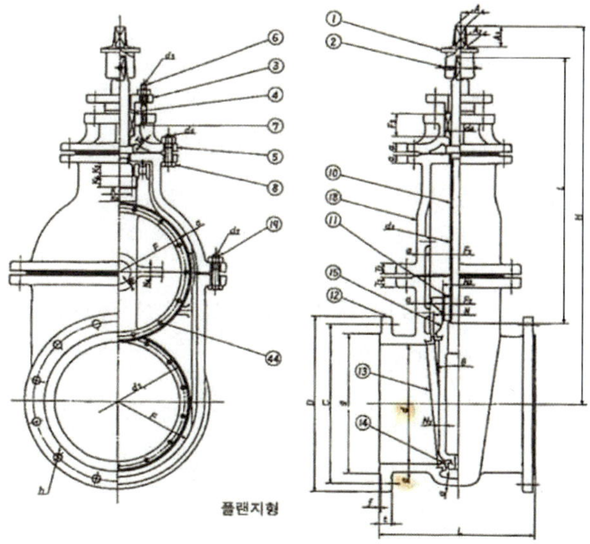

그림 389 이 사건 제수밸브와 같은 형식(밸브디스크)/한국공업규격 KSB2332 수도용 제수밸브(지름 400~500)

번호	명칭	재료	번호	명칭	재료
①	캡	SPS-KFCA-D4301-5015의 GC200	⑩	암나사 끼움쇠	KS D 6024의 CAC406
②	핀	KS D 5101 또는 KS D 5103	⑪	밸브 몸통	SPS-KFCA-D4301-5015의 GC200
③	패킹 누르개	SPS-KFCA-D4301-5015의 GC200	⑫	밸브 몸통 밸브 시트	KS D 6024의 CAC406
④	부시	KS D 6024의 CAC406	⑬	밸브 디스크 밸브 시트	KS D 6024의 CAC406
⑤	패킹 상자	SPS-KFCA-D4301-5015의 GC200	⑮	밸브 디스크	SPS-KFCA-D4301-5015의 GC200
⑥	스티드 볼트·너트	KS D 5101	⑭	덮개	SPS-KFCA-D4301-5015의 GC200
⑦	패킹	나일론 또는 주문자가 지정한 것	⑰	밸브 몸통 볼트·너트	KS D 3503의 SS400 또는 KS D 3752의 SM25C
⑧	덮개 볼트·너트	KS D 3503의 SS400 또는 KS D 3752의 SM25C	⑱	밸브 시트 고정 나사	KS D 5101 또는 KS D 5103
⑲	밸브대	KS D 5101			

이는 액체를 차단할 때에 밸브 본체가 직각(수직 자세)으로 개폐되므로 칸막이 밸브(gate valve)라고 부르기도 한다. 다시 말해서, 배수관의 시작점이나 끝 혹은 관의 도중

에 필요한 요소에 설치하여 열고 닫고 함으로써 관속을 흐르는 유체의 양을 조절하는 장치이다. 이같이 제수밸브는 유체(流體)의 흐름에 대하여 직각으로 개폐하는 구조로 되어있으므로 밸브가 완전히 열려 있을 때는 저항이 작은 반면에 조금만이라도 열리면 밸브의 뒤쪽에 저항이 큰 맴돌이 현상이 발생한다. 즉, 제수밸브를 전부 개방하면 관로의 직경과 동일하게 되기 때문에 유체의 압력손실이 작아지고 변화도 적다. 그러나 반 개방상태로 사용하게 되면 밸브의 구조상 유체에 따른 영향이 커지게 되고 또한 진동을 일으켜서 밸브에 손상을 일으킬 수 있으므로 원칙적으로 차단 혹은 전부를 완전히 개방한 상태로 사용하는 것이 좋다.

2. 감정할 사항

감정인(윤재진)으로 지정된 현재(2018. 05.15), 사고현장은 공사가 거의 완료되어 현장확인이 어려운 관계로, 사고원인조사보고서(기술법인 가나, 사단법인 한국○협회) 및 보고서에 수록된 사진에 대한 상태조사, 지하철 공사현장 및 사고현장에 대한 답사(2018.06.15)를 참고로 하여 감정을 수행하였다.

가. 이 사건 제수밸브의 규격상 두께는 22.50㎜~28.75㎜이나, 이 사건 제수밸브는 실제 최소두께가 9㎜에 불과한데, 이러한 경우에도 한국감정원이 발간한 유형고정자산 내용년수표 및 지방공기업법 시행규칙 제 19조의 1호에 따른 유형자산 상각내용연수표를 근거로, 이 사건 제수밸브의 내구연한이 30년이라고 인정할 수 있는가요.
감정결과 : 유형자산 상각내용연수표를 근거로 하여 제수밸브의 실제의 내구연한을 30년이라고 인정하기는 어려울 것으로 판단된다.

(해설) 위에서 기술하고 있는 내구연한은 실제로 제수밸브를 그 기간 동안 사용할 수 있는 기간이 아니라 자산가치를 평가할 때의 감가상각에 적용하는 기간이다. 즉, 세수밸브는 사용과 더불어 그 가치가 떨어지는 특징이 있다는 것이다. 따라서 이 같은 내구연한을 가지고 제수밸브 파손의 원인을 판단하는 것은 한계성을 내포하고 있다 할 수 있으며, 20년 이상(24년간) 사용한 제수밸브의 몸통 최소두께가 9㎜에 불과하다면 이는 교체 시기가 도래한 것으로도 볼 수 있다. 지방공기업법 시행규칙 등에서 정한 제수밸브(주철관)의 내구연한 30년은 유형자산에 대한 감가상각율을 적용하기 위해 설정한 자산의 잔존가치를 평가하는 내용연수이다. 내구연한은 사용자의 관리 정도에 따라 사용 불능시점이 단축될 수도 있고, 연장될 수도 있는 가변적인 연한이다. 따라

서 제수밸브의 내구연한 30년을 이 사고의 원인을 평가하는 요소에 포함시키기는 어려울 것으로 판단된다.

나. 이사건 제수밸브의 몸통은 회주철로 제작되었고 인장강도는 100N/㎟로 확인되는데(법원이 제공한 참고자료 4.20쪽, 49쪽), 이러한 경우에도 이 사건 제수밸브가 'GC100'이 아니라 'GC200'으로 제작되었다고 인정할 수 있는가요.
감정결과 : 인장강도가 100N/㎟으로 확인되었다면, 이 사건의 제수밸브를 'GC200'으로 제작되었다고 인정할 수 없을 것으로 판단된다. 다만, 이 사건 제수밸브가 당초에는 'GC200'이었으나, 사고 당시에는 GC200 이하로 성능이 저하된 상태였을 수도 있으므로, 이 사건발생 시점의 시편에 의한 인장강도시험결과를 가지고 제작 당시의 성능이 GC100이었다고 인정하기는 어려울 것으로 판단된다.

(해설) 'GC100'와 'GC200'은 회주철(灰鑄鐵, grey cast iron)[321]을 대표하는 보통주철로서, 가장 절삭성이 좋고 감쇠능(減衰能, damping capacity)이 좋은 금속재료의 하나이며 그래서 진동을 받는 기계몸체, 수도관 등의 재료에 사용된다. 'GC100'와 'GC200'는 인장강도(MPa)에 의해 구분한 것이며, 'GC200'이건 'GC100'이건 간에 회주철은 취성파괴를 일으키는 경향이 있다.

인장강도 'GC100'으로 확인된 제수밸브의 몸통은 지중(地中)에서 장기간(24년 정도)이 경과한 제수밸브에서 채취한 시료를 가지고 시험한 결과이므로, 당초의 GC200의 재질이 GC200 이하로 성능저하가 되었을 가능성도 있다. 즉, 24년을 사용하여 열화(deterioration)된 상태이므로 인장강도가 어느 정도 저하되었을 수도 있다. 이러한 관점에서, 그 편차가 크기는 하지만, 현재의 시점에서 당초에 GC100으로 제작되었다고 결론 내리기는 어려울 것으로 판단된다.

다. 상수도 시설기준에 의하면 이 사건 제수밸브는 분류기준상 대형이고, 설치된 지반은 느슨한 사질토층이므로 제수밸브에 보호콘크리트 설치 등 제수밸브를 보호하는 조치를 취하도록 기재되어 있는데, 만일 그러한 제수밸브 보호조치가 전혀 없는 경우에는 제수밸브에 피로응력을 발생시키거나 피로응력을 가중시킬 수 있는가요.

321) 회주철의 파단면의 색깔이 회색으로 그을 것 같으므로 회주철이란 이름으로 불린다. 회주철은 진동함축성(vibration damping)이 좋은 것으로 알려져 있다. 즉, 진동에너지를 흡수할 수 있는 능력, 감쇠능이 높다(진동을 빨리 감쇠시킨다). 출처: 한봉희 역, 금속재료, pp. 345-361, 파주: ㈜교보문고, 2009,

감정결과 : 제수 밸브 보호콘크리트는 기본적으로 배수관 공사, 사고, 누수 수리 등의 유지 관리상 단수를 행할 경우를 대비한 관리시설이므로, 제수 밸브에 피로 응력을 발생시키거나 피로 응력을 가중시키는 것과는 거의 무관하다고 볼 수 있다. 다만, 제수 밸브 보호조치(밸브실)가 전혀 없는 경우에는 제수 밸브의 부식을 포함한 열화(deterioration)와 도로의 차량 진동이나 토압 등의 압력에 의해 제수 밸브에 피로 응력이 가중될 수는 있다.

(해설) 제수 밸브 보호콘크리트시설은 상하수도관이나 지하케이블 등의 수리•검사•청소•점검을 위해 설치하는 맨홀(manholes)과 유사한 밸브실을 의미한다. 제수밸브의 보호시설에는 밸브뚜껑에 의한 보호시설과 보호콘크리트 등으로 밸브실을 별도로 설치하여 보호하는 2가지 방식이 있다. 밸브 뚜껑은 밸브의 개폐 조작을 쉽게 하기위해 두며 이 경우에는 교통량이 많은 장소, 자동차가 통과하는 도로면 아래에 차량 하중이 전달되어 피로 응력이 가중될 수는 있다. 그러나 밸브실을 설치한 경우에는 그러하지 아니한다. 이 사건 제수밸브가 설치된 당시(1992년)의 상수도시설기준(건설부, 1992. 12)의 제수밸브실(室)기준 표 4.7에 의하면 D400㎜ 이상 제수 밸브 설치 시를 대형으로 구분하고 있다. 즉, D400㎜ 이상 제수밸브 설치 시, 도로 폭 20m이상 차도에 D300㎜이상 제수밸브 설치 시에는 구형밸브실(B)를 적용하도록 하고 있다. 따라서 이 경우에는 제수밸브를 보호하는 구형(矩形) 밸브실을 두어 보호조치하는 것이 원칙이다. 다만, 이러한 밸브실을 두지 않았을 경우는 느슨한 사질토층의 지반에 회주철의 제수 밸브가 그대로 수분에 노출되어 재료의 부식으로 이어질 수 있다. 그러나 제수 밸브의 보호시설(밸브실)은 지중에 있는 제수 밸브에 대한 토피 하중과 교통 하중을 절연하게 된다.

참고) 2010년의 상수도시설기준(환경부)에 의하면, 밸브실은 관경 400㎜이상의 배수본관밸브에 설치하는 것으로 되어있으나, 감정목적물의 제수밸브는 상수관로(900㎜)에서 분기된 제수밸브(400㎜ 분기관밸브)이므로 밸브실의 설치가 반드시 요구되는 것은 아니다.

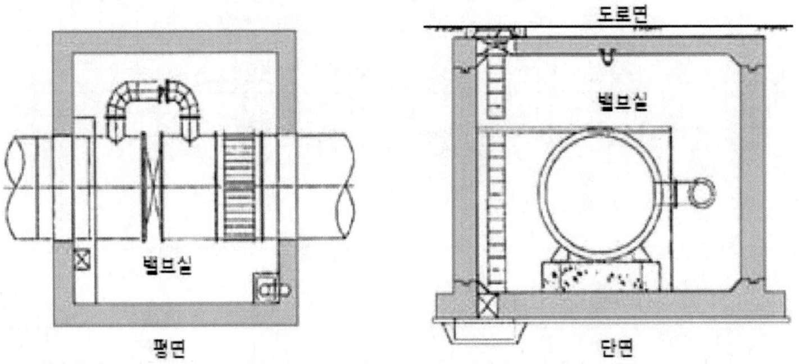

그림 391 밸브실(예)/교통량이 많은 곳, 자동차 통과도로 아래에 밸브실을 두어 제수밸브를 보호하면 토사에 직접 밸브가 노출되지 않고, 이들의 하중으로부터 보호되므로 유지관리는 물론 소정의 내구성을 확보할 수 있다.

〈表 4.7〉 밸브室 基準

區分	밸브室名	適用管種	適用管徑(㎜)	適用場所	其他
小形	밸브室保護筒	덕틸管	D 80~300	步道 및 小道. 道路幅 6m以下로서 重車輛通行이 빈번하지 않은 道路	制水밸브室 規格은 슬루스 밸브치수에 의함.
中形	円形밸브室	〃	D 80~300	道路幅 15m以下의 道路, 小形밸브室 設置가 困難한 경우	
大形	矩形밸브室(A)	〃	D 80~250	道路幅 20m以上의 車道	
	〃 (B)	〃	D 300~600	D 400㎜以上 制水밸브 設置時·道路幅 20m以上 車道에 D 300㎜ 制水밸브 設置時	
	〃 (C)	鋼管	D 700~900	D 700㎜以上 制水밸브 設置	制水밸브室 規格은 버터플라이 밸브 치수에 의함.
其他	泥吐 및 排氣밸브室	덕틸管	D 80~300	道路幅 15m以下의 道路	

그림 392 제수밸브 설치 당시(1992년)의 상수도시설기준(1992. 12, 건설부)

그림 393 지중의 제수밸브를 보호하는 밸브뚜껑의 보호시설/좌)는 굴착 후 파손 전의 제수밸브, 우)는 제수밸브와 밸브보호뚜껑, 이 같은 보호시설은 매입깊이(토피)에 따라 다르지만, 도로의 교통 하중에 의한 진동 등의 영향을 받을 수 있고 제수밸브가 토사에 노출되므로 유지관리가 곤란하여 금속재료의 부식을 포함한 재료성능의 열화(deterioration)를 촉진할 수 있다. 여하간에 감정목적물의 제수밸브는 20년 이상(24년)을 지중에서 밸브 뚜껑으로 보호되는 방식이었으므로, 재료의 부식과 교통 하중에 의한 진동 등의 영향을 장기간 받았을 것으로 추정된다.

라. 이 사건 제수밸브의 재질인 주철은 부식 및 침식에 강한 재료이고 이 사건 제수밸브는 상시 상수가 흐르는 유수관인데, 만일 이 사건 제수밸브의 제작 당시 두께가 22.50㎜~28.75㎜이었다고 가정한다면, 위 제수밸브가 유수에 따른 침식이나 부식만으로 압력관 내에서 한쪽만 두께가 9㎜로 얇아질 가능성이 높다고 할 수 있는가요.

감정결과 : 이 사건의 제수밸브는 유수에 따른 침식이나 부식만으로 압력관 내에서 한쪽만 두께가 9㎜로 얇아질 가능성은 희박한 것으로 판단된다.

(해설) 주철은 일반강보다 내식성은 좋으나, 제수밸브 24년의 사용기간 동안 미소하다고 할지라도 상시 상수가 흐르는 유수(流水)하에서 수분의 존재와 함께 전기분해가 일어나면서 전식(電蝕)되어 부식(wet corrosion)이 일어날 수 있다. 이는 금속 주위에 있는 물 또는 그 밖의 전해질 물질과 작용하여 비금속성 화합물로 변화하는 반응이다.

또한, 제수밸브는 유체(流體)의 흐름에 대하여 직각으로 개폐하는 구조로 되어 있으므로 밸브가 완전히 열려 있을 때는 저항이 작은 반면에 조금만이라도 덜 열려 있다면 밸브의 뒤쪽에 저항이 큰 맴돌이(와류) 현상이 발생하기도 한다. 따라서 제수밸브는 부식 및 침식으로 원래의 두께가 전체적으로 혹은 국부적으로 얇아질 수 있고, 이로 인해 돌발적인 파단이 일어날 수도 있다. 그러함에도 불구하고 제수밸브의 재질인 주철은 부식 및 침식에 강한 재료이기 때문에 최소측정두께 9㎜를 기준으로 할 때 이들에 의해 당초 25㎜ 두께에서 국부적으로 64%정도의 단면결손이 발생하였을 가능성은 희박하다고 볼 수 있다. 특히, 전식(電蝕)의 경우에는 감정목적물의 제수밸브와 같이 편차가 심한 부식두께의 변화가 아니라, 거의 균일하게 부식되고 마모로 인한 침식은 몸통두께의 변화가 완만하게 이루어지는 것이 일반적이다.

한국공업규격(KSB 2332) 수도용제수밸브의 규격에는 호칭지름 400인 경우에 몸통 두께가 25㎜로 규정하고 있고, 사고현장에서 파손된 제수밸브(400㎜)를 측정한 몸통두께는 몸통 상부는 20㎜ 정도, 하부는 17㎜, 몸통좌측은 21㎜, 우측은 9㎜로, 몸통 최소두께인 9㎜는 기준치 25㎜와 상당한 편차가 있는 것으로 기술(한국○협회 보고서, p. 49, 2017.10)하고 있다.

상기와 같은 두께감소 현상이 상수의 유수에 따른 침식과 전기분해에 의해 전식(電蝕)되었다고 할지라도, 제수밸브 몸통의 최소두께 9㎜ 부분을 제외하고는 KSB 2332(수도용 제수밸브)의 밸브 몸통의 치수허용차 2~5㎜에 상응하는 치수를 유지하고 있는 양호한 상태이다. 즉, 파손 부위의 제수밸브 9㎜두께 부분은 제수밸브 생산 시부터 얇게 제작됐을 것으로 판단된다.

마. 교통 하중으로 인한 진동이 이 사건 제수밸브에 미치는 영향을 판단하는 기준은 '진동에너지'를 기준으로 하는 것이 맞는가요. 또한, 이 사건 제수밸브의 허용진동속도의 범위는 어느 정도이며, 이 사건 제수밸브주변의 최대진동속도가 5.33㎜/s라면 그러한 허용진동속도의 범위 내에 포함될 수 있는가요.
감정결과 : ① 제수밸브에 미치는 영향을 판단하는 기준은 '진동에너지'를 기준으로 하는 것이 적절하다고 판단된다. 제수밸브에 미치는 영향은 진동속도(㎜/s)나 진동 r.m.s 단위로 평가할 수 있으나 일반적으로 건설공사현장에서 교통 하중이나 건설공사 중에 발생하는 진동은 진동속도(㎜/s)의 진동에너지를 적용하여 평가하고 있다. ② 제수밸브의 최대진동속도 5.33㎜/s(0.533kine)는 허용진동속도의 범위를 초과하는 수치(진동치)이다. 그러나 이러한 진동치에 의해 제수밸브가 파손된 것으로 평가되지는 않는다.

(해설) ① 진동에너지는 진동속도(㎜/s)나 진동r.m.s단위로 표현할 수 있다. 여기에서 'r.m.s(root mean square)'라 함은 진폭을 표현하는 파형 신호의 peak값의 자승평균제곱근으로 에너지를 나타내는 면적개념으로써 '실효치'라고도 한다. 이는 일반적으로 각종 기계류의 수명을 판단하거나 에너지발산을 판단하는 양으로 쓰인다.

진동속도(㎜/s)는 하중의 작용에 의해 1초(second)당 운동(진동)한 이동거리를 뜻한다. 예를 들어, 진동속도 5.0㎜/s(0.5kine 이라 하기도 한다)라 함은 교통 하중의 작용에 의해 1초당 운동한 거리가 5㎜라는 뜻이다. 일반적으로 건설공사현장에서는 이러한 진동속도(㎜/s)에 의해 구조물에 대한 진동영향을 평가하고 있으며, 또한 적절하다고 판단된다.

② 지하철공사의 굴토착수 이전에는 감정목적물이 이를 보호하는 밸브실 없이 지중에 매설되어 있었고, 느슨한 사질토층의 도로지반은 탄성체에 해당하기 때문에, 도로의 교통 하중에 의한 영향을 받을 수도 있다. 즉, 흙(soil)을 통해서 진동에너지가 제수밸브에 전달될 수 있다. 그러나 개착식(開鑿式) 지하철공사의 도로굴착공사가 진행됨에 따라 지중의 상수관이 노출되고, 제수밸브가 복공 철골구조물에 매달린 상태에서는 교통 하중에 의한 진동이 상수도 본관에서 분기된 상수관의 제수밸브에 직접 미치지 않았을 것으로 판단된다. 또한, 감정목적물의 제수밸브는 복공보와 주형보(복공보 받이보, main girder), 매달린 달대(hanger)를 통해 간접적으로 진동이 전달되는 구조이다. 즉, 복공구조물에 매달린 상태에서는 복공구조물의 절점(joint)이나 지점을 통해 하중이 전달되기 때문에 간접적으로 전달되는 구조이다. 허용진동속도에 관련하여서는 서울지하철에서 적용하고 있는 주택 및 공동주택 기초에서의 허용진동기준치는 5.0㎜/s(0.5kine)을 준용하고 있다. 이러한 주택 및 공동주택 기초에 적용하고 있는 허용진동기준치를 가지고 복공구조물에 매달려 있는 제수밸브에 그대로 적용하는 것은 적합하지 않은 것으로 판단된다. 왜냐하면, 허용진동기준치 5.0㎜/s(0.5kine) 초과가 주택 및 공동주택 기초의 파손을 의미하는 것이 아니기 때문이다.

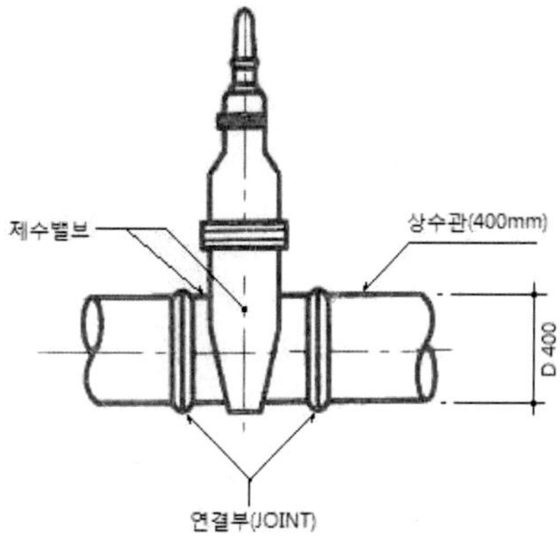

그림 394 제수밸브와 상수관의 조인트

지중에 매설되어 있는 상수도관과 같은 구조물은 도로의 하부에 매설되어 교량과 같이 진동을 상시로 받고 있는 상태이므로, 허용진동치가 주택이나 공동주택의 기초에 비해 허용진동치가 높을 것으로 판단된다. 따라서 허용진동기준치 5.0㎜/s(0.5kine)는 다소 보수적인 진동치로 볼 수 있다. 특히 상수관에 사용하는 회주철의 제수밸브는 편상 흑연이 포함되어 있어 편상 흑연의 계면에서 점성유동이 일어나서 진동에너지가 잘 흡수되기 때문에 감쇠능(減衰能, damping capacity)이 좋다(출처: 박일부, 최병강 공저, 금속재료 총정리, pp. 4-44, 도서출판 남양문화, 2003). 또한, 복공구조물에 매달려 있는 상수관에 가해지는 외부진동이 제수밸브에 압축과 인장으로 영향을 미칠 수 있지만, 예시한 조인트 그림에 나타낸 바와 같이 제수밸브의 양쪽에 접합부(joint)가 있으므로, 이러한 진동이 몸체의 파단으로 직접 이어지는 것으로 보기는 어렵다. 이를테면, 상수관에 가해지는 진동은 제수밸브의 몸체에 직접 가해지기보다는 복공구조물의 절점과 상수도관의 접합부(joint)에서 먼저 흡수된다.

이러한 관점에서, 이 사건 발생 이후에 제수밸브 주변에서 측정한 최대진동속도(5.33㎜/sec)는 허용진동속도를 약간 상회하는 정도이므로, 이 정도의 진동치는 안전성 확보 측면에서 다소 보수적이라고 할 수 있을 것이다. 결국, 주택 및 공동주택 기초의 허용진동속도 5.0㎜/s(0.5kine)를 감정목적물의 제수밸브에 대한 허용진동치로 적용하는 것은 적절하다고 하기 어렵다.

바. 이 사건 제수밸브 주변의 현장에는 상수관, 우수관, 오수관, 전력관 등 많은 지장물이 위치하고 있는데, 이러한 경우 이 사건 제수밸브에 관매달기 시공방법을 적용하는 것은 통상적인 시공방법이라고 볼 수 있는 것인가요.
감정결과: 관매달기 방법이 통상적으로 적용되고 있는 방법이며, 개착식 지하철공사에서 적절한 방법으로 사료되며, 현재까지는 이 같은 관매달기 방법 이외에 특별히 적용할 시공방법도 없는 상태이다.

(해설) 관매달기 방법이 국내의 지하철 공사에 전반적으로 적용되고 있으며, 일본의 경우에도 관매달기가 표준시공방법이다. 또한, 이러한 관매달기 공법 이외에는 딱히 적용할 공법이 없는 것도 사실이다. 이 때문에 상수도관의 탄성지지(彈性支持)를 위해 관매달기 주위에 방진패드(防振, vibration proof pad)를 설치한다. 그래서 교통 하중에 의한 진동의 영향을 직접적으로 받지 않도록 배관주위에 방진 패드를 설치하는 시방의 관매달기 공법을 적용하면서, 주형보(복공보 받이보)에 관매달기를 하고 있다. 도시철도 615 정거장의 가시설단면도(지장물 보호도) 상으로는 아래의 그림과 같이 배관주위에 방진 패드(고무패드)가 설치되어 있으며, 상수관(ϕ=800~900㎜, 종방향: 본관)은 복공보에 관매달기를 하고 있다.

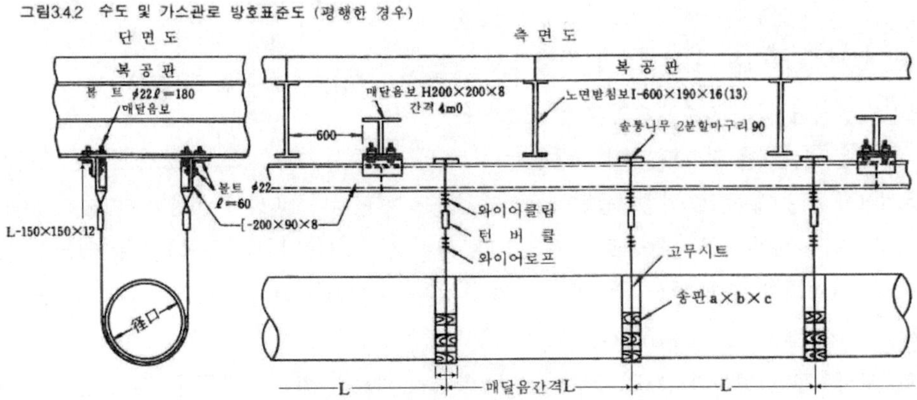

그림 395 관매달기 일본 예/터널工法總技術(번역판). p.413. 서울: 도서출판 과학기술. 2004

그림 396 아파트 지하주차장 상부층의 바닥에 차량의 이동하중이 작용하는 지하주차장 천장 슬래브에도 각종 상수도, 하수관을 매달기식으로 설치하고 있다.

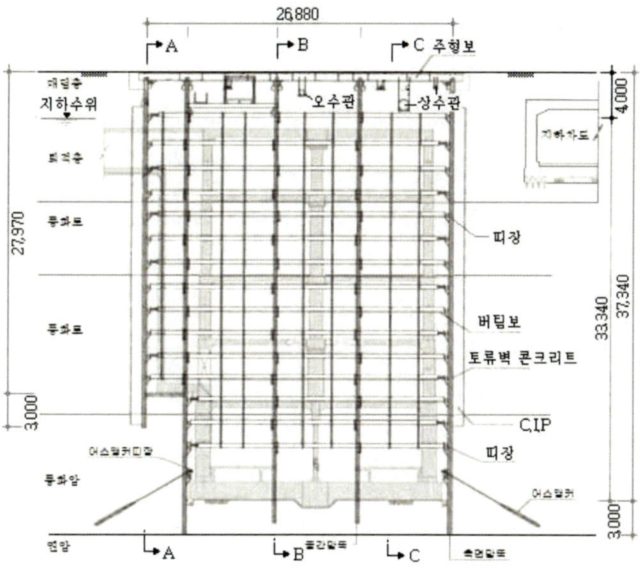

그림 397 도시철도 5공구 615정거장의 가시설단면도(관매달기)

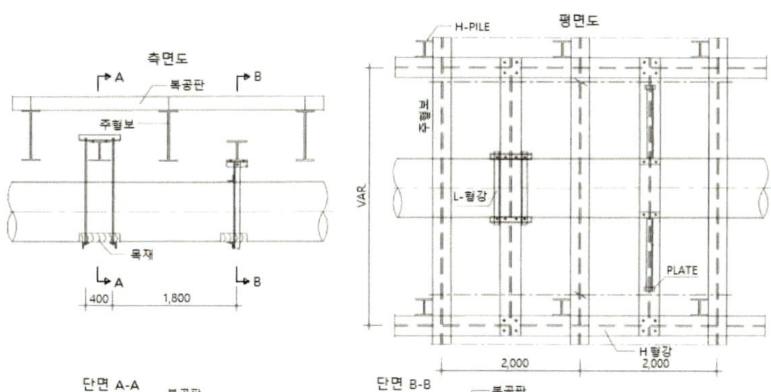

그림 398 도시철도 5공구 615정거장의 가시설단면도(관매달기)

사. 이 사건 사고의 주된 원인은 무엇이라고 볼 수 있는 것인가요.
감정 결과: 상기의 2. 감정할 사항 '가'~'바'에서 평가한 감정 결과들을 놓고 볼 때, 이 사건 사고의 주된 원인은 좌우대칭으로 일정한 두께를 유지하여야 할 제수밸브의 몸통 두께가 주조(鑄造) 시에 국부적으로 소정의 두께보다 얇게 제작된 것이 근본적인 원인으로 판단된다. 여기에 더하여 24년의 사용기간 동안의 유수(流水)에 따른 침식과 전기분해에 의한 부식으로 제수밸브의 몸통 두께가 얇아진 것도 다소 영향을 미친 것으로 보인다. 즉, 제수밸브 설치 당시의 품질 문제(몸통 두께미달)가 이 사건 사고의 주된 원인으로 작용한 것으로 판단된다.

(해설) 감정 대상의 밸브와 같이 지중에서 20년 이상(24년)인 조건의 제수밸브의 파손요소는 1) 파손된 제수밸브의 재료적인 문제, 2) 경과 시간에 따른 제수밸브의 부식 및 열화, 3) 복공판 도로의 교통 하중에 의한 진동의 영향, 4) 지하철 굴토공사 중의 혹한기의 온도변화에 따른 해빙기의 동파를 열거할 수 있다. 여기에서 2), 3)에 대해서는 앞서의 감정할 사항의 해설 부분에서 기술한 바와 같이, 이 사건 제수밸브의 파손원인으로 평가하지 않았으며, 4)에 대해서는 2016년의 1월부터 3월 말에 이르는 기온의 변화(기상자료)[322](별첨 부록 1)에 기반하여 검토한 결과, 동결융해 작용에 따른 해빙기(사고발생 2016년 4월 6일) 동파(파손)로 간주할 수도 있는 혹한기[323]는 26일간이었다. 그러나 이 또한 기온변화에 따른 반복적인 상수도관 재료의 수축과 팽창작용이 제수밸브의 몸통에 직접적인 영향을 미친 것으로 보기는 어렵다. 왜냐하면, 제수밸브가 수축과 팽창의 영향을 받기 이전에, 제수밸브 양쪽의 조인트간의 거리가 짧아 열응력에 의한 변화가 미소할뿐더러, 먼저 양쪽 상수도관의 접합부(joint)에서 수축과 팽창이 흡수되기 때문에, 상수관 내의 상수가 동결되어 인근에 있는 주택에 단수된 이력이 없는 한 동파의 가능성 또한 희박하다. 결과적으로 이 사건 사고의 주된 원인은 일정한 두께가 유지되어야 할 제수밸브의 몸통 두께가 아래에 나타낸 상태 사진에서 보는 바와 같이, 몸통 두께가 국부적으로 소정의 두께보다 얇게 층단으로 제작된 것이 주된 원인으로 판단된다. 이 같은 층단 형성을 사용 기간의 경과에 따른 부식이나 침식작용에 의한 것으로 보기는 어렵다. 부식이나 침식의 경우에는 거의 균일하게 부식되고 마모로 인한 침식은 두께의 변화가 완만하게 이루어지는 것이 일반적이다.

감정목적물의 제수밸브 단면에 나타난 층단은 밸브의 주조과정에서 형성된 것으로 볼 수밖에 없다. 또한, 지중에서 20년 이상 사용하는 동안에 유수(流水)에 따른 전기분해에 의한 전식(電蝕)도 이 사건 사고의 하나의 원인으로 작용하였을 것으로 판단된다. 즉, 사고가 발생하기 이전에, 제수밸브에 몸통두께 부족의 결함이 있는 상태에서 24년간 지중에서 사용된 제수밸브의 노후화로 인해 이미 제수밸브가 돌발적으로 파손될 수 있는 요소가 상존하고 있었던 것으로 판단된다.

---

322) 조사현장 지역에 기상관측점이 설치되어 있지 않아 가장 가까운 ○○공항의 자료를 기초함.
323) 2016년 1월 12일~2016년 2월 7일 사이에 -4.1℃~-18.6℃에 이르는 기온과 함께 -16.5℃~18.6℃의 기온이 3일간 지속되는 기간이다.

그러함에도 불구하고, 사고 발생에 대한 정황으로 놓고 볼 때, 어떻든 건설공사 측이 노반 건설공사를 진행하는 도중에 제수밸브가 파손되었다는 점에서, 건설공사가 전적(全的)으로 사고원인에 영향을 미치지 않았다고 단정적으로 평가하기도 어렵다.

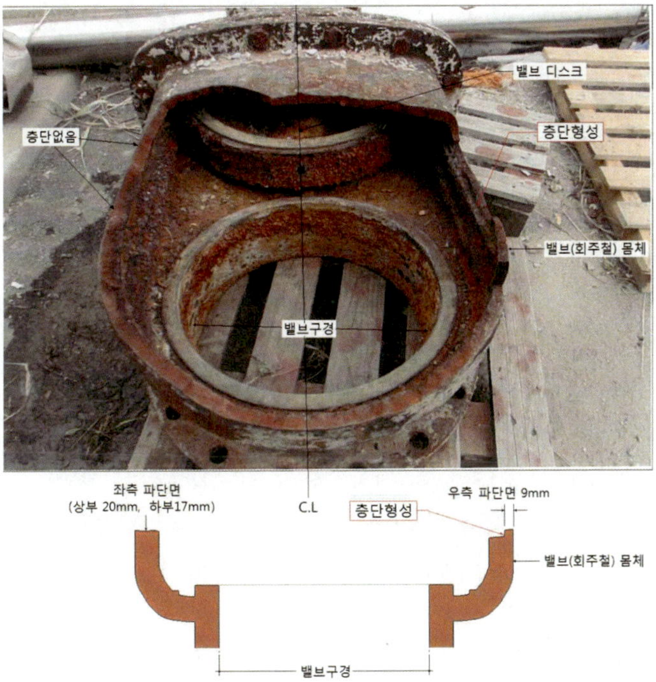

그림 399 제수밸브의 명칭과 파단면 상태/좌측 몸통 두께 20㎜, 우측 9㎜ 층단은 주물과정에서 얇게 제작된 것으로 볼 수 있다. KSB 2332 수도용 제수밸브의 지름 400은 몸통 두께 25㎜로 정하고 있다. 파손된 400㎜ 제수밸브의 측정두께는 9㎜~21㎜, 이를 상수의 유수에 의한 침식과 전기분해의 전식으로 볼 수도 있으나, 9㎜ 파단면을 제외하고는 일정한 두께를 유지하고 있다. 제수밸브의 주철은 부식에 강한 재료이며 침식과 전식에 의해 25㎜ 두께가 9㎜로 되었을 가능성은 희박하다. 또한, 취성 주철재료에 나타나는 고유의 파단 양상이며, 우측 부위에 뚜렷한 층단이 나타날 정도의 비대칭과 층단 현상을 부식과 침식에 의한 것으로 보기도 어렵다.

그림 400 제수밸브의 파단균열/층단으로 연속적으로 형성된 제수밸브의 몸통 부분(몸통두께 9㎜ 부분, 우측 부분)에 연속하여 파단 균열이 발생하였다. 몸통 두께 9㎜ 부분이 주조과정에서부터 얇게 제작되어 그 부분이 취약하였음을 반증하는 파단균열로 볼 수 있을 것이다. 균열은 국소적으로 취약한 부분에서 파단을 시작하여 다른 부분으로 진전되는 특성이 있다.

부록(참고자료)

1. 615정거장 인근지역(최저, 최고기온) 기상자료-게재생략

2. 감정인 현장답사자료

지하철공사 중에 파손된 제수밸브(400㎜) 현장의 상황 파악을 위해 도시철도 5공구 615정거장(○○사거리) 부분의 현장을 답사(2018년 6월 15일)한 결과, 지하굴토 부분이 통행이 어려울 정도로 되메우기가 되어 파손 후에 교체된 제수밸브 장소에는 접근하지 못했다. 그러나 교체된 제수밸브 주변에서 복공판, 복공보, 주형보(main girder)에 대한 상태는 조사할 수 있었다.

현장답사일 현재, 615정거장 가시설(복공구조물)은 많은 차량이 복공판 위를 통행하고 있었다. 철골 복공구조물에 대한 상태를 살펴본 결과, 외관상으로는 구조적으로 특별히 유해하다고 판단되는 진동감지 등의 사항은 관찰되지 않았다. 또한, 제수밸브 파단면에 대한 실제의 상태를 살펴보기 위해, 제수밸브에 대한 재료시험(성분시험 등) 시료 채취 이후에 보관하고 있는(남아 있는) 제수밸브의 파편이 있는지를 현장관계자에게 탐문 하였으나, 파손된 제수밸브를 보관하고 있지는 않았다. 현장관계자에게 재료시험기관(한국△△시험연구원, 한국□□시험연구원)에 제수밸브 파편에 대한 보관 여부를 알아보고 만일에 보관하고 있다면 2~3일 이내에 감정인이 볼 수 있도록 조치해 달라고 요청하였다. 이는 실제의 제수밸브의 파단면을 직접 육안으로 보기 위해서였다. 그러나 시료가 폐기되어 육안검사를 하지 못했다.

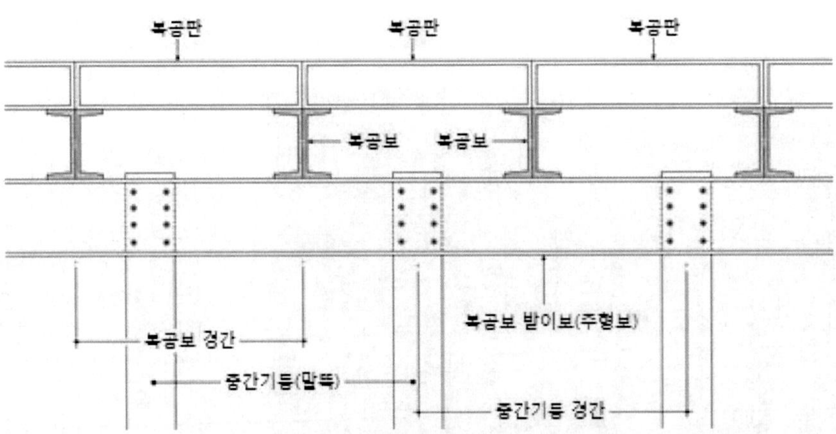

그림 401 복공판, 복공보, 주형보(main girder), 중간기둥 설치/관매달기는 복공보에 매달릴 경우는 복공보의 휨이나 진동에 의해 매달린 상수도관이 영향을 받을 수 있다. 따라서 가능한 진동의 영향을 줄이기 위해 주형보에 매다는 것이 바람직하다. 그러나 감정목적물의 분기관을 주형보에 매다는 것은 주형보의 간격이 매우 넓기 때문에 실제로 적용하기는 어려울 것으로 판단된다. 현장답사 시에 확인한 관매달기의 복공보는 큰 규격(H-700×300)이었으나, 이러한 복공보에 관이 매달려 상태였다. 개착식 지하철공사에서 상수도관 등을 지하의 저면 지반에 직접 지지할 경우는 지하굴토작업에 지장을 줄 뿐만이 아니라, 지하굴토 혹은 발파 등에 따른 진동으로 상수도관과 지지 기둥에 더욱더 큰 진동이 전달되어 특별한 경우 이외에는 이를 적용하기 어렵다.

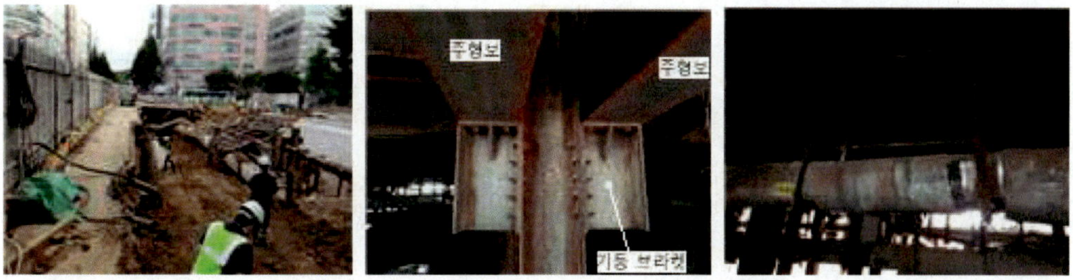

그림 402 615 정거장 주변의 출입통로(좌), 주형보 지지기둥의 브라켓(중), 복공보에 매달려 있는 관(우)

그림 403 파손된 제수밸브는 현재 교체되었고 주변 접근이 곤란하며, 부재는 복공판 하부에 복공보를 설치하고, 복공보 하부에는 주형보가 설치되어 이를 기둥이 지지하고 있다. 복공보 사이에는 X-가새(X-Brace)가 설치되어 있고, 복공보 하부플랜지에 관을 매달아 놓은 상황이다. 이는 거의 모든 개착식 지하철공사에서 적용되고 있다.

그림 404 도로교통하중에 따른 복공판 구조물의 비틀림 변형을 고려하여 복공보와 복공보 사이에 X-가새(X-Brace) 보강재를 설치한 상태

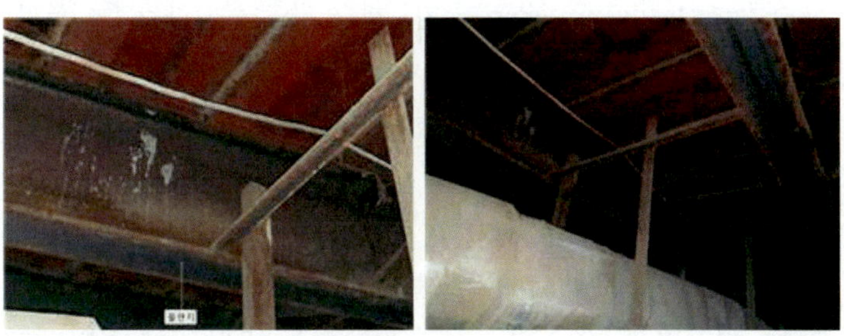

그림 405 복공보의 하부 플랜지(flange)에 지지된 달대형강(매달기식)

제2막 : 상수도원인자부담금 부과처분취소 소의 감정결과에 대한 증인신문과 답변

차례

<감정인의 증인출석 요구와 증인신문>

제1막의 '상수도원인자부담금 부과처분취소 소'의 감정 결과를 1심법원에 제출한 1년 후에, 상급법원으로부터 증인출석하라는 소환요구서를 받았다. 감정 결과의 수용 여부는 재판관이 판단할 것이므로, 감정 결과는 1심법원에만 유효한 것으로 생각했다. 그러나 상급법원의 증인출석요구서에는 "법원은 특별한 규정이 없으면 누구든지 증인으로 신문(訊問)[324]할 수 있다(민사소송법 제303조)." "정당한 사유 없이 기일에 출석하지 아니한 때에는 법원은 000만원 이하의 과태료를 부과하고 강제 구인할 수...." 등의 유의사항과 함께 '특별송달'이라고 적혀있었다.

수신처에 적혀있는 윤재진(소환)이라는 문구를 보는 순간 가슴이 철렁하였으나, 이내 제1막의 감정평가와 관련된 것이라는 생각을 하면서 우편 봉투를 뜯었다. 법원의 증인출석요구서의 내용을 확인하면서, 지방법원의 감정인을 고등법원에서 "민사소송법상 증인이 될 수 있는 자(증인능력자)는 제3자에 한 한다"라는 원칙에 따라 출석을 요구한 것이었겠지만, 결국 피고인신문과 별반 다르지 않을 것 같아 심정이 불편하였다. 증인출석을 하지 않으면 과태료 처분, 강제 구인한다는 데에는 더더욱 불쾌하였다.

감정인의 증인신문에는 시간과 비용문제 등으로 전자문서로 답변하여도 무방할 것이라는 생각을 하였으나, "재판부 이메일 주소로 전자문서를 전송하는 경우에는 서면을 제출한 효력이 발생하지 아니한다."라고 적혀있었다.

이후에 증인, 증인신문, 증인신문권, 진술거부권 등에 대해 알아보았으나 1심 감정인이 상급법원의 증인으로 반드시 출석해야 하는지는 알 수 없었다. 다만, 1심 재판과 2심 재판은 독립적이어야 하지 않을까 하는 개인의 상식으로는 법원의 특별 규정으로라도 감정인은 2심법원에 소환되어서는 안 된다는 생각이 들었다. 감정인의 감정 결과는 허위로 감정하지 않은 한 존중되어야 하고 보호되어야 하기 때문이다. 감정인은 신뢰성 측면에서 1

심 감정 결과에 반하는 답변을 할 수 없으므로 2심 재판의 신문이 무의미할 수 있다. 또한, 공정하게 감정한 감정에도 불구하고 2심 재판의 원고와 피고 측이 감정 사항에 대해 추궁을 하면 감정인의 자존이 상하지 않을까. 다만, 감정 내용이 허위라면, 어느 한쪽이 피해를 받을 수 있으므로 허위감정에 대한 법적인 책임을 물을 수는 있을 것이다.

굳이 감정인의 출석이 필요하다면, 1심 재판의 결심공판 시에 출석시켜서 감정 결과를 설명토록 할 수도 있다. 또한, 감정 사항에 이의가 있다면 이에 대한 입증자료를 상급법원에 제출하거나, 상급법원에서 별도의 감정으로 재판을 진행하는 것으로 필자는 생각하였다. 특히 법률지식이 부족한 감정인은 "상급법원이 1심 감정서를 살펴본 결과 그 내용이 사실에 부합하거나 감정 사항에 특별한 오류가 없다고 판단되면 하급법원의 판결을 그대로 수용하는 것으로 결정(이행권고결정)을 할 수도 있지 않을까" 하는 생각이 들었다.

1심의 감정은 정해진 감정 사항에 대해 필자가 법원에 문서로 감정 비용을 제시하였고, 이후에 법원이 감정 촉탁을 함으로써 성립된 것이다. 이는 계약의 양 당사자가 용역 금액이 명시된 계약서에 날인 함으로써 계약이 성립되는 것과 마찬가지일 것이다. 계약은 용역성과품을 제출함으로써 완료된다. 물론 재판의 경우에는 특수성도 있겠지만, 1심 재판부에 감정 결과를 문서(혹은 보고서)로 제출함으로써 감정은 완료된 것으로 보아야 하지 않을까? 여기에서 법원이 감정 결과에 대한 설명이 필요하다면 감정인에게 출석을 요구하면 될 것이다.

1심 법원이 감정을 촉탁한 감정인에게 2심 재판의 원고 혹은 피고 측 법정대리인이 증인으로 신청하거나 증인신문을 하는 것은 "정상 절차는 아니다"라는 생각이 들었다. 굳이 2심 재판부에서 1심 재판의 감정인에게 확인할 사항이 있다면, 1심 재판의 감정 사항에 대해 2심 재판부가 사실조회를 하면 될 것이므로 2심 재판의 증인으로 소환하여 신문하는 것은 잘못된 처사라는 것이다. 이것이 증인 소환에 대해 불평하는 이유이다. 물론 2심 재판부가 별도로 다른 감정인에게 감정을 촉탁할 경우에는 개개인의 견해차로 인해 더 큰 논쟁을 불러일으킬 수도 있다. 재판부가 이 점을 고려했다 할지라도 이해하기 어려운 기존의 감정 사항에 대한 사실조회나 보정 요청하는 정도였어야 한다고 생각된다.

이러한 법원의 감정 촉탁 절차를 알았더라면, 1심의 감정 촉탁에 응하지 않았거나 애당초 감정 비용을 훨씬 높게 청구하였을 것이다. 증인이나 감정인이 신문이나 질문에 대하여 진술을 거부할 권리가 있다고는 하지만, 상급법원에서 적시한 내용에 성실하게 따를 수밖에 없고, 그 내용에 대한 사실을 입증하는 답변을 할 수밖에 없다. 그래서 1심 감정에서와같이 문헌 등을 통해 관련 자료를 수집 검토하여 신문 사항에 대한 증인진술서를 작성하였다. 신문 사항의 대부분이 1심 법원에서 감정한 사항의 본질과는 거리가 있는 꼬리에 꼬리를 무는 지엽적인 것이었다. 그러나 필자는 이들 모두에 대해서 서면으로 나름대로 성실하게 임했다. 여기에서의 서면답변서(신문 사항 및 증인진술서)나 증인으로 법정에 출석하여 답변한 사항은 엄밀하게 말하면 1심 법원에 제출한 사실 입증의 감정 결과를 작성하면서 쏟았던 노력과 별반 차이가 없다. 많은 시간을 할애하여 법원의 감정평가를 2번 하는 것 같아 씁쓸한 생각이 들었다.

서면진술서를 작성하고서 유선으로 법원 담당자에게 전자소송시스템을 이용하여 이를 제출하고자 통화하였으나, 그는 "서면진술서는 필요 없으며 법정에 출석하여 판사의 신문에 직접 진술하면 된다."라고 하였다. 그는 경솔하게도 "서면진술서를 보내게 되면 여기저기 발송도 해야 하고 귀찮다"는 것이었다.

판사만의 신문인가? 의심하면서도 "보다 이해도를 높이고 체계적으로 정리된 자료로 진술하고 법정에서는 보충하는 진술을 하고자 한다."라는 취지를 강조하였다. 그제 서야 그는 "굳이 보내고 싶으면 서면진술서를 담당재판부로 보내든가"라고 하였다. 합의부 재판을 고려하여 서면진술서 3부를 등기우편으로 송부(6월 12일) 하였다. 이같이 보낸 서면진술서는 6월 14일자로 원고 측 변호사와 피고 측 변호사에게 전송되었음을 재판기일(6월 19일)의 당일에 법정에서 확인할 수 있었다. 서면진술서를 보내길 잘 했다는 생각이 들었다.

어떻든 우편 봉투에 적혀있는 윤재진(소환)이라는 출석요구서에 따라 법정에 증인으로 출석하였다. 증인선서에 앞서 재판장은 "1심 재판에서 감정인의 진술이 없었던 것을 고려하여 본 재판정에 증인출석을 요청하였는데, 출석해 주어서 감사하다"는 말을 하였다. 법정에서 원고와 피고 측 변호사의 추가 질문, 피고 측 실무 담당자의 질문, 배석 재판관(판사)의 신문에 기꺼이 진술하였다.

증인선서

신문에 앞서 피고 측 변호사는 재판장에게 신문 사항은 증인이 기 제출한 서면진술서로 대체하고 그 이외에 추가신문 사항이라고 하면서 재판장에게 따로 준비한 서면을 제출하였다. 대부분 피고 측 변호사의 질문이었다. 그리고 재판부의 신문도 있었다. 서면진술서를 미리 제출한 덕분에 추가신문은 1시간 소요로 마무리되었다. 피고 측 변호사는 여러 가지 추가신문 사항을 준비해 왔으나 1심에서 제출한 감정 사항과 증인 진술에서 답변한 내용의 범주였다. 결과적으로 재판장과 배석판사, 변호인 측 모두 부정하거나 의문을 제기하지는 않았다.

다만, 피고 측 실무자(공무원)는 "장기적이고 반복적인 건설공사와 연중 온도변화(50℃ 주장), 교통진동 등이 상수도관에 전달됨에 따라 제수 밸브에 큰 영향을 미친다고 볼 수 있다. 이로 인해 제수 밸브가 파손될 수도 있는 것이 아니냐"라고 의문을 제기하였다. 그래서 "건설공사로 제수 밸브가 영향은 받을 수 있다. 그러나 상수도관에는 조인트(이음부)가 있으므로 제수 밸브가 그러한 영향으로 파손되기 이전에 상수도관이 먼저 미소하게 변형(구부러짐)되어 이음부에 미세한 틈새가 생길 수 있다. 이로 인해 조인트에 틈새가 생기면서 제수 밸브가 파손되기 전에 이음부에서 먼저 누수가 발생하는 것이 일반적이다. 이 사건 현장에서 이러한 누수가 있었다는 이야기는 없었다."라고 하였다. 피고 측 실무자는 이에 대해 긍정하는지 고개를 끄덕였다. 배석판사는 "제수 밸브의 파손에 대하여 건설공사가 어느 정도, 이를테면 몇 퍼센트 정도 영향을 미쳤다고 생각하느냐"라는 취지로 물었다. 그래서 "건설현장의 관 매달기 공사와 교통 하중 등의 진동이 제수 밸브의 파손에 0.001%도 영향을 미치지 않았다고 하기는 어렵다."라고 하였다. 마지막으로 재판장은 "추가로 하고 싶은 말은 없는지"를 물었고, "없습니다."라고 답하자 "법정을 나가셔도 된다"고 하였다.

증인 진술이 끝난 후 법정을 나와서, 증인에게 재판장이 증인출석에 감사를 표한 것을 생각해 보았다. 이는 지방법원에서의 감정인을 고등법원에서 증인으로 소환하는 것이 특별한 경우이므로, 증인에게 감사를 표한 것이 아닌가 하는 느낌이 들었다. 이는 추측일 뿐이지만, 이러한 느낌으로 다소 위안이 되기는 하였다. 그러함에도 불구하고, 법원은 특별한 규정을 두어서라도 지방법원의 감정인을 고등법원의 증인으로 내세우지 않도록 하였으면 하는 생각에는 변함이 없다. 감정인이 증인으로 출석하여 원고 및 피고와 법정에서 대면할 경우, 감정에 불만이 있는 측에서 감정인에 대해 앙심을 품을 수도 있기 때문이다. 다만, 1심 재판의 감정평가에 대해서 2심 법원의 재판관이 이해하지 못하는 사항을 설명으로 설득할 필요성은 있다는 점에서는 긍정적으로 볼 수 있다. 그러나 이는 1심의 감정인에게 별도로 자문받은 형식이 되어야 하지 않을까? 필자는 지방법원의 감정인이므로, 고등법원의 법정에서 변호사가 감정인에게 묻는 것이 불쾌하기도 하여 언쟁으로 이어질 수 있다는 생각이 들었다.

* 몇 년이 지난 2025년 6월, 감정인은 상기의 내용을 요약하여 ChatGPT에게 문의(제2막 끝에 첨부)함.

324) 소송에서 신문(訊問)이란 법원 또는 당사자가 증인 또는 반대당사자에 대하여 질문을 하고 강제적으로 대답(返答)케 하는 것. 예컨대 증인신문(民訴275~304, 刑訴 146~168), 당사자신문(民訴 339~345), 피고인신문(刑訴 284, 287, 289), 피의자신문(241~245) 등이 그것이다. 법원이 행하는 審問과 대비된다.

사건번호 : ○○고등법원 2018가12345 상수도원인자부담금부과처분취소
(담당재판부: 제○행정부)

원고 □□주식회사(건설공사 측)

피고 □□시장

증인 : 감정인 윤재진(서울 서초구 서초중앙로31길 희정빌딩 3층)

감정 사항

가. 이 사건 제수밸브의 규격상 두께는 22.50㎜~28.75㎜이나, 이 사건 제수밸브는 실제 최소두께가 9㎜에 불과한데, 이러한 경우에도 한국감정원이 발간한 유형고정자산 내용년수표 및 지방공기업법 시행규칙 제19조의 1호에 따른 유형자산 상각내용연수표를 근거로, 이 사건 제수밸브의 내구연한이 30년이라고 인정할 수 있는가요.

나. 이사건 제수밸브의 몸통은 회주철로 제작되었고 인장강도는 100N/㎟로 확인되는데(참고자료 4.20쪽, 49쪽), 이러한 경우에도 이 사건 제수밸브가 'GC100'이 아니라 'GC200'으로 제작되었다고 인정할 수 있는가요.

다. 상수도 시설기준에 의하면 이 사건 제수밸브는 분류기준상 대형이고, 설치된 지반은 느슨한 사질토층이므로 제수밸브에 보호콘크리트 설치 등 제수밸브를 보호하는 조치를 취하도록 기재되어 있는데, 만일 그러한 제수밸브 보호조치가 전혀 없는 경우에는 제수밸브에 피로응력을 발생시키거나 피로응력을 가중시킬 수 있는가요.

라. 이 사건 제수밸브의 재질인 주철은 부식 및 침식에 강한 재료이고 이 사건 제수밸브는 상시 상수가 흐르는 유수관인데, 만일 이 사건 제수밸브의 제작 당시 두께가 22.50㎜~28.75㎜이었다고 가정한다면, 위 제수밸브가 유수에 따른 침식이나 부식만으로 압력관 내에서 한쪽만 두께가 9㎜로 얇아질 가능성이 높다고 할 수 있는가요.

마. 교통 하중으로 인한 진동이 이 사건 제수밸브에 미치는 영향을 판단하는 기준은 '진동에너지'를 기준으로 하는 것이 맞는가요. 또한, 이 사건 제수밸브의 허용진동속도의 범위는 어느 정도이며, 이 사건 제수밸브 주변의 최대진동속도가 5.33㎜/s라면 그러한 허용진동속도의 범위 내에 포함될 수 있는가요.

바. 이 사건 제수밸브 주변의 현장에는 상수관, 우수관, 오수관, 전력관 등 많은 지장물이 위치하고 있는데, 이러한 경우 이 사건 제수밸브에 관매달기 시공방법을 적용하는 것은 통상적인 시공방법이라고 볼 수 있는 것인가요.

사. 이 사건 사고의 주된 원인은 무엇이라고 볼 수 있는 것인가요.

위 증인은 □□□□법원(사건 2017홍합5×××9)으로부터 위의 감정 사항에 대해 감정 촉탁을 받아 1심 법원에 제출하였으며, 이후에 2심 법원의 증인출석소환요구에 따라 아래와 같은 신문 사항의 증인진술서를 제출하고 증인으로 출석하였다.

(2018가1234) 신문 사항 및 증인진술서

1. 몸통두께 9㎜ 품질관련사항(감정사항 '나'항)

가. 이사건 제수밸브(400㎜)의 KS규격 몸통두께가 25㎜로 표시되어 있으나 파손 후 두께 측정 시 얇은 상태가 확인된 것에 대해 지중에 장기간 매립된 상태였기 때문에 'GC200'에서 'GC100' 수준으로 성능이 저하된 것으로 볼 수 있는 것이 아닌지요. 그런데 제작 당시 회주철 'GC200'이 아닌 'GC100'으로 제작된 것이라고 단정한 근거는 무엇입니까?

답변)

① 첫 번째의 신문에 대한 진술은 "제수밸브가 지중에 장기간 매립되었다고 하여 'GC200'에서 'GC100' 수준으로 성능이 저하될 수는 없다"는 것입니다. 다만, 지중에 장기간 매립된 상태일 경우에 전식(電蝕) 등의 부식(wet corrosion)으로 두께가 얇아져서 재료 자체의 성능이 저하될 수는 있습니다. 즉, 24년간 지중 열화(deterioration)되어 제수밸브 몸체의 강도가 전체적으로 어느 정도는 저하될 수 있습니다. 그러나 지중에 장기간 매립되었다고 하여 'GC200'에서 'GC100'과 같이 큰 수준으로 성능이 저하된 것으로 보기는 어렵습니다. 즉, 부식으로 두께가 얇아져서 몸체의 재료 강도가 어느 정도 저하될 수는 있으나, 인장강도가 'GC200'에서 'GC100'과 같은 수준으로 저하되지는 않습니다. 시험결과의 인장강도는 실험실에서 인장시험을 할 때 부식된 부분을 제외한 순수한 단위 단면적(斷面積) 당의 재료 강도(MPa)입니다. 따라서 부식된 부분을 제외한 부식되지 않은 정상적인 시험편으로 인장시험을 하므로 지중매립의 부식으로 두께가 얇은 상태라고 하여 'GC200'의 재료강도가 'GC100'으로 낮아지는 것은 아닙니다. 그러나 지중에 매설된 배관은 지하수나 토질작용으로 또는 전류의 영향으로 부식되는 환경하에서 24년간 열화된 상태이므로, 인장강도가 저하되었을 수 있습니다. 제수밸브 재료가 완전 무공질(無孔質)이 아닌 한 재료의 미세공극에 함유된 수분의 영향으로 부식되어 재질이 변할 수도 있습니다. 이러한 점에서 사고 당시에 제수밸브가 'GC200' 이하로 성능이 저하되었을 수도 있다는 것입니다.

② 결론적으로, 제작 당시 회주철 GC200이 아닌 GC100으로 제작된 것이라고 단정한 것이 아니라, GC200으로도 GC100으로도 인정하기 어렵다고 본 것입니다. GC200으로, 혹은 GC100으로 인정하기에는 시험결과의 인장강도의 차이가 너무 크고 장기간 지중 매립되었다고 하여 GC200→GC100 수준으로 성능이 저하될 수도 없으며, 또한 지중에

매설된 무공질(無孔質)이 아닌 제수밸브가 지하수나 토질작용으로 또는 전류의 영향으로 부식되는 환경하에서 24년간 열화되어 인장강도가 GC200 이하로 저하되었을 개연성도 있었기 때문입니다. 그러나 만일에 인장강도가 GC200에서 GC100 수준으로 저하된 것이 확실하다면, 이는 설치 당시의 제수밸브 재료의 품질(GC100)문제로 보아야 할 것입니다. 이러한 점을 고려하여 감정인은 "인장강도가 100N/㎟으로 확인되었다면, 이 사건의 제수밸브를 GC200으로 제작되었다고 인정할 수 없을 것으로 판단된다."라고 아래와 같은 감정 결과로 정리를 한 것입니다.

감정인은 감정 시에 감정 사항 '나'항에 대해 아래와 같이 평가하였습니다.

> 감정인의 감정('나'항)결과 : 인장강도가 100N/㎟으로 확인되었다면, 이 사건의 제수밸브를 'GC200'으로 제작되었다고 인정할 수 없을 것으로 판단된다. 다만, 이 사건 제수밸브가 애초 'GC200'이었으나, 사고 당시는 GC200 이하로 성능이 저하된 상태였을 수도 있으므로, 이 사건 발생 시점의 시편에 의한 인장강도 시험결과를 가지고 제작 당시의 성능이 GC100이었다고 인정하기는 어려울 것으로 판단된다.

나. 이사건 제수밸브 회주철 제품은 부식 및 침식에 강한 재료이긴 하지만 제수밸브 내부에 와류 및 공동화 현상이 발생하므로 외부진동 등 충격에는 약한 단점이 있는 것이지요. 그리고 내부 부식이 많기 때문에 현재는 사용을 거의 중단하고 대부분 구상흑연주철제품으로 사용이 변경된 상태이지요.

답변)

① 감정인의 감정 사항 '나'항과는 관련이 없는 신문 사항입니다. 이사건 제수밸브의 회주철 제품을 특정하여 "제수밸브 내부에 와류 및 공동화 현상이 발생하므로 외부진동 등 충격에는 약하다"고 할 수는 없습니다. 그러나 이사건 제수밸브는 유체(流體)의 흐름에 대하여 직각으로 개폐하는 구조이므로 밸브가 완전히 열려 있을 때는 저항이 작은 반면에, 조금만이라도 덜 열려 있다면 밸브의 뒤쪽에 저항이 큰 맴돌이(와류) 현상이 발생하기도 합니다. 이러한 경우에 제수밸브 내부에 와류 및 공동화 현상이 발생하는 것으로 보아야 할 것입니다. 따라서 제수밸브가 완전히 열려 있지 않은 상태에서 내부에 와류 및 공동화 현상이 장기간 상시로 반복적으로 발생하였을 때는 "제수 밸브가 손상될 수도 있다"라고 추정할 수는 있을 것입니다. 그러나 이는 어디까지나 제수밸브가 조금이라도 덜 열려 있는 경우 등을 가정으로 하는 추정입니다.

② 상수관에 사용하는 회주철의 제수밸브는 편상 흑연이 포함되어 있어 편상 흑연의 계면에서 점성유동이 일어나서 진동에너지가 잘 흡수되는 것으로 알려져 있으나, "내부 부식이 많으므로 현재는 사용을 거의 중단하고 대부분 구상흑연주철제품으로

사용이 변경된 상태"인지의 정확한 여부는 시공업체 혹은 제작업체에 문의하는 것이 더욱더 바람직할 것으로 판단됩니다.

다. 제수밸브가 파손되지 않기 위한 최소한의 몸통 두께가 9㎜이상 되어야 한다는 규정은 어디에 존재하나요. 즉, 몸통 두께가 9㎜가 되면 외부충격 진동에 관계없이 지중매설상태에서도 자연적으로 제수밸브가 파손되는 수준에 이르는 것인가요. 감정인의 증언에 의하면 이 사건 제수밸브는 9㎜로 제작되었지만 24년간 그 기능을 유지하여 온 것으로 보아야 하지 않나요.

답변)

① 제수밸브의 몸통 두께가 9㎜이상 되어야 한다는 규정은 존재할 수 없으며, 몸통두께가 9㎜가 되면 외부 충격진동에 관계없이 지중매설상태에서도 자연적으로 제수밸브가 파손되는 수준에 이를 것이라고도 평가할 수 없습니다. 모든 제품에는 안전율이 포함되어 있으므로, 설치 당시 제수밸브의 제품에 결함이 내포되어 있었다고 할지라도 이 결함으로 인해 제수밸브가 바로 파손되는 것이 아니라 어느 시점에 한계상태에 이르렀을 때 파손되므로 그 파손 시점을 예측하기는 어렵습니다. 이 사건 제수밸브의 제품이 두께미달이라는 결함을 가지고 있는 상태에서도 24년간 기능을 유지하여 온 것은 사실이지만, 이를 정상상태라고는 하지 않습니다. 왜냐하면, 제수밸브의 면적에서 몸통 두께가 9㎜인 부분이, 즉 국부적인지, 국소적인지 혹은 결손부분의 위치와 정도에 따라 파손수준이 달라질 수 있고, 또한 몸통 두께미달과 같은 결함이 제수밸브에 내재하고 있는 상태에서도 외적으로는 몇십 년 동안 현상을 유지할 수도 있으며, 돌발 파손될 수도 있기 때문입니다. 이는 매우 허약한 사람이 병을 안고서도 소정의 수명을 사는 것과 비유할 수도 있을 것입니다. 감정인은 제수밸브 두께가 9㎜로 제작되었음에도 불구하고 24년간 그 기능을 유지하여 온 것을 이 같은 개념으로 본 것입니다.

② 위에서 설명한 바와 같이, 제수밸브가 국부적 혹은 국소적으로 내재되어 있는 결함(9㎜)과 함께 24년간 그 기능을 유지한 것으로도 볼 수 있지만, 이러한 외적인 겉보기 상태의 유지만으로 제수밸브의 성능이 24년간 정상적이었다고 하지는 않습니다. 따라서 "이 사건 제수밸브는 9㎜로 제작되었지만 24년간 그 기능을 유지하여 온 것으로 보아야 한다."가 아니라, 감정인이 감정 사항 '사'항에서 평가한 바와 같이 이 사건의 주된 원인이 "좌우대칭으로 일정한 두께를 유지하여야 할 제수밸브의 몸통 두께가 주조(鑄造) 시에 국부적으로 소정의 두께보다 훨씬 얇게 제작된 것이 근본적인 원인으로 판단된다."라고 평가한 것입니다.

2. **제수밸브실 관련사항**(감정사항 '다'항)

가. 감정인은 제수밸브 보호조치인 밸브실도 없이 지중에 장기 매설된 결과 열화(劣化)되어 제수밸브가 파손된 주요 원인으로 평가하였는데, 2010년 개정된 상수도 시설기준에 따르면 밸브실 설치는 400㎜ 상수지관밸브의 경우 필수적인 의무사항에서 제외된 것이 아닌가요.

답변)

① 감정인은 제수밸브 보호조치인 밸브실도 없이 지중에 장기 매설된 결과 열화(劣化)되어 제수밸브가 파손된 것을 주요 원인으로 평가하지 않았습니다. 즉, 보호조치 없는 밸브실을 제수밸브가 파손된 주요 원인으로 평가할 수 없습니다.

② 이 사건 목적물의 설치시기는 1992년입니다. 2010년의 상수도시설기준(환경부)에서도 상수지관밸브의 경우 밸브실의 설치가 의무적이지는 않습니다.

감정인의 감정 사항 '다'항 관련의 사실입증 해설 자료에서 "이 사건 제수밸브가 설치된 당시(1992년)의 상수도시설기준(건설부, 1992. 12)의 제수밸브실(室)기준에 의하면 D400㎜이상 제수밸브설치 시, 도로 폭 20m이상 차도에 D300㎜이상 제수밸브 설치 시에는 구형밸브실(B)를 적용하도록 하고 있다."라고 기술한 바가 있습니다. 그리고 해설 자료부분의 밑에 참고사항으로 "2010년의 상수도시설기준(환경부)에 의하면, 밸브실은 관경 400㎜이상의 배수본관 밸브에 설치하는 것으로 되어있으나, **감정목적물의 제수밸브는 상수관로(900㎜)에서 분기된 제수밸브(400㎜ 분기관밸브)이므로 밸브실의 설치가 반드시 요구되는 것은 아니다.**"라고 언급되어 있습니다. 이는 "제수밸브 보호조치가 전혀 없는 경우에는 제수밸브에 피로응력을 발생시키거나 응력을 가중시킬 수 있는지"에 대한 사실 입증의 자료로 기술한 것입니다.

나. 지중에 있던 상수도관 및 제수밸브를 꺼내어 관매달기 공법을 시행함에 있어 시공상 주의사항으로는 보온대책, 진동대책 등이 필요한 것이지요.

답변) 관매달기 공법을 시행함에 있어 보온대책, 진동대책은 당연히 필요합니다. 기타 시공상의 주의사항에 대해서는 특별히 아는 바가 없습니다. 다만, 지중에 있던 상수도관 및 제수밸브를 꺼내어 관매달기를 하는 것이 아니라, 지중에 있던 상수도관 및 제수밸브를 현상 유지하면서 관매달기를 하는 것이 일반적일 것입니다.

다. 상수도관 매달기 방식은 상수도시설기준 4.2.19 수관교와 유사한 방식으로 수관교는 풍하중 지진하중 온도변화를 고려할 하중으로 명시되어 있으며, 상수도시설기준 4.2.13(신축이음관)을 보면 매설되는 수도용관의 관로부에는 별도의 신축이음관이 필요하지 않으나 제수밸브, 펌프 등 관로의 중간에 자유단이 발생한 경우에는 밸브 내에 신축이음관을 설치하고 밸브실 통과부에는 관이 축방향으로 변위될 수 있게 하도록 되어 있지요, 그렇다면 지중매설을 전제로 신축이음관이 없었던 제수밸브를 대기 중에 관매달기를 할 경우에 온도변화에 따른 상수도관의 신축이음으로 인해 제수밸브가 파손될 가능성이 더 큰 것으로 보아야 하지요.

답변)

① 상기의 신문 사항은 근래의 상수도시설기준(2010)에 명시되어 있는 것입니다. 이 사건 목적물의 설치시기는 1992년입니다. 목적물의 경우는 밸브실이 없이 지중 매설한 것(제공사진에 의해 24년을 지중에서 밸브 뚜껑으로 보호되는 방식)으로 판단하였습니다. 다만, 아래의 자료에서 보는 바와 같이 상수도설계기준(1992년)의 3.16 신축이음에서도 신축이음의 설치에 대해서 언급은 하고 있지만, 2010년의 상수도시설기준에서와 같이 "매설되는 수도용관의 관로부에는 별도의 신축이음관이 필요하지 않으나 제수밸브, 펌프 등 관로의 중간에 자유단이 발생한 경우에는 밸브 내에 신축이음관을 설치하고 밸브실 통과부에는 관이 축 방향으로 변위될 수 있게 하도록 한다"라는 조항은 없습니다. 이같이 개정된 상수도시설기준에 의한 설치 시방이 이 사건 제수밸브의 현장 상황과 부합되고 있는지는 알 수 없으므로, 이들 신구(新舊) 상수도시설기준에 기초하여 제수밸브의 파손 가능성을 직접 비교 검토하는 것은 난해합니다.

3.16 伸縮이음

> 伸縮이음은 다음 各項에 適合하지 않으면 안된다.
>
> 1. 伸縮이 되지 않는 普通이음을 使用하는 管路의 露出部에는 20～30m의 間隔에 伸縮이음을 設置하여야 한다.
> 2. 埋設한 遠心力 鐵筋콘크리트管에는 20～30m 마다 伸縮이음을 設置하고, 地盤이 나쁜 場所에는 4～6m 마다 휨性이 큰 伸縮이음을 設置하여야 한다.
> 3. 埋設한 水道用 塗覆裝鋼管에는 必要에 따라 伸縮이음을 設置하여야 한다.
> 4. 水管橋, 逆사이펀 其他 地盤 軟弱으로 不等沈下가 念慮되는 場所에 휨性이 큰 伸縮이음을 設置하여야 한다.
> 5. 硬質鹽化비닐管에서 接着劑로 連結하는 T.S.이음管을 埋設할 때는 必要에 따라 伸縮이음을 設置하여야 한다.

② 신축이음관이 없었던 제수밸브를 대기 중에 관매달기를 할 경우에 온도변화에 따른 상수도관의 신축으로 인해 제수밸브가 파손될 가능성은 제수밸브와 상수도관을 연결하는 조인트의 존재로 인해 경미할 것입니다. 즉, 관매달기의 경우에 지중토사와 배관표면과의 마찰저항이 거의 없으므로 신축은 다소 증가될 수 있으나, 이로 인해 제수밸브가 파손될 정도로 더 커진다고 볼 수는 없습니다. 왜냐하면, 온도변화에 따른 제수밸브의 직접적인 파손원인이 동결융해에 의한 동파가 아닌 한, 온도변화에 따른 상수도관의 신축으로 인해서 제수밸브가 파손된 경우는 거의 없기 때문입니다. 또한, 복공판 아래에 설치되는 관매달기방식과 계곡이나 하천 등을 횡단하는 대기 중에 노출되는 수관교(水管橋)는 매달기 방식은 유사할 수 있으나, 그 외기환경조건은

각기 다소 다릅니다. 수관교의 경우는 당연히 상수도설계기준(2010)에 명시된 바와 같이, 외기 온도변화에 따른 하중을 고려하여 설계하여야 할 것입니다. 그러나 지중 매설의 배관이나, 복공판 아래에 설치되는 관매달기방식의 배관은 온도변화가 수관교 보다는 적은 상태의 지중 혹은 지하공간의 대기에 노출되어 있습니다. 따라서 복공판 아래의 관매달기는 수관교(水管橋) 보다는 기온의 영향이 적을 것으로 사료 됩니다.

3. 진동속도에 관하여(감정사항 '마' 항)

가. "상수도관이 복공 철구조물에 매달린 상태에서는 복공판의 연결점과 상수도관의 접합부에 먼저 (진동이)흡수되어 상수도 본관에서 분기된 이 사건 제수밸브에는 직접 영향을 미치지 않았을 것"이라는 견해(보고서 제 12쪽)에 대하여 이 사건 제수밸브 주변의 진동 수치는 복공판 부분 최대진동이 1.5r.m.s인데 반해 상수관로 주변 구조물의 최대진동이 2.4r.m.s로서 오히려 진동에너지가 더 확장된 결과가 나타났습니다. 이와 같은 현상은 복공판의 상부(차량 통행하는 부분)에서 발생한 진동이 구조물의 **중량 등으로 증폭**되어 상수관로에는 더 많은 진동이 전달되는 것으로 볼 수 있지요. 그런데 이 사건 제수밸브에는 직접 영향을 미치지 않았다는 설명은 무엇을 의미하는 것입니까?

답변)

① 감정인의 감정사항 '마'항의 감정 결과에서 기술하고 있지 않으며, 이는 감정 결과에 대한 사실 입증을 보조하기 위해 해설 부분에서 언급한 내용입니다. '마'항의 감정 결과는 다음과 같습니다.

> **'마'항의 감정결과** : ① 제수밸브에 미치는 영향을 판단하는 기준은 '진동에너지'를 기준으로 하는 것이 적절하다고 판단된다. 제수밸브에 미치는 영향은 진동속도(㎜/s)나 진동 r.m.s단위로 평가할 수 있으나 일반적으로 건설공사현장에서 교통하중이나 건설공사 중에 발생하는 진동은 진동속도(㎜/s)의 진동에너지를 적용하여 평가하고 있다.
> ② 제수밸브의 최대진동속도 5.33㎜/s(0.533kine)는 허용진동속도의 범위를 초과하는 수치(진동치)이다. 그러나 진동치에 의해 제수밸브가 파손된 것으로 평가되지는 않는다.

다만, 신문내용에서 언급하고 있는 진동의 증폭은 질량(mass)에 의해 영향을 받기도 하지만, 이 사건 목적물의 경우는 차량이 일으키는 불규칙한 진동이므로 무거운 쪽이 충격적인 외력에 의하여 야기되는 진동에 유리할 수도 있습니다. 또한, 일반적으로 진동이 증폭되는 경우로는 진동충격파(impulse)가 부재의 고유진동수에 가까워져서 공진(resonance)하는 경우입니다. 또한, 구조물의 중량이 가벼울 경우에 구조물의 진동장해(振動障害) 요인이 될 수도 있습니다.

② 차량통행으로 직접 충격을 받은 복공판의 최대진동이 1.5r.m.s인데 반해 간접 하중을 받은 상수관로 주변 구조물의 최대진동이 2.4r.m.s로서 오히려 진동에너지가 더 확장된 결과로 나타난 진동측정결과는 다음과 같이 설명할 수 있습니다. 이 또한 감정 결과에 대한 사실 입증을 보조하기 위해 해설 부분에서 언급한 내용일 뿐이며, 감정인이 직접 진동을 측정한 것이 아니고, 피고 측의 기술법인 단평의 평가자료를 바탕으로 한 상황적인 평가입니다. ○○기술법인의 진동측정 자료에 "동일한 위치의 2개소(복공판과 상수관로 주변 구조물의 2개소에 대해 동시측정)의 측점에서 동시에 진동을 측정한 결과"라는 전제가 없으므로, 이러한 진동결과를 가지고 영향성을 확정적으로 평가할 수는 없습니다. 만일에 2개소(복공판과 상수관로 주변 구조물)의 측점에 대해 진동을 동시에 측정하였다고 할지라도, 동일하거나 유사한 조건의 위치에서 측정하지 않았다면 이 또한 진동의 영향(진동결과)을 특정하기가 어렵게 됩니다.

진동은 진동측정 시의 현장 교통상황과 주변 조건, 진동발생원과 빈도, 측점 시점 및 위치, 목적물과 지반의 특성, 진동 발생의 방향, 지속시간, 특히 측점이 2개 이상인 경우는 동시성에 따라 달라질 수 있습니다. 특히, 교통진동과 같이 불규칙적인 상시성의 진동일 경우에는 시간에 따라 진동 계측 값이 현저한 변화를 가져올 수 있으므로 상시계측 등의 특별한 처리가 필요합니다.

결과적으로, 복공판→복공보→상수도관의 접합부 등을 통한 진동의 전달경로, 특히 분기관과 같이 간접하중을 받은 부재는 상수도 본관의 직접하중이 분기되어 전달된다고 볼 수 있을 것입니다. 이러한 관점에서 감정인은 "상수도관이 복공 철구조물에 매달린 상태에서는 복공판의 연결점과 상수도관의 접합부에 먼저 (진동이)흡수되어 상수도 본관에서 분기된 이 사건 제수밸브에는 직접 영향을 미치지 않았을 것"이라고 상황적으로 해설 부분에서 설명한 것입니다.

나. 진동에너지는 진동속도(㎜/s)와 진동 r.m.s 단위로 표시될 수 있는데 r.m.s 수치에 대하여 이 사건 제수밸브 파열에 적용하면 곤란한 이유는 무엇인가요. r.m.s는 진동치 파형 신호의 순시치를 제곱하여 평균한 것의 제곱근으로서 실효치를 적용한 것이므로 정밀한 진동에너지 측정단위가 된다고도 하는데 어떠한가요.

답변)

① r.m.s 적용이 곤란하다는 것이 아니라, 건설공사현장에서는 일반적으로 교통하중이나 건설공사 중에 발생하는 진동에 대해 진동속도(㎜/s)의 진동에너지로 평가하고 있다는 것입니다. 물론 r.m.s(root mean square: 진동가속도 실효치)는 면적개념으로

서 진동에너지의 실효치가 될 수는 있을 것입니다만, 정밀한 측정단위라고 비교하여 말하기는 어렵다는 생각입니다.

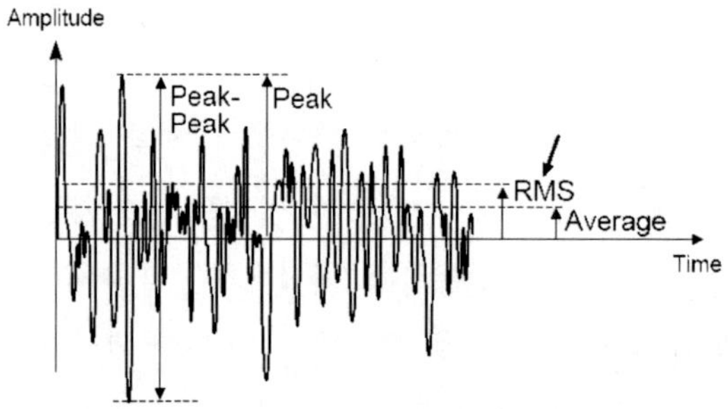

그림 408 r.m.s 참고자료

참고로, 감정인이 조사한 바에 의하면, 진동속도(㎜/s)는 구조물의 안정성과 발파진동 등의 평가에, 가속도(진동 r.m.s 등)는 인간 감각과의 관계 등에 주로 사용하는 것으로 되어 있습니다. 특히 "진동속도(㎜/s)는 선형적 척도로서, 건축물에 대해서는 이러한 척도가 잘 적용될 수 있으나, 인체 감각에 미치는 영향은 이러한 선형적 척도로서 평가할 수 없다. 이에 따라 인체감응을 기준으로 하는 대수척도인 가속도 레벨 등이 제안된다[출처: "진동으로 인한 건축물 피해평가에 관한 연구(2002)", p.11, 환경부 중앙환경분쟁조정위원회]". 이러한 관점에서 진동속도(㎜/s)는 이 사건 목적물에 대한 보다 적절한 평가척도에 해당한다고 볼 수 있습니다.

② 진동속도(㎜/s)와 진동 r.m.s 단위의 측정 중에서, 어느 방식이 정밀한지는 가늠하기 어려울 것입니다. 그 적용 여부는 구조물의 종류와 현장여건 등을 고려하여 전문가가 결정하는 것이 바람직하다고 생각합니다. 즉, 진동에너지의 정확한 측정을 위해 어떠한 방법을 적용하느냐 하는 것도 중요하지만, 앞의 답변에서 기술한 바와 같이 진동측정의 시점 및 위치, 현장의 교통상황에 따라서도 달라질 수 있으므로 어떠한 방법이 정밀한가는 난해(難解)한 일입니다. 특히, 앞에서의 참고문헌['진동으로 인한 건축물 피해평가에 관한 연구(2002)', p.10]에 의하면, 진동평가는 "적용하는 척도에 따라 다른 차원을 갖는 스펙트럼이 되므로 상이한 척도를 사용하여 도출된 결과를 직접적으로 비교하는 것은 불가능하다고 할 수 있다"라고 언급하고 있습니다. 즉, 진동속도(㎜/s)와 진동 r.m.s 단위와 같이 상이한 척도를 사용하여 진동측정결과를 직접적으로 비교하는 것은 적절하지 않다는 것입니다.

4. 통상적인 관매달기 시공방법에 대하여(감정사항 '가'항)

가. "상수도관에 대하여 부재 L형강 90×90×10, 간격 1.8m의 매달기 공법으로 실시

설계를 하여 발주자의 승인을 받았으나, 실제 시공은 L형강 175×1750×120, 간격 1.0m의 상태로 촘촘히 시공하여 안정성을 증대시켰음" 문구와 관련하여 이와 같은 시공대책이 제수밸브가 처짐을 방지할 수는 있지만 복공판의 진동을 방지저감하는 대책과는 무관하며 오히려 진동은 더 많이 전달되는 것은 아닌지요.

답변) 신문내용과 같은 사항을 감정인은 감정서에 언급한 바가 없습니다. 다만, 부재를 촘촘히 배치하였을 경우는 처짐 방지 효과가 있습니다. 그러나 진동을 방지 저감하는 대책과는 무관하지 않습니다. 부재를 촘촘히 배치하였을 경우는 구조체의 강성(剛性)이 높아져서 진동의 고유주기가 짧아지므로(고유진동수가 높아지므로) 진동의 장해요소(障害要素)로 작용하지는 않습니다. 즉, 구조체의 강성이 증가한 결과 고유진동수가 높아지므로 진동장해가 낮아지는 효과를 기대할 수 있을 것입니다.

나. 제수밸브 파열을 방지하기 위해서는 위와 같은 촘촘한 시공과는 별개로 방진패드 내지 보온조치 등이 더 필요한 것 아닌지요

답변) 촘촘 시공과는 별개로 방진패드내지 보온조치 등을 더함으로써 목적물에 해(害)가 될 이유는 없을 것입니다.

다. 온도변화 등 기타 제수밸브 몸통의 파열에 다른 요인으로 시공상 제수밸브 파열의 다른 원인이 더 존재한다면 그것에는 어떠한 요소들이 있는지요.

답변) 감정인이 알고 있는 다른 파열요인은 없습니다. 온도변화에 의한 제수밸브 몸통의 파열요인은 당초 목적물의 감정 사항('가'항~'사'항)에 포함되어 있지 않았으나, 감정인은 '이 사건 사고의 주된 요인을 가능한 총망라하기 위해 감정인의 능력 범위 내에서 아래와 같이 혹한기의 온도변화에 따른 해빙기의 동파를 감정인이 추가한 것입니다.

> 다음은 감정 사항 '사'항의 "이 사건 사고의 주된 원인은 무엇이라고 볼 수 있는 것인가요."에 대한 감정 결과의 해설 일부입니다.
>
> "감정 대상의 제수밸브와 같이 지중에서 20년 이상(24년) 경과한 조건의 제수밸브의 파손요소로서는 1) 파손된 제수밸브의 재료적인 문제, 2) 경과 시간에 따른 제수밸브의 부식 및 열화, 3) 복공판 도로의 교통 하중에 의한 진동의 영향, 4) 지하철 굴토 공사 중의 혹한기의 온도변화에 따른 해빙기의 동파 등을 열거할 수 있다."

라. 상수도관의 관매달기를 시공할 경우에 수평기울기 유지도 매우 중요한데 같은 지하철 노반공사 공구 중 이 사건 사고 구간에서 수평기울기 및 복공판 진동이 다르게 작용될 가능성도 있는 것인지요. 즉 이와 같은 시공상의 문제 발생 가능성은 어느 정도가 된다고 볼 수 있나요.

답변) 개인 소견으로는 관매달기가 수평유지가 아니라 경사관 매달기 상태라면, 경사도가 클 경우는 특정 부분에 집중하중이 작용할 수도 있습니다. 그러나 이러한 경사관매달기의 경우 경사도에 따라 진동에도 수평/수직의 분력(分力)이 발생하므로 작용하중이 낮아질 수도 있으며, 문제 발생 가능성 또한 경미하거나 혹은 가늠하기 어려울 것입니다.

5. 기타 사항

감정인에 대한 신문내용의 대부분이 감정인의 감정 결과와 직접 관련된 내용이 아니고 감정 사항과 무관하며, 감정 결과에 대한 이해와 사실 입증을 위해 감정서의 해설 부분에서 미세하게 언급한 내용입니다. 감정인의 입장에서는 이들 모두에 대해서 진술은 하였지만, 이는 감정 결과에 대한 본질은 아니라고 생각합니다.

감정 사항 '사'항에서와 같은, 즉 아래와 같은 감정 결과로 신문 사항에 대해 총체적으로 답변한 것으로 보아 주셨으면 합니다. 또한, 감정인은 제수밸브 파편이 보관되어 있지 않았다는 사실을 감정서에 언급하였으며, 이 때문에 실제 현장의 제수밸브의 파단면을 직접 보고 감정한 것이 아니라, 법원에서 제공된 문서와 사진만으로 감정하여 사실 입증을 위해 아래의 그림(감정 시의 그림과 중복되므로 생략)을 감정서의 해설 부분에 첨부한 바가 있습니다.

사. 이 사건 사고의 주된 원인은 무엇이라고 볼 수 있는 것인가요.
감정결과: 상기의 2. 감정할 사항 '가'~'바'에서 평가한 감정 결과들을 놓고 볼 때, 이 사건 사고의 주된 원인은 좌우대칭으로 일정한 두께를 유지하여야 할 제수밸브의 몸통 두께가 주조(鑄造) 시에 국부적으로 소정의 두께보다 얇게 제작된 것이 근본적인 원인으로 판단된다. 여기에 더하여 24년의 사용기간 동안의 유수(流水)에 따른 침식과 전기분해에 의한 부식으로 제수밸브의 몸통 두께가 얇아진 것도 다소 영향을 미친 것으로 보인다. 즉, 제수밸브 설치 당시의 제수밸브의 품질문제(제수밸브의 몸통 두께 미달)가 이 사건 사고의 주된 원인으로 작용한 것으로 판단된다.

ChatGPT: 사실 입증의 감정평가, 그리고 증인으로서의 소환과 진술 - 타당한가?

본 문단은 OpenAI의 인공지능 서비스 ChatGPT를 활용하여 작성된 것으로, 2025년 5월 31일자 대화(P.M 10:59)를 기반으로 구성되었습니다. ChatGPT 또한 필자의 생각과 같았다.

나의 말: "지방자치단체와 민간업체 간에 건설공사와 관련된 피해 원인을 놓고 서로 다투는 1심 재판에서 제가 법원으로부터 감정인으로 촉탁되어 감정평가서를 재판부에 제출하였습니다. 몇 년 후 2심 재판부로부터 소환장을 받아 성실하게 신문(訊問)에 응하였습니다. 그러나 1심 법원에서 촉탁된 감정인이 2심 법원의 증인으로까지 소환되는 불쾌감을 털어버릴 수는 없었습니다. 이러한 심정을 토로하는 내용의 글을 정리하여 제목을 "사실 입증의 감정평가, 그리고 증인으로서의 소환과 진술 타당한가?"로 정했는데...

ChatGPT의 말: 말씀 주신 상황을 바탕으로, 글의 내용을 정리하여 아래와 같이 구성해볼 수 있습니다. 제목에 어울리도록 감정인의 전문성과 법적 절차 속 역할, 그리고 감정인이 증인으로 소환될 때의 문제의식과 감정을 중심에 두었습니다.

1. 들어가며

감정인은 사실 판단을 돕기 위한 기술 전문가로서 법원의 요청에 따라 객관적이고 중립적인 감정 결과를 제출한다. 필자[325]는 1심 재판에서 법원의 촉탁을 받아 감정인으로서 감정서를 제출한 바 있다. 이후 몇 년이 지나 2심 재판에서 '증인' 자격으로 다시 소환되었고, 이는 감정인의 역할과 법적 위상에 대한 근본적인 의문을 남기게 했다.

2. 감정인의 역할과 법적 위치

감정인은 재판의 당사자도, 이해관계자도 아니다. 과학적 분석과 전문지식에 기초한 판단을 통해 법원이 사실을 가리는 데 기여하는 조력자일 뿐이다. 따라서 감정인의 의견은 '진술'이 아니라 '보고서'로 평가되어야 하며, 그것이 재판 과정에서 객관성과 공정성을 확보하는 데 필요한 제도적 장치이다.

3. 감정인에서 증인으로의 전환 - 정당한가?

그러나 2심 재판에서는 필자를 '증인'으로 소환하였다. 이는 감정인의 위치를 오해하거나, 감정 결과를 사실 진술로 간주하여 당사자의 주장에 대응하는 일종의 '논박의 대상'으로 취급한 것이 아닌가 하는 의심을 들게 했다. 감정인의 보고가 특정 당사자의 주장과 충돌한다는 이유로 법정에서 진술을 강요받는다면, 이는 감정 제도의 본래 목적을 훼손하는 결과를 초래할 수 있다.

4. 법적 절차 속에서 감정인의 보호 필요성

감정인은 독립적인 전문가로서 법원에 협조한 것이며, 감정 결과에 대한 비판이 있다면 이를 반박할 수 있는 절차는 법정 외의 방식으로 이뤄져야 한다. 감정인을 반복적으로 법정에 불러 세우는 관행은 감정인의 자율성과 중립성, 더 나아가 제도의 신뢰를 훼손할 우려가 있다.

5. 맺음말

사실 입증을 위한 감정 제도는 과학과 법이 협력하는 중요한 장치다. 그러나 감정인을 증인으로 소환하는 관행은 감정 제도의 기능과 취지에 어긋나는 측면이 있다. 감정인의 전문성은 존중되어야 하며, 그 역할은 법적 증언과 구분되어야 한다. 앞으로 제도 개선과 인식 전환이 필요하다고 믿는다.

325) 여기에서 '필자'는 ChatGPT의 말을 그대로 표현한 것으로써 '1심 재판부의 감정인'을 말한다.

2.21 상하수도 노후 지중관로 컨설팅 기술용역

차 례

요점: 하수 맨홀구조의 이해

본 기술용역 컨설팅을 의뢰한 발주자의 목적은 1987년부터 36년 이상 사용한 노후 상하수도의 상태를 파악하여 유지관리예산을 확보하는 것이다. 그러나 상하수도 상태조사를 하면서 중요한 발견은 국내에 보편화되어 과거부터 시공되어왔고 현재도 시공되고 있는 하수 맨홀의 인버트(invert) 없는 비정상적인 구조였다.

관리 주체에 이를 주지하는 방향으로 컨설팅 보고서를 작성하였으나, 이에 대해서는 큰 관심을 보이지 않았다. 간단하게 말하면, 하수맨홀에 있어서 인버트 설치의 중요성이 강조되는 조사였다.

<요지> 유지관리예산확보를 위한 기술용역

상하수도 지중관로의 컨설팅용역을 수행하면서 맨홀의 역할과 기능, 구조에 대해 정리한 것이다. 컨설팅의 목적은 36년 이상 사용한 노후 지중관로의 조사를 통해 개선공사 및 유지관리 자료, 소요 예산자료를 마련하는 것이다. 부지면적 676,000㎡에 매설된 우수 및 오수관로(20km)와 상수관로의 밸브실 및 맨홀에 대해 표본 조사하였다. 다만, 지중관로는 기존의 유지관리 자료에 기초하였고, 편의상 상하수도 개선공사 및 유지관리, 소요 예산 등의 근거자료는 여기에 게재하지 않았다.

※ 표본조사 현황

구분	전체수량(개소)	표본조사 수량(개소)
상수관로	74	14(밸브실)
우수관로	341	57(맨홀)
오수관로	148	22(맨홀)

* 하수관로에 제기되는 악취문제는 흔히 관로 시설의 노후화에 따른 누수와 관로의 기능 저하에 의하기도 하지만, 주로 하수 맨홀의 기능 불량이 악취를 일으킨다. 하수관로의 진단에 있어서 맨홀의 기능성 조사가 강조되는 이유이다.

제1장 맨홀의 역할과 기능, 구조

1.1 상수관로

상수관로에는 수리•검사•청소•점검을 위해 맨홀(manhole)과 유사한 밸브실을 두며, 관경 800㎜ 이상에는 맨홀을 설치한다. 상수관로의 맨홀은 관로 내부의 검사와 수선, 제수밸브의 유지관리, 공기밸브 또는 소화전을 설치하며 수압검사나 수질시험에도 이용된다. 맨홀은 사람이 편리하게 접근할 수 있도록 하고, 사고의 가능성이 많은 수관교, 역 사이펀, 제수(制水)밸브, 지형과 지질이 변화하는 장소, 기타 중요한 장소에 설치한다.

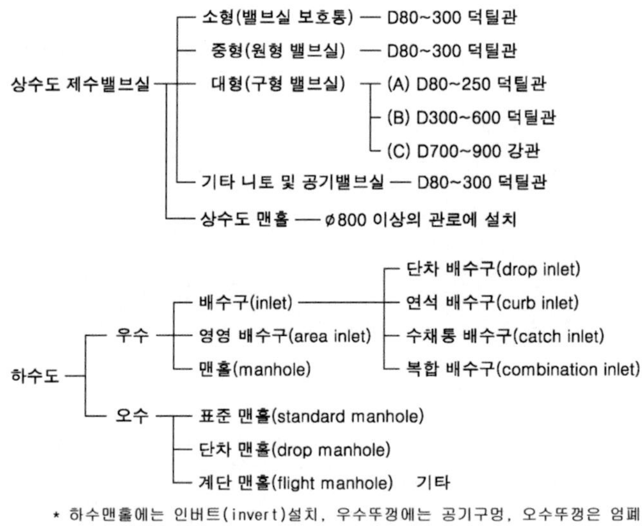

그림 409 상수도 밸브실 및 상하수도 맨홀의 구분

제수밸브는 여러 가지 형태가 있으며, 통수량을 가감하거나 개폐하고, 관로의 규격에 따라 각각 소형 밸브실 보호통, 중대형 밸브실, 맨홀에 설치한다. 이 같은 상수도 맨홀은 자연 유하로 처리하면서 흐름을 원활하게 해야 하는 하수 맨홀과 구별된다.

상수관의 부식 작용은 관의 재질에 따르지만, 이에 접하는 물(수분)이나 산소(공기)와 크게 관련한다. 이는 금속관 특히 강관이 심하다. 부식은 물에 접하는 관의 내부 면에 많이 생기나 지중 매설관은 지하수에 접하면서 외부 면에도 생긴다. 이러한 부식으로 세공(pin hole)이 생겨 지중 누수가 발생할 수 있다. 누수와 토사에 장기간 노출되면 제수밸브(sluice valve, gate valve)에도 이러한 작용으로 노후화가 진행된다.

상수관로의 누수는 주로 관의 접합부나 관과 제수밸브의 접합부, 그 외에 파열·파손·부식 등 관 자체의 결함인 경우가 많다. 제수밸브의 누수는 주로 주철관 이음, 볼트 조임의 불완전, 강관 부식으로 인한 누수, 관의 파손, 패킹재료의 노후화에 기인한다. 상수관의 세공은 노후화되었음을 의미하며, 흔히 예고 없이 돌발적으로 발생하므로, 지면으로 누수가 표출되면 대처하게 된다.

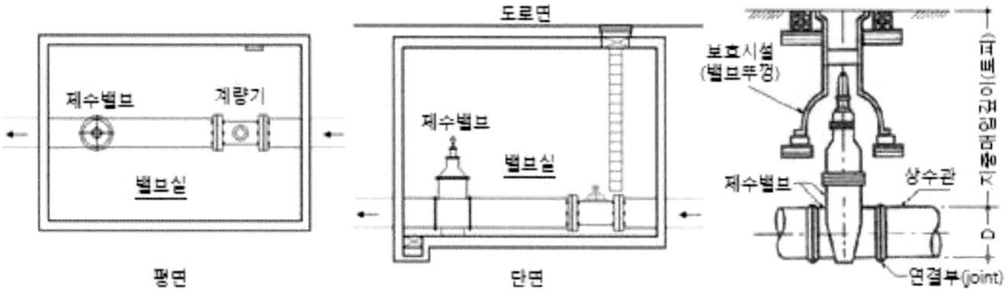

그림 410 중대형 밸브실 평면 및 단면, 소형 밸브 보호통(예)

1.2 하수관로

하수 맨홀은 사고(결함) 발생 가능성이 많은 곳, 기점, 합류점, 지형과 지질·관 직경·방향·경사가 변화하는 장소 등에 설치하고, 인버트(invert, 도수구)[326]를 매개로 지중관로를 연결한다. 이는 관로의 흐름을 좌우할 정도로 하수관로 조사의 핵심 부분이다. 즉, 관로 내부의 깊숙한 곳까지 조사하지 않고서도 맨홀에서 점검, 청소, 세척, 준설, 관 막힘, 역 구배, 관 교체, 주변 지역 침수 등에 대비할 수 있다.

관로의 어느 부분을 합치시킬 것인가에 따라 수면접합, 관정접합, 관중심접합, 관저접합으로 구분하며 단차접합, 계단접합 등으로 분류한다[327]. 이에 대한 적용은 굴착 깊이에 따른 공사비, 펌프 양정, 지표 경사도 등을 고려하여 관로 내의 하수 흐름을 원활하게 하는 것을 목표로 한다. 일반적으로는 수면 또는 관정접합이 채용되며, 지형여건에 따라서는 배수위 영향을 검토하여 관 중심이나 관저접합을 사용한다.

맨홀은 검사와 청소를 위한 출입구로써 뚜껑이 있고, 환기 및 압력을 완화하는 기능도 하며, 직선 부분에도 일정한 간격으로 설치한다. 하수도시설기준(환경부) 해설에 의하면, 우수맨홀은 노면배수 및 유입수 방지를 위하여 노면보다 낮게, 오수맨홀은 노면보다 높게 설치하는 것으로 되어있다.

맨홀 내에 부유물이 퇴적되면 하수가 원활하게 흐르지 못하며 부패 시 악취를 발산한다. 따라서 맨홀 저부는 상하류관의 단차에 상응하는 도수 물매를 두거나 인버트를 두어 흐름을 원활히 하여 퇴적을 방지하고, 유지관리가 편리하도록 벤치(bench)를 두며, 악취발산을 방지하기 위해 오수맨홀 뚜껑은 엄폐한다. 일반적으로 우수맨홀은 맨홀 뚜껑의 구멍을 통해 공기를 공급하는 구조이지만, 오수맨홀 뚜껑은 밀폐형으로 악취를 차단한다[328]. 또한, 인입관과 유출관의 낙차가 60cm 이상인 경우, 수류 낙하에 의한 저

326) 거꾸로 된 아치와 유사하다는 데서 유래한 것이며, 맨홀 내부 유로의 가장 낮은 지점이다. 이는 관로의 기능 또는 유동선(flow line) 결정에 중요하다. 도수로(channel)는 맨홀 유입관(inlet)에서 유출관(outlet)으로 하수가 흐르도록 맨홀 바닥에 위치한 하수 도랑(conduit)이다.

327) 각각 장단점이 있으므로 지표 경사, 지하매설물 및 장애물, 관로의 매설 심도 등을 고려한다.

328) 오수맨홀은 엄폐하여 악취를 막는 구조이며, 환기 및 압력 완화 기능도 한다. 설계도면에는 우수맨홀

부의 손상 방지를 위하여 하수량에 부응하는 부관(副管, by-pass pipe)을 설치한다.

하수 맨홀은 표준맨홀(standard manhole)과 부관붙임의 단차 맨홀(drop manhole)로 구분하고, 맨홀 저부에 인버트를 둔다. 즉, 인버트 맨홀(inverted manhole)로서 하수를 저장하지 않고 정체 없이 신속하게 흐르도록 하여 가능한 악취가 발산되지 않게 한다.

하수관로와 맨홀 저면부의 유속(流速)이 작으면 부유물질이 침전되므로, 상류에서 하류로 갈수록 크게 하는 것이 좋다. 또한, 유로(流路)의 기울기는 관내 배수의 유속을 좌우한다. 기울기가 작아서 유속이 너무 느리면 오수에 포함된 여러 가지 물질이 운반 중에 관내에 침전되며, 이는 곧 유로를 방해하고 부패와 악취를 발산하며 관의 부식을 촉진하게 된다.

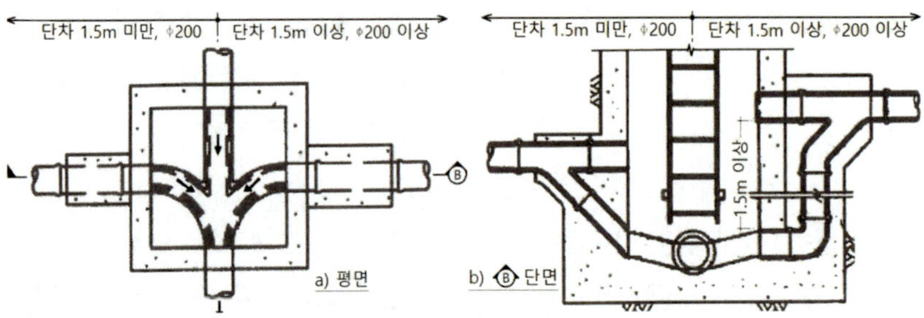

그림 411 부관 붙임맨홀(예)

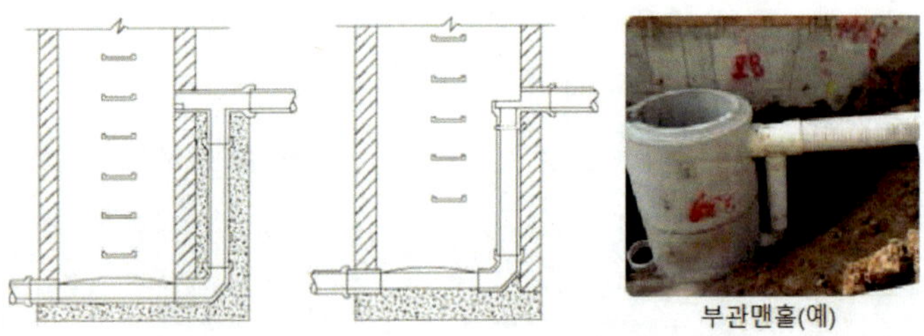

그림 412 부관붙임맨홀)/부관은 원칙적으로 맨홀 외측에 설치하지만, 시공상 내측에 설치할 때도 있다.

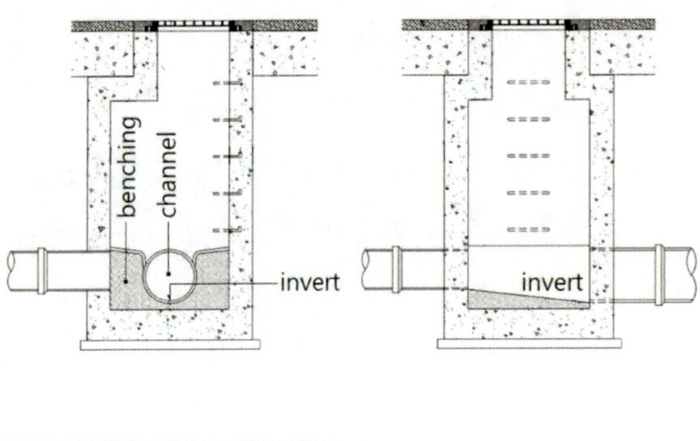

그림 413 표준맨홀(예)/맨홀 바닥 인버트 설치

뚜껑에는 구멍(hole)이 있어야 하고, 오수맨홀에는 없어야 한다고 명기하고 있다. 오수맨홀은 악취가 발산되지 않는 엄폐구조이어야 한다는 의미로 보인다. 하수도시설기준 등에 하수와 오수맨홀을 구분하고 있지 않으나, 맨홀 뚜껑의 밀폐는 작업자의 접근, 맨홀의 환기와 압력 완화에 장해가 될 것이나, 악취발산과 모기 등의 억제를 위해서는 밀폐해야 하므로 개념적으로 상반된다.

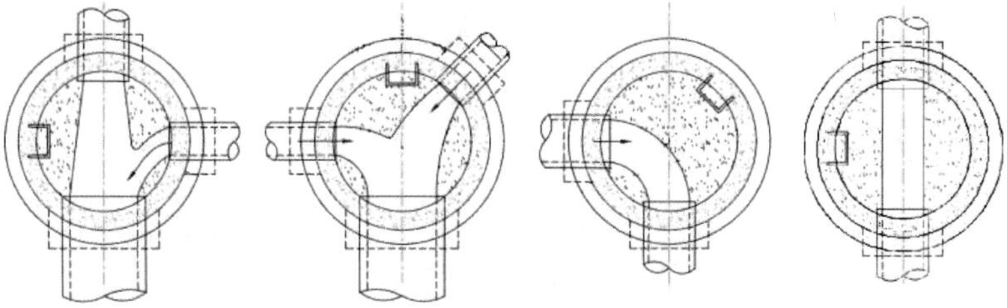

그림 414 원형 맨홀 기저 부분의 도수구(인버트) 형식(예)

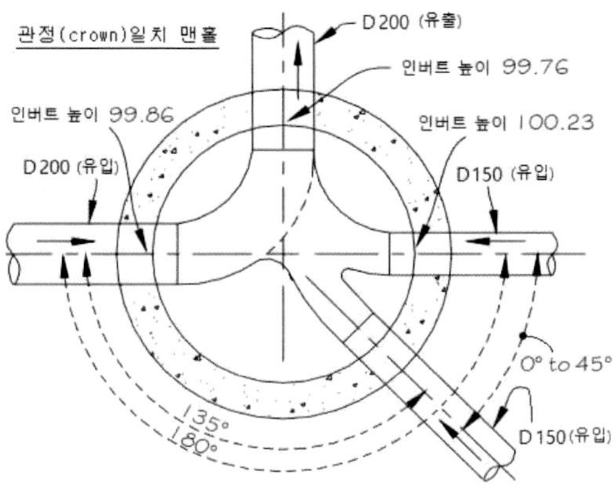

그림 415 맨홀 관로설계(예)/하수처리는 위생적인 환경유지를 위해 신속배제, 침수와 해충 및 악취방지를 목표로 한다. 유입관 중의 하나가 반대편(그림에서 135°에서 180°)에 있을 때, 더 작은 유입관의 인버트는 더 큰 유입관의 인버트보다 더 높은 높이에 설정되어야 큰 관에서 더 작은 관으로 유입되는 흐름을 방지할 수 있다.

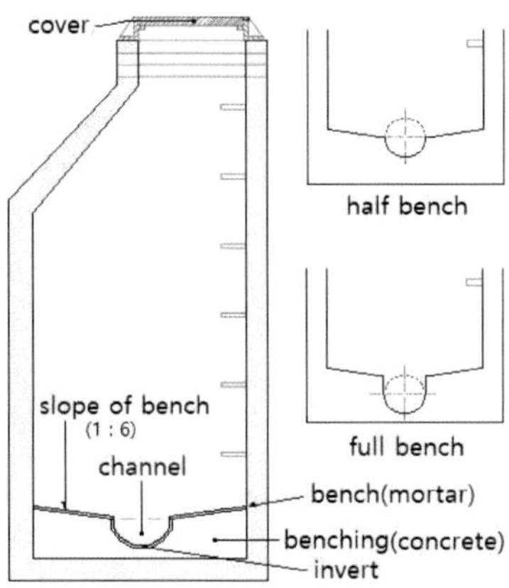

그림 416 인버트 맨홀 단면/channel은 원활한 흐름을 유도하는 구배를 가진 도수로, invert는 channel(도수로) 최저부의 도수구, bench는 맨홀 벽과 하수관 사이의 충전 콘크리트로 물매를 잡아주는 일종의 단이다. 벤치에는 작업자를 위해 미끄럼방지 마감이 필요하다. 인버트는 도수로를 경사지게 형성하면서 흐름을 돕고 흐름이 중지(interruption)되는 것을 방지한다. 인버트 고도(관저고, invert elevation)는 관 내부의 바닥에서 주어진 다른 기준점(벤치마크, 흔히 도로 상단)까지의 수직 거리이다. 예를 들면, "인버트 고도=지반고-토피-관경"이다.

1) 우수맨홀

우수배수는 크게 ① 배수구(inlets), ② 영역 배수구(area Inlets), ③ 맨홀(manhole)에 의한다. 우수맨홀은 배수구(standard drop inlet, curb inlet, catch basin은 도로나 주차장 및 지표면 유출수를 모아서 지중의 우수운반시스템으로 이동시킴)와 연결하여 사용하며, 우수를 하천이나 강, 호수, 바다로 이동시킨다. 우수 유출량의 전부를 오수와 함께 처리장으로 흘려보내면 처리장의 규모나 관거가 크게 되고 막대한 비용이 소요되므로,

주변에 적당한 방류 수역이 있는 경우에는 도중에 설치한 우수토실로부터 하천 등에 방류시킨다. 우수토실의 위치는 되도록 방류 수역 근방에서 고수위에도 충분히 방류될 수 있는 곳을 택한다. 그래서 차집거를 될 수 있는 대로 하천 근처에 배치한다.

맨홀의 1차 기능은 검사와 유지관리를 위해 배수 시스템에 편리하게 접근할 수 있도록 하는 것이다. 2차 기능으로는 흐름의 교차점 역할도 하며 배수 시스템에 환기 및 압력을 완화한다.

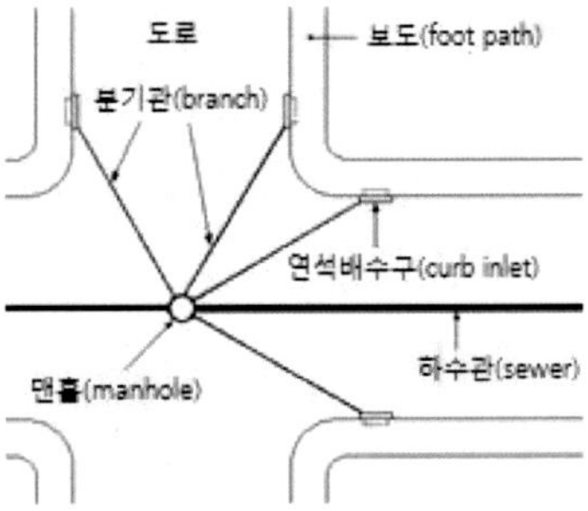

그림 417 우수관로 배치(예)

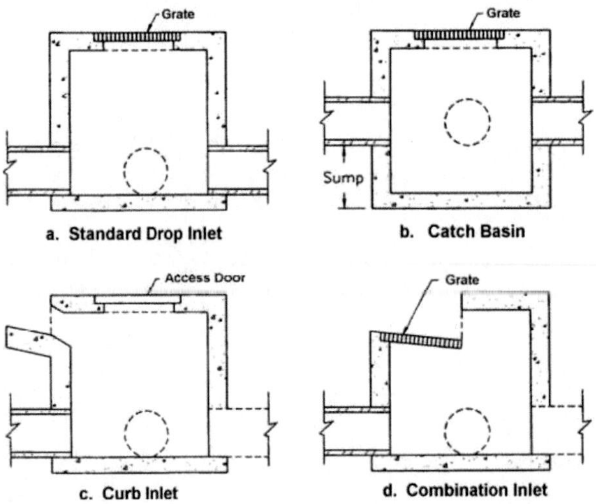

그림 418 우수 배수구의 유형/표준 배수구(standard drop inlet), 수채통 배수구(catch basin), 연석 배수구(curb inlet), catch basin은 우수에 있는 무거운 잡물들이 하수관로에 유입되는 것을 막으며 바닥에 물이 정체되고 무거운 잡물이 축적된다. 그러나 청소 등의 유지관리에 쓰이지만, 모기 번식 문제도 있다. 배수구 상단에서 빗물이 유입될 수 있도록 유공 덮개이다. 수채통 배수구를 제외하고는 상하류관 간의 단차가 매우 작을 경우도 저부에는 도수 물매를 둔다.

2) 오수맨홀

오수맨홀은 관거 내의 검사, 청소를 위한 출입구, 통풍·환기 및 관거의 접합, 유수의 원활한 배출, 악취방지 등의 기능을 하여야 하며, 낙차 방지를 통해 낙수의 발산을 억제하고 흐름이 원활하여 퇴적물 생성을 방지하는 구조이어야 한다. 표준맨홀(standard manhole), 단차맨홀(부관붙임맨홀, drop manhole), 계단맨홀(flight manhole) 등이 있으며, 두 개의 지중관이 맨홀에서 연결될 때, 두 개의 관저 높이의 차이가 0.6m 이상의 경우는 부관붙임 단차맨홀(drop manhole)을 사용한다.

하수도설계기준(환경부), "관로시설 설계기준편"에는 단차가 0.6m 이상인 경우, 관로 접합 시 부관(副管) 적용 또는 맨홀 내 부관 붙임 맨홀 설치를 명시하고 있다. 부관붙임 맨홀은 표면 구배가 급격한 장소 등에서 관거의 단차 접합을 하는 경우, 부관 붙임으로 맨홀 유입 직전 또는 후에 수직인 관에 의하여 하수를 낮은 쪽의 수위까지 유하시키고 하류관으로 유도한다. 즉, 하수도가 다른 하수관과 연결되어 본선 하수관(main sewer)과 지선 하수관(branch sewer)의 고저차가 60cm 이상이거나 동일한 하수관로에서 60cm 이상의 낙차를 줄 필요가 있는 경우에 쓰인다. 부관은 맨홀 내에서의 점검이나 청소작업을 용이하게 하며 측벽과의 마찰을 방지하며, 맨홀 바닥에는 신속한 유수 배출을 위해 도수구(invert)를 설치한다.

인버트 맨홀(inverted manhole)에서 '인버트'라 함은 하수구, 하수관의 최하부위, 관의 바닥면을 말하며, 오수가 원활하게 흐르도록 맨홀 바닥의 반원형 또는 원형의 도수구(導水溝, invert)이다. 오물이나 잡배수 중의 고형물이 정체하기 쉬운 곳에 관 막힘을 피하고 청소/점검을 위해 오수관로의 요소요소에 설치한다. 맨홀에 도수구가 설치되어 있지 않거나, 부관이 없는 단차 맨홀은 정상이라 할 수 없다. 맨홀 내 벤치의 주된 목적은 막힘으로 인해 맨홀에 역류가 발생하는 경우 관로(수로, channel)로 다시 흐름을 유도하며, 관로를 수리할 때 맨홀 바닥에 서서 작업할 수 있다.

제2장 상하수도 지중관로 상태조사 및 평가

2.1 상수도 밸브실, 지중관로

* 맨홀은 ϕ 800 이상의 상수관로에서 설치하나, 조사대상의 상수관은 모두 ϕ 300 이하이다.

그림 419 밸브 자체에서의 누수, 물 잠김, 토사 퇴적, 부식, 36년 사용으로 내구연한이 넘어 교체가 도래한 상태/제수밸브 72개소는 보수 관리보다는 일시교체, 밸브실 구체 누수는 정밀진단의 상세검토가 필요하다.

그림 420 밸브실 주변 지중관로의 세공(pin hole)에서 상수 분출/누수는 물 손실과 상수 오염의 원인, 도로함몰과 땅 꺼짐, 노면 결빙에 의한 교통사고 등 2차 재해의 원인이 된다. 지상 표출 누수는 외부관찰로 발견되지만, 지중누수는 계획적인 장비 탐사가 필요.

2.2 우수맨홀

1. 상태조사 및 평가

1) 맨홀 1 (위치도 생략 및 맨홀 상태조사 자료는 선별게재)

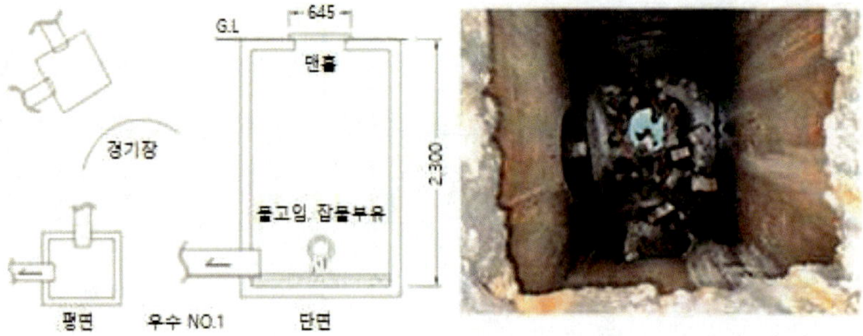

그림 421 물웅덩이 형성과 유송 잡물의 부유/맨홀 저부에 물웅덩이(sump)의 형성으로 수채통(catch basin)이 되어 모기 등이 서식할 수 있다. 맨홀의 우수정체는 허용되지 않으므로 인버트 맨홀로서 자연유하(自然流下)되도록 물매 유지가 필요하다.

2) 맨홀 2

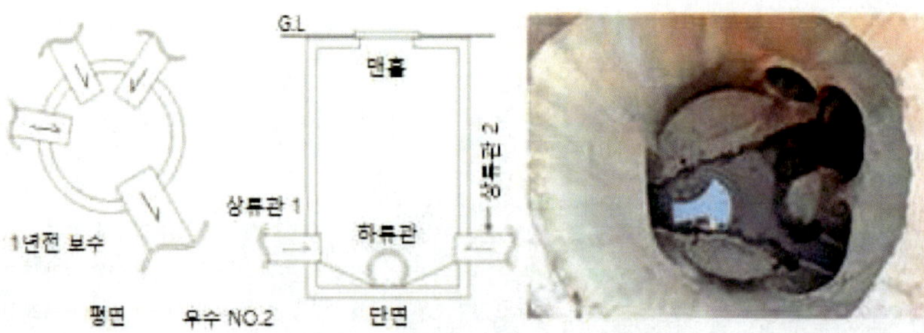

그림 422 상류관 3개, 하류관 1개 인버트형식/물고임과 침착, 토사 퇴적될 수 있는 상태

3) 맨홀 5

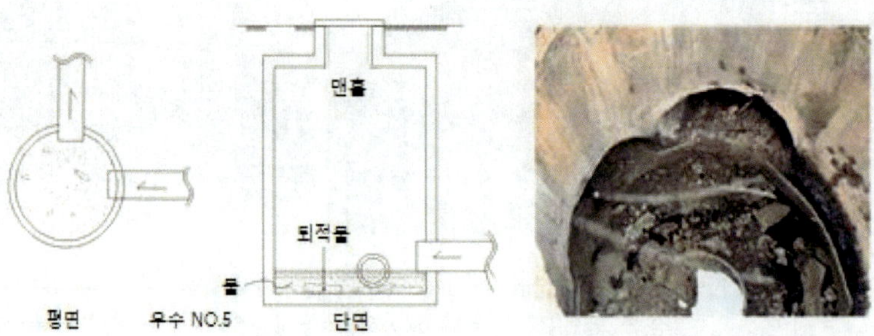

그림 423 물 고임은 해충 서식지가 되고, 관로 침착과 퇴적을 촉진.

4) 맨홀 8

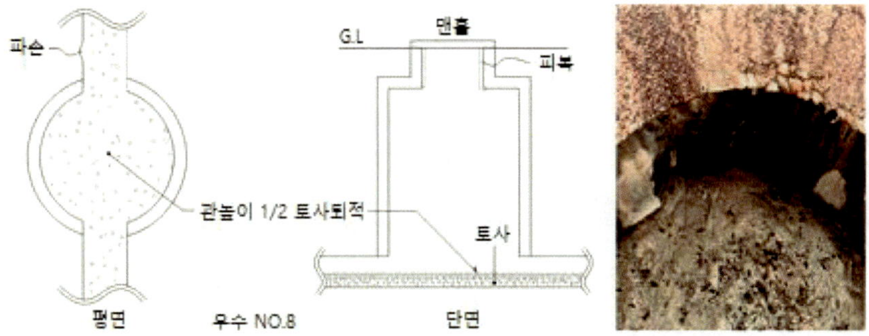

그림 424 토사 퇴적은 우수정체와 배수장해, 관로 막힘, 범람을 유발할 수 있다.

5) 맨홀 13

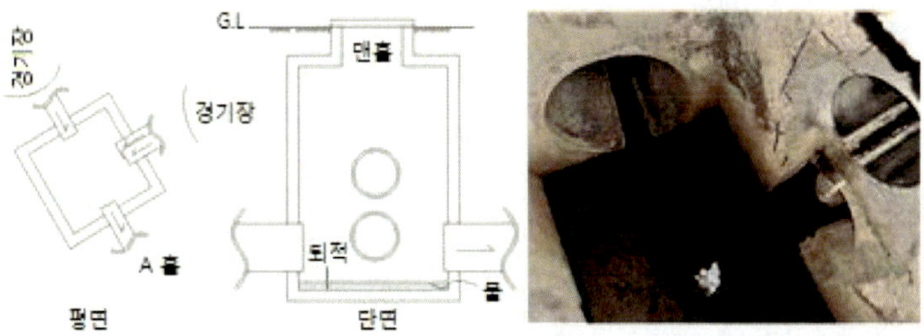

그림 425 물 고임의 수채통과 같은 맨홀 /60㎝ 이상의 단차

종합) 맨홀 341개소 모두 물웅덩이(sump) 상태이므로, 적절한 물매의 인버트가 요망된다. 이는 난공사일 수 있으나 시공이 가능한 상태이다. 즉, 도수구(invert)가 있는 인버트 맨홀(inverted manhole)로 보완하거나 교체가 요구된다.

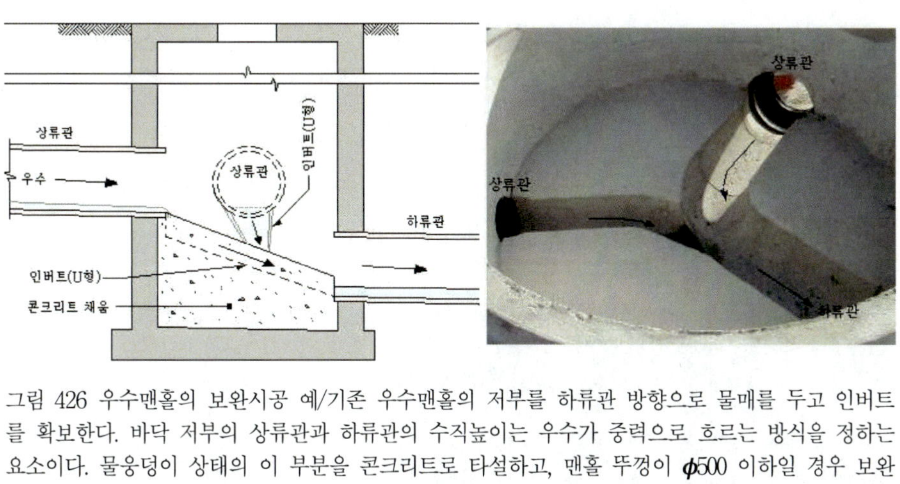

그림 426 우수맨홀의 보완시공 예/기존 우수맨홀의 저부를 하류관 방향으로 물매를 두고 인버트를 확보한다. 바닥 저부의 상류관과 하류관의 수직높이는 우수가 중력으로 흐르는 방식을 정하는 요소이다. 물웅덩이 상태의 이 부분을 콘크리트로 타설하고, 맨홀 뚜껑이 ϕ500 이하일 경우 보완공사가 어려울 수 있으므로, 이러한 경우는 맨홀 구체의 교체를 고려한다.

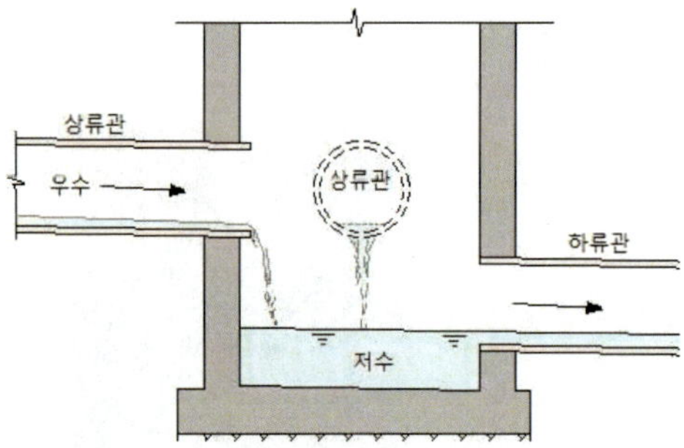

그림 427 기존 우수맨홀의 상태(예)/ 거의 모든 우수맨홀이 맨홀의 기저에 우수가 저수되는 수채통 형식이다. 맨홀의 저부에 물이 고이는 구조는 허용되지 않는다.

2.3 오수맨홀

(1) 오수맨홀 #1 (위치도 등의 기타 자료는 생략)

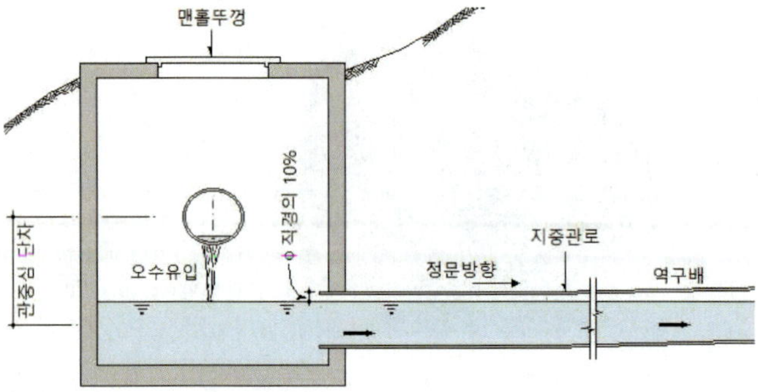

그림 428 오수맨홀 상황/ 단차 1.2m이며, 6개월 전(2022년 5월)에 준설한 이력이 있으나 현장조사(2022년 11월) 시에 유지분 침착과 배수 불량으로 하류관이 거의 막히고 역류상태였다.

1.2m 단차의 저면에 정체된 후에 오수를 배출하여 악취와 고형물 퇴적, 관로 침착과 침적은 불가피하다. 거의 하류관 관정 높이까지 오수가 정체되는 부관 붙임이 없는 이러한 단차맨홀은 뚜껑을 엄폐하여도 악취발산이나 해충의 서식을 막을 수 없다.

유지관리 주체는 하류관의 역 구배로 인해 세정과 준설을 반복하고 있다. 이는 부관 붙임맨홀(drop manhole)시공과 역 구배를 개선하지 않은 한 지속될 수 있다. 다만, 수시로 세척 및 준설에 의한 정기적인 제거조치로 사용할 수는 있으나, 이는 역류와 더불어 오수유입의 높이까지 오수가 넘치게 될 것이다. 따라서 부관 붙임의 인버트 맨홀로 교체하고, 역류 관로 120m에 대해서는 구배 개선공사가 요구된다.

그림 429 준설 및 세정 후의 맨홀/ 부관 붙임의 단차 맨홀(단차 60㎝ 이상에 적용)로 시공되어야 한다.

(2) 오수맨홀 # 6

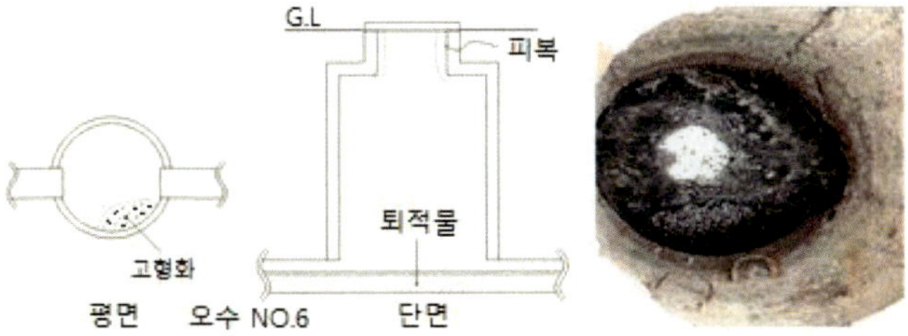

그림 430 관경의 3/4이 오수 정체/오수관은 우수관 보다 소구경을 매설하므로 시공은 용이하지만, 경사가 급하면 매설 깊이가 커지고 퇴적은 적다. 오수 정체는 퇴적 증가와 관 막힘으로 유수장해를 일으킨다. 인버트가 필요한 이유이

(3) 오수맨홀 # 7

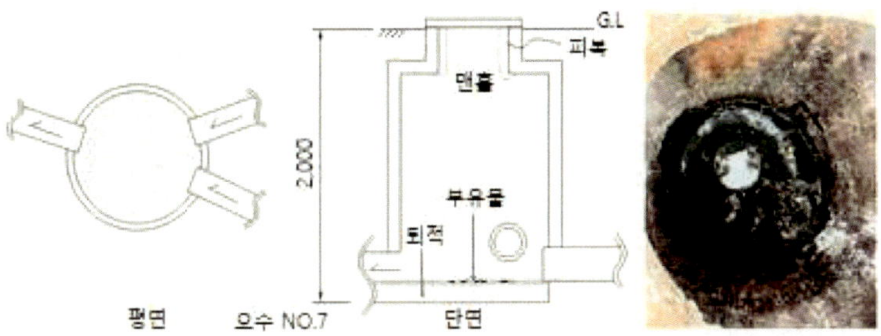

그림 431 상류관 2개, 하류관 1개가 연결되는 맨홀/오수에 오물이 부유하는 것은 정화조의 문제일 수 있다. 인버트(invert)보완시공이 필요하다.

(4) 오수맨홀 # 13, # 14

그림 432 오수 정체와 고형화/오수 정체는 고착·퇴적으로 고형화되어 흐름 장해와 관로 막힘의 원인이 된다. 이런 문제는 맨홀에서부터 시작되며 맨홀의 기능이 중요한 이유이다. 혹한기에 맨홀 뚜껑을 개방하는 순간 모기류가 발견되었다.

종합) 오수통과 같은 맨홀로 인해 고임, 유지분의 침착과 침적, 퇴적, 관 막힘, 역류 등이 발생하고 있다. 맨홀이 낙수 완화, 원활한 흐름과 악취발산을 억제하는 구조가 되기 위해서는 부관 붙임(단차) 맨홀이 적용되어야 한다.

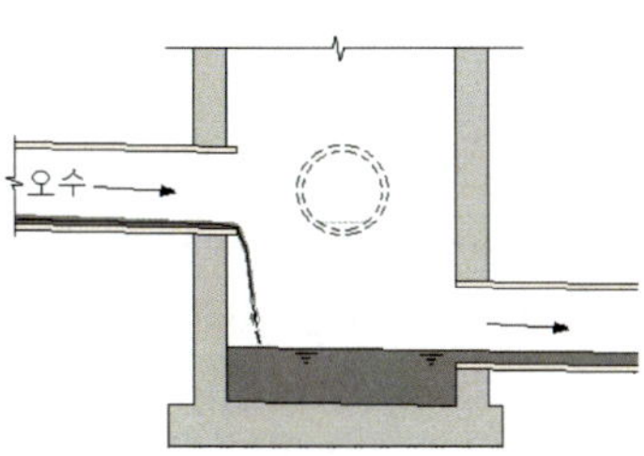

그림 433 기존 오수맨홀의 단면/맨홀 내부에서 직접 낙수되는 형식으로, 이러한 경우는 유지분의 침착과 퇴적, 배수 불량과 함께, 악취의 외기유출이 상시 발생할 수 있다. 이는 관로의 잦은 유지분 준설을 하게 만든다. 또한, 이러한 방식으로 처리하게 되면 환경에도 유해한 영향을 미치므로, 표준맨홀과 부관붙임맨홀로 교체 시공한다

2.4. 침수지역

인버트 없는 맨홀로서 하수 정체와 토사 퇴적이 상시 형성되고 있고 침수지역이 주변 지반보다 낮은 저지대이다. 침수가 배수 용량의 부족이나 우수관로의 기능 미비로 발생할 수 있으므로, 침수양상을 관찰하면서 상세한 검토가 요망된다. 다만, 배수 용량이 부족해도 기존 관로의 단면증대가 곤란하므로 측관(by-pass pipe) 설치가 바람직하다.

2.5. 오수 지중관로의 역구배 개선

오수 정체와 역류 현상이 지반침하에 기인할 수 있으므로 역 구배 개선공사는 불가피하며, 이 구간에서는 관 교체에 따른 매설, 터파기, 되메우기 복구, 인버트 맨홀 설치, 도로 경계석과 조경 및 포장도로 복구 등의 공사가 수반된다.

제3장 건의사항

1) 공사비 추정은 참여기술자의 판단, 현행 물가 정보, 기존의 유지관리비, 현장 여건과 공학적인 판단에 의하였으며, 각 공사비에는 누락된 항목과 시설(우수토실, 차집거)이 있고 표본조사에 의한 것이므로 최소비용이며 정미량을 의미하지 않는다. 또한, 예산편성을 위한 공사비 추정이므로 원가계산으로 간주해서는 아니 된다.

2) 유지관리과정에서의 노후배관 파열보수, 관로 내시경 모니터링, 준설 및 세척, 부품교체, 누수 등은 수시 유지관리 대상이므로, 이들은 정기점검을 통해 관리할 필요가 있다. 또한, 상수관로의 유지관리는 연간 단위로 비용을 확보하여 관리할 필요가 있다.

3) 하수 지중관로는 맨홀 조사를 통해서 대부분 상태를 파악할 수 있으므로, 정기적인 유지관리점검(예: 1회/6개월, 혹은 1회/년)이 필요하다.

4) 향후 추진하게 될 하수관로의 개보수개선공사를 위한 설계와 정밀진단에서는 맨홀 형상과 치수, 유입과 유출관의 각도와 고도 및 단차, 인버트 고도 측정 및 구조, 벤치(bench)처리, 하수 정체와 역 구배, 토사 퇴적과 맨홀 벽의 노후, 누수, 악취, 부식 등에 대한 상세한 조사가 포함되어야 한다.

2.22 교량 받침의 전단변형에 대한 평가/허용 전단변형

차 례

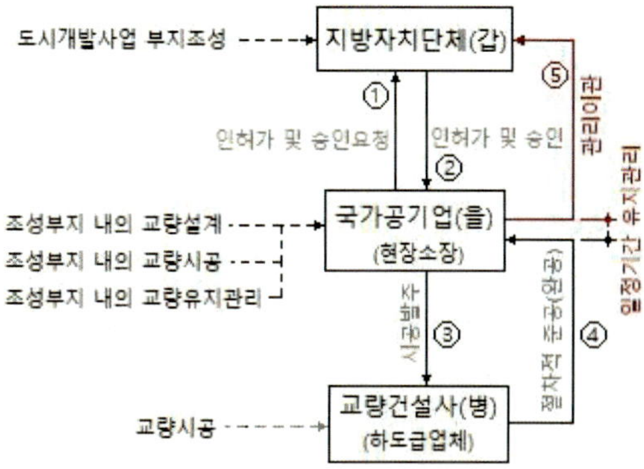

지자체 도시개발사업 도시시설물(교량 건설시행) 관계도

<진단 후기> 갑을관계의 거래문화와 이해당사자 간의 갈등

교량 받침의 탄성 패드에 육안상 뚜렷하게 관찰되는 전단변형이 발생하였다. 교량은 지자체의 도시개발사업 부지조성공사의 도시시설물로서 국가공기업이 시공하였으며, 완공 후에는 소관 지방자치단체(이하 지자체)에 하자 없이 이관하여야 하는 상황이다. 공기업 담당자는 함구하고 있었지만, 현장조사 때의 느낌으로는 지자체로부터 이미 하자로 지적된 것으로 보였다.

일반적으로 공직자들은 소속단체를 보호하려는 경향이 높고 권위적이며 유사시에 책임에서 자유롭기 위해 절차상 형식주의가 강하다. 공기업 담당자는 오로지 하도급업체에게 하자보수를 요청하려는 정도로 가볍게 이야기하였다. 그래서 점검 동기와 목적이 명확해야 그에 부합된 조사가 이루어질 수 있다는 언질을 주었다. 그러함에도 명확하게 문진에 응하지 않았다. 그래서 점검결과에 하도급업체가 따르지 않으면 하자손해배상소송까지 생각하고 있느냐고 물었다. 이에 현장소장은 고개를 끄덕일 뿐이었다. 결국, 공기업 담당자는 점검 동기와 목적을 확실하게 드러내지 않은 채, 탄성 패드의 하자를 정밀하게 평가해달라는 것이었다. 이러한 상황에서 공기업 발주의 기술용역임을 고려하여 진단에 상응하는 수준으로 하자점검을 진행하였다.

이에 관련된 이해당사자는 지자체, 시공업체인 공기업, 공기업의 하도급업체이다. 여기에서 지자체는 가장 상위에 있고, 하도급업체는 가장 하위에 있으며, 공기업은 지자체에 하자 없는 교량으로 이관해야 한다. 그래서 이러한 위상을 배제하려고 노력하였다. 하자점검

용역이 완료된 후, 공기업의 현장사무소를 방문하여 보고서에 수록된 교량 탄성 받침의 전단변형에 대한 개념, 하자로 평가할 수밖에 없는 이유, 보강방안 등을 공기업과 하도급업체에 설명하였다.

하자점검용역이 완료된 3개월 후, 공기업 담당자는 전화로 하자점검이 흠잡을 데가 없이 잘 되었다고 하면서도 “하도급업체와 함께 현장사무실에서 회의했으면 한다”는 것이었다. 그래서 방문은 어렵고, 보고서의 내용에 문의 사항이 있으면 자세하게 상담을 해드릴 수 있으니, 필자의 사무실을 방문해달라고 하였다. 그러나 공기업과 하도급업체는 사무실을 방문하지 않았다.

공기업은 하도급업체와 협의가 이루어지지 않자 용역비 지급을 5개월 이상을 지연시켰다. 공기업은 하도급업체와 하자처리 협의가 완전히 마무리된 이후에 용역비를 지급하려는 것이었다. 용역발주자가 공기업이므로 지급지연에 대한 문제를 제기하게 되면 공기업과 다툼으로도 번질 수 있어 그대로 기다렸다. 그러나 용역 완료 5개월 지나고서는 지나친 처사라고 생각되어서, 공기업 담당자에게 구두로 당국에 민원을 제기하겠다고 하였다. 그러자 그는 하도급업체와 합의가 아직 끝나지 않았으니 조금만 기다려 달라는 것이었다. 그래서 합의가 끝나지 않으면, 용역비를 지급하지 않겠다는 것이냐고 항의하였다.

결국, 공기업은 하도급업체와 완전히 합의한 후 용역 완료 5개월이 훨씬 지나서야 용역비를 지급하였다. 이후에 공기업의 하도급업체는 허용치를 초과하는 탄성 패드의 전단변형을 하자로 평가한 것에 대해 항의 전화를 하는 것으로 마무리되었다. 공기업의 자기 편의적인 업무처리로 인해 장기간 불쾌감을 주었으나, 하자평가로 인해 심정이 불편한 하도급업체의 항의는 사실관계를 떠나서 충분히 받아들일 수 있는 것으로 미안한 생각마저 들었다.

다만, 이해당사자(하도급업체)와 하자처리를 마무리한 이후에 용역비를 지급한 소위 공기업의 갑질은 심한 불쾌감을 주었다. 공기업의 이러한 거래문화는 공동체 사회에 큰 영향을 미친다. 이는 건물의 증축이나 개축, 대수선, 용도변경 등의 구조물진단에서 “지자체에서 인허가 및 승인이 난 이후에 진단용역비를 지급하겠다”라고 하는 일부 건축주의 사고방식에서도 볼 수 있다.

제1장 개요

1.1 과업의 내용

"○○뉴타운 내에 건설된 3개의 교량(△교, □교, ■교, 2016년 4월 준공)에 대한 하자점검(2018년 11월)이다. 이들 중에서 #3 ■교에 대한 하자(결함)를 조사하여 안전성 및 사용성을 평가하며, 필요시에 적절한 보완/보강/교체방안을 제시한다. 즉, 교량의 하자점검에는 신축이음 주변의 균열, 교명주 기울어짐, 외장재 및 날개벽 파손, 교대 누수, 계단 구조체의 침하균열 및 계단 옹벽침하, 옹벽 계단의 난간 균열, 베어링패드의 역방향 거동, 교량슬래브균열 등을 포함하고 있다. 그러나 여기에서는 탄성 교량 받침(베어링 패드, 탄성 받침)에 발생한 전단변형을 주 대상으로 한다.

1.2 구조물의 현황

구조물 명		구조물형식	연장(m)	폭원(m)	비고
교량	#1(△교)	UDPC BEAM	43.2	36.0	
	#2(□교)	IPC GIRDER	39.0	28.0	
	#3(■교)	IPC GIRDER	2@25.0=50.0	26.0	DB:24, DL:24

그림 435 2경간 #3 ■교 전경

제2장 상태조사 및 평가

2.1 교량의 상황

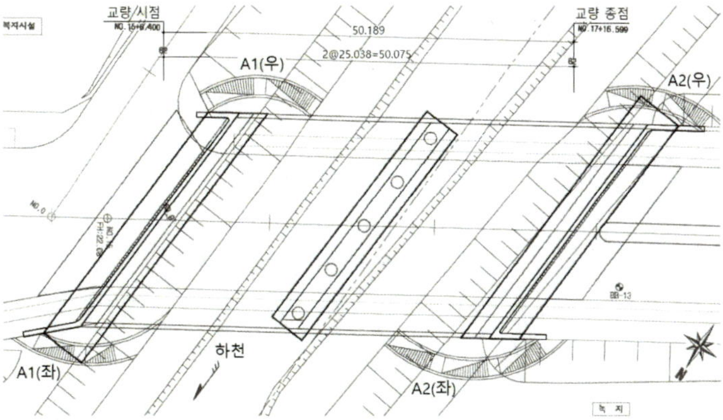

그림 436 #3 ■교 평면도/A1(좌측) 부분이 하자발생이 뚜렷한 곳

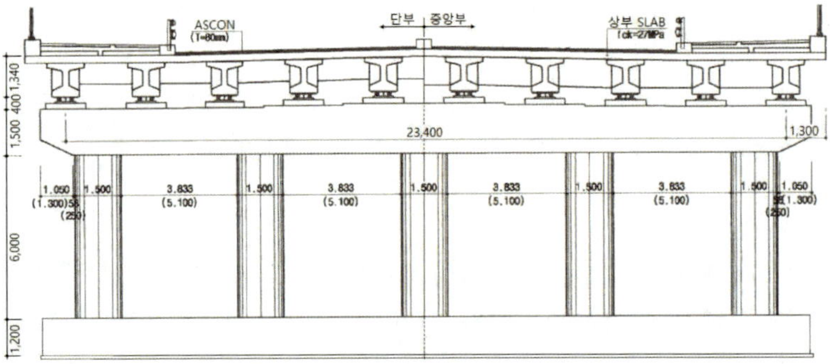

그림 437 횡단면도

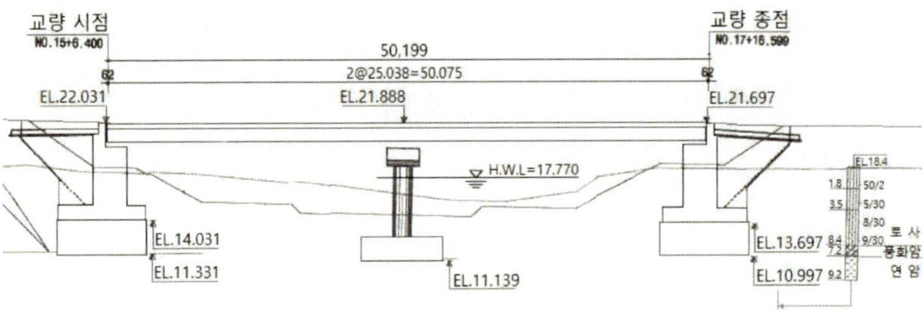

그림 438 종단면도

■ 교

연번	위치	위치설명	하 자 내 용
1	A1좌측	육개장터측	계단 부등침하 균열발생
3	A1좌측	방향 육개장터측	옹벽계단 침하발생
4	A1	군내 방향 교대	슈 역방향 거동
5	A1	방향 교대	교대 토공 침하
18	A2좌측	읍사무소 방향 정측	교량슬라브 균열발생

그림 439 용역발주처에서 제공한 하자 리스트

그림 440 교대 A1의 교량 받침 부분

2.2 교량 받침의 전단변형

1) 일반사항

교좌 장치는 교량의 상부구조와 하부구조의 접점의 교량 받침으로, 상부구조로부터의 반력을 하부구조에 전달한다. 하중에 대한 응력, 온도변화로 인한 열 효과, 크리프 등에 의한 하부구조의 신축회전을 원활하게 수용하는 역할을 한다. 즉, 이러한 변형을 흡수하거나 변형에 저항할 수 있어야 한다.

교량 받침은 종횡 방향으로 고정될 수 있고, 한 방향은 고정되고 다른 방향으로는 가동될 수도 있고 양방향으로 가동될 수도 있다. 일반적으로 종횡 방향(수평 방향, 교축 방향과 교축에 직각 방향)은 고정되어 있으나, 회전은 구속하지 않은 고정베어링과 신축기능을 하는 가동베어링으로 분류한다. 가동베어링은 수축과 팽창의 교량 스팬 방향(교축

방향) 운동뿐만 아니라 보의 회전 운동을 할 수 있게 한다. 만일에 부식이나 다른 원인으로 길이 방향의 운동에 큰 저항이 생기면, 장래에 유지관리문제로 이어져서 마찰력이 교량 길이 방향의 자연적인 수축과 팽창을 방해하게 된다. 또한, 상부구조의 온도변화, 휨, 크리프 및 건조수축, 프리스트레스에 의한 부재의 탄성변형 등에 의한 이동량에 여유가 있는 구조이어야 하며, 지진과 같은 예상치 못한 비정상적인 이동을 방지하는 장치가 되어야 한다. 고정베어링(받침)은 회전 운동을 허용함으로써 힌지(hinge) 기능을 하는 동시에 상부구조가 하부구조에서 교량 길이 방향으로 움직이는 것을 방지한다.

고무의 탄성변형에 의해 상부구조의 신축, 회전을 흡수하는 고무베어링은 신축, 회전에 있어서 전(全) 방향으로 변형되는 특징이 있다. 이는 허용응력 결정에 유의하여야 하며, 지압 내력을 높이기 위해 강판이나 합성수지판을 사용하기도 한다.

베어링 패드(bearing pad)는 교량의 상부구조와 하부구조 사이에 설치된다. 이러한 교좌 받침의 베어링 패드는 유해 응력이 발생하지 않도록 필요한 거동을 하면서 지지 면에 대해서 수직 하중을 분포시키며, 소량의 변위와 회전을 허용함으로써 접합 면에서 힘이 축적되는 것을 줄이는 역할을 한다. 따라서 베어링 패드의 성능은 사용하중이 작용할 때의 변형특성과 상관된다. 이러한 특성을 충족하는 다양한 등급의 베어링 패드가 사용되고 있다.

일반적으로 베어링 패드의 허용전단변형(allowable shear deformation)은 대략 패드두께의 30%~50% 정도이나, 최대 70%까지의 전단변형을 고려할 수도 있다. 다만, 이를 고려할 경우는 신중할 필요가 있다. 즉, 교좌 접합면이 구조적으로 유효하게 작동하기 위해서는 패드(고무)의 마찰로 발생할 수 있는 미끄러짐(slippage)의 가능성을 고려하여야 한다.

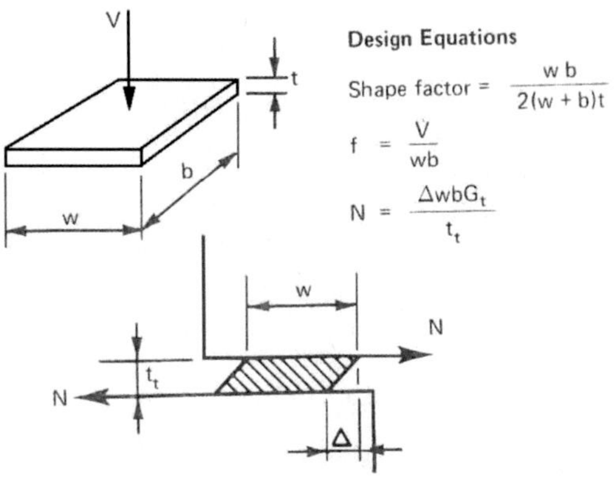

그림 441 elastomeric bearing pads의 설계개요/ $\triangle = \triangle_s$(최대전단변형), t=h_{rt}(베어링패드의 두께)

교량 상부구조의 수평 이동(horizontal movement) $\triangle_0$는 크리프, 수축(shrinkage), 포스트텐숀닝(post-tensioning), 기온변화 등의 열효과(thermal effects)와 결합으로 일어날 수 있는 최대변위를 취한다. 베어링의 최대전단변형 $\triangle_s$는 교각의 유연성(pier flexibility)과 시공절차(construction procedures)를 고려하여 수정한 $\triangle_0$를 취한다. 마찰력이 낮은 미끄러짐 표면에 베어링이 설치되면 $\triangle_s$는 첫 번째 미끄러짐에 상응하는 변형보다 크게 취할 필요는 없다.

$$h_{rt} \geq 2\triangle s$$

전단변형(shear deformation, $\triangle_s$)은 LRFD[14.7.6.3.4]에 명시하고 있는 바와 같이 다음 식으로 검토할 수 있다(출처: *WisDOT Bridge Manual* Chapter 27 - Bearings, January 2019).

h_{rt} : 베어링 패드의 두께(bearing thickness)

$\triangle s$: 최대전단변형(Maximum total shear deformation of the bearing at the service limit state)

2) 하자 상태조사 및 평가

설계도면에는 '탄성 베어링(탄성 받침)', KSF 4420의 '일반 탄성 받침'으로 표기되어 있다. 이에 따르면, 베어링은 단순 탄성 베어링(plain neoprene pads)이다. 다만, 탄성 받침의 상세도에 의하면 철판과 고무를 적층하여 제작한 적층형 탄성 받침(laminated neoprene pads)이다. 교량의 경간 25m를 고려할 때, 적층형 탄성 패드로 볼 수 있지만, 패드의 전단변형이 크게 발생한 점에서 볼 때는 단순 탄성 베어링으로 판단된다.

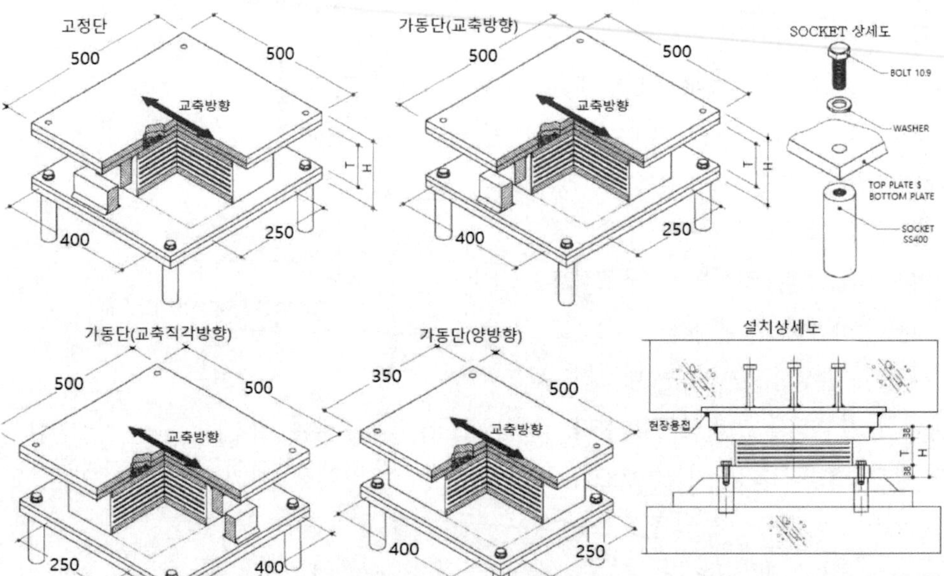

탄성받침 물성치

적용하중 (kN)	T	H	탄성고무층		변위(mm)		수평력(kN)		전단탄성	압축스프링	전단스프링
			고무층수	유효두께	상시(70%)	지진시(150%)	상시(70%)	지진시(150%)	계수 (MPa)	계수 Kv(kN/m)	계수 Kh(kN/m)
1000	63	132	5	40	28	60	80.5	172.5	1.15	818.736	2,875
	74	143	6	48	33.6	72				682.280	2,396

탄성받침 상세도
(1,000kN, G=1.15MPa)

그림 442 탄성 받침(탄성고무) 상세도

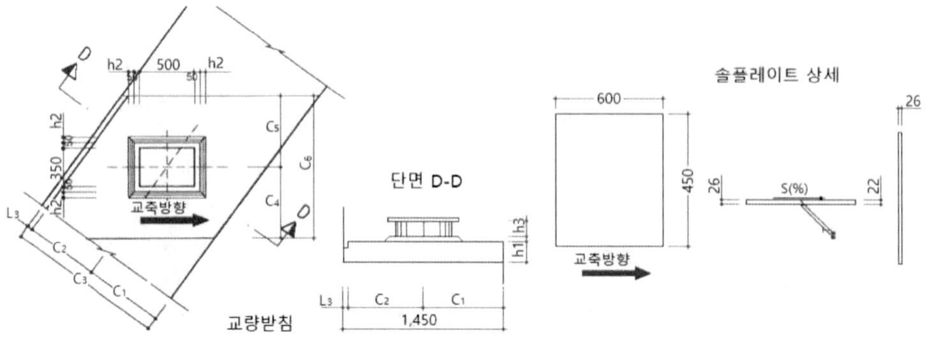

그림 443 교량 받침 및 밑판(sole plate) 상세

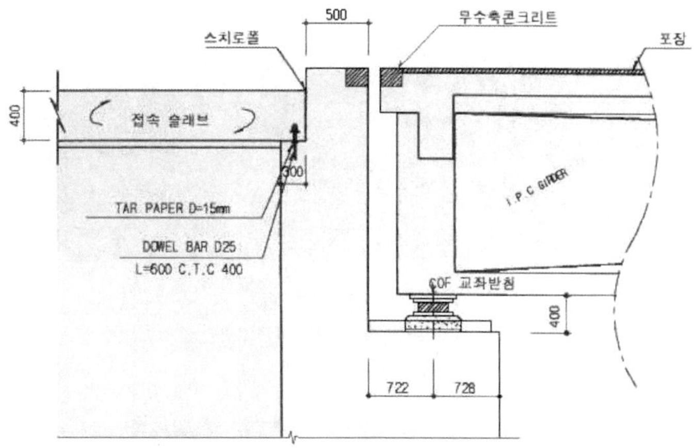

그림 444 교량받침 단면상세(예)

교대(abutment) A1 에는 고정단 받침이 배치되어 있지 않으며, 교량 중간 교각의 1방향 가동단 1개조를 제외하고는 그 양쪽에 배치된 받침은 모두 양방향 가동단이다.

받침부에서 밑판(sole plate)은 교량의 받침부에서 반력을 균등하게 전달하기 위하여 교대와 교각 위에 설치하는 베드플레이트(bed plate)이다. 설계도면의 밑판 치수는 600(L)×450(W)×50(T1)이다. 교대 A1 부분의 교량받침의 top plate 및 bottom plate(상하부판)의 치수는 500(A)×350(B)×50(h2)이다. 다만, 탄성베어링패드의 설계 치수는 설계도면에 표시되어 있지 않았다. 실측한 베어링패드의 치수는 400×250×60으로 측정되었다. 즉, 탄성베어링패드는 교량받침 plate 내부에 놓여 있다. 또한, 전반적으로 교대 A1 교량받침 베어링패드에는 육안으로 뚜렷하게 인식되는 전단변형이 교축 방향으로 최대 2㎝ 발생하고 있다. 이는 A1(좌)측 부분에서 A1(우)측 부분으로 갈수록 작아지며, A1(좌)측 부분의 패드에 비해 A1(우)측 부분의 패드가 상대적으로 훨씬 작은 것으로 조사되었으나, 이를 물리적 특성으로 단정하기는 어려운 상태이다. 또한, A1(우)측 부분의 베어링 패드는 교축에 직각방향으로 는 약간의 전단변형이 발생하였는데, 이는 교좌받침의 베어링 패드(bearing pads)의 지압면적의 부족과 지지 면의 수직하중에 대한 지지력 부족(성능 부족), 패드 변의 길이에 비해 패드의 높이가 상대적으로 큰 것에 기인할 수 있다.

전단변형이 최대로 발생한 탄성베어링패드에 대한 허용전단변형(allowable shear deformation)을 패드두께의 30%~50%로 적용할 경우 60mm×(0.3~0.5)= 18mm~30mm 이내이어야 한다. 그러나 교대 A1의 베어링 패드 10개소 중에서 5개소는 최대 20mm의 전단변형(Δ, shear deformation)이 발생하고 있어 허용전단변형을 초과하고 있는 것으로 간주할 수 있는 상태이다. 다만, 허용전단변형을 패드두께의 50% 이내로 적용할 경우는 베어링 패드 10개소 모두가 사용성을 유지한 것으로 평가할 수 있다. 그러나 보수적인 측면에서는 모두 허용전단변형을 초과한 것으로 평가할 수도 있으므로, 장기적인 안전을 위해서는 전체적으로 교체하는 것이 적절할 것으로 판단된다. 이와 마찬가지로 교대 A2의 경우에도 향후 전단변형이 18㎜ 이상의 경우는 교체를 고려할 필요가 있다.

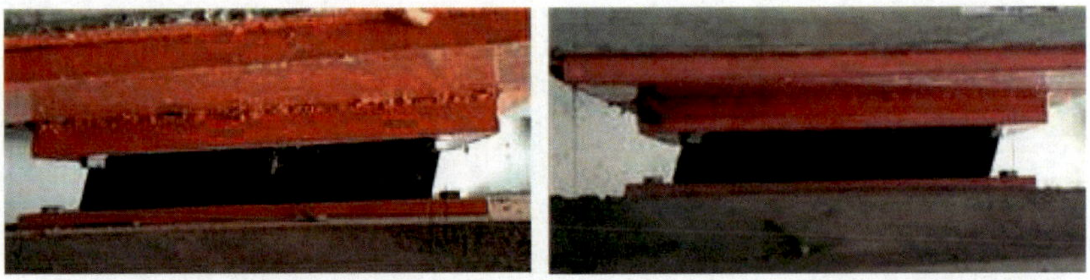

그림 445 A1 좌측 베어링 패드의 교축 방향 전단변형(Δ)/A1 우측에 A1 좌측이 상대적으로 크게 발생, 베어링 패드가 평행사변형으로 2㎝ 변형되어 허용전단변형을 초과한 상태

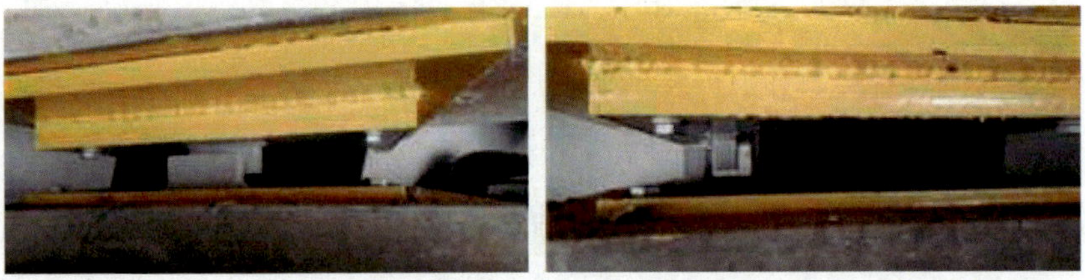

그림 446 교대 A1 중간 교축 방향으로의 전단변형(좌), 교축 직각 방향(고정 guide bar 설치)으로의 전단변형은 미소한 상태(우)

3) 방안제시

A1 교좌 받침 탄성베어링패드의 전단변형이 허용전단변형(allowable shear deformation)을 초과하거나 근접하고 있고, 교축 방향으로 전단변형이 발생한 상태이므로, 전체적으로 교체하는 것이 적절할 것으로 판단된다. 이는 교량 준공 후 2년 6개월여의 사용 기간에 발생한 전단변형이라는 점을 고려한 것이다.

2.3 하자 발생 및 내역

연번	구 분	하자내역	하자발생		비 고
			단위	수량	
1	출입 계단참 제거 및 슬래브 보강	-			
2	조인트부 ⊔형 덮개설치	-			
3	**베어링패드 전단변형**(패드 400×250×60)	허용전단변형초과	개소	10	교대 A1
4	지반침하, 교명주 지반침하				
5	교대 흉벽 누수 기타				
6	계단난간 및 슬래브, 벽체, 교대, 흉벽의 균열결함 기타				

제3장 종합

3.1 교량 받침의 하자

1) 본 점검의 평가는 하자판정으로 간주할 수 있고, 교량 전체에 대한 전수조사가 아니므로 누락이 있을 수 있고 비노출 하자가 상당 부분 있을 수 있으므로 하자내역은 최소한이라 할 수 있다. 하자 내역에 대해서 보수보강 시공전문업체의 실행단가로 하자 발생비용을 산출하는 것이 바람직하다.

2) A1 탄성 받침이 허용전단변형을 초과하고 있으므로 교체가 요구되며, 정밀진단으로 시행할 경우는 베어링 패드의 교체 수량이 증가할 수 있다.

3.2 기타 건의사항

1) 본 점검에서의 안전 및 사용성 평가는 현장조사로부터 6개월 유효하다.

2) 하자 발생비용은 개략적으로 ○○○○만원(부가세 별도)로 추산된다.

3) 본 하자내역에 기초하여 하자보증금청구, 하자손해배상청구, 하자보증금청구 금액을 산정하고자 할 때는 시공발주설계서를 참고하거나, 전문업체 현장실사의 공사비견적서에 의할 수 있다.

■ 기술자료: 교량 베어링 관련 자료

교량 베어링은 기술자가 잘 이해하지 못하는 장치 중의 하나이다. 베어링에 다양한 재료가 교량구조시스템에 적용되고, 또한 그 사용재료에 따라 파괴 모드와 거동이 다르기 때문이다.

1) 탄성 패드의 설계조건

일단 설계하중(design loads)과 병진운동(translations)[329] 및 회전(rotations)이 결정되면, 베어링의 유형(bearing type)을 선택하고 설계를 하게 된다. 병진운동과 회전은 탄성패드(elastomeric pads)의 설계에서 제한하고 있는 요소이다.

PEP(plain elastomeric pads, 단순탄성패드) 및 FGP(fiberglass reinforced bearing pads, 유리섬유보강 패드)는 최대전단변형률로 통제되는 약간 정도의 병진운동을 수용한다. 따라서 탄성베어링패드의 가장자리가 주형 보(girder)에서 분리되지 않도록 PEP와 FGP에 있어서 최대병진운동(maximum service translation) Δs가 $h_{rt} \geq 2\Delta s$을 만족하도록 하는 것으로 제한하고 있다. 여기에서 Δs는 사용조건 하에서의 최대병진운동량이며, h_{rt}는 탄성베어링의 탄성체 전체 두께(total elastomer thickness)이다.

CDP(Cotton Duck reinforced Pads)는 병진운동(translation capacity)이 경미 하므로 전단변형의 한계에 따라 전체탄성체의 두께 h_{rt}는 $h_{rt} \geq 10\Delta s$를 만족하여야 한다. 탄성체(elastomers)는 탄성베어링패드(elastomeric bearing pads)와 강재보강탄성베어링(steel reinforced elastomeric bearings) 양쪽 모두에 사용된다. 이들 패드와 베어링의 거동은 형상계수(shape factor)의 영향을 받으며, 본질적으로 다른 거동을 한다. 탄성패드의 유형 PEP와 FGP, CDP 간에는 상당한 차이가 있다. 탄성패드는 오로지 제한된 회전과 병진운동을 수용하는 것 이외에 일정 부분의 중력 하중을 지지한다. 따라서 약 40m 미만의 교량에 가장 적합하다고 할 수 있다.

PEP는 포이슨 효과(Poisson effect)로 인한 부풀음(bulging)을 억제하기 위해 상부 표면 및 하부표면의 마찰로 저항한다. 기대할 수 없는 마찰과 국부적인 미끄러짐이 보강탄성패드 및 베어링(reinforced elastomeric pads and bearings)에서 일어나는 보다 큰 탄성체의 변형(elastomer strain)을 초래한다. 또한, 증가된 탄성체의 변형은 하중강도를 낮추게 된다. 허용응력은 탄성베어링패드의 형상계수에 좌우되므로 PEP가 최대허용압축하중을 지탱하려면 상대적으로 얇아야 한다. 이러한 얇은 탄성베어링패드는 단지 작은 병진운동과 회전만을 허용한다. 그래서 PEP는 때때로 보행하는 것과 같이 장소를 이동하는 현상(walking)이 생기기도 한다.

---

329) 평행이동을 하는 운동이며 물체의 모든 점이 항상 서로 같은 변위를 하는 운동. 물체 내에 있는 어떠한 직선도 운동 중에 같은 방향을 유지한다면 이 경우를 병진운동이라 한다. 또한, 병진운동 중에는 물체를 구성하는 모든 질점들이 평행한 경로를 따라 움직이는 것을 관찰할 수 있다. 만약 그 경로들이 직선이라면 직선운동이라 하고, 그 경로들이 곡선이라면 병진운동이라 한다(Vector Mechanics for Engineers : Dynamics, Third Edition, Beer/Johnson, p321(이장무 역 ©2000, Mcgraw-Hill Korea Inc.)

이러한 현상은 교량에 진동과 이동의 원인이 되기도 한다. CDP는 매우 얇은 탄성체층(elastomer layers, 0.4㎜ 미만)을 가지고 있다. 이는 압축에 강하므로 PEP보다 훨씬 큰 압축하중강도(compressive load capacity)를 지니고 있다. 그러나 회전이나 병진운동은 거의 없다. CDP는 수평병진운동(horizontal translation)에 적응하기 위해 때로는 PTFE(Poly Tetra Fluoro Ethylene, 불소수지) 슬라이더(slider)와 함께 사용하기도 한다. 예를 들어, 탄성베어링은 PTFE 슬라이딩 표면과 결합되어 매우 큰 병진운동을 수용한다.

FGP의 분할층(discrete layers)과 함께 보강된 탄성패드의 거동은 여타의 탄성패드의 거동보다는 강재보강탄성베어링(steel reinforced elastomeric bearings)의 거동에 가깝다. 그러나 유리섬유보다는 약하고 더 유연하며 강재로 보강한 것보다는 탄성체(elastomer)에 대한 부착성이 낮다. 보강재가 파단되면 돌발붕괴가 일어날 수 있다.

탄성베어링으로는 단순패드(plain pads), 강재보강(steel reinforced) 및 cotton duck 탄성베어링이 주로 쓰이고 있으며, 유리섬유보강패드(FGP)는 강재보강탄성베어링과 유사하지만 유리섬유의 갑작스러운 파괴 특성으로 인해 압축응력이 제한적이다.

2) 교량 베어링(bridge bearings)의 기능

교량 상부구조와 하부구조의 접 면인 교량 받침의 하중전달 메커니즘은 과거나 현재나 변화가 없으나, 교량 받침은 다종다양한 형식으로 개발되어 적용되고 있다. 교량 받침은 수직 하중을 지지하고 수평 하중을 수용하며, 모멘트에 의한 회전을 수용하는 기능이 있어야 한다.

과거에는 장 경간의 교량이 많지 않았고, 교량 받침을 주로 금속재료로 사용하였기 때문에 회전을 수용하기가 어려웠다. 그래서 이를 수용하기 위한 것이 힌지이며, 이동기능을 수용하기 위해 도입한 것이 롤러이다. 그러나 부식에 취약한 금속재료의 내구성을 극복하고자 사용재료를 고무로 대체하고, 마찰력과 부식을 줄이기 위해 구면(접 면)에 특수한 재료를 사용하고, 회전 혹은 이동만을 수용하던 교량 받침이 이들을 동시에 수용토록 개발되고, 유연성을 가진 적층 형태의 탄성 받침의 개발과 내진설계에 따른 탄성 받침의 복원력 특성 등을 고려하여, 저마다 특허와 신기술·신공법으로 등록하여 비슷비슷한 제품들로 변형되어 특정 제품만이 적용되는 등으로 가히 교량 받침의 형태가 난립하는 현상도 있다. 이 중에는 부분적으로 기능 결핍 등의 문제도 일어나고 있으며, 또한 새로운 소재와 공법에 의한 특허와 신기술·신공법의 교량 받침이 출현하면서 공공발주자들은 이들 제품에 대해 사용을 특정함으로써 특혜를 부여하는 경향도 있다. 그래도 국내에서 가장 많이 관찰되고 있는 교량 받침은 기본적으로 전통적인 적층 형태의 탄성 받침이 아닌가 생각된다. 아래에 기술한 자료는 교량 받침의 개념을 설명하고자 정리한 것이다.

교량의 베어링(bridge bearings)은 상부구조와 하부구조의 접 면으로서 자중을 포함한 지진하중, 풍하중, 교통 하중 등의 작용하중을 전달하며 상부구조에 해당한다. 이는 기본적으로 3가지의 기능을 한다.

① 상부구조에서 하부구조로 하중을 전달
② 사하중(고정하중)과 활하중(적재하중)에 의한 회전을 처짐으로 허용
③ 열팽창과 수축(가동베어링에 해당)에 기인한 상부구조의 수평 이동을 허용

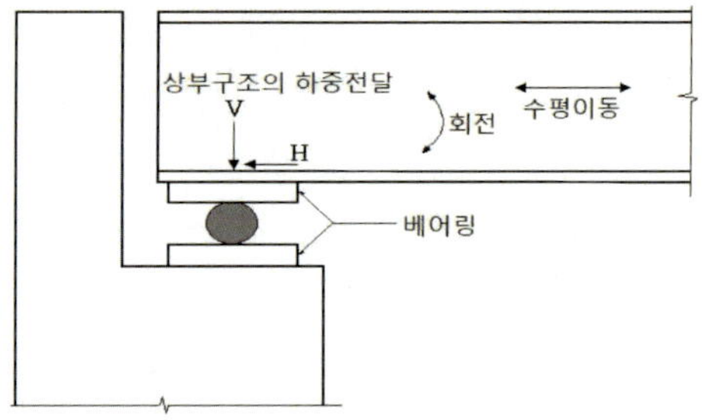

그림 447 베어링의 3가지 기능/상부구조의 하중전달, 수평이동, 회전, 출처: FHWA Bridge Inspection Manual Section 9-Bridge Bearings.

베어링은 크게 고정베어링과 가동베어링으로 구분한다. 고정베어링(받침)은 상부구조의 수평변형 혹은 이동을 허용하지 않는다. 가동 베어링은 상부구조의 수평변형 혹은 이동을 허용한다.

고정 및 가동 베어링 모두 회전을 허용한다. 베어링 이동의 원인은 콘크리트의 크리프(creep), 수축(shrinkage), 침하(settlement), 양 압력(uplift forces), 열응력(thermal forces), 풍하중이나 지반활동(지진, 진동), 교대에 작용하는 토압, 운행차량의 급제동 및 가속 등이다.

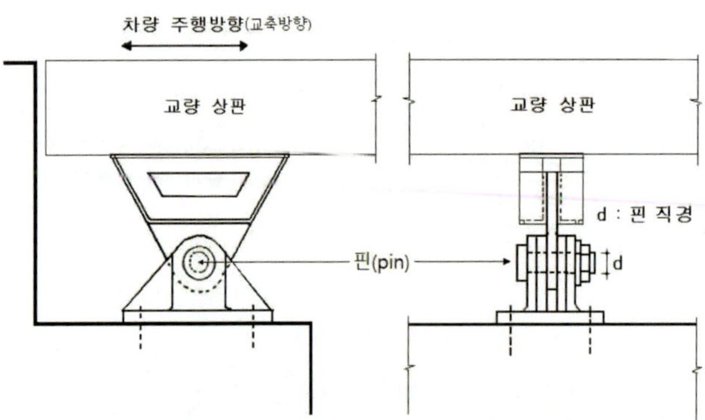

그림과 같은 장치를 핀(pin)구조' 혹은 '힌지(hinge)구조'라고도 하며, 교량에서는 교좌장치라고 한다. 핀을 축으로 하여 회전을 하기 때문에 구조역학에서는 회전지점이라고 한다.

그림 448 회전지점의 고정베어링(예)/핀 베어링(pin bearing)은 회전은 허용하지만, 이동은 제한한다. 구조물이 평형상태라는 것은 작용하는 하중에 의한 이동이나 회전이 구속되어 있다는 뜻이다. 이 같은 고정지점(fixed support)에서는 수평반력 H, 수직반력 V, 모멘트반력 M이 생기지만, 수평, 수직 방향으로 이동이나 회전이 일어나지 않는다.

그림 449 핀 베어링의 예/Sydney Harbour Bridge의 two-pin truss 아치교에 설치된 힌지베어링[hinge(pin) bearing]이다

3) 베어링의 기본구성요소

교량의 베어링은 4가지의 기본요소로 구성되어 있다. 이러한 기본요소가 모두 뚜렷하게 있는 것은 아니나, 적어도 베어링 또는 베어링표면을 가지고는 있다.

① 밑판(sole plate): 주형보, 트러스 현재의 밑면에 붙이는 강판. 프리스트레스드 콘크리트의 하부

플랜지 속에 매입할 수도 있다. 이때 콘크리트 보 혹은 슬래브의 하부플랜지 혹은 그 단면의 밑판(sole plate) 기능을 한다.

② 베어링 혹은 베어링표면(bearing or bearing surface): 밑판과 하부판에 정착되며, 밑판에서 하부판으로 힘을 전달하는 기능을 한다.

③ 하부판(masonry plate): 교대 혹은 교각의 베어링 시트(bearing seat)에 부착된 강판이다. 이는 베어링으로부터 하부구조체로 수직력을 분포시키는 역할을 한다.

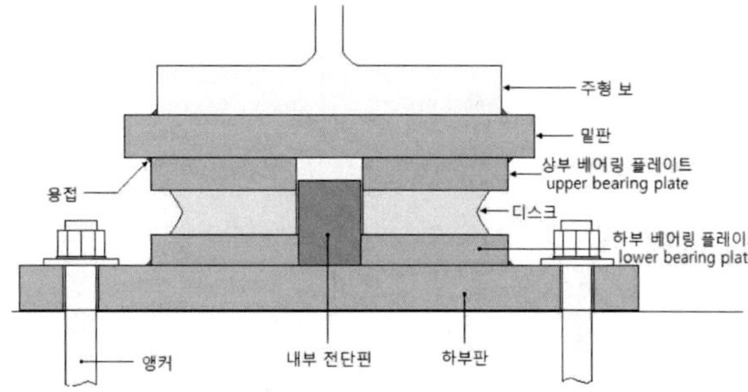

그림 450 베어링의 기본구성(예)

④ 앵커정착(anchorage): 앵커볼트로 베어링을 하부구조체에 연결하여 하부판을 수평변형으로부터 구속한다. 앵커볼트는 횡 방향 이동이 구속되도록 가동 베어링을 관통하거나 나란히 통과할 수도 있다. 앵커정착은 시공기준이나 지침에 따라 최소 볼트 직경과 매입 길이를 정한다.

4) 주요 베어링의 종류와 기능

교량 베어링의 지지원리에 따라서 종횡(교축 및 교축에 직각) 방향의 이동 없이 회전(rotation)을 허용하는 고정베어링(fixed or clamped bearing), 회전이동(rotational movement)을 허용함과 동시에 교축 방향의 이동을 제한하는 힌지 혹은 핀 베어링(hinge or pin), 회전과 교축에 직각 방향의 이동을 허용하는 이동 베어링(movable bearing), 교축에 직각 방향의 이동만을 허용한 가이드 베어링(guided bearing)으로 분류한다. 교량 베어링의 사용재료에 따라서 강재 베어링, 고무 및 고무와 결합한 베어링, 베어링의 디자인 및 지진격리형식으로도 분류한다.

• 슬라이딩 베어링(sliding bearings):

순수 슬라이딩 베어링(pure sliding bearings)은 지점(supports)에서의 처짐으로 인한 회전을 무시할 수 있을 때만 사용할 수 있다. ASHTTO[10.29.1.1]은 경간(span length) 15m 미만으로 제한한다. 종 방향 이동(longitudinal movement)은 한 플레이트가 다른 플레이트와 미끄러지면서 일어난다. 여러 유형의 플레이트가 사용되며 이러한 유형의 기본적인 차이점은 윤활의 방법(method of lubrication)에 있다.

• 탄성베어링(elastomeric bearings):

탄성베어링(탄성받침)는 순수네오프렌패드와 박(적)층 네오프렌패드를 포괄한다. 네오프렌은 압축 또는 전단력으로 약간 변형되는 무거운 고무와 같은 재질이다.

① 단순네오프렌패드(plain neoprene pads): 단순네오프랜베어링(plain neoprene bearing)은 탄성체(elastomer)[330] 네오프렌 (pure neoprene)의 직사각형 패드로 구성되어 있으며, 주로 단 스

팬(short span), 프리스트레스 콘크리트 구조물 (prestressed concrete structures)에 사용된다. 강재 빔 교량에 널리 쓰이고 있고, 수축팽창은 네오프렌의 전단변형을 통해 이루어진다. 전형적으로 일정한 두께를 가지며 평행면이 직사각형이지만 둥근 디스크 모양의 패드도 사용된다. 또한, 베어링이 보 아래에서 벗어나는 것을 방지하기 위해 패드를 보와 교좌에 접착하는 것에 다양한 수단이 강구되고 있다.

② 박층네오프렌패드(laminated neoprene pads): 네오프렌패드와 강판 혹은 유리섬유판을 적층한 것이다. 전체를 네오프렌으로 에워싸고 있으므로 플레이트는 보이지 않는다. 신장과 수축이 요구되고 상부구조의 수직 하중이 커지는 장경간 구조물에 사용된다. 단순네오프렌패드 등의 두꺼운 패드가 박층 베어링의 역할을 할 수도 있지만, 과도한 부풀어짐과 마모는 그 수명을 현저하게 감소시킬 수 있다. 이러한 부풀어짐 없이 팽창과 수축을 허용해야 한다.

• 면진 받침(seismic bearings):

면진 받침의 필수기능은 복원력(restoring force)과 진동에너지를 흡수하는 감쇠 기능을 동시에 갖추는 것이다. 고유주기를 길게 하여 구조물에 입력되는 지진력의 크기를 줄여주는 역할도 한다. 그래서 면진설계에서는 교량 받침이 어느 방향으로나 움직이게 하여 지진력의 유발을 저감하는 원리를 적용한다. 움직임은 지진력 측면에서는 유리하지만, 변위의 측면에서는 불안정한 현상이므로 이를 줄일 필요가 있다. 이를 위해서는 감쇠 능력뿐만 아니라 복원력이 필요하다. 원위치로 되돌리는 복원력이 크면 클수록 변위 발생을 줄이는 것이 되므로 이는 매우 중요하다. 이러한 복원력이 필요한 이유는 지진 종료 후에 구조물이 항상 원위치에 정지하지 않으므로, 만약 잔류변위 이후에 연이어 여진이 발생하면 설계 변위를 초과할 수 있기 때문이다.

① 절연 베어링(isolation bearings): 네오프렌과 강판으로 구성된 일종의 샌드위치(sandwich)라는 점에서, 박층 네오프렌과 유사하다. 일반적으로 지진하중에 사용되는 리드축심(lead core)은 베어링을 강화하며 고무 덮개는 강판을 보호하지만 리드축심의 상단은 노출된다. 정상적인 교량 하중 하에서는 박층베어링과 같이 거동을 한다. 지진하중 하에서는 리드축심이 항복하도록 설계되며, 그것에 의하여 베어링은 더욱더 유연해지며, 교량이 지진 운동의 영향에서 절연되게 한다. 적층탄성베어링(laminated elastomeric bearing) 중심에 리드축심을 추가하여 감쇠에 의한 에너지를 소산하도록 변용한 것이다. 즉, 리드축심이 수평 방향에 유연성(flexibility), 에너지 소산(energy dissipation), 감쇠(damping) 하는 역할을 한다.

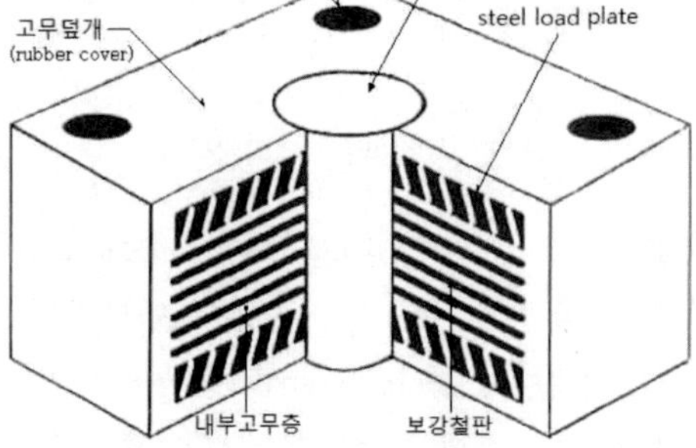

그림 451 lead core 절연베어링/출처 : FHWA Bridge Inspection Manual

330) elastic과 polymer의 합성어, 탄성이 우수한 고분자화합물로서 고무하고는 엄밀하게는 다르지만 거의 동일하게 쓰여도 무방하다.

② 마찰진자베어링(friction pendulum bearings): 지진 시에 전달되는 횡 하중과 진동을 감소토록 설계된 것으로, 진자현상을 이용하여 지진력을 피하고자 그것이 지지하고 있는 구조물의 고유주기(natural period)를 길게 한다. 진자의 흔들림은 상하판의 곡률로 결정되며 수직 하중의 크기에 좌우되는 마찰력이 중요한 역할을 한다.
③ 고감쇠 고무베어링(high dampening rubber bearings): 사용 하중 조건에서 베어링은 탄성베어링과 유사한 방식으로 지지한다. 그 강성(rigidity)은 작은 전단변형에서 고무의 탄성계수에 의해 제공된다. 지진 시에 베어링의 특별한 이력을 가진 고무화합물이 지진에너지를 소산 한다. 결과적으로 지진동으로부터 절연되어 붕괴 가능성이 줄어든다.

5) 베어링 패드(bearing pads)

베어링 패드는 지지 면(bearing area)의 평면지압으로 압축력을 흡수하고 수직 하중을 분산하며 작은 변위(small displacement)와 회전(rotations)을 수용하여 콘크리트 부재의 손상과 균열을 방지한다. 이러한 패드는 중공 슬래브(hollow-core slab) 등의 프리캐스트 콘크리트 부재의 지지면 등에 광범위하게 사용된다. 프리캐스트 콘크리트에 사용되는 콘크리트보다 높은 압축강도를 갖는다. 요구 성능은 사용하중작용 시의 변형특성과 관련되며 비계수하중(un-factored service loads)으로 설계한다. 사용되는 재료들이 다양하며 어떤 경우에는 예상과 다른 성질과 거동을 나타내기도 한다. 대부분의 패드 제작자, 공급자들은 설계에 도움을 주는 기술자료를 가지고 있으므로, 적절한 패드 선정이 의심스러울 경우 이들의 도움을 받는다.

① 상업용 패드(commercial grade neoprene)는 쉽게 적용할 수 있으나, 전단변형특성(shear deformation characteristics)과 지지 강도(bearing strength)가 크게 변하므로 시험성능데이터가 없으면 사용하지 않아야 한다.
② 구조용 패드(structural grade neoprene pads)는 교량, P.S 및 P.C 건축물(prestressed and precast concrete buildings), 산업기계와 중장비 등에 광범위하게 사용된다. 하중을 전달하고 변위와 회전의 특정 자유도를 제한하거나 해제하는 역할을 한다. 높은 압축응력 혹은 큰 수평변위에 부응하며, 강판 사이에 부착된 elastomer층으로 구성된 적층 패드(laminated pads)가 사용될 수 있다. 이때 각각의 층은 개별 패드처럼 거동하나 전단변형은 전체의 집성체(total assembly)로 기능한다. elastomeric bearing pads와 방식으로 설계한다.
③ 적층패브릭베어링패드(laminated fabric bearing pads), 합성섬유(synthetic fibers)와 고무(rubber body)로 구성된 성형 패드(Preformed pads), Tetrafluorethylene(TFE) bearing pads 등이 있다. TFE pads는 elastomeric or fabric pads, or steel plate를 부착할 수 있다.

주) "polytetrafluoroethylene"(PTFE 또는 TFE)로 알려진 화합물(compound)은 일반적으로 사용할 수 있는 재료 중 가장 낮은 마찰계수를 가지므로 교량베어링에 사용한다. 다만, 순수 PTFE는 압축강도가 낮고 열팽창계수가 높다. 따라서 교량베어링에 사용하기에 적합하도록 PTFE는 적절한 필러(filler)와 결합하여 사용한다. 필러는 일반적으로 유리섬유와 청동이며 PTFE에 강도를 부여하지만, 마찰계수는 낮지 않다. PTFE는 포트 받침의 미끄럼 소재로 사용되어왔으나, 이보다 지압 응력이 높고 내마모성도 우수한 것으로 알려진 UHMWPE(Ultra-High-Molecular-Weight Polyethylene)와 같은 열가소성 폴리에틸렌 소재도 사용되고 있다.

2.23 고층건물 저층부의 슬래브결손(대수선)에 따른 갈등

차 례

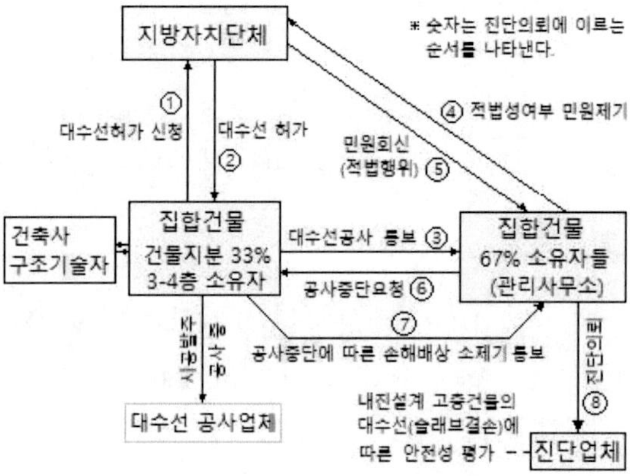

대수선(슬래브 단면결손)에 따른 이해관계자

<갈등상황> 대수선(슬래브 절단) 행위와 책임회피

- 갈등 관계: 관리사무소, 집합건물 소유자들, 3-4층 소유자, 지자체(허가), 구조기술자(내진설계확인서 발부 및, 내진성능평가), 건축사(대수선 설계), 대수선 공사업체

지상 20층 건물의 4층 슬래브(방화구획) 30㎡를 절단하여 3층과 4층을 오르내리는 내부계단을 설치하는 대수선에서 발생한 일이다. 초반에는 이를 허가한 지자체(지방자치단체)와 집합건물 소유자들, 관리사무소 간에 그 적법성을 놓고 논란이 있었다. 건물지분 33%를 소유한 3-4층 전체 소유자는 대로변에 쪽의 슬래브를 절단하여 그 공간의 일부에 계단을 설치하고자 한 것이다. 나머지 집합건물 소유자들은 슬래브 절단에 대한 불안감으로 지자체에 적법성을 묻는 민원을 냈으나, 적법 행위라는 통보를 받았다. 그러나 관리사무소에서 대수선 공사의 범위가 훨씬 크게 절단되는 것을 확인하고 공사를 중단시켰다. 이에 3-4층 소유자는 공사 중단에 따른 손해배상소송을 제기하겠다고 하는 상황이 되었다.

이런 상황에서 진단을 의뢰하였다. 자료조사결과, 대수선 허가 시에 제출했다고 하는 '구조 안전 및 내진설계 확인서(이하 '확인서'라 한다)'에는 구조검토 결과의 내용 칸이 모두 빈칸인데 확인자의 인장은 찍혀 있었다. 이는 언뜻 정상적인 확인서로 보이기 때문에 지자체는 이를 승인 처리하였거나, 관리사무소에서 확인서를 요청함에 따라 형식적으로 제출한 것으로도 볼 수 있다. 확인서에 첨부된 구조설계자료는 내진설계와 무관한 신설 계단의 '구조계산서'였다. 이는 소유자, 관리사무소, 대수선 관계자 모두를 기만하는 자료였다. 그러나 이미 대수선 행정절차가 끝났으므로, 진단은 이들의 갈등을 해소하면서 슬래브결손을 구조적으로 최대한 원상회복하는 것에 초점을 두었다. 그래서 '확인서'의 흠결을 관리사무소에만 알려주고, 슬래브결손에 따른 횡격막 보강방안을 진단성과품으로 관리사무소에 제출하였다.

슬래브의 횡격막작용을 고려하지 않은 구조설계기술자

보고서 제출 후 2주 정도 지나서 관리사무소는 보강방안에 대해 3-4층 소유자는 동의하였으나, 집합건물 소유자 중의 한 사람이 "계단실 부분의 슬래브결손일 경우에만 동의할 수 있다"라고 하여 합의가 무산되었다는 것이다. 그래서 보고서에 언급된 바와 같이 제3자에 의한 내진성능평가결과에 따라 슬래브결손에 대한 보강 여부를 결정하는 것으로 하였는데, 제3 자의 평가결과가 개구부결손에 대한 보강이 필요 없다고 평가하였다는 것이다. 이에 따라 3-4층 소유자는 집합건물 소유자들을 대수선 공사 업무방해로 법적으로 조치하는 중이라고 하였다.

정상적인 구조기술자는 30㎡의 슬래브 단면결손의 횡격막을 보강할 필요가 없다고 하기는 어렵다. 그러나 3-4층 소유자가 동의한 슬래브의 횡격막에 대한 보강(보 설치 3개소)을 고려하지 않고, 내진성능평가결과에 의해 "별도의 보강 없이도 안전성에 문제가 없다"라는 보고서를 제출한 것이다. 이는 슬래브의 횡격막을 이해하지 못한 것으로 이해하였으며, 보수적으로 구조설계하는 기술자의 경향과도 달랐다.

이해당사자들의 갈등 해소를 위해 진단업체는 횡격막 보강방안과 제3 자 내진성능평가를 제시하였는데, 오히려 갈등을 부추기는 것이 되어 버렸다. 더구나 구조해석 시에 슬래브(횡격막)는 강체로 간주하여 모델링을 하므로, 횡격막(슬래브 단면결손)보강은 구조해석과는 별개이다. 그러함에도 내진성능평가를 실시한 제3 자는 이를 무시했고, 슬래브결손 이전과 이후의 내진 성능에 변화가 없다고 평가하였다. 즉, 30㎡의 슬래브결손에도 불구하고, 결손 횡격막에 대한 보강이 필요 없다고 평가한 것이다. 이는 내진성능평가의 특성상 소성힌지가 보와 기둥에 생기도록 하는 등의 붕괴기구[331], 내진보강이 기초와 기둥, 그리고 보를 대상으로 하며, 횡격막작용을 하는 슬래브는 강체로 간주한다는 사실을 간과하고 있다. 관리사무소는 이에 따른 소견이 필요하다고 하여 별도의 용역비용이 소요된다고 일러주었다.

이후 또다시 관리사무소를 방문하여 현안 상담을 하였다. 상담시간 20분이 지날 즈음에 관리사무소는 "상담내용을 녹음했다고 하면서 자체에서만 사용하겠으니 괜찮지 않냐"고 하여, "사전 동의 없는 무료상담에서 그러는 것이 아니다. 삭제하라"라고 하였다. 상담자의 호의를 자기 목적으로 이용하려는 행태에 불쾌감이 들었지만, 오랫동안의 거래처라 내색을 할 수는 없었다.

행정절차, 책임회피, 전문가의 자존

이로부터 일주일 후에 관리사무소는 "슬래브 횡격막에 대한 '보강이 필요 없다'는 내진성능평가결과를 진단보고서에서 제안한 '보강이 필요'한 것으로 수정하였다"라는 것이다. 그리고는 "보강공사에 대한 감리를 맡아 달라"고 하였다. 이를 승낙하면서 모든 것이 마무리되는 듯하였다. 그러나 며칠 후 대수선에 따른 준공절차와 관련된 관계자(감리자, 건축사, 구조기술자) 측에서 슬래브 횡격막에 대한 보강공사 완료 후 제출하게 될 '구조 안전 및 내진설계 확인서' 협의를 위한 회의 참석을 요청하였다. 그들은 대수선 준공 시에 제출하게 되는 '확인서'에 진단업체의 구조기술자가 날인 하게 하여 책임을 회피하려는 의도였다. 이러한 경우를 여러 번 겪어서 이를 수용하지 않았다. 진단은 "구조 안전 및 내진설계 확인서" 날인과는 전혀 별개로써, 대수선 절차에 있어서 슬래브결손에 대한 안전성을 평가하는 일이므로, '확인서' 날인은 이치에 어긋난다"라고 완곡하게 설득하였다.

그들은 "진단으로 횡격막을 보강한 것이므로 진단업체가 공사가 끝난 후에 '확인서'를 감리자에게 제출해야 한다"는 주장이었다. 이는 대수선의 문제점을 지적한 진단업체에 행정절차상 요구되는 확인사항을 떠넘기려는 것이었다. 이에 "대수선과 관련한 다툼의 중간 단계에서 진단업체가 대안을 제시한 것이므로, 이는 "건축법 등에 의한 대수선 절차에 따라 건축사와 구조기술자 및 감리자가 수행해야 하는 업무이다"라는 등등으로 장시간 설득하였다. 또한, "횡격막 결손보강에 대해 진단결과에 따른 적절한 시공을 위해 진단업체가 감리에 참여할 수는 있으나, 그것도 제3 자에게 맡기는 것이 좋을 듯하다"라고 피력하였다. 복잡하게 얽혀 있는 대수선에 따른 횡격막을 보강하는 일에 관여하고 싶지 않았기 때문이다. 특히, 진단업체는 대수선에 직접 관계된 것이 아니라, 대수선 행위에 따른 이해당사자들의 문제를 해소하고자 함이므로, 이해관계자나 이해당사자가 될 수 없다.

몇 주가 지난 이후에, 당초 용역을 맡았던 구조기술자가 현장여건을 고려하여 보강 개소를 축소한 상태의 '확인서'를 관리사무소에 제출하였고, 축소내용에 대한 소견을 요청하였다. 이후에 이에 대한 소견서 작성과 함께 슬래브 횡격막보강에 한하여 공사감리를 의뢰하였다.

---

331) 지진 시에 지상건물의 붕괴기구는 건물 전체에 동시에 발생하는 것이 아니라, 저층부로 갈수록 힌지 형성의 수가 순차적으로 많이 발생하면서 종국에는 저층부에 붕괴기구가 형성되는 것이 정상이다.

제1장 진단목적

대상 건물(사용승인 2000년 2월, 지하 6층, 지상 20층, 건축면적: 1,631 m^2, 연면적: 44,083 m^2, 높이: 79m)은 내진 설계된 철골철근콘크리트조이며, 3층과 4층 사이에 신설하는 계단 부분의 슬래브결손에 따른 진단이다. 본 진단은 집합건물의 소유자들(건물지분 67%의 소유자)이 대수선에 대한 불안감으로 진단을 의뢰하였다.

대수선 행위자(건물지분 33% 소유한 3, 4층 소유자)는 조사일 현재(2019. 6. 12), 대수선 허가를 받은 상태이다. 여기에는 대수선 구조검토와 '구조안전 및 내진설계확인서'가 포함된다. 이에 나머지 집합건물 소유자들이 지자체에 적법성 여부의 민원을 제기하였으나, 적법하다는 회신을 받은 상황이었다. 이후에 대수선 공사현장을 확인한 결과, 대수선의 슬래브결손이 생각했던 것보다 훨씬 커서 공사를 중단시켰다. 이에 대수선 행위자는 공사 중단에 따른 손해배상소송을 제기하겠다는 상황이 되었다.

본 진단에서는 3층-4층 층간 슬래브결손에 따른 대상 건물의 영향과 안전성을 평가하여 적절한 보강방안을 마련하는 것이 주안이다.

제2장 대수선(슬래브 단면결손)의 상황

그림 453 건물의 층간 슬래브결손(개구부 신설) 부분/슬래브 결손면적 30㎡

대상건물의 정면(3-4층부분)

그림 455 슬래브 단면결손의 4층 바닥(좌), 건물 정면방향의 내민(데크) 슬래브(우)

그림 456 결손부의 데크 플레이트(좌), 슬래브 단면결손예정의 4층 바닥 상황(중, 우)

제3장 상태조사 및 평가

3.1 슬래브의 횡격막작용

건축물은 토지에 정착되어 기둥, 보, 벽, 바닥 슬래브, 지붕슬래브, 기초, 가새 등의 구조부재와 결합 집성되어 이들이 아치, 부축, 횡격막작용 등을 통해서 안정성을 유지한다. 여기서 슬래브는 연직하중에 의한 휨모멘트가 거의 지배하며, 구조적으로 횡격막작용

(diaphragm action)을 한다. 횡격막(diaphragm)은 횡 하중을 주로 면내 전단응력(in-plane shear stress)에 의해 전단벽(shear wall) 혹은 골조(frame)에 전달하는 구조체이다. 횡 하중(lateral load)은 일반적으로 풍하중, 지진하중을 말하지만, 횡 방향 토압(lateral earth pressure), 혹은 정수압(hydrostatic pressure)과 같은 횡 하중도 횡격막작용에 의해 저항을 받게 된다. 요컨대, 횡격막작용은 상하부에 연결된 모든 기둥이 상호 동일한 위치를 유지하도록 면내 거동을 한다.

횡격막은 건물의 지붕이나 바닥판, 교량 상판과 같이 횡격막작용과 동시에 중력하중을 지지한다. 일반적으로 콘크리트 구조물의 경우에는 슬래브, 철골구조는 금속데크 혹은 복합금속데크(composite metal deck), 목구조는 배향스트랜드보드(oriented strand board) 혹은 합판으로 짜진다. 기본형식으로 유연형은 힘을 전달하는 부재의 유연성에 관계없이 분담면적에 따라 횡 하중에 저항한다. 반면에 강성형은 횡격막의 위치와 횡격막의 유연성에 따라 하중을 전단벽 또는 골조로 전달한다. 횡격막은 면내전단을 전달하는 전단패널(shear panel)로서 사용되는 박막(membrane), 전단벽(shear wall) 혹은 골조로 하중을 전달하는 지지 부재(drag strut members), 횡격막에 발현된 인장 및 압축력에 저항하는 현재(chords)를 포함한다. 예컨대, 건물이 받게 되는 수평방향의 힘(horizontal forces)은 주로 바람이나 지진, 온도변화 등에 의해 발생하며, 이는 구조물의 구성 부재와 조인트를 통해 전해진다.

수직평면상에서 횡하중에 저항하는 구조요소로는 전단벽, 가새골조, 모멘트연성골조 등이 있고, 수평으로는 바닥판, 지붕, 수평트러스 등이 횡격막으로 사용된다. 건물에서 바닥은 횡격막의 대표적인 부재이다. 수평 하중은 보통 전단벽(shear wall)이나 모멘트저항골조(moment resisting frame)로 전해진다. 즉, 수평 방향 횡격막작용(horizontal diaphragm action)을 하는 바닥이나 지붕을 통해서 전단벽 및 골조로 하중이 전달된다. 이러한 횡격막작용은 바닥판과 지붕판을 plate girder 혹은 I-beam과 유사하게 보아 수평 방향 깊은 보(horizontal deep beam)로 해석할 수 있다. plate girder, I-beam 등으로 구성된 바닥틀은 고정하중에 대한 강도와 강성을 확보하고 각 골조의 내력벽과 연결되어 수평 방향의 강성을 확보하고, 수평 하중에 의해서 생기는 바닥틀면의 전단력을 내력벽에 전달하는 역할을 한다. 따라서 바닥틀 구조는 이에 따른 강도와 강성을 확보하는 부재 배치가 되어야 하며, 이를 위해 귀잡이재 또는 수평트러스를 사용하기도 한다. 수평 트러스는 인접하는 2개의 내력벽 사이를 직각으로 바닥면에 따라서 연결하는 트러스 구조로 구성하여 바닥틀면의 강성을 확보함으로써 수평 하중을 유효하게 내력벽에 전달하는 역할을 한다(건축・토목사회문제와 해법, 구조물진단, pp.34-36).

그림 457 a) 드럼통의 횡격막은 바닥 슬래브에 상당. b) 술통의 횡격막과 ring beam, c) 지면을 지점으로 하는 대나무의 마디와 횡격막, 마디 간격이 일정하지 않고 뿌리 부분에 이를수록 좁아진다. 직경의 백 배 이상인 대나무가 바람에 흔들리면서도 쪼개지지 않고 버티는 것은 마디와 마디 부분에 형성된 횡격막이 있기 때문이다.

3.2 상태조사 및 평가

1) 코어형식으로 연층 내진벽 배치이며, 결손부분이 4층 모서리 부분으로 지진력에 민감하게 반응할 수 있고, 위치적으로 응력집중이나 응력분배가 복잡한 부분이다.

2) 결손으로 1.3m 내민 슬래브와 불연속이 되고, 횡격막작용이 저하되므로 슬래브결손을 계단실로 한정하거나 최소화할 필요가 있다.

3) ○○구조기술사사무소의 구조검토는 슬래브결손에 따른 횡격막작용의 저하에 대한 보강검토와 무관한 3-4층 신설 계단에 대한 구조계산이다.

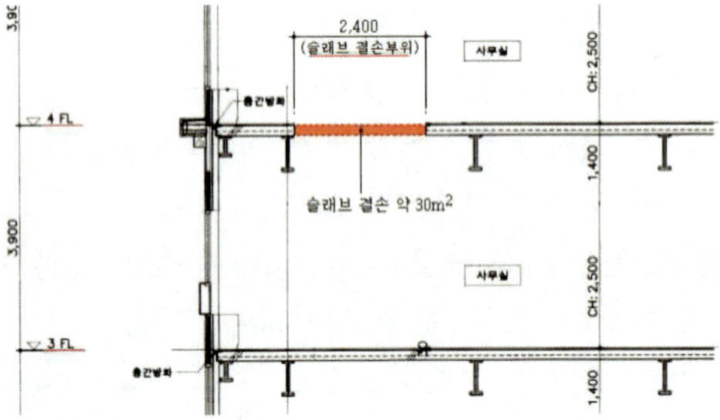

그림 458 슬래브결손 부위의 단면개요도

제4장 슬래브결손에 대한 보강방안

4.1 보강 일반사항

건물에서 슬래브는 횡격막작용(diaphragm action)을 통해서 면내 거동을 하면서 내진에 유해한 영향을 미친다. 따라서 슬래브 손상은 면내 전단력에 대한 강성이 저하되고, 응력집중이나 응력분배, 슬래브의 불연속, 지점의 고정도를 떨어드린다.

4.2 보강방안

내민 슬래브의 처짐에 대한 보강은 하부에 보를 설치하는 것으로 하며, 내진 설계된 건물이므로 슬래브결손을 최소화하더라도 슬래브결손을 계단설치 부분으로 한정하든, 결손을 30㎡로 하든 대수선 허가와 무관하게 보강조치는 불가피하다. 요컨대, 철골 보(계단설치 부분의 슬래브결손: 1개소, 슬래브결손 30㎡의 경우 : 3개소)를 신설한다.

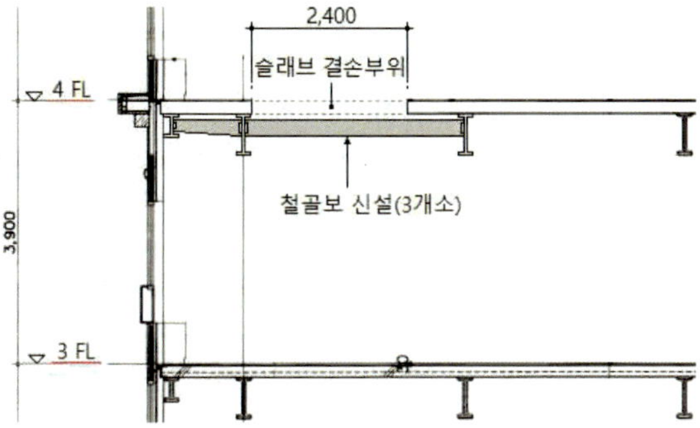

그림 459 슬래브 결손부에 대한 보강/철골보 신설은 슬래브의 횡격막을 회복하기 위한 보강으로 기존의 슬래브에 밀착할 필요는 없다. 즉, 신설 철골보(H-300×200×8×12) 플렌지(flange)와 기존 슬래브의 하부면에 틈새를 두고, 에폭시 등의 재료로 충전

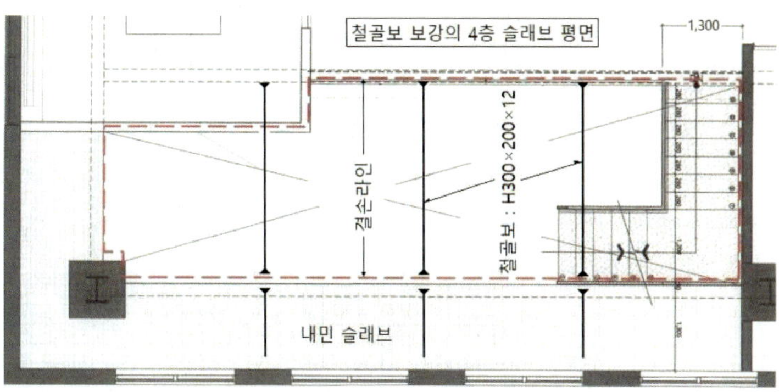

그림 460 슬래브 결손부의 철골보 보강(3개소)의 바닥 평면

제5장 종합 및 건의사항

1) 슬래브결손으로 횡격막의 하중전달능력이 저하될 수밖에 없으므로, 결손은 최소화하여야 하며 대수선을 지자체가 승인하였다 하더라도 내진보강은 불가피하다.

2) 당초 건물의 횡격막작용을 유지하기 위해 철골 보를 신설하는 방안을 제시한다. 이를 따르지 않을 경우, 당초 건물의 내진성을 보장할 수 없으므로, 슬래브결손을 전제로 대수선에 따른 내진성능평가를 별도로 실시하고 내진보강을 하여야 할 것이다.

3) 횡격막 결손의 원상회복을 위해서는 슬래브결손 부분을 계단실로 한정한다.

2.24 유리안전난간의 설치와 유리선택

주) 당국의 요청으로 건물주가 작성한 '유리 난간 설치도면 및 시방서'를 검토하면서 정리한 유리 난간, 선택, 난간의 구성 부재 및 부품, 지주의 정착, 안전유리의 자료이다.

< 요지 > 민간인들은 당국의 행정지시를 철저히 준수한다

수도권 야외광장의 환풍구 붕괴사고(2014년)를 계기로 당국은 유사 시설물의 소유자에게 안전조치를 하도록 통지한다. 그래서 건물주는 지하철 출입구의 낮은 난간과 환풍구 위에 유리 난간을 설치하기에 이른다. 건물 대지 내에 지하철 출입구가 있기 때문이다. 이 경우에 출입구 소유자인 지하철 측에서 설치하는 것이 적절하고 생각되나 건물주가 모든 비용을 부담하는 것이었다. 지하철 자산이므로 건물주는 처음에는 이견을 표했다. 결국, 쌍방합의로 건물주가 유리 난간 설계, 공사, 감리를 하고, 공사업체는 지하철에서 추천하게 된다. 그래서 건물주 의뢰로 검토하고 이를 지하철에 승인받는 복잡한 형식이 되었다. 계약당사자는 건물주이지만, 변경사항에 대한 승인을 지하철이 함으로써, 계약 기간도 늘어나고 세 번의 계약으로 그만큼 비용도 늘어났다.

건물주가 처음 제시한 앵커볼트 4개의 사각형 기판(base plate)이 3개의 삼각형 기판으로 변경되면서 난간 지주의 정착방식을 재검토하였다. 이렇게 완료된 검토(2015년 11월)가 1년이 지난 시점(2016년 12월)에 지하철 측에 유리 난간을 기부채납하는 과정에서 설치방법이 변경되었다. 이에 건물주는 또다시 검토를 의뢰하는 과정에서 앵커 못의 난간 정착시공을 제시하여, 설치공사 완료 후에는 시공상태에 대한 검사를 요청하였으며, 소요 비용은 유리 난간 설계와 공사비 내역에 포함하여 발주했다. 설계업체와 공사업체는 동일하므로 이들이 감리까지 한다면 견제의 의미가 없다는 것을 건물주가 받아들였다. 기술용역업체가 검사시험(시공감리)을 하도록 하여 발주자/설계자/공사업체/감리자 간에 있을 수 있는 야합을 통제하기로 지하철 측과 협의한 사항이다.

결과적으로 지하철 측과 협의하여 몇 번에 걸쳐 건물주와 계약을 하였다. 건물주는 유리 난간 설치 후 지하철 측에 기부채납을 하였다. 이러한 상태에서 안전사고가 발생해도 건물주는 그 책임을 건물주에게 묻지 않을까 걱정하고 있었다. "기부채납을 했으므로 이에 대한 유지관리는 건물주와는 무관할 것이나, 사회구조가 보편적인 상식을 벗어나기도 한다"라고 일러주었다.

제1장 지하철 출입구 유리 난간 설치도면의 안전성검토

1.1 도면 및 시방서 검토(첫 번째 용역)

4각 기판(base plate)의 유리 난간과 설치 시방에 대한 2015년 11월의 평가소견이다.

1) 유리 난간 설치현황 및 상황

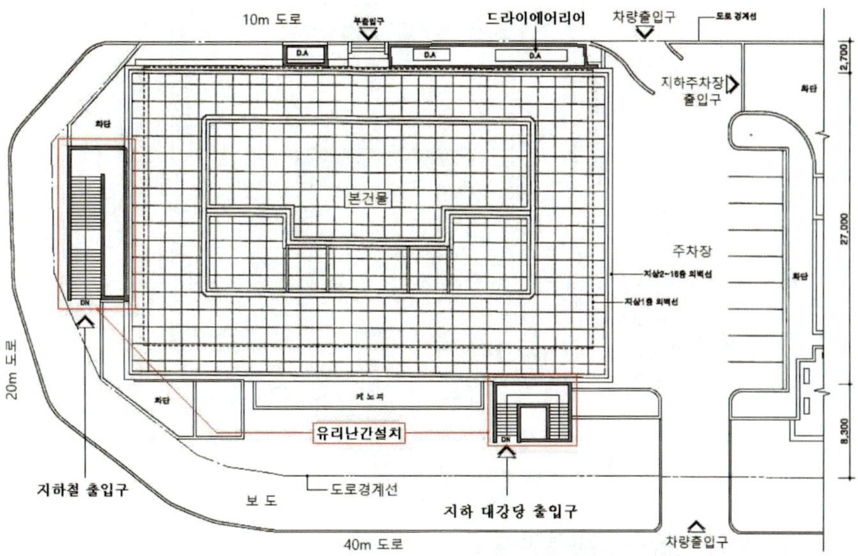

그림 461 유리 난간 설치의 지하철과 지하 대강당 출입구, 드라이에어리어(dry area)부분

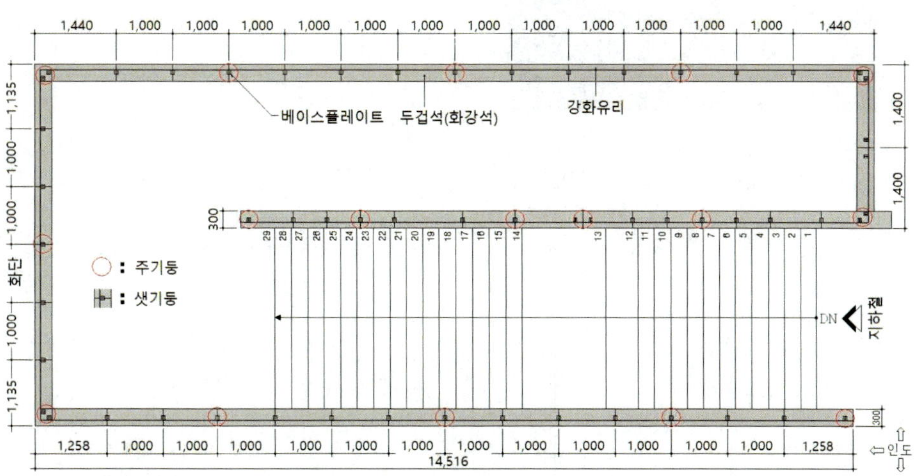

그림 462 지하철 출입구의 유리 난간 설치계획평면/난간 지주는 주기둥과 샛기둥으로 구분하여 주기둥은 콘크리트기반, 샛기둥은 화강석 두겁대에 정착.

그림 463 지하철 출입구/난간 높이가 지면에서 60㎝, 지하철 바닥 면까지는 -5m이므로 추락사고의 위험이 있다. 실제 추락사고가 있었다.

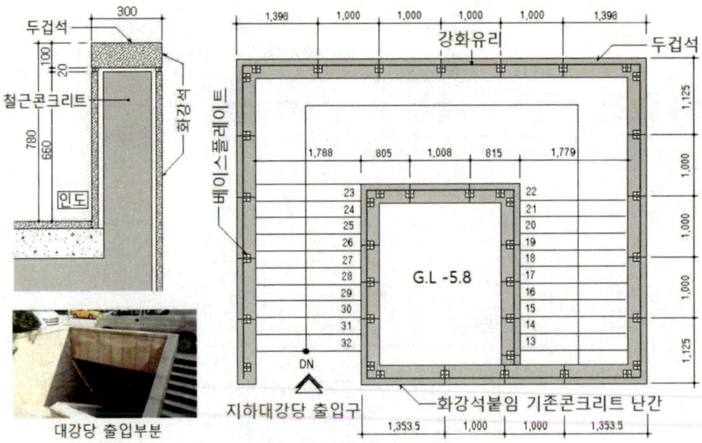

그림 464 지하철 출입구 화강석 붙임 철근콘크리트 난간 단면(좌상), 지하 대강당 출입구(좌하) 및 유리 난간 설치 평면(우)

그림 465 드라이에리어의 난간/덮개(grate)가 걸침턱에 지지되어 지하로 추락할 위험은 없다. 유리 난간을 설치할 필요는 없으나, 당국의 요청으로 설치.

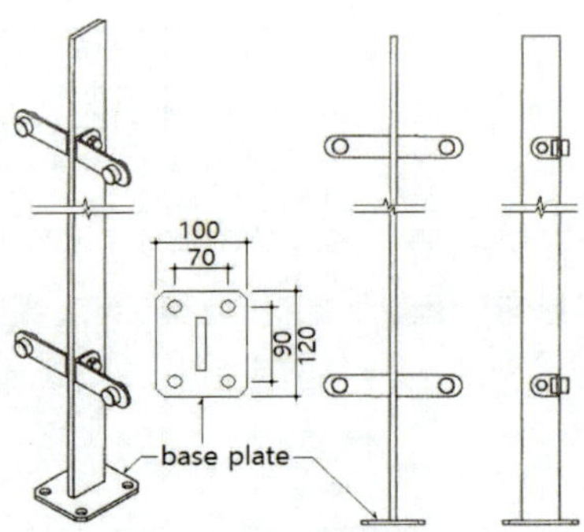

그림 466 난간지주와 기판(base plate)

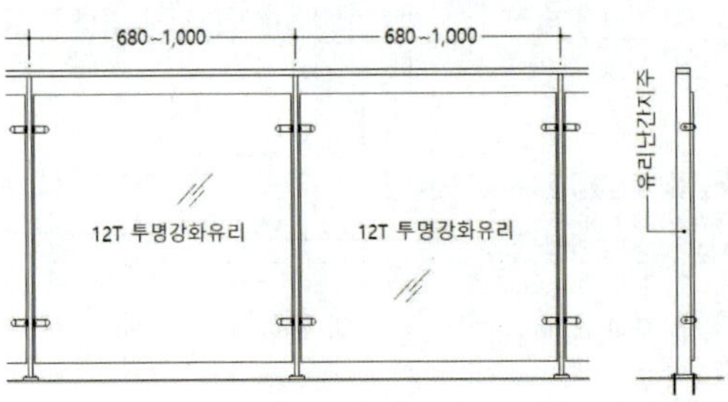

그림 467 유리난간 입면/난간의 구성 부재 및 부품에는 난간 지주, 기판, 유리판, 스파이더, 핸드레일, 기타 유리 고정 부속 등이 있다. 난간 지주는 설치 위치, 유리판 크기와 용도에 따라 횡 하중 100kg, 혹은 풍하중을 고려하여 구조단면을 정한다.

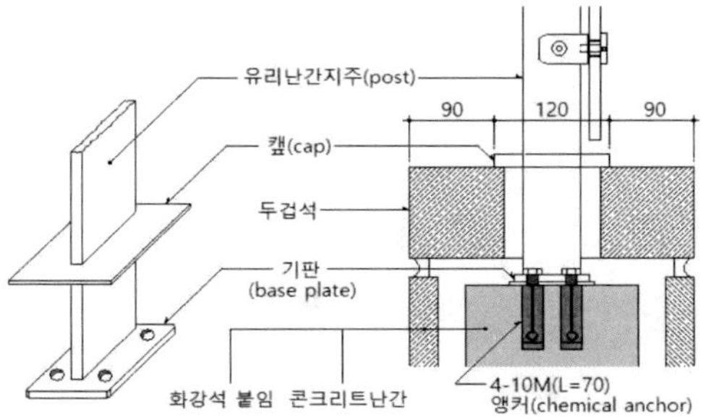

그림 468 유리 난간 지주설치(안)/콘크리트 기반에 앵커볼트 4개를 정착하는 상세도. 지주를 4~5m 간격으로 설치하고, 그 사이의 샛기둥(난간 지주)은 두겁석에 정착한다.

소견: 지하철 및 대강당 출입구 부분의 기존 난간은 높이 60㎝로서 추락사고가 발생할 수 있으므로 추가로 난간 설치가 요구된다. 추락 높이가 5.8m에 이르러 전체 난간 높이를 옥상의 난간 높이(=120㎝)에 상응하게 확보할 필요가 있다.

2) 안전난간의 법적 근거 및 설치 필요성

난간 높이는 설치장소에 따라 달라진다. 건물의 계단, 옹벽의 상단부, 주차건물의 램프, 도로변, 건물의 옥상 난간이 대표적이다. 옥상 난간은 주택법의 "주택건설기준 등에 관한 규정"에 따라 바닥 마감 면으로부터 120㎝(2003년 태풍 매미 이전에는 110㎝) 이상의 높이를 확보하게 되어있다. 이는 건물 옥상과 같이 추락위험이 있는 장소의 최소한의 난간 높이다. 추락위험이 없는 곳은 90㎝로도 가능하다.

3) 현장설명서 검토사항

건물주 작성 현장설명서에서 '강화유리'를 '완전강화유리'로 표기하는 것이 적절하다.

주) 강화유리는 열처리로 강도를 강화한 (완전)강화유리(fully tempered glass)와 반강화유리(heat-strengthened glass)로 분류한다. 여기에서 강화유리를 완전강화유리로 명기하지 않으면 반강화유리를 사용할 수도 있다. 반강화유리는 깨질 때 파편이 완전강화유리보다 크므로 안전하다고 할 수 없다.

4) 기타 안전에 관한 사항

1) 유리 난간에는 안전유리에 해당하는 접합유리(laminated glass)를 사용하는 것이 적절하다. (완전)강화유리는 깨질 때 사람이 상해 받지 않을 정도로 상대적으로 작은 파편으로 깨지므로, 강화유리를 때로 '안전유리'로 부르기도 한다. 그러나 유리 파편으로 인해 상해를 입힐 수 있는 곳에서는 안전유리가 되지 않는다. 따라서 높이 5m 이상의 지하철 출입구 난간에 설치된 강화유리가 충격으로 파손되어 파편으로 상해를 입게 되면 안전유리라고 할 수 없다. 따라서 유리가 깨져도 비산되지 않고 현상을 유지하는 접

합유리는 파손 시에 부상위험이 적고 대부분이 온전한 상태를 유지한다. 이는 충격 흡수작용과 파손된 유리 조각이 떨어지지 않도록 필름으로 접합된다.

2) 건물주가 작성한 특약 사항 설명서의 기타 "안전필름부착비(필름spec.)"에서 언급되고 있는 안전 필림을 강화유리에 부착하는 시방이라면, 강화유리 파손 시에 조각이 떨어지지 않고 필름에 부착될 수 있으므로 안전유리의 효과를 기대할 수 있다. 즉, '필름부착의 강화유리'는 접합유리라고 할 수 없지만 이에 상응하는 유리로 간주할 수는 있을 것이다. 이는 강화유리 후면에 에칭(etching) 시트지를 붙였을 경우는 유리파손 시에 유리 조각이 시트지에 붙어 있을 수 있다는 전제하에서의 판단이다.

3) 유리 난간 지주의 배치 간격은 68㎝~100㎝, 높이는 두겁석 상면에서 430㎜, 630㎜, 754㎜, 794㎜ 등이다. 이는 난간에 100㎏이 작용하였을 때, 전도모멘트(overturning moment)를 결정하는 지간 거리(arm length)가 된다. 지주는 60×12㎜ SUS plate이며, 횡 하중에 강축(strong axis)으로 저항하는 구조이다. 이같이 지간 거리가 짧은 난간 지주와 지주의 구조단면을 강축으로 배치한 상태로서, 지주 배치에 구조적인 문제는 없는 것으로 판단된다. 다만, 유리 난간 전체의 전도방지역할을 하는 주 지주(post)는 기존 난간의 콘크리트에 소정의 깊이(L=70이며 적절함)로 정착할 필요가 있다. 4.5m~4.8m 간격의 지주 배치 또한 적절하다. 주 지주의 간격이 화강석 두겁대에 정착되는 샛기둥(stud) 간격의 4배를 초과하면, 주 지주의 전도방지에 대한 기여도가 크게 떨어질 수 있다[332]. 따라서 지하철 출입구의 기존 난간의 길이 약 14m 부분에는 주 지주 1개소를 추가할 필요가 있다. 특히 난간의 끝부분, 그리고 난간이 절곡(코너) 되는 부분에는 주 지주를 난간 콘크리트에 소정의 깊이로 정착시켜야 한다. 왜냐하면, 이러한 부분은 굴곡과 불연속이 되어 하중작용에 대한 강성이 중간에 비해 낮기 때문이다.

1.2 삼각형 기판의 난간 지주에 대한 안전도 검토(두 번째 용역)

첫 번째 용역 '사각형 기판의 유리 난간 검토'가 완료된 이후에 건물주는 기존 난간의 기반상태를 확인하여, 자의적으로 4개의 앵커를 기존 콘크리트에 정착할 수 없다고 판단하였다. 그래서 삼각형(3개의 앵커) 기판으로 변경하여 검토를 의뢰하였다.

1) 유리 난간 설치개요

예시한 모형은 설치현장의 앵커볼트 정착여건을 고려하여 건물주가 제작한 기판이다.

332) 주 지주의 간격을 샛기둥(화강석 두겁대에 정착) 간격의 4배를 넘지 않도록 한 것은 최소한 샛기둥 3개소+주기둥 1개소 간격 설치가 경험적으로 안정적이라고 판단한 것이다. 유리 난간의 안전을 위해서는 모든 난간 지주를 주 지주로 하는 것이 좋다.

이는 난간 지주를 기존 콘크리트와 두겁석에 정착하고 여기에 유리 난간(높이 60~70㎝)을 지지시키는 형식이다. 즉, 기존 콘크리트 난간(높이 약 60㎝)의 단면형상이 불균일하고 정착기반의 폭이 10㎝에 불과하여 지하철 입구 쪽은 두겁석에 정착하는 방식이다. 그래서 인도 쪽의 2개의 앵커볼트는 콘크리트 단면의 중앙부에 정착하고, 1개의 앵커볼트는 두겁석에 정착하는 것으로 하였다.

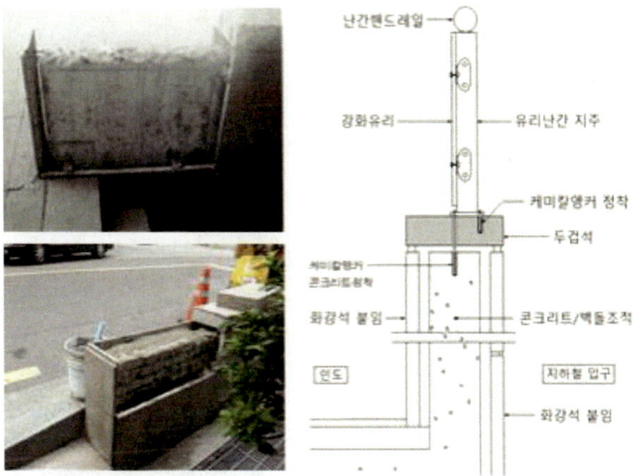

그림 469 벽돌 조적 기반과 콘크리트 기반의 유리 난간 설치

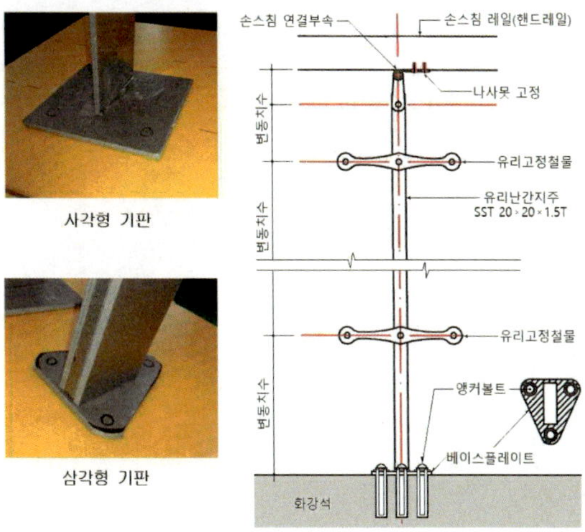

그림 470 사각형(4지점) 기판은 양방향의 횡 하중에 안정적으로 저항한다. 건물주가 제시한 삼각형(3지점) 기판은 횡하중에 대해 양방향 강약의 차이가 있다.

2) 유리 난간 지주의 횡하중에 대한 거동

지하철 입구 쪽의 앵커는 두겁대에 설치하므로, 인도 쪽에서 횡 하중을 받으면 지하철 입구 쪽의 앵커는 지렛대(lever) 역할을 하면서 압축응력을 받는다. 즉, 난간 지주가 인도 부분에서 작용하는 횡 하중에 역학적으로 효과적인 저항을 위해서 인도 쪽 기판의 앵커는 콘크리트기반에 정착하지만, 지하철 입구 쪽의 앵커는 두겁석 정착이다.

3) 유리 난간 지주에 대한 안전도 검토

난간지주의 정착 길이는 60㎜, 정착기반이 벽돌이면 120㎜로 한다. 핸드레일은 각각의 난간 지주에 연결되어 유리 난간이 전체적으로 거동케 하고, 직각으로 꺾이는 부분도 연결되어 연속성과 상호 부축작용을 할 수 있게 한다.

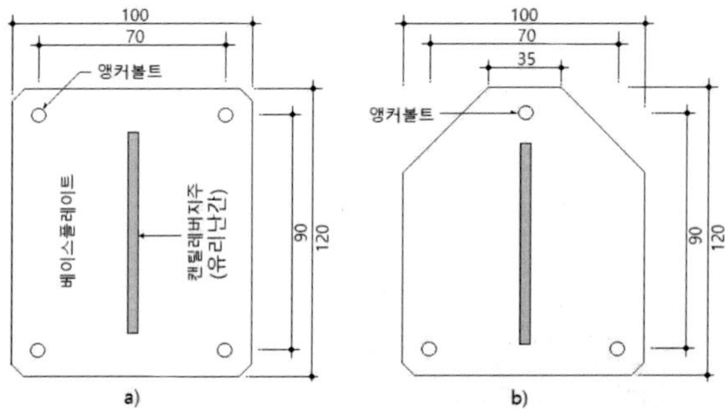

그림 471 a)는 4지점 지주 기판. b)의 3지점 기판은 불안정

삼각형 기판의 3지점에서 두겁석에 1개의 앵커볼트 정착은 콘크리트 기반에 정착하는 것보다 구조적으로 불리하지만, 현장여건을 고려하여 횡 하중이 가해지는 인도 쪽의 앵커볼트가 인발(pull-out)에 유효하게 저항하도록 기존 콘크리트에 정착한 것이다. b)와 같이 앵커볼트를 두겁석에 1개소 정착하는 형식은 1방향 하중에 유효하나, 양방향 횡 하중에 대한 내력확보는 충분하다고 할 수 없다. 따라서 a)와 같은 사각형 기판으로 콘크리트와 두겁석에 각각 2개의 앵커볼트를 정착하는 것이 적절하다.

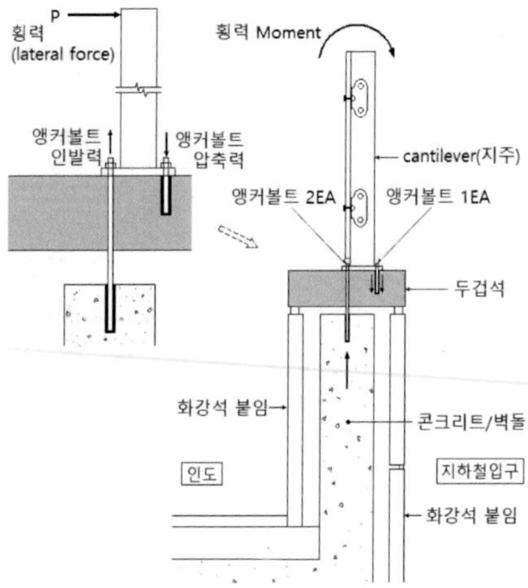

그림 472 유리난간에 작용하는 횡력저항 모멘트/두겁석과 콘크리트 난간이 일체화되어 있지 않다. 그래서 인도 쪽의 앵커볼트가 콘크리트에 정착될 때 횡력에 의한 인발력에 저항할 수 있다. 그러나 지하철 입구 쪽의 앵커볼트는 두겁석에 정착된다. 난간지주는 인도 쪽에서 횡하중을 받으면, 지하철 입구 쪽의 앵커볼트는 압축응력을 받는다.

4) 소견

모든 난간 지주의 설치는 콘크리트 기반이 바람직하나, 그렇지 못한 여건을 고려하여 2개의 지점만은 콘크리트에 기반한 4각형 기판을 제시한다.

1.3 최종 결정된 유리난간설치(안)

난간 설치도면에 대한 안전성을 검토(2015년 11월)한 후, 1년 후에 지하철 측에서 설치방법을 변경하여 건물주 의뢰로 추가 검토(2016년 12월, 세 번째 용역을 하게 된다. 최종 확정한 지하철 측은 난간상세도의 20㎜×20㎜ tubing pipe에 대한 정착을 그림과 같이 콘크리트에 사용하는 앵커 못의 시공을 제시하였다. 이는 20×20 tubing pipe의 정착에 세트 앵커사용이 어렵다는 점에서 콘크리트에 사용하는 앵커 못을 적용한 것이다.

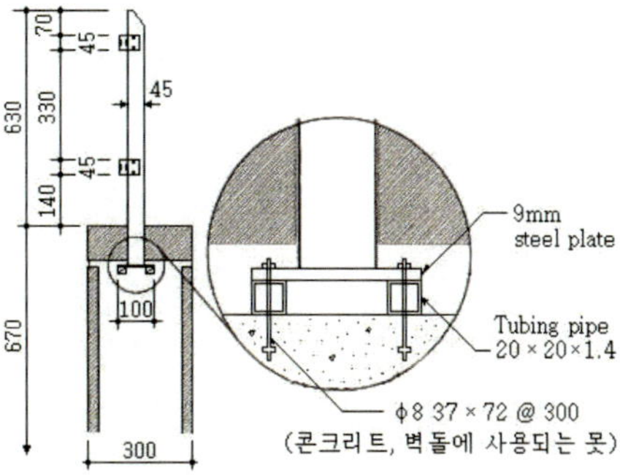

그림 473 최종 결정된 적용(안)

제2장 유리난간설치공사 검사보고

* 유리 난간 설치공사 완료 이후에 행한 검사시험(2017년 3월 29일) 보고서 일부분이며, 여기에서 지적된 사항은 모두 시정되었다.

2.1 지하철 출입구 안전난간

수평가력에 의한 난간 지주의 변위가 미소하여 강성을 확보한 것으로 판단하였고, 정착 부분에 특별히 유해한 결함이 관찰되지 않았다. 요컨대, 안전난간으로서 사용성을 확보한 것으로 평가하였다. 다만, 인도(人道) 부분 난간 지주의 볼트체결이 느슨함이 관찰되어 정착 볼트를 더 조일 필요가 있으며, 수평 난간살이 난간 지주 통과 부분의 틈새(2~3㎜)에서 움직임이 관찰되었다. 이에 대한 조치(예: 점 용접) 요구된다. 이는 수평 난간살의 잦은 움직임에 의해 난간 지주가 영향을 받을 수 있기 때문이다

그림 474 볼트체결 느슨, 지주 움직임(좌), 수평 난간살 틈새 이동(중), 수평 가력시험(우)

2.2 대강당 출입구 안전난간

유리난간 설치공사 완료 후(2017년 3월 29일), 수평가력에 의한 난간 지주에 뚜렷한 변위가 발생하지 않은 상태로써, 전체적으로 안전성과 사용성을 유지하고 있다.

■ 기술자료: '안전유리'라 함은?

건축물의 외피를 유리로 마감하고, 주택의 발코니, 계단, 백화점 등의 상업용 건물, 기타 공공 이용시설물 등에 강화유리를 사용한 난간이 늘어나고 있다. 이와 더불어 일반유리에 비해 안전하다고 여겨지는 강화유리의 파손에 의한 안전사고도 종종 발생한다. 강화유리는 파손 시에 파편의 추락과 비산에 대해 대부분이 '강화유리=안전유리'라는 인식으로 무분별하게 사용함으로써 그 위험성을 크게 느끼지 못하고 있다. 파편의 비산과 함께 안전사고의 위험이 큰 난간이나 고층 건물 등에 (반)강화유리를 사용한다. 그러나 위험으로부터 구조적으로도 안전하기 위해서는 유리사용에도 신중할 필요가 있다. 즉, 설계/시공/유지관리과정에서 적재적소의 유리선택에 대한 이해가 필요하다.

그림 475 접합유리의 사용/낭떠러지에 설치한 유리보도(步道)이다. 외관상으로는 접합유리의 여부를 판단하기 어려우나, 바닥과 난간에 사용한 유리는 접합유리일 것이다.

안전유리(safety glass)는 깨질 가능성이 적거나, 깨졌을 때 위험성이 적은 기능 유리이다. 일반적으로는 강화유리, 접합유리 및 철망유리가 포함되지만, 이들이 안전유리로 정해진 것은 아니며 적재적소에 사용하였을 때 안전유리가 된다. 강화유리=안전유리가 아니라, 적재적소에 사용되었을 때에만 안전유리이다. 이는 일반 유리보다 잘게 부서지고, 유리를 감싸고 있는 유리 끼움 부분에 깨진 파편이 거의 남지 않고 모두 떨어져 나간다. 그래서 강화유리는 깨지면서 고공에서 추락/비산하는 파편에 상해를 입을 수도 있다. 또한, 투명칸막이 혹은 투명유리문에 얼굴을 부딪쳐서 유리파손으로 중상을 입은 경우, 건물 포치(porch, 출입구 지붕) 혹은 파고라(pergola)의 유리 지붕에서 낙하하는 강화유리 파편에 상해를 입기도 한다. 이러한 곳에 사용하는 강화유리는 안전유리가 될 수 없다. 이러한 피해를 예방하기 위해서는 유리가 깨져도 유리가 비산되지 않고 파편에 의한 부상이나 파손에 의한 낙상사고를 방지할 수 있는 유리의 사용이 필요하다. 접합유리는 파편이 필름에 부착되어 떨어지지 않는다. 이같이 유리가 깨져도 가능한 유리 끼움 상태가 그대로 유지되어야 할 곳에는 반강화유리나 접합유리를 사용한다.

고층건물의 외부 창에 통상 사용되고 있는 반강화유리는 파손 시에 완전강화유리보다 파편이 더욱더 큰 상태로 유리 끼움 상태가 유지되고 파편의 수가 적다는 점에서 강화유리보다는 안전하다. 다만, 고공에서 파편이 쏟아질 경우는 사고위험이 있다.

만약 강화유리에 흠집이 있는 경우에 고층건물의 아주 약한 풍 압력 혹은 외력에 의해서도 쉽게 파괴될 수 있으며, 이때 파편이 흩어져 상해를 입힐 수도 있으므로 강화유리는 구조내력을 충분히 확보하는 설계가 필요하다. 이러한 강화유리의 파편에 의한 안전사고와 내력을 확보하기 위해서는 단판의 강화유리를 사용하는 것보다는 접합유리의 사용을 고려한다.

또한, 유리 경사지붕이나 평지붕 등과 같이 파편의 추락위험이 있는 곳에도 접합유리의 사용이 요구된다.

그림 476 차량 도로 위의 보행 다리 난간의 강화유리/a)와 b)의 유리 모서리에 표시된 'TEMPERED GLASS는 강화유리이며 사람이 상해를 입지 않을 정도로 작은 파편으로 깨지지만, 35~40m 높이의 다리에서 쏟아진다면 안전사고를 일으킬 수 있다. 이런 곳에는 접합유리를 사용하여야 하는데, 유리의 한쪽 표면에 필름(보통 2겹)을 부착하여 사용하기도 한다. 보행 다리(2009년 11월 준공)의 유리 난간에 2020년 2월 c)와 같이 부착 필름이 군데군데 벗겨져 있다. 이러한 상태에서는 파손 시에 안전유리의 기능을 기대하기 어렵다. d)는 2024년 6월에 난간 유리 1개소가 파손되어 파편의 일부가 다리의 틈새에 남아있으나, 대부분은 보행 다리 밑의 차량통행의 도로에 파편이 추락한 것으로 보인다. 이후 깨진 유리와 같은 종류의 유리로 교체되었다.

접합유리는 최소 두 장의 판유리 사이에 투명하면서도 접착력이 강한 특수 접합 필름을 삽입, 온도와 압력을 높여 밀착시켜서 만든 유리로서, 충격흡수력이 있으며 파손되어도 필름이 유리 파편의 비산을 방지하게 되며, 물체의 관통도 쉽지 않아 도난방지에도 유용하다. 유리 파편으로 상해 위험이 있는 고층건물의 외부 창, 커튼월, 유리 난간, 샤워부스 등에는 접합유리를 사용한다. 그러나 접합유리는 안전유리로서 적용성이 높으나 가격이 비싸 사용을 회피하는 경향이 있다.

강화유리는 2차 피해의 점에서 안전유리에 해당하지 않으나, 접합유리는 안전유리에 해당한다. 강화유리는 열처리를 통해 강도를 높이고 동시에 파손 시 알알이 깨져 상해 사고를 줄여주는 역할을 하지만, 고공에서의 파편에 의한 2차 피해가 전혀 없다고 보기는 어렵다. 그러나 접합유리는 2개 이상의 유리판 사이에 필름을 삽입하여 영구적으로 가열과 압력을 가하여 서로 결합하여, 파손되더라도 유리가 비산되지 않아 유리에 의한 낙상 및 상해 사고 등의 2차 사고를 막을 수 있다.

그림 477 'tempered glass'로 표시된 건물 중정의 강화유리난간/이는 안전난간이라고 할 수 없다.

일반적으로 접합유리에는 판유리를 사용하지만, 안전난간에는 강화유리도 사용할 수 있다. 다만 강화유리의 접합유리는 외부의 충격에 강하기는 하지만, 충돌 시에 외부충격을 흡수하지 못하여, 사람이 난간에 부딪히면 사람에게 더 큰 충격을 가하여 오히려 안전하지 못한 결과를 초래할 수도 있다. 그러나 판유리를 사용하든 반강화유리를 사용하든 혹은 강화유리를 사용하든 적재적소의 적용이 중요하다. 즉, 적절한 장소에 적절한 유리를 선택하여 사용하여야 사전에 위험을 제거할 수 있다. 예컨대, 몇십 미터 혹은 몇백 미터 위에서 떨어지는 유리 파편의 위험성을 고려하여, 이러한 곳에는 반강화유리보다는 접합유리의 사용을 검토하는 것 등이다.

필자의 조사에 의하면, 출입문이나 옥상의 안전난간, 계단난간, 에스컬레이터 난간 등에는 강화유리, 고층건물의 외부 창에는 반강화유리가 사용되고 있다. 그리고 수직으로 개방된 높은 중정 주변의 난간이나 유리 지붕, 즉 고소 부분에는 강화유리의 한쪽 표면에 필름을 부착한 유리를 사용하는 경우가 대부분이다. 통행로와 같이 충격하중이 작용하는 바닥이나 보행이 허용된 유리 지붕, 유리 바닥이 탈락할 시에 안전사고를 일으킬 수 있는 장소 등에는 접합유리를 사용한다. 이들 모두 유리파손의 안전문제를 고려한 것으로 볼 수 있다. 그렇다고 이 같은 유리의 사용이 전적으로 적절한 선택이라고 보기는 어렵다. 또한, 강화유리의 한쪽 혹은 양쪽 면에 필름을 부착한 유리를 접합유리라고 할 수 없다. 다만, 기능적으로 그에 상응하는 유리로 간주할 수 있을 것이나 이를 전적으로 안전유리로 보기는 어렵다.

유리의 종류는 외관상으로는 식별하기 어려우므로 유리판에 표시된 인증마크에 의하고 있다. 예컨대, 외관상 유리의 필름부착 여부를 식별하기는 어렵다. 따라서 접합유리의 외주 단면이 노출된 경우를 제외하고는, 유리의 모서리에 표시된 KSL 2003(복층유리), KSL 2004(접합유리), KSL 2015(반강화유리) 등의 표시로 식별한다. 즉, KSL 2003 B종(U3-2)는 12㎜ 중공층이 이중으로 제작된 저반사 유리 재료를 판유리로 한 Ⅲ류(내습·내광·냉열시험)의 로이복층유리이다. 또한, 강화유리는 유리판에 표시된 'tempered glass' 마크로 판단한다. 반강화유리(heat-strengthened glass) 두께 5mm는 HS-5로 표기한다. 유리가 적재적소에 사용되어 있지 않다는 것은 안전사고의 잠재성을 내포하고 있는 것이 된다. 또한, 접합유리가 사용되어야 하는 곳에 필름부착의 강화유리를 사용하였다면 이는 정상이라고 할 수 없다.

2.25 복층유리의 파손과 결로

주) 현대건축물의 외벽에 유리사용이 크게 확대되면서 유리를 커튼월과 같은 구조요소로까지 적용할 정도로 유리는 다양하게 쓰이고 있다. 이와 더불어 상당수의 고층건물에서 창유리가 매년 반복해서 깨지는 사고가 발생하여도 단순히 유리만을 교체하는 일이 반복되고 있다. 또한, 유리균열과 결로가 발생하여도 전문가진단으로 원인을 규명하여 대책을 마련하는 경우는 극히 드물다.

2.25-1 유리파손과 결로 원인조사(예)

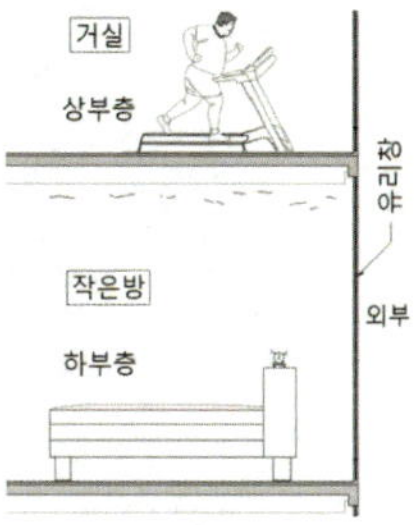

그림 478 대상 건물의 내진성능평가와 함께 공개입찰로 발주한 기술용역이다. 코로나-19로 세대방문조사가 허용되지 않아, 유리파손이 "상부층의 진동에 의한 것"이라고 민원을 제기한 하부층 세대만을 방문할 수 있었다. 즉, 피민원인의 상부층 세대조차도 방문하지 못했다, 유리파손과 결로 발생상황은 관리주체에서 제공함.

제1장 개 요

1.1 갈등상황

2005년 1월 사용 승인된 건물(최고층 지상 46층)로서, 조사일 현재 15년이 경과 되었다. 2020년 3월~4월경에 발생한 705호의 작은방 유리창 균열로 인해 하부 세대와 그 상부 세대와 갈등이 생겼다. 하부층 세대가 민원을 제기하였고, 이에 따라 상부층 운동장비의 진동에 의한 것일 수 있다는 어떤 전문가 소견을 받았으나 갈등이 해소되지 않았다.

1.2 대상 건물의 개요

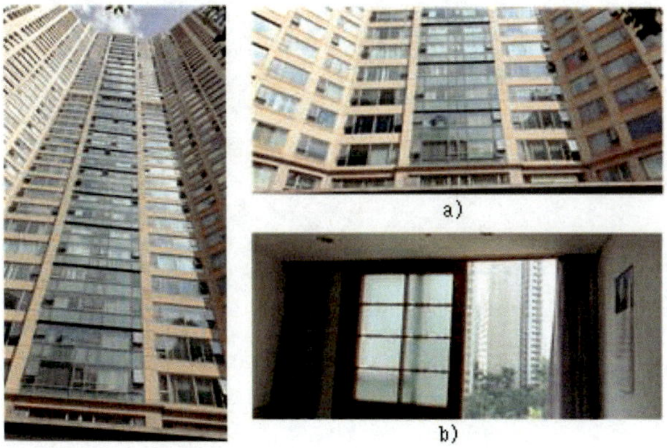

그림 479 C동 남쪽 면/705호의 남향과 작은 방 상황이며, 유리균열(파손)이 발생한 유일한 현장방문세대이며, 이는 코로나-19로 방문조사를 할 수 없었기 때문이다.

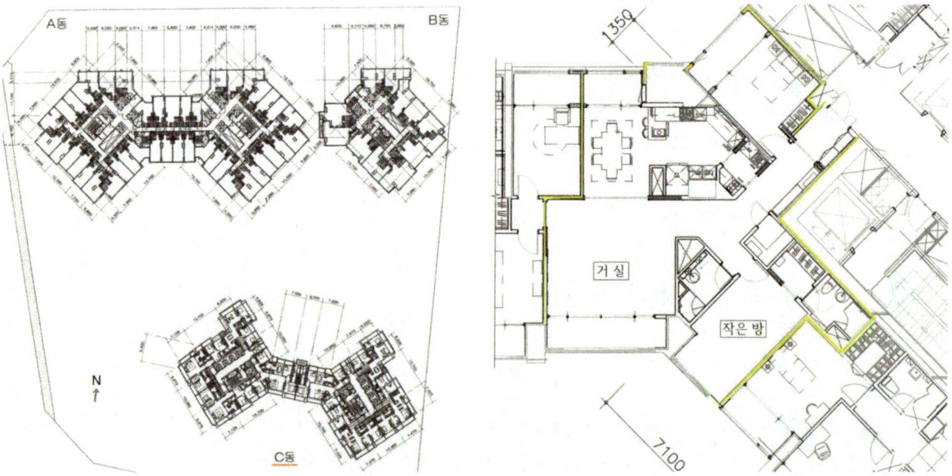

그림 480 각 동 배치도 및 705호(방문세대)의 평면도

1. 유리의 구성

제품명	두께	외부유리	공기층	내부 유리	시공 부위	색상	비고
반사 복층유리	16T	5T 반사유리	6A	5T 투명유리	내벽, 외벽	블루그린 그레이 브론즈 블루 블루아이스 제이드아이스 다크블루	반사유리 코팅면은 #2 면에 위치
	18T	6T 반사유리	6A	6T 투명유리			
	24T	6T 반사유리	12	6T 투명유리			
로이 복층유리	16T	5T 투명(칼라,반사)	6A	5T 호이유리	내벽, 외벽	투명 칼라 반사	로이유리 코팅면은 #3 면에 위치
	18T	6T 투명(칼라,반사)	6A	6T 로이유리			
	24T	6T 투명(칼라,반사)	12A	6T 로이유리			

2. 복층유리 광학특성과 열적 성능

품 명	두 께	공기층	색 상	가시광선(%)		태양복사열(%)		열관류율 (w/㎡K)	차폐 계수
				투과율	반사율	투과율	반사율		
투명 복층유리	24T	12A	투명	78.1	13.7	62.9	11.4	2.76	0.83
칼라 복층유리	24T	12A	그린	66.1	10.8	39.1	7.1	2.75	0.58
반사 복층유리	24T	12A	B/I	12.5	12.5	21.0	9.5	2.76	0.38
로이 복층유리	24T	12A	투명	72.0	17.1	54.2	13.3	1.9	0.80

주) 1. A(Air-Space): 공기층
2. T(Thickness): 유리두께
3. 투과율, 반사율은 정격수치

* 대상 건물의 시방서에서 발췌

1.3 유리균열 및 결로 발생상황

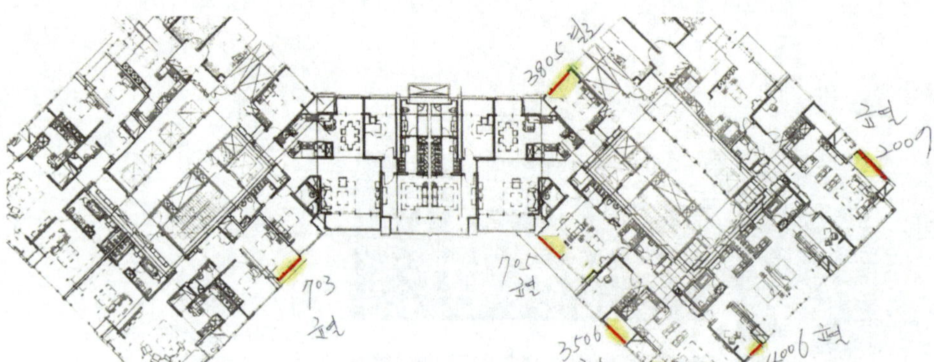

그림 482 C동 유리창 파손과 결로 세대 및 발생 층/예: 2906은 29층 6호 세대를 뜻함

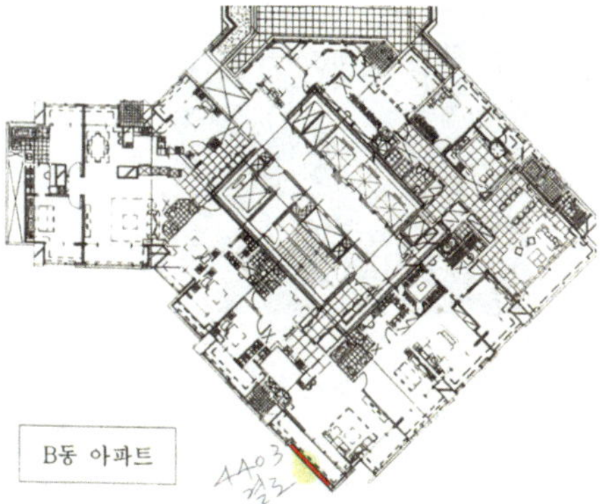

그림 483 B동 결로 발생세대

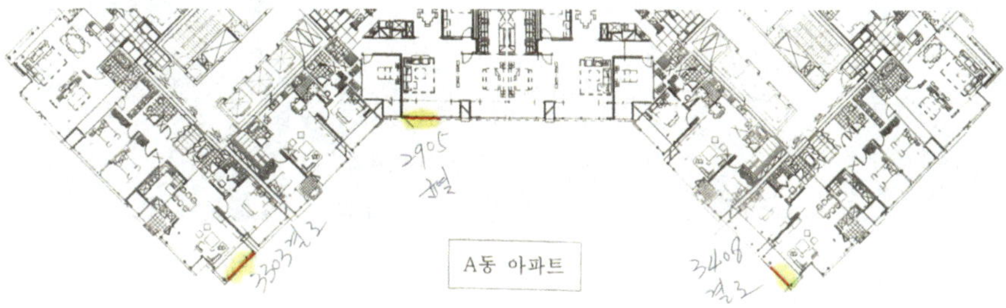

그림 484 A동 남쪽 면의 유리창 파손과 결로 발생 층 및 세대

1) 유리창 파손(균열)

그림 485 C동 705호 작은방의 균열/창 상단의 가장자리(glass edge)에서 유리면에 대해 90^{0}로 균열이 시작되었고 두 갈래로 진행되었다. 실내 측에 그릴창이 있고, 상부 창틀의 유리가장자리에 커튼 박스가 있으며, 실내난방 시에 커튼이 쳐져 있어 난방복사를 차단하여 창틀이 차갑게 유지될 수 있는 상황이다. 민원제기 705호는 윗세대 운동장비의 진동에 의한 것으로 단정하였다. 풍하중 및 수직하중에 의한 건물의 변형 또는 슬래브(스팬 5.8m)의 진동장해, 창틀변형 및 유리 끼움의 영향일 수 있으나, 이들 모두 직관으로 배제하였다.

그림 486 C동 3506(35층) 보조주방/상부 창틀에서 좌우 측의 두 갈래 아래 방향으로 진행

그림 487 C동 4006(40층) 작은방/상부 창틀에서 균열이 시작되어 가지치기로 활발하게 진행.

그림 488 C동 2007(20층) 거실/좌측 가장자리에서 가지치기 없이 한 가닥의 균열이 진행.

그림 489 C동 2906 거실/좌측 수직 창틀 가장자리에서 직각으로 균열이 시작 우측으로 진행되어 세 갈래로 분기

2) 공간층 결로(airspace condensation)

그림 490 일시적 결로 및 시야 방해 A동 3303 거실(좌), A동 3408 거실(중), B동 4404 거실(우)

그림 491 공간 층 결로/결로가 지속 되면 공간층 유리 표면에 먼지 및 수분이 축적되고 반사코팅 재료의 손상, '영구적인 시야 방해'로 이어질 수 있다. 결로가 일정 기간 발생하지 않더라도, 유리 봉인재료의 파손은 유리파손에 영향을 미칠 수 있다. 또한, 시야 방해를 일으키는 영구적인 결로(permanent condensation)가 아직은 아니라고 하더라도, 노점 온도의 변화와 함께 건물에 요구되는 열 성능(thermal performance)에 악영향을 미친다.

제2장 상태조사 및 평가

2.1 단열유리의 파손

24㎜ 반사복층유리(PVDF 2)[333] 반강화유리(배강도유리)를 사용하였다. 시방서에서 24T 반사복층유리는 외부유리(6T)+공기층(12)+내부유리(6T 투명유리)이며, 반사유리 코팅면은 #2에 위치한다. 균열은 A동과 C동에서 발생하였으며, 대체로 저층 부분보다는 고층 부분에서 파손된 경향이다. A동은 남쪽에 면하는 29층, C동은 남동쪽에 면하는 7층 및 11층과 40층, 북동쪽에 면하는 20층의 복층유리 실내 쪽의 유리에서 균열이 발생하였다.

333) PVDF(polyvinylidene fluoride, 이소불화비닐)

C동 705호의 작은방은 실외 쪽의 복층유리와는 별도로 실내 쪽에 그릴형 창문을 설치한 2중창 구조이다. 유리 가장자리가 개스킷(gasket)으로 보호되어 창틀 주변에 끼움(glazing)으로 고정된 상태이며, PVDF 2(#2)의 표면에 코팅한 '반사복층유리'이다. #2의 코팅은 태양이 비추면 직접 투과되는 태양복사를 제외하고는 외부로 태양 에너지를 반사한다. 그래서 #2에 코팅한 반사복층유리의 단열품질에는 영향을 미치지 않는다.

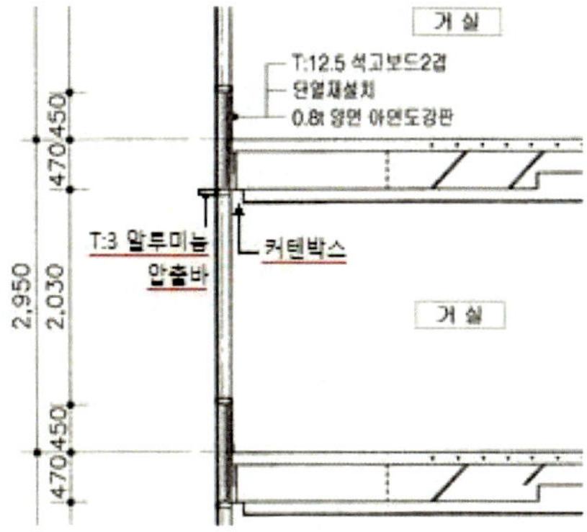

그림 492 거실 외벽 단면/열응력에 영향을 미칠 수 있는 요소는 커튼박스, 옥외의 돌출부(T:3 알루미늄 압출바)

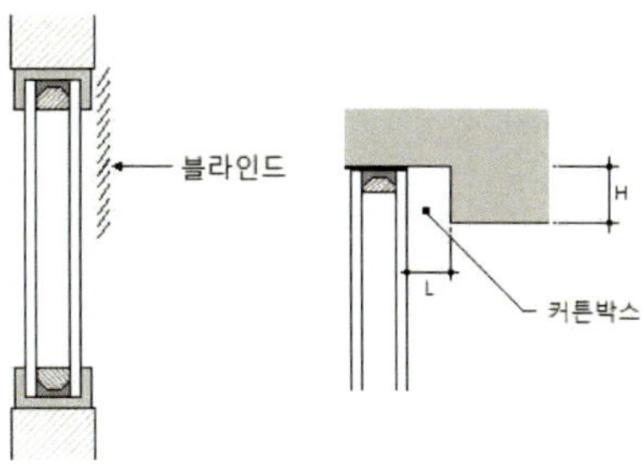

그림 493 유리창의 열파괴 영향 /a) 블라인드, b) 실내 천장부분의 처리: L이 h보다 작으면 열파괴의 위험인자가 될 수 있다.

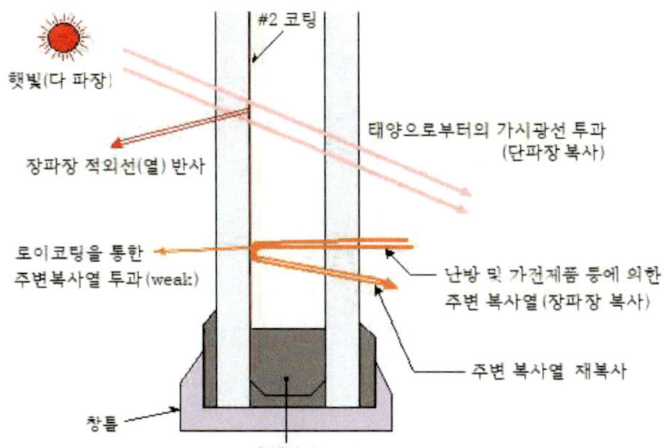

그림 494 복층유리의 #2에 코팅하면 열(장파장 적외선)이 실외로 반사되어, 여름철 냉방 중에 실내로의 열 취득이 줄어든다. 겨울철 난방 중에는 #2에 코팅되어도 #3 코팅보다는 낮지만 열(실내의 주변열 장파장 복사)이 실내로 다시 반사되므로 열 손실이 감소한다. 예컨대, 추운 날씨에 실내의 열이 공간 층(space)을 가로질러 외부로 전달되는 것을 줄여주는 효과가 있다.

#2의 유리표면이 반사 코팅(PVDF 2)이므로 일사의 장파장 적외선 반사가 일어난다. 다만, 반사 코팅을 하여도 태양복사에너지의 일정 부분은 유리의 흡수율에 따라 직접 투과된다. 흡수된 태양복사에너지는 유리판의 중앙부를 가열하여 온도를 높인다. 이때 유리판의 가장자리는 창틀에 가려지거나, 창 외부의 돌출물 등에 의해 음영이 형성되면 더 차갑게 유지되어 중앙 부분의 팽창과 함께 신장 되어 인장 상태가 된다.

특히 밝은 색상의 창틀은 열을 반사하여 유리가장자리를 더 차갑게 한다. 이렇게 가장자리가 팽창하는 응력을 받으면서 열응력(thermal stress)이 생성된다.

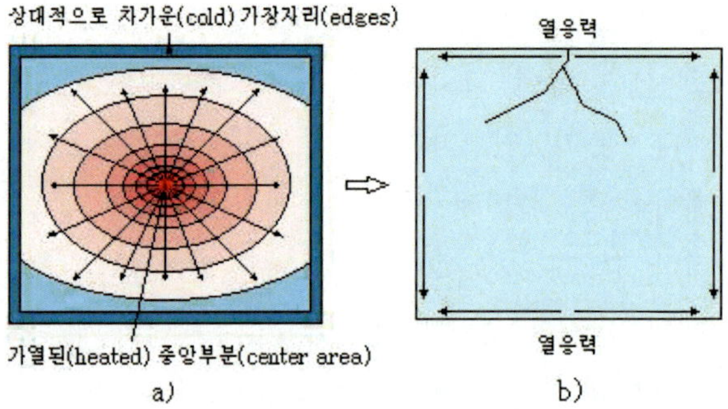

그림 495 태양복사로 유리 중앙부의 온도가 상승하면서 가장자리와의 온도 차에 따라 열응력파괴가 일어난다. 유리는 빈약한 열전도체로서 열이 전체 창 영역에 천천히 분산되어 가장자리는 더 차갑게 되어 인장응력이 발생한다. 유리 가장자리 결함이 열응력과 복합되면 낮은 응력 하에서도 파괴될 수 있다. 열응력은 막 응력(membrane stress)이므로 유리 윗면과 바닥면 모두 동일한 응력으로 표출되며, 가장자리의 수직 및 수평 투영 모두에 수직(90°)균열로 나타난다.

겨울철 실내 발생의 주변 열(ambient heat)에 의한 열 파손(thermal breakage, thermal fracture) 또한 실내의 난방 및 가전 등의 주변 열을 받아 가장자리 열응력이 유리의 파괴강도를 충족하거나 초과하면 낮은 응력 하에서도 파괴될 수 있다. 특히 단열 유리는 추운 날씨에 건물 내부에서 유리를 통해 외부로 흐르는 열의 양을 감소시키므로 실내에 더 많은 열을 유지하게 되어 외부 유리표면은 더 차갑게 된다. 이같이 열응력파괴(thermal stress fracture)요인은 다양하다.

유리 내에 생성되는 열응력의 양은 유리의 가장 따뜻한 부분과 가장 차가운 부분의 온도차에 따라 다르다. 이에 영향을 미치는 요소는 창호시스템 및 창틀 재료의 종류, 유리의 태양에너지 흡수율, 내외부의 음영, 내부 벽이나 기둥, 블라인드, 가구 또는 바닥에서 다시 반사되는 열, 건물 내 난방시스템 및 기온변화, 포스터 또는 유리 내부표면에 부착된 필름 등이다. 열응력파괴는 유리가장자리에서 일어나며, 이곳의 결함상태와도 관련된다. 깨끗한 절단 모서리가 가장 강하고 손상(깃털 또는 껍데기 등) 또는 모서리 작업으로 인해 유리에 손상이 발생하면 강도가 약해진다.

단열 유리는 일반적으로 비드(bead)[334] 또는 개스킷(gasket) 뒤에 유리 주변의 가장자리에 끼워진 상태로 건물에 설치된다. 이 때문에 유리 가장자리가 차갑게 유지되어 직접적인 태양복사로부터 보호되면서 차갑게 유지되어 팽창이 제한되어 유리에 인장 응력이 발생하여, 파괴응력을 초과하면 열파괴 된다.

334) 새시(sash)나 창틀에 유리를 고정하기 위해 유리가장자리 주변 전체에 사용하는 금속이나 목제퍼티, 유리 끼우기 컴파운드(glazing compound)처럼 가늘고 긴 모양의 밀봉(seal)

그림 496 유리창 중앙부와 가장자리의 온도 차에 따른 인장력 발생/창유리가 직사 일광을 받으면 중앙부와 가장자리의 온도 차로 인해 그림에서처럼 창유리 주변부에 열응력(인장력)이 생긴다. 이는 직사 일광 혹은 실내 냉난방의 유리 중앙영역과 가장자리 온도 차가 주원인이다. 망입 유리는 이질(異質)의 철망이 들어가 있으므로 유리 안에 흠이 무수히 생긴 것과 같으며, 유리와 철의 열팽창 계수 차이로 균열 위험성이 한층 더 높아진다.

열에 의한 '응력균열(stress cracks)'은 일반적으로 소둔 유리(서냉 유리) 또는 반강화 유리(annealed or heat strengthened glass)에서만 발생하는 것으로 알려져 있다. 통상 온도변화가 큰 곳에서 응력균열이 발견된다. 유리파손이 부분적으로 열린 위치에서 반사형 내부블라인드의 사용과 일치하고 있다면, 이는 모서리 손상으로 인한 균열이 아니라 응력균열이라고 할 수 있다. 이러한 응력균열은 유리의 가장자리에서 유리의 응력이 완화되면서 의도치 않게 발생한다. 특히, 서냉 유리의 가장자리 품질은 결정적이다. 서냉 유리는 자체 성능 이상의 응력을 일으키는 열 변동을 받으면 유리가 파손되는데 이는 열 변화로 인해서 일어난 응력을 완화하는 현상이다. 이 경우에 반강화유리가 더 나은 선택이 될 수 있다. 다만, 열과 같은 통상적인 응력이 가해져서 유리가장자리 파손이 발생한 경우에는 거의 동일한 파손패턴(90° 등)이 있다. 그러나 이때도 열응력이 아니라 가장자리 손상이 원인일 수 있다. 그래서 쉽지 않으나 유리가장자리의 흠집 여부와 건물의 유리파손 분포를 조사한다.

또한, 태양 에너지의 흡수이다. 태양에 노출된 유리의 단면은 태양 에너지를 흡수하면서 가열된다.[335] 태양에 그늘진 유리의 어떤 부분, 예컨대 창틀에 가려진 부분은 상대적으로 냉기를 유지한다. 태양에 노출된 가열 부분은 늘어나 확장되지만, 더욱 냉한 유리 부분에서는 그렇지 않다. 만일에 냉한 부분이 유리의 넓은 가열 단면에 의해서 가해지는 힘에 충분히 저항하지 못하면, 열응력파괴가 일어난다. 이러한 열응력은 풍하중에 의한 응력보다 클 때도 있다. 또한, 열응력에 의한 유리 깨짐은 창틀과 유리의 온도 차가 클 때 발생한다. 이때 창틀은 유리가장자리로부터 열을 끌어당긴다. 보통 18㎜의 일면 복층유리는 온도 차가 60℃ 이상이면 열 파손이 발생한다고 한다. 이때 균열은 보통 창틀에 직각 혹은 경사지게 진행한다. 열응력에 의해 유리가 파손되는 양상이 유리의 가장자리(glass edge)와 유리면에 대해 90° 이면 열응력에 의한 것으로 간주할 수 있다. 유리균열

335) 외기온이 실내 쾌적 온도의 하한으로 하는 기준온도보다 높을 때 일영이 필요하게 된다. 여름철에는 종일 외기온이 실내의 쾌적 온도 상한치를 초과하므로 완전한 일영이 필요하며, 반대로 겨울철에는 일영이 불필요하다. 그러나 봄, 가을에는 오전이나 오후의 늦은 시각에만 일사가 필요하고 낮에는 거의 필요가 없다. 이러한 계절적인 일영으로부터 창에 대한 가열상태를 추정한다.

은 수반되는 응력의 크기에 따라 엇갈리는 방향으로 확산하기에 앞서 혹은 가지를 치면서 확산하기에 앞서 불과 몇 밀리미터부터 진행된다. 그래서 초기 파괴(90°)가 즉각적으로 나타나지 않을 수 있다.

C동 705호(방문세대) 작은방 균열은 3~4월경에 처음 발견하였으나 실제는 그 이전으로 추정하여 겨울의 실내외 기온 차를 상정할 수 있는 상황이다. 또한, 음영이나 실내 장애물의 영향을 받는 유리가장자리에서 균열이 시작되었고, 대체로 일사를 받는 남향에 면한 고층세대의 실내 측 유리에서 발생하였다. 그래서 #2의 반사 코팅으로 외부 유리의 중앙부는 태양에너지가 반사되고 공간 층의 단열로 유리가장자리는 상대적으로 차갑게 되고, 실내난방에 의한 따뜻한 실내 쪽 유리의 중앙부 온도와 커튼과 커튼박스 등의 장애물에 의해 더욱 높은 온도 차가 생길 수 있다. 즉, 따뜻한(hot) 실내와 차가운(cold) 실외 온도 차에 의한 열응력이 발생할 수 있다. 특히 유리의 온도 차에 의한 열응력에서 볼 때, 6㎜의 투명유리가 열응력에 약한 '서냉 유리'일 수 있고, 더구나 열응력에 의한 파괴는 낮은 응력 하에서도 발생하며, 활발한 가지치기의 높은 응력의 균열양상으로도 나타났다. 이와 같은 점에서, 열응력에 의한 것으로 판단하였다.

2.2 난일유리의 결로

결로는 A동 3408호 등 남서와 남동에 면하는 유리창(각각 34층과 33층)에서 나타났고, B동은 남서쪽에 면하는 44층, C동은 북서 방향에 면하는 38층의 유리창이다. 대체로 남향에 면하는 창에서 발생하였으며, 33층에서 44층의 고층부에서 주로 발생하였다. 저층부분과 고층 부분 간에 실외온도와 기압차 등에 의해 발생조건이 달라질 수는 있으나, 자료가 제한적이므로 이를 유리균열과 결로 특성으로 간주하지는 않았다. 또한, 공간 층 유리표면에 형성된 결로(airspace condensation)와 유리파손이 함께 발생하지 않아 이들 간의 인과관계는 없는 것으로 보았다.[336]

복층유리의 공간 층 결로는 교체하는 것이 일반적이다. 이는 유리 주변의 밀봉(seal)이 손상되었거나 누수가 발생했을 때 나타나기 때문이다. 복층유리는 기본적으로 누수가 방지되는 구조이지만, 때로는 유리 끼움이나 밀봉이 손상되어 빗물이 내부로 새어 들어오기도 한다. 만일에 누수 되는 곳을 살펴보아 창틀 자체를 통해 물이 새어 들어온다면 이는 주변의 밀봉이 손상되었거나 퇴적물 등의 부스러기(debris)가 창틀의 배수구를 막고 있을 수 있다. 이러한 경우는 배수구 청소가 필요하지만, 새시 주변의 밀봉(seal) 또는 창틀의 벌어진 틈새 사이의 밀봉재(sealant)가 손상된 상태일 수 있다. 이렇게 틈새로 물

336) 관련 문헌에 의하면 공간 층의 내부결로가 유리파손의 요인으로 작용하기도 한다고 보고되고 있다.

이 스며들면 단열성도 떨어지고 열응력의 변화로 유리파손에도 영향을 미친다.

공간 층에서 결로가 발생하였다는 점에서, 유리 주변의 밀봉과 밀봉재가 손상된 것으로 볼 수 있다. 즉, 공간 층 결로는 새시(sash) 또는 창틀(frame) 주변의 밀봉(seal)과 밀봉재(sealant)의 손상에 따른 틈새를 통한 습기유입과 실내외 온도 차에 의한 것으로 판단된다. 이렇게 결로가 발생한 복층유리는 교체하는 것이 바람직하다.

제3장 복층유리의 균열 및 결로 원인

3.1 균열

응력균열의 파단선은 항상 유리가장자리에서 2.5-5㎝가 직선으로 이어지고 창을 가로질러 퍼지거나 열응력의 정도에 따라 분기된다. 유리 파괴(90^0) 시점이 유리가장자리이며, 유리에 발생하는 응력의 크기에 따라 균열이 엇갈리는 방향으로 진행되었다. 낮은 열응력 하에서 휨(bending)에 의한 인장파괴로도 볼 수 있으나, 파손양상이 유리가장자리와 중앙부의 온도차에 따른 열응력으로 발생할 수 있는 조건에 대체로 부합한다. 유리파손은 유리가장자리를 살펴보는 것으로 시작하지만, 깨진 유리를 제거하기 전에는 그 상태를 볼 수 없다. 열응력파괴는 유리가장자리와 유리표면에 90° 각도로 진행된다는 사실로 식별하기 때문이다. 만일에 파손의 시작점이 유리가장자리에서 90°가 아니라면 이는 휨에 의한 인장파괴로 볼 수 있다.[337] 이러한 균열양상으로 열응력과의 관련성을 추정하였다.

3.2 결로

단열유리의 표면 결로는 ① 공간 층 유리면의 결로(airspace condensation), ② 옥내 유리면의 결로(indoor condensation) - #4(실내 면) 유리 주변의 결로와 원형 또는 타원 형태의 결로, ③ 옥외 유리면의 결로(outdoor condensation)로 구분할 수 있다.

알루미늄 커튼월[338]은 수평 및 수직 조인트가 있고, 이를 밀봉재(sealant)로 충전하여 줄눈이 외부에 노출되어 있다. 다만, 수평 줄눈에는 돌출 덮개(cap, covering)를 두고 있으나, 줄눈의 재료가 15년 이상 외기에 노출되어 상당 부분 노후화(weathering)된 것으

337) 휨 인장파괴는 시작점에서의 1개의 파단으로서 5㎝ 이상 전파된다. 이러한 인장파손(mechanical tension breaks)은 10.34Mpa(103.4㎏/㎠) 미만의 낮은 응력 하에서의 휨에서도 종종 발생한다.

338) 설계도서의 '커튼월 및 외벽공사' 부분의 시방서에 '커튼월(curtain wall)공사'의 특기시방서를 참조하도록 하고 있으나, 제공된 특기시방서에는 없었다. 따라서 커튼월에 대한 상세한 시방을 확인할 수 없어 관리 주체에서 받은 e-mail 내용과 단면도에 표기된 T:3 알루미늄 압출 바 등을 참조하여 알루미늄 커튼월 창호로 하였다. 그래서 창틀 재료와 유리의 열 파손 및 결로를 연관시키지 않았다.

로 보여 재료의 성능저하와 실내외의 기압 차에 따라 수분(습기, 빗물)이 틈새를 통해 공간 층에 침투할 수 있는 상태이다. 창호 새시(sash)의 가장자리 밀봉재료 또한 마찬가지이다. 이같이 창호의 마감재가 일사 등의 외기환경에 장기간 노출되었다는 점에서, 알루미늄 커튼월의 노후화된 줄눈이나 밀봉 재료를 통해 수분이나 빗물이 침투할 수 있다. 또한, 유리창 주변의 밀봉(seal)과 창틀의 벌어진 틈새 사이의 밀봉재가 손상되었을 때, 복층유리 공간 층에 결로가 발생한다.

모두 ①의 공간 층 결로(airspace condensation)이며, 이곳에 결로가 발생하였다는 것은 단열유리 밀봉(seal)의 손상을 의미하므로 교체하는 것이 바람직하다. 다만, 배수구가 있는 단열 유리라면 막힌 배수구 청소와 공간 층의 통기(通氣)를 통해 결로를 제어하는 방안을 시도할 수 있다. 공기층의 결로 감소를 위해 실내의 유리면에 통기구(air hole)를 두는 것도 유효하지만, 공간 층 결로는 교체하는 것이 상례이다.

제4장 건의사항

4.1 균열 발생의 유리창

① 거주자가 유리파손에 대한 심리적 불안감이나 시각적인 불편을 감수할 경우, #2 반사 코팅(PVDF 2, 이소불화비닐)의 복층유리는 현상 유지할 수 있다. 그러나 일단 가장자리 밀봉(seal)이나 밀봉재(sealant)의 결함은 원상복구가 곤란하므로 교체할 필요가 있다.

② 실내외의 온도 차를 일으키는 여름철의 냉방과 겨울철의 난방온도를 과도하게 낮거나 높게 유지하는 것은 바람직하지 않다. 또한, 반사형 내부 블라인드가 유리창 외주변을 부분적으로 가리면 유리가장자리에 열응력이 부가될 수 있으므로 유의할 필요가 있고, 유리면과 커튼에 적절한 간격(공간) 유지가 필요하다.

4.2 결로 발생의 유리창

결로는 모두 공간 층에 발생하였다는 것은 가장자리 밀봉과 밀봉재의 손상을 의미하므로 유리 교체가 요구된다. 즉, 사용성을 상실한 것으로 보아 교체한다. 이는 단열 유리의 밀봉(seal)이 손상되어, 장기적으로는 유리표면에 먼지 및 수분축적 또는 코팅재료의 오염으로 영구적인 시야 방해가 발생할 수 있기 때문이다.

2.25-2 : 유리파손과 결로에 대한 평가자료

유리파손 예: 내진성능평가(2022년)를 수행했던 서울 중구에 소재한 건물(지상 21층, 지하 6층, 2011년 준공) 측에서 유리파손에 대해 상담을 요청하면서 제공한 자료이다. 유리 교체 후에도 원인을 알 수 없는 파손이 계속되자, 내진성능평가와 결부하여 파손 원인까지 확인하려 하면서도 이에 대한 진단에는 부정적이었고 상담에 그쳤다. 원인 규명 없이 유리만 교체하면 파손은 계속될 것이다.

차 례

제1장 유리파손

1.1 일반적인 특성

유리는 서로 다른 환경의 경계를 분리하는 투명성 재료로서, 여러 공학 분야에 다양하게 쓰이면서 강도, 강성, 화학성, 내화성 등이 추가로 요구되고 있다. 현대건축물에서 사용이 급증하고 있으나, 하중에 특이 거동을 하는 성질은 잘 알리어져 있지 않다. 공학적으로 많은 잠재성이 있고, 구조요소(structural element)로까지 쓰이면서, 구조 유리(structural glass)[339]의 강도와 안전 및 시공기준도 마련되고 있다. 그러나 해결할 많은 안전문제도 대두되고 있다.

유리파손은 구조물의 변형과 지반침하에 의해서도 발생하며, 창틀이 외력으로 변형되거나, 유리 끼움의 공차(tolerance) 부족과 편심에 의한 휨 응력으로도 발생한다. 균열양상이 콘크리트와 다르며, 강재보다 훨씬 더 취성이다.[340] 또한, 소성 매카니즘(plastic mechanism)이 형성되면서 파괴되는 강재(steel)와 같이, 응력 또는 모멘트의 재분배(re-distribution)가 일어나지 않으므로 한계 강도를 초과하는 응력을 받으면 어떠한 조짐도 없이 즉시로 파손된다. 철골 보는 하중이 가해지면 그 하중으로 인해 보에 응력이 발생하고 처짐도 생긴다. 그 정도는 보의 크기와 형상, 재료의 강성 및 작용 하중에 따라 달라진다. 또한, 재료의 강성과 관련되는 탄성계수 또는 영계수가 높으면 낮은 재료보다 더 강하다.

반면에 유리는 강화하거나 반 강화했을 때 탄성계수는 변하지 않는다. 또한, 작용 하중에 대한 처짐이 동일 크기와 두께의 유리, 서냉, 반 강화, 강화유리에 관계없이 정확히 동일하다. 그러나 처짐은 동일하지만 매우 중요한 차이가 있다. 반 강화 및 강화되는 공정에서 유리표면과 주변의 가장자리에 압축 외피를 형성한다. 동시에 유리 속에는 인장 응력이 생성되어 외부 압축응력과 내부 인장응력 간에 평형을 유지한다. 그 결과 기본적으로 재료 강성이 변하지 않아도, 반 강화 유리는 풍하중과 같은 일정한 정하중(uniform static loads)하에서 서냉 유리보다 2배 정도 강하고, 강화유리는 서냉 유리보다 약 4배 강하다. 이는 동일 크기의 두께 및 작용 하중에 대해서 서냉 유리, 반강화 및 강화유리는 모두 처짐이 같아도 제각기 다르게 파손될 수 있다는 의미이다. 또한, 유리는 외력이 가해지는 시간에 따라서도 강도가 달라진다. 같은 하중인데도 가해지는 시간이 길어지면 저항력은 작아진다.

풍압과 같은 순간적인 하중에는 상당히 큰 압력에도 견딜 수 있으나, 천창에 수평으로 설치된 유리는 작은 하중에도 장기간 적재되면 저항력이 감소한다. 또한, 유리파손은 외부충격, 불균등한 편심하중에 의한 변형, 유리 가장자리의 손상, 국부적인 실내외 온도 차에 의해서도 발생한다.

유리파손이 지반침하나 구조물의 변형, 창틀변형에 기인한 것이 아니라면, 일단 이들은 파손원인에서 배제할 필요가 있다. 또한, 유리가 파편화된 상태가 아니라면 충격하중에 의한 것으로 보

339) 'structural steel'은 '구조용 강(재)', 'structural timber'는 '구조용 목재'로 표현한다. 유리커튼월이나 유리 블록(glass block) 등을 부재로 사용하는 경우를 'structural glass[구조(용) 유리]'로 표현하였다.

340) 유리는 거의 완전한 탄성(elastic behavior), 등방성 거동(isotropic behavior)을 하며 취성파괴 (brittle failure) 된다. 비결정분자구조(non-crystalline molecular structure)로 인해 인장에 약한 취성재료이다.

지 않는다. 그러나 파손 부분이 외기에 면하고 있고 오븐(oven)과 같은 열원(熱源)이 근접하여 있다면 국부적인 온도 차에 의한 열응력을 파손원인으로 볼 수도 있다. 또한, 화재 시에 수열온도(受熱溫度)에 의한 유리의 국부적인 파손도 온도 차에 의한 열응력341)이 원인이다. 화재 시 유리는 열응력에 거의 저항하지 못하며, 유리표면 간에 온도 차 때문에 바로 깨진다. 이러한 현상은 단열유리라고 해서 저항성이 향상되는 것도 아니며, 망입 유리는 화재 시에 저항성이 다소 좋아지기는 하지만 온전하지는 않다.

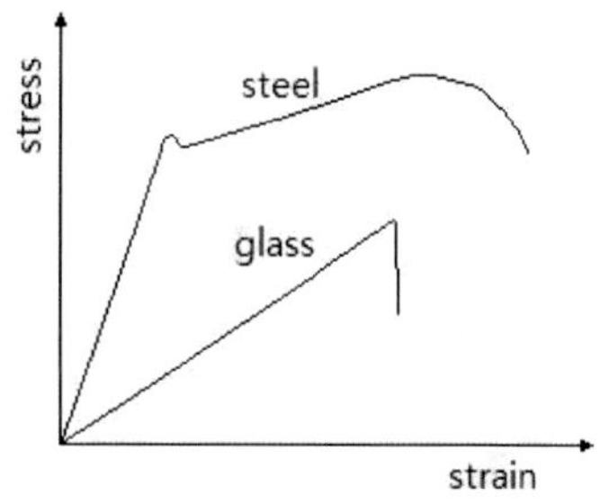

강재와 유리의 응력-변형곡선

유리는 취성재료이지만 극한하중에서 파괴될 때까지는 탄성적으로 거동한다. 극한하중은 유리의 종류와 작용 하중의 지속시간 및 분포, 유리표면에 존재하는 불균질성(inhomogeneity), 미세결함(micro-flaw)의 정도(severity)와 방향(orientation)에 따라 변한다. 이러한 성질 때문에 유리를 동일한 방식으로 가공할 수가 없다. 따라서 유리파손이 예상되는 설계하중에서 일어날 것이라는 가능성을 최소화하는데 목표를 둘 수밖에 없다. 이같이 유리의 극한하중이 변하기 때문에 유리의 강도는 유리파손의 통계적 확률(statistical probability)로 설명한다. 따라서 기술자는 건물 유리의 설계를 구체화할 때 예상되는 풍하중, 그 지속기간 및 유리파손의 확률을 결정하여야 한다. 유리 제조사들은 유리제품의 성능을 결정하기 위한 적절한 자료를 제공하므로, 설계전문가는 이들 성능 기준을 검토하여 계획한 것에 대한 적정성 여부를 결정하여야 한다.

1.2 유리파손양상

1) 판유리의 제조

원료를 1600~1800℃에서 용융(melting)하여, 800~1600℃에서 성형(forming)하며 100~800℃에서 냉각(cooling)하는 공정을 갖는다. 생산단계는 거의 모두 유사하며, 유리 성형(成形)은 판인법(sheet process)과 로울러법(roller process), 주조법(casting) 등이 있다. 판인법은 통상 얇은 두께의 판유리를 만들며 녹은 유리물을 좁은 틈으로 흘러내리게 하면 얇은 막(膜)이 되므로 그것을 냉각탑 속에서 식히면 박판 유리가 된다. 흘러내리는 시간에 따라 유리판 두께가 조절된다. 제조법은 푸르콜법342), 콜번법343), 피츠버그법344), 주조법, 롤링아웃법(rolling out process)345), 플로트

341) 유리표면과 내부의 온도 차이로 인하여 열팽창 차가 발생하여 생기는 응력
342) 용융 유리를 수직 방향으로 인상(drawing)하는 제조법. 녹은 유리표면에 데비튜스(debiteuse)라는 가늘고 긴 홈이 파진 내화물을 띄워 놓고, 그 사이에 로울러로 유리를 끌어 올려 서냉탑을 지나게 한다.
343) 인상된 판유리를 수평으로 구부려서 운반 로울러 위로 끌게 하는 제조법. 두께는 주로 인상속도로 결정.
344) 푸르콜법과 비슷하며, 데비튜스 대신에 유리물 속에 드로바(draw bar)라고 하는 내화물을 담그고 녹은 유리 속의 일정한 깊이에 잠기게 하여 그 위에 평면상에서 수직 방향으로 인상하는 방법이다.
345) 용융로에서 용융된 유리를 연속적으로 유출하여 이것을 냉각 로울러로 압연하면서 지나게 하여 연속적으로 일정한 두께의 판유리를 제조하는 방법. 후판유리는 주조법(casting) 또는 로울러법으로 제조한다.

법(float process) 등이 있다. 플로트공법이 일반적인 제조기술로서 선호되며 오늘날 전 세계 판유리생산의 거의 모두를 차지한다. float glass는 용융주석(molten tin) 욕조의 표면 위에 형성된 평판투명유리(transparent glass with flat)이다. '플로트유리'는 금속 액상(liquid bed of tin) 위에 유리 용융물이 '부유(floats)'하는 공정에서 유래한다. 열처리하지 않은 유리는 일반적으로 annealed float glass라 하며 유리를 강화하거나 접합이나 코팅 등의 2차 가공공정을 하지 않은 맑은 유리로서 무늬유리 등의 원판 유리와 구별된다. 플로트유리는 가장 중요한 유리생산품으로서 창문, 외부 커튼월, 내부 유리 및 자동차 등에 사용된다. 이는 유리의 기본제품으로서 강화유리, 반강화유리, 접합유리, 곡면유리, 또는 화학적 강화유리로 가공할 수 있다.

열처리(heat treatment)된 유리는 풍하중 및 설하중과 같은 균일한 하중에 의한 응력과 열응력에 의한 파손 가능성을 크게 줄일 수 있다. 그래서 관련법이나 설계기준에 따라 안전유리가 요구될 경우는 강화유리, 반강화유리, 접합유리를 적재적소에 지정할 필요가 있다. 강화유리와 반강화유리는 모두 열처리된 유리이지만 이들 사이에는 차이가 있다. 열처리 유리제품은 강화유리 또는 반강화유리에 관계없이 동일한 가공 장비를 사용하여 생산방식이 유사하다. 이를테면, 유리를 약 650℃로 가열한 다음에 강제로 냉각하여 유리표면 및 또는 가장자리에 압축을 주면서 생산한다.

반강화 또는 강화유리는 냉각속도에 따라 결정된다. 강화유리의 생산은 냉각속도가 빠르므로 유리표면 및 가장자리 압축은 높아진다. 반강화 유리는 냉각속도가 느리고 유리의 압축력은 강화유리보다 낮지만, 서냉 유리(annealed glass)[346]보다는 높다. 이는 강화유리에 비해 파괴된 유리조각의 크기가 크고 파괴된 파편의 수는 적고 강화유리보다 강도가 약하나 파손 시 유리가 비산하지 않으므로 건축물의 외부 유리로 많이 사용한다. 다만, 깨진 서냉 유리와 반강화 유리의 파편은 고층 건물의 유리가 예기치 않게 파손되어 그 파편이 안전사고를 일으킬 수 있으므로 건축설계자와 시공자, 창호 업체는 사용하는 유리의 안전상 적재적소를 검토한다. "안전유리"는 부상가능성이 최소화되도록 처리된 모든 유리를 의미하며 각각의 적합성에 따라 유리문, 천장의 채광창, 샤워 문 또는 자동차 앞창 유리(car windshields) 및 기타 창유리[347] 등에 설치되었을 때이다.

유리에는 서냉, 반강화, 강화유리, 접합유리, 단열(복층 등) 유리, 방화 유리[348] 등이 있고, 또한, 규석에 열을 가해 녹여 만든 일반 유리, 필름을 사이에 끼고 일반 유리 두 장을 겹쳐 만든 접합유리, 일반 유리에 다시 열을 가해 급냉한 강화유리 등 기능과 용도에 따라 다양하다. 일반 유리에 비해 강화유리는 상대적으로 표면 강도가 세기 때문에 잘 깨지지 않으며, 보통 강도가 일반 유리보다 몇 배 커진다. 이는 쉽게 깨지고 날카로운 파편의 일반 유리에 700℃ 가량의 온도로 가열하면 젤리처럼 녹아내리는 상태가 되며, 이때 냉각 공기로 급랭하면 표면은 순식간에 굳고 내부는 바로 굳지 못하고 서서히 굳게 된다. 이로 인해 유리 내부는 분자가 서로 떨어지고 싶은

346) 서냉(annealing)은 강도 및 연성 등의 향상을 위해 재료의 전이온도 또는 재결정화 온도 이상으로 가열하여 적절한 속도로 냉각하는 과정이다. 즉, 유리를 상온에서 2차 가공성을 향상하고, 표면과 내부 등 각 부의 온도차가 생기지 않도록 적당한 온도로 서서히 냉각하여 유리 내에 존재하는 응력을 제거한다.

347) 자동차의 앞창에는 접합유리, 나머지 창은 최소한 강화유리를 사용하였을 때 안전유리라고 할 수 있다. 강화유리는 긴급 시에 창틀에서 유리를 분리할 필요가 있는 경우에 안전유리로서 이상적인 사용이 된다. 즉, 자동차의 측면 창은 사고 발생 시에 유리가 파편화되어 탈출할 수 있게 한다.

348) 방화유리는 강화유리를 다중 접합시킨 것으로 화재 발생 시 일정 시간을 견디게 만든 유리이다.

데 유리표면은 냉각으로 가까워진다. 이때 유리표면은 압축, 내부는 인장응력의 상태가 된다. 이때 휨과 충격강도는 크게 높아지지만, 충격에는 고유의 취성과 함께 파편화된다.

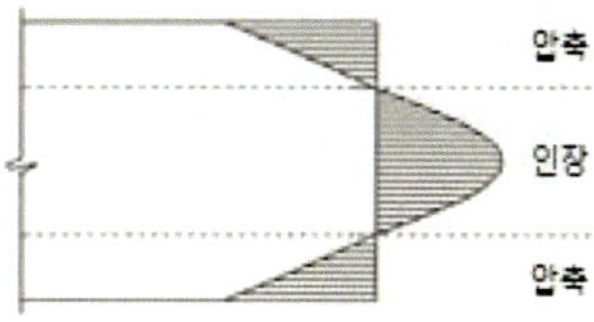

그림 499 강화유리 단면의 응력도

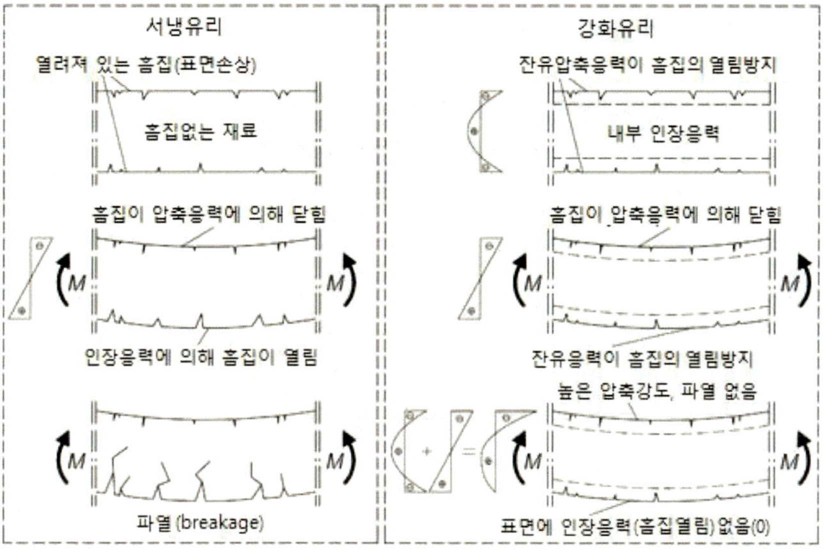

그림 500 서냉, 강화유리의 내부응력/유리 중앙에 인장력이 존재하고 양 표면에 잔유압축응력이 있다면, 불가피하게 발생한 흠집은 압축잔유응력에 의해 닫히게 된다. 그래서 유리표면의 압축강도를 크게 높여 놓으면 표면에 인장 응력이 없는 상태가 되어 유리 파괴를 억제할 수 있다. 유리파손은 열처리 표면 응력의 크기에 영향을 받는다. 강화유리의 설치용 볼트 구멍의 위치가 맞지 않아 현장에서 무리하게 맞추려고 국부적으로 구멍에 힘을 가하면 의외로 쉽게 파괴되는 이유는 유리에 큰 내부응력이 비축되어 있기 때문이다. 출처: Matthias Haldimann(2006): adapted from sedacek et al.(1999)

2) 판유리의 파손양상

일반유리	강화유리	반강화유리(배강도유리)
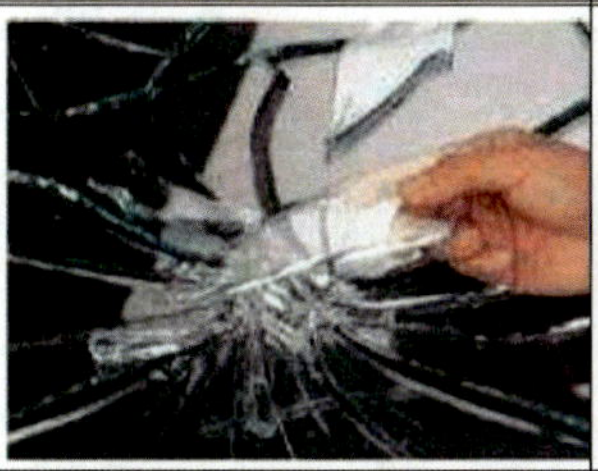		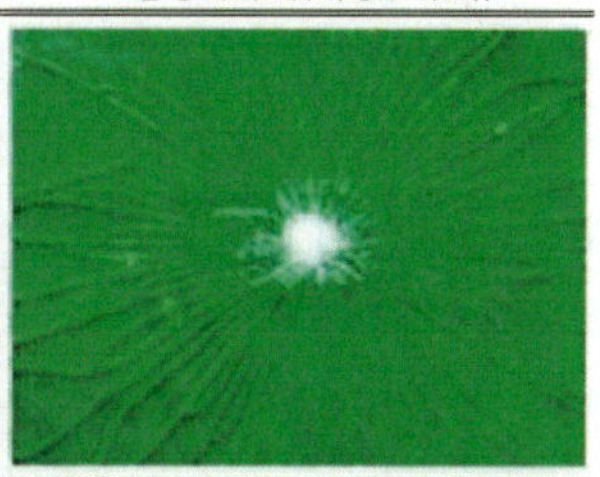

출처: 강화유리제품 안전성실태조사 조사결과(강화유리 샤워부스를 중심으로)/한국소비자원 소비자안전국/2012.11

그림 501 파손양상의 비교/좌로부터 서냉 유리(annealed glass), 강화유리(fully tempered glass), 반강화유리(heat-strengthened glass)의 파손 이미지이다.

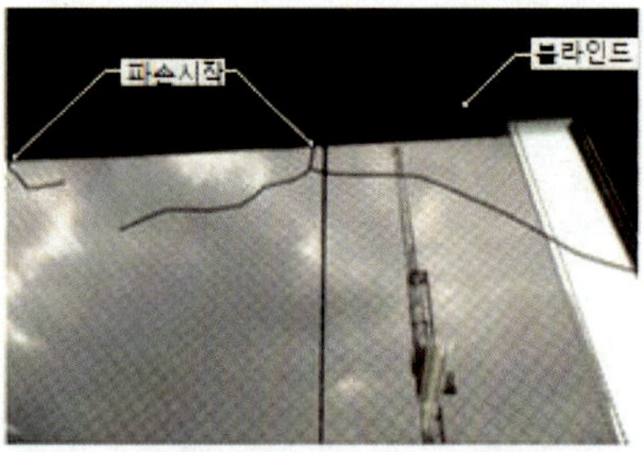

그림 502 열응력으로 추정되는 망입 유리의 파손(1)/13㎜ 정도의 유리끼움과 실내 블라인드는 유리의 열응력 파손의 영향 인자이다. 예컨대, 음영이 온도증가를 방해하므로 중앙과 가장자리 사이에 온도차가 더 커지고 더 높은 인장 응력으로 파손 위험성이 높아진다. 유리 끼움 가장자리의 과도한 덮개(coverage), 창틀과 유리의 온도 차가 클 때 창틀은 가장자리로부터 열을 끌어당긴다.

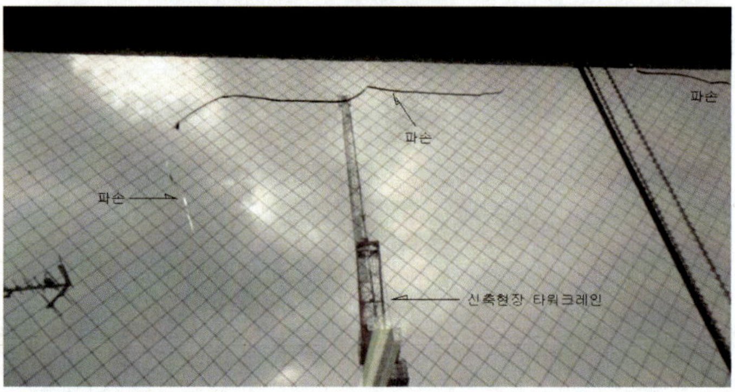

그림 503 열응력으로 추정되는 망입 유리의 파손(2)/망입유리는 화열 파손 시의 비산 방지 목적으로 쓰이고 있으나 철망은 휨강도에 그다지 영향을 미치지 않는다. 비산 방지를 위해 2장의 유리 사이에 유기질 막을 넣어 접착한 맞댄 유리(이 경우에는 '안전유리')도 있다.

강화유리는 표면의 압축응력으로 유리가 쉽게 깨지지 않고 강하지만, 이를 초과하는 충격을 받으면 내부 인장응력이 표출되면서 일반 유리에서는 볼 수 없는 콩알 형태로 깨진다. 이를테면, 상황에 따라 조금 다르긴 하지만, 일반 유리와 같이 파손된 유리로 인해 사람이 크게 다치거나, 사망하는 경우는 거의 없다. 아주 작은 파편이라도 유리 전체가 콩알 크기로 파손되므로 깨졌을 때 톱니 모양의 가장자리 파편이 없는 비교적 무해한 조각으로서 심각한 상해를 입히지 않아 안전유리로 분류한다. 그러나 사용하는 장소에 따라 달라진다.

유리표면의 압축응력으로 강화유리와 반강화유리는 동일한 두께의 서냉 유리보다 몇 배 강한 기계적 강도를 제외하고는 유리의 변형(처짐)을 포함하여 다른 모든 특성은 거의 변화하지 않는다. 반강화유리와 강화유리의 가장 극적이고 중요한 차이점은 파손 후 특성(즉, 파손패턴)이다. 반강화유리는 파손되면 조각이 비교적 크고 제거될 때까지 창문틀(glazing system)에 남아있는 경향이 있다. 반면에 강화유리는 셀 수 없이 작고 대략 입방체 조각(cubical pieces)으로 부서진다. 사실 강화유리를 안전유리로 인정하는 것은 이러한 파손패턴 때문이다. 그러나 이러한 파손패턴으로 인해 강화유리는 파손 즉시 창호 개구부를 비운다. 따라서 설계전문가는 강화유리의 이러한 경향과 안전상의 피해 영향을 고려하여야 한다. 언제나 유리는 파손될 가능성이 있기 때문이다. 예컨대, 반강화유리를 초고층 건물에 사용하였을 경우, 이는 안전유리에 해당하지는 않는다. 다른 유형의 안전유리에는 접합유리 및 강화유리가 있으며, 반강화유리는 파손될 때 긴 파편을 생성하기 때문에 항상 안전하다고 할 수 없고 심각한 부상을 초래할 수 있다. 설계기준에 따라 안전유리가 요구되면 강화유리 또는 접합유리와 같은 유리를 사용해야 한다.

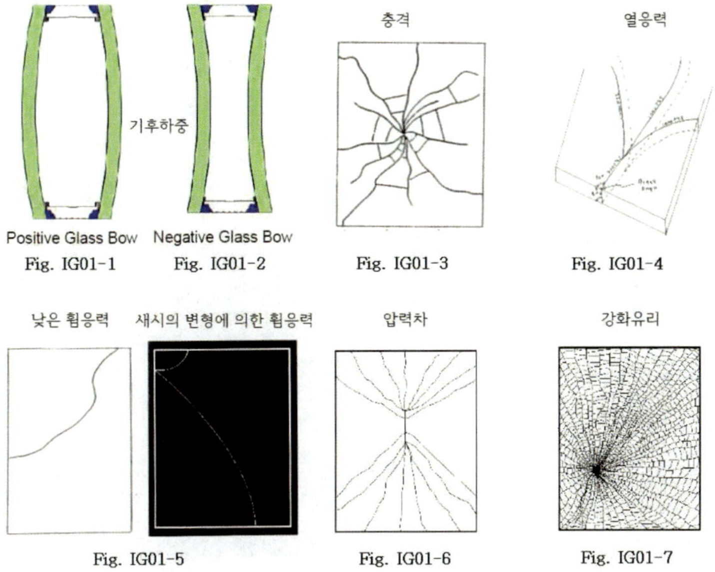

그림 504 유리판의 변형과 파손양상/관련 내용 및 그림 출처: Technical Service Bulletin #IG01-05/08/#IG01-01/16

그림 IG01-1과 IG01-2는 기후 하중(climatic loads)[349]으로 단열 유리가 변형된 경우이다. IG01-1은 볼록하게 변형된 경우이며, 일반적으로 여름날의 낮은 기압 기간 또는 생산지보다 더 높은 고도에 설치되었을 때 나타난다. 휘어짐의 요인은 따뜻한 온도(warm temperatures), 낮은 기압(low barometric pressures), 고도변화(altitude changes), 단열유리의 조립제작공차 등이다. 이는 공간 층 압력이 제작 때보다 높아 발생하며, 안전상의 우려나 민원으로 교체할 필요는 없다. 볼록 변형은 일반적으로 유리판 하나만이 파열되며 휘어짐이 볼록하므로 유리 파편이 유리창 개구부를 빠져나간다. 유리사용에 이를 고려할 필요가 있다. 높은 고도에서의 노출을 제외하고는 공간 층 압력이 높음으로 인하여 유리가 파손된 예는 없다. 그래서 극도로 높은 고도에 설치하거나 통과할 때는 모세관(capillary tubes)을 설치하여 유리의 휘어짐 파손에 대비한다.

IG01-2와 같은 오목 변형은 공간 층 압력이 대기압보다 낮음에 의한 것으로, 일반적으로 추운 겨울에 볼 수 있다. 변형의 정도는 단열유리(IG)의 단위 크기, 유리두께, 공간 층 간격(airspace gap), 온도, 기압, 유리창 설치 고도가 IG 제조 고도보다 낮음, 아르곤 손실 및 IG 단위 조립 공차(IG unit fabrication tolerances)의 영향을 받는다. 즉, 오목 휘어짐은 차가운 실외 온도, 높은 기압, 설치 고도가 IG 제조 고도보다 낮을 때 발생할 수 있다. 파손은 넓은 공간 층의 유리에서 더 많이 발생한다. 일반적으로 유리 중의 하나만이 파손되며, 유리가 공간 층을 향하여 휘기 때문에 유리 파편(glass particles)이 거의 유리창 개구부에 남는다. 유리파손에는 큰 소리가 나는 것이 보통이며, 파손될 때 이렇게 큰 음은 유리 응력이 완화되는 것이므로 이를 위험 상황으로 볼 필요는 없다. 당연히 파손된 유리는 현장에서 교체해야 한다. 강화유리는

349) 대기에 노출된 단열유리는 공간 층과 대기와의 압력 차로 인한 기후 하중이 작용하면 변형이 일어날 수 있다. 예컨대, 대기압의 상승 또는 공간 층 내의 온도저하로 오목 유리가 되기도 하고, 이들의 변화에 따라 볼록하게 되기도 한다. 공간 층의 저압 또는 과압의 크기는 기후 하중뿐 아니라 단열유리의 구조에 따라 달라진다.

높은 강도와 충격 저항성이 있으므로 파손이 드물며, 일반적으로 외부충격으로 발생한다.

IG01-3은 충격 파손의 일반적인 양상이다. 유리가 충격으로 부서질 때는 입자 크기가 작고 개구부에 거의 남지 않으므로 유리의 파손양상을 볼 수가 없다. IG01-4은 열응력으로 인한 전형적인 파손이다. 열 파손을 일으킬 수 있는 조건은 실외의 돌출부, 창문의 실내 음영(블라인드, 커튼 등)의 크기 및 유리 가장자리의 결함 등 복합적이다. IG01-5는 낮은 휨 응력(low level bending stress)과 새시(sash)의 전단변형(shearing or racking)[350]으로 인한 전형적인 파손이다. 일반적으로 창문을 열 때 창틀 내에 있는 새시에 전단변형이 발생한다.

IG01-6은 단열유리의 공간 층과 외부 공기 사이의 과도한 압력 차이(예: 풍압)로 인한 전형적인 파손 예이다. 이러한 유형의 파손은 흔치 않으며 유리의 처짐에 의해 유발되는 휨 응력에 대응하지 못해서 발생한다. 파손의 구체적인 원인은 유리의 공간 층과 외부 공기 사이의 과도한 압력 차이며, 그 결과 유리가 심하게 정부(positive or negative) 방향으로 휘어짐이 발생하면서 파손된다[351]. IG01-7은 강화유리(tempered glass)의 전형적인 파손패턴이다.

그림 505 풍압에 의한 파손/2003년 '태풍 .매미'로 발코니 유리창이 파손과 함께 실내로 넘어진 상태

1.3 유리파손에 영향을 미치는 요소

유리파손은 풍하중이나 상시 작용하는 수직 하중에 거동하는 구조물과 창틀의 변형(racking), 건물 내외부 온도변화의 열응력, 단열유리 내외부의 기압 차, 유리의 품질 및 불순물함유, 상하층 슬래브의 진동장해, 외부충격 등에 의한다. 그러나 태풍과 같은 특별한 경우를 제외하고는 열응력에 의한 경우가 많다. 이는 극히 제한적으로 가장자리에 끼인 이물질에 의한 휨 인장파괴와 유사하지만, 파손된 유리가 실내, 혹은 실외 쪽인지, 파손양상 등에 따라 파손요인을 검토한다.

복층유리의 열응력파손요소

- **기후 조건**(climate conditions): 지리적 위치, 일일 온도 차, 겨울철 입사된 태양복사의 강도, 시각, 바람, 유리설치 고도
- **유리창의 매개변수**: 태양에너지 흡수율 등 유리의 성질, 열 관성(유리 흡수율, 비열, 열전도율 및 규모, 창틀 및 색상 유형(구조유리, 열차단 유무의 알루미늄, 목재/PVC 창틀), 어두운 강철, 콘크리트 접촉의 창틀, 창틀 재료의 종류, 고도의 반사 또는 단열 끼움, 유리가장자리 손상과 칩에 의한 파손위험, 강화 또는 반강화 또는 로이유리의 슬라이딩 창틀
- **외부의 건축적 요소**: 유리 정면의 방향, 한 부분의 그림자로 유리창에 생기는 음영(실외 음영은

350) 새시가 평행사변형으로 변형되는 거동, 즉 기울어지는 거동이다.
351) 휘어진 유리가 파손되는 경우는 극히 드물며 유리의 형상에 따라 다르지만, 유리생산지의 고도와 단열유리를 900m가 넘는 고도로 선적하거나 설치하였을 때 발생할 수 있다고 한다.

계절에 따라 다름), 유리가장자리를 냉각하는 돌출물, 멀리언 및 창 상인방의 캡(caps), 외부 루버.

- **내부의 건축적 요소**: 블라인드 유무(반사형 내부 블라인드 사용, 유리 외부의 부분적인 가림, 벽과 기둥, 블라인드, 가구 또는 바닥에서 다시 반사되는 열, 난방기구 근접성(유리창과 접촉하는 실내 냉방 혹은 난방시스템의 근접성, 실내 발생의 주변 열(ambient heat), 내부 난방시스템 및 기온변화, 내부 천장, 유리창 뒤의 어두운 물체의 근접성 및 공기순환, 유리창 부근의 벽의 성질(종류)

예문) 외벽의 돌출물 및 실외 유리 끼움의 색상으로 생성되는 그림자, 방향(남쪽, 남서쪽 위험성 증가), 깊은 유리끼움과 어두운색 창틀, 유리 종류(강화유리는 열응력 파손위험 낮음), 유리판의 수(삼중유리의 중간유리 열처리 여부), 포스터 또는 공간층 부착 필름의 태양열 흡수 및 복사, 높은 고도, 이들의 복합은 파손위험을 증가시킨다. 유리설치 후 부착한 열흡수필름, 어두운 색유리, 유리의 한쪽 면에 안전과 단열 또는 디자인 효과의 필름부착은 열 집적으로 파손요인이다. 코팅 및 중간 유리판(coated lite and middle lite)의 3중유리는 열응력이 이중유리보다 크다. 내부차양(음영) 장치[352]은 유리표면에서 공기의 자유 흐름을 위해 떨어져 배치한다. 냉난방 배출구는 유리에서 떨어지게 한다. 난방을 않은 건물은 열 파손이 증가한다. 일반적으로 유리 가장자리 면적이 크면 클수록 파손 위험성이 높고, 스팬드럴 유리 특히 안쪽유리(inboard lite)는 위험성이 높다.

1) 유리 가장자리의 상태(가장자리 품질)

제조 혹은 설치 시에 유리가장자리 손상(edge damage)은 열응력 파손을 일으키기에 치명적이다. 특히 가장자리 절단부의 상태가 그 부분의 유리 강도에 가장 큰 영향을 미치며, 불량한 절단면은 유리 강도의 50% 이상을 감소시킨다. 열응력에 저항하려면 절단된 가장자리에 상어 이빨과 같이 날카롭게 파인 곳이나 껍질이 없어야 한다. 접합유리는 가장자리 작업이 어려울 수 있고, 특히 매끄러움이 요구된다. 가장자리를 그라인더로 갈아 유리 본래의 강화상태를 수정하는 것은 매우 부적절하다. 유리파손은 이 같은 결함과 함께 외기노출 조건과 복합되어 발생한다.

2) 유리의 종류

유리는 성분, 생산방법, 성능, 사용 목적 등에 따라 다양하다.

① 서냉 유리(annealed float glass):

플로트유리의 느린 냉각과정은 유리판 내의 내부응력을 줄여주게 되며, 일반적으로 담금질(tempered)하지 않는다. 담금질은 냉각제어 유리의 잔유응력(residual stress)[353]을 방지하는 과정이며, 플로트유리 제조과정의 고유 공정이다. 쉽게 깨지며 파편이 길쭉하고 예리하다. 절단할 수 있고 구멍을 뚫을 수 있으며, 예리한 가장자리를 만들거나 다듬을 수도 있다. 서냉 유리는 크고 날

352) 내부차양장치(internal shading device)는 외부 기후조건과 실내기온에 따라 실내에 설치하며, 커튼, 베네치안 블라인드, 두꺼운 휘장, 필름쉐이드, 단열 셔터, 불투명 롤블라인드 등이 있다.

353) 유리의 중앙은 균열 등의 흠(flaw)이 있지 않으므로 인장응력에 유효하게 저항한다. 그러나 유리표면에 불가피하게 존재하는 흠이 유효인장응력(effective tensile stress)에 이르면 흠은 커지게 된다. 이로 인한 인장표면응력(tensile surface stress)이 잔유압축응력(residual compressive stress)보다 더 작다면, 유효인장응력은 없으므로 균열의 성장도 없다. 강화유리는 표면에 높은 잔유압축응력이 있다.

카로운 파편 또는 조각으로 부서지므로 안전문제가 유발될 수 있는 곳에는 사용하지 않는다.

② 반강화유리(heat-strengthened glass)

반강화(半强化)유리[354]는 약 650℃의 서냉점 이상으로 재가열 된 후 빠르게 냉각되지만, 강화유리만큼 빠르지는 않은 서냉이다. 급속히 냉각되지 않으므로 유리 단면의 압축과 인장 응력이 전체에 걸쳐서 똑같지 않다. 동일두께 및 형상의 소둔유리보다 약 두 배 정도 강하다. 서냉유리보다 열하중에 대한 저항성이 크며 깨질 때 파편이 서냉유리보다 작은 조각으로 부서지지만 강화유리보다 대체로 크며 개구부에 원래의 유리 끼움 상태로 유지될 수 있다. 그러나 파편 상해 등이 우려되어 안전유리로 사용할 수 없는 경우가 많다. 즉, 파편이 날카로워 상해를 입힐 수 있다. 풍하중과 열응력에 저항하는 일정한 강도가 요구되는 일반적인 유리 끼움의 창호에 쓰인다. 또한, 강화유리와 같은 유리 강도를 요하지 않은 곳, 열처리 유리(heat-treated glass)가 필요하고 특별히 안전유리가 요구되지 않은 곳에 적용한다. 다만, 제조공정상 냉각속도의 차이와 그로부터 형성되는 응력분포의 차로 인해 자파 확률은 극히 드물다.

③ 강화유리(tempered glass, toughened glass)

'완전강화유리(fully tempered glass)[355]'라고도 하며. 열 강화(tempering)로 반강화유리보다 강하며 동일두께 및 형상의 서냉플로트유리(ordinary annealed float glass)보다 4~5배 강하다. 깨질 때 상해를 입지 않을 정도로 상대적으로 작은 파편으로 깨진다. 이를테면, 높은 충격에너지 하에서 완전히 산산조각이 나며, 파편이 창틀에 거의 남지 않는다. 이는 부상의 위험은 거의 없지만, 일정한 안전기준에 적소에 사용될 때 '안전유리'가 된다. 안전유리는 주로 슬라이딩도어(sliding doors), 스톰도어(storm doors), 건물의 출입문(building entrances), 욕실 및 샤워실의 칸막이, 내부 칸막이 등과 같이 높은 강도와 안전성이 요구되는 곳에 사용된다. 높은 강도와 안전이 요구되는 건축용 곡유리, 자동차용 유리에도 사용되고 있다.

354) 서냉유리를 연화점 이하의 온도에서 가열하고, 찬 공기를 약하게 불어 급속 냉각한 유리. 유리표면의 표면 압축응력 24~70MPa, 가장자리 응력은 약 35MPa로 강화유리보다 작다. 반면에 파괴된 조각의 크기가 크고, 파편 수는 적다. 일반유리보다 파괴강도를 증대시키고 판유리와 유사하게 깨지도록 한 것이다. 풍하중에 저항하고 태양에 직접 노출되어 열응력으로 파손될 수 있는 건물 외피에 사용되고 있으며, '배강도유리'라고도 하며 강화유리보다는 강하지 않다. 적소에 사용하였을 때 안전유리가 된다.

355) 일반 유리를 연화점(softening point, 유리의 유동성 온도) 이상으로 가열하여 유리를 원하는 형상으로 변형한 후 압축공기로 급냉한다. 통상의 플로트유리를 연화점까지 가열하였다가 유리표면에 균일하게 찬 공기를 불어 주면 급격하게 줄어드는 힘이 발생한다. 유리의 표면 응력(surface stress)이 70~200MPa, 가장자리 응력(edge stress)은 70MPa 정도이다. 열팽창계수가 다른 2개 층의 공존으로, 표면은 저팽창, 내부는 고팽창이므로 외부충격으로 압축과 인장 응력의 균형이 깨지면서 안팎의 열팽창계수 차이로 잘게 깨지는 속성이 있다. 저팽창 층의 두께가 얇으면, 변형 속성으로 파편의 크기가 커지고 파편 수는 줄어든다. 열전도율(0.65kcal/m hr℃)은 금속(45kcal)보다 작아서 내부는 바로 식지 않는다. 그래서 표면층은 압축, 그 반력으로 내부는 인장응력이 된다. 결국, 유리가 실온이 되어 인장과 압축응력이 균형을 이루고, 표면은 영구적인 압축응력이 된다. 외부의 강한 충격으로 표면의 압축응력층이 저항할 수 없거나 내부의 인장응력층까지 충격이 전파되면, 응력 균형이 깨지면서, 순간적으로 잘게 파괴된다.

강화유리는 절단할 수 없으므로 서냉 유리를 소정의 치수로 절단하여 약 650℃의 서냉점을 지나 가열하며, 그런 다음 매우 급속히 냉각하면 유리의 내부는 외부표면보다 더 오랫동안 유동성을 유지한다. 담금질한 후에는 절단하거나 구멍을 뚫을 수 없으므로 강화 처리하기 전에 정해진 크기 혹은 모양으로 절단한다. 여기체서, 가장자리 그라인딩(edge-grinding), 샌드블라스팅(sandblasting) 혹은 산성 에칭(acid-etching)과 같은 가공 절단으로 결함이 생길 수 있다.

④ 접합유리(laminated glass)

2개 혹은 그 이상의 유리판과 한 개 혹은 그 이상의 플라스틱 중간층(plastic interlayers)에 열과 압력을 가하여 서로 결합(융합)한다. 즉, 여러 장의 유리에 PVB(폴리비닐부티랄필름; polyvinyl butyral film, 혹은 PVB-foil or resin))[356]을 강한 압축으로 밀착시킨다. 중간층은 필요 또는 건물에 요구되는 정도에 따라 설계하여 다양한 색깔과 두께로 제작한다. 유리가 깨지면 그 파편은 내부의 플라스틱층에서 떨어지지 않고 달라붙어 대부분 온전한 상태를 유지하여 부상위험이 적다. 이 또한 반강화유리, 강화유리 모두 충격저항을 강화한 유리지만 적소에 사용했을 때와 같이, 일정한 안전기준에 부합할 때 '안전유리'가 된다. 예컨대, 자동차 앞 유리(windshield)는 반강화유리의 접합유리이다. 그래서 물체가 부딪쳐도 통과하여 탑승자에게 상해를 입히거나 유리가 얼굴에 부딪히지 않도록 하고 있다. 접합유리가 반강화유리인 경우, 유리판은 큰 조각으로 부서지지만 PVB 내부층(inter-layer)에 의해 창틀에 유지된다. 이는 안전하면서 유리가 제자리에 남아있고 사람이나 물체가 유리를 통과하는 것을 방지하므로 보안수준도 유지된다. 강화유리를 사용하여 접합유리를 만들면 유리가 PVB 내부층으로 인해 대부분 유리판에 함께 유지된다.

⑤ 망입유리

한 장의 유리 내부에 철망이 삽입되어 있거나 두 장의 유리 사이에 철망을 삽입하여 접합한 유리이다. 망입유리는 화염 혹은 압력으로 파괴될 경우 유리 파편이 흩어지지 않는 기능이 있다. 철망의 형상은 직선형, 그물망 등 다양하며, 채광창, 천장 유리, 방화 유리 등의 용도로 사용된다. 보통유리의 내화성은 250℃ 정도이고 망입유리는 600℃ 정도이다. 일반적으로 서냉 유리보다 강하다고 알려져 있으나, 일체적으로 삽입된 철망이 유리구조의 연속성을 방해하기 때문에 실제로 서냉 유리보다 강하지 않다. 이러한 점에서 이를 안전유리로 보기는 어렵다. 다만, 유리가 높은 열에 의해 부서지는 경우 철망이 유리를 제자리에 유지하므로 내화유리(fire resistant glass)로 흔히 사용되고 있다. 고온에서 망입유리의 철망이 접합유리에 사용되는 PVB(Polyvinyl butyral) 필름보다 유리를 더욱더 제자리에 유지하는 것으로 알려져 있다.

356) PVB는 초산비닐 모노머(vinyl acetate monomer)를 주원료로 하여 만든 투명 플라스틱(transparent plastic)의 점탄성 수지(viscoelastic resin)이다. 이는 강한 결속력과 표면부착력, 인성과 유연성을 제공하므로 통상 접합유리의 내부 층(interlayer)에 사용되고 있다.

⑥ 단열 유리(insulating glass), 로이(low-E)유리

한 장의 유리는 폴리스티렌폼 두께 25mm보다 약 5배, 단열이 양호한 벽보다 20배 빠르게 열을 전도한다고 한다. 또한, 두 장의 유리판 사이에 공간 층을 두면 열 손실률을 절반으로, 3중 유리는 더욱 줄어드는 것으로 전해지고 있다. 그러함에도 3중 유리창은 그것이 설치된 벽보다 약 6배 빠른 속도로 열을 잃으며, 그 이상 공간 층을 추가하면 이를 고정하는 창틀 무게, 부피, 비용이 추가되어 3중 유리가 최대한이 되고 있다.

건물 외피의 거의 모두가 단열유리(복층유리)이며, 이중유리(double-glazing)와 삼중 유리(triple glazing)가 이에 해당한다. 이들 단열 유리(Insulating Glass Unit, IGU)는 단열이 주목적이며, 2매 이상의 유리판을 일정한 간격(스페이서로 분리)을 두고 나란히 놓고 그 공간에는 외기압에 가까운 건조공기를 채우고 주위를 봉합한다. 삼중 유리는 유리 세 장과 스페이서 두 개다.

유리판 사이의 공간(space)은 아르곤(Argon)과 같은 불활성 가스 또는 공기로 채우며, 아르곤이 가장 일반적이지만 Xenon과 Krypton이 더 효율적이나 고가이다. 단열유리(IGU)의 주요구성요소인 건조제(desiccant)는 공동(cavity)의 습기를 제거하여 내부의 결로를 통제하며, 유리판 사이에 공간 층(air space)을 두고 적절한 간격으로 이격되고 밀폐 밀봉한다. 일반적인 형태는 건조제가 채워진 스페이서 바를 1차 및 2차 밀봉으로 합체시키며, 일반유리에 비해 방음 및 단열효과가 있고, 또한 반사 및 로이(low-E)유리로 만들 수 있다. 단열유리의 파손을 나타내는 일반적인 증상은 밀봉된 IGU 내 결로, 저방사율(low-e) 표면 필름의 부식, 에지 스페이서(edge spacer)의 휘어짐 및 휘발성 김서림(volatile fogging)이다.

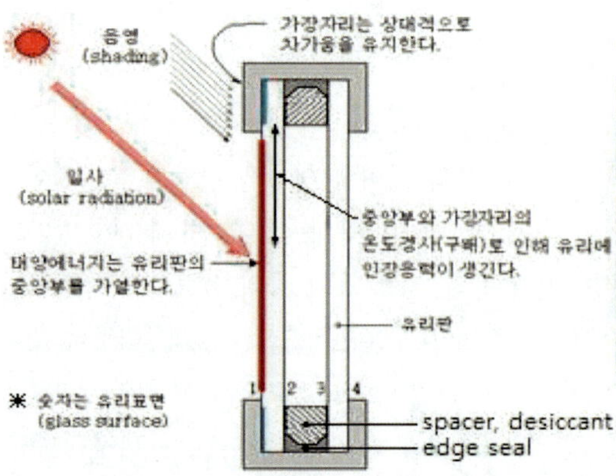

유리창 외부의 그림자(예)

그림 506 단열유리의 열응력/숫자는 외부에서 내부로 매긴다[from 1 to 4(outside to inside)], 내부표면(#3, #4 또는 삼중유리의 #5)에 높은 흡수율 또는 낮은 태양열 획득 제품을 사용하면 파손 가능성이 증가하고 열강화유리(강화유리, 반강화유리)의 필요성이 높아진다. PVDF 2 위치의 반사복층유리/태양복사(일사)를 고려하여 #2에 반사 코팅한 단열유리이다. 이는 실내 냉난방의 열관리 차원에서 겨울철과 여름철에 실내의 열량이 외부(실외)로의 손실을 최소화한다.

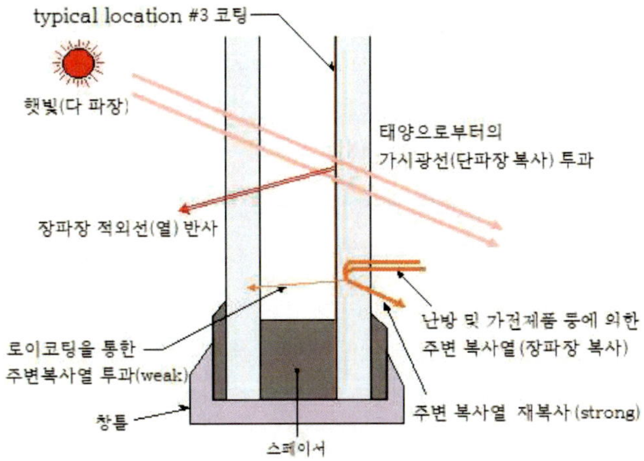

그림 507 로이복층유리/로이코팅으로 강한 장파복사(주변 복사열)가 실내로 반사되고 실외로는 약하게 투과된다. 즉, 장파장복사열(적외선)이 실내 반사(주변복사열재복사)되므로, 겨울철 난방의 열 손실, 여름철 실외로부터의 열 취득이 줄어든다. 코팅은 유리표면 중의 하나 이상에 적용할 수 있다. 그 위치는 R-value(단열 값, 단위면적당의 열저항척도)에 영향을 주지 않지만 코팅의 내구성과 SHGC(태양열획득계수)에 영향을 준다.

방사율(emissivity)이 낮다는 의미의 로이유리는 창을 통해 들어오는 가시광선은 대부분 안으로 투과시켜 실내를 밝게 유지할 수 있다. 그에 비해 적외선 영역의 복사선은 효과적으로 차단한다. 따라서 겨울에는 안에서 발생한 난방열이 밖으로 빠져나가지 못하도록 하고, 여름에는 바깥의 열기를 차단하는 역할을 하므로 냉·난방비를 줄일 수 있다. 요컨대, #3 표면의 로이코팅을 통해 실내 난방기 및 표면에서 방출된 에너지를 실내로 다시 반사(장파장 복사)하고, 태양복사(단파장 복사)는 유리를 통해 투과되게 하여 실내에서는 자연적으로 태양열을 획득(passive solar heat gain)할 수 있다.

로이유리는 겨울철에 실내의 난방기구에서 발생하는 적외선을 반사하여 차단하고, 여름철에는 실외에서 태양열로부터 발생하는 복사열을 실내로 들어오는 것을 차단하는 단열유리이다. 이는 태양복사에너지의 모든 파장을 투과시키지만, 적외선 및 난방기구 등에 의한 장파장의 복사에너지는 투과시키지 않으므로 실내의 냉난방 효율을 높이는데 매우 유효하다. 투명한 유리창을 통과하는 태양에너지는 흡수에 의해 표면을 따뜻하게 하고, 이들 표면은 낮은 주파수의 방열기가 되어 갇힌 열을 다시 방출하여 온도를 상승시킨다.

건물 내부에 있는 방열기 등에서는 장파 적외선(2,500nm 이상)의 형태로 열을 방출한다. 로이유리는 사실상 이러한 유형의 복사를 투과하지 않기 때문에 장파 적외선 복사를 흡수하여 가열한 다음 이 열을 다시 방사한다. 투명유리(코팅 無)는 일반적으로 더 차가운 면, 즉 겨울에는 외부로 열을 방출하여 에너지가 손실된다. 로이유리의 저 방사 코팅(low-emissivity coating)은 유리창에 의해 흡수된 열이 건물 내부로 반사되도록 한다. 투명유리와 달리 방사율(emissivity)[357]이 낮은 유리는 건물에 더 많은 열이 유지되도록 하고 열 쾌적성을 향상시킨다. 따라서 방사율은 흡수수준(absorption level)으로 설명할 수 있으며, 태양 에너지를 흡수한 후 복사하는 에너지의 비율을 말한다. 이론적으로는 태양에너지를 흡수한 후 100% 복사하고 표면 반사하지 않는 물체

357) 유리가 장파장(2,500-40,000nm)의 적외선 에너지를 어느 정도 반사하는가를 나타내며, 방사율이 작을 경우에는 반사가 잘 됨을 나타낸다. 단 단파장의 적외선 에너지는 유리를 통과한다. 방사율은 코팅되지 않은 일반 플로트유리의 방사율 값인 0.84로부터 로이 코팅된 유리의 방사율 0.10 사이의 값을 갖는다. 방사율이 낮으면 결과적으로 차폐계수도 낮게 된다.

를 흑체(black body)라 하며 이때의 방사율 값을 '1'로 규정한다. 유리표면에 도달한 열에너지는 일부는 흡수되고 일부는 투과되며, 나머지는 반사된다. 일반적으로 유리표면에 이른 에너지를 흡수하는 비율을 흡수율(吸收率: absorptivity)이라고 하고, 이는 큰 물질일수록 복사열을 잘 흡수한다. 완전흑체(perfect black body)에서는 전체 열에너지를 흡수하기 때문에, 이 경우의 흡수율을 $a=1$로 한다.[358] 공기나 유리 등은 투과성 물질이라 하며, 이러한 물질은 복사에너지가 자체의 에너지에 영향을 받지 않고 투과할 수 있다. 유리같이 투명한 물질에서는 열은 투과되고 완전한 투명체의 경우, 투명체의 온도는 복사열의 투과에 영향을 받지 않는다.

반사율은 유리의 표면에 도달한 열에너지가 반사되는 비율이다. 일반적으로 흡수율, 투과율, 반사율의 합은 항상 일정하게 1이다. 다만 불투명으로 어느 정도 두께가 있는 재료에서는 투과율이 거의 0이 되기 때문에, 흡수율과 반사율의 합이 1이 된다고 보아도 무방하다.

로이유리는 #3에 저방사 재료(low-e material)의 코팅은 건물 내부에서 외부로 열복사전달이 감소하므로 겨울철 난방 시에 유리하다. 반면에 여름철에 태양에서 나오는 적외선은 반사하고 실내의 냉방기구에서 나오는 냉기는 보존하여 에너지를 절감할 수 있다. 요컨대, 로이유리는 가시광선 스펙트럼을 통과시키면서 빛의 적외선 부분을 반사하는 특수 코팅유리이다. 방사율(emissivity)이 낮다는 의미에서 로이유리(low-emissivity glass, Low-E)라고 부른다. 이는 여름에 태양으로부터의 적외선 열(infrared heat)을 건물로부터 반사시키고, 겨울에는 이미 건물 내부에 있는 적외선 열을 실내 공간으로 다시 반사하게 된나. 이를테면, 겨울철에는 실내의 닌방기구에서 발생하는 적외선을 반사하여 차단하고, 여름철에는 실외에서 태양열로부터 발생하는 복사열을 실내로 들어오는 것을 차단하는 등으로 단열성이 있다.

반사 및 저방사율 코팅은 태양복사(일사)를 반사하고 흡수하여 태양열 성능을 향상시킨다. 여기에서 흡수가 증가하면 유리 온도가 증가하고, 반사율(reflectance)의 효과는 코팅의 반사율과 위치에 따라 달라진다.

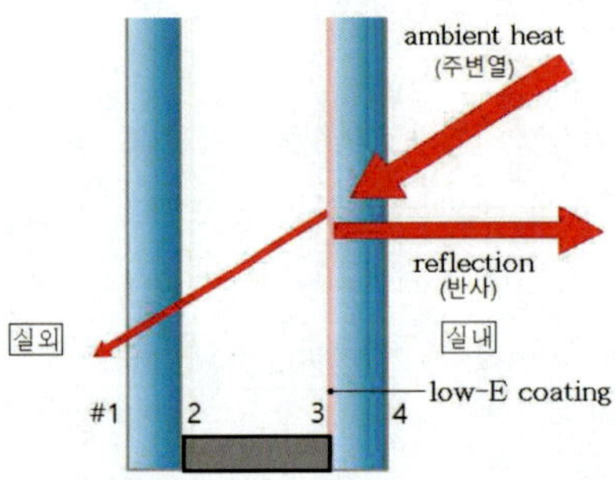

그림 508 로이코팅/#2 및 #4에 로이코팅을 추가하여 외부와 내부 모두에서 에너지를 반사한다. #2 코팅은 외부로 태양 에너지를 반사하며, 이는 단열품질에는 영향을 미치지 않으나 반사특성에 따라 유리창의 외관에 영향을 준다. #4의 코팅으로 열 성능(thermal performance)이 향상된다. 예컨대, 냉방조건에서 에너지를 다시 실내로 반사한다. 이는 공간 층을 가로질러 전달되는 에너지의 양을 감소시켜 공간층 코팅의 일반 IGU에 비해 유리 전체의 단열특성을 추가로 향상한다.

358) 입사되는 복사에너지를 모두 반사시키는 물체를 백체(white body)라고 한다. 일반적인 물체는 입사되는 복사에너지를 전부 흡수하거나 반사하지 않고 일부를 흡수하거나 반사한다. 이 같은 물체를 회색체(gray body)라 한다. 실제는 모든 파장에 대해 흡수율이 1(흑체)이거나 0(백체)인 물체는 존재하지 않는다. 흡수율이 파장에 관계없이 0에서 1사이의 일정 값을 가지는 물체(회색체)도 없다. 흑체는 어떤 파장의 복사를 어떤 세기로 방출하는가가 온도만으로 결정되는 이상적인 물체이며, 이러한 복사를 흑체복사(black body radiation)라고 한다.

⑦ 방화유리(fire protective glass), 내화유리(fire resistant glass)

방화 유리는 지정된 시간 동안 열과 화염에 견디게 제조되어 깨지는 것을 방지하고 화염의 확산을 방지한다. 이는 일반적으로 복사열 전달을 차단하지 않으므로 전체 벽 면적의 25%를 초과할 수 없다. 내화유리는 화염과 연기를 차단하는 방화 유리와 함께 복사열 전달(radiant heat transfer)을 차단한다. 내열유리(thermal shock resisting glass)는 일반적으로 열팽창계수가 작아서 열충격에 견딜 수 있다. 내화유리는 강화유리를 다중 접합시킨 구조로서 화염, 연기뿐만 아니라 열의 전달을 막아주므로(화재의 인접 지역 확산을 방지) '차열 유리'라고도 한다.

3) 유리의 크기

상대적으로 좁은 냉각상태의 가장자리에 비하여, 유리 크기가 커질수록 태양 에너지를 흡수하는 유리 면적은 커진다. 가열 유리 면적이 커지면 유리 가장자리의 열응력을 더 높인다.

4) 외부차양(exterior shading)

외부차양으로 유리의 열응력파손위험을 줄일 수 있다. 외부 차양장치[359]의 열응력에 대한 효과는 그 크기, 형상, 위치의 결합에 좌우된다. 외부음영은 계절에 따라 더욱더 복잡해진다. 즉, 태양의 위치는 연중 변하며 이와 함께 지나치게 음영(그림자)이 드리우는 곳이 생기기도 한다.

5) 내부차양(interior shading)

주거 건물은 판매시설의 건물보다 열응력의 위험에 더욱 노출되어 있다. 주거 건물은 유리창 내부에 블라인드나 커튼을 사용하므로 건물 내외부로의 열전달을 최소화한다. 이때 유리면과 블라인드나 커튼의 적절한 간격 유지와 이들의 색깔, 종류 등이 위험요소로 작용할 수 있으나, 그 위험성을 현저하게 줄일 수도 있다. 위험을 최소화하기 위해 유리와 음영 사이의 공간은 적어도 50㎜(가급적 150㎜) 하며, 블라인드와 커튼은 얼마나 많은 에너지를 반사하느냐이다. 밝은 색깔은 좋은 반사재이며, 어두운 색깔은 그렇지 않다. 폐쇄된 직물은 더욱더 효과적으로 열을 봉쇄하며, 늘썽늘썽한 직물은 열을 잘 통과시킨다. 베네치안 블라인드는 좋은 반사 재료이다.

6) 냉난방

공기조화장치는 냉온의 공기가 직접 유리 표면에 닿지 않은 위치에 있어야 한다. 유리의 열 파손방지를 위해 냉난방장치의 바람이 유리에 직접 닿는 것을 피하고, 유리와 커튼 사이의 공간에

359) 실외의 기후를 실내에 전달하기 전에 이를 조절하는 역할을 하며, 선스크린(sun screen), 블라인드(blind), 어어닝(awnings), 지붕의 돌출차양 등이 있다. 이들은 차양 기능 외에 에너지를 절약하는 역할을 하며. 그 효율은 형태와 재료의 반사성에 따라 다르다. 선스크린은 실내 입사의 직사광선을 차단코자 창문밖에 설치하여 여름은 그늘을 제공하고 겨울에는 창문 바깥쪽에 공기막을 형성하여 열손실을 줄인다. 차양장치의 일사조절은 실내외에서 하며, 차양의 음영이 유리파손의 원인이 되기도 한다.

냉온의 공기가 유리에 영향을 미치지 않도록 커튼(혹은 가구 등)과 유리 사이에 일정한 간격을 유지할 필요가 있다. 요컨대, 유리 표면의 온도변화는 열응력의 위험을 증가시킨다. 예를 들어, 여름철의 실내냉방과 무더운 실외의 온도차 등이 유리파손의 원인이 될 수 있다. 즉, 건물에서 여름철의 실내냉방, 겨울철의 실내 난방에 의해 냉온의 공기가 유리표면에 국부적으로 닿게 되어 외부 온도와의 차이로 열응력에 의한 유리파손이 발생할 수 있다.

7) 유리끼움방식

통상적으로 사용되는 유리끼움방법(glazing methods)[360]은 열응력의 위험에 큰 영향을 미치지 않는다. 이에 대한 예외는 유리 끼움의 가장자리와 유리 중앙 사이의 온도 차이를 줄여 열응력의 수준을 줄인 구조 유리 끼움(structural glazing)이다. 유리에서 열전달을 촉진하거나 비정상적으로 많은 양의 유리 가장자리를 덮는 유리끼움 방법(glazing method)일 때는 주의하여야 한다. 또한, 유리 끼움 불량, 즉 유리가장자리와 유리 끼움 창틀 사이의 간격이 충분하지 않으면, 창틀이 움직이거나 유리가 늘어날 때 유리가 창틀과 접촉(특히 고정나사 사용과 같은 국부적인 접촉)하여 파손될 수 있다. 가장자리와 유리 끼움 창틀 사이의 불충분한 간격은 유리의 부정확한 크기와 치수 편차로 인해 발생할 수 있다. 유리 끼움 전에 유리의 크기와 유리 끼움 개구부의 크기를 확인해야 하며, 치수가 잘못된 유리를 연마하여 크기를 줄여서는 안 된다. 이는 또한, 유리 가장자리와 유리판의 밀봉이 손상될 수 있다.

8) 구조물의 변형

① 구조물 변형의 일반사항

건물은 풍하중이나 지진하중과 같은 횡 하중에 대해 캔틸레버로 거동한다. 이로 인해 지붕 층에는 최대의 수평 변위와 층간 변위가 일어나서 창틀이 구조물 변형의 영향을 받게 된다.

구조물에 작용하는 하중이 창틀의 변형에 영향을 미치는 요소로서의 지반의 부동침하, 구조물의 온도 및 수분 변화, 건조수축. 충격 및 진동 등은 구조물에 전단과 휨, 비틀림 등의 거동을 일으킨다. 온도변화(온도 경사)의 온도효과(temperature effects)에 의한 열응력, 과하중에 의한 보 및 슬래브의 처짐, 지반침하, 구조물의 비대칭에 따른 불균등 하중, 구조물의 국부적인 손상, 구조결함에 의해서 구조물은 변형될 수 있다. 이러한 변형과 함께 창호 개구부에 응력이 집중되고 창틀도 영향을 받게 된다. 이 경우에 창틀의 변형이 유리파손으로 이어질 수도 있다.

유리판은 보통 창틀에 마련된 유리 끼움 포켓(glazing pocket)에 넣어져 설치된다. 모든 창틀

360) 가장 단순한 형태는 연속 개스킷 또는 캡을 사용하지 않고 구조물에 접착되거나 고정되는 유리로 구성된 커튼월 유형이다. 이밖에 stick-built structural glazing system(일반적인 커튼월 유형의 하나), unitized structural glazing system(품질관리되는 작업환경에서 단위유리로 사전에 구성조립), point supported glass systems(오늘날 구조유리로 많이 쓰이고 있으며, 유리를 스테인리스강의 연결장치를 사용하여 특정 장소에 고정되며, 고정하중과 풍하중을 구조물로 다시 전달한다) 등이 있다.

단면의 포켓에서 유리판을 에워싸며, 유리판에서 창틀로 하중이 전달된다. 다만, 콘크리트 커튼월과 같이 강성이 높으면 층간 변위를 커튼월 접합부에서 그대로 수용하고, 금속패널(커튼월)과 같이 비교적 강성이 낮은 커튼월은 창틀과 유리, 틀과 패널 사이에 필요한 만큼의 틈새를 확보하므로 이들 부재에 직접 변형이 주어져도 대체로 유리는 파손되지는 않는다. 그래서 콘크리트패널의 경우는 접합(절점)의 탄성 등에 의하여 변위를 흡수할 수 있도록 하고, 금속 커튼월의 틀 자체에 탄성이 있으므로 구조체에 긴결해도 어느 정도의 변위는 수용할 수 있다. 그러나 커튼월은 그 고정도에 따라 큰 영향을 받으므로, 금속 커튼월의 경우에도 창틀의 변형은 피하기 어렵다. 이 경우에는 창틀의 변형이 유리에 영향을 미쳐 유리가 파괴될 수도 있다.

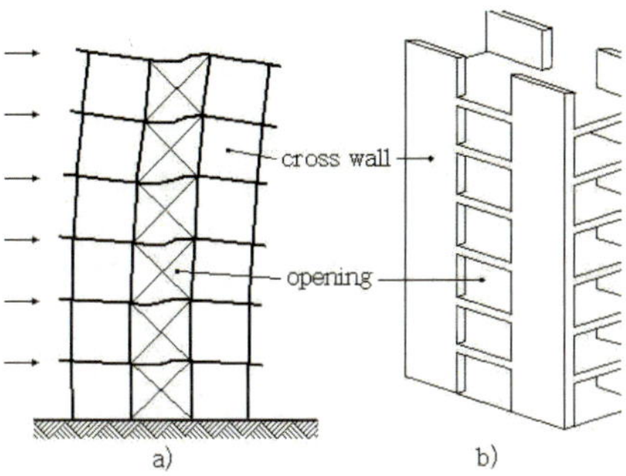

그림 509 풍하중 등에 의한 구조물 변형(예)

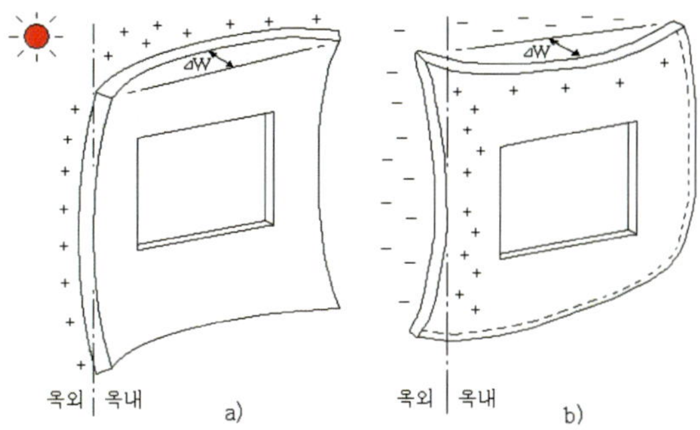

그림 510 콘크리트 커튼월의 열 변형

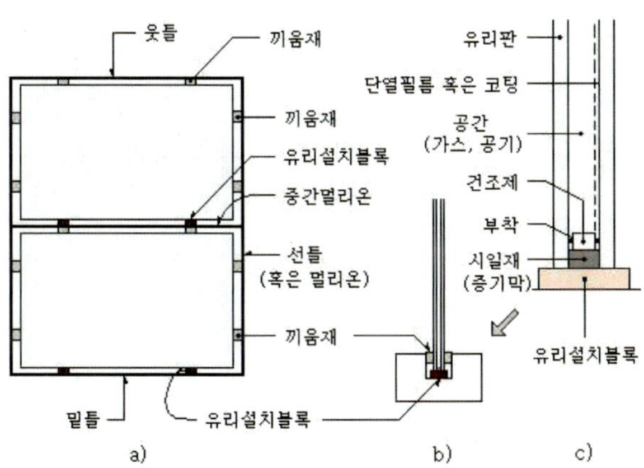

그림 511 유리창틀의 주요명칭/강한 창틀과 유리가 분리되도록 유리 밑면에 단단한 고무유리받침블록(setting block)을 놓고, 웃틀 및 선틀과 유리판 사이에도 끼움재(shim)를 넣는다. 이는 유리에 작용하는 횡하중을 창틀에 균등하고 부드럽게(soft) 전달하기 위함이다. 포켓부분의 밀봉재나 가스켓은 틈새를 통한 빗물을 차단(수밀)하고 기밀성을 유지하는 것이 목적이지만 끼움재의 역할도 한다. 그림 c)는 복층유리의 단면

② 유리 끼움과 파손

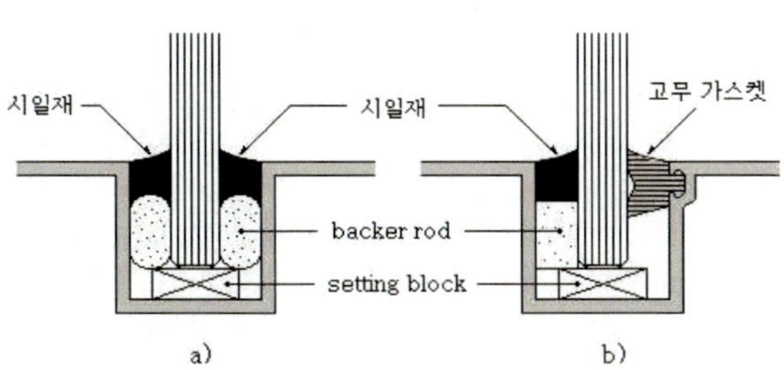

그림 512 밀봉재(습식)와 가스켓(건식)을 사용한 유리끼움 부분의 고정상세(예)/탄성밀봉재는 창틀과 유리의 온도에 따른 신축율의 차이를 탄력성으로 조정해줌으로써 유리파손을 방지하는 역할도 한다.

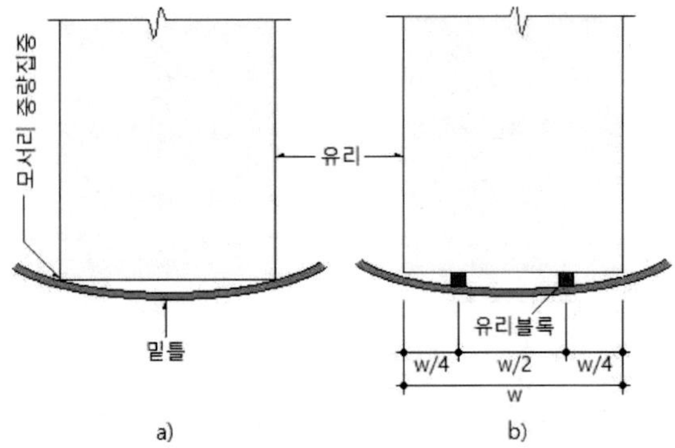

그림 513 유리 블록 위치/처짐에 대한 파손방지의 이상적인 위치는 w/4지점으로 하고 있다. 유리 모서리가 닿으면 무게가 모서리에 집중되어 파손될 수 있다. a)는 밑틀의 처짐으로 모서리에 중량이 집중되고, b)는 처짐의 영향을 피한 상황이다. 밑틀과 유리 사이에 틈새를 둔다. 과도한 풍압을 받는 타워형 건물의 횡 변형과 함께 타워상층부의 유리창이 이 같은 원인으로 파손되기도 한다.

건물이 허용수평변위를 초과하면 창틀에 유해 변형이 일어날 수 있다. 이때 창틀이 목재와 같이 연(soft)하다면 유리판이 창틀과 부딪쳐도 그 영향을 받지 않을 수도 있으나, 알루미늄이나 강재, 콘크리트와 같이 강한 재료이면 서로 부딪치면서 깨질 수 있다. 그래서 유리설치블록(setting block)을 유리 모서리의 일정 거리에 설치한다. 유리설치 시에 유의할 점은 하중이 창문틀에 균등히 전달되도록 하는 것이다. 그래서 유리 끼움 홈에 탄성 가스켓 등을 끼워서 하중이 균등하게 분포되도록 하고, 유리의 변형을 적절히 흡수할 수 있도록 홈 깊이에 여유를 두고 있다[361].

유리창 파손은 유리 끼움과 창문의 고정상태에도 영향을 받는다. 이것이 부실하면 유리의 휨 변형이 커져서 작은 힘에도 깨진다. 강풍 시의 유리파손은 대부분 이와 관련한다. 2003년 9월 태풍 매미의 강풍으로 유리의 휨 파괴를 경험하고서 유리에 종이를 붙이기도 했다. 이는 긴급 상황에서 유리파손을 방지하기 위한 일시적 대처이다. 느슨하게 설치된 유리창이 휘어지게 되면[362] 누수 틈새만이 아니라 깨질 수 있으므로, 태풍 때는 창문 고리를 조여서 창틀의 변형을 억제할 필요가 있다. 창틀 고정이나 유리 끼움이 불량하여 창틀이 흔들리거나 편심하중을 받게 되면 파손될 수 있기 때문이다.

9) 기타(결로, 누수, 균열 및 흠집, 통기)

복층유리(double glazing, 이중유리)와 같은 단열 유리의 파손요인으로는 결로(condensation), 누수(leaks), 긁힘(scratches), 균열(cracks) 혹은 흠집(chips), 통기(draughts) 등이 있다. 이들의 파손 가능성에 대한 징후와 간단한 대책이다.

・ 결로 : 실내 쪽 결로와 실외 쪽 결로, 복층유리 사이의 결로로 나누며, 실내 쪽 유리면의 결로는 환기를 통해 개선할 수 있다. 환기로 개선되지 않을 경우나 결로가 지속적으로 발생하면 제

361) 고도가 높은 곳 또는 유리 크기가 클수록 유리 끼움 부분이 받는 하중은 커진다. 그래서 끼움 깊이도 유리판의 처짐(휨)을 억제하기 위해 깊어진다. 유리설치블록은 유리의 하중을 받게 되고, 유리판 좌우의 끼움 부분은 풍하중을 지지하는 지점이 된다. 2003년 태풍 매미는 부실한 유리창만을 골라서 파괴하였다. 대체로 해안 방면의 풍상면, 높은 풍압을 받는 고층부에서 높게 발생하는 경향이었다.

362) 유리와 창틀이 느슨하게 설치되면 그만큼 파손될 가능성이 있다. 태풍 매미에 파손된 아파트 유리창의 대부분은 입주 이후에 취향에 따라 제각각 설치한 발코니 창이었다는 것이 이를 암시한다.

습기로 습도를 조절한다. 실외 쪽 유리면의 결로, 즉 옥외 결로는 복층유리가 정상적인 온도 차로 작동하는 것으로, 이는 유리창이 건물 내부의 열을 유지하는데 기여하고 있다는 의미다. 다만, 복층유리 사이의 결로는 유리의 교체를 고려해야 한다는 징후이다. 이는 주변의 밀봉(seal)이 손상되었거나 누수가 발생했을 때 나타난다.

· 누수 : 창틀은 기본적으로 누수방지구조로 되어있지만, 간혹 기능손상으로 물이 건물 내부로 새어들어 오기도 있다. 누수 부위를 살펴보아 창틀 자체를 통한 누수처럼 보인다면 주변의 밀봉이 손상되었거나 퇴적물 등의 부스러기(debris)가 창틀의 배수구를 막고 있을 수 있다. 이는 배수구 청소가 필요하지만, 유리 주변의 밀봉이 손상된 상태이면 유리를 교체해야 하며, 심할 경우는 창틀 틈새의 밀봉재(sealant)가 손상되었을 수도 있다. 이런 틈새로 물이 스며들면 단열성능도 떨어지고 열응력의 변화로 유리파손에도 영향을 미칠 수 있다.

· 긁힘, 균열 또는 흠집 : 유리는 깨지기 쉬운 취성재료로서 바람에 날리는 파편이나 유리 청소 등에 의한 표면 긁힘 및 흠집은 강도를 감소시키며 응력집중을 유발한다. 이러한 표면결함으로도 우발적으로 파손된다. 품질관리를 하여도 유리에는 기본적으로 긁힘, 흠집, 균열 등의 결함이 있을 수 있다. 긁힘이 깊지 않다면 이를 가죽으로 연마하여 사용할 수는 있다. 다만, 균열이나 흠집은 문제를 일으킬 소지가 있으며, 만일에 유리를 관통하고 있다면 파손될 수도 있다. 깊숙한 흠집이나 균열이 있으면 대부분 유리창 교체의 필요성이 그만큼 높아진다.

· 통기(draft) : 겨울철에 실내에서 TV를 보거나 책을 볼 때 통풍을 인지하게 되면 주의가 산만해진다. 그러나 이 같은 통기의 징후를 조사하기는 매우 어렵고 난해하다. 모든 유피창이 닫혀있고 공기 흐름을 생성하는 전기제품과 같은 요소가 없다면 통풍은 복층유리가 문제의 징후일 수 있다. 흔히 유리창의 주변 밀봉이 손상된 것을 의심해볼 수 있다. 이러한 문제를 더 확실하게 하기 위해서는 통기가 일어난 부분을 파악해야 한다. 이를 위해 먼저 창틀과 연결된 주위를 만져보아 감촉으로 알아보거나 공기누출을 탐지하는 방법이 있다. 만일에 거기에서 통기가 느껴진다면, 밀봉재가 손상되었을 수 있으므로 재밀봉작업(resealing), 복층유리(단열유리)의 경우는 교체를 검토할 필요가 있다. 그렇지 않으면 통기가 유리와 창틀 사이에서 비롯할 수 있으므로 이때는 밀봉이 손상되어 비가 내릴 때마다 누수가 발생하게 된다.

1.4 열응력에 의한 열 파손과 방지

건축물에 설치하는 유리의 일반적인 고려사항은 구조기준을 준수하여 유리두께가 풍하중, 충격하중 등에 견디도록 설계하는 것이다. 그러나 이외에도 사용 유리의 열응력에 대한 저항과 유리 및 외관 부분을 가로지르는 온도분포도 고려한다.

1) 열응력에 의한 파손

일반적으로 태양흡수에너지가 크면 클수록 열응력 파손 가능성을 높인다. 반사 코팅(reflective coating)유리의 사용은 태양에너지 흡수량을 높인다. 이는 속으로 들어가는 도중 및 나가려는 도

중에 태양에너지를 흡수하기 때문이다. 유리제조업체는 유리제품에 대한 이러한 데이터를 제공하지만, 태양 에너지흡수는 유사한 제품이라고 할지라도 크게 변할 수 있다. 또한, 열흡수필름의 부착, 설치 후 페인트 등은 열응력증가의 위험요소들이다.

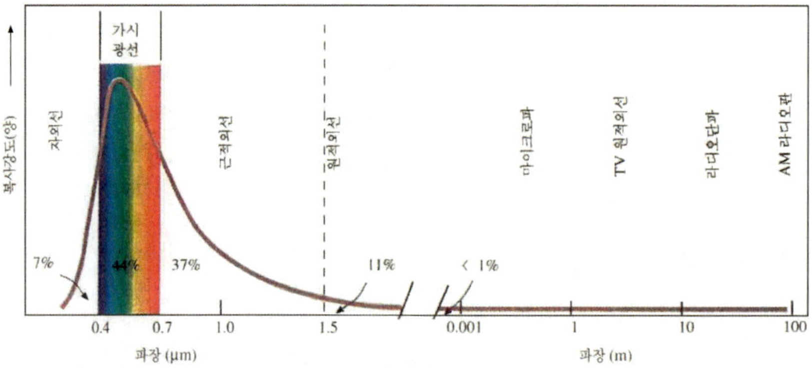

그림 514 파장에 따른 전자파의 명칭과 복사의 종류/출처 : 한국기상학회 p.53

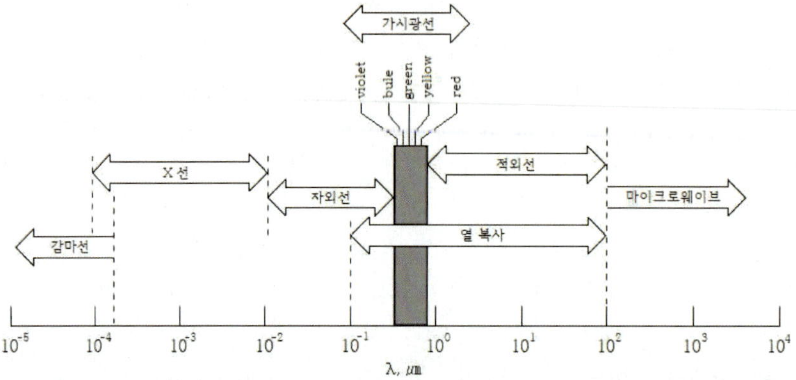

그림 515 태양스펙트럼(solar spectrum)/태양복사에는 감마선 및 X선, 자외선, 가시광선, 적외선, 전파 등이 있다. 열복사는 자외선에서 적외선 대역에 걸쳐 있다.

□ 태양스펙트럼과 열복사

태양스펙트럼(solar spectrum)은 태양에서 복사되는 에너지의 파장 분포이다. 태양복사(solar radiation)에는 파장이 수Å인 X선으로부터 수백m의 전자파까지 포함되어 있으나, 에너지의 99.9%는 0.2㎛~7㎛의 파장 범위에 있다. 태양복사 스펙트럼은 0.47㎛에서 최대에너지 파장을 가진 연속스펙트럼이다. 태양복사의 파장은 지구복사(earth radiation)의 그것에 비해 상대적으로 짧으므로 단파복사(short-wave radiation)라고도 한다[363]. 여기에서 자외선은 가시광선보다 짧고 X

363) 지구는 태양으로부터 에너지를 끊임없이 받고 있어도 온도가 시간과 함께 높아지지 않는다. 이는 지구가 태양복사에너지의 흡수량에 상당하는 에너지를 우주 공간으로 내보내고 있기 때문이다. 지구복사는 태양복사보다 파장이 길어서 장파복사(long-wave radiation)라고 한다.

선보다 긴 파장의 전자파복사로서, 그 파장 범위는 10nm에서 0.4㎛이며, 태양복사에너지 중 약 7%를 차지한다. 가시광선은 파장이 0.4㎛~0.7㎛로서 태양복사의 약 43%이다. 적외선의 파장 범위는 0.7㎛~1㎜이고, 가시광선과 마이크로파 복사(1~10m) 사이의 전자파복사이다. 적외선은 태양복사에너지의 약 49%를 차지하고 열 효과가 크므로 열선이라고도 한다.

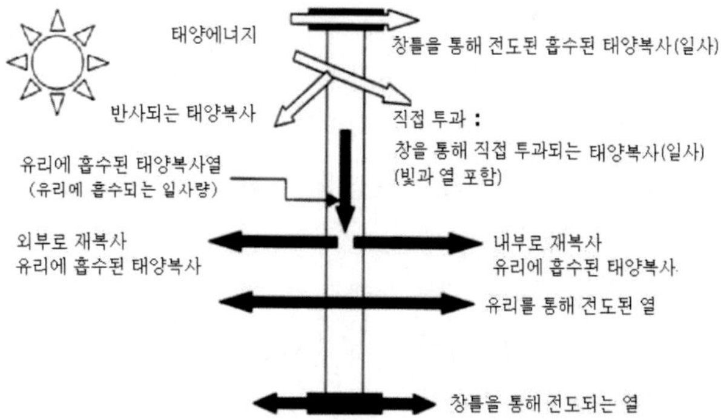

그림 516 유리창 전체의 다양한 유형의 에너지 상호작용/출처: Anuranjan Sharda & Sudhir Kumar(2014)

단파와 장파 에너지(short-wave, long-wave energy)를 이해하는 것은 태양에너지 스펙트럼(solar energy spectrum)을 이해하는 핵심이다. 단파 에너지는 햇빛의 형태로 태양으로부터 직접 오는 에너지이다. 이는 300~380nm(태양 에너지 스펙트럼의 3%) 파장의 자외선, 380~780nm[364](태양 에너지 스펙트럼의 44%)의 파장을 가진 가시광선, 780nm(태양 에너지 스펙트럼의 53%) 파장으로 시작되는 적외선(열에너지)으로 분류된다. 이러한 태양 에너지스펙트럼을 이해하는 것은 유리코팅을 이해하는 데도 중요하다. 유리코팅은 태양스펙트럼의 다른 부분이 유리에 흡수, 투과 또는 반사되는 방식에 영향을 미치며, 이들은 모두 유리의 에너지효율에 영향을 준다.

장파 에너지는 태양으로부터 직접 나오는 것이 아니다. 이는 단파 적외선 복사를 받은 유리에서 방출되는 열이다. 즉, 유리표면으로 재복사된다. 에너지가 복사되는 재료의 능력은 방사율(emissivity)로서, 복사열의 방사율은 창에서 열전달이 일어나는 중요한 방식의 하나이다. 여기에서 장파 에너지는 단열유리에 로이코팅으로 재복사하거나 굴절되게 하는 것이다.

□ 유리파손

단열 유리는 일반적으로 비드(bead) 또는 개스킷(gasket)에 유리 가장자리를 끼우는 형식이다. 이러한 상태에서 유리파손은 열응력에 대한 최악의 조건에 해당하는 밝고 화창한 추운 날(bright sunny cold day)에 창틀에 드리운 음영 하에서 발생할 수 있다. 즉, 유리의 중앙영역은 태양복사에너지로 다소 빠르게 가열되는 반면, 음영 등으로 가려진 영역(예: 창틀에 가려진 유리 가장자리 영역)은 상대적으로 차갑게 되어 이들 간의 열 경사로 가장자리가 팽창 응력을 받아 국부적인 인장응력(local tensile stresses)으로 이어질 수 있다. 이러한 응력이 어떤 특정 크기에 도달하거나 다른 원인과 결합하여 유리파손으로 이어진다. 예컨대, 실내의 난방 및 가전제품 등에 의한 주변열과 함께 유리의 파괴강도를 충족하거나 초과하면 파괴가 발생한다.

364) 태양은 solar spectrum(290 - 2500 nanometres, 1 nanometre=1/1,000,000,000 of a metre)의 파장 범위에 걸쳐 전자기파(electromagnetic waves)에 의해 태양에너지(태양광)을 복사한다. 3개의 대역(bands), 즉 태양스펙트럼 내의 에너지분포는 자외선(290nm - 380nm) 2%, 가시광선(380nm-780nm) 47% 및 의 적외선(780nm - 2500nm) 51%이다. 이들 에너지의 분포는 다소간 차이가 있다.

창틀에 설치된 유리는 일반적으로 길이와 폭 방향으로 평면상으로 가로질러서 상당한 온도변화가 일어날 수 있다. 이러한 변화는 창틀시스템, 공기 이동, 단열유리설계 및 스페이서 재료, 밀봉재 및 치수, 기압변화에도 영향을 받는다. 일반적으로 단열유리에 발생할 수 있는 실내 및 실외 유리판의 열파손(열파괴; thermal breakage, thermal fracture)으로 유리가 파손되는 응력 수준(stress level)은 여러 요인에 의해 결정된다. 강화유리(toughened glass)는 매우 탄력적이며 열응력으로 파손되지 않는다. 접합유리도 비슷한 형식으로 거동한다. 두꺼운 유리는 더 저항성이 낮으며 망입유리는 더 취약하다.

단열유리는 소음을 차단하고 단열 및 결로 통제를 위해 2매 이상의 유리판을 일정한 간격(스페이서로 분리)을 두고 그 공간에는 밀폐상태의 외기압에 가까운 건조공기 또는 가스로 채우고 주위를 봉합한다. 복층유리, 삼중 유리가 이에 해당하며 이들을 총칭하여 '단열유리(IGU)'라 한다. 단열유리는 일반적으로 복층 또는 3중 유리의 공간 층 내에 수분 응결(결로)을 방지하기 위해 유리판 사이의 공간에 건조한 공기를 삽입하여 제조 시 밀봉한다. 따라서 단열유리 가장자리의 품질은 열 파손뿐만이 아니라 결로 방지에도 중요한 역할을 한다. 가장자리가 손상된 유리는 깨끗하게 절단 유리보다 더 적은 응력을 받는다. 가장자리의 작은 결함(small defects)이라고 할지라도 이는 열 파손을 일으키는 시초가 될 수 있다. 그 영향은 무작위로 생길 수 있는 유리파손보다 더욱더 예측이 가능할 정도다. 깨끗하고 양호한 절단 모서리는 완전하게 연마된 가장자리와 함께 최상의 마무리이나.

건물의 Zero-Energy와 같은 에너지의 효율적 관리를 위해 삼중 유리창(triple glazing), 진공유리(vacuum glazing) 및 고효율 유리(high efficiency glass)와 같은 유리제품도 생산되고 있다. 이들의 높은 단열특성은 종종 열파괴의 위험과 관련된 더 큰 온도 차(temperature differences)로 이어지고 있다. 결국, 유리의 열응력(thermal stress)은 온도 차로 인해 발생하며, 그 차이가 충분히 크면 열응력으로 유리가장자리에서 파손이 발생할 수 있다.[365)]

열응력에 대해 먼저 고려할 사항은 창틀에 가려져 태양으로부터 그늘진 유리 부분이다. 여기에 생성된 온도 차는 음영(shading)으로 증가할 수 있으며, 유리 일부에 입사되는 태양복사(incident solar radiation)를 차단하여 창틀이 가열되는 것을 방해한다. 그러한 조건에서 창틀의 온도상승은 태양복사로 인한 유리창 중앙부의 가열보다 지연되어 열 경사(온도경사)가 훨씬 더 커지게 된다. 결과적으로는 합응력(resultant stresses)이 증가한다. 온도차는 청명한 날씨의 추운 겨울철에 과도하게 고온을 유지하는 주거 건물의 실내난방 시에도 발생한다. 유리에 열파괴를 일으키는 전형적인 또 다른 높은 응력은 서냉된 열흡수유리(annealed, heat absorbing glass) 뒤의 단열과 깨끗하게 절단된 가장자리에 드리운 돌출부에 의한 그림자이다[366)].

열에 의한 일반 창유리의 팽창은 비록 작기는 하지만 상당한 결과를 가져올 수 있다. 그래서 일반적으로 창유리에 열응력 문제가 발생할 때, 분석의 첫 번째 단계는 모든 유리 구성(음영, 블라인드 또는 백업재 포함)에 대해 유리에 발생하는 온도 차, 즉 가열된 유리의 중앙영역과 차가

---

365) 온도 차(°F)에 환산계수 50psi/°F(conversion factor)를 곱하여 열응력파손 가능성을 추정하기도 한다.
366) 출처: Chrysanthi Anastasiou, Master Thesis Project(December 2015 - July 2016).

워진 유리 가장자리 영역 간의 온도 차를 계산하는 것이다. 이를 통해 유리의 무결점을 확보하기 위해 추가 모서리 연마 또는 열 강화처리가 유리에 필요한지를 결정하게 된다. 그만큼 유리설계 및 설치에는 열응력에 대한 검토가 중요하다는 것이다.

유리의 열파괴를 일으키는 높은 온도 경사의 열응력은 외부음영으로 인한 고르지 않은 유리 가열이 주된 원인이다, 유리의 일부가 열에 노출되어 팽창하고 유리의 다른 부분은 가열되지 않아 팽창에 저항할 때 유리판에 응력이 축적된다. 열응력은 온도 차가 클수록 증가하고, 실외 음영은 계절에 따라 다르며 유리의 열응력에 영향을 미치는 지배적인 요소이다. 외부음영에 대한 영향은 다음과 같은 음영 패턴의 예로서 설명할 수 있다.

① 일반적으로 그림자 패턴(shadow pattern)이 대부분의 유리를 에워싸고 있는 유리 위의 직선 그림자(straight-line shadow)에 의한 음영 패턴(shading patterns)은 투명 서냉 유리(clear annealed glass)에 대해서는 허용되고 있다. 그러나 직선 그림자 패턴조차도 그림자의 치수와 유리에 머무르는(체류하는) 시간에 따라 착색(tinted) 또는 코팅된 서냉 유리(coated annealed glass)에는 문제를 일으킬 수 있다. 색을 칠한 유리는 투명유리보다 태양복사를 더 많이 흡수하므로 열을 축적하여 열응력으로 인해 파손되기 쉽다.

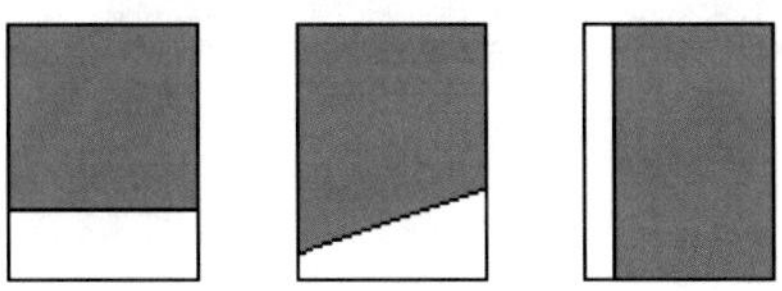

그림 517 허용할 수 있는 외부음영(예)/유리가장자리로부터 유리면적 대비 음영이 차지하는 면적율에 따라 유해 여부를 검토

② 아래 그림과 같이 각을 이루거나, 창 주변에 적당한 너비의 L자 모양의 음영 패턴에 따른 음영 패턴은 일반적으로 투명 서냉 유리와 착색 또는 코팅유리에만 허용할 수 있다.

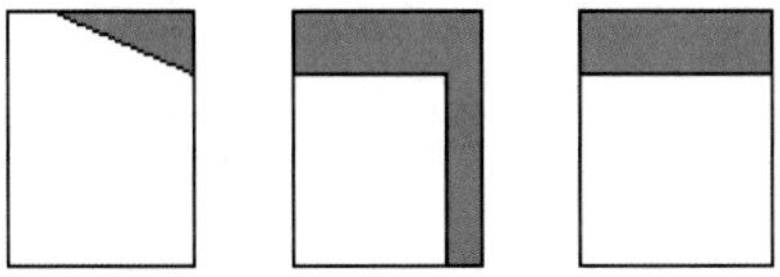

그림 518 제한적으로 유해한 외부음영(예)

③ 유리가장자리의 그림자 영역이 매우 좁은 음영 패턴은 일반적으로 투명 서냉 유리는 어느 정도 허용 가능하며, 착색 또는 코팅유리는 허용되지 않는다.

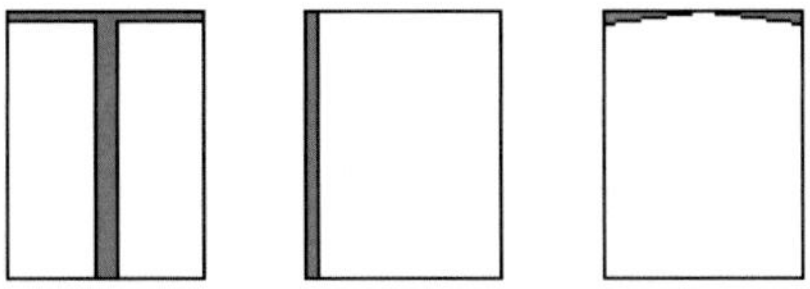

그림 519 유해한 외부음영(예)

실외 쪽 유리의 음영 패턴은 음영 영역과 음영 되지 않은 영역 사이의 열 경사(thermal gradient)를 증가시키면서 열응력이 커진다. 실외의 음영 패턴은 돌출부, 인접 건물과 나무를 포

함한 주변 환경에 의해 생길 수 있다. 실외 음영 패턴의 열응력에 대한 영향은 음영 패턴의 유형과 음영 처리된 유리 영역의 비율에 따라 달라지며, 태양복사 입사각의 변화로 인해 계절에 따라 달라진다. 실내의 경우는 천장 부분의 처리, 커튼, 가구 배치에 영향을 받는다. 또한, 중요한 고려사항은 시공 후 새로운 인접 구조물로 인해 음영 및 반사 패턴이 변경되는 것이다. 일반적으로 유리를 에워싼 범위(coverage)가 50% 이하인 음영 패턴이 가장 높은 온도 경사를 유발하므로 가장 불리하다. 아래 그림의 음영 패턴은 가장 일반적인 것이며 단판 유리 및 단열유리에 유효하다. 특히, 건물 외주변의 유리창은 태양 및 기타 실내의 열원에서 나오는 가시광선 및 적외선 복사로 가열 및 냉각된다. 즉, 바람의 자연 및 강제적인 대류, 공기조화 통풍구의 공기가 창틀과 기타 재료와의 접촉으로 가열 및 냉각된다. 고온 및 저온 영역의 미소한 팽창 및 수축으로도 응력이 생성되며, 과도한 경우 일반 소둔 유리(서냉 유리)는 파손될 수 있다.

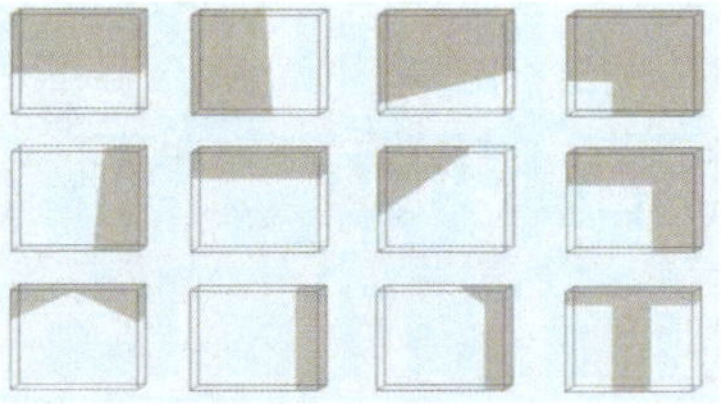

그림 520 유리창 외부의 음영 패턴 (shading pattern)/출처: Glazing Guidelines, Mid-American Glass, Inc. Iowa 52802

그림 521 창틀의 눈 축적

고성능 단열유리는 열 파손의 추가적인 위협이 되고 있다. 예를 들어 코팅된 단열유리는 열투과율(thermal transmittance)을 감소시키지만, 높은 열 흡수율(thermal absorptance)로 인해 열충격의 파손위험이 증가한다. 또한, 단열유리창의 다중 공간 층(airspace)이 이러한 위험을 높인다(Mognato 및 Barbieri 2013).

커튼월 시스템에서의 유리파손은 일반적으로 청명한 날씨조건[367]에서 강한 일사[368]와 에워싸고 있는 일상적인 대기온도 차이가 있는 날에 발생할 수 있다. 창유리와 금속문틀 간의 열팽창계수의 차이는 일사나 공기조화에 따른 가열 또는 냉각으로 인한 국부적 응력에 영향을 미친다. 이들 모두 열응력파손의 요소이다. 특히, 유리창의 중앙영역은 다소 빠르게 가열되는 반면 음영 영역 또는 특히 창틀이나 봉합 재료 등에 의한 보호와 음영이 드리운 유리가장자리영역은 비교적 냉하다. 이러한 온도 차로 인해 특히 냉풍이 없는 평온한 날에는 열을 흡수한 영역과 냉한 영역 사이에 선형으로 인장 응력이 생성된다.

또한, 열파괴는 독특한 조건을 고려해야 하는 경우가 있다. 이를테면 창틀에 눈(snow)이 축적

367) 일반적으로 열응력에 의한 유리파손은 청명하고 추운 겨울밤에 발생한다고 한다. 이는 기온이 떨어지는 밤에 옥외온도와 난방을 하는 건물 내부온도가 평형상태를 이루기 위해 난방이 지속되는 것에 의한 것으로 추정된다.

368) 일조(日照, sunshine)는 태양광선의 전반에 대한 것을 의미하나 일사(日射, solar radiation)는 태양광선에 관한 복사열의 세기를 말한다.

된 경우이다. 이는 기후, 풍향, 속도 및 창의 기하학적 특성을 기반으로 예측한다. 햇빛을 흡수한 노출된 영역과 눈으로 햇빛이 가려져서 차가워진 부분 사이의 온도 차이다. 또 다른 예로는 직각으로 꺾인 건물의 코너에서 두 개의 커튼월이 만나는 경우이다. 하나의 유리판 방향에서 다른 방향으로 태양복사가 반사되면 유리의 온도 차가 증가한다. 인접한 유리창 태양복사의 반사로 인한 열이 직접 받은 태양복사에 추가되면 열파괴 위험이 증가한다.

유럽 표준(European standard)은 냉난방시스템(heating and cooling system)의 공기가 유리표면에 직접 내뿜는 경우에만 열응력의 영향을 받는 것으로 고려해야 한다고 하고 있다. 그러나 열파괴에 미치는 영향이 정량화되어 있지는 않다.

유리가 파손될 수 있는 높은 조건인 경우, 열처리된 유리(강화, 반강화유리)의 사용이 파손위험을 크게 줄일 수 있다. 그러나 열응력파손의 예측은 유리창의 사용수명과 관계되므로, 이를 평가하는 방법에 대해 미리 숙지할 필요가 있다. 이를테면, 유리창 제작사들은 해당 유리창에 적용가능한 열응력에 의한 파손위험을 판단하기 위한 태양열 흡수 한도에 대해 '열응력 발생을 줄이기 위한 FGIA[369]의 TM-1500-14 지침(FGIA's TM-1500-14 Guidelines to reduce instance of thermal stress)'을 이용할 것을 권장하고 있다. 이는 단열유리에 가장 적합하나, 모든 상황에서 사용할 수 있는 것은 아니다. 또한, 외부 유리에 대해 총 태양광 흡수율(total solar absorption)이 일정량을 초과하는 것을 권장하기도 한다.

유리의 흡수작용에 기초한 단순한 추정으로 파손 가능성이 적절하지 않은 경우, 해당 유리와 코팅 및 환경조건을 사용하여 유리창의 열 시뮬레이션(thermal simulation)을 수행하기도 한다. 시뮬레이션의 환경조건과 유리 강도의 가정은 파손 가능성에 큰 영향을 미치므로 유리창 제작사가 고려해야 하는 변수이다. 이러한 시뮬레이션에 의한 열응력파손에 대한 평가는 매개변수에 따라 영향을 받으므로 비교목적의 참고용으로만 사용할 필요가 있다. 무엇보다도 파손 가능성은 새시 및 창틀의 상세설계, 유리의 종류, 환경(날씨)조건 및 유리가장자리 품질을 비롯한 여러 요인의 영향을 크게 받으므로, 이들 자료와 함께 유리창 제작사의 유리파손 이력과 경험 및 기술자료, 진단전문가의 현상조사와 경험에 기초하여 평가하는 것이 바람직하다.

2) 열 파손방지, 열간유지 강화유리(heat soaked tempered glass)

유리파손원인은 기본적으로 유리의 성질과 파괴메커니즘을 이해하여야 한다. 이에 대한 이해 없이는 유리파손대책 마련이 어렵기 때문이다. 유리파손은 대부분 설계 시에 고려하는 하중 이외의 다른 요인으로 발생한다. 예컨대, 유리 제조 및 조립, 설치 또는 사용 중에 발생하는 결함이나 취급 부주의, 강도저하 등이 요인으로 작용한다.

해외 경험자들에 의하면, 유리창의 필름이 유리파손과 관련이 있을 때는 일반적으로 처음 설치

369) 2019년 AAMA(American Architectural Manufacturers Association)와 IGMA(Insulating Glass Manufacturers Alliance)는 FGIA(Fenestration and Glazing Industry Alliance)라는 새로운 하나의 조직으로 통합되었다. TM-1500-14의 열응력파손을 줄이기 위한 지침에는 각 조항에 대한 자세한 설명과 열응력파손의 위험요소를 줄이는 방법에 대한 권장 사항이 포함되어 있다. 이 간행물은 IGMA 웹사이트 www.igmaonline.org에서 구할 수 있다.

일로부터 2년 이내에 발생한다고 한다[370]. 그래서 2년이 지나도 유리균열이 없는 경우에는 다른 요인을 검토한다. 즉, 구조적으로 불안정한 유리설치, 충격, 온도 차에 따른 열응력(인장 응력), 보이지는 않으나 잠재된 균열, 유리 가장자리의 결함 등을 생각해 볼 수 있다.

열응력은 유리가 외부충격을 받지 않더라도 깨질 수 있는 여러 요인 중 하나이다. 이러한 유리 파손은 대개 유리 내부의 온도 불균형, 즉 창문이나 단열유리(IGU)의 중심부에 열이 가해져서 팽창하고 유리 가장자리가 냉하게 유지될 때 발생할 수 있다. 그 결과 유리가장자리에 열적으로 유발된 인장응력이 유리 자체 강도를 초과하여 약 90도 각도로 파손된다. 유리파손에 대한 검토는 유리가장자리가 어떻게 손상되었는지를 먼저 살펴볼 필요가 있다. 즉, 열응력에 의한 파단 균열은 시작점이 유리가장자리와 두 유리표면에 90도 각도로 진행된다는 사실에 기반하기 때문이다. 또한, 파단선은 항상 가장자리에서 2,5~5㎝가 직선으로 이어지고 창을 가로질러 퍼지거나 두 개 이상의 파단선으로 나뉜다. 다만, 깨진 유리창을 창을 제거하기 전에는 유리 가장자리를 볼 수가 없다. 그러나 유리창 파손이 열응력과 관련이 있는지를 외부에 나타난 균열패턴만으로도 어느 정도 확인이 가능하다.

열응력균열은 ① 항상 유리 가장자리에서 발생하며, ② 물체의 충격으로 인한 파손과 같이 방사형 패턴이 아니니다. 그래서 유리창의 파괴가 모서리(corner) 근처가 아니라 ③ 판유리 가장자리(pane edge)의 중간 1/2에서 3/4에서 시작되는 특성을 전제로 하여 균열을 조사해야 한다. 즉, 이 같은 3가지의 열 파손 특성이 있는지를 살펴볼 필요가 있다.

유리의 단면을 가로지르는 온도변화에 따라 생기는 내부응력(internal stress)을 열응력(thermal stress)이라고 한다. 온도변화에 따라 생성되는 유리면 간의 온도 차(temperature differentials)가 과도해지면 내부열응력에 의해 유리가 깨질 수 있다. 이러한 현상을 열파손(thermal breakage, 열파괴(thermal fracture)라고 한다. 열응력 파괴의 요인에는 여러 가지가 있다. 먼저 유리선정의 초기 단계에서 고려해야 하는 중요한 요소는 유리의 음영 여부이다. 유리가 채양과 같은 돌출물에 의해 부분적으로 태양 빛이 바로 닫지 않는 유리 가장자리(glass edge)는 더 차가우며, 이에 따라 유리에 응력이 발생하게 된다. 이는 열응력 파괴로 이어질 수 있다. 유리의 중앙부가 가열되는 정도는 대체로 유리의 태양열 흡수(유리의 종류에 따라 다르다)에 크게 좌우된다. 이같이 열응력 파괴가 우려되는 곳에는 열처리 유리(heat-treating: 반강화 혹은 강화유리)의 필요 여부를 검토[371]하게 된다. 열처리 유리는 또한 높은 풍하중 혹은 안전유리 규정의 요구조건 때문에 필요하다.

열응력파손은 주로 유리 가장자리와 중앙 부분 사이에 온도 경사에 의해서 일어난다. 열 파손이 일어나는 가장 극심한 노출은 유리의 가장자리가 냉각되고 중앙 부분이 가열되었을 때이다. 이러한 상태는 차양(canopy)이나 차일(awning)과 같은 돌출물(수평 차양)과 수직으로 내민 부분(수직 차양)을 가진 건물에서 보통 일어난다.

시공 중에는 열응력파손의 위험성이 더 높고, 이는 일단 건물이 폐쇄되고 난방이 되면 줄어든

370) 필름의 열 반사에 의해 실내 혹은 실외온도의 열응력 상승에 기인한 유리파손으로 보고 있다.
371) 컴퓨터의 열응력해석(computer-aided thermal stress analysis)으로 열파손의 잠재적인 위험성을 평가하기도 한다.

다. 시공 중의 열응력은 특히 건물 내부가 난방되어 있지 않을 때 일어나며, 이때 유리가 직접 햇빛에 노출될 경우 유리의 가장자리는 창틀에 의해 냉각되면서 유리 중앙 부분을 태양이 가열함으로써 파손이 일어날 수 있다. 이러한 파손은 채양과 같은 돌출물이나 수직 차양 없이도 가능하다. 그 위험성은 색유리나 반사유리(reflective glass)와 같은 열흡수유리(heat-absorbing glass)가 가장 높으며, 열흡수 색유리(heat-absorbing tinted glass)는 더욱더 높아진다.

열 파손을 통제하는 최선책은 건물 내부를 적절히 난방하고 반강화 혹은 강화유리와 같은 열처리유리를 지정하는 것이다. 다음은 설계단계에서 열응력과 관련하여 설계자가 적합한 유리를 지정함에 도움이 될 수 있는 사항을 정리한 것이다.

① 투명 또는 착색유리 : 유리는 투명하거나 매우 투명하거나 회색, 파란색, 녹색 및 청동과 같은 색상으로 착색될 수 있다. 색유리는 투명유리보다 태양복사(일사, solar radiation)를 더 많이 흡수하고 열을 축적하여 열응력으로 인해 파손되기 쉽다.

② 유리판의 내외부 표면에 반사 및 저 방사유리코팅: 주로 태양복사를 반사하여 유리의 태양 성능을 향상시키는 반사 및 로이(low-e)유리 코팅은 단열유리(IGU)의 4개 표면 중의 하나 혹은 그 이상으로 배치할 수 있다. 일반적으로 단열유리의 내부유리표면에 배치되지만, 코팅 방향 및 열응력과 관련된 위험을 고려해야 한다.

③ 햇빛과 음영검토 : 돌출부, 인접 건물과 나무에 의해 형성되는 실외 음영은 열응력을 분석할 때 고려해야 할 가장 중요한 요소 중 하나이다. 단열유리에 불균일한 음영이 발생할 수 있는 곳을 최소화하면 극심한 온도변화를 방지함에 도움이 된다. 블라인드(blinds) 또는 휘장(drapes)과 같은 내부 차양장치는 유리를 통해 태양복사를 다시 반사하거나 유리에서 열의 대류 및 전도를 줄여 유리 온도를 높일 수 있다. 열로 인한 유리 모서리 응력을 최소화하려면 창유리 주변이 환기되도록 유리와 블라인드 또는 커튼 사이에는 적절한 간격이 유지되어야 한다.

④ 통풍구 위치: 난방 통풍구, 레지스터 및 그릴이 유리판을 직접 향하게 되면 따뜻한 공기로 인해 유리가 가열되고 특정 조건에서는 파손이 일어날 수 있다. 통풍구를 신중하게 배치하여 열응력의 위험을 줄이고 유리와 내부차양 장치 사이에 놓이지 않도록 한다.

⑤ 창틀의 열용량 검토: 열용량이 낮은 유리 창틀은 열응력 파손의 가능성을 최소화할 수도 있다. 구조용 개스킷과 좁은 금속창틀은 가장자리 주변의 유리 온도에 미치는 영향이 적기 때문에 유리하다. 반대로 금속, 석재 또는 목재 등의 넓은 창틀은 더 많은 영향을 미칠 수 있으며, 결과적으로 열적인 불균형과 유리파손 위험이 있다.

1.5 유리의 자발적 파손

1) 자발적 파손이란?

유리설치 후 뚜렷한 원인 없이 강화유리가 스스로 깨진다. 이러한 '자발적 파괴(자파, spontaneous breakage)'[372]은 유리 강도를 크게 초과하면서 발생한다. 유리의 이러한 자파의 가장 큰 요인은 기존 표면 또는 가장자리의 손상이다. 특히, 강화유리는 저절로 깨져서 안전사고를 일으키기도 한다. 자발적 유리파손의 원인은 유리에 남아있는 작은 물질의 황화니켈함유물에 의해서이다. 유리 제작과정에서 제대로 제거되지 않은 니켈과 유황성분이 결합하여 황화니켈이 된다. 이는 유리원료(규사, 석회석, 소다회)에 함유된 미량의 불순물 등으로부터 유입된 니켈에 아황산가스가 결합한 것이다. 황화니켈이 열처리 과정을 통해 수축했다가 다시 열을 받아 부피가 팽창하면 국부적인 인장 응력의 증가로 유리가 깨질 수 있다. 즉, 황화니켈함유물이 강화유리를 저절로 깨뜨릴 수 있다. 풍하중 하에서는 유리와 금속창틀이 접촉하여 맞물려 파손되기도 하지만 비교적 드문 일이다. 강화유리의 중앙 인장 영역에 황화니켈석((NiS, nickel sulphide stones)의 존재로 외부충격 없이도 저절로 파손되기도 한다.

강화유리는 주원료인 규석을 녹여 만든 일반유리를 약 700℃의 고열로 가열한 뒤 급속 냉각하는 과정에 규석 안에 있던 황화니켈이 자발적 파괴를 일으킨다. 느리게 가열 냉각되는 동안 황화니켈은 문제 되지 않지만, 급속 냉각을 하면 황화니켈은 냉각되지 않고 고온상으로 남아있게 된다. 이러한 황화니켈과 유리는 열팽창률이 다르므로 부피가 팽창한 황화니켈 입자가 유리균열을 일으킨다는 것이다. 이렇게 유리가 자발적으로 파괴될 가능성은 극히 낮기는 하지만 유리제조 이후 몇 년이 지난 후에도 발생할 수 있다.

모든 플로트유리(float glass)[373]는 얼마간의 결점을 내포하고 있고, 이러한 결점 중의 하나가 황화니켈 함유(nickel sulfide inclusion)이다. 사용 중에 어떤 하중 혹은 열응력이 없이도 강화유리에는 자발적인 손상(자발적 파손, spontaneous breakage)을 일으킬 수 있는 황화니켈 함유가 잠재되어 있다[374]. 이러한 자발적인 손상의 위험을 줄이기 위해 담금질 공정(tempering process) 후 열처리(heat-treatment)를 하게 된다. 가열강화 중에 노(furnace)내의 보다 느린 냉각 사이클은 황화 니켈석 내의 안정성을 유지하지만, 강화유리의 보다 신속한 냉각 절차는 황화니켈석을 가둘 수 있고, 그 후의 온도변화에 황화니켈석이 거동을 하면서 자발적인 파손으로 이어진다.

2) 유리의 자발적 파손요소

① 창틀 관련 파손 :

유리 창틀의 팽창 및 수축에 의한 파손으로서, 이는 창틀을 설치할 때 몇 가지 기본 시방이 누락 되었을 때이다. 금속 창이나 벽체의 창틀에 셋팅 블록 또는 가장자리 블록의 누락이 이러한

372) 자파 현상은 유리 속의 황화니켈이 팽창해 깨지는 자파 현상 이외에도 유리 내부가 불균등하게 강화되거나, 판유리를 자르는 과정에서 미세한 흠집이 생길 경우에도 발생하며, 시공 시에 뾰족한 물체 등에 의한 점하중의 작용 등으로 유리설치작업이 적정하지 못해도 저절로 깨질 수 있다.

373) float法에 의해 제조된 유리로서, 주로 건축물과 차량의 창, 거울 등에 사용하는 투명하고 극히 평활한 광택이 있는 유리. 유리는 거의 이 방법으로 제조되고 있다.

374) 강화유리 내부의 황화니켈이 시간의 흐름에 따라 상온에서 팽창하는 국부적인 인장 응력으로 어느 순간에 균열이 발생하여 자연파괴를 유발한다. 또한, 강화유리는 일반유리에 비해 표면강도는 높으나 모서리 부분은 충격에 약하고 뾰쪽한 물체의 점 하중에 쉽게 파손된다. 이러한 파손 외에도 가공 공정상 발생한 미세한 흠집, 모서리각 면취(面取) 상태 및 미세 균열 여부에 따라 자파가 일어날 수 있다.

것에 포함된다. 바람이나 온도변화의 영향으로 금속으로부터 유리 접촉을 완충하기에 충분하지 않았을 때, 금속창틀과의 마찰로 유리의 가장자리가 손상되고 시간이 지남에 따라 유리가 예기치 않게 파손될 수 있다.

② 가장자리 품질 불량 :

공장에서 패널 크기의 절단, 포장, 배송 중에 가장자리 주변에 흠집 등의 결함은 처음에는 분명하지 않을 수 있다. 다만, 설치 후 가장자리 주변의 응력으로 자연적으로 파손을 일으킬 수 있다. 이는 유리패널이 유통되기 전에 공장에서 결함 유무를 확인하는 것이 가장 중요하다.

③ 열응력 :

열에 의해 유리가 깨지는 현상은 창틀에 유리가 고정되어 있을 때, 유리와 창틀의 서로 다른 열팽창률, 직접 열을 받는 내측과 그렇지 않은 외측의 서로 다른 열팽창률, 화염이 미친 부분과 미치지 않은 외측의 서로 다른 열팽창률 등이다. 요컨대, 온도 차에 의한 열응력이 유리 강도보다 크면 이때 열응력은 유리를 파손한다. 이는 갑작스러운 유리파손의 또 다른 원인이다.

태양복사는 창틀 등이 감싸고 있거나 가려져서 더 차갑게 유지되는 유리창의 가장자리 부분과 비교하여 유리창의 중앙 부분은 상당한 온도상승을 유발한다. 이러한 고르지 않은 유리창의 가열로 인해 중앙과 주변의 유리가 각기 다른 속도로 팽창 및 수축한다. 이러한 온도 차이로 따뜻한 부분은 팽창하려고 하고 차가운 부분이 팽창을 견디려 하므로 차가운 부분(일반적으로 가장자리)에서 높은 인장 응력을 유발한다. 이러한 응력이 국부적인 유리 가장자리 강도를 초과하면 유리 파손이 발생한다. 유리 온도는 난방장치에 의해서도 상승한다(CWCT 2010[375)]).

유리창에 열 파손이 일어난 창호의 경우, 건물의 사용이 변경된 경우가 많다. 예를 들면, 유리창에 포스터를 붙이거나, 블라인드를 추가하거나, 태양광을 제어하거나 폭풍에 대비하여 필름을 추가하는 경우 등이다. 대부분의 유리설치는 충분히 여유 공차(tolerance)가 있지만, 어떤 경우에는 예기치 않은 변경으로 인해 응력이 한계를 초과할 수 있다

창문의 유리는 가장자리 부위가 창틀에 보호되므로 직접 복사열에 의해 영향을 받는 중앙부위와 온도 차가 난다. 실험연구에 의하면 복사열을 받는 중앙부위와 창틀에 보호되는 부분의 온도 차가 70℃가량 나면 금이 가기 시작한다(NFPA921). 즉, 유리 중앙과 가장자리의 온도 차로 인해 발생하며 중앙이 더 온도가 높다. 이러한 상태가 고조되면 유리 가장자리에 인장 응력이 발생하여 유리 가장자리 강도를 초과하면 유리가 깨진다. 여기에서 유리 가장자리의 열응력에 의한 파손은 낮은 에너지방출(low energy release, 낮은 응력파손, 저응력 파손)과 높은 에너지방출(high energy release, 높은 응력파손, 고응력 파손)의 두 가지 유형으로 구분할 수 있다. 이들 모두 균열의 시작은 유리의 가장자리와 표면 모두에서 90°이다. 파손유형은 파손 순간에 내포하고 있는 응력의 크기에 따라 다르다. 이들의 특징은 열응력이 낮으면 일정 구간에서 유리 깨짐(단일 균

375) CWCT. 2010. Technical Note No. 65 Thermal fracture of glass. University of Bath.

열)이 멈추나, 높으면 유리 깨짐의 시작에 이어서 반대편 혹은 다른 가장자리까지 이르거나 가지치기(forking: 원 균열에서 가지치기)를 한다. 작용하는 열응력의 정량적인 크기는 가지치기 균열의 수(number)로부터 알 수 있다. 즉, 고응력의 경우에는 균열 가지치기(crack branching)가 확산 진행되어 점증하는 경향을 보인다. 이들의 열 파손은 다음과 같다.

- 낮은 에너지방출은 가장자리 손상과 관련이 있고 가장 일반적이다. 실제로 미세 균열과 관련된 모서리 결함의 존재는 균열 발생의 임계치에 이르게 하는데 그렇게 큰 인장응력을 요구하지 않는다.
- 높은 에너지방출은 매우 높은 열응력을 요구하기 때문에 발생빈도가 높지 않다. 일반적으로 이는 초기균열(initial crack)의 원점으로부터 가까운 거리에서 여러 개로 분리된 균열로 분기되는 특징이 있다(Mognato and Barbieri)

열에 의한 균열(stress cracks)은 일반적으로 소둔유리(서냉유리) 또는 반강화유리(annealed or heat strengthened glass)에서만 발생한다. 응력균열은 유리 가장자리에서 유리의 응력이 완화되면서 의도치 않게 발생한다. 그러나 서냉유리는 자체 성능 이상의 응력을 일으키는 열 변동을 받으면 유리가 파손되는데 이는 열 변화로 인해서 일어난 응력을 완화하는 현상이다. 이러한 유형의 파괴는 종종 설계문제에서 비롯한다. 이 경우에 반강화유리가 더 나은 선택이 될 수 있다. 다만, 열과 같은 통상석인 응력이 가해져서 유리 가상자리파손이 발생하는 경우는 어떤 거의 일성한 파손패턴이 있다. 그렇지 않다면, 열응력이 아니라 가장자리의 손상일 수 있다.

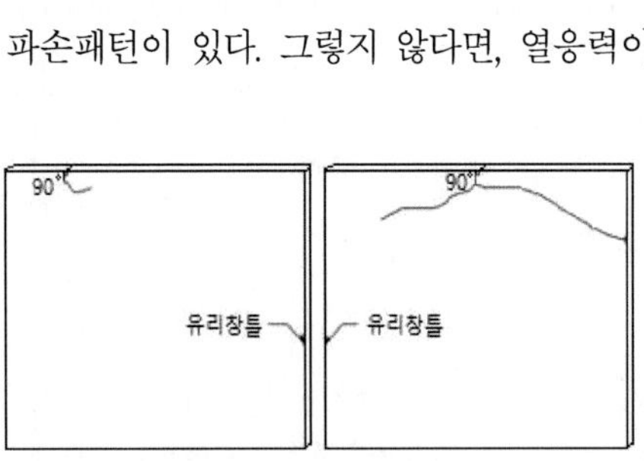

그림 522 낮은 에너지와 높은 에너지방출의 열파괴/열응력 파손양상(thermal break patterns)은 가장자리에서 직각으로 시작(original break)된다. 열파손(high stress thermal breakage)은 유리가 주변 열응력에 저항능력이 없음을 의미하므로 설계강도 이상의 응력을 받는 곳은 열처리유리를 필요로 한다.

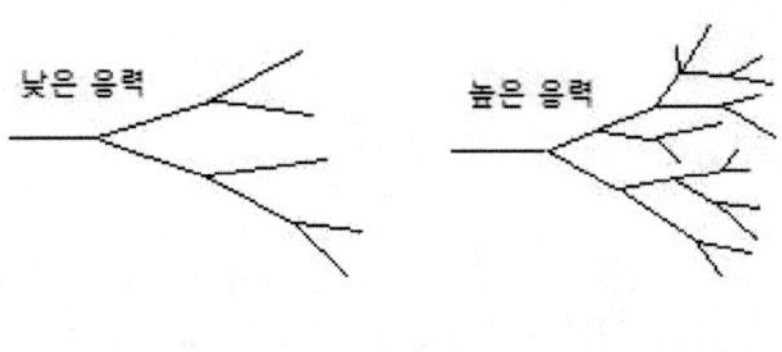

그림 523 저응력과 고응력의 작용에 따른 가지치기 파손의 발생양상

유리의 응력균열과 가장자리 손상으로 인한 파손의 차이는 가장자리 흠집 여부이다. 그러나 흠집을 살펴보기가 쉽지 않다. 또 다른 차이는 건물의 유리파손 분포이다. 통상 온도변화가 큰 곳에서 응력균열이 발견된다. 특히 유리파손이 부분적으로 반사형 내부 블라인드의 사용과 일치하는가? 이는 모서리 손상으로 인한 균열이 아니라 응력균열을 나타낸다. 또한, 유리 외부를 부분적으로 가리는 것이 있는가? 반사 블라인드와 남쪽 노출이 결합하여 유리파손을 일으킬 수도 있다. 이러한 것들이 요인이 될 수 있다.

열응력은 유리창의 다른 부분에서 온도변화에 따라 일어난다. 태양에너지의 흡수는 이러한 주된 요소의 하나이다. 태양에 노출된 유리의 단면은 태양에너지를 흡수하며 그 결과 가열된다.[376] 태양에 그늘진 유리의 어떤 부분, 예를 들면 창틀에 의해서 가려진 부분은 상대적으로 냉기를 유지한다. 태양에 노출된 가열 부분은 늘어나 확장되지만, 더욱 냉한 영역에서는 그렇지 않다. 만일에 냉한 영역이 유리의 넓은 가열 단면에 의해서 부과되는 힘에 충분히 저항하지 못하면, 열응력 파손이 일어난다. 이러한 열응력은 풍하중에 의한 응력보다 클 때도 있다.

열응력에 의한 유리 깨짐은 열흡수가 많은 색유리에서 많이 발생하며, 창틀(프레임)과 유리의 온도 차가 클 때 발생한다. 보통 18㎜의 일면 복층유리는 온도 차가 60℃ 이상이면 열 파손이 발생한다고 한다. 유리의 균열은 보통 창틀에 직각 혹은 경사지게 발생한다.

열응력에 의해 유리가 파손되는 양상이 유리의 가장자리(glass edge)와 유리면에 대해 90^0이면 열응력에 의한 것으로 간주할 수 있다. 유리균열은 수반되는 응력의 크기에 따라 엇갈리는 방향으로 확산하기에 앞서 혹은 가지를 치면서 확산하기에 앞서 불과 몇 밀리미터 진행된다. 그래서 초기 파괴(90^0)가 즉각적으로 나타나지 않을 수 있다.

열충격(thermal shock)은 열 경사(thermal gradient)로 인해 물체의 다른 부분이 다른 양으로 팽창할 때 발생한다. 이러한 팽창차(differential expansion)는 응력(stress) 또는 변형(strain)의 관점에서도 마찬가지로 이해할 수 있다. 그래서 유리가 갑자기 극단의 열에 노출되면 열충격으로 유리가 깨진다. 열충격(thermal shock)에 의한 균열의 특징은 항상 유리의 가장자리와 유리의 면에 수직인 유리 가장자리에서 시작하여 그림에서와 같은 양상의 균열 발생이다. 이러한 특유의 열응력에 의한 균열은 약 75-100mm의 고에너지의 직선 구간을 가지며, 시간이 지남에 따라 경로를 따라 종종 분기되는 구불구불한 저에너지균열로 확장된다(Stevens 2013). 모서리 가공과 창틀 경계부에 의해 유발된 인장력의 집중으로 인해 모서리 강도가 표면 강도보다 낮을 수 있다는 점을 고려하는 것이 중요하다(Mognato and Barbieri 2013).

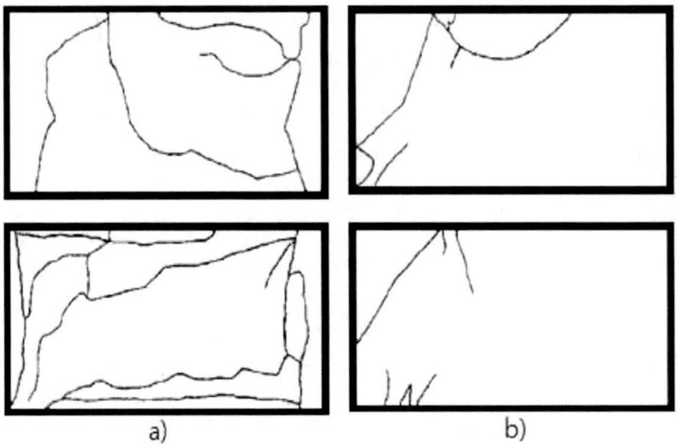

그림 524 화재노출 실험에서, a)와 같이 유리가장자리를 단열 보호한 유리는 균열이 유리 전반에 확산되어 서로 합쳐지면서 파손되었다. 이는 유리 중앙부와 가장자리 사이에 극심한 온도 차에 의한 것이다. 가장자리가 보호되지 않은 경우는 b)와 같이 비교적 균열이 진행되지 않았다. 즉, 가로지르는 횡단균열이 거의 없이 훨씬 더 높은 온도에서 파손이 시작되었다. 출처: Michael J. Skellv. Richard I. Robv(1991)

376) 외기온이 실내 쾌적 온도의 하한으로 하는 기준온도보다 높을 때 일영이 필요하게 된다. 여름철에는 하루 종일 외기온이 실내의 쾌적 온도 상한치를 초과하므로 완전한 일영이 필요하며, 반대로 겨울철에는 일영이 불필요하다. 그러나 봄, 가을에는 오전이나 오후의 늦은 시각에만 일사가 필요하고 낮에는 거의 필요가 없다. 이러한 계절적인 일영으로부터 창에 대한 가열상태를 추정할 수 있다.

＊ 열팽창계수는 유리의 내열성을 지배하며, 이것이 작을수록 커진다. 유리는 열전도율이 비교적 작으므로 내부의 열이 외부에 전달되는 시간의 차로 내부는 고온 팽창, 외부는 팽창이 늦음에 따라 파손된다. 유리는 열의 불량도체이나 화염에 1~2분 정도 노출되면 파괴되는 특징이 있다.[377]

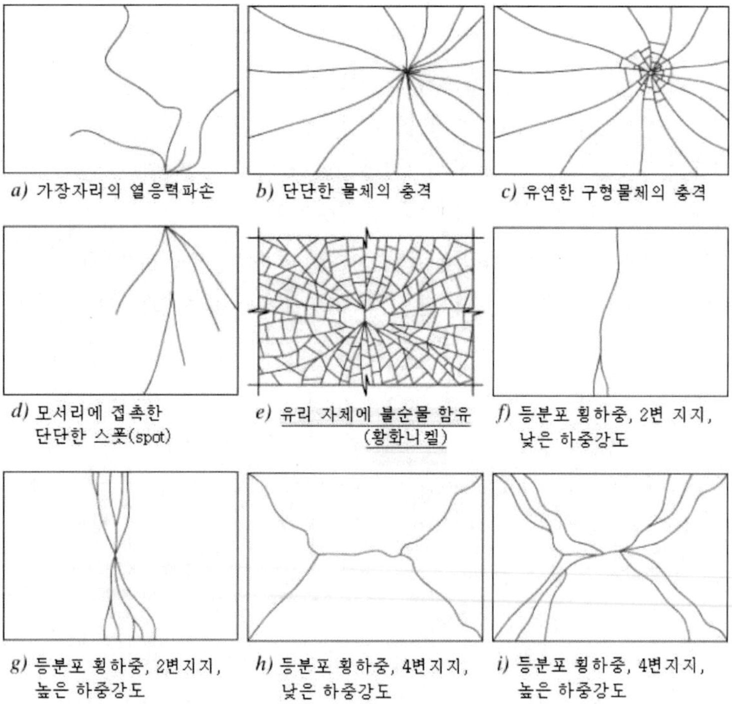

그림 525 파손조건과 전형적인 유리파손양상/그림에서 하중 강도는 등분포 횡하중(uniform lateral load)의 세기(intensity)를 말한다. 그림 출처: Diagnostic Interpretation of Glass Failure(2007)

3) 황화니켈 함유물에 의한 자발적 파손 및 예방

유리의 성형과정에서 피할 수 없는 약간의 불순물(기포, 작은 알갱이, 황화니켈석)은 일반적으로 육안으로 보이지 않는다. 황화 니켈은 매우 드문 함유물 중의 하나이며, 유리의 재가열 급냉 작업으로 강화유리는 수축하지만, 일정 기간이 지나면 입자가 원래의 팽창된 상태로 되돌아가는 경향이 있다. 이로 인해 드물기는 하지만 자발적 파손(자파)이 일어날 수 있다. 다만, 서냉유리 및 반강화유리는 황화 니켈과 같은 함유물로 인한 파손은 없다.

열간유지시험(Heat Soak Test)은 미리 황화니켈 함유물이 팽창하여 자파 되도록 온도조건을 인위적으로 조성한다. 이는 자파를 예방할 수는 있지만, 100% 선별의 전수조사는 어려우므로 자파 확률을 낮추는 것이 목표이다. 열간유지(heat soaking)는 강화유리를 열흡수챔버(heat soak chamber)에서 일정 시간 높은 온도에 황화니켈 함유물을 노출 시켜 팽창하게 한다. 이렇게 강화유리의 내외부적 힘의 균형을 챔버 내에서 인위적으로 변형시켜 자파 위험을 검사한다. 그래서 전수검사를 하여야 자파를 100% 제거할 수 있다. 또한, 약 288℃~316℃의 온도에서 약 2-4시간

377) 열전도율이 철재나 콘크리트에 비해 상당히 작으며, 열팽창계수나 비열(比熱)이 크다. 그래서 유리를 부분적으로 가열하면 비틀림이 발생하며, 이로 인해 유리의 인장강도보다 큰 인장력이 발생하여 파괴된다. 또한, 20℃에서 압축강도 8,800~9,300kg/㎠이 550℃쯤 되면 1,580kg/㎠로 감소한다.

동안 열간유지하므로 이에 따른 비용 소요와 강화유리의 압축응력이 감소하는 위험도 있다. 자파를 전적으로 예방할 수는 없지만 열간유지는 가능한 예방법이다. 가장 안전한 방법은 강화유리에 대해 전수검사하거나, 접합강화유리(laminated tempered glass)나 반강화유리를 사용하는 것이다. 반강화유리는 강화유리보다 훨씬 낮은 자파 확률을 가지고 있다. 그래서 열응력으로 높은 유리 강도가 요구되거나, 자파의 가능성을 줄이기 위해 강화유리가 안전유리가 될 수 없는 곳에 반강화유리를 적용한다.

강화유리가 깨졌을 때 새총, 쇠 구슬 등의 외력에 의한 의도적인 것인지, 자파인지를 확인할 수 있다. 자파는 먼저 거미줄처럼 어느 한 곳으로 집중되는 곳을 따라가서 중심부에서 육각형 모양 두 개가 마주 보게 겹쳐져 있고 다른 조각들은 비정형적인 아주 작은 조각으로 깨진다. 육각형 두 개는 크고 선명하며 나비 모양처럼 생겼다면 의심의 여지 없이 자파이다. 만일에 유리가 깨진 상태에서 쏟아져 내리지 않고 붙어 있다면, 자파로 평가할 수 있다. 육각형 모양의 유리를 확보하기 전에 유리가 쏟아져 있었다면 수많은 조각 중에 육각형 모양 두 개를 찾아서 정밀조사를 통해 현미경으로 녹지 않은 황화니켈 입자를 관찰하여 판단한다.

1.6 열응력과 기계적 응력의 유리파손

1) 열응력(thermal stress)

유리의 가장자리와 유리면에 대해 90°이면 열응력에 의한 것으로 볼 수 있다. 낮은 열응력 파손은 유리 가장자리에서 시작하여 더 많은 파열로 분기되기 전에 5cm 이상 전파되는 1개의 파열로 나타난다. 높은 열응력파손은 시작점에서의 한 개의 파손이 가장자리의 5cm 이내에서 더 많은 파손으로 분기된다. 이는 주변 및 또는 유리 끼움 조건이 높은 열응력임을 암시한다. 유리 끼움 조건은 유리 가장자리의 실외 음영, 유리와 실내 음영 사이의 난방기구, 유리에서 5cm 내에 있는 폐쇄된 밝은 색상의 주름 커튼(drapes), 매스콘크리트 유리 끼움, 석재창틀의 유리창 등이다. 유리판의 열 파손의 형태는 충격 시와 확연히 다르므로 구별이 어렵지 않다. 열 파손은 길고 구불구불한 불규칙한 균열이며, 일부분만 화염을 받으면 화염을 받은 부분만 깨지기도 한다. 화재현장의 흩어진 파편에서 그을음에 따라 화재와 폭발의 순서를 알아볼 수도 있다.

2) 기계적 응력(mechanical stress)

으깸(crush), 파임(digs), 긁힘(scratches), 부스러기(chips)와 같은 가장자리의 손상 부분이나 근처의 표면에서 비롯한다. 대부분 유리의 적재, 설치작업 이후에 발생한다. 가장자리파손의 시작점이 90°가 아니면 휨(bending)에 의한 인장파괴로 볼 수 있다. 낮은 응력에서 시작점 1개의 파단으로 5㎝ 이상 전파되며, 10.4Mpa 미만의 휨으로 발생한다. 높은 응력파손은 낮은 응력 인장파손과 한가지 특징을 공유한다. 파손원점은 가장자리에서 90°가 아니며 휨에 의한 인장파괴이다. 그러나 파손 시작점의 5㎝ 이내에서 균열이 분기되며 파손 응력이 10.4Mpa 보다 높을 수 있다.

외부충격의 고 응력에 의한 기계적 파손(mechanical breaks)은 일반적으로 거미줄 형으로 충격

점에서 분기 파열되므로 식별이 쉽다. 이러한 파손패턴은 유리 가장자리 또는 표면이 높은 수준의 힘을 가진 이물질과 부딪쳤음이다. 유리는 압력에 강하나 장력에는 비교적 약하며, 단단한 물질로 보이지만 나름대로 탄성이 있으며, 충격에 그대로 깨어지기보다는 휘어지다가 한계에 도달하면 장력을 받는 충격 방향의 반대 면에서 파손이 먼저 이루어진다. 충격 파손(impact breakage)은 균열 형태와 파편의 관찰을 통해 어렵지 않게 구분할 수 있다. 충격 부위에서 주변으로 순차적인 동심원 형태로 파단되며, 동심원 순서에 따라 안팎으로 번갈아 가며 장력을 받아 파손된다. 대부분 유리 파편이 충격반대 방향으로 날아가지만, 동심원 파단의 미세한 유리 파편은 충격 방향으로도 날아가며, 가까운 거리의 충격이면 유리 조각의 미세물이 깨뜨린 사람의 의복과 피부에 부착되어 파손 유리와의 연관성을 파악한다.

유리가 충격을 받으면 그 지점으로부터 거미줄 같은 방사형과 동심원 파단이 일어나며, 안쪽 혹은 바깥쪽의 충격 여부도 알 수 있다. 창문 유리는 대부분 내측보다는 외측에 먼지가 많이 묻어있는 점, 유리 한쪽 면에 무늬가 있거나 필름부착의 경우 이를 확인할 수도 있다. 떨어져 나간 유리 내외 측 및 파단면의 식별이 곤란하면 창틀에 남아있는 파편으로 구별한다.

제2장 단열유리의 결로와 김서림

2.1 일반사항

결로(condensation)는 유리 같은 불투습성 표면에는 물방울이 맺히며, 흡수성 물체에는 습기로 균이 번식하여 물체에 해를 끼친다. 이는 냉난방, 환기, 건물의 관리방법 등에 영향을 받는다. 건물 냉난방 시에 기밀과 보온목적으로 환기를 통제하면 결로 위험이 증가한다. 특히 주거용 건물의 결로는 겨울철에 흔하게 발생하며 난방에 따른 실내외의 온도 차에 기인한다. 다만, 결로는 여러 요소의 복합으로 일어나며, 수분으로 포화된 공기가 더 차가운 표면과 접촉할 때 발생한다. 이러한 결로는 창유리의 실내 유리면, 옥외 유리면, 이중 또는 삼중 유리창 사이의 공간 층, 창틀에서도 발생한다. 일반적으로 다음 요인 중 하나 또는 이들의 복합으로 발생한다.

- 실내외 온도 차
- 불충분한 환기, 부적절한 냉난방
- 실내습기의 과다 발생
- 유리창의 구조/조립결함
- 열이 통과하는 것을 방지하는 창의 에너지효율
- 구조재의 열적 특성, 시공 불량, 시공 후 미건조 상태에서 사용 등

실외 유리표면 온도가 실제로 이슬점 온도 아래로 떨어지면 결로가 발생한다. 실외습도가 낮고 바람이 불면 일반적으로 나타나지 않는다. 춥고 청명한 밤, 바람이 없고 상대 습도가 높을 때, 실외 유리표면에 종종 결로가 형성된다. 태양이 떠올라 유리가 따뜻해지면 사라지는 이러한 단열유리는 정상적인 기능을 하고 있으므로 걱정할 필요가 없다. 결로는 실내외의 온도 차에 의해 발생

하며, 단열유리의 공간 층에서도 생길 수 있다. 결국, 모든 표면(실내외의 유리면, 공간 층 유리면)에서 발생할 수 있다. 옥외 유리면에 발생하였다면 실내와 실내 간에 정상적인 온도 차에 의한 것이며, 실내 유리면의 결로는 실내 환기나 제습제의 사용을 통해서 통제할 수 있다. 공간 층의 결로는 실내외와 공간 층 간의 온도 차가 이슬점 온도보다 높아서 유리 주변의 수증기가 수분으로 응축된 현상이다. 이같이 결로의 원인은 발생 위치에 따라 각각 다르며, 어느 위치에서 발생하였는가에 따라 유리 교체 여부를 결정하게 된다. 단열유리의 표면(glass surfaces) 결로는 다음과 같이 구분하고 있다.

① 공간 층 결로(airspace condensation)
② 옥내 유리면 결로(indoor condensation) - #4(실내 유리표면) 유리 주변의 결로
③ 옥내 유리면 결로(indoor condensation) - #4(실내 유리표면) 원형 또는 타원형의 결로
④ 옥외 유리면 결로(outdoor condensation)

다음은 기후 하중에 의한 3중 단열유리[378]의 변형(deflection, 휘어짐)을 나타낸 것이다.

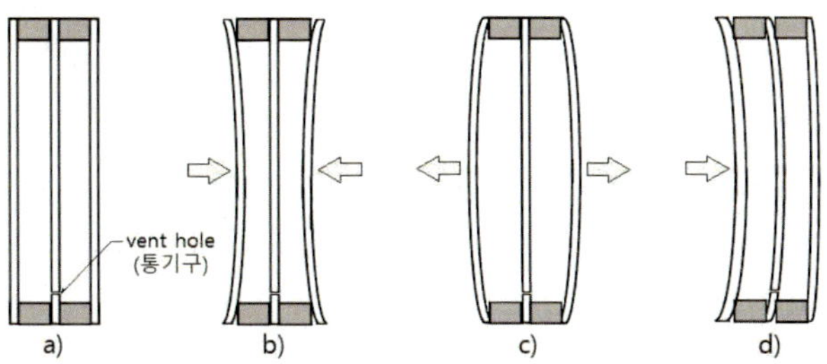

그림 526 유리판 변형/통기구는 양측 공간의 압력 균등화로 휘어짐을 최소화. a) 압력 균등 휘어짐 없음, b) 고도(altitude) 및 온도저하로 일어날 수 있는 오목 휘어짐, c) 고도 및 온도상승으로 일어날 수 있는 볼록 휘어짐. d) 풍하중에 의한 휘어짐

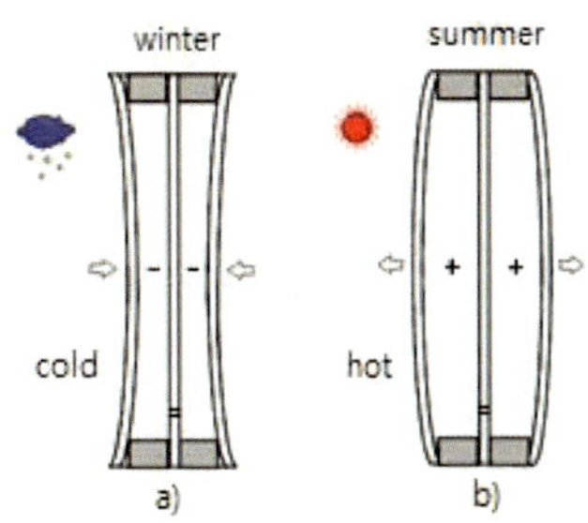

그림 527 계절별 양상/a) 오목 휘어짐, b) 볼록 휘어짐, 삼중유리의 중앙유리에는 직경 6mm에서 18mm의 통기구를 둔다.

1) 단열유리(IGU)의 밀폐된 공간 층으로 인해 설계 시에 추가하중이 적용된다. 소위 기후 하중(climatic loading)이 온도 또는 기압의 변화, 생산 및 설치장소와 관련된 고도 차이로 인해 밀폐된 공간 층에 내부하중이 작용하기 때문이다. 그래서 온도변화에 따른 내부압력의 변화, 생산 장소와 설치장소에 따른 기압변화에 따른 내부압력을 고려하게 된다.

2) 볼록 및 오목 휘어짐의 파손 우려로 교체할 필요는 없다. 볼록 휘어짐은 공간 층의 압력이 제작 시의 압력보다 높아졌기 때문이다. 일반적으로 여름날의 낮은 기압 기간 또는 생산지보다 더 높은 고도에 설치되었을 때 나타날 수 있다. 오목 휘어짐은 공간 층의 압력이 대기압보다 낮은

378) 3중 유리(triple-glazing)의 내부 유리(center lite)에 작은 통기구를 두어 양 공간의 압력이 평형화되면 외부의 유리판이 균형을 유지할 수 있다. 그러나 제작장소와 설치 위치의 고도 및 온도가 증가하면 유리가 밖으로 휘어지는 positive deflection, 감소하면 안으로 휘어지는 negative deflection이 발생할 수 있다. 대기압과 온도 및 바람의 영향으로도 휘어짐이 일어날 수 있다. 예컨대, 저온조건에서 그리고 대기압이 증가할 때, 일체로 구성된 단열유리에 오목한 형태의 휘어짐이 나타날 수 있다.

상태에서 발생한다. 일반적으로 추운 겨울철에 나타나며 유리두께 및 크기, 공간 층 간격, 온도, 기압, 유리제조 고도보다 낮은 설치고도, 아르곤누출, 제작조립 공차의 영향을 받는다.

3) 공간 층 결로가 분명하면 유리를 교체한다. 이는 실외온도가 낮아 유리 온도가 낮아지고 결로 발생 가능성이 있는 겨울철 무렵에 주로 나타난다. 일반적으로 보수가 곤란한 단열유리 밀봉(insulating glass seal)[379]이 훼손되었거나 손상되었음을 의미한다. 즉, 유리 주변의 밀봉(seal)과 창틀의 벌어진 틈새 사이의 밀봉재(sealant)가 손상되어 공간 층에 침투한 수분의 축적이나 누수로 일어난다. 때로는 외부에 드러나지 않은 유리의 작은 균열로 인해 발생할 수 있다. 다만, 공간 층 결로는 육안 확인이 어려우므로 실외 및 실내의 유리표면을 깨끗하게 하고 탐지한다. 유리를 교체하는 것이 상례이다. 만일 배수구가 있는 구조로서, 결로 배수구만이 막혀 있다면 원활한 배수 조치를 통해 사용할 수는 있을 것이다.

4) 실내 측 결로 혹은 높은 실내습도로 문제가 있다고 유리를 교체할 필요는 없다. 이는 실내의 유리 온도가 실내 공기의 이슬점보다 낮을 때 높은 실내습도로 발생하며, 일반적으로 겨울철 유리 하단의 가장자리, 유리 주변 또는 유리표면 전체에 나타난다.

5) 겨울철 실내 유리면의 중앙에 원형 또는 타원형[380] 결로가 생겼다면 교체한다. 단열유리는 중앙부가 가장 단열이 잘되므로 가장자리 부분에서 결로가 형성되기 시작한다. 이와는 달리 중앙부에서 결로가 발생하고 있다면 '접힌 결로(collapsed glass)'일 수 있다. 이는 가장자리가 빈틈없이 봉합되고 유리가 상대적으로 얇을 경우, 유리가 차가워지면 실제로 너무 많이 휘어져 유리 사이가 맞닿아 실제로 접히게 된다. 이 부분에 창은 최소한의 단열만을 제공하게 되어 중앙이 매우 차가워질 수 있다. 또한, 단열유리의 아르곤이 빠져나가고 단일유리판이 서로를 향해 휘어지면 접힌 유리의 단열성이 떨어진다. 결국, 실내 유리면의 결로 원인은 단열유리의 양 유리판이 창의 중앙부에서 맞닿게 되면서 단열성이 떨어지고, 실내 유리 온도(indoor glass temperatures)가 실외 유리 온도(outdoor glass temperatures)에 더 가까워지기 때문이다. 이로 인해 유리가 오목하게 휘어지면서 실내 측 유리(room side pane)에 결로 가능성이 증가하고 실내 측 유리 온도가 실내 측 공기(room side air)의 이슬점 온도 이하로 떨어지게 된다.

6) 실내습도가 높은 경우에도 유리의 중앙에 결로가 발생할 수 있다. 또한, 유리판 사이에 내부 그릴을 사용하면 그릴(bars and grilles)이 유리에 닿아 차가운 표면을 생성하여 그릴 바로 뒤의 실내 유리표면에 결로가 생긴다. 이는 내부 그릴이 공간 층의 유리표면에 닿으면 접촉하는 곳에서 단열성을 잃어 실내 유리표면이 더 차가워지기 때문이다. 유리가 중앙에 닿으면 결로를 환기로 증발시킬 수 있으나 교체를 검토해야 한다. 유리 중앙이 실제 오목하게 휘었는지는 전문성이 요구되며, 공간 층 유리표면의 접촉은 여러 조건에서 발생할 수 있다.

- IG가 저온조건 및 높은 기압조건을 포함하여 설치된 곳보다 높은 대기압에 노출된 경우

379) 국외 단열유리 제조사의 기술자료에 의하면, 유리가장자리의 밀봉손상에 대한 정보 공유가 되지 않고 있으나, 그 사례는 예상보다 훨씬 많으며, 손상빈도가 높은 것은 아니지만 오래된 단열유리는 보수가 어렵다고 보고 있다.

380) 창의 형상(사각형, 직사각형, 원형, 등)에 따라 원형 또는 타원형일 수 있다.

- 제조 고도보다 낮은 고도에 설치
- 강풍과 버퍼링(buffering winds, 난류의 변동성분에 의한 강제진동 현상)
- 어느 정도의 휘어짐이 있는 강화유리의 사용
- IG 두께의 하한 또는 그 경계에서 제작

7) 실외 결로: 실외 쪽 유리표면의 결로는 교체가 필요가 없다. 이는 단열유리의 결함과는 무관하다. 정상적인 대기조건 하에서 실외 쪽 표면에 결로가 생성된 것으로 볼 수 있다. 특히 이러한 조건은 유리 온도가 노점 온도보다 낮거나, 맑은 밤하늘(clear night sky)일 때이다.

그림 528 ① 공간층 결로(좌), ② 옥내 면의 결로(중), ③ 옥내 면의 결로: 가장자리 밀봉 파손과 공간 층의 습기로 단열성이 떨어지면서 옥내 쪽의 유리면에 발생한 결로이며, 대체로 유리창의 중앙에 원형으로 결로가 발생(우).

2.2 결로 발생요소

로이유리의 결로와 부식문제는 보수조치를 수년 동안 계속한 커튼월 제조업체가 그 원인을 밝혔다. 결로는 온도변화, 공간 층 내외간의 압력 차, 유리 가장자리 주변의 밀폐재료의 불연속 부분을 통해 습한 내외부 공기를 이동시키는 기압변동으로 인한 공간 층의 수분축적이다. 이를 일으키는 공기누출(air leakage)은 다음 3가지로 구분하고 있다.

① 풍상면의 정압(positive pressure of windward face): 바람을 받으면 유리창은 안쪽으로 작용하는 압력을 받는다. 이 압력(inward-acting pressure)은 유리주변 가장자리 밀봉(seal)의 불연속 부분을 통해 습한 공기를 밀어 넣는다. 즉, 스페이서 바(spacer bar, 건조제의 제습 기능 포함) 및 공간 층을 통해서, 모세 통기 튜브(capillary breather tubes, vent tube)[381]안으로 제습 튜브(desiccant tube)를 통해 건물 내부로 들어가게 된다. 이 누출메커니즘(leakage mechanism)의 수분공급원은 외부로부터이다.

② 연통효과(stack effect)와 바람에 의한 흡인력(wind-induced suction pressures): 바람이 건물에 작용하면 어떠한 표면 위에서나 압력(pressures)과 흡인력(suction forces)이 생기는 것과 마찬

381) 내부 직경이 미세한 관으로 내부와 외부압력이 변할 때 통기될 수 있도록 가장자리 스페이서(edge spacer)에 삽입된다. 이에 대한 사용은 논란이 되고 있으나, 습기통제의 효용 측면에서 유리제조업체가 이를 적절히 삽입 밀봉하고, 적절한 기후조건(건조한 기후, 습한 기후) 등에 초점을 맞추어 사용하고 있다. 다만, 가스로 채워진 단열 유리는 가스누출 때문에 사용을 금하고 있다.

가지로 복층유리에도 이 같은 힘이 생긴다. 이와 더불어 복층유리에 외부로 팽창하려고 하는 내부압력(outward acting pressure)은 습한 공기를 건조제 튜브(desiccant tube)로, 단열유리의 스페이서 바를 통해 외부주변의 가장자리 밀봉의 불연속 부분을 통해 흐르게 한다.

③ 온도변화(temperature changes), 기압변동(fluctuations in barometric pressure) 및 동적인 풍하중(dynamic wind loads): 이들이 건물 내외부에 작용하여 단열유리 내부의 압력을 주기적으로 변화시킨다. 유리창 내부의 압력이 주변 조건과 균등해지면서 공기 흐름이 건조제 튜브(건조제는 수분 흡수)와 주변 밀봉의 불연속으로 단열유리의 안팎으로 이동한다. 이 누출 수분의 공급원은 내외부 모두이다. 이들의 공기누출 비율은 공기누출통로(air leakage paths)의 상대적인 크기와 관련된다. 예컨대, 외부의 둘레를 통한 누출통로가 건조제 튜빙(desiccant tubing)의 면적보다 큰 경우 외부에서 단열유리로 유입되는 수분의 비율은 비례적으로 외부에서 훨씬 많이 유입된다.

유리 가장자리 밀봉재의 불연속 부분의 공기누출통로를 통해 발생하는 수분축적과 내외간의 온도 차에 의한 건물 실내 면 결로는 환기를 통해 개선할 수 있고, 환기로 개선되지 않거나 빈번하게 발생할 경우는 제습기로 습도를 조절할 수 있다. 단열유리 내외간에 압력 차가 있으면 비바람에 공간 층으로 일정량의 수분이 인입 된다. 인입량은 압력 차, 비바람(wind driven rain)의 풍속, 방향 및 강우 강도와 관련된다. 이를테면. 공간 층과 실외의 압력 차가 일정 수준 이상이 되면 바람에 의해 수분이 손상된 밀봉(seal)을 통해 공간 층으로 들어간다. 이렇게 형성된 결로는 공간 층의 내부표면에서 생성된다. 옥외 유리면에는 일반적으로 약간의 결로가 생길 수 있지만 거의 생기지 않으며, 이는 복층유리가 정상적인 온도 차로 작동하고 있다는 것이며, 유리창이 건물 내부의 열 유지에 기여 한다는 의미이다. 그러나 공간 층 유리면의 결로는 유리를 교체해야 한다는 징후이다. 이는 밀봉재가 손상되었거나 누수 때에 주로 나타난다.

창틀은 기본적으로 누수방지구조이지만, 간혹 기능손상으로 빗물이 건물 내부로 새어들 때도 있다. 누수 부위를 살펴보아 창틀을 통해 물이 나오는 것처럼 보인다면 주변의 밀봉재(seal, sealant)가 손상되었거나, 퇴적물 등의 부스러기(debris)가 창틀 배수구를 막고 있을 수 있다. 이 경우 배수구 청소가 필요하지만, 주변 밀봉이 손상됐다면 교체해야 하며, 심한 경우 창틀 틈새의 밀봉재가 손상된 상태일 수도 있다. 이렇게 물이 스며들면 단열성능도 떨어지지만, 열응력의 변화로 유리파손에도 영향을 미친다.

2.3 결로현상과 김서림

1) 결로현상

단열유리의 밀봉 파손(seal failure)은 일반적으로 가장자리의 밀봉이 수분에 장기 노출되면서 일어난다. 조기 파손은 불연속성, 부착 불량 또는 주변 밀봉의 얇음으로 발생할 수 있다. 주로 밀봉 부분을 통해 공간 층으로 침투한 습한 공기의 응축으로 결로가 생기지만 그 조건은 다양하다. 적절한 유리제품의 선택으로 결로가 발생하지 않는 것은 아니며, 실내외 환경조건(예 : 온습도,

음영, 장애물 등), 창틀을 통한 공기누출. 복층유리 주변의 밀봉상태, 공간 층의 구조, 유리에 인접한 식물이나 수족관 등의 영향도 받는다. 결로는 복층유리의 모든 표면에서 발생할 수 있고, 특히 로이코팅 유리에서 더 높게 발생한다.[382] 이는 유리가 지닌 문제라기보다는 단열유리가 의도한 대로 열 손실을 줄이기 때문이다.

외부온도의 변화에 따라 결로는 나타났다가 없어지기도 한다. 그래서 외부온도가 매우 낮을 때 며칠 동안만 나타나도 밀봉이 파손된 것으로 보아야 할 것인가? 질문에 답하기에 앞서 단열유리의 구성에 대한 기본적인 이해가 필요하다. 단열유리는 유리 주변의 속빈 스페이서(hollow spacer)로 분리되어 있다. 공간 층은 유리와 스페이서의 접촉면(interface)에 도포된 액체접착밀봉재(liquid-applied sealants)에 의해 밀폐되고, 또한 공간 층의 습한 공기는 속빈 스페이서 내에 있는 건조제(수분흡수젤 또는 비드)에 의해 탈수된다. 스페이서는 유연한 재료 및 복합재를 사용한 따뜻한 색의 가장자리를 포함하여 그 유형이 다양하다. 이같이 밀폐된 공간 층을 만든다.

복층 또는 3중 유리는 제조 시 결로 방지를 위해 공간 층에 건조한 공기를 넣어 유리에 구조적인 압력(structural pressures)이 가해지는 것을 피하고자 항상 대기압을 넣는다. 이렇게 제작된 공간 층에 결로가 생겼다면 이는 밀봉(edge seal)이 파손되었다는 신호이므로 교체를 고려해야 한다. 또한, 공간 층 결로로 시야가 흐려졌다면, 유리 가장자리가 외적으로 밀폐된 것처럼 보여도 밀봉이 파손된 것으로 볼 수 있다. 이들 모두 교체대상이다.

공간 층 결로가 오랫동안 지속되면, 결로 수는 유리의 구성성분을 용해하여 무기질 침전물(mineral deposits)이 표면에 침착한다. 이는 결로가 없을 때조차도 눈에 띄는 흐릿함을 나타낸다. 또한, 공간 층의 수분은 로이코팅의 효과를 감소시키고, 공기의 열전도율을 약간 증가시켜 단열성이 감소한다. 결로가 장시간 시야 방해를 하지 않으면 소량의 결로는 허용되기도 하지만 자주 발생하면 곰팡이가 성장하고 창틀 및 밀봉 재료가 손상된다.

밀봉이 깨져 수분이 공간 층으로 들어오는 것은 모든 창에서 발생할 수 있고, 햇빛을 많이 받으면 밀봉 파손이 가속된다. 이러한 공간 층의 습기 침투로 외부(겨울)와 내부(여름) 창유리의 더 차가운 표면에 결로가 생긴다. 또한, 공간 층에서 빠져나가는 공기의 수분이 응결(condense)되어 안개(fog)[383]가 형성될 수 있다. 날씨가 서늘해지면 내부의 열기와 외부의 차가운 공기가 섞이므로 실내외의 심한 온도 차로 창문에 안개가 낄 수 있다. 안개는 외부가 습하고 더운 날 실내 온도가 외부보다 낮을 때 발생하며, 실내는 따뜻하고 외부가 추우면 내부에 결로가 생긴다. 공간 층의 수분은 밀봉이 깨졌을 때 발생하며 오래된 창에서 흔한 일이다.

---

382) Vitro's TD-102, "Outdoor Condensation on Glass"

383) 대기 중의 수증기가 응결핵을 중심으로 응결이 일어나게 되면 구름이나 안개(fog)가 된다. 찬 공기는 따뜻한 공기만큼 많은 수증기(water vapor)를 보유할 수 없으므로 수분(moisture)이 찬 표면에 응결된다. 추울 때 창문에서도 이러한 현상이 일어난다. 또한, 높은 실내습도와 차가운 실외 표면의 조합으로 유리 내부에 응축된다. 안개의 생성은 크게 증발과 냉각에 의하며, 이에 따라 증발안개와 냉각안개로 나눈다. 증발은 수면이나 낙하하는 우적에서 일어나며, 증발과정 동안 높은 온도의 물 분자가 물 표면으로부터 탈출함으로써 남아있는 물 표면의 온도가 내려가게 된다. 그래서 증발은 냉각과정이라고 한다. 수면에서 증발이 일어나려면 수온이 기온보다 높아야 한다. 따라서 온난한 수면에서 찬 공기로 수증기가 증발할 때 안개가 발생한다. 지면과 접해 있는 공기층 온도가 이슬점 이하가 되면 냉각에 의해 안개가 발생한다(참고: 대기과학개론, 한국기상학회).

IGMA(Insulating Glass Manufacturers Alliance)의 Technical Bulletin 1205-89(1989)은 결로로 파손된 단열유리(failed IG Units)의 공식적인 정의를 “기설치된 단열유리의 파손은 유리의 내부 표면에 먼지, 수분의 축적 또는 필름 때문에 유리가 영구적인 시야 방해(permanent material obstruction of vision)가 있을 때이다. 이는 복층유리(dual-pane)에서는 #2, #3, 삼중유리(triple-panes)에서는 #2, #3, #4, #5에 나타난다.” 여기에서의 핵심어(key words)는 ″시야의 영구적인 실체적 방해″이다. 일정 기간은 유리가 깨끗하게 유지된다 하더라도 이는 파손된 유리로 간주하여야 하며, 그래서 ‘영구(permanent)’가 강조된 것이다. 이슬점이 상승할 때는 단열유리가 특정 건물에 대한 내부조절 또는 열 성능의 요구사항에 대처할 수 없는 점에 이를 수 있다. 이러한 상태에서는 영구적인 결로(permanent condensation)가 아직 나타나지 않았기 때문에 가장자리 밀봉의 파손이 아닌 ‘성능파괴(failure in performance)’로 본다.

2) 김서림

김서림은 복층유리의 공간 층이 뿌옇게 흐려지는 결로현상이다. 설계상 단열유리 내부의 이슬점은 매우 낮다. 이는 장기적인 열 성능을 유지하기 위해서다. 이보다 높은 이슬점은 밀봉(seal)의 손상, 장기간에 걸친 확산으로 외부 수분이 밀폐된 공간에 침투할 수 있음을 나타낸다. 손상틈새(breach)와 확산(diffusion)으로 인한 수분 침투(moisture infiltration)에는 차이가 있다. 전자는 수분이 밀폐된 공간에 들어가 급속히(틈새 발생 후 며칠에서 일주일 이내로) 결로와 비슷한 김서림(fogging)이 발생하지만, 후자는 결로 발생상태에 도달하기까지 몇 년이 걸릴 수 있다. 또 다른 차이는 전자는 영구적이고 불가역이다.

수증기가 단열유리 안으로 천천히 확산되는 간헐적인 김서림은 외부주변 온도(external ambient temperature)가 단열유리의 이슬점(dew point) 아래로 떨어질 때 발생한다. 외부온도가 이슬점 이상으로 따뜻해지면 주변 스페이서의 건조제에 의해 수분이 재흡수되어 김서림이 일시 사라진다. 유리끼움 밀봉(glazing seals)이 수분을 차단하지 못하여 결국 장기간의 수증기 확산은 영구적인 김서림이 발생할 때까지 내부 이슬점을 천천히 올리는 경향이 있다. 이 단계에서 단열유리는 ‘파손(failed)’된 것으로 본다. 김서림 방지의 가장 좋은 방법은 올바른 유리 시스템을 선택하는 것이지만, 때로는 전체 창의 교체나, 유리를 새것으로 교체해야 할 때도 있다.

유리 가장자리가 흠결 없이 제작되었다면 수명을 길게 유지할 수 있으나, 이같이 제작해도 기대수명에 미치지 못할 수 있다. 밀봉이 손상되면 수증기를 포함한 상당량의 외부 공기가 공간 층으로 침투하여, 건조제의 탈수용량이 빠르게 소모되고 과도한 수분이 유리표면에 응축된다. 이로 인해 공간층이 뿌옇게 흐려지는 김서림(fogging)이 발생한다.

화학적 김서림(chemical fogging)은 공간 층 결로와 유사하게 보일 수 있으며, 로이코팅의 단열유리에서 더 뚜렷하게 나타나며 일반적으로 흩어져 없어지지 않는다. 종종 유리의 온도 차, 건물 돌출부의 그림자에 기인할 수 있다. 공간 층의 휘발성 김서림(volatile fogging)은 로이코팅을 손상시키며, 부식과 함께 일부 유리 끼움 밀봉재를 연약하게 하여 성능을 감소시키며, 결로와 복합되어 발생할 수도 있다. 또한, 단열유리(복층, 3중)를 조기에 파손시킬 수 있고, 일반적으로 고온기간 중 또는 직후에 발생한다는 점을 제외하고는 수분 김서림(moisture fogging)이나 결로(condensation)와 유사하다. 제조과정에서 들어가는 세정제와 프라이머로 사용되는 휘발성 화합물(volatile organic compounds, VOCs)은 보통은 건조제에 의해 흡수된다. 그러나 건조제가 휘발성 유기화합물을 흡수하도록 설계되지 않았고 고온에 노출될 때 건조제에서 빠져나와 더 차가운 유리표면에 응축될 수 있다.

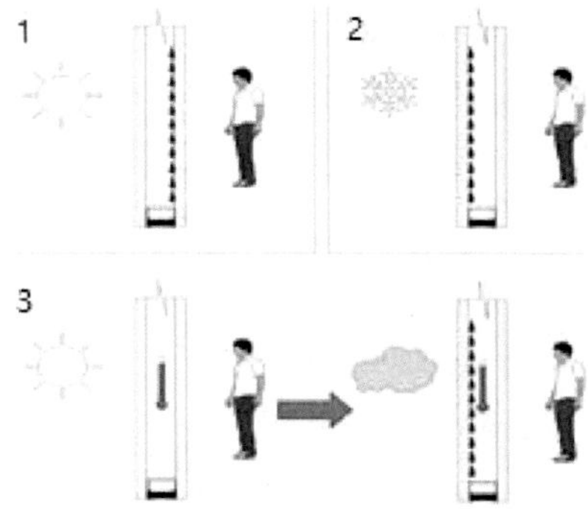

그림 529 휘발성 김서림은 1의 여름철의 고온기간 중에 복층유리의 #3 표면에서, 또는 2의 겨울철 고온의 실내난방 중에 #2 표면에서 발생할 수 있다. 3의 겨울철 건조한 맑은 날씨가 흐린 날씨로 변할 경우, #2 표면에 휘발성 김서림 및 또는 수분 결로가 발생할 수 있다. 그림 출처: Brian Hubbs, PEng, and James Higgins

김서림의 외부 요인은 ① 유리와 공간 층의 높은 온도는 휘발성 김서림위험을 증가시킨다. ② 열흡수코팅, 착색유리, 내부 그릴을 사용하면 휘발성 김서림위험이 높아질 수 있다. ③ 유리창의 지리적 위치가 유리와 공간 층에 높은 온도를 가한다[384]. 새로운 로이코팅과 반사코팅은 이전의 것보다 태양에너지를 더 많이 흡수하여 유리와 공간 층을 더 따뜻하게 만든다. 이같이 높은 온도가 발생하면 공간 층의 물질이 휘발하여 공간 층의 유리표면에 화학적 김서림이 발생할 수 있다.

유리와 공간 층의 고온은 코팅과 유리, 특히 열을 흡수하는 유리에서 발생하며, 이러한 고온으로 특정 물질이 휘발하여 김서림이 생기므로 공간 층에 사용되는 재료에 주의해야 한다. 또한, 화학적 김서림(chemical fogging, 유기용매의 가스방출)이다. 시야장애는 밀봉 파손에 의한 공간 층의 습기, 유리제조에 사용되는 재료의 가스방출로 발생할 수 있다. 따라서 공간 층의 수분과 화학적 김서림은 하자로 간주한다. 스페이서(spacers), 밀봉재(sealants) 그릴(grilles) 등은 모두 김서림을 유발하므로, 재료 선택 시에 가스와 수분의 불투과성, 화학적 김서림에 대한 저항성, 장기적인 내구성, 열적인 성능 등을 고려한다. 이는 결로로 인해 무기물 침전물이 축적된 단열유리와 비슷하지만, 밀봉의 완전성 여부와는 거의 무관하다. 단열유리의 유기용매의 가스 배출은 밀봉재, 건조제, 양생 경화의 다른 요소 내의 유기용제가 노화되거나 햇빛을 받을 때이다. 이렇게 배출된 화학물질은 유리창의 내부표면에 흐린 피막(film)을 형성한다.

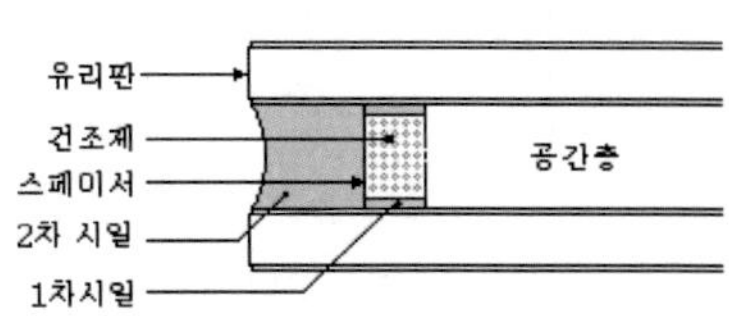

그림 530 유리 가장자리 단면개요

유리 끼움 밀봉(glazing seals)은 단열유리의 사용수명과 밀접하다. 보통은 단열유리가 창틀에 끼워진 유리와 동등한 수명을 가진 것으로 생각하지만, 이는 가장자리 밀봉(seal)의 상태, 제작품질 및 설치조건, 유리의 구성조건에 크게 영향을 받는다. 그러나 제작품질과 같은 조건보다는 단

384) Sunbelt 지대(주변 온도가 높고 태양 강도가 높은 지역, 미국 남부를 동서로 뻗은 온난지대)에서 온도가 65℃로 높아지면 공간 층에서 휘발성이 나타난다고 한다. IGMA 인증정보에 따르면, 단열유리의 화학적 흐려짐 방지에 요구되는 김서림 검사를 통과하지 못하여 인증받지 못하는 가장 큰 이유다.

열유리의 밀폐/밀봉의 제작환경조건이 더 큰 영향을 미친다. 예컨대, 단열유리의 가장자리에 수분이 지속적으로 닿으면 주변 밀봉재의 접착력 저하와 손상을 촉진하여 조기에 밀봉이 파손되어 김서림이 발생한다. 이러한 요인에 의한 단열유리 밀폐밀봉의 결함방지를 위해서는 창호 설계단계에서 처음부터 유리 끼움 포켓(glazing pocket)에 물이 들어가는 것이 방지되도록 상세설계하는 것이 최선이다.

유리 끼움(glazing systems)의 방수성은 배수를 촉진하는 창틀의 상세설계, 내부 창틀의 봉합, 외부 창틀의 봉합, 유리 가장자리 봉합 및 비흘림(flashing)에 따라 달라진다. 유리 끼움 밀봉재가 모든 수분을 배제할 수 없으므로 내부 배수를 한다. 습식과 건식의 유리 끼움은 수분의 침투성에 따라 단열유리 사용수명에 영향을 미친다. 건식과 습식이 혼용되기도 하지만, 외부 습식유리끼움(exterior wet glazing)과 내부 건식유리끼움(interior dry glazing)이 일반적이다.

습식은 수분 침투에 대한 저항과 성능저하로부터 유리 가장자리를 보호하며 유리의 움직임을 줄이는 효과도 있다. 또한, 건식보다 유리 주변과 포켓에 물이 들어가는 것이 방지된다. 다만, 커튼월 제작 및 설치, 유지 보수 및 유리 제거에 외부 접근이 필요하고 고도의 제작 솜씨가 필요하며 건식보다 비용이 많이 든다. 습식은 유리 끼움 포켓(glazing pocket)에서 모든 공기와 물을 배출한다. 이는 일반적으로 건식(dry glazing system)보다 유리 주변과 유리 끼움 포켓에 수분이 유입되는 것이 방지된다. 최대한 수밀성(watertightness)을 확보하기 위해 미리 끼워 넣은 부틸테이프(pre-shimmed butyl tape glazing tape)와 실리콘 캡 비드(silicone cap bead) 등이 쓰인다. 유리 끼움 포켓의 배수 구멍은 밀봉 부분(glazing seal)에 스며든 물을 배출한다. 배수가 잘되는 유리 끼움 포켓(pocket)은 창호 가장자리 밀봉이 수분에 노출되는 것을 줄여 단열유리의 사용수명을 높이고 공간 층으로의 내부누수도 줄이게 된다. 이러한 수분 배출을 촉진하기 위해 창의 하인방에 비흘림(sill flashing)이 외부에 경사지게 설치된다. 유리는 물이 스며들지 않으므로 창호의 방수성능은 창호에 적용한 습식/건식의 선택과 창틀시스템의 배수 상세에 영향을 받게 된다.

습식에 사용하는 재료는 미리 형성된 테이프, 개스킷 위에 습식 밀봉재(wet sealant)가 일반적이다. 반면에 건식(gasket 사용)은 내부에서 유리 끼움을 할 수 있고 작업 솜씨 및 날씨에 덜 의존하며, 일반적으로 습식보다 비용이 저렴해도 몇 가지 단점이 있다. 예컨대, 개스킷은 수밀성이 있다고 보기 어렵고 수축으로 수분 침투의 틈이 생길 수 있고 개스킷이 포켓에 말려 들어가 유리에 불균등 응력을 가하여 유리가 움직일 수 있다. 유리 밀봉(glazing seals)로는 미리 사출 성형한 고무 개스킷(pre-formed rubber gasket)이 쓰인다. 이는 공기 침투와 수분 침투를 막는 유리 끼움 개스킷의 압축에 의하므로 압축 개스킷 유리 끼움이라고도 한다. GANA(Glass Association of North America) 매뉴얼은 단열유리의 밀폐밀봉을 유지하는 기본사항을 제시하고 있다.

2.26 조적벽체(중량칸막이벽) 내진보강 시공(안) 검토소견
(골조와 조적벽체와의 연결 부위에 대한 내진시공기준의 설정)

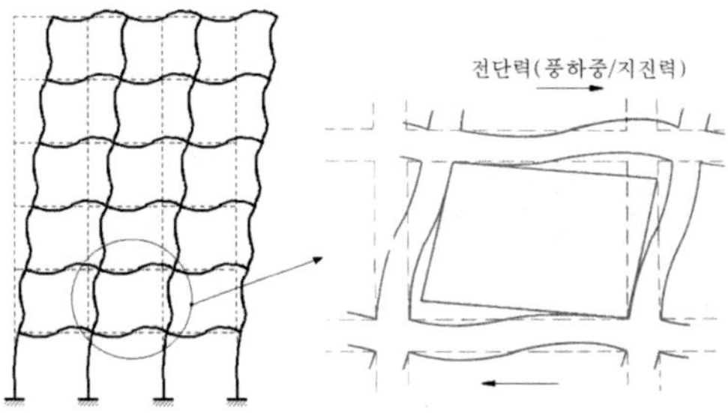

a) b)

그림 531 횡하중에 의한 모멘트저항골조의 변형과 벽체의 충돌/횡하중 하에서의 모멘트저항골조의 전형적인 변형이며, 이는 평면그리드형태(planar grid form)로서 서로 강하게 연결된 수평 및 수직부재로 구성되며, 주로 휨 강성(flexural stiffness)을 통해 횡하중에 저항한다.

건물의 골조와 채움재(조적벽)는 서로 연결되어 지진하중에 저항하기도 하지만, 붕괴하기도 한다. 그래서 이들의 연결부는 하중이 원활하게 전달되도록 주변의 구조요소에 정착한다. 전문건설업체가 검토 의뢰한 내진보강 시공(안)은 내진 지지보강이 아니라, 조적벽 도괴 시에 거주자의 피난 방향에 기준한 연결부 시공(안)이었다.

국토교통부의 조적식 구조의 경험적 설계법(2016)은 "골조에 지지하는 조적벽체가 골조에 의해 횡 지지 되는 경우 벽체는 금속 앵커에 의해 골조에 정착되거나 골조에 연결되어야 하며, 금속 앵커는 10㎝ 이상 조적체에 매입된 지름 13mm 볼트를 1.2m 이하의 간격으로 배치하거나 이와 등가의 면적을 갖도록 하여야 한다"라고 규정하고 있다. 이같이 벽체를 골조에 지지하도록 하는 것은 풍하중이나 지진하중과 같은 횡하중의 작용으로 구조물의 골조가 변형(예시 그림)되면서 골조와 조적벽체 간에 힘이 전달되는 과정에서 이들 부재 간에 일어날 수 있는 충돌로 인한 낙하(落下)와 도괴(倒壞)를 방지하고자 함이다. 특히, 외부 조적벽체(비구조요소)가 지진력에 의해 낙하하거나 도괴로 인간에게 치명상을 입히거나 재물을 파손시킨다는 점에서, 조적벽체와 골조에 대한 정착이 구조적으로 이를 방지하는 역할을 한다.

<발주자와 협력업체의 관계, 그리고 기술용역>

아파트신축공사의 조적벽체를 전담해서 시공하는 대기업의 협력업체(전문건설업체)는 공사착수 전에 대기업이 제시한 「내진설계 가이드라인」에 기초하여 조적벽체(중량칸막이벽)의 내진보강시공기준을 정하라는 요청을 받았다. 즉, 내진설계기준이나 가이드라인에 구체화되어 있지 않은 '조적벽체 지지보강에 대한 시공기준'을 전문가에게 의뢰하고서 승인받은 후에 시공하라는 것이다. 협력업체는 조적 공사비에 포함되어 있지 않으나 대기업(조적공사 발주자)의 요청을 거부하기 어려웠을 것이다. 이같이 기준을 마련하라고 한 것은 아마 조적공사의 물량이 대규모라는 점에서였을 것이다.

협력업체는 또 다른 분야의 대기업 협력업체 2의 구조설계 업체에 이를 맡겼다. 그러나 이후에 필자(구조물진단업체)에게 다시 의뢰하였다. 여기에는 기준 마련이 난해하여 구조설계 업체가 일단 회피한 것으로 보인다.

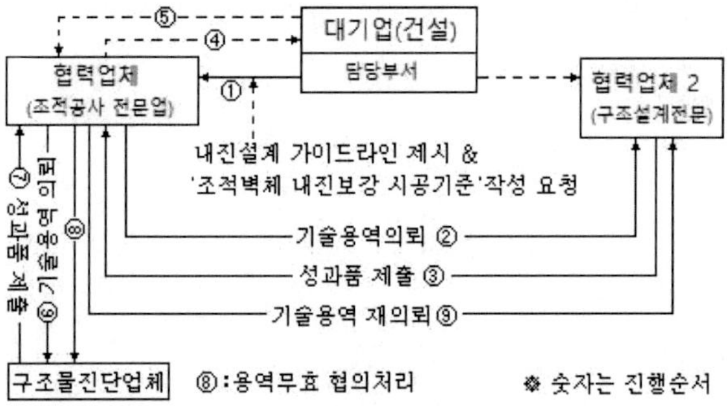

발주자의 의도와 기술용역 진행순서

대기업의 용역지침(가이드라인)은 골조와 조적벽체를 연결하는 연결재(L형 철물)의 시공 간격을 구조계산으로 정하도록 하였다. 그러나 이는 구조계산으로 정하는 것이 아니므로, 내진보강 일반이론과 기존의 조적 구조기준, 경험적인 설계에 의하는 것이 적절하며 실용적이라고 설득하였다. 그리고 국내외의 조적조 관련 자료와 조적구조규준 등을 참고하고, 여기에 조적조와 관련한 진단 경험, 내진 일반사항을 바탕으로 협력업체와의 기술용역을 수행하였다.

여기에서 대기업(담당자)의 요구에 마냥 따라야 하는가(?). 예컨대, 협력업체가 용역성과품을 제출하자 용역 범위를 확대하여 그들에게 필요한 또 다른 검토사항까지 추가하려 하였고, 자신의 편의대로 내용을 수정하려고 하고, 기술용역의 범위를 넘어서 고유 업무까지 침해한다. 이러한 경우는 협력업체와의 갑을관계를 고려하여, 가능한 대기업의 요구를 최대한 수용하려고 노력한다. 그러나 지나치게 일방적이고 권위적인 행태를 보이면, 계약원칙 유지가 기술용역업무의 본분이다.

결과적으로 경험적인 설계는 배제해달라는 대기업의 요청에 응할 수 없어, 협력업체는 협력업체 2에 다시 기술용역을 맡겼다. 이후에 그들의 자료를 입수하여 살펴보았다. 실제 인지의 여부는 알 수 없었으나, 조적벽체의 내진 시공과 무관한 피난자의 안전을 위한 조적 시공지침이었다. 이는 구조물진단업체에 용역을 의뢰할 때, 제공한 자료와 별반 다르지 않았다.

제1장 검토목적

공사발주자가 작성한 '건축비구조요소 내진설계 가이드라인'의 중량칸막이벽(조적벽체)의 3가지 지지형식(2변 지지, 3변 지지, 4변 지지)에 대한 적용성을 검토하는 기술용역이다. 따라서 대상공사의 조적벽체 배치상황을 조사하고 조적벽체의 규모(벽체 높이, 벽체 길이), 대린벽 유무, 벽체두께 0.5B, 1.0B 등에 따른 지지형식에 대한 내진 시공기준을 설정한다.

제2장 골조와 조적벽체의 상호작용

2.1 일반사항

발주자의 '가이드라인'에서는 조적벽체의 지지 상세를 지진 시에 골조와 조적벽체 간의 충돌이나 전도방지보다는 비상시의 피난 방향에 주안을 두어 정하였다. 그러나 조적벽을 피난 방향과 결부시켜 한쪽 측면에만 ㄱ형 앵글로 지지한 것은 지진 시에 피난을 고려한(피난 통로로 벽체가 무너지지 않게 하는) 설계이다. 이를 지진동의 벽체 거동에 대한 내진설계라고는 할 수 없다.

지진 시에 골조와 조적벽체 간의 상호작용과 조적채움벽의 낙하 및 도괴를 방지를 위해서 조적벽체의 규모(벽체높이, 벽체 길이, 대린벽 유무, 벽체두께 0.5B, 1.0B 등)와 지지형식(2변, 3변, 4변)으로 제한하는 것이 일반적이다. 즉, 조적벽체의 면적과 벽체의 두께, 대린벽의 존재, 조적벽의 위치에 따라 지지형식을 정한다. 이 같은 관점에서 비구조요소의 조적벽체에 대한 지지형식의 적용성을 검토한다.

2.2 발주처의 비구조요소의 조적벽체 내진보강시공 개요

※ 조적채움벽의 지지형식 : 조적벽체 하단부는 바닥면에 깔 모르타르 지지(1변)
① 2변 지지 : 바닥면 깔 모르타르+상부 ㄱ형 앵글설치
③ 3변 지지 : 바닥면 깔 모르타르+양 측면 L형 철물설치
③ 4변 지지 : 바닥면 깔 모르타르+상부 ㄱ형 앵글설치+양 측면 L형 철물설치

조적벽체(비구조요소)의 내진보강은 벽체의 도괴방지, 지진하중에 따른 골조의 변형과 벽체 간의 상호작용에 의한 충돌을 방지해야 한다. 특히, 조적벽체의 길이가 길면서 높이가 높거나, 길이가 짧은 경우, 또는 벽체의 길이는 길지 않으나 높이가 높은 경우에는 지진 시에 수평으로 작용하는 전단력에 취약하여 쉽게 파괴되는 특성도 있다. 또한, 외

적인 휨 충격에도 약하다. 이에 대한 발주처의 '건축비구조요소 내진설계 가이드라인'에는 설계 시 조적벽체의 내진보강은 벽체의 양 측면(기둥)에 L형 철물의 설치 간격을 구조계산으로 정하도록 하고 있으며, 벽체의 상부(예: 보)는 한 방향 측면에만 60㎝마다 ㄱ형 앵글(L-형강)로 잡아주고 있다.

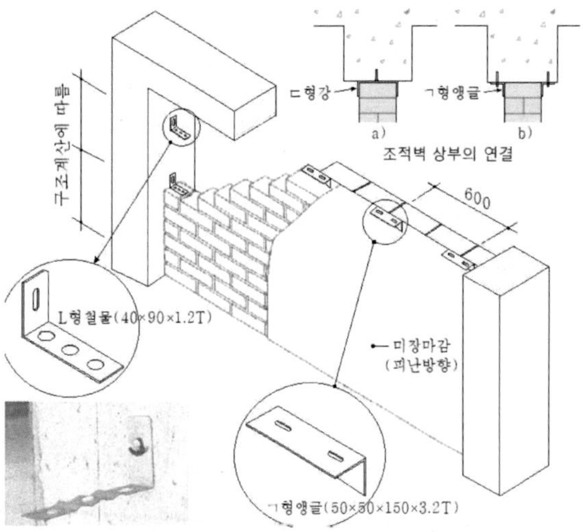

그림 533 우측상부의 그림 a)와 b)는 발주자 제공의 가이드라인에는 없는 별도로 그려 넣은 조적벽 상부의 연결 단면이다. 발주자 가이드라인에는 피난방향에 따라 한쪽 편에만 ㄱ형 앵글로 지지하는 것으로 되어있다. 이는 양방향 지지의 내진개념에 배치된다. 조적벽체의 전도방지를 위해서는 a), b)와 같이 양방향에 ㄱ형 앵글(또는 ㄷ형강)을 설치하여야 한다. 발주자는 ㄱ형 앵글을 피난통로부분에만 설치하였다. 발주자와의 논쟁이 불가피하였다.

조적채움벽(조적벽체)은 주변의 보. 기둥에 앵글로 앵커로 고정함으로써, 횡력의 작용에 따른 전단력과 휨 응력에 저항할 수 있게 된다. 이 경우에 정착부가 완전고정의 상태라고 할 수 없으므로, 지진력에 의한 골조와 벽체 간의 상호작용에 대한 변형에너지를 앵글 접합부에서 흡수하는 형식이 되어 골조와 조적벽체 간에 절연(isolation) 효과가 기대된다. 요컨대, 조적벽체 주변의 이 같은 연결만으로도 횡력에 대한 전도와 충돌방지를 최소화할 수 있다는 개념이다. 이에 준거하여 조적벽체의 지지형식을 조적벽체 하단부 바닥면의 깔 모르타르 부분을 기본지지 변으로 하여, 2변 지지(바닥면 깔 모르타르+상부 ㄱ형 앵글설치), 3변 지지(바닥면 깔 모르타르+양 측면 L형 철물설치), 4변지지(바닥면 깔 모르타르+상부 ㄱ형 앵글설치+양 측면 L형 철물설치)로 구분하여 시공한다.

제3장 조적벽체 지지형식의 적용기준

지진 시의 골조 변형에 따른 조적벽체의 손상 및 도괴 방지를 위한 벽체의 지지형식은 조적벽체의 길이[385]와 두께, 대린벽과의 거리, 벽으로 둘러싸인 면적 등을 고려한다.

385) 전도방지를 위해 횡력에 대응하는 벽체 면적을 최소화하고, 그 면적에 맞는 벽두께를 확보한다. 건축구조기준에서는 벽돌 조적의 2층 이상 건물에서 공칭두께 200㎜ 이상이어야 하며 층고가 2.7m를 넘지 않은 1층 건물 조적조의 경우 150㎜ 이상으로 하도록 하고 있다. 외부 비구조 조적벽체의 횡지지(lateral

다음은 조적조의 내진 관련 자료와 조적구조규준 등을 참고하였고, 시공기준이 없으므로 불가피하게 조적벽체 현장시공에 대한 조사와 실무경험을 바탕으로 직관적으로 제시하였다.

1) 수평지간거리(조적벽체의 길이, 횡적 지지의 수평제한거리)가 1.8m 미만인 조적벽체는 벽체 높이 5.0m 이내에서는 수직 지간 거리와 관계없이 앵글로 정착하지 않고 조적벽체를 설치하여도 무방하다. 여기에서 수평지간거리는 대상 벽체에 직교하는 벽(cross wall) 또는 붙임기둥(pilaster), 부축벽(buttress)과의 거리 구간도 포함된다. 이는 조적벽체에 대린벽(對隣壁)이 있는 경우, 이로 인해 전도의 가능성이 비교적 낮아지고 벽돌 개체 및 골조와 조적벽체 간의 모르타르 부착(bonding)과 정착(anchorage)으로도 내력을 유지할 수 있다고 본 것이다. 다만, 현장감독자가 2변지지(바닥면 깔 모르타르+상부 ㄱ형 앵글설치)시공을 요구할 경우는 예외로 한다.

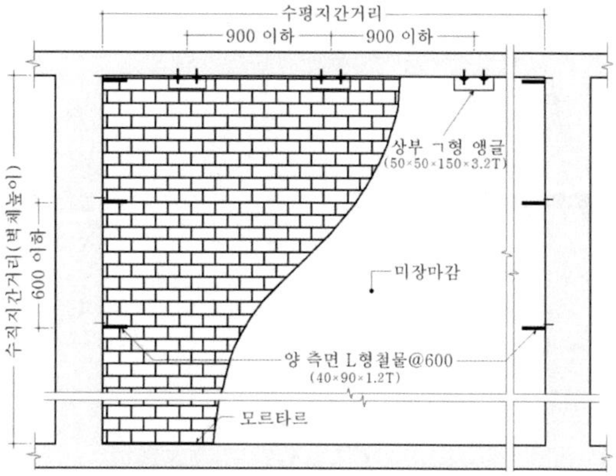

그림 534 조적벽체 4변 지지 내진시공(예)

2) 조적벽체의 수평지간거리가 1.8m 이상에서 3.0m 미만이고, 벽체 높이가 3.0m 미만은 2변지지(바닥면 깔 모르타르+상부 ㄱ형 앵글설치)시공을 적용한다. 이는 수평 지간거리가 비교적 짧아 양 측면의 2변에 대해서는 지지하지 않고, 조적벽체 상·하의 2변 지지만으로도 안전성을 유지할 수 있다고 판단한 것이다.

3) 조적벽체의 수평지간거리가 3.0m 이상에서 5.0m 미만이고, 벽체 높이가 3.0m 이상에서 4.5m 미만의 경우는 3변지지(바닥면 깔 모르타르+양 측면 L형 철물설치 2변지지) 시공을 적용한다. 이는 조적벽체의 하부와 양 측면을 지지하는 구조로써, 조적벽체의 안전성을 유지할 수 있다는 판단에서이다.

4) 조적벽체의 수평지간거리가 5.0m 이상이고 벽체 높이가 4.5m 이상의 경우는 4변지지(바닥면 깔 모르타르+상부 ㄱ형 앵글설치+양 측면 L형 철물설치)를 적용하는 것으로 한다. 이는 지진 시에 골조와 조적벽체 간의 상호작용에 따른 충돌방지와 조적벽체의 낙하 및 도괴방지를 고려한 시공이다.

support) 거리는 벽두께의 20배 이내, 내부 비구조 조적벽체는 36배 이내이다.

참고사항) 발주처 가이드라인은 ㄱ형 앵글설치간격이 60㎝이다. 국토교통부 '조적식 구조의 경험적 설계법(2016)'은 앵글의 볼트간격을 120㎝ 이하로 배치할 수 있다. 이를 놓고 볼 때, ㄱ앵글설치간격은 90㎝ 정도로 하여도 무방할 것이다. 이는 ㄱ앵글의 설치목적이 전도방지이고 조적벽체는 골조와 조적 개체 간의 모르타르 부착과 정착으로 유지되며, 앵글 간격이 근접할 경우는 시공효율이 떨어질 수 있기 때문이다. 즉, 앵글 간격 60㎝는 ㄱ앵글 길이가 15㎝이므로 순 간격이 45㎝가 되어 시공성이 떨어질 수 있다.

제4장 종합소견

다음은 조적벽체(비구조요소) 내진 시공의 지지형식을 검토한 결과이다.

표 : 골조와 조적벽체의 지지형식과 조건

지지형식	지지조건	비고
1변 지지	수평 지간 거리(조적벽체의 길이)가 1.8m 미만의 조적 벽체는 벽체 높이 5.0m 이내인 경우	바닥면 깔 모르타르(1변), 현장감독이 2변 지지 시공을 요구할 시는 예외
2변 지지	수평 지간 거리가 1.8m 이상에서 3.0m 미만이고, 벽체 높이가 3.0m 미만인 경우	-
3변 지지	수평 지간 거리가 3.0m 이상에서 5.0m 미만이고, 벽체 높이가 3.0m 이상에서 4.5m 미만인 경우	-
4변 지지	수평 지간 거리가 5.0m 이상이고 벽체 높이가 4.5m 이상인 경우	-

※ 참고: 발주자의 '가이드라인'은 한 방향 측면만 피난 방향인 경우와 양방향 측면이 피난 방향인 경우로 표준 상세를 구분하고 있다. 그러나 한 방향 피난 방향은 ㄱ형 앵글을 한쪽 측면에만 설치하기 때문에 전도방지 효과가 크게 반감된다. 내진보강을 위해서는 양방향 측면에 ㄱ형 앵글 혹은 ㄷ형강으로 양면을 지지하여야 한다. 조적벽체의 내진보강을 피난 방향에 따른 것은 부적절하다.

2.27 철근콘크리트 벽식구조의 'coupling beam'의 변화와 무량판구조

2.27-1 : 벽식구조의 병렬 전단벽(coupled shear wall)

1. 'coupling beam'의 개념

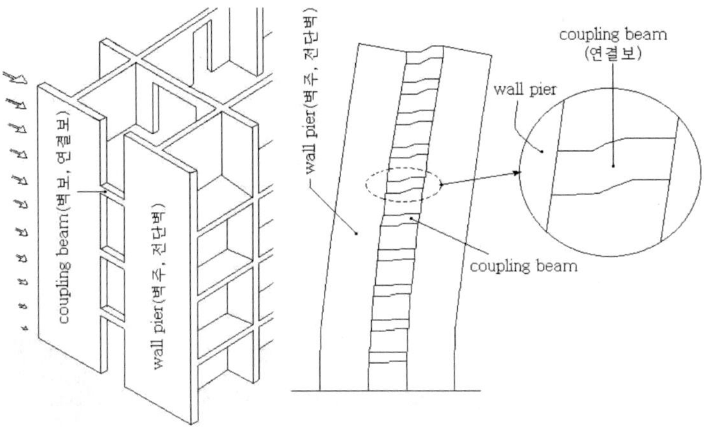

그림 535 병렬 전단벽의 wall pier(전단벽, 벽주)와 coupling beam(연결 보, 벽보)

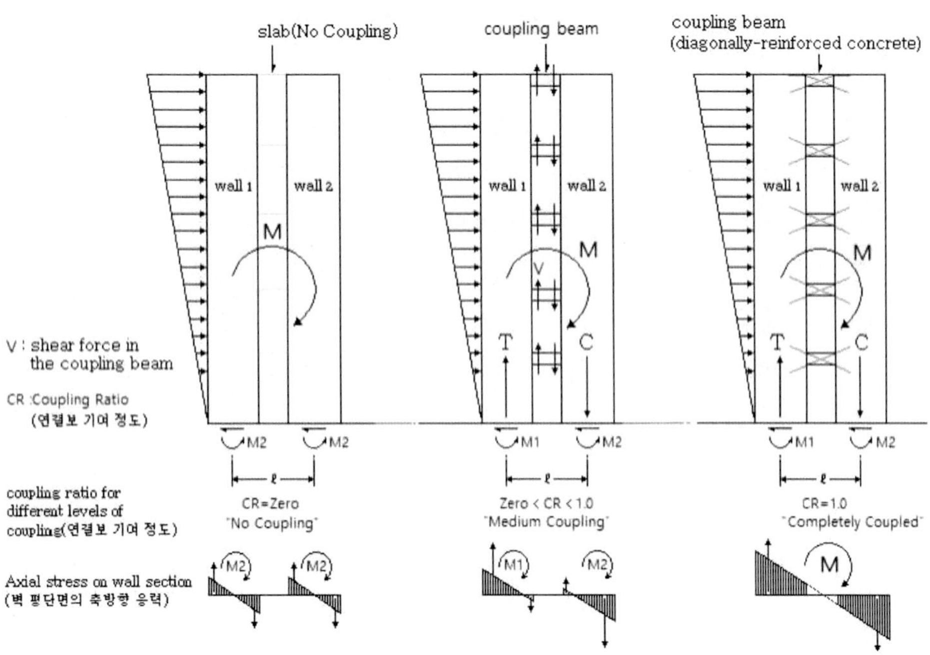

그림 536 coupling beam의 연결 정도(different levels of coupling)에 따른 응력변화/좌측은 독립된 캔틸레버 응력(independent cantilever stresses), 중간은 일반적인 응력(actual stress distribution), 우측은 대각선 철근보강의 응력(composite cantilever stresses)상태. 출처: Nofal(2021). 워그림에 보충설명

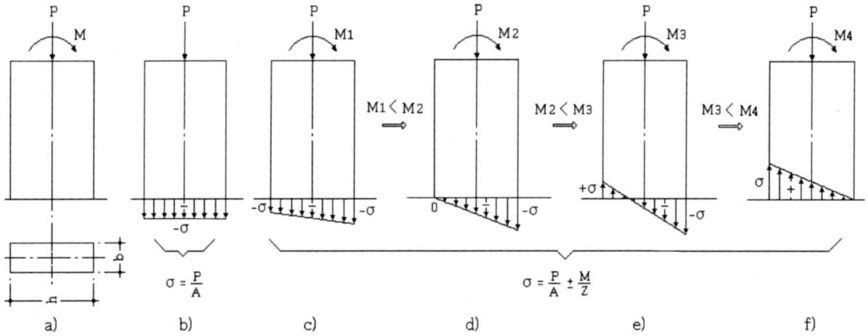

그림 537 단주(독립 벽주)의 수직응력(σ)의 변화/a)는 단주에 축방향력 P, 휨모멘트 M의 작용, b)는 중심축에 축방향력이 작용하는 단면의 등분포 압축응력, c)는 휨모멘트가 작용하면서 단면에 최대 및 최소 압축응력 분포, d)는 휨모멘트가 증가하면서 단면의 일단에 응력이 0이 되는 경우, e)는 휨모멘트에 의해 단면의 일단에 인장응력 발생, f)는 단면 일단의 인장 응력의 증가와 함께 단면의 타단 응력이 0이 되고 부재가 overturning이 일어날 수 있다.

벽식구조는 벽과 슬래브로 구성된 구조이다. 벽과 슬래브, 벽보(壁梁, wall girder)가 일체화되어 이들의 접합부 및 개구부 주변에서 소성 힌지의 형성을 지연시켜 높은 내진 성능을 갖게 하는 구조시스템(wall-slab structural system)이다. 여기에서 전단벽(shear wall)은 벽체의 면내로 평행하게 작용하는 수평력에 저항하도록 설계된 구조벽(structural wall)이며, 내력벽(bearing wall)을 겸한다. 분리된 두 개의 전단벽이 벽 높이 부분에서 연직하중 및 수평 하중에 저항하는 연결 보(coupling beam)로 상호 결합하여 이들이 하나의 부재로 작용하도록 하면 '병렬 전단벽'이 된다. 연결 보(벽보)는 지진 시에 에너지를 분산시키고 감쇠를 제공하여 연성 비탄성 거동을 도모한다.

횡하중을 받는 벽식구조의 벽체는 세장한 캔틸레버 보(cantilever beam)와 같은 거동을 한다. 이때 벽체의 밑면(base)에서 우력(couple)이 형성되어 외부 하중에 저항한다. 개별의 두 벽체가 벽보(연결 보)로 결합되어 있을 때는 개별적인 휨 거동으로 개별 벽체의 휨 작용에 의한 것보다는 서로 방향이 다른 축 방향 압축-인장의 우력에 의해서 횡하중에 따른 외부 전도모멘트의 일부를 분담한다. 예컨대, 횡하중을 받아 병렬 전단벽(coupled shear wall)이 왼쪽에서 오른쪽으로 밀리면 연결 보는 이중 곡률을 받고 그 결과로서 일어나는 전단은 각각 좌우 벽의 축 방향 인장 하중과 압축 하중으로서 벽주(wall pier)로 전달된다. 이들 축방향력의 결합은 각 벽주의 밑면에 모멘트를 추가하여 저항모멘트가 마련되면서 큰 휨 저항이 발생한다.

병렬 전단벽이 횡하중을 받으면 연결 보의 영향으로 연결 보에 모멘트와 전단, 벽체의 모멘트와 전단, 벽체 밑면에 우력(압축과 인장)이 작용한다. 그 영향의 정도는 연결 보와 두 벽체 간의 상대적인 강성, 층수에 따라 달라진다[386]. 이 같은 병렬 전단벽(coupled wall system consisting of two piers and a single row of coupling beams)의 거동은 개구부가 작은 경우(예: 창) 구조 벽에 미치는 영향은 미미할 수 있다. 개구부가 클수록 효과가 더 뚜렷하고 골조 거동이 지배적일 가능성이 있다. 이러한 구조물의 거동을 정하는데 여러 무차원 매개변수를 사용한다. 대개는 α H가 가장 유용하게 쓰이며, 여기에서 α는 지배 미분방정식의 계수, H는 벽의 전체 높이다. 무차원 매개변수 α H[387)]는 Beck, Hubert 등과 Marshall[388)]의 연구 문헌에서 정의하고 있다.

1960년대 초반 이전에는 연결 보로 이어진 벽에 대한 실용적인 이러한 설계법이 쓰이지 않았다. 예컨대 이들 각각의 벽에 대해 그 강성(stiffness), 이를테면 단면2차모멘트에 비례하여 횡하중을 전달하는 것으로 하여 각각 캔틸레버로 설계하였다. 이로 인해 벽은 상당히 과잉설계(over-designed)되었지만, 연결 보는 과소설계되었다.

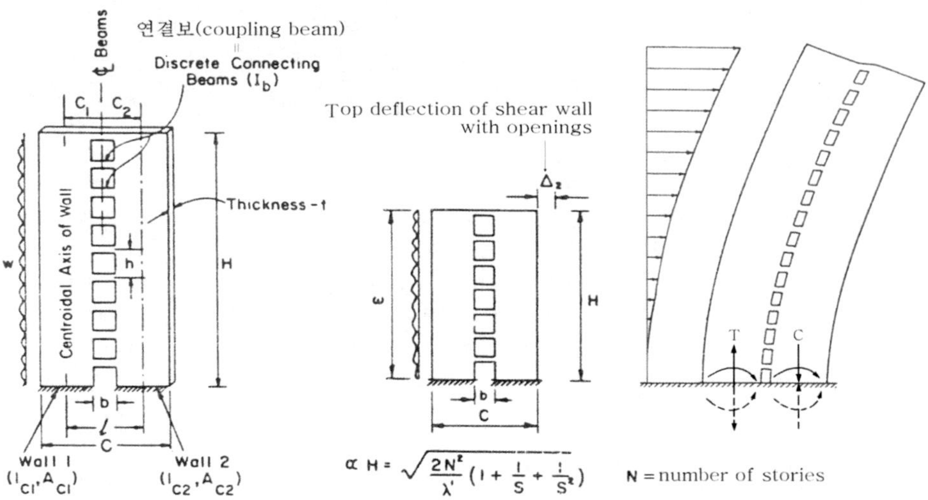

그림 538 병렬 전단벽(coupled shear walls, shear wall with single row of openings)의 거동(예)

---

386) Mark Fintel, S.K. Ghosh, "Seismic Resistance of a 16-Story Coupled-Wall Structure: A Case Study Using Inelastic Dynamic Analysis", Portland Cement Association 1980.

387) 간략하게 설명하면, 병렬 전단벽의 일체화의 정도(연결 보의 강성)를 산정하는 매개변수이다.

388) "Beck, Hubert, 'Contribution to the Analysis of Coupled Shear walls,' ACI Journal, Vol. 59, 1962, pp 1055-1069"에서 $\alpha H = H\sqrt{\frac{12I_b}{hb^3}\left[\frac{l^2}{(I_{c1}+I_{c2})}+\frac{A_1+A_2}{A_1\,A_2}\right]}$ C는 전단벽의 전체 폭, $A_1 = A_2 = t\left(\frac{C-b}{2}\right)$, $I_{c1} = I_{c2} = I_c = \frac{t}{12}\left(\frac{C-b}{2}\right)^3$이다. $\lambda' = \frac{I_c/h}{I_b/b}$(전단벽에 대한), $S = b/C$를 대입하면 $\alpha H = \sqrt{\frac{2N^2}{\lambda'}\left(1+\frac{1}{S}+\frac{1}{S^2}\right)}$이 된다. 또한, "Marshall, M.G., The analysis of Shear Wall Structures, M. Sc. Thesis, University of Waterloo, Ontario, September 1968"에서 두 벽 간의 결합 정도를 1/길이 단위(Having units of 1/length)를 갖는 기하학적 매개변수 α H가 13을 초과하면 벽은 단일 균질 캔틸레버로 간주하고, α H < 0.8이면 벽을 두 개로 분리된 개별 캔틸레버로 취급할 수 있다. α H의 모든 중간값(즉, $0.8<\alpha H<13$)에 대해서는 연결 보의 상대적 강성을 고려하고 있다.

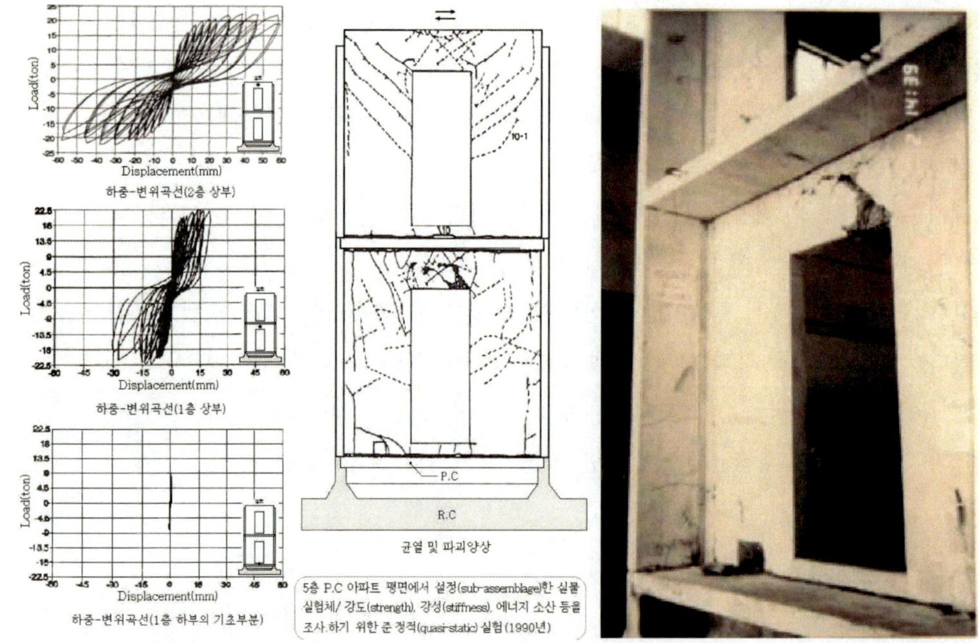

그림 539 준 정적(quasi static) 반복하중을 받는 실물체 시험/균열은 2층 수평 접합부에서 시작하여 벽보 양쪽 코너, 수직 접합부로 진행되어 벽보가 먼저 파괴되었다. 전체적으로 휨거동의 overturning으로 RC 벽식에 준하는 휨 강성을 지님, 하중-전단 미끄러짐, 하중-벌어짐이 이에 상응하고, 1층의 미끄러짐은 무시할 정도. 실물대 실험의 제약과 부담을 고려한 1/3 축소모형 실험체와 상사성 연구 병행, 이들 모두 동적 하중을 모의하는 실험으로, 관성력과 시험체에 작용하는 감쇠력의 효과를 무시할 수 있도록 반복하중을 매우 느리게 가하여 지진하중을 받는 시험체의 해석을 정적으로 단순화. 구조실험은 구조물진단과도 밀접하며, 구조물에 외력이 작용할 때 나타나는 거동(응력, 변형)을 조사하여 예측하고, 구조물의 거동에 따른 외력의 원인해석에도 유용하다. 'P.C 조립식 대형판 구조물의 내진성능에 관한 연구' 실험자료(1990)

수평 하중을 받는 전단벽의 거동은 하중 이력(loading history), 단면형상(sectional shape), 수직 및 수평 철근, 횡보강근(lateral confinement), 전단스팬비(aspect ratio), 압축응력(axial compression), 콘크리트의 압축강도에 따라 달라진다. 따라서 전단벽 내진설계의 기본원칙과 구조성능을 충족할 수 있도록 벽식구조를 설계하기 위해서는 벽체가 보유하고 있는 수평 강도, 강성 및 변형능력 등을 파악할 수 있어야 한다.

구조벽은 엄밀하게는 수직 하중이나 수평 하중만을 지지하거나, 또는 수직 하중과 수평 하중을 모두 지지한다. 이는 고층건물에서 지진이나 바람과 같은 횡하중에 저항하는 역할을 한다. 각 층에서 독립적으로 거동하는 이러한 벽을 결합하는 연결 보(coupling beam)은 건물의 횡 방향 저항능력을 높인다. 즉, 2개 이상의 단일 벽으로 구성된 구조부재를 적절하게 연성이 있는 보로 연결한다. 이는 벽의 독립적인 거동과 비교하여, 벽 밑면의 휨 모멘트(base bending moments)의 합을 최소 25% 줄일 수 있다[389]. 연결 보는

389) Eurocode 8(2004)은 연결보를 벽의 독립적인 거동에 비해 벽에 작용하는 휨 모멘트를 약 25% 줄이도록

횡력에 대한 저항성을 높인다. 즉, 이들은 두 개의 개별 독립부재(예: 전단벽, 기둥)을 연결하여 건물 전체 시스템의 강성을 보완한다. 이는 일반적으로 짧고(short) 두꺼우며(thick), 깊은 보(deep beam)와 유사하다.

2. coupling beam의 유형390)

철근콘크리트(RC) 전단벽은 이에 인접한 독립 전단벽과 보(wall girder, coupling beam)로 연결된다. 연결보는 '병렬 전단벽'의 휨 모멘트를 줄이고 전체 건물 높이에 걸쳐서 에너지 소산 메커니즘을 마련하며 전단벽시스템의 효율을 향상하여 구조물에서 중요한 역할을 한다. 연결 보는 반복하중 하에서 약간의 강성(stiffness)과 강도(strength) 저하만으로 뛰어난 에너지소산능력(energy dissipation capacity)을 나타내게 한다. 즉, 입력된 지진에너지를 안정된 이력 거동으로 소산할 수 있게 한다. 이력 성능(ductile hysteretic performance)은 일반적으로 섬세한 상세(sophisticated detailing)를 제공함으로써 달성되나 이는 곧 시공을 어렵게 한다. 이러한 연성 이력 성능과 시공상의 실용성 사이에서 균형을 찾기 위해 다양한 유형의 연결 보를 고려할 수 있다. 일반적으로 사용되는 연결 보에는 각각 제한 사항이 있으며, 한가지 유형의 연결 보가 건물설계의 모든 경우에 적용되는 것은 아니다. 구조물에 적합한 연결 보를 선택하려면, 이들 연결 보의 한계와 관련한 고정정착의 요구사항을 염두에 두어야 한다. 설계자는 시공과 관련하여 다양한 의견이 있을 것이므로 이에 우선할 필요가 있다.

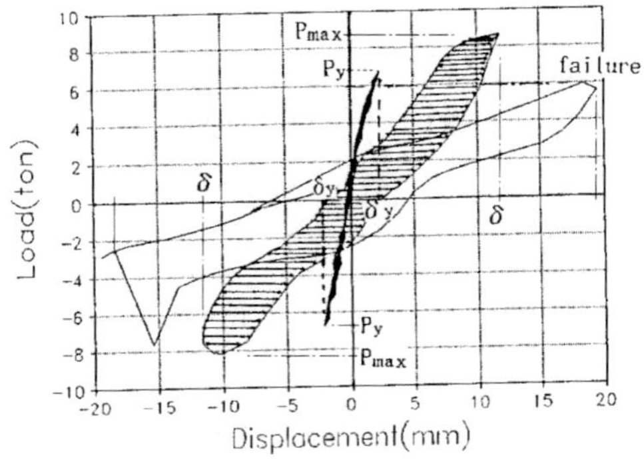

그림 540 P.C벽판 연결 보의 이력 곡선(예)/핀칭 작용(pinching action)은 반복하중의 작용에 따라 강성이 낮아지면서 이력 곡선(hysteresis loop)이 누워버리는(강성이 현저하게 저하되는) 현상이다. 'P.C 조립식 아파트의 내진성능연구(1991)'의 실험자료

① RC 연결 보(conventional RC coupling beams)

수평 철근과 늑근을 배근한 방식이며, 대체로 전단응력이 낮고 보의 휨을 통제할 수 있을 때 가장 실현성이 있고 경제적이다. 연결 보의 경간/춤(span/depth) 비가 작고 높은

설계된 보로 정의하고 있다.

390) "Coupling Beam Types, Jan, 2019 By Songtao Liao, Ph.D., P.E., M. ASCE and Benjamin Pimentel, P.E. In Structural Design, https:// www.STRUCTUREmag.org"에서 참고.

전단응력이 예상되면, 다른 유형의 연결 보를 모색한다. 설계요구사항은 RC 모멘트골조와 같다. 이는 좋은 연성과 변형성, 비교적 간단한 상세와 시공성으로 인해 건물설계에 널리 사용되고 있다. 다만, 이력 반응으로 나타난 높은 반복 전단응력과 현저한 핀칭현상(pinching phenomena)으로 좋은 에너지 소산 능력을 유지하지 못한다. 대각선 전단파괴 및 슬라이딩 전단파괴는 연결 보에 늑근을 촘촘히 배근해도 피할 수 없다. 철근의 혼잡을 완화할 필요가 있다.

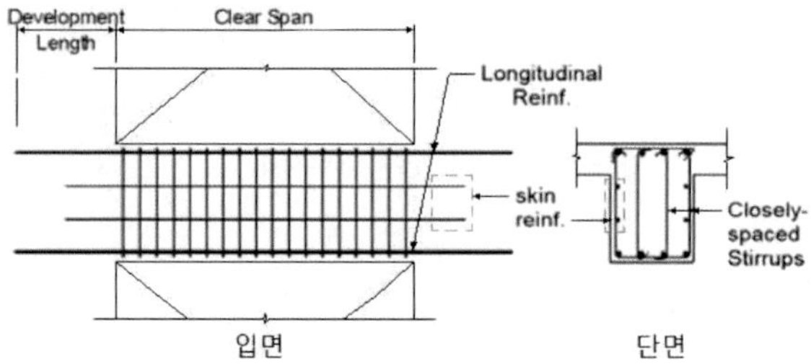

② 대각선 철근보강의 연결 보.(diagonally-reinforced concrete coupling beams)

1960년대에 병렬 전단벽(coupled shear wall) 면(face)에서 슬라이딩 전단 파괴(sliding shear failure)되는 것을 효과적으로 억제하기 위해 연결 보에 대각선 철근 배치의 연결 보가 제안되었다. 이는 경간/깊이(춤) 비(span/depth ratio)가 2 미만일 때 탁월한 에너지 소산 능력과 연성을 제공하는 가장 효과적인 보강 상세로 인식되고 있다[391]. 대각선 철근의 현장 배치는 힘들고 노력이 필요하다. 경간/춤 비가 2보다 크고 대각선 철근의 각도가 작아지면, 대각선 보강 철근의 효과가 크게 줄어든다. 고층건물 연결 보의 대부분이 이 범위에 들어간다.

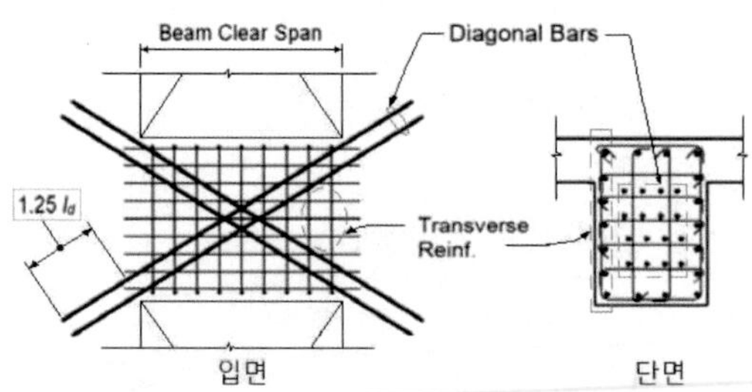

설계 전단력은 대각선 철근에 의해서만 저항하고, 모멘트는 대각선 트러스가 역학적으로 대응한다. 공칭 최대 허용 전단응력의 한계를 연결 보의 연성(ductility)과 변형성(deformability)을 확보하기 위해 제한하고 있다. 다만, 양호한 강성과 높은 연성 에너지 소산 능력을 나타내지만 이를 적용하는데 몇 가지 시공성 문제도 있다.

③ 철골 연결보(steel coupling beams), 밀폐형 철골합성 연결 보(encased steel composite coupling beams)

'대각선 철근보강의 연결 보'의 시공의 난해함을 피할 수 있는 대체수단으로써, 철골은 넓은 플랜지 철골(wide-flange steel members)이다. 이는 대각선 철근보강 연결 보에 상

391) 2.5배까지 실험적으로 검증된 결과도 있으며, 더욱 세장한 연결 보에 대한 연구가 되고 있다.

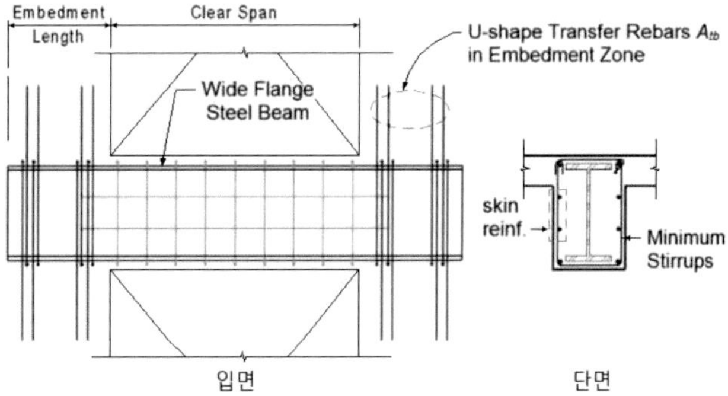

응하는 연성과 에너지 소산 능력이 있으며, 이를 위해서는 순 경간(clear span)과 연결 보의 묻힘 영역에 대에 대한 적합한 상세를 마련하는 것이 중요하다. 전단력과 휨모멘트는 모두 철골 부재가 전담하는 것으로 한다. 콘크리트 밀폐의 이점은 무시하지만, 더욱 높은 강성(stiffness)과 내화피복 기능을 한다. 철근보강의 연결 보와 달리, 밀폐형은 콘크리트 보의 최대 허용전단응력의 한계를 완화할 수 있다. '대각선 철근보강의 연결 보'에 비해, 보의 시공이 훨씬 용이하며, 일단 시공에 익숙해지면 시공 과정의 장애는 무시할 정도이다. 그러나 넓은 플랜지 철골은 병렬 전단벽, 특히 특수 전단벽 시스템의 경계 요소구역에서 전단벽의 수직 및 보강철근(vertical and confinement reinforcement)을 간섭할 수 있다. 이를 모두 수용하려면, 더 넓거나 바벨 모양의 벽주(barbell-shaped wall piers)를 사용한다. 철골 플랜지 폭을 줄이면 보의 묻힘 길이가 늘어나고 밀폐로 보호된 구역에 결함이 발생할 수 있으므로 이는 권장되지 않는다. 또한, 철골 부재는 연결 보를 통과하는 스프링클러에 필요한 슬리브를 복잡하게 만든다.

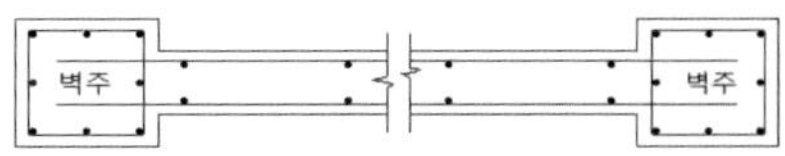

④ 매립(묻힘)형 강판합성 연결 보(Embedded Steel Plate Composite Coupling Beam)

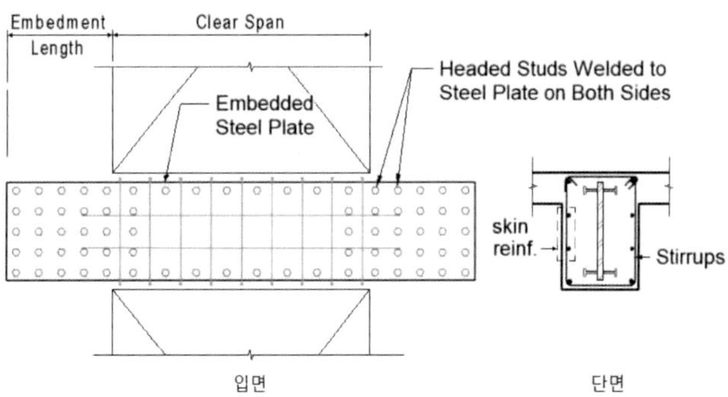

이는 철골 부재와 전단벽 철근 간의 충돌 완화를 도모한다. 헤드 스터드(headed studs)는 강판의 양쪽에 용접되어 늑근에 대한 특별한 상세가 필요하지만, 전단벽 수직 철근에 대한 방해는 훨씬 적어진다. 헤드 스터드는 콘크리트와 강판의 정착으로 힘을 전달한다. 강판이 대각선 균열 발생을 효과적으로 억제하고 연결 보의 취성파괴를 방지할 수 있어 'RC 연결 보' 보다 더욱 좋은 연성과 변형 성능을 보인다. 강판은 철근콘크리트 단면의 강도(capacity) 보충에도 쓰인다.

2.27-2 : 철근콘크리트 벽식구조 'coupling beam'의 적용

1. coupling beam의 변천

벽식 철근콘크리트구조는 현장타설 RC 일체식 구조(이하 'RC 벽식구조')와 P.C 조립식 벽판구조(이하 'P.C 조립식 구조')로 구분할 수 있다. 이러한 벽식구조(wall-slab structural system)에 대해 일본의 예를 들면, RC 벽식구조는 1952년 4층 이하로 건축하도록 하였고. 1955년에는 5층까지, 1970년에는 8층까지 건축할 수 있게 된다. 지진국인 일본에서 1990년대까지도 P.C 조립식 구조의 아파트설계에 이와 마찬가지로 적용되었다.

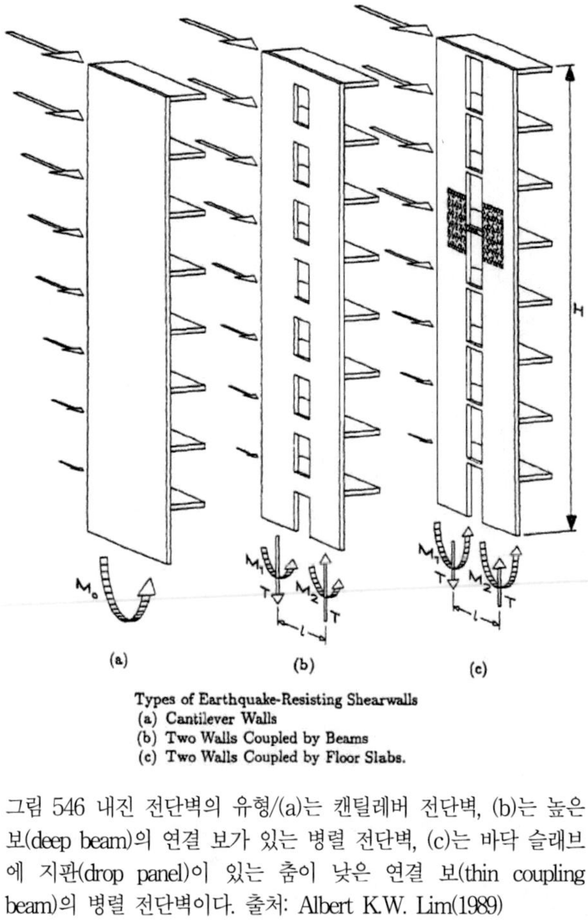

Types of Earthquake-Resisting Shearwalls
(a) Cantilever Walls
(b) Two Walls Coupled by Beams
(c) Two Walls Coupled by Floor Slabs.

그림 546 내진 전단벽의 유형/(a)는 캔틸레버 전단벽, (b)는 높은 보(deep beam)의 연결 보가 있는 병렬 전단벽, (c)는 바닥 슬래브에 지판(drop panel)이 있는 춤이 낮은 연결 보(thin coupling beam)의 병렬 전단벽이다. 출처: Albert K.W. Lim(1989)

문헌상으로는 1990년대까지도 벽식구조에서 깊은 보(deep beam) 형식의 연결 보(coupling beam)가 있는 병렬 전단벽과 바닥 슬래브에 드롭 패널이 있는 춤이 낮은 연결 보(thin coupling beam)의 사용을 찾아볼 수 있다[392]. 흔히 이러한 형식은 고층아파트 건물에 사용된다. 그러나 국내에서는 아파트 건물에 갱폼(tunnel form)이 적용되면서 연결 보(coupling beam)가 없어지고, 지판과 춤이 낮은 연결 보가 있는 병렬 전단벽이 적용된 경우를 찾아볼 수 없다.

392) Barnald, P and Schwaighofer,.J(1966). Qadeer. A and Stafford Smith, B(1969)., Coull, A. and El-Hag. A.A(1975). Schwaighofer, J. and Collins, M P(1977). Paulay, Thomas and Taylor, Roy G(1981). Albert K.W. Lim(1989).

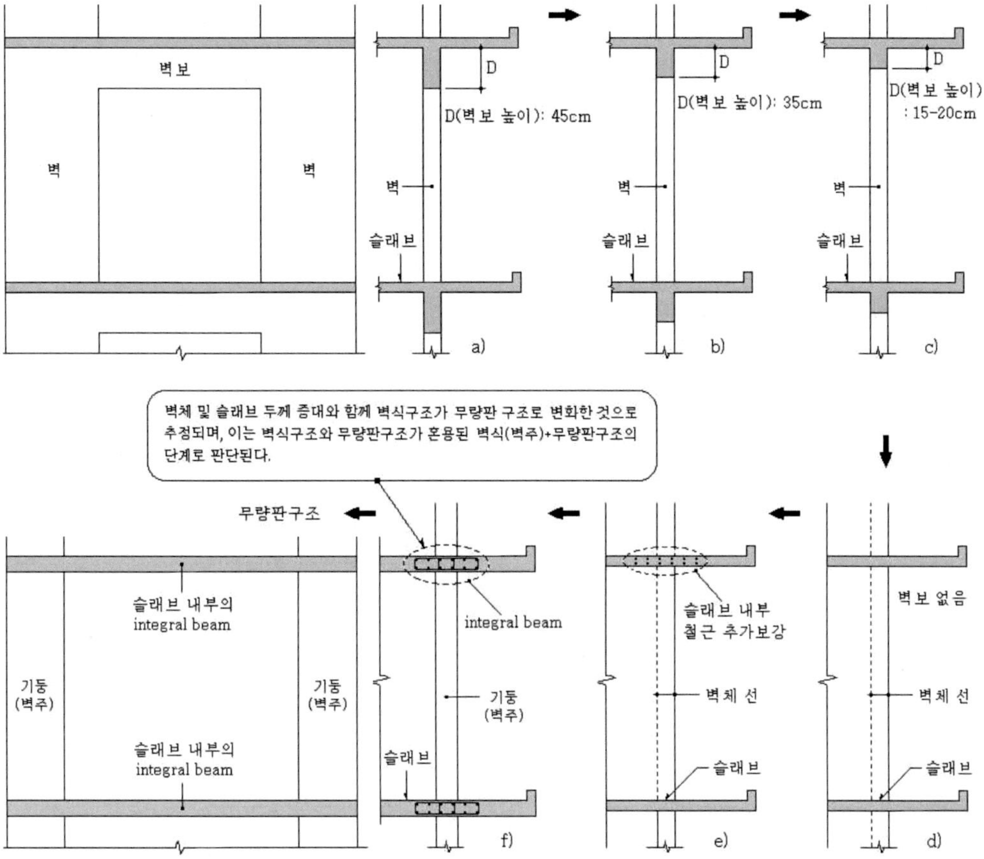

그림 547 국내 RC 벽식구조의 연결 보의 변화/벽식구조가 건축과정에서 벽식-라멘조로 변화하면서 기존의 전통적인 무량판구조처럼 변한다. 순수한 RC 라멘구조의 조적벽체가 철근콘크리트 전단벽으로 대체되어 라멘조-벽식(골조-전단벽)구조가 혼용되었듯이, 순수 벽식구조가 현실에 부응하는 과정에서 벽식-라멘조로 변화되어 벽 단부의 띠철근 배근과 지판(drop panel)이 없는 무량판형식으로 변하였다. 이는 정상적인 벽식구조, 무량판구조로 보기 어렵다. 새로운 공법에 대한 구조적인 검증(실험적, 해석적, 이론적) 없이 현실의 상황에 맞추다 보면 이들이 누적되어 기존공법의 본질이 훼손될 수 있다. 또한, 이러한 새로운 공법이 신기술로 포장되어 유통될 수도 있다.

국내에서 대량생산체계를 갖추고 건설한 'P.C 조립식 대형판구조' 아파트는 1971년 일본에서 도입(대한주택공사)하여 시범으로 P.C 공장 내에 4층 사원주택 1개 동을 건축하고, 광명시 철산에 5층 공영아파트 200세대를 건설한 것이 시초이다. 'RC 벽식구조'는 이즈음 혹은 훨씬 이전부터 건설되었을 것으로 생각된다.

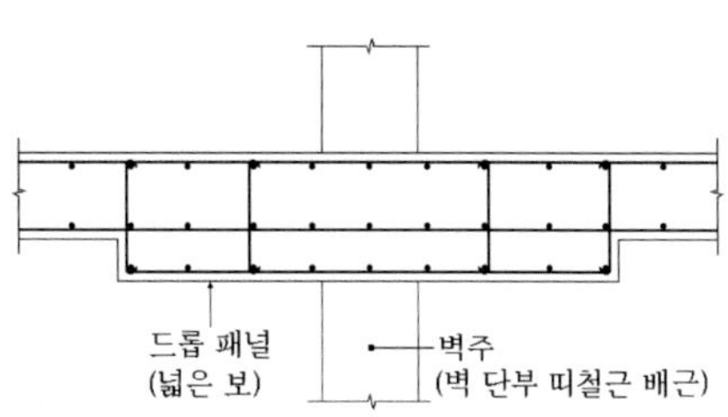

그림 548 드롭 패널형식의 연결보(예)

P.C 조립식 아파트를 도입할 당시에 일본에서는 5층의 경우 내력벽 두께를 15㎝ 이상

으로 규정하고 있었다. 그러나 내진설계가 적용되지 않았던 국내에서는 예외사항으로 벽 두께를 12㎝로 규정하였다[393]. 필자는 1981년부터 1990년까지 5층 P.C 아파트 구조설계를 전담하면서 벽식구조를 경험하였고, 1990년 초에 고층 P.C 조립식 벽판 아파트 개발, 구조설계기준의 제정, 내진구조설계에 대한 실험연구 등에 참여하였다[394]. 이러한 형식의 수많은 P.C 아파트가 1990년대 중반까지 건설되었다.

'벽식구조'는 기둥이 없는 벽과 슬래브 및 벽보로 구성된다. 지금은 믿어지지 않지만, 일본의 'RC 벽식구조'는 처음에 3층으로 시작하여 당시까지는 8층까지 고층화되었다. 대량생산과 공기 단축, 공비 절감 등을 목표로 하는 P.C 구조도 차츰 RC 벽식구조와 동일한 수준으로 8층까지 고층화된다[395]. 특히, 아파트의 고층화와 더불어 벽판이 대형화되고 벽판의 개구부도 커지면서 벽과 보 부분이 명확히 구별되는 벽식 라멘구조로 차츰 구조형식이 복합화된다. 이는 순수한 RC 라멘구조가 골조-전단벽 구조가 되고, 'RC 벽식구조'가 골조-전단벽 구조로 변화하는 것과 유사하다고 할 수 있다.

대형 벽판과 개구부의 커짐에 따른 영향도 있지만, 아파트 내부공간에서 길게 차지하는 직선 부재의 벽체를 기둥형식으로 집약하여 실내에 개방성을 갖도록 하고자 하는 설계 의도에서 벽식 아파트의 내부에 기둥형식의 벽체가 나타난 것으로 보인다. 이같이 벽식구조는 조금씩 구조형식이 바뀌고 있었다. 이는 2000년대 초에 고층아파트 건설현장에서 안전진단을 수행하면서 확인한 사항이다. 예컨대, 벽으로 볼 수도 없고, 그렇다고 기둥으로 보기도 어려우며, 슬래브 두께(15㎝)가 얇아 무량판구조(flat slab)라고도 할 수도 없는 구조물도 있었다. 그래서 무량판구조의 지판(drop panel)에 해당하는 슬래브 부분의 보강처리에 대한 현장문의에 대해서, 철근으로나마 보강하라는 구두 의견을 낸 바도 있다.

이러한 현상은 RC 벽식구조가 벽식-라멘구조로 변화하는 일단의 과정으로 볼 수도 있으나, 이는 자칫 고유한 구조방식이 조금씩 변경되면서 구조 기본사항이 무시되어 불안전한 구조물이 되지 않을까 하는 우려도 있었다. 이러한 구조형식의 변화와 함께 외적으로는 벽식-라멘구조로 보이나 실제로는 드롭 패널이 없는 일종의 무량판구조가 건설현장에서 목격되었다. 이러한 구조형식의 변화과정과 더불어 점점 벽체가 기둥으로 대체

393) 슬래브두께도 마찬가지로 12㎝였다. 벽식구조는 보통 벽과 슬래브의 두께를 거의 동일하게 한다.

394) P.C 조립식 주택건설회사인 ㈜한성을 필두로 1986년 5월 고층아파트 피씨화연구, 1987년 6월 P.C 고층아파트 구조검토연구, 1990년 1월 P.C 고층아파트 내진 구조설계연구, 1990년~1991년 P.C대형판 구조물의 내진성능시험, 1991년 1월 고층피씨(PC) 아파트 내진구조설계연구(Ⅰ-피씨판 조립식아파트건축의 내진구조설계지침, Ⅱ-피씨판 조립식아파트건축 구조계산서), 1992년 4월 '프리캐스트 콘크리트 조립식건축 구조설계기준 및 해설'작성 등이다.

395) 내진을 적용하지 않은 국내에서는 1971년 ㈜한성의 중층(5층)아파트 건설을 시작으로, 1982년 ㈜삼***의 12층 대형 외벽 샌드위치패널 공법이 도입되었다.

되면서 이에 대한 보강으로 슬래브(두께 27㎝)에 포스트텐셔닝을 도입한 드롭 패널 없는 무량판구조가 적용되기에 이른 것으로 보인다[396].

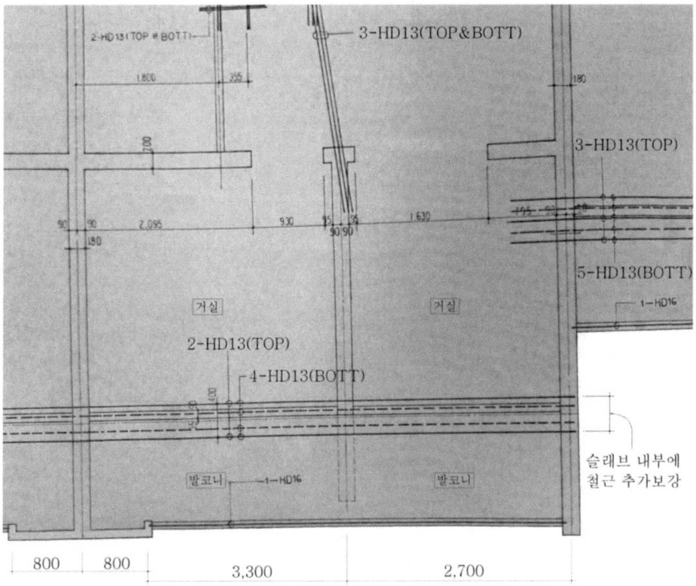

그림 549 1991년의 16층 벽식아파트의 구조도면에서 발췌한 배근도/슬래브 두께 15㎝에 앞 그림의 'e)-슬래브 내부에 철근을 추가하는 보강'과 같이 늑근없는 배근이다. 이를 연결 보로 보기는 어렵다. 설령 늑근을 배근하여도 정상적인 보의 기능을 한다고 할 수 없다. 즉, 횡격막인 슬래브 내의 배근이므로 '보'라기보다는 슬래브로 기능할 것이다. 2000년대에 이르러 16층 이하는 슬래브 두께 20㎝ 내에 배근하고, 17층 이상에서는 춤 35㎝의 벽보를 두고 있음이 확인된다.

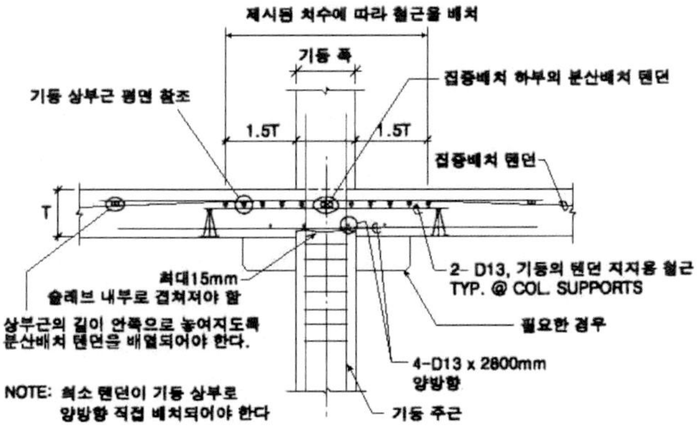

그림 550 일반적인 무량판구조 내부 기둥의 포스트텐션 텐던 배치(예)/슬래브두께 27㎝, 콘크리트 강도 30MPa이며, 지판(drop panel)은 필요한 경우에 두고 있다. 구조물진단을 수행하는 건설현장에서 지판이 없는 무량판구조가 많이 목격되었다.

2. coupling beam의 기능

벽식아파트의 구조설계에서는 'coupling beam'를 벽보(壁梁), '인방 보(lintel beam)', '연결 보' 등으로 호칭하였다. 이들 모두 각층 내력벽 개구부의 정부(頂部)에 두어 상호 유효하게 결합하여 양쪽 벽체를 연결한다. 이는 연직하중 및 수평 하중에 대하여 충분히

396) 2021년에 지방자치단체의 안전관리자문위원의 건설현장 안전점검에서, 고층주상복합 건물이 드롭 패널이 없는 포스트텐션(post-tension) 무량판구조였다.

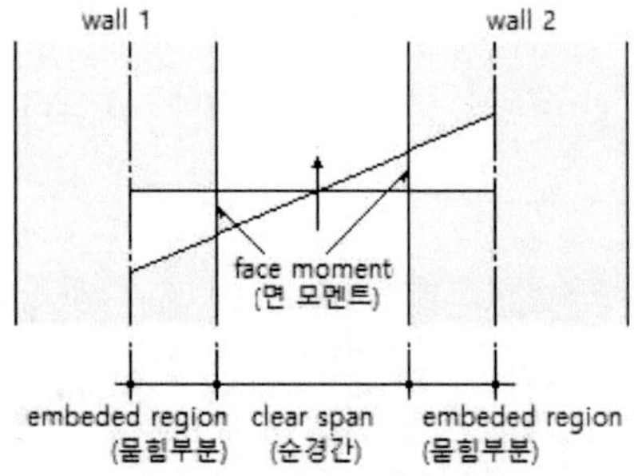

그림 551 연결 보의 부재력(예)/face moment 계산은 실제의 묻힘 부분의 휨모멘트를 직선분포로 가정하여 산정한다. 이같이 벽보로 연결된 전단벽(coupled shear wall)은 라멘적 거동을 하는 것으로 가정하여 구조계산한다.

안전한 내력을 갖도록 설계하여야 하며, 소정의 구조 일반사항에 적합해야 한다. 원래 벽보의 폭은 이에 접하는 내력벽 두께 이상으로 하고, 춤은 45㎝ 이상이었다. 이 밖에 벽보의 유효 폭, 두께, 배근에 관한 규정도 있다. 또한, 벽보는 전도로 인한 전단 저항의 감소를 저지하는 역할을 하지만, 과도한 횡하중에 의한 붕괴 시를 고려하여 전단파괴가 휨 항복에 선행하지 않도록 하였다.

80년 초에는 벽 보의 높이가 45㎝였으나, RC 벽식구조에서의 갱폼(tunnel form) 적용과 더불어 높이를 32㎝로 검토해 달라는 설계부서의 요청이 있었다. 당시에는 거실과 발코니 사이의 천장에 돌출된 벽보로 인해 거실의 개방감에 장애가 되어 벽보의 높이를 줄이자는 의도였다. 이에 대해 벽보의 배근을 보강하는 방안을 제시한 적이 있다. 그러나 이후에 벽보의 높이를 15㎝~20㎝로 더 낮추려고 하여 이를 거부하였다. 이뿐만이 아니라 실내 결로의 방지를 위해 외벽 두께(12㎝)를 11㎝로 줄여 달라는 요청도 있었다. 설계부서에서는 구조 안전의 문제보다는 결로가 자주 발생하는 벽 단면을 줄여서 그 부분에 단열재(압출스티로폼)을 부착하고자 한 것이다. 이를 이해할 수는 있지만, 구조계산으로 확인해 달라고 하는 지점에서는 단호히 차단하였다. 구조계산으로 이를 검증하는 것이 사리에 맞지도 않지만, 설령 검토 결과 'O.K'라고 할지라도 이는 '구조일반사항'에 어긋나고, 특히 벽보를 15㎝로 줄이는 것은 접합부가 hinged joint이므로 불가능하다고 설득하였으나 그들은 이해하지 못했다.

이 시기에는 RC 구조, P.C 조립식 구조 모두가 벽보의 높이를 45㎝ 이상으로 규정하고 있었지만, P.C 조립식 구조는 내부 경간이 짧은 일부 벽보에서만은 높이 45㎝ 이하여도 가능하였다[397]. 당시의 P.C 아파트는 RC 벽식구조와 달리 각 층의 슬래브와 벽보가 단순 지지상태이므로, 즉 수평 접합부가 건식으로써 분리되어 있으므로 벽보의 역할이 중요하였다. 또한, 일반적으로 벽보의 강도는 내력벽의 강도보다 작으므로, 벽보의 두께는 이것에 접한 내력벽의 두께 이하로 하는 것은 부적절하다.

397) 1991년의 벽식 아파트 구조설계도면에는 16층 이상에서만 높이 20㎝의 벽보를 두었고, 16층 이하에는 벽보가 없는 구조였다. 그러나 P.C 구조는 횡하중에 대하여 벽판의 면내 강성으로 저항하는 RC 벽식구조와 같은 구조이다. 차이가 있다면 조립식 구조의 접합부의 존재이므로 이에 유의하여야 한다.

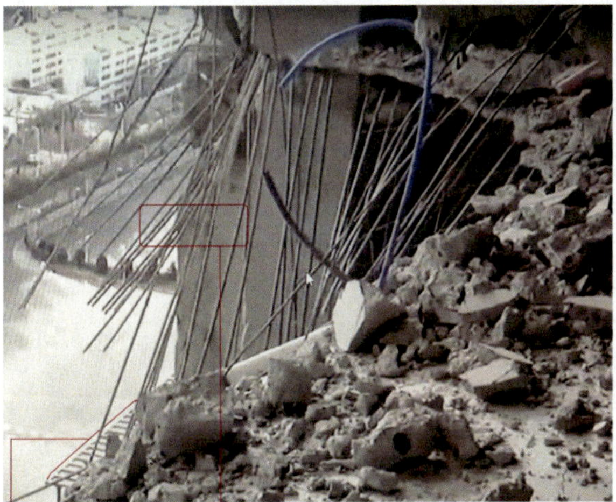

integral beam(연결보)의 수평 주철근으로 추정됨

슬래브 내부에 배근한 integral beam(연결보:coupling beam)의 confinement reinforcement(늑근)으로 추정됨

그림 552 (1) 무량판 건물 외주의 연결 보 부분의 슬래브 붕괴상황/지판(drop panel)이 있는 넓은 보 형식이 아니라, 슬래브 내부에 늑근(전단철근)과 함께 보강한 형식의 integral beam 배근이다. 이는 주두(capital)와 지판을 사용하지 않은 평판(flat plate) 슬래브로서 불안정한 구조가 될 수 있다. 지판은 기둥 주위의 전단응력을 감소시키며, 주두는 전단응력과 휨응력을 줄이는 역할을 한다. 보통은 무량판구조의 고층아파트 외주 슬래브에는 넓은 보 형식의 연결 보를 둔다. 무량판 구조라고는 하지만 사실은 세대경계벽 등은 벽식구조이므로 벽식과 무량판구조가 절충된 형식이라고 할 수 있다.

a) 붕괴 후 연결보(coupling beam) 부분의 상황

b) 연쇄붕괴(progressive collapse) 부분

그림 553 (2) 무량판의 연쇄붕괴 상황/외관상 벽식구조이지만, 사고 후 무량판구조라는 전문가의 언급이 있었다. 지판이 없는 무량판구조로서 고유 원형에서 크게 벗어난 것으로 보인다. 건설 중 붕괴되어 당국은 사고원인을 하부층 동바리 미설치, 무단 구조변경, 레미콘의 가수(加水) 등에 의한 콘크리트 강도 미달, 감리부실 등 총체적 부실을 지목했다. 무량판구조의 잦은 붕괴사고 원인을 벽식구조와 무량판구조가 무분별하게 혼용되어 무량판구조 고유의 원형이 훼손됨에 따른 것은 아닌지 살펴볼 필요가 있다. 부실시공보다는 신공법 무량판구조의 문제일 수 있다.

3. 일반원칙에 충실한 구조설계

두 벽체를 개구부 상부에서 연결하는 벽보(연결 보, coupling beam)는 횡하중에 대하여 휨과 전단을 받는다. 이는 중력 하중에는 큰 영향을 받지 않는다. 즉, 횡하중의 작용 시 벽체에 유발되는 저항력을 인근 벽체로 전달하여 전체구조시스템의 횡력 저항능력을 확보하는 역할을 한다.

이러한 벽보는 전단벽을 연결하는 부재로서 길이는 벽 사이의 간격에 의해 정해지며 벽체의 연장선에 배치한다. 벽보의 춤은 갱폼(tunnel form)의 사용 또는 층높이와 개구부의 높이에 따라 정해지므로 매우 작은 단면인 경우가 많다. 그러나 이는 횡력의 대부분을 지지하는 전단벽체를 연결하여 하중의 이동 경로가 되는 부재로 기능하도록 하여야 한다. 다만, 벽보의 적절한 강도와 연성도는 확보하여야 한다.

철근콘크리트 벽식구조의 변천을 개괄적으로 살펴보면, 3~4층으로 시작한 벽식 아파트가 고층화되기 시작하면서, 벽보의 높이가 점점 줄어들어 나중에는 벽보 없는 벽-슬래브구조로 발전한다. 이는 이후에 라멘구조의 지하주차장과 상부층 벽식 아파트와의 경계에 깊은 보(deep beam)를 적용하는 복합구조로 발전하기에 이른다. 이는 아파트와 같이 벽량이 많은 건물과 내력벽과 같은 장애물이 없는 라멘조의 지하주차장이 결합된 복합구조가 시대적으로 요구되었기 때문일 것이다.

원래의 벽식구조는 벽과 슬래브, 벽보(연결 보)로 구성되었다. 이러한 구조형식이 주거환경의 변화와 함께 벽식구조에 부분적으로 라멘 형식의 골조가 가미되고 점점 벽식-라멘구조로 발전한 것으로 추정해 볼 수 있다. 이러한 구조형식의 변화과정에는 구조설계기준과 지침, 구조일반사항을 기본적으로 지키면서 이론적, 실험적, 해석적인 검증을 거치게 된다. 그러나 구조설계에 있어서 이같이 검증하는 것도 중요하지만, 구조형식의 변화는 일반원칙을 최대한 지키는 범위 내에서 이루어져야 한다. 예를 들어, 벽보를 벽과 벽에 연결하지 않고 슬래브 내부에 두었을 경우, 이는 슬래브 속에서 슬래브와 벽보의 기능을 함께 해야 하므로 벽보 고유의 기능을 하는데 일정 부분 한계가 있을 것이다. 이를 바람직하다고 할 수는 없을 것이다.

또한, "캔틸레버 보를 제외한 보(girder, beam)는 반드시 기둥에 지지시키거나 보에 지지 되어야 하며, 기둥은 가능한 수직 방향으로 일치하여야 한다"는 것은 구조부재의 배치계획에서 지켜야 할 기본원칙이다. 이는 병렬 전단벽과 같이 두 벽체를 연결하는 보 또는 벽에서 캔틸레버 보가 돌출되는 경우를 제외하고서는 작은 보(beam)는 큰 보(girder)에 지지 되고, 큰 보는 기둥에 지지 된다. 다만, 깊은 보, 전이 보(deep beam, transfer girder) 위에 기둥을 두기도 하지만, 보통은 이같이 층간 기둥이 수직 방향으로 일치하지 않고 엇갈려 있다면 하중전달경로가 바뀌면서 이에 따른 별도의 구조 상세가 요구되고 또한 불안정한 상태가 될 수 있다. 따라서 깊은 보에 대하여는 구조 일반의 특기 사항과 함께 특별한 구조설계가 필요하게 된다.

예컨대, 보(girder)를 벽체에 지지시키는 경우에는 보의 지지점을 통해 벽으로 전달되는 하중에 의해 벽체에 수직균열이 발생할 수 있다. 보를 지지하는 벽체의 두께가 두껍다고 할지라도, 벽체는 구조적으로 기둥과 기능이 다르므로, 보의 하중이 벽체에 전달되면서 보의 지지점 부근의 벽체에는 기둥 형태로 벽체에 수직균열이 발생할 수 있다. 이같이 보를 벽체에 직접 지지토록 하는 것은 정상적인 부재 배치가 아니다. 예컨대, 벽체가 기둥에 상응하는 이상의 두께라고 하여 벽체 위에 보를 두게 되면 벽체에는 보에서 전달된 하중으로 인해 수직 방향으로 기둥 형태의 균열이 발생한다. 이는 마치 말 없는 보가 인간에게 "내 밑에는 하중을 곧바로 전달할 기둥이 필요하다"라는 것을 호소하고 있는 것이라고도 할 수 있다. 즉, "큰 보는 기둥에 지지되어야 한다"라는 구조부재 배치의 기본원칙을 보 자신이 벽체에 스스로 표시해 놓은 것이라 할 수 있다. 따라서 이러한 경우는 벽체 상부의 테두리 보와 함께 보 하부의 벽체에 내부 기둥(integral column)을 배치하거나 붙임 기둥을 두어야 한다. 초창기의 이러한 부재 배치의 원칙이 설계에 적용되지 않은 것을 1990년대에 건설현장에서 직접 확인하였다.

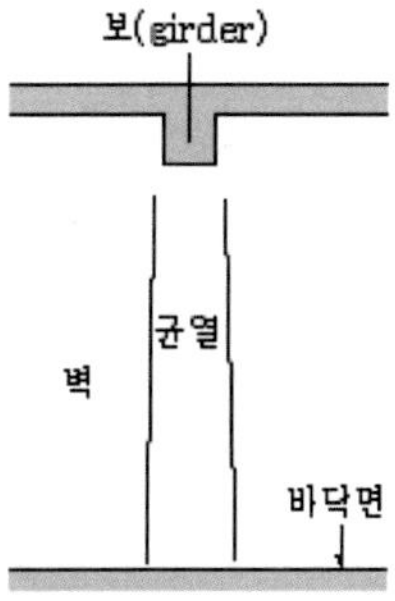

그림 554 보 하부의 벽체에 발생하는 균열양상

공동체의 사회생활에서도 원칙을 지켜야 서로 상생하면서 큰 문제가 발생하지 않는다. 구조물 설계는 '구조일반사항'을 지켜야 최소한의 구조 안전을 도모할 수 있다. 이는 구조 안전을 위해 구조계획과 설계 시에 준수해야 할 원칙이다. 이러한 '구조일반사항'을 벗어나는 일이 누적되다 보면, 이와 더불어 차츰 구조형식도 변형된다.

1980년대 초의 P.C 5층 아파트 구조설계는 '구조일반사항'에 따라 벽보 높이 45㎝를 준수하였다. 이러한 규정은 연직하중과 수평 하중에 대해 일정이상의 강성(剛性)과 강도(强度)를 확보하는 의도로 정한 것이다. 다만, 경간이 짧을 경우는 이를 하회하는 것을 허용하였다. 그러나 벽보가 없는 갱폼의 RC 벽식구조에 부응하는 설계를 하면서 P.C 벽보의 높이가 32㎝로 되었고, 이후에 더욱 낮아졌다.

P.C 벽식구조는 현장 타설의 RC 벽식구조와 달리, 각각의 부재가 접합부에서 대부분 hinged joint로 결합 집성되어 전체적으로 일체화(integrity)하여 횡격막작용(diaphragm action)과 부축작용(bracing action)으로 구조안정을 이루는 방식이므로 벽보를 없앨 수는 없다. 즉, 구조해석을 통해서 벽보 없이도 구조 안전을 확인할 수 있을지라도, 이는 P.C 벽식구조설계의 일반사항에도 어긋나며, 벽보(연결 보) 없는 상태의 P.C 벽판 구조는 슬래브의 횡격막작용에도 영향을 미쳐 전체적으로 구조안정을 해치게 된다. 구조설계는 안전성과 사용성을 확보하는 것이 주안이다. 이를 위해서는 이론적, 실험적, 해석적인 검증

하에서 '구조일반원칙'에 충실하는 것이 최선이다.

P.C 구조와 R.C 구조의 누진적 붕괴(progressive collapse)

Ronan Point P.C 건물(사용 중 붕괴사고)　　R.C 무량판구조(건설 중 붕괴사고)

1968년 영국 런던의 24층 아파트(Ronan Point)의 18층에서 일어난 내부 가스 폭발로 P.C 패널 조립식 건물이 연쇄붕괴(누진적 붕괴, progressive collapse)되는 사고가 있었다. 이 건물은 중력 하중으로 발생하는 마찰력에 의존하여 접합부를 설계함으로써, 접합부의 일체화를 고려하지 않은 것이 붕괴원인이었다. P.C 조립식 건물은 부정정 차수가 비교적 낮으므로 상대적으로 차수가 높은 R.C구조에 비해 국부적인 파괴가 구조물 전체의 붕괴로 발전하는 특성이 있다. 이 사고 이후 P.C 접합부 설계를 R.C 구조에 상응하는 정도로 일체화 설계를 하는 설계기준이 마련되었다.

2022년 건설 중 붕괴된 무량판구조의 건물은 지판(drop panel)이 없는 R.C 구조물로서, 누진적 붕괴의 측면에서는 Ronan Point 붕괴가 연상된다. 건설사고조사위원회는 붕괴사고의 주요 원인을 무단구조변경과 건설(39층 바닥 콘크리트 타설) 중에 동바리의 조기 제거 등으로 발표했다. 누진적 붕괴는 R.C 구조, P.C 구조에 불문하고 부재 간 접합부의 구조적인 일체성(structural integrity)에 큰 영향을 받는다. 벽보와 지판 없는 무량판구조의 문제가 현실로 대두되고 있는 것은 아닐까....

교량 보행로 슬래브의 누진적 붕괴

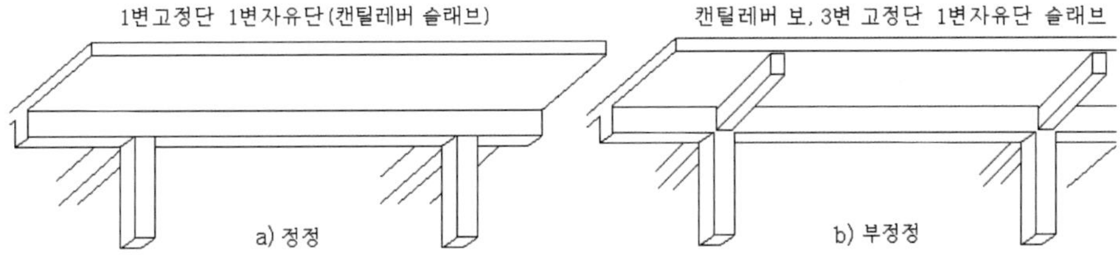

a)의 캔틸레버는 정정이므로 평형조건식만으로 미지의 반력을 구할 수 있다. 이러한 캔틸레버 끝단(자유단)의 수직 처짐이 커지면 고정단에 일어나는 휨모멘트의 크기도 증가하게 된다. 이로 인해 큰 변형이나 응력이 생길 때는 슬래브의 휨 강성(EI)을 높이거나, 계산이 복잡하더라도 변형을 구속하는 지점을 추가하면 이들을 감소시킬 수 있다. 예컨대, 그림 b)의 슬래브는 변형을 구속하는 지점이 늘어나면서 부정정 구조물이 되어 더욱 안전한 구조물이 된다. 다만, 이는 힘의 평형식으로 미지반력을 풀 수 없으므로 변형의 적합 조건을 추가로 고려해야 한다. 이렇게 부정정 차수가 높은 구조물로 하는 것이 더욱 누진적 붕괴를 방지하는 것이 된다. 다만, 정정 골조는 기초의 침하, 이동, 온도변화 등에 의하여 응력이 생기지 않는 이점이 있으나, 일부분의 파괴로 구조물이 붕괴될 수 있다. 부정정 골조는 정정 골조와는 달리 붕괴 위험성이 비교적 적다. 그래서 실제 구조물의 골조는 대부분 부정정 골조로 설계한다.

2023년 4월 붕괴된 ○○교의 보행로 슬래브는 정정구조로서, 캔틸레버 단면 상부의 인장철근이 모두 인발되었으며, 단면 하부의 압축철근은 관찰되지 않는다. 슬래브 지점부에서 보행방향과 평행하게 거의 직선으로 꺾였다는 점에서, 교량 상판과 보행로 슬래브 콘크리트를 일체로 타설하지 않았거나, 철근정착 길이 부족, 철근과 콘크리트의 부착력 상실이 요인일 수 있다. 부착력 상실은 교량 상판의 포장 콘크리트의 교체시공에 따른 표면파쇄 등에 의한 영향으로 인장철근의 피복두께가 얇아짐에 기인할 수 있다. 또한, 보행로 슬래브에 압축 철근을 배근하지 않은 것도 붕괴에 영향을 미쳤을 수 있다. 그러나 이러한 보행로 부분의 붕괴를 기화로 교량구조물 전체를 철거할 필요는 없다. 이는 정밀진단결과에 따라 판단할 사항이다. 즉, 교각, 교대, 상판 등에 이상이 없다면 보행로 부분은 구조형식을 보완하면 충분히 안전한 구조물이 된다. 자칫 1997년 세로 보에 균열이 발생한 당산철교의 철거 여부를 놓고 찬반논쟁 끝에 모든 교각을 포함한 철교 전체를 철거하고 새로 건설한 선례가 거듭될 수 있다.

2.28 장기간 방치된 단면결손 보에 대한 점검

구조부재의 손상은 심각하게 받아들여야..

구조부재를 과도하게 절손한 채 이를 원상복구 하지 않은 시공업체의 안전 불감증이 엿보이는 예이다. 지하에 있는 중앙난방 보일러를 철거하여 외부로 반출하면서 천장의 슬래브와 보 일부가 크게 절손되었다. 그런데 슬래브만을 원상복구 했고, 붕괴유발 부재인 절손보를 12년 동안 그대로 두었다. 관리주체는 손상된 보의 안전이 우려되자 구조안전진단(2021.8.19)을 하였다. 이때 보강공법(신기술 ○○섬유판)이 특정되었으나, 누수된 부분에 이를 적용하기 어려워 이로부터 3년 후(2024년) 다른 대안을 마련하고자 관리주체는 안전점검을 의뢰한다. 공사비는 지방자치단체의 보조금에 의한다. 이러한 상황에서 보강방안을 마련하는 점검을 하게 되었는데, 관리주체는 사용하지 않는 보일러실이므로 현 상태에서 기둥 받침을 결정해 놓고 있었다. 그래서 기둥 받침은 가장 안전할 수도 있지만, 그보다는 원상복구 방안이 더욱 적절함을 설명하여 설득하였다.

제1장 개요

1.1 점검목적

보일러실(지하 공용부, 연면적 896㎡) 준공일은 1992년 3월 20일이며, 보 절단은 보일러 설비의 철거에 따른 옥외 반출에 의한 것이다. 보 절단 이외에도 슬래브 피복두께 부족에 의한 철근 노출, 박리·박락, 누수 등의 결함이 발생하고 있다. 본 안전점검(2024년 9월)은 타 업체의 구조안전진단(2021.8.19) 결과를 수용할 수 없어 실시하게 된 것이다. 따라서 결함 발생상태와 평가를 통해 적절한 방안을 제시하고자 한다.

1.2 보일러실 상황

그림 559 보일러실 지상의 경사 도로 및 주차, 지하실 상황

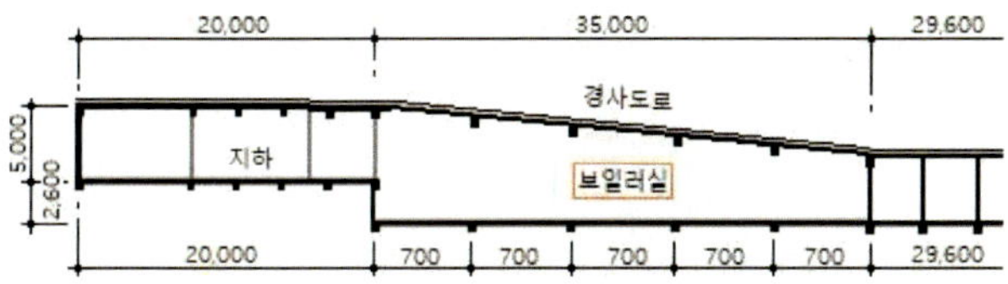

그림 560 보일러실 부분의 단면개요

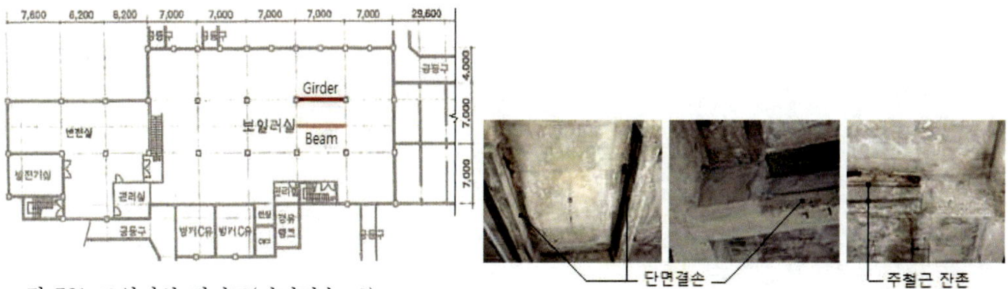

그림 561 보일러실 평면도(단면결손 보)

제2장 상태조사 및 평가

2.1 구조결함 일반사항

철근콘크리트 라멘조의 안전에 영향을 미치는 결함에는 기둥의 미끄러짐 압축 전단균열, 압괴, 부풀음(탄성 및 크리프 쇼트닝에 의한), 보 단부 측면의 휨·전단균열, 보 중앙부 하부 면의 휨 균열, 슬래브의 항복선 균열이 있다. 안전성은 이와 같은 구조결함의 발생 여부와 정도에 따라 평가하게 되며, 보강 여부와 방안을 마련한다.

2.2 상태조사 및 평가

절손된 보와 그 주변에는 철근 피복두께 부족과 부식, 피복 박리 등이 광범위하게 발생하였고, 절손은 보폭의 1/3, 보 길이의 1/2에 이르고 있다. 이러함에도 불구하고 조사일 현재(2024년 9월 26일) 구조결함이 관찰되지 않았다. 즉, 보의 중앙부 하부 면에 휨 균열, 보 단부 측면의 휨 전단균열, 슬래브에 항복선 균열이 발생하지 않았다. 더욱이 이들 구조체의 상부에는 차량통행의 이동하중이 장기간 작용하고 있다.

기둥 표면의 압축강도 측정, 탄산화 시험 모두 구조적으로 영향을 미치는 성능저하는 없는 것으로 나타났다. 즉, 추정 압축강도가 설계기준 강도를 상회하며, 탄산화 깊이도 경미하다. 그러나 단면결손의 보와 그 주변에는 누수와 백화 흔적이 있고, 이미 철근 피복두께 부족에 따른 철근 노출 및 부식, 철근 피복의 박리, 재료 분리 등이 발생한 상태이며, 이 부분의 탄산화 깊이는 철근 피복두께 이상으로 진행된 것으로 볼 수 있다. 즉,

심한 노후화로 부분적인 붕괴에 이를 수 있다. 이러한 관점에서 보 및 슬래브 하부에 임시기둥의 설치가 요망된다.

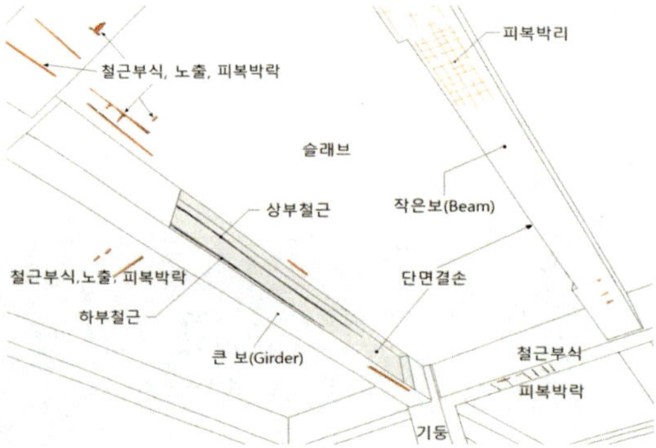

그림 563 보일러실 상부 보 절단 부분의 주요 결함/절단된 보 및 철근 노출(피복 박리·박락 기타), 보의 단면결손

제3장 보수보강방안제시

3.1 원상복구방안

1) 원상복구의 필요성

광범위한 철근 부식과 박리·박락, 단면결손에도 불구하고, 조사대상의 보 및 슬래브에 휨 균열, 전단균열, 항복선 균열이 나타나지 않았다. 더욱이 차량통행의 이동하중이 장기간 작용하는 상태에서도 현상을 유지하고 있다. 즉, 단면결손(보폭의 약 1/3, 보 길이의 약 1/2)과 장기 과재하중(토피, 도로) 에서도, 구조적인 결함은 발생하지 않았다. 이러한 점에서는 현재의 상태를 유지하여도 무방할 것이다. 그러나 보(beam, girder))의 과도한 단면결손으로 구조 내력이 부족할 수밖에 없다. 결국, 안전성 확보를 위해서는 단면결손부에 대한 원상복구와 함께 노후 부분에 대한 보수조치가 불가피하다.

2) 단면결손 보 및 원상복구 배근 개요

잔존의 상하부 철근에 늑근을 용접하고 철근 피복두께를 최소 2.5cm 유지하며 모르터 등의 재료로 단면결손부를 충전(그라우팅)한다. 만일에 단면결손부의 철근이 절단된 경우는 HD16 철근을 기존의 철근(잔존 상·하부철근)에 용접한다. 늑근은 HD10@300 이내의 간격으로 배치하며 상부철근과 하부철근에 용접한다. 결손 단면의 복구는 보의 하부면과 측면에 거푸집을 대고 잔골재 콘크리트를 충전하거나, 무수축 모르터로 그라우팅한다. 다만, 구조부재가 심하게 열화된 상태이므로 원상복구 공사에 앞서 안전관리 측면에서 보의 하부와 슬래브 등에 서포트를 설치하는 것이 바람직하다. 특히 보일러실 상부

보 및 슬래브는 토피하중과 진입도로 차량통행의 하중이 작용하면서 진동 등의 동하중을 받고 있고, 원상 복구재료(콘크리트 등)의 양생을 고려하여 공사 중에는 차량통제 등의 조치가 요구된다.

또한, 부분적인 붕괴를 전적으로 배제할 수 없으므로, 원상복구공사 이전이라도 단면결손의 보 하부에 가설 서포트(임시기둥)을 설치하는 것도 고려하여야 한다.

그림 564 단면결손부 철근 원상복구

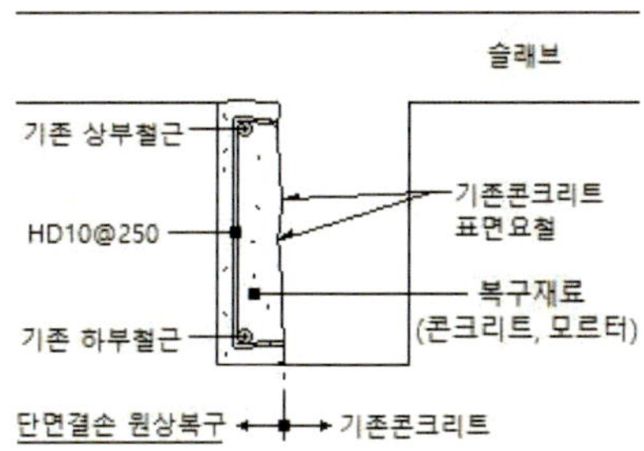

그림 565 단면결손 보의 원상복구

3.2 보 중앙부 하부에 기둥을 설치하는 방안(참고 : 관리주체의 요청에 의함)

그림 566 ㄷ형 강판(steel plate)를 에폭시 주입의 앵커볼트로 보에 정착하며, 주각은 바닥콘크리트+깔 모르터+베이스 플레이트 위에 강관을 세운다. 주각, 주두는 wing plate(4개소, 날개판)로 보강한다. 경제성도 없다. 기둥 직경은 높이에 따라 정한다.

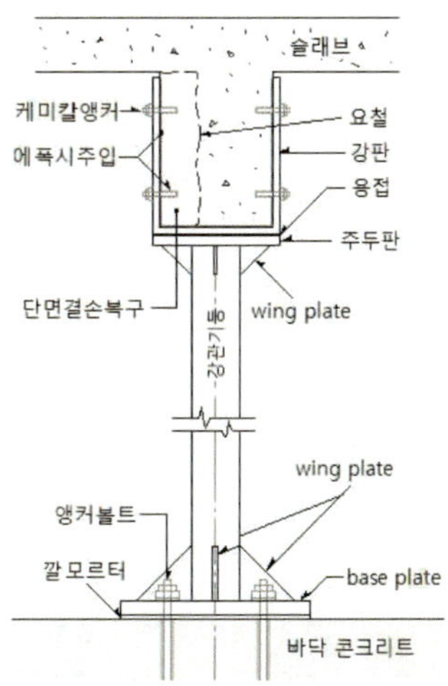

그림 567 기둥 받침 개요/유지관리주체의 요구에 따라 보의 단면결손을 복구한 후, 기둥 받침으로 보강

보 및 슬래브에는 단면결손과 노후화에 따른 철근 부식과 박리·박락, 철근 피복두께 부족, 재료 분리, 누수, 백화가 발생하였고, 특히 보의 하부 면의 박리 상태의 피복은 언제라도 박락될 수 있는 상태이다. 따라서 박리 부분은 제거한 후에 보수처리하고 보 절

단부의 원상복구가 이루어져야 한다. 즉, 적절한 보수처리가 선행되고 보 절단부가 원상복구된 후, 보 중앙부 하부 면에 보강 기둥을 설치하여야 한다. 그렇지 않은 상태에서 기둥만을 설치하는 것은 구조적으로 무의미하다. 즉, 기둥만으로 하중을 받는 보는 편심으로 뒤틀리게 되며, 누수와 철근의 부식과 박리·박락이 점증되면서 내력이 급격히 저하되어 구조 부재의 역할을 할 수 없는 상태에 이를 수 있다. 따라서 기둥을 설치하는 방안을 적용하더라도 보 단면의 결손부를 포함한 박리·박락 등의 결함은 원상복구 해야 한다. 기둥만의 설치는 가장 단순한 방법이기는 하지만 전체적인 보수보완을 고려할 때 적용성이 없다고 할 수 있다.

제4장 종합 및 건의사항

4.1 종합

1) 기둥 표면에 대한 비파괴시험의 추정 압축강도는 설계기준 강도를 상회하고, 탄산화는 진행되고 있으나 경미 하다. 그러나 보 결손 주변의 누수, 백화, 철근 노출 및 부식, 박리·박락 결함으로 인해 안전하다고는 할 수 없다.

2) 보의 결손과 장기의 하중재하에도 불구하고, 구조결함(휨균열 등)이 관찰되지 않아 현상적으로는 내력 유지의 상태이다. 따라서 노후화의 결함과 단면결손 보의 원상복구(본문의 3.1)만으로도 안전성을 확보할 수 있다. 다만, 단면결손과 노후화로 내력이 크게 낮아져 있으므로 원상복구에 앞서 보의 하부에 임시기둥을 설치한다.

4.2 건의사항 기타

1) 안전도는 현장 조사일로부터 6개월간 유효하다. 이는 "시설물의 안전 및 유지관리에 관한 특별법"의 실시 주기를 준용한 것이다.

2) 아래의 ①항과 ②항은 관리주체 임의 사항이다.

① 안전점검결과가 의도하는 바에 따라 적절한 시방의 공사를 위해서는 점검기술자의 시공감리를 고려한다.

② 본 안전점검은 방안을 제시하는 정도이므로, 별도로 복구공사를 위한 상세도와 공사내역 작성이 요망된다.

2.29 예측할 수 없는 현장사고까지 경영책임자(발주자)에게 법적인 책임을(?)

문명의 발달과 건축산업 참여자의 분화

원시시대의 건축은 비교적 간단하므로 주거로 사용하고자 하는 자가 설계를 하고 노동도 겸하였다. 즉, 설계에서부터 완공까지 모두 관장하였다. 그러나 문명의 발달과 함께 점차 분리되어 역할에 따라 건축(주), 설계(자), 노무(자)로 구분하기 시작한다. 건축이 기업화되고 산업화하면서 건축산업의 참여자가 행정기관, 발주자(법인 등), 현장대리인, 도급자, 하도급자, 제조업체, 시행사, 보증사 등으로 더 세분화된다. 이와 함께 이들에게 책임과 의무가 부과되면서, 성실이행, 감독과 감리, 검사 등의 제도가 도입되어 소홀히 하고 위반하면 이들에 대해 제재를 가한다.

안전관리강화와 처벌 대상의 확대

근래에는 '중대 재해 처벌 등에 관한 법률'로 처벌 대상이 경영책임자에게까지 이르고 있다. 이에 더하여 발주자는 설계, 시공, 감리자에게 안전에 우선하여 해당 업무를 수행할 수 있도록 적절한 기간과 비용을 제공하여야 한다는 취지의 '건설안전특별법'이 재발의(2025. 6) 되었다. 이 법은 표면상으로는 발주자와 직접 계약을 체결하는 설계, 시공, 감리자를 위한 법으로 보이지만, 안전관리 의무를 소홀히 하여 사망에 이르게 하면 징역 또는 벌금에 처하게 되어있으므로, 발주·설계·시공·감리자 모두가 처벌 대상이다. 그렇다면 인위적이지도 않은 노무자의 실수에 의한 사망사고도 이들에게 책임지게 할 것인가. 경영책임자는 법률에 따른 재정적인 부담을 안고서, 건설현장에 현장대리인과 안전관리자, 감리자 등을 배치하였음에도 본의 아니게 사망사고가 났다고 하여 처벌하는 것이 정당한 일일까. 더구나 경영책임자가 고의로 사고를 일으킬 수 없고, 발주한 크고 작은 현장이 수십 수백 곳일 수도 있다. 모든 법적 요건을 갖추고도 예측할 수 없는 사고까지 책임을 묻는 것은 이치에 어긋난다. 민간발주자가 시공사와 계약하고 안전관리에 필요한 법이 정한 모든 조치를 하였는데, 여기에 더하여 '건설안전특별법(안)'은 적정한 공사비로 발주하도록 한 것이다.

공공발주와 민간발주 간의 형평성

그렇다면 있을 수 없는 일이지만 공공발주자가 적정한 공사비로 발주하였음에도 불구하고 사고가 발생하였다면 국가가 책임을 져야 하지 않을까. 국가를 당사자로 하는 소송이 있을 것도 같다. 민간발주자는 안전관리에 자유롭기 위해 이에 따른 모든 비용을 부담하면서 발주한다. 특히, 건축물은 몇몇 시설을 제외하고는 사회기반시설(infrastructures)에 포함되지 않으며, 대부분 관리 주체가 민간이다. 그러나 도로, 항만, 철도 등의 사회기반시설인 토목구조물은 대부분이 공공관리 주체이고 그의 자산이므로, 국가나 지방정부가 발주 및 관리한다. 이 때문에 국가와 지방정부가 발주한 현장에서의 사고를 이유로 국가와 지방정부를 처벌할 수는 없을 것이며, 또한 처벌해서도 안 된다. 다만, 국가이고 정부이기 때문에 이들 시설물에 대해 최저가가 아니라 적정한 비용으로 발주는 해야 한다. 이에 근저하여 민간발주의 경영책임자에게 처벌할 입법 근거를 두었다면 재고하여야 한다. 그런데 민간발주자가 설계, 시공, 감리자에게 안전에 우선하여 업무를 수행할 수 있도록 적절한 기간과 비용을 제공하지 않으면 처벌하는 법이 제정 직전에 있다. 이는 제2의 '중대재해법'이 될 수 있다. 정부가 발주한 시설물에 사고가 나면 과거에는 시공사 등에 제재하는 경우는 보았어도 정부 기관에 대해 제재하는 경우는 보지 못했다. 결국, 민간발주자는 법적 책임을 온전히 부담해야 하는 이중적 구조로 귀착될 것이다.

법의 범람과 관리대상의 확대,

공동체 사회는 법규범에 의해 유지된다고 하여도 무방할 것이다. 그러나 법규범만으로 유지되는 사회를 이상적인 사회라고 생각하는 사람은 많지 않다. 필자는 건설과 관계된 일을 대학 졸업 후부터 시작한 것으로 치면 50년을 이 분야에 몸을 담았다. 과거를 회상해 보면, 옛날 공사현장의 안전관리자는 현장소장이었다. 그래서 추락하여 사망한 노무자를 붙잡고 우는 깊은 감성적인 현장소장도 있었다. 또한, 회사를 위해 일한 사고 현장 소장에게 경영책임자는 변호사를 지원하기도 하였다. 이 시기에는 건축주가 감독이라고 할 수 있었으나 능력이 없는 경우 건축허가권자가 감독하기도 하였고, 공무원이 품질검사를 위해 현장출장을 가기도 하였다.

이후에 품질관리가 제도화되고, 시공 중인 구조물(1986년 8월 준공을 앞두고 독립기념관)에 화재가 발생하면서 설계, 시공, 감리와 기술에 관한 관리의 필요성이 대두되어 '건설기술관리법'이 제정되고 건설안전점검을 하게 된다. 사용(유지관리) 중인 구조물이 붕괴(1994년 성수대교)되면서 '시설물의 안전관리에 관한 특별법'이 제정(1995.1.5.)되었다. 이로부터 사회기반시설과 대형건축물에 대한 안전관리가 시행되었고, 502명의 사망자를 낸 삼풍백화점 붕괴사고(1995년)는 풍수해 위주의 재난관리법을 개정하기에 이른다. 이후 특수한 초대형 구조물이나 소규모 건물에 이르기까지 안전 및 유지관리가 확대되었다.

경영책임자, 사업주, 발주자까지 건축산업 참여자 모두를 범죄자로 모는 법 만능주의

요즈음 구조물은 설계-시공-감리-유지관리-해체과정에 이르기까지 안전관리의 대상이다. 이에 따라 기술자들이 의무적으로 곳곳에 투여되고 있어 어디가 정점인지 가늠하기가 어려운 지경이다. 특히, 건축산업 참여의 '발원자'라고 할 수 있는 경영책임자는 이미 '중대재해 처벌법'의 대상이 되었다. 구조물 안전관리를 위해 경영책임자, 사업주, 발주자까지 법의 틀 안에 가두어

두려고 하는 것이 당국의 방침인 것 같다.

이렇게 되면 지금은 그렇지 않지만, 노무자를 처벌하는 별도의 법이 제정될지도 모른다. 맨 나중에는 구조물의 이용자까지 처벌 대상이 될 수 있다. 혹자는 "설마 사용자(이용자)까지 처벌 대상으로 할 수 있느냐"라고 반문할 수도 있다. 그러나 2014년 10월, 수도권의 한 야외에서 환풍구 덮개 위의 관람객이 지하 20m 아래로 추락해 27명의 사상자가 났던 사고에서였다. 이 사고 직후에 환풍구 덮개 위에서 공연을 관람한 수많은 사람이 사고의 원인이라고 하여 이들에게 책임을 지우려는 낌새를 필자는 기억하고 있다. 올라가서는 안 되는 장소에 올라가서 구경한 것이 문제라는 것이었다. 불특정 다수의 이용자에게 책임을 떠넘기는 것이 좋겠다라는 의중을 가진 부류의 생각일 것이다.

이를 환기해본 이유는 경영책임자 또는 발주자까지 법적인 처벌 대상으로 하는 작금의 안전관리 시스템에 대한 불만을 토로하기 위해서이다. 구조물에 대한 사업발주를 아예 하지 말라는 것인가. 처벌강화 일변도의 법 제정이 당국자들에게는 가장 손쉬운 처방전일지 몰라도, 이러한 처방이 국민경제에 미치는 영향은 지대할 것이다. 우후죽순처럼 자란 이익단체들이 난립하는 상황에서 이들의 요구사항은 경청하면서 법 만능주의로 치닫고 있지는 않은지 살펴보아야 한다.

처벌 대상의 줄 세우기/사업주는 근로자를 사용하여 자신의 사업을 수행하는 경영 주체, 발주자는 사업주의 한 유형일 수 있지만, 건설공사를 타인에게 맡기면서 그 업무의 시공을 총괄·관리하지 않는다. 그래서 발주자는 건설공사 시공을 총괄·관리하는 도급인과 구별한다. 도급인은 대가를 지불하며 수급인은 그에 따른 보수를 받는 관계이다.

□ 참고문헌

김광수, 『논리와 비판적 사고』, 철학과현실사, 2007.
김신, 『무역학원론』, 경기도 파주 : 법문사, 2004.
김우석, 『구조역학』, 서울: 형설출판사, 1970.
김재기, 『행정학』, 서울 : 법문사, 2006
김정선 외 12인 역, 『사회학(인간사회의 구조와 변동』, 서울: 도서출판 그린, 2007
김현산 외 5인 공저, 『구조역학』, 서울: 문운당, 1987.
김형렬, 『정책갈등요인과 해소방안에 관한 고찰』, 연세행정논총, 제26집, 연세대학교행정대학원, 2001.
박영하 편저, 『의학개론』, 대전광역시: 을지의과대학교 출판부, 2006.
박재우,『법학개론(제2개정판)』, 서울 : 법문사, 1994」
박혁규,『유체의 물리)』, 파주 : 청문각, 2007」
부척량, 노희일, 『철근콘크리트구조』, 서울: 산업도서출판공사, 1975
신정현, 『정치학-과학과 사유의 전개』 경기도 파주: 법문사, 2005,
심재수, 『변형도로 배우는 구조역학』 서울:(주)피어슨 에듀케이션 코리아, 2001,
윤재진,『1/3 축척 모형실험에 의한 프리캐스트콘크리트 판구조의 상사성에 관한 연구』, 콘크리트학회지, 제4권 3호, 1992. 9
윤재진,『MICRO TECHNOLOGY 원통형 콘크리트말뚝의 균열현상』, 서울 : KOSIS, 2012
윤재진,『건축·토목사회문제와 해법, 구조물진단』, 서울 : 기문당, 2010
윤재진,『구조물의 누수방지원리』, 서울 : KOSIS(한국구조물진단연구원), 2015
윤재진,『구조물진단의 이론과 실제』, 서울 : 기문당, 1999
윤재진,『일방향 단순 횡하중을 받는 P.C판 조립식구조 실물 Sub-assemblage의 구조거동에 대한 실험적 연구』, 콘크리트학회지, 제3권 2호, 1991. 6
윤재풍, 『조직학원론』, 서울: 박영사, 2000.
이경회, 『건축환경계획』, 서울: 문운당, 1988.
이병해 편저,『유한요소법의 기초』, 서울: 한국공학사, 1983.
이병화 외 13인,『정치학으로의 산책』, 파주: 도서출판 한울, 2007.
이옥형, 이종숙, 임선빈, 『교육심리학』, 서울: 집문당, 2005.
이장호, 『상담심리학입문』, 서울: 박영사, 1992
이춘우 외 5인, 『고등학교 물리 I』, 서울: ㈜중앙교육진흥연구소, 2003.
정우일, 『공공조직론』, 서울: 박영사, 2005.
조효남, 『구조역학』, 서울 : 구미서관, 1998.
최승희, 김수욱, 『심리학개론』, 서울: 박영사, 2000.
최한수,『한국민주주의의 대전환: 새로운 정치경제 가치와 사회정의의 모색』, 서울 : 명인문화사, 2011
함성권, 『기본 건축구조공학』, 서울 : 창지사, 1984.
21세기 정치연구회 엮음,『정치학으로의 산책』, 경기도 파주: 한울, 2005(개정판).
『건축영어사전』, 星野和弘 著(이문보, 김규석, 이민섭 역), 서울: 기문당, 1985
『木構造計算規準·同解說』, 건설부 국립건설연구소, 1973
『방재설비핸드북(건축물의 피난시설, 피난설비』, 한국화재보험협회, 1979.
『법률학 사전』, 오석락 감수, 서울 : 일신사, 1995

『토목공학 편람Ⅰ, 편람Ⅱ』, 서울: 도서출판 집문사, 1996.

『토목공학대사전』, 서울: 도서출판 집문사, 1995.

『토목공학핸드북』, 사단법인 대한토목학회, 1983

“既存鐵筋コンクリート造建築物の耐震改修設計指針 同解說, 平成7年 7月 改訂四版, 財團法人 日本建築防災協會”

“既存鐵筋コンクリート造建築物の耐震診斷基準 同解說, 財團法人 日本建築防災協會, 平成7年 改訂四版”

コンクリート 構造物の의 維持管理指針(案), コンクリート ライブラリ-81, 土木學會. 平成7年.

建築構造力學の最近の發展(應力解析の考え方), 日本建築學會, 1987年

建築物荷重指針・同解說, 日本建築學會, 1993年

高坂淸一, 『プレハブ建築の構造計劃と設計(PC板工法の 手法)』, 鹿島出版會,(번역판)

既存建物の構造診斷法, 淸水建設株式會社研究所 編著, 昭和 51年 5月

金井淸, 『構造物振動學』, 理建社, 1981(번역판)

笠井芳夫, 耐久性診斷の位置付けと考え方(建築構造物の場合), コンクリート工學 Vol.26 No.5 /JCI No.272. p. 17

梅村魁, 青山博之, 伊藤勝, 『構造實驗と構造設計』, 技報堂, 1973

新建築學大系 38, 構造の動的解析, 彰國社 1981

新建築學大系 46, 構造材料と施工, 彰國社 1981

日置興一郎, 構造設計の問題点, 建築雜誌, 86巻, 1036号, 1971.4

『강화유리제품 안전성실태조사 조사결과(강화유리 샤워부스를 중심으로)』, 한국소비자원 소비자안전국, 2012.11

『건축물 진동기준 조사연구(2015) 』, 대한건축학회(AIK-R-2015-817)

『건축물의 구조내력평가에 관한 연구보고서 』, 건설부 국립건설연구소 건설연구소자료 NO. 415, 1981

『건축물의 내진구조 및 방재기준에 관한 연구』, 제1권, 건설부, 1987

『고층P.C아파트 내진구조설계연구(구조시스템연구)』, 1990.12, 대한건축학회

『내진설계 지침서작성에 관한 연구』, 건설부, 1987.12.

『접이식 안전난간 및 옥외피난계단 안전성능평가보고서』, ㈜한국구조물진단연구원, 2016.08.

『조적식 구조 경험적 설계법, 국토교통부』, 설계기준 KDS 41 34 06 : 2016

『조적조비내력벽구조설계기준(안)』, 건설부 국립건설연구소 건축기술지도서 NO. 433, 1983

『진동으로 인한 건축물 피해평가에 관한 연구(2002)』, ㈜한국구조안전기술원, 환경부 중앙환경분쟁조정위원회.

『한국 전통성을 살린 ‘한국의 집’ 조성을 위한 연구보고서,』, 문화부, 1991

Lim, A. K. W. (1989). Non-linear response of reinforced concrete coupling slab with drop panel in earthquake resisting shear wall structures (Master's thesis, McGill University). Department of Civil Engineering and Applied Mechanics, McGill University.

Sharda, A., & Kumar, S. (2014). Heat transfer through glazing systems with inter-pane shading devices: A review. Energy Technology & Policy, 1(1), 23 - 34. https://doi.org/xxxx

Barnald, P., & Schwaighofer, J. (1966). The interaction of shear wall connected solely through slab. In Proceedings of the Symposium on Tall Buildings. University of Southampton. Oxford: Pergamon Press.

Hubbs, B., & Higgins, J. (2015, March 5 - 10). Glazing failures and ways to prevent them. Paper presented at the 30th RCI International Convention and Trade Show, Canada.

Anastasiou, C. (2016). Thermal breakage of glass: Comparison and validation of thermal shock calculation methods (Master's thesis, Delft University of Technology).

Colvin, J. (2005). Thermal stress breakage in building glass. Paper presented at Glass Processing Days Workshop,

Tampere, Finland.

Coull, A., & El-Hag, A. A. (1975). Effective coupling of shear walls by floor slabs. ACI Journal, 72(8).

Allen, D. E. (1990). Building vibrations from human activities. ACI Concrete International: Design & Construction.

Allen, E., & Iano, J. (2004). Fundamentals of building construction: Materials and methods (5th ed.). Wiley.

Kreyszig, E. (1983). Advanced engineering mathematics (5th ed.). John Wiley & Sons.

Amrhein, J. E., & Kesler, J. J. (1979). Masonry design manual.

Haldimann, M. (2006). Fracture strength of structural glass elements: Analytical and numerical modelling, testing and design (Doctoral dissertation, EPFL).

Skelly, M. J., & Roby, R. J. (1991). An experimental investigation of glass breakage in compartment fires. Journal of Fire Protection Engineering, 3(1), 25 - 34.

Mognato, E., & Barbieri, A. (2013). The breakage of glass–thermal shock and nickel sulfide inclusion. In L. Belis, C. Louter, & D. Mocibob (Eds.), COST Action TU0905 Mid-term Conference on Structural Glass.

Nofal, O., Elsayed, M., Akl, A., & Abdel-Mooty, M. (2021). On the behavior of coupled shear walls: Numerical assessment of reinforced concrete coupling beam parameters. Journal of Civil Engineering and Construction.

Paulay, T., & Taylor, R. G. (1981). Slab coupling of earthquake resisting shear walls. ACI Journal, 78(2).

Qadeer, A., & Stafford Smith, B. (1969). The bending stiffness of slabs connecting shear walls. ACI Journal, 66, 1 - 7.

Geraili Mikola, R., & Sitar, N. (2013). Seismic earth pressures on retaining structures in cohesionless soils (Report No. UCB GT 13-01). Department of Civil and Environmental Engineering, University of California, Berkeley.

Schwaighofer, J., & Collins, M. P. (1977). Experimental study of the behavior of reinforced concrete coupling slabs. ACI Journal, 74(3), 1 - 9.

Vitro. (n.d.). Glass breakage, failure mode and stress estimation (Technical Document TD-11).

Hashash, Y. M. A., Hook, J. J., Schmidt, B., & Yao, J. I. C. (2001). Seismic design and analysis of underground structures. Tunnelling and Underground Space Technology, 16, 247 - 293.

AGC Technical Advisory Service. (2008). Evaluation of risk of breakage by thermal shock.

AGGA. (2011). Thermal stress glass breakage (Technical fact sheet). Australia.

American Society of Civil Engineers. (1991). Guideline for structural condition assessment of existing buildings (ASCE 11-90).

BIM Handbook, A Guide to Building Information Modeling for Owners, Managers, Designers, Engineers, and Contractors, Chuck Eastman, Paul Teicholz, Rafael Sacks, Kathleen Liston(2008), John Wiley & Sons.

CWCT. (2010). Technical Note No. 65: Thermal fracture of glass. University of Bath.

International Association for Bridge and Structural Engineering. (2007). Diagnostic interpretation of glass failure. Structural Engineering International.

DIN. (1986). DIN 1249-11: Glass in building; glass edges; concept, characteristics of edges and finishes. Deutsche Norm.

Cardinal Glass Industries. (2020). Insulating glass condensation (Technical Service Bulletin #IG01 - 07/20).

International Organization for Standardization. (2010). ISO 13822: Basis of design - Assessment of existing structures.

International Organization for Standardization. (2015). ISO 2394: General principles on reliability for structures.

Prestressed Concrete Institute. (1980). PCI design handbook (2nd ed.).

□ 찾아보기

INDEX

한글

(ㅇ)

(ㅈ)

(ㅊ)

(ㅋ)

저자소개

윤 재 진(尹 在 振, Ph.D. Jae Jin Yoon)

건축공학과 졸업 후, 구조공학을 전공으로 석·박사 과정을 마쳤다. 이후 사회갈등문제를 다루는 구조물진단 분야에 종사하면서 공공정책 전공으로 석사과정을 이수했고, 정치학 박사과정(비교정치)을 수료하였다. 정치학 공부는 현실정치에 대한 관심보다는 구조물진단이 단일 학문에 국한되지 않고 사회현상과 밀접하게 연결된 융·복합분야라는 인식에서 비롯된 것이다.

대학 졸업 후 국가공무원으로 사회생활을 시작하여, 이후 공기업에서 근무하였다. 그 이후에 미국 대학의 토목공학과에 연수차 2년간 머물렀고, 1990년대 중반에는 시설안전 관련 공기업에서 연구위원으로 활동하였다.

1997년에는 '한국구조물진단학회'를 창립하고, 같은 날 안전진단전문기관인 ㈜한국구조물진단연구원을 설립하여 현재까지 엔지니어링활동주체와 함께 운영하고 있다. 약 36년간 대학에서 시간제 강의를 하였고, 지금도 '구조물진단전문가'로 현장경험을 지속적으로 쌓고 있다. 이외에도 정부, 지방자치단체, 공기업 등의 심의·자문·기술위원으로 활동하였다.

주요논문으로는 「프리캐스트 콘크리트판구조 수평접합부의 전단전달에 관한 연구」, 「1/3 축척 모형실험에 의한 프리캐스트 콘크리트 판구조의 상사성에 관한 연구」, 「프리캐스트 콘크리트 전단키 접합부의 극한강도 예측」, 「공기업의 영위 사업과 국민경제와의 이해 상충에 관한 연구」 등이 있으며, 건설정책과 관련하여 몇 편의 기고문도 있다. 지은 책으로는 『구조물진단의 이론과 실제』(1999), 『건축·토목 사회문제와 해법, 구조물진단』(2010), 『원통형 콘크리트말뚝의 균열 현상』(2012), 『구조물의 누수방지원리』(2015) 등이 있다.

Structures Diagnosis as Social Conflict-Resolution

사회갈등과 구조물진단론

2025년 8월 15일 인쇄
2025년 9월 2일 발행

발행인 : 김국진
발행처 : (주)한국구조물진단연구원 출판부
주 소 : 서울 서초구 서초중앙로 31길 14-13(반포4동 49-11)
전 화 : 02)595-7115 팩스 : 02)595-1579 e-mail: kosis2@naver.com
출판등록 : 2011년 5월 13일(제321-2011-000093)
ISBN : 978-89-967677-0-1 93540

정가 : ₩ 65,000

한국구조물진단연구원
KOSIS 엔지니어링활동주체/안전진단전문기관
Korea Structures Institute for Safety Inspection & Maintenance